◆ 国家自然科学基金专项项目"基于大数据的全球基础研究人才分布及科学基金人才培养成效研究"(项目编号:L1924021)

中国人事科学研究院
·学术文库·

文献计量视角下的
全球基础研究人才发展报告
（2019）

柳学智　苗月霞　冯凌　著

中国社会科学出版社

图书在版编目（CIP）数据

文献计量视角下的全球基础研究人才发展报告 . 2019 / 柳学智，苗月霞，冯凌著 . —北京：中国社会科学出版社，2020.12

（中国人事科学研究院学术文库）

ISBN 978 - 7 - 5203 - 7622 - 8

Ⅰ.①文… Ⅱ.①柳…②苗…③冯… Ⅲ.①基础研究—人才—研究报告—世界—2019 Ⅳ.①G316

中国版本图书馆 CIP 数据核字（2020）第 253851 号

出 版 人	赵剑英	
责任编辑	孔继萍	
责任校对	杨　林	
责任印制	郝美娜	
出　　版	中国社会科学出版社	
社　　址	北京鼓楼西大街甲 158 号	
邮　　编	100720	
网　　址	http://www.csspw.cn	
发 行 部	010 - 84083685	
门 市 部	010 - 84029450	
经　　销	新华书店及其他书店	
印　　刷	北京君升印刷有限公司	
装　　订	廊坊市广阳区广增装订厂	
版　　次	2020 年 12 月第 1 版	
印　　次	2020 年 12 月第 1 次印刷	
开　　本	710×1000　1/16	
印　　张	41	
插　　页	2	
字　　数	672 千字	
定　　价	238.00 元	

凡购买中国社会科学出版社图书，如有质量问题请与本社营销中心联系调换
电话：010 - 84083683
版权所有　侵权必究

前　　言

当前，新一轮科技革命和产业变革蓬勃兴起，科学探索加速演进，学科交叉融合更加紧密，一些基本科学问题孕育重大突破。世界主要发达国家普遍强化基础研究战略部署，全球科技竞争不断向基础研究前移。

基础研究人才是基础研究的主体，承担着更新科学知识与创新创造的重要使命，基础研究取得进展，离不开基础研究人才的努力与智慧。全面准确了解全球基础研究人才在各国家和地区、各基础研究领域的分布现状和发展趋势，不仅是制定基础研究政策的重要参考，也是制定相关人才政策的重要依据。

了解基础研究人才的分布和发展趋势，涉及对基础研究人才的评价。从微观层面看，对个体、团队、组织等的人才评价，评价的内容相对确定，评价的范围相对较小，评价的方法易于选择，评价的结果比较可信；从宏观层面看，如何从地域层面上评价一个国家或地区的基础研究人才，或者从研究领域层面上评价一个学科或学科大类的基础研究人才，由于评价内容多、评价范围广，难以找到适合的评价方法，因此难以得到客观准确的评价结果。

本书运用文献计量的方法，站在地域和研究领域的宏观层面，将某一地域某一研究领域的基础研究人才抽象为该地域该研究领域的人才能力。通过分析文献被引次数的量的变化，区分人才能力的质的差异。为此，基于文献被引次数分布的特点，本书截取了被引次数的累计百分比处于前10%的优秀人才，并且依据1‰、1%、10%标线对优秀人才进行了更细致的分层，更为立体地考察某一地域某一研究领域人才的层次分布。

在研究领域的划分上，由于没有公认的统一标准，考虑到对中国基础研究的针对性，本书参照中国自然科学基金委员会学科组分类，从学科、学科组、总体三个层面对研究领域进行划分，以学科为基本计量单元构建统计指标，这样在比较基础研究人才的分布和发展趋势时，既能体现研究领域的整体性，又具有学科针对性。

在文献类型的选择上，考虑到不同学科的文献类型有所不同，本书在选取数据时，涵盖了每一学科的所有文献类型，这样就避免了基于一种或几种文献类型进行学科比较而产生的针对性不足、偏颇等不科学的问题。

总之，本书提出了一种系统的全球基础研究人才的比较方法和指标体系，并运用科睿唯安大数据进行了实证研究，为全面、准确、客观地了解全球基础研究人才的分布和发展趋势提供了翔实的比较结果，也为精准制定支持基础研究及其人才发展的相关政策提供了实证参考。

目 录

第一章 绪论 …………………………………………………… (1)
 第一节 基础研究评估概述 ………………………………… (1)
 第二节 研究设计 …………………………………………… (5)
 第三节 本书的结构 ………………………………………… (17)

第二章 数学与物理学 ………………………………………… (19)
 第一节 文献类型与被引次数 ……………………………… (19)
 第二节 学科层面的人才比较 ……………………………… (22)
 第三节 学科组层面的人才比较 …………………………… (77)

第三章 化学 …………………………………………………… (84)
 第一节 文献类型与被引次数 ……………………………… (84)
 第二节 学科层面的人才比较 ……………………………… (87)
 第三节 学科组层面的人才比较 …………………………… (117)

第四章 生命科学 ……………………………………………… (124)
 第一节 文献类型与被引次数 ……………………………… (124)
 第二节 学科层面的人才比较 ……………………………… (127)
 第三节 学科组层面的人才比较 …………………………… (255)

第五章 地球科学 ……………………………………………… (262)
 第一节 文献类型与被引次数 ……………………………… (262)

第二节　学科层面的人才比较 …………………………………（265）
第三节　学科组层面的人才比较 ………………………………（306）

第六章　工程与材料科学 …………………………………（312）
第一节　文献类型与被引次数 …………………………………（312）
第二节　学科层面的人才比较 …………………………………（315）
第三节　学科组层面的人才比较 ………………………………（391）

第七章　信息科学 …………………………………………（398）
第一节　文献类型与被引次数 …………………………………（398）
第二节　学科层面的人才比较 …………………………………（401）
第三节　学科组层面的人才比较 ………………………………（434）

第八章　管理科学 …………………………………………（441）
第一节　文献类型与被引次数 …………………………………（441）
第二节　学科层面的人才比较 …………………………………（444）
第三节　学科组层面的人才比较 ………………………………（475）

第九章　医学 ………………………………………………（481）
第一节　文献类型与被引次数 …………………………………（481）
第二节　学科层面的人才比较 …………………………………（484）
第三节　学科组层面的人才比较 ………………………………（616）

第十章　交叉学科 …………………………………………（622）
第一节　文献类型与被引次数 …………………………………（622）
第二节　学科层面的人才比较 …………………………………（625）

第十一章　总结 ……………………………………………（629）
第一节　文献类型与被引次数 …………………………………（629）
第二节　总体比较 ………………………………………………（632）

第三节　讨论与结论 …………………………………………（639）

参考文献 ……………………………………………………（644）

后　记 …………………………………………………………（646）

中国人事科学研究院学术文库已出版书目 …………………（648）

第 一 章

绪　　论

基础研究是创新的源头，人才是基础研究的主要驱动因素。准确了解和评估全球基础研究人才在各国家、各学科的分布状况和变化趋势，不仅是制定基础研究政策的重要参考，也是制定相关人才政策的重要依据。

第一节　基础研究评估概述

基础研究人才是基础研究成果的创造者，基础研究成果的质量反映了基础研究人才的水平，对基础研究成果的评估，也是对基础研究人才的评估。

一　基础研究的评估方法

比较常用的基础研究评估方法有定性评估和定量评估两大类。

(一) 定性评估

定性评估方法以同行评议为原型，还包括跨行合议（冯璐等，2006）等方法。其中同行评议方法被普遍使用。

同行评议的优点是，通过对研究内容、方法、结论等的深入探讨和评议，对基础研究成果的学术价值作出定性判断。

同时，同行评议方法也存在以下问题：

在专家选择上，基础研究一般是对新问题或热点问题的探索，这些问题往往属于新的研究领域或交叉学科，在传统学科分类下难以找到真正懂行的同行；另外，同行评议专家数量有限，一般以小样本为主，如果评议专家较多，往往会因研究方向不一致而难以达成有意义的评估结论。

在评估标准上，同行评议是个人意见的定性表述，难以形成统一的评估尺度，即便在一套指标体系下，对标准的掌握仍然存在个人差异，受到个人学术观点、学术水平、素质、修养等因素的影响。

在组织实施上，一个研究领域的同行往往范围较小，数量有限，评议者与被评议者有时存在利益冲突或人际关系问题，如果在组织实施中没有进行预防或控制，这些因素可能产生影响。

在评估结果上，受到上述因素的影响，同行评议结果往往具有一定的随机性。

从历史上看，同行评议主要用于单个项目的评估，带有典型的"小科学"色彩。这反映了同行评议主要适用于项目评估或微观层次的评估，较难适用于国家、地区或整个学科等宏观层次上的科研绩效评估（李正风，2002）。

（二）定量评估

定量评估方法包括文献计量、专利计量、成本—效益分析等，其中文献计量方法使用最多。

事实上，文献计量在本质上是与同行评议内在关联的（李正风，2002）。论文能否在国际刊物上发表，是世界范围内同行评议的结果，是涵盖宽泛的时间和地域范围内进行规模巨大的成果评估活动，比一个国家或地区在某一时间召集一批专家学者对多项科研工作进行成果评估得出的结论可能要更科学、准确和有说服力（沈新尹，1996；黄宝晟，2008）。因此，在国际刊物上发表论文的情况必然是度量基础研究工作水平的一个重要标准（黄宝晟，2008）。

有学者认为，引文率等定量评价指标是对大范围、不规定边界的同行评议的统计分析结果，这一类指标只有在大样本的前提下才有意义（李正风，2002）。刊物的影响因子和论文的被引次数，在宏观上判断科学技术产出的总体情况是有意义的，但是不宜作为具体论文内在价值的判断标准（冯璐等，2006）。熟悉出版物分布和引证率的研究者通常反对使用文献计量方法评价单个科学家或小规模、小范围研究机构的绩效（李正风，2002）。

文献计量等定量评估方法比较客观、准确，在实践中深受欢迎，评估结果被广泛使用。

二 基础研究绩效的评估

基础研究绩效的评估可以分为宏观和微观两个主要层面：宏观层面是指针对研究领域、国家、地区层面的评估，微观层面是指针对个体、研究小组、组织层面的评估。

从宏观层面看，文献计量等定量方法使用得比较多。有学科层面的比较，例如，张艺等（2019）基于SCI-E数据库检索文献，对海洋生物医药研究领域整体发展现状及主要国家的基础研究竞争力进行了比较；也有国家层面的综合比较，例如，钱万强等（2016）基于汤森路透的Incites数据库和《自然》杂志发布的"自然指数2015"，呈现我国基础研究方面的产出，分析2000—2015年近15年来我国发表论文的数量、总被引数等数据，与部分发达国家进行比较；姚俊兰等（2020）基于Scopus和Scival数据库，采用了文献计量、回归分析和合作网络分析等方法，对中国2013—2019年间的基础学科现状进行了分析；还有地方层面的评估，例如，范旭等（2017）构建基础研究3个一级指标和10个二级指标，采用2009—2014年的统计数据，运用熵值法确定各项指标的权重，对广东省基础研究水平进行了评价。

从微观层面看，同行评议等定性方法使用得比较多。当然，也有机构将文献计量用于微观层面的评估，例如，南京大学将SCI论文收录和被引用次数等作为评价院系、教授学者的研究质量水平以及理科博士研究生教育质量的重要指标，对其基础研究的发展和学校声誉的提高产生了积极作用（龚放等，2010）。也有研究者将文献计量方法用于小团体微观层面的研究绩效评估，获得了评价对象的认可（花芳等，2017）。

三 基础研究人才的评估

基础研究的最显著结果是科学知识，科学知识以文献的形式发表和传播，通过文献计量，可以评价科学知识在学术同行中的认可和传播程度，这样可以对科学知识的质量和价值作出间接的评估；从另一方面看，科学知识的生产者是文献作者，对科学知识的评估实际上也是对文献作者水平的评估。

例如，科睿唯安基于对论文的计量，筛选高被引论文，通过高被引论文确定高被引研究者，从2014年起，每年进行发布（Clarivate Analytics，2020a；2020b；2020c），其发布结果得到相关研究领域研究者的较高认可。

此外，基于科睿唯安的高被引研究者名单，近年来还有学者研究高被引研究者的分布情况。例如，王志楠等（2016）以2014年经济与商业领域高被引研究者为考察对象，通过高被引论文的学科集成化指数、学科专业化指数和学科扩散化指数，评估了高被引研究者的学科分布及其集成和扩散特征；陈月从（2017）通过对2016年度全球高被引研究者名单进行分析和社会网络分析，统计出10位图书情报学科的高被引研究者的成分分布，发现这些高被引研究者中跨学科作者多于单独图书情报学科作者。

四 当前基础研究评估的不足

用文献计量方法评估基础研究绩效和人才，评估过程客观、准确，评估指标简明、易懂，在实践中得到广泛应用，但是，也出现了文献计量的某些滥用现象。例如，一些管理部门、高等学校和研究单位夸大了SCI的作用，把SCI作为基础研究成果评价的唯一标准，将是否在SCI源刊上发表文章及数量的多少与职称评定、学术奖励、申请博导资格等待遇直接挂钩，还有的以SCI收录的论文数作为大学排名的依据；一些高校和研究所在培养学生过程中，明确提出SCI论文方面的要求。这诱导了急功近利的短期行为和心浮气躁的学术风气，不利于营造潜心研究、长期积累的宽松氛围（杨永清，2005；黄宝晟，2008）。

分析实践中文献计量的种种滥用现象，可以发现，当前用文献计量方法评估基础研究的绩效和人才，还存在以下不足：

（一）文献质量的评估缺乏适合指标

用文献计量方法评估基础研究的绩效和人才，文献数量的计量十分准确，统计指标含义明确，由此成为主要评估指标。虽然也有学者和机构重视文献质量，但是难以构建适合的统计指标。近年来，中国基础研究的文献数量增长很快，被引次数也相应增长，如果从文献数量上看，中国在很多研究领域已经超过了美国，那么是否就意味着中国在这些研究领域真正超过了美国呢？由于缺乏适合的文献质量指标，对此难以进行深入的分析和判断。

（二）时间对文献被引次数的影响未被充分重视

在不少基础研究的评估中，直接进行文献被引次数的年度比较，得出文献被引次数的年度变化趋势，进而推断基础研究的发展趋势。实际上，时间变化对文献被引有显著影响，越近期的文献，被引次数越小；越远期的文献，被引次数越大。随着文献发表的时间越来越长，时间对文献被引的影响程度越来越小；不同学科之间，时间对文献被引的影响也存在差异。因此，忽视时间对文献被引的影响作用，仅仅依据年度文献被引次数推断发展趋势，所得出的结论难以全面真实地反映基础研究的实际情况。

（三）文献类型的选择存在偏颇

在运用文献计量方法评估基础研究时，不少学者仅仅选择论文等一种或几种文献类型作为计量对象，对某一研究领域进行评估。实际上，基础研究成果的表现形式有期刊论文、会议论文、综述、图书章节、编辑材料等多种不同的文献类型，不同学科之间文献类型存在明显差异，要对某一学科或研究领域的基础研究情况进行评估，必须包括其主要的文献类型，如果仅仅选择一种或几种常见的文献类型，没有考虑该学科或研究领域的文献类型特点，依据这些文献类型作出的结论就会存在代表性不足的问题。

（四）研究领域的评估难以兼顾整体性和针对性

大范围研究领域，比如学科大类或学科领域，常常包括多个学科，在对其进行评估时，不少研究者常常将这些学科合并在一起，组成一个"大学科"，然后对其进行文献计量分析，得出该研究领域的评估结论。实际上，学科是研究领域划分的基本单元，学科之间存在的差异是基础研究基本属性之间的差异，将多个学科简单合并为一个大学科，失去了学科特点，虽然得出了该研究领域的整体性结论，但是失去了评估的学科针对性。

第二节　研究设计

本书的数据来源于科睿唯安的 InCites 数据库，数据更新时间为2020年1月3日。

科睿唯安遵循客观性、选择性和动态性的文献筛选原则，将文献被引情况作为主要影响力指标,筛选每一研究领域中最有影响力的期刊等文献,确保文献的代表性(Clarivate Analytics,2020d)。

在科睿唯安数据库中,英国(United Kingdom)、英格兰(England)、苏格兰(Scotland)、威尔士(Wales)、北爱尔兰(Northern Ireland)的数据并行存在,这些数据之间具有包含关系,为保证分析结果的可比性,本研究删除了其中被包含的重复数据。

一 基础研究领域的划分

本书以科睿唯安 Web of Science 学科为基础,选择了 198 个 Web of Science 学科,根据中国国家自然科学基金委员会关于学科组的划分,归入相应的学科组,形成 8 个学科组和 1 个交叉学科,进一步将各学科组和交叉学科归为自然科学总体,这样,就将自然科学基础研究领域划分为学科、学科组、总体三个层面。

表1—1 自然科学基金学科组与 Web of Science 学科之间的对应关系

学科组	Web of Science 学科
数学与物理学	数学(Mathematics)
	数学物理(Physics, Mathematical)
	统计学和概率论(Statistics & Probability)
	应用数学(Mathematics, Applied)
	逻辑学(Logic)
	跨学科应用数学(Mathematics, Interdisciplinary Applications)
	力学(Mechanics)
	天文学和天体物理学(Astronomy & Astrophysics)
	凝聚态物理(Physics, Condensed Matter)
	热力学(Thermodynamics)
	原子、分子和化学物理(Physics, Atomic, Molecular & Chemical)
	光学(Optics)
	光谱学(Spectroscopy)
	声学(Acoustics)
	粒子物理学和场论(Physics, Particles & Fields)
	核物理(Physics, Nuclear)

续表

学科组	Web of Science 学科
数学与物理学	核科学和技术（Nuclear Science & Technology）
	流体物理和等离子体物理（Physics, Fluids & Plasmas）
	应用物理学（Physics, Applied）
	多学科物理（Physics, Multidisciplinary）
化学	有机化学（Chemistry, Organic）
	高分子科学（Polymer Science）
	电化学（Electrochemistry）
	物理化学（Chemistry, Physical）
	分析化学（Chemistry, Analytical）
	晶体学（Crystallography）
	无机化学和核化学（Chemistry, Inorganic & Nuclear）
	纳米科学和纳米技术（Nanoscience & Nanotechnology）
	化学工程（Engineering, Chemical）
	应用化学（Chemistry, Applied）
	多学科化学（Chemistry, Multidisciplinary）
生命科学	生物学（Biology）
	微生物学（Microbiology）
	病毒学（Virology）
	植物学（Plant Sciences）
	生态学（Ecology）
	湖沼学（Limnology）
	进化生物学（Evolutionary Biology）
	动物学（Zoology）
	鸟类学（Ornithology）
	昆虫学（Entomology）
	制奶和动物科学（Agriculture, Dairy & Animal Science）
	生物物理学（Biophysics）
	生物化学和分子生物学（Biochemistry & Molecular Biology）
	生物化学研究方法（Biochemical Research Methods）
	遗传学和遗传性（Genetics & Heredity）
	数学生物学和计算生物学（Mathematical & Computational Biology）

续表

学科组	Web of Science 学科
生命科学	细胞生物学（Cell Biology）
	免疫学（Immunology）
	神经科学（Neurosciences）
	心理学（Psychology）
	应用心理学（Psychology, Applied）
	生理心理学（Psychology, Biological）
	临床心理学（Psychology, Clinical）
	发展心理学（Psychology, Developmental）
	教育心理学（Psychology, Educational）
	实验心理学（Psychology, Experimental）
	数学心理学（Psychology, Mathematical）
	多学科心理学（Psychology, Multidisciplinary）
	心理分析学（Psychology, Psychoanalysis）
	社会心理学（Psychology, Social）
	行为科学（Behavioral Sciences）
	生物材料（Materials Science, Biomaterials）
	细胞和组织工程学（Cell & Tissue Engineering）
	生理学（Physiology）
	解剖学和形态学（Anatomy & Morphology）
	发育生物学（Developmental Biology）
	生殖生物学（Reproductive Biology）
	农学（Agronomy）
	多学科农业（Agriculture, Multidisciplinary）
	生物多样性保护学（Biodiversity Conservation）
	园艺学（Horticulture）
	真菌学（Mycology）
	林学（Forestry）
	兽医学（Veterinary Sciences）
	海洋生物学和淡水生物学（Marine & Freshwater Biology）
	渔业学（Fisheries）
	食品科学和技术（Food Science & Technology）
	生物医药工程（Engineering, Biomedical）
	生物技术和应用微生物学（Biotechnology & Applied Microbiology）

续表

学科组	Web of Science 学科
地球科学	地理学（Geography）
	自然地理学（Geography, Physical）
	遥感（Remote Sensing）
	地质学（Geology）
	古生物学（Paleontology）
	矿物学（Mineralogy）
	地质工程（Engineering, Geological）
	地球化学和地球物理学（Geochemistry & Geophysics）
	气象学和大气科学（Meteorology & Atmospheric Science）
	海洋学（Oceanography）
	环境科学（Environmental Sciences）
	土壤学（Soil Science）
	水资源（Water Resources）
	环境研究（Environmental Studies）
	多学科地球科学（Geosciences, Multidisciplinary）
工程与材料科学	冶金和冶金工程（Metallurgy & Metallurgical Engineering）
	陶瓷材料（Materials Science, Ceramics）
	造纸和木材（Materials Science, Paper & Wood）
	涂料和薄膜（Materials Science, Coatings & Films）
	纺织材料（Materials Science, Textiles）
	复合材料（Materials Science, Composites）
	材料检测和鉴定（Materials Science, Characterization & Testing）
	多学科材料（Materials Science, Multidisciplinary）
	石油工程（Engineering, Petroleum）
	采矿和矿物处理（Mining & Mineral Processing）
	机械工程（Engineering, Mechanical）
	制造工程（Engineering, Manufacturing）
	能源和燃料（Energy & Fuels）
	电气和电子工程（Engineering, Electrical & Electronic）
	建筑和建筑技术（Construction & Building Technology）
	土木工程（Engineering, Civil）

续表

学科组	Web of Science 学科
工程与材料科学	农业工程（Agricultural Engineering）
	环境工程（Engineering, Environmental）
	海洋工程（Engineering, Ocean）
	船舶工程（Engineering, Marine）
	交通（Transportation）
	交通科学和技术（Transportation Science & Technology）
	航空和航天工程（Engineering, Aerospace）
	工业工程（Engineering, Industrial）
	设备和仪器（Instruments & Instrumentation）
	显微镜学（Microscopy）
	绿色和可持续科学与技术（Green & Sustainable Science & Technology）
	人体工程学（Ergonomics）
	多学科工程（Engineering, Multidisciplinary）
信息科学	电信（Telecommunication）
	影像科学和照相技术（Imaging Science & Photographic Technology）
	计算机理论和方法（Computer Science, Theory & Methods）
	软件工程（Computer Science, Software Engineering）
	计算机硬件和体系架构（Computer Science, Hardware & Architecture）
	信息系统（Computer Science, Information Systems）
	控制论（Computer Science, Cybernetics）
	计算机跨学科应用（Computer Science, Interdisciplinary Applications）
	自动化和控制系统（Automation & Control Systems）
	机器人学（Robotics）
	量子科学和技术（Quantum Science & Technology）
	人工智能（Computer Science, Artificial Intelligence）
管理科学	运筹学和管理科学（Operations Research & Management Science）
	管理学（Management）
	商学（Business）
	经济学（Economics）
	金融学（Business, Finance）
	人口统计学（Demography）

续表

学科组	Web of Science 学科
管理科学	农业经济和政策（Agricultural Economics & Policy）
	公共管理（Public Administration）
	卫生保健科学和服务（Health Care Sciences & Services）
	医学伦理学（Medical Ethics）
	区域和城市规划（Regional & Urban Planning）
	信息学和图书馆学（Information Science & Library Science）
医学	呼吸系统（Respiratory System）
	心脏和心血管系统（Cardiac & Cardiovascular Systems）
	周围血管疾病学（Peripheral Vascular Disease）
	胃肠病学和肝脏病学（Gastroenterology & Hepatology）
	产科医学和妇科医学（Obstetrics & Gynecology）
	男科学（Andrology）
	儿科学（Pediatrics）
	泌尿学和肾脏学（Urology & Nephrology）
	运动科学（Sport Sciences）
	内分泌学和新陈代谢（Endocrinology & Metabolism）
	营养学和饮食学（Nutrition & Dietetics）
	血液学（Hematology）
	临床神经学（Clinical Neurology）
	药物滥用学（Substance Abuse）
	精神病学（Psychiatry）
	敏感症学（Allergy）
	风湿病学（Rheumatology）
	皮肤医学（Dermatology）
	眼科学（Ophthalmology）
	耳鼻喉学（Otorhinolaryngology）
	听觉学和言语病理学（Audiology & Speech-Language Pathology）
	牙科医学、口腔外科和口腔医学（Dentistry, Oral Surgery & Medicine）
	急救医学（Emergency Medicine）
	危机护理医学（Critical Care Medicine）
	整形外科学（Orthopedics）

续表

学科组	Web of Science 学科
医学	麻醉学（Anesthesiology）
	肿瘤学（Oncology）
	康复医学（Rehabilitation）
	医学信息学（Medical Informatics）
	神经影像学（Neuroimaging）
	传染病学（Infectious Diseases）
	寄生物学（Parasitology）
	医学化验技术（Medical Laboratory Technology）
	放射医学、核医学和医学影像（Radiology, Nuclear Medicine & Medical Imaging）
	法医学（Medicine, Legal）
	老年病学和老年医学（Geriatrics & Gerontology）
	初级卫生保健（Primary Health Care）
	公共卫生、环境卫生和职业卫生（Public, Environmental & Occupational Health）
	热带医学（Tropical Medicine）
	药理学和药剂学（Pharmacology & Pharmacy）
	医用化学（Chemistry, Medicinal）
	毒理学（Toxicology）
	病理学（Pathology）
	外科学（Surgery）
	移植医学（Transplantation）
	护理学（Nursing）
	全科医学和内科医学（Medicine, General & Internal）
	综合医学和补充医学（Integrative & Complementary Medicine）
	研究和实验医学（Medicine, Research & Experimental）
交叉学科	交叉学科（Multidisciplinary Science）

二 文献类型的选择

基础研究成果的主要形式是在期刊、报纸、图书等各种媒介上或者在会议、研讨、论坛等活动中发表论文、综述、评论等各种文献。

考虑到学科之间文献类型存在差异，本书选择了多种文献类型，涵盖了所研究学科的主要文献类型。

表 1—2　　　　　　　　　　本研究选择的文献类型

中文名称	英文名称
期刊论文	Article
综述	Review
会议摘要	Meeting Abstract
会议论文	Proceedings Paper
更正	Correction
快报	Letter
编辑材料	Editorial Material
研究报告	Note
更正，添加	Correction, Addition
图书章节	Book Chapter
传记	Biographical-Item
新闻条目	News Item
研讨	Discussion
转载	Reprint
个人研究领域	Item About An Individual
参考书目	Bibliography
硬件评论	Hardware Review
软件评论	Software Review
图书综述	Book Review
数据库评论	Database Review
数据论文	Data Paper
摘录	Excerpt
广播电视评论	TV Review, Radio Review
小说、创作性散文	Fiction, Creative Prose
年表	Chronology
影评	Film Review
诗歌	Poetry
记录评论	Record Review
艺术展览综述	Art Exhibit Review

续表

中文名称	英文名称
图书	Book
脚本	Script
音乐演出评论	Music Performance Review
戏剧评论	Theater Review
发表内容摘要	Abstract of Published Item
广播电视视频评论	TV Review, Radio Review, Video Review

三 基础研究人才的层次划分

从文献计量的角度看，文献引用是某一文献受到该研究领域学术同行的关注而引用，这种引用可能是正引、反引、他引、自引，其中正面被他人引用是文献质量评估的主要依据；如果一篇文献有很多反引，也说明有一定影响，对基础研究而言，未必不是一种贡献；如果一篇文献有一定数量的自引，反映作者相关研究工作的延续，在某种意义上也是必要的（刘雅娟等，2000）。

我们可以将被引次数看作一个变量，当被引次数较小时，自引会产生一定影响；随着被引次数的增大，他引的数量越来越大，自引的数量难以同步增长，自引的影响越来越小，当被引次数足够大时，自引的影响就可以忽略不计了。因此，被引次数可以作为文献质量评估的基本指标。

分析不同学科的文献被引次数分布，可以发现，被引次数小，文献数量大，随着被引次数逐渐增大，文献数量逐渐减小，减幅越来越小，被引次数分布很长，呈现长尾分布的特征。

被引次数越高，意味着文献质量越高，对应着越优秀的作者，按照被引次数的降序分布，可以利用长尾分布提供的较长的分布区间，对文献作者进行细致的区分。

一篇文献可能有一个或多个作者，作者可能属于一个或多个国家，甚至一篇文献可能属于一个或多个学科。在本研究中，如果一篇文献有多个作者，视为一个作者；如果一篇文献的作者属于多个国家或地区，视为作者所属的每一国家或地区都拥有该篇文献；如果一篇文献属于多个学科，视为文献所属的每一学科都拥有该篇文献。

从基础研究看，发表了一篇文献，代表着取得一项研究成果，意味着具有某种研究能力，这种研究能力表现在人才、资金、物质等方面，表现在人才上就是人才能力，这种人才能力可能体现为一个作者或多个作者，同时，一个作者也可能发表多篇文献，在多个研究上具有能力，这样，人才能力并非完全等同于作者。

在文献计量时，本研究站在两个宏观层面，一是国家或地区的地域层面，二是学科、学科组或总体的研究领域层面，汇总某一地域某一研究领域中各项研究的人才能力，汇总结果代表着该地域该研究领域的人才能力。因此，本研究使用的"基础研究人才"，是在某一地域某一研究领域的宏观层面上，对"基础研究人才能力"的简称，不同于个体、团队、组织等微观层面上的"人才"。

在本书中，我们将基础研究人才界定为，在某一学科某一年度的文献中，被引次数的累计百分比处于前10%的文献的作者。

为了对基础研究人才进行更细致的区分，我们继续以1‰、1%、10%为标线，将基础研究人才划分为A、B、C三个层次。

表1—3　　　　　　　　　　基础研究人才的层次划分

人才层次	累计百分比 p
A	p≤1‰
B	1‰＜p≤1%
C	1%＜p≤10%

四　计量文献时间范围的选择

本书的计量文献数据更新时间是2020年1月30日，虽然包含了2019年的全部数据，但是2019年的文献仅发表一年或不足一年，被引次数还很小甚至为零，被引次数不能代表或者充分代表基础研究成果的质量，因此我们剔除了2019年的数据，选择2009—2018年的10年数据作为计量对象。

我们对2009—2018年各年度及年度合计分别进行统计分析，计算统计指标，反映年度变化趋势。考虑到时间对被引次数有显著影响，年度被引次数总体上随着时间增近而逐渐减小，但是时间对被引次数的影响并不一致,越远期影响越小,越近期影响越大。基于 10 年合计的分析指标能更为准确地反映一个国家或地区的人才发展,因此,我们将其作为人才比较的主要指标。

五 指标体系的构建

学科是基础研究领域划分的基本单元,也是基础研究人才划分的基本单元,本书以学科为基本单元构建分析指标,进行学科层面的文献计量分析;在学科分析的基础上,根据学科组的划分,对应汇总相应学科的分析指标,形成了学科组的分析指标;进一步汇总学科组的分析指标,形成自然科学总体的分析指标。每一层面的分析指标都包括以下两类:

(一) 文献分析指标

计算文献分析指标,分析文献的基本计量特征,有助于理解人才的分布特点和发展趋势。根据研究领域划分的学科、学科组、总体三个层面,可以计算每个层面研究领域的文献分析指标。

1. 文献类型占比

某一文献类型在某一年度或年度合计中的数量占相应年度全部文献总量中的百分比。

2. 文献数量

某一年度或年度合计中的全部文献的计数合计。

3. 总被引次数

某一年度或年度合计中的全部文献的被引次数的累加合计。

4. 平均被引次数

某一年度或年度合计中的全部文献的引用数量除以文献数量的值。

5. 被引次数分布

为了便于描述,根据频次分布的长尾特点,将被引次数不均衡地划分为 40 个组:0、1—4、5—9、10—14、15—19、20—24、25—29、30—34、35—39、40—44、45—49、50—54、55—59、60—64、65—69、70—74、75—79、80—84、85—89、90—94、95—99、100—109、110—119、120—129、130—139、140—149、150—159、160—169、170—179、180—189、190—199、200—299、300—399、400—499、500—599、600—699、700—799、800—899、900—999、1000 +。按照被引次数的降

序排列，计算某一年度或年度合计中每一被引次数组的文献篇数、百分比和累积百分比。

（二）人才比较指标

通过计算文献被引次数的比较指标，可以对相关人才的分布特点和发展趋势进行定量比较。根据研究领域划分的学科、学科组、总体三个层面和研究人才的 A、B、C 三个层次，可以计算每个层面研究领域中每个层次人才的人才比较指标。

1. A 层人才占比

某一国家或地区在某一年度或年度合计中的 A 层人才数量占全球相应年度 A 层人才总数的百分比。

2. B 层人才占比

某一国家或地区在某一年度或年度合计中的 B 层人才数量占全球相应年度 B 层人才总数的百分比。

3. C 层人才占比

某一国家或地区在某一年度或年度合计中的 C 层人才数量占全球相应年度 C 层人才总数的百分比。

第三节 本书的结构

本书包括以下三大部分。

一 绪论

第一章首先介绍了基础研究的评估方法，概述了基础研究的绩效评估和人才评估，并指出了当前基础研究评估的不足；之后阐述了研究设计，从基础研究领域的划分、文献类型的选择、基础研究人才的层次划分、计量文献时间范围的选择、指标体系的构建等方面详细阐释本研究的思路、方法、指标；之后对本书的结构和统计结果的呈现作出说明。

二 学科和学科组层面的人才比较

第二至第九章分别以中国自然科学基金委员会的数学与物理学、化学、生命科学、地球科学、工程与材料科学、信息科学、管理科学、医学等 8 个学科组为单元，在分析文献类型、文献量与被引次数、被引次数分布的基础上，从学科和学科组两个层面，呈现各个国家和地区 A、B、C 层人才的全球占比及其在 2009—2018 年间的变化趋势。

交叉学科无法归入任一学科组，因此单独分析其文献类型、文献量与被引次数、被引次数分布，呈现其各个国家和地区 A、B、C 层人才的全球占比和变化趋势，其结果呈现在第十章。

在学科层面上呈现各个国家和地区 A、B、C 层人才的全球占比和变化趋势时，一般情况下选择 10 年合计占比排名前 20 的国家和地区，这样能够涵盖全部或者大部分世界占比超过或接近 1% 的国家和地区，具有较好的代表性。当然，如果某一学科层面的人才比较小，或者其 A 层人才比较少，其全部国家和地区的数量可能不足 20，这种情况下就呈现其全部国家和地区的结果。

在学科组层面上呈现各个国家和地区 A、B、C 层人才的全球占比和变化趋势时，选择 10 年合计占比排名前 40 的国家和地区，这样能够涵盖全部世界占比超过 1% 以及相当数量低于 1% 的国家和地区，扩大了比较的范围。

三　总结

第十一章从自然科学总体层面，分析其文献类型、文献量与被引次数、被引次数分布，呈现其各个国家和地区 A、B、C 层人才的全球占比和变化趋势。我们选择 10 年合计占比排名前 50 的国家和地区，这样涵盖了全部世界占比超过 1% 以及更多的低于 1% 的国家和地区，进一步扩大了比较的范围。

在呈现了总体层面的比较之后，第十一章还对本书中所涉及的文献类型与被引次数、研究领域的划分、研究人才的分层、统计指标的使用等关键议题进行了深入讨论，阐释了这些议题内部及议题之间的逻辑关系，提出在利用这些信息进行决策时的注意事项。最后从基础研究综合评估、研究领域的划分、统计指标的稳定性等方面，指出本书的创新之处和局限所在。

第二章

数学与物理学

数学与物理学是自然科学中的基础科学,是当代科学发展的先导和基础。其研究进展和重大突破,不仅推动自身的发展,也为其他学科的发展提供理论、思想、方法和手段。

第一节 文献类型与被引次数

分析数学与物理学的文献类型、文献量与被引次数、被引次数分布等文献计量特征,有助于理解其学科人才和学科组人才的分布特点和发展趋势。

一 文献类型

数学与物理学的主要文献类型依次为期刊论文、会议论文、综述、编辑材料,在各年度中的占比比较稳定,10年合计的占比依次为80.92%、16.12%、1.12%、0.84%,占全部文献的99%。

表2—1　　　　　数学与物理学主要文献类型的占比

文献类型	2009	2010	2011	2012	2013	2014	2015	2016	2017	2018	合计
期刊论文	79.98	78.07	81.68	79.69	82.48	78.77	81.01	80.78	80.88	85.03	80.92
会议论文	16.80	19.08	15.82	17.57	14.72	18.32	16.03	16.12	15.87	11.78	16.12
综述	1.45	0.99	0.86	1.04	1.02	1.03	0.98	1.15	1.26	1.39	1.12
编辑材料	0.84	0.84	0.84	0.84	0.85	0.87	0.87	0.82	0.83	0.78	0.84

二　文献量与被引次数

数学与物理学各年度的文献总量在逐年增加,从 2009 年的 507603 篇增加到 2018 年的 669861 篇;总引用总量在 2009—2012 年间相对稳定,从 2013 年起逐年下降,平均被引次数的趋势与总被引次数相似,反映了年度被引次数总体上随着时间增加而逐渐减小,但是时间对被引次数的影响并不一致,越远期影响越小,逐渐趋于稳定,越近期影响越大。

表 2—2　　　　　数学与物理学的文献量与被引次数

	2009	2010	2011	2012	2013	2014	2015	2016	2017	2018	合计
文献总量	507603	531250	549675	579335	592315	635868	636778	671262	684542	669861	6058489
总被引次数	10642928	10726489	10413149	11960910	9773408	9216750	7824863	6786174	4517199	2613929	84475799
平均被引次数	20.97	20.19	18.94	20.65	16.5	14.49	12.29	10.11	6.60	3.90	13.94

三　被引次数分布

在数学与物理学的 10 年文献中,有 1292927 篇文献没有任何被引,占比 21.34%;有 1841324 篇文献有 1—4 次被引,占比 30.39%;有 1016977 篇文献有 5—9 次被引,占比 16.79%。随着被引次数的增加,所对应的文献数量逐渐减小,同时减小的幅度也越来越小,这样被引次数的分布很长,至被引次数为 1000 及以上,有 2061 篇文献,占比 0.03%。

从被引次数的降序分布上,随着被引次数的降低,相应文献的累计百分比逐渐增大:当被引次数降到 500 时,大于和等于该被引次数的文献的百分比才超过 0.1%;当被引次数降到 140 时,大于和等于该被引次数的文献的百分比达到 1%;当被引次数降到 30 时,大于和等于该被引次数的文献的百分比超过 10%。从相应文献累计百分比的增长趋势上,起初的增长幅度很小,随着被引次数逐渐降低,增长幅度逐渐增大。

表2—3　　　　　　数学与物理学的文献被引次数分布

被引次数	文献数量	百分比	累计百分比
1000 +	2061	0.03	0.03
900—999	362	0.01	0.04
800—899	632	0.01	0.05
700—799	795	0.01	0.06
600—699	1025	0.02	0.08
500—599	1601	0.03	0.11
400—499	3586	0.06	0.17
300—399	6308	0.10	0.27
200—299	16577	0.27	0.54
190—199	3345	0.06	0.60
180—189	3540	0.06	0.66
170—179	4162	0.07	0.73
160—169	4907	0.08	0.81
150—159	5303	0.09	0.89
140—149	6381	0.11	1.00
130—139	8571	0.14	1.14
120—129	10053	0.17	1.31
110—119	12624	0.21	1.52
100—109	15668	0.26	1.77
95—99	9448	0.16	1.93
90—94	10922	0.18	2.11
85—89	11669	0.19	2.30
80—84	13773	0.23	2.53
75—79	16458	0.27	2.80
70—74	19741	0.33	3.13
65—69	23495	0.39	3.52
60—64	27630	0.46	3.97
55—59	34991	0.58	4.55
50—54	42173	0.70	5.25
45—49	52104	0.86	6.11
40—44	65979	1.09	7.19

续表

被引次数	文献数量	百分比	累计百分比
35—39	86417	1.43	8.62
30—34	115456	1.91	10.53
25—29	156095	2.58	13.10
20—24	225650	3.72	16.83
15—19	338349	5.58	22.41
10—14	549410	9.07	31.48
5—9	1016977	16.79	48.27
1—4	1841324	30.39	78.66
0	1292927	21.34	100.00

第二节 学科层面的人才比较

数学与物理学学科组包括以下学科：数学，数学物理，统计学和概率论，逻辑学，应用数学，跨学科应用数学，力学，天文学和天体物理学，凝聚态物理，热力学，原子、分子和化学物理，光学，光谱学，声学，粒子物理学和场论，核物理，核科学和技术，流体物理和等离子体物理，应用物理学，多学科物理，共计20个。

一 数学

数学A、B、C层人才主要集中在中国大陆和美国，两国A、B、C层人才的世界占比为39.23%、38.68%、32.36%，其中中国大陆的A和B层人才稍多于美国，C层人才稍少于美国；在发展趋势上，中国大陆呈现相对上升趋势，美国呈现相对下降趋势。

德国、意大利、英国、法国、沙特的A层人才比较多，世界占比在8%—3%之间；西班牙、澳大利亚、奥地利、日本、加拿大、南非、中国台湾、印度、巴西、智利、希腊、比利时、罗马尼亚也有相当数量的A层人才，世界占比超过1%。

法国、德国、意大利、英国、沙特、西班牙的B层人才比较多，世界占比在6%—3%之间；加拿大、土耳其、罗马尼亚、日本、澳大利亚、韩国、中国台湾、印度、中国香港、瑞士、塞尔维亚、伊朗也有相当数量的 B 层人才，世界占比超过 1%。

法国、德国、意大利、英国、西班牙、加拿大的 C 层人才比较多，世界占比在 7%—3% 之间；日本、俄罗斯、波兰、土耳其、韩国、沙特、澳大利亚、巴西、罗马尼亚、印度、以色列、伊朗也有相当数量的 C 层人才，世界占比超过 1%。

表 2—4　　数学 A 层人才排名前 20 的国家和地区的占比

国家和地区 \ 年份	2009	2010	2011	2012	2013	2014	2015	2016	2017	2018	合计
中国大陆	6.06	6.45	3.13	23.53	5.26	12.82	22.50	30.00	38.46	53.66	21.25
美国	45.45	25.81	15.63	20.59	23.68	15.38	17.50	5.00	5.13	12.20	17.98
德国	6.06	16.13	12.50	5.88	15.79	12.82	7.50	0.00	2.56	0.00	7.63
意大利	0.00	3.23	0.00	5.88	10.53	20.51	10.00	15.00	2.56	0.00	7.08
英国	3.03	6.45	9.38	0.00	7.89	5.13	10.00	0.00	7.69	7.32	5.72
法国	12.12	3.23	12.50	5.88	5.26	7.69	2.50	5.00	2.56	0.00	5.45
沙特	0.00	0.00	0.00	2.94	2.63	0.00	5.00	12.50	2.56	2.44	3.00
西班牙	0.00	9.68	3.13	5.88	2.63	5.13	2.50	0.00	0.00	0.00	2.72
澳大利亚	0.00	0.00	0.00	0.00	5.26	0.00	5.00	2.50	7.69	0.00	2.18
奥地利	0.00	12.90	3.13	0.00	0.00	0.00	0.00	0.00	2.56	0.00	2.18
日本	3.03	0.00	6.25	2.94	0.00	2.56	2.50	0.00	0.00	2.44	1.91
加拿大	0.00	3.23	12.50	0.00	0.00	2.56	0.00	0.00	0.00	0.00	1.63
南非	0.00	0.00	0.00	0.00	0.00	0.00	0.00	0.00	0.00	12.20	1.36
中国台湾	0.00	0.00	3.13	0.00	0.00	0.00	0.00	0.00	5.13	4.88	1.36
印度	0.00	0.00	0.00	2.94	5.26	0.00	5.00	0.00	0.00	0.00	1.36
巴西	0.00	0.00	0.00	0.00	5.26	5.13	2.50	0.00	0.00	0.00	1.36
智利	0.00	3.23	3.13	2.94	0.00	2.56	0.00	0.00	0.00	0.00	1.09
希腊	0.00	0.00	0.00	0.00	0.00	0.00	0.00	5.00	2.56	2.44	1.09
比利时	3.03	0.00	0.00	0.00	2.63	0.00	2.50	0.00	2.56	0.00	1.09
罗马尼亚	0.00	0.00	0.00	0.00	0.00	0.00	5.00	2.50	2.56	0.00	1.09

表 2—5　　数学 B 层人才排名前 20 的国家和地区的占比

国家和地区 \ 年份	2009	2010	2011	2012	2013	2014	2015	2016	2017	2018	合计
中国大陆	13.36	12.07	10.96	14.24	17.20	18.53	21.15	24.24	27.97	37.54	20.04
美国	28.42	25.52	23.59	21.05	20.12	15.00	16.48	15.98	15.30	7.77	18.64
法国	6.85	7.93	8.64	5.26	6.41	5.29	7.42	5.23	3.43	2.59	5.84
德国	4.11	6.21	5.65	5.57	6.41	5.29	4.67	3.86	3.96	3.56	4.90
意大利	4.11	4.14	4.32	2.79	4.08	5.88	5.22	6.89	4.49	4.53	4.69
英国	4.45	3.79	7.31	4.95	2.62	4.12	4.12	4.41	4.22	2.59	4.24
沙特	2.40	1.03	2.33	3.41	3.50	4.41	4.67	2.75	4.22	3.24	3.27
西班牙	4.45	4.14	5.32	5.26	1.75	4.12	1.65	1.93	1.85	0.97	3.06
加拿大	3.08	2.41	3.99	2.17	2.92	1.76	1.92	1.65	1.32	0.97	2.18
土耳其	0.34	0.69	1.00	1.55	3.21	1.76	1.37	3.58	2.37	4.85	2.12
罗马尼亚	0.68	1.72	1.33	1.24	3.21	1.18	1.37	2.48	2.90	3.24	1.97
日本	2.74	2.07	2.33	0.93	1.75	2.65	2.47	2.48	0.79	1.29	1.94
澳大利亚	1.03	0.69	1.33	1.24	1.46	1.76	1.65	0.83	3.17	3.88	1.73
韩国	0.34	1.38	0.33	1.86	2.33	2.35	0.55	2.48	0.53	1.94	1.42
中国台湾	1.03	2.41	0.66	1.55	0.87	1.18	1.92	1.10	0.79	2.59	1.39
印度	1.03	1.72	1.33	2.17	0.87	0.59	1.37	1.65	1.32	1.62	1.36
中国香港	0.68	0.34	1.00	0.31	2.04	2.35	1.10	1.65	1.06	2.27	1.30
瑞士	0.68	1.38	1.33	2.17	0.87	1.76	1.65	1.38	0.79	0.97	1.30
塞尔维亚	3.08	1.38	0.66	1.55	0.58	1.47	1.37	0.83	0.79	0.65	1.21
伊朗	0.34	1.03	0.66	1.86	2.92	1.18	0.82	0.55	1.32	0.97	1.18

表 2—6　　数学 C 层人才排名前 20 的国家和地区的占比

国家和地区 \ 年份	2009	2010	2011	2012	2013	2014	2015	2016	2017	2018	合计
美国	21.15	22.57	21.17	19.75	17.69	17.56	17.80	16.96	16.11	14.26	18.60
中国大陆	12.21	11.05	11.73	12.49	13.36	13.83	13.81	16.89	15.59	17.69	13.76
法国	7.49	8.72	7.97	7.41	6.55	7.14	7.23	6.42	5.62	4.90	7.00
德国	5.68	5.64	6.00	5.88	5.27	5.98	5.54	4.99	5.00	5.35	5.54
意大利	5.25	4.76	4.56	5.32	5.27	5.63	5.54	4.89	5.14	5.84	5.21
英国	3.90	4.22	4.25	4.06	4.09	3.99	3.70	4.26	5.00	3.79	4.13
西班牙	4.05	3.51	4.32	3.91	3.67	3.83	3.21	3.16	3.08	3.39	3.62
加拿大	3.62	3.51	3.32	3.05	2.82	3.50	3.08	2.93	3.08	2.99	3.19

续表

国家和地区\年份	2009	2010	2011	2012	2013	2014	2015	2016	2017	2018	合计
日本	2.66	3.14	3.45	2.58	2.95	2.93	2.76	2.69	2.50	2.14	2.80
俄罗斯	1.56	1.96	1.24	1.78	2.03	1.64	2.69	2.73	2.71	3.07	2.12
波兰	1.88	1.76	1.98	1.51	2.00	1.83	2.56	1.90	2.09	1.83	1.93
土耳其	0.67	1.18	1.17	1.69	2.72	1.93	1.52	1.70	1.71	2.14	1.64
韩国	1.38	1.42	1.71	1.75	1.47	1.83	1.56	1.70	1.58	1.65	1.61
沙特	0.39	0.74	1.07	1.72	1.97	1.77	1.91	1.86	2.16	2.32	1.58
澳大利亚	1.35	2.09	1.71	1.63	1.44	1.61	1.59	1.30	1.75	1.20	1.58
巴西	1.49	1.59	1.51	1.05	1.47	1.77	1.75	1.66	1.68	1.38	1.54
罗马尼亚	1.53	1.89	1.44	1.54	1.70	1.58	1.17	1.23	1.47	1.60	1.51
印度	1.21	0.78	1.37	1.26	1.11	1.45	1.20	1.50	1.75	2.50	1.38
以色列	1.85	1.42	1.78	1.20	0.98	1.25	1.82	1.36	1.06	0.71	1.36
伊朗	1.42	1.22	1.11	1.11	1.74	1.35	1.10	1.00	0.96	1.16	1.22

二 数学物理

数学物理 A、B、C 层人才最多的国家是美国，分别占该学科全球 A、B、C 层人才的 23.24%、19.82%、19.78%。

英国、瑞士、法国、意大利、中国大陆、德国、俄罗斯的 A 层人才比较多，世界占比在 9%—4% 之间；瑞典、南非、日本、韩国、加拿大、土耳其、波兰、墨西哥、西班牙、澳大利亚、丹麦、荷兰也有相当数量的 A 层人才，世界占比超过 1%。

中国大陆、德国、英国、法国、意大利、西班牙的 B 层人才比较多，世界占比在 13%—3% 之间；瑞士、日本、俄罗斯、沙特、加拿大、斯洛文尼亚、印度、荷兰、澳大利亚、中国香港、比利时、土耳其、伊朗也有相当数量的 B 层人才，世界占比超过 1%。

中国大陆、德国、法国、英国、意大利、西班牙的 C 层人才比较多，世界占比在 13%—3% 之间；俄罗斯、印度、日本、瑞士、加拿大、澳大利亚、伊朗、荷兰、以色列、中国香港、巴西、波兰、瑞典也有相当数量的 C 层人才，世界占比超过或接近 1%。

表 2—7　　数学物理 A 层人才排名前 20 的国家和地区的占比

国家和地区\年份	2009	2010	2011	2012	2013	2014	2015	2016	2017	2018	合计
美国	11.76	50.00	21.43	13.33	35.71	15.38	33.33	14.29	11.76	21.43	23.24
英国	11.76	6.25	0.00	6.67	14.29	15.38	13.33	14.29	5.88	0.00	8.45
瑞士	11.76	6.25	7.14	6.67	0.00	15.38	6.67	14.29	5.88	7.14	7.75
法国	5.88	6.25	14.29	6.67	0.00	23.08	6.67	0.00	5.88	0.00	7.04
意大利	23.53	6.25	7.14	0.00	0.00	7.69	0.00	14.29	5.88	0.00	6.34
中国大陆	0.00	6.25	0.00	6.67	0.00	0.00	0.00	0.00	11.76	28.57	5.63
德国	5.88	0.00	14.29	6.67	0.00	15.38	6.67	0.00	5.88	0.00	5.63
俄罗斯	0.00	0.00	0.00	6.67	14.29	7.69	6.67	0.00	0.00	7.14	4.23
瑞典	0.00	0.00	0.00	6.67	7.14	0.00	6.67	0.00	5.88	0.00	2.82
南非	0.00	0.00	0.00	0.00	0.00	0.00	0.00	14.29	0.00	14.29	2.11
日本	0.00	0.00	7.14	0.00	7.14	0.00	0.00	0.00	5.88	0.00	2.11
韩国	0.00	0.00	0.00	6.67	7.14	0.00	0.00	0.00	5.88	0.00	2.11
加拿大	5.88	0.00	0.00	6.67	0.00	0.00	0.00	0.00	5.88	0.00	2.11
土耳其	0.00	6.25	0.00	0.00	0.00	0.00	0.00	14.29	0.00	7.14	2.11
波兰	0.00	0.00	7.14	6.67	7.14	0.00	0.00	0.00	0.00	0.00	2.11
墨西哥	0.00	0.00	0.00	0.00	0.00	0.00	6.67	0.00	0.00	7.14	1.41
西班牙	5.88	0.00	0.00	0.00	0.00	0.00	14.29	0.00	0.00	0.00	1.41
澳大利亚	5.88	0.00	0.00	0.00	0.00	0.00	6.67	0.00	0.00	0.00	1.41
丹麦	5.88	0.00	0.00	6.67	0.00	0.00	0.00	0.00	0.00	0.00	1.41
荷兰	0.00	0.00	0.00	6.67	0.00	0.00	0.00	0.00	5.88	0.00	1.41

表 2—8　　数学物理 B 层人才排名前 20 的国家和地区的占比

国家和地区\年份	2009	2010	2011	2012	2013	2014	2015	2016	2017	2018	合计
美国	17.20	27.78	27.48	18.38	18.98	20.14	15.38	22.56	15.13	15.86	19.82
中国大陆	7.64	8.33	9.92	12.50	14.60	7.64	14.69	14.63	17.76	20.69	12.87
德国	6.37	9.72	9.92	8.09	6.57	9.72	11.19	7.32	8.55	4.83	8.19
英国	8.28	9.03	5.34	9.56	10.95	9.72	6.99	9.15	6.58	4.14	7.98
法国	5.73	2.78	5.34	2.94	3.65	5.56	4.20	4.27	3.29	4.14	4.20
意大利	7.64	1.39	5.34	4.41	2.92	4.17	3.50	3.05	4.61	2.76	3.99
西班牙	4.46	4.17	3.82	2.94	2.19	6.94	2.80	1.83	6.58	0.69	3.65
瑞士	4.46	1.39	2.29	1.47	2.19	3.47	3.50	2.44	1.32	1.38	2.41

续表

国家和地区\年份	2009	2010	2011	2012	2013	2014	2015	2016	2017	2018	合计
日本	1.27	2.78	2.29	2.94	2.19	2.78	2.10	0.61	3.29	1.38	2.13
俄罗斯	2.55	1.39	1.53	2.21	0.00	1.39	2.80	3.66	1.32	4.14	2.13
沙特	0.00	0.00	0.76	0.00	3.65	2.08	3.50	3.05	1.32	3.45	1.79
加拿大	1.27	1.39	4.58	3.68	1.46	3.47	0.70	1.83	0.00	0.00	1.79
斯洛文尼亚	1.91	1.39	2.29	0.74	2.92	2.08	2.10	1.83	1.97	0.00	1.72
印度	1.91	2.08	0.00	1.47	2.92	1.39	1.40	2.44	2.63	0.69	1.72
荷兰	2.55	1.39	2.29	1.47	2.19	0.69	0.70	3.66	0.00	1.38	1.65
澳大利亚	2.55	2.08	0.76	2.21	0.73	0.69	2.10	1.22	0.66	2.07	1.51
中国香港	2.55	1.39	1.53	2.21	2.92	0.69	0.70	1.22	0.00	0.69	1.38
比利时	1.91	2.78	0.76	1.47	0.00	0.69	0.00	0.61	1.97	2.76	1.31
土耳其	0.64	0.69	0.00	1.47	0.00	0.00	0.70	0.61	3.95	4.83	1.31
伊朗	0.64	1.39	0.76	2.94	2.19	0.00	0.00	0.61	1.32	2.07	1.17

表2—9　数学物理C层人才排名前20的国家和地区的占比

国家和地区\年份	2009	2010	2011	2012	2013	2014	2015	2016	2017	2018	合计
美国	24.79	23.42	20.62	19.02	21.20	18.71	20.26	17.26	16.77	15.09	19.78
中国大陆	9.15	8.26	9.28	12.60	14.60	11.70	13.30	13.82	16.62	16.53	12.53
德国	8.39	8.26	8.68	9.47	8.15	7.82	7.04	9.17	7.68	7.77	8.26
法国	7.19	8.26	8.14	6.86	6.38	7.60	6.57	7.07	5.14	5.74	6.91
英国	6.31	6.98	6.70	6.19	6.82	7.24	6.73	7.83	5.89	5.51	6.64
意大利	4.79	5.27	3.65	4.18	4.89	6.29	5.10	5.41	5.96	4.91	5.05
西班牙	3.79	2.92	3.65	3.28	3.48	3.58	2.86	2.87	1.56	2.57	3.07
俄罗斯	1.77	1.99	3.12	2.01	2.52	2.56	3.71	2.87	3.50	3.70	2.75
印度	1.83	2.35	2.59	2.16	1.85	3.22	2.94	2.17	2.68	3.92	2.55
日本	2.27	2.42	2.59	2.16	1.93	2.41	2.47	2.80	2.76	3.09	2.49
瑞士	1.83	1.49	2.28	1.86	2.30	2.41	2.71	2.93	2.24	1.06	2.12
加拿大	1.89	2.63	2.05	2.09	2.15	2.27	2.09	1.66	1.49	1.89	2.02
澳大利亚	1.32	1.99	1.52	2.24	1.19	1.46	2.01	1.59	2.09	1.36	1.67
伊朗	2.08	1.64	2.21	1.72	1.04	1.02	1.16	0.70	1.71	2.04	1.53
荷兰	1.77	1.78	1.75	1.64	1.63	1.54	1.47	1.46	1.04	0.45	1.46
以色列	1.01	1.07	1.75	1.12	1.70	1.46	1.78	1.53	1.04	1.06	1.35

续表

国家和地区 \ 年份	2009	2010	2011	2012	2013	2014	2015	2016	2017	2018	合计
中国香港	1.39	1.42	1.14	1.72	1.11	1.17	1.01	0.83	0.75	0.68	1.12
巴西	1.14	1.00	0.99	1.49	0.74	1.24	0.77	1.46	0.97	1.21	1.11
波兰	1.58	1.07	0.84	1.12	1.19	0.80	1.01	0.89	1.19	1.28	1.10
瑞典	1.01	1.21	1.22	1.04	0.96	1.02	0.93	0.70	1.34	0.38	0.98

三 统计学和概率论

统计学和概率论A、B、C层人才最多的国家是美国，分别占该学科全球A、B、C层人才的33.83%、34.21%、30.01%。

英国、中国大陆、德国、澳大利亚、加拿大的A层人才比较多，世界占比在13%—6%之间；瑞典、沙特、西班牙、法国、瑞士、中国香港、丹麦、荷兰、新西兰、俄罗斯、芬兰、希腊、葡萄牙、印度也有相当数量的A层人才，世界占比超过或接近1%。

英国、中国大陆、德国、加拿大、法国的B层人才比较多，世界占比在13%—4%之间；澳大利亚、瑞士、荷兰、西班牙、意大利、丹麦、沙特、日本、挪威、奥地利、瑞典、中国香港、韩国、印度也有相当数量的B层人才，世界占比超过或接近1%。

英国、中国大陆、德国、法国、加拿大的C层人才比较多，世界占比在10%—4%之间；意大利、西班牙、澳大利亚、瑞士、荷兰、比利时、瑞典、中国香港、日本、奥地利、丹麦、新加坡、巴西、印度也有相当数量的C层人才，世界占比超过或接近1%。

表2—10　　统计学和概率论A层人才排名前20的国家和地区的占比

国家和地区 \ 年份	2009	2010	2011	2012	2013	2014	2015	2016	2017	2018	合计
美国	33.33	41.67	38.46	27.27	50.00	28.57	28.57	26.67	40.00	23.08	33.83
英国	25.00	16.67	30.77	0.00	14.29	7.14	7.14	6.67	6.67	7.69	12.03
中国大陆	16.67	8.33	0.00	0.00	0.00	0.00	7.14	6.67	6.67	46.15	9.02
德国	0.00	0.00	0.00	9.09	7.14	21.43	7.14	13.33	6.67	0.00	6.77
澳大利亚	0.00	16.67	0.00	18.18	0.00	21.43	0.00	0.00	6.67	0.00	6.02
加拿大	0.00	8.33	15.38	9.09	0.00	7.14	14.29	0.00	6.67	0.00	6.02

续表

国家和地区\年份	2009	2010	2011	2012	2013	2014	2015	2016	2017	2018	合计
瑞典	0.00	0.00	0.00	0.00	14.29	7.14	0.00	6.67	0.00	0.00	3.01
沙特	0.00	0.00	0.00	0.00	0.00	0.00	0.00	6.67	6.67	7.69	2.26
西班牙	8.33	0.00	0.00	0.00	0.00	0.00	0.00	6.67	6.67	0.00	2.26
法国	0.00	0.00	7.69	0.00	0.00	7.14	0.00	0.00	0.00	7.69	2.26
瑞士	0.00	0.00	0.00	0.00	0.00	0.00	21.43	0.00	0.00	0.00	2.26
中国香港	8.33	0.00	0.00	9.09	0.00	0.00	0.00	0.00	0.00	7.69	2.26
丹麦	8.33	0.00	0.00	0.00	0.00	7.14	0.00	6.67	0.00	0.00	2.26
荷兰	0.00	8.33	7.69	0.00	0.00	0.00	0.00	0.00	0.00	0.00	1.50
新西兰	0.00	0.00	0.00	9.09	0.00	0.00	7.14	0.00	0.00	0.00	1.50
俄罗斯	0.00	0.00	0.00	9.09	7.14	0.00	0.00	0.00	0.00	0.00	1.50
芬兰	0.00	0.00	0.00	0.00	0.00	0.00	0.00	0.00	6.67	0.00	0.75
希腊	0.00	0.00	0.00	0.00	0.00	7.14	0.00	0.00	0.00	0.00	0.75
葡萄牙	0.00	0.00	0.00	0.00	0.00	0.00	0.00	0.00	6.67	0.00	0.75
印度	0.00	0.00	0.00	0.00	0.00	0.00	0.00	6.67	0.00	0.00	0.75

表2—11　统计学和概率论B层人才排名前20的国家和地区的占比

国家和地区\年份	2009	2010	2011	2012	2013	2014	2015	2016	2017	2018	合计
美国	39.84	38.26	48.39	39.67	38.28	38.57	20.00	32.00	23.57	28.89	34.21
英国	17.07	13.91	11.29	12.40	13.28	10.71	14.29	11.33	9.55	9.63	12.23
中国大陆	1.63	2.61	1.61	4.96	3.13	5.00	8.57	10.00	14.65	17.78	7.35
德国	5.69	3.48	2.42	7.44	7.81	5.71	6.43	7.33	7.01	1.48	5.55
加拿大	8.94	11.30	4.84	1.65	3.13	5.00	1.43	4.00	5.73	4.44	4.95
法国	6.50	6.09	4.03	9.09	6.25	2.86	5.71	3.33	1.91	0.00	4.43
澳大利亚	0.81	1.74	3.23	1.65	3.13	3.57	2.86	2.00	7.01	5.93	3.30
瑞士	0.81	2.61	5.65	3.31	1.56	2.14	3.57	2.00	2.55	4.44	2.85
荷兰	3.25	2.61	2.42	3.31	2.34	3.57	2.14	2.00	2.55	1.48	2.55
西班牙	0.81	1.74	0.81	2.48	3.13	3.57	4.29	2.67	1.91	1.48	2.33
意大利	0.81	1.74	2.42	2.48	2.34	0.71	2.86	0.67	2.55	1.48	1.80
丹麦	0.81	0.87	4.03	0.00	1.56	2.14	2.14	2.67	1.91	0.00	1.65
沙特	0.00	0.00	0.00	0.00	0.78	2.86	2.14	2.00	2.55	3.70	1.50
日本	0.81	2.61	0.00	0.00	0.00	0.00	2.14	3.33	0.00	3.70	1.28

续表

国家和地区＼年份	2009	2010	2011	2012	2013	2014	2015	2016	2017	2018	合计
挪威	1.63	0.87	0.81	0.83	1.56	0.00	1.43	2.00	2.55	0.00	1.20
奥地利	0.81	0.87	1.61	0.00	0.78	0.00	0.71	1.33	0.64	1.48	0.83
瑞典	0.81	0.87	0.81	0.83	0.00	2.14	1.43	0.00	1.27	0.00	0.83
中国香港	0.00	0.00	0.81	0.00	0.78	1.43	2.86	0.67	0.64	0.74	0.83
韩国	0.00	0.00	0.00	0.00	2.34	0.71	0.71	0.00	2.55	1.48	0.83
印度	0.00	0.00	0.81	0.00	0.00	0.71	1.43	0.00	2.55	1.48	0.75

表 2—12　统计学和概率论 C 层人才排名前 20 的国家和地区的占比

国家和地区＼年份	2009	2010	2011	2012	2013	2014	2015	2016	2017	2018	合计
美国	33.61	33.04	32.33	31.66	31.21	29.48	29.65	28.95	27.45	23.42	30.01
英国	11.18	10.06	8.98	9.25	9.52	8.59	8.36	8.89	9.29	9.13	9.30
中国大陆	5.79	5.70	6.30	7.31	8.87	9.12	10.61	9.12	10.50	12.51	8.66
德国	5.63	5.88	5.54	6.33	6.53	5.47	6.10	5.40	4.96	4.99	5.68
法国	6.29	6.06	5.46	5.52	5.40	5.09	5.60	5.32	3.69	4.23	5.24
加拿大	4.47	4.63	4.11	4.06	4.27	4.03	3.78	3.34	3.48	3.89	3.99
意大利	3.15	2.32	2.35	2.68	2.90	3.19	3.49	3.88	2.70	2.79	2.96
西班牙	2.81	2.94	3.44	3.08	2.74	2.43	3.05	2.74	2.70	2.70	2.86
澳大利亚	2.73	2.85	3.86	3.08	2.50	2.81	1.96	2.28	3.05	2.96	2.79
瑞士	1.90	2.05	2.69	2.03	3.15	2.96	2.25	2.89	2.77	2.87	2.56
荷兰	2.15	2.40	2.10	2.76	2.02	2.66	1.89	2.13	1.99	2.96	2.29
比利时	1.99	1.69	1.18	1.79	1.45	1.37	1.38	1.60	1.49	1.52	1.54
瑞典	0.75	0.98	1.34	1.14	1.29	1.52	1.16	1.22	1.84	1.35	1.27
中国香港	1.16	0.98	2.10	2.03	0.73	0.99	1.16	0.76	1.13	1.27	1.22
日本	1.16	1.69	1.34	1.30	0.73	1.60	1.02	0.84	1.28	1.27	1.21
奥地利	1.41	1.25	1.43	0.97	0.89	0.99	1.09	1.67	1.21	0.59	1.15
丹麦	1.41	0.80	0.84	1.14	1.45	1.44	0.73	1.06	1.28	0.85	1.10
新加坡	0.99	0.98	0.92	1.14	0.73	1.44	0.80	1.14	1.49	1.18	1.09
巴西	0.50	1.51	1.18	0.73	0.97	1.22	0.80	0.91	1.06	1.52	1.03
印度	0.99	0.80	1.01	0.57	1.61	0.76	0.51	1.14	1.21	1.18	0.98

四 逻辑学

逻辑学 A、B、C 层人才最多的国家是美国，分别占该学科全球 A、B、C 层人才的 70.00%、14.45%、15.13%。

逻辑学是小学科，A 层人才数量很少，除美国外，其他 A 层人才集中在比利时、意大利、西班牙，世界占比均为 10%。

意大利、法国、英国、荷兰、西班牙、德国、加拿大、波兰、奥地利、葡萄牙、瑞士的 B 层人才比较多，世界占比在 9%—3% 之间；澳大利亚、南非、比利时、捷克、土耳其、中国大陆、巴基斯坦、哥伦比亚也有相当数量的 B 层人才，世界占比超过 1%。

英国、德国、法国、意大利、荷兰、奥地利、西班牙、加拿大的 C 层人才比较多，世界占比在 11%—3% 之间；捷克、中国大陆、俄罗斯、澳大利亚、日本、芬兰、波兰、以色列、比利时、瑞典、瑞士也有相当数量的 C 层人才，世界占比超过 1%。

表 2—13　　　　逻辑学 A 层人才的国家和地区的占比

国家和地区 \ 年份	2009	2010	2011	2012	2013	2014	2015	2016	2017	2018	合计
美国	100.00	100.00	0.00	0.00	100.00	50.00	50.00	100.00	100.00	0.00	70.00
比利时	0.00	0.00	0.00	0.00	0.00	0.00	50.00	0.00	0.00	0.00	10.00
意大利	0.00	0.00	0.00	0.00	0.00	50.00	0.00	0.00	0.00	0.00	10.00
西班牙	0.00	0.00	100.00	0.00	0.00	0.00	0.00	0.00	0.00	0.00	10.00

表 2—14　　　　逻辑学 B 层人才排名前 20 的国家和地区的占比

国家和地区 \ 年份	2009	2010	2011	2012	2013	2014	2015	2016	2017	2018	合计
美国	11.11	0.00	11.76	10.00	10.00	12.50	20.83	27.27	23.53	0.00	14.45
意大利	22.22	0.00	11.76	0.00	0.00	8.33	20.83	13.64	5.88	0.00	8.67
法国	11.11	11.11	5.88	5.00	20.00	4.17	12.50	0.00	0.00	9.09	7.51
英国	11.11	0.00	0.00	5.00	5.00	12.50	4.17	9.09	5.88	9.09	6.36
荷兰	11.11	0.00	0.00	15.00	10.00	4.17	4.17	4.55	5.88	9.09	6.36
西班牙	11.11	0.00	17.65	10.00	0.00	0.00	0.00	9.09	11.76	0.00	5.78
德国	0.00	22.22	0.00	0.00	5.00	4.17	8.33	4.55	0.00	18.18	5.20

续表

国家和地区\年份	2009	2010	2011	2012	2013	2014	2015	2016	2017	2018	合计
加拿大	0.00	0.00	5.88	5.00	10.00	0.00	4.17	4.55	5.88	0.00	4.05
波兰	0.00	0.00	0.00	5.00	0.00	12.50	4.17	0.00	5.88	0.00	3.47
奥地利	0.00	11.11	0.00	5.00	0.00	8.33	8.33	0.00	0.00	0.00	3.47
葡萄牙	0.00	0.00	11.76	10.00	0.00	8.33	0.00	0.00	0.00	0.00	3.47
瑞士	0.00	22.22	0.00	0.00	0.00	8.33	0.00	9.09	0.00	0.00	3.47
澳大利亚	0.00	11.11	0.00	5.00	10.00	0.00	4.17	0.00	0.00	0.00	2.89
南非	0.00	0.00	11.76	0.00	0.00	0.00	0.00	0.00	5.88	9.09	2.31
比利时	0.00	0.00	5.88	5.00	0.00	0.00	0.00	0.00	0.00	9.09	1.73
捷克	11.11	0.00	0.00	0.00	0.00	4.17	0.00	0.00	0.00	0.00	1.73
土耳其	0.00	0.00	0.00	0.00	0.00	0.00	4.17	0.00	0.00	9.09	1.16
中国大陆	11.11	0.00	0.00	0.00	0.00	0.00	0.00	0.00	0.00	9.09	1.16
巴基斯坦	0.00	11.11	0.00	0.00	0.00	0.00	0.00	4.55	0.00	0.00	1.16
哥伦比亚	0.00	0.00	0.00	0.00	0.00	0.00	0.00	0.00	11.76	0.00	1.16

表 2—15　逻辑学 C 层人才排名前 20 的国家和地区的占比

国家和地区\年份	2009	2010	2011	2012	2013	2014	2015	2016	2017	2018	合计
美国	22.94	11.11	14.84	18.18	12.25	16.94	12.45	13.84	16.16	13.89	15.13
英国	13.76	10.10	9.68	13.64	10.78	11.29	9.01	10.71	5.56	8.33	10.24
德国	9.17	7.07	12.26	8.52	6.37	6.05	12.45	11.61	5.56	15.28	9.08
法国	2.75	8.08	10.97	6.82	7.84	10.08	8.58	9.82	10.61	6.94	8.67
意大利	10.09	8.08	7.10	6.25	6.86	5.24	9.01	5.80	6.57	11.11	7.16
荷兰	7.34	3.03	6.45	3.98	4.90	4.03	2.58	4.91	9.09	4.17	5.01
奥地利	2.75	6.06	1.94	3.98	3.92	4.44	3.00	7.14	3.03	2.78	4.02
西班牙	3.67	3.03	3.87	2.27	4.90	4.03	1.72	3.57	4.04	4.17	3.49
加拿大	3.67	4.04	3.23	4.55	6.37	2.82	2.15	3.13	0.51	1.39	3.20
捷克	1.83	6.06	1.94	3.41	1.96	3.23	4.29	3.13	1.52	1.39	2.91
中国大陆	2.75	1.01	1.29	1.70	1.47	2.02	3.43	2.23	4.04	2.78	2.33
俄罗斯	0.92	3.03	1.94	0.57	2.45	0.81	2.58	1.79	3.54	5.56	2.10
澳大利亚	1.83	3.03	1.29	3.41	2.45	2.02	1.72	1.79	1.01	1.39	1.98
日本	0.00	2.02	0.65	3.41	3.43	1.61	0.86	0.00	3.54	1.39	1.75
芬兰	0.00	0.00	1.29	2.27	1.47	0.81	3.43	2.23	1.52	2.78	1.69

续表

国家和地区\年份	2009	2010	2011	2012	2013	2014	2015	2016	2017	2018	合计
波兰	0.92	1.01	2.58	1.14	1.96	3.23	2.15	0.45	0.51	1.39	1.63
以色列	0.92	2.02	2.58	1.14	2.45	0.81	0.86	0.89	3.03	0.00	1.51
比利时	0.92	2.02	1.94	1.14	2.45	0.81	2.58	0.45	1.01	0.00	1.40
瑞典	0.00	1.01	1.29	0.57	1.96	2.02	2.15	1.34	0.51	1.39	1.34
瑞士	1.83	3.03	0.65	0.57	0.98	2.02	1.29	0.89	0.51	0.00	1.16

五 应用数学

应用数学 A、B、C 层人才主要集中在美国和中国大陆，两国 A、B、C 层人才的世界占比为 46.46%、41.38%、35.64%，其中美国的 A 层人才多于中国大陆，B 层和 C 层人才少于中国大陆；在发展趋势上，中国大陆呈现相对上升趋势，美国呈现相对下降趋势。

法国、德国、意大利、沙特、英国的 A 层人才比较多，世界占比在 5%—3% 之间；以色列、澳大利亚、中国香港、希腊、加拿大、南非、伊朗、韩国、西班牙、俄罗斯、比利时、土耳其、印度也有相当数量的 A 层人才，世界占比超过 1%。

沙特、意大利、英国、法国、德国、澳大利亚的 B 层人才比较多，世界占比在 5%—3% 之间；中国香港、印度、伊朗、加拿大、土耳其、西班牙、韩国、罗马尼亚、希腊、中国台湾、俄罗斯、日本也有相当数量的 B 层人才，世界占比超过或接近 1%。

德国、法国、意大利、英国、西班牙的 C 层人才比较多，世界占比在 6%—3% 之间；伊朗、印度、加拿大、沙特、中国香港、土耳其、澳大利亚、韩国、波兰、日本、俄罗斯、罗马尼亚、巴西也有相当数量的 C 层人才，世界占比超过 1%。

表 2—16　应用数学 A 层人才排名前 20 的国家和地区的占比

国家和地区\年份	2009	2010	2011	2012	2013	2014	2015	2016	2017	2018	合计
美国	42.11	42.50	45.95	22.22	25.00	23.81	18.42	9.76	18.18	15.00	26.01
中国大陆	5.26	7.50	2.70	16.67	15.00	14.29	26.32	26.83	38.64	47.50	20.45
法国	10.53	2.50	8.11	2.78	10.00	9.52	5.26	0.00	0.00	0.00	4.80

续表

国家和地区 \ 年份	2009	2010	2011	2012	2013	2014	2015	2016	2017	2018	合计
德国	2.63	5.00	0.00	0.00	7.50	7.14	10.53	0.00	0.00	5.00	3.79
意大利	0.00	2.50	2.70	8.33	5.00	7.14	5.26	4.88	0.00	0.00	3.54
沙特	0.00	0.00	0.00	0.00	2.50	4.76	5.26	9.76	6.82	0.00	3.03
英国	2.63	5.00	0.00	0.00	10.00	4.76	2.63	0.00	2.27	2.50	3.03
以色列	5.26	5.00	5.41	2.78	5.00	2.38	2.63	0.00	0.00	0.00	2.78
澳大利亚	0.00	0.00	0.00	0.00	0.00	2.38	7.89	2.44	6.82	2.50	2.27
中国香港	0.00	2.50	0.00	8.33	5.00	0.00	0.00	4.88	0.00	2.50	2.27
希腊	5.26	0.00	0.00	0.00	0.00	4.76	0.00	9.76	2.27	0.00	2.27
加拿大	0.00	0.00	8.11	2.78	0.00	0.00	0.00	4.88	2.27	2.50	2.02
南非	0.00	0.00	0.00	0.00	0.00	2.38	0.00	2.44	4.55	7.50	1.77
伊朗	0.00	2.50	0.00	2.78	2.50	0.00	0.00	7.32	2.27	0.00	1.77
韩国	2.63	5.00	2.70	0.00	0.00	0.00	2.63	0.00	4.55	0.00	1.77
西班牙	2.63	0.00	0.00	0.00	2.50	4.76	0.00	4.88	2.27	0.00	1.77
俄罗斯	5.26	0.00	2.70	5.56	0.00	0.00	0.00	0.00	2.27	0.00	1.52
比利时	0.00	0.00	5.41	2.78	5.00	0.00	0.00	0.00	0.00	0.00	1.26
土耳其	2.63	0.00	0.00	0.00	2.50	0.00	2.63	2.44	0.00	2.50	1.26
印度	0.00	0.00	0.00	2.78	0.00	0.00	0.00	2.44	0.00	5.00	1.01

表 2—17　应用数学 B 层人才排名前 20 的国家和地区的占比

国家和地区 \ 年份	2009	2010	2011	2012	2013	2014	2015	2016	2017	2018	合计
中国大陆	18.03	16.25	17.82	18.24	22.88	24.24	26.37	29.75	39.90	43.70	26.13
美国	21.69	23.25	21.45	16.41	18.93	13.50	12.09	12.18	8.70	6.43	15.25
沙特	1.69	1.12	3.63	4.56	5.65	4.41	4.95	4.25	4.86	5.91	4.13
意大利	4.23	3.92	3.32	3.65	3.67	5.23	5.22	7.37	2.81	1.54	4.07
英国	4.79	3.64	3.93	4.26	3.67	3.58	3.85	3.97	4.86	1.80	3.82
法国	3.94	5.60	6.34	5.47	5.08	4.41	3.30	2.83	1.02	0.51	3.76
德国	3.10	5.04	5.74	3.95	3.11	4.13	5.22	3.68	2.05	1.29	3.68
澳大利亚	3.94	2.24	1.51	3.65	4.80	3.58	3.57	1.98	3.32	2.57	3.12
中国香港	2.54	2.52	1.81	2.43	3.39	2.48	3.30	2.83	1.79	1.80	2.48
印度	1.97	2.24	1.81	4.56	1.41	1.65	2.47	1.13	2.56	1.80	2.15
伊朗	1.69	2.24	2.11	3.95	2.82	3.31	1.65	1.13	1.53	1.29	2.15

续表

国家和地区\年份	2009	2010	2011	2012	2013	2014	2015	2016	2017	2018	合计
加拿大	3.10	2.80	3.63	1.52	0.85	2.20	2.20	1.98	2.30	0.77	2.12
土耳其	0.28	2.52	2.42	1.22	1.41	0.55	0.27	3.12	2.81	3.86	1.87
西班牙	3.66	2.80	1.51	2.74	3.11	1.93	1.10	0.85	0.77	0.51	1.87
韩国	1.69	1.12	0.60	2.43	2.26	3.03	1.37	1.42	1.79	1.03	1.67
罗马尼亚	0.56	0.56	1.81	0.91	0.56	0.83	1.65	2.27	2.81	3.34	1.56
希腊	2.25	0.84	1.21	1.22	1.41	0.83	1.10	0.85	1.28	2.31	1.34
中国台湾	0.28	1.12	1.21	1.82	0.85	0.83	0.55	0.85	0.77	2.83	1.12
俄罗斯	1.69	0.28	0.30	0.00	0.85	0.83	1.65	0.28	1.53	2.57	1.03
日本	1.69	1.12	0.60	0.61	0.28	1.10	1.92	1.42	0.26	0.51	0.95

表 2—18　　应用数学 C 层人才排名前 20 的国家和地区的占比

国家和地区\年份	2009	2010	2011	2012	2013	2014	2015	2016	2017	2018	合计
中国大陆	17.50	16.26	17.75	18.32	18.83	21.03	20.80	22.73	24.79	27.69	20.49
美国	16.87	18.82	15.12	16.31	15.45	14.33	14.63	14.89	13.12	11.22	15.15
德国	5.84	4.89	4.88	5.22	5.54	5.39	5.89	5.36	4.61	4.96	5.27
法国	6.22	6.57	5.56	4.98	6.06	4.50	5.27	4.44	4.36	3.29	5.15
意大利	4.87	4.04	4.17	4.53	4.73	4.96	5.33	5.28	4.46	4.61	4.70
英国	3.35	4.45	4.10	3.58	3.88	3.76	3.38	4.05	3.39	3.29	3.74
西班牙	3.35	3.16	3.73	3.22	3.24	2.62	2.90	2.72	2.67	2.27	2.99
伊朗	2.78	2.69	3.46	2.58	2.77	1.97	1.89	1.65	2.32	2.75	2.47
印度	1.95	2.50	3.55	2.58	2.13	2.37	2.15	1.80	2.51	2.21	2.36
加拿大	3.09	2.91	2.35	2.04	2.49	2.88	1.65	1.78	1.79	1.79	2.29
沙特	0.86	1.04	1.82	1.82	2.38	2.71	2.81	2.43	2.86	2.85	2.14
中国香港	1.49	1.68	1.73	2.19	2.05	2.45	1.89	1.59	1.73	1.47	1.83
土耳其	1.35	1.95	2.53	2.31	2.19	1.71	1.35	1.46	1.76	1.66	1.82
澳大利亚	1.69	1.54	1.57	1.22	1.74	2.11	2.12	1.93	2.20	1.95	1.81
韩国	1.46	1.62	2.13	1.82	1.77	1.62	1.29	1.70	1.60	1.69	1.67
波兰	1.29	1.21	1.39	1.58	1.33	1.71	1.56	1.67	1.29	1.47	1.45
日本	2.01	1.46	1.45	1.43	1.33	1.37	1.62	1.44	1.16	1.02	1.43
俄罗斯	0.89	1.04	0.80	1.03	1.19	1.23	1.83	1.54	1.47	1.66	1.27
罗马尼亚	1.26	1.37	1.02	1.31	1.69	1.03	1.02	0.91	1.38	1.54	1.25
巴西	1.32	1.24	1.11	1.15	1.05	1.42	1.23	1.46	0.94	1.12	1.21

六 跨学科应用数学

跨学科应用数学A、B、C层人才主要集中在美国和中国大陆,两国A、B、C层人才的世界占比为32.28%、39.53%、37.27%,其中美国的A类和B层人才多于中国大陆,C层人才少于中国大陆;在发展趋势上,中国大陆呈现相对上升趋势,美国呈现相对下降趋势。

英国、德国、伊朗、加拿大、墨西哥、越南的A层人才比较多,世界占比在8%—3%之间;荷兰、巴基斯坦、澳大利亚、土耳其、沙特、法国、阿尔及利亚、新加坡、挪威、智利、印度、西班牙也有相当数量的A层人才,世界占比超过1%。

英国、德国、意大利、伊朗的B层人才比较多,世界占比在7%—3%之间;澳大利亚、法国、沙特、印度、荷兰、加拿大、西班牙、韩国、越南、中国香港、土耳其、瑞士、新加坡、俄罗斯也有相当数量的B层人才,世界占比超过或接近1%。

英国、德国、伊朗、意大利、法国的C层人才比较多,世界占比在6%—3%之间;澳大利亚、西班牙、印度、加拿大、沙特、韩国、荷兰、中国香港、日本、瑞士、土耳其、巴基斯坦、中国台湾也有相当数量的C层人才,世界占比超过1%。

表2—19 跨学科应用数学A层人才排名前20的国家和地区的占比

国家和地区 \ 年份	2009	2010	2011	2012	2013	2014	2015	2016	2017	2018	合计
美国	27.27	20.00	16.67	41.67	28.57	35.71	8.33	9.09	7.14	17.65	21.26
中国大陆	9.09	20.00	0.00	0.00	7.14	0.00	8.33	9.09	28.57	23.53	11.02
英国	9.09	0.00	16.67	8.33	7.14	14.29	8.33	9.09	0.00	5.88	7.87
德国	9.09	30.00	0.00	0.00	14.29	0.00	0.00	9.09	14.29	5.88	7.87
伊朗	0.00	0.00	0.00	16.67	14.29	0.00	8.33	0.00	0.00	5.88	4.72
加拿大	9.09	0.00	25.00	0.00	0.00	7.14	0.00	9.09	0.00	0.00	4.72
墨西哥	0.00	0.00	8.33	0.00	0.00	7.14	8.33	0.00	0.00	5.88	3.15
越南	0.00	0.00	0.00	0.00	0.00	0.00	0.00	9.09	14.29	5.88	3.15
荷兰	9.09	0.00	0.00	16.67	0.00	0.00	0.00	0.00	0.00	0.00	2.36
巴基斯坦	0.00	0.00	0.00	0.00	7.14	0.00	0.00	0.00	14.29	0.00	2.36

续表

国家和地区\年份	2009	2010	2011	2012	2013	2014	2015	2016	2017	2018	合计
澳大利亚	0.00	0.00	0.00	0.00	0.00	0.00	0.00	0.00	7.14	11.76	2.36
土耳其	0.00	0.00	0.00	0.00	0.00	7.14	0.00	9.09	0.00	5.88	2.36
沙特	0.00	10.00	0.00	0.00	0.00	0.00	0.00	0.00	14.29	0.00	2.36
法国	0.00	0.00	0.00	0.00	7.14	7.14	0.00	0.00	0.00	0.00	1.57
阿尔及利亚	0.00	0.00	0.00	0.00	0.00	7.14	8.33	0.00	0.00	0.00	1.57
新加坡	0.00	10.00	0.00	0.00	0.00	0.00	8.33	0.00	0.00	0.00	1.57
挪威	9.09	0.00	0.00	8.33	0.00	0.00	0.00	0.00	0.00	0.00	1.57
智利	0.00	0.00	0.00	0.00	0.00	7.14	8.33	0.00	0.00	0.00	1.57
印度	0.00	0.00	0.00	0.00	0.00	0.00	8.33	9.09	0.00	0.00	1.57
西班牙	0.00	10.00	0.00	0.00	0.00	0.00	8.33	0.00	0.00	0.00	1.57

表2—20　跨学科应用数学B层人才排名前20的国家和地区的占比

国家和地区\年份	2009	2010	2011	2012	2013	2014	2015	2016	2017	2018	合计
美国	31.13	33.70	34.55	27.03	23.58	20.00	18.00	13.82	10.81	11.11	21.26
中国大陆	7.55	4.35	3.64	9.91	17.89	17.69	15.33	23.58	33.11	36.81	18.27
英国	5.66	8.70	9.09	8.11	9.76	7.69	5.33	4.07	3.38	2.78	6.22
德国	6.60	4.35	10.00	9.01	5.69	6.15	9.33	4.88	2.03	2.08	5.90
意大利	4.72	6.52	1.82	1.80	3.25	5.38	4.67	3.25	3.38	2.08	3.64
伊朗	1.89	1.09	2.73	7.21	4.88	3.08	3.33	5.69	2.70	2.78	3.56
澳大利亚	1.89	2.17	0.91	1.80	3.25	3.08	1.33	3.25	2.70	6.94	2.83
法国	3.77	5.43	5.45	2.70	2.44	2.31	2.67	1.63	1.35	1.39	2.75
沙特	0.00	1.09	0.00	0.90	2.44	3.85	1.33	5.69	3.38	4.17	2.43
印度	0.94	4.35	2.73	3.60	4.88	0.77	1.33	0.81	2.03	2.78	2.34
荷兰	3.77	1.09	2.73	2.70	1.63	2.31	1.33	4.07	2.03	1.39	2.26
加拿大	4.72	3.26	0.91	0.00	3.25	0.77	2.67	2.44	2.03	1.39	2.10
西班牙	3.77	3.26	2.73	3.60	0.81	1.54	2.67	0.00	0.00	1.39	1.86
韩国	0.00	2.17	0.91	0.00	3.25	3.85	2.67	0.81	1.35	2.08	1.78
越南	0.00	1.09	1.82	1.80	0.81	0.77	2.00	2.44	3.38	0.69	1.54
中国香港	0.94	0.00	0.91	1.80	1.63	3.85	1.33	2.44	1.35	0.69	1.54
土耳其	1.89	0.00	3.64	0.90	1.63	0.77	0.00	0.81	2.03	2.78	1.46
瑞士	0.00	1.09	0.91	2.70	1.63	0.77	2.00	0.81	0.00	0.69	1.05
新加坡	1.89	3.26	0.00	0.90	0.00	1.54	0.67	0.00	2.03	0.69	1.05
俄罗斯	0.94	1.09	0.91	0.90	0.00	0.77	2.00	1.63	0.68	0.69	0.97

表2—21 跨学科应用数学C层人才排名前20的国家和地区的占比

国家和地区 \ 年份	2009	2010	2011	2012	2013	2014	2015	2016	2017	2018	合计
中国大陆	14.12	12.81	13.69	17.48	19.74	19.53	21.96	22.74	25.59	28.23	20.05
美国	21.71	22.41	20.16	18.77	16.69	17.86	17.50	14.97	13.29	11.72	17.22
英国	6.92	6.83	6.84	4.42	5.67	5.09	4.47	5.85	5.19	3.12	5.35
德国	4.42	5.12	5.75	5.98	5.10	5.62	5.05	5.35	4.05	3.50	4.97
伊朗	4.23	3.42	4.65	4.88	4.85	4.03	4.17	4.93	3.97	4.49	4.37
意大利	2.69	3.95	3.28	4.32	3.21	3.42	4.54	3.43	4.20	3.27	3.65
法国	4.51	4.59	4.38	4.23	3.70	3.88	2.49	2.59	2.44	2.21	3.42
澳大利亚	3.17	1.92	2.65	2.21	3.45	2.66	2.27	3.01	3.13	3.04	2.77
西班牙	2.79	4.06	2.46	2.76	2.88	2.89	2.78	2.59	2.60	1.83	2.73
印度	2.02	1.28	2.28	2.02	2.88	1.60	3.15	2.34	3.28	2.13	2.34
加拿大	3.46	2.99	2.83	2.39	2.63	1.82	2.49	1.76	1.53	1.45	2.28
沙特	0.29	0.75	1.19	1.84	2.22	2.05	2.42	3.01	2.83	3.96	2.15
韩国	1.44	1.60	1.19	2.21	1.64	1.75	2.27	1.67	1.68	1.75	1.73
荷兰	1.83	1.81	2.10	1.01	1.89	0.91	1.76	2.09	1.68	0.84	1.57
中国香港	2.02	1.39	1.28	1.93	1.56	2.13	1.32	1.17	1.22	0.91	1.48
日本	1.15	0.75	1.82	1.20	0.99	1.82	1.32	1.17	1.22	1.45	1.31
瑞士	1.15	1.49	1.64	1.56	1.73	1.44	1.61	0.59	0.84	1.07	1.30
土耳其	1.83	1.60	1.37	1.20	1.56	0.68	0.44	0.84	1.22	1.07	1.14
巴基斯坦	1.34	1.07	1.09	1.01	0.49	0.53	0.66	1.25	0.99	1.98	1.04
中国台湾	1.83	2.45	0.91	0.74	1.56	1.22	0.66	0.59	0.61	0.30	1.04

七 力学

力学A、B、C层人才主要集中在美国和中国大陆，两国A、B、C层人才的世界占比为33.90%、32.30%、33.79%，其中美国的A层人才多于中国大陆，B层人才与中国大陆相当，C层人才稍少于中国大陆；在发展趋势上，中国大陆呈现相对上升趋势，美国呈现相对下降趋势。

伊朗、巴基斯坦、德国、沙特、法国、英国的A层人才比较多，世界占比在11%—3%之间；荷兰、土耳其、中国香港、意大利、澳大利亚、马来西亚、埃及、阿尔及利亚、加拿大、罗马尼亚、印度、俄罗斯也有相当数量的A层人才，世界占比超过1%。

伊朗、英国、意大利、德国、澳大利亚、法国的B层人才比较多，世界占比在10%—3%之间;沙特、印度、土耳其、马来西亚、韩国、加拿大、巴基斯坦、葡萄牙、中国香港、西班牙、越南、荷兰也有相当数量的B层人才,世界占比等于或超过1%。

伊朗、英国、法国、意大利、德国、印度的C层人才比较多,世界占比在7%—3%之间;澳大利亚、加拿大、韩国、西班牙、土耳其、马来西亚、沙特、日本、中国香港、荷兰、葡萄牙、新加坡也有相当数量的C层人才,世界占比超过1%。

表2—22　　　力学A层人才排名前20的国家和地区的占比

国家和地区＼年份	2009	2010	2011	2012	2013	2014	2015	2016	2017	2018	合计
美国	23.81	43.48	28.00	39.29	24.00	21.43	20.00	11.43	8.11	17.65	22.37
中国大陆	14.29	4.35	0.00	10.71	4.00	19.05	16.00	8.57	18.92	11.76	11.53
伊朗	0.00	4.35	0.00	10.71	12.00	2.38	8.00	8.57	24.32	23.53	10.17
巴基斯坦	0.00	4.35	0.00	0.00	4.00	0.00	8.00	11.43	8.11	8.82	4.75
德国	0.00	8.70	4.00	3.57	4.00	7.14	0.00	2.86	5.41	5.88	4.41
沙特	0.00	4.35	0.00	0.00	0.00	2.38	4.00	14.29	5.41	5.88	4.07
法国	9.52	4.35	4.00	0.00	8.00	7.14	0.00	5.71	2.70	0.00	4.07
英国	4.76	0.00	4.00	3.57	4.00	2.38	0.00	8.57	0.00	5.88	3.39
荷兰	4.76	4.35	0.00	3.57	8.00	4.76	0.00	0.00	0.00	0.00	2.37
土耳其	9.52	0.00	8.00	0.00	0.00	2.38	0.00	0.00	2.70	2.94	2.37
中国香港	0.00	4.35	0.00	3.57	4.00	7.14	0.00	0.00	0.00	0.00	2.37
意大利	0.00	0.00	8.00	3.57	4.00	0.00	4.00	0.00	5.41	0.00	2.37
澳大利亚	0.00	0.00	4.00	3.57	4.00	2.38	0.00	0.00	5.41	0.00	2.03
马来西亚	0.00	0.00	4.00	3.57	0.00	4.76	4.00	2.86	0.00	0.00	2.03
埃及	0.00	0.00	0.00	0.00	0.00	0.00	4.00	2.86	0.00	5.88	1.36
阿尔及利亚	0.00	0.00	0.00	0.00	0.00	0.00	0.00	2.86	0.00	2.94	1.36
加拿大	0.00	4.35	0.00	0.00	0.00	2.38	0.00	2.86	2.70	0.00	1.36
罗马尼亚	0.00	4.35	0.00	0.00	4.00	2.38	0.00	0.00	0.00	2.94	1.36
印度	0.00	4.35	0.00	0.00	0.00	0.00	4.00	0.00	2.70	0.00	1.36
俄罗斯	4.76	0.00	0.00	3.57	0.00	2.38	0.00	0.00	0.00	0.00	1.02

表 2—23　力学 B 层人才排名前 20 的国家和地区的占比

国家和地区 \ 年份	2009	2010	2011	2012	2013	2014	2015	2016	2017	2018	合计
中国大陆	5.91	8.21	8.00	13.10	16.40	14.33	18.82	19.34	22.52	27.08	16.24
美国	27.09	26.57	24.44	20.24	16.40	14.60	15.13	10.16	9.93	6.77	16.06
伊朗	2.96	3.86	6.22	9.92	6.80	8.54	9.59	14.10	11.59	13.23	9.17
英国	5.91	5.80	4.89	4.76	5.20	7.71	2.95	1.97	2.98	3.69	4.55
意大利	6.40	3.86	3.11	4.76	4.80	5.51	5.90	3.61	2.32	1.23	4.07
德国	3.94	5.80	5.33	3.97	2.40	3.58	4.43	3.28	1.32	2.46	3.51
澳大利亚	4.93	2.90	0.00	2.78	2.80	3.58	1.48	2.95	3.97	8.00	3.48
法国	3.94	5.31	8.00	5.16	3.20	3.86	2.95	1.97	0.33	1.54	3.40
沙特	0.00	0.48	0.89	1.98	2.00	2.20	4.43	6.56	4.64	3.69	2.92
印度	1.48	3.38	1.33	2.38	4.00	3.31	4.06	2.30	1.66	0.92	2.48
土耳其	5.42	1.45	3.56	1.98	2.40	3.31	1.48	3.28	0.00	2.46	2.48
马来西亚	0.49	0.48	1.33	1.98	3.60	3.58	2.95	3.28	1.99	1.85	2.29
韩国	1.48	2.90	4.89	2.78	3.20	3.31	2.58	0.66	0.99	0.92	2.26
加拿大	2.46	3.86	1.78	1.98	1.20	3.03	2.95	1.64	1.99	1.23	2.18
巴基斯坦	0.00	0.00	0.44	1.59	1.20	0.83	0.37	3.61	6.29	3.69	2.00
葡萄牙	0.49	1.93	3.11	1.98	2.40	1.65	0.74	1.64	2.65	1.23	1.78
中国香港	2.96	0.97	0.89	1.59	3.20	1.93	2.21	0.98	1.32	1.54	1.74
西班牙	1.97	3.38	0.89	1.98	1.20	1.93	0.37	0.00	0.99	1.85	1.41
越南	0.00	0.48	0.89	0.00	0.80	0.55	0.74	0.98	3.64	2.77	1.18
荷兰	1.97	0.48	2.22	0.79	1.20	0.83	0.37	0.98	0.99	0.62	1.00

表 2—24　力学 C 层人才排名前 20 的国家和地区的占比

国家和地区 \ 年份	2009	2010	2011	2012	2013	2014	2015	2016	2017	2018	合计
中国大陆	12.51	11.25	11.58	14.88	16.24	17.46	20.46	22.14	24.81	29.32	18.78
美国	20.76	19.49	18.87	17.41	15.09	14.80	13.66	12.84	11.02	10.82	15.01
伊朗	3.70	4.51	5.57	5.62	6.29	6.17	6.79	7.32	8.31	7.10	6.30
英国	6.94	6.40	6.27	4.93	6.33	6.14	5.71	4.50	4.59	4.20	5.51
法国	8.30	6.50	6.67	6.18	5.26	5.03	3.68	3.37	2.31	2.16	4.70
意大利	3.95	4.02	4.30	5.42	4.40	5.26	5.15	4.97	3.83	3.07	4.45
德国	4.20	4.41	4.43	4.37	3.62	4.12	3.08	3.61	2.67	3.45	3.75
印度	3.29	2.04	2.90	2.85	2.55	2.77	2.76	3.64	3.73	3.45	3.04

续表

国家和地区\年份	2009	2010	2011	2012	2013	2014	2015	2016	2017	2018	合计
澳大利亚	2.28	2.67	2.63	1.97	3.41	3.21	3.36	3.17	3.20	3.16	2.95
加拿大	2.89	3.34	3.51	2.85	2.75	2.46	2.40	2.28	2.41	2.32	2.67
韩国	1.97	2.76	2.46	2.45	2.75	1.99	2.36	2.15	1.68	1.97	2.22
西班牙	2.33	2.28	2.37	2.41	2.14	2.71	1.96	1.84	1.35	1.26	2.04
土耳其	2.38	1.70	1.76	1.93	2.51	1.63	1.96	1.60	2.05	1.49	1.87
马来西亚	0.35	0.63	1.49	1.64	2.06	2.05	2.20	1.77	1.75	1.19	1.57
沙特	0.41	0.58	0.97	1.48	1.56	1.49	1.72	2.11	2.41	1.97	1.55
日本	1.72	2.13	1.45	1.81	1.27	1.60	1.52	1.23	1.78	1.13	1.54
中国香港	1.52	1.84	1.32	1.68	1.40	1.33	1.16	1.74	1.42	1.49	1.48
荷兰	1.47	2.18	1.71	1.44	2.01	1.27	1.08	0.92	0.69	0.94	1.32
葡萄牙	1.01	1.02	1.32	1.28	1.11	1.24	1.36	0.78	0.79	0.81	1.06
新加坡	0.86	0.82	0.88	0.84	1.48	1.16	1.04	1.23	0.89	1.10	1.04

八 天文学和天体物理学

天文学和天体物理学A、B、C层人才最多的国家是美国，分别占该学科全球A、B、C层人才的10.59%、14.23%、18.28%。

英国、德国、加拿大、法国、西班牙、意大利、荷兰、日本、澳大利亚的A层人才比较多，世界占比在7%—3%之间；瑞士、瑞典、俄罗斯、中国大陆、印度、比利时、丹麦、波兰、智利、南非也有相当数量的A层人才，世界占比超过1%。

英国、德国、法国、意大利、西班牙、荷兰、加拿大、瑞士的B层人才比较多，世界占比在8%—3%之间；澳大利亚、日本、中国大陆、智利、瑞典、丹麦、波兰、俄罗斯、巴西、南非、印度也有相当数量的B层人才，世界占比超过1%。

德国、英国、法国、意大利、西班牙、加拿大、荷兰、日本、瑞士的C层人才比较多，世界占比在10%—3%之间；澳大利亚、中国大陆、智利、瑞典、俄罗斯、丹麦、波兰、比利时、巴西、以色列也有相当数量的C层人才，世界占比超过1%。

表2—25　天文学和天体物理学 A 层人才排名前 20 的国家和地区的占比

国家和地区 年份	2009	2010	2011	2012	2013	2014	2015	2016	2017	2018	合计
美国	16.28	19.15	21.05	4.55	17.78	7.32	6.52	5.36	5.36	4.00	10.59
英国	9.30	6.38	13.16	4.55	11.11	4.88	6.52	3.57	5.36	4.00	6.76
德国	9.30	10.64	5.26	4.55	13.33	4.88	6.52	3.57	5.36	4.00	6.76
加拿大	9.30	6.38	13.16	4.55	11.11	4.88	4.35	1.79	3.57	2.00	5.86
法国	2.33	8.51	7.89	4.55	4.44	4.88	6.52	3.57	5.36	4.00	5.18
西班牙	4.65	10.64	5.26	4.55	2.22	4.88	6.52	3.57	5.36	4.00	5.18
意大利	4.65	8.51	5.26	4.55	4.44	4.88	6.52	3.57	3.57	4.00	4.73
荷兰	2.33	6.38	0.00	4.55	2.22	4.88	4.35	3.57	3.57	4.00	3.60
日本	4.65	4.26	2.63	4.55	6.67	0.00	4.35	0.00	5.36	2.00	3.38
澳大利亚	2.33	0.00	5.26	4.55	4.44	4.88	2.17	5.36	3.57	4.00	3.15
瑞士	2.33	2.13	0.00	4.55	4.44	4.88	2.17	3.57	1.79	4.00	2.93
瑞典	6.98	4.26	0.00	4.55	0.00	4.88	2.17	3.57	0.00	4.00	2.48
俄罗斯	2.33	0.00	0.00	4.55	2.22	4.88	2.17	1.79	5.36	2.00	2.48
中国大陆	0.00	2.13	2.63	4.55	2.22	0.00	0.00	1.79	5.36	4.00	2.48
印度	2.33	0.00	5.26	0.00	2.22	4.88	2.17	1.79	3.57	0.00	2.25
比利时	4.65	2.13	0.00	4.55	0.00	0.00	2.17	1.79	3.57	4.00	2.25
丹麦	0.00	2.13	0.00	0.00	0.00	4.88	2.17	3.57	1.79	4.00	2.03
波兰	2.33	0.00	0.00	0.00	0.00	0.00	2.17	3.57	3.57	2.00	2.03
智利	2.33	0.00	2.63	0.00	4.44	4.88	0.00	3.57	0.00	2.00	2.03
南非	2.33	0.00	0.00	0.00	2.22	4.88	2.17	3.57	1.79	0.00	1.80

表2—26　天文学和天体物理学 B 层人才排名前 20 的国家和地区的占比

国家和地区 年份	2009	2010	2011	2012	2013	2014	2015	2016	2017	2018	合计
美国	22.60	21.86	20.67	13.06	12.44	11.48	12.42	9.46	11.52	10.79	14.23
英国	9.87	8.37	10.34	6.63	7.78	6.89	9.02	6.68	7.00	6.22	7.77
德国	12.73	10.23	8.09	6.63	5.78	6.68	8.62	6.68	6.79	6.76	7.75
法国	8.31	7.21	7.19	5.46	6.00	4.80	6.41	5.01	4.12	5.85	5.95
意大利	7.27	5.81	6.74	4.48	3.78	3.97	4.61	4.08	5.56	3.84	4.92
西班牙	4.16	5.12	3.82	3.90	2.89	4.80	4.81	4.82	4.32	4.57	4.34
荷兰	3.64	4.19	3.37	3.31	3.33	3.97	3.81	4.45	3.91	3.47	3.75
加拿大	2.86	5.12	6.74	2.92	2.67	3.34	2.81	4.08	4.12	3.11	3.75

续表

国家和地区\年份	2009	2010	2011	2012	2013	2014	2015	2016	2017	2018	合计
瑞士	3.12	3.26	2.70	3.31	2.22	3.34	3.21	3.71	2.47	4.57	3.23
澳大利亚	2.08	3.02	2.02	3.70	2.22	1.67	3.41	2.78	4.53	3.66	2.95
日本	3.12	4.19	2.70	3.31	2.89	2.51	2.20	1.48	3.09	2.56	2.77
中国大陆	1.56	1.86	2.02	2.34	2.22	2.30	2.40	1.30	3.09	2.74	2.20
智利	2.34	0.93	2.02	2.14	1.33	2.09	2.20	2.41	3.29	2.56	2.16
瑞典	1.56	1.63	1.35	1.56	1.56	1.25	2.40	3.15	2.06	2.38	1.93
丹麦	1.82	0.93	2.47	1.36	2.00	3.34	0.40	2.78	2.88	1.28	1.93
波兰	0.78	1.63	0.90	1.36	1.78	2.51	2.20	3.53	1.03	2.19	1.84
俄罗斯	1.04	1.16	1.57	1.36	1.33	2.30	1.40	3.34	2.47	1.28	1.76
巴西	0.26	0.47	0.67	1.36	1.33	0.84	3.01	2.78	2.47	2.74	1.68
南非	1.04	0.93	0.67	0.78	1.33	3.34	1.20	3.15	1.85	1.46	1.61
印度	0.26	0.23	0.67	0.58	2.22	2.09	1.20	2.60	2.26	1.83	1.45

表2—27 天文学和天体物理学C层人才排名前20的国家和地区的占比

国家和地区\年份	2009	2010	2011	2012	2013	2014	2015	2016	2017	2018	合计
美国	26.24	23.26	20.67	18.97	18.59	16.90	16.12	14.59	16.19	14.53	18.28
德国	10.26	10.40	9.76	9.69	8.72	8.55	8.53	8.70	8.74	7.76	9.05
英国	9.40	9.18	7.99	8.51	8.06	8.08	8.74	8.34	8.91	7.91	8.49
法国	6.69	7.38	6.32	6.43	6.83	5.84	5.93	5.80	5.54	4.98	6.12
意大利	5.70	5.62	5.15	4.52	4.64	5.15	4.68	4.13	4.85	4.31	4.84
西班牙	3.80	4.31	4.24	4.34	4.16	4.04	3.57	4.04	3.98	3.84	4.03
加拿大	4.27	4.45	4.01	4.13	4.07	3.38	2.93	2.96	3.08	2.66	3.54
荷兰	3.23	3.35	3.40	3.24	3.37	3.59	3.20	3.86	3.83	3.16	3.43
日本	3.75	3.79	3.45	2.99	3.00	2.81	2.48	2.95	3.06	2.77	3.08
瑞士	2.68	3.30	2.70	2.86	2.41	2.79	3.40	3.37	3.23	3.34	3.03
澳大利亚	2.34	2.32	2.56	2.86	3.05	2.77	2.89	3.02	2.60	2.85	2.74
中国大陆	2.32	1.83	1.93	2.14	2.28	1.66	2.32	2.43	2.54	3.12	2.27
智利	1.56	1.59	2.26	1.68	1.96	2.46	2.11	2.68	2.50	2.62	2.17
瑞典	1.35	1.71	1.26	1.39	1.39	1.39	1.78	2.08	1.73	1.92	1.62
俄罗斯	1.82	1.45	1.65	1.60	1.64	1.60	1.46	1.76	1.44	1.45	1.58
丹麦	0.73	1.24	1.84	1.35	1.32	2.15	1.74	1.86	1.42	1.38	1.52
波兰	1.02	1.15	1.54	1.35	1.41	1.48	1.44	1.80	1.48	1.51	1.43

续表

国家和地区 \ 年份	2009	2010	2011	2012	2013	2014	2015	2016	2017	2018	合计
比利时	1.17	1.17	1.35	1.27	0.91	1.31	1.37	1.19	1.35	1.12	1.22
巴西	0.60	0.49	0.82	1.02	1.32	1.31	1.33	1.78	1.58	1.61	1.22
以色列	0.91	0.73	1.19	1.43	1.09	1.27	1.27	0.96	0.94	1.09	1.09

九 凝聚态物理

凝聚态物理 A、B、C 层人才最多的国家是美国，分别占该学科全球 A、B、C 层人才的 30.65%、27.25%、24.20%。紧随其后的是中国大陆，A、B、C 层人才的世界占比分别为 19.35%、26.28%、20.54%。在发展趋势上，中国大陆呈现相对上升趋势，美国呈现相对下降趋势。

英国、德国、新加坡、日本、韩国的 A 层人才比较多，世界占比在 8%—4% 之间；瑞士、法国、沙特、意大利、荷兰、澳大利亚、加拿大、中国台湾、瑞典、中国香港、西班牙也有相当数量的 A 层人才，世界占比超过或接近 1%。

德国、韩国、新加坡、英国、日本的 B 层人才比较多，世界占比在 6%—3% 之间；澳大利亚、法国、中国香港、加拿大、沙特、荷兰、瑞士、中国台湾、西班牙、意大利、瑞典、印度、比利时也有相当数量的 B 层人才，世界占比超过或接近 1%。

德国、韩国、英国、日本、法国的 C 层人才比较多，世界占比在 8%—3% 之间；新加坡、瑞士、澳大利亚、西班牙、加拿大、意大利、荷兰、中国香港、印度、瑞典、中国台湾、伊朗、沙特也有相当数量的 C 层人才，世界占比超过或接近 1%。

表 2—28　凝聚态物理 A 层人才排名前 18 的国家和地区的占比

国家和地区 \ 年份	2009	2010	2011	2012	2013	2014	2015	2016	2017	2018	合计
美国	28.57	38.10	35.71	30.95	40.00	41.03	25.00	26.67	27.66	17.65	30.65
中国大陆	7.14	9.52	16.67	19.05	7.50	12.82	18.18	28.89	27.66	39.22	19.35
英国	4.76	11.90	9.52	2.38	5.00	12.82	9.09	2.22	8.51	5.88	7.14
德国	19.05	9.52	2.38	2.38	0.00	2.56	6.82	11.11	4.26	0.00	5.76

续表

国家和地区\年份	2009	2010	2011	2012	2013	2014	2015	2016	2017	2018	合计
新加坡	2.38	2.38	4.76	11.90	7.50	5.13	4.55	4.44	0.00	3.92	4.61
日本	7.14	4.76	7.14	9.52	5.00	0.00	4.55	2.22	2.13	3.92	4.61
韩国	4.76	2.38	2.38	2.38	7.50	2.56	6.82	11.11	2.13	1.96	4.38
瑞士	2.38	0.00	2.38	0.00	5.00	5.13	4.55	0.00	2.13	3.92	2.53
法国	7.14	4.76	0.00	4.76	5.00	0.00	2.27	0.00	2.13	0.00	2.53
沙特	0.00	0.00	0.00	0.00	0.00	0.00	4.55	2.22	8.51	5.88	2.30
意大利	4.76	2.38	0.00	0.00	2.50	0.00	6.82	2.22	2.13	1.96	2.30
荷兰	0.00	4.76	2.38	0.00	2.50	2.56	2.27	4.44	0.00	1.96	2.07
澳大利亚	2.38	0.00	2.38	0.00	2.50	2.56	0.00	0.00	2.13	5.88	1.84
加拿大	2.38	2.38	4.76	0.00	0.00	0.00	0.00	2.22	4.26	1.96	1.84
中国台湾	0.00	0.00	0.00	7.14	2.50	2.56	0.00	0.00	0.00	0.00	1.15
瑞典	0.00	0.00	2.38	2.38	0.00	0.00	0.00	2.22	0.00	1.96	0.92
中国香港	0.00	2.38	2.38	0.00	0.00	5.13	0.00	0.00	0.00	0.00	0.92
西班牙	0.00	2.38	2.38	0.00	0.00	0.00	2.27	0.00	0.00	0.00	0.69

表2—29　凝聚态物理B层人才排名前20的国家和地区的占比

国家和地区\年份	2009	2010	2011	2012	2013	2014	2015	2016	2017	2018	合计
美国	36.03	36.83	33.94	29.20	32.24	26.67	23.95	21.29	18.08	17.92	27.25
中国大陆	8.88	14.83	15.28	19.90	24.86	26.67	27.90	34.21	40.05	44.47	26.28
德国	8.36	9.72	6.74	5.94	3.55	5.87	3.95	4.31	4.12	3.32	5.53
韩国	4.44	4.35	4.66	6.20	6.01	4.00	6.91	5.50	3.20	2.21	4.70
新加坡	0.78	3.07	2.59	4.65	4.92	6.40	4.69	5.74	5.95	5.97	4.53
英国	7.57	2.81	4.40	5.43	4.10	3.73	2.96	2.87	3.43	2.88	3.98
日本	6.01	6.39	5.18	5.68	3.55	2.40	4.20	3.35	2.06	1.33	3.95
澳大利亚	1.31	1.79	2.07	2.07	2.19	1.87	3.70	3.83	4.12	4.87	2.85
法国	4.70	1.28	4.40	2.58	1.91	2.40	2.47	0.96	0.92	1.33	2.25
中国香港	0.26	1.28	0.78	1.55	0.27	2.67	1.98	1.91	4.35	3.10	1.88
加拿大	1.83	1.28	2.59	2.07	1.09	1.87	1.73	2.15	1.83	1.11	1.75
沙特	0.00	0.00	1.81	0.78	0.82	1.87	2.72	2.39	1.83	3.54	1.63
荷兰	3.39	3.32	1.30	2.33	2.46	0.80	0.99	0.24	0.69	0.22	1.53
瑞士	1.83	1.28	1.30	1.55	1.91	1.87	1.23	1.44	1.14	0.66	1.40

续表

国家和地区 \ 年份	2009	2010	2011	2012	2013	2014	2015	2016	2017	2018	合计
中国台湾	2.09	1.79	0.78	1.81	1.37	2.13	0.49	1.20	1.14	0.44	1.30
西班牙	1.31	1.02	2.33	1.03	1.64	1.87	1.73	0.96	0.92	0.44	1.30
意大利	1.57	0.77	1.55	1.29	1.64	0.80	0.74	0.96	0.92	0.00	1.00
瑞典	1.04	1.28	1.04	0.52	0.27	1.07	0.74	1.44	0.46	1.33	0.93
印度	0.78	1.02	0.26	0.78	0.82	0.27	0.49	0.48	0.69	0.44	0.60
比利时	1.31	0.51	0.52	0.78	0.82	0.80	0.25	0.72	0.46	0.00	0.60

表2—30　凝聚态物理C层人才排名前20的国家和地区的占比

国家和地区 \ 年份	2009	2010	2011	2012	2013	2014	2015	2016	2017	2018	合计
美国	27.76	27.38	27.73	27.55	26.99	25.68	23.49	21.10	19.58	16.94	24.20
中国大陆	9.41	10.81	12.00	13.85	16.64	19.65	22.44	26.11	33.17	36.41	20.54
德国	10.42	8.93	10.06	8.53	8.02	7.25	6.39	5.84	4.63	4.44	7.35
韩国	3.50	4.32	4.88	4.59	5.13	5.74	4.90	4.34	4.18	4.78	4.63
英国	5.04	4.87	4.88	4.75	4.85	4.54	3.56	3.73	3.32	3.12	4.22
日本	4.75	5.92	5.44	4.75	3.98	4.29	3.17	3.37	2.70	2.53	4.04
法国	5.06	4.76	4.17	3.87	3.76	2.84	2.68	2.69	1.89	1.50	3.27
新加坡	1.48	1.62	1.70	2.59	2.10	2.74	3.32	2.91	3.30	3.39	2.55
瑞士	2.76	2.85	2.20	2.36	2.33	2.31	1.90	2.28	1.55	1.75	2.21
澳大利亚	1.35	1.78	1.57	1.63	1.68	2.01	2.63	2.59	3.15	2.94	2.17
西班牙	2.23	2.28	2.49	2.57	1.99	2.23	1.73	1.74	1.53	1.57	2.02
加拿大	2.04	1.94	1.65	1.97	1.77	2.20	1.90	2.06	1.62	1.50	1.86
意大利	2.44	2.28	2.15	1.82	2.41	1.42	1.81	1.70	0.96	0.99	1.77
荷兰	2.44	2.23	2.18	2.00	1.63	1.56	1.51	1.36	1.12	0.79	1.66
中国香港	1.09	0.68	1.04	1.12	1.09	1.40	1.59	2.08	2.46	2.94	1.59
印度	1.94	1.68	1.54	1.48	1.52	1.18	1.54	1.02	1.58	1.82	1.53
瑞典	1.48	1.60	1.43	1.06	1.29	1.15	1.17	0.82	0.86	0.94	1.17
中国台湾	1.17	0.81	1.19	1.32	0.93	1.10	1.15	1.02	0.98	0.99	1.06
伊朗	0.42	0.81	0.80	0.86	1.07	0.91	1.32	1.74	1.39	1.17	1.06
沙特	0.24	0.10	0.24	0.62	0.76	1.21	1.63	1.60	1.72	1.50	0.99

十　热力学

热力学 A、B、C 层人才主要集中在美国、伊朗和中国大陆，三国 A 层人才的世界占比为 20.39%、11.84%、7.24%，B 层人才的世界占比为 13.72%、12.04%、14.06%，C 层人才的世界占比为 11.08%、7.93%、20.26%。

巴基斯坦、印度、英国、德国、加拿大、土耳其的 A 层人才比较多，世界占比在 6%—3% 之间；沙特、丹麦、意大利、法国、西班牙、爱尔兰、罗马尼亚、南非、泰国、马来西亚、新西兰也有相当数量的 A 层人才，世界占比超过或接近 1%。

马来西亚、沙特、英国、土耳其、巴基斯坦的 B 层人才比较多，世界占比在 6%—3% 之间；印度、德国、意大利、加拿大、法国、中国台湾、澳大利亚、西班牙、韩国、泰国、荷兰、葡萄牙也有相当数量的 B 层人才，世界占比超过 1%。

印度、英国、意大利、德国的 C 层人才比较多，世界占比在 5%—3% 之间；法国、马来西亚、西班牙、加拿大、土耳其、韩国、澳大利亚、沙特、日本、中国台湾、丹麦、瑞典、波兰也有相当数量的 C 层人才，世界占比超过 1%。

表 2—31　热力学 A 层人才排名前 20 的国家和地区的占比

国家和地区 \ 年份	2009	2010	2011	2012	2013	2014	2015	2016	2017	2018	合计
美国	20.00	7.69	25.00	27.27	28.57	18.75	22.22	15.79	17.39	25.00	20.39
伊朗	0.00	0.00	0.00	0.00	14.29	6.25	5.56	5.26	30.43	37.50	11.84
中国大陆	10.00	0.00	0.00	9.09	0.00	0.00	5.56	10.53	17.39	12.50	7.24
巴基斯坦	0.00	7.69	0.00	0.00	0.00	11.11	10.53	8.70	12.50		5.92
印度	0.00	15.38	0.00	18.18	7.14	0.00	16.67	0.00	4.35	0.00	5.92
英国	0.00	7.69	8.33	0.00	0.00	12.50	5.56	15.79	0.00	0.00	5.26
德国	10.00	0.00	8.33	9.09	7.14	6.25	5.56	5.26	0.00	0.00	4.61
加拿大	20.00	15.38	0.00	0.00	0.00	0.00	5.56	5.26	0.00	0.00	3.95
土耳其	20.00	0.00	8.33	0.00	0.00	0.00	0.00	5.26	4.35	0.00	3.29
沙特	0.00	0.00	0.00	0.00	0.00	6.25	0.00	10.53	4.35	0.00	2.63

续表

国家和地区\年份	2009	2010	2011	2012	2013	2014	2015	2016	2017	2018	合计
丹麦	10.00	7.69	8.33	0.00	0.00	6.25	0.00	0.00	0.00	0.00	2.63
意大利	0.00	0.00	0.00	9.09	0.00	6.25	5.56	0.00	4.35	0.00	2.63
法国	0.00	0.00	8.33	0.00	7.14	6.25	0.00	0.00	4.35	0.00	2.63
西班牙	0.00	0.00	8.33	9.09	0.00	6.25	0.00	0.00	0.00	6.25	2.63
爱尔兰	0.00	0.00	16.67	0.00	7.14	0.00	0.00	0.00	0.00	0.00	1.97
罗马尼亚	0.00	7.69	0.00	0.00	7.14	0.00	0.00	5.26	0.00	0.00	1.97
南非	0.00	0.00	8.33	0.00	7.14	0.00	0.00	5.26	0.00	0.00	1.97
泰国	10.00	0.00	0.00	0.00	7.14	0.00	0.00	0.00	0.00	0.00	1.32
马来西亚	0.00	0.00	0.00	9.09	0.00	0.00	5.56	0.00	0.00	0.00	1.32
新西兰	0.00	7.69	0.00	0.00	0.00	0.00	0.00	0.00	0.00	0.00	0.66

表 2—32　　热力学 B 层人才排名前 20 的国家和地区的占比

国家和地区\年份	2009	2010	2011	2012	2013	2014	2015	2016	2017	2018	合计
中国大陆	2.75	4.27	11.40	13.04	12.98	11.04	20.00	13.51	19.39	21.93	14.06
美国	28.44	21.37	22.81	12.17	15.27	15.34	11.18	5.41	8.67	9.09	13.72
伊朗	3.67	5.13	6.14	6.96	7.63	12.88	14.12	21.62	12.24	18.72	12.04
马来西亚	1.83	3.42	3.51	1.74	8.40	7.98	7.65	7.03	4.08	3.74	5.18
沙特	0.00	0.85	0.88	0.87	3.05	1.84	5.29	8.11	6.63	5.35	3.83
英国	3.67	1.71	3.51	4.35	3.82	1.84	1.76	2.16	6.63	3.21	3.30
土耳其	10.09	4.27	6.14	2.61	3.82	4.91	1.18	1.62	0.00	1.60	3.16
巴基斯坦	0.00	0.00	1.75	0.87	2.29	1.84	0.59	4.86	8.16	5.35	3.03
印度	2.75	5.13	0.00	4.35	4.58	1.84	4.12	4.32	1.53	1.07	2.89
德国	4.59	7.69	3.51	2.61	3.05	2.45	2.35	1.62	1.53	0.53	2.69
意大利	5.50	2.56	2.63	4.35	1.53	4.91	2.35	2.70	1.53	0.53	2.69
加拿大	3.67	2.56	1.75	1.74	1.53	1.84	4.71	2.16	1.53	2.14	2.35
法国	4.59	2.56	1.75	3.48	2.29	2.45	1.76	2.16	0.51	1.07	2.08
中国台湾	0.00	5.13	3.51	0.87	0.00	1.23	2.35	3.24	2.04	0.53	1.88
澳大利亚	1.83	0.00	1.75	3.48	0.76	2.45	0.00	2.16	0.51	4.81	1.82
西班牙	0.92	5.98	0.88	0.87	2.29	2.45	1.18	0.00	2.55	1.07	1.75
韩国	1.83	1.71	2.63	1.74	1.53	0.61	2.35	0.54	1.02	1.07	1.41
泰国	1.83	0.85	0.00	0.00	0.76	2.45	2.35	3.24	0.51	1.07	1.41
荷兰	2.75	0.00	0.88	6.09	3.05	0.00	0.59	0.54	0.51	0.53	1.28
葡萄牙	0.92	3.42	3.51	1.74	2.29	1.84	0.00	0.54	0.51	0.00	1.28

表 2—33　　热力学 C 层人才排名前 20 的国家和地区的占比

国家和地区 \ 年份	2009	2010	2011	2012	2013	2014	2015	2016	2017	2018	合计
中国大陆	12.43	13.52	13.48	14.37	14.82	18.55	21.56	23.35	26.36	30.45	20.26
美国	18.08	14.86	15.63	12.07	11.92	9.24	11.26	10.09	8.33	6.32	11.08
伊朗	3.86	5.96	5.98	7.10	7.53	8.73	7.96	9.77	9.37	9.27	7.93
印度	6.12	5.12	4.11	4.79	4.94	3.68	2.75	5.10	4.76	4.27	4.50
英国	5.65	4.79	3.39	3.82	4.31	3.62	3.35	3.27	3.95	3.95	3.93
意大利	3.77	3.02	2.05	3.64	3.84	4.78	4.49	3.86	2.95	2.63	3.51
德国	5.27	4.11	4.11	3.55	3.37	3.04	3.65	2.42	2.38	1.63	3.15
法国	5.46	3.86	4.11	3.11	3.92	2.59	3.11	2.20	2.09	1.32	2.94
马来西亚	0.56	1.93	2.86	3.55	3.84	4.07	3.35	3.06	2.52	2.00	2.81
西班牙	3.20	3.27	3.57	2.75	3.22	3.30	2.99	2.25	2.14	1.63	2.72
加拿大	2.35	2.18	3.75	2.22	2.90	2.91	2.04	2.36	1.86	2.53	2.46
土耳其	3.01	2.43	2.86	2.75	2.75	2.84	2.22	1.34	2.52	1.63	2.35
韩国	1.41	2.60	1.96	2.40	2.59	2.52	2.34	2.47	1.62	2.21	2.21
澳大利亚	1.69	1.51	2.05	1.69	2.35	1.87	2.63	2.20	2.66	2.21	2.15
沙特	0.56	1.43	1.43	1.95	1.49	1.75	1.74	2.74	2.38	2.48	1.91
日本	2.54	2.69	1.70	2.48	1.88	1.49	1.86	1.40	1.52	1.21	1.78
中国台湾	2.92	1.85	2.59	1.95	1.65	1.23	1.14	0.70	0.81	1.16	1.45
丹麦	1.04	1.09	1.52	1.42	1.18	1.36	1.02	1.29	1.09	1.69	1.27
瑞典	1.32	1.43	1.79	1.06	1.33	1.16	1.20	0.70	1.28	1.11	1.20
波兰	1.41	1.09	1.16	1.33	0.86	1.23	1.20	1.18	1.09	1.00	1.14

十一　原子、分子和化学物理

原子、分子和化学物理 A、B、C 层人才最多的国家是美国，分别占该学科全球 A、B、C 层人才的 27.92%、25.16%、22.29%。

德国、英国、伊朗、中国大陆、西班牙、韩国的 A 层人才比较多，世界占比在 10%—3% 之间；以色列、沙特、印度、澳大利亚、加拿大、荷兰、日本、法国、巴基斯坦、意大利、丹麦、中国台湾、瑞士也有相当数量的 A 层人才，世界占比超过或接近 1%。

中国大陆、德国、英国、沙特、印度、日本的 B 层人才比较多，世界占比在11%—3%之间；西班牙、意大利、法国、瑞士、澳大利亚、加拿大、伊朗、瑞典、以色列、韩国、巴基斯坦、丹麦、荷兰也有相当数量的B层人才，世界占比超过1%。

中国大陆、德国、英国、法国、日本、西班牙、意大利、印度的C层人才比较多，世界占比在11%—3%之间；瑞士、加拿大、澳大利亚、荷兰、韩国、伊朗、俄罗斯、瑞典、奥地利、波兰、丹麦也有相当数量的C层人才，世界占比超过1%。

表2—34　原子、分子和化学物理A层人才排名前20的国家和地区的占比

国家和地区 \ 年份	2009	2010	2011	2012	2013	2014	2015	2016	2017	2018	合计
美国	23.81	50.00	30.43	50.00	32.00	12.00	16.00	30.77	20.00	16.67	27.92
德国	19.05	18.18	8.70	4.17	16.00	8.00	8.00	0.00	8.00	12.50	10.00
英国	9.52	4.55	0.00	8.33	12.00	8.00	12.00	7.69	4.00	0.00	6.67
伊朗	0.00	0.00	0.00	0.00	0.00	0.00	0.00	0.00	16.00	37.50	5.42
中国大陆	0.00	0.00	4.35	8.33	8.00	4.00	4.00	3.85	12.00	4.17	5.00
西班牙	4.76	0.00	13.04	0.00	0.00	8.00	12.00	3.85	0.00	0.00	4.17
韩国	0.00	0.00	0.00	4.17	4.00	12.00	4.00	3.85	4.00	4.17	3.75
以色列	0.00	4.55	0.00	4.17	4.00	4.00	8.00	3.85	0.00	0.00	2.92
沙特	0.00	0.00	0.00	4.17	0.00	8.00	4.00	3.85	4.00	4.17	2.92
印度	0.00	0.00	4.35	8.33	0.00	0.00	0.00	3.85	4.00	4.17	2.50
澳大利亚	0.00	4.55	4.35	4.17	0.00	0.00	8.00	0.00	0.00	0.00	2.50
加拿大	9.52	0.00	0.00	0.00	4.00	8.00	0.00	0.00	4.00	0.00	2.50
荷兰	4.76	0.00	4.35	0.00	0.00	0.00	4.00	7.69	0.00	0.00	2.50
日本	4.76	9.09	0.00	0.00	0.00	4.00	0.00	3.85	4.00	0.00	2.50
法国	4.76	0.00	4.35	0.00	8.00	4.00	0.00	0.00	0.00	0.00	2.08
巴基斯坦	0.00	4.55	0.00	0.00	0.00	0.00	0.00	3.85	4.00	8.33	2.08
意大利	4.76	0.00	4.35	0.00	0.00	4.00	4.00	0.00	0.00	4.17	2.08
丹麦	0.00	0.00	8.70	4.17	0.00	0.00	4.00	0.00	0.00	0.00	1.67
中国台湾	0.00	0.00	4.35	0.00	0.00	0.00	4.00	3.85	0.00	0.00	1.25
瑞士	0.00	0.00	0.00	0.00	0.00	4.00	0.00	3.85	0.00	0.00	0.83

表 2—35　　　　　原子、分子和化学物理 B 层人才排名
前 20 的国家和地区的占比

国家和地区\年份	2009	2010	2011	2012	2013	2014	2015	2016	2017	2018	合计
美国	25.13	30.92	32.55	30.45	33.63	26.55	21.95	21.46	15.55	14.69	25.16
中国大陆	3.08	9.18	8.96	13.18	10.62	11.06	10.57	12.02	14.29	14.22	10.84
德国	13.33	11.59	10.38	8.18	9.73	6.64	10.57	5.15	7.14	7.11	8.90
英国	8.72	7.25	7.08	6.36	3.98	7.08	7.72	7.30	6.30	4.74	6.64
沙特	0.00	0.00	0.00	0.45	2.21	2.65	5.69	7.30	6.30	10.90	3.66
印度	1.54	1.45	1.42	0.91	3.54	3.10	3.25	5.58	6.72	6.64	3.48
日本	3.08	5.31	3.30	2.73	3.54	5.31	3.66	3.43	2.10	2.37	3.48
西班牙	2.05	3.38	4.72	3.18	3.10	2.65	3.25	3.00	2.94	0.95	2.94
意大利	3.59	2.90	3.30	4.09	3.54	3.54	2.44	2.58	1.68	0.47	2.80
法国	0.51	3.38	3.30	3.18	5.31	3.10	1.63	1.72	2.94	2.37	2.76
瑞士	5.64	2.90	1.89	2.27	1.77	1.77	3.25	2.58	2.10	2.37	2.62
澳大利亚	4.62	4.35	2.83	3.18	0.88	1.77	1.22	1.29	1.68	1.90	2.30
加拿大	5.13	1.93	1.89	2.73	1.33	1.33	0.81	4.29	0.42	1.42	2.08
伊朗	0.00	0.00	0.00	0.91	0.44	0.88	1.22	3.86	5.04	5.69	1.85
瑞典	2.56	1.45	1.89	2.27	1.77	2.65	2.85	0.43	1.68	0.47	1.81
以色列	1.03	1.93	2.36	1.36	1.33	4.42	2.85	0.43	0.84	0.00	1.67
韩国	1.54	0.48	0.94	1.36	2.21	3.10	1.22	2.15	0.84	0.47	1.45
巴基斯坦	0.00	0.00	0.00	0.00	0.00	0.44	0.00	4.29	2.52	3.32	1.08
丹麦	2.05	1.93	1.89	1.36	1.33	1.33	0.00	0.43	0.00	0.47	1.04
荷兰	1.54	0.48	0.94	0.00	1.33	2.21	1.63	0.43	1.68	0.00	1.04

表 2—36　　　　　原子、分子和化学物理 C 层人才排名
前 20 的国家和地区的占比

国家和地区\年份	2009	2010	2011	2012	2013	2014	2015	2016	2017	2018	合计
美国	25.34	26.07	25.84	25.03	23.85	23.03	20.75	18.15	18.80	17.15	22.29
中国大陆	6.05	7.21	8.96	9.43	10.20	10.84	12.59	12.36	13.01	13.42	10.52
德国	11.17	10.81	11.10	11.05	9.88	9.72	9.82	7.66	8.56	8.29	9.76
英国	5.27	6.47	6.31	6.04	6.15	5.53	5.68	6.36	5.19	4.79	5.78
法国	5.74	5.78	5.07	4.97	5.12	5.22	4.31	3.83	4.06	4.07	4.79

续表

国家和地区\年份	2009	2010	2011	2012	2013	2014	2015	2016	2017	2018	合计
日本	3.98	4.59	2.94	3.67	3.64	3.42	3.36	2.92	3.37	3.31	3.50
西班牙	4.29	3.85	4.17	3.62	3.82	3.60	2.98	2.57	2.51	2.49	3.37
意大利	3.46	4.05	2.70	3.95	3.95	3.33	3.60	3.00	2.77	2.68	3.35
印度	1.45	1.58	1.85	2.09	2.07	3.42	4.23	4.66	4.32	4.50	3.07
瑞士	3.15	2.47	2.47	2.51	2.83	2.11	2.61	2.13	2.85	2.49	2.56
加拿大	3.15	1.98	2.61	2.55	2.65	2.38	1.99	1.78	1.82	1.92	2.27
澳大利亚	2.02	1.63	2.70	2.55	2.47	1.89	2.15	1.96	1.34	2.06	2.08
荷兰	2.17	2.42	2.04	1.53	1.48	1.44	1.57	0.96	1.04	1.58	1.60
韩国	1.14	0.94	1.42	1.44	1.57	1.75	1.74	1.83	2.25	1.72	1.60
伊朗	0.26	0.40	0.33	0.46	0.76	1.08	1.41	2.83	3.54	3.93	1.53
俄罗斯	1.55	1.53	1.00	1.07	1.62	1.48	1.45	1.57	1.86	1.82	1.50
瑞典	1.45	1.33	1.71	1.63	1.39	1.57	1.12	1.22	1.51	1.29	1.42
奥地利	1.45	1.68	1.71	1.39	1.53	1.17	1.16	1.04	0.99	1.15	1.32
波兰	1.24	1.73	1.23	1.21	0.81	0.99	1.16	1.04	1.43	1.25	1.20
丹麦	1.19	0.89	1.56	1.25	1.08	1.30	1.37	0.96	1.12	1.15	1.19

十二 光学

光学A、B、C层人才最多的国家是美国，分别占该学科全球A、B、C层人才的28.02%、22.90%、18.72%。

中国大陆、英国、德国、澳大利亚、加拿大、瑞士、日本、法国的A层人才比较多，世界占比在10%—3%之间；意大利、西班牙、俄罗斯、新加坡、荷兰、丹麦、韩国、中国香港、中国台湾、比利时、奥地利也有相当数量的A层人才，世界占比超过1%。

中国大陆、德国、英国、法国、加拿大、日本、澳大利亚、意大利的B层人才比较多，世界占比在15%—3%之间；瑞士、西班牙、新加坡、韩国、荷兰、丹麦、俄罗斯、比利时、沙特、以色列、中国香港也有相当数量的B层人才，世界占比超过1%。

中国大陆、德国、英国、法国、日本、意大利、加拿大的C层人才比较多，世界占比在18%—3%之间；西班牙、澳大利亚、俄罗斯、印度、韩国、新加坡、瑞士、中国台湾、荷兰、波兰、中国香港、丹麦也有相当数量的 C 层人才，世界占比超过 1%。

表 2—37　　光学 A 层人才排名前 20 的国家和地区的占比

国家和地区\年份	2009	2010	2011	2012	2013	2014	2015	2016	2017	2018	合计
美国	42.50	39.29	29.09	29.31	30.51	27.59	22.73	19.72	22.06	26.15	28.02
中国大陆	0.00	1.79	5.45	8.62	1.69	10.34	15.15	18.31	11.76	16.92	9.73
英国	12.50	14.29	9.09	8.62	3.39	10.34	7.58	11.27	10.29	1.54	8.72
德国	7.50	8.93	10.91	5.17	11.86	5.17	9.09	4.23	11.76	1.54	7.55
澳大利亚	2.50	1.79	1.82	8.62	3.39	3.45	6.06	5.63	8.82	3.08	4.70
加拿大	12.50	0.00	1.82	3.45	3.39	5.17	6.06	4.23	5.88	4.62	4.53
瑞士	0.00	3.57	5.45	3.45	5.08	6.90	7.58	1.41	2.94	6.15	4.36
日本	2.50	0.00	5.45	5.17	6.78	5.17	6.06	2.82	0.00	3.08	3.69
法国	5.00	1.79	1.82	6.90	3.39	1.72	1.52	5.63	2.94	6.15	3.69
意大利	0.00	3.57	5.45	3.45	0.00	3.45	3.03	2.82	4.41	0.00	2.68
西班牙	0.00	1.79	5.45	0.00	5.08	6.90	3.03	0.00	1.47	1.54	2.52
俄罗斯	2.50	3.57	0.00	0.00	3.39	1.72	0.00	1.41	4.41	4.62	2.18
新加坡	0.00	0.00	1.82	0.00	1.69	1.72	6.06	5.63	0.00	1.54	2.01
荷兰	5.00	5.36	1.82	6.90	0.00	0.00	0.00	1.41	1.47	0.00	2.01
丹麦	0.00	5.36	3.64	0.00	3.39	1.72	1.52	0.00	0.00	0.00	1.51
韩国	2.50	0.00	3.64	1.72	1.69	0.00	0.00	0.00	0.00	3.08	1.17
中国香港	0.00	3.57	0.00	0.00	1.69	0.00	0.00	1.41	1.47	3.08	1.17
中国台湾	2.50	0.00	0.00	0.00	0.00	0.00	1.52	1.41	1.47	3.08	1.01
比利时	2.50	0.00	1.82	1.72	3.39	0.00	0.00	0.00	1.47	0.00	1.01
奥地利	0.00	0.00	1.82	0.00	3.39	0.00	1.52	0.00	1.47	1.54	1.01

表 2—38　　光学 B 层人才排名前 20 的国家和地区的占比

国家和地区\年份	2009	2010	2011	2012	2013	2014	2015	2016	2017	2018	合计
美国	24.43	29.72	25.90	25.39	23.54	23.43	22.24	18.27	18.68	20.37	22.90
中国大陆	4.07	7.63	11.45	12.30	12.81	16.13	18.79	16.03	19.65	21.20	14.60
德国	9.16	7.83	9.84	8.98	6.97	8.15	7.07	7.53	4.51	4.84	7.35
英国	9.92	5.22	7.23	8.20	6.78	6.28	8.45	6.73	6.12	3.84	6.76
法国	5.34	5.02	4.62	4.69	4.90	4.24	3.28	4.33	3.54	2.00	4.11

续表

国家和地区＼年份	2009	2010	2011	2012	2013	2014	2015	2016	2017	2018	合计
加拿大	4.07	4.22	4.22	4.30	3.58	3.90	4.66	3.85	2.42	2.34	3.71
日本	5.09	4.42	2.21	2.73	3.95	4.07	1.55	4.49	2.25	2.50	3.27
澳大利亚	5.34	3.21	3.41	2.15	3.77	3.74	3.79	2.88	2.25	2.67	3.25
意大利	2.04	4.42	3.41	3.71	3.58	2.89	3.10	2.72	2.58	1.84	3.01
瑞士	3.82	3.61	1.81	3.13	3.20	3.06	2.59	3.37	2.25	1.67	2.81
西班牙	2.04	2.01	3.41	3.52	2.26	2.04	2.76	3.04	1.61	2.17	2.48
新加坡	3.05	2.41	1.20	2.34	1.88	2.55	2.41	1.60	2.25	2.34	2.19
韩国	2.29	0.60	1.81	1.17	1.51	2.89	0.86	2.08	2.25	1.84	1.74
荷兰	1.78	1.41	1.41	1.76	2.07	2.04	1.38	1.76	1.29	2.00	1.69
丹麦	1.02	2.01	1.41	1.95	1.88	1.53	0.86	1.12	1.77	1.17	1.47
俄罗斯	1.53	0.60	1.41	1.95	1.51	0.68	1.55	1.28	2.09	0.83	1.34
比利时	2.29	1.61	1.20	0.98	1.69	1.36	1.03	1.76	0.64	0.50	1.27
沙特	0.00	0.00	0.40	0.00	0.56	0.51	1.72	0.80	3.38	2.84	1.12
以色列	1.02	1.00	1.41	1.17	1.13	1.19	1.38	1.28	0.97	0.67	1.12
中国香港	0.51	0.80	1.41	1.37	0.19	0.68	1.21	1.12	1.29	1.84	1.07

表2—39　光学C层人才排名前20的国家和地区的占比

国家和地区＼年份	2009	2010	2011	2012	2013	2014	2015	2016	2017	2018	合计
美国	21.36	21.86	21.51	21.15	19.18	18.53	18.44	16.84	15.46	15.09	18.72
中国大陆	11.59	12.23	12.86	14.07	16.66	17.09	19.82	19.35	22.55	24.71	17.49
德国	8.67	8.64	8.54	8.53	7.02	7.49	6.94	6.71	6.00	5.73	7.33
英国	5.47	5.57	5.82	4.93	5.92	5.90	5.26	6.04	5.10	4.71	5.47
法国	5.59	5.71	4.71	4.80	4.54	4.05	4.04	4.21	3.64	2.73	4.33
日本	4.53	4.44	4.50	4.44	4.11	3.95	3.57	3.47	3.39	3.01	3.89
意大利	2.62	3.51	3.65	3.33	3.32	3.49	3.50	3.37	3.15	2.52	3.26
加拿大	3.74	3.32	3.16	3.17	3.25	3.19	2.92	3.24	2.80	2.43	3.10
西班牙	3.48	2.92	2.99	2.56	2.74	2.64	2.96	2.85	2.30	2.08	2.72
澳大利亚	2.82	2.45	3.08	2.56	2.66	2.51	2.22	2.60	2.25	2.19	2.51
俄罗斯	1.98	2.08	1.96	2.03	2.33	2.20	2.22	2.60	2.87	2.59	2.31
印度	1.91	1.63	1.38	2.41	2.33	2.68	2.50	2.52	2.65	2.54	2.29
韩国	2.39	2.32	2.23	2.22	2.01	1.85	2.50	1.70	1.68	2.08	2.08

续表

国家和地区 \ 年份	2009	2010	2011	2012	2013	2014	2015	2016	2017	2018	合计
新加坡	1.58	1.53	1.92	1.59	2.07	1.95	1.87	1.73	1.60	1.48	1.73
瑞士	1.58	1.73	1.42	1.57	1.51	1.39	1.63	1.86	1.30	1.41	1.54
中国台湾	2.14	1.98	1.71	1.95	1.47	1.15	1.22	0.87	0.88	0.81	1.37
荷兰	1.42	1.69	1.80	1.32	1.11	1.36	1.14	1.28	0.92	0.95	1.28
波兰	0.92	1.04	1.01	1.01	1.21	1.32	1.40	1.38	1.12	1.18	1.17
中国香港	1.14	0.88	0.99	1.01	1.11	1.00	1.22	1.07	1.45	1.45	1.14
丹麦	1.17	1.12	1.47	1.22	1.15	1.07	1.10	0.94	1.23	0.92	1.13

十三 光谱学

光谱学A、B、C层人才最多的国家是美国，分别占该学科全球A、B、C层人才的18.07%、22.12%、18.37%。

英国、中国大陆、加拿大、德国、俄罗斯、荷兰、丹麦、法国、波兰、澳大利亚、比利时、西班牙的A层人才比较多，世界占比在8%—3%之间；日本、瑞典、奥地利、印度、韩国、伊朗、捷克也有相当数量的A层人才，世界占比超过1%。

中国大陆、德国、印度、英国、加拿大、法国的B层人才比较多，世界占比在9%—4%之间；澳大利亚、俄罗斯、意大利、瑞士、西班牙、荷兰、比利时、伊朗、丹麦、波兰、奥地利、瑞典、韩国也有相当数量的B层人才，世界占比超过1%。

中国大陆、德国、印度、英国、法国、意大利的C层人才比较多，世界占比在13%—3%之间；加拿大、西班牙、伊朗、日本、瑞士、荷兰、俄罗斯、巴西、波兰、比利时、澳大利亚、埃及、奥地利也有相当数量的C层人才，世界占比超过1%。

表2—40　　光谱学A层人才排名前20的国家和地区的占比

国家和地区 \ 年份	2009	2010	2011	2012	2013	2014	2015	2016	2017	2018	合计
美国	25.00	37.50	11.11	50.00	11.11	0.00	8.33	0.00	10.00	22.22	18.07
英国	12.50	12.50	0.00	0.00	22.22	0.00	8.33	0.00	10.00	0.00	7.23
中国大陆	0.00	0.00	0.00	12.50	0.00	0.00	8.33	0.00	0.00	44.44	7.23

续表

国家和地区 \ 年份	2009	2010	2011	2012	2013	2014	2015	2016	2017	2018	合计
加拿大	12.50	0.00	11.11	25.00	11.11	0.00	0.00	0.00	10.00	0.00	7.23
德国	12.50	12.50	0.00	0.00	11.11	0.00	8.33	0.00	10.00	0.00	6.02
俄罗斯	12.50	12.50	11.11	0.00	11.11	0.00	0.00	0.00	10.00	0.00	6.02
荷兰	0.00	0.00	11.11	0.00	0.00	10.00	8.33	0.00	10.00	0.00	4.82
丹麦	0.00	0.00	11.11	0.00	0.00	0.00	20.00	0.00	0.00	0.00	3.61
法国	12.50	0.00	0.00	0.00	11.11	0.00	0.00	0.00	0.00	0.00	3.61
波兰	0.00	0.00	0.00	0.00	0.00	10.00	8.33	0.00	10.00	0.00	3.61
澳大利亚	0.00	0.00	11.11	0.00	0.00	0.00	0.00	0.00	0.00	0.00	3.61
比利时	12.50	0.00	0.00	0.00	11.11	0.00	0.00	0.00	10.00	0.00	3.61
西班牙	0.00	0.00	0.00	12.50	0.00	0.00	20.00	0.00	0.00	0.00	3.61
日本	0.00	12.50	0.00	0.00	0.00	0.00	0.00	0.00	0.00	11.11	2.41
瑞典	0.00	0.00	0.00	0.00	0.00	10.00	0.00	0.00	0.00	11.11	2.41
奥地利	0.00	0.00	11.11	0.00	0.00	0.00	8.33	0.00	0.00	0.00	2.41
印度	0.00	0.00	0.00	0.00	0.00	0.00	16.67	0.00	0.00	0.00	2.41
韩国	0.00	12.50	0.00	0.00	0.00	0.00	8.33	0.00	0.00	0.00	2.41
伊朗	0.00	0.00	0.00	0.00	0.00	0.00	16.67	0.00	0.00	0.00	2.41
捷克	0.00	0.00	0.00	0.00	0.00	10.00	0.00	0.00	0.00	0.00	1.20

表 2—41　　光谱学 B 层人才排名前 20 的国家和地区的占比

国家和地区 \ 年份	2009	2010	2011	2012	2013	2014	2015	2016	2017	2018	合计
美国	34.48	23.46	28.05	22.78	24.73	20.65	17.48	17.71	21.74	11.11	22.12
中国大陆	5.75	8.64	4.88	7.59	3.23	7.61	8.74	6.25	11.96	20.99	8.47
德国	5.75	9.88	8.54	10.13	6.45	10.87	8.74	9.38	6.52	8.64	8.47
印度	6.90	1.23	8.54	7.59	7.53	11.96	18.45	2.08	4.35	7.41	7.79
英国	5.75	13.58	8.54	12.66	8.60	5.43	2.91	9.38	7.61	4.94	7.79
加拿大	8.05	2.47	6.10	5.06	3.23	3.26	1.94	5.21	8.70	1.23	4.51
法国	4.60	2.47	4.88	3.80	7.53	6.52	3.88	6.25	2.17	1.23	4.40
澳大利亚	1.15	2.47	2.44	1.27	3.23	3.26	2.91	1.04	4.35	1.23	2.37
俄罗斯	0.00	2.47	2.44	1.27	3.23	0.00	1.94	6.25	1.09	3.70	2.26
意大利	0.00	6.17	2.44	2.53	1.08	2.17	1.94	1.04	0.00	6.17	2.26
瑞士	3.45	0.00	2.44	1.27	4.30	1.09	3.88	4.17	0.00	1.23	2.26

续表

国家和地区\年份	2009	2010	2011	2012	2013	2014	2015	2016	2017	2018	合计
西班牙	3.45	2.47	2.44	0.00	3.23	1.09	0.97	1.04	3.26	3.70	2.14
荷兰	4.60	1.23	1.22	0.00	2.15	1.09	0.97	1.04	3.26	3.70	1.92
比利时	0.00	1.23	2.44	3.80	5.38	0.00	1.94	2.08	1.09	1.23	1.92
伊朗	0.00	0.00	0.00	1.27	0.00	3.26	4.85	5.21	0.00	2.47	1.81
丹麦	2.30	1.23	2.44	2.53	2.15	2.17	0.97	2.08	0.00	2.47	1.81
波兰	0.00	0.00	1.22	0.00	4.30	1.09	1.94	4.17	1.09	3.70	1.81
奥地利	2.30	3.70	1.22	3.80	2.15	2.17	0.00	0.00	1.09	1.23	1.69
瑞典	3.45	3.70	2.44	2.53	0.00	1.09	0.00	0.00	2.17	1.23	1.58
韩国	1.15	0.00	0.00	0.00	1.08	1.09	4.85	1.04	3.26	1.23	1.47

表2—42　　光谱学C层人才排名前20的国家和地区的占比

国家和地区\年份	2009	2010	2011	2012	2013	2014	2015	2016	2017	2018	合计
美国	22.52	21.96	22.22	20.17	17.96	13.41	15.13	18.11	18.92	14.20	18.37
中国大陆	6.60	7.97	10.53	8.99	11.56	14.68	13.49	16.87	15.54	20.58	12.60
德国	10.73	7.97	7.29	8.38	7.41	6.55	6.65	7.57	6.39	7.68	7.62
印度	3.89	3.53	4.86	7.17	6.17	11.09	10.79	4.34	5.54	5.80	6.52
英国	7.43	5.49	5.90	5.10	6.17	3.70	5.39	6.08	6.63	6.38	5.79
法国	5.31	5.23	5.09	6.44	6.29	5.81	4.14	4.34	5.06	4.93	5.26
意大利	4.72	4.05	3.59	4.13	3.93	4.54	2.79	2.61	3.73	3.19	3.73
加拿大	4.72	3.92	3.13	2.43	2.81	2.32	1.54	2.73	3.73	1.30	2.85
西班牙	2.71	3.27	2.89	3.65	4.04	2.22	2.22	2.61	1.69	2.17	2.74
伊朗	0.59	1.05	1.85	2.67	1.35	3.91	4.43	2.36	2.29	2.46	2.36
日本	3.07	3.01	1.74	1.34	2.13	2.64	1.93	1.49	2.05	1.74	2.12
瑞士	2.48	1.96	2.43	2.92	1.91	1.69	0.96	1.61	3.37	1.59	2.07
荷兰	2.59	2.75	3.24	1.09	2.02	1.16	1.35	2.61	1.81	1.74	2.01
俄罗斯	1.06	1.70	1.50	0.73	1.80	2.01	2.12	3.35	2.89	3.04	2.00
巴西	1.65	1.96	2.08	1.22	1.68	1.69	1.73	2.23	2.41	2.32	1.88
波兰	0.94	1.44	1.27	1.70	1.57	2.22	1.64	2.23	1.69	2.61	1.72
比利时	1.65	2.35	1.85	1.46	1.91	1.16	1.64	1.74	2.29	1.01	1.71
澳大利亚	1.53	2.61	1.85	1.22	2.02	1.27	1.64	1.61	1.08	0.87	1.58
埃及	0.24	1.05	1.74	1.70	1.12	2.43	2.60	0.99	0.36	1.88	1.45
奥地利	2.24	1.44	0.69	1.22	1.35	1.37	1.54	1.12	1.20	1.59	1.38

十四 声学

声学 A、B、C 层人才最多的国家是美国，分别占该学科全球 A、B、C 层人才的 20.00%、19.64%、18.01%。

法国、加拿大、英国、伊朗、德国、中国大陆、荷兰的 A 层人才比较多，世界占比在 15%—3% 之间；比利时、巴西、以色列、意大利、新加坡、芬兰、挪威、乌拉圭、波兰、奥地利、希腊、罗马尼亚也有相当数量的 A 层人才，世界占比超过 1%。

英国、中国大陆、伊朗、法国、德国、意大利、加拿大的 B 层人才比较多，世界占比在 10%—3% 之间；西班牙、印度、澳大利亚、荷兰、比利时、丹麦、韩国、土耳其、日本、罗马尼亚、奥地利、中国香港也有相当数量的 B 层人才，世界占比超过 1%。

中国大陆、英国、法国、伊朗、意大利、德国、印度、加拿大的 C 层人才比较多，世界占比在 13%—3% 之间；澳大利亚、日本、西班牙、荷兰、韩国、丹麦、中国香港、比利时、中国台湾、巴西、土耳其也有相当数量的 C 层人才，世界占比超过 1%。

表 2—43　声学 A 层人才排名前 20 的国家和地区的占比

国家和地区 \ 年份	2009	2010	2011	2012	2013	2014	2015	2016	2017	2018	合计
美国	25.00	25.00	20.00	33.33	0.00	44.44	25.00	18.18	0.00	0.00	20.00
法国	25.00	37.50	40.00	0.00	11.11	11.11	0.00	0.00	100.00	0.00	15.00
加拿大	0.00	0.00	20.00	66.67	11.11	22.22	0.00	9.09	0.00	0.00	11.67
英国	25.00	12.50	0.00	0.00	11.11	0.00	25.00	18.18	0.00	16.67	11.67
伊朗	0.00	0.00	0.00	0.00	0.00	11.11	0.00	0.00	0.00	50.00	6.67
德国	0.00	0.00	0.00	0.00	11.11	11.11	0.00	9.09	0.00	16.67	6.67
中国大陆	0.00	0.00	0.00	0.00	0.00	0.00	50.00	0.00	0.00	16.67	5.00
荷兰	0.00	0.00	20.00	0.00	0.00	0.00	0.00	9.09	0.00	0.00	3.33
比利时	0.00	0.00	0.00	0.00	0.00	0.00	0.00	9.09	0.00	0.00	1.67
巴西	0.00	0.00	0.00	0.00	0.00	0.00	0.00	9.09	0.00	0.00	1.67
以色列	0.00	0.00	0.00	0.00	0.00	0.00	0.00	9.09	0.00	0.00	1.67
意大利	0.00	0.00	0.00	0.00	11.11	0.00	0.00	0.00	0.00	0.00	1.67

续表

国家和地区\年份	2009	2010	2011	2012	2013	2014	2015	2016	2017	2018	合计
新加坡	0.00	12.50	0.00	0.00	0.00	0.00	0.00	0.00	0.00	0.00	1.67
芬兰	0.00	12.50	0.00	0.00	0.00	0.00	0.00	0.00	0.00	0.00	1.67
挪威	0.00	0.00	0.00	0.00	11.11	0.00	0.00	0.00	0.00	0.00	1.67
乌拉圭	25.00	0.00	0.00	0.00	0.00	0.00	0.00	0.00	0.00	0.00	1.67
波兰	0.00	0.00	0.00	0.00	0.00	0.00	0.00	9.09	0.00	0.00	1.67
奥地利	0.00	0.00	0.00	0.00	11.11	0.00	0.00	0.00	0.00	0.00	1.67
希腊	0.00	0.00	0.00	0.00	11.11	0.00	0.00	0.00	0.00	0.00	1.67
罗马尼亚	0.00	0.00	0.00	0.00	11.11	0.00	0.00	0.00	0.00	0.00	1.67

表2—44　　声学B层人才排名前20的国家和地区的占比

国家和地区\年份	2009	2010	2011	2012	2013	2014	2015	2016	2017	2018	合计
美国	31.75	23.53	26.87	18.67	25.32	13.92	16.67	20.59	12.38	14.89	19.64
英国	14.29	8.82	8.96	12.00	10.13	11.39	10.19	5.88	8.57	5.32	9.29
中国大陆	6.35	7.35	2.99	5.33	5.06	13.92	7.41	10.78	5.71	18.09	8.57
伊朗	0.00	2.94	0.00	2.67	0.00	2.53	2.78	12.75	12.38	17.02	6.07
法国	3.17	11.76	7.46	8.00	3.80	6.33	8.33	5.88	2.86	4.26	6.07
德国	1.59	5.88	4.48	4.00	6.33	3.80	6.48	4.90	1.90	2.13	4.17
意大利	3.17	1.47	5.97	4.00	7.59	1.27	4.63	0.98	5.71	2.13	3.69
加拿大	4.76	5.88	4.48	6.67	6.33	2.53	4.63	1.96	0.95	1.06	3.69
西班牙	3.17	2.94	0.00	5.33	0.00	3.80	2.78	1.96	3.81	2.13	2.62
印度	1.59	4.41	1.49	1.33	3.80	5.06	0.93	0.98	4.76	2.13	2.62
澳大利亚	1.59	2.94	4.48	6.67	2.53	3.80	1.85	2.94	0.00	1.06	2.62
荷兰	3.17	2.94	2.99	1.33	1.27	2.53	1.85	3.92	0.95	2.13	2.26
比利时	4.76	0.00	1.49	2.67	1.27	1.27	1.85	3.92	2.86	1.06	2.14
丹麦	0.00	2.94	0.00	1.33	3.80	2.53	1.85	2.94	2.86	2.13	2.14
韩国	0.00	1.47	2.99	1.33	3.80	1.27	5.56	0.00	0.95	1.06	1.90
土耳其	1.59	0.00	0.00	0.00	1.27	2.53	1.85	0.98	1.90	4.26	1.55
日本	3.17	1.47	1.49	1.33	2.53	0.00	2.78	1.96	0.00	1.06	1.55
罗马尼亚	0.00	0.00	1.49	1.33	1.27	0.00	3.70	0.00	1.90	3.19	1.43
奥地利	0.00	1.47	0.00	2.67	2.53	0.00	0.93	1.96	0.95	2.13	1.31
中国香港	1.59	0.00	1.49	1.33	0.00	2.53	1.85	0.00	3.81	0.00	1.31

表2—45　声学C层人才排名前20的国家和地区的占比

国家和地区 \ 年份	2009	2010	2011	2012	2013	2014	2015	2016	2017	2018	合计
美国	20.94	23.16	19.62	21.08	21.38	16.38	16.68	17.72	14.18	12.15	18.01
中国大陆	6.87	8.04	7.69	10.54	10.63	14.00	13.75	16.54	15.24	18.16	12.63
英国	12.06	9.40	10.99	9.37	10.27	8.25	9.81	8.92	7.20	6.72	9.15
法国	5.86	6.95	5.97	6.30	4.59	5.00	5.26	4.94	4.23	3.54	5.17
伊朗	2.35	2.18	2.83	2.34	2.42	2.50	3.03	3.97	8.25	10.02	4.18
意大利	4.19	3.41	3.92	4.83	4.23	4.63	3.84	3.87	4.13	4.60	4.15
德国	3.69	4.90	4.71	4.25	3.26	3.88	4.85	3.33	3.60	3.42	3.97
印度	3.35	2.59	2.51	2.20	2.78	4.38	3.94	3.33	4.66	4.36	3.49
加拿大	4.19	6.13	5.18	2.93	3.74	3.25	2.22	3.11	2.54	2.48	3.45
澳大利亚	2.68	2.45	2.98	3.22	2.17	3.88	3.13	2.36	2.12	2.59	2.74
日本	3.69	2.86	1.26	2.20	2.29	2.50	2.33	2.69	2.75	1.89	2.44
西班牙	2.01	2.86	2.20	1.17	2.29	2.50	3.24	1.72	2.22	2.24	2.28
荷兰	2.18	2.04	2.51	2.34	2.42	2.50	1.52	1.83	2.05	1.18	2.04
韩国	2.01	1.36	1.26	2.05	2.05	1.88	1.62	1.93	2.22	1.42	1.79
丹麦	2.01	1.50	1.88	2.20	1.33	1.75	1.72	1.50	1.59	0.71	1.59
中国香港	0.84	1.36	1.73	1.76	1.69	1.88	1.42	1.61	1.38	1.89	1.56
比利时	2.68	2.04	1.73	1.76	2.05	1.25	1.11	0.64	1.06	1.30	1.49
中国台湾	2.18	0.54	2.20	2.78	0.60	1.13	0.81	1.50	1.16	0.94	1.31
巴西	1.34	0.95	1.57	0.88	1.57	0.75	1.42	1.50	1.27	1.30	1.26
土耳其	0.50	0.54	1.26	0.59	1.09	0.75	1.52	1.18	1.69	1.89	1.15

十五　粒子物理学和场论

粒子物理学和场论A、B、C层人才最多的国家是美国，分别占该学科全球A、B、C层人才的10.08%、9.41%、10.55%。

英国、瑞士、西班牙、意大利、法国、德国、日本、比利时、俄罗斯、中国大陆、加拿大、韩国、澳大利亚的A层人才比较多，世界占比在7%—3%之间；瑞典、阿根廷、荷兰、丹麦、以色列、芬兰也有相当数量的A层人才，世界占比超过2%。

德国、法国、英国、意大利、瑞士、西班牙的B层人才比较多，世界占比在6%—3%之间；俄罗斯、中国大陆、波兰、日本、荷兰、加拿大、巴西、匈牙利、印度、希腊、中国台湾、捷克、葡萄牙也有相当数量的 B 层人才，世界占比超过 1%。

德国、英国、意大利、法国、瑞士、西班牙、中国大陆的 C 层人才比较多，世界占比在 7%—3% 之间；日本、俄罗斯、加拿大、波兰、巴西、荷兰、印度、希腊、葡萄牙、捷克、奥地利、中国台湾也有相当数量的 C 层人才，世界占比超过 1%。

表 2—46　粒子物理学和场论 A 层人才排名前 20 的国家和地区的占比

国家和地区 \ 年份	2009	2010	2011	2012	2013	2014	2015	2016	2017	2018	合计
美国	31.82	4.55	10.71	4.55	13.64	6.67	3.57	7.41	15.15	4.17	10.08
英国	13.64	4.55	7.14	4.55	9.09	3.33	10.71	7.41	6.06	4.17	6.98
瑞士	9.09	4.55	3.57	4.55	13.64	6.67	3.57	3.70	6.06	4.17	5.81
西班牙	4.55	4.55	7.14	4.55	9.09	3.33	7.14	3.70	9.09	4.17	5.81
意大利	9.09	4.55	3.57	4.55	9.09	3.33	10.71	3.70	6.06	4.17	5.81
法国	4.55	4.55	7.14	4.55	0.00	6.67	7.14	3.70	9.09	4.17	5.43
德国	9.09	4.55	3.57	4.55	9.09	3.33	3.57	3.70	9.09	4.17	5.43
日本	0.00	9.09	7.14	4.55	4.55	3.33	0.00	3.70	9.09	4.17	4.65
比利时	0.00	4.55	7.14	4.55	4.55	6.67	3.57	3.70	0.00	4.17	3.88
俄罗斯	4.55	4.55	7.14	4.55	0.00	3.33	3.57	3.70	3.03	4.17	3.88
中国大陆	0.00	4.55	3.57	4.55	0.00	6.67	3.57	3.70	6.06	4.17	3.88
加拿大	0.00	4.55	3.57	4.55	4.55	3.33	3.57	3.70	3.03	4.17	3.49
韩国	0.00	4.55	3.57	4.55	4.55	3.33	3.57	3.70	0.00	4.17	3.10
澳大利亚	0.00	4.55	0.00	4.55	4.55	3.33	3.57	3.70	3.03	4.17	3.10
瑞典	4.55	4.55	4.55	4.55	4.55	3.33	0.00	0.00	0.00	4.17	2.71
阿根廷	0.00	4.55	0.00	4.55	0.00	3.33	3.57	3.70	0.00	4.17	2.33
荷兰	0.00	0.00	3.57	4.55	0.00	3.33	3.57	3.70	0.00	4.17	2.33
丹麦	0.00	0.00	0.00	0.00	4.55	3.33	3.57	3.70	3.03	4.17	2.33
以色列	0.00	4.55	3.57	4.55	0.00	3.33	0.00	3.70	0.00	4.17	2.33
芬兰	4.55	4.55	0.00	4.55	0.00	3.33	0.00	3.70	0.00	4.17	2.33

表2—47 粒子物理学和场论 B 层人才排名前 20 的国家和地区的占比

国家和地区\年份	2009	2010	2011	2012	2013	2014	2015	2016	2017	2018	合计
美国	26.90	13.71	13.47	8.31	3.61	7.76	4.53	6.67	8.00	8.87	9.41
德国	13.20	5.58	5.71	5.98	2.89	5.71	3.83	4.93	5.33	4.59	5.51
法国	6.09	5.58	6.53	3.99	2.89	4.08	3.48	4.06	2.67	4.89	4.30
英国	6.09	6.09	6.53	1.99	3.25	3.27	3.83	3.77	4.00	4.59	4.19
意大利	6.09	4.57	4.90	3.32	3.25	4.08	3.83	4.35	4.00	2.75	4.01
瑞士	4.57	4.06	5.71	3.99	2.89	3.67	3.14	3.77	3.67	3.98	3.90
西班牙	3.55	2.54	4.90	3.32	2.89	4.49	3.14	4.06	3.00	4.59	3.68
俄罗斯	4.57	3.55	3.67	1.99	2.17	2.45	2.79	2.90	3.00	2.14	2.83
中国大陆	2.03	2.54	2.45	2.99	2.17	2.86	2.79	2.61	3.33	2.75	2.68
波兰	1.02	3.05	3.67	1.99	2.53	2.04	2.79	2.32	2.33	2.75	2.46
日本	2.54	3.55	4.08	1.00	2.17	2.04	1.74	1.74	2.67	2.14	2.28
荷兰	3.05	2.03	3.27	1.33	2.53	1.22	2.44	2.32	1.67	1.53	2.09
加拿大	5.08	2.03	3.67	1.00	1.08	0.41	1.39	1.74	2.67	2.45	2.06
巴西	0.51	1.02	1.22	1.99	2.53	1.63	2.79	1.74	2.33	3.06	1.98
匈牙利	1.02	2.54	0.82	2.33	2.17	2.45	1.74	1.45	2.00	1.53	1.80
印度	0.51	1.52	2.04	1.33	2.17	1.63	2.44	1.45	1.67	2.14	1.73
希腊	1.52	2.03	1.63	1.99	2.53	2.45	1.39	1.16	1.33	1.22	1.69
中国台湾	0.51	1.52	1.22	1.99	1.81	1.63	2.09	1.74	1.67	1.53	1.62
捷克	0.00	1.02	0.82	1.99	2.53	1.63	2.09	1.74	1.67	1.53	1.58
葡萄牙	0.51	1.02	0.00	2.33	2.17	1.63	1.74	1.74	1.33	1.83	1.51

表2—48 粒子物理学和场论 C 层人才排名前 20 的国家和地区的占比

国家和地区\年份	2009	2010	2011	2012	2013	2014	2015	2016	2017	2018	合计
美国	18.83	15.95	12.55	9.83	9.23	7.81	7.80	9.34	10.19	8.50	10.55
德国	9.52	9.13	7.63	6.20	5.64	4.63	4.81	6.30	6.30	4.87	6.31
英国	6.82	7.20	5.28	4.86	4.48	3.91	4.08	4.88	4.53	3.87	4.86
意大利	6.82	5.09	5.20	4.44	4.22	3.76	3.41	4.04	3.79	3.33	4.29
法国	5.70	5.52	4.59	4.72	4.45	3.51	3.38	3.52	3.28	2.70	4.01
瑞士	4.02	5.00	4.71	4.72	4.07	3.87	3.48	3.67	3.44	3.27	3.97
西班牙	5.29	3.84	3.69	4.05	3.81	3.18	3.00	3.49	3.28	2.80	3.57

续表

国家和地区\年份	2009	2010	2011	2012	2013	2014	2015	2016	2017	2018	合计
中国大陆	3.87	3.07	3.00	2.54	3.06	2.50	2.44	3.37	3.15	3.43	3.03
日本	4.89	3.89	3.25	2.96	2.73	1.66	2.23	2.77	2.41	2.63	2.84
俄罗斯	3.61	3.75	2.80	2.75	2.91	2.32	2.37	2.71	2.35	2.27	2.72
加拿大	3.87	3.12	2.23	2.22	2.24	2.06	2.23	2.62	2.73	2.07	2.49
波兰	1.63	2.26	2.07	2.26	2.50	2.17	2.30	2.11	1.90	2.03	2.13
巴西	1.17	1.15	1.75	2.01	2.20	2.39	2.16	2.68	1.99	2.10	2.02
荷兰	1.83	1.92	1.75	1.83	1.98	1.70	1.92	2.02	1.54	1.70	1.82
印度	2.09	2.02	1.62	1.73	1.79	1.95	1.25	1.36	2.19	1.47	1.72
希腊	1.42	1.10	1.66	1.55	1.72	1.99	1.81	1.60	1.48	2.03	1.66
葡萄牙	1.42	1.01	1.26	1.59	1.53	2.10	1.88	1.72	1.67	1.93	1.64
捷克	0.87	1.34	1.30	1.66	1.64	1.88	1.85	1.60	1.51	1.70	1.57
奥地利	0.71	1.25	1.42	1.55	1.46	1.63	1.81	1.45	1.32	1.53	1.44
中国台湾	0.66	1.10	1.26	1.41	1.35	1.59	1.71	1.48	1.54	1.90	1.44

十六 核物理

核物理A、B、C层人才最多的国家是美国，分别占该学科全球A、B、C层人才的19.51%、8.15%、8.98%。

日本、法国、中国大陆、俄罗斯、匈牙利、英国、奥地利、荷兰的A层人才比较多，世界占比在13%—4%之间；乌克兰、印度、罗马尼亚、巴西、意大利、斯洛文尼亚、西班牙、韩国、白俄罗斯、比利时也有相当数量的A层人才，世界占比超过2%。

德国、法国、意大利、俄罗斯、英国、中国大陆、瑞士、波兰的B层人才比较多，世界占比在7%—3%之间；西班牙、日本、捷克、加拿大、韩国、荷兰、巴西、印度、芬兰、匈牙利、希腊也有相当数量的B层人才，世界占比超过1%。

德国、法国、中国大陆、俄罗斯、意大利、日本、英国、西班牙的C层人才比较多，世界占比在7%—3%之间；瑞士、波兰、巴西、印度、捷克、韩国、匈牙利、葡萄牙、加拿大、希腊、亚美尼亚也有相当数量的C层人才，世界占比超过1%。

表2—49　核物理A层人才排名前19的国家和地区的占比

国家和地区 \ 年份	2009	2010	2011	2012	2013	2014	2015	2016	2017	2018	合计
美国	7.14	0.00	18.18	0.00	0.00	0.00	0.00	0.00	30.00	50.00	19.51
日本	7.14	0.00	18.18	0.00	0.00	0.00	0.00	0.00	20.00	0.00	12.20
法国	7.14	0.00	9.09	0.00	0.00	0.00	0.00	0.00	20.00	0.00	9.76
中国大陆	7.14	0.00	0.00	0.00	0.00	0.00	0.00	0.00	20.00	0.00	7.32
俄罗斯	7.14	0.00	9.09	0.00	50.00	0.00	0.00	0.00	0.00	0.00	7.32
匈牙利	7.14	0.00	0.00	0.00	50.00	0.00	0.00	0.00	0.00	0.00	4.88
英国	0.00	0.00	9.09	0.00	0.00	0.00	0.00	0.00	10.00	0.00	4.88
奥地利	7.14	0.00	0.00	0.00	0.00	0.00	0.00	0.00	0.00	0.00	4.88
荷兰	7.14	0.00	9.09	0.00	0.00	0.00	0.00	0.00	0.00	0.00	4.88
乌克兰	7.14	0.00	0.00	0.00	0.00	0.00	0.00	0.00	0.00	0.00	2.44
印度	7.14	0.00	0.00	0.00	0.00	0.00	0.00	0.00	0.00	0.00	2.44
罗马尼亚	7.14	0.00	0.00	0.00	0.00	0.00	0.00	0.00	0.00	0.00	2.44
巴西	0.00	0.00	0.00	0.00	0.00	0.00	0.00	0.00	0.00	25.00	2.44
意大利	7.14	0.00	0.00	0.00	0.00	0.00	0.00	0.00	0.00	0.00	2.44
斯洛文尼亚	0.00	0.00	9.09	0.00	0.00	0.00	0.00	0.00	0.00	0.00	2.44
西班牙	0.00	0.00	0.00	0.00	0.00	0.00	0.00	0.00	0.00	25.00	2.44
韩国	0.00	0.00	9.09	0.00	0.00	0.00	0.00	0.00	0.00	0.00	2.44
白俄罗斯	7.14	0.00	0.00	0.00	0.00	0.00	0.00	0.00	0.00	0.00	2.44
比利时	7.14	0.00	0.00	0.00	0.00	0.00	0.00	0.00	0.00	0.00	2.44

表2—50　核物理B层人才排名前20的国家和地区的占比

国家和地区 \ 年份	2009	2010	2011	2012	2013	2014	2015	2016	2017	2018	合计
美国	13.29	14.39	11.81	3.17	3.87	6.56	8.15	8.20	6.20	4.92	8.15
德国	11.19	12.95	8.33	3.17	2.58	4.10	5.19	8.74	3.88	4.92	6.65
法国	7.69	6.47	5.56	3.17	2.58	4.10	3.70	6.56	2.33	3.28	4.65
意大利	6.29	4.32	4.86	2.38	2.58	3.28	4.44	6.01	1.55	3.28	4.01
俄罗斯	9.09	3.60	4.17	2.38	2.58	4.10	2.22	2.73	3.10	2.46	3.65
英国	3.50	5.76	2.78	2.38	2.58	4.10	2.96	3.83	2.33	3.28	3.36
中国大陆	2.10	5.04	2.08	3.17	2.58	4.10	2.22	4.37	4.65	2.46	3.29
瑞士	4.20	2.88	3.47	2.38	2.58	4.10	2.22	3.28	2.33	4.92	3.22
波兰	3.50	4.32	3.47	2.38	2.58	1.64	3.70	1.64	3.88	3.28	3.00

续表

国家和地区\年份	2009	2010	2011	2012	2013	2014	2015	2016	2017	2018	合计
西班牙	2.80	1.44	2.78	2.38	2.58	2.46	3.70	3.83	1.55	4.10	2.79
日本	4.20	2.16	2.78	0.79	1.94	3.28	0.74	3.28	2.33	1.64	2.36
捷克	2.80	2.16	2.08	2.38	2.58	2.46	2.22	1.09	3.10	1.64	2.22
加拿大	3.50	5.04	2.08	0.79	1.29	1.64	1.48	2.73	0.00	1.64	2.07
韩国	2.10	2.16	2.78	1.59	1.29	4.10	1.48	1.64	3.10	0.82	2.07
荷兰	2.80	1.44	2.78	1.59	2.58	2.46	2.22	2.73	0.00	1.64	2.07
巴西	1.40	2.16	2.08	2.38	2.58	1.64	2.96	1.64	1.55	1.64	2.00
印度	2.10	2.16	2.08	1.59	2.58	3.28	1.48	0.55	3.10	1.64	2.00
芬兰	0.70	0.72	2.08	1.59	1.29	2.46	2.22	2.73	2.33	0.82	1.72
匈牙利	0.70	0.72	2.08	2.38	2.58	3.28	1.48	0.55	1.55	1.64	1.65
希腊	2.10	0.00	1.39	2.38	2.58	1.64	1.48	1.09	1.55	1.64	1.57

表 2—51 **核物理 C 层人才排名前 20 的国家和地区的占比**

国家和地区\年份	2009	2010	2011	2012	2013	2014	2015	2016	2017	2018	合计
美国	14.87	13.56	10.51	7.48	7.99	7.48	7.86	7.33	6.96	5.92	8.98
德国	10.22	11.03	8.94	6.12	6.42	5.91	5.24	4.72	5.31	4.16	6.80
法国	6.00	6.93	5.26	4.62	4.34	3.47	3.39	3.83	2.83	3.52	4.41
中国大陆	5.08	5.59	4.01	3.20	3.59	3.47	3.55	4.21	4.07	4.40	4.09
俄罗斯	5.50	5.07	3.94	3.33	3.65	2.92	3.39	2.87	3.38	2.88	3.68
意大利	5.15	5.37	4.07	3.60	3.71	2.65	3.47	3.00	2.89	2.88	3.67
日本	5.58	4.40	3.02	3.20	3.02	2.86	1.93	3.00	2.41	2.00	3.15
英国	3.72	4.40	3.15	2.99	3.02	2.92	3.08	3.13	2.55	2.56	3.15
西班牙	3.57	3.43	3.42	3.26	3.02	2.92	2.93	3.00	2.76	2.48	3.08
瑞士	2.79	3.13	3.42	3.26	2.71	3.13	2.78	2.55	2.76	2.96	2.95
波兰	3.15	3.87	2.96	3.26	3.02	2.79	2.78	2.61	2.21	2.40	2.90
巴西	2.57	1.49	2.17	2.11	2.27	2.58	2.16	2.87	2.55	2.40	2.33
印度	3.00	3.28	2.23	1.63	2.71	2.11	2.16	1.91	2.21	1.60	2.28
捷克	1.79	1.94	2.10	2.04	2.27	1.90	2.00	2.30	2.07	2.08	2.05
韩国	2.14	1.34	1.58	1.43	1.95	1.97	1.85	1.66	1.79	2.08	1.78
匈牙利	1.36	0.60	1.58	1.84	1.95	1.90	1.85	1.91	1.79	1.84	1.67
葡萄牙	1.93	1.04	1.25	1.84	1.45	1.70	1.62	1.66	1.59	1.60	1.57
加拿大	2.07	1.79	1.97	1.43	1.51	1.29	1.46	1.53	1.31	1.28	1.57
希腊	1.00	0.67	1.31	1.70	1.64	1.84	1.77	1.98	1.72	1.60	1.53
亚美尼亚	0.57	0.45	1.25	1.84	1.70	1.70	1.62	1.72	1.65	1.68	1.43

十七 核科学和技术

核科学和技术 A、B、C 层人才最多的国家是美国，分别占该学科全球 A、B、C 层人才的 17.89%、17.00%、15.70%。

中国大陆、日本、德国、法国、英国、意大利、奥地利、印度、沙特、俄罗斯、西班牙的 A 层人才比较多，世界占比在 13%—3% 之间；瑞士、土耳其、韩国、加拿大、南非、新西兰、捷克、丹麦也有相当数量的 A 层人才，世界占比超过 1%。

德国、法国、英国、中国大陆、日本、瑞士、意大利、西班牙的 B 层人才比较多，世界占比在 10%—3% 之间；加拿大、荷兰、波兰、俄罗斯、印度、比利时、瑞典、捷克、韩国、土耳其、澳大利亚也有相当数量的 B 层人才，世界占比超过 1%。

德国、中国大陆、法国、日本、意大利、英国、印度的 C 层人才比较多，世界占比在 9%—3% 之间；瑞士、西班牙、韩国、俄罗斯、比利时、瑞典、加拿大、荷兰、土耳其、波兰、捷克、芬兰也有相当数量的 C 层人才，世界占比超过 1%。

表 2—52　核科学和技术 A 层人才排名前 20 的国家和地区的占比

国家和地区	2009	2010	2011	2012	2013	2014	2015	2016	2017	2018	合计
美国	16.67	18.18	6.67	50.00	16.67	31.25	0.00	0.00	16.67	14.29	17.89
中国大陆	25.00	9.09	0.00	0.00	0.00	6.25	0.00	0.00	22.22	21.43	12.63
日本	8.33	9.09	20.00	0.00	16.67	12.50	0.00	0.00	0.00	7.14	9.47
德国	8.33	27.27	6.67	0.00	16.67	6.25	0.00	0.00	0.00	7.14	8.42
法国	16.67	9.09	6.67	0.00	16.67	12.50	0.00	0.00	0.00	0.00	7.37
英国	8.33	0.00	6.67	50.00	0.00	6.25	0.00	0.00	0.00	7.14	5.26
意大利	0.00	9.09	6.67	0.00	0.00	6.25	0.00	0.00	0.00	7.14	4.21
奥地利	0.00	9.09	6.67	0.00	0.00	0.00	0.00	0.00	0.00	7.14	3.16
印度	0.00	0.00	0.00	0.00	0.00	0.00	0.00	0.00	11.11	7.14	3.16
沙特	0.00	0.00	0.00	0.00	0.00	0.00	0.00	0.00	11.11	7.14	3.16
俄罗斯	0.00	9.09	6.67	0.00	0.00	6.25	0.00	0.00	0.00	0.00	3.16
西班牙	8.33	0.00	6.67	0.00	0.00	0.00	0.00	0.00	0.00	7.14	3.16

续表

国家和地区 \ 年份	2009	2010	2011	2012	2013	2014	2015	2016	2017	2018	合计
瑞士	0.00	0.00	6.67	0.00	0.00	0.00	0.00	0.00	0.00	7.14	2.11
土耳其	0.00	0.00	0.00	0.00	0.00	0.00	0.00	0.00	11.11	0.00	2.11
韩国	0.00	0.00	6.67	0.00	0.00	0.00	100.00	0.00	0.00	0.00	2.11
加拿大	0.00	0.00	6.67	0.00	16.67	0.00	0.00	0.00	0.00	0.00	2.11
南非	0.00	0.00	0.00	0.00	0.00	0.00	0.00	0.00	5.56	0.00	1.05
新西兰	0.00	0.00	0.00	0.00	0.00	0.00	0.00	0.00	5.56	0.00	1.05
捷克	0.00	0.00	0.00	0.00	0.00	6.25	0.00	0.00	0.00	0.00	1.05
丹麦	8.33	0.00	0.00	0.00	0.00	0.00	0.00	0.00	0.00	0.00	1.05

表2—53　核科学和技术B层人才排名前20的国家和地区的占比

国家和地区 \ 年份	2009	2010	2011	2012	2013	2014	2015	2016	2017	2018	合计
美国	25.00	13.46	12.50	25.23	16.55	16.08	23.02	16.56	13.94	8.70	17.00
德国	12.90	7.69	9.72	8.11	12.23	11.19	10.07	9.27	6.06	6.09	9.36
法国	8.06	5.77	6.94	6.31	7.91	11.19	7.19	5.96	3.64	7.83	7.04
英国	6.45	4.81	4.86	6.31	7.19	4.90	6.47	7.28	3.03	5.22	5.62
中国大陆	4.84	0.96	2.08	4.50	3.60	8.39	5.76	3.31	7.88	11.30	5.32
日本	8.06	1.92	8.33	5.41	5.76	9.09	2.16	2.65	4.85	4.35	5.32
瑞士	4.84	7.69	5.56	1.80	4.32	2.80	2.16	5.96	2.42	5.22	4.19
意大利	2.42	4.81	5.56	1.80	5.04	2.80	4.32	3.97	2.42	6.09	3.90
西班牙	1.61	2.88	4.17	1.80	5.04	2.80	5.04	5.30	3.03	1.74	3.45
加拿大	1.61	2.88	5.56	0.90	4.32	2.80	2.16	3.97	1.82	1.74	2.85
荷兰	2.42	5.77	4.17	1.80	5.04	3.50	2.16	0.66	1.82	1.74	2.70
波兰	4.03	2.88	2.08	1.80	0.72	2.10	2.88	1.99	2.42	1.74	2.25
俄罗斯	1.61	0.96	1.39	3.60	2.16	2.10	4.32	3.31	1.82	0.87	2.25
印度	0.81	0.00	2.08	4.50	2.88	3.50	0.72	1.99	2.42	2.61	2.17
比利时	2.42	2.88	2.78	2.70	1.44	0.70	2.88	0.66	1.21	1.74	1.87
瑞典	1.61	1.92	2.08	1.80	1.44	0.70	0.00	1.32	3.64	0.87	1.57
捷克	0.00	1.92	1.39	1.80	0.72	0.00	1.44	4.64	1.82	1.74	1.57
韩国	0.00	0.00	0.69	4.50	1.44	2.10	0.72	1.99	2.42	0.87	1.50
土耳其	0.00	2.88	1.39	0.90	0.72	0.00	0.72	1.32	0.61	5.22	1.27
澳大利亚	0.81	3.85	0.69	0.00	0.72	1.40	0.72	1.32	0.61	2.61	1.20

表2—54　核科学和技术 C 层人才排名前 20 的国家和地区的占比

国家和地区 \ 年份	2009	2010	2011	2012	2013	2014	2015	2016	2017	2018	合计
美国	15.54	14.05	14.51	15.96	17.35	16.84	16.36	16.42	14.44	15.38	15.70
德国	11.36	9.40	11.61	8.62	9.89	7.89	7.69	8.21	6.58	7.35	8.88
中国大陆	5.55	5.47	6.58	7.63	7.33	9.26	11.24	11.07	9.20	13.85	8.69
法国	8.45	8.03	9.13	9.81	8.32	6.30	7.02	5.50	4.60	5.06	7.18
日本	7.26	5.11	6.58	5.85	5.69	4.78	4.55	6.02	4.60	4.58	5.51
意大利	5.38	5.75	5.52	3.77	5.62	4.40	3.72	4.59	4.53	5.44	4.88
英国	4.53	4.65	4.53	5.15	4.62	4.63	5.79	4.37	4.95	4.11	4.73
印度	2.56	4.29	3.82	3.47	3.13	3.95	1.82	2.94	2.97	2.96	3.19
瑞士	2.90	3.56	3.40	2.08	3.63	2.88	3.06	2.41	2.41	3.25	2.97
西班牙	2.39	2.10	3.54	2.68	2.13	2.81	2.89	3.24	2.69	2.39	2.71
韩国	2.56	1.92	1.34	2.78	2.13	3.64	2.56	3.31	2.76	1.72	2.48
俄罗斯	3.25	2.55	2.90	1.78	1.64	2.50	2.64	2.94	2.34	1.24	2.40
比利时	1.96	1.92	1.84	2.38	2.92	2.12	2.56	1.58	2.62	1.05	2.12
瑞典	2.05	2.37	1.49	2.87	2.56	2.12	1.90	1.43	1.98	1.91	2.05
加拿大	1.71	1.92	1.70	2.18	1.71	0.83	1.90	2.41	1.42	2.10	1.76
荷兰	1.20	1.19	2.19	1.78	1.99	1.82	1.98	0.98	2.41	1.15	1.70
土耳其	1.11	1.73	0.92	1.29	1.07	1.90	1.65	2.18	1.56	3.53	1.66
波兰	1.62	1.55	1.56	1.09	1.92	1.75	1.74	1.51	1.77	1.43	1.61
捷克	1.88	2.10	1.77	1.59	0.85	1.21	1.49	1.20	1.84	0.76	1.47
芬兰	1.11	0.46	0.99	0.69	1.64	1.21	1.90	1.20	1.63	1.24	1.23

十八　流体物理和等离子体物理

流体物理和等离子体物理 A、B、C 层人才最多的国家是美国，分别占该学科全球 A、B、C 层人才的 24.39%、21.51%、20.99%。

意大利、中国大陆、英国、法国、德国、澳大利亚、荷兰、伊朗的 A 层人才比较多，世界占比在 9%—3% 之间；俄罗斯、加拿大、智利、捷克、印度、芬兰、西班牙、日本、比利时、沙特、土耳其也有相当数量的 A 层人才，世界占比超过或接近 1%。

中国大陆、英国、法国、德国、意大利、西班牙、日本的 B 层人才比较多，世界占比在 10%—3% 之间；荷兰、印度、瑞士、澳大利亚、俄罗斯、伊朗、比利时、葡萄牙、瑞典、斯洛文尼亚、芬兰、韩国也有相当数量的 B 层人才，世界占比超过 1%。

中国大陆、德国、英国、法国、意大利的 C 层人才比较多，世界占比在 10%—3% 之间；日本、西班牙、荷兰、印度、俄罗斯、澳大利亚、瑞士、瑞典、韩国、加拿大、比利时、伊朗、葡萄牙、捷克也有相当数量的 C 层人才，世界占比超过或接近 1%。

表 2—55　　　　流体物理和等离子体物理 A 层人才排名前 20 的国家和地区的占比

国家和地区 \ 年份	2009	2010	2011	2012	2013	2014	2015	2016	2017	2018	合计
美国	23.08	53.85	33.33	23.08	20.00	14.29	25.00	11.76	0.00	23.08	24.39
意大利	23.08	0.00	16.67	7.69	10.00	7.14	6.25	5.88	0.00	0.00	8.13
中国大陆	7.69	7.69	0.00	23.08	0.00	0.00	12.50	0.00	0.00	23.08	8.13
英国	0.00	7.69	8.33	0.00	10.00	14.29	6.25	5.88	0.00	7.69	6.50
法国	0.00	7.69	0.00	7.69	20.00	14.29	0.00	11.76	0.00	0.00	6.50
德国	7.69	0.00	8.33	0.00	10.00	7.14	0.00	5.88	100.00	0.00	5.69
澳大利亚	7.69	0.00	8.33	7.69	10.00	7.14	0.00	0.00	0.00	7.69	4.88
荷兰	7.69	7.69	0.00	0.00	10.00	0.00	0.00	5.88	0.00	0.00	3.25
伊朗	0.00	0.00	0.00	7.69	10.00	0.00	6.25	0.00	0.00	7.69	3.25
俄罗斯	0.00	0.00	0.00	7.69	0.00	0.00	6.25	5.88	0.00	0.00	2.44
加拿大	0.00	0.00	0.00	0.00	0.00	7.14	0.00	5.88	0.00	0.00	1.63
智利	0.00	0.00	0.00	0.00	0.00	7.14	6.25	0.00	0.00	0.00	1.63
捷克	0.00	0.00	0.00	0.00	0.00	7.14	0.00	5.88	0.00	0.00	1.63
印度	0.00	0.00	0.00	0.00	0.00	14.29	0.00	0.00	0.00	0.00	1.63
芬兰	0.00	0.00	0.00	7.69	0.00	0.00	6.25	0.00	0.00	0.00	1.63
西班牙	7.69	0.00	8.33	0.00	0.00	0.00	0.00	0.00	0.00	0.00	1.63
日本	0.00	0.00	0.00	0.00	0.00	0.00	6.25	5.88	0.00	0.00	1.63
比利时	0.00	7.69	0.00	0.00	0.00	0.00	0.00	5.88	0.00	0.00	1.63
沙特	0.00	0.00	0.00	0.00	0.00	0.00	0.00	5.88	0.00	7.69	1.63
土耳其	0.00	0.00	0.00	0.00	0.00	0.00	0.00	0.00	7.69	0.00	0.81

表 2—56　　流体物理和等离子体物理 B 层人才排名前 20 的国家和地区的占比

国家和地区 \ 年份	2009	2010	2011	2012	2013	2014	2015	2016	2017	2018	合计
美国	26.67	27.43	30.00	23.53	19.05	23.26	19.18	23.13	11.89	17.11	21.51
中国大陆	3.33	4.42	6.92	7.56	9.52	9.30	10.27	9.52	9.73	17.76	9.14
英国	11.67	9.73	9.23	10.92	11.11	8.53	6.85	7.48	5.41	5.26	8.34
法国	3.33	4.42	7.69	4.20	7.94	9.30	4.79	6.80	4.32	6.58	5.93
德国	5.83	3.54	8.46	2.52	3.97	5.43	7.53	8.84	7.03	3.29	5.78
意大利	4.17	1.77	3.85	3.36	2.38	5.43	4.11	0.68	3.78	3.29	3.29
西班牙	4.17	5.31	1.54	4.20	3.97	3.88	2.74	1.36	3.24	2.63	3.22
日本	5.00	1.77	0.77	5.88	3.17	2.33	1.37	3.40	3.78	2.63	3.00
荷兰	3.33	2.65	4.62	0.00	2.38	1.55	2.05	3.40	3.78	1.32	2.56
印度	2.50	3.54	0.77	2.52	3.17	3.10	2.05	2.72	1.08	2.63	2.34
瑞士	2.50	3.54	2.31	0.84	1.59	0.78	4.11	2.04	1.62	1.97	2.12
澳大利亚	5.00	3.54	0.77	2.52	0.79	3.10	0.68	3.40	1.62	0.66	2.12
俄罗斯	3.33	0.88	0.77	2.52	0.79	1.55	2.74	3.40	2.16	2.63	2.12
伊朗	1.67	0.00	1.54	3.36	0.79	3.10	0.00	6.12	2.16	1.32	2.05
比利时	1.67	6.19	0.77	0.00	1.59	1.55	2.05	1.36	3.24	0.66	1.90
葡萄牙	0.00	0.00	0.77	0.84	1.59	2.33	1.37	2.04	4.32	1.32	1.61
瑞典	0.00	2.65	0.77	1.68	1.59	0.78	2.74	1.36	1.08	1.97	1.46
斯洛文尼亚	1.67	1.77	1.54	0.84	1.59	1.55	2.05	0.68	1.08	0.66	1.32
芬兰	0.00	0.00	1.54	0.84	2.38	2.33	1.37	0.00	2.70	0.66	1.24
韩国	0.00	1.77	0.77	3.36	1.59	0.78	1.37	0.68	0.54	1.32	1.17

表 2—57　　流体物理和等离子体物理 C 层人才排名前 20 的国家和地区的占比

国家和地区 \ 年份	2009	2010	2011	2012	2013	2014	2015	2016	2017	2018	合计
美国	26.28	25.49	23.72	22.52	21.83	22.60	17.28	19.05	16.91	17.30	20.99
中国大陆	7.79	7.33	6.41	9.14	10.55	9.23	8.09	9.38	11.38	10.05	9.02
德国	8.05	7.84	9.13	9.48	7.87	8.11	7.13	7.68	7.63	7.25	7.97
英国	7.88	8.44	8.65	6.52	8.85	7.81	7.82	8.17	6.12	6.99	7.68
法国	7.79	7.33	8.01	8.47	7.55	8.56	6.52	7.18	5.66	6.52	7.29

续表

国家和地区＼年份	2009	2010	2011	2012	2013	2014	2015	2016	2017	2018	合计
意大利	4.11	5.03	3.53	3.73	3.25	5.03	4.05	4.12	3.36	3.26	3.93
日本	2.83	2.39	3.45	2.12	2.35	2.93	3.22	2.70	2.83	2.66	2.76
西班牙	2.57	2.81	2.72	1.86	2.76	3.00	2.81	2.84	2.70	2.46	2.66
荷兰	1.88	2.64	2.40	2.96	3.17	2.40	2.61	2.42	2.11	2.99	2.56
印度	1.63	2.39	2.00	2.46	1.79	3.00	2.47	2.20	2.63	2.73	2.35
俄罗斯	1.54	1.45	1.84	1.86	2.03	2.25	2.61	2.70	2.63	3.46	2.29
澳大利亚	1.28	2.22	2.32	2.03	2.52	2.03	2.33	1.92	2.04	1.93	2.06
瑞士	2.14	1.11	1.92	1.69	1.87	1.65	2.06	2.20	2.04	1.73	1.85
瑞典	1.80	1.45	1.36	1.44	1.87	1.95	1.71	1.78	2.11	2.13	1.78
韩国	1.20	2.22	1.52	1.61	1.70	1.58	2.19	1.78	1.58	1.40	1.68
加拿大	1.97	1.62	1.84	2.03	1.54	1.20	1.37	1.28	1.32	1.46	1.54
比利时	0.94	1.36	1.44	1.10	1.79	1.20	1.71	1.71	1.97	1.80	1.53
伊朗	1.54	1.02	1.84	2.12	1.30	1.05	1.17	1.14	1.71	1.06	1.38
葡萄牙	1.37	0.60	1.12	1.02	2.03	1.73	1.17	1.07	1.18	1.53	1.29
捷克	0.34	0.68	0.56	0.42	1.06	0.38	1.44	1.42	1.64	1.33	0.97

十九 应用物理学

应用物理学A、B、C层人才主要集中在美国和中国大陆，两国A、B、C层人才的世界占比为50.41%、52.25%、42.89%，其中美国的A类和B层人才多于中国大陆，C层人才与中国大陆相当；在发展趋势上，中国大陆呈现相对上升趋势，美国呈现相对下降趋势。

英国、德国、日本、澳大利亚、新加坡、韩国的A层人才比较多，世界占比在7%—3%之间；意大利、法国、加拿大、瑞士、沙特、西班牙、荷兰、瑞典、中国香港、中国台湾、丹麦、俄罗斯也有相当数量的A层人才，世界占比超过或接近1%。

德国、韩国、英国、日本、新加坡的B层人才比较多，世界占比在6%—3%之间；澳大利亚、法国、中国香港、瑞士、加拿大、西班牙、荷兰、意大利、沙特、中国台湾、瑞典、印度、比利时也有相当数量的B层人才，世界占比超过或接近1%。

德国、日本、韩国、英国、法国的C层人才比较多，世界占比在

8%—3%之间；新加坡、澳大利亚、西班牙、印度、意大利、瑞士、加拿大、荷兰、中国香港、中国台湾、瑞典、俄罗斯、比利时也有相当数量的 C 层人才，世界占比超过或接近 1%。

表 2—58　应用物理学 A 层人才排名前 20 的国家和地区的占比

国家和地区＼年份	2009	2010	2011	2012	2013	2014	2015	2016	2017	2018	合计
美国	40.23	37.23	38.54	26.67	36.94	33.05	22.41	24.59	23.02	20.49	29.63
中国大陆	5.75	14.89	18.75	16.19	15.32	21.19	14.66	23.77	32.54	36.89	20.78
英国	8.05	6.38	4.17	7.62	7.21	10.17	6.03	4.92	5.56	2.46	6.20
德国	11.49	6.38	5.21	7.62	0.90	3.39	6.03	6.56	5.56	1.64	5.29
日本	6.90	6.38	6.25	7.62	5.41	3.39	6.90	3.28	3.97	3.28	5.20
澳大利亚	2.30	3.19	2.08	2.86	1.80	2.54	4.31	7.38	7.14	8.20	4.38
新加坡	2.30	1.06	5.21	8.57	5.41	2.54	1.72	4.10	1.59	2.46	3.46
韩国	4.60	1.06	4.17	3.81	5.41	0.85	4.31	5.74	0.79	3.28	3.37
意大利	2.30	2.13	1.04	1.90	2.70	0.85	4.31	3.28	2.38	2.46	2.28
法国	5.75	3.19	1.04	2.86	2.70	0.85	3.45	1.64	1.59	0.00	2.19
加拿大	3.45	2.13	3.13	0.00	0.00	1.69	2.59	3.28	2.38	2.46	2.10
瑞士	0.00	0.00	1.04	0.00	4.50	4.24	6.90	0.00	0.79	1.64	2.01
沙特	0.00	0.00	2.08	0.00	0.00	0.85	3.45	1.64	3.97	4.92	1.82
西班牙	0.00	2.13	2.08	0.95	0.90	5.08	3.45	0.00	0.79	0.00	1.55
荷兰	0.00	2.13	1.04	1.90	0.00	0.85	2.59	2.46	0.00	1.64	1.28
瑞典	1.15	1.06	1.04	0.00	0.90	0.00	0.86	2.46	1.59	1.64	1.19
中国香港	0.00	1.06	1.04	0.00	0.00	3.39	0.00	1.64	0.00	2.46	1.00
中国台湾	0.00	1.06	0.00	2.86	1.80	0.85	0.00	0.00	0.79	0.82	0.82
丹麦	1.15	4.26	0.00	0.95	0.90	0.00	0.86	0.00	0.00	0.00	0.73
俄罗斯	0.00	1.06	0.00	0.95	1.80	0.85	0.00	0.79	0.00	0.00	0.55

表 2—59　应用物理学 B 层人才排名前 20 的国家和地区的占比

国家和地区＼年份	2009	2010	2011	2012	2013	2014	2015	2016	2017	2018	合计
美国	38.16	36.32	31.80	30.38	28.06	25.24	25.74	22.13	21.36	18.77	27.17
中国大陆	8.31	11.64	15.15	16.77	21.09	25.43	28.24	33.06	38.15	42.10	25.08
德国	8.82	9.55	8.50	6.12	6.27	5.98	5.19	4.34	3.86	2.79	5.93

续表

国家和地区\年份	2009	2010	2011	2012	2013	2014	2015	2016	2017	2018	合计
韩国	3.90	4.54	4.36	5.70	6.37	5.31	5.19	3.79	3.41	3.07	4.55
英国	5.92	4.54	5.17	4.54	4.18	4.08	3.65	3.79	2.96	2.79	4.07
日本	5.04	5.47	5.97	5.38	4.38	3.89	3.36	3.79	2.15	2.14	4.04
新加坡	1.39	2.56	1.84	3.90	3.48	5.12	4.03	4.79	4.31	4.37	3.70
澳大利亚	1.51	1.63	2.07	2.32	2.49	2.66	3.36	3.34	4.04	3.81	2.81
法国	3.78	2.56	2.76	2.74	2.99	2.37	1.83	2.08	1.80	1.77	2.41
中国香港	0.76	1.28	1.38	1.05	1.39	1.99	2.40	2.44	3.23	3.53	2.03
瑞士	2.27	2.56	1.72	2.00	1.89	1.90	1.54	1.99	1.17	0.93	1.76
加拿大	2.27	1.40	2.18	2.22	1.29	1.23	1.92	1.81	1.97	1.39	1.75
西班牙	1.51	1.16	2.76	1.90	1.79	1.33	1.63	0.99	0.81	1.30	1.49
荷兰	3.02	2.10	2.07	2.74	1.39	1.04	0.86	0.54	0.45	0.37	1.37
意大利	1.51	1.86	1.95	1.58	2.59	1.33	0.67	0.81	0.90	0.37	1.32
沙特	0.13	0.00	0.80	0.53	0.90	1.99	1.73	1.81	1.71	2.32	1.27
中国台湾	1.64	1.63	0.57	1.37	0.70	1.80	0.86	0.90	0.72	0.65	1.06
瑞典	0.76	1.28	0.92	1.16	0.50	1.04	0.86	1.08	0.36	1.21	0.91
印度	0.63	0.58	0.69	0.95	1.29	0.47	0.77	0.72	0.54	0.74	0.74
比利时	1.26	1.16	0.80	0.74	0.80	0.66	0.48	0.63	0.36	0.28	0.69

表2—60　应用物理学 C 层人才排名前 20 的国家和地区的占比

国家和地区\年份	2009	2010	2011	2012	2013	2014	2015	2016	2017	2018	合计
中国大陆	10.67	11.90	12.79	15.11	18.73	21.30	24.52	26.45	31.13	35.05	21.50
美国	25.14	24.40	24.95	24.55	23.04	21.41	20.96	18.62	17.78	15.84	21.39
德国	9.41	8.80	9.20	7.93	7.56	6.98	6.03	6.06	5.32	4.86	7.07
日本	6.40	6.58	5.84	5.40	4.85	4.68	3.80	3.85	3.71	3.04	4.71
韩国	4.28	4.72	4.88	4.29	4.45	4.43	4.73	4.84	4.39	4.59	4.58
英国	4.69	4.45	4.67	4.42	4.45	4.50	3.91	4.00	3.86	3.55	4.22
法国	5.05	5.05	4.29	4.35	3.36	2.99	2.87	2.46	2.01	3.55	
新加坡	1.74	1.97	1.93	2.54	2.35	2.41	2.70	2.62	2.73	2.79	2.41
澳大利亚	1.91	1.64	1.85	2.06	1.85	2.17	2.56	2.54	2.63	2.98	2.25
西班牙	2.32	2.44	2.52	2.40	2.25	2.35	2.21	1.95	1.67	1.70	2.16

续表

国家和地区\年份	2009	2010	2011	2012	2013	2014	2015	2016	2017	2018	合计
印度	2.16	1.93	2.33	2.02	2.31	2.20	2.18	2.07	2.12	2.18	2.15
意大利	2.45	2.39	2.52	2.21	2.26	2.22	2.12	1.99	1.56	1.57	2.10
瑞士	2.46	2.45	2.03	2.31	2.07	1.87	1.81	1.81	1.57	1.60	1.97
加拿大	1.95	1.91	2.06	1.95	1.99	2.08	2.08	2.01	1.75	1.61	1.94
荷兰	2.04	2.03	1.83	1.71	1.54	1.46	1.32	1.26	1.16	0.90	1.49
中国香港	0.95	0.91	1.05	1.16	1.11	1.60	1.65	1.74	1.93	2.26	1.47
中国台湾	2.14	1.70	1.57	1.68	1.44	1.35	1.16	1.17	1.09	0.93	1.39
瑞典	1.38	1.46	1.25	1.42	1.36	1.28	1.02	1.24	0.93	1.11	1.23
俄罗斯	1.37	1.28	1.08	1.20	1.24	1.19	1.11	1.34	1.21	1.14	1.22
比利时	1.23	1.12	1.06	1.23	1.15	0.90	0.79	0.79	0.59	0.56	0.92

二十　多学科物理

多学科物理 A、B、C 层人才最多的国家是美国，分别占该学科全球 A、B、C 层人才的 21.99%、20.17%、19.48%。

德国、中国大陆、英国、意大利、日本、法国、加拿大、西班牙、瑞士的 A 层人才比较多，世界占比在 9%—3% 之间；荷兰、韩国、以色列、澳大利亚、俄罗斯、中国台湾、比利时、奥地利、中国香港、波兰也有相当数量的 A 层人才，世界占比超过 1%。

德国、英国、中国大陆、法国、日本、瑞士、西班牙、意大利、加拿大的 B 层人才比较多，世界占比在 11%—3% 之间；荷兰、俄罗斯、奥地利、澳大利亚、波兰、韩国、巴西、以色列、中国台湾、印度也有相当数量的 B 层人才，世界占比超过 1%。

德国、中国大陆、英国、法国、日本、意大利、瑞士、西班牙的 C 层人才比较多，世界占比在 11%—3% 之间；加拿大、俄罗斯、荷兰、奥地利、澳大利亚、韩国、以色列、瑞典、印度、波兰、巴西也有相当数量的 C 层人才，世界占比超过 1%。

表 2—61　　多学科物理 A 层人才排名前 20 的国家和地区的占比

国家和地区\年份	2009	2010	2011	2012	2013	2014	2015	2016	2017	2018	合计
美国	27.27	42.42	27.78	19.05	22.50	27.78	30.00	5.13	5.00	26.09	21.99
德国	9.09	12.12	5.56	9.52	15.00	8.33	0.00	5.13	5.00	4.35	8.13
中国大陆	15.15	0.00	2.78	9.52	7.50	5.56	30.00	5.13	5.00	0.00	6.63
英国	6.06	6.06	5.56	4.76	7.50	11.11	0.00	5.13	5.00	0.00	5.72
意大利	3.03	3.03	8.33	4.76	5.00	5.56	10.00	5.13	5.00	4.35	5.12
日本	3.03	6.06	5.56	2.38	5.00	2.78	0.00	5.13	5.00	17.39	5.12
法国	3.03	0.00	5.56	4.76	7.50	2.78	0.00	5.13	5.00	8.70	4.52
加拿大	6.06	6.06	5.56	2.38	0.00	2.78	0.00	5.13	5.00	0.00	3.61
西班牙	3.03	0.00	5.56	0.00	5.00	2.78	10.00	5.13	5.00	0.00	3.31
瑞士	3.03	0.00	5.56	2.38	2.50	5.56	10.00	0.00	2.50	4.35	3.01
荷兰	3.03	0.00	0.00	4.76	0.00	0.00	10.00	5.13	5.00	4.35	2.71
韩国	0.00	3.03	2.78	2.38	2.50	0.00	0.00	5.13	5.00	0.00	2.41
以色列	0.00	9.09	0.00	4.76	2.50	2.78	0.00	0.00	0.00	4.35	2.41
澳大利亚	0.00	3.03	0.00	2.38	2.50	0.00	0.00	5.13	5.00	0.00	2.11
俄罗斯	0.00	0.00	5.56	2.38	0.00	0.00	0.00	5.13	5.00	0.00	2.11
中国台湾	0.00	3.03	0.00	2.38	2.50	0.00	0.00	5.13	5.00	0.00	2.11
比利时	3.03	0.00	0.00	2.38	0.00	0.00	0.00	5.13	5.00	0.00	1.81
奥地利	3.03	3.03	2.78	0.00	0.00	5.56	0.00	0.00	0.00	4.35	1.81
中国香港	0.00	0.00	0.00	4.76	2.50	5.56	0.00	2.56	0.00	0.00	1.81
波兰	3.03	0.00	2.78	0.00	0.00	0.00	0.00	5.13	5.00	0.00	1.81

表 2—62　　多学科物理 B 层人才排名前 20 的国家和地区的占比

国家和地区\年份	2009	2010	2011	2012	2013	2014	2015	2016	2017	2018	合计
美国	29.07	16.95	24.31	23.77	19.35	22.71	14.93	17.13	18.16	17.01	20.17
德国	12.14	9.49	11.08	13.18	7.53	10.25	8.96	9.39	8.16	10.57	10.04
英国	7.35	4.75	5.54	6.20	5.65	6.09	6.22	6.08	4.47	5.93	5.83
中国大陆	4.79	3.05	4.31	4.65	2.96	6.65	4.48	8.01	7.37	7.22	5.41
法国	5.11	5.42	4.92	4.39	4.03	5.26	3.98	4.70	4.47	3.35	4.52
日本	4.15	3.73	6.15	5.68	3.76	5.54	3.48	3.04	5.53	3.61	4.46
瑞士	1.92	3.39	4.00	5.43	4.03	3.88	2.99	4.14	5.00	5.67	4.10
西班牙	2.88	4.41	4.00	3.36	4.03	4.71	3.73	4.14	4.47	4.38	4.02

续表

国家和地区\年份	2009	2010	2011	2012	2013	2014	2015	2016	2017	2018	合计
意大利	5.43	3.05	3.69	3.10	4.30	3.05	3.23	4.42	3.42	4.12	3.77
加拿大	4.15	1.02	3.69	3.62	2.15	3.32	2.74	4.42	2.89	2.32	3.04
荷兰	2.24	3.39	2.15	1.55	3.23	2.77	3.98	3.31	2.11	2.84	2.76
俄罗斯	1.92	1.69	2.15	2.07	2.96	2.77	2.74	3.31	2.63	2.84	2.54
奥地利	2.88	2.37	2.15	3.62	1.34	2.22	1.24	1.38	1.32	1.55	1.98
澳大利亚	1.28	1.36	2.15	2.07	1.88	1.66	2.24	2.49	1.58	1.29	1.81
波兰	1.28	1.36	0.92	0.78	2.42	1.39	1.99	1.66	2.11	1.80	1.59
韩国	0.64	0.68	1.23	1.81	1.34	2.22	1.49	1.66	2.63	1.03	1.51
巴西	0.32	1.02	1.85	0.78	1.34	0.55	2.24	2.21	1.58	0.77	1.28
以色列	0.32	1.02	2.77	2.07	0.81	1.11	0.75	0.55	1.32	1.80	1.26
中国台湾	0.32	1.02	0.31	1.03	1.88	1.66	1.49	1.93	1.32	0.52	1.17
印度	0.96	1.02	0.92	1.29	1.08	0.28	1.24	1.66	1.58	1.03	1.12

表2—63　多学科物理C层人才排名前20的国家和地区的占比

国家和地区\年份	2009	2010	2011	2012	2013	2014	2015	2016	2017	2018	合计
美国	23.69	21.63	19.17	21.02	19.79	18.61	19.01	18.57	18.30	16.03	19.48
德国	11.75	12.05	10.48	9.66	10.97	9.48	9.68	9.14	9.90	8.45	10.09
中国大陆	4.57	4.89	5.48	5.76	6.58	6.50	8.10	7.67	9.22	9.87	6.96
英国	6.46	7.10	5.70	5.79	6.05	6.82	7.14	6.64	6.95	5.91	6.45
法国	7.34	6.86	6.15	5.57	6.14	5.84	5.86	5.58	4.74	4.58	5.81
日本	5.77	5.76	4.69	4.83	4.01	3.81	4.04	4.48	4.08	3.87	4.49
意大利	4.34	3.28	3.65	3.66	3.18	4.29	4.10	3.42	3.05	3.63	3.52	3.57
瑞士	3.33	3.31	3.66	3.66	3.90	3.49	3.26	3.31	3.26	3.43	3.46
西班牙	3.10	3.05	3.02	3.40	3.54	3.06	2.70	2.82	2.87	2.70	3.02
加拿大	3.30	2.64	2.65	2.65	2.60	3.06	3.24	2.24	2.61	2.43	2.74
俄罗斯	2.41	2.54	2.10	2.15	2.05	2.58	2.59	2.53	2.42	2.10	2.34
荷兰	2.77	2.81	2.56	2.42	1.93	1.78	2.09	2.21	1.95	1.88	2.22
奥地利	1.63	1.84	1.46	1.80	1.80	1.69	1.47	1.49	1.40	1.61	1.62
澳大利亚	1.34	1.67	1.80	1.67	1.46	1.37	1.63	1.61	1.76	1.50	1.58

续表

国家和地区＼年份	2009	2010	2011	2012	2013	2014	2015	2016	2017	2018	合计
韩国	1.73	1.17	1.52	1.62	1.30	1.37	1.60	1.35	1.32	1.53	1.45
以色列	1.27	1.61	1.13	1.41	1.27	1.20	1.84	1.49	1.45	1.06	1.38
瑞典	1.11	1.37	1.28	1.27	1.52	1.06	1.12	1.41	1.13	0.71	1.19
印度	0.95	0.94	1.16	0.85	1.22	1.40	1.34	1.09	1.40	1.47	1.19
波兰	0.95	1.00	1.22	1.19	1.16	1.43	1.12	1.26	1.16	1.34	1.19
巴西	0.75	0.94	1.25	0.98	1.05	1.17	1.20	1.32	0.97	1.31	1.10

第三节　学科组层面的人才比较

在数学与物理学各学科人才分析的基础上，按照A、B、C三个人才层次，对各学科人才进行汇总分析，可以从学科组层面揭示人才的分布特点和发展趋势。

一　A层人才

数学与物理学A层人才最多的国家是美国，占该学科组全球A层人才的23.93%，中国大陆以12.85%的世界占比排名第二，这两个国家的A层人才超过了全球的三分之一；其后是英国、德国，世界占比分别为6.47%、6.21%；法国、意大利、日本、加拿大、澳大利亚、西班牙、瑞士、韩国的A层人才也比较多，世界占比在4%—2%之间；荷兰、沙特、伊朗、俄罗斯、新加坡、印度、比利时、瑞典、丹麦、中国香港也有相当数量的A层人才，世界占比超过1%；以色列、奥地利、中国台湾、波兰、巴基斯坦、芬兰、南非、土耳其、巴西、希腊、爱尔兰、智利、葡萄牙、匈牙利、墨西哥、罗马尼亚、挪威、捷克也有一定数量的A层人才，世界占比低于1%。

在发展趋势上，美国、英国、德国、法国、加拿大呈现相对下降趋势，中国大陆、澳大利亚、沙特、伊朗呈现相对上升趋势，其他国家和地区没有呈现明显变化。

表2—64　数学与物理学 A 层人才排名前 40 的国家和地区的占比

国家和地区 \ 年份	2009	2010	2011	2012	2013	2014	2015	2016	2017	2018	合计
美国	30.91	34.66	28.49	26.23	28.44	24.22	19.36	16.30	16.93	17.76	23.93
中国大陆	6.02	6.57	6.59	12.50	6.88	10.55	13.53	15.44	20.45	26.21	12.85
英国	7.68	7.37	6.98	4.92	7.81	8.13	7.14	6.00	5.43	3.62	6.47
德国	8.92	8.96	5.62	5.12	8.18	6.23	6.20	4.80	5.91	2.93	6.21
法国	6.22	3.98	5.04	3.69	5.39	5.02	2.82	2.92	3.35	1.72	3.96
意大利	3.73	2.99	3.88	3.28	3.16	4.50	5.08	3.95	2.88	1.72	3.50
日本	3.73	3.59	5.43	3.89	3.72	2.42	3.38	2.06	2.88	2.93	3.35
加拿大	4.56	2.79	5.62	2.46	2.23	3.11	2.44	3.26	3.19	1.72	3.12
澳大利亚	1.45	1.99	1.94	3.28	2.42	2.60	3.57	3.60	5.11	3.79	3.04
西班牙	2.07	2.79	3.88	1.43	2.04	3.98	3.38	1.72	1.92	1.21	2.43
瑞士	1.45	1.00	2.52	1.23	2.97	3.63	4.51	1.37	1.44	2.41	2.27
韩国	1.87	1.39	2.33	2.25	2.79	1.21	3.01	2.92	1.76	1.72	2.12
荷兰	2.28	2.79	1.74	3.07	1.12	1.56	1.88	2.57	1.28	1.21	1.92
沙特	0.00	0.40	0.39	0.82	0.37	1.21	2.26	3.95	3.51	3.28	1.71
伊朗	0.00	0.40	0.00	1.43	1.86	0.52	1.32	1.54	3.35	5.17	1.64
俄罗斯	1.66	1.20	1.55	2.05	2.60	1.38	0.75	1.03	1.92	1.21	1.53
新加坡	0.62	1.20	1.55	3.07	2.04	1.21	1.88	2.06	0.48	1.03	1.49
印度	0.62	0.80	0.78	1.64	1.12	1.04	2.07	1.37	1.60	1.21	1.24
比利时	2.07	0.80	1.16	1.43	1.49	0.69	1.32	1.20	1.12	0.52	1.16
瑞典	1.66	1.00	0.58	1.23	1.30	0.69	0.75	1.54	0.64	1.72	1.11
丹麦	1.24	1.79	1.36	1.64	1.30	1.21	1.13	0.51	0.48	0.52	1.09
中国香港	0.21	1.39	0.58	1.64	0.74	2.08	0.75	1.03	0.64	1.38	1.05
以色列	0.83	1.39	0.78	1.84	1.12	1.04	0.75	1.03	0.16	0.69	0.94
奥地利	0.83	1.79	2.13	0.41	0.74	0.35	0.75	0.69	0.48	1.03	0.90
中国台湾	0.21	0.60	0.58	1.43	0.74	0.87	0.56	1.03	1.76	1.03	0.90
波兰	0.62	0.40	0.97	0.41	0.19	0.87	0.56	1.20	1.28	0.34	0.70
巴基斯坦	0.21	0.80	0.00	0.00	0.37	0.00	0.75	1.37	1.60	1.38	0.68
芬兰	0.21	0.80	0.19	1.43	0.56	1.04	0.56	1.03	0.16	0.69	0.66
南非	0.21	0.00	0.19	0.00	0.56	0.52	0.19	1.72	0.80	1.90	0.65
土耳其	1.45	0.20	0.78	0.00	0.19	0.35	0.38	0.86	0.96	0.86	0.61
巴西	0.41	0.40	0.78	0.00	0.74	0.35	0.56	0.86	0.80	0.34	0.53
希腊	1.04	0.00	0.97	0.20	0.37	0.52	0.19	1.20	0.32	0.52	0.53

续表

国家和地区\年份	2009	2010	2011	2012	2013	2014	2015	2016	2017	2018	合计
爱尔兰	0.41	0.00	0.39	0.00	1.12	1.04	0.19	0.69	0.32	0.52	0.48
智利	0.21	0.20	0.39	0.41	0.37	1.38	0.94	0.51	0.00	0.17	0.46
葡萄牙	0.62	0.00	1.36	1.02	0.37	0.35	0.00	0.51	0.00	0.34	0.44
匈牙利	0.62	0.20	0.00	0.41	0.56	0.00	0.75	0.51	0.96	0.17	0.42
墨西哥	0.00	0.40	0.39	0.41	0.00	0.52	1.13	0.17	0.32	0.69	0.41
罗马尼亚	0.21	0.40	0.00	0.00	0.56	0.52	0.38	0.51	0.16	0.86	0.37
挪威	0.21	0.80	0.00	0.41	0.19	0.87	0.00	0.17	0.32	0.00	0.31
捷克	0.00	0.20	0.39	0.41	0.00	0.69	0.00	0.16	0.17	0.17	0.26

二 B层人才

数学与物理学B层人才最多的国家是美国，占该学科组全球B层人才的20.60%，中国大陆以15.05%的世界占比排名第二，这两个国家的B层人才超过了全球的三分之一；其后是德国、英国，世界占比分别为6.32%、5.53%；法国、意大利、日本、西班牙、加拿大、澳大利亚、韩国、瑞士的B层人才也比较多，世界占比在4%—2%之间；荷兰、印度、沙特、伊朗、新加坡、俄罗斯、中国香港、瑞典、中国台湾也有相当数量的B层人才，世界占比超过1%；比利时、土耳其、波兰、丹麦、奥地利、以色列、巴西、葡萄牙、芬兰、罗马尼亚、希腊、捷克、南非、巴基斯坦、爱尔兰、马来西亚、匈牙利、挪威、智利也有一定数量的B层人才，世界占比低于1%。

在发展趋势上，美国、德国、英国、法国、加拿大呈现相对下降趋势，中国大陆、沙特、伊朗呈现相对上升趋势，其他国家和地区没有呈现明显变化。

表2—65　数学与物理学B层人才排名前40的国家和地区的占比

国家和地区\年份	2009	2010	2011	2012	2013	2014	2015	2016	2017	2018	合计
美国	28.68	27.39	26.19	22.49	21.45	19.80	18.12	16.68	15.42	14.13	20.60
中国大陆	6.81	8.40	9.36	11.24	13.08	15.09	16.39	17.93	22.19	25.19	15.05

续表

国家和地区\年份	2009	2010	2011	2012	2013	2014	2015	2016	2017	2018	合计
德国	8.39	8.25	7.81	6.73	5.73	6.35	6.44	5.68	4.65	4.27	6.32
英国	7.32	5.71	6.32	6.00	5.58	5.57	5.51	5.14	4.77	3.99	5.53
法国	5.05	4.69	5.26	4.24	4.35	4.14	3.78	3.55	2.49	2.70	3.95
意大利	3.85	3.31	3.57	3.01	3.28	3.29	3.24	3.16	2.67	2.05	3.11
日本	3.67	3.63	3.47	3.18	2.87	2.95	2.50	2.75	2.12	1.89	2.85
西班牙	2.66	2.82	3.10	2.87	2.43	2.79	2.50	2.26	2.17	2.10	2.55
加拿大	3.32	2.84	3.47	2.51	2.04	2.34	2.40	2.68	2.25	1.72	2.52
澳大利亚	2.33	2.19	1.82	2.39	2.36	2.43	2.54	2.51	2.92	3.41	2.51
韩国	1.76	2.04	2.16	2.70	2.88	2.97	2.64	2.04	2.07	1.72	2.30
瑞士	2.33	2.57	2.31	2.47	2.09	2.19	2.15	2.51	1.77	2.07	2.23
荷兰	2.55	1.97	1.98	1.89	2.04	1.62	1.52	1.72	1.35	1.29	1.77
印度	1.16	1.38	1.14	1.62	2.02	1.55	1.84	1.66	1.79	1.65	1.60
沙特	0.31	0.25	0.88	1.00	1.34	1.71	2.22	2.21	2.42	2.81	1.59
伊朗	0.53	0.74	0.84	1.66	1.26	1.67	1.47	2.48	2.09	2.44	1.57
新加坡	1.12	1.44	0.78	1.62	1.45	1.94	1.73	1.74	1.74	1.67	1.55
俄罗斯	1.49	0.98	1.12	1.31	1.15	1.06	1.49	1.57	1.37	1.24	1.28
中国香港	0.86	0.76	0.86	0.98	1.07	1.40	1.49	1.34	1.67	1.60	1.23
瑞典	1.03	1.38	1.10	1.06	0.87	1.06	1.14	1.05	0.78	0.90	1.03
中国台湾	0.92	1.21	0.65	1.18	0.87	1.11	1.07	1.14	1.00	0.88	1.01
比利时	1.34	1.29	0.98	0.98	0.98	0.76	1.01	0.95	0.93	0.74	0.98
土耳其	0.81	0.70	0.78	0.77	1.06	0.92	0.61	1.07	0.88	1.77	0.95
波兰	0.70	0.98	0.86	0.77	0.81	1.01	1.14	1.07	0.90	1.03	0.93
丹麦	0.83	1.12	1.24	1.02	1.04	1.13	0.58	0.82	0.88	0.64	0.92
奥地利	0.97	1.06	1.18	1.25	0.83	0.86	0.75	0.77	0.67	0.71	0.89
以色列	0.90	0.89	1.00	0.83	0.81	0.90	0.75	0.67	0.77	0.65	0.81
巴西	0.62	0.74	0.67	0.79	0.83	0.58	1.00	0.89	0.77	0.79	0.77
葡萄牙	0.48	0.68	0.71	0.73	0.79	0.79	0.52	0.67	0.92	0.60	0.69
芬兰	0.53	0.51	0.75	0.62	0.74	0.79	0.72	0.85	0.58	0.57	0.67
罗马尼亚	0.09	0.25	0.51	0.50	0.85	0.41	0.61	0.62	0.80	1.00	0.58
希腊	0.81	0.62	0.61	0.58	0.66	0.54	0.49	0.44	0.57	0.45	0.57
捷克	0.46	0.51	0.51	0.64	0.62	0.47	0.56	0.47	0.58	0.48	0.53
南非	0.22	0.25	0.29	0.23	0.57	0.59	0.37	0.84	0.75	0.98	0.53

续表

国家和地区\年份	2009	2010	2011	2012	2013	2014	2015	2016	2017	2018	合计
巴基斯坦	0.13	0.17	0.16	0.42	0.34	0.36	0.21	0.67	1.05	0.95	0.47
爱尔兰	0.44	0.57	0.49	0.33	0.58	0.41	0.44	0.62	0.35	0.43	0.47
马来西亚	0.20	0.17	0.27	0.25	0.45	0.68	0.63	0.60	0.62	0.52	0.45
匈牙利	0.33	0.34	0.33	0.46	0.66	0.45	0.58	0.32	0.60	0.41	0.45
挪威	0.46	0.38	0.49	0.39	0.45	0.54	0.31	0.50	0.35	0.28	0.41
智利	0.33	0.17	0.33	0.29	0.30	0.36	0.40	0.60	0.43	0.45	0.37

三　C层人才

数学与物理学C层人才最多的国家是美国，占该学科组全球C层人才的18.68%，中国大陆以14.20%的世界占比排名第二，这两个国家的C层人才约占全球的三分之一；其后是德国、英国、法国，世界占比分别为7.06%、5.40%、4.81%；意大利、日本、西班牙、加拿大、韩国、印度、瑞士、澳大利亚的C层人才也比较多，世界占比在4%—2%之间；荷兰、俄罗斯、伊朗、瑞典、波兰、新加坡、中国台湾、中国香港、比利时也有相当数量的C层人才，世界占比超过1%；巴西、奥地利、土耳其、沙特、以色列、丹麦、葡萄牙、捷克、芬兰、希腊、罗马尼亚、巴基斯坦、匈牙利、马来西亚、南非、智利、墨西哥、爱尔兰也有一定数量的C层人才，世界占比低于1%。

在发展趋势上，美国、德国、英国、法国、日本呈现相对下降趋势，中国大陆、澳大利亚、沙特呈现相对上升趋势，其他国家和地区没有呈现明显变化。

表2—66　数学与物理学C层人才排名前40的国家和地区的占比

国家和地区\年份	2009	2010	2011	2012	2013	2014	2015	2016	2017	2018	合计
美国	22.99	22.32	21.09	20.46	19.35	18.12	17.82	16.50	15.83	14.19	18.68
中国大陆	9.13	9.37	9.84	11.05	12.82	14.00	15.62	16.76	19.17	21.65	14.20
德国	8.64	8.25	8.31	7.71	7.20	6.80	6.55	6.38	5.93	5.57	7.06
英国	5.90	5.95	5.63	5.30	5.57	5.43	5.25	5.40	5.14	4.66	5.40

续表

国家和地区\年份	2009	2010	2011	2012	2013	2014	2015	2016	2017	2018	合计
法国	6.15	6.18	5.56	5.36	5.22	4.69	4.44	4.24	3.66	3.23	4.81
意大利	3.96	3.82	3.62	3.60	3.66	3.81	3.64	3.48	3.23	3.02	3.57
日本	4.16	4.21	3.82	3.59	3.29	3.19	2.89	2.97	2.86	2.60	3.32
西班牙	3.15	3.05	3.21	3.05	2.99	2.90	2.71	2.66	2.40	2.28	2.82
加拿大	2.97	2.84	2.70	2.58	2.60	2.57	2.36	2.36	2.23	2.08	2.51
韩国	2.14	2.37	2.43	2.39	2.39	2.46	2.52	2.33	2.36	2.44	2.39
印度	1.96	1.89	2.03	2.00	2.10	2.35	2.22	2.15	2.42	2.37	2.16
瑞士	2.23	2.28	2.19	2.25	2.22	2.06	2.10	2.11	1.95	1.89	2.12
澳大利亚	1.79	1.89	2.02	2.00	2.06	2.11	2.26	2.23	2.26	2.32	2.11
荷兰	1.93	2.03	1.97	1.77	1.70	1.59	1.54	1.59	1.44	1.31	1.67
俄罗斯	1.68	1.69	1.51	1.53	1.59	1.57	1.73	1.83	1.78	1.73	1.67
伊朗	1.08	1.14	1.36	1.31	1.52	1.58	1.60	1.84	2.22	2.22	1.61
瑞典	1.24	1.28	1.20	1.17	1.28	1.23	1.10	1.13	1.12	1.08	1.18
波兰	1.07	1.09	1.13	1.09	1.10	1.19	1.24	1.22	1.15	1.12	1.14
新加坡	0.86	0.98	0.96	1.14	1.10	1.19	1.27	1.24	1.25	1.25	1.13
中国台湾	1.34	1.17	1.24	1.25	1.05	1.06	0.94	0.90	0.86	1.00	1.07
中国香港	0.86	0.80	0.82	0.95	0.90	1.10	1.08	1.13	1.20	1.34	1.03
比利时	1.22	1.13	1.11	1.17	1.09	0.99	1.03	0.88	0.91	0.82	1.03
巴西	0.96	0.89	0.90	0.88	0.89	1.07	0.94	1.10	0.93	0.94	0.95
奥地利	0.96	1.06	0.99	1.05	1.00	0.84	0.92	0.95	0.80	0.82	0.93
土耳其	0.71	0.81	0.86	0.97	1.05	0.95	0.88	0.90	0.97	1.05	0.92
沙特	0.21	0.30	0.44	0.66	0.82	1.04	1.18	1.26	1.35	1.41	0.90
以色列	0.96	0.89	0.95	0.96	0.94	0.81	0.92	0.88	0.76	0.70	0.87
丹麦	0.72	0.81	0.92	0.84	0.79	0.93	0.94	0.85	0.80	0.74	0.84
葡萄牙	0.69	0.59	0.70	0.75	0.78	0.75	0.68	0.63	0.68	0.67	0.69
捷克	0.64	0.71	0.63	0.69	0.70	0.68	0.74	0.71	0.64	0.64	0.68
芬兰	0.55	0.51	0.66	0.67	0.62	0.68	0.64	0.62	0.64	0.56	0.62
希腊	0.70	0.54	0.61	0.66	0.60	0.52	0.62	0.62	0.51	0.57	0.59
罗马尼亚	0.42	0.49	0.50	0.54	0.61	0.47	0.52	0.53	0.51	0.52	0.51
巴基斯坦	0.28	0.33	0.35	0.35	0.37	0.42	0.43	0.57	0.74	0.88	0.48
匈牙利	0.40	0.36	0.46	0.50	0.47	0.44	0.46	0.50	0.45	0.47	0.45

续表

国家和地区\年份	2009	2010	2011	2012	2013	2014	2015	2016	2017	2018	合计
马来西亚	0.21	0.20	0.31	0.41	0.41	0.56	0.63	0.54	0.61	0.52	0.45
南非	0.24	0.23	0.32	0.41	0.45	0.48	0.41	0.61	0.52	0.56	0.43
智利	0.32	0.35	0.41	0.36	0.38	0.48	0.41	0.54	0.46	0.53	0.43
墨西哥	0.37	0.37	0.48	0.45	0.43	0.36	0.36	0.43	0.46	0.42	0.41
爱尔兰	0.40	0.42	0.52	0.38	0.39	0.42	0.37	0.38	0.38	0.40	0.40

第 三 章

化　　学

化学是研究物质的组成、结构、性质和反应及物质转化的一门科学；是创造新分子和构建新物质的根本途径；是与其他学科密切交叉和相互渗透的中心科学。化工是利用基础学科原理，实现物质和能量的传递和转化，解决规模生产的方式和途径等过程问题的科学。

第一节　文献类型与被引次数

分析化学的文献类型、文献量与被引次数、被引次数分布等文献计量特征，有助于理解其学科人才和学科组人才的分布特点和发展趋势。

一　文献类型

化学的主要文献类型依次为期刊论文、会议摘要、会议论文、综述、编辑材料，在各年度中的占比比较稳定，10 年合计的占比依次为 86.13%、5.68%、3.50%、3.04%、0.91%，占全部文献的 99.26%。

表3—1　　　　　　　　化学主要文献类型的占比

文献类型	2009	2010	2011	2012	2013	2014	2015	2016	2017	2018	合计
期刊论文	83.22	86.24	85.97	84.62	86.26	85.41	87.86	87.04	86.25	87.22	86.13
会议摘要	6.13	4.50	5.78	5.60	5.41	6.81	5.11	5.50	6.32	5.48	5.68
会议论文	5.87	5.10	4.31	5.58	4.02	3.42	2.38	2.51	2.25	1.60	3.50
综述	3.14	2.47	2.32	2.64	2.69	2.84	2.91	3.23	3.46	4.11	3.04
编辑材料	0.88	0.94	0.96	0.86	0.87	0.83	0.94	0.91	0.99	0.87	0.91

二 文献量与被引次数

化学各年度的文献总量在逐年增加,从2009年的321066篇增加到2018年的512899篇;总被引次数在2009—2012年间相对稳定,从2013年起逐年下降,平均被引次数的趋势与总被引次数相似,反映了年度被引次数总体上随着时间增加而逐渐减小,但是时间对被引次数的影响并不一致,越远期影响越小,逐渐趋于稳定,越近期影响越大。

表3—2　　　　　　　　化学的文献量与被引次数

	2009	2010	2011	2012	2013	2014	2015	2016	2017	2018	合计
文献总量	321066	333237	371754	383248	404008	431423	443931	471976	495204	512899	4168746
总被引次数	9564254	10313949	10382674	10107920	9389232	9209303	8203977	6687940	4978157	2744885	81582291
平均被引次数	29.79	30.95	27.93	26.37	23.24	21.35	18.48	14.17	10.05	5.35	19.57

三 被引次数分布

在化学的10年文献中,有607935篇文献没有任何被引,占比14.58%;有968285篇文献有1—4次被引,占比23.23%;有742927篇文献有5—9次被引,占比17.82%。随着被引次数的增加,所对应的文献数量逐渐减小,同时减小的幅度也越来越小,这样被引次数的分布很长,至被引次数为1000及以上看,有1585篇文献,占比0.04%。

从被引次数的降序分布上,随着被引次数的降低,相应文献的累计百分比逐渐增大:当被引次数降到600时,大于和等于该被引次数的文献的百分比才超过0.1%;当被引次数降到180时,大于和等于该被引次数的文献的百分比超过1%;当被引次数降到40时,大于和等于该被引次数的文献的百分比超过10%。从相应文献累计百分比的增长趋势上看,起初的增长幅度很小,随着被引次数逐渐降低,增长幅度逐渐增大。

表3—3　　　化学的文献被引次数分布

被引次数	文献数量	百分比	累计百分比
1000+	1585	0.04	0.04
900—999	412	0.01	0.05
800—899	542	0.01	0.06
700—799	857	0.02	0.08
600—699	1216	0.03	0.11
500—599	2026	0.05	0.16
400—499	3564	0.09	0.24
300—399	7037	0.17	0.41
200—299	19109	0.46	0.87
190—199	3408	0.08	0.95
180—189	3917	0.09	1.05
170—179	4581	0.11	1.16
160—169	5314	0.13	1.28
150—159	6086	0.15	1.43
140—149	7406	0.18	1.61
130—139	9130	0.22	1.83
120—129	11203	0.27	2.10
110—119	13555	0.33	2.42
100—109	17423	0.42	2.84
95—99	10511	0.25	3.09
90—94	12044	0.29	3.38
85—89	13695	0.33	3.71
80—84	16014	0.38	4.09
75—79	18536	0.44	4.54
70—74	21649	0.52	5.06
65—69	25669	0.62	5.67
60—64	31081	0.75	6.42
55—59	37677	0.90	7.32
50—54	45230	1.08	8.41
45—49	56083	1.35	9.75
40—44	71625	1.72	11.47

续表

被引次数	文献数量	百分比	累计百分比
35—39	91685	2.20	13.67
30—34	120069	2.88	16.55
25—29	161236	3.87	20.42
20—24	219476	5.26	25.68
15—19	313054	7.51	33.19
10—14	465894	11.18	44.37
5—9	742927	17.82	62.19
1—4	968285	23.23	85.42
0	607935	14.58	100.00

第二节 学科层面的人才比较

化学学科组包括以下学科：有机化学、高分子科学、电化学、物理化学、分析化学、晶体学、无机化学和核化学、纳米科学和纳米技术、化学工程、应用化学、多学科化学，共计11个。

一 有机化学

有机化学 A、B、C 层人才主要集中在美国和中国大陆，两国 A、B、C 层人才的世界占比为 31.17%、42.80%、42.91%，其中美国的 A 层人才多于中国大陆，B 层和 C 层人才少于中国大陆；在发展趋势上，中国大陆呈现相对上升趋势，美国呈现相对下降趋势。

德国、意大利、日本、法国、新西兰、英国、印度、马来西亚的 A 层人才比较多，世界占比在 12%—3% 之间；西班牙、荷兰、加拿大、巴西、比利时、瑞典、澳大利亚、韩国、葡萄牙、瑞士也有相当数量的 A 层人才，世界占比超过或接近 1%。

印度、德国、日本、英国、法国、韩国的 B 层人才比较多，世界占比在 8%—3% 之间；西班牙、意大利、加拿大、伊朗、巴西、新加坡、荷兰、澳大利亚、瑞士、中国台湾、俄罗斯、马来西亚也有相当数量的 B 层人才，世界占比超过或接近 1%。

印度、日本、德国、英国、法国的 C 层人才比较多，世界占比在 8%—3% 之间；西班牙、韩国、加拿大、意大利、伊朗、新加坡、澳大利亚、瑞士、巴西、中国台湾、俄罗斯、瑞典、葡萄牙也有相当数量的 C 层人才，世界占比超过或接近 1%。

表3—4　有机化学 A 层人才排名前 20 的国家和地区的占比

国家和地区\年份	2009	2010	2011	2012	2013	2014	2015	2016	2017	2018	合计
美国	26.09	21.74	20.83	13.04	4.17	12.50	17.39	30.43	13.04	19.05	17.75
中国大陆	4.35	4.35	12.50	4.35	12.50	12.50	8.70	8.70	30.43	38.10	13.42
德国	8.70	4.35	8.33	17.39	4.17	16.67	13.04	17.39	21.74	4.76	11.69
意大利	13.04	4.35	0.00	8.70	8.33	4.17	0.00	13.04	0.00	4.76	5.63
日本	13.04	17.39	0.00	0.00	4.17	4.17	4.35	0.00	4.35	4.76	5.19
法国	8.70	13.04	0.00	13.04	4.17	4.17	0.00	0.00	8.70	0.00	5.19
新西兰	4.35	0.00	4.17	8.70	8.33	4.17	4.35	4.35	4.35	4.76	4.76
英国	4.35	8.70	8.33	0.00	4.17	8.33	4.35	0.00	4.35	0.00	4.33
印度	0.00	4.35	0.00	8.70	0.00	4.17	4.35	4.35	4.35	0.00	3.03
马来西亚	4.35	0.00	8.33	4.35	0.00	8.33	0.00	0.00	0.00	4.76	3.03
西班牙	0.00	0.00	4.17	4.35	4.17	0.00	4.35	8.70	0.00	0.00	2.60
荷兰	4.35	4.35	0.00	4.35	4.17	0.00	0.00	0.00	4.35	0.00	2.60
加拿大	4.35	0.00	4.17	0.00	4.17	0.00	4.35	0.00	0.00	4.76	2.16
巴西	4.35	8.70	4.17	0.00	0.00	0.00	0.00	0.00	0.00	4.76	2.16
比利时	0.00	0.00	0.00	0.00	0.00	0.00	4.35	4.35	0.00	0.00	1.73
瑞典	0.00	0.00	4.17	4.35	0.00	0.00	4.35	0.00	0.00	0.00	1.73
澳大利亚	0.00	0.00	0.00	0.00	4.17	4.17	0.00	0.00	0.00	4.76	1.30
韩国	0.00	0.00	8.33	0.00	0.00	0.00	4.35	0.00	0.00	0.00	1.30
葡萄牙	0.00	0.00	0.00	0.00	0.00	4.17	0.00	0.00	0.00	0.00	0.87
瑞士	0.00	0.00	0.00	4.35	4.17	0.00	0.00	0.00	0.00	0.00	0.87

表3—5　有机化学 B 层人才排名前 20 的国家和地区的占比

国家和地区\年份	2009	2010	2011	2012	2013	2014	2015	2016	2017	2018	合计
中国大陆	15.79	19.42	19.20	20.55	20.28	28.18	29.95	31.13	38.43	42.42	26.43
美国	19.14	16.99	18.30	16.89	19.35	15.91	17.05	12.74	14.81	12.12	16.37

续表

国家和地区\年份	2009	2010	2011	2012	2013	2014	2015	2016	2017	2018	合计
印度	7.66	7.28	7.59	9.13	6.45	5.45	7.83	6.13	6.94	8.59	7.30
德国	4.31	9.71	5.80	8.68	11.52	6.36	5.99	5.19	4.63	5.05	6.74
日本	11.48	6.31	4.91	4.11	5.99	4.55	2.76	2.83	0.93	1.01	4.49
英国	6.22	5.83	4.46	4.11	4.15	4.09	2.30	4.72	1.85	1.52	3.93
法国	4.31	3.88	4.91	3.20	4.15	2.73	1.38	3.77	1.85	2.53	3.27
韩国	2.87	3.88	4.91	2.28	1.84	6.82	2.76	1.89	1.39	1.52	3.04
西班牙	4.31	1.94	3.13	2.28	4.15	1.82	3.23	1.89	2.31	0.51	2.57
意大利	2.39	3.88	2.68	3.20	0.92	1.82	1.84	1.89	1.85	0.00	2.06
加拿大	2.87	2.43	3.57	3.20	0.46	1.82	0.92	0.47	1.85	0.51	1.82
伊朗	1.44	0.00	0.45	0.46	1.38	1.82	0.92	2.36	3.24	3.03	1.50
巴西	1.44	1.46	2.23	1.37	1.84	1.36	0.46	1.42	1.39	1.52	1.45
新加坡	1.44	0.49	3.13	2.28	1.38	0.91	1.38	0.47	1.39	0.51	1.36
荷兰	1.91	0.97	2.23	1.83	1.38	0.91	1.84	0.47	0.93	0.00	1.26
澳大利亚	0.96	1.46	0.45	1.83	0.92	0.91	0.46	1.89	1.85	1.52	1.22
瑞士	0.96	1.94	0.45	0.91	1.84	1.82	1.38	1.42	0.00	0.00	1.08
中国台湾	1.44	1.94	0.45	1.83	1.38	0.00	0.46	0.94	0.46	1.01	0.98
俄罗斯	0.00	0.49	0.45	1.83	0.00	0.91	1.84	0.47	1.85	1.01	0.89
马来西亚	0.00	0.00	0.00	1.37	1.38	1.36	0.00	1.89	1.39	1.52	0.89

表3—6　有机化学C层人才排名前20的国家和地区的占比

国家和地区\年份	2009	2010	2011	2012	2013	2014	2015	2016	2017	2018	合计
中国大陆	17.18	17.47	22.22	24.08	26.50	32.46	32.90	37.62	36.21	40.53	28.58
美国	18.40	17.62	16.81	16.51	14.95	14.70	12.87	11.26	11.01	8.44	14.33
印度	6.10	6.58	6.38	7.43	7.92	7.80	7.74	7.05	8.53	8.18	7.36
日本	7.46	6.92	6.75	5.58	5.40	4.60	4.84	3.98	3.41	3.45	5.26
德国	5.77	5.81	6.75	5.17	5.31	5.07	4.06	4.45	4.39	4.37	5.13
英国	4.84	6.24	4.80	4.80	4.24	3.71	2.76	2.60	3.12	2.83	4.01
法国	5.21	4.89	4.19	4.24	3.87	3.43	3.48	2.74	3.12	2.98	3.83
西班牙	4.18	2.95	3.07	3.78	2.79	2.16	2.52	2.51	2.68	2.21	2.90
韩国	2.39	3.05	2.79	2.44	2.56	2.72	2.66	2.51	2.39	2.01	2.56
加拿大	3.47	3.24	2.70	2.49	2.70	1.74	2.23	2.46	1.46	1.39	2.40

续表

国家和地区＼年份	2009	2010	2011	2012	2013	2014	2015	2016	2017	2018	合计
意大利	2.39	3.10	2.24	2.26	2.61	2.63	2.23	1.70	2.00	2.06	2.32
伊朗	1.69	1.45	1.07	1.15	1.40	1.88	1.50	1.89	1.85	1.70	1.56
新加坡	1.36	1.50	1.86	1.94	1.86	0.89	1.40	0.90	0.73	1.08	1.36
澳大利亚	1.46	1.16	0.88	1.43	1.35	1.08	1.35	1.33	1.07	0.98	1.21
瑞士	1.46	1.65	1.58	1.38	1.16	0.94	0.97	0.85	0.93	0.93	1.19
巴西	1.64	0.87	1.02	0.92	0.93	0.85	1.02	1.04	1.61	1.23	1.11
中国台湾	0.85	1.16	1.30	1.71	0.93	0.89	0.73	0.95	0.58	0.87	1.00
俄罗斯	0.85	0.77	0.56	0.42	0.61	0.85	1.21	1.23	1.12	1.44	0.90
瑞典	0.80	0.87	0.84	0.74	0.93	0.99	1.02	0.57	0.78	0.77	0.83
葡萄牙	1.08	1.06	0.98	0.83	1.02	0.70	0.68	0.66	0.73	0.41	0.82

二 高分子科学

高分子科学A、B、C层人才主要集中在美国和中国大陆，两国A、B、C层人才的世界占比为41.28%、37.03%、38.26%，其中美国的A类和B层人才多于中国大陆，C层人才少于中国大陆；在发展趋势上，中国大陆呈现相对上升趋势，美国呈现相对下降趋势。

英国、印度、韩国、澳大利亚、德国的A层人才比较多，世界占比在6%—3%之间；新加坡、法国、马来西亚、意大利、比利时、加拿大、埃及、西班牙、瑞典、日本、希腊、土耳其、丹麦也有相当数量的A层人才，世界占比超过1%。

德国、法国、印度、澳大利亚、韩国、英国的B层人才比较多，世界占比在6%—3%之间；日本、新加坡、西班牙、意大利、加拿大、比利时、伊朗、荷兰、巴西、马来西亚、沙特、瑞典也有相当数量的B层人才，世界占比超过1%。

德国、印度、法国、英国、日本、韩国的C层人才比较多，世界占比在6%—3%之间；澳大利亚、加拿大、伊朗、西班牙、意大利、荷兰、新加坡、比利时、沙特、土耳其、巴西、中国台湾也有相当数量的C层人才，世界占比超过1%。

表3—7　高分子科学A层人才排名前20的国家和地区的占比

国家和地区＼年份	2009	2010	2011	2012	2013	2014	2015	2016	2017	2018	合计
美国	21.05	40.00	22.73	23.81	20.00	20.83	12.50	20.00	30.77	34.48	24.68
中国大陆	15.79	10.00	9.09	4.76	0.00	12.50	8.33	24.00	23.08	48.28	16.60
英国	5.26	0.00	9.09	4.76	8.00	0.00	8.33	12.00	3.85	0.00	5.11
印度	15.79	0.00	4.55	0.00	4.00	8.33	0.00	4.00	3.85	6.90	4.68
韩国	5.26	10.00	4.55	14.29	4.00	0.00	4.17	0.00	3.85	0.00	4.26
澳大利亚	0.00	10.00	4.55	4.76	0.00	4.17	8.33	0.00	3.85	0.00	3.40
德国	0.00	0.00	0.00	4.76	12.00	4.17	4.17	0.00	3.85	3.45	3.40
新加坡	0.00	5.00	0.00	4.76	0.00	8.33	4.00	0.00	3.85	3.45	2.98
法国	5.26	0.00	0.00	4.76	4.00	8.33	4.17	4.00	0.00	0.00	2.98
马来西亚	0.00	0.00	9.09	4.76	0.00	12.50	4.17	0.00	0.00	0.00	2.98
意大利	5.26	0.00	9.09	0.00	12.00	0.00	0.00	0.00	0.00	0.00	2.55
比利时	0.00	0.00	4.55	0.00	12.00	0.00	0.00	4.00	3.85	0.00	2.55
加拿大	0.00	0.00	0.00	9.52	4.00	4.17	0.00	0.00	3.85	0.00	2.13
埃及	0.00	0.00	0.00	0.00	0.00	0.00	8.33	0.00	7.69	0.00	1.70
西班牙	0.00	0.00	4.55	4.76	8.00	0.00	0.00	0.00	0.00	0.00	1.70
瑞典	0.00	0.00	0.00	0.00	0.00	0.00	8.33	0.00	0.00	3.45	1.28
日本	5.26	5.00	4.55	0.00	0.00	0.00	0.00	0.00	0.00	0.00	1.28
希腊	5.26	10.00	0.00	0.00	0.00	0.00	0.00	0.00	0.00	0.00	1.28
土耳其	0.00	0.00	0.00	0.00	0.00	0.00	4.17	4.00	3.85	0.00	1.28
丹麦	5.26	5.00	0.00	0.00	4.00	0.00	0.00	0.00	0.00	0.00	1.28

表3—8　高分子科学B层人才排名前20的国家和地区的占比

国家和地区＼年份	2009	2010	2011	2012	2013	2014	2015	2016	2017	2018	合计
美国	24.29	23.04	17.07	17.92	24.34	20.44	17.94	17.39	17.50	10.78	18.74
中国大陆	11.30	17.28	9.76	15.57	14.16	16.89	17.04	19.57	23.33	32.34	18.29
德国	6.78	4.71	8.78	8.02	5.31	3.56	3.59	3.91	5.42	3.35	5.23
法国	7.34	3.66	5.85	8.02	5.31	4.44	6.73	3.04	4.17	2.23	4.96
印度	3.95	4.19	5.37	1.42	3.10	4.00	5.83	2.17	4.58	7.81	4.32
澳大利亚	3.39	2.62	4.39	5.19	2.65	4.89	5.38	6.09	5.00	2.97	4.28
韩国	3.39	6.81	5.37	4.25	3.54	4.89	4.93	3.04	2.08	1.49	3.87
英国	3.95	4.19	4.39	3.30	3.10	5.33	1.79	3.91	4.17	1.86	3.55

续表

国家和地区\年份	2009	2010	2011	2012	2013	2014	2015	2016	2017	2018	合计
日本	5.65	2.62	4.39	4.72	4.87	2.22	1.35	2.17	1.25	1.49	2.96
新加坡	3.95	3.14	0.98	2.83	3.54	1.78	2.24	4.35	1.67	1.12	2.50
西班牙	1.13	2.62	2.44	2.36	3.10	2.22	4.04	3.48	2.08	1.49	2.50
意大利	2.26	2.62	2.44	3.30	2.65	2.67	3.14	2.17	2.08	0.37	2.32
加拿大	1.69	1.05	4.39	5.19	1.33	4.44	1.35	0.43	1.25	1.86	2.27
比利时	2.82	1.57	1.95	2.36	1.33	2.22	3.59	2.17	2.08	1.12	2.09
伊朗	1.13	1.05	0.98	0.47	2.21	0.44	0.90	3.04	2.50	5.95	2.00
荷兰	2.26	2.09	4.39	1.89	1.33	1.33	2.24	0.87	1.25	0.37	1.73
巴西	3.95	2.09	1.95	0.47	1.33	0.89	1.35	0.43	1.67	2.60	1.64
马来西亚	0.00	0.00	0.98	1.42	0.88	2.22	2.24	1.74	2.50	2.60	1.55
沙特	0.00	1.05	0.00	0.94	0.88	0.44	1.79	2.61	2.08	2.60	1.32
瑞典	0.56	2.62	1.95	1.42	1.77	1.78	1.79	1.30	0.00	0.37	1.32

表3—9　高分子科学C层人才排名前20的国家和地区的占比

国家和地区\年份	2009	2010	2011	2012	2013	2014	2015	2016	2017	2018	合计
中国大陆	18.01	15.19	18.22	18.70	20.87	23.10	21.96	24.68	26.25	28.37	21.83
美国	21.31	19.09	18.17	20.06	16.64	17.41	16.49	14.06	13.49	10.02	16.43
德国	7.16	7.17	6.79	6.30	6.16	4.89	5.69	4.05	3.19	3.90	5.44
印度	3.07	3.32	3.22	3.34	4.06	4.04	4.10	4.36	5.04	6.09	4.13
法国	4.26	5.64	4.79	4.51	4.37	4.18	4.01	3.75	3.00	2.64	4.07
英国	3.92	4.54	5.08	3.97	3.43	3.78	4.28	3.88	3.51	3.04	3.92
日本	6.65	5.12	4.40	5.18	3.52	2.93	3.14	2.47	2.50	2.35	3.71
韩国	2.67	3.90	3.32	4.12	3.75	2.98	4.19	3.88	3.33	3.00	3.52
澳大利亚	2.73	3.01	3.13	2.91	2.59	2.80	3.05	3.22	3.28	2.56	2.92
加拿大	3.52	3.22	3.08	3.34	3.12	2.98	3.14	2.42	2.13	2.03	2.87
伊朗	0.91	1.05	1.27	0.78	2.14	2.49	2.60	3.09	3.33	5.40	2.41
西班牙	2.50	1.95	1.66	2.23	2.68	2.58	2.23	2.64	2.54	2.88	2.41
意大利	1.99	2.32	2.49	2.08	2.99	2.49	2.00	2.16	2.13	1.99	2.27
荷兰	2.90	2.64	2.49	2.13	1.69	1.91	1.73	1.15	1.39	1.01	1.85
新加坡	1.48	1.48	1.76	2.13	2.05	1.73	1.28	1.98	1.99	1.30	1.72
比利时	1.53	1.42	1.56	1.55	1.92	1.24	1.50	1.37	1.39	1.01	1.44
沙特	0.17	0.53	0.64	0.78	1.07	1.51	1.32	2.03	1.89	1.66	1.20

续表

国家和地区 \ 年份	2009	2010	2011	2012	2013	2014	2015	2016	2017	2018	合计
土耳其	1.53	1.16	0.88	1.07	1.12	1.20	1.00	1.37	1.48	1.26	1.20
巴西	1.19	1.53	1.17	1.02	0.94	0.76	1.23	1.01	1.39	1.38	1.16
中国台湾	1.65	1.64	1.42	1.45	0.71	0.98	0.77	1.01	0.65	0.97	1.10

三 电化学

电化学 A、B、C 层人才主要集中在美国和中国大陆，两国 A、B、C 层人才的世界占比为 47.62%、49.84%、49.51%，其中美国的 A 层人才多于中国大陆，B 层和 C 层人才少于中国大陆；在发展趋势上，中国大陆呈现相对上升趋势，美国呈现相对下降趋势。

法国、德国、英国、以色列、韩国的 A 层人才比较多，世界占比在 6%—3% 之间；沙特、瑞士、加拿大、新加坡、马来西亚、澳大利亚、印度、意大利、日本、中国香港、荷兰、西班牙、奥地利也有相当数量的 A 层人才，世界占比超过或接近 1%。

德国、韩国、印度、加拿大、日本、英国的 B 层人才比较多，世界占比在 5%—3% 之间；法国、澳大利亚、伊朗、意大利、沙特、新加坡、马来西亚、中国台湾、西班牙、中国香港、土耳其、瑞典也有相当数量的 B 层人才，世界占比超过或接近 1%。

韩国、印度、德国、日本的 C 层人才比较多，世界占比在 6%—3% 之间；英国、伊朗、加拿大、法国、西班牙、意大利、澳大利亚、中国台湾、新加坡、中国香港、土耳其、沙特、巴西、马来西亚也有相当数量的 C 层人才，世界占比超过或接近 1%。

表 3—10　电化学 A 层人才排名前 20 的国家和地区的占比

国家和地区 \ 年份	2009	2010	2011	2012	2013	2014	2015	2016	2017	2018	合计
美国	33.33	41.67	31.25	37.50	11.11	22.22	31.25	22.22	22.73	20.00	26.19
中国大陆	33.33	8.33	0.00	25.00	16.67	38.89	6.25	22.22	13.64	45.00	21.43
法国	0.00	8.33	12.50	6.25	5.56	0.00	6.25	11.11	4.55	0.00	5.36

续表

国家和地区\年份	2009	2010	2011	2012	2013	2014	2015	2016	2017	2018	合计
德国	0.00	8.33	6.25	6.25	5.56	11.11	0.00	0.00	9.09	0.00	4.76
英国	0.00	0.00	0.00	6.25	5.56	0.00	0.00	5.56	18.18	0.00	4.17
以色列	8.33	0.00	0.00	0.00	5.56	0.00	0.00	0.00	9.09	10.00	3.57
韩国	8.33	0.00	6.25	0.00	5.56	5.56	0.00	0.00	4.55	5.00	3.57
沙特	0.00	0.00	0.00	0.00	0.00	5.56	6.25	5.56	4.55	5.00	2.98
瑞士	0.00	8.33	0.00	0.00	5.56	0.00	0.00	0.00	4.55	5.00	2.38
加拿大	8.33	0.00	6.25	0.00	0.00	0.00	12.50	0.00	0.00	0.00	2.38
新加坡	0.00	0.00	0.00	0.00	11.11	0.00	0.00	5.56	0.00	5.00	2.38
马来西亚	0.00	0.00	6.25	0.00	0.00	5.56	0.00	5.56	0.00	0.00	1.79
澳大利亚	0.00	0.00	12.50	0.00	5.56	0.00	0.00	0.00	0.00	0.00	1.79
印度	0.00	0.00	0.00	6.25	0.00	5.56	6.25	0.00	0.00	0.00	1.79
意大利	0.00	8.33	0.00	0.00	0.00	5.56	0.00	0.00	4.55	0.00	1.79
日本	0.00	8.33	0.00	6.25	0.00	0.00	0.00	0.00	0.00	0.00	1.19
中国香港	0.00	0.00	0.00	0.00	5.56	0.00	0.00	0.00	4.55	0.00	1.19
荷兰	0.00	0.00	0.00	6.25	0.00	0.00	0.00	0.00	0.00	5.00	1.19
西班牙	0.00	0.00	0.00	6.25	0.00	0.00	0.00	5.56	0.00	0.00	1.19
奥地利	0.00	0.00	0.00	0.00	5.56	0.00	0.00	0.00	0.00	0.00	0.60

表3—11　电化学B层人才排名前20的国家和地区的占比

国家和地区\年份	2009	2010	2011	2012	2013	2014	2015	2016	2017	2018	合计
中国大陆	25.64	22.05	27.40	25.52	33.53	36.09	33.33	33.71	33.84	49.71	32.78
美国	14.53	24.41	28.08	23.45	17.96	14.20	8.33	14.86	13.64	14.62	17.06
德国	5.13	3.15	4.79	3.45	5.39	4.73	5.13	6.29	3.03	3.51	4.46
韩国	1.71	2.36	6.16	4.83	3.59	2.96	3.85	6.29	4.55	2.92	4.01
印度	4.27	4.72	0.68	2.76	3.59	2.96	5.13	2.86	5.56	6.43	3.95
加拿大	9.40	4.72	4.11	2.76	2.99	2.37	3.85	0.57	3.03	1.17	3.25
日本	6.84	5.51	2.74	4.14	3.59	1.18	3.21	2.29	2.02	1.75	3.12
英国	2.56	3.94	1.37	2.07	1.20	4.14	3.85	5.14	4.04	1.75	3.06
法国	4.27	6.30	4.79	2.76	2.40	2.96	1.92	2.29	2.02	0.58	2.86
澳大利亚	2.56	3.15	4.79	3.45	3.59	2.96	0.00	2.86	2.02	1.75	2.67
伊朗	0.85	2.36	0.68	2.07	3.59	1.78	3.85	1.71	2.02	1.75	2.10
意大利	3.42	2.36	2.05	2.76	1.20	2.37	2.56	1.14	2.53	0.58	2.04

续表

国家和地区\年份	2009	2010	2011	2012	2013	2014	2015	2016	2017	2018	合计
沙特	0.85	0.79	0.00	0.00	1.20	1.18	1.92	1.71	3.54	2.34	1.46
新加坡	0.00	0.00	0.68	2.76	1.20	1.18	3.85	2.29	1.52	0.00	1.40
马来西亚	1.71	0.79	0.00	1.38	1.20	1.78	3.21	1.14	2.02	0.00	1.34
中国台湾	0.85	0.79	1.37	4.14	3.59	1.78	0.00	0.00	0.51	0.00	1.27
西班牙	0.00	0.79	0.00	2.07	2.40	2.37	2.56	0.00	1.52	0.00	1.21
中国香港	0.85	0.79	0.68	0.69	1.20	0.59	0.64	1.14	1.01	2.92	1.08
土耳其	1.71	0.79	0.68	1.38	0.00	2.37	0.64	1.14	0.51	1.17	1.02
瑞典	0.00	0.00	0.68	1.38	1.20	1.78	0.00	1.71	0.51	1.17	0.89

表3—12　电化学C层人才排名前20的国家和地区的占比

国家和地区\年份	2009	2010	2011	2012	2013	2014	2015	2016	2017	2018	合计
中国大陆	26.27	26.51	28.83	32.98	36.30	43.33	43.92	40.58	42.28	42.57	37.10
美国	14.75	16.42	16.06	14.51	12.81	10.65	10.82	11.17	9.81	9.58	12.41
韩国	6.54	6.11	4.39	6.09	5.61	4.64	5.51	5.47	4.77	5.22	5.38
印度	3.93	2.67	3.77	3.47	3.90	4.70	3.78	4.69	5.26	5.16	4.21
德国	3.75	2.90	4.60	4.03	4.58	4.35	2.88	3.86	2.22	3.19	3.62
日本	4.80	4.89	4.80	3.54	3.97	3.39	1.86	1.96	2.11	1.17	3.13
英国	2.97	3.36	3.02	1.84	2.50	2.14	2.05	2.55	3.20	3.01	2.66
伊朗	1.83	2.60	1.58	2.41	2.14	2.74	1.86	2.97	3.47	3.44	2.55
加拿大	3.58	3.59	2.95	3.18	2.62	2.08	2.43	2.20	1.79	1.66	2.53
法国	3.93	2.67	3.50	2.62	2.87	1.49	1.79	1.84	1.79	1.23	2.29
西班牙	1.83	2.83	2.75	2.26	1.83	2.08	1.54	2.08	1.79	1.35	2.01
意大利	3.14	2.14	2.54	2.19	2.20	1.19	1.79	2.20	2.06	0.92	1.99
澳大利亚	2.09	1.76	1.99	1.77	1.77	1.43	1.73	1.90	1.73	1.97	1.80
中国台湾	2.71	2.52	2.61	2.83	2.07	1.96	1.47	1.07	0.81	0.68	1.80
新加坡	1.66	1.60	1.92	2.34	2.20	1.25	1.86	1.43	1.03	0.98	1.60
中国香港	0.52	1.07	0.75	0.78	0.92	0.65	1.73	1.49	1.52	1.23	1.09
土耳其	1.83	1.22	0.82	0.78	0.73	0.60	0.77	0.95	1.63	1.60	1.08
沙特	0.35	0.38	0.41	0.85	0.67	1.25	1.92	1.01	1.19	2.21	1.07
巴西	1.48	0.92	0.55	0.92	1.04	0.77	0.70	0.53	0.98	0.74	0.85
马来西亚	0.17	0.99	0.69	0.71	0.92	0.77	1.28	1.01	0.76	0.86	0.83

四　物理化学

物理化学 A、B、C 层人才主要集中在美国和中国大陆，两国 A、B、C 层人才的世界占比为 51.86%、54.32%、48.69%，其中美国的 A 层人才多于中国大陆，B 层和 C 层人才少于中国大陆；在发展趋势上，中国大陆呈现相对上升趋势，美国呈现相对下降趋势。

英国、德国、新加坡、韩国、日本的 A 层人才比较多，世界占比在 6%—3% 之间；澳大利亚、沙特、瑞士、加拿大、法国、西班牙、意大利、荷兰、中国台湾、中国香港、瑞典、印度、丹麦也有相当数量的 A 层人才，世界占比超过或接近 1%。

德国、韩国、新加坡、英国、日本、澳大利亚的 B 层人才比较多，世界占比在 5%—3% 之间；沙特、法国、中国香港、加拿大、西班牙、瑞士、印度、意大利、中国台湾、荷兰、瑞典、比利时也有相当数量的 B 层人才，世界占比超过或接近 1%。

德国、韩国、英国、日本的 C 层人才比较多，世界占比在 6%—3% 之间；法国、新加坡、澳大利亚、西班牙、印度、意大利、加拿大、中国香港、瑞士、荷兰、中国台湾、沙特、瑞典、伊朗也有相当数量的 C 层人才，世界占比超过或接近 1%。

表 3—13　物理化学 A 层人才排名前 20 的国家和地区的占比

国家和地区\年份	2009	2010	2011	2012	2013	2014	2015	2016	2017	2018	合计
美国	31.75	36.92	36.62	25.71	39.47	34.94	22.09	27.59	22.92	17.86	29.07
中国大陆	15.87	18.46	16.90	21.43	14.47	14.46	17.44	33.33	29.17	40.48	22.79
英国	1.59	6.15	4.23	4.29	6.58	12.05	6.98	1.15	7.29	4.76	5.63
德国	9.52	7.69	4.23	7.14	3.95	2.41	4.65	5.75	5.21	2.38	5.12
新加坡	4.76	3.08	4.23	12.86	9.21	3.61	2.33	3.45	2.08	3.57	4.74
韩国	4.76	4.62	2.82	1.43	5.26	3.61	6.98	6.90	2.08	2.38	4.10
日本	7.94	4.62	4.23	8.57	2.63	1.20	3.49	2.30	1.04	2.38	3.59
澳大利亚	4.76	1.54	2.82	0.00	1.32	3.61	2.33	1.15	4.17	3.57	2.56
沙特	0.00	0.00	0.00	0.00	0.00	2.41	3.49	2.30	4.17	7.14	2.18
瑞士	0.00	0.00	2.82	0.00	3.95	3.61	4.65	1.15	1.04	2.38	2.05

续表

国家和地区\年份	2009	2010	2011	2012	2013	2014	2015	2016	2017	2018	合计
加拿大	1.59	1.54	2.82	0.00	0.00	1.20	2.33	4.60	4.17	1.19	2.05
法国	3.17	3.08	4.23	2.86	2.63	1.20	3.49	0.00	1.04	0.00	2.05
西班牙	3.17	1.54	4.23	0.00	1.32	1.20	4.65	0.00	3.13	0.00	1.92
意大利	4.76	3.08	0.00	0.00	1.32	2.41	4.65	1.15	1.04	1.19	1.92
荷兰	0.00	3.08	1.41	0.00	1.32	1.20	2.33	2.30	0.00	2.38	1.41
中国台湾	0.00	0.00	0.00	4.29	2.63	2.41	1.16	0.00	1.04	1.19	1.28
中国香港	0.00	1.54	1.41	0.00	0.00	3.61	1.16	1.15	1.04	0.00	1.02
瑞典	1.59	0.00	1.41	2.86	0.00	0.00	0.00	1.15	1.04	2.38	1.02
印度	1.59	1.54	0.00	1.43	0.00	0.00	0.00	2.30	1.04	0.00	0.77
丹麦	0.00	0.00	2.82	1.43	1.32	0.00	0.00	0.00	0.00	0.00	0.51

表3—14　物理化学B层人才排名前20的国家和地区的占比

国家和地区\年份	2009	2010	2011	2012	2013	2014	2015	2016	2017	2018	合计
中国大陆	12.10	17.06	21.06	23.90	26.60	26.57	28.11	33.09	39.79	46.45	28.89
美国	33.45	34.11	31.98	30.41	29.80	25.10	22.59	21.11	17.43	17.41	25.43
德国	8.19	7.36	5.30	4.84	4.22	4.01	4.88	3.83	3.44	2.66	4.65
韩国	3.56	3.34	4.21	5.45	7.56	5.07	5.39	4.94	3.10	2.33	4.45
新加坡	1.60	2.84	3.28	3.93	3.34	5.07	4.24	5.06	4.59	4.66	3.99
英国	6.23	3.18	4.06	4.24	3.34	3.47	3.59	3.33	3.67	2.11	3.62
日本	4.27	4.85	4.52	3.93	3.92	3.07	2.95	3.09	2.64	1.44	3.33
澳大利亚	3.20	2.34	1.40	1.66	2.76	2.94	3.47	3.46	4.36	4.77	3.15
沙特	0.53	0.67	1.40	0.76	0.87	2.40	2.82	3.09	3.44	2.99	2.05
法国	3.56	2.34	2.18	2.42	1.60	2.14	1.80	1.23	1.38	1.11	1.89
中国香港	0.71	1.17	1.09	2.27	1.02	2.14	1.93	1.48	3.21	2.55	1.85
加拿大	2.85	1.67	2.34	1.36	1.74	1.60	1.93	1.85	1.95	1.44	1.85
西班牙	1.42	2.17	2.34	1.66	1.60	2.40	2.57	1.23	0.80	0.55	1.62
瑞士	1.78	1.17	1.40	1.36	1.45	2.27	1.16	1.73	1.03	0.89	1.40
印度	1.60	2.34	1.72	1.21	1.74	0.80	0.77	1.36	0.69	0.89	1.25
意大利	1.78	1.34	0.78	1.36	2.03	0.93	1.80	0.86	1.03	0.55	1.21
中国台湾	1.78	1.51	1.56	1.82	1.02	2.54	0.64	0.86	0.46	0.22	1.17
荷兰	2.67	2.01	0.94	1.82	1.60	0.67	1.28	0.62	0.69	0.22	1.16
瑞典	0.71	0.67	0.78	1.06	0.29	1.20	1.41	0.74	0.34	0.55	0.77
比利时	1.78	0.33	0.78	0.76	0.29	0.40	0.26	0.62	0.34	0.22	0.54

表3—15　物理化学C层人才排名前20的国家和地区的占比

国家和地区＼年份	2009	2010	2011	2012	2013	2014	2015	2016	2017	2018	合计
中国大陆	16.28	17.37	19.11	21.17	23.66	27.27	30.44	31.26	37.22	39.64	27.37
美国	24.91	26.19	25.39	25.00	23.79	22.24	19.72	18.23	16.78	15.64	21.32
德国	7.56	6.53	6.28	6.20	6.02	5.59	4.83	4.67	3.68	3.93	5.38
韩国	3.89	4.18	4.54	4.94	4.65	4.98	4.92	4.54	4.20	4.19	4.51
英国	4.31	4.78	3.86	3.91	4.25	3.74	3.61	3.97	3.25	3.00	3.81
日本	4.47	4.37	4.54	3.88	3.73	3.51	3.02	2.81	2.50	2.12	3.39
法国	3.76	4.01	3.78	3.07	3.07	2.44	2.38	2.10	1.69	1.28	2.64
新加坡	1.60	2.40	2.54	2.72	2.25	2.60	3.07	2.76	2.69	2.84	2.58
澳大利亚	1.97	2.16	2.32	2.25	2.33	2.22	2.71	2.61	3.12	3.03	2.52
西班牙	2.98	2.82	3.01	2.68	2.25	2.17	1.74	2.21	1.68	1.53	2.24
印度	2.65	2.26	2.20	2.04	2.58	2.16	2.07	2.19	2.19	1.94	2.21
意大利	2.17	2.41	2.10	2.06	2.20	1.84	1.57	1.82	1.40	0.91	1.80
加拿大	2.52	1.90	2.15	1.95	1.74	1.90	1.72	1.48	1.61	1.31	1.79
中国香港	0.96	1.12	1.32	1.43	1.36	1.41	1.94	2.05	2.44	2.56	1.72
瑞士	1.97	1.92	1.51	1.67	1.81	1.58	1.44	1.55	1.21	1.44	1.58
荷兰	1.94	1.68	1.59	1.49	1.26	1.37	1.17	0.95	0.89	1.33	
中国台湾	1.79	1.39	1.74	1.90	1.20	1.06	0.99	0.98	0.85	0.89	1.24
沙特	0.14	0.10	0.36	0.66	0.84	1.33	1.76	1.96	2.01	1.94	1.21
瑞典	1.49	1.29	1.21	1.03	0.96	1.10	1.11	0.75	0.82	0.86	1.04
伊朗	0.73	0.78	0.69	0.64	0.80	0.74	0.86	1.32	1.37	1.48	0.97

五　分析化学

分析化学A、B、C层人才主要集中在美国和中国大陆，两国A、B、C层人才的世界占比为47.28%、45.39%、44.37%，其中美国的A层人才多于中国大陆，B层和C层人才少于中国大陆；在发展趋势上，中国大陆呈现相对上升趋势，美国呈现相对下降趋势。

德国、韩国、印度、英国、沙特的A层人才比较多，世界占比在6%—3%之间；加拿大、澳大利亚、西班牙、意大利、法国、荷兰、伊朗、巴西、丹麦、日本、波兰、瑞士、新加坡也有相当数量的A层人才，世界占比超过1%。

英国、韩国、西班牙、印度、德国、伊朗的B层人才比较多，世界占比在 5%—3% 之间；加拿大、澳大利亚、意大利、瑞士、法国、荷兰、新加坡、中国台湾、沙特、瑞典、土耳其、日本也有相当数量的 B 层人才，世界占比超过或接近 1%。

西班牙、英国、德国、韩国、印度、伊朗的 C 层人才比较多，世界占比在 5%—3% 之间；意大利、加拿大、法国、澳大利亚、日本、巴西、瑞士、中国台湾、荷兰、波兰、瑞典、新加坡也有相当数量的 C 层人才，世界占比超过 1%。

表 3—16　　分析化学 A 层人才排名前 20 的国家和地区的占比

国家和地区 \ 年份	2009	2010	2011	2012	2013	2014	2015	2016	2017	2018	合计
美国	32.00	24.00	18.52	23.08	20.00	31.03	27.59	33.33	12.50	21.05	24.15
中国大陆	16.00	28.00	3.70	26.92	13.33	10.34	10.34	24.24	43.75	44.74	23.13
德国	0.00	4.00	7.41	7.69	10.00	3.45	3.45	3.03	9.38	2.63	5.10
韩国	8.00	0.00	7.41	0.00	6.67	6.90	3.45	0.00	0.00	2.63	3.40
印度	0.00	0.00	3.70	3.85	0.00	0.00	13.79	3.03	6.25	2.63	3.40
英国	4.00	8.00	3.70	0.00	3.33	0.00	6.90	3.03	3.13	0.00	3.06
沙特	0.00	0.00	3.70	3.85	3.33	3.45	3.45	9.09	0.00	2.63	3.06
加拿大	4.00	4.00	7.41	7.69	3.33	0.00	0.00	0.00	0.00	2.63	2.72
澳大利亚	4.00	0.00	3.70	3.85	3.33	3.45	0.00	6.06	0.00	0.00	2.38
西班牙	0.00	0.00	3.70	3.85	3.33	3.45	3.45	6.06	0.00	0.00	2.38
意大利	0.00	0.00	3.70	0.00	3.33	10.34	0.00	0.00	3.13	2.63	2.38
法国	4.00	4.00	3.70	3.85	3.33	3.45	0.00	3.03	0.00	0.00	2.38
荷兰	4.00	4.00	0.00	0.00	3.33	3.45	0.00	0.00	3.13	0.00	2.04
伊朗	0.00	4.00	0.00	0.00	3.33	0.00	0.00	0.00	0.00	7.89	2.04
巴西	4.00	4.00	3.70	0.00	0.00	0.00	0.00	0.00	0.00	2.63	1.36
丹麦	4.00	0.00	3.70	0.00	3.33	3.45	0.00	0.00	0.00	0.00	1.36
日本	0.00	4.00	0.00	0.00	3.33	3.45	0.00	0.00	3.13	0.00	1.36
波兰	0.00	0.00	0.00	0.00	3.85	3.33	0.00	3.03	0.00	2.63	1.36
瑞士	4.00	4.00	0.00	0.00	0.00	0.00	3.45	0.00	0.00	0.00	1.02
新加坡	0.00	8.00	0.00	0.00	0.00	0.00	3.45	0.00	0.00	0.00	1.02

表 3—17　分析化学 B 层人才排名前 20 的国家和地区的占比

国家和地区＼年份	2009	2010	2011	2012	2013	2014	2015	2016	2017	2018	合计
中国大陆	23.64	14.04	21.05	23.53	32.06	29.89	31.60	26.28	36.61	38.14	28.38
美国	22.27	25.00	26.72	20.78	20.23	15.87	10.07	15.02	12.88	7.81	17.01
英国	9.55	7.89	4.86	7.84	3.82	5.54	2.43	2.73	3.05	2.40	4.75
韩国	2.73	4.82	2.43	4.31	4.20	2.21	3.82	4.44	3.05	5.71	3.83
西班牙	3.18	5.26	2.43	3.53	3.82	5.54	4.86	4.10	2.71	1.80	3.68
印度	0.91	3.07	3.64	3.14	2.29	2.95	4.17	2.73	4.75	5.41	3.42
德国	3.64	3.51	4.86	5.10	3.05	4.06	3.13	3.41	2.37	1.50	3.38
伊朗	1.36	1.75	0.81	1.96	1.91	2.21	2.43	4.78	6.10	6.31	3.16
加拿大	3.64	1.32	4.45	3.92	2.67	1.48	2.43	2.05	2.37	0.60	2.41
澳大利亚	0.91	2.19	2.83	2.35	1.53	1.48	1.39	2.39	3.05	3.30	2.19
意大利	2.73	2.19	0.81	1.18	1.15	2.21	3.13	3.41	1.69	1.80	2.04
瑞士	2.73	3.07	2.02	0.39	0.76	1.48	2.78	2.73	1.69	0.60	1.78
法国	1.82	2.19	2.02	0.78	1.15	1.11	2.78	2.05	0.68	1.20	1.56
荷兰	2.73	2.63	2.02	0.39	2.29	1.85	1.04	1.37	1.36	0.60	1.56
新加坡	1.36	1.75	0.81	1.18	1.53	2.21	2.08	2.05	1.69	0.30	1.49
中国台湾	0.45	2.63	1.62	1.96	2.29	2.21	0.35	0.68	1.02	0.90	1.37
沙特	0.45	2.19	0.40	0.00	1.91	1.85	0.69	2.05	0.68	2.70	1.34
瑞典	1.36	1.75	0.81	2.35	1.53	0.74	1.74	1.02	1.02	0.00	1.19
土耳其	0.45	0.00	1.21	1.96	0.00	1.48	1.04	1.71	1.02	0.90	1.00
日本	1.82	0.88	0.40	0.78	0.38	0.74	1.74	1.71	0.34	0.90	0.97

表 3—18　分析化学 C 层人才排名前 20 的国家和地区的占比

国家和地区＼年份	2009	2010	2011	2012	2013	2014	2015	2016	2017	2018	合计
中国大陆	19.77	19.20	22.07	23.83	27.23	32.14	32.80	34.26	38.66	40.10	29.76
美国	19.50	19.25	17.84	17.42	14.65	14.58	13.09	12.37	11.40	9.46	14.61
西班牙	7.30	6.21	5.66	4.79	5.12	3.94	3.93	3.61	2.81	3.36	4.54
英国	4.19	4.83	4.63	3.96	4.05	3.42	3.68	3.15	3.12	2.68	3.71
德国	5.09	5.45	4.06	4.12	3.71	2.87	3.51	3.58	2.08	2.65	3.62
韩国	2.70	3.02	3.73	3.68	3.29	3.31	3.76	3.94	4.30	3.49	3.55
印度	1.80	1.55	2.83	2.06	3.10	3.76	3.25	3.41	4.26	4.04	3.09
伊朗	1.98	1.77	2.87	2.89	2.87	2.91	2.54	3.91	3.50	4.13	3.01

续表

国家和地区\年份	2009	2010	2011	2012	2013	2014	2015	2016	2017	2018	合计
意大利	2.88	2.57	2.71	2.57	3.10	2.61	2.68	2.69	2.46	2.20	2.64
加拿大	2.39	3.64	2.83	3.05	2.45	2.80	2.54	1.54	1.56	1.55	2.38
法国	3.60	2.31	2.79	2.18	2.22	2.03	2.25	2.13	1.87	1.91	2.29
澳大利亚	1.58	1.60	1.44	2.18	1.49	1.58	1.97	2.03	1.94	1.52	1.74
日本	2.66	2.39	2.30	2.22	1.84	1.91	1.04	1.28	1.39	0.94	1.74
巴西	1.53	1.55	0.98	1.54	1.76	1.55	0.97	1.67	1.49	1.81	1.49
瑞士	1.44	1.64	1.64	1.74	1.91	1.55	1.72	1.02	1.11	1.16	1.47
中国台湾	2.12	1.69	1.03	1.58	1.61	1.51	1.36	1.08	1.04	1.19	1.39
荷兰	2.07	1.82	2.17	1.46	1.49	1.07	1.11	0.98	0.80	0.65	1.31
波兰	1.17	0.75	0.98	1.03	1.22	1.10	1.14	1.25	0.83	1.13	1.07
瑞典	1.26	1.55	1.44	1.35	1.11	1.03	0.82	1.08	0.69	0.45	1.05
新加坡	1.13	1.06	1.68	1.35	1.26	0.96	0.64	0.98	0.73	0.71	1.03

六 晶体学

晶体学A层人才主要集中在英国、美国、德国，世界占比分别为23.58%、19.81%、11.32%；中国大陆、意大利、荷兰、俄罗斯、澳大利亚的A层人才也比较多，世界占比在7%—4%之间；印度、日本、法国、沙特、捷克、新加坡、韩国、西班牙、瑞典、瑞士、波兰也有相当数量的A层人才，世界占比超过或接近1%。

B层人才主要集中在中国大陆和美国，世界占比分别为29.41%、12.63%；英国、德国、印度、法国、日本的B层人才也比较多，世界占比在8%—3%之间；西班牙、澳大利亚、意大利、俄罗斯、荷兰、新加坡、瑞士、韩国、瑞典、加拿大、比利时、捷克、中国香港也有相当数量的B层人才，世界占比超过或接近1%。

C层人才主要集中在中国大陆和美国，世界占比分别为26.50%、11.07%；印度、英国、德国、日本、法国的C层人才也比较多，世界占比在8%—4%之间；西班牙、意大利、俄罗斯、韩国、波兰、澳大利亚、伊朗、瑞士、加拿大、新加坡、中国台湾、瑞典、荷兰也有相当数量的C层人才，世界占比超过或接近1%。

表3—19　　晶体学A层人才排名前19的国家和地区的占比

国家和地区 \ 年份	2009	2010	2011	2012	2013	2014	2015	2016	2017	2018	合计
英国	23.08	35.71	43.75	10.00	30.00	9.09	22.22	25.00	0.00	25.00	23.58
美国	38.46	28.57	0.00	30.00	30.00	0.00	0.00	0.00	36.36	25.00	19.81
德国	7.69	21.43	6.25	10.00	0.00	18.18	33.33	0.00	9.09	0.00	11.32
中国大陆	0.00	0.00	0.00	0.00	10.00	0.00	11.11	0.00	27.27	25.00	6.60
意大利	0.00	0.00	6.25	10.00	0.00	18.18	11.11	0.00	0.00	0.00	5.66
荷兰	7.69	0.00	12.50	0.00	0.00	18.18	11.11	0.00	0.00	0.00	5.66
俄罗斯	7.69	0.00	6.25	10.00	0.00	9.09	0.00	0.00	9.09	0.00	4.72
澳大利亚	7.69	0.00	0.00	0.00	10.00	0.00	0.00	25.00	9.09	12.50	4.72
印度	0.00	0.00	6.25	10.00	0.00	0.00	0.00	25.00	0.00	0.00	2.83
日本	7.69	0.00	12.50	0.00	0.00	0.00	0.00	0.00	0.00	0.00	2.83
法国	0.00	0.00	0.00	10.00	0.00	0.00	11.11	0.00	0.00	12.50	2.83
沙特	0.00	0.00	0.00	0.00	0.00	9.09	0.00	0.00	9.09	0.00	1.89
捷克	0.00	0.00	6.25	0.00	0.00	9.09	0.00	0.00	0.00	0.00	1.89
新加坡	0.00	0.00	0.00	10.00	0.00	0.00	0.00	0.00	0.00	0.00	0.94
韩国	0.00	0.00	0.00	0.00	0.00	0.00	0.00	25.00	0.00	0.00	0.94
西班牙	0.00	0.00	0.00	0.00	0.00	9.09	0.00	0.00	0.00	0.00	0.94
瑞典	0.00	7.14	0.00	0.00	0.00	0.00	0.00	0.00	0.00	0.00	0.94
瑞士	0.00	0.00	0.00	0.00	10.00	0.00	0.00	0.00	0.00	0.00	0.94
波兰	0.00	7.14	0.00	0.00	0.00	0.00	0.00	0.00	0.00	0.00	0.94

表3—20　　晶体学B层人才排名前20的国家和地区的占比

国家和地区 \ 年份	2009	2010	2011	2012	2013	2014	2015	2016	2017	2018	合计
中国大陆	26.98	34.65	35.06	34.41	27.47	29.13	13.41	21.84	30.77	33.73	29.41
美国	16.67	21.26	11.04	9.68	18.68	7.77	17.07	4.60	10.99	4.82	12.63
英国	11.11	7.87	8.44	12.90	6.59	4.85	4.88	8.05	5.49	4.82	7.71
德国	3.97	4.72	8.44	7.53	5.49	10.68	13.41	4.60	4.40	4.82	6.75
印度	4.76	2.36	7.14	3.23	8.79	6.80	6.10	10.34	6.59	4.82	5.98
法国	2.38	5.51	3.25	1.08	5.49	4.85	10.98	2.30	2.20	4.82	4.15
日本	4.76	2.36	3.25	2.15	4.40	1.94	0.00	9.20	2.20	1.20	3.18
西班牙	2.38	3.15	1.30	1.08	2.20	3.88	3.66	2.30	3.30	2.41	2.51
澳大利亚	3.17	3.15	1.30	3.23	2.20	0.97	1.22	1.15	5.49	3.61	2.51

续表

国家和地区\年份	2009	2010	2011	2012	2013	2014	2015	2016	2017	2018	合计
意大利	3.97	0.79	2.60	2.15	2.20	3.88	2.44	3.45	2.20	1.20	2.51
俄罗斯	1.59	2.36	1.30	1.08	2.20	1.94	0.00	3.45	2.20	2.41	1.83
荷兰	1.59	0.79	1.95	4.30	2.20	0.00	1.22	3.45	1.10	1.20	1.74
新加坡	1.59	0.00	3.90	0.00	2.20	1.94	0.00	3.45	2.20	0.00	1.64
瑞士	0.79	0.79	1.30	2.15	0.00	0.97	4.88	1.15	2.20	2.41	1.54
韩国	0.79	0.79	0.65	2.15	1.10	3.88	0.00	1.15	1.10	1.20	1.25
瑞典	0.79	2.36	0.65	2.15	1.10	0.97	1.22	0.00	1.10	2.41	1.25
加拿大	0.79	0.00	0.65	2.15	0.00	0.97	1.22	3.45	1.10	2.41	1.16
比利时	0.79	0.79	0.65	0.00	1.10	0.97	7.32	1.15	0.00	0.00	1.16
捷克	0.00	0.00	0.00	2.15	2.20	0.97	2.44	0.00	1.20	0.00	0.77
中国香港	1.59	0.79	1.30	1.08	0.00	1.94	0.00	0.00	0.00	0.00	0.77

表3—21　　晶体学C层人才排名前20的国家和地区的占比

国家和地区\年份	2009	2010	2011	2012	2013	2014	2015	2016	2017	2018	合计
中国大陆	23.27	24.98	28.34	35.65	31.13	26.60	23.96	23.27	21.95	25.45	26.50
美国	11.15	12.30	11.19	10.39	10.64	12.11	11.12	11.70	9.54	9.73	11.07
印度	5.86	7.00	6.68	5.57	9.41	10.20	7.82	8.11	8.82	8.53	7.65
英国	5.86	6.38	5.82	4.82	5.15	5.62	6.72	7.05	7.49	6.44	6.09
德国	5.04	5.45	6.22	4.93	4.48	5.72	7.46	6.38	5.95	6.59	5.76
日本	5.86	5.06	4.38	3.64	3.36	3.43	3.30	3.59	2.77	4.64	4.11
法国	5.45	4.75	3.93	4.07	3.58	3.62	3.67	4.12	3.79	2.40	4.05
西班牙	2.93	2.02	1.96	2.03	3.14	3.05	2.57	2.93	3.18	2.84	2.61
意大利	2.28	2.72	1.90	1.71	3.02	1.53	2.69	1.86	2.46	2.54	2.25
俄罗斯	1.14	1.56	1.83	1.18	1.23	2.38	2.32	2.53	3.90	4.04	2.09
韩国	2.03	2.33	2.55	2.14	1.79	2.10	2.32	2.39	1.74	0.60	2.07
波兰	1.71	1.40	1.90	1.82	2.13	2.29	1.96	1.46	2.05	2.69	1.91
澳大利亚	2.28	1.17	1.77	1.07	1.68	1.14	1.59	2.39	1.74	2.25	1.68
伊朗	1.22	1.32	1.90	1.61	1.46	1.53	2.44	1.20	2.36	1.65	1.66
瑞士	1.71	1.63	1.11	1.18	0.78	0.86	1.96	2.13	1.13	2.10	1.41
加拿大	1.38	1.56	1.44	0.64	0.45	0.76	0.73	1.99	1.95	1.20	1.23
新加坡	1.55	1.25	0.98	1.82	1.23	1.43	0.73	1.33	0.82	0.45	1.18
中国台湾	2.28	1.40	1.24	1.71	0.78	0.95	0.86	0.13	0.72	0.30	1.14
瑞典	1.55	0.86	0.92	0.54	1.34	0.95	0.86	0.93	1.44	1.20	1.06
荷兰	1.14	0.86	0.46	1.18	1.23	0.95	0.98	0.93	0.92	0.30	0.89

七 无机化学和核化学

无机化学和核化学 A、B、C 层人才主要集中在中国大陆和美国，两国 A、B、C 层人才的世界占比为 35.97%、39.05%、33.97%，中国大陆的三层人才均多于美国；在发展趋势上，中国大陆呈现相对上升趋势，美国呈现相对下降趋势。

法国、德国、意大利、英国、日本、西班牙的 A 层人才比较多，世界占比在 9%—4% 之间；印度、荷兰、澳大利亚、韩国、比利时、新加坡、瑞典、瑞士、新西兰、波兰、俄罗斯、中国香港也有相当数量的 A 层人才，世界占比超过或接近 1%。

德国、法国、印度、英国、西班牙、日本的 B 层人才比较多，世界占比在 7%—3% 之间；韩国、意大利、瑞士、加拿大、俄罗斯、澳大利亚、新加坡、中国香港、葡萄牙、沙特、比利时、伊朗也有相当数量的 B 层人才，世界占比超过或接近 1%。

德国、印度、法国、英国、西班牙、日本、意大利的 C 层人才比较多，世界占比在 8%—3% 之间；加拿大、伊朗、韩国、瑞士、澳大利亚、葡萄牙、俄罗斯、波兰、荷兰、沙特、中国香港也有相当数量的 C 层人才，世界占比超过或接近 1%。

表 3—22 无机化学和核化学 A 层人才排名前 20 的国家和地区的占比

国家和地区 年份	2009	2010	2011	2012	2013	2014	2015	2016	2017	2018	合计
中国大陆	7.14	18.75	14.29	11.76	27.78	15.79	29.41	25.00	18.75	29.41	20.12
美国	21.43	18.75	14.29	5.88	27.78	26.32	11.76	6.25	6.25	17.65	15.85
法国	0.00	6.25	7.14	11.76	5.56	15.79	11.76	0.00	18.75	5.88	8.54
德国	21.43	6.25	21.43	11.76	5.56	0.00	5.88	0.00	6.25	0.00	7.32
意大利	21.43	6.25	7.14	11.76	0.00	0.00	5.88	6.25	12.50	0.00	6.71
英国	7.14	12.50	7.14	0.00	0.00	10.53	0.00	0.00	12.50	11.76	6.10
日本	0.00	0.00	0.00	11.76	11.11	10.53	5.88	6.25	6.25	0.00	5.49
西班牙	7.14	0.00	7.14	0.00	5.56	5.26	5.88	12.50	6.25	0.00	4.88
印度	0.00	0.00	0.00	0.00	0.00	0.00	6.25	6.25	0.00	11.76	2.44
荷兰	0.00	0.00	0.00	11.76	5.56	5.26	0.00	0.00	0.00	0.00	2.44

续表

国家和地区\年份	2009	2010	2011	2012	2013	2014	2015	2016	2017	2018	合计
澳大利亚	0.00	0.00	0.00	0.00	5.56	0.00	0.00	12.50	0.00	5.88	2.44
韩国	7.14	0.00	0.00	5.88	0.00	0.00	0.00	6.25	0.00	5.88	2.44
比利时	0.00	6.25	0.00	0.00	0.00	0.00	5.88	6.25	0.00	0.00	1.83
新加坡	0.00	6.25	0.00	0.00	0.00	0.00	0.00	6.25	0.00	5.88	1.83
瑞典	0.00	0.00	0.00	5.88	0.00	5.26	5.88	0.00	0.00	0.00	1.83
瑞士	0.00	6.25	0.00	5.88	0.00	0.00	5.88	0.00	0.00	0.00	1.83
新西兰	0.00	0.00	0.00	5.88	0.00	5.26	0.00	0.00	0.00	0.00	1.22
波兰	0.00	0.00	7.14	0.00	5.56	0.00	0.00	0.00	0.00	0.00	1.22
俄罗斯	0.00	6.25	0.00	0.00	0.00	0.00	0.00	6.25	0.00	0.00	1.22
中国香港	7.14	0.00	0.00	0.00	0.00	0.00	0.00	0.00	0.00	0.00	0.61

表3—23　无机化学和核化学B层人才排名前20的国家和地区的占比

国家和地区\年份	2009	2010	2011	2012	2013	2014	2015	2016	2017	2018	合计
中国大陆	16.88	16.22	16.22	17.76	22.22	29.59	31.01	31.01	38.71	45.95	26.61
美国	17.53	15.54	16.89	14.47	14.20	8.88	13.29	6.33	10.97	6.76	12.44
德国	5.84	8.78	10.81	7.24	7.41	7.10	3.16	4.43	3.87	4.73	6.31
法国	9.09	7.43	4.73	2.63	8.64	5.92	3.80	6.96	3.23	2.70	5.54
印度	2.60	4.05	4.05	7.24	6.79	5.92	3.16	8.23	5.16	1.35	4.90
英国	7.14	6.76	4.05	7.24	5.56	2.37	3.80	2.53	5.81	2.70	4.77
西班牙	4.55	4.05	3.38	3.29	3.70	2.96	3.16	4.43	1.94	0.68	3.22
日本	4.55	4.73	4.05	1.32	4.94	1.78	2.53	2.53	0.65	3.38	3.03
韩国	1.95	0.68	2.03	1.97	4.94	4.14	3.16	1.90	1.29	3.38	2.58
意大利	3.25	4.05	2.70	5.92	1.85	1.18	1.27	3.16	1.29	1.35	2.58
瑞士	4.55	4.05	4.05	1.97	0.62	2.96	1.27	1.90	1.29	2.70	2.51
加拿大	4.55	2.70	4.73	3.29	1.23	3.55	1.90	0.63	0.65	0.00	2.32
俄罗斯	1.95	1.35	1.35	3.95	1.85	4.14	1.90	1.90	2.58	0.68	2.19
澳大利亚	1.95	2.70	0.68	1.32	1.23	0.59	1.90	3.80	3.23	3.38	2.06
新加坡	1.30	0.68	2.03	0.66	1.23	1.78	2.53	2.53	0.65	3.38	1.68
中国香港	0.65	1.35	2.03	1.32	3.09	1.78	0.00	1.27	3.23	0.68	1.55
葡萄牙	0.65	0.00	2.03	1.32	1.85	1.78	1.90	0.00	1.29	2.03	1.29
沙特	0.00	0.00	0.68	1.97	0.00	1.18	2.53	0.63	3.87	2.03	1.29
比利时	0.00	2.03	0.00	2.63	2.47	0.00	0.63	1.90	1.29	0.68	1.16
伊朗	0.65	0.00	0.00	1.32	0.62	1.18	1.90	0.63	0.00	3.38	0.97

表3—24 无机化学和核化学C层人才排名前20的国家和地区的占比

国家和地区 \ 年份	2009	2010	2011	2012	2013	2014	2015	2016	2017	2018	合计
中国大陆	16.24	14.95	17.78	19.12	18.23	22.03	23.57	24.30	27.42	34.93	21.72
美国	14.61	15.65	14.17	14.01	12.53	10.99	11.16	10.84	10.51	7.93	12.25
德国	8.56	8.56	9.74	8.16	9.15	7.67	7.22	7.41	6.68	4.86	7.84
印度	5.10	5.61	6.68	5.78	7.96	8.55	7.75	6.31	7.52	7.63	6.92
法国	6.93	7.30	6.06	6.67	5.83	4.36	4.99	4.80	3.62	3.59	5.41
英国	6.52	7.30	6.34	5.58	4.89	5.06	4.01	4.39	3.62	3.14	5.09
西班牙	4.96	4.77	4.22	4.56	4.26	4.71	4.60	3.23	3.55	3.14	4.22
日本	3.40	3.51	3.54	3.95	4.14	3.72	3.02	3.71	2.51	2.54	3.42
意大利	3.87	3.79	2.59	4.35	3.76	3.60	3.28	2.88	3.13	2.47	3.39
加拿大	3.33	2.46	2.72	2.11	2.63	2.38	2.04	1.78	2.02	1.20	2.28
伊朗	1.36	1.19	0.95	2.11	1.57	1.51	2.43	2.68	2.64	3.29	1.95
韩国	1.43	1.40	1.98	1.02	1.94	1.74	1.77	1.85	2.37	1.87	1.74
瑞士	2.11	2.32	2.45	1.77	1.75	1.63	1.77	1.51	1.18	0.75	1.73
澳大利亚	1.77	1.19	1.36	1.29	2.19	1.74	1.97	1.58	1.81	1.80	1.68
葡萄牙	1.70	1.26	1.84	1.97	1.63	1.74	1.58	1.44	1.46	0.90	1.56
俄罗斯	1.29	1.68	1.16	0.68	1.50	0.93	1.90	2.20	2.02	2.39	1.56
波兰	0.75	1.12	1.02	1.22	1.25	1.28	1.58	1.58	1.46	1.27	1.25
荷兰	1.63	1.19	0.68	0.82	1.07	0.87	0.98	0.82	0.49	0.90	0.95
沙特	0.00	0.35	0.41	0.61	0.69	1.10	1.38	0.62	1.53	1.87	0.85
中国香港	1.29	0.98	0.89	1.02	0.69	0.76	0.59	0.41	0.77	0.90	0.83

八 纳米科学和纳米技术

纳米科学和纳米技术A、B、C层人才主要集中在美国和中国大陆，两国A、B、C层人才的世界占比为52.66%、56.62%、52.79%，其中美国的A层人才多于中国大陆，B层和C层人才少于中国大陆；在发展趋势上，中国大陆呈现相对上升趋势，美国呈现相对下降趋势。

英国、韩国、新加坡、日本、德国的A层人才比较多，世界占比在6%—3%之间；澳大利亚、瑞士、加拿大、沙特、意大利、中国台湾、中国香港、法国、荷兰、瑞典、爱尔兰、西班牙、俄罗斯也有相当数量的A层人才，世界占比超过或接近1%。

韩国、新加坡、德国、澳大利亚、日本、英国的B层人才比较多，世界占比在5%—3%之间；中国香港、西班牙、沙特、瑞士、中国台湾、加拿大、法国、印度、意大利、荷兰、瑞典、比利时也有相当数量的B层人才，世界占比超过或接近1%。

韩国、德国、英国、新加坡、日本的C层人才比较多，世界占比在6%—3%之间；澳大利亚、中国香港、法国、印度、西班牙、加拿大、瑞士、意大利、中国台湾、荷兰、沙特、瑞典、以色列也有相当数量的C层人才，世界占比超过或接近1%。

表3—25　　纳米科学和纳米技术A层人才排名前20的国家和地区的占比

国家和地区\年份	2009	2010	2011	2012	2013	2014	2015	2016	2017	2018	合计
美国	47.06	34.29	29.27	26.09	34.04	29.41	22.64	21.31	21.82	23.08	27.66
中国大陆	17.65	25.71	24.39	28.26	12.77	9.80	22.64	31.15	40.00	30.77	25.00
英国	2.94	0.00	7.32	0.00	8.51	15.69	7.55	3.28	7.27	4.62	5.94
韩国	5.88	11.43	2.44	0.00	6.38	5.88	5.66	9.84	3.64	3.08	5.33
新加坡	5.88	2.86	4.88	17.39	4.26	1.96	3.77	3.28	0.00	3.08	4.51
日本	2.94	8.57	9.76	4.35	4.26	1.96	3.77	1.64	0.00	3.08	3.69
德国	2.94	5.71	2.44	2.17	2.13	9.80	3.77	3.28	1.82	1.54	3.48
澳大利亚	2.94	0.00	0.00	2.17	2.13	1.96	0.00	1.64	5.45	6.15	2.46
瑞士	0.00	0.00	2.44	2.17	2.13	3.92	5.66	1.64	1.82	1.54	2.25
加拿大	0.00	0.00	0.00	0.00	2.13	0.00	0.00	6.56	3.64	4.62	2.05
沙特	0.00	0.00	0.00	0.00	0.00	0.00	1.89	3.28	5.45	4.62	1.84
意大利	2.94	2.86	0.00	0.00	2.13	3.92	3.77	1.64	0.00	0.00	1.64
中国台湾	0.00	0.00	0.00	4.35	4.26	1.96	0.00	1.64	0.00	1.54	1.43
中国香港	0.00	2.86	2.44	2.17	0.00	3.92	1.89	0.00	0.00	1.54	1.43
法国	2.94	2.86	2.44	2.17	0.00	4.26	0.00	0.00	0.00	0.00	1.23
荷兰	0.00	0.00	2.44	0.00	0.00	1.96	1.89	0.00	1.82	1.54	1.02
瑞典	0.00	0.00	2.44	0.00	0.00	0.00	1.89	1.64	0.00	1.54	0.82
爱尔兰	0.00	0.00	0.00	4.35	2.13	0.00	1.89	0.00	0.00	0.00	0.82
西班牙	0.00	0.00	2.44	2.17	0.00	1.96	1.89	0.00	0.00	0.00	0.82
俄罗斯	0.00	0.00	0.00	0.00	4.26	0.00	0.00	0.00	1.82	0.00	0.61

表3—26 纳米科学和纳米技术 B 层人才排名前 20 的国家和地区的占比

国家和地区 \ 年份	2009	2010	2011	2012	2013	2014	2015	2016	2017	2018	合计
中国大陆	12.82	18.48	24.26	24.15	29.86	28.35	27.77	35.06	40.77	45.20	30.38
美国	37.50	36.95	32.88	29.23	29.62	27.27	25.55	21.77	16.72	18.15	26.24
韩国	4.49	4.40	6.47	6.52	8.29	5.19	6.24	4.06	2.79	2.31	4.91
新加坡	1.92	2.05	3.23	5.80	4.74	5.41	3.62	5.17	5.92	5.69	4.58
德国	7.05	6.45	5.39	3.86	2.37	3.03	4.23	3.14	2.96	1.96	3.78
澳大利亚	2.24	1.17	2.96	2.17	2.61	3.68	3.62	3.87	4.36	4.09	3.25
日本	4.81	3.81	4.04	3.14	2.84	3.25	2.62	3.51	2.96	1.78	3.16
英国	5.13	3.52	4.04	2.42	3.32	2.60	2.82	2.21	3.31	2.14	3.02
中国香港	0.64	1.17	0.81	2.17	0.95	1.95	2.41	2.03	4.88	3.20	2.22
西班牙	0.96	3.81	1.08	2.17	1.18	2.38	2.82	2.03	0.87	0.36	1.71
沙特	0.32	0.00	0.54	0.97	0.47	2.60	2.01	2.95	2.44	2.67	1.69
瑞士	1.28	1.76	1.62	1.21	1.66	1.73	2.21	2.77	1.22	0.71	1.62
中国台湾	2.24	2.05	2.43	2.42	1.42	2.81	0.40	1.11	1.05	0.71	1.56
加拿大	1.28	2.05	0.54	0.97	1.18	1.08	1.61	1.48	1.39	1.60	1.33
法国	3.53	1.17	0.54	1.45	1.18	1.52	0.80	1.29	0.70	1.42	1.29
印度	1.28	2.35	1.35	1.93	1.90	0.65	0.80	0.18	0.87	1.25	1.18
意大利	1.60	0.59	1.35	1.21	1.90	1.08	2.01	0.74	1.05	0.18	1.13
荷兰	1.92	1.17	0.27	1.45	0.95	0.65	1.61	0.55	0.52	0.53	0.91
瑞典	0.96	0.88	1.08	1.21	0.24	0.65	1.01	0.92	0.35	0.71	0.78
比利时	1.60	0.88	0.27	0.97	0.47	0.43	0.20	0.18	0.52	0.36	0.53

表3—27 纳米科学和纳米技术 C 层人才排名前 20 的国家和地区的占比

国家和地区 \ 年份	2009	2010	2011	2012	2013	2014	2015	2016	2017	2018	合计
中国大陆	16.39	17.51	19.09	20.44	25.05	28.51	31.60	34.49	39.70	40.66	28.89
美国	31.18	31.26	28.94	28.70	26.16	23.88	21.66	20.38	19.13	16.69	23.90
韩国	4.91	5.29	5.72	5.82	5.93	6.32	6.11	5.24	4.54	4.54	5.41
德国	6.06	5.95	5.99	5.60	4.91	4.56	4.27	3.91	3.12	3.37	4.58
英国	4.01	3.95	3.34	3.52	3.92	3.38	2.87	3.34	2.86	3.44	3.41
新加坡	2.25	3.08	2.94	3.48	3.62	3.69	3.55	3.27	3.64	3.40	3.34
日本	4.72	3.74	4.29	3.69	2.86	2.99	2.56	2.72	2.24	2.05	3.04
澳大利亚	1.86	2.27	1.67	1.93	1.96	2.26	3.04	2.85	3.22	3.35	2.53

续表

国家和地区＼年份	2009	2010	2011	2012	2013	2014	2015	2016	2017	2018	合计
中国香港	1.19	1.29	1.67	1.42	1.65	1.75	2.17	2.34	2.48	2.92	1.98
法国	2.47	3.02	3.02	2.58	2.36	1.68	1.78	1.68	1.17	1.02	1.97
印度	2.92	1.79	2.10	2.12	2.20	1.95	1.78	1.86	1.49	1.34	1.90
西班牙	1.73	1.94	2.48	1.88	1.89	1.55	1.83	1.53	1.09	1.60	1.71
加拿大	2.02	2.00	2.10	1.86	1.68	1.92	1.52	1.62	1.49	1.13	1.69
瑞士	1.70	2.21	1.51	1.64	1.80	1.77	1.58	1.62	1.29	1.41	1.63
意大利	2.02	2.15	1.94	1.79	1.70	1.35	1.31	1.17	1.17	1.13	1.51
中国台湾	2.05	1.40	1.56	2.03	1.61	1.44	1.21	0.91	0.98	0.99	1.36
荷兰	2.12	1.61	1.56	1.45	1.39	1.08	0.84	0.91	0.84	0.91	1.20
沙特	0.06	0.03	0.27	0.51	0.90	1.46	1.56	1.66	1.53	1.58	1.07
瑞典	1.44	1.37	1.21	1.13	0.76	0.93	0.88	0.80	0.84	0.99	1.00
以色列	1.19	0.57	0.76	0.72	0.83	0.82	0.59	0.64	0.60	0.60	0.71

九 化学工程

化学工程A、B、C层人才主要集中在中国大陆和美国，两国A、B、C层人才的世界占比为42.71%、47.04%、40.14%，中国大陆的三层人才均多于美国；在发展趋势上，中国大陆呈现相对上升趋势，美国呈现相对下降趋势。

英国、新加坡、瑞士、澳大利亚、韩国、西班牙、加拿大、沙特、德国、意大利的A层人才比较多，世界占比在7%—3%之间；日本、丹麦、伊朗、荷兰、法国、印度、马来西亚、中国台湾也有相当数量的A层人才，世界占比超过1%。

韩国、英国、澳大利亚、新加坡、德国的B层人才比较多，世界占比在4%—3%之间；日本、西班牙、沙特、印度、加拿大、中国香港、荷兰、伊朗、法国、马来西亚、意大利、瑞士、瑞典也有相当数量的B层人才，世界占比超过或接近1%。

西班牙、英国、印度、韩国、澳大利亚的C层人才比较多，世界占比在5%—3%之间；伊朗、德国、意大利、法国、加拿大、日本、新加坡、马来西亚、沙特、荷兰、土耳其、巴西、葡萄牙也有相当数量的C层人才，世界占比超过1%。

表3—28　化学工程A层人才排名前20的国家和地区的占比

国家和地区\年份	2009	2010	2011	2012	2013	2014	2015	2016	2017	2018	合计
中国大陆	7.69	14.81	20.59	13.89	25.64	17.95	20.93	31.25	28.00	46.94	24.55
美国	23.08	14.81	23.53	22.22	17.95	25.64	13.95	14.58	16.00	14.29	18.16
英国	3.85	14.81	8.82	8.33	5.13	12.82	6.98	4.17	4.00	2.04	6.65
新加坡	3.85	0.00	8.82	13.89	5.13	2.56	0.00	10.42	8.00	6.12	6.14
瑞士	0.00	0.00	2.94	0.00	2.56	5.13	9.30	8.33	4.00	4.08	4.09
澳大利亚	3.85	7.41	2.94	5.56	2.56	2.56	2.33	2.08	4.00	6.12	3.84
韩国	7.69	0.00	8.82	2.78	0.00	0.00	6.98	4.17	4.00	2.04	3.58
西班牙	11.54	0.00	0.00	5.56	2.56	5.13	6.98	2.08	2.00	0.00	3.32
加拿大	0.00	0.00	8.82	5.56	7.69	2.56	2.33	0.00	2.00	4.08	3.32
沙特	0.00	0.00	0.00	0.00	5.13	2.56	4.65	2.08	10.00	4.08	3.32
德国	3.85	0.00	0.00	2.78	5.13	0.00	2.33	8.33	2.00	4.08	3.07
意大利	26.92	0.00	2.94	0.00	2.56	2.56	4.65	0.00	0.00	0.00	3.07
日本	0.00	0.00	0.00	0.00	5.13	2.56	4.65	4.17	0.00	0.00	1.79
丹麦	0.00	14.81	0.00	5.56	0.00	0.00	0.00	0.00	0.00	0.00	1.53
伊朗	0.00	0.00	0.00	2.78	0.00	0.00	0.00	2.08	2.00	4.08	1.28
荷兰	0.00	3.70	2.94	0.00	2.56	2.56	2.33	0.00	0.00	0.00	1.28
法国	0.00	0.00	0.00	0.00	5.13	5.13	0.00	0.00	0.00	0.00	1.02
印度	3.85	3.70	0.00	2.78	0.00	0.00	2.56	0.00	0.00	0.00	1.02
马来西亚	0.00	3.70	2.94	0.00	2.56	0.00	2.33	0.00	0.00	0.00	1.02
中国台湾	0.00	0.00	0.00	0.00	0.00	0.00	2.56	0.00	2.08	4.00	0.00	1.02

表3—29　化学工程B层人才排名前20的国家和地区的占比

国家和地区\年份	2009	2010	2011	2012	2013	2014	2015	2016	2017	2018	合计
中国大陆	13.17	14.79	19.68	20.99	22.84	26.82	27.11	34.52	42.42	49.47	29.40
美国	24.69	21.79	25.81	23.46	19.50	19.83	16.05	12.29	11.87	10.99	17.64
韩国	3.70	1.95	3.55	2.78	4.74	3.91	4.74	3.78	4.40	2.11	3.60
英国	4.94	3.50	3.87	3.70	3.06	5.31	3.16	4.26	3.52	1.69	3.60
澳大利亚	2.47	3.89	2.26	4.63	3.34	2.79	2.63	4.26	3.30	3.17	3.29
新加坡	2.88	3.50	2.90	4.32	4.18	5.87	2.37	1.89	2.20	2.54	3.18
德国	2.88	6.61	3.55	3.09	3.06	2.51	3.95	2.84	1.32	3.17	3.15
日本	2.88	3.89	3.87	1.85	3.62	2.79	1.84	2.60	2.42	1.27	2.60

续表

国家和地区\年份	2009	2010	2011	2012	2013	2014	2015	2016	2017	2018	合计
西班牙	4.53	3.89	3.55	3.70	2.51	2.51	2.11	1.42	1.32	1.69	2.51
沙特	0.00	0.78	1.61	1.54	1.11	1.40	3.16	3.55	3.74	5.29	2.51
印度	4.53	2.72	2.26	2.47	1.67	3.91	3.42	2.36	0.66	1.27	2.37
加拿大	3.70	1.95	2.58	3.09	3.34	2.23	1.58	2.13	1.32	1.27	2.21
中国香港	1.23	1.56	0.32	0.62	1.67	2.23	1.58	2.13	3.52	1.69	1.76
荷兰	3.29	3.11	1.29	2.47	1.95	0.56	1.58	2.13	1.32	0.85	1.73
伊朗	1.23	0.78	1.61	1.54	1.95	1.68	1.58	1.89	1.76	2.54	1.73
法国	2.47	1.95	2.26	2.16	2.23	1.12	1.32	2.13	1.98	0.21	1.70
马来西亚	2.88	1.95	1.61	0.62	1.67	3.35	2.37	0.95	0.88	0.85	1.62
意大利	0.82	1.95	1.29	2.16	1.67	1.12	2.11	1.42	1.10	0.63	1.40
瑞士	0.00	1.17	1.29	3.09	1.11	0.28	1.84	0.95	0.88	1.06	1.17
瑞典	0.00	0.78	0.32	0.93	2.51	0.56	1.58	0.95	0.44	0.42	0.87

表3—30　化学工程C层人才排名前20的国家和地区的占比

国家和地区\年份	2009	2010	2011	2012	2013	2014	2015	2016	2017	2018	合计
中国大陆	14.50	16.94	18.95	19.45	23.17	25.35	26.54	30.78	37.14	40.53	26.82
美国	16.02	14.11	15.40	15.72	14.33	14.05	12.45	12.58	11.19	10.40	13.32
西班牙	5.89	5.93	4.91	4.99	4.32	4.31	3.81	3.42	2.53	2.42	4.03
英国	4.61	4.17	3.98	3.27	3.39	3.34	4.00	4.15	3.81	3.14	3.75
印度	4.04	3.73	3.75	3.61	3.83	3.71	3.40	3.20	3.38	2.63	3.47
韩国	2.18	2.63	2.79	3.79	3.51	3.63	3.94	3.03	3.18	3.37	3.26
澳大利亚	2.51	3.14	3.22	3.24	3.19	3.03	3.50	3.32	2.75	3.16	3.12
伊朗	1.81	2.63	3.25	2.80	2.87	4.11	3.84	2.59	2.95	2.65	2.99
德国	3.50	3.50	2.92	4.04	3.13	2.85	3.43	2.74	2.12	2.33	2.98
意大利	2.35	2.83	2.36	3.11	2.99	2.51	2.67	2.64	2.46	2.21	2.60
法国	4.00	3.61	3.58	3.30	2.93	2.28	2.02	1.81	1.78	1.20	2.49
加拿大	3.67	3.46	2.42	2.77	2.58	1.91	1.89	2.08	1.74	2.21	2.37
日本	3.21	2.75	2.72	2.28	2.61	2.63	1.71	1.98	1.56	1.43	2.19
新加坡	1.19	1.49	2.19	1.94	2.23	1.80	1.76	1.78	2.03	1.91	1.86
马来西亚	1.19	2.20	2.52	2.28	1.89	1.77	1.82	1.49	0.97	0.90	1.65
沙特	0.25	0.63	0.63	0.83	1.57	1.66	2.49	1.91	2.26	1.57	1.50

续表

国家和地区\年份	2009	2010	2011	2012	2013	2014	2015	2016	2017	2018	合计
荷兰	1.69	2.24	1.69	2.06	1.62	1.20	1.48	1.29	0.95	0.99	1.46
土耳其	2.76	2.67	1.92	1.48	0.87	1.03	1.30	1.10	0.88	0.62	1.34
巴西	2.18	1.73	1.39	1.60	1.28	1.37	1.01	0.95	0.95	0.78	1.25
葡萄牙	1.94	1.77	1.33	1.11	0.90	1.26	0.99	1.03	0.70	0.65	1.09

十　应用化学

应用化学 A、B、C 层人才主要集中在美国和中国大陆，两国 A、B、C 层人才的世界占比为 27.62%、31.80%、34.75%，其中美国的 A 层人才多于中国大陆，B 层和 C 层人才少于中国大陆；在发展趋势上，中国大陆呈现相对上升趋势，美国呈现相对下降趋势。

德国、印度、西班牙、意大利、马来西亚、巴西、法国的 A 层人才比较多，世界占比在 9%—3% 之间；韩国、英国、比利时、日本、荷兰、伊朗、葡萄牙、墨西哥、巴基斯坦、中国香港、瑞典也有相当数量的 A 层人才，世界占比超过 1%。

印度、伊朗、西班牙、韩国、意大利、英国、法国的 B 层人才比较多，世界占比在 7%—3% 之间；巴西、加拿大、德国、马来西亚、沙特、澳大利亚、日本、巴基斯坦、荷兰、葡萄牙、爱尔兰也有相当数量的 B 层人才，世界占比超过 1%。

西班牙、印度、伊朗、意大利、韩国的 C 层人才比较多，世界占比在 6%—3% 之间；德国、法国、巴西、加拿大、英国、日本、澳大利亚、土耳其、葡萄牙、马来西亚、埃及、中国台湾、波兰也有相当数量的 C 层人才，世界占比超过 1%。

表 3—31　应用化学 A 层人才排名前 20 的国家和地区的占比

国家和地区\年份	2009	2010	2011	2012	2013	2014	2015	2016	2017	2018	合计
美国	20.00	26.67	25.00	23.53	11.11	17.65	10.53	10.00	0.00	8.70	14.36
中国大陆	0.00	6.67	6.25	0.00	11.11	11.76	5.26	25.00	28.57	26.09	13.26
德国	13.33	6.67	6.25	5.88	5.56	11.76	15.79	20.00	4.76	0.00	8.84

续表

国家和地区\年份	2009	2010	2011	2012	2013	2014	2015	2016	2017	2018	合计
印度	13.33	6.67	0.00	5.88	0.00	5.88	21.05	5.00	4.76	8.70	7.18
西班牙	13.33	13.33	12.50	11.76	11.11	0.00	0.00	0.00	9.52	4.35	7.18
意大利	13.33	0.00	6.25	11.76	5.56	5.88	0.00	10.00	0.00	0.00	4.97
马来西亚	0.00	0.00	12.50	5.88	5.56	11.76	0.00	0.00	0.00	8.70	4.42
巴西	0.00	13.33	6.25	0.00	0.00	0.00	5.26	5.00	0.00	4.35	3.31
法国	6.67	6.67	0.00	17.65	0.00	0.00	0.00	0.00	0.00	0.00	3.31
韩国	0.00	0.00	6.25	0.00	11.11	0.00	5.26	0.00	0.00	4.35	2.76
英国	6.67	0.00	0.00	0.00	0.00	5.88	0.00	5.00	4.76	4.35	2.76
比利时	0.00	0.00	6.25	0.00	0.00	0.00	0.00	5.00	4.76	4.35	2.21
日本	0.00	6.67	0.00	0.00	0.00	0.00	0.00	0.00	4.76	8.70	2.21
荷兰	0.00	0.00	0.00	5.88	5.56	0.00	10.53	0.00	0.00	0.00	2.21
伊朗	0.00	6.67	0.00	0.00	5.56	0.00	0.00	0.00	4.76	4.35	2.21
葡萄牙	0.00	0.00	0.00	0.00	0.00	0.00	15.79	0.00	0.00	0.00	1.66
墨西哥	6.67	0.00	0.00	0.00	0.00	5.88	0.00	0.00	0.00	0.00	1.66
巴基斯坦	0.00	0.00	0.00	0.00	5.56	0.00	0.00	0.00	4.76	0.00	1.10
中国香港	0.00	0.00	0.00	0.00	5.56	0.00	0.00	0.00	4.76	0.00	1.10
瑞典	0.00	0.00	0.00	5.88	0.00	5.88	0.00	0.00	0.00	0.00	1.10

表3—32　应用化学B层人才排名前20的国家和地区的占比

国家和地区\年份	2009	2010	2011	2012	2013	2014	2015	2016	2017	2018	合计
中国大陆	15.44	13.99	14.10	10.39	18.18	19.41	19.76	20.44	28.42	38.38	20.60
美国	11.76	16.08	14.74	16.23	12.73	12.35	11.98	8.29	8.42	3.03	11.20
印度	2.94	6.99	10.26	3.90	9.09	5.88	5.99	6.08	6.32	7.58	6.57
伊朗	2.21	2.10	1.28	1.95	4.85	4.12	5.39	8.29	5.79	11.62	5.06
西班牙	5.15	2.80	3.21	5.84	6.06	4.12	5.39	3.87	1.05	2.02	3.86
韩国	3.68	2.10	2.56	5.19	3.64	4.71	4.19	2.21	3.68	2.02	3.37
意大利	2.21	3.50	1.28	4.55	3.64	4.12	2.99	3.87	3.16	3.03	3.25
英国	1.47	3.50	5.77	1.95	3.03	5.88	2.40	4.97	2.11	0.51	3.13
法国	2.94	5.77	5.19	3.64	2.35	2.40	1.10	3.16	2.53	3.07	
巴西	4.41	0.70	2.56	3.25	2.42	4.71	1.20	2.21	1.05	3.03	2.53
加拿大	2.21	4.20	5.13	2.60	1.82	1.76	2.99	1.10	3.16	1.01	2.53

续表

国家和地区\年份	2009	2010	2011	2012	2013	2014	2015	2016	2017	2018	合计
德国	1.47	4.90	3.21	3.25	1.21	2.35	3.59	0.55	2.11	1.01	2.29
马来西亚	3.68	0.70	1.28	3.25	2.42	1.76	0.60	1.66	2.11	2.53	1.99
沙特	0.00	0.70	0.64	1.95	0.00	1.18	4.79	2.21	4.21	2.53	1.93
澳大利亚	3.68	2.80	0.64	0.65	1.82	1.76	0.60	2.76	2.11	2.53	1.93
日本	3.68	2.80	4.49	2.60	1.21	2.35	1.20	0.00	0.00	0.51	1.75
巴基斯坦	0.00	1.40	0.64	0.00	0.00	0.59	1.80	4.97	4.21	1.01	1.57
荷兰	0.74	2.10	3.21	0.65	1.82	1.76	2.99	0.00	1.05	0.51	1.45
葡萄牙	2.21	1.40	1.28	3.25	1.82	2.35	1.80	0.00	0.53	0.00	1.39
爱尔兰	1.47	2.10	0.64	0.65	3.03	0.00	1.80	2.21	0.53	1.01	1.33

表3—33　应用化学C层人才排名前20的国家和地区的占比

国家和地区\年份	2009	2010	2011	2012	2013	2014	2015	2016	2017	2018	合计
中国大陆	16.53	17.58	18.73	21.55	24.69	26.38	24.57	28.22	32.03	35.03	25.20
美国	11.12	12.01	11.82	11.85	9.56	10.71	8.55	8.56	6.54	6.76	9.55
西班牙	7.32	5.00	6.64	7.16	5.38	5.57	4.99	4.48	4.72	4.41	5.48
印度	3.73	4.22	4.18	4.62	6.19	4.96	4.57	5.92	5.46	6.04	5.06
伊朗	1.83	1.72	1.59	2.28	3.38	3.75	3.56	4.31	4.21	5.99	3.42
意大利	3.37	4.00	3.85	3.78	5.00	2.54	3.68	2.64	3.01	2.49	3.39
韩国	2.85	2.72	2.92	3.71	2.81	2.78	3.86	3.05	3.41	2.83	3.10
德国	3.88	4.43	3.45	3.91	3.19	2.60	2.97	2.30	1.65	2.06	2.96
法国	3.88	3.86	3.45	2.73	2.81	3.02	3.03	2.18	2.05	2.20	2.86
巴西	2.34	1.86	2.46	2.86	2.75	2.30	3.32	2.82	3.47	2.73	2.72
加拿大	3.58	3.86	3.72	2.34	3.06	2.54	2.08	1.84	1.93	1.58	2.57
英国	2.63	3.65	3.45	2.28	2.31	2.18	2.67	2.30	2.45	1.87	2.54
日本	4.61	3.65	3.32	2.34	2.50	2.48	1.42	1.38	1.08	0.96	2.25
澳大利亚	1.98	1.93	2.39	2.28	1.31	1.81	1.25	1.72	2.10	1.58	1.82
土耳其	2.63	1.79	1.26	0.98	1.88	1.03	2.08	1.95	1.88	1.53	1.69
葡萄牙	1.10	1.36	1.79	1.50	1.69	1.57	1.78	1.61	1.42	1.10	1.49
马来西亚	1.24	1.36	1.73	1.04	1.13	1.45	1.48	1.61	1.76	1.05	1.38
埃及	0.37	1.22	1.06	0.85	0.81	1.33	1.36	1.84	1.59	2.01	1.29
中国台湾	2.12	2.22	2.19	1.82	0.88	0.60	0.53	1.03	0.57	0.57	1.19
波兰	1.17	1.00	0.60	1.24	1.69	1.33	1.78	1.09	0.91	1.01	1.18

十一 多学科化学

多学科化学 A、B、C 层人才主要集中在美国和中国大陆，两国 A、B、C 层人才的世界占比为 48.03%、52.30%、47.33%，其中美国的 A 层人才多于中国大陆，B 层和 C 层人才少于中国大陆；在发展趋势上，中国大陆呈现相对上升趋势，美国呈现相对下降趋势。

德国、英国、新加坡、韩国、澳大利亚的 A 层人才比较多，世界占比在 7%—3% 之间；日本、瑞士、法国、沙特、西班牙、加拿大、荷兰、中国香港、意大利、中国台湾、比利时、印度、瑞典也有相当数量的 A 层人才，世界占比超过或接近 1%。

德国、英国、新加坡、韩国、日本的 B 层人才比较多，世界占比在 6%—3% 之间；澳大利亚、西班牙、法国、加拿大、瑞士、沙特、中国香港、意大利、荷兰、印度、中国台湾、比利时、瑞典也有相当数量的 B 层人才，世界占比超过或接近 1%。

德国、英国、日本、韩国的 C 层人才比较多，世界占比在 7%—4% 之间；法国、新加坡、西班牙、澳大利亚、加拿大、瑞士、印度、意大利、荷兰、中国香港、沙特、中国台湾、瑞典、比利时也有相当数量的 C 层人才，世界占比超过或接近 1%。

表 3—34　多学科化学 A 层人才排名前 20 的国家和地区的占比

国家和地区 \ 年份	2009	2010	2011	2012	2013	2014	2015	2016	2017	2018	合计
美国	36.76	44.12	32.10	21.59	31.91	30.48	17.70	23.33	14.52	15.63	25.08
中国大陆	5.88	16.18	16.05	20.45	25.53	18.10	23.89	26.67	34.68	28.13	22.95
德国	5.88	2.94	13.58	6.82	5.32	4.76	7.08	5.83	4.03	9.38	6.57
英国	5.88	4.41	6.17	6.82	4.26	8.57	4.42	3.33	7.26	6.25	5.76
新加坡	8.82	2.94	2.47	5.68	9.57	1.90	5.31	1.67	3.23	3.13	4.25
韩国	2.94	7.35	3.70	7.95	3.19	2.86	5.31	4.17	3.23	1.56	4.04
澳大利亚	2.94	1.47	0.00	1.14	1.06	4.76	3.54	0.83	5.65	6.25	3.03
日本	2.94	1.47	3.70	3.41	2.13	6.67	2.65	1.67	3.23	0.78	2.83
瑞士	2.94	4.41	2.47	1.14	1.06	3.81	5.31	1.67	1.61	3.13	2.73
法国	5.88	1.47	1.23	4.55	1.06	0.95	2.65	2.50	3.23	1.56	2.43

续表

国家和地区＼年份	2009	2010	2011	2012	2013	2014	2015	2016	2017	2018	合计
沙特	0.00	2.94	0.00	0.00	1.06	2.86	3.54	3.33	4.03	3.91	2.43
西班牙	2.94	1.47	1.23	2.27	0.00	1.90	3.54	1.67	0.81	4.69	2.12
加拿大	1.47	0.00	3.70	4.55	1.06	1.90	2.65	2.50	0.81	2.34	2.12
荷兰	0.00	2.94	0.00	2.27	2.13	0.95	1.77	0.83	0.81	2.34	1.42
中国香港	1.47	0.00	2.47	0.00	2.13	0.95	0.88	1.67	1.61	1.56	1.31
意大利	0.00	1.47	1.23	0.00	1.06	2.86	1.77	2.50	0.00	0.78	1.21
中国台湾	1.47	0.00	1.23	1.14	3.19	0.95	0.00	1.67	0.81	0.00	1.01
比利时	1.47	0.00	0.00	2.27	0.00	0.00	0.00	0.83	2.42	1.56	0.91
印度	1.47	0.00	1.23	1.14	0.00	0.95	0.00	1.67	1.61	0.00	0.81
瑞典	1.47	1.47	2.47	0.00	0.00	0.95	0.88	1.67	0.00	0.00	0.81

表3—35　多学科化学B层人才排名前20的国家和地区的占比

国家和地区＼年份	2009	2010	2011	2012	2013	2014	2015	2016	2017	2018	合计
中国大陆	12.01	16.02	18.90	22.91	24.47	25.08	28.73	29.13	37.15	41.32	27.36
美国	38.64	35.60	27.53	27.90	26.94	24.36	22.11	20.27	19.75	19.36	24.94
德国	8.28	8.74	6.71	6.10	5.88	4.95	5.63	5.30	4.15	4.19	5.69
英国	5.68	5.83	5.34	4.23	3.88	4.54	4.15	4.84	3.61	3.10	4.37
新加坡	1.14	1.46	2.33	5.23	4.00	4.95	3.95	4.47	4.51	5.28	3.99
韩国	2.92	3.07	3.97	4.11	5.65	3.92	4.24	3.93	3.16	2.85	3.78
日本	5.36	3.24	3.29	3.99	3.41	4.02	3.65	3.65	3.61	2.26	3.57
澳大利亚	2.44	0.97	2.74	1.49	2.35	2.48	2.76	4.20	3.43	3.35	2.77
西班牙	1.62	3.07	4.38	2.74	1.76	3.10	2.27	1.64	1.26	1.17	2.19
法国	3.90	2.75	3.15	1.87	3.06	2.06	1.78	1.28	1.71	1.59	2.17
加拿大	2.60	2.27	2.33	1.62	2.24	2.17	2.07	2.37	1.35	1.84	2.05
瑞士	1.95	1.94	2.74	1.62	1.88	2.37	2.17	2.37	1.53	0.92	1.91
沙特	0.00	0.16	1.23	0.62	0.47	2.37	2.76	2.28	2.25	2.85	1.71
中国香港	0.65	0.65	0.96	1.25	0.47	1.96	2.27	1.19	3.25	2.51	1.67
意大利	1.95	1.46	2.05	2.74	1.65	0.93	1.78	1.64	0.99	0.50	1.49
荷兰	1.62	1.46	1.64	1.99	1.65	1.34	1.78	1.00	1.26	0.50	1.37
印度	0.65	1.13	1.37	1.62	2.00	1.34	1.09	1.00	0.90	0.34	1.11
中国台湾	1.14	1.29	0.41	1.74	0.94	1.34	0.79	0.82	0.81	0.42	0.93
比利时	1.46	0.65	1.37	0.62	1.06	0.52	0.49	1.55	0.72	0.42	0.86
瑞典	0.65	0.65	0.68	1.00	0.82	0.83	0.59	1.64	0.27	0.59	0.78

表3—36　　　多学科化学C层人才排名前20的国家和地区的占比

国家和地区\年份	2009	2010	2011	2012	2013	2014	2015	2016	2017	2018	合计
中国大陆	11.71	15.12	17.52	19.14	22.52	23.03	25.71	26.45	29.74	33.10	23.71
美国	30.80	30.27	26.99	26.71	25.12	23.55	21.91	20.82	20.54	18.03	23.62
德国	8.65	8.00	7.90	7.28	7.06	6.49	6.28	6.40	5.91	5.58	6.76
英国	5.60	5.38	5.59	5.29	4.91	4.88	4.75	4.93	4.85	4.14	4.95
日本	6.51	6.03	6.28	5.18	4.70	4.39	4.00	3.69	3.25	3.14	4.47
韩国	3.79	3.61	4.58	4.32	4.48	4.38	4.49	4.01	3.35	3.54	4.04
法国	4.15	3.71	3.36	3.48	2.91	2.99	2.45	2.50	2.17	2.02	2.84
新加坡	1.40	2.06	2.31	2.57	2.67	2.88	2.95	2.64	2.90	2.60	2.57
西班牙	2.78	2.79	2.85	2.61	2.64	2.27	2.37	2.50	1.99	2.12	2.44
澳大利亚	1.93	1.83	1.56	1.76	2.05	1.97	2.15	2.47	2.48	2.51	2.13
加拿大	2.59	2.33	2.36	2.17	2.10	2.30	1.85	1.82	1.77	1.59	2.03
瑞士	2.39	2.12	2.05	1.81	1.86	1.93	2.16	1.86	1.85	2.07	1.99
印度	1.47	1.22	1.31	1.74	1.89	2.41	2.07	2.07	2.19	1.99	1.91
意大利	2.34	2.22	2.07	1.80	1.97	1.74	1.53	1.81	1.51	1.71	1.82
荷兰	2.24	2.20	1.88	1.70	1.67	1.42	1.43	1.40	1.38	1.06	1.57
中国香港	1.15	1.12	1.27	1.22	1.35	1.38	1.39	1.54	1.80	1.98	1.47
沙特	0.10	0.15	0.36	0.70	0.95	1.51	1.55	1.80	1.60	1.39	1.13
中国台湾	0.97	1.00	1.30	1.43	1.02	0.99	0.96	0.96	0.76	0.74	0.99
瑞典	1.25	1.23	1.01	1.07	0.76	0.92	0.91	0.91	0.96	1.04	0.99
比利时	1.17	0.78	1.06	1.01	0.93	0.83	0.77	0.80	0.62	0.52	0.82

第三节　学科组层面的人才比较

在化学各学科人才分析的基础上，按照A、B、C三个人才层次，对各学科人才进行汇总分析，可以从学科组层面揭示人才的分布特点和发展趋势。

一　A层人才

化学A层人才最多的国家是美国，占该学科组全球A层人才的24.03%，中国大陆以21.38%的世界占比排名第二，这两个国家的A层人才超过了全球的45%；其后是英国、德国，世界占比分别为5.81%、

5.76%；韩国、新加坡、日本、澳大利亚、法国、意大利、西班牙、沙特、瑞士、加拿大的 A 层人才也比较多，世界占比在 4%—2% 之间；印度、荷兰、中国香港也有相当数量的 A 层人才，世界占比超过 1%；瑞典、中国台湾、马来西亚、比利时、巴西、丹麦、以色列、伊朗、爱尔兰、俄罗斯、新西兰、波兰、芬兰、葡萄牙、奥地利、希腊、捷克、土耳其、南非、巴基斯坦、埃及、墨西哥、卡塔尔也有一定数量的 A 层人才，世界占比低于 1%。

在发展趋势上，美国、日本呈现相对下降趋势，中国大陆、沙特呈现相对上升趋势，其他国家和地区没有呈现明显变化。

表 3—37　化学 A 层人才排名前 40 的国家和地区的占比

国家和地区 \ 年份	2009	2010	2011	2012	2013	2014	2015	2016	2017	2018	合计
美国	32.05	32.81	27.07	22.97	26.82	27.38	18.75	22.42	17.86	18.67	24.03
中国大陆	11.22	15.94	14.09	17.84	17.29	15.24	18.06	27.25	31.30	36.10	21.38
英国	4.81	6.88	7.46	4.05	5.76	9.05	5.79	3.52	6.72	4.36	5.81
德国	6.41	5.31	6.91	6.76	5.26	5.71	6.25	5.93	5.46	4.15	5.76
韩国	4.49	4.38	4.42	3.51	4.01	2.86	5.09	4.62	2.52	2.28	3.75
新加坡	3.85	3.13	2.76	7.84	5.76	1.90	3.01	3.30	2.31	3.11	3.62
日本	4.17	4.69	3.59	3.78	3.01	3.33	2.78	1.76	1.89	1.66	2.93
澳大利亚	3.21	1.88	1.93	1.62	2.26	3.10	2.08	1.98	3.78	4.36	2.68
法国	3.85	3.44	2.49	4.86	3.01	2.62	2.78	1.76	2.31	0.83	2.68
意大利	6.41	2.19	2.21	1.89	3.01	3.81	2.78	2.42	1.05	0.83	2.53
西班牙	3.21	1.25	3.04	2.97	2.26	2.14	3.47	2.20	1.68	1.45	2.33
沙特	0.00	0.63	0.28	0.27	1.00	2.14	2.78	3.52	4.62	3.73	2.11
瑞士	0.96	1.88	1.93	1.08	2.26	2.86	4.40	1.76	1.47	2.07	2.11
加拿大	1.60	0.63	3.31	2.70	2.01	1.19	2.08	2.42	1.89	2.49	2.06
印度	2.88	1.25	1.10	2.70	0.25	1.67	2.31	2.20	1.89	1.66	1.79
荷兰	1.28	1.88	2.21	1.89	2.01	2.31	1.90	2.31	0.88	0.84	1.45	1.64
中国香港	0.64	1.25	1.10	0.54	1.25	1.43	0.93	0.88	1.47	0.83	1.04
瑞典	0.64	0.94	1.38	1.35	0.25	0.95	1.39	1.32	0.42	0.83	0.94
中国台湾	0.32	0.00	0.83	1.89	1.75	1.19	0.69	0.88	0.84	0.41	0.89

续表

国家和地区＼年份	2009	2010	2011	2012	2013	2014	2015	2016	2017	2018	合计
马来西亚	0.32	0.31	2.49	0.81	0.75	2.38	0.69	0.44	0.00	0.62	0.87
比利时	0.64	0.31	0.83	0.54	1.00	0.00	0.93	1.54	1.47	0.62	0.82
巴西	1.28	2.50	1.66	0.00	0.00	0.00	0.93	0.44	0.21	0.62	0.70
丹麦	1.28	1.56	0.83	0.81	1.25	0.24	0.46	0.44	0.21	0.41	0.70
以色列	0.32	0.63	0.55	0.54	0.50	0.48	0.69	0.66	0.63	1.24	0.65
伊朗	0.00	0.94	0.55	0.54	0.50	0.48	0.23	0.22	0.42	1.87	0.60
爱尔兰	0.32	0.31	0.55	1.35	1.50	0.24	0.46	0.00	0.42	0.21	0.55
俄罗斯	0.32	0.31	0.28	0.27	1.25	0.48	0.23	0.00	1.05	0.21	0.45
新西兰	0.32	0.00	0.28	0.81	0.50	0.48	0.23	0.00	0.84	0.41	0.42
波兰	0.32	0.31	0.28	0.54	0.50	0.71	0.00	0.00	0.42	0.21	0.35
芬兰	0.32	0.63	1.10	0.00	0.25	0.00	0.69	0.00	0.21	0.21	0.35
葡萄牙	0.00	0.00	0.00	1.08	0.00	0.48	0.93	0.00	0.84	0.00	0.35
奥地利	0.96	0.00	0.00	0.00	1.00	0.24	0.00	0.00	0.21	0.41	0.32
希腊	0.32	0.63	0.28	0.81	0.00	0.24	0.46	0.00	0.21	0.21	0.30
捷克	0.00	0.00	0.28	0.27	0.00	0.71	0.00	0.88	0.42	0.00	0.27
土耳其	0.64	0.00	0.00	0.00	0.00	0.23	0.88	0.42	0.41	0.27
南非	0.00	0.00	0.00	0.00	0.50	0.00	0.46	0.22	0.00	0.41	0.17
巴基斯坦	0.00	0.00	0.28	0.00	0.25	0.00	0.00	0.22	0.63	0.00	0.17
埃及	0.00	0.00	0.28	0.00	0.00	0.00	0.69	0.00	0.42	0.00	0.17
墨西哥	0.32	0.00	0.00	0.00	0.00	0.48	0.23	0.00	0.21	0.21	0.15
卡塔尔	0.00	0.00	0.00	0.00	0.00	0.24	0.69	0.00	0.00	0.21	0.15

二 B层人才

化学B层人才最多的国家是中国大陆，占该学科组全球B层人才的27.66%，美国以21.25%的世界占比排名第二，这两个国家的B层人才将近全球的50%；其后德国，世界占比为4.73%；英国、韩国、新加坡、日本、澳大利亚、印度、法国、西班牙、加拿大的B层人才也比较多，世界占比在4%—2%之间；沙特、意大利、中国香港、瑞士、荷兰、伊朗、中国台湾也有相当数量的B层人才，世界占比超过1%；瑞典、比利时、马来西亚、巴西、俄罗斯、葡萄牙、爱尔兰、波兰、土耳其、丹麦、以色列、芬兰、奥地利、希腊、捷克、巴基斯坦、埃及、新西兰、南非、泰国、墨西哥也有一定数量的B层人才，世界占比低于1%。

在发展趋势上，美国、德国、英国、日本呈现相对下降趋势，中国大陆、新加坡、沙特、中国香港、伊朗呈现相对上升趋势，其他国家和地区没有呈现明显变化。

表3—38　化学B层人才排名前40的国家和地区的占比

国家和地区＼年份	2009	2010	2011	2012	2013	2014	2015	2016	2017	2018	合计
中国大陆	14.97	17.53	20.38	22.14	25.10	26.49	27.53	30.31	37.36	43.16	27.66
美国	28.41	28.35	25.69	24.48	24.11	21.03	19.24	17.33	16.00	14.70	21.25
德国	6.16	6.84	5.94	5.36	4.79	4.37	4.82	4.07	3.39	3.16	4.73
英国	5.88	4.83	4.59	4.34	3.57	4.22	3.33	3.95	3.55	2.30	3.94
韩国	3.13	3.32	4.08	4.37	5.43	4.40	4.55	3.90	3.05	2.63	3.87
新加坡	1.71	1.81	2.43	3.70	3.16	3.93	3.16	3.69	3.53	3.53	3.15
日本	4.98	3.79	3.69	3.26	3.49	2.98	2.65	3.02	2.37	1.66	3.07
澳大利亚	2.47	2.11	2.25	2.30	2.41	2.59	2.65	3.69	3.62	3.51	2.83
印度	2.51	3.05	3.12	2.68	3.05	2.51	2.63	2.31	2.30	2.49	2.64
法国	3.93	2.98	3.06	2.53	2.85	2.33	2.25	1.90	1.75	1.48	2.41
西班牙	2.33	3.05	2.76	2.65	2.44	2.90	2.93	2.02	1.39	1.04	2.29
加拿大	2.92	2.08	2.76	2.30	1.91	2.02	1.94	1.74	1.68	1.41	2.02
沙特	0.21	0.57	0.90	0.84	0.69	1.86	2.45	2.47	2.64	2.98	1.70
意大利	2.12	1.91	1.65	2.39	1.83	1.50	2.10	1.69	1.37	0.71	1.68
中国香港	0.66	0.94	0.87	1.31	0.83	1.73	1.64	1.36	2.82	2.01	1.49
瑞士	1.64	1.68	1.65	1.40	1.44	1.73	1.79	1.81	1.14	0.82	1.49
荷兰	2.05	1.81	1.53	1.66	1.50	1.06	1.64	0.95	0.96	0.44	1.30
伊朗	0.70	0.80	0.60	0.70	1.08	0.83	0.96	1.40	1.50	2.21	1.13
中国台湾	1.39	1.47	1.14	1.84	1.25	1.50	0.58	0.83	0.64	0.49	1.06
瑞典	0.66	0.90	0.87	1.19	0.89	1.01	1.04	1.09	0.34	0.53	0.84
比利时	1.43	0.74	0.90	0.82	0.69	0.57	0.98	1.02	0.57	0.38	0.79
马来西亚	0.56	0.34	0.36	0.55	0.58	0.75	0.73	0.57	0.80	0.46	0.58
巴西	1.01	0.70	0.48	0.35	0.50	0.49	0.45	0.33	0.52	0.64	0.54
俄罗斯	0.49	0.57	0.60	0.58	0.30	0.44	0.71	0.64	0.43	0.46	0.52
葡萄牙	0.66	0.44	0.75	0.82	0.39	0.67	0.56	0.26	0.32	0.33	0.50

续表

国家和地区\年份	2009	2010	2011	2012	2013	2014	2015	2016	2017	2018	合计
爱尔兰	0.77	0.97	0.54	0.55	0.64	0.18	0.45	0.43	0.30	0.22	0.48
波兰	0.59	0.44	0.42	0.44	0.42	0.41	0.56	0.50	0.34	0.49	0.46
土耳其	0.66	0.40	0.48	0.38	0.30	0.39	0.43	0.48	0.41	0.62	0.45
丹麦	0.31	0.57	0.78	0.70	0.44	0.49	0.40	0.36	0.23	0.15	0.43
以色列	0.59	0.47	0.51	0.23	0.30	0.62	0.43	0.40	0.34	0.29	0.41
芬兰	0.49	0.70	0.66	0.17	0.28	0.18	0.33	0.21	0.44		0.35
奥地利	0.28	0.40	0.39	0.20	0.22	0.49	0.28	0.52	0.16	0.33	0.33
希腊	0.45	0.30	0.30	0.23	0.36	0.34	0.30	0.14	0.30	0.29	0.30
捷克	0.28	0.50	0.39	0.32	0.39	0.36		0.07	0.36	0.11	0.29
巴基斯坦	0.00	0.13	0.06	0.12	0.14	0.10	0.25	0.69	0.50	0.35	0.26
埃及	0.14	0.07	0.15	0.23	0.14	0.21	0.25	0.31	0.25	0.53	0.24
新西兰	0.10	0.27	0.12	0.06	0.06	0.16	0.23	0.36	0.25	0.35	0.20
南非	0.10	0.20	0.12	0.09	0.17	0.21	0.23	0.40	0.18	0.24	0.20
泰国	0.17	0.20	0.36	0.20	0.14	0.16	0.15	0.21	0.09	0.13	0.18
墨西哥	0.21	0.30	0.09	0.20	0.11	0.00	0.08	0.07	0.23	0.31	0.16

三 C层人才

化学C层人才最多的国家是中国大陆，占该学科组全球C层人才的26.59%，美国以18.70%的世界占比排名第二，这两个国家的C层人才超过全球的45%；其后是德国、英国，世界占比分别为5.18%、4.05%；韩国、日本、印度、法国、西班牙、澳大利亚、意大利、新加坡、加拿大的C层人才也比较多，世界占比在4%—2%之间；伊朗、瑞士、荷兰、中国香港、中国台湾、沙特也有相当数量的C层人才，世界占比超过1%；瑞典、比利时、巴西、土耳其、葡萄牙、波兰、俄罗斯、马来西亚、丹麦、以色列、奥地利、捷克、爱尔兰、芬兰、埃及、希腊、南非、泰国、巴基斯坦、墨西哥、挪威也有一定数量的C层人才，世界占比低于1%。

在发展趋势上，美国、德国、英国、日本、法国呈现相对下降趋势，中国大陆、伊朗、沙特呈现相对上升趋势，其他国家和地区没有呈现明显变化。

表3—39　化学C层人才排名前40的国家和地区的占比

国家和地区 \ 年份	2009	2010	2011	2012	2013	2014	2015	2016	2017	2018	合计
中国大陆	16.33	17.51	19.89	21.49	24.34	26.97	28.69	30.41	34.42	37.05	26.59
美国	22.77	22.78	21.47	21.67	19.84	18.99	17.44	16.55	15.55	13.79	18.70
德国	6.55	6.21	6.14	5.82	5.56	5.10	4.90	4.70	3.92	4.02	5.18
英国	4.63	4.92	4.53	4.13	4.10	3.90	3.83	3.97	3.74	3.35	4.05
韩国	3.41	3.67	3.98	4.24	4.14	4.17	4.42	4.00	3.67	3.60	3.94
日本	5.06	4.56	4.60	3.99	3.66	3.46	2.94	2.83	2.46	2.26	3.46
印度	3.13	2.91	3.09	2.99	3.58	3.61	3.21	3.18	3.42	3.22	3.25
法国	4.10	3.96	3.68	3.37	3.12	2.70	2.56	2.37	2.04	1.77	2.87
西班牙	3.71	3.36	3.37	3.23	3.00	2.75	2.60	2.60	2.17	2.23	2.84
澳大利亚	1.98	2.01	1.97	2.08	2.11	2.06	2.42	2.49	2.58	2.55	2.25
意大利	2.45	2.58	2.29	2.29	2.52	2.03	1.97	1.98	1.83	1.64	2.12
新加坡	1.42	1.84	2.05	2.28	2.22	2.21	2.30	2.18	2.27	2.15	2.12
加拿大	2.79	2.63	2.46	2.31	2.20	2.15	1.95	1.82	1.71	1.54	2.10
伊朗	1.01	1.12	1.23	1.22	1.37	1.55	1.59	1.78	1.89	2.20	1.54
瑞士	1.78	1.73	1.57	1.49	1.45	1.44	1.48	1.38	1.23	1.36	1.47
荷兰	1.90	1.72	1.58	1.51	1.39	1.18	1.22	1.11	0.98	0.89	1.31
中国香港	0.94	1.00	1.05	1.02	1.11	1.12	1.34	1.42	1.67	1.78	1.28
中国台湾	1.57	1.39	1.47	1.68	1.19	1.07	0.98	0.96	0.79	0.86	1.16
沙特	0.13	0.24	0.46	0.66	0.88	1.33	1.64	1.67	1.69	1.59	1.11
瑞典	1.20	1.17	1.08	1.02	0.92	0.98	0.93	0.83	0.81	0.86	0.96
比利时	0.96	0.87	0.91	0.96	0.91	0.81	0.82	0.78	0.60	0.58	0.81
巴西	1.04	0.78	0.69	0.74	0.77	0.74	0.70	0.72	0.72	0.71	0.75
土耳其	0.96	0.83	0.64	0.51	0.54	0.50	0.62	0.60	0.67	0.62	0.64
葡萄牙	0.75	0.78	0.76	0.62	0.75	0.62	0.58	0.59	0.47	0.44	0.62
波兰	0.69	0.55	0.53	0.57	0.56	0.60	0.70	0.61	0.60	0.61	0.60
俄罗斯	0.57	0.51	0.50	0.42	0.44	0.66	0.60	0.67	0.71	0.79	0.60
马来西亚	0.35	0.55	0.58	0.60	0.56	0.61	0.61	0.60	0.53	0.45	0.55
丹麦	0.63	0.70	0.70	0.62	0.44	0.58	0.57	0.40	0.42	0.38	0.53
以色列	0.78	0.50	0.59	0.48	0.52	0.47	0.46	0.54	0.47	0.49	0.52
奥地利	0.53	0.61	0.55	0.49	0.49	0.34	0.37	0.44	0.36	0.30	0.44

续表

国家和地区\年份	2009	2010	2011	2012	2013	2014	2015	2016	2017	2018	合计
捷克	0.49	0.49	0.46	0.43	0.40	0.44	0.37	0.38	0.32	0.33	0.41
爱尔兰	0.34	0.51	0.48	0.49	0.41	0.48	0.39	0.46	0.29	0.25	0.40
芬兰	0.41	0.38	0.47	0.43	0.37	0.44	0.40	0.35	0.32	0.37	0.39
埃及	0.21	0.32	0.35	0.28	0.30	0.38	0.44	0.45	0.45	0.56	0.39
希腊	0.57	0.51	0.38	0.35	0.30	0.36	0.37	0.35	0.29	0.22	0.36
南非	0.17	0.25	0.25	0.21	0.32	0.21	0.30	0.30	0.28	0.33	0.27
泰国	0.34	0.40	0.28	0.28	0.25	0.22	0.20	0.27	0.19	0.23	0.26
巴基斯坦	0.13	0.11	0.09	0.14	0.18	0.18	0.30	0.36	0.43	0.44	0.25
墨西哥	0.35	0.27	0.28	0.25	0.24	0.21	0.15	0.13	0.24	0.19	0.22
挪威	0.43	0.28	0.23	0.30	0.16	0.20	0.13	0.18	0.17	0.13	0.21

第 四 章

生命科学

生命科学是研究生命现象、揭示生命活动规律和生命本质的科学。其研究对象包括动物、植物、微生物及人类本身,其研究层次涉及分子、细胞、组织、器官、个体、群体及群落和生态系统。生命科学既是一门基础科学,又与国民经济和社会发展密切相关。它既探究生命起源、进化等重要理论问题,又有助于解决人口健康、农业、生态环境等国家重大需求。

第一节　文献类型与被引次数

分析生命科学的文献类型、文献量与被引次数、被引次数分布等文献计量特征,有助于理解其学科人才和学科组人才的分布特点和发展趋势。

一　文献类型

生命科学的主要文献类型依次为期刊论文、会议摘要、综述、编辑材料、会议论文、快报,在各年度中的占比比较稳定,10年合计的占比依次为73.79%、13.14%、5.69%、2.67%、2.64%、0.97%,约占全部文献的98.9%。

表4—1　　　　　　生命科学主要文献类型的占比

文献类型	2009	2010	2011	2012	2013	2014	2015	2016	2017	2018	合计
期刊论文	70.53	72.30	74.60	72.65	73.58	74.08	73.93	73.76	74.74	76.65	73.79
会议摘要	15.36	14.29	13.09	15.19	13.61	13.07	12.94	13.36	11.88	9.69	13.14
综述	5.53	4.98	5.05	5.32	5.57	5.53	5.55	5.77	6.22	7.00	5.69

续表

文献类型	2009	2010	2011	2012	2013	2014	2015	2016	2017	2018	合计
编辑材料	2.44	2.46	2.56	2.48	2.57	2.72	2.75	2.80	2.87	2.89	2.67
会议论文	4.16	4.03	2.66	2.41	2.73	2.60	2.86	2.16	2.00	1.48	2.64
快报	1.02	1.00	1.03	0.99	0.98	0.92	0.92	0.97	0.97	0.91	0.97

二 文献量与被引次数

生命科学各年度的文献总量在逐年增加，从2009年的811153篇增加到2018年的1065778篇；总被引次数逐年下降，平均被引次数的趋势与总被引次数相似，反映了年度被引次数总体上随着时间增加而逐渐减小，但是时间对被引次数的影响并不一致，越远期影响越小，越近期影响越大。

表4—2　　　　　　　　生命科学的文献量与被引次数

	2009	2010	2011	2012	2013	2014	2015	2016	2017	2018	合计
文献总量	811153	850630	881956	932240	948935	993259	1027924	1072313	1099603	1065778	9683791
总被引次数	23943363	23661912	22086459	20577856	18434253	16148499	13457912	10396761	6932589	3500215	159139819
平均被引次数	29.52	27.82	25.04	22.07	19.43	16.26	13.09	9.70	6.30	3.28	16.43

三 被引次数分布

在生命科学的10年文献中，有2183448篇文献没有任何被引，占比22.55%；有2265135篇文献有1—4次被引，占比23.39%；有1567036篇文献有5—9次被引，占比16.18%。随着被引次数的增加，所对应的文献数量逐渐减小，同时减小的幅度也越来越小，这样被引次数的分布很长，至被引次数为1000及以上，有3162篇文献，占比0.03%。

从被引次数的降序分布上，随着被引次数的降低，相应文献的累计百分比逐渐增大：当被引次数降到500时，大于和等于该被引次数的文献的百分比才超过0.1%；当被引次数降到160时，大于和等于该被引次数的文献的百分比达到1%；当被引次数降到35时，大于和等于该被引次数的文献的百分比超过10%。从相应文献累计百分比的增长趋势上看，起初的增长幅度很小，随着被引次数逐渐降低，增长幅度逐渐增大。

表4—3　　　　　生命科学的文献被引次数分布

被引次数	文献数量	百分比	累计百分比
1000 +	3162	0.03	0.03
900—999	578	0.01	0.04
800—899	1012	0.01	0.05
700—799	1532	0.02	0.06
600—699	1959	0.02	0.09
500—599	3211	0.03	0.12
400—499	6169	0.06	0.18
300—399	13079	0.14	0.32
200—299	34039	0.35	0.67
190—199	6243	0.06	0.73
180—189	7495	0.08	0.81
170—179	8363	0.09	0.90
160—169	9934	0.10	1.00
150—159	11533	0.12	1.12
140—149	14195	0.15	1.27
130—139	17306	0.18	1.44
120—129	20256	0.21	1.65
110—119	25184	0.26	1.91
100—109	33121	0.34	2.26
95—99	19737	0.20	2.46
90—94	22272	0.23	2.69
85—89	25937	0.27	2.96
80—84	29701	0.31	3.26
75—79	34696	0.36	3.62
70—74	40238	0.42	4.04
65—69	49281	0.51	4.55
60—64	58591	0.61	5.15

续表

被引次数	文献数量	百分比	累计百分比
55—59	71819	0.74	5.89
50—54	86656	0.89	6.79
45—49	110128	1.14	7.92
40—44	137871	1.42	9.35
35—39	176647	1.82	11.17
30—34	235252	2.43	13.60
25—29	315013	3.25	16.86
20—24	439108	4.53	21.39
15—19	633725	6.54	27.93
10—14	963129	9.95	37.88
5—9	1567036	16.18	54.06
1—4	2265135	23.39	77.45
0	2183448	22.55	100.00

第二节 学科层面的人才比较

生命科学学科组包括以下学科：生物学、微生物学、病毒学、植物学、生态学、湖沼学、进化生物学、动物学、鸟类学、昆虫学、制奶和动物科学、生物物理学、生物化学和分子生物学、生物化学研究方法、遗传学和遗传性、数学生物学和计算生物学、细胞生物学、免疫学、神经科学、心理学、应用心理学、生理心理学、临床心理学、发展心理学、教育心理学、实验心理学、数学心理学、多学科心理学、心理分析学、社会心理学、行为科学、生物材料、细胞和组织工程学、生理学、解剖学和形态学、发育生物学、生殖生物学、农学、多学科农业、生物多样性保护学、园艺学、真菌学、林学、兽医学、海洋生物学和淡水生物学、渔业学、食品科学和技术、生物医药工程、生物技术和应用微生物学，共计49个。

一 生物学

生物学A、B、C层人才最多的国家是美国，分别占该学科全球A、B、C层人才的19.23%、24.70%、28.54%。

英国、德国、澳大利亚、加拿大、瑞典、法国、中国大陆的 A 层人才比较多，世界占比在 14%—3% 之间；瑞士、意大利、以色列、新西兰、丹麦、日本、荷兰、奥地利、马来西亚、南非、印度、泰国也有相当数量的 A 层人才，世界占比超过或接近 1%。

英国、德国、加拿大、澳大利亚、法国、瑞典、中国大陆的 B 层人才比较多，世界占比在 12%—3% 之间；瑞士、荷兰、西班牙、意大利、丹麦、日本、奥地利、巴西、芬兰、比利时、新西兰、新加坡也有相当数量的 B 层人才，世界占比超过或接近 1%。

英国、德国、法国、加拿大、澳大利亚、中国大陆的 C 层人才比较多，世界占比在 13%—3% 之间；瑞士、荷兰、西班牙、意大利、日本、瑞典、丹麦、比利时、巴西、奥地利、以色列、印度、南非也有相当数量的 C 层人才，世界占比超过或接近 1%。

表 4—4　　生物学 A 层人才排名前 20 的国家和地区的占比

国家和地区 \ 年份	2009	2010	2011	2012	2013	2014	2015	2016	2017	2018	合计
美国	21.05	25.00	10.53	17.39	16.00	13.64	34.78	26.09	9.52	17.65	19.23
英国	21.05	18.75	5.26	13.04	12.00	13.64	13.04	17.39	9.52	11.76	13.46
德国	0.00	12.50	5.26	8.70	12.00	4.55	0.00	8.70	9.52	5.88	6.73
澳大利亚	0.00	0.00	5.26	8.70	0.00	9.09	0.00	8.70	4.76	5.88	4.33
加拿大	5.26	6.25	5.26	4.35	0.00	9.09	0.00	8.70	4.76	0.00	4.33
瑞典	5.26	6.25	0.00	4.35	4.00	4.55	4.35	4.35	4.76	5.88	4.33
法国	5.26	6.25	5.26	4.35	8.00	4.55	0.00	0.00	4.76	0.00	3.85
中国大陆	0.00	0.00	0.00	8.70	0.00	0.00	8.70	4.35	4.76	11.76	3.85
瑞士	5.26	0.00	0.00	0.00	0.00	4.55	4.35	0.00	4.76	5.88	2.88
意大利	0.00	6.25	0.00	0.00	8.00	4.55	0.00	0.00	0.00	5.88	2.40
以色列	5.26	0.00	5.26	0.00	0.00	0.00	0.00	8.70	4.76	0.00	2.40
新西兰	0.00	6.25	0.00	4.35	0.00	9.09	0.00	0.00	0.00	0.00	1.92
丹麦	0.00	0.00	0.00	0.00	4.00	0.00	4.35	0.00	4.76	5.88	1.92
日本	5.26	0.00	0.00	0.00	0.00	4.55	0.00	0.00	4.76	0.00	1.92
荷兰	0.00	0.00	0.00	4.35	4.00	0.00	0.00	0.00	9.52	0.00	1.92
奥地利	0.00	0.00	0.00	0.00	8.00	0.00	0.00	0.00	0.00	5.88	1.44
马来西亚	5.26	0.00	5.26	0.00	0.00	0.00	0.00	0.00	0.00	5.88	1.44

续表

国家和地区\年份	2009	2010	2011	2012	2013	2014	2015	2016	2017	2018	合计
南非	0.00	0.00	0.00	0.00	0.00	4.55	0.00	0.00	9.52	0.00	1.44
印度	0.00	0.00	0.00	0.00	0.00	0.00	4.35	0.00	4.76	0.00	0.96
泰国	5.26	0.00	0.00	0.00	0.00	4.55	0.00	0.00	0.00	0.00	0.96

表4—5　生物学B层人才排名前20的国家和地区的占比

国家和地区\年份	2009	2010	2011	2012	2013	2014	2015	2016	2017	2018	合计
美国	33.33	24.62	26.21	28.38	26.43	22.33	28.21	18.78	24.91	14.05	24.70
英国	15.15	14.07	14.08	11.79	14.10	16.28	11.11	6.55	7.69	8.65	11.75
德国	6.67	7.04	6.80	5.68	3.96	5.58	6.84	6.11	8.42	4.32	6.20
加拿大	5.45	8.54	4.37	4.37	3.96	5.12	5.98	3.06	3.66	3.24	4.72
澳大利亚	3.64	4.02	3.40	5.24	5.73	3.72	8.12	1.75	4.76	4.86	4.58
法国	3.03	6.53	8.25	4.80	5.29	3.72	2.99	3.06	3.30	5.41	4.58
瑞典	4.24	3.02	2.43	3.49	3.96	2.79	1.71	1.31	4.03	4.32	3.10
中国大陆	0.61	2.01	0.97	2.18	2.20	3.72	3.85	4.80	4.76	4.32	3.05
瑞士	2.42	1.51	2.91	3.93	2.20	2.79	2.14	3.93	2.56	4.32	2.87
荷兰	4.24	5.53	2.43	1.31	2.64	2.79	2.56	1.75	2.93	2.70	2.82
西班牙	4.85	2.51	2.91	3.49	2.20	3.72	3.85	0.44	2.56	1.62	2.78
意大利	4.24	3.02	4.85	2.62	3.08	2.79	0.43	1.31	1.47	1.08	2.41
丹麦	1.21	1.51	1.94	2.18	0.88	0.93	0.00	0.87	3.30	3.78	1.67
日本	0.00	2.01	2.43	1.31	3.08	2.33	1.28	1.31	0.73	1.08	1.57
奥地利	0.61	1.51	0.49	0.00	0.88	1.86	2.56	2.62	1.47	1.08	1.34
巴西	0.61	0.00	1.46	2.18	0.44	1.40	0.43	2.18	1.83	1.62	1.25
芬兰	1.21	0.50	1.94	1.31	1.76	0.93	0.43	0.87	1.10	2.70	1.25
比利时	1.21	1.51	1.46	0.87	1.32	0.93	0.43	0.87	1.10	2.16	1.16
新西兰	1.21	1.51	0.00	0.87	0.44	2.79	1.28	0.44	1.10	2.16	1.16
新加坡	0.61	0.50	1.94	0.44	0.88	1.40	0.85	0.44	0.37	2.16	0.93

表4—6　生物学C层人才排名前20的国家和地区的占比

国家和地区\年份	2009	2010	2011	2012	2013	2014	2015	2016	2017	2018	合计
美国	29.72	30.11	28.35	28.53	30.73	30.18	28.72	27.29	26.51	25.77	28.54
英国	15.09	11.80	13.19	13.21	11.52	12.88	12.01	12.13	12.75	11.64	12.58
德国	6.91	7.41	7.55	7.13	6.95	7.67	8.62	7.75	7.40	7.73	7.52
法国	5.24	5.43	4.64	4.92	5.10	4.93	4.05	4.42	4.24	4.53	4.72
加拿大	5.88	4.75	5.54	5.34	4.84	4.55	3.78	4.08	4.35	4.42	4.71
澳大利亚	4.72	3.29	4.45	4.23	4.26	4.55	4.79	4.38	4.28	4.36	4.33
中国大陆	1.79	3.13	2.87	3.50	4.04	3.03	3.39	4.04	5.35	7.23	3.87
瑞士	2.19	2.51	2.77	2.39	2.42	3.08	2.59	3.21	2.86	2.48	2.67
荷兰	2.48	2.61	3.01	2.16	2.24	2.94	3.08	2.38	2.27	2.59	2.57
西班牙	2.30	2.66	2.49	2.95	2.46	2.23	2.07	2.00	2.38	2.10	2.36
意大利	3.11	2.97	3.15	2.02	2.51	1.71	1.76	1.92	2.16	1.60	2.27
日本	2.59	2.09	1.91	2.12	2.51	2.04	2.42	2.04	2.53	2.26	2.25
瑞典	1.67	2.56	1.82	2.02	1.89	1.99	2.55	2.42	2.27	2.10	2.14
丹麦	1.44	1.20	1.10	1.20	1.23	1.66	1.41	1.25	1.34	0.99	1.28
比利时	1.09	1.62	1.10	1.24	1.32	0.90	1.36	1.25	1.04	0.72	1.17
巴西	0.81	1.10	1.00	0.97	1.36	0.99	0.88	1.21	0.82	0.72	0.99
奥地利	0.81	1.10	0.86	0.83	0.70	0.99	1.19	1.38	0.93	1.05	0.99
以色列	0.63	0.84	1.29	0.87	0.75	0.95	0.88	1.08	0.82	0.66	0.88
印度	0.63	1.04	0.81	0.74	1.23	0.66	0.88	0.88	0.93	0.88	0.88
南非	0.75	0.99	0.76	0.87	0.79	0.76	0.75	0.88	0.86	1.10	0.85

二　微生物学

微生物学A、B、C层人才最多的国家是美国，分别占该学科全球A、B、C层人才的23.96%、29.19%、28.69%。

英国、加拿大、法国、德国、瑞典、澳大利亚、西班牙、丹麦、荷兰的A层人才比较多，世界占比在8%—3%之间；中国大陆、比利时、韩国、瑞士、芬兰、巴西、意大利、日本、奥地利、委内瑞拉也有相当数量的A层人才，世界占比超过1%。

英国、德国、法国、荷兰、加拿大、澳大利亚、瑞士的B层人才比较多，世界占比在9%—3%之间；中国大陆、西班牙、瑞典、意大利、丹麦、比利时、奥地利、爱尔兰、以色列、印度、芬兰、韩国也有相当数量的 B 层人才，世界占比超过 1%。

英国、德国、法国、中国大陆、加拿大、荷兰、西班牙、澳大利亚的 C 层人才比较多，世界占比在 8%—3% 之间；瑞士、意大利、比利时、丹麦、日本、瑞典、巴西、印度、奥地利、韩国、南非也有相当数量的 C 层人才，世界占比超过 1%。

表 4—7　　微生物学 A 层人才排名前 20 的国家和地区的占比

国家和地区 \ 年份	2009	2010	2011	2012	2013	2014	2015	2016	2017	2018	合计
美国	42.86	25.00	33.33	25.81	24.24	21.88	19.44	28.95	12.20	14.63	23.96
英国	10.71	14.29	0.00	9.68	0.00	6.25	8.33	10.53	2.44	9.76	7.10
加拿大	3.57	7.14	10.00	3.23	6.06	6.25	2.78	7.89	2.44	7.32	5.62
法国	3.57	7.14	6.67	6.45	6.06	12.50	5.56	5.26	2.44	2.44	5.62
德国	0.00	3.57	6.67	0.00	6.06	6.25	8.33	7.89	2.44	7.32	5.03
瑞典	3.57	7.14	6.67	6.45	9.09	3.13	5.56	0.00	2.44	0.00	4.14
澳大利亚	0.00	7.14	0.00	6.45	6.06	0.00	2.78	7.89	2.44	7.32	4.14
西班牙	7.14	0.00	6.67	0.00	0.00	3.13	5.56	7.89	2.44	7.32	4.14
丹麦	3.57	7.14	3.33	6.45	6.06	3.13	5.56	0.00	2.44	4.88	4.14
荷兰	10.71	0.00	6.67	0.00	9.09	3.13	2.78	0.00	4.88	2.44	3.85
中国大陆	0.00	3.57	3.33	3.23	6.06	0.00	2.78	0.00	2.44	4.88	2.66
比利时	0.00	3.57	3.33	6.45	3.03	3.13	5.56	0.00	0.00	2.44	2.66
韩国	3.57	3.57	0.00	3.23	0.00	3.13	0.00	2.63	7.32	2.44	2.66
瑞士	3.57	0.00	0.00	3.23	0.00	6.25	0.00	2.63	2.44	2.44	2.07
芬兰	0.00	0.00	3.33	0.00	9.09	0.00	0.00	0.00	2.44	0.00	1.48
巴西	0.00	0.00	3.33	0.00	0.00	0.00	2.78	2.63	4.88	0.00	1.48
意大利	0.00	3.57	0.00	0.00	0.00	3.13	2.78	0.00	2.44	2.44	1.48
日本	0.00	0.00	3.33	0.00	0.00	0.00	2.78	2.63	0.00	2.44	1.18
奥地利	3.57	0.00	3.33	0.00	0.00	0.00	0.00	0.00	2.44	2.44	1.18
委内瑞拉	0.00	3.57	0.00	3.23	0.00	0.00	0.00	0.00	4.88	0.00	1.18

表 4—8　微生物学 B 层人才排名前 20 的国家和地区的占比

国家和地区 \ 年份	2009	2010	2011	2012	2013	2014	2015	2016	2017	2018	合计
美国	27.31	34.63	30.33	26.86	36.19	29.90	27.06	28.61	26.54	26.22	29.19
英国	9.23	7.39	10.67	7.44	8.25	10.63	7.35	8.22	9.38	8.93	8.75
德国	6.15	6.23	10.33	9.06	4.13	6.64	7.35	5.38	5.09	6.34	6.62
法国	5.77	7.39	6.67	6.80	5.71	4.65	4.71	3.97	4.56	4.03	5.32
荷兰	3.85	5.45	2.33	5.18	3.17	4.32	2.94	4.53	4.02	6.63	4.25
加拿大	3.08	5.45	5.67	3.24	4.13	4.98	3.53	3.12	5.36	2.88	4.12
澳大利亚	3.85	3.50	2.33	4.53	4.76	3.32	3.53	3.40	5.09	4.90	3.96
瑞士	3.46	3.11	2.67	2.59	3.17	2.99	5.00	3.12	2.68	3.75	3.26
中国大陆	1.15	1.95	2.00	1.94	4.13	2.33	2.94	3.12	4.56	3.46	2.85
西班牙	2.69	1.56	1.33	2.91	2.54	3.65	3.24	3.40	2.95	2.02	2.66
瑞典	3.46	1.17	4.00	1.62	2.22	2.99	1.47	1.42	2.14	3.75	2.41
意大利	1.15	2.72	1.00	2.27	3.81	2.33	2.94	1.70	2.68	2.02	2.28
丹麦	1.15	1.56	1.67	2.91	2.54	1.66	3.82	1.70	1.88	2.02	2.12
比利时	1.92	1.95	1.67	2.27	0.32	2.33	1.76	1.70	2.68	2.02	1.87
奥地利	1.15	2.72	2.33	1.94	0.00	1.66	1.18	1.13	0.80	0.58	1.30
爱尔兰	1.54	0.78	1.33	1.29	1.27	0.33	1.47	0.57	1.61	1.15	1.14
以色列	1.15	0.00	1.33	0.97	0.63	0.66	0.59	2.83	1.07	1.15	1.08
印度	0.77	0.00	0.67	0.97	0.32	0.33	0.59	1.70	2.41	2.02	1.05
芬兰	1.54	1.17	0.67	0.32	0.63	1.33	1.18	1.42	1.34	0.86	1.05
韩国	1.15	0.78	1.33	0.65	0.00	1.00	0.59	1.42	1.61	1.73	1.05

表 4—9　微生物学 C 层人才排名前 20 的国家和地区的占比

国家和地区 \ 年份	2009	2010	2011	2012	2013	2014	2015	2016	2017	2018	合计
美国	31.02	30.99	31.45	30.12	31.80	28.53	28.27	26.11	25.58	25.31	28.69
英国	8.79	8.71	8.59	7.81	7.25	7.55	8.35	7.58	6.93	7.24	7.82
德国	6.72	7.45	6.83	6.68	6.61	6.18	6.67	7.06	5.90	5.89	6.56
法国	6.84	6.39	6.80	5.81	5.96	5.20	4.84	5.19	4.99	5.26	5.66
中国大陆	1.95	1.89	2.40	2.74	3.56	3.81	4.31	4.81	5.80	6.06	3.89
加拿大	3.55	3.75	3.52	3.71	3.66	4.03	3.79	4.50	3.29	3.32	3.71
荷兰	3.36	3.51	3.75	3.94	3.66	3.81	3.35	3.11	3.69	4.12	3.64
西班牙	3.32	3.31	2.91	3.29	4.02	3.42	2.70	3.20	2.91	3.69	3.27

续表

国家和地区 \ 年份	2009	2010	2011	2012	2013	2014	2015	2016	2017	2018	合计
澳大利亚	3.24	2.68	3.55	2.81	3.59	2.70	2.89	3.49	3.07	3.29	3.14
瑞士	2.97	2.44	2.16	2.91	2.14	2.67	2.67	3.11	2.91	3.03	2.72
意大利	2.19	2.13	2.20	2.81	2.23	2.54	2.86	2.91	3.18	2.63	2.60
比利时	2.54	1.85	1.56	1.68	2.17	2.11	1.96	2.33	1.83	1.69	1.96
丹麦	1.68	1.54	1.66	2.00	1.72	1.98	1.96	2.25	1.86	1.57	1.83
日本	1.48	2.60	2.20	1.84	1.78	1.46	1.37	1.35	1.48	1.83	1.72
瑞典	1.91	1.93	1.76	1.81	1.52	1.37	1.83	1.47	1.70	1.83	1.70
巴西	1.33	1.10	1.18	0.94	1.30	1.11	1.18	1.53	1.83	1.43	1.31
印度	0.94	0.67	0.71	1.16	1.04	1.37	1.30	1.59	1.59	1.60	1.23
奥地利	0.70	1.26	1.01	1.36	1.39	1.27	1.21	1.15	1.24	1.06	1.17
韩国	0.98	1.22	1.18	1.00	0.78	1.01	0.93	0.98	1.24	1.06	1.04
南非	0.86	1.14	0.57	1.00	1.07	1.17	1.27	0.98	1.35	0.86	1.03

三 病毒学

病毒学A、B、C层人才最多的国家是美国，分别占该学科全球A、B、C层人才的36.45%、33.61%、35.38%。

英国、中国大陆、法国、德国、瑞典的A层人才比较多，世界占比在9%—3%之间；荷兰、加拿大、中国香港、丹麦、澳大利亚、比利时、瑞士、泰国、日本、南非、法属波利尼西亚、马拉维、秘鲁也有相当数量的A层人才，世界占比超过或接近1%。

英国、德国、荷兰、法国、加拿大、瑞士、中国大陆的B层人才比较多，世界占比在8%—3%之间；澳大利亚、日本、西班牙、巴西、南非、比利时、意大利、新加坡、丹麦、瑞典、俄罗斯、中国香港也有相当数量的B层人才，世界占比超过或接近1%。

英国、德国、法国、中国大陆、加拿大、荷兰、日本的C层人才比较多，世界占比在8%—3%之间；澳大利亚、瑞士、意大利、西班牙、南非、比利时、新加坡、瑞典、巴西、丹麦、中国香港、泰国也有相当数量的C层人才，世界占比超过或接近1%。

表4—10　　病毒学A层人才排名前20的国家和地区的占比

国家和地区	2009	2010	2011	2012	2013	2014	2015	2016	2017	2018	合计
美国	41.67	66.67	63.64	41.67	35.71	30.77	0.00	40.00	50.00	9.09	36.45
英国	16.67	11.11	0.00	16.67	7.14	7.69	0.00	10.00	0.00	9.09	8.41
中国大陆	0.00	0.00	0.00	8.33	14.29	0.00	9.09	0.00	0.00	9.09	4.67
法国	0.00	0.00	9.09	8.33	7.14	7.69	9.09	0.00	0.00	0.00	4.67
德国	0.00	11.11	9.09	0.00	0.00	7.69	0.00	0.00	25.00	0.00	3.74
瑞典	0.00	0.00	9.09	0.00	0.00	0.00	9.09	0.00	0.00	18.18	3.74
荷兰	8.33	0.00	0.00	8.33	7.14	0.00	0.00	0.00	0.00	0.00	2.80
加拿大	0.00	0.00	0.00	0.00	0.00	7.69	0.00	0.00	25.00	9.09	2.80
中国香港	8.33	0.00	0.00	0.00	7.14	0.00	9.09	0.00	0.00	0.00	2.80
丹麦	0.00	0.00	0.00	0.00	0.00	0.00	9.09	0.00	0.00	18.18	2.80
澳大利亚	0.00	0.00	0.00	0.00	7.14	0.00	0.00	10.00	0.00	9.09	2.80
比利时	0.00	0.00	0.00	0.00	0.00	7.69	0.00	0.00	0.00	9.09	1.87
瑞士	0.00	0.00	0.00	0.00	0.00	7.69	0.00	10.00	0.00	0.00	1.87
泰国	0.00	11.11	0.00	0.00	0.00	0.00	9.09	0.00	0.00	0.00	1.87
日本	8.33	0.00	0.00	8.33	0.00	0.00	0.00	0.00	0.00	0.00	1.87
南非	8.33	0.00	0.00	0.00	0.00	7.69	0.00	0.00	0.00	0.00	1.87
法属波利尼西亚	0.00	0.00	0.00	0.00	0.00	0.00	9.09	0.00	0.00	0.00	0.93
马拉维	0.00	0.00	0.00	0.00	7.14	0.00	0.00	0.00	0.00	0.00	0.93
秘鲁	0.00	0.00	0.00	0.00	7.14	0.00	0.00	0.00	0.00	0.00	0.93
墨西哥	8.33	0.00	0.00	0.00	0.00	0.00	0.00	0.00	0.00	0.00	0.93

表4—11　　病毒学B层人才排名前20的国家和地区的占比

国家和地区	2009	2010	2011	2012	2013	2014	2015	2016	2017	2018	合计
美国	39.09	41.74	45.76	31.67	30.37	28.35	35.59	32.81	31.86	19.64	33.61
英国	7.27	6.96	10.17	13.33	8.15	8.66	4.24	7.03	7.08	3.57	7.69
德国	7.27	6.96	5.08	9.17	5.19	3.15	6.78	7.03	4.42	7.14	6.19
荷兰	2.73	4.35	4.24	7.50	8.15	4.72	5.93	3.91	4.42	5.36	5.18
法国	1.82	6.96	2.54	5.00	5.19	5.51	4.24	3.13	5.31	7.14	4.68
加拿大	1.82	4.35	4.24	4.17	3.70	7.09	1.69	3.13	4.42	5.36	4.01
瑞士	4.55	5.22	1.69	1.67	1.48	3.15	5.93	3.13	1.77	2.68	3.09
中国大陆	2.73	2.61	0.85	2.50	7.41	1.57	3.39	3.13	1.77	3.57	3.01

续表

国家和地区\年份	2009	2010	2011	2012	2013	2014	2015	2016	2017	2018	合计
澳大利亚	3.64	1.74	1.69	0.00	5.19	2.36	3.39	2.34	1.77	5.36	2.76
日本	3.64	1.74	2.54	2.50	2.96	2.36	2.54	1.56	1.77	3.57	2.51
西班牙	0.91	2.61	3.39	3.33	1.48	3.94	2.54	0.00	2.65	1.79	2.26
巴西	0.91	0.00	0.85	0.83	0.74	2.36	2.54	5.47	3.54	3.57	2.09
南非	4.55	0.00	1.69	1.67	0.74	2.36	0.85	1.56	3.54	1.79	1.84
比利时	0.91	3.48	1.69	0.83	0.74	2.36	2.54	0.78	0.00	1.79	1.51
意大利	0.00	2.61	0.85	0.83	2.96	0.79	0.85	0.78	1.77	2.68	1.42
新加坡	0.91	0.00	0.85	0.83	2.22	0.79	0.85	3.13	1.77	2.68	1.42
丹麦	0.91	1.74	0.00	2.50	1.48	1.57	1.69	0.00	1.77	1.79	1.34
瑞典	2.73	0.00	0.85	1.67	1.48	2.36	0.85	0.00	0.88	0.89	1.17
俄罗斯	0.00	0.87	0.00	0.00	0.74	0.79	0.00	0.78	2.65	3.57	0.92
中国香港	0.00	0.87	0.00	1.67	2.96	0.00	0.85	1.56	0.00	0.89	0.92

表4—12　病毒学C层人才排名前20的国家和地区的占比

国家和地区\年份	2009	2010	2011	2012	2013	2014	2015	2016	2017	2018	合计
美国	38.07	37.43	37.18	39.49	36.41	32.88	33.27	34.97	33.81	30.37	35.38
英国	7.83	9.78	8.95	6.81	7.40	9.50	8.49	6.79	7.13	6.68	7.94
德国	6.01	6.73	6.11	5.45	7.63	5.83	6.48	6.79	6.31	5.75	6.32
法国	7.19	6.28	6.54	6.04	5.73	5.19	4.90	4.98	5.30	4.99	5.71
中国大陆	2.19	2.96	4.22	3.74	5.42	4.47	4.64	6.19	7.03	6.94	4.77
加拿大	3.37	3.41	2.41	2.98	3.05	3.19	2.63	4.55	2.95	3.72	3.23
荷兰	2.73	3.14	3.27	3.40	2.90	3.83	3.50	3.52	2.85	2.71	3.19
日本	3.19	3.68	3.44	4.68	2.44	2.63	2.19	2.84	3.05	2.79	3.08
澳大利亚	3.01	2.51	2.75	2.13	3.05	3.59	3.06	2.41	3.77	3.21	2.94
瑞士	2.73	2.69	2.93	3.32	2.44	2.95	1.84	2.41	2.24	2.71	2.63
意大利	2.28	1.62	1.98	2.21	1.91	2.00	1.49	2.23	1.53	2.12	1.94
西班牙	1.64	1.97	1.20	1.70	1.53	2.79	1.31	2.49	2.14	2.12	1.89
南非	1.73	1.53	1.20	1.19	1.37	1.92	1.23	1.03	1.63	1.78	1.46
比利时	1.64	1.80	1.20	0.85	1.30	0.88	1.58	1.55	1.12	1.61	1.35
新加坡	0.82	0.90	1.20	1.19	1.07	1.52	1.75	0.95	1.22	1.10	1.17
瑞典	1.46	0.99	0.69	1.19	1.30	0.88	1.23	0.77	1.12	1.61	1.12

续表

国家和地区\年份	2009	2010	2011	2012	2013	2014	2015	2016	2017	2018	合计
巴西	0.64	0.18	0.43	0.34	0.92	1.36	0.88	1.72	2.44	1.44	1.02
丹麦	0.46	0.81	0.86	0.85	0.61	0.96	0.79	1.20	0.61	0.85	0.80
中国香港	0.82	0.81	0.69	0.43	0.84	0.80	0.79	0.43	0.61	0.59	0.68
泰国	1.00	0.45	0.69	1.02	0.69	0.64	0.44	0.52	0.71	0.59	0.67

四 植物学

植物学A、B、C层人才最多的国家是美国，分别占该学科全球A、B、C层人才的20.31%、18.70%、17.65%。

英国、德国、澳大利亚、中国大陆、法国、荷兰、西班牙、加拿大的A层人才比较多，世界占比在10%—3%之间；瑞士、日本、意大利、比利时、墨西哥、芬兰、奥地利、波兰、巴西、丹麦、阿根廷也有相当数量的A层人才，世界占比超过1%。

中国大陆、德国、英国、法国、澳大利亚、日本、西班牙、荷兰、加拿大的B层人才比较多，世界占比在9%—3%之间；瑞士、印度、意大利、瑞典、比利时、墨西哥、丹麦、韩国、捷克、新西兰也有相当数量的B层人才，世界占比超过或接近1%。

中国大陆、德国、英国、法国、澳大利亚、日本、西班牙的C层人才比较多，世界占比在13%—3%之间；加拿大、意大利、荷兰、瑞士、印度、比利时、韩国、瑞典、巴西、捷克、丹麦、奥地利也有相当数量的C层人才，世界占比超过或接近1%。

表4—13　植物学A层人才排名前20的国家和地区的占比

国家和地区\年份	2009	2010	2011	2012	2013	2014	2015	2016	2017	2018	合计
美国	30.30	21.88	22.22	17.14	12.82	26.83	20.51	9.52	16.28	27.27	20.31
英国	9.09	6.25	13.89	11.43	10.26	4.88	5.13	14.29	9.30	9.09	9.38
德国	15.15	12.50	8.33	8.57	10.26	4.88	7.69	2.38	2.33	6.82	7.55
澳大利亚	3.03	3.13	5.56	8.57	7.69	9.76	10.26	4.76	4.65	6.82	6.51
中国大陆	0.00	3.13	0.00	2.86	2.56	7.32	12.82	4.76	11.63	11.36	5.99

续表

国家和地区＼年份	2009	2010	2011	2012	2013	2014	2015	2016	2017	2018	合计
法国	0.00	9.38	11.11	5.71	2.56	4.88	10.26	2.38	2.33	6.82	5.47
荷兰	3.03	0.00	2.78	11.43	7.69	4.88	7.69	7.14	4.65	2.27	5.21
西班牙	12.12	3.13	0.00	5.71	2.56	7.32	0.00	2.38	4.65	4.55	4.17
加拿大	12.12	3.13	2.78	2.86	2.56	9.76	0.00	0.00	4.65	2.27	3.91
瑞士	3.03	3.13	0.00	0.00	5.13	0.00	2.56	4.76	2.33	4.55	2.60
日本	3.03	0.00	2.78	0.00	0.00	4.88	0.00	2.38	4.65	4.55	2.34
意大利	0.00	0.00	5.56	5.71	0.00	2.44	0.00	2.38	0.00	2.27	1.82
比利时	0.00	6.25	5.56	0.00	2.56	0.00	0.00	0.00	2.33	2.27	1.82
墨西哥	0.00	0.00	5.56	0.00	2.56	0.00	2.56	2.38	2.33	0.00	1.56
芬兰	0.00	3.13	0.00	0.00	2.56	0.00	2.56	4.76	0.00	2.27	1.56
奥地利	0.00	0.00	0.00	5.71	0.00	0.00	0.00	2.56	2.33	2.27	1.30
波兰	0.00	3.13	0.00	2.86	0.00	2.44	2.56	2.38	0.00	0.00	1.30
巴西	0.00	3.13	0.00	0.00	0.00	0.00	5.13	2.38	2.33	0.00	1.30
丹麦	0.00	6.25	0.00	0.00	5.13	0.00	0.00	2.38	0.00	0.00	1.30
阿根廷	0.00	0.00	0.00	2.86	2.56	0.00	2.56	2.38	2.33	0.00	1.30

表4—14　植物学B层人才排名前20的国家和地区的占比

国家和地区＼年份	2009	2010	2011	2012	2013	2014	2015	2016	2017	2018	合计
美国	21.40	24.15	21.81	21.70	16.33	18.09	17.44	15.27	17.70	16.31	18.70
中国大陆	4.35	4.76	5.61	5.57	6.88	8.78	10.07	10.26	12.20	12.06	8.42
德国	10.70	8.84	8.41	8.21	7.16	7.98	5.16	7.64	6.94	6.62	7.62
英国	9.03	7.82	9.03	10.85	7.16	6.12	6.63	6.68	6.94	4.96	7.38
法国	8.70	4.76	7.17	6.16	6.30	5.59	4.18	6.44	4.55	5.44	5.84
澳大利亚	5.69	5.10	7.48	4.69	5.16	7.45	5.16	5.25	4.78	6.86	5.76
日本	7.36	5.78	4.67	4.99	6.02	4.52	4.67	3.10	2.63	2.36	4.44
西班牙	5.02	3.06	3.74	4.40	3.72	3.46	2.70	2.15	4.07	4.49	3.65
荷兰	4.35	4.76	3.12	2.93	4.30	2.39	3.69	4.06	2.15	3.07	3.43
加拿大	2.01	1.02	4.05	4.11	2.01	4.79	3.69	0.95	2.87	4.49	3.04
瑞士	2.68	3.74	2.18	3.23	2.29	2.66	3.19	2.39	2.39	2.36	2.69
印度	1.67	1.70	0.62	1.76	1.43	2.93	2.70	3.10	3.11	1.42	2.11
意大利	1.00	2.72	2.18	1.76	3.72	2.39	0.98	1.67	1.91	2.13	2.03

续表

国家和地区\年份	2009	2010	2011	2012	2013	2014	2015	2016	2017	2018	合计
瑞典	2.34	1.36	0.31	1.47	2.29	1.33	2.21	1.91	1.44	2.13	1.70
比利时	1.67	1.36	1.25	2.35	2.87	1.60	1.47	1.43	0.72	2.36	1.70
墨西哥	1.67	0.34	1.25	0.59	0.86	2.13	1.47	0.95	2.15	1.18	1.29
丹麦	0.33	1.70	0.93	1.17	2.01	1.33	0.74	0.95	0.48	0.71	1.01
韩国	1.00	1.70	1.56	1.17	0.86	1.33	0.98	0.48	0.48	0.71	0.99
捷克	0.67	0.34	1.25	0.88	1.15	1.33	0.49	0.95	1.91	0.71	0.99
新西兰	0.67	0.34	0.62	0.59	0.86	1.60	1.72	1.19	0.72	0.47	0.90

表4—15　植物学 C 层人才排名前 20 的国家和地区的占比

国家和地区\年份	2009	2010	2011	2012	2013	2014	2015	2016	2017	2018	合计
美国	19.47	19.92	18.08	19.41	17.98	18.08	16.99	15.83	16.38	16.10	17.65
中国大陆	8.06	9.32	8.99	11.19	12.01	12.98	13.90	14.51	16.35	17.60	12.85
德国	9.50	9.60	8.96	8.13	8.14	8.15	7.54	7.85	7.52	6.96	8.14
英国	8.75	6.88	7.26	7.15	6.03	5.74	5.93	5.66	6.10	6.13	6.47
法国	5.94	6.19	5.83	5.44	5.97	5.63	5.47	5.06	4.46	3.90	5.32
澳大利亚	4.78	4.62	5.21	4.68	4.55	4.31	4.60	5.18	5.42	4.46	4.79
日本	5.36	5.63	5.43	5.01	4.38	4.12	3.78	3.44	3.19	3.42	4.27
西班牙	3.69	3.48	4.00	3.33	3.64	4.01	3.45	3.39	3.01	3.20	3.50
加拿大	2.80	3.65	3.07	2.60	2.70	2.83	2.76	2.72	2.61	2.30	2.78
意大利	2.19	2.26	2.67	2.63	2.19	2.44	2.86	3.03	2.51	2.67	2.57
荷兰	3.11	2.85	2.85	2.35	2.65	2.61	2.27	2.20	2.43	2.16	2.51
瑞士	2.56	2.05	2.20	1.93	2.70	2.22	1.94	2.91	2.08	2.45	2.32
印度	1.57	1.81	2.02	1.99	1.82	1.78	2.76	2.72	2.35	2.01	2.12
比利时	1.54	1.77	1.71	2.42	2.45	2.03	1.89	1.77	1.52	1.43	1.84
韩国	2.05	1.67	1.55	1.47	1.74	1.56	1.79	1.58	1.65	1.72	1.67
瑞典	1.43	0.90	0.99	1.56	1.34	1.56	1.17	1.46	1.57	1.55	1.37
巴西	1.09	1.15	0.90	1.19	1.42	1.37	1.35	1.46	1.52	1.72	1.34
捷克	0.89	0.94	0.93	1.38	1.00	1.26	1.30	1.10	1.11	1.12	1.11
丹麦	1.16	0.87	1.33	1.25	1.28	0.71	1.07	1.17	1.14	0.92	1.09
奥地利	1.02	1.11	0.87	0.92	1.00	1.04	1.17	1.00	0.89	0.87	0.99

五　生态学

生态学 A、B、C 层人才最多的国家是美国，分别占该学科全球 A、B、C 层人才的 20.00%、16.51%、22.21%。

英国、澳大利亚、加拿大、法国、德国、荷兰、瑞典、瑞士的 A 层人才比较多，世界占比在 10%—3% 之间；西班牙、巴西、新西兰、南非、意大利、芬兰、墨西哥、以色列、丹麦、中国台湾、葡萄牙也有相当数量的 A 层人才，世界占比超过 1%。

英国、澳大利亚、加拿大、德国、法国、瑞士、瑞典、西班牙、荷兰的 B 层人才比较多，世界占比在 9%—3% 之间；巴西、丹麦、中国大陆、新西兰、意大利、南非、挪威、奥地利、芬兰、日本也有相当数量的 B 层人才，世界占比超过 1%。

英国、澳大利亚、德国、加拿大、法国、西班牙、瑞士、荷兰的 C 层人才比较多，世界占比在 10%—3% 之间；中国大陆、瑞典、丹麦、意大利、巴西、新西兰、挪威、芬兰、比利时、南非、奥地利也有相当数量的 C 层人才，世界占比超过 1%。

表 4—16　　生态学 A 层人才排名前 20 的国家和地区的占比

国家和地区 \ 年份	2009	2010	2011	2012	2013	2014	2015	2016	2017	2018	合计
美国	36.00	20.00	25.00	31.03	12.50	11.76	29.73	12.82	14.81	12.12	20.00
英国	8.00	20.00	12.50	13.79	6.25	8.82	10.81	7.69	7.41	6.06	9.84
澳大利亚	12.00	4.00	12.50	6.90	3.13	5.88	5.41	7.69	11.11	6.06	7.21
加拿大	4.00	4.00	8.33	13.79	3.13	0.00	5.41	5.13	3.70	6.06	5.25
法国	4.00	4.00	4.17	10.34	6.25	0.00	2.70	5.13	3.70	3.03	4.26
德国	4.00	4.00	0.00	0.00	9.38	2.94	5.41	5.13	3.70	3.03	3.93
荷兰	4.00	8.00	4.17	0.00	3.13	2.94	0.00	5.13	11.11	3.03	3.93
瑞典	0.00	4.00	4.17	6.90	6.25	5.88	2.70	0.00	3.70	6.06	3.93
瑞士	4.00	12.00	0.00	0.00	6.25	2.94	2.70	2.56	0.00	3.03	3.28
西班牙	4.00	0.00	0.00	3.45	6.25	0.00	2.70	2.56	3.70	3.03	2.62
巴西	4.00	0.00	0.00	0.00	0.00	0.00	5.88	2.70	2.56	3.70	3.03	2.30
新西兰	12.00	0.00	0.00	0.00	3.13	2.94	2.70	2.56	0.00	0.00	2.30

续表

国家和地区\年份	2009	2010	2011	2012	2013	2014	2015	2016	2017	2018	合计
南非	0.00	4.00	4.17	0.00	0.00	0.00	2.70	0.00	7.41	3.03	1.97
意大利	0.00	4.00	0.00	0.00	3.13	5.88	0.00	2.56	0.00	3.03	1.97
芬兰	0.00	0.00	8.33	3.45	3.13	0.00	0.00	0.00	3.70	3.03	1.97
墨西哥	0.00	0.00	0.00	0.00	0.00	5.88	2.70	2.56	3.70	0.00	1.64
以色列	0.00	0.00	0.00	0.00	3.13	0.00	5.41	0.00	0.00	6.06	1.64
丹麦	0.00	0.00	0.00	0.00	0.00	0.00	5.41	2.56	3.70	3.03	1.64
中国台湾	0.00	0.00	4.17	3.45	0.00	0.00	0.00	2.56	3.70	0.00	1.31
葡萄牙	0.00	0.00	0.00	0.00	6.25	0.00	0.00	0.00	3.70	3.03	1.31

表4—17　生态学B层人才排名前20的国家和地区的占比

国家和地区\年份	2009	2010	2011	2012	2013	2014	2015	2016	2017	2018	合计
美国	21.63	20.08	24.16	18.05	14.88	17.25	13.19	11.93	15.83	12.63	16.51
英国	7.35	10.81	9.67	6.86	8.30	9.90	9.20	9.38	8.71	7.11	8.71
澳大利亚	5.71	4.63	8.92	6.50	5.54	7.99	7.98	7.39	6.33	5.53	6.67
加拿大	7.76	6.18	6.32	6.86	5.54	3.51	3.99	5.40	6.60	3.95	5.50
德国	5.31	4.63	5.58	4.33	5.19	7.35	6.44	4.55	5.01	5.79	5.44
法国	8.16	4.25	3.72	5.05	4.15	4.15	3.99	3.69	4.75	4.47	4.56
瑞士	3.27	3.09	3.35	5.05	4.50	3.83	3.99	3.98	3.96	4.47	3.98
瑞典	4.90	5.02	3.35	1.81	4.15	3.19	3.99	2.27	3.69	3.42	3.53
西班牙	5.31	2.32	4.46	3.25	4.15	3.51	3.99	3.13	2.64	2.89	3.50
荷兰	2.04	3.86	2.60	5.42	3.46	4.15	3.37	4.55	2.37	1.84	3.33
巴西	2.45	1.93	2.23	2.17	2.08	1.92	3.68	2.56	2.64	1.58	2.33
丹麦	1.22	0.39	2.23	2.17	2.08	1.28	1.53	3.13	1.32	2.63	1.85
中国大陆	0.41	1.16	0.37	2.17	2.08	2.24	1.53	2.27	2.37	2.37	1.78
新西兰	1.63	2.32	2.23	1.08	1.73	2.24	1.23	3.69	1.06	0.53	1.75
意大利	1.22	1.54	1.12	2.17	1.04	1.92	0.92	2.27	1.58	2.11	1.62
南非	1.22	1.54	3.35	0.00	1.73	0.96	1.23	1.42	1.58	1.32	1.42
挪威	1.63	1.54	0.74	1.44	1.73	0.64	1.23	0.57	1.32	1.84	1.26
奥地利	0.00	0.39	1.86	1.08	1.04	0.96	1.53	0.85	1.58	2.37	1.23
芬兰	1.22	1.16	1.12	1.08	1.04	1.60	1.53	0.28	1.06	2.11	1.23
日本	0.00	0.77	1.12	1.08	1.73	0.96	1.23	2.27	0.79	1.58	1.20

表4—18　　　生态学C层人才排名前20的国家和地区的占比

国家和地区\年份	2009	2010	2011	2012	2013	2014	2015	2016	2017	2018	合计
美国	27.41	26.95	24.70	24.76	23.29	22.02	21.09	19.46	19.05	17.54	22.21
英国	12.33	11.10	9.68	9.46	9.33	9.75	10.38	9.34	8.53	8.56	9.74
澳大利亚	6.90	5.26	6.44	5.97	7.30	7.72	7.14	7.33	6.69	6.31	6.74
德国	4.89	5.92	5.95	6.69	6.62	6.25	6.27	5.70	6.29	5.44	6.01
加拿大	6.69	5.73	6.36	5.25	5.40	5.82	5.19	5.13	5.34	5.01	5.54
法国	4.64	5.10	4.59	5.18	5.26	4.52	4.41	5.31	4.64	5.58	4.93
西班牙	3.09	3.41	3.69	3.60	2.92	2.85	3.06	3.38	3.61	3.60	3.33
瑞士	2.84	3.26	2.94	2.95	3.26	3.63	3.12	3.53	3.66	3.49	3.30
荷兰	3.09	3.37	3.58	3.42	4.11	3.21	3.54	3.17	2.60	2.87	3.27
中国大陆	1.67	2.20	2.48	2.55	2.75	2.72	3.45	3.14	3.83	3.63	2.93
瑞典	1.84	3.02	2.41	2.91	3.09	2.68	2.88	2.88	2.80	2.56	2.72
丹麦	1.63	1.65	1.88	2.45	1.46	1.87	1.95	2.28	1.96	2.03	1.93
意大利	0.88	1.96	1.47	1.55	1.43	2.26	1.86	2.11	1.96	2.68	1.86
巴西	1.76	1.22	1.28	1.40	1.19	1.67	2.22	2.14	1.99	1.66	1.68
新西兰	1.71	1.96	1.88	2.02	1.43	1.57	1.62	1.13	1.43	1.24	1.57
挪威	1.67	1.10	1.54	1.30	1.56	1.44	1.35	1.36	1.29	2.03	1.47
芬兰	1.17	1.37	1.24	1.58	1.43	1.31	1.14	1.36	1.37	1.32	1.33
比利时	0.67	1.06	1.32	1.22	1.22	1.21	1.65	1.33	1.59	1.69	1.33
南非	1.13	0.90	1.36	0.76	1.19	1.47	1.23	1.93	1.54	1.15	1.29
奥地利	0.75	0.67	0.94	0.83	0.98	1.31	1.26	1.78	1.34	1.58	1.19

六　湖沼学

湖沼学A、B、C层人才最多的国家是美国，分别占该学科全球A、B、C层人才的30.77%、26.18%、31.83%。

湖沼学是小学科，A层人才数量很少，除美国外，其他A层人才集中在澳大利亚、加拿大、英国、德国、荷兰、西班牙、葡萄牙、中国台湾，世界占比均在16%—7%之间。

澳大利亚、荷兰、英国、法国、德国、加拿大、意大利、瑞士、中国大陆、瑞典的B层人才比较多，世界占比在8%—3%之间；比利时、巴西、西班牙、奥地利、日本、沙特、爱沙尼亚、丹麦、挪威也有相当数量的B层人才，世界占比超过或接近1%。

英国、澳大利亚、加拿大、德国、瑞士、中国大陆、荷兰、法国、意大利的 C 层人才比较多，世界占比在 8%—3% 之间；瑞典、西班牙、丹麦、新西兰、日本、奥地利、挪威、以色列、比利时、巴西也有相当数量的 C 层人才，世界占比超过或接近 1%。

表 4—19　　湖沼学 A 层人才的国家和地区的占比

国家和地区＼年份	2009	2010	2011	2012	2013	2014	2015	2016	2017	2018	合计
美国	0.00	50.00	0.00	50.00	0.00	0.00	33.33	0.00	0.00	50.00	30.77
澳大利亚	0.00	50.00	0.00	0.00	50.00	0.00	0.00	0.00	0.00	0.00	15.38
加拿大	0.00	0.00	0.00	50.00	0.00	0.00	0.00	0.00	0.00	0.00	7.69
英国	0.00	0.00	0.00	0.00	0.00	50.00	0.00	0.00	0.00	0.00	7.69
德国	0.00	0.00	0.00	0.00	0.00	0.00	33.33	0.00	0.00	0.00	7.69
荷兰	0.00	0.00	0.00	0.00	50.00	0.00	0.00	0.00	0.00	0.00	7.69
西班牙	0.00	0.00	0.00	0.00	0.00	0.00	0.00	0.00	0.00	50.00	7.69
葡萄牙	0.00	0.00	0.00	0.00	0.00	50.00	0.00	0.00	0.00	0.00	7.69
中国台湾	0.00	0.00	0.00	0.00	0.00	0.00	33.33	0.00	0.00	0.00	7.69

表 4—20　　湖沼学 B 层人才排名前 20 的国家和地区的占比

国家和地区＼年份	2009	2010	2011	2012	2013	2014	2015	2016	2017	2018	合计
美国	17.86	42.31	16.67	38.46	25.93	30.77	26.92	16.13	21.88	27.59	26.18
澳大利亚	3.57	7.69	4.17	15.38	3.70	11.54	11.54	12.90	3.13	3.45	7.64
荷兰	7.14	11.54	16.67	11.54	0.00	3.85	11.54	6.45	3.13	3.45	7.27
英国	0.00	0.00	12.50	11.54	3.70	7.69	11.54	12.90	6.25	3.45	6.91
法国	0.00	3.85	4.17	3.85	11.11	3.85	7.69	9.68	12.50	3.45	6.18
德国	7.14	3.85	8.33	7.69	3.70	11.54	3.85	3.23	6.25	3.45	5.82
加拿大	10.71	7.69	4.17	0.00	3.70	7.69	3.85	3.23	3.13	6.90	5.09
意大利	3.57	7.69	4.17	3.85	0.00	3.85	3.85	9.68	3.13	3.45	4.36
瑞士	10.71	3.85	0.00	0.00	11.11	7.69	3.85	0.00	3.13	3.45	4.36
中国大陆	0.00	3.85	4.17	0.00	7.41	0.00	7.69	3.23	9.38	3.45	4.00
瑞典	10.71	0.00	0.00	0.00	11.11	3.85	3.85	0.00	0.00	0.00	3.27
比利时	0.00	3.85	4.17	0.00	0.00	0.00	0.00	3.23	3.13	3.45	1.82

续表

国家和地区\年份	2009	2010	2011	2012	2013	2014	2015	2016	2017	2018	合计
巴西	3.57	0.00	0.00	0.00	7.41	0.00	0.00	0.00	0.00	6.90	1.82
西班牙	0.00	0.00	0.00	3.85	0.00	0.00	0.00	3.23	6.25	3.45	1.82
奥地利	3.57	0.00	4.17	0.00	0.00	0.00	3.85	3.23	3.13	0.00	1.82
日本	3.57	0.00	4.17	0.00	0.00	0.00	0.00	0.00	0.00	3.45	1.09
沙特	0.00	0.00	0.00	0.00	3.70	0.00	0.00	3.13	3.45	0.00	1.09
爱沙尼亚	3.57	0.00	0.00	0.00	0.00	0.00	0.00	0.00	0.00	3.45	0.73
丹麦	0.00	0.00	4.17	0.00	0.00	0.00	0.00	3.23	0.00	0.00	0.73
挪威	7.14	0.00	0.00	0.00	0.00	0.00	0.00	0.00	0.00	0.00	0.73

表4—21　湖沼学C层人才排名前20的国家和地区的占比

国家和地区\年份	2009	2010	2011	2012	2013	2014	2015	2016	2017	2018	合计
美国	28.11	34.51	28.57	33.60	32.81	34.10	33.97	26.10	36.94	28.90	31.83
英国	7.23	4.71	7.14	6.72	9.49	9.20	6.87	10.44	6.34	5.70	7.37
澳大利亚	6.83	8.24	13.03	6.72	5.14	5.36	6.87	6.43	5.97	6.08	7.02
加拿大	5.22	8.24	3.78	5.93	6.32	4.60	7.63	7.63	5.60	6.08	6.12
德国	5.22	5.10	4.62	5.93	5.93	8.43	5.73	6.02	6.34	5.70	5.92
瑞士	5.62	3.92	4.62	4.35	4.35	4.60	5.34	6.02	4.10	3.04	4.59
中国大陆	4.02	2.35	2.52	3.56	3.56	4.60	5.73	3.21	6.72	6.84	4.35
荷兰	7.23	5.88	5.46	2.37	5.14	4.60	0.76	4.82	2.24	3.42	4.16
法国	4.42	2.35	3.36	5.53	3.56	1.53	2.67	4.02	4.10	5.32	3.68
意大利	4.42	4.31	2.94	1.58	3.16	3.83	2.29	5.62	2.99	2.66	3.37
瑞典	2.41	2.75	1.68	3.95	3.56	1.53	3.05	2.81	2.61	3.42	2.78
西班牙	4.42	3.92	2.52	0.79	1.19	1.53	1.15	2.41	2.99	1.52	2.23
丹麦	1.61	1.57	1.26	1.58	1.58	3.07	0.76	1.61	2.99	3.04	1.92
新西兰	0.80	1.96	1.68	1.58	1.58	1.15	1.91	2.01	1.12	1.90	1.57
日本	3.21	0.78	1.26	1.58	0.79	1.15	0.76	0.80	1.12	1.52	1.29
奥地利	2.01	0.39	0.42	2.37	1.19	1.15	1.15	0.80	1.49	0.76	1.18
挪威	0.40	0.78	2.10	0.79	1.19	0.77	1.15	0.80	0.37	1.52	0.98
以色列	0.40	0.39	2.52	0.00	1.19	1.15	1.91	1.20	0.37	0.76	0.98
比利时	0.00	0.78	0.84	1.19	0.79	0.38	1.15	0.80	0.37	1.14	0.74
巴西	0.40	0.78	0.42	0.00	0.79	0.77	0.76	0.40	0.00	1.14	0.55

七 进化生物学

进化生物学 A、B、C 层人才最多的国家是美国，分别占该学科全球 A、B、C 层人才的 29.35%、24.96%、24.75%。

新西兰、英国、法国、日本、奥地利、德国、加拿大、瑞士、澳大利亚、沙特、瑞典的 A 层人才比较多，世界占比在 10%—3% 之间；丹麦、西班牙、比利时、越南、阿根廷、爱尔兰、中国大陆、以色列也有相当数量的 A 层人才，世界占比超过 1%。

英国、加拿大、澳大利亚、法国、德国、瑞士、瑞典的 B 层人才比较多，世界占比在 11%—3% 之间；西班牙、新西兰、荷兰、中国大陆、丹麦、挪威、奥地利、日本、南非、巴西、墨西哥、新加坡也有相当数量的 B 层人才，世界占比超过或接近 1%。

英国、德国、澳大利亚、加拿大、法国、瑞士、西班牙的 C 层人才比较多，世界占比在 12%—3% 之间；中国大陆、瑞典、荷兰、丹麦、挪威、意大利、巴西、日本、新西兰、芬兰、奥地利、比利时也有相当数量的 C 层人才，世界占比超过 1%。

表4—22　进化生物学 A 层人才排名前 20 的国家和地区的占比

国家和地区＼年份	2009	2010	2011	2012	2013	2014	2015	2016	2017	2018	合计
美国	50.00	12.50	42.86	15.38	25.00	0.00	50.00	15.38	42.86	28.57	29.35
新西兰	30.00	25.00	14.29	15.38	0.00	0.00	0.00	0.00	0.00	7.14	9.78
英国	0.00	12.50	14.29	7.69	0.00	0.00	10.00	15.38	0.00	7.14	7.61
法国	0.00	25.00	0.00	15.38	12.50	0.00	0.00	7.69	14.29	0.00	7.61
日本	0.00	0.00	14.29	0.00	25.00	0.00	0.00	7.69	0.00	7.14	5.43
奥地利	0.00	0.00	14.29	0.00	12.50	0.00	10.00	0.00	0.00	7.14	4.35
德国	0.00	0.00	0.00	15.38	12.50	0.00	0.00	7.69	0.00	0.00	4.35
加拿大	0.00	0.00	0.00	7.69	0.00	50.00	0.00	7.69	0.00	7.14	4.35
瑞士	0.00	25.00	0.00	0.00	7.69	0.00	0.00	0.00	0.00	7.14	4.35
澳大利亚	10.00	0.00	0.00	7.69	0.00	0.00	0.00	0.00	14.29	0.00	3.26
沙特	0.00	0.00	0.00	0.00	0.00	12.50	0.00	7.69	0.00	7.14	3.26
瑞典	0.00	0.00	0.00	0.00	7.69	0.00	0.00	10.00	0.00	0.00	7.14	3.26

续表

国家和地区\年份	2009	2010	2011	2012	2013	2014	2015	2016	2017	2018	合计
丹麦	0.00	0.00	0.00	0.00	0.00	0.00	0.00	7.69	14.29	0.00	2.17
西班牙	0.00	0.00	0.00	0.00	0.00	0.00	0.00	7.69	14.29	0.00	2.17
比利时	0.00	0.00	0.00	0.00	0.00	0.00	0.00	0.00	0.00	7.14	1.09
越南	0.00	0.00	0.00	0.00	0.00	0.00	0.00	0.00	0.00	7.14	1.09
阿根廷	0.00	0.00	0.00	0.00	0.00	0.00	0.00	7.69	0.00	0.00	1.09
爱尔兰	10.00	0.00	0.00	0.00	0.00	0.00	0.00	0.00	0.00	0.00	1.09
中国大陆	0.00	0.00	0.00	0.00	0.00	0.00	10.00	0.00	0.00	0.00	1.09
以色列	0.00	0.00	0.00	0.00	0.00	0.00	10.00	0.00	0.00	0.00	1.09

表 4—23　进化生物学 B 层人才排名前 20 的国家和地区的占比

国家和地区\年份	2009	2010	2011	2012	2013	2014	2015	2016	2017	2018	合计
美国	16.16	30.10	25.45	25.42	27.05	25.37	25.60	35.11	19.23	20.71	24.96
英国	11.11	14.56	14.55	10.17	9.84	12.69	9.60	9.92	10.26	7.14	10.82
加拿大	7.07	7.77	6.36	8.47	5.74	5.22	5.60	7.63	7.05	8.57	6.95
澳大利亚	7.07	3.88	6.36	3.39	2.46	8.96	10.40	7.63	5.77	6.43	6.30
法国	6.06	12.62	5.45	6.78	8.20	2.99	2.40	5.34	5.13	5.00	5.82
德国	8.08	7.77	10.00	7.63	3.28	5.97	5.60	3.82	3.21	4.29	5.74
瑞士	6.06	3.88	2.73	3.39	4.10	2.24	4.00	3.05	5.13	3.57	3.80
瑞典	5.05	3.88	3.64	4.24	3.28	2.99	4.00	3.05	3.21	3.57	3.63
西班牙	6.06	0.00	0.91	2.54	4.10	3.73	4.80	1.53	2.56	2.86	2.91
新西兰	1.01	3.88	2.73	4.24	3.28	2.99	2.40	1.53	3.85	0.71	2.67
荷兰	1.01	1.94	4.55	5.08	4.10	2.99	1.60	1.53	1.28	2.14	2.58
中国大陆	0.00	0.97	0.91	1.69	0.82	3.73	0.00	3.05	3.85	5.00	2.18
丹麦	1.01	0.00	1.82	5.08	0.00	2.24	3.20	0.76	1.92	1.43	1.78
挪威	0.00	0.97	0.91	0.85	2.46	1.49	1.60	0.76	1.92	3.57	1.53
奥地利	1.01	0.00	3.64	0.00	2.46	0.75	2.40	1.53	0.64	2.14	1.45
日本	0.00	0.97	0.91	2.54	0.82	2.24	0.80	0.76	1.92	0.71	1.21
南非	3.03	0.00	1.82	0.00	1.64	1.49	0.00	0.00	1.28	1.43	1.05
巴西	1.01	0.00	0.00	0.85	0.82	0.75	0.80	1.53	2.56	1.43	1.05
墨西哥	1.01	0.00	0.00	0.85	0.82	1.49	1.60	0.00	1.92	1.43	0.97
新加坡	0.00	0.00	1.82	0.85	0.00	1.49	1.60	0.00	0.64	1.43	0.81

表4—24　进化生物学 C 层人才排名前 20 的国家和地区的占比

国家和地区\年份	2009	2010	2011	2012	2013	2014	2015	2016	2017	2018	合计
美国	27.59	29.07	25.40	25.83	24.34	23.18	27.05	25.31	21.38	20.62	24.75
英国	14.11	12.49	12.94	10.57	11.42	11.63	11.76	10.33	8.79	9.67	11.21
德国	5.39	5.79	6.76	6.56	8.00	7.37	5.48	5.61	5.63	6.24	6.28
澳大利亚	6.02	4.80	5.71	5.37	6.24	6.96	6.12	6.43	6.19	6.09	6.02
加拿大	7.68	6.09	6.66	5.71	4.92	6.22	6.12	5.21	5.20	5.33	5.85
法国	5.19	5.09	3.04	6.05	5.71	4.75	5.31	6.02	5.27	4.72	5.14
瑞士	3.32	3.10	3.14	3.24	3.08	3.11	2.33	2.44	4.08	3.73	3.17
西班牙	3.11	3.30	3.81	3.07	2.81	3.03	2.50	3.01	2.88	3.04	3.04
中国大陆	1.45	1.50	2.19	2.56	2.99	2.62	2.74	3.09	3.73	4.57	2.83
瑞典	2.59	3.30	2.38	2.90	2.64	2.21	2.66	3.09	3.23	2.66	2.77
荷兰	2.18	1.90	2.38	2.22	2.81	2.21	2.33	2.12	1.48	1.83	2.13
丹麦	2.07	1.20	1.71	2.81	1.49	1.39	1.53	1.63	2.25	2.21	1.85
挪威	1.14	0.90	1.71	1.53	1.76	1.39	1.85	1.55	2.04	1.98	1.62
意大利	0.73	1.00	2.09	1.53	1.05	1.97	0.81	1.55	1.83	2.36	1.52
巴西	0.93	1.30	1.14	1.19	0.70	1.47	1.69	1.46	2.32	1.22	1.38
日本	1.45	1.50	1.14	1.53	0.97	0.98	1.37	1.38	1.41	1.67	1.34
新西兰	1.35	1.30	1.81	1.71	1.14	1.56	1.13	1.22	1.13	1.14	1.34
芬兰	0.93	1.10	1.52	1.28	1.32	1.23	1.77	1.46	0.84	1.14	1.26
奥地利	0.83	1.70	1.05	0.85	0.88	1.56	0.89	1.55	1.20	1.29	1.18
比利时	0.93	1.70	0.86	1.02	1.49	1.23	0.89	1.14	1.48	0.99	1.17

八　动物学

动物学 A、B、C 层人才最多的国家是美国，分别占该学科全球 A、B、C 层人才的 24.04%、23.55%、23.77%。

英国、德国、加拿大、法国、瑞典、巴西、中国大陆的 A 层人才比较多，世界占比在 13%—3% 之间；西班牙、日本、中国台湾、南非、荷兰、瑞士、澳大利亚、丹麦、奥地利、巴拿马、挪威、俄罗斯也有相当数量的 A 层人才，世界占比超过 1%。

英国、德国、澳大利亚、加拿大、法国的 B 层人才比较多，世界占比在 12%—4% 之间；荷兰、意大利、中国大陆、西班牙、瑞士、巴西、瑞典、比利时、日本、丹麦、南非、波兰、挪威、新西兰也有相当数量的

B层人才，世界占比超过1%。

英国、德国、加拿大、澳大利亚、法国、中国大陆、西班牙、巴西的C层人才比较多，世界占比在9%—3%之间；意大利、日本、瑞士、荷兰、瑞典、挪威、南非、比利时、奥地利、丹麦、新西兰也有相当数量的C层人才，世界占比超过1%。

表4—25　　动物学A层人才排名前20的国家和地区的占比

国家和地区	2009	2010	2011	2012	2013	2014	2015	2016	2017	2018	合计
美国	21.05	23.53	0.00	23.81	23.81	19.05	17.39	33.33	23.81	31.58	24.04
英国	15.79	5.88	0.00	14.29	4.76	9.52	21.74	9.52	14.29	15.79	12.57
德国	5.26	17.65	0.00	14.29	9.52	14.29	4.35	4.76	9.52	15.79	10.38
加拿大	5.26	11.76	0.00	9.52	4.76	4.76	8.70	0.00	0.00	5.26	5.46
法国	0.00	0.00	0.00	4.76	9.52	9.52	4.35	9.52	9.52	0.00	5.46
瑞典	0.00	11.76	0.00	0.00	0.00	9.52	4.35	0.00	0.00	5.26	3.28
巴西	5.26	0.00	0.00	0.00	4.76	0.00	0.00	9.52	9.52	0.00	3.28
中国大陆	0.00	0.00	0.00	4.76	0.00	0.00	8.70	9.52	0.00	5.26	3.28
西班牙	5.26	5.88	0.00	4.76	0.00	0.00	0.00	0.00	4.76	0.00	2.19
日本	0.00	0.00	0.00	4.76	0.00	0.00	4.35	0.00	4.76	0.00	1.64
中国台湾	5.26	0.00	0.00	0.00	4.76	0.00	4.35	0.00	0.00	0.00	1.64
南非	0.00	0.00	0.00	4.76	4.76	0.00	0.00	4.76	0.00	0.00	1.64
荷兰	5.26	0.00	0.00	0.00	0.00	4.76	0.00	4.76	0.00	0.00	1.64
瑞士	0.00	5.88	0.00	0.00	4.76	4.76	0.00	0.00	0.00	0.00	1.64
澳大利亚	0.00	0.00	0.00	4.76	0.00	0.00	4.35	0.00	0.00	5.26	1.64
丹麦	5.26	0.00	0.00	0.00	4.76	0.00	0.00	4.76	0.00	0.00	1.64
奥地利	5.26	0.00	0.00	0.00	4.76	0.00	0.00	4.76	0.00	0.00	1.64
巴拿马	0.00	0.00	0.00	0.00	0.00	0.00	8.70	0.00	0.00	0.00	1.09
挪威	5.26	0.00	0.00	0.00	0.00	0.00	0.00	0.00	0.00	5.26	1.09
俄罗斯	0.00	0.00	0.00	0.00	0.00	0.00	4.35	0.00	4.76	0.00	1.09

表4—26　动物学B层人才排名前20的国家和地区的占比

国家和地区 \ 年份	2009	2010	2011	2012	2013	2014	2015	2016	2017	2018	合计
美国	26.63	28.65	21.18	31.38	22.80	28.02	20.59	22.63	15.79	19.10	23.55
英国	11.24	13.45	12.32	11.17	12.95	9.89	14.71	5.79	12.63	8.99	11.35
德国	8.28	8.77	6.40	5.32	8.29	9.89	6.86	8.95	5.26	6.74	7.44
澳大利亚	4.14	5.26	4.93	6.91	7.77	7.69	5.39	7.89	7.37	7.30	6.48
加拿大	8.88	6.43	5.91	5.85	6.22	5.49	4.90	7.37	3.68	7.30	6.16
法国	8.88	5.26	3.94	3.19	5.18	1.10	6.37	4.21	4.21	3.37	4.55
荷兰	4.73	2.92	2.46	3.19	3.11	2.75	1.96	3.16	3.68	1.12	2.89
意大利	1.18	2.92	1.48	0.00	2.07	3.30	5.88	2.63	4.21	1.12	2.52
中国大陆	1.18	0.00	0.99	1.60	1.55	0.55	2.45	4.21	6.84	5.06	2.46
西班牙	0.59	1.75	4.93	2.66	2.07	0.55	2.45	3.16	1.05	3.93	2.36
瑞士	1.78	1.75	0.99	3.19	4.15	2.75	0.98	2.11	2.63	1.12	2.14
巴西	1.18	1.17	1.97	2.66	1.55	1.10	0.98	4.21	3.16	1.69	1.98
瑞典	0.00	4.09	2.46	1.60	2.07	1.10	1.47	2.63	0.53	2.25	1.82
比利时	0.59	2.92	1.48	0.53	1.55	3.30	0.49	2.11	2.63	2.25	1.77
日本	2.37	1.17	1.48	2.13	1.55	1.65	2.45	2.63	1.05	0.00	1.66
丹麦	0.00	2.34	2.46	0.00	2.59	0.55	1.47	1.05	1.58	1.12	1.34
南非	3.55	0.58	0.99	1.06	0.52	1.65	1.47	0.00	1.58	1.69	1.28
波兰	0.59	0.00	1.48	1.60	1.04	0.55	2.45	2.11	1.05	1.12	1.23
挪威	0.59	0.58	2.46	1.06	0.52	0.00	0.00	3.16	1.58	1.69	1.18
新西兰	1.18	0.58	2.46	1.06	1.55	1.10	1.47	0.00	0.53	0.56	1.07

表4—27　动物学C层人才排名前20的国家和地区的占比

国家和地区 \ 年份	2009	2010	2011	2012	2013	2014	2015	2016	2017	2018	合计
美国	27.36	25.70	25.77	26.20	24.79	24.79	22.20	20.25	20.14	20.95	23.77
英国	10.30	8.80	10.54	8.97	9.51	8.23	7.75	9.25	7.66	6.30	8.73
德国	7.16	7.63	6.95	5.43	7.02	6.30	7.22	6.04	6.56	6.74	6.70
加拿大	6.47	6.16	6.29	5.54	4.63	5.21	5.06	5.06	5.62	4.88	5.48
澳大利亚	4.98	5.34	5.19	6.47	5.72	5.57	5.34	4.63	5.17	4.70	5.32
法国	4.29	3.81	4.03	4.02	3.79	3.85	4.33	4.68	4.28	3.40	4.06

续表

国家和地区\年份	2009	2010	2011	2012	2013	2014	2015	2016	2017	2018	合计
中国大陆	2.80	3.58	2.76	2.61	3.43	4.01	4.62	4.79	5.22	6.43	4.02
西班牙	3.49	2.64	3.42	3.91	3.17	3.13	2.74	3.10	3.63	3.28	3.25
巴西	2.23	2.29	2.21	3.04	2.49	3.02	2.70	3.86	4.23	4.02	3.01
意大利	1.77	3.11	2.65	2.55	2.44	3.18	3.47	3.10	3.23	3.15	2.88
日本	3.38	2.93	2.98	2.23	2.08	2.97	2.41	2.34	2.14	2.22	2.56
瑞士	1.89	2.52	2.10	1.68	2.08	1.82	2.50	1.80	1.94	2.10	2.04
荷兰	2.00	1.88	2.26	2.50	2.13	1.88	1.69	1.47	1.39	1.42	1.86
瑞典	1.43	2.00	1.71	1.41	1.66	1.35	1.16	1.63	1.74	1.42	1.55
挪威	1.43	2.29	1.38	1.41	1.40	1.61	0.82	1.42	1.49	1.30	1.44
南非	1.20	1.12	1.49	1.14	1.61	1.51	1.20	1.31	1.49	1.30	1.34
比利时	0.97	1.47	0.99	1.25	1.30	1.20	1.88	1.63	1.54	0.74	1.31
奥地利	0.97	1.17	0.44	1.58	1.61	1.25	1.54	1.42	0.94	0.80	1.18
丹麦	0.86	1.35	1.05	1.20	1.30	1.09	1.06	1.03	1.04	1.48	1.14
新西兰	1.20	1.35	0.83	0.98	1.14	0.94	0.82	1.09	1.04	1.05	1.04

九　鸟类学

鸟类学 A、B、C 层人才最多的国家是美国，分别占该学科全球 A、B、C 层人才的 28.57%、33.58%、24.06%。

鸟类学是小学科，A 层人才数量很少，除美国外，其他 A 层人才集中在英国、加拿大、荷兰，世界占比均在 28.57%—14.29% 之间。

英国、加拿大、瑞士、澳大利亚、荷兰的 B 层人才比较多，世界占比在 9%—3% 之间；芬兰、西班牙、巴西、意大利、新西兰、德国、捷克、瑞典、挪威、土耳其、丹麦、南非、法国、中国大陆也有相当数量的 B 层人才，世界占比超过或接近 1%。

英国、加拿大、澳大利亚、西班牙、荷兰、德国、法国的 C 层人才比较多，世界占比在 10%—3% 之间；中国大陆、南非、瑞士、瑞典、波兰、新西兰、挪威、捷克、丹麦、阿根廷、匈牙利、意大利也有相当数量的 C 层人才，世界占比超过 1%。

表4—28　　　鸟类学A层人才的国家和地区的占比

国家和地区\年份	2009	2010	2011	2012	2013	2014	2015	2016	2017	2018	合计
英国	100.00	0.00	0.00	100.00	0.00	0.00	0.00	0.00	0.00	0.00	28.57
美国	0.00	0.00	0.00	0.00	0.00	0.00	0.00	50.00	100.00	0.00	28.57
加拿大	0.00	0.00	0.00	0.00	0.00	0.00	50.00	0.00	100.00	28.57
荷兰	0.00	0.00	0.00	0.00	100.00	0.00	0.00	0.00	0.00	0.00	14.29

表4—29　　　鸟类学B层人才排名前20的国家和地区的占比

国家和地区\年份	2009	2010	2011	2012	2013	2014	2015	2016	2017	2018	合计
美国	33.33	0.00	42.11	33.33	28.57	50.00	29.41	25.00	28.57	26.32	33.58
英国	20.00	0.00	0.00	0.00	14.29	18.75	5.88	8.33	14.29	5.26	8.76
加拿大	20.00	0.00	0.00	0.00	7.14	6.25	5.88	0.00	28.57	5.26	6.57
瑞士	6.67	0.00	5.26	0.00	0.00	0.00	5.88	25.00	0.00	10.53	5.84
澳大利亚	6.67	0.00	0.00	16.67	14.29	0.00	5.88	0.00	0.00	5.26	5.84
荷兰	0.00	0.00	0.00	5.56	0.00	0.00	11.76	8.33	0.00	5.26	3.65
芬兰	0.00	0.00	5.26	0.00	0.00	0.00	5.88	8.33	0.00	5.26	2.92
西班牙	0.00	0.00	0.00	5.56	0.00	0.00	5.88	8.33	0.00	5.26	2.92
巴西	0.00	0.00	0.00	5.56	14.29	0.00	5.88	0.00	0.00	0.00	2.92
意大利	6.67	0.00	0.00	0.00	0.00	0.00	5.88	0.00	0.00	5.26	2.19
新西兰	0.00	0.00	5.26	5.56	0.00	0.00	0.00	0.00	0.00	5.26	2.19
德国	0.00	0.00	0.00	0.00	7.14	6.25	0.00	0.00	0.00	0.00	1.46
捷克	0.00	0.00	5.26	0.00	0.00	6.25	0.00	0.00	0.00	0.00	1.46
瑞典	0.00	0.00	10.53	0.00	0.00	0.00	0.00	0.00	0.00	0.00	1.46
挪威	0.00	0.00	0.00	0.00	0.00	0.00	0.00	8.33	0.00	5.26	1.46
土耳其	0.00	0.00	0.00	5.56	0.00	0.00	5.88	0.00	0.00	0.00	1.46
丹麦	0.00	0.00	0.00	0.00	7.14	0.00	0.00	0.00	0.00	5.26	1.46
南非	0.00	0.00	5.26	0.00	0.00	0.00	5.88	0.00	0.00	0.00	1.46
法国	6.67	0.00	0.00	5.56	0.00	0.00	0.00	0.00	0.00	0.00	1.46
中国大陆	0.00	0.00	0.00	0.00	0.00	0.00	0.00	0.00	14.29	0.00	0.73

表4—30　　　　鸟类学C层人才排名前20的国家和地区的占比

国家和地区\年份	2009	2010	2011	2012	2013	2014	2015	2016	2017	2018	合计
美国	33.57	23.73	32.20	23.64	22.78	20.14	22.01	15.91	25.24	21.79	24.06
英国	8.39	10.17	11.86	9.70	9.49	8.63	9.43	9.66	6.80	10.06	9.41
加拿大	9.09	9.04	9.04	10.91	7.59	12.23	8.18	5.68	9.22	10.06	9.05
澳大利亚	6.29	3.95	8.47	4.24	6.33	4.32	5.66	3.98	6.31	5.03	5.48
西班牙	4.20	6.21	5.65	5.45	5.06	4.32	3.14	5.11	3.88	5.03	4.82
荷兰	2.10	4.52	3.95	3.03	5.06	4.32	5.03	5.11	3.40	3.35	3.99
德国	3.50	2.82	3.95	5.45	4.43	5.04	4.40	1.70	7.28	0.56	3.93
法国	4.20	1.69	5.08	4.24	3.16	2.88	3.14	4.55	2.91	3.35	3.51
中国大陆	2.10	1.69	1.69	3.03	4.43	0.00	4.40	1.14	1.94	3.35	2.38
南非	2.10	2.26	0.56	1.21	2.53	7.19	4.40	0.57	0.49	3.35	2.32
瑞士	0.70	3.95	1.13	3.64	1.27	2.16	3.14	2.84	2.43	1.12	2.26
瑞典	1.40	3.39	0.00	2.42	1.27	2.88	1.89	3.41	2.43	1.68	2.08
波兰	1.40	2.26	0.56	1.82	3.16	2.88	3.14	1.14	1.46	2.23	1.97
新西兰	2.80	1.13	1.13	1.82	0.63	0.72	0.63	1.14	2.91	3.35	1.67
挪威	2.10	1.69	1.13	0.61	1.90	0.72	1.26	2.27	1.46	2.23	1.55
捷克	0.70	1.13	0.56	0.61	2.53	3.60	1.26	2.27	0.97	1.68	1.49
丹麦	0.00	1.69	0.56	1.82	3.16	0.72	0.00	1.70	1.46	2.23	1.37
阿根廷	2.10	0.56	1.69	1.82	3.80	0.72	0.00	0.57	0.49	0.56	1.19
匈牙利	0.70	2.26	1.69	1.21	0.00	0.00	1.26	0.57	1.46	1.12	1.07
意大利	0.70	1.69	0.00	1.82	0.63	2.16	0.00	0.57	0.97	1.68	1.01

十　昆虫学

昆虫学A、B、C层人才最多的国家是美国，分别占该学科全球A、B、C层人才的22.37%、25.00%、25.38%。

澳大利亚、中国大陆、法国、比利时、荷兰、巴西、英国、意大利、加拿大、新西兰的A层人才比较多，世界占比在14%—3%之间；德国、瑞典、奥地利、日本、墨西哥、捷克、南非、西班牙、瑞士也有相当数量的A层人才，世界占比超过1%。

英国、德国、法国、意大利、澳大利亚、瑞士、中国大陆、比利时、西班牙、加拿大、荷兰的B层人才比较多，世界占比在7%—3%之间；巴西、日本、希腊、南非、瑞典、丹麦、以色列、墨西哥也有相当数量的

B层人才，世界占比超过1%。

中国大陆、英国、德国、法国、澳大利亚、意大利、巴西、加拿大的C层人才比较多，世界占比在9%—3%之间；西班牙、比利时、瑞士、日本、荷兰、南非、瑞典、希腊、印度、捷克、丹麦也有相当数量的C层人才，世界占比超过1%。

表4—31　昆虫学A层人才排名前20的国家和地区的占比

国家和地区 \ 年份	2009	2010	2011	2012	2013	2014	2015	2016	2017	2018	合计
美国	28.57	42.86	33.33	12.50	33.33	28.57	0.00	20.00	20.00	0.00	22.37
澳大利亚	14.29	14.29	16.67	0.00	11.11	28.57	0.00	20.00	10.00	9.09	13.16
中国大陆	14.29	0.00	16.67	12.50	11.11	0.00	0.00	10.00	10.00	9.09	9.21
法国	0.00	0.00	0.00	37.50	0.00	0.00	0.00	10.00	10.00	9.09	7.89
比利时	0.00	14.29	0.00	0.00	0.00	14.29	0.00	10.00	0.00	9.09	5.26
荷兰	14.29	0.00	0.00	0.00	11.11	14.29	0.00	0.00	0.00	9.09	5.26
巴西	0.00	0.00	0.00	0.00	0.00	0.00	0.00	10.00	10.00	18.18	5.26
英国	0.00	0.00	0.00	25.00	11.11	0.00	0.00	0.00	0.00	0.00	3.95
意大利	0.00	0.00	0.00	0.00	0.00	0.00	0.00	0.00	20.00	9.09	3.95
加拿大	0.00	0.00	0.00	12.50	11.11	0.00	0.00	0.00	10.00	0.00	3.95
新西兰	0.00	0.00	16.67	0.00	0.00	0.00	0.00	0.00	10.00	9.09	3.95
德国	0.00	14.29	0.00	0.00	0.00	0.00	0.00	10.00	0.00	0.00	2.63
瑞典	14.29	0.00	0.00	0.00	0.00	0.00	100.00	0.00	0.00	0.00	2.63
奥地利	0.00	14.29	0.00	0.00	0.00	0.00	0.00	0.00	0.00	0.00	1.32
日本	0.00	0.00	0.00	0.00	0.00	14.29	0.00	0.00	0.00	0.00	1.32
墨西哥	0.00	0.00	16.67	0.00	0.00	0.00	0.00	0.00	0.00	0.00	1.32
捷克	0.00	0.00	0.00	0.00	11.11	0.00	0.00	0.00	0.00	0.00	1.32
南非	0.00	0.00	0.00	0.00	0.00	0.00	0.00	10.00	0.00	0.00	1.32
西班牙	0.00	0.00	0.00	0.00	0.00	0.00	0.00	0.00	0.00	9.09	1.32
瑞士	0.00	0.00	0.00	0.00	0.00	0.00	0.00	0.00	0.00	9.09	1.32

表4—32　　　昆虫学B层人才排名前20的国家和地区的占比

国家和地区 \ 年份	2009	2010	2011	2012	2013	2014	2015	2016	2017	2018	合计
美国	32.86	23.08	29.27	17.72	25.00	24.42	19.79	30.00	22.83	26.26	25.00
英国	11.43	7.69	8.54	8.86	6.25	11.63	4.17	5.56	2.17	4.04	6.81
德国	11.43	11.54	3.66	5.06	3.75	6.98	9.38	6.67	3.26	2.02	6.22
法国	2.86	5.13	8.54	6.33	10.00	4.65	4.17	7.78	3.26	7.07	5.99
意大利	4.29	2.56	2.44	5.06	6.25	3.49	4.17	11.11	5.43	5.05	5.05
澳大利亚	2.86	5.13	8.54	2.53	5.00	5.81	4.17	2.22	2.17	4.04	4.23
瑞士	4.29	5.13	2.44	5.06	3.75	2.33	1.04	5.56	7.61	2.02	3.87
中国大陆	1.43	6.41	4.88	2.53	0.00	3.49	3.13	5.56	7.61	3.03	3.87
比利时	0.00	2.56	1.22	5.06	3.75	4.65	3.13	2.22	6.52	3.03	3.29
西班牙	4.29	3.85	2.44	3.80	3.75	3.49	2.08	2.22	3.26	4.04	3.29
加拿大	5.71	3.85	4.88	2.53	1.25	3.49	4.17	0.00	3.26	3.03	3.17
荷兰	1.43	0.00	1.22	2.53	3.75	9.30	4.17	4.44	2.17	2.02	3.17
巴西	0.00	0.00	0.00	0.00	2.50	3.49	0.00	4.44	3.26	5.05	2.00
日本	2.86	3.85	1.22	1.27	2.50	0.00	3.13	1.11	3.26	0.00	1.88
希腊	1.43	1.28	1.22	1.27	0.00	1.16	2.08	1.11	2.17	3.03	1.53
南非	1.43	3.85	1.22	1.27	2.50	0.00	1.04	0.00	0.00	4.04	1.53
瑞典	0.00	2.56	2.44	1.27	2.50	1.16	2.08	0.00	1.09	1.01	1.41
丹麦	1.43	2.56	1.22	1.27	2.50	1.16	0.00	1.11	1.09	1.01	1.29
以色列	4.29	0.00	0.00	2.53	2.50	2.33	0.00	0.00	0.00	1.01	1.17
墨西哥	0.00	1.28	1.22	3.80	0.00	1.16	1.04	2.22	0.00	0.00	1.06

表4—33　　　昆虫学C层人才排名前20的国家和地区的占比

国家和地区 \ 年份	2009	2010	2011	2012	2013	2014	2015	2016	2017	2018	合计
美国	30.02	28.23	23.73	29.07	21.27	22.67	27.84	24.25	26.39	21.52	25.38
中国大陆	5.05	6.32	7.82	8.01	8.79	10.47	9.74	10.63	9.24	11.46	8.89
英国	7.81	7.12	7.69	4.78	5.48	6.33	5.80	6.00	5.35	6.55	6.24
德国	3.52	4.70	4.56	5.04	4.59	5.64	4.41	5.75	3.90	4.56	4.68
法国	3.68	5.38	4.95	4.26	6.11	4.26	3.48	4.13	3.90	3.51	4.35
澳大利亚	3.37	5.24	2.87	3.36	4.46	3.91	3.48	4.00	5.12	6.08	4.22
意大利	3.37	2.69	4.04	4.01	3.31	4.03	3.48	3.38	4.34	3.98	3.68

续表

国家和地区\年份	2009	2010	2011	2012	2013	2014	2015	2016	2017	2018	合计
巴西	3.83	2.69	3.00	3.36	3.31	3.68	4.41	4.50	3.56	3.86	3.63
加拿大	2.60	2.42	3.91	4.13	3.69	3.22	3.48	3.38	3.01	2.69	3.26
西班牙	2.76	2.82	3.39	2.58	2.17	1.84	2.44	2.38	2.23	2.69	2.51
比利时	2.45	1.88	2.48	2.07	2.80	1.96	1.97	2.00	2.90	1.99	2.25
瑞士	2.45	1.75	2.22	1.55	2.04	2.42	1.86	1.63	2.34	2.81	2.11
日本	3.37	2.82	3.13	1.81	1.40	1.38	1.86	2.00	1.67	1.17	2.01
荷兰	1.99	2.42	1.83	1.16	2.29	1.73	2.44	1.38	2.23	1.64	1.91
南非	1.53	1.88	1.43	1.94	1.66	0.81	1.28	0.75	0.89	0.70	1.26
瑞典	1.38	0.94	1.17	0.90	2.29	1.04	1.39	1.63	0.78	0.82	1.22
希腊	0.92	1.34	1.43	1.03	1.78	1.04	0.93	1.13	1.56	1.05	1.22
印度	1.84	0.81	1.56	1.03	1.27	1.38	0.70	1.25	0.89	1.05	1.16
捷克	0.92	0.40	1.30	0.65	1.02	1.15	0.70	1.25	1.22	1.99	1.07
丹麦	1.68	1.61	0.78	0.78	1.15	1.38	0.81	0.88	0.89	0.82	1.06

十一 制奶和动物科学

制奶和动物科学 A、B、C 层人才最多的国家是美国，分别占该学科全球 A、B、C 层人才的 20.41%、22.14%、19.82%。

意大利、法国、加拿大、新西兰、中国大陆、澳大利亚、荷兰、英国的 A 层人才比较多，世界占比在 12%—3% 之间；德国、西班牙、奥地利、爱尔兰、丹麦、墨西哥、南非、日本、比利时、韩国、巴西也有相当数量的 A 层人才，世界占比超过 1%。

加拿大、英国、澳大利亚、中国大陆、意大利、法国、德国、荷兰的 B 层人才比较多，世界占比在 9%—3% 之间；巴西、新西兰、丹麦、西班牙、爱尔兰、比利时、韩国、瑞士、挪威、奥地利、芬兰也有相当数量的 B 层人才，世界占比超过 1%。

加拿大、中国大陆、英国、澳大利亚、法国、意大利、德国、荷兰、巴西、西班牙的 C 层人才比较多，世界占比在 7%—3% 之间；丹麦、爱尔兰、新西兰、瑞士、比利时、韩国、波兰、日本、瑞典也有相当数量的 C 层人才，世界占比超过 1%。

表4—34　制奶和动物科学A层人才排名前20的国家和地区的占比

国家和地区\年份	2009	2010	2011	2012	2013	2014	2015	2016	2017	2018	合计
美国	22.22	9.09	11.11	18.18	12.50	33.33	16.67	16.67	41.67	18.18	20.41
意大利	0.00	9.09	0.00	0.00	12.50	22.22	16.67	8.33	16.67	27.27	11.22
法国	11.11	27.27	0.00	9.09	12.50	11.11	0.00	8.33	0.00	0.00	8.16
加拿大	11.11	0.00	11.11	0.00	12.50	11.11	16.67	8.33	8.33	9.09	8.16
新西兰	22.22	9.09	0.00	0.00	12.50	0.00	0.00	16.67	0.00	0.00	6.12
中国大陆	0.00	0.00	0.00	0.00	0.00	11.11	0.00	16.67	8.33	9.09	5.10
澳大利亚	11.11	9.09	11.11	18.18	0.00	0.00	0.00	0.00	0.00	0.00	5.10
荷兰	0.00	0.00	0.00	0.00	0.00	0.00	16.67	0.00	8.33	0.00	4.08
英国	11.11	0.00	11.11	0.00	12.50	0.00	0.00	0.00	0.00	0.00	3.06
德国	0.00	0.00	11.11	9.09	0.00	0.00	0.00	0.00	0.00	0.00	2.04
西班牙	0.00	9.09	0.00	0.00	0.00	0.00	0.00	8.33	0.00	0.00	2.04
奥地利	0.00	0.00	11.11	0.00	0.00	0.00	0.00	8.33	0.00	0.00	2.04
爱尔兰	11.11	0.00	11.11	0.00	0.00	0.00	0.00	0.00	0.00	0.00	2.04
丹麦	0.00	9.09	11.11	0.00	0.00	0.00	0.00	0.00	0.00	0.00	2.04
墨西哥	0.00	0.00	0.00	0.00	0.00	0.00	0.00	8.33	0.00	0.00	1.02
南非	0.00	0.00	0.00	0.00	0.00	11.11	0.00	0.00	0.00	0.00	1.02
日本	0.00	0.00	0.00	9.09	0.00	0.00	0.00	0.00	0.00	0.00	1.02
比利时	0.00	0.00	0.00	0.00	0.00	0.00	0.00	0.00	0.00	9.09	1.02
韩国	0.00	0.00	0.00	0.00	0.00	0.00	0.00	0.00	8.33	0.00	1.02
巴西	0.00	0.00	0.00	0.00	0.00	0.00	0.00	0.00	0.00	9.09	1.02

表4—35　制奶和动物科学B层人才排名前20的国家和地区的占比

国家和地区\年份	2009	2010	2011	2012	2013	2014	2015	2016	2017	2018	合计
美国	26.74	26.09	20.45	22.68	25.00	20.00	19.59	20.37	20.00	20.83	22.14
加拿大	16.28	7.83	13.64	15.46	10.23	2.35	2.06	7.41	7.50	5.21	8.67
英国	5.81	8.70	6.82	3.09	5.68	11.76	7.22	6.48	7.50	5.21	6.84
澳大利亚	9.30	7.83	5.68	8.25	5.68	10.59	3.09	3.70	1.67	8.33	6.22
中国大陆	2.33	2.61	1.14	9.28	2.27	4.71	4.12	5.56	11.67	7.29	5.31
意大利	2.33	3.48	1.14	3.09	5.68	3.53	8.25	8.33	7.50	7.29	5.20
法国	4.65	3.48	2.27	2.06	3.41	8.24	4.12	5.56	5.00	4.17	4.29
德国	3.49	5.22	5.68	5.15	4.55	1.18	2.06	1.85	4.17	6.25	3.98

续表

国家和地区\年份	2009	2010	2011	2012	2013	2014	2015	2016	2017	2018	合计
荷兰	1.16	6.09	6.82	3.09	7.95	2.35	3.09	4.63	2.50	2.08	3.98
巴西	0.00	2.61	1.14	2.06	0.00	2.35	4.12	5.56	6.67	2.08	2.86
新西兰	4.65	4.35	1.14	3.09	6.82	4.71	1.03	0.93	0.83	0.00	2.65
丹麦	0.00	0.87	1.14	4.12	2.27	4.71	4.12	4.63	1.67	2.08	2.55
西班牙	1.16	2.61	2.27	4.12	1.14	0.00	5.15	3.70	2.50	2.08	2.55
爱尔兰	1.16	1.74	3.41	1.03	1.14	2.35	2.06	1.85	1.67	4.17	2.04
比利时	0.00	0.87	5.68	3.09	1.14	2.35	2.06	2.78	1.67	0.00	1.94
韩国	1.16	2.61	2.27	1.03	2.27	2.35	1.03	0.00	0.83	3.13	1.63
瑞士	3.49	0.87	1.14	1.03	2.27	1.18	2.06	0.93	0.83	1.04	1.43
挪威	2.33	0.00	2.27	0.00	2.27	1.18	3.09	1.85	0.83	1.04	1.43
奥地利	1.16	1.74	1.14	2.06	2.27	1.18	3.09	0.00	0.83	1.04	1.43
芬兰	3.49	1.74	0.00	0.00	1.14	1.18	0.00	2.78	2.50	0.00	1.33

表4—36 制奶和动物科学C层人才排名前20的国家和地区的占比

国家和地区\年份	2009	2010	2011	2012	2013	2014	2015	2016	2017	2018	合计
美国	23.66	23.56	19.46	20.51	22.03	17.16	19.34	15.82	19.37	17.64	19.82
加拿大	9.56	6.48	6.90	7.82	5.88	6.98	5.98	6.33	5.76	6.14	6.73
中国大陆	3.94	4.02	3.73	4.12	5.51	6.29	7.27	6.33	10.56	9.68	6.28
英国	6.57	6.12	6.79	4.55	4.65	5.15	4.81	4.69	5.32	5.27	5.39
澳大利亚	4.06	4.66	4.86	6.03	5.51	6.98	5.86	5.82	4.36	5.08	5.29
法国	5.02	5.48	5.32	5.50	5.39	4.81	3.87	4.29	4.19	4.70	4.84
意大利	3.46	3.93	3.96	3.28	4.04	4.00	4.81	4.59	4.10	5.08	4.14
德国	4.42	2.92	4.98	4.44	3.79	3.89	4.34	3.27	3.23	3.64	3.84
荷兰	3.23	3.84	5.32	3.38	4.16	4.23	3.75	4.59	2.09	2.88	3.69
巴西	3.11	3.74	3.28	2.85	3.30	4.81	3.63	3.47	4.62	3.84	3.69
西班牙	6.21	4.38	3.62	4.33	4.28	3.32	1.99	3.06	2.97	2.68	3.65
丹麦	1.55	2.56	2.71	3.81	2.94	2.75	3.05	1.94	2.53	2.21	2.60
爱尔兰	1.91	2.28	1.36	2.11	1.35	2.52	1.29	2.45	1.22	3.07	1.97
新西兰	1.43	1.28	1.81	1.80	2.57	2.52	2.23	1.94	2.01	1.25	1.86
瑞士	1.43	0.82	2.38	0.95	1.59	2.17	2.81	2.96	1.40	1.73	1.79
比利时	1.91	2.37	1.24	1.48	2.08	1.60	2.34	2.04	1.57	1.05	1.76

续表

国家和地区\年份	2009	2010	2011	2012	2013	2014	2015	2016	2017	2018	合计
韩国	0.72	1.74	1.47	1.80	2.45	1.95	2.11	1.53	1.75	1.53	1.70
波兰	0.84	0.91	1.81	1.37	1.47	1.37	1.17	2.04	2.01	2.01	1.52
日本	1.67	1.74	1.81	1.16	1.47	1.03	1.76	1.22	1.31	0.96	1.40
瑞典	1.67	1.55	1.92	2.01	0.73	0.92	1.06	1.22	1.05	1.63	1.38

十二 生物物理学

生物物理学A、B、C层人才最多的国家是美国，分别占该学科全球A、B、C层人才的27.57%、25.28%、24.31%。

中国大陆、英国、德国的A层人才比较多，世界占比在14%—5%之间；瑞典、法国、荷兰、澳大利亚、瑞士、印度、韩国、西班牙、意大利、日本、南非、以色列、希腊、马来西亚、新西兰、加拿大也有相当数量的A层人才，世界占比超过1%。

中国大陆、英国、德国、印度、法国的B层人才比较多，世界占比在14%—3%之间；瑞士、加拿大、荷兰、意大利、西班牙、澳大利亚、日本、韩国、瑞典、伊朗、波兰、以色列、丹麦、奥地利也有相当数量的B层人才，世界占比等于或超过1%。

中国大陆、德国、英国、法国、印度、意大利、日本的C层人才比较多，世界占比在18%—3%之间；加拿大、韩国、西班牙、荷兰、澳大利亚、瑞士、伊朗、瑞典、以色列、葡萄牙、巴西、奥地利也有相当数量的C层人才，世界占比超过或接近1%。

表4—37　生物物理学A层人才排名前20的国家和地区的占比

国家和地区\年份	2009	2010	2011	2012	2013	2014	2015	2016	2017	2018	合计
美国	40.91	43.48	23.81	21.74	32.00	40.74	29.63	20.00	12.00	12.00	27.57
中国大陆	4.55	0.00	0.00	17.39	8.00	18.52	14.81	12.00	16.00	44.00	13.99
英国	0.00	13.04	28.57	8.70	8.00	3.70	7.41	8.00	4.00	8.00	8.64
德国	9.09	13.04	4.76	8.70	12.00	0.00	0.00	8.00	4.00	0.00	5.76
瑞典	0.00	8.70	0.00	0.00	0.00	7.41	0.00	4.00	8.00	0.00	2.88
法国	4.55	0.00	0.00	4.35	4.00	3.70	0.00	4.00	4.00	4.00	2.88

续表

国家和地区\年份	2009	2010	2011	2012	2013	2014	2015	2016	2017	2018	合计
荷兰	9.09	0.00	9.52	4.35	0.00	0.00	0.00	4.00	4.00	0.00	2.88
澳大利亚	0.00	0.00	4.76	4.35	8.00	7.41	3.70	0.00	0.00	0.00	2.88
瑞士	0.00	0.00	4.76	4.35	0.00	0.00	0.00	8.00	8.00	0.00	2.47
印度	0.00	4.35	0.00	0.00	4.00	0.00	0.00	0.00	8.00	8.00	2.47
韩国	4.55	4.35	9.52	0.00	0.00	3.70	0.00	0.00	0.00	4.00	2.47
西班牙	4.55	0.00	0.00	0.00	0.00	0.00	3.70	8.00	4.00	0.00	2.47
意大利	0.00	0.00	0.00	0.00	4.00	3.70	0.00	4.00	8.00	0.00	2.06
日本	4.55	0.00	0.00	8.70	0.00	0.00	0.00	0.00	3.70	0.00	2.06
南非	4.55	0.00	0.00	0.00	0.00	3.70	0.00	0.00	4.00	4.00	1.65
以色列	0.00	0.00	0.00	0.00	4.00	0.00	3.70	4.00	4.00	0.00	1.65
希腊	4.55	0.00	0.00	0.00	0.00	0.00	3.70	4.00	0.00	0.00	1.23
马来西亚	0.00	0.00	0.00	0.00	0.00	3.70	7.41	0.00	0.00	0.00	1.23
新西兰	0.00	0.00	0.00	0.00	0.00	3.70	0.00	0.00	4.00	0.00	1.23
加拿大	0.00	0.00	4.76	8.70	0.00	0.00	0.00	0.00	0.00	0.00	1.23

表4—38 生物物理学B层人才排名前20的国家和地区的占比

国家和地区\年份	2009	2010	2011	2012	2013	2014	2015	2016	2017	2018	合计
美国	36.63	37.44	30.00	30.15	30.97	25.52	18.44	17.19	18.18	12.23	25.28
中国大陆	6.93	4.11	8.95	4.52	11.06	12.55	14.34	21.72	26.03	24.45	13.84
英国	5.94	10.50	5.79	12.06	6.64	6.28	7.79	7.24	7.85	5.24	7.51
德国	7.92	7.31	6.84	9.55	5.75	7.11	7.79	4.07	4.13	4.80	6.47
印度	3.96	4.11	2.63	1.51	3.98	3.77	2.46	3.62	7.02	4.80	3.84
法国	3.96	3.20	4.74	4.52	2.65	3.35	3.69	1.81	2.89	2.62	3.30
瑞士	1.98	3.65	3.16	3.52	3.10	1.67	2.46	3.17	2.48	3.93	2.89
加拿大	4.95	4.11	2.63	3.52	1.77	1.67	4.10	1.81	1.65	1.31	2.71
荷兰	2.97	1.83	3.16	1.01	2.65	5.02	2.05	1.81	2.48	3.06	2.62
意大利	2.48	3.65	1.58	2.51	0.88	3.77	2.46	3.62	1.65	3.06	2.58
西班牙	2.48	0.91	4.21	2.01	2.65	3.35	2.46	1.81	1.24	1.75	2.26
澳大利亚	1.49	1.37	3.16	3.02	4.42	2.51	1.64	0.90	1.65	2.18	2.22
日本	0.99	2.28	1.58	1.01	3.10	2.93	3.28	2.71	1.65	1.75	2.17
韩国	1.49	0.91	0.53	2.01	2.21	1.67	2.05	3.62	1.24	3.06	1.90

续表

国家和地区\年份	2009	2010	2011	2012	2013	2014	2015	2016	2017	2018	合计
瑞典	0.99	1.83	2.63	2.51	2.65	1.67	2.46	1.81	0.83	1.75	1.90
伊朗	0.50	0.91	0.00	0.00	2.21	1.67	0.82	3.62	2.07	3.06	1.54
波兰	0.99	0.91	1.58	2.51	1.33	0.84	1.64	0.45	1.24	1.31	1.27
以色列	2.48	0.91	0.53	2.01	0.88	0.84	2.05	0.90	0.41	0.87	1.18
丹麦	1.98	0.91	1.58	0.00	1.33	0.84	0.41	1.81	0.83	1.31	1.09
奥地利	0.50	0.00	1.58	2.01	0.00	0.42	1.23	1.36	1.24	1.75	1.00

表4—39　生物物理学C层人才排名前20的国家和地区的占比

国家和地区\年份	2009	2010	2011	2012	2013	2014	2015	2016	2017	2018	合计
美国	30.51	32.66	28.60	29.43	25.25	24.12	22.15	18.45	17.98	15.80	24.31
中国大陆	8.37	7.51	11.60	10.57	16.64	17.85	20.87	22.58	25.55	26.56	17.06
德国	7.58	7.74	7.38	7.95	6.59	6.43	6.66	6.27	5.07	4.76	6.61
英国	6.83	6.26	6.03	5.98	5.61	5.12	6.19	6.00	5.03	5.22	5.81
法国	5.03	3.73	4.73	4.59	3.59	3.28	3.50	3.13	2.85	2.38	3.64
印度	2.09	2.40	2.55	2.77	4.30	3.60	3.20	4.04	4.58	5.08	3.50
意大利	3.64	3.36	3.33	2.37	3.18	3.32	3.20	3.04	3.56	3.39	3.24
日本	5.08	3.82	3.48	3.60	2.56	3.11	3.24	2.68	2.18	2.56	3.21
加拿大	3.64	3.64	3.33	3.56	2.91	2.91	2.69	2.86	2.00	1.79	2.91
韩国	1.55	2.26	1.61	2.37	2.69	2.46	3.03	3.23	2.71	2.84	2.50
西班牙	2.54	2.95	2.24	2.02	2.33	2.29	2.48	2.18	2.67	2.11	2.38
荷兰	2.49	2.53	2.08	2.27	2.29	2.42	1.88	1.77	1.69	1.14	2.05
澳大利亚	1.35	1.84	2.34	2.02	1.70	2.21	1.58	2.41	1.65	1.88	1.90
瑞士	1.65	1.70	1.66	1.98	1.79	1.47	1.28	1.04	2.00	1.24	1.58
伊朗	0.45	0.74	1.09	1.14	1.48	1.31	1.37	1.95	2.05	3.16	1.49
瑞典	1.74	2.03	1.09	1.28	1.26	1.19	0.90	1.68	1.20	1.37	1.37
以色列	1.69	1.34	1.09	1.38	0.90	1.06	1.24	0.68	0.45	0.55	1.03
葡萄牙	0.70	0.78	1.46	0.99	1.17	1.23	0.85	0.77	0.76	0.73	0.94
巴西	0.65	0.74	0.83	0.69	1.12	1.06	0.77	1.00	1.11	1.33	0.94
奥地利	1.30	1.06	0.99	1.04	0.81	0.86	0.47	0.91	0.62	0.69	0.86

十三　生物化学和分子生物学

生物化学和分子生物学 A、B、C 层人才最多的国家是美国，分别占该学科全球 A、B、C 层人才的 34.69%、35.58%、31.50%。

英国、德国、瑞士、加拿大、法国、日本的 A 层人才比较多，世界占比在 10%—3% 之间；中国大陆、瑞典、丹麦、澳大利亚、荷兰、西班牙、意大利、奥地利、比利时、以色列、爱尔兰、新加坡、韩国也有相当数量的 A 层人才，世界占比超过或接近 1%。

英国、德国、中国大陆、加拿大、法国的 B 层人才比较多，世界占比在 9%—3% 之间；日本、瑞士、荷兰、澳大利亚、意大利、西班牙、瑞典、丹麦、以色列、比利时、韩国、奥地利、新加坡、挪威也有相当数量的 B 层人才，世界占比超过或接近 1%。

英国、中国大陆、德国、法国、日本、加拿大的 C 层人才比较多，世界占比在 9%—3% 之间；意大利、澳大利亚、瑞士、西班牙、荷兰、瑞典、韩国、印度、比利时、丹麦、以色列、奥地利、巴西也有相当数量的 C 层人才，世界占比超过或接近 1%。

表 4—40　生物化学和分子生物学 A 层人才排名前 20 的国家和地区的占比

国家和地区 \ 年份	2009	2010	2011	2012	2013	2014	2015	2016	2017	2018	合计
美国	48.89	48.45	35.29	28.30	34.78	39.05	32.38	30.56	31.00	21.15	34.69
英国	5.56	10.31	10.78	11.32	7.61	14.29	9.52	7.41	12.00	8.65	9.81
德国	6.67	6.19	9.80	6.60	9.78	3.81	10.48	8.33	11.00	6.73	7.93
瑞士	5.56	4.12	2.94	4.72	2.17	2.86	6.67	4.63	5.00	5.77	4.56
加拿大	4.44	4.12	2.94	1.89	3.26	3.81	1.90	7.41	5.00	5.77	4.06
法国	5.56	2.06	2.94	3.77	3.26	5.71	2.86	5.56	1.00	5.77	3.87
日本	4.44	8.25	2.94	3.77	2.17	2.86	1.90	2.78	2.00	2.88	3.37
中国大陆	1.11	2.06	3.92	2.83	1.09	2.86	2.86	5.56	3.00	3.85	2.97
瑞典	1.11	2.06	1.96	4.72	3.26	4.76	2.78	3.00	0.96	2.78
丹麦	2.22	1.03	3.92	0.94	2.17	1.90	2.86	3.70	4.00	2.88	2.58
澳大利亚	3.33	1.03	0.98	2.83	4.35	0.95	4.76	0.00	3.00	3.85	2.48
荷兰	2.22	0.00	4.90	2.83	1.09	1.90	2.86	2.78	4.00	1.92	2.48

续表

国家和地区\年份	2009	2010	2011	2012	2013	2014	2015	2016	2017	2018	合计
西班牙	1.11	2.06	0.00	4.72	4.35	0.95	3.81	1.85	1.00	1.92	2.18
意大利	2.22	0.00	1.96	0.94	3.26	0.00	1.90	1.85	4.00	0.96	1.68
奥地利	0.00	0.00	0.00	2.83	5.43	0.00	0.95	2.78	0.00	1.92	1.39
比利时	1.11	0.00	3.92	0.94	0.00	0.95	0.95	0.93	1.00	2.88	1.29
以色列	0.00	0.00	0.00	0.00	0.00	2.86	1.90	2.78	2.00	1.92	1.19
爱尔兰	1.11	1.03	2.94	0.00	1.09	0.95	0.95	0.00	1.00	1.92	1.09
新加坡	1.11	0.00	0.98	3.77	0.00	0.00	0.00	0.93	0.00	1.92	0.89
韩国	1.11	1.03	0.00	0.94	0.00	0.95	1.90	0.00	1.00	0.96	0.79

表4—41　生物化学和分子生物学B层人才排名前20的国家和地区的占比

国家和地区\年份	2009	2010	2011	2012	2013	2014	2015	2016	2017	2018	合计
美国	44.24	40.62	36.39	35.25	37.20	36.57	33.79	32.24	30.88	30.69	35.58
英国	8.67	9.21	10.27	9.07	9.76	8.42	9.62	8.09	8.47	7.94	8.95
德国	7.19	7.94	7.87	6.88	6.06	7.46	6.69	8.60	7.17	6.44	7.22
中国大陆	2.35	2.19	2.51	3.34	5.55	4.80	6.07	6.86	6.97	8.80	5.03
加拿大	3.97	3.68	4.15	4.07	2.67	4.69	4.29	2.97	3.59	3.22	3.72
法国	3.84	4.03	4.26	4.28	2.98	3.30	3.35	3.89	3.49	3.33	3.67
日本	4.83	3.91	4.26	3.23	2.98	2.99	2.20	2.05	2.09	1.72	2.98
瑞士	3.47	2.88	3.72	2.71	2.16	3.09	2.41	3.28	2.59	3.00	2.92
荷兰	2.35	2.30	2.73	3.86	2.77	2.99	2.09	2.66	2.99	2.68	2.75
澳大利亚	2.11	1.73	2.19	1.77	3.70	2.88	3.03	2.46	2.79	2.68	2.55
意大利	2.35	2.65	2.62	2.40	2.67	2.67	1.99	2.46	2.19	2.25	2.42
西班牙	0.99	1.96	2.51	2.50	1.85	2.13	1.88	2.66	2.79	1.82	2.13
瑞典	1.61	1.84	1.97	1.67	2.16	2.45	2.51	2.46	2.19	2.15	2.11
丹麦	0.87	1.27	1.42	1.88	1.75	1.17	1.36	1.74	2.09	2.04	1.58
以色列	1.24	2.42	0.98	0.94	1.44	1.60	1.57	1.54	1.59	1.18	1.45
比利时	1.12	1.15	1.31	2.09	1.23	1.07	1.15	1.64	1.39	1.72	1.39
韩国	0.87	1.27	0.87	1.46	0.92	1.39	1.05	0.82	1.00	1.29	1.09
奥地利	0.74	1.04	1.20	0.83	0.82	0.53	1.46	1.43	1.00	1.29	1.04
新加坡	0.99	0.69	0.55	1.25	0.92	0.96	0.63	0.41	0.40	1.07	0.78
挪威	0.37	0.81	0.44	0.83	0.62	0.75	0.63	0.82	0.80	0.64	0.68

表 4—42　生物化学和分子生物学 C 层人才排名前 20 的国家和地区的占比

国家和地区 \ 年份	2009	2010	2011	2012	2013	2014	2015	2016	2017	2018	合计
美国	37.82	35.56	35.66	33.33	32.44	31.53	30.62	27.33	27.16	24.78	31.50
英国	8.16	8.72	8.36	8.20	8.31	8.15	8.25	8.50	7.66	7.36	8.16
中国大陆	3.98	4.51	5.18	6.26	7.13	7.76	7.95	8.47	11.05	13.40	7.63
德国	7.93	8.39	7.69	8.06	7.89	7.38	7.46	7.38	6.85	6.41	7.53
法国	5.06	4.56	4.44	4.72	4.32	3.92	4.26	4.21	3.99	3.30	4.27
日本	4.82	4.07	4.26	4.21	3.86	3.26	3.25	3.23	3.02	2.73	3.65
加拿大	3.80	4.04	3.82	3.47	3.70	3.72	3.51	3.60	3.17	2.98	3.57
意大利	3.04	2.82	2.86	2.54	3.17	2.68	2.73	2.95	3.18	3.23	2.92
澳大利亚	2.19	2.20	2.32	2.41	2.59	2.91	2.81	2.94	3.05	2.73	2.63
瑞士	2.49	2.49	2.15	2.46	2.77	2.34	2.45	2.33	2.48	2.43	2.44
西班牙	2.09	2.31	2.06	2.61	2.13	2.31	2.51	2.30	2.33	2.48	2.32
荷兰	2.23	2.31	2.27	2.48	2.53	2.67	2.21	2.26	1.94	2.22	2.31
瑞典	1.62	1.86	1.63	1.59	1.57	1.70	1.76	1.84	1.63	1.80	1.70
韩国	1.21	1.17	1.29	1.57	1.58	1.63	1.46	1.58	1.55	1.67	1.48
印度	0.65	0.98	1.10	1.00	0.91	1.37	1.47	1.67	1.98	2.05	1.33
比利时	1.17	1.51	1.51	1.41	1.41	1.32	1.31	1.25	0.98	0.94	1.28
丹麦	1.20	1.19	1.02	1.10	1.37	1.29	1.30	1.39	1.23	1.25	1.24
以色列	0.95	1.43	1.18	1.16	0.93	0.94	1.10	1.14	0.94	0.87	1.06
奥地利	0.99	1.01	0.95	0.98	0.91	1.21	0.74	1.18	0.89	0.89	0.98
巴西	0.61	0.53	0.52	0.72	0.61	0.65	0.86	0.89	0.98	0.88	0.73

十四　生物化学研究方法

生物化学研究方法 A、B、C 层人才最多的国家是美国，分别占该学科全球 A、B、C 层人才的 35.22%、35.50%、29.43%。

英国、德国、澳大利亚、中国大陆、加拿大、西班牙的 A 层人才比较多，世界占比在 13%—3% 之间；瑞士、法国、丹麦、瑞典、奥地利、荷兰、新加坡、中国香港、俄罗斯、以色列、巴西、意大利、新西兰也有相当数量的 A 层人才，世界占比超过或接近 1%。

英国、德国、中国大陆、加拿大、瑞士、荷兰、澳大利亚的 B 层人才比较多，世界占比在 9%—3% 之间；法国、比利时、日本、丹麦、西班牙、沙特、瑞典、奥地利、韩国、意大利、新加坡、芬兰也有相当数量的 B 层人才，世界占比超过或接近 1%。

中国大陆、德国、英国、法国、西班牙、加拿大、瑞士的 C 层人才比较多，世界占比在 9%—3% 之间；荷兰、意大利、澳大利亚、日本、韩国、瑞典、丹麦、比利时、奥地利、新加坡、印度、伊朗也有相当数量的 C 层人才，世界占比超过或接近 1%。

表4—43 生物化学研究方法 A 层人才排名前 20 的国家和地区的占比

国家和地区	2009	2010	2011	2012	2013	2014	2015	2016	2017	2018	合计
美国	31.82	45.83	33.33	41.67	47.83	23.08	29.17	34.62	36.00	30.77	35.22
英国	18.18	16.67	18.52	0.00	8.70	15.38	16.67	11.54	0.00	23.08	12.96
德国	4.55	8.33	7.41	8.33	8.70	23.08	16.67	19.23	8.00	0.00	10.53
澳大利亚	0.00	12.50	0.00	8.33	4.35	11.54	4.17	7.69	12.00	3.85	6.48
中国大陆	9.09	4.17	0.00	0.00	0.00	0.00	4.17	0.00	8.00	19.23	4.45
加拿大	0.00	4.17	0.00	4.17	0.00	7.69	0.00	0.00	16.00	0.00	3.24
西班牙	9.09	0.00	7.41	4.17	0.00	0.00	0.00	7.69	0.00	3.85	3.24
瑞士	0.00	0.00	3.70	8.33	0.00	3.85	8.33	0.00	0.00	0.00	2.43
法国	4.55	0.00	0.00	8.33	0.00	0.00	4.17	0.00	4.00	3.85	2.43
丹麦	4.55	0.00	11.11	0.00	0.00	0.00	0.00	0.00	4.00	0.00	2.02
瑞典	0.00	4.17	3.70	0.00	8.70	0.00	0.00	3.85	0.00	0.00	2.02
奥地利	4.55	0.00	3.70	0.00	0.00	0.00	0.00	0.00	4.00	3.85	1.62
荷兰	4.55	0.00	7.41	0.00	0.00	0.00	0.00	0.00	0.00	3.85	1.62
新加坡	0.00	0.00	0.00	4.17	0.00	0.00	4.17	7.69	0.00	0.00	1.62
中国香港	4.55	0.00	0.00	4.17	0.00	3.85	4.17	0.00	0.00	0.00	1.62
俄罗斯	0.00	4.17	0.00	4.17	4.35	0.00	0.00	0.00	0.00	0.00	1.21
以色列	4.55	0.00	0.00	0.00	4.35	0.00	0.00	3.85	0.00	0.00	1.21
巴西	0.00	0.00	0.00	0.00	4.35	0.00	4.17	0.00	0.00	0.00	0.81
意大利	0.00	0.00	0.00	0.00	4.35	0.00	0.00	3.85	0.00	0.00	0.81
新西兰	0.00	0.00	0.00	4.17	0.00	3.85	0.00	0.00	0.00	0.00	0.81

表4—44 生物化学研究方法 B 层人才排名前20的国家和地区的占比

国家和地区 \ 年份	2009	2010	2011	2012	2013	2014	2015	2016	2017	2018	合计
美国	40.78	40.37	40.33	38.57	36.06	35.04	30.17	33.62	32.44	28.05	35.50
英国	12.14	9.63	7.82	9.42	8.65	7.26	10.34	8.94	5.78	5.43	8.51
德国	7.77	6.88	8.64	11.66	8.17	7.26	7.76	7.66	8.00	5.88	7.97
中国大陆	4.37	2.29	4.53	7.62	6.73	5.56	4.31	8.94	9.33	16.29	6.99
加拿大	3.40	5.05	4.12	3.59	2.88	3.42	3.45	2.55	4.00	2.26	3.47
瑞士	3.88	4.59	4.53	3.59	2.40	3.42	4.31	2.13	3.56	2.26	3.47
荷兰	1.94	4.13	2.47	2.24	3.37	2.56	3.88	2.55	3.56	3.62	3.03
澳大利亚	2.43	1.83	2.88	2.24	1.92	2.99	3.02	2.98	5.33	4.52	3.03
法国	2.91	4.59	2.06	2.69	2.88	2.56	3.45	1.70	2.22	4.07	2.90
比利时	2.91	1.38	1.23	0.45	0.96	2.14	3.02	1.70	1.33	2.71	1.78
日本	2.43	2.29	1.23	1.79	0.00	0.85	2.59	2.55	1.78	2.26	1.78
丹麦	1.46	0.92	1.65	0.90	1.92	2.56	2.59	0.85	1.33	2.26	1.65
西班牙	0.97	2.29	0.00	0.90	3.85	1.28	2.16	2.13	1.78	1.36	1.65
沙特	0.00	0.46	0.82	0.00	1.92	2.99	1.72	5.11	1.33	1.81	1.65
瑞典	1.46	0.46	1.23	0.90	2.88	4.27	1.29	1.70	0.00	1.81	1.60
奥地利	0.49	1.38	1.65	1.35	1.44	4.27	0.86	0.00	2.67	1.36	1.56
韩国	0.97	0.92	2.47	0.90	1.44	2.14	2.16	2.55	0.44	0.45	1.47
意大利	0.49	0.92	1.65	2.24	1.44	0.85	1.72	0.85	0.89	1.81	1.29
新加坡	1.46	0.92	0.82	0.00	0.48	0.85	1.29	2.13	2.67	1.36	1.20
芬兰	0.00	0.92	0.41	0.90	0.96	0.43	1.29	0.85	1.33	0.45	0.76

表4—45 生物化学研究方法 C 层人才排名前20的国家和地区的占比

国家和地区 \ 年份	2009	2010	2011	2012	2013	2014	2015	2016	2017	2018	合计
美国	32.35	29.73	31.04	30.98	29.47	30.05	29.75	27.88	27.85	25.29	29.43
中国大陆	6.47	5.83	6.67	7.48	7.84	9.30	9.16	10.85	12.72	12.89	8.95
德国	8.21	9.41	7.78	8.66	8.23	8.59	9.12	8.75	7.10	8.49	8.43
英国	7.97	7.34	7.49	7.53	7.24	6.41	6.64	7.48	6.64	6.27	7.09
法国	3.81	4.00	4.24	3.27	3.40	3.19	3.54	3.59	3.18	3.20	3.54
西班牙	4.88	4.05	3.99	3.04	3.20	3.73	3.10	2.93	2.40	2.84	3.41
加拿大	3.04	3.72	4.08	3.49	3.25	3.48	3.36	2.98	3.00	2.98	3.35
瑞士	2.70	3.10	2.68	3.36	3.55	2.98	3.54	3.11	3.87	3.16	3.20

续表

国家和地区\年份	2009	2010	2011	2012	2013	2014	2015	2016	2017	2018	合计
荷兰	3.77	4.00	2.88	2.72	3.45	2.81	2.17	2.98	1.98	2.84	2.94
意大利	2.61	2.40	2.35	2.95	3.20	2.64	3.14	3.85	2.72	3.11	2.90
澳大利亚	2.08	2.59	2.06	2.72	2.46	2.35	2.35	2.80	2.81	2.98	2.52
日本	2.80	2.45	2.35	2.77	2.12	2.01	1.86	1.58	1.52	1.87	2.13
韩国	1.06	1.36	2.31	2.04	1.48	1.76	2.04	2.06	2.17	1.87	1.83
瑞典	1.45	1.98	1.69	2.27	1.72	2.10	1.11	1.79	2.07	1.56	1.77
丹麦	1.50	2.45	1.44	1.63	1.08	1.76	1.77	1.09	1.20	2.44	1.64
比利时	1.69	1.60	1.44	1.00	1.72	1.76	1.99	1.27	1.11	1.07	1.46
奥地利	1.50	1.03	1.40	1.41	1.87	1.47	1.15	1.18	1.38	1.11	1.35
新加坡	1.35	0.89	1.07	1.54	1.18	1.13	0.89	1.23	1.29	0.89	1.14
印度	0.72	0.89	1.28	0.59	0.49	0.80	0.80	0.44	1.38	1.16	0.86
伊朗	0.53	0.28	0.82	0.73	0.74	0.54	0.62	1.23	1.48	1.16	0.81

十五　遗传学和遗传性

遗传学和遗传性A、B、C层人才最多的国家是美国，分别占该学科全球A、B、C层人才的18.65%、19.58%、25.56%。

英国、德国、加拿大、西班牙、澳大利亚、瑞士、荷兰、意大利的A层人才比较多，世界占比在8%—3%之间；法国、日本、瑞典、芬兰、丹麦、挪威、冰岛、以色列、奥地利、沙特、爱尔兰也有相当数量的A层人才，世界占比超过1%。

英国、德国、荷兰、澳大利亚、法国、加拿大、瑞典、中国大陆、西班牙、意大利的B层人才比较多，世界占比在9%—3%之间；丹麦、瑞士、芬兰、日本、挪威、奥地利、比利时、冰岛、新加坡也有相当数量的B层人才，世界占比超过1%。

英国、德国、中国大陆、法国、加拿大、荷兰、澳大利亚、意大利的C层人才比较多，世界占比在10%—3%之间；西班牙、瑞典、日本、瑞士、丹麦、比利时、芬兰、奥地利、挪威、以色列、新加坡也有相当数量的C层人才，世界占比超过或接近1%。

表4—46　遗传学和遗传性A层人才排名前20的国家和地区的占比

国家和地区	2009	2010	2011	2012	2013	2014	2015	2016	2017	2018	合计
美国	41.38	14.29	30.30	18.52	15.00	9.52	7.89	20.45	30.56	8.70	18.65
英国	10.34	5.71	9.09	11.11	7.50	4.76	5.26	9.09	13.89	4.35	7.84
德国	0.00	8.57	6.06	3.70	5.00	7.14	2.63	4.55	8.33	4.35	5.14
加拿大	6.90	5.71	3.03	3.70	5.00	2.38	5.26	6.82	5.56	4.35	4.86
西班牙	0.00	2.86	6.06	7.41	7.50	2.38	5.26	4.55	8.33	4.35	4.86
澳大利亚	10.34	2.86	6.06	3.70	2.50	2.38	2.63	2.27	8.33	4.35	4.32
瑞士	0.00	8.57	0.00	3.70	5.00	0.00	5.26	2.27	2.78	6.52	3.78
荷兰	0.00	5.71	3.03	0.00	2.50	2.38	5.26	2.27	2.78	6.52	3.78
意大利	0.00	2.86	3.03	3.70	5.00	4.76	2.63	4.55	0.00	4.35	3.24
法国	3.45	5.71	3.03	3.70	5.00	2.38	2.63	0.00	2.78	2.17	2.97
日本	3.45	0.00	3.03	3.70	7.50	2.38	0.00	2.27	0.00	4.35	2.70
瑞典	3.45	2.86	3.03	0.00	5.00	2.38	0.00	6.82	0.00	2.17	2.70
芬兰	0.00	5.71	0.00	0.00	2.50	2.38	0.00	6.82	0.00	0.00	2.16
丹麦	0.00	5.71	3.03	3.70	0.00	2.38	2.63	0.00	2.78	2.17	2.16
挪威	0.00	0.00	3.03	0.00	2.50	2.38	0.00	2.27	0.00	6.52	1.89
冰岛	3.45	2.86	0.00	0.00	5.00	2.38	0.00	0.00	0.00	2.17	1.62
以色列	0.00	0.00	0.00	3.70	0.00	2.38	2.63	0.00	2.78	4.35	1.62
奥地利	0.00	2.86	0.00	0.00	2.50	2.38	2.63	2.27	0.00	2.17	1.62
沙特	0.00	0.00	0.00	0.00	2.50	0.00	2.63	4.55	0.00	4.35	1.62
爱尔兰	3.45	0.00	3.03	0.00	2.50	2.38	0.00	0.00	2.78	2.17	1.62

表4—47　遗传学和遗传性B层人才排名前20的国家和地区的占比

国家和地区	2009	2010	2011	2012	2013	2014	2015	2016	2017	2018	合计
美国	23.42	21.52	22.94	24.30	18.77	17.31	18.40	19.72	16.13	14.73	19.58
英国	11.08	8.23	11.31	9.21	6.44	9.30	8.47	7.75	6.72	8.27	8.61
德国	6.65	4.11	7.34	5.37	5.88	5.94	4.84	5.16	6.45	4.13	5.55
荷兰	3.80	5.70	3.67	5.63	5.04	2.84	4.36	4.23	3.76	3.36	4.23
澳大利亚	3.48	4.11	3.36	4.35	4.48	3.62	3.87	4.23	2.96	5.43	4.01
法国	5.06	4.43	3.06	4.09	3.92	4.39	1.94	5.16	3.76	4.13	3.98
加拿大	2.85	5.06	3.98	2.56	3.36	3.88	3.15	4.46	5.38	3.10	3.76
瑞典	3.80	4.11	2.14	2.56	4.48	4.13	3.63	3.29	3.76	3.36	3.52

续表

国家和地区\年份	2009	2010	2011	2012	2013	2014	2015	2016	2017	2018	合计
中国大陆	2.22	2.22	1.53	4.60	1.96	4.13	3.15	4.69	3.49	4.39	3.33
西班牙	2.85	4.11	3.36	4.60	3.36	2.84	3.39	3.52	2.96	2.33	3.33
意大利	4.43	3.80	3.36	3.32	3.36	2.07	3.39	3.52	3.76	2.33	3.30
丹麦	2.22	2.53	2.45	3.32	2.24	2.84	2.66	2.35	2.42	3.88	2.71
瑞士	3.16	2.85	1.83	2.56	2.52	2.84	3.15	2.35	1.88	3.36	2.65
芬兰	3.16	3.16	1.53	1.79	3.08	1.55	1.45	2.35	2.42	2.33	2.25
日本	0.95	0.95	2.75	1.53	1.96	2.07	3.15	1.88	2.42	1.81	1.98
挪威	0.95	2.22	2.45	1.28	2.52	1.55	1.21	2.35	1.61	2.33	1.84
奥地利	0.32	1.90	1.53	1.28	1.40	1.29	1.94	1.88	1.88	1.81	1.54
比利时	1.90	1.58	2.45	1.79	1.12	0.26	1.69	1.17	2.42	1.29	1.54
冰岛	1.27	2.22	1.83	1.79	1.68	0.78	0.97	1.17	1.08	1.81	1.44
新加坡	0.63	1.27	0.92	0.77	1.96	1.29	1.21	0.94	2.15	1.81	1.30

表4—48 遗传学和遗传性 C 层人才排名前 20 的国家和地区的占比

国家和地区\年份	2009	2010	2011	2012	2013	2014	2015	2016	2017	2018	合计
美国	28.59	29.21	28.45	26.68	25.12	25.25	24.34	23.39	22.91	23.36	25.56
英国	11.67	10.66	9.33	10.01	9.50	9.32	9.57	9.10	9.59	8.92	9.72
德国	6.08	7.04	6.12	6.18	6.09	6.15	5.91	6.39	5.96	5.06	6.09
中国大陆	2.38	2.96	3.74	3.86	4.68	4.99	4.96	5.90	6.09	8.64	4.91
法国	4.92	5.33	4.97	4.88	4.93	4.12	4.49	4.33	4.45	4.08	4.63
加拿大	4.63	4.58	4.36	4.77	5.04	4.28	4.71	3.51	3.71	3.94	4.34
荷兰	4.28	4.05	4.17	4.67	3.96	3.49	3.56	3.77	3.71	3.56	3.90
澳大利亚	3.60	3.27	3.40	3.75	4.02	3.88	3.66	3.60	3.60	4.13	3.70
意大利	4.05	2.90	2.90	3.18	2.88	3.17	3.17	2.42	3.10	2.68	3.03
西班牙	2.28	2.59	2.81	2.94	2.55	3.25	2.70	2.73	2.22	2.38	2.65
瑞典	2.22	2.15	2.22	2.48	2.44	2.91	2.75	2.30	2.83	2.24	2.47
日本	2.35	2.46	2.38	2.48	2.49	2.32	2.16	2.18	2.30	1.72	2.28
瑞士	2.80	2.09	2.10	2.13	2.22	2.27	1.79	2.39	2.67	2.32	2.27
丹麦	1.35	1.59	1.42	1.54	2.60	2.27	2.33	1.86	1.93	2.24	1.94
比利时	1.45	1.84	1.33	1.40	1.69	1.48	1.62	1.48	1.48	1.23	1.50
芬兰	1.48	1.37	1.30	1.32	1.52	1.24	1.35	1.43	1.01	1.18	1.32

续表

国家和地区 \ 年份	2009	2010	2011	2012	2013	2014	2015	2016	2017	2018	合计
奥地利	0.68	1.12	1.45	1.08	1.33	1.22	0.96	1.21	1.19	1.07	1.13
挪威	1.16	0.78	1.08	0.73	1.11	1.06	1.30	1.02	1.54	1.12	1.09
以色列	1.00	1.09	1.27	0.97	0.91	0.95	0.91	0.94	0.79	0.93	0.97
新加坡	0.74	0.81	0.96	1.03	0.97	0.95	0.79	0.77	0.98	0.82	0.88

十六 数学生物学和计算生物学

数学生物学和计算生物学 A、B、C 层人才最多的国家是美国，分别占该学科全球 A、B、C 层人才的 34.82%、29.30%、29.75%。

英国、德国、澳大利亚、中国大陆的 A 层人才比较多，世界占比在 15%—5% 之间；加拿大、瑞典、瑞士、新加坡、荷兰、新西兰、俄罗斯、西班牙、马来西亚、奥地利、比利时、巴西、韩国、法国、中国香港也有相当数量的 A 层人才，世界占比超过或接近 1%。

英国、中国大陆、德国、加拿大、法国、澳大利亚的 B 层人才比较多，世界占比在 12%—3% 之间；瑞士、荷兰、西班牙、沙特、意大利、瑞典、日本、丹麦、新加坡、奥地利、比利时、中国香港、俄罗斯也有相当数量的 B 层人才，世界占比超过 1%。

英国、中国大陆、德国、法国、加拿大的 C 层人才比较多，世界占比在 11%—3% 之间；意大利、瑞士、澳大利亚、西班牙、荷兰、日本、瑞典、印度、比利时、丹麦、新加坡、以色列、奥地利、韩国也有相当数量的 C 层人才，世界占比超过或接近 1%。

表 4—49 数学生物学和计算生物学 A 层人才排名前 20 的国家和地区的占比

国家和地区 \ 年份	2009	2010	2011	2012	2013	2014	2015	2016	2017	2018	合计
美国	44.44	50.00	50.00	27.27	60.00	25.00	33.33	8.33	27.27	30.77	34.82
英国	33.33	8.33	20.00	9.09	0.00	16.67	8.33	25.00	18.18	7.69	14.29
德国	0.00	0.00	10.00	18.18	10.00	25.00	8.33	25.00	0.00	7.69	10.71
澳大利亚	0.00	16.67	0.00	18.18	0.00	16.67	0.00	0.00	27.27	0.00	8.04
中国大陆	11.11	16.67	0.00	0.00	0.00	8.33	0.00	9.09	7.69	5.36
加拿大	0.00	8.33	0.00	0.00	0.00	8.33	0.00	9.09	0.00	2.68

续表

国家和地区\年份	2009	2010	2011	2012	2013	2014	2015	2016	2017	2018	合计
瑞典	0.00	0.00	0.00	0.00	10.00	0.00	0.00	16.67	0.00	0.00	2.68
瑞士	0.00	0.00	10.00	0.00	0.00	8.33	8.33	0.00	0.00	0.00	2.68
新加坡	0.00	0.00	0.00	9.09	0.00	0.00	0.00	8.33	0.00	7.69	2.68
荷兰	0.00	0.00	10.00	0.00	0.00	8.33	0.00	0.00	0.00	0.00	1.79
新西兰	0.00	0.00	0.00	9.09	0.00	8.33	0.00	0.00	0.00	0.00	1.79
俄罗斯	0.00	0.00	0.00	9.09	10.00	0.00	0.00	0.00	0.00	0.00	1.79
西班牙	11.11	0.00	0.00	0.00	0.00	0.00	0.00	8.33	0.00	0.00	1.79
马来西亚	0.00	0.00	0.00	0.00	0.00	0.00	0.00	0.00	0.00	7.69	0.89
奥地利	0.00	0.00	0.00	0.00	0.00	0.00	0.00	8.33	0.00	0.00	0.89
比利时	0.00	0.00	0.00	0.00	0.00	0.00	0.00	0.00	0.00	7.69	0.89
巴西	0.00	0.00	0.00	0.00	0.00	10.00	0.00	0.00	0.00	0.00	0.89
韩国	0.00	0.00	0.00	0.00	0.00	0.00	0.00	0.00	9.09	0.00	0.89
法国	0.00	0.00	0.00	0.00	0.00	0.00	0.00	0.00	0.00	7.69	0.89
中国香港	0.00	0.00	0.00	0.00	0.00	0.00	8.33	0.00	0.00	0.00	0.89

表4—50　　数学生物学和计算生物学 B 层人才排名前 20 的国家和地区的占比

国家和地区\年份	2009	2010	2011	2012	2013	2014	2015	2016	2017	2018	合计
美国	30.43	38.18	38.14	42.31	36.75	23.89	21.62	26.09	19.35	19.27	29.30
英国	17.39	13.64	9.28	9.62	11.97	8.85	12.61	13.91	12.10	5.50	11.45
中国大陆	3.26	0.91	3.09	8.65	3.42	4.42	9.01	13.04	14.52	18.35	8.06
德国	5.43	2.73	9.28	11.54	4.27	7.96	8.11	4.35	7.26	3.67	6.41
加拿大	6.52	7.27	4.12	0.96	5.13	6.19	1.80	2.61	5.65	3.67	4.40
法国	4.35	6.36	5.15	3.85	5.13	4.42	1.80	1.74	0.81	1.83	3.48
澳大利亚	2.17	0.91	4.12	0.96	4.27	3.54	2.70	2.61	7.26	5.50	3.48
瑞士	2.17	3.64	6.19	1.92	2.56	2.65	1.80	2.61	3.23	1.83	2.84
荷兰	3.26	5.45	4.12	1.92	1.71	4.42	3.60	0.87	1.61	1.83	2.84
西班牙	2.17	0.91	1.03	0.96	2.56	1.77	3.60	2.61	2.42	2.75	2.11
沙特	0.00	0.00	0.00	0.00	0.00	2.65	3.60	5.22	4.03	2.75	1.92
意大利	0.00	0.91	2.06	1.92	0.00	2.65	2.70	6.09	0.81	0.92	1.83
瑞典	3.26	0.00	0.00	1.92	1.71	3.54	0.90	0.87	1.61	1.83	1.56

续表

国家和地区＼年份	2009	2010	2011	2012	2013	2014	2015	2016	2017	2018	合计
日本	1.09	1.82	0.00	0.00	0.85	1.77	1.80	2.61	0.00	4.59	1.47
丹麦	2.17	0.00	2.06	0.96	0.85	3.54	2.70	0.87	0.81	0.92	1.47
新加坡	1.09	1.82	0.00	0.00	3.42	0.00	0.00	0.00	2.42	3.67	1.28
奥地利	1.09	0.00	3.09	0.00	1.71	1.77	0.90	0.87	0.00	1.83	1.10
比利时	2.17	1.82	3.09	0.96	0.00	0.88	1.80	0.00	0.00	0.00	1.01
中国香港	1.09	0.00	0.00	1.92	0.00	0.88	2.70	0.87	1.61	0.92	1.01
俄罗斯	0.00	0.91	0.00	0.96	0.85	0.00	2.70	3.48	0.00	0.92	1.01

表4—51 数学生物学和计算生物学 C 层人才排名前 20 的国家和地区的占比

国家和地区＼年份	2009	2010	2011	2012	2013	2014	2015	2016	2017	2018	合计
美国	34.91	32.62	33.79	30.92	28.97	29.65	29.48	29.75	24.77	23.55	29.75
英国	10.90	11.37	9.28	11.18	12.30	10.13	10.31	9.41	8.37	8.82	10.21
中国大陆	3.85	5.18	5.01	5.78	6.15	6.48	7.32	9.05	11.96	15.05	7.61
德国	8.04	6.65	6.57	7.13	8.47	7.03	8.05	6.63	5.72	5.38	6.97
法国	5.73	4.90	4.38	4.82	4.63	3.92	4.97	5.38	3.33	3.87	4.58
加拿大	4.52	3.42	4.48	3.95	3.83	4.38	2.62	3.49	3.59	3.01	3.71
意大利	2.53	2.40	2.19	3.37	3.83	3.38	2.98	3.23	2.65	2.69	2.94
瑞士	2.53	2.77	3.44	3.37	2.85	2.83	2.80	2.33	3.07	2.15	2.82
澳大利亚	2.31	2.40	2.71	2.89	3.12	3.74	2.35	1.88	2.73	3.98	2.80
西班牙	1.98	2.13	2.92	2.99	2.05	2.37	3.53	1.88	2.82	2.26	2.50
荷兰	1.98	2.40	2.82	1.64	2.58	2.92	2.06	2.06	1.88	2.58	2.30
日本	2.75	2.50	1.77	2.79	1.16	1.55	1.08	1.88	2.39	2.15	1.99
瑞典	0.99	1.76	0.94	1.83	1.78	2.01	1.18	1.79	1.71	1.18	1.54
印度	0.88	0.92	0.94	1.25	1.07	1.09	1.90	1.79	2.31	2.37	1.46
比利时	1.54	1.85	1.25	0.96	1.25	1.46	1.36	1.16	0.68	1.18	1.26
丹麦	1.32	1.20	1.15	0.58	1.25	1.64	0.81	0.72	1.28	1.40	1.13
新加坡	0.66	1.11	0.83	0.96	0.89	0.91	1.08	1.88	1.37	1.29	1.11
以色列	1.21	1.02	1.25	1.16	1.16	1.28	1.63	0.90	0.85	0.54	1.10
奥地利	1.21	1.02	1.88	0.48	0.53	1.09	1.18	1.34	1.20	0.86	1.07
韩国	0.55	0.92	0.73	0.67	0.80	0.64	0.90	0.81	1.11	1.18	0.84

十七　细胞生物学

细胞生物学 A、B、C 层人才最多的国家是美国，分别占该学科全球 A、B、C 层人才的 36.17%、38.82%、35.38%。

英国、德国、法国、西班牙的 A 层人才比较多，世界占比在 6%—3% 之间；日本、荷兰、澳大利亚、瑞士、意大利、比利时、瑞典、中国大陆、加拿大、以色列、丹麦、韩国、阿根廷、巴西、新加坡也有相当数量的 A 层人才，世界占比超过或接近 1%。

英国、德国、中国大陆、荷兰、法国、加拿大、日本的 B 层人才比较多，世界占比在 8%—3% 之间；意大利、瑞士、西班牙、澳大利亚、瑞典、以色列、丹麦、比利时、奥地利、韩国、新加坡、挪威也有相当数量的 B 层人才，世界占比超过或接近 1%。

英国、中国大陆、德国、法国、日本、加拿大、意大利的 C 层人才比较多，世界占比在 9%—3% 之间；瑞士、荷兰、澳大利亚、西班牙、瑞典、比利时、韩国、以色列、丹麦、新加坡、奥地利、中国台湾也有相当数量的 C 层人才，世界占比超过或接近 1%。

表 4—52　　细胞生物学 A 层人才排名前 20 的国家和地区的占比

国家和地区 \ 年份	2009	2010	2011	2012	2013	2014	2015	2016	2017	2018	合计
美国	44.19	58.33	52.94	7.02	53.57	51.72	41.54	11.27	31.58	10.71	36.17
英国	9.30	8.33	13.73	3.51	3.57	8.62	4.62	1.41	5.26	3.57	5.97
德国	2.33	6.25	3.92	1.75	5.36	5.17	10.77	1.41	7.89	3.57	5.06
法国	2.33	4.17	7.84	1.75	7.14	5.17	3.08	4.23	2.63	7.14	4.34
西班牙	4.65	0.00	0.00	1.75	1.79	3.45	7.69	2.82	3.95	3.57	3.07
日本	6.98	8.33	5.88	1.75	1.79	0.00	0.00	1.41	2.63	3.57	2.89
荷兰	2.33	2.08	1.96	3.51	1.79	0.00	3.08	1.41	6.58	3.57	2.71
澳大利亚	2.33	4.17	0.00	1.75	5.36	3.45	1.54	1.41	3.95	3.57	2.71
瑞士	2.33	4.17	1.96	1.75	1.79	1.72	1.54	1.41	3.95	3.57	2.35
意大利	2.33	2.08	3.92	1.75	1.79	1.72	3.08	1.41	2.63	3.57	2.35
比利时	2.33	2.08	3.92	1.75	0.00	3.45	3.08	1.41	1.32	3.57	2.17
瑞典	2.33	0.00	1.96	1.75	3.57	1.72	1.54	4.23	1.32	3.57	2.17

续表

国家和地区 \ 年份	2009	2010	2011	2012	2013	2014	2015	2016	2017	2018	合计
中国大陆	0.00	0.00	1.96	1.75	3.57	1.72	3.08	1.41	2.63	3.57	1.99
加拿大	4.65	0.00	0.00	1.75	3.57	1.72	0.00	1.41	2.63	3.57	1.81
以色列	0.00	0.00	0.00	1.75	1.79	3.45	1.54	1.41	2.63	3.57	1.63
丹麦	2.33	0.00	0.00	1.75	0.00	0.00	0.00	2.82	1.32	3.57	1.08
韩国	2.33	0.00	0.00	1.75	0.00	3.45	1.54	1.41	0.00	0.00	1.08
阿根廷	0.00	0.00	0.00	1.75	0.00	0.00	1.54	1.41	2.63	3.57	1.08
巴西	0.00	0.00	0.00	1.75	1.79	1.72	0.00	1.41	2.63	0.00	1.08
新加坡	2.33	0.00	0.00	1.75	0.00	0.00	0.00	2.82	0.00	3.57	0.90

表 4—53　细胞生物学 B 层人才排名前 20 的国家和地区的占比

国家和地区 \ 年份	2009	2010	2011	2012	2013	2014	2015	2016	2017	2018	合计
美国	47.22	39.82	44.89	39.26	38.94	40.58	37.27	36.68	36.12	31.51	38.82
英国	7.07	8.82	7.45	9.28	8.41	7.69	7.76	6.27	7.16	7.83	7.73
德国	8.59	7.69	7.02	6.00	3.91	7.88	6.24	6.58	7.01	6.07	6.64
中国大陆	1.77	1.81	2.77	4.06	6.07	4.81	6.24	6.90	5.52	8.41	5.05
荷兰	2.27	5.20	2.98	5.03	4.70	4.62	3.37	4.08	3.13	2.94	3.83
法国	3.79	2.71	4.04	1.93	4.11	3.85	3.20	3.29	4.33	2.94	3.44
加拿大	3.79	3.62	2.55	3.48	3.52	2.69	3.20	3.92	3.73	3.13	3.38
日本	6.31	5.66	3.83	2.51	3.33	4.62	2.02	1.57	2.09	1.96	3.19
意大利	2.53	3.62	3.40	3.09	3.91	2.69	2.53	2.66	2.09	2.35	2.85
瑞士	3.03	3.17	3.62	2.51	1.57	2.12	2.70	3.29	2.54	3.52	2.79
西班牙	1.52	0.90	2.98	2.32	2.74	1.73	2.02	1.88	3.43	2.15	2.22
澳大利亚	2.27	2.26	1.49	1.74	0.98	2.69	3.54	2.19	2.39	1.96	2.18
瑞典	0.25	2.49	1.49	1.35	1.96	2.50	2.87	2.51	2.24	2.74	2.11
以色列	1.52	1.58	1.28	0.77	1.96	0.77	2.87	2.35	2.24	1.76	1.77
丹麦	0.51	0.68	1.28	0.97	1.96	1.54	2.36	2.19	1.64	1.37	1.52
比利时	1.52	1.81	1.28	2.51	0.39	1.15	1.52	1.10	1.49	2.15	1.48
奥地利	0.25	0.68	0.64	0.77	1.37	0.38	1.69	1.25	1.34	1.57	1.04
韩国	1.01	0.90	0.85	0.97	1.96	0.96	0.34	0.78	0.90	0.98	0.95
新加坡	0.25	0.90	0.64	1.55	0.78	1.15	1.01	0.94	0.30	1.17	0.87
挪威	0.51	0.68	0.21	1.55	0.59	0.58	0.51	0.16	0.75	0.98	0.65

表4—54　细胞生物学C层人才排名前20的国家和地区的占比

国家和地区\年份	2009	2010	2011	2012	2013	2014	2015	2016	2017	2018	合计
美国	40.84	40.37	39.09	37.09	36.45	37.15	34.40	31.67	30.70	30.06	35.38
英国	8.82	8.85	8.25	8.55	8.04	7.80	8.21	8.59	8.00	8.28	8.32
中国大陆	2.74	3.02	3.92	5.02	6.41	7.22	8.67	9.75	13.92	12.41	7.70
德国	8.16	8.05	7.84	8.59	8.02	7.41	6.96	7.27	7.09	7.27	7.62
法国	5.02	4.64	4.67	4.28	4.25	4.47	4.66	4.09	4.15	3.63	4.36
日本	5.33	4.67	4.94	4.51	3.86	3.50	3.07	3.32	3.51	2.97	3.89
加拿大	3.24	3.52	3.79	3.61	2.92	3.24	3.66	3.48	3.18	2.97	3.36
意大利	2.96	2.93	2.66	3.04	3.22	3.18	3.46	3.37	3.18	3.09	3.13
瑞士	3.09	2.81	2.43	2.71	2.90	2.77	2.74	2.89	2.65	2.82	2.78
荷兰	2.61	2.77	2.66	3.08	3.08	2.48	2.39	2.77	2.18	2.56	2.64
澳大利亚	1.81	1.83	1.94	1.88	2.43	2.48	2.22	2.42	2.54	2.50	2.23
西班牙	2.14	1.88	2.54	2.47	2.18	2.27	1.98	2.30	2.07	2.43	2.22
瑞典	1.38	1.62	1.30	1.49	1.27	1.66	1.58	1.84	1.44	1.83	1.55
比利时	1.11	1.26	1.66	1.57	1.33	1.27	1.30	1.21	1.21	1.15	1.31
韩国	0.90	1.12	1.11	1.20	1.45	1.27	1.34	1.43	1.24	1.00	1.22
以色列	1.06	1.12	1.32	1.02	0.96	1.16	1.39	1.01	0.91	0.98	1.09
丹麦	0.93	0.89	0.79	0.92	1.47	1.19	1.19	1.24	0.88	1.30	1.09
新加坡	0.90	1.01	0.94	1.16	1.37	0.67	1.02	1.07	0.89	0.87	0.99
奥地利	1.03	1.12	0.81	0.90	1.02	1.10	0.71	0.98	1.10	1.05	0.98
中国台湾	0.43	0.43	0.58	0.57	0.63	0.58	0.73	0.69	0.58	0.53	0.59

十八　免疫学

免疫学A、B、C层人才最多的国家是美国，分别占该学科全球A、B、C层人才的37.32%、31.67%、31.15%。

英国、德国、法国、日本、澳大利亚、瑞士、荷兰的A层人才比较多，世界占比在9%—3%之间；加拿大、意大利、以色列、西班牙、巴西、新加坡、中国大陆、爱尔兰、泰国、比利时、奥地利、瑞典也有相当数量的A层人才，世界占比超过1%。

英国、德国、法国、荷兰、澳大利亚、瑞士、意大利、加拿大、日本的B层人才比较多，世界占比在9%—3%之间；西班牙、中国大陆、比利时、瑞典、丹麦、奥地利、爱尔兰、以色列、新加坡、波兰也有相当数量的 B 层人才，世界占比超过或接近 1%。

英国、德国、法国、中国大陆、意大利、荷兰、澳大利亚、加拿大、瑞士的 C 层人才比较多，世界占比在 8%—3% 之间；日本、西班牙、瑞典、比利时、丹麦、南非、奥地利、巴西、以色列、韩国也有相当数量的 C 层人才，世界占比超过或接近 1%。

表4—55　　免疫学 A 层人才排名前 20 的国家和地区的占比

国家和地区\年份	2009	2010	2011	2012	2013	2014	2015	2016	2017	2018	合计
美国	52.38	31.11	47.83	50.00	26.92	39.53	29.55	37.10	42.50	22.22	37.32
英国	7.14	17.78	2.17	8.93	5.77	9.30	13.64	4.84	5.00	7.94	8.11
德国	7.14	2.22	2.17	7.14	5.77	11.63	6.82	9.68	5.00	4.76	6.29
法国	7.14	6.67	6.52	7.14	7.69	6.98	0.00	3.23	2.50	3.17	5.07
日本	2.38	6.67	8.70	1.79	9.62	2.33	3.23	2.50	4.76		4.26
澳大利亚	2.38	6.67	4.35	5.36	3.85	4.65	2.27	8.06	0.00	3.17	4.26
瑞士	4.76	4.44	4.35	5.36	1.92	4.65	2.27	4.84	2.50	1.59	3.65
荷兰	4.76	0.00	0.00	0.00	5.77	2.33	6.82	1.61	7.50	3.17	3.04
加拿大	2.38	2.22	4.35	0.00	1.92	0.00	2.27	1.61	0.00	7.94	2.43
意大利	0.00	2.22	6.52	1.79	0.00	2.33	0.00	3.23	2.50	1.59	2.03
以色列	0.00	2.22	2.17	0.00	1.92	4.65	0.00	1.61	2.50	3.17	1.83
西班牙	2.38	0.00	2.17	1.79	1.92	0.00	0.00	1.61	2.50	4.76	1.83
巴西	2.38	0.00	0.00	0.00	0.00	0.00	4.55	3.23	2.50	3.17	1.62
新加坡	0.00	2.22	0.00	1.79	1.92	6.98	0.00	1.61	0.00	1.59	1.62
中国大陆	0.00	0.00	0.00	1.79	0.00	0.00	2.27	4.84	2.50	1.59	1.42
爱尔兰	0.00	4.44	0.00	0.00	0.00	0.00	0.00	4.84	2.50	0.00	1.22
泰国	2.38	0.00	0.00	0.00	3.57	0.00	2.27	1.61	0.00	1.59	1.22
比利时	0.00	0.00	0.00	0.00	1.92	4.65	2.27	1.61	0.00	1.59	1.22
奥地利	0.00	2.22	0.00	1.79	0.00	0.00	2.27	0.00	2.50	1.59	1.01
瑞典	0.00	0.00	4.35	0.00	1.92	0.00	0.00	0.00	5.00	0.00	1.01

表4—56　　　免疫学B层人才排名前20的国家和地区的占比

国家和地区\年份	2009	2010	2011	2012	2013	2014	2015	2016	2017	2018	合计
美国	39.12	36.34	37.93	31.45	38.63	30.18	31.17	24.69	29.32	23.90	31.67
英国	7.51	7.56	9.20	7.81	9.66	10.73	8.30	6.80	6.95	7.03	8.14
德国	5.70	8.05	7.82	6.64	7.08	6.55	7.09	7.33	6.95	7.38	7.06
法国	4.15	4.88	3.45	4.10	4.29	5.27	6.07	4.29	3.95	4.75	4.54
荷兰	4.40	3.17	3.91	3.91	3.22	4.00	2.43	4.29	4.89	3.87	3.83
澳大利亚	3.37	3.17	3.45	3.32	3.65	3.82	6.07	2.50	2.63	4.39	3.64
瑞士	4.15	4.63	4.60	2.73	3.22	2.55	3.44	3.22	4.14	4.22	3.64
意大利	3.89	2.44	2.99	3.71	2.58	3.27	2.23	3.58	3.01	4.75	3.28
加拿大	3.37	4.39	4.37	2.73	2.58	3.82	3.44	2.68	2.82	2.11	3.18
日本	4.66	4.88	2.53	2.93	2.58	2.91	4.25	1.97	2.63	2.81	3.13
西班牙	1.81	1.46	1.38	2.15	1.50	2.18	1.62	2.68	1.88	3.16	2.04
中国大陆	2.07	0.98	1.15	0.59	2.58	1.82	1.42	2.68	2.26	4.22	2.04
比利时	0.52	1.46	1.61	1.76	1.29	1.82	1.21	1.97	3.01	1.76	1.69
瑞典	0.52	0.98	1.15	2.34	1.72	2.00	1.01	2.68	2.63	0.88	1.65
丹麦	0.78	0.98	1.38	1.56	1.72	1.45	0.20	1.97	2.07	1.93	1.45
奥地利	0.78	0.24	0.92	1.17	1.50	1.09	1.62	1.97	1.13	1.41	1.22
爱尔兰	1.04	1.22	0.69	1.17	1.29	1.64	0.61	1.25	2.07	0.88	1.20
以色列	0.78	0.24	1.15	0.98	1.07	1.45	1.62	0.89	1.50	1.41	1.14
新加坡	1.04	0.98	0.46	1.56	1.07	0.73	1.21	0.72	0.75	0.88	0.94
波兰	0.78	0.24	0.69	0.98	1.07	0.73	0.40	1.25	0.75	1.76	0.90

表4—57　　　免疫学C层人才排名前20的国家和地区的占比

国家和地区\年份	2009	2010	2011	2012	2013	2014	2015	2016	2017	2018	合计
美国	35.83	34.76	34.90	33.82	31.96	30.75	29.51	28.47	26.90	26.82	31.15
英国	7.73	7.83	8.36	7.97	8.56	8.55	7.65	7.71	7.63	7.75	7.97
德国	6.54	6.56	5.88	6.56	6.33	5.85	6.60	6.43	5.82	6.18	6.27
法国	4.77	4.37	4.66	4.15	4.57	4.98	4.28	4.48	4.61	4.31	4.52
中国大陆	1.97	2.63	2.85	3.55	3.79	4.45	4.58	5.65	6.23	6.82	4.36
意大利	3.97	3.51	3.45	3.83	3.85	3.63	3.87	3.36	4.02	4.44	3.79
荷兰	3.27	3.32	3.56	3.09	3.94	3.52	3.57	3.20	3.49	3.60	3.45

续表

国家和地区\年份	2009	2010	2011	2012	2013	2014	2015	2016	2017	2018	合计
澳大利亚	3.32	3.05	3.33	3.35	3.58	3.40	3.47	3.25	3.42	3.45	3.37
加拿大	3.50	3.24	3.31	3.45	3.35	2.76	3.01	3.34	3.34	3.33	3.26
瑞士	2.98	3.05	3.56	3.25	2.80	2.86	2.89	3.41	3.34	3.08	3.12
日本	3.14	3.34	3.51	3.05	2.94	3.13	2.85	2.82	2.62	2.47	2.97
西班牙	1.89	2.29	2.25	2.35	2.33	2.39	2.30	2.35	2.69	2.39	2.33
瑞典	1.95	1.76	1.93	1.87	1.74	1.61	2.04	2.02	1.97	2.22	1.91
比利时	1.74	1.85	1.56	1.51	1.48	1.48	1.49	1.61	2.03	1.53	1.62
丹麦	1.25	1.12	0.94	1.14	1.08	1.28	1.47	1.35	1.23	1.05	1.20
南非	0.96	1.20	0.94	1.18	1.29	1.07	1.37	0.98	1.13	1.13	1.13
奥地利	0.93	1.17	1.13	0.92	1.00	1.01	1.01	1.39	1.19	1.38	1.12
巴西	0.99	1.07	0.71	0.90	0.80	1.15	1.11	1.50	1.25	1.21	1.08
以色列	0.70	0.90	1.08	0.74	0.97	1.05	1.15	0.87	0.88	0.96	0.93
韩国	0.86	0.83	0.83	0.76	0.87	1.07	0.95	0.99	0.88	0.86	0.89

十九 神经科学

神经科学A、B、C层人才最多的国家是美国，分别占该学科全球A、B、C层人才的35.48%、35.93%、34.07%。

英国、德国、加拿大、荷兰、意大利、瑞士、法国的A层人才比较多，世界占比在11%—3%之间；瑞典、澳大利亚、中国大陆、西班牙、爱尔兰、丹麦、日本、比利时、挪威、奥地利、芬兰、新加坡也有相当数量的A层人才，世界占比超过或接近1%。

英国、德国、加拿大、荷兰、法国、瑞士、意大利、澳大利亚的B层人才比较多，世界占比在11%—3%之间；中国大陆、西班牙、日本、瑞典、比利时、奥地利、丹麦、以色列、爱尔兰、挪威、巴西也有相当数量的B层人才，世界占比超过或接近1%。

英国、德国、加拿大、中国大陆、意大利、法国、荷兰、澳大利亚的C层人才比较多，世界占比在10%—3%之间；瑞士、日本、西班牙、瑞典、比利时、丹麦、韩国、以色列、巴西、奥地利、挪威也有相当数量的C层人才，世界占比超过或接近1%。

表4—58　　　神经科学A层人才排名前20的国家和地区的占比

国家和地区\年份	2009	2010	2011	2012	2013	2014	2015	2016	2017	2018	合计
美国	52.17	41.79	28.57	45.33	41.33	36.59	27.78	33.73	30.93	21.59	35.48
英国	10.14	7.46	5.71	14.67	16.00	12.20	5.56	9.64	13.40	7.95	10.41
德国	2.90	7.46	8.57	9.33	9.33	4.88	9.72	9.64	9.28	6.82	7.84
加拿大	8.70	8.96	10.00	5.33	4.00	3.66	5.56	2.41	6.19	4.55	5.78
荷兰	0.00	5.97	10.00	4.00	4.00	3.66	4.17	6.02	5.15	3.41	4.63
意大利	4.35	2.99	7.14	1.33	1.33	4.88	4.17	2.41	3.09	4.55	3.60
瑞士	2.90	0.00	2.86	2.67	4.00	4.88	6.94	3.61	5.15	2.27	3.60
法国	4.35	4.48	2.86	2.67	1.33	2.44	4.17	3.61	3.09	5.68	3.47
瑞典	1.45	1.49	4.29	4.00	1.33	1.22	4.17	4.82	0	4.55	2.70
澳大利亚	0.00	4.48	1.43	0.00	1.33	1.22	4.17	3.61	5.15	3.41	2.57
中国大陆	0.00	1.49	1.43	0.00	2.67	0.00	4.17	4.82	2.06	5.68	2.31
西班牙	1.45	0.00	2.86	1.33	1.33	3.66	0.00	2.41	3.09	3.41	2.06
爱尔兰	0.00	1.49	2.86	1.33	0.00	1.22	2.78	4.82	2.06	1.14	1.80
丹麦	1.45	4.48	1.43	1.33	0.00	2.44	2.78	1.20	1.03	1.14	1.67
日本	1.45	1.49	1.43	1.33	0.00	2.44	1.39	0.00	1.03	3.41	1.41
比利时	1.45	0.00	0.00	1.33	1.33	2.44	2.78	0.00	2.06	0.00	1.16
挪威	0.00	0.00	0.00	0.00	2.67	2.44	1.39	0.00	1.03	2.27	1.03
奥地利	0.00	1.49	0.00	2.67	1.33	1.22	0.00	0.00	0.00	3.41	1.03
芬兰	1.45	2.99	1.43	0.00	1.33	1.22	1.39	0.00	1.14	0	1.03
新加坡	1.45	0.00	1.43	0.00	0.00	1.22	1.39	0.00	0.00	3.41	0.90

表4—59　　　神经科学B层人才排名前20的国家和地区的占比

国家和地区\年份	2009	2010	2011	2012	2013	2014	2015	2016	2017	2018	合计
美国	41.41	41.31	38.63	38.22	41.21	36.47	32.80	30.33	32.15	31.16	35.93
英国	10.43	11.64	11.45	12.15	10.23	11.17	10.19	12.18	10.30	8.68	10.81
德国	8.19	9.84	8.27	8.15	7.78	7.27	7.80	8.40	7.32	6.90	7.94
加拿大	4.82	3.93	6.36	4.30	4.18	4.58	4.10	4.51	4.12	4.47	4.51
荷兰	3.37	4.10	3.50	5.33	4.47	4.17	4.37	3.90	4.23	3.70	4.12
法国	4.01	2.46	3.82	3.56	3.46	4.44	4.10	3.78	3.43	3.19	3.63
瑞士	3.37	3.61	3.18	3.70	2.88	3.50	3.57	3.41	2.40	3.45	3.29
意大利	2.89	3.61	2.70	3.56	2.59	3.23	2.65	2.92	3.43	2.43	3.00

续表

国家和地区 \ 年份	2009	2010	2011	2012	2013	2014	2015	2016	2017	2018	合计
澳大利亚	2.41	3.61	2.86	2.37	2.74	3.10	2.65	3.53	2.52	4.09	3.00
中国大陆	1.28	1.48	1.43	1.19	3.03	3.23	2.65	3.29	2.86	6.64	2.82
西班牙	1.28	1.80	1.75	2.81	2.16	1.48	3.44	2.56	1.60	1.92	2.09
日本	1.61	2.95	1.43	0.89	2.31	2.69	2.25	1.22	2.63	2.30	2.04
瑞典	1.61	0.98	0.95	2.22	0.58	1.75	2.12	2.92	2.63	2.17	1.86
比利时	1.61	1.15	1.91	0.59	1.15	0.81	0.79	1.83	1.49	1.53	1.29
奥地利	1.44	0.66	1.11	1.19	1.30	0.81	1.19	1.71	1.26	1.15	1.19
丹麦	0.96	0.98	0.79	1.19	0.58	0.40	1.85	1.34	1.72	1.28	1.14
以色列	1.44	0.82	1.11	0.89	0.72	0.94	1.32	1.34	0.92	0.38	0.99
爱尔兰	0.96	0.82	0.79	0.74	0.72	1.21	1.06	0.97	1.37	0.77	0.96
挪威	0.64	1.15	0.95	0.59	0.58	0.54	0.79	0.85	1.26	1.28	0.87
巴西	0.96	0.49	0.48	0.44	0.72	0.81	0.53	1.71	0.92	1.28	0.86

表4—60 神经科学C层人才排名前20的国家和地区的占比

国家和地区 \ 年份	2009	2010	2011	2012	2013	2014	2015	2016	2017	2018	合计
美国	39.62	37.97	38.07	36.20	34.77	33.50	32.97	31.08	29.96	29.74	34.07
英国	9.56	10.23	9.56	9.99	9.77	9.12	9.53	9.43	9.02	9.20	9.51
德国	8.60	8.23	8.60	8.45	8.26	7.98	8.00	8.08	7.44	7.28	8.06
加拿大	5.04	4.83	4.70	4.81	4.93	5.01	4.92	4.64	5.12	4.92	4.89
中国大陆	1.97	2.20	2.89	3.18	3.42	4.61	5.12	5.38	6.42	6.05	4.27
意大利	3.98	4.02	4.00	4.16	3.96	3.94	4.17	4.24	4.23	4.18	4.10
法国	4.03	3.81	4.17	3.83	3.80	3.91	3.66	3.55	3.58	3.50	3.77
荷兰	3.40	3.89	3.85	4.22	3.52	3.84	3.38	3.59	3.36	3.29	3.62
澳大利亚	2.49	2.50	2.75	2.42	3.31	3.43	3.55	3.42	3.36	3.66	3.13
瑞士	2.60	2.28	2.62	2.48	2.87	2.79	2.74	2.71	2.58	2.54	2.63
日本	3.30	3.00	2.75	2.69	2.57	2.18	2.46	2.31	2.40	2.54	2.59
西班牙	1.98	2.25	1.84	2.56	2.44	2.79	2.08	2.41	2.48	2.45	2.34
瑞典	1.27	1.79	1.82	1.62	1.71	1.69	1.56	1.90	2.05	1.96	1.75
比利时	1.24	1.40	1.45	1.30	1.63	1.44	1.18	1.32	1.38	1.43	1.38
丹麦	0.91	1.03	0.64	0.97	0.95	0.98	1.29	1.30	1.29	1.15	1.07
韩国	0.80	0.84	0.70	1.06	1.12	1.08	1.02	1.22	1.26	1.01	1.03

续表

国家和地区 \ 年份	2009	2010	2011	2012	2013	2014	2015	2016	2017	2018	合计
以色列	0.94	1.02	1.12	0.92	1.17	0.96	1.08	0.95	0.90	0.85	0.99
巴西	0.78	0.74	0.67	0.80	0.82	0.93	0.76	1.17	1.26	1.49	0.96
奥地利	0.88	0.85	0.91	0.82	0.73	1.06	0.95	0.77	1.02	0.78	0.88
挪威	0.52	0.79	0.64	0.71	0.59	0.60	0.64	0.64	0.82	0.56	0.65

二十 心理学

心理学A、B、C层人才最多的国家是美国，分别占该学科全球A、B、C层人才的50.85%、36.85%、35.75%。

英国、加拿大、荷兰的A层人才比较多，世界占比在17%—5%之间；新西兰、瑞士、德国、以色列、西班牙、中国大陆、新加坡、丹麦、法国、澳大利亚、中国香港、比利时、爱尔兰、芬兰也有相当数量的A层人才，世界占比超过或接近1%。

英国、德国、荷兰、加拿大、澳大利亚的B层人才比较多，世界占比在14%—4%之间；比利时、意大利、西班牙、瑞士、瑞典、法国、以色列、中国大陆、新西兰、巴西、日本、挪威、奥地利、丹麦也有相当数量的B层人才，世界占比超过或接近1%。

英国、德国、澳大利亚、加拿大、荷兰的C层人才比较多，世界占比在13%—5%之间；意大利、法国、瑞士、比利时、西班牙、瑞典、中国大陆、以色列、丹麦、奥地利、挪威、日本、爱尔兰、巴西也有相当数量的C层人才，世界占比超过或接近1%。

表4—61　　　　心理学A层人才的国家和地区的占比

国家和地区 \ 年份	2009	2010	2011	2012	2013	2014	2015	2016	2017	2018	合计
美国	54.55	54.55	58.33	50.00	37.50	57.14	53.85	66.67	41.67	37.50	50.85
英国	27.27	9.09	16.67	25.00	12.50	21.43	23.08	11.11	8.33	12.50	16.95
加拿大	0.00	0.00	16.67	8.33	12.50	7.14	0.00	22.22	8.33	0.00	7.63
荷兰	9.09	9.09	0.00	0.00	12.50	14.29	0.00	0.00	12.50	0.00	5.93
新西兰	9.09	0.00	0.00	0.00	6.25	0.00	0.00	0.00	8.33	0.00	2.54
瑞士	0.00	9.09	0.00	0.00	6.25	0.00	0.00	0.00	0.00	12.50	2.54

续表

国家和地区\年份	2009	2010	2011	2012	2013	2014	2015	2016	2017	2018	合计
德国	0.00	0.00	8.33	0.00	0.00	0.00	7.69	0.00	8.33	0.00	2.54
以色列	0.00	9.09	0.00	0.00	6.25	0.00	7.69	0.00	0.00	0.00	2.54
西班牙	0.00	0.00	0.00	0.00	0.00	0.00	0.00	0.00	0.00	12.50	0.85
中国大陆	0.00	0.00	0.00	0.00	6.25	0.00	0.00	0.00	0.00	0.00	0.85
新加坡	0.00	9.09	0.00	0.00	0.00	0.00	0.00	0.00	0.00	0.00	0.85
丹麦	0.00	0.00	0.00	0.00	0.00	0.00	7.69	0.00	0.00	0.00	0.85
法国	0.00	0.00	0.00	8.33	0.00	0.00	0.00	0.00	0.00	0.00	0.85
澳大利亚	0.00	0.00	0.00	0.00	0.00	0.00	0.00	0.00	8.33	0.00	0.85
中国香港	0.00	0.00	0.00	0.00	0.00	0.00	0.00	0.00	8.33	0.00	0.85
比利时	0.00	0.00	0.00	8.33	0.00	0.00	0.00	0.00	0.00	0.00	0.85
爱尔兰	0.00	0.00	0.00	0.00	0.00	0.00	0.00	0.00	8.33	0.00	0.85
芬兰	0.00	0.00	0.00	0.00	0.00	0.00	0.00	0.00	0.00	12.50	0.85

表4—62　心理学B层人才排名前20的国家和地区的占比

国家和地区\年份	2009	2010	2011	2012	2013	2014	2015	2016	2017	2018	合计
美国	53.77	53.92	50.00	38.94	30.07	33.56	42.14	24.00	30.94	22.40	36.85
英国	9.43	13.73	11.40	19.47	14.69	12.33	12.86	12.00	13.67	14.40	13.38
德国	5.66	5.88	3.51	9.73	12.59	6.16	2.14	4.00	5.04	8.80	6.34
荷兰	3.77	4.90	5.26	4.42	4.90	6.85	7.14	10.00	3.60	5.60	5.79
加拿大	8.49	4.90	8.77	3.54	4.20	3.42	7.14	4.67	7.91	3.20	5.56
澳大利亚	6.60	0.00	2.63	4.42	6.99	4.79	5.71	6.00	5.76	4.80	4.93
比利时	1.89	1.96	0.88	2.65	2.80	2.74	3.57	2.67	1.44	4.80	2.58
意大利	1.89	1.96	0.88	0.00	2.10	2.74	0.71	5.33	2.16	3.20	2.19
西班牙	0.94	0.00	0.00	1.77	2.10	2.74	2.86	2.00	2.88	1.60	1.80
瑞士	0.94	0.00	1.75	0.88	2.10	1.37	0.71	2.67	0.72	4.00	1.56
瑞典	0.94	2.94	0.00	2.65	1.40	0.68	0.71	2.00	2.88	0.80	1.49
法国	1.89	0.00	0.88	1.77	2.80	1.37	0.71	1.33	2.16	0.80	1.41
以色列	0.00	1.96	2.63	1.77	0.70	2.05	2.14	0.67	0.72	0.80	1.33
中国大陆	0.00	0.98	0.00	0.00	0.70	2.05	1.43	0.67	1.44	4.00	1.17
新西兰	0.94	0.98	0.00	0.88	2.10	1.37	0.00	2.00	1.44	0.80	1.10
巴西	0.94	0.00	1.75	0.00	0.70	0.68	0.71	2.00	1.44	1.60	1.02

续表

国家和地区\年份	2009	2010	2011	2012	2013	2014	2015	2016	2017	2018	合计
日本	0.00	1.96	0.88	0.88	0.00	0.68	0.00	1.33	1.44	1.60	0.86
挪威	0.00	0.98	0.00	2.65	0.70	0.00	0.71	0.67	0.00	2.40	0.78
奥地利	0.00	0.00	0.88	0.00	2.80	1.37	0.00	0.00	0.72	0.00	0.63
丹麦	0.94	0.00	0.88	1.77	0.00	0.68	0.71	0.00	0.72	0.80	0.63

表4—63　心理学C层人才排名前20的国家和地区的占比

国家和地区\年份	2009	2010	2011	2012	2013	2014	2015	2016	2017	2018	合计
美国	42.31	38.03	39.38	38.82	36.60	32.82	35.26	33.11	33.43	30.70	35.75
英国	13.18	12.12	13.19	13.49	13.26	12.34	13.33	12.59	13.40	11.98	12.89
德国	7.16	7.04	8.23	7.83	8.01	8.35	8.00	7.48	7.72	7.13	7.72
澳大利亚	5.25	5.77	5.31	5.83	5.67	4.91	6.67	5.48	7.14	7.13	5.94
加拿大	6.21	4.99	5.75	5.83	6.31	6.24	4.96	5.63	5.68	6.81	5.86
荷兰	5.83	7.53	5.49	6.09	4.89	5.54	5.48	5.85	5.17	5.72	5.70
意大利	1.24	2.74	2.65	1.83	2.70	3.23	3.04	2.74	2.40	3.29	2.62
法国	1.72	1.96	1.86	1.65	2.06	2.17	2.67	2.30	2.04	2.11	2.07
瑞士	0.96	1.27	1.42	1.57	2.41	2.88	1.85	1.93	1.68	2.82	1.93
比利时	1.62	1.66	2.12	1.57	1.84	2.38	1.41	1.93	1.89	2.74	1.93
西班牙	2.29	1.56	1.24	1.48	1.63	1.47	0.96	2.15	2.04	2.11	1.69
瑞典	0.86	1.17	2.04	1.13	1.06	2.10	1.63	1.78	1.75	1.80	1.56
中国大陆	0.48	0.98	0.97	1.13	1.56	1.05	1.41	1.93	1.97	1.49	1.33
以色列	1.15	2.05	1.06	1.04	1.28	1.40	1.33	1.19	0.58	1.17	1.21
丹麦	0.38	0.88	0.53	1.22	0.50	0.77	0.89	1.63	0.95	1.10	0.89
奥地利	0.57	0.59	0.88	0.52	0.92	1.47	0.81	0.67	0.58	0.78	0.80
挪威	0.76	0.39	0.97	0.78	0.28	0.49	0.67	0.59	1.31	1.02	0.73
日本	1.05	0.49	0.62	0.35	0.64	0.70	1.11	0.67	0.73	0.86	0.73
爱尔兰	0.76	0.98	0.80	0.96	0.57	0.84	0.74	0.52	0.66	0.55	0.73
巴西	0.57	0.59	0.27	0.52	0.78	1.05	0.44	0.96	0.58	0.78	0.67

二十一　应用心理学

应用心理学A、B、C层人才最多的国家是美国，分别占该学科全球A、B、C层人才的66.07%、45.87%、38.51%。

荷兰、英国、德国的 A 层人才比较多，世界占比在 8%—3% 之间；澳大利亚、西班牙、意大利、加拿大、挪威、法国、葡萄牙、以色列、新加坡、南非也有相当数量的 A 层人才，世界占比均为 1.79%。

英国、荷兰、加拿大、澳大利亚、德国的 B 层人才比较多，世界占比在 9%—4% 之间；瑞士、法国、中国香港、比利时、中国大陆、挪威、新加坡、西班牙、爱尔兰、中国台湾、南非、葡萄牙、韩国、瑞典也有相当数量的 B 层人才，世界占比超过或接近 1%。

英国、荷兰、加拿大、澳大利亚、德国的 C 层人才比较多，世界占比在 10%—5% 之间；中国大陆、中国香港、瑞士、比利时、法国、西班牙、意大利、新加坡、以色列、瑞典、韩国、挪威、芬兰、丹麦也有相当数量的 C 层人才，世界占比超过或接近 1%。

表 4—64　　应用心理学 A 层人才的国家和地区的占比

国家和地区\年份	2009	2010	2011	2012	2013	2014	2015	2016	2017	2018	合计
美国	60.00	80.00	83.33	66.67	100.00	33.33	71.43	85.71	20.00	33.33	66.07
荷兰	20.00	0.00	0.00	16.67	0.00	0.00	14.29	0.00	20.00	0.00	7.14
英国	0.00	0.00	0.00	0.00	0.00	66.67	0.00	0.00	0.00	16.67	5.36
德国	20.00	0.00	0.00	0.00	0.00	0.00	14.29	0.00	0.00	0.00	3.57
澳大利亚	0.00	0.00	0.00	16.67	0.00	0.00	0.00	0.00	0.00	0.00	1.79
西班牙	0.00	0.00	16.67	0.00	0.00	0.00	0.00	0.00	0.00	0.00	1.79
意大利	0.00	0.00	0.00	0.00	0.00	0.00	0.00	20.00	0.00	0.00	1.79
加拿大	0.00	0.00	0.00	0.00	0.00	0.00	0.00	0.00	0.00	16.67	1.79
挪威	0.00	0.00	0.00	0.00	0.00	0.00	0.00	20.00	0.00	0.00	1.79
法国	0.00	0.00	0.00	0.00	0.00	0.00	0.00	0.00	16.67	0.00	1.79
葡萄牙	0.00	20.00	0.00	0.00	0.00	0.00	0.00	0.00	0.00	0.00	1.79
以色列	0.00	0.00	0.00	0.00	0.00	0.00	0.00	0.00	0.00	16.67	1.79
新加坡	0.00	0.00	0.00	0.00	0.00	0.00	14.29	0.00	0.00	0.00	1.79
南非	0.00	0.00	0.00	0.00	0.00	0.00	0.00	0.00	20.00	0.00	1.79

表4—65　应用心理学B层人才排名前20的国家和地区的占比

国家和地区 \ 年份	2009	2010	2011	2012	2013	2014	2015	2016	2017	2018	合计
美国	43.75	50.94	60.00	48.28	58.93	44.59	40.32	41.89	43.94	30.00	45.87
英国	8.33	3.77	5.45	10.34	7.14	9.46	9.68	8.11	10.61	11.67	8.58
荷兰	18.75	5.66	10.91	8.62	8.93	4.05	3.23	10.81	4.55	6.67	7.92
加拿大	6.25	11.32	3.64	8.62	5.36	5.41	4.84	8.11	1.52	6.67	6.11
澳大利亚	4.17	3.77	1.82	1.72	5.36	6.76	8.06	6.76	7.58	6.67	5.45
德国	0.00	7.55	5.45	3.45	5.36	8.11	4.84	1.35	9.09	1.67	4.79
瑞士	2.08	3.77	1.82	3.45	0.00	0.00	6.45	4.05	3.03	5.00	2.97
法国	2.08	0.00	1.82	3.45	0.00	2.70	1.61	2.70	1.52	3.33	1.98
中国香港	2.08	0.00	1.82	5.17	1.79	2.70	0.00	0.00	3.03	3.33	1.98
比利时	2.08	1.89	0.00	0.00	0.00	0.00	6.45	2.70	1.52	3.33	1.82
中国大陆	0.00	0.00	1.82	0.00	0.00	1.35	0.00	2.70	3.03	3.33	1.32
挪威	2.08	0.00	1.82	5.17	0.00	0.00	1.61	0.00	1.52	1.67	1.32
新加坡	0.00	0.00	1.82	0.00	1.79	1.35	1.61	1.35	1.52	1.67	1.16
西班牙	2.08	1.89	0.00	0.00	1.79	2.70	0.00	0.00	1.52	1.67	1.16
爱尔兰	0.00	0.00	0.00	0.00	0.00	0.00	1.61	1.35	1.52	1.67	0.66
中国台湾	0.00	0.00	0.00	0.00	0.00	1.35	1.61	2.70	0.00	0.00	0.66
南非	0.00	0.00	0.00	1.72	0.00	0.00	0.00	1.35	0.00	1.67	0.50
葡萄牙	2.08	1.89	0.00	0.00	0.00	1.35	0.00	0.00	0.00	0.00	0.50
韩国	0.00	0.00	0.00	0.00	0.00	0.00	0.00	0.00	1.52	3.33	0.50
瑞典	0.00	1.89	0.00	0.00	1.79	0.00	0.00	0.00	0.00	1.67	0.50

表4—66　应用心理学C层人才排名前20的国家和地区的占比

国家和地区 \ 年份	2009	2010	2011	2012	2013	2014	2015	2016	2017	2018	合计
美国	48.83	47.64	45.76	40.97	36.51	34.46	37.10	33.94	33.33	32.64	38.51
英国	7.89	6.99	7.01	9.03	11.51	8.94	9.48	10.52	10.73	11.52	9.46
荷兰	4.90	6.99	7.56	6.60	6.12	6.89	7.32	5.19	4.94	6.98	6.32
加拿大	7.89	6.05	4.98	4.86	7.73	6.30	4.66	5.47	5.51	6.81	5.97
澳大利亚	3.62	4.16	4.06	4.86	5.40	7.18	5.49	5.89	7.77	6.63	5.65
德国	4.26	6.05	3.69	6.25	4.50	5.13	4.66	6.31	6.64	5.93	5.41
中国大陆	1.71	2.27	1.11	2.08	3.60	3.08	4.83	2.81	3.11	2.62	2.77
中国香港	2.35	3.02	1.85	2.60	3.24	3.52	3.66	2.52	2.54	0.87	2.64

国家和地区 \ 年份	2009	2010	2011	2012	2013	2014	2015	2016	2017	2018	合计
瑞士	0.85	2.27	1.11	2.26	3.06	1.91	2.83	2.10	1.13	1.57	1.92
比利时	1.71	1.89	1.85	2.08	1.80	2.20	1.83	2.66	1.41	1.40	1.90
法国	0.85	1.13	1.66	1.56	1.44	1.03	2.00	2.38	1.69	2.44	1.65
西班牙	1.28	0.95	1.85	1.91	1.08	2.05	0.50	2.10	2.12	1.57	1.58
意大利	0.43	0.95	1.85	2.26	1.08	1.47	1.00	1.12	1.98	2.27	1.46
新加坡	2.99	0.95	1.85	1.04	1.08	1.32	1.50	1.54	1.13	1.05	1.41
以色列	2.35	0.76	2.77	1.74	0.72	0.44	1.50	0.70	0.99	1.40	1.28
瑞典	0.85	0.76	1.29	0.35	0.90	1.61	1.33	0.98	2.54	1.57	1.26
韩国	1.49	0.57	0.37	0.69	1.98	1.32	1.16	1.82	1.27	1.40	1.23
挪威	0.64	0.57	1.66	0.35	0.90	1.03	1.16	1.54	0.71	1.40	1.01
芬兰	1.28	0.38	0.92	0.69	0.72	0.88	0.67	1.26	0.99	0.70	0.86
丹麦	0.64	0.57	0.74	1.56	0.54	0.73	0.67	0.84	0.71	0.52	0.76

二十二 生理心理学

生理心理学 A、B、C 层人才最多的国家是美国，分别占该学科全球 A、B、C 层人才的 48.00%、37.70%、34.46%。

英国、德国的 A 层人才比较多，世界占比分别为 24%、8%；瑞士、加拿大、法国、匈牙利、荷兰也有一定数量的 A 层人才，世界占比均为 4%。

英国、德国、荷兰、澳大利亚、加拿大的 B 层人才比较多，世界占比在 13%—3% 之间；意大利、比利时、瑞士、以色列、法国、丹麦、瑞典、西班牙、奥地利、中国大陆、匈牙利、芬兰、挪威、新西兰也有相当数量的 B 层人才，世界占比超过或接近 1%。

英国、德国、加拿大、荷兰、澳大利亚的 C 层人才比较多，世界占比在 13%—4% 之间；法国、意大利、西班牙、瑞士、比利时、中国大陆、瑞典、奥地利、日本、巴西、丹麦、以色列、新西兰、芬兰也有相当数量的 C 层人才，世界占比超过或接近 1%。

表4—67　　　　　生理心理学A层人才的国家和地区的占比

国家和地区\年份	2009	2010	2011	2012	2013	2014	2015	2016	2017	2018	合计
美国	50.00	33.33	33.33	66.67	0.00	50.00	66.67	100.00	50.00	0.00	48.00
英国	0.00	0.00	0.00	33.33	66.67	50.00	33.33	0.00	25.00	0.00	24.00
德国	50.00	0.00	0.00	0.00	33.33	0.00	0.00	0.00	0.00	0.00	8.00
瑞士	0.00	33.33	0.00	0.00	0.00	0.00	0.00	0.00	0.00	0.00	4.00
加拿大	0.00	33.33	0.00	0.00	0.00	0.00	0.00	0.00	0.00	0.00	4.00
法国	0.00	0.00	33.33	0.00	0.00	0.00	0.00	0.00	0.00	0.00	4.00
匈牙利	0.00	0.00	33.33	0.00	0.00	0.00	0.00	0.00	0.00	0.00	4.00
荷兰	0.00	0.00	0.00	0.00	0.00	0.00	0.00	0.00	25.00	0.00	4.00

表4—68　　　生理心理学B层人才排名前20的国家和地区的占比

国家和地区\年份	2009	2010	2011	2012	2013	2014	2015	2016	2017	2018	合计
美国	38.71	54.84	37.93	33.33	32.26	20.69	53.13	41.67	41.67	10.00	37.70
英国	22.58	6.45	10.34	3.33	16.13	10.34	9.38	13.89	19.44	5.00	12.13
德国	6.45	12.90	3.45	20.00	3.23	20.69	9.38	2.78	2.78	10.00	8.85
荷兰	3.23	6.45	3.45	6.67	6.45	6.90	3.13	5.56	5.56	10.00	5.57
澳大利亚	6.45	0.00	10.34	6.67	6.45	6.90	0.00	0.00	2.78	5.00	4.26
加拿大	3.23	6.45	3.45	3.33	0.00	3.45	0.00	11.11	2.78	5.00	3.93
意大利	6.45	0.00	3.45	3.33	0.00	3.45	0.00	2.78	5.56	5.00	2.95
比利时	6.45	0.00	0.00	3.33	3.23	3.45	3.13	0.00	2.78	0.00	2.30
瑞士	3.23	0.00	0.00	0.00	6.45	3.45	0.00	2.78	2.78	5.00	2.30
以色列	0.00	0.00	0.00	6.67	3.23	3.45	0.00	0.00	5.56	0.00	1.97
法国	0.00	3.23	3.45	0.00	3.23	0.00	3.13	0.00	0.00	5.00	1.64
丹麦	0.00	3.23	3.45	0.00	0.00	0.00	3.13	5.56	0.00	0.00	1.64
瑞典	0.00	0.00	3.45	0.00	0.00	0.00	0.00	0.00	2.78	10.00	1.64
西班牙	0.00	0.00	0.00	0.00	3.23	3.45	0.00	5.56	0.00	0.00	1.31
奥地利	0.00	3.23	0.00	0.00	3.23	0.00	0.00	0.00	0.00	10.00	1.31
中国大陆	0.00	0.00	0.00	0.00	0.00	3.45	3.13	2.78	0.00	5.00	1.31
匈牙利	0.00	0.00	3.45	3.33	3.23	0.00	0.00	0.00	0.00	0.00	0.98
芬兰	0.00	3.23	3.45	0.00	0.00	0.00	0.00	2.78	0.00	0.00	0.98
挪威	0.00	0.00	0.00	3.33	3.23	0.00	0.00	2.78	0.00	0.00	0.98
新西兰	0.00	0.00	0.00	0.00	0.00	0.00	0.00	2.78	5.00	0.00	0.66

表4—69　生理心理学C层人才排名前20的国家和地区的占比

国家和地区 \ 年份	2009	2010	2011	2012	2013	2014	2015	2016	2017	2018	合计
美国	36.00	38.21	35.84	36.62	35.05	36.25	31.09	30.97	30.33	35.09	34.46
英国	11.67	13.95	14.34	15.61	12.22	8.74	10.26	12.09	15.62	12.57	12.71
德国	11.33	8.64	9.68	8.60	11.58	10.68	8.65	7.96	6.91	5.56	8.89
加拿大	4.33	4.98	5.02	5.10	4.82	4.53	5.77	6.78	4.80	5.26	5.16
荷兰	5.67	6.31	5.02	5.10	2.89	5.18	4.17	4.42	6.91	5.26	5.10
澳大利亚	4.33	4.32	3.94	3.82	5.79	3.24	6.41	4.13	6.61	3.80	4.65
法国	4.00	2.33	2.87	2.55	1.61	1.94	3.21	2.06	2.40	2.34	2.52
意大利	2.67	1.33	1.79	2.23	2.89	2.91	3.21	3.54	1.80	2.05	2.45
西班牙	2.00	2.33	2.15	1.91	3.54	2.27	1.92	2.36	1.50	2.63	2.26
瑞士	1.67	2.66	2.15	0.64	4.50	2.91	2.56	1.47	2.10	1.75	2.23
比利时	1.67	1.99	1.79	1.91	3.54	1.62	1.60	2.36	1.20	3.80	2.17
中国大陆	0.33	1.66	2.15	1.59	0.96	1.94	4.17	2.65	2.70	1.75	2.01
瑞典	1.67	1.66	2.15	1.27	1.29	1.62	1.28	0.29	1.80	0.88	1.37
奥地利	1.67	1.00	1.08	1.59	0.96	3.24	1.60	0.00	0.30	0.88	1.21
日本	2.00	1.33	1.08	0.32	0.00	0.00	1.60	2.65	1.20	0.29	1.05
巴西	1.00	0.33	0.00	0.96	0.96	1.62	1.28	1.47	1.20	1.75	1.02
丹麦	0.67	0.00	0.72	0.96	0.32	0.97	1.60	1.18	1.20	0.88	0.86
以色列	1.00	1.33	0.36	0.32	0.32	1.94	0.64	1.18	0.90	0.29	0.83
新西兰	0.33	1.33	1.08	0.32	0.64	0.65	0.64	1.47	0.60	1.17	0.83
芬兰	1.00	0.33	1.08	0.32	0.64	1.29	0.64	0.59	0.30	1.75	0.80

二十三　临床心理学

临床心理学A、B、C层人才最多的国家是美国，分别占该学科全球A、B、C层人才的44.04%、37.58%、44.87%。

英国、加拿大、荷兰、澳大利亚的A层人才比较多，世界占比在15%—5%之间；挪威、新西兰、德国、瑞典、瑞士、比利时、丹麦、爱尔兰、以色列、沙特、巴西也有相当数量的A层人才，世界占比超过或接近1%。

英国、澳大利亚、荷兰、加拿大、德国的B层人才比较多，世界占比在14%—3%之间；比利时、西班牙、意大利、瑞士、瑞典、法国、新西兰、日本、以色列、丹麦、罗马尼亚、南非、巴西、挪威也有相当数量的B层人才，世界占比超过或接近1%。

英国、澳大利亚、加拿大、荷兰、德国的C层人才比较多，世界占比在12%—4%之间；瑞典、西班牙、意大利、比利时、瑞士、以色列、挪威、法国、丹麦、中国大陆、新西兰、爱尔兰、葡萄牙、芬兰也有相当数量的C层人才，世界占比超过或接近1%。

表4—70　　临床心理学A层人才的国家和地区的占比

国家和地区 \ 年份	2009	2010	2011	2012	2013	2014	2015	2016	2017	2018	合计
美国	37.50	80.00	50.00	54.55	36.36	33.33	36.36	75.00	23.08	30.77	44.04
英国	25.00	10.00	25.00	9.09	9.09	25.00	27.27	0.00	15.38	0.00	14.68
加拿大	0.00	0.00	8.33	9.09	18.18	8.33	9.09	25.00	7.69	15.38	10.09
荷兰	12.50	0.00	8.33	0.00	18.18	8.33	0.00	0.00	15.38	15.38	8.26
澳大利亚	0.00	0.00	0.00	9.09	0.00	8.33	9.09	0.00	23.08	0.00	5.50
挪威	0.00	0.00	0.00	0.00	0.00	0.00	0.00	0.00	7.69	15.38	2.75
新西兰	12.50	0.00	0.00	0.00	9.09	0.00	0.00	0.00	7.69	0.00	2.75
德国	0.00	0.00	0.00	9.09	0.00	0.00	9.09	0.00	0.00	0.00	1.83
瑞典	12.50	0.00	0.00	0.00	0.00	0.00	0.00	0.00	0.00	7.69	1.83
瑞士	0.00	0.00	8.33	0.00	0.00	0.00	0.00	0.00	0.00	7.69	1.83
比利时	0.00	10.00	0.00	0.00	0.00	8.33	0.00	0.00	0.00	0.00	1.83
丹麦	0.00	0.00	0.00	0.00	0.00	0.00	0.00	0.00	7.69	0.00	0.92
爱尔兰	0.00	0.00	0.00	0.00	9.09	0.00	0.00	0.00	0.00	0.00	0.92
以色列	0.00	0.00	0.00	0.00	0.00	0.00	9.09	0.00	0.00	0.00	0.92
沙特	0.00	0.00	0.00	0.00	0.00	8.33	0.00	0.00	0.00	0.00	0.92
巴西	0.00	0.00	0.00	9.09	0.00	0.00	0.00	0.00	0.00	0.00	0.92

表4—71　　临床心理学B层人才排名前20的国家和地区的占比

国家和地区 \ 年份	2009	2010	2011	2012	2013	2014	2015	2016	2017	2018	合计
美国	56.00	40.66	50.89	44.55	46.79	24.24	45.28	26.89	22.22	26.32	37.58
英国	14.67	13.19	13.39	16.83	12.84	14.14	13.21	13.45	11.11	11.40	13.33
澳大利亚	5.33	0.00	5.36	5.94	8.26	10.10	8.49	8.40	5.98	6.14	6.52
荷兰	4.00	6.59	5.36	1.98	5.50	7.07	7.55	6.72	5.13	6.14	5.66

续表

国家和地区 \ 年份	2009	2010	2011	2012	2013	2014	2015	2016	2017	2018	合计
加拿大	9.33	4.40	6.25	5.94	7.34	6.06	1.89	5.88	4.27	4.39	5.47
德国	0.00	2.20	1.79	3.96	4.59	3.03	1.89	3.36	3.42	6.14	3.16
比利时	0.00	1.10	1.79	3.96	2.75	3.03	2.83	2.52	1.71	3.51	2.40
西班牙	1.33	1.10	0.00	1.98	0.00	3.03	0.94	1.68	2.56	3.51	1.63
意大利	2.67	2.20	0.89	0.00	1.83	1.01	1.89	1.68	2.56	1.75	1.63
瑞士	0.00	0.00	2.68	2.97	1.83	1.01	2.83	0.00	0.85	3.51	1.63
瑞典	2.67	1.10	0.89	1.98	0.92	2.02	0.94	1.68	1.71	0.88	1.44
法国	1.33	3.30	0.00	0.99	0.00	1.01	1.89	2.52	1.71	0.88	1.34
新西兰	0.00	2.20	0.00	0.99	1.83	3.03	0.00	1.68	1.71	1.75	1.34
日本	0.00	2.20	0.89	0.00	0.92	1.01	0.00	1.68	2.56	1.75	1.15
以色列	0.00	3.30	0.89	0.99	0.00	2.02	1.89	0.84	0.85	0.88	1.15
丹麦	0.00	1.10	2.68	0.99	0.92	1.01	0.94	0.00	1.71	0.88	1.05
罗马尼亚	0.00	1.10	0.00	0.99	0.00	2.02	0.94	1.68	1.71	0.88	0.96
南非	0.00	0.00	0.00	0.00	0.00	0.00	0.00	1.68	3.42	0.88	0.96
巴西	0.00	1.10	0.89	0.00	0.00	1.01	0.00	1.68	2.56	1.75	0.96
挪威	1.33	0.00	0.89	0.99	1.83	1.01	0.94	0.84	0.00	1.75	0.96

表4—72　临床心理学C层人才排名前20的国家和地区的占比

国家和地区 \ 年份	2009	2010	2011	2012	2013	2014	2015	2016	2017	2018	合计
美国	52.07	48.44	50.04	49.65	47.65	43.10	41.53	41.79	36.47	40.52	44.87
英国	11.50	10.04	10.77	9.83	11.50	12.75	12.83	10.74	11.58	9.33	11.12
澳大利亚	5.04	4.58	5.43	7.22	5.52	4.93	7.25	7.90	8.33	8.29	6.49
加拿大	5.68	6.81	6.86	6.12	7.08	5.63	6.27	6.12	5.43	6.22	6.23
荷兰	4.52	6.25	3.92	5.62	6.07	5.45	7.15	6.57	5.34	5.18	5.62
德国	4.13	4.35	4.36	3.61	4.14	4.93	4.11	3.99	4.98	4.97	4.37
瑞典	1.16	1.79	1.78	1.71	1.66	2.37	1.96	2.48	1.81	1.87	1.89
西班牙	2.07	1.56	1.51	1.30	1.47	2.11	1.18	1.69	2.26	1.66	1.68
意大利	1.03	2.01	1.34	0.90	1.10	1.58	1.67	1.77	2.62	2.38	1.65
比利时	2.07	1.23	1.25	1.20	1.29	0.97	1.86	1.33	1.99	2.18	1.51
瑞士	1.29	1.34	0.98	1.50	2.12	0.97	1.76	1.51	1.72	1.55	1.48
以色列	1.29	1.45	1.34	0.90	0.37	0.88	0.98	0.89	1.00	1.45	1.04

续表

国家和地区＼年份	2009	2010	2011	2012	2013	2014	2015	2016	2017	2018	合计
挪威	0.39	0.78	1.34	1.30	0.64	0.97	1.08	1.24	1.27	1.14	1.04
法国	1.03	1.00	0.62	0.60	1.38	0.97	0.69	1.15	1.18	0.83	0.95
丹麦	0.13	0.56	0.89	0.90	0.46	1.06	1.08	0.80	1.18	1.35	0.86
中国大陆	0.52	0.22	0.62	0.80	0.64	0.88	0.88	1.06	1.09	0.93	0.78
新西兰	0.39	0.56	0.71	0.40	0.37	0.62	0.49	0.98	1.00	0.93	0.65
爱尔兰	0.39	0.33	0.36	0.30	0.55	0.79	0.49	0.71	0.81	0.52	0.54
葡萄牙	0.26	0.56	0.27	0.30	0.46	0.88	0.88	0.44	0.72	0.41	0.53
芬兰	0.26	0.22	0.53	0.70	0.55	0.79	0.78	0.44	0.45	0.41	0.53

二十四　发展心理学

发展心理学A、B、C层人才最多的国家是美国，分别占该学科全球A、B、C层人才的47.17%、44.07%、47.11%。

加拿大、英国、澳大利亚、法国的A层人才比较多，世界占比在19%—3%之间；荷兰、挪威、比利时、沙特、巴西、中国台湾、塞浦路斯、德国也有相当数量的A层人才，世界占比均为1.89%。

英国、加拿大、荷兰、德国、澳大利亚的B层人才比较多，世界占比在15%—3%之间；意大利、瑞典、瑞士、西班牙、比利时、以色列、法国、挪威、丹麦、中国大陆、南非、新西兰、芬兰、奥地利也有相当数量的B层人才，世界占比超过或接近1%。

英国、加拿大、荷兰、澳大利亚、德国的C层人才比较多，世界占比在11%—4%之间；意大利、比利时、瑞典、以色列、瑞士、法国、中国大陆、挪威、西班牙、芬兰、丹麦、爱尔兰、新西兰、中国香港也有相当数量的C层人才，世界占比超过或接近1%。

表4—73　　发展心理学A层人才的国家和地区的占比

国家和地区＼年份	2009	2010	2011	2012	2013	2014	2015	2016	2017	2018	合计
美国	66.67	40.00	33.33	0.00	42.86	71.43	37.50	37.50	25.00	100.00	47.17
加拿大	16.67	40.00	33.33	0.00	28.57	14.29	0.00	25.00	0.00	0.00	18.87

续表

国家和地区\年份	2009	2010	2011	2012	2013	2014	2015	2016	2017	2018	合计
英国	16.67	0.00	16.67	0.00	14.29	0.00	12.50	12.50	25.00	0.00	11.32
澳大利亚	0.00	0.00	0.00	0.00	0.00	14.29	0.00	12.50	0.00	0.00	3.77
法国	0.00	20.00	0.00	0.00	0.00	0.00	12.50	0.00	0.00	0.00	3.77
荷兰	0.00	0.00	16.67	0.00	0.00	0.00	0.00	0.00	0.00	0.00	1.89
挪威	0.00	0.00	0.00	0.00	14.29	0.00	0.00	0.00	0.00	0.00	1.89
比利时	0.00	0.00	0.00	0.00	0.00	0.00	0.00	0.00	25.00	0.00	1.89
沙特	0.00	0.00	0.00	0.00	0.00	0.00	0.00	12.50	0.00	0.00	1.89
巴西	0.00	0.00	0.00	0.00	0.00	0.00	12.50	0.00	0.00	0.00	1.89
中国台湾	0.00	0.00	0.00	0.00	0.00	0.00	12.50	0.00	0.00	0.00	1.89
塞浦路斯	0.00	0.00	0.00	0.00	0.00	0.00	12.50	0.00	0.00	0.00	1.89
德国	0.00	0.00	0.00	0.00	0.00	0.00	0.00	0.00	25.00	0.00	1.89

表4—74　发展心理学B层人才排名前20的国家和地区的占比

国家和地区\年份	2009	2010	2011	2012	2013	2014	2015	2016	2017	2018	合计
美国	59.62	53.13	50.00	57.58	42.86	42.03	43.75	40.00	28.24	35.23	44.07
英国	13.46	12.50	8.82	13.64	12.86	11.59	15.00	21.33	12.94	18.18	14.23
加拿大	1.92	6.25	11.76	7.58	11.43	4.35	7.50	6.67	7.06	4.55	6.97
荷兰	3.85	7.81	8.82	3.03	4.29	8.70	5.00	2.67	2.35	4.55	5.02
德国	3.85	1.56	4.41	0.00	7.14	4.35	5.00	2.67	9.41	2.27	4.18
澳大利亚	1.92	1.56	1.47	0.00	2.86	5.80	6.25	4.00	4.71	1.14	3.07
意大利	1.92	0.00	2.94	1.52	0.00	1.45	1.25	1.33	2.35	4.55	1.81
瑞典	1.92	1.56	0.00	0.00	2.86	1.45	2.50	1.33	3.53	2.27	1.81
瑞士	0.00	1.56	1.47	1.52	2.86	0.00	3.75	1.33	1.18	1.14	1.53
西班牙	0.00	1.56	0.00	0.00	2.86	1.45	1.25	1.33	3.53	1.14	1.39
比利时	3.85	3.13	1.47	0.00	0.00	0.00	1.25	2.67	0.00	2.27	1.39
以色列	3.85	3.13	1.47	0.00	0.00	1.45	1.25	1.33	1.18	0.00	1.26
法国	1.92	0.00	2.94	0.00	1.43	1.45	0.00	1.33	1.18	0.00	0.98
挪威	0.00	0.00	1.47	3.03	0.00	0.00	0.00	1.33	0.00	3.41	0.98
丹麦	1.92	3.13	1.47	0.00	0.00	0.00	2.50	1.33	0.00	0.00	0.98
中国大陆	0.00	0.00	0.00	3.03	0.00	2.90	0.00	0.00	1.18	1.14	0.84
南非	0.00	0.00	0.00	3.03	0.00	1.45	0.00	0.00	1.18	1.14	0.70
新西兰	0.00	1.56	0.00	0.00	0.00	0.00	0.00	1.33	2.35	1.14	0.70
芬兰	0.00	0.00	1.47	0.00	1.43	0.00	1.25	2.67	0.00	0.00	0.70
奥地利	0.00	0.00	0.00	0.00	1.43	1.45	0.00	0.00	2.35	0.00	0.56

表4—75　发展心理学C层人才排名前20的国家和地区的占比

国家和地区 \ 年份	2009	2010	2011	2012	2013	2014	2015	2016	2017	2018	合计
美国	52.80	53.06	52.19	49.65	51.66	48.60	48.66	36.58	42.84	39.32	47.11
英国	10.45	8.71	9.38	11.67	10.82	9.69	8.56	11.71	9.68	11.16	10.17
加拿大	5.97	5.65	7.72	6.10	6.78	6.17	5.36	7.63	6.63	6.39	6.46
荷兰	3.73	6.13	5.60	5.92	3.90	4.41	5.75	5.00	5.84	6.26	5.28
澳大利亚	3.17	3.55	4.24	3.31	5.48	4.99	3.19	5.92	5.44	5.31	4.53
德国	4.66	4.19	3.78	3.66	3.46	3.38	3.07	4.34	4.51	5.17	4.02
意大利	2.05	1.13	1.51	1.39	1.30	1.91	2.55	2.50	2.52	2.04	1.93
比利时	2.05	2.26	1.51	1.57	1.15	1.17	2.68	0.79	1.19	2.04	1.63
瑞典	0.75	0.81	1.06	1.92	1.01	1.17	1.53	2.37	1.72	2.18	1.49
以色列	1.49	1.94	1.82	1.22	1.44	1.03	1.53	1.05	1.46	1.09	1.40
瑞士	1.87	1.13	0.45	1.57	1.15	1.17	1.92	1.05	1.19	1.50	1.29
法国	1.12	1.61	1.36	1.05	0.72	1.32	0.89	1.45	1.06	1.77	1.24
中国大陆	0.93	0.32	0.91	0.35	0.58	1.17	1.40	1.45	1.59	1.77	1.09
挪威	0.93	0.65	0.61	1.39	0.43	1.03	0.89	1.58	1.19	1.90	1.07
西班牙	0.56	0.65	0.61	0.70	0.72	0.73	0.64	1.58	1.33	1.63	0.94
芬兰	1.68	1.77	0.91	0.35	0.43	0.73	0.89	0.79	0.66	0.68	0.87
丹麦	0.19	0.81	0.61	0.35	0.58	0.88	0.89	1.32	1.06	0.82	0.78
爱尔兰	0.75	0.65	0.61	0.52	0.58	0.15	0.77	0.79	0.53	0.14	0.54
新西兰	0.56	0.48	0.61	0.87	0.29	0.29	0.77	0.79	0.27	0.41	0.53
中国香港	0.37	0.32	0.45	0.17	0.58	0.59	0.64	0.66	0.40	0.27	0.46

二十五　教育心理学

教育心理学A、B、C层人才最多的国家是美国，分别占该学科全球A、B、C层人才的75.86%、49.50%、44.59%。

加拿大的A层人才比较多，世界占比6.90%；希腊、土耳其、英国、荷兰、澳大利亚也有相当数量的A层人才，世界占比均为3.45%。

德国、英国、加拿大、澳大利亚、荷兰的B层人才比较多，世界占比在9%—3%之间；韩国、比利时、芬兰、挪威、瑞士、中国大陆、沙特、新加坡、西班牙、瑞典、意大利、中国香港也有相当数量的B层人才，世界占比超过或接近1%。

德国、英国、加拿大、澳大利亚、荷兰的C层人才比较多，世界占比在9%—5%之间;芬兰、中国大陆、挪威、以色列、比利时、西班牙、中国香港、意大利、法国、韩国、瑞士、瑞典、新加坡、沙特也有相当数量的C层人才,世界占比超过或接近1%。

表4—76　　教育心理学A层人才的国家和地区的占比

国家和地区\年份	2009	2010	2011	2012	2013	2014	2015	2016	2017	2018	合计
美国	100.00	66.67	100.00	100.00	66.67	100.00	100.00	100.00	66.67	0.00	75.86
加拿大	0.00	33.33	0.00	0.00	0.00	0.00	0.00	0.00	33.33	0.00	6.90
希腊	0.00	0.00	0.00	0.00	0.00	0.00	0.00	0.00	0.00	25.00	3.45
土耳其	0.00	0.00	0.00	0.00	0.00	0.00	0.00	0.00	0.00	25.00	3.45
英国	0.00	0.00	0.00	0.00	0.00	0.00	0.00	0.00	0.00	25.00	3.45
荷兰	0.00	0.00	0.00	0.00	33.33	0.00	0.00	0.00	0.00	0.00	3.45
澳大利亚	0.00	0.00	0.00	0.00	0.00	0.00	0.00	0.00	0.00	25.00	3.45

表4—77　　教育心理学B层人才排名前18的国家和地区的占比

国家和地区\年份	2009	2010	2011	2012	2013	2014	2015	2016	2017	2018	合计
美国	66.67	58.06	53.57	56.25	51.85	38.89	32.14	56.67	52.94	35.29	49.50
德国	4.76	3.23	7.14	9.38	11.11	19.44	14.29	3.33	5.88	5.88	8.64
英国	4.76	6.45	7.14	9.38	0.00	5.56	3.57	6.67	14.71	17.65	7.97
加拿大	9.52	16.13	7.14	3.13	18.52	5.56	7.14	3.33	2.94	5.88	7.64
澳大利亚	0.00	3.23	3.57	3.13	0.00	2.78	14.29	6.67	5.88	2.94	4.32
荷兰	4.76	3.23	3.57	3.13	3.70	5.56	7.14	0.00	5.88	2.94	3.99
韩国	4.76	3.23	3.57	6.25	3.70	0.00	3.57	3.33	0.00	2.94	2.99
比利时	4.76	3.23	0.00	0.00	0.00	0.00	3.57	3.33	2.94	5.88	2.33
芬兰	0.00	0.00	7.14	0.00	3.70	2.78	0.00	0.00	0.00	0.00	1.33
挪威	0.00	0.00	0.00	0.00	0.00	0.00	3.57	3.33	0.00	5.88	1.33
瑞士	0.00	3.23	3.57	0.00	0.00	5.56	0.00	0.00	0.00	0.00	1.33
中国大陆	0.00	0.00	0.00	0.00	3.13	0.00	0.00	0.00	0.00	5.88	1.00
沙特	0.00	0.00	0.00	3.13	0.00	0.00	3.57	0.00	2.94	0.00	1.00
新加坡	0.00	0.00	0.00	3.13	3.70	0.00	0.00	0.00	2.94	0.00	1.00
西班牙	0.00	0.00	0.00	0.00	0.00	0.00	6.67	0.00	2.94	0.00	1.00

续表

国家和地区\年份	2009	2010	2011	2012	2013	2014	2015	2016	2017	2018	合计
瑞典	0.00	0.00	0.00	0.00	3.70	0.00	0.00	0.00	0.00	2.94	0.66
意大利	0.00	0.00	0.00	0.00	0.00	2.78	0.00	3.33	0.00	0.00	0.66
中国香港	0.00	0.00	0.00	0.00	0.00	0.00	0.00	3.33	0.00	2.94	0.66

表4—78 教育心理学C层人才排名前20的国家和地区的占比

国家和地区\年份	2009	2010	2011	2012	2013	2014	2015	2016	2017	2018	合计
美国	50.73	48.71	48.68	48.61	48.57	40.29	43.01	41.54	43.31	37.15	44.59
德国	7.80	7.10	6.42	5.57	8.93	11.14	7.89	10.09	8.28	8.94	8.31
英国	7.80	5.16	7.55	6.50	5.00	6.86	4.66	4.45	7.01	7.82	6.26
加拿大	4.88	9.35	5.28	5.88	5.36	5.43	4.66	8.01	5.73	6.42	6.19
澳大利亚	4.39	2.26	4.53	4.64	5.00	7.43	9.68	6.23	4.78	5.87	5.53
荷兰	4.39	6.45	5.66	5.88	5.36	4.86	3.58	3.56	4.46	5.59	5.00
芬兰	1.46	1.29	2.26	1.24	1.79	1.43	2.51	2.08	1.91	1.68	1.75
中国大陆	1.95	0.97	1.13	1.55	1.07	0.86	1.08	1.78	2.23	3.35	1.62
挪威	0.98	2.26	1.89	1.24	3.21	1.14	0.72	0.89	0.96	2.51	1.59
以色列	2.44	1.94	0.75	1.24	0.71	1.14	3.23	1.19	0.96	1.96	1.52
比利时	1.95	0.32	1.51	2.17	0.71	3.14	1.08	0.89	1.59	1.12	1.46
西班牙	0.00	1.61	1.51	0.93	1.07	0.29	2.87	2.08	0.96	2.51	1.42
中国香港	0.49	0.97	1.13	1.55	1.43	1.71	1.43	1.19	1.27	1.40	1.29
意大利	1.46	0.97	1.89	0.62	1.07	1.14	1.08	1.78	1.59	1.12	1.26
法国	1.46	1.61	1.13	0.93	1.07	1.14	0.00	0.89	1.91	0.84	1.09
韩国	1.46	0.97	0.75	0.31	0.00	2.00	0.72	2.37	1.27	0.56	1.06
瑞士	1.95	0.32	0.38	1.55	0.36	1.14	0.36	0.59	0.96	1.12	0.86
瑞典	0.49	1.29	1.13	0.62	0.71	0.57	1.08	0.89	0.96	0.56	0.83
新加坡	0.98	1.29	1.13	1.24	0.00	1.14	0.36	0.89	0.00	0.56	0.76
沙特	0.00	0.00	0.75	0.31	0.71	1.43	1.43	0.30	0.96	0.28	0.63

二十六 实验心理学

实验心理学A、B、C层人才最多的国家是美国，分别占该学科全球A、B、C层人才的52.50%、34.58%、33.57%。

英国、荷兰、德国、加拿大的 A 层人才比较多，世界占比在 11%—4% 之间；澳大利亚、奥地利、瑞士、法国、比利时、瑞典、黎巴嫩、秘鲁、波兰、意大利、芬兰、土耳其也有相当数量的 A 层人才，世界占比超过或接近 1%。

英国、德国、荷兰、加拿大的 B 层人才比较多，世界占比在 14%—5% 之间；澳大利亚、意大利、瑞士、法国、比利时、西班牙、以色列、中国大陆、瑞典、奥地利、匈牙利、中国香港、韩国、丹麦、芬兰也有相当数量的 B 层人才，世界占比超过或接近 1%。

英国、德国、加拿大、荷兰、澳大利亚、意大利、法国的 C 层人才比较多，世界占比在 14%—3% 之间；比利时、瑞士、西班牙、中国大陆、以色列、瑞典、芬兰、丹麦、韩国、奥地利、中国台湾、日本也有相当数量的 C 层人才，世界占比超过或接近 1%。

表 4—79　　实验心理学 A 层人才的国家和地区的占比

国家和地区 \ 年份	2009	2010	2011	2012	2013	2014	2015	2016	2017	2018	合计
美国	40.00	54.55	63.64	58.33	63.64	53.85	61.54	57.14	61.54	8.33	52.50
英国	10.00	9.09	0.00	25.00	18.18	15.38	7.69	7.14	7.69	8.33	10.83
荷兰	0.00	18.18	0.00	0.00	9.09	15.38	0.00	7.14	7.69	8.33	6.67
德国	10.00	0.00	9.09	0.00	9.09	0.00	0.00	0.00	15.38	8.33	5.00
加拿大	10.00	0.00	18.18	0.00	0.00	7.69	0.00	0.00	0.00	8.33	4.17
澳大利亚	0.00	0.00	0.00	0.00	0.00	0.00	7.69	7.14	0.00	8.33	2.50
奥地利	0.00	0.00	0.00	8.33	0.00	0.00	0.00	7.14	0.00	8.33	2.50
瑞士	10.00	9.09	0.00	0.00	0.00	0.00	0.00	0.00	0.00	8.33	2.50
法国	10.00	0.00	9.09	0.00	0.00	0.00	0.00	0.00	0.00	8.33	2.50
比利时	10.00	0.00	0.00	0.00	0.00	7.69	0.00	7.69	0.00	0.00	2.50
瑞典	0.00	9.09	0.00	0.00	0.00	0.00	0.00	0.00	0.00	8.33	1.67
黎巴嫩	0.00	0.00	0.00	0.00	0.00	0.00	7.14	0.00	0.00	0.00	0.83
秘鲁	0.00	0.00	0.00	0.00	0.00	7.69	0.00	0.00	0.00	0.00	0.83
波兰	0.00	0.00	0.00	8.33	0.00	0.00	0.00	0.00	0.00	0.00	0.83
意大利	0.00	0.00	0.00	0.00	0.00	0.00	0.00	0.00	8.33	0.00	0.83
芬兰	0.00	0.00	0.00	0.00	0.00	0.00	7.14	0.00	0.00	0.00	0.83
土耳其	0.00	0.00	0.00	0.00	0.00	7.69	0.00	0.00	0.00	0.00	0.83

表 4—80　　实验心理学 B 层人才排名前 20 的国家和地区的占比

国家和地区\年份	2009	2010	2011	2012	2013	2014	2015	2016	2017	2018	合计
美国	40.22	40.19	44.86	38.05	37.90	34.96	31.03	22.05	36.97	23.58	34.58
英国	11.96	15.89	11.21	15.93	16.94	8.94	20.69	14.96	12.61	9.76	13.90
德国	8.70	7.48	6.54	7.08	4.84	9.76	6.03	4.72	9.24	4.88	6.86
荷兰	5.43	3.74	5.61	7.96	6.45	5.69	5.17	7.87	3.36	10.57	6.26
加拿大	8.70	4.67	7.48	7.08	7.26	8.94	5.17	3.15	2.52	4.07	5.82
澳大利亚	1.09	1.87	1.87	2.65	4.03	0.81	5.17	0.79	5.04	4.07	2.78
意大利	1.09	3.74	2.80	3.54	1.61	0.81	3.45	5.51	1.68	2.44	2.69
瑞士	7.61	2.80	2.80	2.65	2.42	2.44	0.86	1.57	2.52	1.63	2.61
法国	1.09	2.80	1.87	5.31	1.61	3.25	2.59	2.36	2.52	0.00	2.35
比利时	1.09	1.87	1.87	1.77	4.03	3.25	1.72	2.36	2.52	0.81	2.17
西班牙	2.17	3.74	0.00	0.88	4.84	3.25	4.31	0.79	0.00	0.81	2.09
以色列	3.26	1.87	1.87	0.88	0.81	2.44	1.72	0.00	1.68	0.00	1.39
中国大陆	0.00	0.93	0.93	0.00	0.00	2.44	0.00	2.36	5.04	0.81	1.30
瑞典	1.09	0.00	0.00	0.88	0.81	0.81	0.86	0.79	1.68	3.25	1.04
奥地利	0.00	0.00	0.93	0.00	2.42	4.07	0.00	0.79	0.84	0.81	1.04
匈牙利	3.26	2.80	0.93	0.00	0.00	0.00	0.00	1.57	0.00	0.00	0.78
中国香港	0.00	0.00	1.87	0.00	0.81	1.63	0.00	0.79	1.68	0.00	0.70
韩国	0.00	1.87	0.93	0.00	0.00	0.00	0.00	1.57	1.68	0.81	0.70
丹麦	0.00	0.00	0.93	1.77	0.81	0.00	1.72	0.79	0.00	0.81	0.70
芬兰	0.00	0.93	1.87	0.00	0.00	0.81	0.86	0.00	1.68	0.81	0.70

表 4—81　　实验心理学 C 层人才排名前 20 的国家和地区的占比

国家和地区\年份	2009	2010	2011	2012	2013	2014	2015	2016	2017	2018	合计
美国	39.37	36.47	36.06	35.59	34.54	33.02	31.84	30.58	30.82	29.29	33.57
英国	14.64	13.49	12.31	12.60	12.58	11.40	12.31	15.29	13.52	13.68	13.17
德国	9.65	6.93	8.27	9.25	9.04	8.78	7.92	7.17	7.95	8.82	8.35
加拿大	5.64	7.22	7.40	6.96	6.08	5.83	5.25	5.28	6.15	5.33	6.09
荷兰	5.75	5.89	6.44	4.76	4.48	4.65	6.71	4.10	6.07	7.25	5.57
澳大利亚	2.17	3.51	3.46	3.29	4.05	3.46	3.44	3.62	5.25	3.31	3.63
意大利	2.82	2.94	4.04	3.35	2.62	3.29	4.30	3.55	3.03	3.31	3.33

续表

国家和地区\年份	2009	2010	2011	2012	2013	2014	2015	2016	2017	2018	合计
法国	4.01	3.13	3.46	4.05	3.29	2.70	2.84	2.92	2.62	2.57	3.14
比利时	2.49	3.51	2.98	2.56	2.79	3.46	1.72	2.13	2.62	2.48	2.66
瑞士	2.06	1.90	1.92	1.94	3.38	2.79	2.75	2.13	1.72	2.39	2.31
西班牙	1.08	1.90	1.54	1.67	2.03	2.11	2.58	2.52	1.80	2.02	1.95
中国大陆	0.87	1.23	1.06	1.41	1.60	1.69	2.67	2.76	2.87	2.66	1.93
以色列	0.98	1.90	1.63	1.59	1.44	1.77	1.72	1.18	1.48	1.65	1.54
瑞典	0.76	0.76	1.25	1.41	1.18	1.10	0.86	0.55	1.23	1.38	1.05
芬兰	0.98	0.57	0.87	0.79	0.59	0.84	0.86	1.50	0.66	1.10	0.88
丹麦	1.30	0.38	0.67	0.88	0.68	0.93	0.60	0.95	0.90	1.10	0.83
韩国	0.87	0.57	0.58	0.62	0.76	1.01	1.12	1.02	0.82	0.83	0.83
奥地利	1.08	0.76	0.58	0.62	0.59	1.10	0.69	0.16	0.90	1.29	0.76
中国台湾	0.43	1.14	0.10	0.62	0.59	1.27	0.77	1.10	0.66	0.28	0.71
日本	0.65	1.04	0.87	0.44	0.68	0.76	0.69	0.47	0.49	0.46	0.65

二十七　数学心理学

数学心理学 A、B、C 层人才最多的国家是美国，分别占该学科全球 A、B、C 层人才的 100%、38.75%、36.62%。

英国、荷兰、加拿大、比利时、德国的 B 层人才比较多，世界占比在 17%—3% 之间；西班牙、瑞士、捷克、印度、法国、以色列、丹麦、芬兰也有相当数量的 B 层人才，世界占比超过 1%。

英国、荷兰、德国、加拿大、澳大利亚、比利时、法国的 C 层人才比较多，世界占比在 11%—3% 之间；西班牙、瑞士、意大利、瑞典、以色列、波兰、中国大陆、丹麦、挪威、芬兰、新加坡、韩国也有相当数量的 C 层人才，世界占比超过或接近 1%。

表 4—82　　数学心理学 A 层人才的国家和地区的占比

国家和地区\年份	2009	2010	2011	2012	2013	2014	2015	2016	2017	2018	合计
美国	0.00	0.00	0.00	0.00	0.00	0.00	100.00	100.00	0.00	100.00

表 4—83　　　　　　数学心理学 B 层人才的国家和地区的占比

国家和地区＼年份	2009	2010	2011	2012	2013	2014	2015	2016	2017	2018	合计
美国	25.00	42.86	57.14	28.57	42.86	37.50	62.50	44.44	37.50	18.18	38.75
英国	12.50	14.29	14.29	14.29	0.00	12.50	12.50	33.33	12.50	27.27	16.25
荷兰	12.50	0.00	0.00	28.57	0.00	25.00	0.00	22.22	12.50	27.27	13.75
加拿大	0.00	14.29	28.57	14.29	14.29	12.50	0.00	0.00	0.00	0.00	7.50
比利时	12.50	0.00	0.00	0.00	14.29	0.00	12.50	0.00	12.50	0.00	6.25
德国	12.50	14.29	0.00	0.00	14.29	0.00	0.00	0.00	0.00	0.00	3.75
西班牙	0.00	14.29	0.00	0.00	0.00	0.00	12.50	0.00	0.00	0.00	2.50
瑞士	12.50	0.00	0.00	0.00	14.29	0.00	0.00	0.00	0.00	0.00	2.50
捷克	0.00	0.00	0.00	0.00	0.00	0.00	0.00	0.00	0.00	18.18	2.50
印度	0.00	0.00	0.00	0.00	0.00	0.00	0.00	0.00	0.00	9.09	1.25
法国	12.50	0.00	0.00	0.00	0.00	0.00	0.00	0.00	0.00	0.00	1.25
以色列	0.00	0.00	0.00	0.00	0.00	0.00	12.50	0.00	0.00	0.00	1.25
丹麦	0.00	0.00	0.00	0.00	0.00	0.00	0.00	0.00	12.50	0.00	1.25
芬兰	0.00	0.00	0.00	0.00	0.00	0.00	0.00	12.50	0.00	0.00	1.25

表 4—84　　　　数学心理学 C 层人才排名前 20 的国家和地区的占比

国家和地区＼年份	2009	2010	2011	2012	2013	2014	2015	2016	2017	2018	合计
美国	46.05	39.74	32.39	32.84	40.00	43.06	35.71	44.58	27.00	28.41	36.62
英国	11.84	11.54	7.04	14.93	7.69	8.33	10.00	8.43	15.00	11.36	10.78
荷兰	10.53	6.41	8.45	7.46	4.62	8.33	12.86	9.64	14.00	12.50	9.74
德国	3.95	8.97	8.45	5.97	6.15	9.72	10.00	2.41	10.00	10.23	7.66
加拿大	3.95	3.85	7.04	5.97	7.69	4.17	2.86	7.23	3.00	2.27	4.68
澳大利亚	5.26	2.56	11.27	5.97	3.08	2.78	4.29	6.02	3.00	2.27	4.55
比利时	3.95	6.41	4.23	4.48	9.23	4.17	4.29	2.41	5.00	1.14	4.42
法国	3.95	5.13	1.41	4.48	4.62	2.78	2.86	2.41	2.00	2.27	3.12
西班牙	1.32	2.56	1.41	2.99	6.15	2.78	1.43	4.82	3.00	3.41	2.99
瑞士	0.00	5.13	5.63	2.99	0.00	0.00	4.29	0.00	1.00	5.68	2.47
意大利	0.00	1.28	4.23	4.48	0.00	1.39	2.86	2.41	2.00	1.14	1.95
瑞典	1.32	1.28	1.41	2.99	1.54	0.00	1.43	1.20	4.00	2.27	1.82
以色列	2.63	0.00	0.00	0.00	0.00	1.39	1.43	1.20	1.00	2.27	1.04
波兰	0.00	0.00	0.00	0.00	0.00	1.39	2.86	1.20	1.00	1.14	0.78

续表

国家和地区\年份	2009	2010	2011	2012	2013	2014	2015	2016	2017	2018	合计
中国大陆	1.32	0.00	0.00	0.00	1.54	0.00	0.00	0.00	1.00	2.27	0.65
丹麦	0.00	0.00	1.41	0.00	0.00	2.78	0.00	0.00	1.00	1.14	0.65
挪威	1.32	0.00	1.41	0.00	0.00	0.00	0.00	1.20	1.00	1.14	0.65
芬兰	1.32	0.00	0.00	1.49	0.00	0.00	0.00	1.20	1.00	0.00	0.52
新加坡	1.32	0.00	1.41	0.00	0.00	2.78	0.00	0.00	0.00	0.00	0.52
韩国	0.00	0.00	0.00	0.00	3.08	0.00	1.43	0.00	1.00	0.00	0.52

二十八 多学科心理学

多学科心理学A、B、C层人才最多的国家是美国，分别占该学科全球A、B、C层人才的46.58%、34.83%、37.99%。

英国、荷兰、加拿大、德国、澳大利亚的A层人才比较多，世界占比在14%—3%之间；瑞士、比利时、法国、西班牙、以色列、瑞典、意大利、新西兰、巴拉圭、芬兰、中国香港、塞尔维亚、印尼、新加坡也有相当数量的A层人才，世界占比超过或接近1%。

英国、荷兰、加拿大、德国、澳大利亚的B层人才比较多，世界占比在12%—3%之间；意大利、比利时、西班牙、瑞士、中国大陆、法国、挪威、芬兰、瑞典、新西兰、新加坡、以色列、丹麦、奥地利也有相当数量的B层人才，世界占比超过或接近1%。

英国、德国、加拿大、荷兰、澳大利亚的C层人才比较多，世界占比在10%—5%之间；意大利、西班牙、中国大陆、法国、瑞士、比利时、瑞典、韩国、以色列、挪威、奥地利、芬兰、中国台湾、丹麦也有相当数量的C层人才，世界占比超过或接近1%。

表4—85 多学科心理学A层人才排名前20的国家和地区的占比

国家和地区\年份	2009	2010	2011	2012	2013	2014	2015	2016	2017	2018	合计
美国	70.00	54.55	54.55	66.67	50.00	47.06	11.76	29.17	55.00	50.00	46.58
英国	10.00	9.09	9.09	20.00	12.50	17.65	5.88	16.67	10.00	15.00	13.04
荷兰	10.00	0.00	0.00	6.67	6.25	17.65	5.88	4.17	10.00	10.00	7.45
加拿大	0.00	0.00	9.09	6.67	12.50	5.88	5.88	8.33	5.00	5.00	6.21

续表

国家和地区\年份	2009	2010	2011	2012	2013	2014	2015	2016	2017	2018	合计
德国	10.00	0.00	18.18	0.00	6.25	0.00	5.88	4.17	10.00	0.00	4.97
澳大利亚	0.00	9.09	0.00	0.00	0.00	11.76	5.88	4.17	0.00	5.00	3.73
瑞士	0.00	0.00	0.00	0.00	6.25	0.00	0.00	4.17	0.00	5.00	1.86
比利时	0.00	0.00	0.00	0.00	0.00	0.00	5.88	4.17	5.00	0.00	1.86
法国	0.00	0.00	0.00	0.00	0.00	0.00	0.00	8.33	5.00	0.00	1.86
西班牙	0.00	0.00	0.00	0.00	0.00	0.00	5.88	0.00	0.00	5.00	1.24
以色列	0.00	9.09	0.00	0.00	0.00	0.00	5.88	0.00	0.00	0.00	1.24
瑞典	0.00	0.00	0.00	0.00	0.00	0.00	5.88	4.17	0.00	0.00	1.24
意大利	0.00	9.09	0.00	0.00	0.00	0.00	5.88	0.00	0.00	0.00	1.24
新西兰	0.00	0.00	9.09	0.00	0.00	0.00	0.00	4.17	0.00	0.00	1.24
巴拉圭	0.00	0.00	0.00	0.00	0.00	0.00	5.88	0.00	0.00	0.00	0.62
芬兰	0.00	0.00	0.00	0.00	0.00	0.00	0.00	0.00	0.00	5.00	0.62
中国香港	0.00	0.00	0.00	0.00	0.00	0.00	5.88	0.00	0.00	0.00	0.62
塞尔维亚	0.00	0.00	0.00	0.00	0.00	0.00	5.88	0.00	0.00	0.00	0.62
印尼	0.00	0.00	0.00	0.00	0.00	0.00	0.00	4.17	0.00	0.00	0.62
新加坡	0.00	9.09	0.00	0.00	0.00	0.00	0.00	0.00	0.00	0.00	0.62

表4—86　多学科心理学B层人才排名前20的国家和地区的占比

国家和地区\年份	2009	2010	2011	2012	2013	2014	2015	2016	2017	2018	合计
美国	53.68	49.04	50.50	48.61	42.95	53.09	50.65	34.07	34.32	35.29	43.83
英国	4.21	9.62	6.93	13.89	16.78	8.64	10.39	14.60	11.24	11.76	11.40
荷兰	3.16	4.81	12.87	4.86	6.71	6.79	5.84	7.08	7.69	7.65	6.78
加拿大	8.42	11.54	7.92	6.94	5.37	9.26	8.44	3.54	7.10	3.53	6.78
德国	5.26	4.81	5.94	4.86	9.40	3.09	2.60	3.54	6.51	8.82	5.43
澳大利亚	6.32	0.96	0.99	2.78	4.03	3.09	5.19	3.98	2.96	5.29	3.66
意大利	2.11	0.96	0.00	0.69	1.34	1.23	1.30	4.87	4.14	4.12	2.37
比利时	2.11	1.92	0.99	0.69	1.34	1.85	3.25	3.98	0.59	4.71	2.31
西班牙	0.00	0.00	0.99	2.08	1.34	1.85	1.30	2.21	1.78	4.71	1.83
瑞士	1.05	0.96	0.99	0.00	2.68	0.62	0.65	1.77	4.14	0.59	1.42
中国大陆	1.05	0.96	0.99	0.69	0.67	0.62	0.65	1.33	3.55	1.76	1.29
法国	0.00	0.96	0.00	2.08	1.34	0.00	0.65	1.77	1.78	1.76	1.15

续表

国家和地区\年份	2009	2010	2011	2012	2013	2014	2015	2016	2017	2018	合计
挪威	2.11	2.88	0.00	2.78	0.00	0.00	1.30	0.88	0.59	1.18	1.09
芬兰	0.00	1.92	0.99	0.00	0.00	1.23	0.00	0.88	1.18	1.76	0.81
瑞典	1.05	1.92	0.00	2.08	0.67	0.62	0.65	0.88	0.59	0.00	0.81
新西兰	1.05	0.00	0.99	1.39	1.34	0.62	0.65	0.44	1.18	0.00	0.75
新加坡	0.00	0.00	1.98	0.69	0.00	1.23	1.95	0.44	0.00	0.59	0.68
以色列	0.00	2.88	0.00	1.39	0.67	0.00	1.30	0.00	1.18	0.00	0.68
丹麦	0.00	0.00	0.00	0.69	0.00	0.62	0.65	0.44	1.18	1.18	0.54
奥地利	0.00	0.00	0.99	0.69	0.67	2.47	0.00	0.44	0.00	0.00	0.54

表4—87　多学科心理学C层人才排名前20的国家和地区的占比

国家和地区\年份	2009	2010	2011	2012	2013	2014	2015	2016	2017	2018	合计
美国	48.39	47.77	43.97	43.29	41.66	39.58	35.66	30.78	32.44	30.10	37.99
英国	11.18	8.64	10.33	9.84	9.89	8.93	9.81	9.94	10.54	9.13	9.80
德国	4.84	4.67	6.48	6.20	4.98	6.62	6.25	5.64	6.32	7.24	5.99
加拿大	6.45	8.34	5.37	5.80	7.07	5.63	4.97	4.16	4.63	5.60	5.61
荷兰	5.48	6.36	6.28	5.12	4.98	5.63	5.98	4.34	5.16	4.28	5.23
澳大利亚	3.66	3.87	4.05	3.98	5.25	4.96	5.51	6.01	5.16	6.80	5.11
意大利	1.72	1.39	2.84	1.89	1.82	1.99	2.75	3.56	3.48	3.02	2.57
西班牙	1.94	1.49	1.82	1.48	2.02	1.99	2.75	2.91	3.59	3.78	2.50
中国大陆	0.32	0.50	1.22	1.42	1.08	1.92	1.54	2.40	2.61	2.71	1.73
法国	0.86	1.59	2.03	2.02	1.35	1.72	1.75	2.03	1.51	2.08	1.73
瑞士	1.40	1.29	1.62	2.09	1.75	1.79	1.68	1.52	1.45	2.14	1.69
比利时	0.75	1.19	1.52	1.89	1.48	1.26	1.75	1.80	1.91	1.89	1.61
瑞典	1.83	0.79	1.22	1.08	1.35	1.39	1.21	1.66	1.68	2.02	1.45
韩国	0.65	1.19	0.81	1.01	1.01	1.32	1.28	1.48	1.04	1.01	1.12
以色列	0.86	1.49	1.01	0.94	1.68	1.19	1.01	1.06	0.70	1.01	1.09
挪威	1.29	0.60	0.71	1.08	0.61	1.13	0.87	1.25	1.33	1.07	1.02
奥地利	0.75	0.50	1.22	0.61	0.54	0.93	1.28	0.60	1.16	1.01	0.86
芬兰	0.75	0.10	0.91	0.54	0.74	0.79	1.01	1.06	1.10	1.07	0.85
中国台湾	0.54	1.39	0.41	0.74	0.81	1.13	0.60	1.20	0.75	0.63	0.84
丹麦	0.75	0.50	0.61	0.94	0.67	0.73	0.81	0.79	0.75	1.07	0.78

二十九 心理分析学

心理分析学 A 层人才分布在意大利、美国、加拿大,世界占比分别为 50.00%、33.33%、16.67%。

美国的 B 层人才最多,世界占比为 50.53%;德国、英国、意大利的 B 层人才比较多,世界占比在 13%—9% 之间;澳大利亚、奥地利、比利时、巴西、瑞士、智利、阿根廷、法国、以色列、挪威、巴基斯坦也有相当数量的 B 层人才,世界占比超过 1%。

美国的 C 层人才最多,世界占比为 42.92%;德国、英国、意大利、加拿大、奥地利、以色列的 C 层人才比较多,世界占比在 21%—3% 之间;瑞士、法国、澳大利亚、瑞典、比利时、挪威、荷兰、南非、葡萄牙也有相当数量的 C 层人才,世界占比超过或接近 1%。

表4—88　　心理分析学 A 层人才的国家和地区的占比

国家和地区＼年份	2009	2010	2011	2012	2013	2014	2015	2016	2017	2018	合计
意大利	0.00	100.00	0.00	0.00	0.00	0.00	0.00	100.00	100.00	0.00	50.00
美国	0.00	0.00	100.00	0.00	0.00	100.00	0.00	0.00	0.00	0.00	33.33
加拿大	0.00	0.00	0.00	0.00	100.00	0.00	0.00	0.00	0.00	0.00	16.67

表4—89　　心理分析学 B 层人才的国家和地区的占比

国家和地区＼年份	2009	2010	2011	2012	2013	2014	2015	2016	2017	2018	合计
美国	77.78	44.44	55.56	62.50	55.56	77.78	50.00	40.00	42.86	16.67	50.53
德国	0.00	22.22	33.33	25.00	11.11	0.00	0.00	20.00	0.00	16.67	12.63
英国	0.00	22.22	0.00	0.00	22.22	0.00	0.00	30.00	14.29	16.67	11.58
意大利	22.22	0.00	0.00	0.00	0.00	11.11	33.33	0.00	0.00	33.33	9.47
澳大利亚	0.00	0.00	0.00	0.00	11.11	16.67	0.00	0.00	0.00	0.00	2.11
奥地利	0.00	11.11	0.00	0.00	0.00	0.00	0.00	7.14	0.00	0.00	2.11
比利时	0.00	0.00	0.00	0.00	0.00	0.00	0.00	0.00	14.29	0.00	2.11
巴西	0.00	0.00	0.00	12.50	0.00	0.00	0.00	10.00	0.00	0.00	2.11
瑞士	0.00	0.00	0.00	0.00	0.00	0.00	0.00	0.00	7.14	0.00	1.05
智利	0.00	0.00	0.00	0.00	11.11	0.00	0.00	0.00	0.00	0.00	1.05

续表

国家和地区\年份	2009	2010	2011	2012	2013	2014	2015	2016	2017	2018	合计
阿根廷	0.00	0.00	0.00	0.00	0.00	0.00	0.00	0.00	0.00	8.33	1.05
法国	0.00	0.00	0.00	0.00	0.00	0.00	0.00	0.00	0.00	8.33	1.05
以色列	0.00	0.00	11.11	0.00	0.00	0.00	0.00	0.00	0.00	0.00	1.05
挪威	0.00	0.00	0.00	0.00	0.00	0.00	0.00	0.00	7.14	0.00	1.05
巴基斯坦	0.00	0.00	0.00	0.00	0.00	0.00	0.00	0.00	7.14	0.00	1.05

表4—90　心理分析学C层人才排名前16的国家和地区的占比

国家和地区\年份	2009	2010	2011	2012	2013	2014	2015	2016	2017	2018	合计
美国	60.71	43.59	53.25	54.29	24.18	43.18	35.90	36.79	43.22	38.46	42.92
德国	13.10	23.08	12.99	20.00	27.47	15.91	23.08	20.75	22.03	24.62	20.35
英国	5.95	7.69	9.09	11.43	14.29	11.36	12.82	12.26	6.78	7.69	9.94
意大利	3.57	5.13	5.19	0.00	6.59	1.14	3.85	2.83	1.69	10.77	3.86
加拿大	3.57	3.85	1.30	1.43	5.49	6.82	1.28	4.72	5.08	1.54	3.74
奥地利	1.19	5.13	1.30	5.71	4.40	3.41	2.56	3.77	3.39	1.54	3.27
以色列	2.38	3.85	2.60	0.00	3.30	2.27	5.13	5.66	3.39	1.54	3.16
瑞士	1.19	2.56	2.60	2.86	2.20	2.27	3.85	0.94	0.85	1.54	1.99
法国	1.19	2.56	0.00	0.00	1.10	1.14	1.28	0.00	2.54	3.08	1.29
澳大利亚	2.38	0.00	2.60	1.43	0.00	1.14	1.28	0.94	1.69	1.54	1.29
瑞典	0.00	0.00	2.60	0.00	0.00	2.27	0.00	2.83	0.85	3.08	1.17
比利时	1.19	0.00	1.30	0.00	2.20	0.00	2.56	0.94	1.69	0.00	1.05
挪威	0.00	0.00	1.30	0.00	1.10	1.14	1.28	1.89	0.00	1.54	0.82
荷兰	2.38	0.00	0.00	0.00	1.10	1.14	0.00	0.94	1.69	0.00	0.82
南非	0.00	0.00	0.00	0.00	0.00	0.00	2.56	0.94	2.54	0.00	0.70
葡萄牙	0.00	0.00	1.30	0.00	0.00	2.27	0.00	1.89	0.00	0.00	0.58

三十　社会心理学

社会心理学A、B、C层人才最多的国家是美国，分别占该学科全球A、B、C层人才的67.39%、46.20%、40.50%。

荷兰、英国、以色列、澳大利亚、比利时的A层人才比较多，世界占比在7%—4%之间；秘鲁、土耳其、德国也有相当数量的A层人才，世界占比均为 2.17%。

加拿大、英国、荷兰、德国的 B 层人才比较多，世界占比在 10%—7% 之间；澳大利亚、意大利、比利时、瑞士、新西兰、波兰、西班牙、中国大陆、新加坡、中国香港、以色列、韩国、葡萄牙也有相当数量的 B 层人才，世界占比超过或接近 1%。

英国、加拿大、德国、荷兰、澳大利亚的 C 层人才比较多，世界占比在 10%—4% 之间；比利时、意大利、以色列、瑞士、中国大陆、西班牙、法国、新西兰、中国香港、新加坡、波兰、韩国、挪威、瑞典也有相当数量的 C 层人才，世界占比超过或接近 1%。

表 4—91　　社会心理学 A 层人才的国家和地区的占比

国家和地区 \ 年份	2009	2010	2011	2012	2013	2014	2015	2016	2017	2018	合计
美国	100.00	80.00	60.00	50.00	25.00	0.00	50.00	66.67	57.14	100.00	67.39
荷兰	0.00	20.00	0.00	50.00	0.00	0.00	0.00	0.00	14.29	0.00	6.52
英国	0.00	0.00	0.00	0.00	50.00	0.00	0.00	0.00	14.29	0.00	6.52
以色列	0.00	0.00	0.00	0.00	0.00	0.00	0.00	16.67	14.29	0.00	4.35
澳大利亚	0.00	0.00	20.00	0.00	0.00	0.00	0.00	16.67	0.00	0.00	4.35
比利时	0.00	0.00	0.00	0.00	25.00	0.00	16.67	0.00	0.00	0.00	4.35
秘鲁	0.00	0.00	0.00	0.00	0.00	0.00	16.67	0.00	0.00	0.00	2.17
土耳其	0.00	0.00	0.00	0.00	0.00	0.00	16.67	0.00	0.00	0.00	2.17
德国	0.00	0.00	20.00	0.00	0.00	0.00	0.00	0.00	0.00	0.00	2.17

表 4—92　　社会心理学 B 层人才排名前 18 的国家和地区的占比

国家和地区 \ 年份	2009	2010	2011	2012	2013	2014	2015	2016	2017	2018	合计
美国	42.22	51.61	66.00	54.90	39.22	35.59	50.94	47.27	45.16	33.93	46.20
加拿大	6.67	12.90	6.00	5.88	9.80	6.78	5.66	16.36	12.90	10.71	9.36
英国	6.67	9.68	6.00	1.96	11.76	10.17	15.09	10.91	12.90	7.14	9.36
荷兰	6.67	16.13	6.00	1.96	13.73	10.17	5.66	7.27	11.29	8.93	8.58
德国	6.67	0.00	10.00	7.84	7.84	8.47	5.66	5.45	6.45	8.93	7.02
澳大利亚	0.00	0.00	0.00	1.96	1.96	3.39	3.77	3.64	1.61	3.57	2.14
意大利	2.22	0.00	0.00	1.96	3.92	3.39	1.89	3.64	3.23	0.00	2.14
比利时	4.44	0.00	0.00	1.96	1.96	1.69	0.00	0.00	3.23	3.57	1.75

续表

国家和地区\年份	2009	2010	2011	2012	2013	2014	2015	2016	2017	2018	合计
瑞士	0.00	0.00	0.00	3.92	1.96	3.39	0.00	0.00	0.00	3.57	1.36
新西兰	0.00	3.23	0.00	3.92	1.96	0.00	1.89	1.82	0.00	1.79	1.36
波兰	0.00	0.00	0.00	1.96	0.00	3.39	1.89	0.00	1.61	1.79	1.17
西班牙	2.22	0.00	0.00	0.00	1.96	1.69	0.00	0.00	0.00	1.79	0.78
中国大陆	0.00	0.00	2.00	0.00	0.00	0.00	3.77	0.00	0.00	1.79	0.78
新加坡	2.22	3.23	0.00	0.00	0.00	0.00	0.00	0.00	0.00	1.79	0.58
中国香港	2.22	0.00	0.00	0.00	0.00	1.69	1.89	0.00	0.00	0.00	0.58
以色列	0.00	0.00	2.00	1.96	0.00	0.00	0.00	0.00	0.00	1.79	0.58
韩国	2.22	0.00	0.00	0.00	0.00	0.00	0.00	1.82	0.00	1.79	0.58
葡萄牙	2.22	3.23	0.00	1.96	0.00	0.00	0.00	0.00	0.00	0.00	0.58

表4—93　社会心理学 C 层人才排名前 20 的国家和地区的占比

国家和地区\年份	2009	2010	2011	2012	2013	2014	2015	2016	2017	2018	合计
美国	49.67	48.75	45.92	47.38	44.33	40.56	33.16	33.90	34.16	34.20	40.50
英国	10.41	8.54	8.98	7.97	6.68	10.58	10.35	10.34	9.01	10.07	9.35
加拿大	7.81	8.33	5.92	7.55	6.88	7.23	6.84	4.92	7.27	6.25	6.86
德国	5.42	5.83	5.51	4.82	5.67	7.23	7.72	6.10	6.40	6.25	6.16
荷兰	4.77	4.79	7.55	6.50	6.07	4.41	5.61	6.10	5.38	7.12	5.82
澳大利亚	3.47	4.17	3.27	3.14	4.45	3.70	5.09	5.59	6.40	4.86	4.52
比利时	1.74	2.08	1.63	1.89	1.82	1.59	2.46	1.86	1.60	2.26	1.89
意大利	0.43	1.04	2.65	2.52	1.21	1.41	2.11	3.22	1.89	1.39	1.82
以色列	1.95	1.25	2.86	1.47	1.01	1.41	1.93	2.03	1.16	1.39	1.63
瑞士	1.52	1.25	2.24	0.42	2.23	1.59	1.23	1.53	2.03	1.04	1.52
中国大陆	0.43	0.83	0.61	0.84	1.62	2.12	2.28	1.86	2.18	1.56	1.50
西班牙	1.08	0.83	0.82	1.47	0.81	1.76	1.05	2.03	1.31	1.74	1.32
法国	1.08	1.04	1.22	1.26	1.21	1.41	0.53	1.02	1.89	1.74	1.26
新西兰	0.43	1.25	0.82	0.63	2.63	1.06	0.88	0.85	0.87	1.74	1.11
中国香港	0.87	0.63	0.82	1.26	1.01	0.71	0.88	1.36	0.87	1.22	0.96
新加坡	1.30	0.83	1.43	0.63	1.21	1.59	0.70	1.02	0.58	0.35	0.95
波兰	0.65	0.42	0.41	0.21	0.81	0.71	0.70	1.69	1.45	1.39	0.89
韩国	0.00	0.83	0.61	0.84	0.40	1.23	1.93	0.85	0.73	0.52	0.82
挪威	0.65	0.83	1.22	0.42	0.40	0.71	0.53	0.34	1.16	1.39	0.78
瑞典	0.43	0.83	0.20	0.84	0.00	0.53	1.58	0.85	0.44	1.04	0.69

三十一　行为科学

行为科学 A、B、C 层人才最多的国家是美国，分别占该学科全球 A、

B、C层人才的38.71%、30.47%、31.38%。

英国、德国、荷兰、加拿大、澳大利亚、瑞典、奥地利的A层人才比较多,世界占比在13%—3%之间;西班牙、比利时、匈牙利、爱尔兰、瑞士、中国台湾、丹麦、塞浦路斯、新加坡、芬兰、新西兰、法国也有相当数量的A层人才,世界占比超过1%。

英国、德国、加拿大、荷兰、澳大利亚、意大利的B层人才比较多,世界占比在18%—3%之间;法国、瑞士、西班牙、瑞典、中国大陆、以色列、巴西、比利时、丹麦、爱尔兰、奥地利、挪威、匈牙利也有相当数量的B层人才,世界占比超过或接近1%。

英国、德国、加拿大、荷兰、澳大利亚、意大利、法国的C层人才比较多,世界占比在13%—3%之间;中国大陆、瑞士、比利时、西班牙、瑞典、巴西、日本、奥地利、丹麦、以色列、芬兰、新西兰也有相当数量的C层人才,世界占比超过或接近1%。

表4—94　　行为科学A层人才排名前20的国家和地区的占比

国家和地区\年份	2009	2010	2011	2012	2013	2014	2015	2016	2017	2018	合计
美国	50.00	50.00	60.00	42.86	25.00	22.22	16.67	63.64	27.27	33.33	38.71
英国	12.50	0.00	10.00	0.00	50.00	33.33	16.67	0.00	9.09	0.00	12.90
德国	12.50	0.00	10.00	14.29	12.50	0.00	0.00	9.09	18.18	0.00	7.53
荷兰	0.00	0.00	0.00	0.00	12.50	0.00	0.00	0.00	18.18	22.22	6.45
加拿大	0.00	37.50	0.00	0.00	0.00	0.00	8.33	0.00	0.00	11.11	5.38
澳大利亚	0.00	0.00	10.00	0.00	0.00	0.00	25.00	9.09	0.00	0.00	5.38
瑞典	0.00	0.00	0.00	14.29	0.00	0.00	8.33	0.00	9.09	11.11	4.30
奥地利	0.00	0.00	0.00	14.29	0.00	11.11	0.00	9.09	0.00	0.00	3.23
西班牙	0.00	0.00	0.00	0.00	0.00	11.11	0.00	0.00	9.09	0.00	2.15
比利时	12.50	0.00	0.00	0.00	0.00	0.00	0.00	0.00	9.09	0.00	2.15
匈牙利	12.50	0.00	0.00	0.00	0.00	0.00	0.00	0.00	0.00	0.00	1.08
爱尔兰	0.00	0.00	0.00	0.00	0.00	0.00	8.33	0.00	0.00	0.00	1.08

续表

国家和地区\年份	2009	2010	2011	2012	2013	2014	2015	2016	2017	2018	合计
瑞士	0.00	12.50	0.00	0.00	0.00	0.00	0.00	0.00	0.00	0.00	1.08
中国台湾	0.00	0.00	0.00	0.00	0.00	11.11	0.00	0.00	0.00	0.00	1.08
丹麦	0.00	0.00	0.00	0.00	0.00	0.00	0.00	0.00	0.00	11.11	1.08
塞浦路斯	0.00	0.00	0.00	0.00	0.00	11.11	0.00	0.00	0.00	0.00	1.08
新加坡	0.00	0.00	0.00	0.00	0.00	0.00	0.00	0.00	11.11	0.00	1.08
芬兰	0.00	0.00	0.00	0.00	0.00	0.00	8.33	0.00	0.00	0.00	1.08
新西兰	0.00	0.00	0.00	14.29	0.00	0.00	0.00	0.00	0.00	0.00	1.08
法国	0.00	0.00	0.00	0.00	0.00	0.00	9.09	0.00	0.00	0.00	1.08

表4—95　行为科学B层人才排名前20的国家和地区的占比

国家和地区\年份	2009	2010	2011	2012	2013	2014	2015	2016	2017	2018	合计
美国	36.47	26.25	33.71	31.25	34.78	26.80	30.77	32.48	28.45	25.42	30.47
英国	21.18	21.25	13.48	20.00	19.57	13.40	21.37	17.09	12.07	16.10	17.36
德国	4.71	12.50	10.11	6.25	7.61	12.37	7.69	6.84	9.48	8.47	8.58
加拿大	5.88	1.25	7.87	6.25	6.52	5.15	6.84	10.26	10.34	5.93	6.86
荷兰	1.18	10.00	6.74	5.00	5.43	4.12	6.84	11.11	2.59	5.08	5.85
澳大利亚	5.88	1.25	1.12	7.50	2.17	2.06	5.98	2.56	6.03	5.08	4.04
意大利	3.53	5.00	5.62	3.75	2.17	6.19	2.56	3.42	1.72	3.39	3.63
法国	2.35	2.50	3.37	3.75	6.52	3.09	0.85	1.71	0.86	1.69	2.52
瑞士	3.53	0.00	4.49	0.00	3.26	2.06	1.71	2.56	1.72	1.69	2.12
西班牙	0.00	5.00	1.12	1.25	2.17	2.06	4.27	0.00	0.00	3.39	1.92
瑞典	0.00	2.50	0.00	1.25	0.00	3.09	2.56	0.00	1.72	4.24	1.61
中国大陆	0.00	0.00	2.25	1.25	0.00	2.06	0.85	0.00	3.45	4.24	1.51
以色列	2.35	1.25	2.25	1.25	1.09	1.03	0.85	1.71	2.59	0.85	1.51
巴西	0.00	0.00	2.25	1.25	1.09	4.12	0.85	0.85	1.72	1.69	1.41
比利时	2.35	3.75	0.00	0.00	1.09	1.03	0.00	0.85	1.72	3.39	1.41
丹麦	0.00	1.25	0.00	1.25	2.17	0.00	1.71	1.71	1.72	0.85	1.11
爱尔兰	2.35	0.00	1.12	1.25	0.00	3.09	0.85	0.85	0.86	0.85	1.11
奥地利	1.18	1.25	0.00	0.00	0.00	3.09	0.00	1.71	0.86	0.00	0.81
挪威	1.18	0.00	1.12	0.00	1.09	0.00	0.00	0.00	1.72	0.85	0.61
匈牙利	1.18	2.50	1.12	0.00	1.09	0.00	0.00	0.00	0.00	0.00	0.50

表4—96　　行为科学C层人才排名前20的国家和地区的占比

国家和地区\年份	2009	2010	2011	2012	2013	2014	2015	2016	2017	2018	合计
美国	35.75	35.10	35.63	33.66	31.64	31.36	28.51	26.99	28.94	29.89	31.38
英国	13.51	11.99	14.14	12.17	11.91	10.74	12.30	11.33	12.14	13.05	12.29
德国	7.62	8.84	6.79	7.70	9.37	8.27	8.65	6.66	7.47	7.50	7.85
加拿大	6.14	5.93	6.00	6.71	5.62	6.55	6.10	5.45	5.70	6.33	6.03
荷兰	4.18	4.67	6.00	6.09	4.85	5.37	6.38	4.50	5.23	5.26	5.26
澳大利亚	3.69	4.42	4.52	4.35	5.40	4.83	5.19	6.92	5.79	5.84	5.20
意大利	2.83	3.66	3.28	4.47	3.75	3.65	5.46	4.58	4.76	3.60	4.07
法国	4.05	4.04	3.73	4.47	3.31	2.47	2.73	3.03	2.71	2.43	3.23
中国大陆	0.98	1.01	1.13	1.61	1.65	3.22	2.91	3.81	3.73	3.41	2.48
瑞士	2.21	2.02	2.04	1.86	2.98	2.47	2.91	2.34	2.05	2.53	2.36
比利时	2.33	2.90	1.47	1.49	1.54	2.47	1.82	1.47	1.68	2.14	1.91
西班牙	1.23	0.88	1.58	1.74	2.65	1.40	2.09	1.73	1.68	1.85	1.71
瑞典	0.74	1.14	1.24	1.12	1.54	1.50	1.73	1.73	1.96	1.17	1.42
巴西	0.49	1.01	1.24	1.24	0.88	1.40	0.73	1.90	2.24	1.36	1.29
日本	1.35	1.26	1.70	1.24	1.32	1.07	1.18	1.64	0.84	1.07	1.27
奥地利	1.23	1.14	0.57	0.37	0.66	1.61	1.37	0.69	1.87	1.17	1.09
丹麦	0.98	0.63	1.13	0.75	0.99	1.18	0.73	1.64	0.65	0.97	0.98
以色列	0.61	1.64	1.13	0.62	1.10	0.64	1.00	1.04	1.03	0.58	0.94
芬兰	1.11	0.76	0.57	0.99	0.88	0.18	1.04	0.37	0.49	0.70	
新西兰	0.86	0.51	1.13	0.75	0.55	0.64	0.18	0.61	0.75	0.49	0.63

三十二　生物材料

生物材料A、B、C层人才主要集中在美国和中国大陆，两国A、B、C层人才的世界占比为43.56%、49.18%、46.39%，其中美国的A层人才多于中国大陆，B层和C层人才少于中国大陆。

沙特、德国、印度、英国、韩国的A层人才比较多，世界占比在6%—3%之间；荷兰、新加坡、澳大利亚、伊朗、新西兰、比利时、意大利、加拿大、中国香港、泰国、巴基斯坦、爱尔兰、巴西也有相当数量的A层人才，世界占比超过或接近1%。

印度、韩国、德国、英国的B层人才比较多，世界占比在5%—3%之间；澳大利亚、新加坡、荷兰、中国香港、瑞士、意大利、加拿大、比利时、日本、葡萄牙、西班牙、沙特、中国台湾、法国也有相当数量的 B 层人才，世界占比超过 1%。

德国、韩国、印度、英国的 C 层人才比较多，世界占比在 5%—3% 之间；澳大利亚、新加坡、伊朗、日本、意大利、荷兰、加拿大、中国台湾、西班牙、法国、葡萄牙、瑞士、中国香港、巴西也有相当数量的 C 层人才，世界占比超过 1%。

表 4—97　生物材料 A 层人才排名前 20 的国家和地区的占比

国家和地区 \ 年份	2009	2010	2011	2012	2013	2014	2015	2016	2017	2018	合计
美国	33.33	12.50	57.14	14.29	0.00	8.33	23.08	30.77	14.29	45.45	22.77
中国大陆	33.33	12.50	14.29	14.29	20.00	16.67	15.38	15.38	28.57	36.36	20.79
沙特	0.00	0.00	0.00	14.29	10.00	0.00	7.69	15.38	0.00	9.09	5.94
德国	0.00	12.50	14.29	0.00	0.00	8.33	7.69	0.00	7.14	0.00	5.94
印度	0.00	12.50	0.00	14.29	10.00	0.00	7.69	0.00	7.14	0.00	4.95
英国	16.67	0.00	0.00	0.00	10.00	8.33	7.69	7.69	0.00	0.00	4.95
韩国	0.00	0.00	14.29	0.00	0.00	0.00	7.69	7.69	7.14	0.00	3.96
荷兰	16.67	12.50	0.00	0.00	0.00	8.33	0.00	0.00	0.00	0.00	2.97
新加坡	0.00	0.00	0.00	0.00	10.00	0.00	0.00	7.69	0.00	9.09	2.97
澳大利亚	0.00	0.00	0.00	0.00	10.00	8.33	0.00	7.69	0.00	0.00	2.97
伊朗	0.00	12.50	0.00	0.00	10.00	8.33	0.00	0.00	0.00	0.00	2.97
新西兰	0.00	0.00	0.00	0.00	0.00	0.00	0.00	7.69	7.14	0.00	1.98
比利时	0.00	0.00	0.00	14.29	0.00	8.33	0.00	0.00	0.00	0.00	1.98
意大利	0.00	0.00	0.00	0.00	10.00	0.00	0.00	0.00	7.14	0.00	1.98
加拿大	0.00	12.50	0.00	0.00	0.00	8.33	0.00	0.00	0.00	0.00	1.98
中国香港	0.00	0.00	0.00	0.00	0.00	0.00	0.00	0.00	7.14	0.00	0.99
泰国	0.00	0.00	0.00	0.00	0.00	8.33	0.00	0.00	0.00	0.00	0.99
巴基斯坦	0.00	0.00	0.00	0.00	0.00	0.00	7.69	0.00	0.00	0.00	0.99
爱尔兰	0.00	12.50	0.00	0.00	0.00	0.00	0.00	0.00	0.00	0.00	0.99
巴西	0.00	0.00	0.00	0.00	0.00	0.00	0.00	0.00	7.14	0.00	0.99

表4—98　　生物材料B层人才排名前20的国家和地区的占比

国家和地区\年份	2009	2010	2011	2012	2013	2014	2015	2016	2017	2018	合计
中国大陆	16.13	16.25	25.71	28.77	38.78	26.09	27.73	25.00	29.69	31.19	27.22
美国	43.55	21.25	37.14	26.03	16.33	22.61	18.49	18.97	17.19	14.68	21.96
印度	4.84	7.50	7.14	1.37	6.12	4.35	0.84	4.31	2.34	4.59	4.12
韩国	4.84	6.25	0.00	1.37	1.02	3.48	3.36	3.45	3.91	7.34	3.61
德国	0.00	6.25	2.86	0.00	1.02	3.48	8.40	2.59	3.13	4.59	3.51
英国	4.84	3.75	1.43	1.37	2.04	0.87	5.04	6.90	4.69	0.00	3.20
澳大利亚	3.23	2.50	1.43	4.11	3.06	4.35	5.04	1.72	1.56	2.75	2.99
新加坡	0.00	5.00	0.00	1.37	2.04	2.61	1.68	3.45	5.47	3.67	2.78
荷兰	1.61	1.25	2.86	4.11	1.02	3.48	3.36	1.72	1.56	2.75	2.37
中国香港	1.61	2.50	4.29	4.11	1.02	2.61	1.68	1.72	2.34	1.83	2.27
瑞士	4.84	3.75	1.43	2.74	3.06	0.87	1.68	1.72	0.00	1.83	1.96
意大利	0.00	2.50	1.43	2.74	1.02	3.48	1.68	3.45	0.00	1.83	1.86
加拿大	1.61	2.50	0.00	0.00	2.04	0.87	2.52	3.45	0.78	3.67	1.86
比利时	1.61	1.25	1.43	2.74	1.02	1.74	2.52	0.86	2.34	0.92	1.65
日本	0.00	0.00	2.86	0.00	3.06	0.87	1.68	2.59	1.56	1.83	1.55
葡萄牙	0.00	1.25	2.86	1.37	3.06	1.74	2.52	0.00	0.78	0.92	1.44
西班牙	0.00	3.75	0.00	0.00	2.04	0.87	0.84	0.00	2.34	1.83	1.24
沙特	0.00	0.00	1.43	0.00	2.04	1.74	0.00	1.72	2.34	1.83	1.24
中国台湾	1.61	0.00	0.00	2.74	1.02	0.87	2.52	1.72	0.78	0.00	1.13
法国	0.00	5.00	0.00	0.00	1.02	1.74	0.84	0.00	1.56	0.92	1.13

表4—99　　生物材料C层人才排名前20的国家和地区的占比

国家和地区\年份	2009	2010	2011	2012	2013	2014	2015	2016	2017	2018	合计
中国大陆	13.11	15.18	19.03	22.15	25.90	26.02	25.72	24.57	28.85	31.90	24.30
美国	29.29	29.97	26.61	26.69	21.60	22.57	22.74	18.60	16.07	16.13	22.09
德国	5.66	5.61	6.01	4.13	5.60	3.72	5.09	3.58	4.59	2.93	4.56
韩国	5.02	4.59	4.15	4.13	3.80	4.07	2.99	4.95	3.61	4.03	4.07
印度	3.72	2.68	3.86	4.40	4.30	3.10	3.86	4.52	3.20	3.57	3.72
英国	3.56	3.06	2.15	3.16	3.50	3.54	3.34	4.18	4.18	2.84	3.42
澳大利亚	2.75	3.32	4.01	2.61	2.50	2.48	2.28	2.22	2.54	3.21	2.72
新加坡	3.72	4.85	2.58	2.89	2.30	3.45	2.19	1.88	2.54	1.83	2.71

续表

国家和地区\年份	2009	2010	2011	2012	2013	2014	2015	2016	2017	2018	合计
伊朗	0.49	0.89	1.00	1.24	1.80	1.77	2.19	4.35	3.85	4.67	2.48
日本	4.37	3.32	3.58	2.75	1.80	2.57	2.37	1.96	1.97	1.65	2.47
意大利	2.75	2.68	2.15	2.48	2.30	2.04	2.28	2.90	2.70	2.29	2.45
荷兰	2.75	2.55	1.86	2.20	2.20	2.04	1.84	1.54	1.48	1.47	1.92
加拿大	1.78	2.55	3.29	2.34	0.90	2.12	1.14	1.37	2.30	1.65	1.87
中国台湾	2.43	1.28	2.72	2.48	2.80	2.04	1.58	1.19	1.07	1.10	1.77
西班牙	1.62	0.77	1.72	1.10	1.50	1.86	2.19	1.88	1.97	1.65	1.68
法国	1.78	1.53	2.00	2.06	1.80	1.77	1.67	1.62	1.15	1.01	1.60
葡萄牙	1.94	1.28	2.15	1.24	2.60	1.06	1.32	1.37	1.72	1.37	1.58
瑞士	1.94	2.30	2.15	1.79	1.80	1.06	1.93	1.28	1.15	1.01	1.57
中国香港	0.49	1.28	1.14	1.51	1.80	1.59	2.19	0.85	1.15	1.83	1.43
巴西	1.13	1.53	0.43	0.69	1.20	0.62	1.14	1.88	1.39	0.92	1.13

三十三 细胞和组织工程学

细胞和组织工程学 A、B、C 层人才最多的国家是美国，分别占该学科全球 A、B、C 层人才的 47.50%、37.01%、33.51%。

中国大陆、加拿大、德国、法国、澳大利亚的 A 层人才比较多，世界占比在 10%—5% 之间；瑞典、土耳其、中国香港、印度、马其顿、意大利、日本也有相当数量的 A 层人才，世界占比均为 2.50%。

中国大陆、日本、英国、德国、荷兰、加拿大的 B 层人才比较多，世界占比在 11%—3% 之间；新加坡、意大利、澳大利亚、韩国、瑞典、瑞士、法国、西班牙、以色列、比利时、中国香港、奥地利、爱尔兰也有相当数量的 B 层人才，世界占比超过或接近 1%。

中国大陆、英国、德国、日本、意大利、加拿大、荷兰的 C 层人才比较多，世界占比在 9%—3% 之间；法国、澳大利亚、西班牙、韩国、瑞士、新加坡、瑞典、比利时、以色列、巴西、印度、中国台湾也有相当数量的 C 层人才，世界占比超过或接近 1%。

表4—100　　　细胞和组织工程学A层人才的国家和地区的占比

国家和地区\年份	2009	2010	2011	2012	2013	2014	2015	2016	2017	2018	合计
美国	66.67	50.00	66.67	20.00	0.00	42.86	42.86	50.00	66.67	50.00	47.50
中国大陆	0.00	0.00	0.00	0.00	0.00	14.29	14.29	16.67	33.33	0.00	10.00
加拿大	0.00	0.00	33.33	20.00	0.00	14.29	0.00	0.00	0.00	0.00	7.50
德国	33.33	50.00	0.00	0.00	0.00	14.29	0.00	0.00	0.00	0.00	7.50
法国	0.00	0.00	0.00	0.00	0.00	14.29	0.00	0.00	0.00	25.00	5.00
澳大利亚	0.00	0.00	0.00	20.00	0.00	0.00	14.29	0.00	0.00	0.00	5.00
瑞典	0.00	0.00	0.00	0.00	0.00	0.00	14.29	0.00	0.00	0.00	2.50
土耳其	0.00	0.00	0.00	0.00	0.00	0.00	0.00	16.67	0.00	0.00	2.50
中国香港	0.00	0.00	0.00	0.00	0.00	14.29	0.00	0.00	0.00	0.00	2.50
印度	0.00	0.00	0.00	20.00	0.00	0.00	0.00	0.00	0.00	0.00	2.50
马其顿	0.00	0.00	0.00	0.00	0.00	0.00	0.00	0.00	0.00	25.00	2.50
意大利	0.00	0.00	0.00	0.00	0.00	0.00	0.00	16.67	0.00	0.00	2.50
日本	0.00	0.00	0.00	20.00	0.00	0.00	0.00	0.00	0.00	0.00	2.50

表4—101　　　细胞和组织工程学B层人才排名前20的国家和地区的占比

国家和地区\年份	2009	2010	2011	2012	2013	2014	2015	2016	2017	2018	合计
美国	60.00	30.77	42.86	42.00	39.13	45.31	29.58	33.96	31.58	23.08	37.01
中国大陆	5.71	7.69	2.86	2.00	6.52	14.06	26.76	11.32	10.53	7.69	10.84
日本	8.57	7.69	5.71	8.00	17.39	7.81	4.23	1.89	5.26	7.69	7.16
英国	5.71	11.54	0.00	6.00	4.35	6.25	7.04	7.55	7.02	9.62	6.54
德国	0.00	0.00	0.00	8.00	4.35	4.69	7.04	3.77	3.51	5.77	4.29
荷兰	0.00	11.54	2.86	4.00	6.52	0.00	2.82	5.66	3.51	7.69	4.09
加拿大	2.86	7.69	5.71	6.00	0.00	0.00	1.41	1.89	3.51	7.69	3.27
新加坡	2.86	3.85	5.71	0.00	4.35	3.13	1.41	5.66	3.51	0.00	2.86
意大利	2.86	0.00	0.00	2.00	4.35	3.13	4.23	3.77	3.51	1.92	2.86
澳大利亚	0.00	7.69	2.86	2.00	4.35	0.00	0.00	0.00	5.26	5.77	2.45
韩国	2.86	3.85	5.71	4.00	0.00	1.56	4.23	1.89	0.00	0.00	2.25
瑞典	0.00	0.00	0.00	2.00	0.00	4.69	0.00	3.77	3.51	3.85	2.04
瑞士	0.00	0.00	0.00	0.00	4.35	1.56	4.23	3.77	1.75	1.92	2.04
法国	0.00	0.00	0.00	2.00	2.17	1.56	0.00	1.89	7.02	1.92	1.84
西班牙	0.00	0.00	5.71	0.00	0.00	1.56	0.00	1.89	0.00	1.92	1.02

续表

国家和地区\年份	2009	2010	2011	2012	2013	2014	2015	2016	2017	2018	合计
以色列	2.86	3.85	5.71	0.00	0.00	1.56	0.00	0.00	0.00	0.00	1.02
比利时	0.00	0.00	0.00	0.00	0.00	0.00	2.82	3.77	0.00	0.00	0.82
中国香港	0.00	0.00	5.71	0.00	0.00	1.56	0.00	0.00	1.75	0.00	0.82
奥地利	0.00	3.85	0.00	0.00	2.17	0.00	0.00	0.00	1.75	1.92	0.82
爱尔兰	0.00	0.00	0.00	2.00	0.00	0.00	0.00	0.00	0.00	3.85	0.61

表 4—102　细胞和组织工程学 C 层人才排名前 20 的国家和地区的占比

国家和地区\年份	2009	2010	2011	2012	2013	2014	2015	2016	2017	2018	合计
美国	44.61	45.76	37.13	32.94	32.30	36.66	29.56	31.23	30.39	26.63	33.51
中国大陆	3.29	4.06	5.99	6.75	7.18	7.36	8.20	9.77	9.89	14.18	8.14
英国	4.19	8.49	3.89	7.54	7.66	7.04	6.36	6.32	7.42	5.94	6.56
德国	6.59	6.27	6.89	6.35	6.70	5.56	6.65	6.70	5.12	7.28	6.37
日本	4.49	5.17	4.79	5.36	5.74	4.75	4.24	6.32	4.24	4.98	4.97
意大利	2.69	2.95	2.40	4.37	4.55	4.42	4.38	6.51	4.06	3.26	4.13
加拿大	3.89	3.69	3.59	4.56	1.67	1.80	3.68	3.07	3.00	4.21	3.28
荷兰	2.40	3.32	4.19	2.78	4.31	2.13	4.10	3.26	2.83	2.68	3.17
法国	2.40	2.21	2.40	3.97	4.07	3.11	2.12	2.49	2.30	2.68	2.78
澳大利亚	2.69	1.48	2.40	2.78	3.11	2.45	3.96	2.30	2.12	2.87	2.71
西班牙	2.10	1.85	3.29	2.18	2.15	1.64	2.40	2.87	3.18	2.11	2.38
韩国	2.40	1.85	2.40	2.78	1.20	2.13	2.55	1.53	2.65	2.68	2.26
瑞士	0.90	2.58	0.90	1.39	2.87	2.78	1.98	1.92	1.94	2.49	2.03
新加坡	3.29	1.11	2.69	2.18	2.63	1.64	1.98	0.77	1.59	0.96	1.82
瑞典	1.50	1.11	1.20	1.79	0.48	1.64	1.70	1.53	2.12	1.92	1.57
比利时	1.20	0.00	0.90	0.79	0.72	1.15	1.84	0.57	1.77	1.34	1.13
以色列	2.10	1.11	2.40	0.40	0.48	0.98	1.27	0.77	0.88	0.19	0.98
巴西	0.30	0.37	0.90	1.19	0.72	0.82	0.71	0.96	1.77	0.77	0.90
印度	0.90	0.00	1.20	0.00	0.48	0.82	0.71	0.96	1.59	1.34	0.88
中国台湾	0.60	0.74	1.50	0.60	1.67	1.15	1.27	0.77	0.35	0.19	0.88

三十四 生理学

生理学 A、B、C 层人才最多的国家是美国，分别占该学科全球 A、B、C 层人才的 36.05%、31.92%、31.06%。

英国、加拿大、德国、澳大利亚、中国大陆、荷兰的 A 层人才比较多，世界占比在 9%—3% 之间；法国、意大利、伊朗、日本、丹麦、西班牙、墨西哥、印度、瑞士、比利时、中国香港、新西兰、中国台湾也有相当数量的 A 层人才，世界占比超过或接近 1%。

英国、德国、中国大陆、加拿大、澳大利亚、意大利的 B 层人才比较多，世界占比在 9%—3% 之间；瑞士、法国、荷兰、比利时、西班牙、日本、伊朗、丹麦、瑞典、巴西、新西兰、挪威、韩国也有相当数量的 B 层人才，世界占比超过或接近 1%。

中国大陆、英国、德国、加拿大、澳大利亚、意大利的 C 层人才比较多，世界占比在 9%—3% 之间；法国、日本、西班牙、荷兰、丹麦、瑞士、瑞典、比利时、韩国、巴西、挪威、新西兰、波兰也有相当数量的 C 层人才，世界占比超过或接近 1%。

表 4—103　　生理学 A 层人才排名前 20 的国家和地区的占比

国家和地区 \ 年份	2009	2010	2011	2012	2013	2014	2015	2016	2017	2018	合计
美国	31.58	43.75	50.00	31.25	37.50	37.50	42.11	38.89	17.65	33.33	36.05
英国	10.53	6.25	7.14	12.50	0.00	6.25	10.53	16.67	11.76	4.76	8.72
加拿大	5.26	18.75	7.14	18.75	12.50	0.00	5.26	11.11	5.88	0.00	8.14
德国	10.53	0.00	7.14	0.00	18.75	0.00	5.26	5.56	11.76	4.76	6.40
澳大利亚	5.26	6.25	0.00	12.50	12.50	6.25	0.00	5.56	0.00	4.76	5.23
中国大陆	0.00	0.00	0.00	0.00	0.00	6.25	5.26	0.00	5.88	14.29	3.49
荷兰	10.53	6.25	0.00	0.00	0.00	0.00	5.26	0.00	11.76	0.00	3.49
法国	5.26	6.25	0.00	0.00	6.25	6.25	0.00	0.00	5.88	0.00	2.91
意大利	0.00	6.25	7.14	0.00	0.00	6.25	5.26	0.00	0.00	4.76	2.91
伊朗	0.00	0.00	0.00	0.00	0.00	0.00	0.00	0.00	0.00	19.05	2.33
日本	5.26	0.00	7.14	0.00	0.00	0.00	0.00	0.00	5.88	4.76	2.33
丹麦	5.26	0.00	0.00	6.25	0.00	0.00	0.00	5.56	0.00	4.76	2.33

续表

国家和地区\年份	2009	2010	2011	2012	2013	2014	2015	2016	2017	2018	合计
西班牙	5.26	0.00	0.00	0.00	0.00	0.00	5.26	5.56	0.00	4.76	2.33
墨西哥	0.00	0.00	7.14	0.00	6.25	0.00	5.26	0.00	0.00	0.00	1.74
印度	0.00	0.00	0.00	0.00	0.00	12.50	5.26	0.00	0.00	0.00	1.74
瑞士	0.00	6.25	0.00	6.25	0.00	0.00	0.00	0.00	5.88	0.00	1.74
比利时	0.00	0.00	0.00	0.00	0.00	0.00	0.00	5.56	5.88	0.00	1.16
中国香港	0.00	0.00	0.00	0.00	0.00	0.00	5.26	0.00	5.88	0.00	1.16
新西兰	0.00	0.00	0.00	6.25	0.00	6.25	0.00	0.00	0.00	0.00	1.16
中国台湾	0.00	0.00	7.14	0.00	0.00	0.00	0.00	0.00	0.00	0.00	0.58

表4—104　生理学B层人才排名前20的国家和地区的占比

国家和地区\年份	2009	2010	2011	2012	2013	2014	2015	2016	2017	2018	合计
美国	38.95	39.33	30.00	32.89	32.90	35.03	31.10	28.14	27.98	23.81	31.92
英国	9.47	8.67	5.71	9.21	10.32	7.64	7.93	9.58	7.74	4.76	8.09
德国	6.84	6.67	7.86	9.87	7.74	9.55	3.66	2.99	6.55	5.29	6.62
中国大陆	2.11	1.33	1.43	2.63	2.58	5.10	9.15	7.19	15.48	15.87	6.56
加拿大	6.32	7.33	7.14	5.26	5.81	7.64	6.71	7.78	2.98	3.17	5.94
澳大利亚	4.74	4.67	4.29	5.26	6.45	3.82	5.49	7.19	6.55	6.35	5.51
意大利	3.16	5.33	0.71	3.95	5.81	7.01	2.44	3.59	1.19	4.23	3.74
瑞士	4.21	4.00	2.14	1.32	4.52	1.91	4.27	1.80	1.79	1.59	2.76
法国	2.63	1.33	5.00	0.66	1.29	1.27	4.27	4.19	4.17	1.59	2.63
荷兰	3.68	2.67	2.86	3.95	3.87	3.82	1.22	2.40	1.19	0.53	2.57
比利时	2.11	1.33	2.86	1.32	1.94	0.64	2.44	3.59	4.76	2.65	2.39
西班牙	0.53	2.00	0.71	5.26	3.87	0.64	1.22	2.40	2.38	3.17	2.21
日本	2.11	0.67	5.00	2.63	2.58	1.27	1.83	1.20	1.79	0.53	1.90
伊朗	0.00	0.00	0.00	0.00	0.00	0.00	0.00	1.80	1.19	12.70	1.78
丹麦	1.05	2.00	1.43	1.32	1.94	0.64	3.05	2.99	1.79	1.59	1.78
瑞典	0.53	2.00	2.14	1.32	0.65	2.55	1.22	1.20	1.19	1.06	1.35
巴西	0.00	0.67	2.14	1.32	1.29	1.91	1.83	2.40	0.00	2.12	1.35
新西兰	1.05	0.67	1.43	0.66	0.00	1.27	0.61	0.60	1.19	0.00	0.74
挪威	0.00	0.67	0.00	2.63	1.29	0.64	1.22	0.00	0.60	0.00	0.67
韩国	1.05	0.00	2.14	0.66	0.00	0.00	0.61	1.20	0.60	0.53	0.67

表4—105　　生理学C层人才排名前20的国家和地区的占比

国家和地区\年份	2009	2010	2011	2012	2013	2014	2015	2016	2017	2018	合计
美国	37.75	36.99	35.52	34.25	33.29	30.95	30.12	25.84	24.03	20.95	31.06
中国大陆	2.30	2.42	2.40	3.03	5.17	7.28	12.13	11.79	16.58	21.35	8.38
英国	8.92	8.10	7.63	8.29	7.29	8.54	6.71	7.66	7.92	6.74	7.80
德国	4.54	6.73	5.65	6.07	6.63	5.82	6.28	6.87	4.70	4.34	5.75
加拿大	6.51	6.80	6.07	5.73	6.50	5.82	4.88	5.47	5.50	4.07	5.75
澳大利亚	4.64	4.71	4.87	4.18	4.97	5.82	4.39	4.98	5.10	4.87	4.85
意大利	3.15	2.88	3.46	3.17	4.11	3.29	4.15	4.19	4.43	4.54	3.73
法国	3.95	4.25	2.97	3.37	2.52	2.53	2.56	3.28	2.21	2.07	2.99
日本	4.48	2.55	3.11	3.17	3.18	2.03	2.07	2.13	1.88	1.53	2.64
西班牙	2.30	2.29	3.32	2.36	2.65	2.72	1.83	1.70	2.68	2.87	2.45
荷兰	2.30	1.83	2.47	3.03	2.59	2.78	1.89	2.25	2.48	1.80	2.34
丹麦	2.46	3.14	2.90	2.56	1.33	2.03	2.01	2.07	1.68	1.60	2.18
瑞士	2.46	1.63	2.26	1.28	1.86	1.71	1.46	1.95	1.41	1.27	1.74
瑞典	1.49	1.37	2.47	1.48	1.86	1.33	1.65	1.82	1.34	1.67	1.64
比利时	1.17	1.70	0.99	2.36	1.19	1.71	1.28	0.97	1.34	1.27	1.39
韩国	1.28	1.31	1.34	1.21	1.46	1.71	1.34	1.64	1.21	1.00	1.35
巴西	0.80	0.72	0.71	1.28	0.80	1.52	1.34	2.13	1.61	0.87	1.18
挪威	0.64	1.37	0.71	1.01	1.13	1.14	0.85	0.97	0.94	0.60	0.93
新西兰	0.85	0.72	0.71	0.74	0.86	1.08	0.85	0.61	1.28	0.87	0.86
波兰	0.69	0.39	0.49	0.67	0.80	0.57	0.91	0.49	0.67	1.07	0.68

三十五　解剖学和形态学

解剖学和形态学A、B、C层人才最多的国家是美国，分别占该学科全球A、B、C层人才的60.00%、30.42%、26.93%。

西班牙、比利时、丹麦、意大利、新西兰、波兰的A层人才比较多，世界占比均为6.67%。

英国、德国、法国、中国大陆、加拿大、西班牙、意大利、荷兰的B层人才比较多，世界占比在8%—3%之间；日本、澳大利亚、瑞士、巴基斯坦、波兰、比利时、沙特、奥地利、捷克、瑞典、罗马尼亚也有相当数量的B层人才，世界占比超过1%。

德国、英国、西班牙、法国、意大利、加拿大、中国大陆、澳大利亚的C层人才比较多,世界占比在10%—3%之间;日本、瑞士、荷兰、巴西、奥地利、比利时、捷克、波兰、伊朗、格林纳达、丹麦也有相当数量的C层人才,世界占比超过或接近1%。

表4—106　　解剖学和形态学A层人才的国家和地区的占比

国家和地区 \ 年份	2009	2010	2011	2012	2013	2014	2015	2016	2017	2018	合计
美国	100.00	100.00	100.00	50.00	0.00	100.00	33.33	0.00	50.00	0.00	60.00
西班牙	0.00	0.00	0.00	0.00	0.00	0.00	33.33	0.00	0.00	0.00	6.67
比利时	0.00	0.00	0.00	0.00	50.00	0.00	0.00	0.00	0.00	0.00	6.67
丹麦	0.00	0.00	0.00	0.00	0.00	0.00	0.00	0.00	50.00	0.00	6.67
意大利	0.00	0.00	0.00	0.00	0.00	0.00	33.33	0.00	0.00	0.00	6.67
新西兰	0.00	0.00	0.00	0.00	50.00	0.00	0.00	0.00	0.00	0.00	6.67
波兰	0.00	0.00	0.00	50.00	0.00	0.00	0.00	0.00	0.00	0.00	6.67

表4—107　　解剖学和形态学B层人才排名前20的国家和地区的占比

国家和地区 \ 年份	2009	2010	2011	2012	2013	2014	2015	2016	2017	2018	合计
美国	28.00	48.00	28.00	42.31	27.27	32.14	28.57	33.33	24.00	13.79	30.42
英国	20.00	4.00	12.00	7.69	9.09	0.00	3.57	10.00	8.00	6.90	7.98
德国	12.00	8.00	4.00	11.54	4.55	3.57	10.71	10.00	8.00	3.45	7.60
法国	4.00	0.00	12.00	0.00	9.09	7.14	10.71	10.00	8.00	3.45	6.46
中国大陆	4.00	0.00	4.00	0.00	9.09	3.57	10.71	6.67	4.00	10.34	5.32
加拿大	4.00	16.00	4.00	7.69	0.00	0.00	0.00	6.67	0.00	3.45	4.18
西班牙	4.00	4.00	12.00	3.85	0.00	7.14	0.00	0.00	4.00	0.00	4.18
意大利	0.00	4.00	8.00	3.85	4.55	3.57	0.00	3.33	4.00	3.45	3.42
荷兰	0.00	0.00	0.00	0.00	9.09	7.14	0.00	0.00	0.00	3.45	3.04
日本	4.00	4.00	4.00	0.00	9.09	3.57	0.00	0.00	0.00	3.45	2.66
澳大利亚	0.00	0.00	0.00	3.85	0.00	7.14	0.00	3.33	0.00	6.90	2.28
瑞士	4.00	4.00	0.00	3.85	0.00	3.57	0.00	3.33	0.00	0.00	2.28
巴基斯坦	0.00	0.00	0.00	0.00	0.00	0.00	0.00	0.00	0.00	20.69	2.28
波兰	4.00	0.00	0.00	0.00	0.00	0.00	3.57	3.33	8.00	0.00	1.90
比利时	0.00	0.00	0.00	7.69	0.00	3.57	3.57	0.00	0.00	3.45	1.90

续表

国家和地区\年份	2009	2010	2011	2012	2013	2014	2015	2016	2017	2018	合计
沙特	0.00	0.00	0.00	0.00	0.00	0.00	3.57	0.00	0.00	6.90	1.14
奥地利	4.00	0.00	0.00	0.00	0.00	3.57	0.00	3.33	0.00	0.00	1.14
捷克	0.00	0.00	4.00	3.85	0.00	0.00	0.00	0.00	4.00	0.00	1.14
瑞典	4.00	0.00	0.00	0.00	0.00	3.57	0.00	0.00	0.00	3.45	1.14
罗马尼亚	0.00	4.00	0.00	3.85	0.00	0.00	0.00	0.00	4.00	0.00	1.14

表4—108　解剖学和形态学C层人才排名前20的国家和地区的占比

国家和地区\年份	2009	2010	2011	2012	2013	2014	2015	2016	2017	2018	合计
美国	30.51	33.91	32.53	32.79	26.22	29.34	25.18	22.39	18.75	21.11	26.93
德国	9.75	10.30	9.64	6.56	9.33	8.49	11.70	13.81	8.55	9.63	9.81
英国	11.44	9.44	9.24	9.84	9.78	8.49	7.09	9.70	9.21	5.19	8.87
西班牙	4.66	4.29	4.82	1.64	4.89	4.25	7.09	3.36	5.59	2.59	4.36
法国	5.08	4.29	2.41	3.69	4.00	3.09	5.32	5.22	4.28	4.44	4.20
意大利	2.12	2.58	4.42	2.87	5.33	3.86	4.61	4.48	5.92	2.96	3.97
加拿大	5.51	3.00	4.42	4.10	3.56	2.32	3.90	5.60	3.95	2.22	3.85
中国大陆	2.54	3.00	1.61	2.46	5.33	3.47	3.19	2.99	5.92	5.56	3.66
澳大利亚	2.54	1.72	3.61	2.46	5.78	2.32	5.67	2.61	3.29	2.96	3.31
日本	2.54	3.86	0.80	1.23	4.00	4.63	1.42	2.61	3.29	3.70	2.80
瑞士	3.39	3.43	1.61	2.05	1.33	4.63	2.13	2.24	3.29	1.85	2.61
荷兰	1.27	2.15	3.21	0.41	0.89	2.70	2.48	3.73	4.93	2.96	2.57
巴西	0.85	3.00	0.40	3.28	3.11	2.70	1.06	1.49	0.66	1.48	1.75
奥地利	1.27	0.43	1.20	2.46	1.33	1.16	1.42	1.87	1.32	1.85	1.44
比利时	1.27	0.86	1.20	2.87	0.44	1.54	1.42	1.49	1.32	1.48	1.40
捷克	0.42	0.00	2.81	0.41	1.78	0.00	1.06	0.37	1.32	2.96	1.13
波兰	1.27	0.00	0.80	1.23	0.44	1.16	0.71	1.12	1.97	1.11	1.01
伊朗	0.42	0.43	0.80	0.82	1.33	1.16	0.71	0.37	0.66	2.59	0.93
格林纳达	0.42	0.43	1.20	0.41	0.44	0.77	1.77	0.00	0.99	2.59	0.93
丹麦	1.27	0.86	1.20	0.82	1.33	0.77	0.71	0.75	1.64	0.00	0.93

三十六　发育生物学

发育生物学A、B、C层人才最多的国家是美国，分别占该学科全球

A、B、C 层人才的 51.56%、44.14%、39.05%。

日本、英国、荷兰、德国、中国大陆的 A 层人才比较多，世界占比在 10%—3% 之间；厄瓜多尔、爱尔兰、法国、挪威、新加坡、匈牙利、西班牙、瑞典、加拿大、以色列也有相当数量的 A 层人才，世界占比均为 1.56%。

英国、德国、法国、日本、中国大陆的 B 层人才比较多，世界占比在 11%—3% 之间；荷兰、澳大利亚、加拿大、瑞士、新加坡、意大利、比利时、瑞典、西班牙、奥地利、以色列、挪威、葡萄牙、丹麦也有相当数量的 B 层人才，世界占比超过或接近 1%。

英国、德国、法国、日本、加拿大、中国大陆、瑞士的 C 层人才比较多，世界占比在 11%—3% 之间；澳大利亚、荷兰、西班牙、意大利、比利时、瑞典、新加坡、奥地利、以色列、丹麦、芬兰、韩国也有相当数量的 C 层人才，世界占比超过或接近 1%。

表 4—109　　发育生物学 A 层人才的国家和地区的占比

国家和地区 \ 年份	2009	2010	2011	2012	2013	2014	2015	2016	2017	2018	合计
美国	71.43	50.00	25.00	71.43	57.14	14.29	60.00	66.67	62.50	0.00	51.56
日本	0.00	12.50	25.00	0.00	0.00	28.57	20.00	0.00	0.00	0.00	9.38
英国	14.29	0.00	25.00	0.00	0.00	14.29	0.00	16.67	0.00	0.00	7.81
荷兰	0.00	12.50	0.00	14.29	0.00	14.29	0.00	0.00	0.00	0.00	4.69
德国	0.00	0.00	0.00	0.00	14.29	14.29	20.00	0.00	0.00	0.00	4.69
中国大陆	0.00	12.50	0.00	0.00	14.29	0.00	0.00	0.00	0.00	0.00	3.13
厄瓜多尔	0.00	0.00	0.00	14.29	0.00	0.00	0.00	0.00	0.00	0.00	1.56
爱尔兰	0.00	0.00	0.00	0.00	0.00	0.00	0.00	0.00	0.00	100.00	1.56
法国	0.00	0.00	0.00	0.00	14.29	0.00	0.00	0.00	0.00	0.00	1.56
挪威	0.00	0.00	0.00	0.00	0.00	0.00	0.00	0.00	12.50	0.00	1.56
新加坡	0.00	0.00	0.00	0.00	14.29	0.00	0.00	0.00	0.00	0.00	1.56
匈牙利	0.00	0.00	0.00	0.00	0.00	0.00	0.00	0.00	12.50	0.00	1.56
西班牙	0.00	12.50	0.00	0.00	0.00	0.00	0.00	0.00	0.00	0.00	1.56
瑞典	0.00	0.00	12.50	0.00	0.00	0.00	0.00	0.00	0.00	0.00	1.56
加拿大	14.29	0.00	0.00	0.00	0.00	0.00	0.00	0.00	0.00	0.00	1.56
以色列	0.00	0.00	0.00	0.00	0.00	0.00	0.00	12.50	0.00	0.00	1.56

表4—110　发育生物学B层人才排名前20的国家和地区的占比

国家和地区 \ 年份	2009	2010	2011	2012	2013	2014	2015	2016	2017	2018	合计
美国	48.10	53.85	49.32	45.31	43.75	36.36	47.06	42.42	36.11	36.07	44.14
英国	12.66	5.13	6.85	4.69	7.81	21.21	10.29	9.09	12.50	13.11	10.27
德国	6.33	5.13	8.22	4.69	7.81	12.12	8.82	6.06	8.33	13.11	7.96
法国	1.27	6.41	5.48	7.81	6.25	1.52	2.94	3.03	4.17	4.92	4.34
日本	5.06	3.85	8.22	4.69	1.56	3.03	2.94	6.06	2.78	0.00	3.91
中国大陆	0.00	2.56	2.74	7.81	0.00	1.52	4.41	4.55	5.56	4.92	3.33
荷兰	3.80	1.28	2.74	3.13	0.00	4.55	2.94	4.55	5.56	0.00	2.89
澳大利亚	3.80	2.56	1.37	3.13	1.56	1.52	1.47	4.55	4.17	1.64	2.60
加拿大	5.06	3.85	2.74	0.00	3.13	3.03	2.94	3.03	1.39	0.00	2.60
瑞士	1.27	1.28	2.74	0.00	4.69	1.52	0.00	1.52	2.78	4.92	2.03
新加坡	2.53	3.85	0.00	3.13	1.56	3.03	2.94	0.00	1.39	0.00	1.88
意大利	2.53	1.28	2.74	0.00	1.56	3.03	2.94	0.00	0.00	1.64	1.59
比利时	1.27	3.85	0.00	3.13	0.00	0.00	2.94	0.00	2.78	1.64	1.59
瑞典	1.27	1.28	2.74	1.56	1.56	0.00	2.94	0.00	0.00	3.28	1.45
西班牙	0.00	1.28	1.37	1.56	4.69	1.52	0.00	0.00	2.78	0.00	1.30
奥地利	1.27	0.00	0.00	3.13	3.13	0.00	0.00	0.00	2.78	1.64	1.16
以色列	0.00	0.00	1.37	0.00	0.00	1.52	1.47	3.03	2.78	0.00	1.01
挪威	0.00	0.00	0.00	0.00	0.00	3.03	1.47	1.52	0.00	1.64	0.72
葡萄牙	1.27	0.00	0.00	1.56	1.56	0.00	0.00	1.52	0.00	1.64	0.72
丹麦	0.00	0.00	0.00	0.00	3.13	0.00	1.47	0.00	0.00	1.64	0.58

表4—111　发育生物学C层人才排名前20的国家和地区的占比

国家和地区 \ 年份	2009	2010	2011	2012	2013	2014	2015	2016	2017	2018	合计
美国	44.74	42.19	41.37	43.71	38.17	36.70	40.71	31.94	36.31	31.52	39.05
英国	9.10	11.35	11.59	8.74	9.88	11.04	10.75	12.40	10.23	9.24	10.45
德国	7.05	6.19	5.26	6.75	7.19	8.40	6.61	6.67	7.49	6.16	6.76
法国	4.87	4.39	6.20	5.83	4.79	6.69	4.61	6.05	4.90	6.70	5.45
日本	6.54	6.32	4.04	5.67	6.59	3.89	4.30	5.43	4.18	4.71	5.20
加拿大	3.08	3.48	3.64	4.45	4.79	4.51	4.15	3.57	2.59	3.99	3.79
中国大陆	1.41	1.42	2.83	2.30	2.40	3.27	3.23	3.88	5.19	6.16	3.10

续表

国家和地区 \ 年份	2009	2010	2011	2012	2013	2014	2015	2016	2017	2018	合计
瑞士	3.08	3.10	2.70	3.07	2.84	3.11	3.07	3.10	3.60	2.72	3.04
澳大利亚	1.03	2.32	2.43	1.84	3.44	3.27	3.53	3.10	3.75	3.62	2.78
荷兰	2.31	2.45	2.02	3.53	1.80	2.33	1.54	3.72	2.31	1.99	2.40
西班牙	2.05	2.45	2.70	2.61	2.40	2.02	2.15	2.95	1.44	3.08	2.37
意大利	2.05	1.42	1.21	2.15	2.40	1.87	1.23	1.86	1.73	0.91	1.69
比利时	0.64	1.29	1.08	1.23	1.20	1.24	1.38	1.71	1.15	1.45	1.22
瑞典	1.15	1.55	1.08	1.07	1.50	1.09	0.61	0.47	1.30	2.17	1.19
新加坡	1.54	1.81	0.54	1.07	1.65	1.24	1.08	0.47	1.01	0.91	1.15
奥地利	1.41	1.42	0.81	1.07	0.60	1.40	0.77	1.40	1.01	1.45	1.13
以色列	1.54	0.90	1.35	0.15	0.90	1.40	1.69	0.78	0.43	1.09	1.03
丹麦	0.64	0.52	0.81	0.31	0.75	1.24	1.54	0.16	0.86	0.72	0.76
芬兰	0.77	0.65	0.94	0.31	1.50	0.62	0.77	0.47	0.29	0.72	0.71
韩国	0.38	0.65	0.81	0.31	0.75	0.16	0.77	1.24	0.58	0.18	0.59

三十七 生殖生物学

生殖生物学 A、B、C 层人才最多的国家是美国,分别占该学科全球 A、B、C 层人才的 20.19%、23.02%、24.39%。

澳大利亚、英国、西班牙、意大利、比利时、荷兰、丹麦、法国的 A 层人才比较多,世界占比在 9%—3% 之间;以色列、日本、土耳其、芬兰、德国、希腊、瑞典、挪威、南非、印度、巴西也有相当数量的 A 层人才,世界占比超过 1%。

英国、澳大利亚、意大利、西班牙、荷兰、法国、丹麦、比利时、中国大陆的 B 层人才比较多,世界占比在 12%—3% 之间;德国、加拿大、瑞典、日本、瑞士、以色列、爱尔兰、希腊、奥地利、葡萄牙也有相当数量的 B 层人才,世界占比超过或接近 1%。

英国、中国大陆、意大利、澳大利亚、西班牙、加拿大、法国、比利时、荷兰、德国、日本的 C 层人才比较多,世界占比在 8%—3% 之间;巴西、丹麦、瑞典、以色列、瑞士、印度、韩国、土耳其也有相当数量的 C 层人才,世界占比超过 1%。

表4—112　　生殖生物学A层人才排名前20的国家和地区的占比

国家和地区\年份	2009	2010	2011	2012	2013	2014	2015	2016	2017	2018	合计
美国	14.29	16.67	7.69	36.36	25.00	0.00	45.45	9.09	30.00	10.00	20.19
澳大利亚	14.29	25.00	0.00	9.09	0.00	0.00	0.00	18.18	0.00	20.00	8.65
英国	0.00	8.33	23.08	9.09	0.00	14.29	9.09	0.00	0.00	10.00	7.69
西班牙	14.29	0.00	15.38	0.00	16.67	0.00	0.00	0.00	20.00	0.00	6.73
意大利	14.29	0.00	15.38	9.09	0.00	0.00	9.09	0.00	10.00	0.00	5.77
比利时	0.00	0.00	7.69	0.00	8.33	14.29	18.18	0.00	0.00	0.00	4.81
荷兰	0.00	0.00	7.69	9.09	0.00	14.29	0.00	0.00	0.00	10.00	3.85
丹麦	0.00	0.00	7.69	0.00	16.67	0.00	0.00	0.00	10.00	0.00	3.85
法国	14.29	8.33	0.00	0.00	0.00	0.00	9.09	9.09	0.00	0.00	3.85
以色列	0.00	0.00	0.00	0.00	0.00	14.29	0.00	0.00	20.00	0.00	2.88
日本	0.00	8.33	0.00	0.00	0.00	0.00	0.00	9.09	9.09	0.00	2.88
土耳其	0.00	0.00	7.69	9.09	0.00	0.00	0.00	9.09	0.00	0.00	2.88
芬兰	0.00	0.00	0.00	0.00	8.33	14.29	0.00	0.00	0.00	10.00	2.88
德国	14.29	8.33	0.00	0.00	0.00	14.29	0.00	0.00	0.00	0.00	2.88
希腊	14.29	0.00	7.69	0.00	0.00	0.00	0.00	0.00	0.00	0.00	2.88
瑞典	0.00	0.00	0.00	0.00	8.33	0.00	0.00	0.00	9.09	0.00	1.92
挪威	0.00	8.33	0.00	0.00	8.33	0.00	0.00	0.00	0.00	0.00	1.92
南非	0.00	8.33	0.00	0.00	0.00	0.00	0.00	9.09	0.00	0.00	1.92
印度	0.00	0.00	0.00	0.00	0.00	0.00	0.00	9.09	0.00	10.00	1.92
巴西	0.00	0.00	0.00	0.00	8.33	0.00	0.00	0.00	10.00	0.00	1.92

表4—113　　生殖生物学B层人才排名前20的国家和地区的占比

国家和地区\年份	2009	2010	2011	2012	2013	2014	2015	2016	2017	2018	合计
美国	27.27	27.03	33.04	24.55	22.86	24.77	17.82	10.10	22.64	17.28	23.02
英国	11.36	14.41	12.17	12.73	14.29	12.84	8.91	8.08	11.32	3.70	11.22
澳大利亚	10.23	10.81	4.35	6.36	5.71	9.17	3.96	5.05	3.77	9.88	6.83
意大利	7.95	3.60	3.48	7.27	5.71	9.17	4.95	5.05	6.60	12.35	6.44
西班牙	1.14	5.41	7.83	6.36	4.76	5.50	7.92	3.03	5.66	4.94	5.37
荷兰	4.55	3.60	7.83	4.55	3.81	5.50	6.93	4.04	2.83	3.70	4.78
法国	3.41	1.80	5.22	5.45	3.81	3.67	7.92	5.05	4.72	3.70	4.49
丹麦	2.27	5.41	4.35	2.73	5.71	3.67	2.97	2.02	6.60	4.94	4.10

续表

国家和地区\年份	2009	2010	2011	2012	2013	2014	2015	2016	2017	2018	合计
比利时	0.00	2.70	3.48	5.45	3.81	2.75	2.97	6.06	1.89	2.47	3.22
中国大陆	4.55	1.80	1.74	2.73	2.86	3.67	2.97	3.03	3.77	3.70	3.02
德国	2.27	2.70	0.87	3.64	0.95	3.67	2.97	4.04	1.89	4.94	2.73
加拿大	3.41	3.60	0.87	2.73	2.86	0.00	2.97	0.00	5.66	0.00	2.24
瑞典	3.41	2.70	1.74	0.00	0.95	0.92	2.97	2.02	0.94	1.23	1.66
日本	5.68	1.80	0.87	1.82	0.00	1.83	0.99	0.00	0.94	1.23	1.46
瑞士	2.27	1.80	0.00	0.91	0.95	0.92	1.98	3.03	1.89	1.23	1.46
以色列	1.14	0.90	2.61	0.00	0.95	0.92	0.99	2.02	0.00	3.70	1.27
爱尔兰	2.27	1.80	3.48	0.00	0.00	0.92	0.00	1.01	0.94	1.23	1.17
希腊	0.00	0.90	2.61	1.82	1.90	0.00	0.99	1.01	0.00	0.00	0.98
奥地利	1.14	0.90	0.00	0.91	0.95	0.92	0.99	2.02	1.89	1.23	0.98
葡萄牙	1.14	0.90	0.00	0.00	0.95	0.92	0.00	1.01	0.94	3.70	0.88

表4—114　生殖生物学C层人才排名前20的国家和地区的占比

国家和地区\年份	2009	2010	2011	2012	2013	2014	2015	2016	2017	2018	合计
美国	26.77	23.24	24.85	24.37	24.08	25.23	25.78	23.90	23.72	22.41	24.39
英国	9.27	8.71	9.18	7.78	8.06	9.02	6.86	7.07	6.65	5.29	7.82
中国大陆	2.78	2.20	2.77	5.10	4.83	5.98	7.80	8.37	8.59	9.85	5.74
意大利	4.87	4.31	5.54	3.80	4.45	5.17	5.20	6.57	5.21	6.02	5.10
澳大利亚	4.87	4.31	4.16	5.19	4.93	4.96	5.61	5.18	5.21	4.56	4.88
西班牙	3.82	3.87	4.07	4.82	4.17	4.05	4.05	3.59	3.99	5.81	4.22
加拿大	4.29	3.87	4.50	4.63	3.79	3.34	3.64	4.78	3.07	2.59	3.87
法国	3.13	3.87	3.29	5.00	3.22	4.26	3.64	4.68	3.68	3.01	3.79
比利时	3.94	3.43	3.38	3.99	4.17	4.96	2.91	2.99	3.07	3.73	3.65
荷兰	4.06	4.23	3.72	3.61	3.70	4.05	3.64	2.59	3.17	2.59	3.55
德国	3.13	4.49	4.33	3.52	5.31	2.74	2.18	2.79	3.58	2.70	3.53
日本	3.24	3.79	3.46	3.89	3.32	2.13	2.81	3.09	2.15	2.07	3.02
巴西	2.32	3.26	2.25	2.22	2.46	2.03	2.29	3.49	3.17	2.59	2.61
丹麦	2.20	2.55	2.08	2.78	2.75	2.23	1.66	2.59	2.76	1.56	2.33
瑞典	2.43	1.76	2.60	2.04	1.33	1.32	2.49	1.59	2.45	1.56	1.95
以色列	1.39	1.14	1.47	1.76	0.76	1.93	1.35	1.49	1.12	1.66	1.40

续表

国家和地区\年份	2009	2010	2011	2012	2013	2014	2015	2016	2017	2018	合计
瑞士	1.85	1.23	1.13	0.74	0.95	0.81	0.94	1.00	1.33	1.14	1.10
印度	0.93	0.70	1.04	0.74	1.42	0.41	1.14	1.20	1.23	1.97	1.07
韩国	0.58	1.76	1.39	0.83	1.42	1.01	1.25	0.80	0.61	0.62	1.05
土耳其	0.81	0.88	1.13	0.93	1.42	0.91	0.94	1.00	0.72	1.66	1.04

三十八 农学

农学A、B、C层人才最多的国家是美国，分别占该学科全球A、B、C层人才的21.37%、15.44%、15.65%。

澳大利亚、法国、德国、加拿大、中国大陆、巴西、意大利、英国、捷克的A层人才比较多，世界占比在11%—3%之间；瑞典、印度、比利时、墨西哥、葡萄牙、荷兰、伊朗、巴基斯坦、西班牙、奥地利也有相当数量的A层人才，世界占比超过或接近1%。

中国大陆、法国、澳大利亚、德国、意大利、英国、西班牙、印度的B层人才比较多，世界占比在9%—3%之间；荷兰、加拿大、巴西、墨西哥、瑞士、瑞典、丹麦、比利时、奥地利、日本、菲律宾也有相当数量的B层人才，世界占比超过1%。

中国大陆、澳大利亚、法国、德国、西班牙、英国、意大利、巴西的C层人才比较多，世界占比在15%—3%之间；加拿大、印度、荷兰、日本、墨西哥、伊朗、瑞士、比利时、葡萄牙、巴基斯坦、菲律宾也有相当数量的C层人才，世界占比超过1%。

表4—115　农学A层人才排名前20的国家和地区的占比

国家和地区\年份	2009	2010	2011	2012	2013	2014	2015	2016	2017	2018	合计
美国	10.00	9.09	0.00	36.36	35.71	30.77	20.00	21.43	15.38	28.57	21.37
澳大利亚	20.00	27.27	8.33	9.09	14.29	7.69	0.00	7.14	0.00	7.14	10.26
法国	20.00	0.00	16.67	18.18	0.00	0.00	14.29	7.69	0.00	0.00	7.69
德国	0.00	0.00	16.67	0.00	0.00	0.00	20.00	7.14	7.69	14.29	5.98
加拿大	0.00	0.00	0.00	9.09	7.14	23.08	0.00	0.00	7.69	0.00	5.13
中国大陆	0.00	0.00	0.00	9.09	0.00	0.00	20.00	7.14	7.69	14.29	5.13

续表

国家和地区\年份	2009	2010	2011	2012	2013	2014	2015	2016	2017	2018	合计
巴西	0.00	0.00	8.33	0.00	7.14	0.00	0.00	7.14	7.69	7.14	4.27
意大利	0.00	9.09	8.33	0.00	7.14	0.00	0.00	0.00	7.69	7.14	4.27
英国	10.00	27.27	0.00	0.00	0.00	0.00	0.00	0.00	0.00	0.00	3.42
捷克	0.00	0.00	8.33	0.00	0.00	0.00	20.00	0.00	7.69	7.14	3.42
瑞典	10.00	9.09	0.00	0.00	0.00	0.00	0.00	7.14	0.00	0.00	2.56
印度	0.00	0.00	0.00	0.00	0.00	15.38	0.00	7.14	0.00	0.00	2.56
比利时	0.00	0.00	0.00	0.00	0.00	0.00	0.00	7.14	0.00	7.14	1.71
墨西哥	0.00	0.00	0.00	0.00	0.00	15.38	0.00	0.00	0.00	0.00	1.71
葡萄牙	0.00	0.00	0.00	0.00	0.00	0.00	0.00	7.14	7.69	0.00	1.71
荷兰	0.00	0.00	0.00	0.00	14.29	0.00	0.00	0.00	0.00	0.00	1.71
伊朗	0.00	0.00	0.00	0.00	0.00	0.00	0.00	0.00	15.38	0.00	1.71
巴基斯坦	10.00	0.00	0.00	9.09	0.00	0.00	0.00	0.00	0.00	0.00	1.71
西班牙	10.00	0.00	0.00	0.00	0.00	0.00	0.00	0.00	7.69	0.00	1.71
奥地利	0.00	0.00	0.00	0.00	0.00	0.00	0.00	0.00	0.00	7.14	0.85

表4—116　农学B层人才排名前20的国家和地区的占比

国家和地区\年份	2009	2010	2011	2012	2013	2014	2015	2016	2017	2018	合计
美国	21.05	19.47	22.12	15.38	15.11	15.75	11.39	14.39	11.68	11.32	15.44
中国大陆	3.16	8.85	5.31	2.56	7.19	10.24	5.06	15.91	12.41	13.21	8.49
法国	12.63	6.19	5.31	9.40	10.79	6.30	4.43	6.06	6.57	1.89	6.87
澳大利亚	5.26	7.96	7.08	5.13	7.91	6.30	3.80	3.03	6.57	5.66	5.82
德国	5.26	7.08	6.19	8.55	5.76	5.51	5.70	5.30	5.11	2.83	5.74
意大利	4.21	2.65	4.42	5.13	1.44	6.30	5.06	6.06	5.11	7.55	4.77
英国	6.32	4.42	5.31	5.13	4.32	1.57	5.06	3.03	6.57	5.66	4.69
西班牙	6.32	4.42	0.88	4.27	4.32	3.94	5.70	4.55	3.65	5.66	4.37
印度	3.16	2.65	6.19	3.42	3.60	5.51	3.16	0.00	2.19	0.94	3.07
荷兰	3.16	2.65	3.54	1.71	4.32	4.72	2.53	3.03	2.92	0.94	2.99
加拿大	0.00	0.88	2.65	4.27	2.88	3.94	0.63	3.79	2.92	2.83	2.51
巴西	1.05	0.88	0.88	1.71	2.16	2.36	3.94	1.90	4.55	1.46	3.77	2.26
墨西哥	2.11	3.54	0.88	1.71	0.00	3.94	3.16	2.27	1.46	0.00	1.94
瑞士	1.05	1.77	2.65	1.71	1.44	1.57	3.16	1.52	0.73	1.89	1.78

续表

国家和地区\年份	2009	2010	2011	2012	2013	2014	2015	2016	2017	2018	合计
瑞典	1.05	4.42	0.00	1.71	1.44	0.00	4.43	1.52	0.73	0.94	1.70
丹麦	0.00	1.77	0.88	2.56	1.44	1.57	2.53	1.52	1.46	0.94	1.54
比利时	4.21	1.77	0.00	1.71	1.44	0.79	2.53	1.52	0.00	0.94	1.46
奥地利	3.16	0.88	0.88	1.71	2.16	1.57	1.90	0.00	0.00	2.83	1.46
日本	1.05	0.00	4.42	1.71	0.72	0.79	1.27	1.52	0.73	0.94	1.29
菲律宾	5.26	1.77	0.88	1.71	1.44	0.00	1.27	0.76	0.73	0.00	1.29

表4—117　农学C层人才排名前20的国家和地区的占比

国家和地区\年份	2009	2010	2011	2012	2013	2014	2015	2016	2017	2018	合计
美国	19.94	15.66	16.49	16.45	13.90	14.24	16.00	14.78	14.52	15.81	15.65
中国大陆	9.81	13.26	13.60	11.41	12.91	15.27	16.34	16.49	15.90	19.21	14.59
澳大利亚	3.86	5.87	5.86	6.45	4.18	6.17	5.06	4.22	4.53	4.64	5.08
法国	6.05	4.72	4.41	4.77	6.00	5.14	4.64	4.22	3.69	3.39	4.68
德国	5.74	4.54	5.59	4.95	4.71	4.59	3.46	4.55	4.61	4.39	4.66
西班牙	4.28	4.89	3.15	4.77	5.09	4.03	4.29	3.98	3.99	3.39	4.19
英国	3.65	4.18	4.95	3.89	4.10	4.27	2.63	3.66	4.84	4.14	4.01
意大利	4.28	3.74	3.69	3.63	3.80	4.11	3.74	5.04	3.61	3.64	3.92
巴西	2.51	1.78	1.89	3.09	2.66	3.40	3.53	3.25	3.84	4.39	3.08
加拿大	3.44	2.85	3.06	2.65	2.81	3.09	2.84	3.17	3.61	2.40	2.99
印度	2.82	3.65	3.33	4.33	3.49	2.14	2.84	2.68	2.38	1.82	2.93
荷兰	2.71	2.67	2.25	2.56	1.67	2.53	1.87	2.11	2.76	0.99	2.19
日本	2.19	3.29	2.25	2.21	1.97	2.14	0.90	1.06	0.84	1.74	1.81
墨西哥	1.25	2.14	2.25	2.65	1.90	1.27	1.04	1.38	0.92	1.08	1.56
伊朗	1.15	1.33	1.26	1.15	1.44	0.95	1.59	0.89	1.31	2.48	1.36
瑞士	1.88	1.60	1.62	0.97	0.99	1.42	1.66	1.38	0.69	1.32	1.34
比利时	1.98	1.33	1.35	0.97	1.37	1.19	0.97	1.14	1.31	1.24	1.27
葡萄牙	0.73	0.80	0.63	1.86	1.82	0.87	1.52	1.38	1.08	1.49	1.24
巴基斯坦	1.15	0.62	0.99	0.80	1.14	1.19	0.97	1.22	1.54	1.57	1.12
菲律宾	1.36	1.78	1.80	1.15	1.14	0.55	1.25	0.65	0.77	0.25	1.05

三十九 多学科农业

多学科农业 A、B、C 层人才主要集中在美国和中国大陆，两国 A、B、C 层人才的世界占比为 30.11%、27.48%、32.42%，其中美国的 A 和 B 层人才多于中国大陆，C 层人才少于中国大陆。

荷兰、加拿大、英国、澳大利亚、意大利、法国、德国、西班牙的 A 层人才比较多，世界占比在 7%—4% 之间；巴西、爱尔兰、奥地利、新西兰、巴基斯坦、瑞典、印度、阿联酋、南非、比利时也有相当数量的 A 层人才，世界占比超过 1%。

西班牙、英国、德国、荷兰、澳大利亚、法国、意大利的 B 层人才比较多，世界占比在 7%—4% 之间；加拿大、印度、瑞典、墨西哥、新西兰、肯尼亚、瑞士、爱尔兰、巴西、土耳其、奥地利也有相当数量的 B 层人才，世界占比超过 1%。

西班牙、意大利、德国、澳大利亚、英国的 C 层人才比较多，世界占比在 7%—3% 之间；法国、加拿大、荷兰、巴西、日本、中国台湾、韩国、比利时、印度、丹麦、新西兰、瑞士、土耳其也有相当数量的 C 层人才，世界占比超过 1%。

表4—118　多学科农业 A 层人才排名前 20 的国家和地区的占比

国家和地区	2009	2010	2011	2012	2013	2014	2015	2016	2017	2018	合计
美国	25.00	66.67	10.00	44.44	22.22	22.22	11.11	11.11	20.00	9.09	23.66
中国大陆	0.00	11.11	0.00	0.00	0.00	0.00	11.11	0.00	0.00	36.36	6.45
荷兰	0.00	11.11	0.00	11.11	0.00	11.11	0.00	0.00	30.00	0.00	6.45
加拿大	12.50	11.11	0.00	11.11	11.11	0.00	22.22	0.00	0.00	0.00	6.45
英国	0.00	0.00	20.00	0.00	11.11	0.00	0.00	11.11	11.11	9.09	5.38
澳大利亚	0.00	0.00	0.00	0.00	11.11	33.33	0.00	11.11	0.00	0.00	5.38
意大利	0.00	0.00	10.00	0.00	0.00	11.11	0.00	0.00	10.00	9.09	4.30
法国	12.50	0.00	0.00	0.00	11.11	0.00	0.00	11.11	10.00	0.00	4.30
德国	0.00	0.00	10.00	11.11	0.00	0.00	11.11	11.11	0.00	0.00	4.30
西班牙	12.50	0.00	0.00	0.00	11.11	0.00	11.11	0.00	0.00	9.09	4.30
巴西	0.00	0.00	10.00	0.00	0.00	11.11	0.00	0.00	0.00	0.00	2.15

续表

国家和地区\年份	2009	2010	2011	2012	2013	2014	2015	2016	2017	2018	合计
爱尔兰	0.00	0.00	0.00	0.00	0.00	0.00	0.00	0.00	10.00	9.09	2.15
奥地利	0.00	0.00	10.00	0.00	11.11	0.00	0.00	0.00	0.00	0.00	2.15
新西兰	0.00	0.00	0.00	0.00	22.22	0.00	0.00	0.00	0.00	0.00	2.15
巴基斯坦	12.50	0.00	0.00	0.00	0.00	0.00	11.11	0.00	0.00	0.00	2.15
瑞典	0.00	0.00	0.00	0.00	0.00	0.00	11.11	11.11	0.00	0.00	2.15
印度	12.50	0.00	0.00	0.00	0.00	0.00	11.11	0.00	0.00	0.00	2.15
阿联酋	12.50	0.00	0.00	0.00	0.00	0.00	0.00	0.00	0.00	0.00	1.08
南非	0.00	0.00	0.00	0.00	0.00	0.00	0.00	11.11	0.00	0.00	1.08
比利时	0.00	0.00	0.00	0.00	0.00	0.00	0.00	0.00	10.00	0.00	1.08

表4—119　多学科农业B层人才排名前20的国家和地区的占比

国家和地区\年份	2009	2010	2011	2012	2013	2014	2015	2016	2017	2018	合计
美国	17.33	15.29	18.09	22.35	19.05	16.87	9.89	6.12	9.20	10.53	14.25
中国大陆	8.00	4.71	18.09	15.29	10.71	8.43	19.78	9.18	14.94	21.05	13.23
西班牙	8.00	2.35	5.32	5.88	7.14	8.43	12.09	6.12	8.05	3.16	6.61
英国	5.33	4.71	7.45	5.88	7.14	9.64	4.40	7.14	8.05	3.16	6.27
德国	4.00	4.71	3.19	3.53	4.76	7.23	2.20	8.16	3.45	6.32	4.79
荷兰	4.00	5.88	5.32	2.35	2.38	6.02	2.20	3.06	8.05	5.26	4.45
澳大利亚	8.00	1.18	2.13	3.53	3.57	3.61	5.49	3.06	9.20	5.26	4.45
法国	2.67	7.06	1.06	3.53	7.14	3.61	3.30	1.02	6.90	5.26	4.10
意大利	4.00	3.53	1.06	5.88	2.38	7.23	5.49	4.08	3.45	4.21	4.10
加拿大	1.33	10.59	3.19	2.35	0.00	1.20	3.30	2.04	1.15	3.16	2.85
印度	0.00	2.35	3.19	0.00	1.19	0.00	4.40	2.04	2.30	1.05	1.71
瑞典	2.67	1.18	2.13	4.71	0.00	1.20	1.10	1.02	1.15	1.05	1.60
墨西哥	1.33	2.35	1.06	0.00	0.00	0.00	2.20	3.06	1.15	3.16	1.48
新西兰	0.00	2.35	1.06	1.18	2.38	1.20	1.10	3.06	1.15	0.00	1.37
肯尼亚	1.33	3.53	1.06	0.00	2.38	1.20	0.00	1.02	1.15	1.05	1.25
瑞士	1.33	1.18	3.19	1.18	2.38	1.20	0.00	1.02	0.00	1.05	1.25
爱尔兰	1.33	2.35	0.00	1.18	1.19	1.20	1.10	1.02	2.30	1.05	1.25
巴西	1.33	0.00	0.00	0.00	2.38	1.20	1.10	2.04	1.15	2.11	1.14
土耳其	0.00	1.18	0.00	1.18	3.57	0.00	3.06	0.00	1.05	1.03
奥地利	1.33	0.00	0.00	1.18	2.38	1.20	0.00	1.02	1.15	2.11	1.03

表4—120　多学科农业C层人才排名前20的国家和地区的占比

国家和地区 \ 年份	2009	2010	2011	2012	2013	2014	2015	2016	2017	2018	合计
中国大陆	9.41	11.89	13.73	14.99	15.96	19.47	16.51	18.36	26.76	29.07	17.91
美国	16.08	15.27	16.34	16.11	15.71	15.64	13.60	13.22	10.63	12.99	14.51
西班牙	8.10	6.63	7.08	8.43	7.80	5.68	4.88	3.72	5.14	5.09	6.18
意大利	4.05	5.63	4.14	4.34	5.72	4.29	5.47	5.03	4.42	3.80	4.67
德国	4.97	4.76	4.36	4.71	4.38	4.52	3.72	5.36	3.82	3.60	4.40
澳大利亚	3.53	2.63	5.12	4.21	3.65	4.63	2.67	3.61	4.06	3.90	3.82
英国	4.44	4.26	3.59	3.10	3.17	2.67	3.95	4.26	2.99	2.40	3.46
法国	4.31	3.38	2.40	2.85	2.92	2.55	3.02	3.72	3.46	1.70	2.99
加拿大	4.84	3.50	2.83	2.35	2.07	2.32	3.02	2.84	2.63	2.20	2.83
荷兰	2.09	2.50	2.29	2.11	3.29	3.94	2.09	2.08	1.79	3.10	2.54
巴西	1.83	1.13	3.16	2.23	2.68	2.20	1.86	4.48	2.63	2.10	2.46
日本	3.27	2.25	3.27	2.60	2.07	1.97	1.86	1.64	0.60	1.50	2.08
中国台湾	3.40	3.38	4.36	3.10	1.83	1.04	1.74	0.87	0.60	0.70	2.06
韩国	2.61	2.13	2.07	2.73	2.56	1.16	2.44	1.97	2.03	1.10	2.05
比利时	1.18	2.50	1.85	1.98	1.95	1.27	1.63	2.08	1.19	0.80	1.63
印度	1.31	2.00	1.20	1.24	1.46	1.27	1.28	2.30	1.67	2.20	1.61
丹麦	2.22	2.00	1.63	1.24	1.71	1.51	1.63	0.87	0.96	1.20	1.48
新西兰	1.31	1.75	1.42	1.24	1.10	1.39	0.93	0.66	0.60	0.80	1.11
瑞士	1.57	1.75	0.33	0.99	1.10	0.58	0.93	0.98	1.43	1.20	1.07
土耳其	1.05	0.50	1.20	0.37	0.85	1.27	1.98	1.75	0.60	0.80	1.05

四十　生物多样性保护学

生物多样性保护学A、B、C层人才最多的国家是美国，分别占该学科全球A、B、C层人才的20.34%、13.38%、17.98%。

德国、法国、英国、澳大利亚、巴西、加拿大、瑞士、葡萄牙、日本、荷兰、丹麦的A层人才比较多，世界占比在12%—3%之间；瑞典、墨西哥、比利时、孟加拉、新西兰、保加利亚、南非、韩国也有相当数量的A层人才，世界占比均为1.69%。

英国、澳大利亚、德国、法国、加拿大、西班牙、瑞士、意大利的B层人才比较多，世界占比在8%—3%之间；瑞典、荷兰、中国大陆、丹麦、南非、奥地利、巴西、新西兰、芬兰、比利时、捷克也有相当数量的

B层人才，世界占比超过1%。

英国、澳大利亚、德国、加拿大、法国、中国大陆、西班牙的C层人才比较多，世界占比在10%—3%之间；瑞士、意大利、荷兰、瑞典、巴西、丹麦、南非、新西兰、比利时、挪威、芬兰、葡萄牙也有相当数量的C层人才，世界占比超过1%。

表4—121　生物多样性保护学A层人才排名前20的国家和地区的占比

国家和地区 \ 年份	2009	2010	2011	2012	2013	2014	2015	2016	2017	2018	合计
美国	0.00	50.00	50.00	33.33	0.00	0.00	0.00	0.00	40.00	16.67	20.34
德国	0.00	0.00	0.00	33.33	14.29	0.00	0.00	0.00	10.00	25.00	11.86
法国	16.67	0.00	0.00	0.00	14.29	0.00	16.67	0.00	10.00	0.00	6.78
英国	0.00	16.67	0.00	16.67	14.29	0.00	0.00	25.00	0.00	0.00	6.78
澳大利亚	0.00	0.00	50.00	0.00	14.29	0.00	0.00	0.00	10.00	0.00	5.08
巴西	16.67	16.67	0.00	0.00	0.00	0.00	0.00	0.00	0.00	8.33	5.08
加拿大	0.00	0.00	0.00	0.00	0.00	0.00	0.00	25.00	20.00	0.00	5.08
瑞士	16.67	0.00	0.00	0.00	14.29	0.00	0.00	0.00	10.00	0.00	5.08
葡萄牙	16.67	0.00	0.00	0.00	14.29	0.00	0.00	0.00	0.00	0.00	3.39
日本	0.00	0.00	0.00	0.00	0.00	0.00	16.67	0.00	0.00	8.33	3.39
荷兰	0.00	0.00	0.00	0.00	0.00	14.29	0.00	0.00	0.00	8.33	3.39
丹麦	0.00	0.00	0.00	0.00	0.00	0.00	33.33	0.00	0.00	0.00	3.39
瑞典	0.00	0.00	0.00	0.00	0.00	0.00	0.00	0.00	0.00	8.33	1.69
墨西哥	0.00	0.00	0.00	0.00	0.00	0.00	0.00	25.00	0.00	0.00	1.69
比利时	0.00	0.00	0.00	0.00	0.00	0.00	0.00	0.00	0.00	8.33	1.69
孟加拉	0.00	0.00	0.00	0.00	0.00	0.00	16.67	0.00	0.00	0.00	1.69
新西兰	16.67	0.00	0.00	0.00	0.00	0.00	0.00	0.00	0.00	0.00	1.69
保加利亚	0.00	0.00	0.00	16.67	0.00	0.00	0.00	0.00	0.00	0.00	1.69
南非	0.00	0.00	0.00	0.00	0.00	0.00	0.00	25.00	0.00	0.00	1.69
韩国	0.00	0.00	0.00	0.00	0.00	0.00	16.67	0.00	0.00	0.00	1.69

表4—122　生物多样性保护学B层人才排名前20的国家和地区的占比

国家和地区 \ 年份	2009	2010	2011	2012	2013	2014	2015	2016	2017	2018	合计
美国	20.00	10.00	20.27	15.94	10.81	10.64	7.37	16.49	12.50	13.04	13.38
英国	5.45	15.00	5.41	5.80	5.41	10.64	5.26	7.22	6.73	6.09	7.17
澳大利亚	9.09	1.67	9.46	10.14	4.05	6.38	6.32	5.15	9.62	7.83	7.05
德国	3.64	6.67	6.76	7.25	2.70	6.38	5.26	4.12	3.85	6.96	5.38
法国	10.91	6.67	2.70	5.80	5.41	4.26	4.21	6.19	3.85	5.22	5.26
加拿大	5.45	10.00	2.70	2.90	4.05	3.19	3.16	5.15	3.85	3.48	4.18
西班牙	3.64	5.00	5.41	5.80	4.05	5.32	2.11	2.06	2.88	1.74	3.58
瑞士	5.45	0.00	5.41	2.90	2.70	3.19	1.05	2.06	4.81	4.35	3.23
意大利	1.82	5.00	1.35	5.80	1.35	3.19	3.16	2.06	3.85	3.48	3.11
瑞典	1.82	6.67	2.70	2.90	2.70	4.26	2.11	2.06	1.92	3.48	2.99
荷兰	3.64	5.00	1.35	5.80	0.00	2.13	4.21	4.12	2.88	0.00	2.75
中国大陆	1.82	1.67	1.35	1.45	2.70	4.26	3.16	5.15	1.92	2.61	2.75
丹麦	1.82	3.33	4.05	1.45	1.35	2.13	3.16	2.06	1.92	2.61	2.39
南非	3.64	0.00	2.70	0.00	1.35	3.19	1.05	2.06	4.81	2.61	2.27
奥地利	0.00	1.67	1.35	1.45	0.00	2.13	4.21	2.06	3.85	2.61	2.15
巴西	0.00	0.00	2.70	1.45	1.35	2.13	2.11	4.12	1.92	1.74	1.91
新西兰	3.64	3.33	2.70	1.45	1.35	3.19	1.05	2.06	0.96	0.87	1.91
芬兰	1.82	1.67	0.00	1.45	1.35	1.06	2.11	0.00	2.88	2.61	1.55
比利时	0.00	1.67	1.35	2.90	1.35	0.00	1.05	2.06	1.92	1.74	1.43
捷克	0.00	0.00	0.00	2.90	1.35	1.06	2.11	2.06	1.92	1.74	1.43

表4—123　生物多样性保护学C层人才排名前20的国家和地区的占比

国家和地区 \ 年份	2009	2010	2011	2012	2013	2014	2015	2016	2017	2018	合计
美国	24.14	22.42	21.99	20.11	20.10	18.68	16.53	13.55	15.39	14.30	17.98
英国	11.53	10.65	9.51	9.07	9.60	11.23	9.75	9.41	8.12	9.94	9.77
澳大利亚	8.29	6.45	8.77	8.07	7.78	8.79	6.46	6.62	8.59	7.32	7.67
德国	5.59	5.16	4.75	7.37	6.49	5.49	6.46	5.79	5.85	5.49	5.86
加拿大	2.88	5.65	5.35	5.24	4.54	5.49	4.66	5.07	5.57	3.84	4.84
法国	4.32	4.84	5.20	3.54	3.89	3.79	4.03	4.86	4.53	5.32	4.47
中国大陆	1.62	2.26	1.93	1.98	3.89	4.03	4.66	5.38	5.00	7.06	4.15
西班牙	2.16	3.87	3.42	3.97	2.08	2.32	4.13	2.69	3.12	4.45	3.28

续表

国家和地区 \ 年份	2009	2010	2011	2012	2013	2014	2015	2016	2017	2018	合计
瑞士	2.88	4.68	2.23	2.27	2.08	3.66	3.18	3.00	2.93	2.96	2.98
意大利	1.62	2.58	2.08	2.27	2.20	2.93	3.07	3.93	3.12	3.31	2.83
荷兰	2.52	2.74	2.97	3.12	4.02	2.32	2.97	2.90	2.36	2.09	2.76
瑞典	1.80	2.58	2.67	3.68	3.63	3.05	2.22	2.48	1.98	1.74	2.53
巴西	4.68	1.61	1.34	2.69	2.20	1.95	2.22	2.90	1.70	2.44	2.32
丹麦	1.26	1.94	1.93	2.55	1.95	2.32	2.22	2.07	2.17	2.27	2.11
南非	1.44	2.42	1.93	1.70	1.82	1.71	1.27	2.69	2.74	1.13	1.89
新西兰	1.44	1.45	1.04	1.42	1.04	2.20	1.91	0.93	1.98	1.22	1.48
比利时	0.36	1.13	1.63	1.42	1.43	0.85	1.38	1.34	1.98	1.92	1.42
挪威	1.44	0.48	1.78	1.56	2.08	1.71	0.95	1.55	0.85	1.66	1.40
芬兰	1.08	1.77	0.89	1.98	1.17	1.47	1.59	0.93	1.23	1.31	1.33
葡萄牙	1.44	1.77	2.23	0.99	1.17	0.61	1.27	1.34	0.94	1.31	1.27

四十一 园艺学

园艺学A层人才最多的国家是美国，世界占比为15.52%；B、C层人才最多的国家是中国大陆和美国，两国占世界B、C层人才30.53%、33.19%，两国在这两层人才上数量相当。

意大利、墨西哥、印度、中国大陆、法国、德国、塞浦路斯、巴西、以色列、日本、哥伦比亚、西班牙、土耳其、中国台湾、澳大利亚的A层人才比较多，世界占比在9%—3%之间；比利时、塞尔维亚、韩国、肯尼亚也有相当数量的A层人才，世界占比均为1.72%。

意大利、德国、澳大利亚、墨西哥、西班牙、法国、印度的B层人才比较多，世界占比在8%—3%之间；以色列、英国、荷兰、巴西、南非、波兰、加拿大、土耳其、日本、新西兰、比利时也有相当数量的B层人才，世界占比超过1%。

意大利、西班牙、澳大利亚、德国、法国的C层人才比较多，世界占比在7%—3%之间；印度、日本、加拿大、英国、荷兰、巴西、墨西哥、新西兰、韩国、南非、土耳其、伊朗、以色列也有相当数量的C层人才，世界占比超过或接近1%。

表4—124　　园艺学A层人才排名前20的国家和地区的占比

国家和地区\年份	2009	2010	2011	2012	2013	2014	2015	2016	2017	2018	合计
美国	40.00	16.67	14.29	0.00	28.57	0.00	12.50	0.00	25.00	16.67	15.52
意大利	0.00	0.00	0.00	0.00	0.00	0.00	12.50	16.67	25.00	33.33	8.62
墨西哥	0.00	0.00	0.00	0.00	0.00	33.33	12.50	33.33	0.00	0.00	8.62
印度	0.00	0.00	28.57	0.00	0.00	33.33	0.00	0.00	0.00	0.00	6.90
中国大陆	0.00	16.67	0.00	0.00	0.00	0.00	0.00	33.33	25.00	0.00	6.90
法国	20.00	0.00	0.00	33.33	14.29	0.00	12.50	0.00	0.00	0.00	6.90
德国	0.00	0.00	14.29	33.33	14.29	0.00	0.00	0.00	0.00	0.00	5.17
塞浦路斯	0.00	0.00	0.00	0.00	0.00	0.00	0.00	0.00	25.00	33.33	5.17
巴西	0.00	0.00	14.29	0.00	0.00	0.00	12.50	0.00	0.00	0.00	3.45
以色列	20.00	0.00	0.00	0.00	0.00	0.00	0.00	16.67	0.00	0.00	3.45
日本	0.00	16.67	0.00	0.00	0.00	16.67	0.00	0.00	0.00	0.00	3.45
哥伦比亚	0.00	0.00	0.00	33.33	14.29	0.00	0.00	0.00	0.00	0.00	3.45
西班牙	20.00	16.67	0.00	0.00	0.00	0.00	0.00	0.00	0.00	0.00	3.45
土耳其	0.00	0.00	0.00	0.00	0.00	0.00	12.50	0.00	0.00	16.67	3.45
中国台湾	0.00	16.67	0.00	0.00	0.00	14.29	0.00	0.00	0.00	0.00	3.45
澳大利亚	0.00	0.00	14.29	0.00	14.29	0.00	0.00	0.00	0.00	0.00	3.45
比利时	0.00	0.00	0.00	0.00	0.00	0.00	12.50	0.00	0.00	0.00	1.72
塞尔维亚	0.00	0.00	14.29	0.00	0.00	0.00	0.00	0.00	0.00	0.00	1.72
韩国	0.00	16.67	0.00	0.00	0.00	0.00	0.00	0.00	0.00	0.00	1.72
肯尼亚	0.00	0.00	0.00	0.00	0.00	16.67	0.00	0.00	0.00	0.00	1.72

表4—125　　园艺学B层人才排名前20的国家和地区的占比

国家和地区\年份	2009	2010	2011	2012	2013	2014	2015	2016	2017	2018	合计
中国大陆	9.46	12.33	18.18	16.44	16.39	12.86	12.86	15.38	18.03	25.00	15.34
美国	14.86	12.33	13.64	16.44	14.75	20.00	12.86	20.00	9.84	17.31	15.19
意大利	5.41	9.59	4.55	4.11	8.20	7.14	8.57	10.77	8.20	5.77	7.22
德国	4.05	9.59	4.55	8.22	3.28	4.29	5.71	4.62	4.92	5.77	5.56
澳大利亚	4.05	6.85	7.58	12.33	1.64	5.71	4.29	1.54	4.92	3.85	5.41
墨西哥	5.41	6.85	12.12	8.22	1.64	7.14	4.29	4.62	0.00	1.92	5.41
西班牙	5.41	8.22	3.03	6.85	4.92	4.29	5.71	4.62	4.92	0.00	4.96
法国	2.70	1.37	7.58	4.11	9.84	4.29	4.29	1.54	1.64	5.77	4.21

续表

国家和地区\年份	2009	2010	2011	2012	2013	2014	2015	2016	2017	2018	合计
印度	4.05	4.11	4.55	2.74	6.56	1.43	5.71	1.54	0.00	0.00	3.16
以色列	1.35	1.37	3.03	2.74	1.64	1.43	0.00	9.23	1.64	5.77	2.71
英国	2.70	0.00	1.52	2.74	1.64	4.29	0.00	3.08	1.64	3.85	2.11
荷兰	1.35	4.11	0.00	1.37	1.64	4.29	1.43	1.54	1.64	1.92	1.95
巴西	4.05	0.00	1.52	1.37	0.00	0.00	2.86	1.54	3.28	3.85	1.80
南非	0.00	0.00	0.00	1.37	4.92	2.86	1.43	1.54	4.92	0.00	1.65
波兰	2.70	0.00	1.52	0.00	0.00	5.71	1.43	0.00	1.64	1.92	1.50
加拿大	2.70	0.00	1.52	0.00	3.28	1.43	1.54	1.54	3.28	0.00	1.50
土耳其	6.76	1.37	0.00	0.00	0.00	0.00	1.43	1.54	0.00	1.92	1.35
日本	0.00	1.37	1.52	1.37	6.56	0.00	0.00	0.00	1.64	0.00	1.20
新西兰	5.41	0.00	1.52	0.00	1.64	1.43	0.00	0.00	0.00	1.92	1.20
比利时	0.00	1.37	0.00	0.00	1.64	0.00	0.00	4.62	3.28	0.00	1.05

表4—126　　园艺学C层人才排名前20的国家和地区的占比

国家和地区\年份	2009	2010	2011	2012	2013	2014	2015	2016	2017	2018	合计
美国	19.42	17.83	18.47	18.48	17.33	14.47	17.39	14.26	15.88	14.59	16.98
中国大陆	11.15	12.13	12.68	15.23	14.37	18.19	18.73	18.52	20.98	23.93	16.21
意大利	7.35	5.56	8.14	5.50	5.78	6.73	6.33	7.59	6.27	5.45	6.47
西班牙	6.04	6.56	6.89	5.92	6.37	5.16	5.53	5.74	4.12	4.47	5.75
澳大利亚	4.07	5.14	6.26	4.23	4.15	5.44	4.99	3.33	5.29	4.28	4.73
德国	4.46	4.42	3.60	3.67	5.04	4.44	4.18	4.44	3.33	3.70	4.16
法国	4.46	4.56	4.38	4.37	6.07	4.58	2.96	2.41	2.35	1.56	3.90
印度	3.41	3.28	2.82	3.67	3.11	3.15	3.37	2.78	2.75	0.78	2.99
日本	3.67	4.42	2.97	4.23	1.48	2.29	2.02	2.78	1.37	2.14	2.80
加拿大	3.67	3.71	2.82	1.55	1.78	0.86	2.70	3.52	2.75	2.72	2.59
英国	2.76	2.57	2.50	2.26	1.48	3.44	1.21	3.52	2.35	2.72	2.45
荷兰	2.49	2.00	2.19	2.40	2.07	2.29	1.08	2.22	1.96	1.36	2.02
巴西	1.57	2.28	2.50	1.97	2.07	1.72	2.02	1.67	1.96	2.53	2.02
墨西哥	1.18	3.00	0.63	1.83	2.96	1.86	1.62	1.85	2.55	1.36	1.88
新西兰	1.31	1.28	1.41	2.26	0.30	1.43	1.62	1.30	1.18	1.17	1.34
韩国	1.31	1.43	2.03	0.56	0.74	1.00	1.89	1.67	1.18	0.97	1.28
南非	1.18	1.14	1.72	0.99	1.19	1.15	1.35	1.48	1.57	0.78	1.25

续表

国家和地区 \ 年份	2009	2010	2011	2012	2013	2014	2015	2016	2017	2018	合计
土耳其	1.05	1.71	1.88	0.85	1.04	1.15	0.81	0.93	1.57	1.36	1.22
伊朗	0.79	0.57	1.10	0.42	1.33	0.43	1.75	1.48	1.76	2.72	1.17
以色列	1.18	1.28	0.94	1.13	0.74	0.86	0.94	1.11	0.59	0.97	0.99

四十二 真菌学

真菌学 A、B、C 层人才最多的国家是美国，分别占该学科全球 A、B、C 层人才的 35.71%、7.18%、14.57%。

荷兰的 A 层人才比较多，世界占比为 14.29%；泰国、加拿大、爱沙尼亚、德国、中国大陆、新西兰、阿曼也有相当数量的 A 层人才，世界占比均为 7.14%。

荷兰、德国、泰国、中国大陆、英国、澳大利亚、意大利、新西兰、巴西的 B 层人才比较多，世界占比在 7%—3% 之间；沙特、瑞典、法国、西班牙、毛里求斯、加拿大、日本、印度、中国台湾、韩国也有相当数量的 B 层人才，世界占比超过 1%。

荷兰、中国大陆、德国、泰国、英国、法国、西班牙、巴西的 C 层人才比较多，世界占比在 8%—3% 之间；意大利、南非、奥地利、加拿大、日本、澳大利亚、印度、比利时、沙特、瑞典、新西兰也有相当数量的 C 层人才，世界占比超过 1%。

表 4—127　　真菌学 A 层人才的国家和地区的占比

国家和地区 \ 年份	2009	2010	2011	2012	2013	2014	2015	2016	2017	2018	合计
美国	0.00	100.00	33.33	0.00	0.00	0.00	0.00	50.00	0.00	25.00	35.71
荷兰	0.00	0.00	33.33	50.00	0.00	0.00	0.00	0.00	0.00	0.00	14.29
泰国	0.00	0.00	0.00	0.00	0.00	0.00	0.00	0.00	0.00	25.00	7.14
加拿大	0.00	0.00	0.00	0.00	0.00	0.00	0.00	25.00	0.00	0.00	7.14
爱沙尼亚	0.00	0.00	0.00	0.00	0.00	0.00	0.00	25.00	0.00	0.00	7.14
德国	0.00	0.00	33.33	0.00	0.00	0.00	0.00	0.00	0.00	0.00	7.14
中国大陆	0.00	0.00	0.00	0.00	0.00	0.00	0.00	0.00	25.00	0.00	7.14
新西兰	0.00	0.00	0.00	50.00	0.00	0.00	0.00	0.00	0.00	0.00	7.14
阿曼	0.00	0.00	0.00	0.00	0.00	0.00	0.00	0.00	0.00	25.00	7.14

表4—128　　真菌学B层人才排名前20的国家和地区的占比

国家和地区\年份	2009	2010	2011	2012	2013	2014	2015	2016	2017	2018	合计
美国	15.15	19.35	5.88	10.53	8.57	4.00	4.08	3.13	2.50	2.22	7.18
荷兰	6.06	6.45	8.82	15.79	11.43	8.00	0.00	0.00	5.00	6.67	6.63
德国	3.03	12.90	2.94	5.26	5.71	4.00	2.04	6.25	5.00	6.67	5.25
泰国	9.09	0.00	2.94	5.26	2.86	4.00	4.08	9.38	2.50	8.89	4.97
中国大陆	6.06	3.23	5.88	5.26	2.86	4.00	6.25	5.00	6.67	4.97
英国	6.06	3.23	2.94	7.89	5.71	4.00	4.08	3.13	2.50	6.67	4.70
澳大利亚	9.09	6.45	2.94	10.53	2.86	4.00	2.04	0.00	2.50	2.22	4.14
意大利	6.06	3.23	0.00	0.00	5.71	8.00	4.08	3.13	2.50	4.44	3.59
新西兰	3.03	0.00	5.88	5.26	2.86	4.00	4.08	6.25	0.00	4.44	3.59
巴西	3.03	0.00	2.94	2.63	8.57	4.00	4.08	3.13	5.00	0.00	3.04
沙特	0.00	0.00	2.94	2.63	2.86	4.00	6.25	5.00	2.22	2.76
瑞典	3.03	6.45	2.94	0.00	0.00	4.00	4.08	0.00	2.50	4.44	2.49
法国	3.03	3.23	0.00	2.63	5.71	4.00	0.00	3.13	0.00	0.00	2.21
西班牙	3.03	3.23	2.94	0.00	2.86	4.00	4.08	0.00	2.50	2.22	2.21
毛里求斯	0.00	0.00	0.00	0.00	0.00	0.00	4.08	9.38	2.50	4.44	2.21
加拿大	0.00	3.23	5.88	2.63	0.00	8.00	2.04	0.00	2.50	0.00	2.21
日本	3.03	0.00	2.94	0.00	2.86	8.00	2.04	3.13	2.50	0.00	2.21
印度	0.00	0.00	0.00	0.00	2.86	0.00	2.04	6.25	2.50	6.67	2.21
中国台湾	0.00	0.00	0.00	0.00	2.86	0.00	4.08	3.13	2.50	4.44	1.93
韩国	0.00	3.23	2.94	0.00	0.00	8.00	2.04	3.13	0.00	2.22	1.93

表4—129　　真菌学C层人才排名前20的国家和地区的占比

国家和地区\年份	2009	2010	2011	2012	2013	2014	2015	2016	2017	2018	合计
美国	17.06	22.79	22.00	20.25	14.10	12.40	12.45	10.05	7.59	10.22	14.57
荷兰	11.26	6.12	8.00	5.68	8.62	7.01	6.87	7.94	7.59	6.08	7.42
中国大陆	3.41	4.08	5.43	8.64	6.79	8.09	8.58	6.88	7.86	7.54	6.94
德国	4.78	6.46	5.14	4.94	7.83	5.93	7.08	6.35	4.07	7.06	6.02
泰国	5.46	2.72	4.57	3.95	3.66	5.12	4.94	3.97	6.50	5.11	4.62
英国	4.44	8.16	4.57	4.57	3.46	4.44	3.50	4.94	3.97	3.79	4.38	4.49
法国	3.41	3.74	3.43	4.20	3.66	3.50	3.65	4.23	2.71	4.62	3.74
西班牙	3.07	6.46	3.14	2.96	3.92	2.43	2.58	3.70	2.44	3.65	3.36

续表

国家和地区\年份	2009	2010	2011	2012	2013	2014	2015	2016	2017	2018	合计
巴西	2.39	1.70	3.43	2.47	3.92	3.23	3.65	4.23	3.25	2.92	3.17
意大利	1.71	0.68	1.71	2.47	2.09	3.23	3.86	2.65	3.79	2.92	2.61
南非	1.71	2.38	0.57	1.48	2.09	3.23	3.86	3.17	4.34	2.43	2.58
奥地利	3.07	2.04	2.57	3.21	1.83	2.16	2.58	3.17	1.90	2.68	2.53
加拿大	2.73	0.68	2.86	2.96	2.61	3.23	2.58	3.17	2.17	0.97	2.42
日本	4.44	3.40	1.14	2.22	4.18	2.70	2.58	1.59	1.08	0.49	2.31
澳大利亚	3.75	2.04	2.00	1.98	2.09	1.89	2.36	2.12	1.63	3.16	2.28
印度	0.00	1.36	0.29	1.73	2.09	1.89	2.58	2.91	3.52	3.65	2.10
比利时	1.37	1.70	1.43	1.98	1.04	2.16	2.15	1.85	2.17	2.43	1.85
沙特	0.00	1.36	4.00	2.22	0.26	2.70	3.22	1.59	2.17	0.24	1.83
瑞典	2.05	1.36	2.29	2.22	1.31	2.43	1.50	1.85	1.08	0.97	1.69
新西兰	2.39	1.70	1.43	2.22	1.31	2.43	1.29	1.32	1.36	1.70	1.69

四十三　林学

林学 A、B、C 层人才最多的国家是美国，分别占该学科全球 A、B、C 层人才的 39.39%、14.63%、18.71%。

德国、加拿大、意大利、澳大利亚的 A 层人才比较多，世界占比在 13%—6% 之间；瑞士、韩国、巴西、以色列、捷克、爱沙尼亚、英国、中国大陆、新西兰也有相当数量的 A 层人才，世界占比均为 3.03%。

德国、法国、加拿大、瑞士、意大利、英国、中国大陆、澳大利亚、西班牙、荷兰、瑞典、奥地利的 B 层人才比较多，世界占比在 8%—3% 之间；芬兰、捷克、丹麦、日本、挪威、波兰、巴西也有相当数量的 B 层人才，世界占比超过 1%。

德国、中国大陆、西班牙、法国、加拿大、澳大利亚、意大利、英国、瑞典、瑞士、芬兰的 C 层人才比较多，世界占比在 8%—3% 之间；荷兰、巴西、捷克、奥地利、葡萄牙、日本、比利时、丹麦也有相当数量的 C 层人才，世界占比超过 1%。

表4—130　　　　　　　林学A层人才的国家和地区的占比

国家和地区\年份	2009	2010	2011	2012	2013	2014	2015	2016	2017	2018	合计
美国	60.00	0.00	100.00	40.00	25.00	50.00	20.00	0.00	0.00	37.50	39.39
德国	20.00	0.00	0.00	20.00	0.00	25.00	0.00	0.00	0.00	12.50	12.12
加拿大	20.00	0.00	0.00	0.00	25.00	0.00	0.00	0.00	0.00	12.50	9.09
意大利	0.00	0.00	0.00	0.00	25.00	0.00	20.00	0.00	0.00	0.00	6.06
澳大利亚	0.00	0.00	0.00	0.00	0.00	0.00	20.00	0.00	0.00	12.50	6.06
瑞士	0.00	0.00	0.00	0.00	0.00	0.00	0.00	0.00	0.00	12.50	3.03
韩国	0.00	0.00	0.00	0.00	25.00	0.00	0.00	0.00	0.00	0.00	3.03
巴西	0.00	0.00	0.00	0.00	0.00	0.00	20.00	0.00	0.00	0.00	3.03
以色列	0.00	0.00	0.00	0.00	0.00	25.00	0.00	0.00	0.00	0.00	3.03
捷克	0.00	0.00	0.00	0.00	0.00	0.00	0.00	0.00	100.00	0.00	3.03
爱沙尼亚	0.00	0.00	0.00	20.00	0.00	0.00	0.00	0.00	0.00	0.00	3.03
英国	0.00	0.00	0.00	0.00	0.00	0.00	20.00	0.00	0.00	0.00	3.03
中国大陆	0.00	0.00	0.00	0.00	0.00	0.00	0.00	0.00	0.00	12.50	3.03
新西兰	0.00	0.00	0.00	20.00	0.00	0.00	0.00	0.00	0.00	0.00	3.03

表4—131　　　　　林学B层人才排名前20的国家和地区的占比

国家和地区\年份	2009	2010	2011	2012	2013	2014	2015	2016	2017	2018	合计
美国	18.52	25.81	21.74	20.00	13.85	12.31	13.16	5.75	9.64	11.76	14.63
德国	7.41	6.45	5.80	6.15	6.15	9.23	5.26	5.75	12.05	7.06	7.17
法国	9.26	4.84	8.70	6.15	9.23	4.62	5.26	6.90	4.82	7.06	6.61
加拿大	5.56	9.68	4.35	7.69	12.31	4.62	6.58	0.00	4.82	3.53	5.63
瑞士	3.70	6.45	2.90	6.15	3.08	7.69	2.63	5.75	6.02	0.00	4.36
意大利	1.85	3.23	2.90	1.54	3.08	7.69	5.26	4.60	6.02	5.88	4.36
英国	5.56	3.23	2.90	4.62	6.15	6.15	2.63	2.30	4.82	4.71	4.22
中国大陆	1.85	3.23	5.80	0.00	0.00	3.08	9.21	0.00	8.43	7.06	4.08
澳大利亚	5.56	6.45	2.90	10.77	4.62	4.62	3.95	2.30	1.20	1.18	4.08
西班牙	1.85	1.61	2.90	3.08	3.08	6.15	2.63	4.60	3.61	4.71	3.52
荷兰	5.56	1.61	4.35	3.08	7.69	4.62	3.95	3.45	0.00	2.35	3.52
瑞典	5.56	0.00	1.45	6.15	1.54	3.08	5.26	1.15	6.02	3.53	3.38
奥地利	3.70	4.84	1.45	3.08	1.54	3.08	3.95	5.75	2.41	1.18	3.09
芬兰	5.56	1.61	2.90	4.62	3.08	0.00	1.32	2.30	1.20	4.71	2.67

续表

国家和地区\年份	2009	2010	2011	2012	2013	2014	2015	2016	2017	2018	合计
捷克	3.70	1.61	1.45	3.08	3.08	1.54	2.63	3.45	3.61	1.18	2.53
丹麦	5.56	0.00	2.90	1.54	4.62	3.08	0.00	1.15	0.00	2.35	1.97
日本	0.00	1.61	5.80	1.54	1.54	1.54	3.95	0.00	2.41	1.18	1.97
挪威	1.85	0.00	1.45	1.54	1.54	0.00	0.00	1.15	3.61	2.35	1.41
波兰	0.00	0.00	2.90	0.00	0.00	0.00	1.32	3.45	2.41	2.35	1.41
巴西	1.85	1.61	2.90	1.54	3.08	1.54	1.32	1.15	0.00	0.00	1.41

表4—132　　林学 C 层人才排名前 20 的国家和地区的占比

国家和地区\年份	2009	2010	2011	2012	2013	2014	2015	2016	2017	2018	合计
美国	22.67	17.56	19.97	21.33	18.08	18.72	18.50	16.82	16.55	18.12	18.71
德国	6.48	8.06	6.07	7.58	8.02	6.95	7.50	6.80	6.99	5.64	7.01
中国大陆	4.76	5.02	3.51	5.21	7.39	3.97	7.66	7.57	8.27	12.48	6.60
西班牙	5.52	5.91	5.27	6.16	4.56	4.26	5.58	5.01	4.28	5.47	5.16
法国	5.14	6.09	4.79	5.21	6.13	6.24	3.99	3.59	3.00	4.10	4.78
加拿大	6.10	6.63	5.43	5.37	3.93	3.83	4.47	3.34	3.57	4.62	4.63
澳大利亚	5.14	5.56	3.99	5.85	4.40	3.83	6.06	3.72	2.57	2.74	4.33
意大利	3.05	3.23	4.31	3.16	4.56	3.55	4.94	3.72	4.42	3.76	3.89
英国	3.62	2.69	4.31	2.37	4.56	3.83	3.19	3.34	4.28	3.25	3.56
瑞典	3.62	3.23	4.31	3.32	3.14	3.26	2.07	4.24	3.42	1.88	3.28
瑞士	3.24	4.30	2.56	3.16	3.46	4.11	3.35	3.34	2.14	2.56	3.22
芬兰	2.29	4.66	3.51	3.95	2.83	3.83	2.87	2.44	2.85	2.56	3.17
荷兰	3.24	1.97	2.08	1.58	1.57	2.70	1.59	2.18	1.85	2.05	2.07
巴西	2.86	2.51	2.40	1.74	1.89	2.27	1.12	2.44	1.28	1.37	1.98
捷克	1.33	1.79	0.48	1.26	1.57	1.99	1.91	2.70	2.71	2.05	1.82
奥地利	1.90	1.79	1.12	1.74	1.42	1.99	1.75	1.93	2.85	1.20	1.79
葡萄牙	1.33	1.43	1.60	0.63	2.20	1.28	2.07	1.80	1.00	1.54	1.49
日本	2.67	1.61	1.44	1.90	1.89	0.71	1.59	0.64	1.57	1.20	1.47
比利时	1.33	0.90	2.40	1.58	1.57	1.28	1.12	1.80	1.00	1.54	1.46
丹麦	1.33	0.90	1.28	1.74	1.10	1.13	1.44	1.03	2.00	1.54	1.35

四十四　兽医学

兽医学 A、B、C 层人才最多的国家是美国，分别占该学科全球 A、B、C 层人才的 22.22%、18.50%、19.62%。

意大利、英国、法国、加拿大、中国大陆、西班牙的 A 层人才比较多，世界占比在 9%—3% 之间；澳大利亚、巴西、韩国、比利时、葡萄牙、挪威、瑞士、荷兰、德国、新西兰、印度、智利、希腊也有相当数量的 A 层人才，世界占比超过 1%。

英国、中国大陆、德国、法国、意大利、西班牙、澳大利亚、比利时、加拿大、荷兰的 B 层人才比较多，世界占比在 12%—3% 之间；巴西、丹麦、瑞士、日本、新西兰、挪威、瑞典、奥地利、印度也有相当数量的 B 层人才，世界占比超过 1%。

英国、中国大陆、德国、西班牙、澳大利亚、意大利、加拿大、法国、巴西的 C 层人才比较多，世界占比在 10%—3% 之间；荷兰、比利时、瑞士、丹麦、日本、瑞典、韩国、印度、挪威、爱尔兰也有相当数量的 C 层人才，世界占比超过 1%。

表 4—133　　兽医学 A 层人才排名前 20 的国家和地区的占比

国家和地区\年份	2009	2010	2011	2012	2013	2014	2015	2016	2017	2018	合计
美国	21.43	20.00	23.81	25.00	25.00	20.00	25.00	22.22	30.77	10.53	22.22
意大利	7.14	5.00	14.29	4.17	5.00	10.00	10.00	11.11	15.38	10.53	8.99
英国	21.43	5.00	4.76	8.33	10.00	10.00	0.00	16.67	0.00	10.53	8.47
法国	7.14	20.00	4.76	8.33	10.00	5.00	5.00	5.56	0.00	0.00	6.88
加拿大	0.00	10.00	9.52	0.00	10.00	5.00	5.00	5.56	0.00	0.00	4.76
中国大陆	0.00	0.00	0.00	0.00	0.00	5.00	5.00	5.56	15.38	21.05	4.76
西班牙	7.14	0.00	4.76	0.00	0.00	0.00	10.00	11.11	0.00	5.26	3.70
澳大利亚	0.00	10.00	0.00	0.00	5.00	0.00	5.00	0.00	7.69	0.00	2.65
巴西	0.00	0.00	0.00	4.17	0.00	0.00	5.00	5.56	0.00	5.26	2.65
韩国	0.00	0.00	0.00	4.17	0.00	5.00	0.00	0.00	15.38	0.00	2.12
比利时	0.00	5.00	4.76	4.17	0.00	5.00	0.00	0.00	0.00	0.00	2.12
葡萄牙	7.14	0.00	0.00	8.33	0.00	5.00	0.00	0.00	0.00	0.00	2.12

续表

国家和地区\年份	2009	2010	2011	2012	2013	2014	2015	2016	2017	2018	合计
挪威	0.00	0.00	4.76	0.00	5.00	5.00	0.00	0.00	0.00	5.26	2.12
瑞士	0.00	0.00	4.76	4.17	0.00	5.00	0.00	5.56	0.00	0.00	2.12
荷兰	0.00	5.00	9.52	0.00	0.00	0.00	5.00	0.00	0.00	0.00	2.12
德国	0.00	0.00	4.76	0.00	0.00	10.00	0.00	0.00	0.00	0.00	1.59
新西兰	7.14	0.00	0.00	0.00	5.00	0.00	0.00	5.56	0.00	0.00	1.59
印度	0.00	0.00	0.00	4.17	0.00	5.00	0.00	0.00	0.00	5.26	1.59
智利	0.00	0.00	4.76	0.00	0.00	0.00	0.00	0.00	7.69	0.00	1.06
希腊	7.14	0.00	0.00	0.00	0.00	0.00	5.00	0.00	0.00	0.00	1.06

表 4—134　兽医学 B 层人才排名前 20 的国家和地区的占比

国家和地区\年份	2009	2010	2011	2012	2013	2014	2015	2016	2017	2018	合计
美国	24.31	18.23	23.08	20.75	17.80	20.79	17.03	18.60	14.29	9.60	18.50
英国	12.15	17.68	10.26	11.32	13.61	10.11	8.24	9.30	11.22	9.04	11.31
中国大陆	1.10	3.87	4.10	4.72	4.71	5.62	7.14	10.47	10.20	9.04	6.06
德国	5.52	6.08	4.10	5.66	5.24	2.81	7.14	5.23	6.12	6.78	5.47
法国	6.63	6.63	4.10	5.66	6.28	2.81	3.85	2.91	5.10	4.52	4.88
意大利	2.76	3.31	6.15	4.25	4.71	3.93	2.75	8.14	4.59	7.91	4.83
西班牙	2.76	4.42	4.62	6.60	4.19	5.62	4.40	4.65	4.59	5.08	4.72
澳大利亚	2.76	6.08	2.05	3.30	4.71	5.62	4.95	2.91	3.06	2.82	3.81
比利时	5.52	4.42	4.62	1.89	4.19	3.37	3.85	1.16	2.04	5.08	3.59
加拿大	3.31	2.21	6.15	4.72	2.62	5.62	2.20	4.07	3.06	1.13	3.54
荷兰	3.87	5.52	4.62	4.25	3.66	1.69	2.20	1.74	0.51	5.08	3.32
巴西	4.97	2.21	3.59	0.94	2.62	2.81	3.30	0.00	2.04	3.39	2.57
丹麦	1.10	2.21	2.56	1.42	3.66	2.81	3.85	1.16	2.04	2.82	2.36
瑞士	2.21	2.76	2.05	1.89	0.52	3.37	3.85	1.16	0.51	1.69	1.98
日本	1.10	0.55	1.54	1.89	0.52	1.12	1.65	2.91	0.00	1.69	1.29
新西兰	0.55	0.55	3.08	1.42	2.09	1.69	1.65	0.58	0.51	0.56	1.29
挪威	1.10	0.00	1.54	0.47	2.62	2.25	1.10	1.74	1.53	0.56	1.29
瑞典	1.66	2.21	1.54	0.47	0.52	1.12	1.65	1.16	0.51	1.69	1.23
奥地利	0.55	0.55	0.51	0.94	1.05	0.00	2.75	0.58	2.55	2.26	1.18
印度	0.00	0.55	0.00	0.94	2.09	0.00	1.65	2.33	2.04	1.13	1.07

表4—135　　兽医学C层人才排名前20的国家和地区的占比

国家和地区＼年份	2009	2010	2011	2012	2013	2014	2015	2016	2017	2018	合计
美国	24.00	22.39	20.34	19.94	20.38	19.13	18.55	18.57	16.52	15.81	19.62
英国	10.49	9.80	9.53	9.97	8.47	9.34	9.14	8.91	8.04	6.98	9.10
中国大陆	3.93	4.26	4.93	4.82	7.25	7.07	9.25	10.35	13.06	13.89	7.73
德国	5.25	4.66	4.08	4.63	4.08	4.36	5.07	4.14	5.64	4.23	4.62
西班牙	4.39	4.61	5.35	4.73	5.24	4.36	3.51	3.83	3.68	3.39	4.34
澳大利亚	3.93	3.79	3.44	4.11	4.34	4.07	4.35	3.70	3.52	4.03	3.93
意大利	2.79	4.26	3.81	4.30	3.65	3.90	3.51	3.64	4.46	4.99	3.93
加拿大	4.50	3.97	3.50	4.11	4.02	3.40	4.29	4.27	3.57	3.27	3.89
法国	3.93	4.08	4.50	3.50	3.86	4.47	3.73	3.07	2.90	3.39	3.75
巴西	4.22	3.03	3.87	3.02	3.76	3.79	3.51	3.95	3.29	3.07	3.55
荷兰	3.71	2.68	3.65	3.31	3.02	3.74	2.67	2.32	1.67	2.24	2.93
比利时	2.34	2.92	2.97	2.88	2.86	2.60	2.79	2.07	1.79	1.86	2.53
瑞士	2.57	1.87	2.54	1.98	1.80	1.75	2.17	2.07	2.34	2.18	2.13
丹麦	1.71	2.10	2.01	2.46	2.01	1.87	1.95	2.32	1.51	1.66	1.97
日本	1.82	2.33	1.69	2.03	2.01	1.75	1.17	1.63	1.40	1.79	1.77
瑞典	2.11	1.52	2.12	1.94	1.38	1.47	1.45	1.63	0.89	1.54	1.61
韩国	1.25	1.87	1.32	1.51	1.16	0.96	1.28	1.82	1.79	1.28	1.42
印度	0.97	1.57	1.48	0.95	0.95	1.41	1.23	1.82	1.56	1.98	1.37
挪威	1.48	1.40	1.64	1.13	1.27	1.08	1.06	1.25	0.89	0.83	1.21
爱尔兰	0.86	1.28	1.17	1.09	0.90	1.53	0.84	0.75	0.89	1.60	1.09

四十五　海洋生物学和淡水生物学

海洋生物学和淡水生物学A、B、C层人才最多的国家是美国,分别占该学科全球A、B、C层人才的30.52%、19.89%、17.86%。

澳大利亚、英国、法国、意大利、德国、加拿大、丹麦的A层人才比较多,世界占比在15%—3%之间;巴西、荷兰、南非、西班牙、日本、挪威、比利时、葡萄牙、爱尔兰、以色列、芬兰、斯里兰卡也有相当数量的A层人才,世界占比超过或接近1%。

英国、澳大利亚、加拿大、意大利、德国、法国、中国大陆、西班牙的B层人才比较多,世界占比在9%—3%之间;荷兰、挪威、丹麦、巴西、瑞典、葡萄牙、日本、比利时、新西兰、韩国、希腊也有相当数量的

B层人才,世界占比超过1%。

中国大陆、澳大利亚、英国、法国、加拿大、德国、西班牙、意大利的C层人才比较多,世界占比在8%—3%之间;挪威、巴西、葡萄牙、荷兰、丹麦、瑞典、日本、新西兰、比利时、印度、韩国也有相当数量的C层人才,世界占比超过1%。

表4—136　　海洋生物学和淡水生物学A层人才排名前20的国家和地区的占比

国家和地区 \ 年份	2009	2010	2011	2012	2013	2014	2015	2016	2017	2018	合计
美国	33.33	16.67	37.50	38.46	29.41	31.25	16.67	31.58	38.89	25.00	30.52
澳大利亚	20.00	16.67	6.25	23.08	23.53	25.00	5.56	10.53	11.11	6.25	14.29
英国	0.00	16.67	12.50	7.69	5.88	0.00	11.11	10.53	22.22	0.00	8.44
法国	0.00	0.00	0.00	0.00	11.76	6.25	11.11	10.53	5.56	0.00	5.19
意大利	6.67	0.00	0.00	0.00	0.00	6.25	5.56	5.26	5.56	12.50	4.55
德国	0.00	0.00	0.00	15.38	11.76	0.00	5.56	5.26	0.00	0.00	3.90
加拿大	6.67	0.00	0.00	0.00	0.00	12.50	5.56	0.00	11.11	0.00	3.90
丹麦	0.00	0.00	12.50	0.00	5.88	0.00	5.56	0.00	5.56	0.00	3.25
巴西	0.00	0.00	0.00	0.00	0.00	0.00	5.56	5.26	0.00	12.50	2.60
荷兰	0.00	16.67	0.00	0.00	0.00	0.00	5.56	0.00	0.00	6.25	1.95
南非	13.33	16.67	0.00	0.00	0.00	0.00	0.00	0.00	0.00	0.00	1.95
西班牙	6.67	0.00	6.25	0.00	5.88	0.00	0.00	0.00	0.00	0.00	1.95
日本	0.00	0.00	0.00	0.00	0.00	0.00	10.53	0.00	0.00	0.00	1.30
挪威	0.00	0.00	0.00	0.00	0.00	6.25	0.00	0.00	0.00	6.25	1.30
比利时	0.00	0.00	6.25	0.00	0.00	0.00	5.56	0.00	0.00	0.00	1.30
葡萄牙	0.00	0.00	0.00	0.00	0.00	0.00	0.00	0.00	0.00	12.50	1.30
爱尔兰	0.00	0.00	6.25	0.00	0.00	0.00	5.56	0.00	0.00	0.00	1.30
以色列	0.00	0.00	0.00	0.00	0.00	0.00	0.00	0.00	6.25	0.00	0.65
芬兰	0.00	0.00	0.00	0.00	0.00	0.00	5.56	0.00	0.00	0.00	0.65
斯里兰卡	0.00	16.67	0.00	0.00	0.00	0.00	0.00	0.00	0.00	0.00	0.65

表4—137　　　海洋生物学和淡水生物学 B 层人才排名
前 20 的国家和地区的占比

国家和地区\年份	2009	2010	2011	2012	2013	2014	2015	2016	2017	2018	合计
美国	30.88	20.61	21.62	18.79	16.99	22.73	19.39	22.73	11.73	15.97	19.89
英国	9.56	8.40	10.14	4.03	7.19	7.14	11.52	9.74	8.94	5.56	8.26
澳大利亚	10.29	6.11	8.11	7.38	5.23	7.79	4.24	7.79	7.26	4.17	6.81
加拿大	5.15	4.58	5.41	5.37	3.92	5.84	5.45	6.49	3.35	3.47	4.89
意大利	1.47	3.82	3.38	6.04	3.27	3.90	5.45	3.90	5.59	7.64	4.49
德国	3.68	3.82	3.38	5.37	5.23	4.55	4.24	4.55	5.03	4.17	4.43
法国	6.62	6.87	3.38	6.04	1.96	0.65	2.42	3.90	6.70	5.56	4.36
中国大陆	2.94	0.00	2.03	2.68	7.19	5.19	7.27	2.60	1.12	6.25	3.77
西班牙	2.21	3.82	2.70	4.03	2.61	2.60	3.03	5.84	5.03	1.39	3.37
荷兰	0.74	2.29	2.70	1.34	2.61	2.60	2.42	5.19	4.47	1.39	2.64
挪威	2.21	3.05	1.35	2.01	3.27	3.90	3.64	1.30	3.35	1.39	2.58
丹麦	0.74	2.29	2.03	2.68	3.92	1.30	3.64	3.90	2.23	0.69	2.38
巴西	0.74	0.76	2.03	2.68	2.61	1.95	4.24	1.95	2.79	0.00	2.05
瑞典	2.21	0.76	1.35	2.68	3.27	2.60	2.42	1.30	1.68	1.39	1.98
葡萄牙	0.74	0.00	1.35	1.34	1.31	2.60	1.21	3.25	3.35	2.78	1.85
日本	0.74	1.53	3.38	0.67	2.61	0.00	1.82	0.65	2.79	2.08	1.65
比利时	1.47	0.76	2.03	2.68	1.96	1.95	1.82	0.65	2.23	0.69	1.65
新西兰	2.21	3.82	0.68	3.36	0.65	0.65	0.61	1.95	1.12	0.69	1.52
韩国	0.74	0.76	2.03	1.34	2.61	0.65	1.82	0.00	1.68	2.08	1.39
希腊	0.74	1.53	1.35	2.01	0.00	1.95	0.61	0.00	1.12	2.78	1.19

表4—138　　　海洋生物学和淡水生物学 C 层人才排名
前 20 的国家和地区的占比

国家和地区\年份	2009	2010	2011	2012	2013	2014	2015	2016	2017	2018	合计
美国	19.39	22.21	20.23	18.81	18.95	16.59	17.22	15.67	16.05	15.03	17.86
中国大陆	5.97	4.82	6.27	5.90	7.33	7.48	10.31	8.39	9.45	10.59	7.78
澳大利亚	6.71	6.81	7.90	8.40	7.26	7.01	7.34	7.86	6.60	6.72	7.27
英国	7.83	9.19	7.29	8.61	7.66	6.95	6.06	6.99	5.75	5.07	7.06
法国	5.44	6.36	5.04	4.79	4.64	5.33	4.12	4.02	4.36	4.25	4.78

续表

年份 国家和地区	2009	2010	2011	2012	2013	2014	2015	2016	2017	2018	合计
加拿大	5.59	4.82	5.72	6.59	3.97	3.78	4.67	3.90	4.00	3.49	4.61
德国	4.10	5.59	4.90	4.93	5.51	4.11	3.88	4.31	4.00	4.44	4.55
西班牙	5.22	4.13	5.11	4.16	4.44	4.65	4.06	3.73	4.24	3.55	4.31
意大利	3.13	2.37	2.86	3.19	3.97	4.32	3.58	3.44	4.60	4.63	3.64
挪威	3.13	2.53	2.79	3.82	3.63	2.97	2.91	2.33	1.88	2.54	2.83
巴西	1.57	1.61	1.50	1.87	1.61	2.63	3.03	2.50	2.85	3.11	2.27
葡萄牙	1.57	2.14	2.52	1.67	1.34	2.29	2.43	2.74	1.82	2.54	2.12
荷兰	1.79	2.30	1.84	2.15	1.75	1.75	1.64	2.39	2.67	2.41	2.08
丹麦	2.16	1.76	2.18	2.29	1.75	2.02	2.12	1.92	2.42	2.03	2.07
瑞典	1.86	1.53	1.29	1.60	1.55	1.35	1.39	2.10	1.39	1.97	1.61
日本	1.72	1.30	1.70	1.39	2.22	1.08	1.09	1.34	1.45	1.46	1.47
新西兰	1.34	1.61	1.70	1.18	0.40	1.55	1.52	1.75	1.27	1.27	1.36
比利时	1.79	2.07	1.16	0.90	1.01	1.35	0.91	0.99	1.21	0.76	1.19
印度	1.79	1.15	1.43	1.04	1.21	0.94	1.09	1.28	0.67	1.33	1.18
韩国	1.12	0.77	0.95	1.04	1.28	0.81	1.09	0.76	1.64	0.89	1.04

四十六　渔业学

渔业学A、B、C层人才最多的国家是美国，分别占该学科全球A、B、C层人才的19.67%、14.64%、16.54%。

澳大利亚、英国、加拿大、法国、挪威、西班牙、意大利、中国大陆、日本的A层人才比较多，世界占比在12%—3%之间；巴西、印度、斯洛文尼亚、阿尔巴尼亚、爱尔兰、南非、丹麦、以色列、科索沃、法属波利尼西亚也有相当数量的A层人才，世界占比均为1.64%。

英国、加拿大、挪威、澳大利亚、中国大陆、西班牙、意大利、法国、德国的B层人才比较多，世界占比在9%—3%之间；荷兰、葡萄牙、瑞典、巴西、希腊、丹麦、日本、伊朗、泰国、比利时也有相当数量的B层人才，世界占比超过1%。

中国大陆、加拿大、英国、澳大利亚、挪威、西班牙、法国的C层人才比较多，世界占比在13%—3%之间；意大利、德国、丹麦、日本、巴西、荷兰、葡萄牙、印度、伊朗、泰国、瑞典、韩国也有相当数量的C

层人才，世界占比超过1%。

表4—139　　渔业学A层人才排名前20的国家和地区的占比

国家和地区 \ 年份	2009	2010	2011	2012	2013	2014	2015	2016	2017	2018	合计
美国	28.57	0.00	28.57	0.00	83.33	20.00	0.00	25.00	0.00	0.00	19.67
澳大利亚	14.29	0.00	28.57	0.00	0.00	40.00	50.00	12.50	0.00	0.00	11.48
英国	14.29	33.33	0.00	0.00	0.00	0.00	50.00	12.50	25.00	0.00	11.48
加拿大	28.57	0.00	14.29	0.00	0.00	0.00	0.00	12.50	0.00	0.00	6.56
法国	0.00	16.67	0.00	14.29	0.00	20.00	0.00	12.50	0.00	0.00	6.56
挪威	14.29	16.67	0.00	0.00	0.00	0.00	0.00	12.50	20.00	0.00	6.56
西班牙	0.00	0.00	28.57	14.29	0.00	0.00	0.00	0.00	0.00	0.00	4.92
意大利	0.00	0.00	0.00	14.29	0.00	0.00	0.00	12.50	0.00	20.00	4.92
中国大陆	0.00	0.00	0.00	0.00	16.67	0.00	0.00	0.00	0.00	20.00	3.28
日本	0.00	16.67	0.00	0.00	0.00	0.00	0.00	12.50	0.00	0.00	3.28
巴西	0.00	0.00	0.00	0.00	0.00	0.00	0.00	12.50	0.00	0.00	1.64
印度	0.00	0.00	0.00	0.00	0.00	0.00	0.00	12.50	0.00	0.00	1.64
斯洛文尼亚	0.00	0.00	0.00	14.29	0.00	0.00	0.00	0.00	0.00	0.00	1.64
阿尔巴尼亚	0.00	0.00	0.00	0.00	0.00	0.00	0.00	0.00	20.00	0.00	1.64
爱尔兰	0.00	0.00	0.00	0.00	0.00	0.00	0.00	12.50	0.00	0.00	1.64
南非	0.00	0.00	0.00	0.00	0.00	0.00	0.00	12.50	0.00	0.00	1.64
丹麦	0.00	0.00	0.00	0.00	0.00	0.00	0.00	12.50	0.00	0.00	1.64
以色列	0.00	0.00	0.00	14.29	0.00	0.00	0.00	0.00	0.00	0.00	1.64
科索沃	0.00	0.00	0.00	0.00	0.00	0.00	0.00	0.00	20.00	0.00	1.64
法属波利尼西亚	0.00	0.00	0.00	0.00	0.00	20.00	0.00	0.00	0.00	0.00	1.64

表4—140　　渔业学B层人才排名前20的国家和地区的占比

国家和地区 \ 年份	2009	2010	2011	2012	2013	2014	2015	2016	2017	2018	合计
美国	12.50	11.67	22.54	14.71	13.64	14.71	21.95	14.29	14.44	5.06	14.64
英国	12.50	11.67	11.27	7.35	4.55	7.35	6.10	9.89	6.67	6.33	8.21
加拿大	10.71	8.33	11.27	8.82	6.06	8.82	3.66	7.69	4.44	5.06	7.25
挪威	5.36	6.67	2.82	13.24	7.58	5.88	4.88	7.69	8.89	7.59	7.11

续表

国家和地区\年份	2009	2010	2011	2012	2013	2014	2015	2016	2017	2018	合计
澳大利亚	5.36	5.00	8.45	4.41	4.55	11.76	8.54	9.89	3.33	3.80	6.57
中国大陆	3.57	1.67	2.82	2.94	9.09	5.88	7.32	2.20	5.56	7.59	4.92
西班牙	1.79	3.33	4.23	2.94	6.06	2.94	4.88	5.49	5.56	5.06	4.38
意大利	1.79	3.33	4.23	2.94	9.09	0.00	3.66	4.40	1.11	6.33	3.69
法国	7.14	5.00	1.41	4.41	4.55	1.47	0.00	3.30	5.56	2.53	3.42
德国	3.57	1.67	2.82	4.41	3.03	4.41	3.66	1.10	4.44	2.53	3.15
荷兰	3.57	5.00	1.41	2.94	0.00	7.35	1.22	4.40	2.22	1.27	2.87
葡萄牙	1.79	3.33	2.82	2.94	4.55	0.00	1.22	0.00	5.56	2.53	2.46
瑞典	1.79	0.00	1.41	4.41	3.03	2.94	2.44	2.20	1.11	3.80	2.33
巴西	1.79	1.67	1.41	0.00	3.03	0.00	2.44	2.20	4.44	3.80	2.19
希腊	0.00	6.67	2.82	0.00	3.03	1.47	1.22	2.20	1.11	2.53	2.05
丹麦	0.00	1.67	1.41	4.41	0.00	1.47	0.00	3.30	2.22	2.53	1.78
日本	0.00	3.33	0.00	2.94	0.00	1.47	2.44	2.20	1.11	1.27	1.50
伊朗	0.00	0.00	0.00	1.47	0.00	0.00	2.44	1.10	4.44	3.80	1.50
泰国	0.00	0.00	0.00	0.00	3.03	1.47	2.44	1.10	1.11	3.80	1.37
比利时	0.00	1.67	1.41	2.94	3.03	0.00	0.00	2.20	1.11	1.27	1.37

表4—141　渔业学C层人才排名前20的国家和地区的占比

国家和地区\年份	2009	2010	2011	2012	2013	2014	2015	2016	2017	2018	合计
美国	19.48	20.93	19.14	17.53	15.13	17.74	15.67	14.07	15.32	12.45	16.54
中国大陆	9.18	7.20	9.99	9.63	12.86	11.88	18.39	12.93	13.38	16.06	12.37
加拿大	7.25	7.03	8.18	7.90	7.56	4.66	5.72	6.34	5.58	4.86	6.46
英国	7.57	6.17	6.52	7.47	5.45	4.21	5.59	6.08	5.32	4.86	5.89
澳大利亚	5.15	7.20	7.49	6.18	4.84	5.41	5.86	6.34	4.42	5.60	5.84
挪威	5.96	5.15	6.10	6.18	7.72	5.56	4.50	4.56	4.16	4.61	5.40
西班牙	4.99	5.32	4.85	4.31	4.24	5.11	4.09	3.55	4.29	3.61	4.39
法国	4.83	4.12	3.88	3.88	4.69	4.51	3.95	2.53	3.38	3.24	3.85
意大利	1.77	2.40	1.94	1.44	2.57	3.91	3.00	2.28	2.34	2.74	2.44

续表

国家和地区\年份	2009	2010	2011	2012	2013	2014	2015	2016	2017	2018	合计
德国	2.09	2.57	2.64	1.44	3.33	2.26	2.72	2.28	1.95	2.62	2.39
丹麦	1.45	1.20	1.66	2.01	2.57	3.31	1.36	2.92	2.60	1.74	2.10
日本	2.90	2.40	2.64	2.01	2.12	1.50	0.95	1.77	1.56	2.37	2.00
巴西	1.13	1.03	1.94	2.30	1.36	2.26	2.04	1.90	2.60	2.74	1.97
荷兰	1.93	2.06	1.25	1.72	2.27	1.95	1.50	2.28	1.56	1.87	1.83
葡萄牙	1.61	1.89	1.66	1.29	1.82	0.75	1.77	2.28	1.30	2.12	1.66
印度	1.13	2.06	1.25	2.30	1.82	1.65	0.68	1.77	1.04	1.49	1.51
伊朗	0.32	0.34	0.97	1.44	0.76	1.65	1.09	2.15	2.08	1.99	1.33
泰国	0.97	0.86	1.11	1.01	0.30	0.30	1.09	1.01	2.73	1.74	1.15
瑞典	0.81	0.69	0.55	1.01	0.76	1.35	1.09	1.65	1.43	1.62	1.12
韩国	1.13	1.20	1.39	0.72	1.51	0.75	1.09	0.76	1.17	1.49	1.12

四十七　食品科学和技术

食品科学和技术A层人才最多的国家是美国，世界占比为13.71%；西班牙、中国大陆、英国、法国、意大利、德国、巴西、加拿大、澳大利亚、印度的A层人才比较多，世界占比在8%—3%之间；葡萄牙、丹麦、荷兰、伊朗、土耳其、爱尔兰、韩国、比利时、新西兰也有相当数量的A层人才，世界占比超过1%。

B层人才主要集中在美国和中国大陆，世界占比分别为12.82%和12.45%；西班牙、意大利、加拿大、英国、爱尔兰、法国、印度、巴西、澳大利亚的B层人才比较多，世界占比在7%—3%之间；伊朗、德国、比利时、荷兰、葡萄牙、土耳其、韩国、马来西亚、墨西哥也有相当数量的B层人才，世界占比超过1%。

C层人才主要集中在中国大陆和美国，世界占比分别为15.00%和11.83%；西班牙、意大利、巴西、加拿大、英国、法国的C层人才比较多，世界占比在8%—3%之间；德国、印度、澳大利亚、韩国、伊朗、爱尔兰、比利时、葡萄牙、荷兰、土耳其、日本、波兰也有相当数量的C层人才，世界占比超过1%。

表4—142　食品科学和技术 A 层人才排名前 20 的国家和地区的占比

国家和地区	2009	2010	2011	2012	2013	2014	2015	2016	2017	2018	合计
美国	21.74	14.81	30.77	24.00	7.14	16.67	9.38	3.03	10.53	8.11	13.71
西班牙	13.04	7.41	11.54	8.00	3.57	3.33	9.38	3.03	10.53	2.70	7.02
中国大陆	0.00	7.41	3.85	0.00	0.00	3.33	3.13	21.21	5.26	10.81	6.02
英国	4.35	3.70	3.85	4.00	3.57	6.67	3.13	0.00	7.89	8.11	4.68
法国	8.70	11.11	3.85	0.00	3.57	3.33	0.00	9.09	5.26	0.00	4.68
意大利	0.00	7.41	3.85	0.00	7.14	0.00	0.00	9.09	7.89	2.70	4.01
德国	0.00	3.70	11.54	4.00	10.71	3.33	3.13	0.00	5.26	0.00	4.01
巴西	4.35	3.70	0.00	4.00	3.57	3.33	3.13	6.06	0.00	10.81	4.01
加拿大	4.35	0.00	3.85	8.00	0.00	3.33	9.38	3.03	0.00	5.41	3.68
澳大利亚	4.35	3.70	0.00	4.00	7.14	0.00	6.25	6.06	0.00	5.41	3.68
印度	8.70	0.00	0.00	0.00	7.14	3.33	9.38	0.00	0.00	2.70	3.34
葡萄牙	0.00	3.70	0.00	0.00	3.57	3.33	6.25	0.00	7.89	0.00	2.68
丹麦	4.35	3.70	3.85	0.00	7.14	3.33	0.00	3.03	0.00	0.00	2.68
荷兰	0.00	0.00	0.00	0.00	3.57	6.67	6.25	3.03	2.63	0.00	2.68
伊朗	0.00	3.70	0.00	0.00	0.00	0.00	0.00	6.06	7.89	5.41	2.68
土耳其	0.00	0.00	0.00	0.00	3.57	3.33	0.00	9.09	2.63	2.70	2.34
爱尔兰	4.35	3.70	0.00	4.00	0.00	3.33	3.13	0.00	5.26	0.00	2.34
韩国	0.00	3.70	7.69	0.00	3.57	0.00	0.00	0.00	2.63	2.70	2.01
比利时	0.00	0.00	3.85	4.00	3.57	0.00	3.13	0.00	0.00	2.70	1.67
新西兰	4.35	3.70	0.00	0.00	0.00	3.33	0.00	3.03	0.00	2.70	1.67

表4—143　食品科学和技术 B 层人才排名前 20 的国家和地区的占比

国家和地区	2009	2010	2011	2012	2013	2014	2015	2016	2017	2018	合计
美国	16.28	20.00	13.03	15.04	13.23	13.75	12.37	11.22	10.60	6.88	12.82
中国大陆	6.98	4.49	8.82	4.88	10.12	9.67	12.04	19.47	16.91	22.92	12.45
西班牙	7.44	6.12	10.08	7.72	5.84	7.06	8.70	3.30	4.58	6.59	6.61
意大利	4.65	4.49	3.36	2.85	4.67	5.20	5.69	4.62	4.87	6.02	4.73
加拿大	3.72	6.53	6.72	4.88	2.33	2.60	4.35	3.30	4.58	3.72	4.22
英国	3.72	5.71	7.14	2.85	5.84	4.83	2.34	2.64	3.15	3.72	4.08
爱尔兰	2.79	2.86	4.20	5.28	5.84	3.72	3.34	3.30	5.16	4.01	4.08
法国	3.72	4.08	2.94	5.69	3.50	4.09	4.68	2.64	3.44	2.58	3.68

续表

国家和地区\年份	2009	2010	2011	2012	2013	2014	2015	2016	2017	2018	合计
印度	2.33	3.67	3.78	4.47	2.33	4.09	4.01	4.29	0.86	3.72	3.32
巴西	3.72	3.67	1.68	3.25	2.72	2.60	2.01	3.96	2.87	5.16	3.21
澳大利亚	3.26	4.49	1.68	1.63	3.50	5.20	2.01	2.31	4.87	2.58	3.18
伊朗	0.47	1.22	1.68	2.44	1.95	2.23	3.34	3.30	2.29	5.16	2.56
德国	4.19	2.45	3.36	3.25	1.95	1.86	2.01	2.31	3.44	0.57	2.45
比利时	2.33	2.45	1.26	3.66	2.33	3.35	1.67	1.98	2.29	0.86	2.17
荷兰	3.26	1.22	2.52	2.44	3.11	1.86	2.01	1.65	3.15	0.57	2.13
葡萄牙	1.86	2.86	1.26	3.25	2.72	3.35	2.34	1.98	1.15	0.86	2.09
土耳其	2.33	3.27	0.42	0.81	0.78	1.86	2.68	1.65	1.72	3.44	1.95
韩国	1.40	1.63	1.68	0.41	2.33	2.97	2.34	1.65	2.87	0.57	1.81
马来西亚	1.86	0.82	1.26	1.63	1.56	1.49	0.67	1.32	0.57	1.15	1.19
墨西哥	0.47	1.63	2.10	0.41	1.56	1.12	1.00	1.98	0.29	1.15	1.16

表4—144 食品科学和技术C层人才排名前20的国家和地区的占比

国家和地区\年份	2009	2010	2011	2012	2013	2014	2015	2016	2017	2018	合计
中国大陆	7.92	8.91	9.94	13.28	14.37	16.38	15.74	16.26	20.39	21.29	15.00
美国	14.72	14.56	13.12	13.28	11.24	11.78	10.73	10.71	10.17	10.17	11.83
西班牙	8.01	7.87	8.66	9.92	8.14	7.83	7.45	6.11	6.71	6.51	7.60
意大利	4.84	5.77	4.89	4.03	5.44	4.83	5.71	5.80	5.20	5.31	5.21
巴西	2.42	2.26	3.30	4.11	4.39	3.99	4.01	4.47	4.57	5.10	3.96
加拿大	5.22	3.89	4.59	3.28	3.52	3.00	2.68	2.84	3.14	2.45	3.37
英国	3.21	3.68	4.03	2.70	2.86	3.53	3.48	3.18	2.77	3.16	3.24
法国	3.73	3.60	3.30	3.49	2.86	2.85	3.07	2.90	2.29	2.55	3.00
德国	3.31	3.01	3.34	3.32	3.13	3.23	3.10	2.55	2.51	2.55	2.96
印度	2.56	2.72	2.57	2.03	2.86	2.51	3.17	3.18	2.60	2.59	2.70
澳大利亚	2.70	2.64	2.61	2.37	2.31	2.77	2.47	2.58	2.68	2.99	2.62
韩国	3.17	2.80	2.91	2.82	2.58	2.01	2.79	2.71	1.86	1.54	2.47
伊朗	1.30	1.55	1.63	1.37	2.00	1.94	1.88	2.93	2.54	2.89	2.07
爱尔兰	2.24	1.42	1.93	1.83	1.88	2.45	2.09	1.73	1.97	1.71	1.92
比利时	1.58	1.80	1.93	1.62	1.96	2.13	2.37	1.67	1.77	1.38	1.82
葡萄牙	1.54	2.05	2.06	1.74	1.92	1.63	1.46	1.73	2.09	1.88	1.82

续表

国家和地区\年份	2009	2010	2011	2012	2013	2014	2015	2016	2017	2018	合计
荷兰	1.91	1.88	1.84	2.12	1.61	1.86	1.95	1.83	1.69	1.44	1.80
土耳其	2.38	2.38	2.06	1.25	1.45	1.25	1.64	1.95	1.74	1.41	1.73
日本	2.33	2.76	2.36	1.87	1.53	1.60	1.08	1.45	0.89	0.91	1.60
波兰	0.79	0.92	1.03	1.29	1.57	1.22	1.39	1.92	1.57	1.48	1.36

四十八　生物医药工程

生物医药工程A、B、C层人才最多的国家是美国，分别占该学科全球A、B、C层人才的31.33%、26.04%、27.42%。

中国大陆、德国、荷兰、英国、加拿大、澳大利亚、瑞士的A层人才比较多，世界占比在13%—3%之间；法国、韩国、中国香港、新加坡、沙特、日本、芬兰、俄罗斯、比利时、意大利、波兰、丹麦也有相当数量的A层人才，世界占比超过或接近1%。

中国大陆、英国、德国、韩国、荷兰、新加坡的B层人才比较多，世界占比在21%—3%之间；澳大利亚、中国香港、加拿大、法国、瑞士、意大利、印度、日本、西班牙、中国台湾、比利时、葡萄牙、伊朗也有相当数量的B层人才，世界占比超过或接近1%。

中国大陆、德国、英国、意大利、韩国、加拿大的C层人才比较多，世界占比在14%—3%之间；荷兰、澳大利亚、瑞士、日本、法国、西班牙、新加坡、印度、中国台湾、瑞典、伊朗、葡萄牙、中国香港也有相当数量的C层人才，世界占比超过1%。

表4—145　生物医药工程A层人才排名前20的国家和地区的占比

国家和地区\年份	2009	2010	2011	2012	2013	2014	2015	2016	2017	2018	合计
美国	52.00	24.00	38.10	28.57	32.00	18.52	27.59	24.00	32.14	39.13	31.33
中国大陆	12.00	16.00	28.57	14.29	12.00	11.11	6.90	4.00	14.29	13.04	12.85
德国	4.00	12.00	9.52	9.52	4.00	7.41	6.90	4.00	7.14	0.00	6.43
荷兰	4.00	8.00	4.76	4.76	0.00	3.70	3.45	12.00	7.14	0.00	4.82
英国	4.00	4.00	0.00	4.76	4.00	7.41	6.90	8.00	3.57	4.35	4.82
加拿大	4.00	8.00	4.76	4.76	0.00	3.70	6.90	0.00	7.14	0.00	4.02

续表

国家和地区\年份	2009	2010	2011	2012	2013	2014	2015	2016	2017	2018	合计
澳大利亚	0.00	4.00	0.00	4.76	8.00	7.41	3.45	4.00	0.00	0.00	3.21
瑞士	4.00	8.00	4.76	0.00	4.00	0.00	3.45	4.00	3.57	0.00	3.21
法国	4.00	0.00	0.00	0.00	8.00	3.70	3.45	0.00	3.57	4.35	2.81
韩国	0.00	0.00	4.76	0.00	4.00	3.70	0.00	0.00	10.71	0.00	2.41
中国香港	4.00	0.00	4.76	0.00	0.00	3.70	0.00	0.00	7.14	0.00	2.01
新加坡	0.00	0.00	0.00	0.00	4.00	0.00	0.00	4.00	0.00	13.04	2.01
沙特	0.00	0.00	0.00	0.00	0.00	3.70	3.45	4.00	0.00	4.35	1.61
日本	0.00	0.00	0.00	4.76	4.00	0.00	0.00	0.00	0.00	4.35	1.61
芬兰	0.00	0.00	0.00	0.00	4.00	3.70	3.45	4.00	0.00	0.00	1.61
俄罗斯	0.00	4.00	0.00	0.00	0.00	0.00	0.00	0.00	0.00	4.35	1.20
比利时	0.00	4.00	0.00	4.76	0.00	3.70	0.00	0.00	0.00	0.00	1.20
意大利	0.00	0.00	0.00	0.00	9.52	4.00	0.00	0.00	0.00	0.00	1.20
波兰	0.00	0.00	0.00	0.00	0.00	3.70	0.00	0.00	0.00	4.35	0.80
丹麦	0.00	0.00	0.00	0.00	0.00	0.00	3.45	4.00	0.00	0.00	0.80

表4—146 生物医药工程B层人才排名前20的国家和地区的占比

国家和地区\年份	2009	2010	2011	2012	2013	2014	2015	2016	2017	2018	合计
美国	32.37	34.06	28.57	23.36	27.48	23.14	23.42	24.71	22.76	21.50	26.04
中国大陆	10.37	10.92	19.39	19.16	30.63	23.14	23.05	23.92	22.01	25.23	20.81
英国	7.88	5.68	3.06	5.61	3.15	2.89	8.18	5.49	4.48	3.74	5.11
德国	3.73	5.24	5.10	0.93	3.60	4.13	6.69	2.75	3.36	3.27	3.91
韩国	2.90	3.49	2.55	3.74	2.25	4.55	3.35	5.10	4.10	3.74	3.62
荷兰	6.22	1.75	4.08	3.27	1.35	4.13	5.20	1.96	4.48	1.40	3.45
新加坡	3.73	4.37	3.57	3.27	2.70	1.65	1.12	2.35	2.61	6.07	3.06
澳大利亚	4.56	2.18	3.06	1.87	1.80	2.48	2.23	2.35	1.87	3.74	2.60
中国香港	0.00	2.18	3.06	3.27	3.15	2.89	1.86	2.35	3.36	2.80	2.47
加拿大	2.07	2.62	2.55	2.80	3.60	2.07	1.49	2.35	1.87	3.74	2.47
法国	2.90	4.37	3.57	3.27	1.80	2.89	1.49	1.18	2.61	0.93	2.47
瑞士	2.07	4.37	3.06	4.21	1.80	1.24	1.86	1.96	2.24	1.40	2.38
意大利	0.83	2.18	2.04	2.80	2.25	2.89	3.35	1.57	1.49	3.27	2.26
印度	2.90	1.75	1.02	2.80	0.90	1.65	1.49	1.18	0.37	2.34	1.62

续表

国家和地区 \ 年份	2009	2010	2011	2012	2013	2014	2015	2016	2017	2018	合计
日本	3.32	1.75	1.53	0.93	2.70	1.24	1.49	0.78	1.49	0.93	1.62
西班牙	0.83	3.06	2.04	1.40	1.35	1.24	1.86	0.78	1.49	1.40	1.53
中国台湾	1.66	1.31	1.02	2.34	1.80	0.83	1.86	2.35	0.75	0.00	1.40
比利时	0.83	0.00	1.02	1.87	0.45	0.83	1.86	1.18	2.61	0.93	1.19
葡萄牙	0.41	0.00	2.55	0.93	3.15	0.83	0.37	1.57	0.75	1.40	1.15
伊朗	0.00	0.44	0.51	0.00	0.45	0.41	0.37	2.75	1.49	1.40	0.81

表4—147　生物医药工程C层人才排名前20的国家和地区的占比

国家和地区 \ 年份	2009	2010	2011	2012	2013	2014	2015	2016	2017	2018	合计
美国	31.22	29.86	31.76	28.84	27.75	27.23	25.79	25.15	23.70	23.83	27.42
中国大陆	8.16	9.67	10.59	12.01	14.03	15.12	13.17	14.05	15.72	18.15	13.07
德国	6.03	6.30	7.06	5.82	6.59	5.47	6.62	5.66	5.45	3.87	5.90
英国	5.27	5.59	4.00	4.43	5.24	5.55	5.81	5.44	5.65	4.54	5.20
意大利	4.12	3.90	3.79	4.29	3.63	3.82	4.21	4.26	4.11	3.46	3.97
韩国	2.89	3.19	3.79	4.00	3.05	3.70	3.09	4.21	3.91	4.33	3.59
加拿大	4.21	3.77	3.43	3.00	2.96	2.86	2.61	3.12	2.69	2.94	3.14
荷兰	3.36	3.55	2.96	3.05	2.82	3.02	3.35	2.68	2.17	2.32	2.94
澳大利亚	2.59	3.24	3.37	3.15	2.64	2.74	2.46	2.63	3.20	2.78	2.87
瑞士	3.14	2.71	2.65	3.10	2.87	2.57	3.13	2.77	2.41	2.48	2.79
日本	4.04	3.50	3.17	2.57	2.42	2.41	2.83	2.02	2.57	1.86	2.75
法国	2.25	2.80	2.28	2.86	3.23	2.17	2.42	2.55	2.33	2.22	2.51
西班牙	2.25	2.17	1.61	1.81	2.29	1.85	2.68	2.28	2.05	1.81	2.10
新加坡	2.29	3.02	2.18	1.67	2.15	2.09	1.90	1.76	1.58	1.91	2.05
印度	0.85	0.75	1.35	1.76	0.99	1.61	1.34	2.68	2.29	3.30	1.67
中国台湾	1.78	1.95	1.92	1.72	1.97	1.57	1.15	1.10	0.87	0.83	1.47
瑞典	1.40	1.33	1.14	1.62	1.57	0.97	1.27	1.32	1.30	0.88	1.28
伊朗	0.51	0.53	0.57	0.57	1.12	0.93	1.00	1.80	1.97	3.46	1.23
葡萄牙	1.32	0.98	1.25	1.19	1.52	1.09	1.27	1.36	1.03	0.72	1.18
中国香港	1.32	1.42	1.14	1.10	1.12	1.05	1.19	0.97	1.22	1.24	1.18

四十九　生物技术和应用微生物学

生物技术和应用微生物学A、B、C层人才最多的国家是美国，分别占该学科全球A、B、C层人才的40.49%、30.78%、22.57%。

英国、中国大陆、德国、澳大利亚的A层人才比较多，世界占比在10%—5%之间；西班牙、加拿大、法国、瑞典、丹麦、瑞士、比利时、俄罗斯、意大利、奥地利、印度、中国香港、沙特、新加坡、韩国也有相当数量的A层人才，世界占比超过或接近1%。

中国大陆、英国、德国、加拿大、澳大利亚、法国的B层人才比较多，世界占比在10%—3%之间；荷兰、印度、韩国、瑞士、日本、西班牙、瑞典、丹麦、意大利、沙特、比利时、奥地利、新加坡也有相当数量的B层人才，世界占比超过或接近1%。

中国大陆、英国、德国、法国、印度、加拿大的C层人才比较多，世界占比在17%—3%之间；韩国、西班牙、澳大利亚、意大利、日本、荷兰、瑞典、瑞士、比利时、丹麦、巴西、中国台湾、伊朗也有相当数量的C层人才，世界占比超过1%。

表4—148　　　　生物技术和应用微生物学A层人才排名
前20的国家和地区的占比

国家和地区 \ 年份	2009	2010	2011	2012	2013	2014	2015	2016	2017	2018	合计
美国	37.14	45.95	51.28	37.84	53.66	43.59	32.61	27.27	47.62	31.11	40.49
英国	11.43	5.41	15.38	8.11	4.88	7.69	13.04	11.36	4.76	8.89	9.14
中国大陆	5.71	8.11	2.56	2.70	2.44	0.00	10.87	6.82	7.14	26.67	7.65
德国	0.00	2.70	2.56	5.41	4.88	15.38	8.70	6.82	2.38	6.67	5.68
澳大利亚	0.00	10.81	5.13	5.41	0.00	12.82	6.52	2.27	2.38	6.67	5.19
西班牙	5.71	8.11	2.56	8.11	0.00	2.56	0.00	4.55	0.00	0.00	2.96
加拿大	8.57	2.70	0.00	2.70	4.88	2.56	2.17	2.27	2.38	2.22	2.96
法国	5.71	2.70	0.00	2.70	2.44	0.00	2.17	4.55	4.76	2.22	2.72
瑞典	0.00	0.00	2.56	0.00	4.88	0.00	2.17	4.55	4.76	2.22	2.22
丹麦	2.86	2.70	2.56	0.00	0.00	0.00	0.00	2.27	2.38	2.22	1.73
瑞士	0.00	0.00	2.56	5.41	0.00	2.56	2.17	2.27	0.00	0.00	1.48

续表

国家和地区\年份	2009	2010	2011	2012	2013	2014	2015	2016	2017	2018	合计
比利时	0.00	2.70	2.56	2.70	0.00	5.13	2.17	0.00	0.00	0.00	1.48
俄罗斯	0.00	0.00	0.00	2.70	2.44	0.00	0.00	2.27	4.76	0.00	1.23
意大利	2.86	0.00	0.00	0.00	2.44	0.00	0.00	4.55	0.00	2.22	1.23
奥地利	5.71	0.00	2.56	0.00	2.44	0.00	2.17	0.00	0.00	0.00	1.23
印度	2.86	2.70	0.00	0.00	0.00	2.56	0.00	0.00	0.00	2.22	0.99
中国香港	2.86	0.00	0.00	2.70	0.00	0.00	4.35	0.00	0.00	0.00	0.99
沙特	0.00	0.00	0.00	0.00	0.00	2.56	2.17	0.00	2.38	2.22	0.99
新加坡	0.00	0.00	0.00	5.41	2.44	0.00	0.00	0.00	2.38	0.00	0.99
韩国	0.00	0.00	0.00	0.00	2.44	2.56	0.00	0.00	2.38	2.22	0.99

表4—149　生物技术和应用微生物学 B 层人才排名前 20 的国家和地区的占比

国家和地区\年份	2009	2010	2011	2012	2013	2014	2015	2016	2017	2018	合计
美国	40.44	35.00	33.33	37.82	30.97	32.30	24.64	29.47	26.53	21.00	30.78
中国大陆	5.02	5.00	6.03	6.44	6.56	9.09	9.33	10.79	14.54	21.25	9.65
英国	8.46	7.65	8.62	7.56	6.82	6.22	9.33	8.42	6.12	7.25	7.62
德国	5.33	7.35	4.60	4.76	4.99	4.55	6.22	3.68	4.59	3.25	4.90
加拿大	3.45	6.18	4.89	4.20	2.62	3.59	1.91	2.89	4.34	2.00	3.54
澳大利亚	2.19	0.88	3.74	3.36	4.46	4.55	2.87	2.63	3.57	3.00	3.17
法国	4.08	2.94	3.45	3.08	3.41	3.59	1.67	3.95	2.55	2.50	3.09
荷兰	0.63	2.06	2.30	3.08	3.41	2.15	2.39	3.95	2.30	2.50	2.50
印度	3.76	2.06	2.01	2.24	2.36	1.20	1.91	1.84	2.04	5.25	2.45
韩国	1.57	2.35	2.59	2.52	2.36	2.39	2.39	2.37	2.04	3.50	2.42
瑞士	1.25	3.82	2.87	2.52	1.05	2.87	1.91	2.11	2.55	1.75	2.26
日本	2.19	2.65	1.44	0.84	3.94	2.39	2.15	2.89	1.53	2.50	2.26
西班牙	1.88	1.18	2.59	1.68	1.31	2.63	2.87	1.84	3.06	1.50	2.08
瑞典	1.57	1.76	1.72	2.24	1.84	1.67	2.15	2.89	2.30	1.50	1.97
丹麦	2.51	0.59	1.44	1.68	2.89	1.91	3.11	1.58	1.53	1.50	1.89
意大利	0.94	2.06	2.01	1.40	1.57	1.20	1.44	1.58	1.53	2.25	1.60
沙特	0.00	0.00	0.57	0.84	0.79	2.63	1.20	1.58	2.30	1.50	1.20
比利时	0.94	1.76	1.72	0.56	1.31	1.67	1.44	1.05	0.51	0.50	1.15
奥地利	1.25	0.88	1.72	1.12	1.05	1.20	0.72	1.05	1.79	0.25	1.09
新加坡	0.63	1.18	1.72	0.56	2.10	0.72	0.72	1.05	0.77	0.50	0.99

表4—150　　　　生物技术和应用微生物学C层人才排名
前20的国家和地区的占比

国家和地区\年份	2009	2010	2011	2012	2013	2014	2015	2016	2017	2018	合计
美国	26.43	25.65	28.52	26.56	23.64	22.67	20.90	19.50	17.21	16.01	22.57
中国大陆	9.03	9.17	11.81	11.58	15.55	16.28	17.72	20.56	21.97	24.38	16.01
英国	6.54	6.37	5.95	6.27	5.29	5.46	5.03	5.66	5.49	4.13	5.59
德国	6.44	6.08	5.60	5.42	5.34	4.99	5.43	5.10	4.50	4.25	5.29
法国	4.01	3.90	3.40	3.66	3.27	3.00	3.03	2.66	2.85	2.38	3.19
印度	3.06	3.04	2.78	3.09	3.01	3.34	2.81	3.23	3.20	3.67	3.13
加拿大	3.82	3.78	3.25	2.95	2.77	3.10	3.43	2.38	2.53	2.32	3.02
韩国	2.21	3.04	2.46	2.98	2.93	2.53	3.01	3.36	3.50	3.56	2.97
西班牙	3.35	3.43	2.99	3.63	2.64	2.53	3.06	2.48	2.61	2.27	2.88
澳大利亚	2.68	2.29	2.67	3.01	2.30	3.12	3.01	3.08	2.85	2.93	2.81
意大利	2.46	2.11	2.20	3.04	2.62	3.66	2.66	2.82	3.18	2.58	2.76
日本	3.22	3.57	2.02	2.58	2.88	1.97	2.05	2.17	2.26	1.75	2.42
荷兰	2.27	3.16	2.90	2.61	2.54	2.53	2.17	2.20	1.99	1.72	2.40
瑞典	1.89	1.79	1.44	1.82	1.47	1.48	1.60	1.32	1.83	1.15	1.57
瑞士	1.80	2.14	1.41	1.22	1.70	1.30	1.55	1.40	1.62	1.23	1.53
比利时	1.67	1.70	1.76	1.56	1.44	1.52	1.58	1.45	1.00	1.38	1.50
丹麦	1.48	1.34	1.44	1.42	1.34	1.23	1.73	1.55	1.62	1.38	1.45
巴西	1.29	1.10	1.44	1.39	1.41	1.43	1.33	1.66	1.53	1.61	1.42
中国台湾	1.07	0.89	1.17	0.74	1.41	1.18	0.96	0.75	0.89	1.06	1.01
伊朗	0.41	0.36	0.50	0.62	0.81	0.64	0.91	1.60	1.35	2.78	1.01

第三节　学科组层面的人才比较

在生命科学各学科人才分析的基础上，按照A、B、C三个人才层次，对各学科人才进行汇总分析，可以从学科组层面揭示人才的分布特点和发展趋势。

一　A层人才

生命科学A层人才最多的国家是美国，占该学科组全球A层人才的31.58%，英国以8.83%的世界占比排名第二，这两个国家的A层人才超过了全球的40%；德国、加拿大、澳大利亚紧随其后，世界占比分别为6.00%、4.34%、4.31%；法国、中国大陆、荷兰、西班牙、瑞士、意大利、瑞典的A层人才也比较多，世界占比在4%—2%之间；日本、丹麦、比利时、巴西、以色列、新西兰、奥地利也有相当数量的A层人才，世界占比超过1%；韩国、爱尔兰、印度、芬兰、挪威、新加坡、葡萄牙、南非、沙特、墨西哥、俄罗斯、土耳其、中国香港、波兰、中国台湾、希腊、伊朗、阿根廷、泰国、马来西亚、捷克也有一定数量的A层人才，世界占比低于1%。

在发展趋势上，美国呈现相对下降趋势，中国大陆呈现相对上升趋势，其他国家和地区没有呈现明显变化。

表4—151　　生命科学A层人才排名前40的国家和地区的占比

国家和地区	2009	2010	2011	2012	2013	2014	2015	2016	2017	2018	合计
美国	41.43	37.31	36.62	31.88	32.42	31.63	28.78	27.65	29.46	22.29	31.58
英国	9.56	9.23	9.60	9.68	7.99	9.90	8.82	8.32	8.06	7.58	8.83
德国	4.38	5.77	6.69	6.14	7.19	6.03	6.84	5.86	6.45	4.55	6.00
加拿大	5.05	5.00	4.67	4.25	4.11	4.44	3.31	4.21	4.41	4.22	4.34
澳大利亚	3.19	5.00	3.16	4.60	4.68	5.35	4.19	4.42	4.09	4.22	4.31
法国	4.38	4.62	3.54	4.72	4.45	3.98	3.09	4.11	3.23	3.25	3.91
中国大陆	1.73	2.82	2.27	2.83	2.63	2.73	4.85	4.52	4.62	8.77	3.88
荷兰	3.32	2.95	4.04	2.83	4.00	3.19	2.98	2.57	5.16	2.92	3.39
西班牙	3.98	1.67	2.65	2.60	2.17	1.71	2.65	2.88	2.80	2.81	2.59
瑞士	2.26	3.46	2.02	2.48	2.51	2.62	2.76	2.47	2.47	2.71	2.57
意大利	1.33	2.05	3.03	1.42	2.51	2.50	2.09	2.77	3.23	3.35	2.46
瑞典	1.59	2.05	2.15	1.89	2.63	2.16	2.32	2.57	1.51	2.16	2.11
日本	2.12	2.69	2.40	2.13	1.94	1.82	1.32	1.34	1.40	2.16	1.91
丹麦	1.33	1.67	2.15	0.94	1.60	0.91	2.32	1.75	1.83	1.95	1.65
比利时	0.66	1.28	1.89	1.42	1.26	2.05	2.09	0.72	1.29	1.73	1.44
巴西	0.66	0.38	0.51	0.59	1.03	0.80	1.65	2.06	1.72	1.84	1.17
以色列	0.80	0.77	0.63	0.83	0.68	1.82	1.43	1.54	1.29	1.30	1.13
新西兰	1.99	1.03	0.63	2.01	0.91	0.91	0.33	1.34	0.86	0.87	1.07

续表

国家和地区\年份	2009	2010	2011	2012	2013	2014	2015	2016	2017	2018	合计
奥地利	0.80	0.51	0.88	1.42	1.71	0.34	0.77	1.13	0.54	1.84	1.00
韩国	0.53	1.03	1.01	0.71	0.80	1.02	0.88	0.51	1.94	0.65	0.91
爱尔兰	0.93	1.15	1.01	0.59	0.34	0.68	0.88	0.82	1.29	0.87	0.85
印度	1.06	0.77	0.51	0.59	0.68	1.25	0.99	0.41	1.18	0.97	0.84
芬兰	0.13	1.03	1.01	0.59	1.48	0.80	0.77	1.03	0.54	0.76	0.82
挪威	0.40	0.38	0.76	0.47	1.37	1.14	0.66	0.51	0.75	1.52	0.81
新加坡	0.53	0.51	0.38	1.53	0.68	0.68	0.22	1.44	0.11	1.73	0.80
葡萄牙	0.66	0.38	0.38	0.59	0.57	0.57	0.55	0.41	0.86	0.87	0.59
南非	0.66	0.90	0.13	0.47	0.23	0.34	0.22	0.72	1.18	0.32	0.52
沙特	0.00	0.00	0.13	0.24	0.68	0.34	0.88	1.13	0.43	0.97	0.51
墨西哥	0.27	0.13	0.63	0.12	0.23	0.91	1.10	0.92	0.43	0.22	0.51
俄罗斯	0.13	0.51	0.13	0.71	0.34	0.57	0.33	0.72	0.43	0.87	0.48
土耳其	0.00	0.13	0.25	0.47	0.34	0.23	0.88	0.92	0.11	0.76	0.43
中国香港	0.53	0.00	0.13	0.47	0.23	0.46	1.32	0.10	0.86	0.00	0.42
波兰	0.00	0.13	0.38	0.59	0.11	0.34	0.11	0.62	0.54	0.65	0.36
中国台湾	0.13	0.13	0.38	0.47	0.23	0.23	0.88	0.51	0.32	0.22	0.36
希腊	0.40	0.13	0.13	0.71	0.34	0.23	0.44	0.41	0.11	0.54	0.33
伊朗	0.00	0.38	0.00	0.35	0.23	0.11	0.00	0.31	0.65	0.87	0.30
阿根廷	0.00	0.13	0.25	0.24	0.11	0.23	0.44	0.41	0.65	0.43	0.30
泰国	0.40	0.13	0.00	0.47	0.11	0.57	0.22	0.21	0.00	0.32	0.24
马来西亚	0.27	0.00	0.13	0.12	0.11	0.23	0.33	0.10	0.22	0.76	0.23
捷克	0.13	0.00	0.25	0.12	0.57	0.11	0.11	0.21	0.43	0.32	0.23

二 B层人才

生命科学B层人才最多的国家是美国，占该学科组全球B层人才的28.78%，英国以8.77%的世界占比排名第二，这两个国家的B层人才超过了全球的三分之一；德国、中国大陆、加拿大紧随其后，世界占比分别为6.19%、5.62%、4.19%；澳大利亚、法国、荷兰、意大利、西班牙、瑞士、日本的B层人才也比较多，世界占比在4%—2%之间；瑞典、比利时、丹麦、巴西、奥地利、韩国也有相当数量的B层人才，世界占比超过1%；印度、以色列、挪威、爱尔兰、芬兰、新加坡、葡萄牙、新西兰、南非、沙特、波兰、墨西哥、中国香港、希腊、捷克、俄罗斯、伊朗、匈牙利、中国台湾、土耳其、阿根廷、泰国也有一定数量的 B 层人才，世界占比低于 1%。

在发展趋势上，美国呈现相对下降趋势，中国大陆呈现相对上升趋势，其他国家和地区没有呈现明显变化。

表 4—152　生命科学 B 层人才排名前 40 的国家和地区的占比

国家和地区＼年份	2009	2010	2011	2012	2013	2014	2015	2016	2017	2018	合计
美国	34.96	33.38	32.82	31.01	30.32	28.90	26.84	25.66	25.01	22.11	28.78
英国	9.22	9.47	9.18	9.23	9.08	8.85	8.86	8.53	8.23	7.42	8.77
德国	6.38	6.80	6.60	6.55	5.71	6.50	6.07	5.79	6.04	5.64	6.19
中国大陆	2.85	2.83	3.66	4.00	5.46	5.48	6.21	6.93	7.74	9.38	5.62
加拿大	4.59	4.97	4.95	4.30	3.83	4.25	3.81	3.86	4.13	3.55	4.19
澳大利亚	3.79	3.30	3.60	3.71	4.07	4.43	4.27	3.64	3.93	4.30	3.92
法国	4.38	4.14	3.95	4.06	4.06	3.59	3.40	3.59	3.68	3.44	3.81
荷兰	3.28	3.87	3.61	4.02	3.85	3.90	3.38	3.87	3.37	3.33	3.65
意大利	2.50	2.88	2.46	2.72	2.81	2.98	2.69	3.15	2.73	3.24	2.83
西班牙	2.26	2.37	2.69	2.99	2.74	2.71	3.03	2.49	2.73	2.65	2.68
瑞士	2.88	2.89	2.77	2.61	2.43	2.46	2.64	2.59	2.46	2.73	2.64
日本	2.56	2.35	2.29	1.81	2.24	2.06	2.10	1.70	1.64	1.63	2.02
瑞典	1.81	1.80	1.50	1.76	1.89	2.13	2.01	1.84	1.98	2.05	1.89
比利时	1.46	1.64	1.54	1.72	1.39	1.42	1.65	1.69	1.73	1.82	1.61
丹麦	0.96	1.22	1.46	1.52	1.66	1.31	1.69	1.54	1.62	1.64	1.48
巴西	0.94	0.58	0.69	0.84	0.96	0.96	1.15	1.56	1.36	1.45	1.07
奥地利	0.80	0.82	1.06	0.95	1.09	1.06	1.23	1.16	1.24	1.14	1.07
韩国	0.88	0.93	0.92	0.99	0.91	1.12	1.16	1.03	1.13	1.26	1.04
印度	0.85	0.78	0.91	0.86	0.88	0.99	0.95	1.03	0.99	1.50	0.98
以色列	0.96	1.07	1.00	0.80	0.86	0.96	1.01	1.19	0.95	0.70	0.95
挪威	0.65	0.75	0.72	1.09	0.92	0.66	0.82	0.79	0.95	1.03	0.84
爱尔兰	0.73	0.75	0.80	0.85	0.83	0.70	0.75	0.79	1.02	0.86	0.81
芬兰	0.80	0.87	0.83	0.71	0.80	0.63	0.66	0.74	0.88	0.88	0.78
新加坡	0.59	0.74	0.63	0.75	0.75	0.86	0.75	0.76	0.64	0.83	0.95	0.76
葡萄牙	0.70	0.55	0.54	0.65	0.96	0.75	0.70	0.68	0.78	0.70	0.70

续表

国家和地区\年份	2009	2010	2011	2012	2013	2014	2015	2016	2017	2018	合计
新西兰	0.79	0.79	0.72	0.79	0.83	0.77	0.59	0.64	0.58	0.57	0.70
南非	0.59	0.38	0.42	0.35	0.42	0.56	0.54	0.55	0.73	0.77	0.54
沙特	0.07	0.11	0.28	0.23	0.38	0.74	0.85	0.88	0.76	0.63	0.52
波兰	0.47	0.22	0.44	0.53	0.38	0.45	0.51	0.71	0.49	0.87	0.52
墨西哥	0.50	0.42	0.56	0.48	0.35	0.45	0.46	0.53	0.69	0.41	0.49
中国香港	0.22	0.33	0.35	0.38	0.40	0.53	0.54	0.45	0.61	0.44	0.44
希腊	0.26	0.43	0.45	0.53	0.41	0.34	0.39	0.37	0.46	0.60	0.43
捷克	0.32	0.25	0.45	0.40	0.45	0.46	0.49	0.37	0.46	0.51	0.42
俄罗斯	0.15	0.34	0.25	0.34	0.29	0.43	0.52	0.54	0.62	0.52	0.41
伊朗	0.10	0.21	0.28	0.22	0.29	0.28	0.36	0.62	0.54	0.99	0.40
匈牙利	0.50	0.28	0.54	0.22	0.29	0.25	0.37	0.33	0.43	0.36	0.36
中国台湾	0.40	0.22	0.27	0.36	0.32	0.35	0.35	0.39	0.49	0.36	0.36
土耳其	0.26	0.22	0.21	0.34	0.29	0.34	0.33	0.36	0.37	0.64	0.34
阿根廷	0.32	0.29	0.30	0.32	0.32	0.39	0.21	0.25	0.40	0.40	0.32
泰国	0.11	0.14	0.24	0.30	0.21	0.24	0.30	0.29	0.15	0.49	0.25

三 C层人才

生命科学C层人才最多的国家是美国，占该学科组全球C层人才的27.85%，英国以8.05%的世界占比排名第二，这两个国家的C层人才超过全球的三分之一；中国大陆、德国、加拿大紧随其后，世界占比分别为7.50%、6.47%、4.12%；法国、澳大利亚、意大利、荷兰、西班牙、日本、瑞士的C层人才也比较多，世界占比在4%—2%之间；瑞典、比利时、巴西、韩国、丹麦、印度也有相当数量的C层人才，世界占比超过1%；奥地利、以色列、挪威、芬兰、葡萄牙、新加坡、爱尔兰、新西兰、波兰、中国台湾、南非、伊朗、捷克、中国香港、墨西哥、土耳其、希腊、阿根廷、沙特、俄罗斯、匈牙利、泰国也有一定数量的C层人才，世界占比低于1%。

在发展趋势上，美国呈现相对下降趋势，中国大陆呈现相对上升趋势，其他国家和地区没有呈现明显变化。

表 4—153　生命科学 C 层人才排名前 40 的国家和地区的占比

国家和地区 \ 年份	2009	2010	2011	2012	2013	2014	2015	2016	2017	2018	合计
美国	32.40	31.43	30.92	30.07	28.66	27.80	26.80	24.98	24.34	23.19	27.85
英国	8.77	8.47	8.34	8.20	8.03	7.93	7.91	8.05	7.69	7.37	8.05
中国大陆	4.08	4.53	5.18	5.77	6.97	7.70	8.40	8.77	10.46	11.53	7.50
德国	6.67	6.86	6.59	6.69	6.76	6.44	6.51	6.39	6.06	5.85	6.47
加拿大	4.57	4.47	4.42	4.26	4.11	4.04	3.96	3.97	3.88	3.72	4.12
法国	4.43	4.29	4.20	4.18	4.10	3.86	3.80	3.83	3.61	3.49	3.96
澳大利亚	3.42	3.36	3.70	3.64	3.83	3.94	3.88	3.96	3.99	4.03	3.79
意大利	3.00	2.99	3.02	3.01	3.11	3.18	3.30	3.38	3.37	3.34	3.18
荷兰	3.08	3.27	3.25	3.23	3.18	3.19	3.01	2.96	2.78	2.88	3.07
西班牙	2.94	2.98	3.00	3.12	2.93	2.92	2.79	2.78	2.84	2.90	2.92
日本	3.19	2.95	2.78	2.71	2.50	2.23	2.19	2.15	2.09	1.99	2.45
瑞士	2.36	2.26	2.18	2.21	2.35	2.28	2.27	2.32	2.31	2.26	2.28
瑞典	1.53	1.65	1.59	1.67	1.57	1.62	1.60	1.75	1.71	1.68	1.64
比利时	1.45	1.63	1.52	1.54	1.58	1.54	1.54	1.46	1.42	1.38	1.51
巴西	1.13	1.06	1.09	1.22	1.23	1.33	1.34	1.59	1.60	1.57	1.33
韩国	1.14	1.26	1.19	1.29	1.32	1.31	1.36	1.43	1.38	1.29	1.30
丹麦	1.22	1.23	1.19	1.35	1.29	1.32	1.35	1.36	1.31	1.31	1.30
印度	0.89	1.02	1.05	1.02	1.11	1.14	1.20	1.35	1.33	1.47	1.17
奥地利	0.88	0.95	0.88	0.92	0.94	1.03	0.90	1.00	0.98	0.94	0.94
以色列	0.85	0.97	1.05	0.84	0.81	0.84	0.95	0.82	0.75	0.75	0.86
挪威	0.80	0.72	0.83	0.74	0.78	0.75	0.72	0.76	0.77	0.77	0.76
芬兰	0.75	0.75	0.80	0.79	0.76	0.76	0.75	0.68	0.71	0.75	
葡萄牙	0.64	0.67	0.77	0.66	0.76	0.71	0.75	0.80	0.74	0.77	0.73
新加坡	0.57	0.65	0.59	0.66	0.67	0.65	0.63	0.67	0.64	0.64	0.64
爱尔兰	0.63	0.68	0.64	0.63	0.61	0.62	0.64	0.60	0.58	0.61	0.62
新西兰	0.60	0.62	0.62	0.65	0.62	0.66	0.62	0.62	0.62	0.64	0.62
波兰	0.45	0.42	0.45	0.49	0.59	0.62	0.64	0.71	0.75	0.77	0.60
中国台湾	0.64	0.63	0.68	0.61	0.63	0.60	0.55	0.53	0.48	0.50	0.58
南非	0.46	0.52	0.47	0.48	0.55	0.57	0.55	0.59	0.62	0.58	0.54
伊朗	0.23	0.30	0.36	0.36	0.42	0.40	0.49	0.70	0.78	1.19	0.54
捷克	0.40	0.38	0.39	0.41	0.46	0.49	0.48	0.51	0.52	0.59	0.47

续表

国家和地区＼年份	2009	2010	2011	2012	2013	2014	2015	2016	2017	2018	合计
中国香港	0.35	0.40	0.39	0.41	0.45	0.48	0.44	0.40	0.50	0.47	0.43
墨西哥	0.44	0.40	0.45	0.43	0.41	0.42	0.42	0.43	0.46	0.44	0.43
土耳其	0.36	0.34	0.36	0.35	0.31	0.39	0.44	0.51	0.48	0.48	0.41
希腊	0.42	0.42	0.36	0.37	0.38	0.41	0.45	0.35	0.40	0.38	0.39
阿根廷	0.37	0.40	0.36	0.37	0.36	0.35	0.41	0.32	0.37	0.38	0.37
沙特	0.03	0.11	0.20	0.23	0.27	0.43	0.53	0.57	0.48	0.48	0.35
俄罗斯	0.22	0.25	0.27	0.27	0.31	0.32	0.42	0.40	0.47	0.45	0.34
匈牙利	0.32	0.27	0.32	0.27	0.27	0.28	0.29	0.27	0.25	0.32	0.29
泰国	0.29	0.31	0.28	0.23	0.23	0.25	0.24	0.27	0.31	0.34	0.27

第五章

地球科学

地球科学是人类认识地球的一门基础科学。它以地球系统及其组成部分为研究对象,探究发生在其中的各种现象、过程及过程之间的相互作用,以提高对地球的认识水平,并利用获取的知识为解决人类生存与可持续发展中的资源供给、环境保护、减轻灾害等重大问题提供科学依据与技术支撑。

第一节 文献类型与被引次数

分析地球科学的文献类型、文献量与被引次数、被引次数分布等文献计量特征,有助于理解其学科人才和学科组人才的分布特点和发展趋势。

一 文献类型

地球科学的主要文献类型依次为期刊论文、会议论文、综述、编辑材料、会议摘要、图书综述、图书章节,在各年度中的占比比较稳定,10年合计的占比依次为82.15%、10.22%、2.61%、2.24%、0.76%、0.57%、0.47%,占全部文献的99.02%。

表5—1　　　　地球科学主要文献类型的占比

文献类型	2009	2010	2011	2012	2013	2014	2015	2016	2017	2018	合计
期刊论文	77.27	79.16	82.34	81.65	80.87	82.30	81.11	82.78	85.27	84.85	82.15
会议论文	10.61	12.18	9.41	10.70	12.39	10.57	11.97	10.30	7.54	8.21	10.22
综述	3.98	2.00	2.07	2.25	2.37	2.34	2.37	2.73	2.90	2.94	2.61

续表

文献类型	2009	2010	2011	2012	2013	2014	2015	2016	2017	2018	合计
编辑材料	2.57	2.58	2.49	2.42	2.15	2.21	2.31	2.01	2.07	1.99	2.24
会议摘要	3.31	2.01	1.23	0.81	0.27	0.37	0.29	0.34	0.26	0.21	0.76
图书综述	0.92	0.82	0.78	0.69	0.61	0.54	0.50	0.41	0.44	0.33	0.57
图书章节	0.46	0.38	0.49	0.46	0.38	0.55	0.43	0.51	0.60	0.42	0.47

二 文献量与被引次数

地球科学各年度的文献总量在逐年增加，从2009年的190244篇增加到2018年的362370篇；总被引次数呈逐年下降趋势，平均被引次数的趋势与总被引次数相似，反映了年度被引次数总体上随着时间增加而逐渐减小，但是时间对被引次数的影响并不一致，越远期影响越小，越近期影响越大。

表5—2　　　　　　　　地球科学的文献量与被引次数

	2009	2010	2011	2012	2013	2014	2015	2016	2017	2018	合计
文献总量	190244	202415	212527	221042	252371	266811	290565	316961	321024	362370	2636330
总被引次数	5292701	5103618	5201086	4862004	4982871	4479069	3886311	3122676	2175701	1214056	40320093
平均被引次数	27.82	25.21	24.47	22.00	19.74	16.79	13.38	9.85	6.78	3.35	15.29

三 被引次数分布

在地球科学的10年文献中，有457891篇文献没有任何被引，占比17.37%；有705486篇文献有1—4次被引，占比26.76%；有465185篇文献有5—9次被引，占比17.65%。随着被引次数的增加，所对应的文献数量逐渐减小，同时减小的幅度也越来越小，这样被引次数的分布很长，至被引次数为1000及以上，有439篇文献，占比0.02%。

从被引次数的降序分布上看，随着被引次数的降低，相应文献的累计百分比逐渐增大：当被引次数降到400时，大于和等于该被引次数的文献的百分比才超过0.1%；当被引次数降到140时，大于和等于该被引次数的文献的百分比达到1%；当被引次数降到35时，大于和等于该被引次数的文献的百分比超过10%。从相应文献累计百分比的增长趋势上看，起初的增长幅度很小，随着被引次数逐渐降低，增长幅度逐渐增大。

表5—3　　　　　　地球科学的文献被引次数分布

被引次数	文献数量	百分比	累计百分比
1000 +	439	0.02	0.02
900—999	57	0.00	0.02
800—899	103	0.00	0.02
700—799	258	0.01	0.03
600—699	449	0.02	0.05
500—599	807	0.03	0.08
400—499	1232	0.05	0.13
300—399	2827	0.11	0.23
200—299	7177	0.27	0.51
190—199	1381	0.05	0.56
180—189	1792	0.07	0.63
170—179	1919	0.07	0.70
160—169	2326	0.09	0.79
150—159	2714	0.10	0.89
140—149	3332	0.13	1.02
130—139	3981	0.15	1.17
120—129	4805	0.18	1.35
110—119	6028	0.23	1.58
100—109	7645	0.29	1.87
95—99	4678	0.18	2.05
90—94	5459	0.21	2.25
85—89	6365	0.24	2.49
80—84	7599	0.29	2.78
75—79	8665	0.33	3.11
70—74	10412	0.39	3.51
65—69	12099	0.46	3.97
60—64	15198	0.58	4.54

续表

被引次数	文献数量	百分比	累计百分比
55—59	18936	0.72	5.26
50—54	23437	0.89	6.15
45—49	29096	1.10	7.25
40—44	37212	1.41	8.66
35—39	47845	1.81	10.48
30—34	64558	2.45	12.93
25—29	87232	3.31	16.24
20—24	122588	4.65	20.89
15—19	179629	6.81	27.70
10—14	277488	10.53	38.23
5—9	465185	17.65	55.87
1—4	705486	26.76	82.63
0	457891	17.37	100.00

第二节 学科层面的人才比较

地球科学学科组包括以下学科：地理学、自然地理学、遥感、地质学、古生物学、矿物学、地质工程、地球化学和地球物理学、气象学和大气科学、海洋学、环境科学、土壤学、水资源、环境研究、多学科地球科学，共计15个。

一 地理学

地理学A、B、C层人才主要集中在英国和美国，两国A、B、C层人才的世界占比为39.07%、37.73%、40.18%，其中英国的A层人才多于美国，两国的B层和C层人才数量相当。

荷兰、澳大利亚、中国大陆、瑞典、德国、挪威、加拿大、法国、意大利的A层人才比较多，世界占比在11%—3%之间；奥地利、韩国、爱尔兰、丹麦、瑞士、新西兰、日本也有相当数量的A层人才，世界占比均为1.56%。

荷兰、中国大陆、澳大利亚、德国、加拿大、瑞典的B层人才比较多,世界占比在8%—4%之间;挪威、奥地利、意大利、法国、瑞士、比利时、日本、丹麦、南非、巴西、新加坡、西班牙也有相当数量的B层人才,世界占比超过或接近1%。

澳大利亚、加拿大、荷兰、中国大陆、德国、瑞典的C层人才比较多,世界占比在7%—3%之间;意大利、西班牙、瑞士、法国、比利时、挪威、中国香港、丹麦、奥地利、新西兰、芬兰、爱尔兰也有相当数量的C层人才,世界占比超过或接近1%。

表5—4　　　　　地理学A层人才的国家和地区的占比

国家和地区\年份	2009	2010	2011	2012	2013	2014	2015	2016	2017	2018	合计
英国	0.00	60.00	16.67	75.00	42.86	16.67	14.29	25.00	0.00	14.29	23.44
美国	20.00	20.00	0.00	0.00	14.29	33.33	14.29	25.00	11.11	14.29	15.63
荷兰	0.00	0.00	16.67	0.00	14.29	16.67	28.57	12.50	11.11	0.00	10.94
澳大利亚	20.00	0.00	0.00	0.00	0.00	33.33	14.29	0.00	0.00	14.29	7.81
中国大陆	0.00	0.00	0.00	0.00	0.00	0.00	14.29	25.00	11.11	0.00	6.25
瑞典	40.00	0.00	16.67	0.00	0.00	0.00	14.29	0.00	0.00	0.00	6.25
德国	20.00	0.00	16.67	0.00	0.00	0.00	0.00	12.50	11.11	0.00	6.25
挪威	0.00	0.00	0.00	25.00	14.29	0.00	0.00	0.00	0.00	0.00	3.13
加拿大	0.00	20.00	16.67	0.00	0.00	0.00	0.00	0.00	0.00	0.00	3.13
法国	0.00	0.00	0.00	0.00	0.00	0.00	0.00	0.00	11.11	14.29	3.13
意大利	0.00	0.00	0.00	0.00	0.00	0.00	0.00	0.00	11.11	14.29	3.13
奥地利	0.00	0.00	0.00	0.00	0.00	0.00	0.00	0.00	11.11	0.00	1.56
韩国	0.00	0.00	0.00	0.00	0.00	0.00	0.00	0.00	11.11	0.00	1.56
爱尔兰	0.00	0.00	0.00	0.00	0.00	0.00	0.00	0.00	0.00	14.29	1.56
丹麦	0.00	0.00	16.67	0.00	0.00	0.00	0.00	0.00	0.00	0.00	1.56
瑞士	0.00	0.00	0.00	0.00	14.29	0.00	0.00	0.00	0.00	0.00	1.56
新西兰	0.00	0.00	0.00	0.00	0.00	0.00	0.00	0.00	0.00	14.29	1.56
日本	0.00	0.00	0.00	0.00	0.00	0.00	0.00	0.00	11.11	0.00	1.56

表5—5　　　　地理学 B 层人才排名前 20 的国家和地区的占比

国家和地区\年份	2009	2010	2011	2012	2013	2014	2015	2016	2017	2018	合计
美国	28.26	22.45	21.67	18.03	23.21	16.18	14.49	17.57	18.18	15.73	18.94
英国	26.09	28.57	38.33	14.75	12.50	14.71	21.74	16.22	4.55	20.22	18.79
荷兰	8.70	6.12	8.33	3.28	5.36	4.41	8.70	9.46	9.09	8.99	7.42
中国大陆	4.35	4.08	1.67	4.92	5.36	8.82	4.35	6.76	6.82	5.62	5.45
澳大利亚	2.17	8.16	5.00	8.20	0.00	5.88	5.80	6.76	7.95	2.25	5.30
德国	2.17	2.04	0.00	4.92	5.36	10.29	7.25	2.70	7.95	6.74	5.30
加拿大	0.00	10.20	10.00	8.20	7.14	5.88	2.90	1.35	2.27	5.62	5.15
瑞典	0.00	2.04	3.33	3.28	1.79	2.94	8.70	8.11	3.41	7.87	4.55
挪威	0.00	0.00	1.67	1.64	5.36	1.47	4.35	4.05	4.55	3.37	2.88
奥地利	0.00	2.04	0.00	0.00	3.57	2.94	0.00	4.05	6.82	5.62	2.88
意大利	6.52	0.00	0.00	0.00	1.79	1.47	5.80	1.35	5.68	2.25	2.58
法国	4.35	2.04	1.67	4.92	0.00	1.47	1.45	4.05	2.27	2.25	2.42
瑞士	0.00	2.04	0.00	3.28	7.14	1.47	2.90	4.05	1.12	2.42
比利时	2.17	0.00	0.00	0.00	1.79	2.94	1.45	2.70	1.14	2.25	1.52
日本	2.17	2.04	0.00	1.64	0.00	1.47	0.00	0.00	5.68	0.00	1.36
丹麦	0.00	2.04	0.00	3.28	1.79	5.88	0.00	0.00	0.00	0.00	1.21
南非	2.17	0.00	1.67	3.28	1.79	1.47	0.00	0.00	0.00	1.12	1.06
巴西	0.00	0.00	0.00	1.64	3.57	2.94	2.90	0.00	0.00	0.00	1.06
新加坡	2.17	0.00	0.00	1.64	1.79	0.00	2.90	1.35	0.00	0.00	0.91
西班牙	0.00	2.04	0.00	1.64	1.79	0.00	0.00	0.00	0.00	2.25	0.76

表5—6　　　　地理学 C 层人才排名前 20 的国家和地区的占比

国家和地区\年份	2009	2010	2011	2012	2013	2014	2015	2016	2017	2018	合计
英国	24.50	24.90	25.38	22.60	22.43	20.43	18.06	18.39	19.26	15.95	20.66
美国	23.84	22.47	20.27	22.24	19.27	18.60	21.00	16.99	16.07	18.39	19.52
澳大利亚	7.06	3.64	5.62	6.23	7.42	5.18	8.22	6.64	4.46	6.40	6.12
加拿大	5.30	8.10	5.96	5.87	7.74	5.79	4.41	6.77	4.97	4.19	5.81
荷兰	5.52	5.26	6.30	4.63	5.06	5.95	4.70	5.75	5.48	5.59	5.44
中国大陆	2.65	3.44	3.41	4.27	4.74	5.18	4.26	7.28	7.78	7.33	5.35
德国	3.09	5.47	2.73	4.63	3.95	5.64	4.70	3.45	4.21	3.49	4.11

续表

国家和地区\年份	2009	2010	2011	2012	2013	2014	2015	2016	2017	2018	合计
瑞典	3.31	2.23	2.56	2.67	3.16	2.74	3.96	3.45	3.70	2.79	3.10
意大利	3.09	2.63	2.21	1.60	2.84	2.29	3.08	3.70	3.32	3.49	2.90
西班牙	0.88	1.42	2.90	2.49	1.42	3.35	2.64	2.55	2.93	1.86	2.31
瑞士	1.32	1.62	1.70	1.96	1.26	2.44	1.76	1.79	1.91	2.10	1.82
法国	0.88	2.02	2.56	1.78	1.26	2.74	1.91	1.02	1.91	1.98	1.82
比利时	1.55	1.82	1.53	1.25	1.90	1.52	1.03	1.92	1.40	2.56	1.68
挪威	1.55	1.01	2.21	0.71	0.95	1.98	1.32	1.53	1.66	1.51	1.46
中国香港	1.55	1.21	1.53	0.89	0.63	1.22	1.03	1.40	2.04	2.44	1.45
丹麦	1.32	1.62	0.85	1.25	1.74	1.37	1.47	1.79	1.02	1.28	1.37
奥地利	0.88	0.00	0.85	1.25	1.11	1.68	1.62	1.15	1.40	1.51	1.20
新西兰	1.10	1.01	1.70	1.42	0.79	0.91	1.03	1.02	0.77	1.51	1.12
芬兰	0.66	0.61	0.51	0.53	1.90	1.07	0.88	0.89	1.40	1.63	1.06
爱尔兰	0.88	0.40	0.51	0.71	1.11	0.46	0.44	1.40	1.02	0.58	0.77

二 自然地理学

自然地理学A、B、C层人才最多的国家是美国，分别占该学科全球A、B、C层人才的21.62%、16.68%、17.07%。

英国、西班牙、中国大陆、奥地利、法国、澳大利亚、德国的A层人才比较多，世界占比在13%—4%之间；意大利、加拿大、荷兰、挪威、瑞典、瑞士、智利、葡萄牙、埃及、罗马尼亚、阿根廷、新加坡也有相当数量的A层人才，世界占比超过1%。

英国、德国、中国大陆、澳大利亚、加拿大、法国、瑞士、荷兰、丹麦的B层人才比较多，世界占比在9%—3%之间；西班牙、意大利、挪威、比利时、奥地利、瑞典、新西兰、俄罗斯、葡萄牙、芬兰也有相当数量的B层人才，世界占比超过1%。

英国、中国大陆、德国、法国、澳大利亚、西班牙、瑞士、意大利、加拿大、荷兰的C层人才比较多，世界占比在11%—3%之间；挪威、瑞典、丹麦、比利时、日本、芬兰、奥地利、新西兰、巴西也有相当数量的C层人才，世界占比超过或接近1%。

表5—7　自然地理学A层人才排名前20的国家和地区的占比

国家和地区 \ 年份	2009	2010	2011	2012	2013	2014	2015	2016	2017	2018	合计
美国	33.33	0.00	50.00	28.57	0.00	16.67	14.29	23.08	18.18	8.33	21.62
英国	0.00	50.00	0.00	14.29	0.00	0.00	14.29	23.08	18.18	0.00	12.16
西班牙	0.00	25.00	0.00	28.57	0.00	16.67	0.00	7.69	0.00	16.67	9.46
中国大陆	0.00	0.00	0.00	0.00	0.00	16.67	28.57	7.69	18.18	0.00	8.11
奥地利	0.00	25.00	0.00	0.00	0.00	16.67	0.00	7.69	9.09	8.33	6.76
法国	16.67	0.00	0.00	14.29	0.00	0.00	0.00	0.00	0.00	16.67	5.41
澳大利亚	0.00	0.00	12.50	0.00	0.00	16.67	28.57	0.00	0.00	0.00	5.41
德国	0.00	0.00	0.00	0.00	0.00	0.00	0.00	0.00	18.18	8.33	4.05
意大利	0.00	0.00	0.00	0.00	0.00	0.00	0.00	0.00	9.09	8.33	2.70
加拿大	0.00	0.00	12.50	0.00	0.00	0.00	0.00	7.69	0.00	0.00	2.70
荷兰	0.00	0.00	12.50	0.00	0.00	0.00	14.29	0.00	0.00	0.00	2.70
挪威	0.00	0.00	0.00	0.00	0.00	0.00	0.00	7.69	0.00	8.33	2.70
瑞典	0.00	0.00	0.00	0.00	0.00	0.00	0.00	7.69	0.00	8.33	2.70
瑞士	0.00	0.00	0.00	0.00	0.00	0.00	0.00	0.00	0.00	16.67	2.70
智利	16.67	0.00	0.00	0.00	0.00	0.00	0.00	0.00	0.00	0.00	1.35
葡萄牙	0.00	0.00	0.00	14.29	0.00	0.00	0.00	0.00	0.00	0.00	1.35
埃及	0.00	0.00	0.00	0.00	0.00	0.00	0.00	0.00	9.09	0.00	1.35
罗马尼亚	0.00	0.00	0.00	0.00	0.00	0.00	0.00	7.69	0.00	0.00	1.35
阿根廷	16.67	0.00	0.00	0.00	0.00	0.00	0.00	0.00	0.00	0.00	1.35
新加坡	0.00	0.00	0.00	0.00	0.00	16.67	0.00	0.00	0.00	0.00	1.35

表5—8　自然地理学B层人才排名前20的国家和地区的占比

国家和地区 \ 年份	2009	2010	2011	2012	2013	2014	2015	2016	2017	2018	合计
美国	22.41	26.67	21.33	14.10	17.82	18.02	11.01	18.18	14.95	8.93	16.68
英国	8.62	10.67	9.33	11.54	9.90	9.01	7.34	9.09	7.48	4.46	8.55
德国	8.62	6.67	5.33	7.69	3.96	8.11	7.34	9.92	9.35	2.68	6.97
中国大陆	3.45	6.67	5.33	2.56	2.97	8.11	5.50	9.09	9.35	7.14	6.34
澳大利亚	6.90	8.00	12.00	8.97	4.95	2.70	4.59	5.79	2.80	1.79	5.39
加拿大	5.17	10.67	1.33	7.69	1.98	3.60	5.50	3.31	6.54	2.68	4.65
法国	3.45	2.67	2.67	6.41	5.94	7.21	5.50	2.48	4.67	3.57	4.54
瑞士	6.90	0.00	6.67	3.85	4.95	2.70	2.75	4.13	7.48	2.68	4.12

续表

国家和地区 \ 年份	2009	2010	2011	2012	2013	2014	2015	2016	2017	2018	合计
荷兰	6.90	2.67	1.33	2.56	1.98	4.50	4.59	2.48	4.67	4.46	3.59
丹麦	6.90	2.67	4.00	6.41	2.97	3.60	0.92	2.48	1.87	2.68	3.17
西班牙	3.45	1.33	6.67	5.13	0.00	0.00	5.50	3.31	0.93	1.79	2.64
意大利	1.72	1.33	4.00	1.28	3.96	3.60	2.75	2.48	0.93	1.79	2.43
挪威	1.72	1.33	2.67	2.56	2.97	0.90	3.67	2.48	1.87	2.68	2.32
比利时	1.72	1.33	0.00	2.56	3.96	1.80	0.92	2.48	1.87	4.46	2.22
奥地利	1.72	2.67	1.33	1.28	2.97	1.80	2.75	2.48	1.87	0.89	2.01
瑞典	1.72	1.33	0.00	3.85	1.98	1.80	0.92	3.31	2.80	1.79	2.01
新西兰	1.72	0.00	1.33	5.13	1.98	1.80	1.83	0.00	0.93	1.79	1.58
俄罗斯	0.00	1.33	1.33	0.00	1.98	0.90	1.83	0.83	2.80	0.89	1.27
葡萄牙	0.00	1.33	0.00	2.56	0.00	0.00	0.92	1.65	1.87	1.79	1.06
芬兰	0.00	0.00	0.00	1.28	0.00	0.90	0.92	3.31	0.93	1.79	1.06

表 5—9 自然地理学 C 层人才排名前 20 的国家和地区的占比

国家和地区 \ 年份	2009	2010	2011	2012	2013	2014	2015	2016	2017	2018	合计
美国	19.76	19.09	18.05	17.40	17.21	16.72	17.53	16.94	15.11	15.32	17.07
英国	13.00	12.68	10.85	10.21	11.73	9.54	9.28	9.53	9.25	8.45	10.20
中国大陆	5.37	7.26	6.24	6.81	9.21	11.41	10.30	7.66	12.36	12.53	9.30
德国	8.32	7.41	7.87	7.69	7.79	7.37	6.93	7.23	7.14	7.24	7.44
法国	5.20	5.41	6.24	5.30	4.61	5.01	4.99	6.13	5.22	4.55	5.25
澳大利亚	4.68	2.14	3.53	3.53	5.81	3.93	4.59	3.83	3.75	4.36	4.05
西班牙	3.29	3.42	4.75	3.78	3.40	4.52	2.96	4.34	4.30	2.97	3.80
瑞士	4.16	3.85	3.80	4.67	3.40	3.83	3.77	3.83	3.30	3.16	3.73
意大利	4.16	4.27	4.34	2.14	2.63	3.54	4.28	4.43	3.11	3.25	3.60
加拿大	5.20	3.28	2.71	3.78	3.51	2.95	4.08	3.57	2.47	3.34	3.42
荷兰	2.25	3.13	4.21	4.54	2.85	3.44	3.67	2.81	2.93	3.25	3.30
挪威	3.29	2.42	1.63	1.39	1.64	1.97	2.04	2.04	2.01	1.58	1.95
瑞典	1.04	2.71	0.95	1.77	2.74	1.67	1.22	1.70	1.37	2.04	1.73
丹麦	1.56	2.56	0.68	2.27	1.54	2.16	1.33	1.87	1.28	1.11	1.62
比利时	1.21	1.00	1.90	2.27	1.86	1.47	1.73	1.11	1.28	1.67	1.54
日本	0.87	2.14	1.22	1.64	1.43	0.69	1.63	1.11	1.65	1.58	1.39

续表

国家和地区 \ 年份	2009	2010	2011	2012	2013	2014	2015	2016	2017	2018	合计
芬兰	1.04	0.85	1.09	1.51	1.54	0.88	0.82	1.02	2.01	1.30	1.22
奥地利	0.69	0.57	1.63	1.01	0.55	1.38	1.02	1.96	1.56	1.02	1.19
新西兰	2.08	1.00	1.22	1.26	1.86	1.18	1.33	0.60	0.73	1.11	1.18
巴西	0.35	0.71	0.68	1.01	0.44	1.18	1.22	0.94	1.56	1.30	0.99

三 遥感

遥感A、B、C层人才最多的国家是美国，分别占该学科全球A、B、C层人才的25.44%、19.83%、20.11%。

中国大陆、法国、西班牙、德国、加拿大、荷兰、澳大利亚、奥地利、英国、瑞士、意大利的A层人才比较多，世界占比在17%—3%之间；葡萄牙、冰岛、比利时、罗马尼亚、新加坡、中国香港也有相当数量的A层人才，世界占比超过或接近1%。

中国大陆、德国、法国、西班牙、意大利、荷兰、英国、澳大利亚、加拿大的B层人才比较多，世界占比在16%—3%之间；瑞士、奥地利、冰岛、比利时、葡萄牙、芬兰、日本、挪威、丹麦、瑞典也有相当数量的B层人才，世界占比超过或接近1%。

中国大陆、德国、意大利、法国、加拿大、英国、西班牙、澳大利亚、荷兰的C层人才比较多，世界占比在18%—3%之间；瑞士、日本、比利时、奥地利、芬兰、中国香港、印度、挪威、巴西、瑞典也有相当数量的C层人才，世界占比超过或接近1%。

表5—10　　　　　遥感A层人才的国家和地区的占比

国家和地区 \ 年份	2009	2010	2011	2012	2013	2014	2015	2016	2017	2018	合计
美国	50.00	44.44	75.00	27.27	23.08	26.67	14.29	5.56	16.67	20.00	25.44
中国大陆	0.00	0.00	0.00	0.00	15.38	6.67	35.71	33.33	16.67	30.00	16.67
法国	0.00	11.11	12.50	18.18	15.38	0.00	7.14	0.00	16.67	0.00	7.89
西班牙	0.00	0.00	0.00	18.18	15.38	6.67	0.00	11.11	8.33	0.00	7.02
德国	25.00	0.00	12.50	9.09	0.00	6.67	0.00	5.56	8.33	10.00	6.14
加拿大	0.00	11.11	0.00	0.00	7.69	13.33	0.00	5.56	0.00	10.00	5.26

续表

国家和地区 \ 年份	2009	2010	2011	2012	2013	2014	2015	2016	2017	2018	合计
荷兰	0.00	0.00	0.00	9.09	0.00	6.67	7.14	0.00	8.33	10.00	4.39
澳大利亚	25.00	11.11	0.00	0.00	0.00	6.67	7.14	5.56	0.00	0.00	4.39
奥地利	0.00	11.11	0.00	0.00	0.00	6.67	0.00	5.56	8.33	10.00	4.39
英国	0.00	0.00	0.00	0.00	0.00	6.67	14.29	5.56	0.00	0.00	3.51
瑞士	0.00	0.00	0.00	0.00	0.00	0.00	0.00	5.56	16.67	10.00	3.51
意大利	0.00	0.00	0.00	9.09	0.00	0.00	6.67	7.14	5.56	0.00	3.51
葡萄牙	0.00	0.00	0.00	9.09	15.38	0.00	0.00	0.00	0.00	0.00	2.63
冰岛	0.00	11.11	0.00	0.00	0.00	0.00	7.14	0.00	0.00	0.00	1.75
比利时	0.00	0.00	0.00	0.00	7.69	0.00	0.00	0.00	0.00	0.00	0.88
罗马尼亚	0.00	0.00	0.00	0.00	0.00	0.00	0.00	5.56	0.00	0.00	0.88
新加坡	0.00	0.00	0.00	0.00	0.00	6.67	0.00	0.00	0.00	0.00	0.88
中国香港	0.00	0.00	0.00	0.00	0.00	0.00	0.00	5.56	0.00	0.00	0.88

表 5—11　遥感 B 层人才排名前 20 的国家和地区的占比

国家和地区 \ 年份	2009	2010	2011	2012	2013	2014	2015	2016	2017	2018	合计
美国	29.11	33.33	21.13	20.39	24.37	23.02	7.86	18.59	19.01	14.12	19.83
中国大陆	2.53	11.90	7.04	4.85	16.81	23.02	17.86	20.51	16.20	22.03	15.95
德国	7.59	13.10	5.63	6.80	5.88	8.63	9.29	7.05	7.75	6.78	7.77
法国	6.33	7.14	11.27	5.83	5.04	3.60	7.86	4.49	8.45	3.39	5.95
西班牙	8.86	5.95	7.04	3.88	7.56	4.32	3.57	3.21	4.23	3.39	4.79
意大利	7.59	4.76	8.45	4.85	6.72	3.60	5.00	3.85	4.23	2.82	4.79
荷兰	6.33	0.00	4.23	7.77	3.36	3.60	6.43	3.21	2.82	3.95	4.13
英国	2.53	2.38	2.82	4.85	5.04	1.44	4.29	5.13	3.52	4.52	3.80
澳大利亚	2.53	1.19	2.82	6.80	3.36	4.32	3.57	5.13	2.11	1.69	3.39
加拿大	2.53	1.19	2.82	4.85	1.68	2.16	5.71	2.56	4.23	3.95	3.31
瑞士	3.80	2.38	1.41	2.91	0.00	2.16	2.14	4.49	2.11	1.13	2.23
奥地利	1.27	2.38	2.82	4.85	1.68	0.72	2.14	3.21	1.41	2.26	2.23
冰岛	2.53	3.57	1.41	0.00	0.84	3.60	4.29	0.64	2.11	1.69	2.07
比利时	0.00	2.38	1.41	1.94	1.68	2.16	2.86	1.28	2.11	1.13	1.74
葡萄牙	1.27	1.19	2.82	1.94	2.52	2.16	3.57	0.64	1.41	0.56	1.74
芬兰	1.27	1.19	2.82	0.97	2.52	0.00	0.71	1.92	2.82	1.13	1.49

续表

国家和地区\年份	2009	2010	2011	2012	2013	2014	2015	2016	2017	2018	合计
日本	1.27	0.00	4.23	1.94	1.68	0.72	0.71	0.64	2.11	1.69	1.40
挪威	0.00	1.19	0.00	1.94	0.84	0.72	0.71	0.64	1.41	1.13	0.91
丹麦	2.53	0.00	1.41	1.94	0.00	0.72	0.71	1.28	0.00	0.56	0.83
瑞典	0.00	0.00	1.41	0.97	0.00	0.00	0.00	2.56	0.00	1.69	0.74

表5—12　遥感C层人才排名前20的国家和地区的占比

国家和地区\年份	2009	2010	2011	2012	2013	2014	2015	2016	2017	2018	合计
美国	27.80	23.04	23.36	22.24	22.63	19.99	18.34	17.91	17.17	16.50	20.11
中国大陆	7.85	8.44	10.25	11.71	15.49	20.87	19.53	19.92	26.54	24.13	17.95
德国	7.21	9.05	8.06	8.46	7.31	6.91	7.32	6.37	5.12	6.62	7.07
意大利	8.24	6.15	6.83	6.30	6.54	5.66	5.47	6.31	4.25	4.97	5.89
法国	5.79	4.83	6.15	5.22	4.73	4.78	4.88	5.17	4.96	3.61	4.88
加拿大	5.66	6.15	3.83	3.94	4.04	4.04	3.55	2.84	3.70	3.84	3.99
英国	3.73	4.83	3.28	3.64	3.61	2.87	4.07	4.54	3.70	3.67	3.80
西班牙	3.35	4.10	4.23	4.23	3.70	3.97	2.74	4.35	3.15	4.14	3.80
澳大利亚	3.47	3.14	3.42	3.35	3.61	3.67	3.55	3.28	3.78	3.84	3.54
荷兰	3.09	3.26	5.19	4.63	2.93	2.20	4.14	4.10	2.44	2.84	3.40
瑞士	2.32	2.65	2.32	1.57	2.32	2.06	2.29	1.45	1.42	1.60	1.93
日本	2.45	2.05	1.09	1.77	1.98	1.10	1.26	0.57	1.50	2.01	1.52
比利时	1.42	1.21	1.78	1.77	1.03	1.18	1.70	1.58	1.18	1.71	1.46
奥地利	1.16	1.93	1.50	2.17	1.20	1.10	1.70	1.51	1.10	0.77	1.37
芬兰	1.67	1.81	0.96	1.38	1.46	1.47	0.89	1.39	1.50	0.77	1.29
中国香港	0.51	0.12	1.50	0.89	1.03	1.69	1.11	1.45	1.42	1.77	1.24
印度	1.93	1.33	1.09	0.79	0.77	1.40	1.04	0.95	0.79	1.18	1.10
挪威	1.03	1.33	1.23	1.08	1.46	1.10	0.67	1.32	0.71	0.71	1.04
巴西	0.39	0.97	2.05	1.08	1.12	0.44	0.67	1.07	1.18	1.06	0.98
瑞典	0.51	0.84	0.96	0.69	0.95	0.96	1.18	1.01	0.71	0.47	0.83

四　地质学

地质学A、B、C层人才最多的国家是美国，分别占该学科全球A、B、C层人才的24.39%、19.29%、19.05%。

澳大利亚、中国大陆、英国、中国香港、加拿大、瑞士、德国的 A 层人才比较多,世界占比在 18%—4% 之间;挪威、南非、法国也有相当数量的 A 层人才,世界占比均为 2.44%。

中国大陆、澳大利亚、英国、加拿大、德国、意大利、法国的 B 层人才比较多,世界占比在 15%—3% 之间;瑞士、挪威、日本、新西兰、南非、荷兰、瑞典、俄罗斯、奥地利、西班牙、中国台湾、丹麦也有相当数量的 B 层人才,世界占比超过或接近 1%。

中国大陆、英国、澳大利亚、德国、加拿大、法国、意大利的 C 层人才比较多,世界占比在 14%—3% 之间;瑞士、挪威、西班牙、日本、荷兰、瑞典、新西兰、俄罗斯、丹麦、阿根廷、巴西、波兰也有相当数量的 C 层人才,世界占比超过或接近 1%。

表5—13　　地质学 A 层人才的国家和地区的占比

国家和地区 \ 年份	2009	2010	2011	2012	2013	2014	2015	2016	2017	2018	合计
美国	100.00	33.33	0.00	50.00	20.00	25.00	20.00	0.00	20.00	33.33	24.39
澳大利亚	0.00	0.00	25.00	0.00	20.00	25.00	0.00	20.00	40.00	16.67	17.07
中国大陆	0.00	0.00	25.00	50.00	20.00	0.00	20.00	0.00	0.00	33.33	17.07
英国	0.00	0.00	25.00	0.00	20.00	25.00	20.00	20.00	0.00	0.00	12.20
中国香港	0.00	0.00	25.00	0.00	0.00	0.00	0.00	0.00	0.00	16.67	7.32
加拿大	0.00	33.33	0.00	0.00	0.00	0.00	20.00	0.00	0.00	0.00	4.88
瑞士	0.00	0.00	0.00	0.00	0.00	0.00	0.00	20.00	20.00	0.00	4.88
德国	0.00	0.00	0.00	0.00	0.00	25.00	0.00	0.00	0.00	0.00	4.88
挪威	0.00	33.33	0.00	0.00	0.00	0.00	0.00	0.00	0.00	0.00	2.44
南非	0.00	0.00	0.00	0.00	0.00	0.00	0.00	0.00	0.00	0.00	2.44
法国	0.00	0.00	0.00	0.00	0.00	0.00	20.00	0.00	0.00	0.00	2.44

表5—14　　地质学 B 层人才排名前 20 的国家和地区的占比

国家和地区 \ 年份	2009	2010	2011	2012	2013	2014	2015	2016	2017	2018	合计
美国	17.02	25.49	14.89	32.08	26.09	13.04	18.37	12.73	20.63	11.76	19.29
中国大陆	10.64	5.88	14.89	9.43	8.70	13.04	28.57	10.91	25.40	15.69	14.57

续表

国家和地区\年份	2009	2010	2011	2012	2013	2014	2015	2016	2017	2018	合计
澳大利亚	8.51	7.84	12.77	5.66	10.87	6.52	12.24	12.73	12.70	7.84	9.84
英国	6.38	5.88	10.64	9.43	6.52	8.70	6.12	12.73	4.76	13.73	8.46
加拿大	19.15	1.96	8.51	1.89	4.35	2.17	6.12	5.45	6.35	7.84	6.30
德国	4.26	3.92	4.26	5.66	6.52	6.52	4.08	1.82	3.17	9.80	4.92
意大利	2.13	3.92	8.51	0.00	0.00	4.35	4.08	3.64	1.59	3.92	3.15
法国	6.38	3.92	2.13	0.00	2.17	6.52	0.00	5.45	1.59	3.92	3.15
瑞士	2.13	3.92	4.26	1.89	6.52	0.00	0.00	3.64	4.76	1.96	2.95
挪威	2.13	3.92	0.00	7.55	4.35	2.17	0.00	1.82	0.00	5.88	2.76
日本	0.00	0.00	4.26	1.89	4.35	6.52	2.04	0.00	3.17	1.96	2.36
新西兰	0.00	3.92	0.00	11.32	0.00	2.17	0.00	1.82	1.59	0.00	2.17
南非	2.13	1.96	0.00	1.89	6.52	0.00	0.00	1.82	0.00	1.96	1.57
荷兰	2.13	0.00	0.00	3.77	0.00	4.35	2.04	0.00	1.59	0.00	1.38
瑞典	0.00	3.92	0.00	0.00	2.17	2.17	0.00	1.82	0.00	3.92	1.38
俄罗斯	2.13	1.96	2.13	0.00	2.17	0.00	0.00	1.82	0.00	0.00	1.18
奥地利	0.00	0.00	2.13	1.89	0.00	2.17	2.04	0.00	1.59	0.00	0.98
西班牙	2.13	0.00	2.13	1.89	0.00	2.17	2.04	0.00	0.00	0.00	0.98
中国台湾	0.00	1.96	2.13	0.00	2.17	0.00	0.00	3.64	0.00	0.00	0.98
丹麦	0.00	3.92	0.00	0.00	0.00	0.00	0.00	1.82	0.00	1.96	0.79

表5—15 地质学C层人才排名前20的国家和地区的占比

国家和地区\年份	2009	2010	2011	2012	2013	2014	2015	2016	2017	2018	合计
美国	20.45	21.43	20.97	22.31	19.30	20.45	15.90	18.05	15.10	17.97	19.05
中国大陆	7.95	10.41	15.21	10.14	13.38	10.34	13.92	13.63	17.19	18.95	13.27
英国	12.05	10.41	10.14	11.16	9.87	12.36	11.53	9.39	10.24	9.57	10.63
澳大利亚	4.77	6.33	4.61	7.10	5.48	6.29	7.36	6.81	8.16	7.23	6.50
德国	5.68	6.12	5.53	6.69	8.33	5.84	6.16	4.97	5.90	5.86	6.09
加拿大	5.23	4.90	5.76	4.26	5.48	5.39	7.36	8.29	7.12	3.91	5.83
法国	4.32	5.71	5.76	4.06	5.04	5.39	4.17	2.95	3.47	4.49	4.48
意大利	5.91	3.27	2.76	3.85	4.17	3.15	3.58	4.24	3.30	2.34	3.64

续表

国家和地区 \ 年份	2009	2010	2011	2012	2013	2014	2015	2016	2017	2018	合计
瑞士	3.18	2.65	3.69	3.25	1.97	2.47	2.39	2.58	2.60	1.17	2.58
挪威	0.68	3.47	2.76	2.84	2.19	1.80	1.59	2.03	1.91	2.34	2.17
西班牙	3.41	2.24	1.15	2.23	2.63	2.92	0.99	2.58	0.69	1.95	2.04
日本	2.73	2.45	3.23	3.45	1.75	2.02	2.19	0.74	0.69	1.37	2.00
荷兰	1.59	2.24	0.69	2.03	0.88	2.02	2.39	2.39	1.56	0.98	1.70
瑞典	1.14	2.04	1.15	0.81	1.32	0.90	0.99	2.76	1.39	0.59	1.33
新西兰	2.27	1.22	0.69	2.03	0.66	0.45	1.39	0.92	0.87	0.98	1.14
俄罗斯	0.91	1.63	0.46	0.61	0.66	1.12	0.60	0.55	2.43	1.95	1.12
丹麦	0.23	0.20	0.92	1.01	0.88	1.57	1.99	0.55	0.69	1.17	0.92
阿根廷	1.14	0.20	0.23	1.01	0.88	1.35	0.60	1.47	0.52	0.98	0.84
巴西	0.23	0.82	0.46	0.61	0.88	0.45	0.40	1.29	1.39	1.56	0.84
波兰	0.45	0.82	0.69	0.81	0.88	0.45	0.60	0.55	0.87	0.98	0.72

五 古生物学

古生物学 A、B、C 层人才最多的国家是美国，分别占该学科全球 A、B、C 层人才的 27.59%、18.00%、18.36%。

英国、阿根廷、澳大利亚、中国大陆的 A 层人才比较多，世界占比在 21%—6% 之间；德国、巴西、波兰、加拿大、俄罗斯、智利、马来西亚、瑞士、瑞典也有相当数量的 A 层人才，世界占比均为 3.45%。

英国、德国、中国大陆、法国、加拿大、瑞士、意大利的 B 层人才比较多，世界占比在 14%—3% 之间；俄罗斯、西班牙、澳大利亚、瑞典、阿根廷、比利时、挪威、荷兰、丹麦、南非、奥地利、波兰也有相当数量的 B 层人才，世界占比超过 1%。

英国、德国、中国大陆、法国、加拿大、西班牙、意大利、澳大利亚、瑞士的 C 层人才比较多，世界占比在 11%—3% 之间；瑞典、阿根廷、荷兰、巴西、俄罗斯、波兰、比利时、南非、日本、奥地利也有相当数量的 C 层人才，世界占比超过 1%。

表 5—16　　　　　　　古生物学 A 层人才的国家和地区的占比

国家和地区\年份	2009	2010	2011	2012	2013	2014	2015	2016	2017	2018	合计
美国	25.00	50.00	40.00	33.33	0.00	0.00	20.00	0.00	0.00	33.33	27.59
英国	0.00	0.00	20.00	0.00	0.00	0.00	20.00	0.00	66.67	33.33	20.69
阿根廷	25.00	0.00	20.00	0.00	0.00	0.00	0.00	0.00	0.00	0.00	6.90
澳大利亚	0.00	50.00	20.00	0.00	0.00	0.00	0.00	0.00	0.00	0.00	6.90
中国大陆	0.00	0.00	0.00	33.33	0.00	0.00	0.00	0.00	0.00	0.00	6.90
德国	0.00	0.00	0.00	0.00	0.00	0.00	20.00	0.00	0.00	0.00	3.45
巴西	25.00	0.00	0.00	0.00	0.00	0.00	0.00	0.00	0.00	0.00	3.45
波兰	0.00	0.00	0.00	0.00	0.00	0.00	20.00	0.00	0.00	0.00	3.45
加拿大	0.00	0.00	0.00	0.00	0.00	0.00	0.00	0.00	33.33	0.00	3.45
俄罗斯	0.00	0.00	0.00	0.00	0.00	0.00	0.00	100.00	0.00	0.00	3.45
智利	25.00	0.00	0.00	0.00	0.00	0.00	0.00	0.00	0.00	0.00	3.45
马来西亚	0.00	0.00	0.00	0.00	0.00	0.00	0.00	0.00	0.00	16.67	3.45
瑞士	0.00	0.00	0.00	33.33	0.00	0.00	0.00	0.00	0.00	0.00	3.45
瑞典	0.00	0.00	0.00	0.00	0.00	0.00	0.00	0.00	0.00	16.67	3.45

表 5—17　　　　　古生物学 B 层人才排名前 20 的国家和地区的占比

国家和地区\年份	2009	2010	2011	2012	2013	2014	2015	2016	2017	2018	合计
美国	24.44	15.38	18.37	22.92	20.41	13.95	20.00	21.67	14.04	9.26	18.00
英国	8.89	17.95	14.29	16.67	10.20	13.95	24.44	10.00	10.53	14.81	13.91
德国	4.44	12.82	8.16	12.50	8.16	9.30	8.89	11.67	5.26	7.41	8.79
中国大陆	13.33	2.56	4.08	4.17	10.20	9.30	4.44	8.33	5.26	7.41	6.95
法国	6.67	15.38	6.12	6.25	6.12	4.65	2.22	5.00	7.02	5.56	6.34
加拿大	6.67	0.00	6.12	4.17	4.08	2.33	0.00	5.00	7.02	3.70	4.09
瑞士	2.22	0.00	2.04	4.17	2.04	2.33	4.44	1.67	7.02	5.56	3.27
意大利	4.44	2.56	4.08	2.08	0.00	2.33	4.44	0.00	3.51	7.41	3.07
俄罗斯	2.22	0.00	2.04	6.25	0.00	4.65	0.00	5.00	3.51	1.85	2.66
西班牙	4.44	5.13	4.08	0.00	4.08	2.33	0.00	0.00	3.51	1.85	2.45
澳大利亚	6.67	2.56	2.04	0.00	2.04	0.00	6.67	3.33	1.75	0.00	2.45
瑞典	2.22	5.13	2.04	2.08	2.04	0.00	2.22	1.67	5.26	1.85	2.45
阿根廷	2.22	2.56	2.04	0.00	2.04	4.65	0.00	3.33	1.75	1.85	2.04
比利时	0.00	0.00	0.00	0.00	2.04	2.33	2.22	3.33	7.02	1.85	2.04

续表

国家和地区\年份	2009	2010	2011	2012	2013	2014	2015	2016	2017	2018	合计
挪威	4.44	0.00	0.00	2.08	6.12	2.33	0.00	5.00	0.00	0.00	2.04
荷兰	0.00	0.00	2.04	0.00	4.08	0.00	4.44	1.67	1.75	1.85	1.64
丹麦	0.00	5.13	2.04	2.08	2.04	0.00	0.00	1.67	1.75	1.85	1.64
南非	0.00	2.56	0.00	0.00	4.08	2.33	4.44	0.00	1.75	0.00	1.43
奥地利	0.00	2.56	4.08	0.00	0.00	2.33	0.00	1.67	0.00	3.70	1.43
波兰	0.00	0.00	0.00	0.00	2.04	0.00	2.22	0.00	0.00	5.56	1.02

表5—18　古生物学C层人才排名前20的国家和地区的占比

国家和地区\年份	2009	2010	2011	2012	2013	2014	2015	2016	2017	2018	合计
美国	18.56	23.18	19.76	18.86	17.81	20.41	19.21	16.70	16.05	13.62	18.36
英国	9.83	9.97	11.29	11.36	13.06	12.84	12.01	10.31	8.89	7.98	10.77
德国	10.48	8.63	12.10	10.75	12.11	8.72	9.61	7.22	7.59	9.86	9.72
中国大陆	4.15	3.50	6.05	7.51	6.41	7.80	6.33	9.48	8.68	11.27	7.17
法国	7.86	5.39	7.06	6.09	6.65	5.73	5.24	5.98	5.64	5.63	6.15
加拿大	5.90	4.31	2.82	4.06	4.75	5.28	4.15	3.71	3.25	4.23	4.22
西班牙	2.40	5.12	4.64	4.87	4.04	3.21	2.84	4.33	4.56	2.82	3.88
意大利	2.40	4.85	3.02	2.64	2.14	3.44	5.02	3.30	3.90	4.46	3.49
澳大利亚	3.93	3.77	3.02	2.43	2.61	2.52	2.40	4.33	4.12	2.11	3.13
瑞士	2.40	2.16	2.02	3.85	4.75	3.67	4.15	1.44	2.39	4.23	3.09
瑞典	2.84	2.96	2.62	2.84	1.90	2.29	3.28	2.47	1.30	2.58	2.51
阿根廷	3.49	1.62	1.61	3.45	2.14	1.83	3.49	3.30	1.52	2.11	2.49
荷兰	3.06	3.50	2.62	2.03	1.43	1.83	2.40	2.06	1.52	1.17	2.15
巴西	0.87	1.35	1.61	1.01	2.14	1.38	1.53	2.06	1.95	1.88	1.58
俄罗斯	1.09	1.35	1.81	1.22	1.90	1.61	1.31	2.06	1.08	2.11	1.55
波兰	1.09	0.54	1.41	0.81	1.90	1.38	0.66	1.65	2.60	2.82	1.49
比利时	0.87	1.62	1.61	1.42	0.24	2.06	1.53	1.03	1.74	0.94	1.31
南非	0.87	1.35	0.81	0.41	0.95	1.61	0.87	2.06	2.82	0.94	1.27
日本	1.97	0.81	0.81	2.03	1.43	0.92	0.87	0.21	1.95	1.17	1.22
奥地利	1.09	0.54	0.60	1.01	0.71	1.15	1.75	1.24	1.52	1.88	1.15

六 矿物学

矿物学 A、B、C 层人才主要集中在中国大陆和美国,两国 A、B、C 层人才的世界占比为 43.24%、35.24%、34.92%,两国的 A 层人才数量一样,中国大陆的 B 和 C 层人才多于美国。

澳大利亚、英国、加拿大、法国的 A 层人才比较多,世界占比在 19%—5% 之间;阿尔及利亚、丹麦、德国、南非、瑞士、印度、中国台湾也有相当数量的 A 层人才,世界占比均为 2.70%。

澳大利亚、加拿大、英国、德国、法国的 B 层人才比较多,世界占比在 12%—4% 之间;瑞士、俄罗斯、日本、意大利、南非、西班牙、中国台湾、印度、土耳其、巴西、伊朗、挪威、韩国也有相当数量的 B 层人才,世界占比超过或接近 1%。

澳大利亚、加拿大、德国、英国、法国的 C 层人才比较多,世界占比在 11%—4% 之间;意大利、日本、俄罗斯、中国香港、瑞士、西班牙、印度、巴西、伊朗、土耳其、南非、瑞典、韩国也有相当数量的 C 层人才,世界占比超过或接近 1%。

表 5—19　　　　矿物学 A 层人才的国家和地区的占比

国家和地区 \ 年份	2009	2010	2011	2012	2013	2014	2015	2016	2017	2018	合计
中国大陆	0.00	0.00	0.00	0.00	25.00	33.33	40.00	40.00	16.67	16.67	21.62
美国	0.00	50.00	25.00	0.00	25.00	33.33	20.00	0.00	33.33	16.67	21.62
澳大利亚	0.00	0.00	0.00	0.00	25.00	0.00	20.00	40.00	33.33	16.67	18.92
英国	0.00	50.00	25.00	0.00	0.00	0.00	0.00	20.00	0.00	0.00	8.11
加拿大	0.00	0.00	25.00	0.00	0.00	33.33	0.00	0.00	0.00	0.00	5.41
法国	0.00	0.00	0.00	0.00	0.00	0.00	20.00	0.00	0.00	16.67	5.41
阿尔及利亚	0.00	0.00	0.00	0.00	0.00	0.00	0.00	0.00	0.00	16.67	2.70
丹麦	0.00	0.00	25.00	0.00	0.00	0.00	0.00	0.00	0.00	0.00	2.70
德国	50.00	0.00	0.00	0.00	0.00	0.00	0.00	0.00	0.00	0.00	2.70
南非	50.00	0.00	0.00	0.00	0.00	0.00	0.00	0.00	0.00	0.00	2.70
瑞士	0.00	0.00	0.00	0.00	0.00	0.00	0.00	0.00	16.67	0.00	2.70
印度	0.00	0.00	0.00	0.00	0.00	0.00	0.00	0.00	0.00	16.67	2.70
中国台湾	0.00	0.00	0.00	0.00	25.00	0.00	0.00	0.00	0.00	0.00	2.70

表5—20　　矿物学B层人才排名前20的国家和地区的占比

国家和地区＼年份	2009	2010	2011	2012	2013	2014	2015	2016	2017	2018	合计
中国大陆	15.00	19.44	24.32	12.50	16.67	22.73	21.74	25.53	16.98	25.00	20.14
美国	12.50	13.89	8.11	15.00	16.67	15.91	21.74	23.40	16.98	5.77	15.10
澳大利亚	5.00	16.67	16.22	10.00	14.29	9.09	21.74	8.51	5.66	9.62	11.44
加拿大	10.00	2.78	8.11	10.00	7.14	9.09	6.52	4.26	3.77	5.77	6.64
英国	10.00	5.56	0.00	7.50	4.76	4.55	4.35	6.38	9.43	5.77	5.95
德国	7.50	2.78	8.11	2.50	9.52	6.82	2.17	0.00	5.66	3.85	4.81
法国	2.50	2.78	2.70	5.00	9.52	4.55	0.00	8.51	5.66	3.85	4.58
瑞士	2.50	5.56	0.00	2.50	2.38	2.27	0.00	2.13	7.55	1.92	2.75
俄罗斯	2.50	5.56	5.41	0.00	2.38	0.00	6.52	2.13	1.89	0.00	2.52
日本	2.50	2.78	2.70	5.00	0.00	9.09	0.00	2.13	1.89	0.00	2.52
意大利	0.00	2.78	2.70	7.50	4.76	0.00	0.00	0.00	0.00	5.77	2.29
南非	2.50	5.56	5.41	2.50	0.00	0.00	2.17	0.00	0.00	1.92	1.83
西班牙	2.50	2.78	0.00	0.00	0.00	4.55	2.17	0.00	3.77	0.00	1.60
中国台湾	2.50	0.00	0.00	0.00	4.76	0.00	4.35	2.13	0.00	1.92	1.60
印度	5.00	0.00	0.00	5.00	2.38	0.00	0.00	0.00	0.00	3.85	1.60
土耳其	2.50	0.00	0.00	0.00	0.00	2.27	0.00	0.00	1.89	1.92	1.14
巴西	0.00	0.00	0.00	2.50	0.00	2.27	0.00	0.00	3.77	0.00	0.92
伊朗	2.50	0.00	0.00	0.00	2.38	0.00	0.00	0.00	0.00	3.85	0.92
挪威	2.50	0.00	0.00	0.00	0.00	2.27	0.00	2.13	0.00	1.92	0.92
韩国	0.00	0.00	0.00	2.50	0.00	0.00	0.00	2.13	1.89	1.92	0.92

表5—21　　矿物学C层人才排名前20的国家和地区的占比

国家和地区＼年份	2009	2010	2011	2012	2013	2014	2015	2016	2017	2018	合计
中国大陆	13.87	17.17	16.15	24.79	20.15	25.12	23.64	21.08	22.59	24.55	21.26
美国	11.26	14.76	13.31	16.06	14.25	10.49	16.11	17.63	13.31	10.18	13.66
澳大利亚	10.73	11.75	10.48	12.39	9.09	10.73	10.04	12.69	10.86	11.27	10.99
加拿大	9.16	5.42	6.52	3.94	6.63	4.88	6.69	5.81	7.36	5.45	6.23
德国	7.85	6.02	7.37	5.35	4.91	5.37	5.23	5.38	5.95	5.45	5.83
英国	5.24	4.82	5.95	3.66	5.65	4.15	4.18	4.73	5.78	4.36	4.86
法国	4.97	5.42	5.67	3.94	7.37	4.63	2.72	4.09	3.68	5.27	4.69
意大利	2.62	3.01	3.12	2.25	3.93	2.20	2.30	1.94	1.05	2.18	2.37

续表

国家和地区\年份	2009	2010	2011	2012	2013	2014	2015	2016	2017	2018	合计
日本	2.62	2.11	2.83	3.38	3.69	2.44	1.46	1.51	1.05	1.45	2.14
俄罗斯	3.14	2.11	1.13	1.97	1.97	1.71	0.21	0.86	2.28	2.55	1.79
中国香港	2.09	2.71	1.42	1.97	2.70	2.20	2.51	0.65	0.70	0.91	1.70
瑞士	2.88	1.81	1.70	1.13	1.23	2.44	1.46	1.51	1.93	0.91	1.67
西班牙	1.31	1.81	1.70	2.54	1.97	1.46	1.46	1.08	0.88	2.36	1.63
印度	1.31	1.51	2.27	0.56	1.47	1.95	1.67	1.08	1.75	1.82	1.56
巴西	1.05	2.11	2.27	0.85	0.74	2.20	1.46	1.29	2.45	0.91	1.53
伊朗	0.52	0.90	1.42	0.56	0.98	1.71	2.72	1.51	2.28	1.64	1.51
土耳其	0.79	2.11	1.13	1.69	1.23	1.71	1.26	0.43	1.05	1.27	1.23
南非	1.57	2.11	0.85	1.13	0.98	1.46	1.05	0.86	1.40	1.09	1.23
瑞典	0.79	1.20	0.85	1.13	2.21	0.98	1.05	1.29	1.05	0.55	1.09
韩国	0.79	0.60	0.28	0.56	0.49	1.22	0.84	0.86	0.70	0.73	0.72

七 地质工程

地质工程A、B、C层人才最多的国家是中国大陆，分别占该学科全球A、B、C层人才的19.61%、25.08%、21.13%。

美国、意大利、法国、英国、阿尔及利亚、沙特、越南、马来西亚、加拿大、挪威的A层人才比较多，世界占比在10%—3%之间；埃及、新加坡、德国、韩国、西班牙、瑞典、日本、瑞士、伊朗也有相当数量的A层人才，世界占比均为1.96%。

美国、意大利、英国、澳大利亚、法国、加拿大、日本的B层人才比较多，世界占比在15%—3%之间；中国香港、德国、瑞士、新加坡、希腊、西班牙、伊朗、土耳其、韩国、挪威、马来西亚、荷兰也有相当数量的B层人才，世界占比超过或接近1%。

美国、澳大利亚、意大利、英国、加拿大、中国香港、法国的C层人才比较多，世界占比在14%—3%之间；伊朗、日本、西班牙、新加坡、德国、土耳其、印度、希腊、瑞士、中国台湾、葡萄牙、韩国也有相当数量的C层人才，世界占比超过1%。

表 5—22　地质工程 A 层人才排名前 20 的国家和地区的占比

国家和地区\年份	2009	2010	2011	2012	2013	2014	2015	2016	2017	2018	合计
中国大陆	33.33	25.00	20.00	0.00	0.00	0.00	11.11	0.00	37.50	33.33	19.61
美国	33.33	25.00	20.00	0.00	0.00	25.00	11.11	0.00	0.00	0.00	9.80
意大利	0.00	25.00	20.00	0.00	0.00	25.00	11.11	0.00	0.00	0.00	7.84
法国	0.00	25.00	0.00	33.33	0.00	0.00	11.11	0.00	0.00	11.11	7.84
英国	0.00	0.00	20.00	33.33	0.00	0.00	11.11	0.00	12.50	0.00	7.84
阿尔及利亚	0.00	0.00	0.00	0.00	0.00	0.00	0.00	16.67	0.00	22.22	5.88
沙特	0.00	0.00	0.00	0.00	0.00	0.00	0.00	16.67	0.00	22.22	5.88
越南	0.00	0.00	0.00	0.00	0.00	0.00	0.00	16.67	12.50	0.00	3.92
马来西亚	0.00	0.00	0.00	0.00	0.00	0.00	0.00	16.67	12.50	0.00	3.92
加拿大	0.00	0.00	0.00	0.00	0.00	50.00	0.00	0.00	0.00	0.00	3.92
挪威	0.00	0.00	0.00	0.00	0.00	0.00	0.00	16.67	12.50	0.00	3.92
埃及	0.00	0.00	0.00	0.00	0.00	0.00	0.00	16.67	0.00	0.00	1.96
新加坡	0.00	0.00	0.00	0.00	0.00	0.00	11.11	0.00	0.00	0.00	1.96
德国	0.00	0.00	0.00	33.33	0.00	0.00	0.00	0.00	0.00	0.00	1.96
韩国	0.00	0.00	0.00	0.00	0.00	0.00	0.00	0.00	12.50	0.00	1.96
西班牙	0.00	0.00	20.00	0.00	0.00	0.00	0.00	0.00	0.00	0.00	1.96
瑞典	0.00	0.00	0.00	0.00	0.00	0.00	11.11	0.00	0.00	0.00	1.96
日本	33.33	0.00	0.00	0.00	0.00	0.00	0.00	0.00	0.00	0.00	1.96
瑞士	0.00	0.00	0.00	0.00	0.00	0.00	11.11	0.00	0.00	0.00	1.96
伊朗	0.00	0.00	0.00	0.00	0.00	0.00	0.00	0.00	0.00	11.11	1.96

表 5—23　地质工程 B 层人才排名前 20 的国家和地区的占比

国家和地区\年份	2009	2010	2011	2012	2013	2014	2015	2016	2017	2018	合计
中国大陆	12.90	10.00	21.74	13.64	13.89	17.54	33.33	26.92	34.72	42.86	25.08
美国	25.81	15.00	13.04	4.55	18.06	22.81	19.75	11.54	5.56	9.09	14.05
意大利	9.68	7.50	4.35	4.55	5.56	8.77	4.94	2.56	5.56	12.99	6.52
英国	3.23	5.00	8.70	6.82	8.33	8.77	6.17	3.85	8.33	2.60	6.19
澳大利亚	3.23	2.50	6.52	13.64	6.94	5.26	1.23	7.69	8.33	6.49	6.19
法国	3.23	5.00	4.35	9.09	1.39	3.51	7.41	5.13	2.78	1.30	4.18
加拿大	9.68	7.50	2.17	9.09	2.78	5.26	1.23	2.56	1.39	0.00	3.34
日本	3.23	2.50	4.35	2.27	5.56	1.75	3.70	2.56	1.39	3.90	3.18

续表

国家和地区 \ 年份	2009	2010	2011	2012	2013	2014	2015	2016	2017	2018	合计
中国香港	0.00	0.00	2.17	0.00	4.17	5.26	4.94	3.85	2.78	1.30	2.84
德国	3.23	5.00	4.35	2.27	1.39	1.75	1.23	2.56	4.17	2.60	2.68
瑞士	3.23	2.50	2.17	4.55	2.78	1.75	3.70	2.56	0.00	1.30	2.34
新加坡	0.00	0.00	6.52	6.82	5.56	0.00	1.23	2.56	0.00	1.30	2.34
希腊	0.00	7.50	2.17	2.27	1.39	3.51	1.23	2.56	1.39	0.00	2.01
西班牙	3.23	5.00	2.17	0.00	2.78	1.75	1.23	3.85	0.00	0.00	1.84
伊朗	0.00	0.00	0.00	2.27	2.78	3.51	0.00	2.56	2.78	2.60	1.84
土耳其	6.45	2.50	2.17	1.39	3.51	1.23	1.28	0.00	0.00	1.67
韩国	3.23	7.50	0.00	4.55	1.39	0.00	1.23	0.00	0.00	0.00	1.34
挪威	0.00	0.00	0.00	0.00	1.39	0.00	0.00	1.28	2.78	1.30	0.84
马来西亚	0.00	0.00	0.00	0.00	1.39	0.00	2.47	1.28	0.00	1.30	0.84
荷兰	0.00	2.50	0.00	0.00	1.39	1.75	0.00	0.00	1.39	1.30	0.84

表5—24　地质工程C层人才排名前20的国家和地区的占比

国家和地区 \ 年份	2009	2010	2011	2012	2013	2014	2015	2016	2017	2018	合计
中国大陆	12.01	12.97	12.39	13.80	17.17	17.38	21.82	26.36	29.49	33.08	21.13
美国	17.86	15.21	13.74	14.53	15.58	14.14	11.60	12.18	11.53	8.80	13.03
澳大利亚	6.49	7.98	6.98	6.78	8.11	8.52	8.23	8.88	7.49	6.22	7.68
意大利	5.84	5.74	8.11	5.81	5.88	7.16	9.60	5.44	8.83	6.83	7.11
英国	6.82	7.23	4.95	6.78	5.56	5.62	4.49	6.02	6.74	5.46	5.83
加拿大	3.90	6.48	5.41	4.36	4.45	4.26	5.61	4.87	3.89	2.43	4.53
中国香港	4.22	2.49	4.28	4.60	4.77	4.26	4.24	4.44	4.04	4.10	4.19
法国	6.49	4.99	3.83	6.30	4.93	4.09	2.87	2.44	2.88	2.88	3.85
伊朗	1.62	1.75	2.25	2.18	3.02	2.56	2.74	2.72	2.84	3.03	2.59
日本	2.60	3.74	3.60	3.15	2.86	3.07	2.24	0.72	2.25	1.97	2.48
西班牙	1.95	2.99	3.38	2.66	2.54	1.53	2.24	1.43	1.50	0.91	2.01
新加坡	1.95	2.49	1.58	2.42	1.75	0.85	1.37	2.44	1.80	3.34	1.98
德国	1.30	1.50	1.13	1.94	1.43	2.90	1.87	2.72	0.90	1.82	1.80
土耳其	2.27	2.00	2.93	1.94	1.91	2.39	1.62	1.29	0.45	1.52	1.73
印度	2.92	1.75	2.25	1.45	1.91	0.85	1.75	2.01	2.10	0.76	1.71
希腊	2.27	2.99	1.80	2.66	2.23	1.02	1.50	1.58	0.90	1.21	1.69
瑞士	1.30	1.25	2.25	1.21	1.27	3.58	1.37	1.29	1.20	1.97	1.68

续表

国家和地区 \ 年份	2009	2010	2011	2012	2013	2014	2015	2016	2017	2018	合计
中国台湾	2.27	1.00	3.60	1.45	1.43	1.02	0.87	0.57	1.05	0.61	1.25
葡萄牙	0.97	1.00	1.13	1.21	1.43	1.02	1.87	1.15	0.75	0.30	1.11
韩国	1.62	1.25	1.58	1.45	1.43	1.36	1.00	0.86	0.30	0.46	1.05

八 地球化学和地球物理学

地球化学和地球物理学 A、B、C 层人才最多的国家是美国，分别占该学科全球 A、B、C 层人才的 24.38%、25.86%、24.32%。

中国大陆、法国、英国、德国、澳大利亚、瑞士、西班牙的 A 层人才比较多，世界占比在 15%—3% 之间；荷兰、新西兰、意大利、加拿大、奥地利、俄罗斯、冰岛、丹麦、以色列、南非、卢森堡、日本也有相当数量的 A 层人才，世界占比超过或接近 1%。

中国大陆、英国、德国、法国、澳大利亚、加拿大、意大利的 B 层人才比较多，世界占比在 12%—3% 之间；西班牙、瑞士、日本、荷兰、挪威、冰岛、俄罗斯、丹麦、中国台湾、南非、葡萄牙、比利时也有相当数量的 B 层人才，世界占比超过或接近 1%。

中国大陆、法国、英国、德国、澳大利亚、加拿大、意大利、瑞士的 C 层人才比较多，世界占比在 11%—3% 之间；日本、荷兰、西班牙、挪威、俄罗斯、丹麦、新西兰、瑞典、中国香港、比利时、奥地利也有相当数量的 C 层人才，世界占比超过或接近 1%。

表 5—25　　地球化学和地球物理学 A 层人才排名前 20 的国家和地区的占比

国家和地区 \ 年份	2009	2010	2011	2012	2013	2014	2015	2016	2017	2018	合计
美国	31.58	23.53	14.29	53.85	18.75	30.77	22.22	5.26	23.81	30.00	24.38
中国大陆	5.26	11.76	7.14	7.69	6.25	7.69	11.11	36.84	14.29	50.00	15.00
法国	15.79	11.76	7.14	15.38	6.25	0.00	16.67	5.26	14.29	0.00	10.00
英国	10.53	17.65	7.14	7.69	12.50	0.00	5.56	5.26	9.52	0.00	8.13
德国	10.53	11.76	7.14	0.00	6.25	0.00	5.56	10.53	4.76	0.00	6.25

续表

国家和地区 \ 年份	2009	2010	2011	2012	2013	2014	2015	2016	2017	2018	合计
澳大利亚	5.26	0.00	7.14	0.00	12.50	15.38	0.00	10.53	0.00	10.00	5.63
瑞士	5.26	5.88	7.14	0.00	6.25	0.00	5.56	0.00	9.52	0.00	4.38
西班牙	0.00	0.00	7.14	0.00	6.25	7.69	0.00	5.26	4.76	0.00	3.13
荷兰	5.26	0.00	0.00	0.00	6.25	7.69	0.00	0.00	4.76	0.00	2.50
新西兰	5.26	0.00	0.00	0.00	12.50	0.00	0.00	0.00	4.76	0.00	2.50
意大利	0.00	0.00	7.14	7.69	0.00	0.00	5.56	0.00	0.00	0.00	1.88
加拿大	0.00	0.00	0.00	7.69	0.00	0.00	5.56	0.00	0.00	10.00	1.88
奥地利	0.00	5.88	0.00	0.00	0.00	0.00	5.56	0.00	4.76	0.00	1.88
俄罗斯	5.26	5.88	7.14	0.00	0.00	0.00	0.00	0.00	0.00	0.00	1.88
冰岛	0.00	0.00	0.00	0.00	0.00	7.69	5.56	0.00	0.00	0.00	1.25
丹麦	0.00	5.88	0.00	0.00	0.00	0.00	0.00	0.00	0.00	0.00	0.63
以色列	0.00	0.00	0.00	0.00	0.00	0.00	0.00	5.26	0.00	0.00	0.63
南非	0.00	0.00	0.00	0.00	0.00	7.69	0.00	0.00	0.00	0.00	0.63
卢森堡	0.00	0.00	0.00	0.00	0.00	0.00	5.56	0.00	0.00	0.00	0.63
日本	0.00	0.00	0.00	0.00	0.00	0.00	0.00	5.26	0.00	0.00	0.63

表5—26　　　**地球化学和地球物理学 B 层人才排名前 20 的国家和地区的占比**

国家和地区 \ 年份	2009	2010	2011	2012	2013	2014	2015	2016	2017	2018	合计
美国	26.97	27.49	33.82	28.28	23.35	23.60	26.06	24.59	24.47	22.73	25.86
中国大陆	7.30	9.94	5.88	7.59	10.78	12.36	13.33	15.30	13.83	17.17	11.64
英国	10.11	8.77	6.62	9.66	4.19	7.30	6.67	6.56	4.79	8.59	7.31
德国	6.18	11.70	5.88	4.83	8.38	6.18	3.64	8.20	7.98	7.07	7.08
法国	5.62	6.43	7.35	8.28	8.98	7.30	6.67	6.01	7.45	2.53	6.55
澳大利亚	6.18	8.19	3.68	4.14	7.19	7.30	6.67	4.92	4.79	2.53	5.56
加拿大	5.06	2.92	5.15	6.21	2.99	6.74	6.06	7.10	4.79	4.04	5.09
意大利	1.69	2.92	4.41	5.52	3.59	2.81	1.21	2.19	3.19	3.54	3.04
西班牙	2.25	1.17	0.74	5.52	1.80	3.93	1.82	2.73	4.79	1.52	2.63
瑞士	3.93	2.34	1.47	1.38	2.99	2.25	1.82	2.19	2.13	5.05	2.63
日本	1.69	1.75	5.15	1.38	2.99	1.69	1.82	2.19	4.79	1.01	2.40
荷兰	1.69	1.75	0.74	3.45	1.20	1.12	1.82	1.64	1.60	4.55	1.99

续表

国家和地区\年份	2009	2010	2011	2012	2013	2014	2015	2016	2017	2018	合计
挪威	1.12	1.17	0.74	1.38	1.80	1.69	0.61	1.09	1.60	2.02	1.35
冰岛	0.56	1.75	0.74	0.00	0.60	1.69	4.24	1.09	1.60	1.01	1.35
俄罗斯	1.69	0.58	2.94	0.69	1.80	1.69	0.61	1.09	0.53	1.01	1.23
丹麦	2.25	0.58	1.47	1.38	1.20	0.56	0.00	1.64	1.06	0.51	1.05
中国台湾	3.37	1.17	0.74	0.69	1.20	0.56	0.61	0.55	0.00	0.51	0.94
南非	1.12	1.75	2.21	1.38	0.60	0.00	0.61	1.09	0.00	1.01	0.94
葡萄牙	0.00	0.58	0.74	2.07	1.80	1.12	2.42	0.00	0.53	0.51	0.94
比利时	0.56	0.00	0.00	1.38	0.60	1.12	0.61	1.09	1.60	1.52	0.88

表5—27　地球化学和地球物理学C层人才排名前20的国家和地区的占比

国家和地区\年份	2009	2010	2011	2012	2013	2014	2015	2016	2017	2018	合计
美国	25.46	26.05	25.04	23.81	24.31	24.76	25.81	23.41	23.66	21.44	24.32
中国大陆	7.63	6.74	8.32	9.21	10.58	10.99	13.03	12.80	13.75	14.08	10.82
法国	9.23	9.53	8.92	9.28	9.42	9.96	7.15	8.30	8.32	7.04	8.68
英国	8.09	6.92	7.73	7.51	7.26	9.30	8.48	8.46	7.67	8.09	7.96
德国	7.63	9.24	9.29	8.22	7.88	7.31	6.39	7.31	6.90	8.04	7.79
澳大利亚	5.01	4.30	4.98	6.17	4.68	5.19	5.63	4.62	4.90	4.94	5.01
加拿大	5.58	3.55	4.23	4.96	5.23	4.41	4.36	4.01	4.96	4.05	4.52
意大利	4.10	4.07	4.61	3.54	3.32	1.93	3.67	3.35	2.89	3.57	3.49
瑞士	3.64	4.19	2.97	3.40	3.32	3.26	3.54	2.58	2.83	3.42	3.32
日本	3.08	2.91	2.45	2.98	3.45	1.99	1.58	2.58	2.65	2.42	2.61
荷兰	1.42	2.73	2.30	1.63	1.85	2.11	1.58	2.53	1.71	1.89	1.98
西班牙	1.59	1.74	2.38	1.70	2.09	2.11	1.33	0.82	1.42	1.26	1.62
挪威	1.54	1.40	1.11	1.35	1.17	1.39	0.76	1.43	1.36	1.68	1.33
俄罗斯	1.48	1.05	0.97	1.20	1.29	1.03	0.76	0.49	1.00	1.31	1.06
丹麦	1.25	0.99	1.34	0.92	1.11	0.97	1.01	1.10	0.94	0.79	1.04
新西兰	0.80	0.81	0.89	1.20	0.68	0.79	0.70	0.88	0.94	1.26	0.90
瑞典	0.85	0.81	0.37	0.92	0.68	0.60	0.89	1.32	1.36	0.79	0.87
中国香港	0.68	0.81	0.74	0.85	0.62	0.85	1.01	0.82	0.94	0.58	0.79
比利时	0.57	0.64	0.52	0.71	0.55	0.72	0.57	0.82	0.71	1.05	0.70
奥地利	0.57	0.81	0.89	0.64	0.31	0.48	0.57	0.82	0.71	1.00	0.68

九　气象学和大气科学

气象学和大气科学 A、B、C 层人才最多的国家是美国，分别占该学科全球 A、B、C 层人才的 23.67%、21.17%、25.09%。

英国、中国大陆、法国、德国、日本、加拿大、澳大利亚、瑞士、荷兰的 A 层人才比较多，世界占比在 9%—3% 之间；挪威、奥地利、瑞典、西班牙、新西兰、比利时、沙特、韩国、芬兰、南非也有相当数量的 A 层人才，世界占比超过 1%。

英国、德国、澳大利亚、中国大陆、荷兰、法国、瑞士、加拿大、日本、意大利的 B 层人才比较多，世界占比在 10%—3% 之间；奥地利、挪威、瑞典、西班牙、芬兰、丹麦、韩国、比利时、俄罗斯也有相当数量的 B 层人才，世界占比超过或接近 1%。

英国、中国大陆、德国、法国、加拿大、澳大利亚、瑞士、荷兰、意大利的 C 层人才比较多，世界占比在 9%—3% 之间；日本、瑞典、西班牙、挪威、芬兰、奥地利、比利时、印度、丹麦、韩国也有相当数量的 C 层人才，世界占比超过 1%。

表 5—28　气象学和大气科学 A 层人才排名前 20 的国家和地区的占比

国家和地区\年份	2009	2010	2011	2012	2013	2014	2015	2016	2017	2018	合计
美国	18.18	25.00	14.29	50.00	30.00	28.57	25.00	8.00	31.25	5.88	23.67
英国	9.09	12.50	14.29	6.25	10.00	14.29	5.00	12.00	0.00	5.88	8.88
中国大陆	0.00	6.25	0.00	6.25	10.00	4.76	5.00	8.00	12.50	5.88	6.51
法国	9.09	6.25	0.00	6.25	5.00	9.52	5.00	8.00	11.76	6.25	6.51
德国	9.09	0.00	14.29	6.25	5.00	4.76	5.00	8.00	12.50	5.88	6.51
日本	0.00	6.25	14.29	6.25	5.00	4.76	5.00	6.25	0.00	5.88	5.92
加拿大	0.00	0.00	0.00	6.25	5.00	0.00	10.00	8.00	6.25	5.88	4.73
澳大利亚	0.00	0.00	0.00	6.25	0.00	9.52	5.00	8.00	0.00	5.88	4.14
瑞士	9.09	0.00	0.00	0.00	5.00	0.00	5.00	0.00	6.25	5.88	4.14
荷兰	0.00	18.75	0.00	0.00	0.00	4.76	0.00	4.00	0.00	5.88	3.55
挪威	9.09	0.00	0.00	0.00	0.00	0.00	5.00	4.00	0.00	5.88	2.96
奥地利	0.00	6.25	14.29	0.00	5.00	0.00	5.00	0.00	0.00	5.88	2.96

续表

国家和地区 \ 年份	2009	2010	2011	2012	2013	2014	2015	2016	2017	2018	合计
瑞典	9.09	0.00	14.29	0.00	0.00	0.00	5.00	0.00	6.25	0.00	2.37
西班牙	0.00	6.25	0.00	0.00	0.00	0.00	0.00	4.00	0.00	5.88	1.78
新西兰	0.00	6.25	0.00	0.00	0.00	0.00	0.00	4.00	0.00	5.88	1.78
比利时	9.09	0.00	0.00	0.00	5.00	0.00	0.00	4.00	0.00	0.00	1.78
沙特	0.00	0.00	0.00	6.25	0.00	9.52	0.00	0.00	0.00	0.00	1.78
韩国	0.00	0.00	14.29	0.00	0.00	0.00	0.00	0.00	6.25	0.00	1.18
芬兰	0.00	6.25	0.00	0.00	0.00	4.76	0.00	0.00	0.00	0.00	1.18
南非	0.00	0.00	0.00	0.00	0.00	0.00	0.00	4.00	0.00	5.88	1.18

表 5—29 气象学和大气科学 B 层人才排名前 20 的国家和地区的占比

国家和地区 \ 年份	2009	2010	2011	2012	2013	2014	2015	2016	2017	2018	合计
美国	27.59	31.03	23.67	19.02	15.38	19.37	18.23	20.17	23.53	18.38	21.17
英国	13.10	6.90	10.65	7.36	9.74	9.95	10.34	9.87	9.50	9.83	9.74
德国	6.21	8.97	9.47	6.13	7.69	6.28	7.88	7.30	6.33	8.97	7.53
澳大利亚	4.14	3.45	5.33	5.52	6.67	5.76	6.90	6.01	5.43	6.41	5.69
中国大陆	5.52	2.76	2.96	3.68	5.13	5.24	4.93	5.58	6.33	4.70	4.79
荷兰	4.83	2.76	6.51	3.07	4.10	5.24	4.43	6.01	4.07	5.13	4.69
法国	4.83	2.76	3.55	3.07	6.15	4.19	6.90	5.58	3.62	4.27	4.58
瑞士	4.83	3.45	4.14	4.91	3.59	3.66	3.43	5.91	4.52	5.98	4.48
加拿大	2.76	1.38	4.73	4.91	6.67	4.71	2.96	4.29	6.33	3.85	4.37
日本	3.45	1.38	5.92	2.45	4.62	3.66	3.94	4.29	1.81	1.71	3.32
意大利	2.07	4.14	1.78	4.91	2.56	3.66	2.46	2.15	3.62	2.99	3.00
奥地利	2.07	2.76	5.33	2.45	1.03	3.66	1.48	3.00	2.71	2.14	2.63
挪威	2.07	2.76	1.78	6.13	3.59	2.09	2.46	1.72	1.81	2.14	2.58
瑞典	2.76	5.52	0.59	3.07	2.05	0.52	2.96	3.00	1.81	2.14	2.37
西班牙	0.69	1.38	2.96	2.45	4.10	2.09	1.97	0.86	1.81	2.14	2.05
芬兰	0.69	5.52	1.78	2.45	2.56	2.62	1.48	1.29	2.26	0.85	2.05
丹麦	2.07	1.38	1.78	2.45	1.54	0.52	2.46	0.00	1.36	1.28	1.42
韩国	2.07	0.69	0.00	0.61	1.54	2.09	0.99	2.15	0.90	0.85	1.21
比利时	0.00	1.38	0.00	0.00	0.51	0.52	1.97	0.43	1.36	2.14	0.90
俄罗斯	0.69	1.38	1.18	2.45	0.51	1.05	0.49	0.86	0.90	0.00	0.90

表5—30 气象学和大气科学C层人才排名前20的国家和地区的占比

国家和地区\年份	2009	2010	2011	2012	2013	2014	2015	2016	2017	2018	合计
美国	29.37	29.54	26.49	28.30	26.30	25.70	24.67	22.34	22.07	20.07	25.09
英国	7.57	7.98	9.02	9.16	9.52	8.11	8.86	8.66	8.70	7.81	8.56
中国大陆	6.65	6.14	6.26	6.64	5.92	7.32	9.25	8.52	9.84	10.30	7.85
德国	7.93	7.50	7.45	7.93	7.57	6.58	7.40	8.17	7.74	6.61	7.48
法国	5.24	5.18	5.45	4.70	5.97	4.37	4.38	4.58	4.30	5.12	4.90
加拿大	3.68	4.23	4.26	3.82	3.86	3.05	3.36	3.77	3.44	3.83	3.71
澳大利亚	2.97	2.39	2.94	3.76	4.53	4.11	3.75	3.59	3.44	3.16	3.51
瑞士	2.97	3.89	3.69	3.41	2.99	3.69	3.50	3.36	3.11	3.16	3.36
荷兰	2.69	2.86	3.69	2.88	2.57	3.37	2.97	3.23	3.30	3.11	3.08
意大利	2.97	3.21	3.19	2.76	2.99	3.32	2.92	2.56	3.06	3.35	3.02
日本	3.26	3.00	2.44	2.94	3.40	2.79	2.24	2.15	2.87	2.01	2.67
瑞典	1.56	1.84	2.07	1.76	1.75	1.79	1.85	2.56	2.63	2.54	2.07
西班牙	1.63	1.91	2.25	2.70	1.60	1.95	2.09	1.88	1.91	2.59	2.06
挪威	1.91	1.43	1.88	1.53	2.52	1.90	1.90	2.74	2.05	1.82	2.00
芬兰	1.27	1.36	1.63	1.88	1.39	1.84	1.36	1.79	1.62	2.01	1.63
奥地利	1.34	1.16	1.75	1.35	1.60	1.69	1.51	1.79	1.48	2.16	1.61
比利时	1.77	0.89	1.31	0.88	0.82	1.16	1.07	1.26	1.43	1.39	1.20
印度	1.34	1.50	1.44	1.12	0.87	1.05	1.02	0.85	1.48	0.77	1.12
丹麦	0.71	0.82	1.00	1.70	1.70	1.11	0.92	0.90	0.81	0.72	1.04
韩国	1.34	1.16	0.75	0.76	0.77	1.00	0.97	0.90	1.48	1.10	1.02

十 海洋学

海洋学A、B、C层人才最多的国家是美国，分别占该学科全球A、B、C层人才的36.59%、25.47%、25.23%。

澳大利亚、英国、加拿大、德国、法国、瑞典的A层人才比较多，世界占比在10%—3%之间；比利时、中国大陆、波兰、意大利、中国香港、印度、阿根廷、科威特、挪威、秘鲁、俄罗斯、菲律宾、韩国也有相当数量的A层人才，世界占比超过1%。

英国、法国、澳大利亚、德国、加拿大、挪威、西班牙、意大利的B

层人才比较多，世界占比在 9%—3% 之间；中国大陆、荷兰、日本、丹麦、瑞典、比利时、新西兰、葡萄牙、以色列、希腊、南非也有相当数量的 B 层人才，世界占比超过或接近 1%。

英国、法国、澳大利亚、德国、中国大陆、加拿大、西班牙、意大利、挪威的 C 层人才比较多，世界占比在 10%—3% 之间；荷兰、日本、丹麦、瑞典、新西兰、葡萄牙、比利时、俄罗斯、南非、巴西也有相当数量的 C 层人才，世界占比超过或接近 1%。

表 5—31　　海洋学 A 层人才排名前 20 的国家和地区的占比

国家和地区 \ 年份	2009	2010	2011	2012	2013	2014	2015	2016	2017	2018	合计
美国	100.00	40.00	57.14	50.00	28.57	11.11	58.33	50.00	36.36	7.14	36.59
澳大利亚	0.00	20.00	14.29	25.00	0.00	22.22	0.00	16.67	9.09	0.00	9.76
英国	0.00	0.00	0.00	0.00	14.29	22.22	8.33	16.67	9.09	0.00	8.54
加拿大	0.00	0.00	0.00	0.00	14.29	11.11	8.33	8.33	9.09	7.14	7.32
德国	0.00	20.00	0.00	25.00	0.00	0.00	0.00	0.00	9.09	7.14	4.88
法国	0.00	0.00	0.00	0.00	14.29	0.00	8.33	8.33	0.00	7.14	4.88
瑞典	0.00	0.00	14.29	0.00	0.00	11.11	0.00	0.00	0.00	7.14	3.66
比利时	0.00	0.00	0.00	0.00	0.00	11.11	0.00	0.00	0.00	7.14	2.44
中国大陆	0.00	0.00	0.00	0.00	14.29	0.00	0.00	0.00	0.00	7.14	2.44
波兰	0.00	0.00	0.00	0.00	0.00	0.00	0.00	0.00	9.09	7.14	2.44
意大利	0.00	0.00	14.29	0.00	0.00	11.11	0.00	0.00	0.00	0.00	2.44
中国香港	0.00	0.00	0.00	0.00	0.00	0.00	0.00	0.00	0.00	7.14	1.22
印度	0.00	0.00	0.00	0.00	0.00	0.00	0.00	0.00	0.00	7.14	1.22
阿根廷	0.00	0.00	0.00	0.00	14.29	0.00	0.00	0.00	0.00	0.00	1.22
科威特	0.00	0.00	0.00	0.00	0.00	0.00	0.00	0.00	0.00	7.14	1.22
挪威	0.00	0.00	0.00	0.00	0.00	0.00	0.00	0.00	9.09	0.00	1.22
秘鲁	0.00	0.00	0.00	0.00	0.00	0.00	0.00	0.00	0.00	7.14	1.22
俄罗斯	0.00	0.00	0.00	0.00	0.00	0.00	0.00	0.00	9.09	0.00	1.22
菲律宾	0.00	0.00	0.00	0.00	0.00	0.00	0.00	0.00	0.00	7.14	1.22
韩国	0.00	0.00	0.00	0.00	0.00	8.33	0.00	0.00	0.00	0.00	1.22

表 5—32　　海洋学 B 层人才排名前 20 的国家和地区的占比

国家和地区\年份	2009	2010	2011	2012	2013	2014	2015	2016	2017	2018	合计
美国	32.63	34.48	27.91	32.05	32.26	24.35	19.83	22.02	20.18	16.94	25.47
英国	3.16	8.05	8.14	7.69	11.83	11.30	8.62	11.93	7.02	8.06	8.65
法国	7.37	5.75	5.81	2.56	7.53	3.48	5.17	6.42	10.53	9.68	6.59
澳大利亚	6.32	5.75	3.49	3.85	6.45	6.96	8.62	11.93	6.14	4.84	6.59
德国	5.26	8.05	5.81	7.69	5.38	4.35	6.90	7.34	6.14	6.45	6.29
加拿大	4.21	4.60	5.81	2.56	4.30	3.48	6.03	2.75	4.39	6.45	4.52
挪威	3.16	2.30	3.49	3.85	1.08	7.83	4.31	2.75	7.02	2.42	3.93
西班牙	1.05	4.60	5.81	5.13	1.08	3.48	5.17	0.00	3.51	4.84	3.44
意大利	2.11	1.15	3.49	2.56	3.23	5.22	2.59	2.75	1.75	5.65	3.15
中国大陆	0.00	3.45	0.00	2.56	1.08	3.48	5.17	3.67	4.39	2.42	2.75
荷兰	5.26	1.15	2.33	2.56	1.08	2.61	2.59	0.92	3.51	4.03	2.65
日本	3.16	1.15	2.33	1.28	1.08	2.61	2.59	3.67	1.75	0.81	2.06
丹麦	0.00	2.30	2.33	3.85	4.30	1.74	0.86	1.83	2.63	1.61	2.06
瑞典	3.16	0.00	3.49	0.00	2.15	0.87	1.72	1.83	1.75	1.61	1.67
比利时	3.16	1.15	1.16	1.28	2.15	0.00	0.86	3.67	0.88	1.61	1.57
新西兰	0.00	3.45	2.33	0.00	0.00	0.87	0.00	1.83	1.75	1.61	1.47
葡萄牙	0.00	0.00	1.16	1.28	0.00	1.74	2.59	1.83	2.63	2.42	1.47
以色列	1.05	0.00	1.16	1.28	0.00	0.00	1.72	0.92	0.88	3.23	1.08
希腊	0.00	1.15	2.33	1.28	0.00	1.74	0.00	0.92	1.75	1.61	1.08
南非	1.05	0.00	2.33	1.28	1.08	0.00	0.86	1.83	0.00	1.61	0.98

表 5—33　　海洋学 C 层人才排名前 20 的国家和地区的占比

国家和地区\年份	2009	2010	2011	2012	2013	2014	2015	2016	2017	2018	合计
美国	27.46	29.50	27.68	27.37	26.51	24.91	25.48	23.22	23.49	19.46	25.23
英国	8.11	8.51	8.48	10.10	9.68	9.75	8.55	11.08	8.81	10.36	9.38
法国	7.53	8.63	7.42	7.54	5.61	6.16	5.73	5.88	7.12	6.49	6.74
澳大利亚	5.21	4.56	8.24	5.60	7.37	6.34	4.64	5.88	6.23	6.22	6.02
德国	5.45	6.12	5.18	5.84	5.28	6.34	5.10	5.78	6.58	5.95	5.78
中国大陆	2.90	3.72	3.89	4.26	4.29	4.64	6.46	5.11	6.05	9.28	5.22
加拿大	5.45	4.68	6.12	4.62	5.17	3.88	5.00	3.37	3.91	3.33	4.48

续表

国家和地区\年份	2009	2010	2011	2012	2013	2014	2015	2016	2017	2018	合计
西班牙	4.52	3.96	3.06	2.55	3.41	3.98	3.00	2.99	3.83	2.70	3.39
意大利	3.59	3.12	1.88	1.82	3.08	3.69	3.37	3.76	3.11	3.69	3.16
挪威	2.78	1.92	2.83	3.04	3.85	2.37	2.91	4.05	3.56	3.78	3.14
荷兰	3.48	3.48	3.06	3.41	2.09	1.89	3.28	1.83	2.76	3.33	2.83
日本	3.01	2.16	2.36	2.31	2.42	2.18	1.73	1.45	1.42	1.53	2.01
丹麦	1.74	1.56	2.12	1.70	1.76	2.56	1.91	2.02	1.69	2.07	1.93
瑞典	1.74	1.20	1.06	1.70	1.76	1.80	1.09	1.83	1.87	1.89	1.61
新西兰	1.04	1.92	1.77	1.22	1.54	1.14	1.18	1.54	1.16	1.62	1.40
葡萄牙	1.74	1.32	1.18	1.82	0.99	1.04	1.27	0.87	0.71	1.08	1.17
比利时	1.27	1.08	1.30	1.34	0.66	0.57	0.64	0.96	0.98	0.99	0.96
俄罗斯	0.46	0.72	0.82	0.73	0.99	0.95	1.91	0.77	0.53	0.99	0.91
南非	0.58	1.20	0.59	0.61	0.88	1.23	0.82	0.87	0.89	0.81	0.86
巴西	0.46	0.48	0.59	0.85	0.55	0.66	1.09	0.87	0.53	1.17	0.74

十一 环境科学

环境科学 A、B、C 层人才最多的国家是美国，分别占该学科全球 A、B、C 层人才的 17.49%、17.45%、18.87%。

中国大陆、德国、英国、澳大利亚、荷兰、瑞士、法国、加拿大的 A 层人才比较多，世界占比在 11%—3% 之间；意大利、瑞典、日本、西班牙、韩国、奥地利、印度、丹麦、比利时、沙特、南非也有相当数量的 A 层人才，世界占比超过 1%。

中国大陆、英国、德国、澳大利亚、荷兰、加拿大、法国的 B 层人才比较多，世界占比在 13%—3% 之间；意大利、瑞士、西班牙、瑞典、韩国、日本、奥地利、印度、丹麦、挪威、比利时、芬兰也有相当数量的 B 层人才，世界占比超过 1%。

中国大陆、英国、德国、澳大利亚、加拿大、西班牙、法国、意大利、荷兰的 C 层人才比较多，世界占比在 15%—3% 之间；瑞士、瑞典、印度、日本、丹麦、韩国、挪威、比利时、巴西、中国香港也有相当数量的 C 层人才，世界占比超过 1%。

表5—34　　环境科学A层人才排名前20的国家和地区的占比

国家和地区 \ 年份	2009	2010	2011	2012	2013	2014	2015	2016	2017	2018	合计
美国	15.91	28.89	19.30	31.03	15.87	20.29	17.95	12.64	14.13	11.30	17.49
中国大陆	4.55	4.44	7.02	6.90	7.94	14.49	7.69	13.79	9.78	15.65	10.31
德国	6.82	6.67	5.26	10.34	12.70	1.45	10.26	5.75	4.35	7.83	6.88
英国	6.82	8.89	5.26	5.17	7.94	10.14	7.69	5.75	4.35	7.83	6.88
澳大利亚	2.27	4.44	3.51	5.17	4.76	11.59	5.13	4.60	4.35	4.35	5.08
荷兰	2.27	6.67	7.02	6.90	6.35	4.35	2.56	3.45	6.52	4.35	5.08
瑞士	9.09	2.22	0.00	3.45	4.76	2.90	7.69	9.20	2.17	4.35	4.48
法国	4.55	4.44	1.75	1.72	7.94	7.25	0.00	2.30	3.26	3.48	3.74
加拿大	0.00	4.44	5.26	1.72	3.17	4.35	2.56	2.30	2.17	4.35	3.14
意大利	2.27	4.44	1.75	3.45	4.76	2.90	5.13	2.30	1.09	2.61	2.84
瑞典	11.36	2.22	0.00	0.00	0.00	1.45	5.13	2.30	2.17	4.35	2.69
日本	2.27	2.22	7.02	0.00	0.00	1.45	5.13	5.75	3.26	0.00	2.54
西班牙	0.00	0.00	3.51	1.72	4.76	1.45	2.56	2.30	1.09	3.48	2.24
韩国	2.27	4.44	1.75	1.72	0.00	1.45	2.56	2.30	5.43	0.87	2.24
奥地利	2.27	2.22	8.77	0.00	1.59	0.00	0.00	2.30	2.17	1.74	2.09
印度	4.55	0.00	0.00	1.72	0.00	0.00	2.56	1.15	2.17	3.48	1.79
丹麦	2.27	4.44	1.75	1.72	1.59	0.00	2.56	1.15	1.09	1.74	1.64
比利时	4.55	0.00	0.00	3.45	1.59	0.00	0.00	1.15	2.17	0.87	1.35
沙特	0.00	0.00	0.00	0.00	0.00	2.90	5.13	2.30	2.17	0.87	1.35
南非	0.00	0.00	1.75	1.72	1.59	1.45	2.56	1.15	2.17	0.87	1.35

表5—35　　环境科学B层人才排名前20的国家和地区的占比

国家和地区 \ 年份	2009	2010	2011	2012	2013	2014	2015	2016	2017	2018	合计
美国	25.80	21.88	24.91	19.00	17.85	16.02	14.29	17.84	14.54	12.08	17.45
中国大陆	7.53	7.66	9.43	9.40	9.76	11.81	11.68	13.80	15.87	20.86	12.79
英国	6.62	7.00	6.98	6.14	8.59	8.90	6.87	7.68	6.37	4.39	6.81
德国	3.65	5.47	5.09	5.18	4.88	5.66	4.95	5.47	5.05	5.79	5.19
澳大利亚	3.65	3.94	5.28	4.41	4.88	4.53	4.67	5.73	5.89	5.49	4.99
荷兰	4.11	4.16	2.83	4.41	3.87	4.53	3.57	4.17	3.49	2.59	3.68
加拿大	3.20	5.69	4.15	3.84	4.55	2.27	3.71	4.56	3.25	2.69	3.68
法国	4.11	2.63	4.34	4.03	3.70	3.72	3.02	4.82	3.00	1.90	3.42

续表

国家和地区\年份	2009	2010	2011	2012	2013	2014	2015	2016	2017	2018	合计
意大利	2.28	2.84	3.21	3.65	2.69	4.05	3.71	2.99	2.64	2.10	2.97
瑞士	2.51	3.06	2.64	4.61	3.20	2.91	3.02	2.73	2.28	2.69	2.91
西班牙	3.20	3.50	2.83	4.03	3.03	2.27	2.20	2.08	2.16	2.40	2.65
瑞典	1.60	3.06	2.64	3.07	2.36	2.10	1.79	1.95	2.52	1.90	2.25
韩国	0.68	1.09	2.45	0.96	0.84	1.94	2.06	2.99	2.16	2.10	1.85
日本	1.83	0.66	2.08	1.92	3.03	2.59	1.65	1.56	1.80	1.20	1.80
奥地利	1.83	1.31	1.70	1.92	1.52	2.43	1.92	1.17	1.92	2.00	1.79
印度	1.60	1.09	1.51	0.77	1.68	2.27	2.06	1.69	1.44	2.50	1.74
丹麦	1.60	3.06	1.70	2.11	1.52	1.94	1.79	0.65	0.60	1.10	1.48
挪威	1.14	1.97	1.32	2.69	2.19	1.13	1.79	0.78	1.32	1.10	1.48
比利时	0.91	1.31	1.32	0.96	1.68	1.29	1.65	1.56	1.80	1.00	1.37
芬兰	0.91	2.19	0.57	1.34	1.01	1.13	1.37	0.52	1.56	1.50	1.22

表5—36　环境科学 C 层人才排名前 20 的国家和地区的占比

国家和地区\年份	2009	2010	2011	2012	2013	2014	2015	2016	2017	2018	合计
美国	22.57	22.69	23.05	23.10	22.01	21.13	17.78	17.02	15.23	12.94	18.87
中国大陆	10.72	11.29	11.72	11.43	12.63	12.38	13.20	15.85	18.31	19.95	14.51
英国	6.50	6.48	6.60	6.43	6.43	6.63	6.55	6.95	6.00	5.51	6.35
德国	4.47	5.10	5.24	5.88	5.29	5.12	5.58	5.11	4.76	4.31	5.04
澳大利亚	3.55	3.94	4.16	4.69	4.83	4.68	4.82	4.41	4.74	4.53	4.49
加拿大	3.97	4.20	4.80	3.63	3.81	3.78	4.01	3.70	3.56	3.08	3.78
西班牙	3.83	3.28	3.54	3.78	3.04	3.36	3.50	3.51	2.97	3.24	3.37
法国	3.67	3.52	3.27	3.37	3.42	3.56	3.23	3.23	3.09	2.86	3.27
意大利	2.56	2.78	2.36	2.97	2.87	3.10	3.23	3.37	3.62	3.47	3.12
荷兰	2.72	3.24	2.97	3.35	3.35	3.57	3.20	3.15	3.01	2.60	3.09
瑞士	2.58	2.93	2.46	2.84	2.54	2.83	2.85	2.15	2.24	1.90	2.47
瑞典	1.73	2.17	2.04	2.37	2.32	2.40	2.51	2.45	2.11	1.97	2.21
印度	2.67	1.82	1.89	1.27	1.70	1.58	1.70	1.96	1.82	2.36	1.89
日本	2.42	1.77	2.04	2.19	1.84	1.59	1.67	1.35	1.36	1.25	1.67
丹麦	1.41	1.42	1.55	1.63	1.67	1.66	1.71	1.51	1.58	1.30	1.54
韩国	1.29	1.49	1.38	1.76	1.63	1.30	1.53	1.41	1.41	1.82	1.52
挪威	1.22	1.33	1.47	1.31	1.46	1.43	1.42	1.43	1.27	1.10	1.33

续表

国家和地区\年份	2009	2010	2011	2012	2013	2014	2015	2016	2017	2018	合计
比利时	1.18	1.42	1.30	1.17	1.34	1.20	1.61	1.11	1.02	1.17	1.24
巴西	1.52	1.42	0.85	1.00	1.00	1.19	1.09	1.34	1.37	1.39	1.23
中国香港	1.08	0.88	1.23	0.87	0.81	0.88	0.91	1.34	1.51	1.58	1.16

十二 土壤学

土壤学 A 层人才最多的国家是美国，世界占比为 17.02%；紧随其后的是英国、荷兰、澳大利亚，世界占比分别为 12.77%、10.64%、10.64%；中国大陆、加拿大、德国、意大利的 A 层人才也比较多，世界占比在 9%—4% 之间；瑞士、俄罗斯、阿根廷、塞尔维亚、西班牙、奥地利、瑞典、坦桑尼亚、巴西、哥伦比亚也有相当数量的 A 层人才，世界占比均为 2.13%。

B 层人才最多的国家是美国，世界占比为 14.70%；中国大陆、德国、澳大利亚、英国、法国、意大利、西班牙、荷兰的 B 层人才比较多，世界占比在 12%—3% 之间；加拿大、新西兰、奥地利、瑞士、伊朗、瑞典、挪威、韩国、马来西亚、比利时、印度也有相当数量的 B 层人才，世界占比超过 1%。

C 层人才最多的国家是中国大陆，世界占比为 15.85%；美国、德国、澳大利亚、英国、西班牙、法国、意大利的 C 层人才比较多，世界占比在 14%—3% 之间；加拿大、巴西、荷兰、印度、瑞士、瑞典、比利时、新西兰、奥地利、丹麦、巴基斯坦、伊朗也有相当数量的 C 层人才，世界占比超过或接近 1%。

表 5—37   土壤学 A 层人才的国家和地区的占比

国家和地区\年份	2009	2010	2011	2012	2013	2014	2015	2016	2017	2018	合计
美国	0.00	16.67	0.00	20.00	28.57	28.57	0.00	16.67	14.29	0.00	17.02
英国	33.33	50.00	0.00	20.00	0.00	0.00	0.00	16.67	0.00	0.00	12.77
荷兰	0.00	0.00	0.00	0.00	14.29	14.29	0.00	16.67	14.29	25.00	10.64
澳大利亚	33.33	16.67	0.00	20.00	28.57	0.00	0.00	0.00	0.00	0.00	10.64

续表

国家和地区 \ 年份	2009	2010	2011	2012	2013	2014	2015	2016	2017	2018	合计
中国大陆	33.33	16.67	0.00	0.00	0.00	0.00	0.00	0.00	14.29	25.00	8.51
加拿大	0.00	0.00	0.00	20.00	0.00	28.57	0.00	0.00	14.29	0.00	8.51
德国	0.00	0.00	0.00	0.00	14.29	0.00	50.00	0.00	14.29	0.00	6.38
意大利	0.00	0.00	0.00	0.00	14.29	0.00	0.00	16.67	0.00	0.00	4.26
瑞士	0.00	0.00	0.00	0.00	0.00	0.00	0.00	0.00	0.00	25.00	2.13
俄罗斯	0.00	0.00	0.00	0.00	0.00	0.00	50.00	0.00	0.00	0.00	2.13
阿根廷	0.00	0.00	0.00	0.00	0.00	0.00	0.00	16.67	0.00	0.00	2.13
塞尔维亚	0.00	0.00	0.00	0.00	0.00	0.00	0.00	0.00	14.29	0.00	2.13
西班牙	0.00	0.00	0.00	0.00	0.00	0.00	0.00	16.67	0.00	0.00	2.13
奥地利	0.00	0.00	0.00	0.00	0.00	0.00	0.00	0.00	14.29	0.00	2.13
瑞典	0.00	0.00	0.00	20.00	0.00	0.00	0.00	0.00	0.00	0.00	2.13
坦桑尼亚	0.00	0.00	0.00	0.00	0.00	14.29	0.00	0.00	0.00	0.00	2.13
巴西	0.00	0.00	0.00	0.00	0.00	14.29	0.00	0.00	0.00	0.00	2.13
哥伦比亚	0.00	0.00	0.00	0.00	0.00	0.00	0.00	0.00	0.00	25.00	2.13

表 5—38　土壤学 B 层人才排名前 20 的国家和地区的占比

国家和地区 \ 年份	2009	2010	2011	2012	2013	2014	2015	2016	2017	2018	合计
美国	13.04	21.82	19.67	11.11	12.50	19.70	13.85	17.81	7.89	10.61	14.70
中国大陆	4.35	9.09	3.28	11.11	12.50	9.09	4.62	10.96	25.00	22.73	11.82
德国	10.87	12.73	9.84	9.26	9.38	6.06	7.69	4.11	5.26	9.09	8.15
澳大利亚	10.87	14.55	11.48	5.56	3.13	10.61	6.15	6.85	6.58	6.06	7.99
英国	8.70	7.27	14.75	11.11	7.81	4.55	6.15	2.74	2.63	6.06	6.87
法国	19.57	5.45	4.92	1.85	9.38	3.03	1.54	4.11	2.63	1.52	4.95
意大利	4.35	1.82	4.92	7.41	0.00	3.03	4.62	6.85	1.32	4.55	3.83
西班牙	4.35	1.82	0.00	5.56	4.69	0.00	3.08	6.85	1.32	4.55	3.19
荷兰	4.35	3.64	3.28	1.85	3.13	1.52	4.62	5.48	1.32	3.03	3.19
加拿大	0.00	1.82	1.64	1.85	0.00	4.55	3.08	4.11	5.26	1.52	2.56
新西兰	0.00	1.82	1.64	3.70	1.56	3.03	4.62	2.74	1.32	1.52	2.24
奥地利	4.35	1.82	0.00	0.00	6.25	3.03	3.08	2.74	0.00	1.52	2.24
瑞士	2.17	3.64	6.56	3.70	1.56	3.03	1.54	1.37	0.00	0.00	2.24
伊朗	0.00	0.00	0.00	1.85	0.00	1.52	3.08	4.11	3.95	4.55	2.08

续表

国家和地区＼年份	2009	2010	2011	2012	2013	2014	2015	2016	2017	2018	合计
瑞典	2.17	3.64	1.64	3.70	1.56	1.52	3.08	1.37	1.32	0.00	1.92
挪威	0.00	0.00	3.28	1.85	0.00	1.52	1.54	1.37	2.63	3.03	1.60
韩国	0.00	0.00	3.28	0.00	0.00	1.52	0.00	0.00	6.58	3.03	1.60
马来西亚	0.00	0.00	0.00	3.70	0.00	4.55	3.08	0.00	1.32	1.52	1.44
比利时	0.00	0.00	1.64	1.85	4.69	0.00	1.54	2.74	1.32	0.00	1.44
印度	2.17	0.00	0.00	1.85	1.56	0.00	1.54	0.00	3.95	1.52	1.28

表5—39　土壤学C层人才排名前20的国家和地区的占比

国家和地区＼年份	2009	2010	2011	2012	2013	2014	2015	2016	2017	2018	合计
中国大陆	12.58	13.59	13.97	14.83	13.80	16.01	19.55	13.49	20.00	18.50	15.85
美国	17.06	15.58	15.64	14.64	13.49	14.20	13.84	11.54	13.55	11.01	13.87
德国	7.89	8.51	8.01	7.22	7.44	9.21	8.13	8.25	7.37	8.52	8.06
澳大利亚	3.20	6.16	6.70	7.41	5.12	6.19	6.75	6.45	6.18	5.58	6.01
英国	7.68	7.07	7.08	6.27	6.20	3.78	4.84	4.80	4.61	4.55	5.55
西班牙	6.40	5.62	4.84	4.94	5.43	3.93	2.94	6.60	3.68	2.94	4.66
法国	6.40	4.71	4.84	4.94	4.19	4.53	3.81	4.95	2.63	3.38	4.33
意大利	2.99	2.54	3.17	1.90	3.10	3.32	4.67	3.30	3.42	3.82	3.26
加拿大	4.26	2.54	3.17	4.18	2.95	1.96	1.56	1.65	2.37	2.79	2.67
巴西	4.26	2.54	0.93	2.85	3.26	2.57	1.90	3.75	1.45	2.50	2.57
荷兰	2.99	1.63	3.17	1.52	1.40	2.42	2.94	2.55	4.21	1.91	2.50
印度	1.92	1.45	2.05	2.09	2.64	2.27	1.90	3.30	2.63	2.64	2.34
瑞士	1.71	2.54	2.79	2.66	2.17	2.87	2.08	1.80	1.97	1.76	2.22
瑞典	2.13	2.72	2.05	2.28	2.79	1.66	1.73	1.50	1.84	1.03	1.94
比利时	2.99	2.17	1.68	0.76	2.02	2.42	1.56	1.65	1.18	1.47	1.76
新西兰	1.07	1.09	1.68	2.47	1.71	1.96	1.04	0.90	1.05	1.47	1.43
奥地利	0.64	2.36	2.23	0.19	1.55	1.36	0.69	1.50	1.97	1.03	1.38
丹麦	0.64	0.72	1.49	1.90	2.17	1.96	0.87	1.35	1.05	0.73	1.30
巴基斯坦	0.64	0.36	0.93	1.71	0.47	0.60	1.04	1.05	1.45	2.06	1.05
伊朗	0.43	0.54	0.19	0.57	0.47	1.36	1.21	0.75	1.58	2.06	0.97

十三　水资源

水资源 A、B、C 层人才最多的国家是美国，分别占该学科全球 A、B、C 层人才的 14.36%、14.29%、18.26%。

德国、中国大陆、澳大利亚、英国、荷兰、意大利、沙特、瑞士、奥地利、印度、马来西亚的 A 层人才比较多，世界占比在 9%—3% 之间；比利时、韩国、新加坡、法国、伊朗、加拿大、葡萄牙、西班牙也有相当数量的 A 层人才，世界占比超过 1%。

中国大陆、英国、澳大利亚、荷兰、德国、加拿大、意大利、瑞士、西班牙的 B 层人才比较多，世界占比在 14%—3% 之间；法国、马来西亚、中国香港、奥地利、伊朗、印度、韩国、挪威、瑞典、沙特也有相当数量的 B 层人才，世界占比超过 1%。

中国大陆、澳大利亚、英国、德国、意大利、加拿大、荷兰、西班牙、法国的 C 层人才比较多，世界占比在 13%—3% 之间；瑞士、伊朗、印度、韩国、瑞典、日本、比利时、奥地利、土耳其、新加坡也有相当数量的 C 层人才，世界占比超过 1%。

表 5—40　　水资源 A 层人才排名前 20 的国家和地区的占比

国家和地区＼年份	2009	2010	2011	2012	2013	2014	2015	2016	2017	2018	合计
美国	37.50	11.76	17.65	16.67	11.11	0.00	8.33	20.69	13.04	13.64	14.36
德国	12.50	23.53	5.88	5.56	11.11	8.33	4.17	3.45	8.70	9.09	8.51
中国大陆	12.50	0.00	5.88	5.56	5.56	0.00	4.17	17.24	8.70	18.18	8.51
澳大利亚	0.00	11.76	0.00	5.56	11.11	0.00	4.17	3.45	8.70	9.09	5.85
英国	0.00	0.00	0.00	11.11	5.56	8.33	20.83	3.45	4.35	0.00	5.85
荷兰	0.00	0.00	11.76	5.56	0.00	16.67	0.00	6.90	13.04	0.00	5.32
意大利	0.00	11.76	5.88	0.00	11.11	0.00	4.17	3.45	4.35	0.00	4.26
沙特	0.00	5.88	5.88	5.56	5.56	0.00	4.17	0.00	4.35	0.00	3.19
瑞士	0.00	0.00	5.88	5.56	5.56	8.33	0.00	3.45	0.00	4.55	3.19
奥地利	12.50	11.76	5.88	0.00	0.00	0.00	0.00	3.45	4.35	0.00	3.19
印度	0.00	0.00	11.76	5.56	0.00	0.00	8.33	0.00	0.00	4.55	3.19
马来西亚	0.00	0.00	5.88	0.00	0.00	8.33	8.33	3.45	0.00	4.55	3.19

续表

国家和地区 \ 年份	2009	2010	2011	2012	2013	2014	2015	2016	2017	2018	合计
比利时	0.00	0.00	0.00	0.00	5.56	16.67	0.00	3.45	4.35	0.00	2.66
韩国	12.50	5.88	0.00	0.00	0.00	0.00	4.17	0.00	4.35	4.55	2.66
新加坡	0.00	0.00	0.00	0.00	0.00	8.33	0.00	0.00	4.35	13.64	2.66
法国	12.50	0.00	0.00	0.00	5.56	0.00	4.17	3.45	0.00	0.00	2.13
伊朗	0.00	0.00	0.00	5.56	0.00	0.00	0.00	0.00	8.70	0.00	1.60
加拿大	0.00	0.00	5.88	0.00	0.00	0.00	4.17	0.00	0.00	4.55	1.60
葡萄牙	0.00	0.00	0.00	0.00	5.56	8.33	0.00	3.45	0.00	0.00	1.60
西班牙	0.00	5.88	5.88	0.00	0.00	0.00	4.17	0.00	0.00	0.00	1.60

表 5—41　　水资源 B 层人才排名前 20 的国家和地区的占比

国家和地区 \ 年份	2009	2010	2011	2012	2013	2014	2015	2016	2017	2018	合计
美国	20.59	15.85	12.99	15.48	14.06	15.53	16.74	10.57	12.33	11.95	14.29
中国大陆	7.35	6.10	7.14	10.12	9.90	13.11	13.30	16.26	17.62	23.45	13.22
英国	8.82	5.49	7.79	7.74	7.29	7.77	9.44	4.88	4.41	6.64	6.92
澳大利亚	5.15	8.54	5.84	8.93	6.77	3.40	7.73	4.07	6.61	4.87	6.10
荷兰	5.15	4.88	7.14	8.93	6.25	4.85	3.86	4.88	3.08	2.21	4.92
德国	2.94	6.10	6.49	3.57	4.17	5.34	3.43	5.28	3.96	3.54	4.46
加拿大	3.68	3.05	5.19	4.17	3.65	4.37	4.29	4.88	1.32	1.77	3.59
意大利	6.62	6.71	3.90	2.38	2.60	2.91	2.58	3.25	1.76	3.10	3.38
瑞士	2.94	3.05	3.25	6.55	5.21	2.91	1.29	3.66	2.20	1.77	3.18
西班牙	3.68	6.10	4.55	2.38	2.60	2.43	3.43	2.44	2.64	2.21	3.13
法国	4.41	2.44	1.95	1.79	4.17	2.43	3.00	3.25	3.08	2.21	2.87
马来西亚	2.21	0.61	1.95	5.36	2.08	3.40	3.86	2.85	1.32	2.65	2.66
中国香港	3.68	1.83	0.65	0.00	1.04	1.94	3.00	3.66	1.76	1.33	1.95
奥地利	1.47	3.05	1.95	1.79	3.13	1.94	1.29	0.41	2.20	1.77	1.84
伊朗	0.74	0.61	1.95	2.98	1.56	1.46	1.29	1.22	1.76	3.54	1.74
印度	0.00	1.83	1.95	0.60	1.56	0.00	2.58	3.66	1.32	1.33	1.59
韩国	2.94	1.22	2.60	2.38	1.04	2.43	0.00	1.22	1.76	0.88	1.54
挪威	0.00	0.61	1.30	2.38	0.52	1.46	1.29	1.63	3.08	1.77	1.49
瑞典	0.74	2.44	0.00	0.60	2.60	2.43	0.86	1.22	0.88	1.33	1.33
沙特	0.00	0.00	2.60	0.60	0.52	0.97	1.29	3.66	2.20	0.44	1.33

表 5—42　水资源 C 层人才排名前 20 的国家和地区的占比

国家和地区\年份	2009	2010	2011	2012	2013	2014	2015	2016	2017	2018	合计
美国	19.25	18.95	19.52	19.61	19.84	18.33	18.35	16.38	17.19	16.82	18.26
中国大陆	7.40	9.57	10.82	10.48	12.04	12.60	13.15	14.43	16.28	17.36	12.85
澳大利亚	5.14	5.56	5.51	6.68	5.54	6.38	5.74	5.65	5.17	5.90	5.73
英国	6.86	5.37	5.44	5.88	5.75	6.27	4.70	6.24	5.71	5.26	5.71
德国	5.46	5.86	4.32	5.58	4.84	5.46	4.74	4.70	4.31	4.56	4.93
意大利	4.21	3.27	3.12	3.80	3.98	4.22	3.89	4.07	4.08	3.87	3.87
加拿大	3.98	3.95	4.38	4.17	3.87	3.52	4.16	3.37	3.22	3.87	3.81
荷兰	4.13	4.32	4.25	3.74	3.98	3.89	2.89	3.49	3.49	2.88	3.64
西班牙	4.21	4.57	3.32	3.62	3.82	3.14	3.57	3.24	3.17	2.98	3.51
法国	4.05	3.58	4.12	3.92	3.87	3.24	2.58	2.66	2.59	2.48	3.21
瑞士	3.82	2.84	2.72	2.88	2.80	2.87	2.62	2.62	2.31	2.13	2.71
伊朗	1.56	2.72	3.45	2.27	2.42	2.11	2.62	2.62	2.77	2.93	2.57
印度	2.49	2.90	2.46	2.27	2.37	2.33	1.94	2.25	1.54	2.13	2.23
韩国	1.17	1.67	1.73	1.16	1.24	1.46	1.27	1.33	1.63	1.54	1.42
瑞典	1.87	1.23	1.06	1.35	1.24	1.24	1.72	1.62	1.27	0.89	1.35
日本	1.79	1.41	1.59	1.10	1.29	1.51	1.13	1.29	1.18	1.04	1.29
比利时	1.95	1.30	1.73	1.04	1.56	0.59	1.27	1.12	1.32	0.99	1.25
奥地利	1.01	0.99	1.13	1.53	1.40	1.08	0.86	1.25	1.13	0.94	1.13
土耳其	1.79	1.36	1.20	1.53	0.86	1.03	1.31	0.87	0.77	0.89	1.12
新加坡	0.39	0.86	1.00	0.80	1.67	0.97	1.04	1.33	1.41	1.14	1.10

十四　环境研究

环境研究 A、B、C 层人才最多的国家是美国，分别占该学科全球 A、B、C 层人才的 19.29%、16.78%、16.85%。

英国、澳大利亚、荷兰、德国、中国大陆、瑞士、法国、瑞典的 A 层人才比较多，世界占比在 11%—3% 之间；奥地利、西班牙、意大利、加拿大、芬兰、日本、捷克、沙特、南非、巴基斯坦、哈萨克斯坦也有相当数量的 A 层人才，世界占比超过或接近 1%。

英国、澳大利亚、荷兰、德国、中国大陆、加拿大、瑞典、法国、奥地利的 B 层人才比较多，世界占比在 12%—3% 之间；意大利、挪威、瑞士、西班牙、丹麦、日本、芬兰、印度、比利时、南非也有相当数量的 B

层人才，世界占比超过或接近1％。

英国、中国大陆、德国、澳大利亚、荷兰、加拿大、瑞典、意大利、西班牙的C层人才比较多，世界占比在13％—3％之间；法国、瑞士、挪威、奥地利、丹麦、比利时、日本、中国香港、芬兰、南非也有相当数量的C层人才，世界占比超过或接近1％。

表5—43　　环境研究A层人才排名前20的国家和地区的占比

国家和地区\年份	2009	2010	2011	2012	2013	2014	2015	2016	2017	2018	合计
美国	0.00	37.50	33.33	33.33	33.33	18.75	7.69	10.00	8.70	17.86	19.29
英国	16.67	50.00	8.33	8.33	8.33	18.75	7.69	10.00	4.35	3.57	10.71
澳大利亚	16.67	0.00	16.67	8.33	8.33	12.50	7.69	10.00	4.35	3.57	7.86
荷兰	16.67	0.00	8.33	8.33	0.00	12.50	0.00	0.00	8.70	10.71	7.14
德国	16.67	0.00	8.33	8.33	8.33	0.00	0.00	0.00	8.70	7.14	6.43
中国大陆	0.00	0.00	0.00	8.33	0.00	12.50	7.69	20.00	4.35	7.14	6.43
瑞士	0.00	0.00	0.00	0.00	8.33	6.25	7.69	10.00	4.35	10.71	5.71
法国	16.67	0.00	0.00	0.00	0.00	12.50	0.00	10.00	4.35	3.57	4.29
瑞典	16.67	0.00	0.00	0.00	0.00	0.00	15.38	0.00	0.00	7.14	3.57
奥地利	0.00	0.00	0.00	0.00	0.00	0.00	7.69	0.00	8.70	3.57	2.86
西班牙	0.00	0.00	0.00	0.00	8.33	0.00	0.00	10.00	4.35	3.57	2.86
意大利	0.00	0.00	0.00	0.00	0.00	0.00	7.69	0.00	8.70	3.57	2.86
加拿大	0.00	0.00	8.33	0.00	8.33	0.00	7.69	0.00	0.00	3.57	2.86
芬兰	0.00	12.50	0.00	0.00	0.00	0.00	0.00	0.00	4.35	3.57	2.14
日本	0.00	0.00	0.00	0.00	0.00	0.00	0.00	10.00	4.35	3.57	2.14
捷克	0.00	0.00	0.00	0.00	0.00	0.00	0.00	0.00	4.35	3.57	1.43
沙特	0.00	0.00	0.00	8.33	0.00	0.00	6.25	0.00	0.00	0.00	1.43
南非	0.00	0.00	0.00	0.00	0.00	8.33	0.00	0.00	4.35	0.00	1.43
巴基斯坦	0.00	0.00	0.00	0.00	0.00	0.00	7.69	0.00	0.00	0.00	0.71
哈萨克斯坦	0.00	0.00	0.00	0.00	0.00	0.00	7.69	0.00	0.00	0.00	0.71

表5—44　环境研究 B 层人才排名前20的国家和地区的占比

国家和地区\年份	2009	2010	2011	2012	2013	2014	2015	2016	2017	2018	合计
美国	30.34	22.45	25.47	12.04	18.32	12.58	16.31	16.02	18.97	8.47	16.78
英国	13.48	19.39	12.26	11.11	12.21	9.27	8.51	10.50	9.23	10.59	11.14
澳大利亚	4.49	6.12	6.60	8.33	9.92	5.96	6.38	6.08	10.26	5.93	7.10
荷兰	10.11	5.10	2.83	5.56	6.11	7.28	6.38	7.73	6.67	6.36	6.48
德国	3.37	6.12	8.49	7.41	7.63	4.64	4.96	7.18	6.15	6.78	6.34
中国大陆	5.62	0.00	1.89	1.85	3.82	3.97	5.67	4.42	6.15	5.51	4.25
加拿大	5.62	3.06	4.72	3.70	5.34	1.32	3.55	3.87	3.08	3.81	3.69
瑞典	2.25	5.10	4.72	3.70	3.82	3.97	5.67	1.66	3.59	2.54	3.55
法国	1.12	3.06	2.83	4.63	4.58	3.31	2.84	6.08	1.54	3.81	3.48
奥地利	1.12	0.00	2.83	1.85	2.29	4.64	2.13	3.31	5.64	3.81	3.13
意大利	0.00	0.00	3.77	5.56	2.29	5.30	2.84	2.76	3.59	2.54	2.99
挪威	2.25	1.02	0.94	3.70	4.58	1.99	5.67	1.10	3.08	3.39	2.86
瑞士	1.12	3.06	0.00	5.56	2.29	2.65	3.55	3.87	3.59	0.85	2.65
西班牙	1.12	5.10	1.89	1.85	4.58	1.32	2.13	1.66	1.54	2.54	2.30
丹麦	2.25	2.04	1.89	2.78	1.53	3.97	3.55	1.66	0.51	2.54	2.23
日本	1.12	1.02	0.94	2.78	2.29	3.31	0.71	2.76	3.59	0.85	2.02
芬兰	0.00	1.02	0.94	2.78	2.29	1.32	2.13	1.10	0.00	3.39	1.60
印度	0.00	0.00	0.94	0.00	0.76	2.65	1.42	1.66	0.51	1.69	1.11
比利时	1.12	2.04	0.94	0.00	0.00	0.00	0.00	1.10	0.51	3.39	1.04
南非	1.12	2.04	0.94	0.93	0.00	1.32	0.71	1.66	0.51	0.85	0.97

表5—45　环境研究 C 层人才排名前20的国家和地区的占比

国家和地区\年份	2009	2010	2011	2012	2013	2014	2015	2016	2017	2018	合计
美国	21.02	21.24	20.22	19.08	18.43	17.55	15.82	16.40	14.38	12.91	16.85
英国	12.71	14.64	14.52	14.22	14.12	11.77	12.19	12.32	11.76	10.65	12.53
中国大陆	3.80	6.70	5.88	5.05	5.96	7.25	6.94	7.56	9.60	9.89	7.41
德国	4.51	6.29	5.70	6.97	5.73	6.38	7.52	6.59	6.04	6.41	6.30
澳大利亚	6.41	6.39	5.97	7.52	7.14	7.11	6.74	6.16	5.34	4.48	6.13
荷兰	5.82	5.26	5.97	4.50	6.27	5.32	5.58	5.18	5.25	4.69	5.31
加拿大	4.16	5.26	4.41	4.40	4.24	3.46	3.89	4.02	3.89	3.31	3.98

续表

国家和地区\年份	2009	2010	2011	2012	2013	2014	2015	2016	2017	2018	合计
瑞典	3.56	2.99	2.48	3.21	3.45	3.26	3.89	3.11	3.09	3.23	3.23
意大利	2.97	1.75	2.76	1.83	3.06	1.66	3.24	3.84	4.59	4.19	3.23
西班牙	2.85	2.47	3.13	3.12	2.90	2.79	3.05	2.99	3.23	3.90	3.13
法国	2.02	2.06	3.22	2.94	1.80	3.59	2.33	2.50	2.44	2.77	2.60
瑞士	2.97	1.86	2.67	2.57	2.27	1.86	2.40	2.01	2.58	1.72	2.23
挪威	2.14	0.93	2.11	2.11	1.49	1.93	2.14	2.20	1.97	1.80	1.90
奥地利	1.54	1.24	1.65	2.39	1.33	2.46	1.88	1.89	1.73	1.34	1.74
丹麦	1.90	1.96	1.38	2.20	2.04	1.46	1.62	1.34	1.59	1.42	1.64
比利时	1.66	1.24	1.75	1.01	0.94	1.06	1.49	1.40	1.69	1.63	1.42
日本	1.31	1.55	1.29	1.28	1.80	1.40	1.10	0.91	1.36	1.26	1.31
中国香港	1.19	0.72	1.75	1.01	1.02	0.93	1.10	1.46	1.59	1.34	1.25
芬兰	1.31	0.82	0.74	1.10	0.94	0.86	0.91	1.16	1.31	1.38	1.09
南非	1.07	0.82	0.37	0.28	1.10	0.86	1.04	0.79	0.89	1.63	0.95

十五 多学科地球科学

多学科地球科学A、B、C层人才最多的国家是美国，分别占该学科全球A、B、C层人才的15.84%、18.35%、20.12%。

英国、德国、荷兰、加拿大、澳大利亚、法国、中国大陆、瑞士、奥地利、挪威的A层人才比较多，世界占比在10%—3%之间；意大利、日本、瑞典、比利时、西班牙、丹麦、俄罗斯、新西兰、中国香港也有相当数量的A层人才，世界占比超过1%。

英国、中国大陆、德国、法国、澳大利亚、加拿大、瑞士、荷兰的B层人才比较多，世界占比在11%—3%之间；挪威、意大利、日本、瑞典、西班牙、奥地利、比利时、丹麦、俄罗斯、新西兰、中国香港也有相当数量的B层人才，世界占比超过或接近1%。

中国大陆、英国、德国、法国、澳大利亚、加拿大、意大利、瑞士的C层人才比较多，世界占比在11%—3%之间；荷兰、日本、西班牙、挪威、瑞典、比利时、奥地利、丹麦、印度、新西兰、俄罗斯也有相当数量的C层人才，世界占比超过或接近1%。

表5—46　多学科地球科学A层人才排名前20的国家和地区的占比

国家和地区＼年份	2009	2010	2011	2012	2013	2014	2015	2016	2017	2018	合计
美国	25.00	17.39	29.03	24.24	11.11	14.29	12.82	12.12	9.76	10.87	15.84
英国	12.50	13.04	3.23	12.12	8.33	11.43	10.26	9.09	7.32	6.52	9.09
德国	0.00	4.35	3.23	6.06	8.33	8.57	10.26	9.09	12.20	6.52	7.33
荷兰	4.17	4.35	9.68	6.06	5.56	5.71	7.69	3.03	7.32	6.52	6.16
加拿大	12.50	0.00	3.23	9.09	5.56	2.86	5.13	6.06	4.88	8.70	5.87
澳大利亚	8.33	4.35	3.23	6.06	5.56	8.57	7.69	6.06	4.88	4.35	5.87
法国	4.17	8.70	3.23	0.00	5.56	8.57	5.13	9.09	2.44	6.52	5.28
中国大陆	0.00	0.00	12.90	3.03	5.56	5.71	7.69	3.03	7.32	2.17	4.99
瑞士	0.00	8.70	3.23	3.03	2.78	8.57	5.13	6.06	4.88	4.35	4.69
奥地利	4.17	4.35	3.23	3.03	0.00	2.86	2.56	6.06	12.20	4.35	4.40
挪威	4.17	0.00	3.23	6.06	2.78	0.00	2.56	6.06	2.44	6.52	3.52
意大利	4.17	0.00	3.23	0.00	5.56	2.86	0.00	0.00	4.88	6.52	2.93
日本	4.17	4.35	3.23	3.03	5.56	0.00	2.56	3.03	0.00	4.35	2.93
瑞典	8.33	0.00	0.00	0.00	5.56	2.86	5.13	0.00	0.00	0.00	2.35
比利时	0.00	0.00	0.00	0.00	5.56	0.00	2.56	3.03	4.88	4.35	2.35
西班牙	0.00	4.35	0.00	3.03	0.00	2.86	2.56	0.00	0.00	4.35	2.05
丹麦	0.00	0.00	0.00	3.03	2.78	5.71	2.56	0.00	0.00	2.17	1.76
俄罗斯	4.17	0.00	0.00	0.00	2.78	2.86	5.13	0.00	0.00	0.00	1.47
新西兰	0.00	0.00	0.00	0.00	5.56	0.00	0.00	3.03	2.44	2.17	1.47
中国香港	0.00	4.35	0.00	3.03	0.00	5.71	0.00	0.00	0.00	0.00	1.17

表5—47　多学科地球科学B层人才排名前20的国家和地区的占比

国家和地区＼年份	2009	2010	2011	2012	2013	2014	2015	2016	2017	2018	合计
美国	27.20	22.34	22.46	18.39	17.27	19.90	15.95	15.63	14.79	15.35	18.35
英国	9.96	11.36	9.47	10.97	10.86	10.99	11.19	9.86	8.02	8.91	10.12
中国大陆	6.90	5.13	9.12	6.13	5.29	9.42	7.86	7.69	12.53	16.58	8.95
德国	7.28	6.23	4.91	8.71	6.41	7.07	7.14	7.45	6.52	5.69	6.75
法国	4.21	8.42	5.61	5.16	7.24	4.45	6.67	4.57	5.01	3.96	5.47
澳大利亚	3.83	6.23	5.26	4.52	5.29	4.19	4.76	5.77	4.26	3.22	4.70
加拿大	4.21	5.49	5.61	2.90	3.90	3.14	3.33	5.05	5.51	2.72	4.13
瑞士	3.83	1.83	2.46	4.19	5.01	3.40	5.24	4.33	4.51	3.47	3.93
荷兰	4.60	3.30	3.86	3.23	4.46	3.93	3.33	2.88	4.01	2.97	3.62

续表

国家和地区\年份	2009	2010	2011	2012	2013	2014	2015	2016	2017	2018	合计
挪威	1.92	1.10	1.40	2.90	3.90	2.36	3.10	3.61	3.26	2.97	2.76
意大利	3.07	4.40	1.40	1.94	2.23	2.88	2.38	2.88	2.26	3.96	2.74
日本	2.68	1.10	4.21	1.61	2.51	2.62	2.14	3.13	2.76	3.71	2.68
瑞典	1.15	1.10	1.40	2.26	1.39	3.66	2.86	3.85	2.76	1.49	2.31
西班牙	1.53	2.56	2.46	2.58	1.95	2.09	2.14	2.64	1.50	1.49	2.08
奥地利	1.15	2.20	2.11	1.29	1.67	1.57	1.67	1.20	1.00	1.49	1.51
比利时	1.92	2.20	0.35	0.00	2.23	1.31	1.67	1.44	1.75	1.73	1.48
丹麦	1.15	1.83	0.70	1.94	1.67	1.31	1.19	1.68	1.00	1.98	1.45
俄罗斯	1.15	0.00	1.05	2.26	1.67	1.57	0.95	1.20	1.00	0.74	1.17
新西兰	1.15	0.73	1.05	1.61	1.39	0.52	2.14	1.20	1.00	0.50	1.14
中国香港	2.30	1.47	1.05	0.32	0.84	0.52	1.43	0.00	0.50	1.49	0.94

表5—48 多学科地球科学C层人才排名前20的国家和地区的占比

国家和地区\年份	2009	2010	2011	2012	2013	2014	2015	2016	2017	2018	合计
美国	24.74	22.05	22.21	20.71	18.99	20.35	19.85	20.04	18.35	17.10	20.12
中国大陆	6.55	6.84	8.13	10.67	10.21	11.22	12.18	10.97	13.01	13.38	10.68
英国	10.11	9.70	8.55	9.23	9.98	8.87	8.57	9.02	8.05	8.35	8.97
德国	7.15	8.25	7.16	6.51	7.84	7.08	7.21	6.63	6.96	6.41	7.08
法国	6.95	5.94	6.08	5.27	5.49	5.69	5.41	5.59	4.98	4.65	5.52
澳大利亚	4.04	3.95	4.66	4.74	5.41	5.10	5.43	4.99	5.23	5.28	4.96
加拿大	4.56	4.63	4.17	4.45	3.93	3.58	3.97	4.00	3.56	3.45	3.97
意大利	4.08	3.51	3.89	3.27	2.54	3.42	3.29	2.85	3.83	4.05	3.45
瑞士	3.20	3.08	2.75	2.79	3.44	3.10	3.17	3.11	3.42	2.74	3.07
荷兰	2.56	3.40	2.99	3.47	3.23	2.64	2.73	2.63	3.45	2.43	2.92
日本	2.08	1.74	3.51	2.62	3.26	1.82	2.36	2.36	1.81	2.29	2.38
西班牙	2.00	2.93	2.29	1.93	2.62	2.32	1.85	2.46	2.03	2.23	2.26
挪威	2.32	1.88	1.98	1.80	2.26	1.74	2.09	2.15	2.36	2.14	2.08
瑞典	1.40	1.85	1.18	1.93	2.04	1.52	1.90	1.98	1.67	1.76	1.74
比利时	1.16	1.38	1.43	1.77	1.39	1.18	1.22	1.09	1.45	1.09	1.30
奥地利	0.96	0.98	1.22	1.05	1.17	1.31	0.93	1.42	1.45	1.38	1.21
丹麦	1.00	1.12	0.97	1.24	0.92	1.23	1.05	1.06	1.48	1.07	1.12
印度	0.80	1.48	0.90	1.05	1.45	1.18	0.97	1.09	0.90	1.20	1.11
新西兰	1.08	0.98	0.97	1.21	1.06	1.01	1.10	0.82	0.90	0.89	0.99
俄罗斯	0.80	0.83	0.76	0.82	1.20	0.88	1.29	0.87	1.15	0.76	0.95

第三节　学科组层面的人才比较

在地球科学各学科人才分析的基础上，按照 A、B、C 三个人才层次，对各学科人才进行汇总分析，可以从学科组层面揭示人才的分布特点和发展趋势。

一　A 层人才

地球科学 A 层人才最多的国家是美国，占该学科组全球 A 层人才的 19.40%，中国大陆以 9.43% 的世界占比排名第二，这两个国家的 A 层人才接近全球的 30%；其后是英国、德国、澳大利亚，世界占比分别为 8.61%、6.48%、6.12%；法国、荷兰、瑞士、加拿大、意大利、奥地利、西班牙、瑞典、日本的 A 层人才也比较多，世界占比在 5%—2% 之间；挪威、比利时、韩国、印度、丹麦、沙特也有相当数量的 A 层人才，世界占比超过 1%；南非、新西兰、巴西、中国香港、新加坡、葡萄牙、俄罗斯、马来西亚、芬兰、以色列、中国台湾、波兰、伊朗、智利、阿根廷、阿尔及利亚、捷克、巴基斯坦、肯尼亚、爱尔兰也有一定数量的 A 层人才，世界占比低于 1%。

在发展趋势上，美国呈现相对下降趋势，中国大陆呈现相对上升趋势，其他国家和地区没有呈现明显变化。

表 5—49　地球科学 A 层人才排名前 40 的国家和地区的占比

国家和地区 \ 年份	2009	2010	2011	2012	2013	2014	2015	2016	2017	2018	合计
美国	23.94	25.30	25.95	30.69	18.75	20.45	17.81	13.72	15.63	12.82	19.40
中国大陆	4.23	4.22	6.49	5.82	7.69	8.64	10.96	14.44	10.76	13.46	9.43
英国	7.75	15.06	6.49	9.52	9.13	10.45	10.50	9.03	5.90	5.45	8.61
德国	7.75	6.63	5.41	7.41	8.17	3.64	5.94	6.14	7.64	6.41	6.48
澳大利亚	5.63	5.42	5.41	5.29	6.73	10.91	5.94	6.50	4.86	4.81	6.12
法国	7.04	5.42	2.16	4.23	6.25	5.45	5.02	3.97	4.17	5.13	4.81
荷兰	2.82	4.22	6.49	4.76	4.33	6.36	3.65	3.25	6.25	4.49	4.71
瑞士	4.23	3.01	1.62	2.65	4.33	3.18	4.11	5.78	4.17	5.13	3.99

续表

国家和地区 \ 年份	2009	2010	2011	2012	2013	2014	2015	2016	2017	2018	合计
加拿大	2.11	3.01	4.86	3.70	3.85	5.45	4.57	3.25	2.78	4.81	3.90
意大利	1.41	3.01	3.24	2.12	3.85	2.73	3.65	1.81	2.78	3.21	2.81
奥地利	2.11	4.82	4.32	0.53	0.96	1.36	1.83	2.53	5.21	2.56	2.67
西班牙	0.00	2.41	2.70	3.17	3.37	2.27	1.37	3.61	1.39	3.21	2.45
瑞典	7.75	0.60	2.16	1.06	1.44	1.36	4.57	1.08	1.04	3.21	2.27
日本	2.11	2.41	3.24	1.06	1.44	0.91	1.83	3.61	2.43	1.28	2.04
挪威	2.11	0.60	1.08	2.12	1.92	0.00	0.91	2.17	1.39	2.24	1.50
比利时	2.11	0.00	0.00	1.59	2.88	1.36	0.91	1.44	1.74	1.28	1.36
韩国	1.41	1.81	1.08	0.53	0.00	0.45	1.37	0.72	3.82	0.96	1.27
印度	1.41	0.60	1.08	1.59	0.48	0.91	0.91	0.72	1.04	2.24	1.13
丹麦	0.70	1.81	1.62	1.06	1.44	1.36	1.37	0.36	0.35	0.96	1.04
沙特	0.00	0.60	1.08	1.06	0.48	2.27	1.37	1.08	1.04	0.96	1.04
南非	0.70	0.00	0.54	1.59	0.96	0.91	0.46	1.44	1.04	1.28	0.95
新西兰	0.70	0.60	0.00	0.00	1.92	0.45	0.46	1.44	1.74	1.28	0.95
巴西	2.82	1.20	1.08	0.00	0.48	0.45	0.00	1.44	0.35	0.32	0.73
中国香港	0.00	1.20	0.54	0.53	0.48	1.36	0.00	0.72	0.35	1.28	0.68
新加坡	0.00	0.00	0.00	0.53	0.48	1.36	0.46	0.72	0.69	1.60	0.68
葡萄牙	0.70	0.60	0.54	1.06	2.88	0.45	0.00	0.36	0.00	0.64	0.68
俄罗斯	1.41	0.60	1.08	0.53	0.48	0.45	1.37	0.36	0.35	0.32	0.63
马来西亚	0.00	0.60	0.54	0.00	0.00	0.45	0.91	1.08	0.35	0.96	0.54
芬兰	0.70	1.20	0.54	0.00	0.48	0.91	0.00	0.36	0.69	0.64	0.54
以色列	1.41	0.00	0.54	1.06	0.00	0.45	0.00	1.08	0.00	0.00	0.41
中国台湾	0.00	0.00	1.08	0.00	0.48	0.00	0.46	0.36	1.04	0.32	0.41
波兰	0.00	0.00	1.08	0.53	0.00	0.00	0.46	0.72	0.00	0.64	0.41
伊朗	0.00	0.00	0.54	0.53	0.00	0.00	0.00	0.36	1.04	0.64	0.36
智利	1.41	0.00	0.00	0.53	0.96	0.45	0.00	0.00	0.35	0.32	0.36
阿根廷	1.41	0.00	1.08	0.00	0.48	0.00	0.00	0.36	0.35	0.00	0.32
阿尔及利亚	0.00	0.00	0.00	0.53	0.00	0.00	0.46	0.36	0.00	0.96	0.27
捷克	0.00	0.60	0.00	0.00	0.48	0.45	0.00	0.36	0.35	0.32	0.27
巴基斯坦	0.00	0.00	0.00	0.00	0.48	0.45	0.91	0.36	0.00	0.32	0.27
肯尼亚	0.00	0.00	0.54	1.06	0.00	0.00	0.46	0.36	0.00	0.32	0.27
爱尔兰	1.41	0.00	0.54	0.00	0.00	0.00	0.00	0.00	0.69	0.32	0.27

二 B层人才

地球科学B层人才最多的国家是美国,占该学科组全球B层人才的18.52%,中国大陆以10.60%的世界占比排名第二,这两个国家的B层人才接近全球的30%;英国、德国、澳大利亚紧随其后,世界占比分别为8.34%、6.09%、5.56%;法国、加拿大、荷兰、意大利、瑞士、西班牙、瑞典、日本、挪威的B层人才也比较多,世界占比在5%—2%之间;奥地利、丹麦、比利时、韩国、印度、芬兰也有相当数量的B层人才,世界占比超过1%;中国香港、新西兰、葡萄牙、俄罗斯、南非、新加坡、马来西亚、巴西、伊朗、沙特、希腊、中国台湾、捷克、土耳其、以色列、爱尔兰、波兰、墨西哥、阿根廷、巴基斯坦也有一定数量的B层人才,世界占比低于1%。

在发展趋势上,美国呈现相对下降趋势,中国大陆呈现相对上升趋势,其他国家和地区没有呈现明显变化。

表5—50　地球科学B层人才排名前40的国家和地区的占比

国家和地区\年份	2009	2010	2011	2012	2013	2014	2015	2016	2017	2018	合计
美国	25.66	23.68	22.70	19.10	18.77	18.26	16.17	17.50	16.41	13.41	18.52
中国大陆	6.69	6.58	7.43	7.09	8.33	10.81	10.92	11.82	13.76	16.60	10.60
英国	8.88	9.05	9.41	8.66	8.82	8.86	8.70	8.25	6.70	7.25	8.34
德国	5.31	7.24	5.96	6.23	5.96	6.25	5.75	6.32	5.93	6.06	6.09
澳大利亚	4.73	6.03	5.91	5.78	5.83	5.05	5.90	6.04	5.82	4.64	5.56
法国	4.96	4.66	4.55	4.46	5.39	4.14	4.52	4.86	4.23	3.13	4.43
加拿大	4.38	4.39	4.81	4.41	4.12	3.52	3.98	4.39	4.09	3.26	4.08
荷兰	4.44	3.13	3.45	4.10	3.68	3.98	3.79	3.86	3.60	3.48	3.74
意大利	3.06	3.34	3.35	3.50	2.85	3.64	3.14	2.82	2.75	3.29	3.16
瑞士	3.11	2.58	2.62	4.10	3.46	2.69	3.14	3.21	3.07	2.68	3.06
西班牙	2.65	3.23	2.93	3.24	2.85	2.28	2.49	2.14	2.19	2.22	2.56
瑞典	1.33	2.41	1.73	2.18	1.84	1.99	2.22	2.29	2.12	1.84	2.01
日本	1.90	0.99	3.03	1.72	2.59	2.32	1.72	1.89	2.26	1.64	2.01
挪威	1.44	1.43	1.36	2.89	2.54	1.86	2.18	1.79	2.26	2.00	2.00

续表

国家和地区\年份	2009	2010	2011	2012	2013	2014	2015	2016	2017	2018	合计
奥地利	1.38	1.70	2.14	1.67	1.71	2.07	1.57	1.68	1.87	1.84	1.77
丹麦	1.50	1.92	1.36	2.08	1.58	1.66	1.26	1.18	0.81	1.35	1.43
比利时	1.04	1.15	0.63	0.76	1.58	1.08	1.46	1.57	1.69	1.58	1.31
韩国	0.75	0.82	1.36	0.76	0.75	1.28	0.96	1.46	1.31	1.19	1.09
印度	0.87	0.71	0.68	0.61	0.96	1.24	1.23	1.18	1.24	1.61	1.09
芬兰	0.87	1.32	0.78	0.86	0.96	0.91	1.00	0.93	1.09	1.19	1.00
中国香港	1.04	0.49	0.63	0.41	0.75	0.75	0.96	1.11	0.88	1.42	0.88
新西兰	0.75	0.93	0.73	1.42	1.05	0.54	1.00	0.89	0.64	0.74	0.86
葡萄牙	0.40	0.60	0.89	0.66	0.66	0.46	0.92	0.89	0.74	1.03	0.75
俄罗斯	0.81	0.71	0.73	1.11	0.92	1.04	0.61	0.64	0.71	0.39	0.75
南非	0.92	0.88	0.84	0.76	0.70	0.58	0.73	0.64	0.53	0.61	0.70
新加坡	0.58	0.27	1.05	0.91	0.57	0.83	0.80	0.61	0.64	0.68	0.69
马来西亚	0.63	0.27	0.37	0.91	0.57	0.83	0.88	0.54	0.56	1.10	0.69
巴西	0.69	0.55	0.47	0.71	0.39	1.08	0.54	0.79	0.67	0.71	0.67
伊朗	0.29	0.27	0.31	0.51	0.61	0.54	0.42	0.54	0.92	1.68	0.67
沙特	0.06	0.05	0.47	0.15	0.61	0.41	0.57	0.89	1.02	0.74	0.55
希腊	0.63	0.71	0.37	0.56	0.35	0.50	0.46	0.61	0.64	0.52	0.53
中国台湾	1.10	0.49	0.31	0.56	0.70	0.17	0.57	0.43	0.21	0.58	0.49
捷克	0.35	0.71	0.31	0.35	0.35	0.37	0.38	0.39	0.64	0.55	0.45
土耳其	1.15	0.66	0.47	0.51	0.13	0.58	0.34	0.43	0.18	0.32	0.44
以色列	0.35	0.27	0.47	0.20	0.44	0.25	0.31	0.36	0.64	0.58	0.40
爱尔兰	0.40	0.33	0.26	0.30	0.09	0.21	0.61	0.46	0.56	0.48	0.39
波兰	0.23	0.66	0.21	0.20	0.26	0.50	0.42	0.46	0.32	0.45	0.38
墨西哥	0.23	0.27	0.47	0.46	0.31	0.66	0.54	0.25	0.21	0.29	0.37
阿根廷	0.52	0.27	0.26	0.25	0.39	0.25	0.27	0.39	0.25	0.42	0.33
巴基斯坦	0.17	0.05	0.21	0.00	0.09	0.04	0.27	0.21	0.60	0.74	0.27

三 C层人才

地球科学C层人才最多的国家是美国，占该学科组全球C层人才的19.68%，中国大陆以12.02%的世界占比排名第二，这两个国家的C层人才超过全球的30%；英国、德国、澳大利亚紧随其后，世界占比分别为8.05%、6.15%、5.02%；法国、加拿大、意大利、荷兰、西班牙、瑞士的 C 层人才也比较多，世界占比在 5%—2% 之间；瑞典、日本、挪威、印度、丹麦、比利时、奥地利、中国香港也有相当数量的 C 层人才，世界占比超过 1%；巴西、韩国、芬兰、伊朗、新西兰、葡萄牙、希腊、南非、土耳其、俄罗斯、中国台湾、波兰、新加坡、马来西亚、沙特、捷克、爱尔兰、以色列、智利、墨西哥、阿根廷也有一定数量的 C 层人才，世界占比低于 1%。

在发展趋势上，美国呈现相对下降趋势，中国大陆呈现相对上升趋势，其他国家和地区没有呈现明显变化。

表 5—51　地球科学 C 层人才排名前 40 的国家和地区的占比

国家和地区	2009	2010	2011	2012	2013	2014	2015	2016	2017	2018	合计
美国	23.20	22.69	22.10	21.94	20.92	20.44	19.22	18.29	17.06	15.43	19.68
中国大陆	7.81	8.55	9.27	9.88	10.72	11.60	12.51	13.06	15.39	16.39	12.02
英国	8.53	8.41	8.42	8.39	8.52	8.11	7.79	8.21	7.64	7.18	8.05
德国	6.14	6.77	6.30	6.62	6.38	6.23	6.21	5.99	5.72	5.63	6.15
澳大利亚	4.45	4.40	4.82	5.27	5.38	5.26	5.35	5.04	5.06	4.92	5.02
法国	5.37	5.05	5.00	4.73	4.73	4.76	4.09	4.29	4.01	3.84	4.50
加拿大	4.65	4.47	4.51	4.15	4.23	3.77	4.13	3.89	3.78	3.46	4.04
意大利	3.67	3.38	3.33	3.13	3.28	3.35	3.72	3.60	3.72	3.77	3.52
荷兰	2.85	3.29	3.35	3.24	3.05	3.13	3.06	3.12	3.13	2.74	3.08
西班牙	2.97	3.11	3.12	3.11	2.90	2.98	2.70	3.00	2.72	2.84	2.93
瑞士	2.82	2.89	2.62	2.85	2.56	2.82	2.76	2.38	2.44	2.18	2.60
瑞典	1.64	1.82	1.56	1.88	1.95	1.79	2.00	2.08	1.90	1.77	1.85
日本	2.36	1.97	2.16	2.19	2.27	1.69	1.69	1.49	1.58	1.59	1.85
挪威	1.60	1.42	1.58	1.47	1.63	1.48	1.50	1.67	1.53	1.47	1.54
印度	1.60	1.46	1.32	1.08	1.33	1.28	1.28	1.39	1.27	1.52	1.35
丹麦	1.12	1.14	1.22	1.40	1.32	1.36	1.27	1.22	1.29	1.12	1.25
比利时	1.28	1.20	1.34	1.23	1.17	1.11	1.31	1.15	1.17	1.25	1.22
奥地利	0.89	0.95	1.14	1.11	1.05	1.33	1.11	1.26	1.18	1.12	1.13
中国香港	0.92	0.76	1.05	0.91	0.83	0.90	0.99	1.06	1.23	1.29	1.02
巴西	1.11	0.96	0.77	0.84	0.87	0.90	0.92	1.10	1.10	1.13	0.98

续表

国家和地区＼年份	2009	2010	2011	2012	2013	2014	2015	2016	2017	2018	合计
韩国	0.81	0.91	0.90	0.89	0.95	0.90	0.90	0.86	0.96	1.17	0.93
芬兰	0.68	0.75	0.78	0.87	0.76	0.95	0.85	0.92	0.91	0.95	0.86
伊朗	0.66	0.67	0.70	0.54	0.70	0.67	0.88	0.87	1.12	1.25	0.84
新西兰	0.85	0.82	0.92	0.90	0.88	0.81	0.80	0.71	0.72	0.75	0.80
葡萄牙	0.66	0.69	0.66	0.81	0.76	0.67	0.80	0.80	0.75	0.71	0.74
希腊	0.62	0.77	0.63	0.60	0.66	0.53	0.63	0.73	0.67	0.67	0.65
南非	0.58	0.63	0.58	0.49	0.61	0.70	0.66	0.58	0.62	0.74	0.62
土耳其	1.00	0.72	0.57	0.53	0.52	0.52	0.60	0.59	0.47	0.59	0.60
俄罗斯	0.65	0.55	0.51	0.51	0.65	0.61	0.61	0.56	0.62	0.62	0.59
中国台湾	0.85	0.74	0.84	0.66	0.54	0.52	0.50	0.41	0.48	0.52	0.58
波兰	0.37	0.37	0.42	0.36	0.39	0.40	0.52	0.65	0.64	0.77	0.51
新加坡	0.33	0.43	0.49	0.48	0.53	0.47	0.49	0.57	0.55	0.61	0.51
马来西亚	0.34	0.41	0.32	0.40	0.42	0.52	0.51	0.48	0.57	0.52	0.46
沙特	0.08	0.14	0.29	0.31	0.39	0.46	0.55	0.53	0.54	0.52	0.41
捷克	0.23	0.43	0.37	0.27	0.28	0.41	0.44	0.47	0.43	0.55	0.40
爱尔兰	0.34	0.40	0.47	0.31	0.35	0.36	0.36	0.35	0.34	0.38	0.36
以色列	0.43	0.49	0.39	0.32	0.28	0.42	0.37	0.27	0.31	0.39	0.36
智利	0.46	0.31	0.30	0.33	0.38	0.29	0.30	0.36	0.37	0.38	0.35
墨西哥	0.34	0.32	0.36	0.46	0.28	0.32	0.27	0.35	0.31	0.31	0.33
阿根廷	0.44	0.29	0.28	0.41	0.31	0.28	0.34	0.34	0.23	0.36	0.33

第六章

工程与材料科学

工程与材料科学包括工程和材料两个学科领域,是保障国家安全、促进社会进步与经济可持续发展、提高人民生活质量的重要科学基础和技术支撑。

第一节 文献类型与被引次数

分析工程与材料科学的文献类型、文献量与被引次数、被引次数分布等文献计量特征,有助于理解其学科人才和学科组人才的分布特点和发展趋势。

一 文献类型

工程与材料科学的主要文献类型依次为期刊论文、会议论文、综述、编辑材料,在各年度中的占比比较稳定,10年合计的占比依次为58.43%、38.41%、1.44%、1.01%,占全部文献的99.29%。

表6—1 工程与材料科学主要文献类型的占比

文献类型	2009	2010	2011	2012	2013	2014	2015	2016	2017	2018	合计
期刊论文	55.78	56.93	58.15	52.66	55.32	55.10	58.23	59.06	60.37	68.12	58.43
会议论文	41.14	40.32	39.04	44.78	42.03	42.11	38.38	37.52	35.95	28.06	38.41
综述	1.07	1.01	1.06	1.09	1.18	1.18	1.48	1.64	1.91	2.16	1.44
编辑材料	1.09	1.14	1.07	0.96	0.93	0.96	1.07	0.96	1.04	0.97	1.01

二 文献量与被引次数

工程与材料科学各年度的文献总量在逐年增加，从 2009 年的 514230 篇增加到 2018 年的 901092 篇；总被引次数在 2009—2013 年间相对稳定，从 2014 年起逐年下降，平均被引次数的趋势与总被引次数相似，反映了年度被引次数总体上随着时间增加而逐渐减小，但是时间对被引次数的影响并不一致，越远期影响越小，逐渐趋于稳定，越近期影响越大。

表6—2　　　　　工程与材料科学的文献量与被引次数

	2009	2010	2011	2012	2013	2014	2015	2016	2017	2018	合计
文献总量	514230	530333	578639	663111	703018	768436	788084	858441	919756	901092	7225140
总被引次数	8204639	8489563	8748276	8514732	8620237	8457452	7933555	6711869	5222899	2848323	73751545
平均被引次数	15.96	16.01	15.12	12.84	12.26	11.01	10.07	7.82	5.68	3.16	10.21

三 被引次数分布

在工程与材料科学的 10 年文献中，有 2382281 篇文献没有任何被引，占比 32.97%；有 2031228 篇文献有 1—4 次被引，占比 28.11%；有 979871 篇文献有 5—9 次被引，占比 13.56%。随着被引次数的增加，所对应的文献数量逐渐减小，同时减小的幅度也越来越小，这样被引次数的分布很长，至被引次数为 1000 及以上，有 803 篇文献，占比 0.01%。

从被引次数的降序分布上，随着被引次数的降低，相应文献的累计百分比逐渐增大：当被引次数降到 300 时，大于和等于该被引次数的文献的百分比才超过 0.1%；当被引次数降到 100 时，大于和等于该被引次数的文献的百分比超过 1%；当被引次数降到 25 时，大于和等于该被引次数的文献的百分比超过 10%。从相应文献累计百分比的增长趋势上看，起初的增长幅度很小，随着被引次数逐渐降低，增长幅度逐渐增大。

表 6—3　　工程与材料科学的文献被引次数分布

被引次数	文献数量	百分比	累计百分比
1000 +	803	0.01	0.01
900—999	229	0.00	0.01
800—899	270	0.00	0.02
700—799	492	0.01	0.02
600—699	654	0.01	0.03
500—599	1161	0.02	0.05
400—499	2301	0.03	0.08
300—399	4508	0.06	0.14
200—299	12804	0.18	0.32
190—199	2331	0.03	0.35
180—189	2608	0.04	0.39
170—179	3309	0.05	0.44
160—169	3701	0.05	0.49
150—159	4171	0.06	0.54
140—149	5582	0.08	0.62
130—139	6626	0.09	0.71
120—129	8329	0.12	0.83
110—119	10278	0.14	0.97
100—109	13635	0.19	1.16
95—99	8567	0.12	1.28
90—94	9768	0.14	1.41
85—89	11171	0.15	1.57
80—84	13137	0.18	1.75
75—79	15221	0.21	1.96
70—74	18175	0.25	2.21
65—69	21741	0.30	2.51
60—64	25893	0.36	2.87
55—59	32376	0.45	3.32
50—54	40061	0.55	3.87
45—49	50848	0.70	4.58
40—44	65452	0.91	5.48

续表

被引次数	文献数量	百分比	累计百分比
35—39	85339	1.18	6.66
30—34	113458	1.57	8.24
25—29	156100	2.16	10.40
20—24	220067	3.05	13.44
15—19	328987	4.55	17.99
10—14	531607	7.36	25.35
5—9	979871	13.56	38.91
1—4	2031228	28.11	67.03
0	2382281	32.97	100.00

第二节 学科层面的人才比较

工程与材料科学学科组包括以下学科：冶金和冶金工程、陶瓷材料、造纸和木材、涂料和薄膜、纺织材料、复合材料、材料检测和鉴定、多学科材料、石油工程、采矿和矿物处理、机械工程、制造工程、能源和燃料、电气和电子工程、建筑和建筑技术、土木工程、农业工程、环境工程、海洋工程、船舶工程、交通、交通科学和技术、航空和航天工程、工业工程、设备和仪器、显微镜学、绿色和可持续科学与技术、人体工程学、多学科工程，共计29个。

一 冶金和冶金工程

冶金和冶金工程A、B、C层人才主要集中在美国和中国大陆，两国A、B、C层人才的世界占比为39.27%、38.67%、41.32%，其中美国的A层人才多于中国大陆，B、C层人才少于中国大陆。

德国、澳大利亚、日本、印度、英国、法国的A层人才比较多，世界占比在14%—3%之间；伊朗、中国台湾、比利时、加拿大、新西兰、俄罗斯、韩国、捷克、中国香港、瑞典、沙特、斯洛文尼亚也有相当数量的A层人才，世界占比超过或接近1%。

德国、澳大利亚、印度、英国、日本、韩国、法国的B层人才比较多,世界占比在8%—3%之间;伊朗、俄罗斯、中国香港、加拿大、中国台湾、埃及、西班牙、奥地利、土耳其、瑞士、比利时也有相当数量的B层人才,世界占比超过1%。

印度、德国、日本、英国、韩国、法国、澳大利亚、伊朗的C层人才比较多,世界占比在6%—3%之间;加拿大、俄罗斯、西班牙、土耳其、奥地利、瑞典、中国台湾、中国香港、埃及、沙特也有相当数量的C层人才,世界占比超过或接近1%。

表6—4 冶金和冶金工程A层人才排名前20的国家和地区的占比

国家和地区\年份	2009	2010	2011	2012	2013	2014	2015	2016	2017	2018	合计
美国	27.27	20.00	19.05	18.18	33.33	28.57	25.00	23.81	15.38	12.00	21.92
中国大陆	0.00	5.00	14.29	18.18	4.76	9.52	15.00	9.52	38.46	48.00	17.35
德国	9.09	25.00	19.05	9.09	14.29	23.81	5.00	19.05	7.69	4.00	13.24
澳大利亚	0.00	15.00	4.76	13.64	4.76	9.52	10.00	4.76	3.85	12.00	7.76
日本	9.09	5.00	9.52	13.64	4.76	0.00	5.00	4.76	0.00	0.00	5.02
印度	4.55	0.00	9.52	0.00	9.52	4.76	0.00	0.00	3.85	8.00	4.11
英国	4.55	0.00	4.76	0.00	9.52	4.76	10.00	9.52	0.00	0.00	4.11
法国	9.09	0.00	9.52	4.55	0.00	0.00	5.00	4.76	0.00	0.00	3.20
伊朗	9.09	5.00	0.00	0.00	0.00	0.00	0.00	4.76	7.69	0.00	2.74
中国台湾	0.00	0.00	4.76	9.09	4.76	4.76	0.00	0.00	0.00	0.00	2.28
比利时	0.00	5.00	0.00	4.55	4.76	0.00	0.00	4.76	0.00	0.00	1.83
加拿大	13.64	0.00	0.00	0.00	0.00	0.00	0.00	4.76	0.00	0.00	1.83
新西兰	0.00	0.00	0.00	0.00	0.00	0.00	5.00	0.00	3.85	4.00	1.37
俄罗斯	0.00	0.00	0.00	4.55	4.76	0.00	0.00	0.00	0.00	4.00	1.37
韩国	0.00	5.00	0.00	0.00	0.00	0.00	0.00	4.76	0.00	0.00	1.37
捷克	0.00	5.00	0.00	0.00	4.76	0.00	0.00	4.76	0.00	0.00	1.37
中国香港	0.00	0.00	0.00	0.00	0.00	0.00	0.00	0.00	7.69	0.00	0.91
瑞典	0.00	0.00	0.00	0.00	0.00	4.76	0.00	0.00	3.85	0.00	0.91
沙特	0.00	0.00	0.00	0.00	0.00	0.00	0.00	0.00	3.85	0.00	0.91
斯洛文尼亚	0.00	5.00	0.00	0.00	0.00	4.76	0.00	0.00	0.00	0.00	0.91

表6—5　冶金和冶金工程B层人才排名前20的国家和地区的占比

国家和地区	2009	2010	2011	2012	2013	2014	2015	2016	2017	2018	合计
中国大陆	15.00	11.36	18.27	19.39	24.14	22.50	21.67	27.86	32.05	36.74	23.31
美国	19.50	16.48	14.72	16.84	19.21	14.00	13.30	17.41	12.39	10.70	15.36
德国	9.50	6.82	7.61	10.20	5.91	12.00	7.88	4.98	3.85	7.91	7.60
澳大利亚	4.00	6.82	9.14	4.08	3.45	3.50	5.42	3.98	3.85	5.58	4.94
印度	3.00	7.39	3.55	4.59	3.45	5.00	3.94	6.47	5.98	4.19	4.74
英国	7.00	4.55	3.05	3.57	3.94	4.00	6.90	6.97	4.70	2.33	4.69
日本	4.50	4.55	4.06	4.59	3.45	5.50	4.43	4.48	4.70	1.86	4.20
韩国	3.50	4.55	3.55	5.10	5.91	4.00	2.96	2.49	4.70	2.33	3.90
法国	2.00	4.55	0.51	4.08	3.94	4.00	3.94	1.99	2.56	3.72	3.11
伊朗	4.00	4.55	4.06	3.06	0.99	0.50	2.96	1.49	3.42	4.19	2.91
俄罗斯	0.50	0.57	1.52	1.53	1.97	2.00	1.97	2.49	1.28	2.33	1.63
中国香港	0.50	0.00	2.03	0.51	2.46	0.50	3.45	1.00	2.14	0.93	1.38
加拿大	2.00	2.27	1.02	3.06	0.99	2.00	0.49	0.50	0.85	0.47	1.33
中国台湾	2.50	1.70	2.54	1.53	0.99	0.00	2.96	1.00	0.00	0.00	1.23
埃及	4.00	1.70	1.02	0.51	1.97	0.50	0.99	0.50	0.43	0.93	1.23
西班牙	0.00	1.14	1.52	2.04	2.46	0.00	0.99	0.00	0.85	0.47	1.14
奥地利	0.50	0.00	1.52	1.02	1.97	2.00	0.00	1.99	1.71	0.47	1.14
土耳其	3.50	0.57	1.02	1.53	0.49	1.50	0.49	1.00	0.00	0.47	1.04
瑞士	1.50	0.57	1.02	0.00	1.48	1.00	0.49	2.49	0.85	0.93	1.04
比利时	1.00	1.14	1.02	1.02	0.99	1.50	0.99	1.00	0.43	1.40	1.04

表6—6　冶金和冶金工程C层人才排名前20的国家和地区的占比

国家和地区	2009	2010	2011	2012	2013	2014	2015	2016	2017	2018	合计
中国大陆	23.58	21.13	22.92	24.66	28.48	27.34	30.13	32.45	35.41	37.34	28.49
美国	11.77	14.12	13.65	14.35	12.03	12.60	13.50	12.69	11.42	12.46	12.83
印度	5.61	5.79	5.57	5.70	5.53	6.05	5.17	5.47	5.80	4.91	5.56
德国	5.66	5.30	5.63	5.75	4.82	5.23	6.04	5.31	4.13	4.32	5.20
日本	7.99	6.23	5.63	5.23	5.03	3.30	4.60	3.72	2.97	4.27	4.88
英国	4.37	5.30	5.31	4.82	4.16	3.96	3.68	4.51	4.36	2.85	4.32
韩国	4.02	3.86	4.48	4.56	5.58	4.52	3.27	4.04	3.67	3.78	4.17
法国	4.07	4.85	4.32	3.73	3.86	3.35	2.46	2.81	2.74	2.40	3.44

续表

国家和地区\年份	2009	2010	2011	2012	2013	2014	2015	2016	2017	2018	合计
澳大利亚	3.18	3.53	3.33	3.58	3.20	4.17	3.99	2.97	3.11	3.14	3.42
伊朗	3.48	4.14	4.22	3.06	2.69	2.95	3.12	3.13	3.06	3.24	3.30
加拿大	3.03	2.81	2.34	2.80	2.54	2.64	2.56	1.96	1.53	1.52	2.36
俄罗斯	1.19	0.88	1.04	1.24	1.42	1.73	1.38	1.59	2.00	1.72	1.43
西班牙	1.49	1.49	1.61	1.81	1.83	1.27	1.38	1.17	0.70	1.42	1.41
土耳其	1.24	0.94	1.67	1.09	1.32	1.12	1.33	0.64	0.70	0.88	1.09
奥地利	1.04	1.27	1.15	0.98	0.86	1.12	1.33	1.01	1.30	0.93	1.09
瑞典	1.34	0.94	1.30	0.83	0.81	1.17	1.23	1.12	0.70	0.74	1.01
中国台湾	1.84	1.71	1.15	0.93	1.12	0.91	0.66	0.96	0.51	0.39	1.01
中国香港	1.04	0.61	0.83	0.88	0.91	1.02	1.02	1.12	1.25	1.28	1.00
埃及	1.49	1.32	1.09	0.88	1.02	0.56	0.66	0.42	0.74	0.54	0.87
沙特	0.30	0.55	0.73	0.62	0.71	0.86	1.28	0.53	1.07	0.88	0.76

二 陶瓷材料

陶瓷材料 A 层人才最多的国家是美国，世界占比为 20.31%，德国以 10.94% 的世界占比排名第二，两国拥有超过 30% 的 A 层人才；中国大陆、日本、伊朗、意大利、瑞士的 A 层人才比较多，世界占比在 8%—4% 之间；沙特、马来西亚、澳大利亚、印度、韩国、捷克、新加坡、英国、斯洛文尼亚、法国、也门、白俄罗斯、荷兰也有相当数量的 A 层人才，世界占比超过 1%。

B 层人才最多的国家是中国大陆，世界占比为 22.49%；美国、英国、德国、伊朗、印度、法国的 B 层人才比较多，世界占比在 14%—3% 之间；日本、马来西亚、沙特、韩国、西班牙、澳大利亚、土耳其、意大利、巴西、俄罗斯、瑞士、泰国、比利时也有相当数量的 B 层人才，世界占比超过或接近 1%。

C 层人才最多的国家是中国大陆，世界占比为 28.38%；美国、印度、德国、韩国、伊朗、法国、日本、英国的 C 层人才比较多，世界占比在 10%—3% 之间；意大利、西班牙、马来西亚、土耳其、中国台湾、巴西、澳大利亚、沙特、埃及、波兰、巴基斯坦也有相当数量的 C 层人才，世界占比超过或接近 1%。

表6—7　　陶瓷材料A层人才排名前20的国家和地区的占比

国家和地区\年份	2009	2010	2011	2012	2013	2014	2015	2016	2017	2018	合计
美国	16.67	28.57	50.00	16.67	14.29	37.50	0.00	20.00	12.50	0.00	20.31
德国	16.67	28.57	0.00	33.33	0.00	0.00	16.67	20.00	0.00	0.00	10.94
中国大陆	0.00	0.00	0.00	0.00	14.29	12.50	16.67	0.00	25.00	0.00	7.81
日本	16.67	0.00	16.67	0.00	14.29	0.00	16.67	0.00	0.00	0.00	6.25
伊朗	0.00	0.00	16.67	0.00	0.00	0.00	0.00	20.00	12.50	20.00	6.25
意大利	0.00	14.29	0.00	16.67	0.00	0.00	0.00	40.00	0.00	0.00	6.25
瑞士	16.67	0.00	0.00	0.00	0.00	12.50	16.67	0.00	0.00	0.00	4.69
沙特	0.00	0.00	0.00	0.00	14.29	0.00	0.00	0.00	12.50	0.00	3.13
马来西亚	0.00	0.00	16.67	0.00	14.29	0.00	0.00	0.00	0.00	0.00	3.13
澳大利亚	0.00	0.00	0.00	16.67	0.00	12.50	0.00	0.00	0.00	0.00	3.13
印度	0.00	14.29	0.00	0.00	0.00	0.00	0.00	0.00	12.50	0.00	3.13
韩国	0.00	0.00	0.00	0.00	0.00	0.00	16.67	0.00	0.00	20.00	3.13
捷克	0.00	0.00	0.00	0.00	0.00	0.00	16.67	0.00	0.00	0.00	1.56
新加坡	16.67	0.00	0.00	0.00	0.00	0.00	0.00	0.00	0.00	0.00	1.56
英国	0.00	0.00	0.00	0.00	0.00	0.00	0.00	0.00	12.50	0.00	1.56
斯洛文尼亚	0.00	0.00	0.00	0.00	0.00	12.50	0.00	0.00	0.00	0.00	1.56
法国	16.67	0.00	0.00	0.00	0.00	0.00	0.00	0.00	0.00	0.00	1.56
也门	0.00	0.00	0.00	0.00	14.29	0.00	0.00	0.00	0.00	0.00	1.56
白俄罗斯	0.00	0.00	0.00	0.00	0.00	0.00	0.00	0.00	0.00	20.00	1.56
荷兰	0.00	0.00	0.00	0.00	14.29	0.00	0.00	0.00	0.00	0.00	1.56

表6—8　　陶瓷材料B层人才排名前20的国家和地区的占比

国家和地区\年份	2009	2010	2011	2012	2013	2014	2015	2016	2017	2018	合计
中国大陆	8.62	19.35	18.33	23.33	22.22	22.73	23.81	31.17	31.88	20.00	22.49
美国	25.86	17.74	25.00	6.67	14.29	15.15	15.87	11.69	7.25	5.00	13.98
英国	8.62	14.52	3.33	8.33	9.52	6.06	7.94	6.49	2.90	1.25	6.69
德国	12.07	9.68	8.33	5.00	3.17	4.55	6.35	3.90	2.90	8.75	6.38
伊朗	1.72	1.61	1.67	0.00	3.17	7.58	6.35	10.39	11.59	8.75	5.62
印度	0.00	1.61	3.33	6.67	3.17	6.06	6.35	5.19	2.90	10.00	4.71
法国	6.90	3.23	5.00	6.67	3.17	0.00	1.59	2.60	1.45	2.50	3.19
日本	3.45	1.61	0.00	1.67	12.70	3.03	0.00	0.00	1.45	3.75	2.74
马来西亚	0.00	0.00	3.33	1.67	3.17	6.06	1.59	1.30	4.35	3.75	2.58
沙特	0.00	0.00	0.00	0.00	0.00	0.00	4.76	0.00	7.25	10.00	2.43

续表

国家和地区\年份	2009	2010	2011	2012	2013	2014	2015	2016	2017	2018	合计
韩国	3.45	3.23	1.67	0.00	1.59	4.55	4.76	2.60	1.45	1.25	2.43
西班牙	1.72	3.23	3.33	3.33	3.17	3.03	3.17	1.30	1.45	1.25	2.43
澳大利亚	1.72	0.00	5.00	1.67	0.00	1.52	3.17	3.90	1.45	3.75	2.28
土耳其	1.72	1.61	0.00	1.67	3.17	1.52	0.00	0.00	2.90	5.00	1.82
意大利	3.45	3.23	1.67	1.67	3.17	1.52	3.17	1.30	0.00	0.00	1.82
巴西	0.00	3.23	1.67	1.67	0.00	0.00	0.00	3.90	0.00	2.50	1.37
俄罗斯	1.72	0.00	0.00	0.00	4.76	0.00	1.59	0.00	2.90	2.50	1.37
瑞士	0.00	0.00	3.33	5.00	1.59	1.52	0.00	0.00	0.00	0.00	1.06
泰国	1.72	0.00	3.33	0.00	0.00	1.52	0.00	0.00	2.90	1.25	1.06
比利时	1.72	0.00	0.00	1.67	0.00	1.52	1.59	2.60	0.00	0.00	0.91

表6—9　　陶瓷材料C层人才排名前20的国家和地区的占比

国家和地区\年份	2009	2010	2011	2012	2013	2014	2015	2016	2017	2018	合计
中国大陆	17.70	18.29	20.64	23.62	22.93	28.75	32.30	33.19	39.02	42.24	28.38
美国	11.33	13.64	13.76	11.56	8.89	7.57	6.96	6.75	7.08	6.93	9.28
印度	4.07	5.89	4.70	8.47	8.89	8.39	7.57	6.05	7.08	7.34	6.91
德国	7.08	5.58	5.70	4.07	5.62	2.61	5.41	4.64	3.03	2.35	4.51
韩国	5.66	3.88	3.36	4.56	4.37	4.95	4.64	4.50	3.47	3.46	4.27
伊朗	3.19	2.17	2.18	3.42	4.52	7.43	4.02	4.92	3.18	3.88	3.96
法国	7.08	5.12	7.21	4.40	4.37	2.06	3.25	3.23	1.73	1.25	3.83
日本	5.31	6.51	4.70	5.05	3.90	3.03	2.47	2.25	3.61	1.66	3.77
英国	3.89	4.81	3.36	2.61	2.34	2.75	2.32	3.38	2.60	2.77	3.06
意大利	3.36	4.34	2.85	3.42	2.96	2.34	2.78	2.67	2.75	2.22	2.94
西班牙	3.01	3.26	2.18	3.09	3.28	2.06	2.16	1.83	2.02	1.25	2.38
马来西亚	0.53	1.24	1.34	1.79	1.56	2.34	2.47	1.69	2.17	1.66	1.71
土耳其	1.77	1.71	1.34	1.79	2.50	1.10	1.55	1.83	0.87	1.39	1.57
中国台湾	3.01	2.64	1.85	1.14	2.03	1.65	0.62	0.84	0.87	0.28	1.45
巴西	1.77	1.55	2.01	1.79	1.25	1.38	0.77	1.83	1.01	0.97	1.42
澳大利亚	1.42	0.62	1.68	1.47	1.72	1.24	1.39	0.84	1.16	1.25	1.27
沙特	0.18	0.47	0.34	0.98	0.78	1.38	1.55	1.55	1.16	3.60	1.25
埃及	0.71	0.93	0.84	1.79	1.09	1.93	1.39	0.70	1.16	1.25	1.19
波兰	0.88	1.40	1.01	1.14	0.47	0.55	0.46	0.98	1.59	0.69	0.91
巴基斯坦	0.00	0.00	0.84	0.65	1.72	1.10	0.46	1.13	1.16	1.66	0.90

三 造纸和木材

造纸和木材 A 层人才最多的国家是美国和罗马里亚，世界占比均为 15.38%；中国大陆、丹麦、芬兰、葡萄牙、瑞典、奥地利、马来西亚、突尼斯、加拿大也有相当数量的 A 层人才，世界占比均为 7.69%。

B 层人才最多的国家是中国大陆，世界占比为 14.46%；美国、瑞典、马来西亚、芬兰、加拿大、法国、日本、西班牙、伊朗的 B 层人才比较多，世界占比在 12%—3% 之间；挪威、意大利、印度、英国、巴西、瑞士、德国、沙特、韩国、丹麦也有相当数量的 B 层人才，世界占比超过 1%。

C 层人才最多的国家是中国大陆，世界占比为 18.40%；美国、芬兰、加拿大、瑞典、日本、法国、德国、西班牙、马来西亚的 C 层人才比较多，世界占比在 13%—3% 之间；巴西、奥地利、伊朗、瑞士、印度、葡萄牙、英国、意大利、韩国、澳大利亚也有相当数量的 C 层人才，世界占比超过 1%。

表 6—10　造纸和木材 A 层人才排名前 20 的国家和地区的占比

国家和地区 \ 年份	2009	2010	2011	2012	2013	2014	2015	2016	2017	2018	合计
美国	0.00	0.00	0.00	0.00	50.00	50.00	0.00	0.00	0.00	0.00	15.38
罗马尼亚	0.00	50.00	50.00	0.00	0.00	0.00	0.00	0.00	0.00	0.00	15.38
中国大陆	0.00	0.00	0.00	0.00	0.00	50.00	0.00	0.00	0.00	0.00	7.69
丹麦	0.00	50.00	0.00	0.00	0.00	0.00	0.00	0.00	0.00	0.00	7.69
芬兰	0.00	0.00	50.00	0.00	0.00	0.00	0.00	0.00	0.00	0.00	7.69
葡萄牙	100.00	0.00	0.00	0.00	0.00	0.00	0.00	0.00	0.00	0.00	7.69
瑞典	0.00	0.00	0.00	0.00	0.00	0.00	0.00	33.33	0.00	0.00	7.69
奥地利	0.00	0.00	0.00	0.00	0.00	0.00	0.00	33.33	0.00	0.00	7.69
马来西亚	0.00	0.00	0.00	0.00	0.00	0.00	0.00	33.33	0.00	0.00	7.69
突尼斯	0.00	0.00	0.00	0.00	0.00	0.00	0.00	0.00	100.00	0.00	7.69
加拿大	0.00	0.00	0.00	0.00	50.00	0.00	0.00	0.00	0.00	0.00	7.69

表6—11　造纸和木材B层人才排名前20的国家和地区的占比

国家和地区 \ 年份	2009	2010	2011	2012	2013	2014	2015	2016	2017	2018	合计
中国大陆	0.00	5.88	16.67	3.85	5.00	8.00	25.00	11.11	15.38	36.36	14.46
美国	18.75	5.88	16.67	11.54	25.00	4.00	10.71	11.11	15.38	6.06	11.98
瑞典	18.75	23.53	8.33	11.54	0.00	20.00	7.14	3.70	3.85	0.00	8.68
马来西亚	6.25	5.88	8.33	3.85	5.00	0.00	7.14	7.41	11.54	6.06	6.20
芬兰	6.25	11.76	8.33	7.69	5.00	4.00	3.57	11.11	7.69	0.00	6.20
加拿大	6.25	0.00	4.17	3.85	5.00	12.00	14.29	3.70	0.00	0.00	4.96
法国	6.25	5.88	0.00	11.54	5.00	0.00	7.14	7.41	0.00	6.06	4.96
日本	6.25	5.88	0.00	0.00	5.00	4.00	3.57	0.00	7.69	6.06	3.72
西班牙	0.00	5.88	0.00	7.69	0.00	0.00	3.57	7.41	0.00	0.00	3.72
伊朗	6.25	0.00	4.17	0.00	0.00	4.00	3.57	0.00	3.85	12.12	3.72
挪威	6.25	0.00	4.17	0.00	5.00	8.00	0.00	3.70	0.00	3.03	2.89
意大利	0.00	0.00	0.00	3.85	10.00	0.00	0.00	7.41	7.69	0.00	2.89
印度	6.25	0.00	4.17	0.00	0.00	4.00	3.57	0.00	3.85	3.03	2.48
英国	0.00	0.00	4.17	0.00	0.00	3.85	0.00	3.70	3.85	0.00	2.07
巴西	0.00	11.76	0.00	0.00	0.00	4.00	0.00	0.00	3.85	3.03	2.07
瑞士	0.00	5.88	0.00	0.00	0.00	12.00	0.00	0.00	3.85	0.00	2.07
德国	6.25	0.00	0.00	3.85	0.00	0.00	0.00	3.70	0.00	3.03	1.65
沙特	0.00	0.00	4.17	0.00	0.00	0.00	0.00	7.41	0.00	0.00	1.24
韩国	0.00	5.88	0.00	0.00	5.00	0.00	0.00	0.00	0.00	0.00	1.24
丹麦	0.00	0.00	0.00	3.85	5.00	0.00	0.00	0.00	3.85	0.00	1.24

表6—12　造纸和木材C层人才排名前20的国家和地区的占比

国家和地区 \ 年份	2009	2010	2011	2012	2013	2014	2015	2016	2017	2018	合计
中国大陆	9.55	13.27	13.73	13.36	18.18	18.64	16.46	22.75	25.56	27.84	18.40
美国	21.02	19.90	9.87	13.79	11.48	16.53	8.64	8.24	11.66	9.41	12.59
芬兰	3.18	3.57	8.58	6.03	5.74	8.47	4.53	4.31	5.38	5.49	5.63
加拿大	6.37	3.06	4.72	6.47	5.74	8.47	4.94	5.49	4.48	5.10	5.49
瑞典	5.10	6.12	4.29	5.60	3.83	5.08	4.53	6.67	4.48	4.71	5.05
日本	6.37	6.63	4.72	4.31	4.31	5.93	2.88	2.35	3.59	3.14	4.29
法国	7.01	4.59	5.58	5.17	3.83	4.24	4.12	1.96	1.35	1.96	3.84
德国	5.10	5.10	4.29	2.59	3.35	2.97	4.94	3.14	1.79	1.57	3.39

续表

国家和地区\年份	2009	2010	2011	2012	2013	2014	2015	2016	2017	2018	合计
西班牙	0.64	1.53	3.86	4.31	3.83	1.69	2.88	4.71	3.14	2.75	3.04
马来西亚	0.00	1.53	3.86	5.60	5.26	2.12	2.88	4.31	1.35	2.35	3.04
巴西	2.55	3.06	4.29	3.45	2.39	1.27	2.88	1.57	2.69	1.96	2.59
奥地利	6.37	2.55	2.58	0.86	1.44	1.27	3.70	2.35	0.90	0.39	2.10
伊朗	1.27	2.55	2.15	0.86	2.87	1.69	1.23	1.96	2.69	2.75	2.01
瑞士	2.55	3.06	1.72	2.59	1.44	2.97	0.41	1.96	0.45	0.78	1.74
印度	3.18	1.53	1.72	1.72	1.44	0.00	1.65	1.57	3.14	1.18	1.65
葡萄牙	0.64	2.04	1.29	1.72	3.35	0.85	2.06	1.96	2.24	0.39	1.65
英国	3.18	3.06	2.15	1.29	0.96	0.85	1.65	1.18	0.90	1.57	1.61
意大利	1.27	0.51	1.72	1.72	2.87	2.12	1.65	0.78	2.24	0.39	1.52
韩国	1.27	1.53	1.29	1.29	0.96	1.27	2.06	1.18	1.79	1.57	1.43
澳大利亚	3.18	2.04	0.43	0.86	1.91	0.00	2.47	1.18	0.45	1.57	1.34

四 涂料和薄膜

涂料和薄膜A、B、C层人才最多的国家是中国大陆，分别占该学科全球A、B、C层人才的23.60%、28.24%、31.78%。

美国、德国、沙特、澳大利亚、加拿大、瑞典、印度的A层人才比较多，世界占比在23%—3%之间；以色列、日本、葡萄牙、中国香港、韩国、阿曼、法国、意大利、巴基斯坦、英国、比利时、卢森堡也有相当数量的A层人才，世界占比超过1%。

美国、德国、加拿大、伊朗、日本、法国的B层人才比较多，世界占比在19%—3%之间；印度、韩国、英国、瑞士、澳大利亚、意大利、荷兰、中国香港、以色列、土耳其、新加坡、西班牙、希腊也有相当数量的B层人才，世界占比超过或接近1%。

美国、印度、德国、伊朗、韩国、日本、加拿大的C层人才比较多，世界占比在12%—3%之间；法国、英国、中国台湾、西班牙、澳大利亚、意大利、土耳其、瑞典、波兰、新加坡、比利时、马来西亚也有相当数量的C层人才，世界占比超过或接近1%。

表6—13　涂料和薄膜 A 层人才排名前 20 的国家和地区的占比

国家和地区\年份	2009	2010	2011	2012	2013	2014	2015	2016	2017	2018	合计
中国大陆	12.50	0.00	0.00	12.50	22.22	11.11	22.22	25.00	30.00	81.82	23.60
美国	25.00	22.22	25.00	12.50	55.56	22.22	11.11	25.00	20.00	9.09	22.47
德国	0.00	33.33	0.00	12.50	0.00	11.11	0.00	12.50	0.00	0.00	6.74
沙特	0.00	0.00	0.00	0.00	0.00	0.00	11.11	0.00	20.00	9.09	4.49
澳大利亚	0.00	11.11	25.00	0.00	11.11	0.00	0.00	0.00	0.00	0.00	4.49
加拿大	0.00	11.11	12.50	0.00	0.00	11.11	11.11	0.00	0.00	0.00	4.49
瑞典	0.00	11.11	0.00	12.50	0.00	11.11	0.00	12.50	0.00	0.00	4.49
印度	12.50	0.00	0.00	0.00	0.00	0.00	0.00	12.50	10.00	0.00	3.37
以色列	12.50	0.00	0.00	0.00	0.00	0.00	0.00	0.00	10.00	0.00	2.25
日本	12.50	0.00	0.00	0.00	0.00	0.00	11.11	0.00	0.00	0.00	2.25
葡萄牙	12.50	0.00	0.00	0.00	0.00	11.11	0.00	0.00	0.00	0.00	2.25
中国香港	0.00	0.00	0.00	0.00	0.00	0.00	11.11	0.00	10.00	0.00	2.25
韩国	12.50	0.00	0.00	12.50	0.00	0.00	0.00	0.00	0.00	0.00	2.25
阿曼	0.00	0.00	12.50	0.00	0.00	0.00	0.00	0.00	0.00	0.00	1.12
法国	0.00	0.00	0.00	0.00	0.00	0.00	11.11	0.00	0.00	0.00	1.12
意大利	0.00	0.00	0.00	0.00	0.00	11.11	0.00	0.00	0.00	0.00	1.12
巴基斯坦	0.00	0.00	12.50	0.00	0.00	0.00	0.00	0.00	0.00	0.00	1.12
英国	0.00	0.00	0.00	0.00	0.00	11.11	0.00	0.00	0.00	0.00	1.12
比利时	0.00	11.11	0.00	0.00	0.00	0.00	0.00	0.00	0.00	0.00	1.12
卢森堡	0.00	0.00	0.00	0.00	11.11	0.00	0.00	0.00	0.00	0.00	1.12

表6—14　涂料和薄膜 B 层人才排名前 20 的国家和地区的占比

国家和地区\年份	2009	2010	2011	2012	2013	2014	2015	2016	2017	2018	合计
中国大陆	11.59	13.33	13.75	15.00	16.87	33.33	29.41	35.37	52.22	56.52	28.24
美国	20.29	24.76	30.00	37.50	21.69	17.86	14.12	6.10	7.78	8.70	18.71
德国	8.70	6.67	5.00	3.75	4.82	9.52	7.06	9.76	4.44	1.09	6.00
加拿大	7.25	4.76	8.75	1.25	7.23	3.57	2.35	3.66	6.67	4.35	4.94
伊朗	5.80	5.71	3.75	1.25	2.41	4.76	3.53	6.10	2.22	7.61	4.35
日本	1.45	6.67	5.00	3.75	7.23	3.57	4.71	2.44	2.22	1.09	3.88
法国	7.25	4.76	5.00	3.75	3.61	2.38	4.71	2.44	1.11	3.26	3.76
印度	1.45	4.76	1.25	1.25	7.23	3.57	1.18	2.44	1.11	3.26	2.82

续表

国家和地区\年份	2009	2010	2011	2012	2013	2014	2015	2016	2017	2018	合计
韩国	1.45	2.86	3.75	1.25	2.41	2.38	4.71	1.22	5.56	0.00	2.59
英国	7.25	0.95	2.50	3.75	1.20	2.38	4.71	1.22	1.11	0.00	2.35
瑞士	2.90	1.90	2.50	0.00	1.20	0.00	2.35	3.66	1.11	0.00	1.53
澳大利亚	1.45	0.95	1.25	1.25	4.82	0.00	0.00	4.88	0.00	0.00	1.41
意大利	0.00	1.90	0.00	1.25	1.20	0.00	1.18	1.22	1.11	3.26	1.18
荷兰	1.45	2.86	3.75	1.25	0.00	1.19	1.18	0.00	0.00	0.00	1.18
中国香港	1.45	0.00	0.00	1.25	2.41	0.00	2.35	1.22	0.00	2.17	1.06
以色列	2.90	1.90	0.00	0.00	1.20	0.00	2.35	0.00	2.22	0.00	1.06
土耳其	2.90	0.95	0.00	0.00	1.20	1.19	0.00	1.22	2.22	1.09	1.06
新加坡	2.90	0.00	0.00	2.50	0.00	1.19	1.18	2.44	0.00	0.00	0.94
西班牙	0.00	0.95	1.25	1.25	1.20	0.00	1.18	1.22	0.00	1.09	0.82
希腊	0.00	0.00	1.25	0.00	1.20	1.19	1.18	0.00	1.11	1.09	0.71

表6—15　涂料和薄膜C层人才排名前20的国家和地区的占比

国家和地区\年份	2009	2010	2011	2012	2013	2014	2015	2016	2017	2018	合计
中国大陆	17.62	18.66	24.42	25.13	27.76	33.74	36.51	35.25	44.66	49.69	31.78
美国	16.62	14.04	12.79	13.82	12.52	12.79	8.95	10.04	6.30	5.19	11.11
印度	4.30	4.91	5.68	5.65	3.59	4.51	5.00	4.53	5.74	4.77	4.88
德国	5.44	4.11	4.52	4.77	5.33	3.90	4.77	4.53	3.82	2.07	4.26
伊朗	1.86	2.91	4.52	3.64	5.20	5.48	3.02	4.41	4.05	5.71	4.11
韩国	5.30	5.02	5.04	3.14	3.22	3.05	2.79	3.06	3.26	4.25	3.81
日本	5.30	6.22	5.94	3.27	3.35	1.95	2.79	1.59	2.14	1.76	3.41
加拿大	3.15	3.31	3.23	3.52	4.09	3.90	3.84	2.57	2.02	1.35	3.06
法国	3.72	4.41	2.97	3.14	3.84	2.19	2.21	2.94	2.02	1.45	2.87
英国	4.58	2.51	1.81	2.51	2.48	2.19	2.33	2.33	2.14	2.28	2.48
中国台湾	3.72	3.51	3.10	2.14	1.86	1.34	0.23	0.86	0.79	1.24	1.85
西班牙	3.15	3.21	1.16	1.51	1.61	1.34	1.63	1.96	1.01	1.04	1.76
澳大利亚	0.86	2.31	1.42	1.88	1.36	1.22	1.51	1.84	1.24	2.18	1.61
意大利	2.01	1.40	1.81	2.01	0.99	1.58	1.74	1.22	1.57	1.24	1.54
土耳其	1.15	1.50	1.29	1.51	1.24	1.71	1.28	1.84	0.45	0.73	1.26
瑞典	0.72	1.20	1.68	2.14	1.12	1.10	1.05	0.98	0.90	0.93	1.18

续表

国家和地区\年份	2009	2010	2011	2012	2013	2014	2015	2016	2017	2018	合计
波兰	0.86	1.50	0.65	1.01	0.74	0.97	1.40	1.59	1.01	0.73	1.06
新加坡	1.58	0.80	0.90	1.26	0.87	0.73	1.51	0.61	0.34	0.41	0.88
比利时	1.72	0.80	1.29	1.38	0.74	0.97	0.81	0.37	0.67	0.31	0.88
马来西亚	0.43	0.50	0.39	0.75	0.99	1.34	1.51	0.98	1.12	0.62	0.87

五 纺织材料

纺织材料A、B、C层人才最多的国家是中国大陆，分别占该学科全球A、B、C层人才的33.33%、25.49%、29.57%。

美国、马来西亚、瑞典的A层人才比较多，世界占比在21%—8%之间；意大利、挪威、加拿大、丹麦、芬兰、印度、突尼斯也有相当数量的A层人才，世界占比均为4.17%。

美国、韩国、瑞典、印度、加拿大、法国、芬兰、意大利的B层人才比较多，世界占比在7%—3%之间；巴西、西班牙、瑞士、埃及、英国、伊朗、马来西亚、日本、葡萄牙、澳大利亚、巴基斯坦也有相当数量的B层人才，世界占比超过1%。

美国、印度、韩国、土耳其、伊朗的C层人才比较多，世界占比在8%—3%之间；法国、日本、加拿大、瑞典、意大利、芬兰、中国香港、英国、西班牙、波兰、德国、中国台湾、巴西、澳大利亚也有相当数量的C层人才，世界占比超过1%。

表6—16　纺织材料A层人才排名前20的国家和地区的占比

国家和地区\年份	2009	2010	2011	2012	2013	2014	2015	2016	2017	2018	合计
中国大陆	0.00	0.00	33.33	0.00	0.00	33.33	0.00	33.33	50.00	100.00	33.33
美国	66.67	0.00	33.33	0.00	33.33	33.33	0.00	0.00	0.00	0.00	20.83
马来西亚	0.00	0.00	0.00	0.00	0.00	0.00	0.00	33.33	25.00	0.00	8.33
瑞典	0.00	50.00	0.00	0.00	0.00	0.00	0.00	33.33	0.00	0.00	8.33
意大利	0.00	0.00	0.00	0.00	33.33	0.00	0.00	0.00	0.00	0.00	4.17
挪威	33.33	0.00	0.00	0.00	0.00	0.00	0.00	0.00	0.00	0.00	4.17
加拿大	0.00	0.00	0.00	0.00	33.33	0.00	0.00	0.00	0.00	0.00	4.17

续表

国家和地区\年份	2009	2010	2011	2012	2013	2014	2015	2016	2017	2018	合计
丹麦	0.00	50.00	0.00	0.00	0.00	0.00	0.00	0.00	0.00	0.00	4.17
芬兰	0.00	0.00	33.33	0.00	0.00	0.00	0.00	0.00	0.00	0.00	4.17
印度	0.00	0.00	0.00	0.00	0.00	33.33	0.00	0.00	0.00	0.00	4.17
突尼斯	0.00	0.00	0.00	0.00	0.00	0.00	0.00	0.00	25.00	0.00	4.17

表6—17　纺织材料B层人才排名前20的国家和地区的占比

国家和地区\年份	2009	2010	2011	2012	2013	2014	2015	2016	2017	2018	合计
中国大陆	11.11	8.70	19.35	25.00	20.69	11.54	30.00	12.90	41.86	52.63	25.49
美国	14.81	8.70	3.23	14.29	13.79	0.00	6.67	3.23	6.98	0.00	6.86
韩国	3.70	4.35	6.45	3.57	13.79	3.85	3.33	9.68	6.98	7.89	6.54
瑞典	3.70	8.70	3.23	7.14	0.00	19.23	6.67	3.23	2.33	2.63	5.23
印度	7.41	0.00	0.00	3.57	0.00	3.85	3.33	3.23	9.30	7.89	4.25
加拿大	0.00	0.00	3.23	7.14	6.90	11.54	13.33	3.23	0.00	0.00	4.25
法国	3.70	4.35	3.23	7.14	6.90	0.00	6.67	3.23	0.00	5.26	3.92
芬兰	3.70	8.70	3.23	3.57	3.45	3.85	0.00	12.90	0.00	0.00	3.59
意大利	7.41	0.00	6.45	3.57	10.34	0.00	0.00	3.23	2.33	0.00	3.27
巴西	7.41	13.04	3.23	0.00	0.00	3.85	0.00	0.00	2.33	2.63	2.94
西班牙	0.00	4.35	0.00	0.00	3.45	11.54	3.33	6.45	0.00	0.00	2.61
瑞士	0.00	4.35	6.45	0.00	0.00	11.54	0.00	0.00	2.33	0.00	2.29
埃及	0.00	0.00	6.45	0.00	0.00	0.00	3.33	6.45	2.33	2.63	2.29
英国	7.41	4.35	3.23	0.00	0.00	0.00	0.00	3.23	2.33	2.63	2.29
伊朗	3.70	0.00	3.23	3.57	0.00	3.85	3.33	0.00	4.65	0.00	2.29
马来西亚	0.00	4.35	3.23	3.57	0.00	0.00	3.33	3.23	0.00	2.63	1.96
日本	7.41	4.35	0.00	0.00	0.00	3.85	0.00	0.00	2.33	0.00	1.63
葡萄牙	0.00	0.00	3.23	7.14	0.00	0.00	3.33	0.00	0.00	0.00	1.31
澳大利亚	0.00	4.35	0.00	3.57	6.90	0.00	0.00	0.00	0.00	0.00	1.31
巴基斯坦	0.00	0.00	0.00	0.00	0.00	3.85	0.00	6.45	0.00	2.63	1.31

表6—18　纺织材料C层人才排名前20的国家和地区的占比

国家和地区＼年份	2009	2010	2011	2012	2013	2014	2015	2016	2017	2018	合计
中国大陆	16.23	14.86	18.29	22.39	30.03	23.73	28.98	36.69	48.57	42.86	29.57
美国	12.08	7.63	8.85	6.56	5.61	10.85	6.36	5.52	4.94	5.71	7.26
印度	8.30	5.22	9.14	4.63	5.94	4.41	5.30	7.79	3.90	5.45	5.99
韩国	4.53	5.62	5.01	6.18	2.64	3.73	6.71	4.87	4.94	4.42	4.82
土耳其	8.30	7.63	6.49	7.34	4.62	4.41	2.47	1.62	1.82	0.78	4.27
伊朗	3.77	4.02	2.06	5.41	4.95	5.42	4.95	3.90	2.08	3.38	3.87
法国	2.26	3.21	3.24	4.25	2.64	4.41	3.89	2.27	2.34	1.56	2.93
日本	4.53	4.42	3.83	3.09	3.96	3.05	1.77	0.65	1.82	2.08	2.83
加拿大	4.15	2.01	2.36	1.54	2.64	4.41	3.18	1.95	2.34	2.34	2.67
瑞典	2.26	2.41	2.06	2.70	1.65	2.71	1.41	2.60	1.56	2.34	2.15
意大利	1.51	1.20	1.77	1.16	5.28	2.37	3.53	1.62	1.56	1.04	2.08
芬兰	0.75	0.80	2.36	2.32	2.97	4.41	1.41	1.30	1.82	2.08	2.05
中国香港	2.64	4.42	4.13	1.54	1.32	2.71	0.71	0.97	1.56	0.78	2.02
英国	2.26	4.42	3.24	3.09	0.66	1.36	0.35	0.97	1.30	2.08	1.92
西班牙	0.38	1.61	1.77	1.54	2.64	1.69	1.41	2.27	2.34	1.30	1.73
波兰	2.64	1.20	2.95	1.23	1.65	1.36	1.06	2.92	1.04	0.78	1.69
德国	3.02	1.61	2.36	1.16	1.65	1.36	2.12	1.62	0.78	1.30	1.66
中国台湾	0.38	0.80	1.77	1.54	1.98	1.36	1.41	1.30	1.56	1.82	1.43
巴西	0.75	0.80	1.47	2.70	1.32	1.69	1.06	1.30	1.04	1.56	1.37
澳大利亚	1.89	1.20	0.29	2.70	1.65	0.34	2.12	1.30	0.26	2.08	1.34

六　复合材料

复合材料A层人才最多的国家是阿尔及利亚，世界占比为18.18%；美国、中国大陆、英国、沙特、澳大利亚、中国香港、埃及、新西兰、意大利、德国的A层人才比较多，世界占比在15%—3%之间；印度、越南、以色列、葡萄牙、韩国、马来西亚、西班牙、瑞典也有相当数量的A层人才，世界占比均为1.82%。

B层人才最多的国家是中国大陆，世界占比为18.39%；美国、澳大利亚、伊朗、意大利、中国香港、英国、印度、韩国、德国的B层人才比较多，世界占比在13%—3%之间；阿尔及利亚、沙特、葡萄牙、加拿大、土耳其、埃及、比利时、马来西亚、日本、越南也有相当数量的B

层人才，世界占比超过1%。

C层人才最多的国家是中国大陆，世界占比为18.76%；美国、意大利、英国、伊朗、澳大利亚、韩国、印度、德国、法国、中国香港的C层人才比较多，世界占比在11%—3%之间；加拿大、西班牙、葡萄牙、土耳其、日本、比利时、瑞士、越南、沙特也有相当数量的C层人才，世界占比超过1%。

表6—19　　复合材料A层人才的国家和地区的占比

国家和地区\年份	2009	2010	2011	2012	2013	2014	2015	2016	2017	2018	合计
阿尔及利亚	0.00	0.00	0.00	0.00	20.00	33.33	33.33	50.00	16.67	14.29	18.18
美国	33.33	28.57	0.00	20.00	20.00	0.00	0.00	0.00	16.67	28.57	14.55
中国大陆	33.33	0.00	0.00	20.00	0.00	0.00	16.67	0.00	33.33	14.29	10.91
英国	0.00	28.57	0.00	20.00	0.00	16.67	0.00	0.00	0.00	0.00	7.27
沙特	0.00	0.00	0.00	0.00	0.00	16.67	16.67	0.00	16.67	14.29	7.27
澳大利亚	0.00	0.00	25.00	20.00	0.00	0.00	0.00	0.00	0.00	14.29	5.45
中国香港	0.00	14.29	0.00	20.00	0.00	0.00	16.67	0.00	0.00	0.00	5.45
埃及	0.00	0.00	0.00	0.00	0.00	16.67	16.67	0.00	0.00	14.29	5.45
新西兰	0.00	0.00	0.00	0.00	0.00	16.67	0.00	16.67	0.00	0.00	3.64
意大利	0.00	0.00	50.00	0.00	0.00	0.00	0.00	0.00	0.00	0.00	3.64
德国	33.33	14.29	0.00	0.00	0.00	0.00	0.00	0.00	0.00	0.00	3.64
印度	0.00	0.00	0.00	0.00	20.00	0.00	0.00	0.00	0.00	0.00	1.82
越南	0.00	0.00	0.00	0.00	0.00	0.00	0.00	16.67	0.00	0.00	1.82
以色列	0.00	14.29	0.00	0.00	0.00	0.00	0.00	0.00	0.00	0.00	1.82
葡萄牙	0.00	0.00	0.00	0.00	20.00	0.00	0.00	0.00	0.00	0.00	1.82
韩国	0.00	0.00	0.00	0.00	20.00	0.00	0.00	0.00	0.00	0.00	1.82
马来西亚	0.00	0.00	0.00	0.00	0.00	0.00	0.00	16.67	0.00	0.00	1.82
西班牙	0.00	0.00	0.00	0.00	0.00	0.00	0.00	0.00	16.67	0.00	1.82
瑞典	0.00	0.00	25.00	0.00	0.00	0.00	0.00	0.00	0.00	0.00	1.82

表6—20　复合材料 B 层人才排名前 20 的国家和地区的占比

国家和地区\年份	2009	2010	2011	2012	2013	2014	2015	2016	2017	2018	合计
中国大陆	13.33	11.29	8.33	21.43	16.36	15.69	13.79	18.46	22.06	33.33	18.39
美国	20.00	22.58	6.25	7.14	10.91	13.73	13.79	4.62	7.35	16.05	12.14
澳大利亚	6.67	6.45	4.17	7.14	9.09	7.84	6.90	4.62	14.71	12.35	8.39
伊朗	0.00	0.00	10.42	2.38	3.64	7.84	5.17	13.85	10.29	8.64	6.79
意大利	3.33	3.23	6.25	4.76	7.27	1.96	8.62	10.77	7.35	2.47	5.71
中国香港	10.00	3.23	6.25	7.14	7.27	9.80	6.90	3.08	0.00	1.23	4.82
英国	3.33	9.68	4.17	7.14	1.82	5.88	5.17	1.54	1.47	2.47	4.11
印度	6.67	1.61	4.17	4.76	7.27	3.92	5.17	3.08	4.41	1.23	3.93
韩国	0.00	1.61	0.00	4.76	3.64	1.96	3.45	1.54	8.82	4.94	3.39
德国	6.67	6.45	4.17	2.38	3.64	3.92	1.72	3.08	0.00	2.47	3.21
阿尔及利亚	0.00	0.00	2.08	2.38	1.82	0.00	6.90	3.08	4.41	4.94	2.86
沙特	0.00	0.00	0.00	0.00	3.64	1.96	8.62	4.62	2.94	2.47	2.68
葡萄牙	0.00	4.84	4.17	9.52	1.82	0.00	0.00	1.54	2.94	0.00	2.32
加拿大	0.00	1.61	8.33	2.38	1.82	3.92	0.00	3.08	1.47	0.00	2.14
土耳其	6.67	1.61	0.00	2.38	5.45	3.92	0.00	0.00	1.47	0.00	1.79
埃及	0.00	0.00	0.00	0.00	3.64	0.00	8.62	3.08	0.00	0.00	1.79
比利时	3.33	0.00	4.17	4.76	0.00	1.96	0.00	1.54	2.94	0.00	1.61
马来西亚	0.00	1.61	0.00	0.00	1.82	3.92	1.72	1.54	1.47	1.23	1.43
日本	10.00	1.61	2.08	0.00	0.00	0.00	0.00	4.62	2.00	0.00	1.43
越南	0.00	0.00	2.08	0.00	0.00	0.00	0.00	4.62	4.41	0.00	1.25

表6—21　复合材料 C 层人才排名前 20 的国家和地区的占比

国家和地区\年份	2009	2010	2011	2012	2013	2014	2015	2016	2017	2018	合计
中国大陆	9.60	8.97	11.78	12.47	14.67	18.92	20.22	26.67	25.53	28.11	18.76
美国	16.23	13.54	13.84	10.94	9.52	9.28	6.68	6.50	8.91	9.59	10.13
意大利	4.64	4.40	5.79	5.03	7.62	8.16	7.76	7.32	6.80	6.62	6.52
英国	6.95	9.46	6.20	8.10	7.62	5.94	7.22	4.72	2.87	4.32	6.16
伊朗	1.99	4.89	4.75	5.03	6.86	3.90	5.78	6.18	7.25	4.46	5.28
澳大利亚	2.98	3.10	3.93	6.56	4.00	4.64	5.23	3.25	4.38	5.81	4.44
韩国	2.65	2.61	3.93	3.28	4.38	4.45	5.23	3.74	3.32	4.19	3.82
印度	3.64	2.28	3.31	3.50	4.00	3.15	3.43	2.60	3.47	5.14	3.48

续表

国家和地区\年份	2009	2010	2011	2012	2013	2014	2015	2016	2017	2018	合计
德国	3.97	5.87	4.13	1.97	2.10	4.45	1.99	3.09	2.87	2.30	3.24
法国	3.97	3.26	5.99	4.16	3.62	3.71	2.35	2.76	1.96	2.03	3.22
中国香港	4.97	3.10	2.89	2.84	2.67	1.48	3.79	4.23	3.17	2.03	3.02
加拿大	4.30	4.40	4.75	2.41	2.10	2.04	2.35	1.63	2.57	2.16	2.77
西班牙	1.99	2.61	3.31	5.25	3.05	1.67	1.26	2.28	2.42	2.30	2.57
葡萄牙	3.31	2.45	2.07	3.50	4.38	2.60	1.81	1.63	1.21	0.81	2.22
土耳其	3.31	2.61	1.24	1.09	2.67	2.60	1.81	1.95	2.57	1.49	2.09
日本	3.31	2.61	2.69	1.75	0.76	1.30	1.99	2.11	1.51	0.81	1.78
比利时	1.66	1.96	0.41	0.44	0.95	2.60	2.17	1.30	0.30	0.81	1.24
瑞士	1.66	1.79	1.24	1.31	1.14	1.48	1.62	0.33	0.91	0.81	1.18
越南	0.00	0.49	0.41	0.44	1.52	0.93	2.17	1.63	1.21	1.76	1.15
沙特	0.00	0.82	0.62	1.09	2.10	1.67	1.26	1.14	1.51	0.81	1.15

七 材料检测和鉴定

材料检测和鉴定A层人才最多的国家是伊朗，世界占比为17.95%；美国、法国、阿尔及利亚、中国大陆、英国、波兰的A层人才比较多，世界占比在16%—5%之间；德国、澳大利亚、沙特、韩国、拉脱维亚、瑞典、马来西亚、瑞士、荷兰也有相当数量的A层人才，世界占比均为2.56%。

B层人才最多的国家是美国，世界占比为15.15%；中国大陆、英国、伊朗、德国、意大利、法国、加拿大、印度的B层人才比较多，世界占比在15%—3%之间；巴西、澳大利亚、韩国、西班牙、日本、马来西亚、俄罗斯、新加坡、土耳其、沙特、中国香港也有相当数量的B层人才，世界占比超过1%。

C层人才最多的国家是中国大陆，世界占比为18.76%；美国、英国、法国、意大利、德国、印度、伊朗、韩国的C层人才比较多，世界占比在11%—3%之间；波兰、加拿大、西班牙、日本、巴西、葡萄牙、澳大利亚、比利时、俄罗斯、土耳其、马来西亚也有相当数量的C层人才，世界占比超过1%。

表6—22　材料检测和鉴定 A 层人才的国家和地区的占比

国家和地区 \ 年份	2009	2010	2011	2012	2013	2014	2015	2016	2017	2018	合计
伊朗	0.00	0.00	40.00	0.00	0.00	0.00	0.00	50.00	100.00	40.00	17.95
美国	50.00	33.33	0.00	0.00	0.00	0.00	50.00	0.00	0.00	20.00	15.38
法国	25.00	33.33	0.00	25.00	0.00	20.00	0.00	0.00	0.00	0.00	10.26
阿尔及利亚	0.00	0.00	0.00	25.00	25.00	20.00	0.00	25.00	0.00	0.00	10.26
中国大陆	0.00	0.00	40.00	0.00	25.00	0.00	0.00	0.00	0.00	20.00	10.26
英国	0.00	0.00	0.00	0.00	25.00	20.00	25.00	0.00	0.00	0.00	7.69
波兰	0.00	33.33	20.00	0.00	0.00	0.00	0.00	0.00	0.00	0.00	5.13
德国	0.00	0.00	0.00	0.00	0.00	0.00	0.00	0.00	0.00	20.00	2.56
澳大利亚	0.00	0.00	0.00	0.00	0.00	20.00	0.00	0.00	0.00	0.00	2.56
沙特	0.00	0.00	0.00	0.00	25.00	0.00	0.00	0.00	0.00	0.00	2.56
韩国	0.00	0.00	0.00	25.00	0.00	0.00	0.00	0.00	0.00	0.00	2.56
拉脱维亚	0.00	0.00	0.00	25.00	0.00	0.00	0.00	0.00	0.00	0.00	2.56
瑞典	25.00	0.00	0.00	0.00	0.00	0.00	0.00	0.00	0.00	0.00	2.56
马来西亚	0.00	0.00	0.00	0.00	0.00	0.00	0.00	25.00	0.00	0.00	2.56
瑞士	0.00	0.00	0.00	0.00	0.00	0.00	25.00	0.00	0.00	0.00	2.56
荷兰	0.00	0.00	0.00	0.00	0.00	20.00	0.00	0.00	0.00	0.00	2.56

表6—23　材料检测和鉴定 B 层人才排名前20 的国家和地区的占比

国家和地区 \ 年份	2009	2010	2011	2012	2013	2014	2015	2016	2017	2018	合计
美国	12.82	26.47	24.39	18.00	14.29	10.87	15.38	15.79	10.71	6.82	15.15
中国大陆	17.95	14.71	12.20	8.00	11.90	19.57	10.26	5.26	19.64	25.00	14.69
英国	10.26	11.76	12.20	14.00	4.76	4.35	7.69	10.53	1.79	0.00	7.46
伊朗	2.56	0.00	4.88	2.00	2.38	4.35	10.26	7.89	14.29	11.36	6.29
德国	5.13	0.00	9.76	6.00	0.00	2.17	2.56	5.26	1.79	6.82	3.96
意大利	0.00	8.82	0.00	4.00	4.76	6.52	5.13	7.89	1.79	2.27	3.96
法国	2.56	2.94	4.88	6.00	4.76	2.17	5.26	1.79	2.27	2.27	3.73
加拿大	5.13	2.94	2.44	0.00	2.38	4.35	5.13	5.26	5.36	2.27	3.50
印度	2.56	5.88	7.32	2.00	4.76	2.17	0.00	2.63	7.14	0.00	3.50
巴西	2.56	2.94	7.32	2.00	2.38	4.35	2.56	0.00	1.79	0.00	2.56
澳大利亚	5.13	0.00	2.44	4.00	4.76	2.17	0.00	5.36	0.00	2.56	
韩国	0.00	8.82	0.00	4.00	2.38	4.35	5.13	0.00	0.00	2.27	2.56

续表

国家和地区\年份	2009	2010	2011	2012	2013	2014	2015	2016	2017	2018	合计
西班牙	2.56	0.00	0.00	6.00	7.14	0.00	0.00	2.63	0.00	2.27	2.10
日本	2.56	5.88	0.00	0.00	4.76	6.52	0.00	0.00	0.00	0.00	1.86
马来西亚	2.56	2.94	0.00	2.00	2.38	0.00	0.00	0.00	1.79	4.55	1.63
俄罗斯	0.00	0.00	0.00	0.00	0.00	2.17	2.56	7.89	3.57	0.00	1.63
新加坡	2.56	0.00	0.00	0.00	0.00	2.17	5.13	2.63	1.79	0.00	1.40
土耳其	2.56	0.00	0.00	0.00	0.00	0.00	0.00	5.26	1.79	2.27	1.17
沙特	0.00	0.00	0.00	0.00	0.00	0.00	2.56	2.63	1.79	4.55	1.17
中国香港	2.56	0.00	0.00	0.00	4.76	2.17	0.00	0.00	0.00	2.27	1.17

表6—24 材料检测和鉴定 C 层人才排名前 20 的国家和地区的占比

国家和地区\年份	2009	2010	2011	2012	2013	2014	2015	2016	2017	2018	合计
中国大陆	13.37	14.63	13.35	16.32	16.18	18.29	22.72	20.79	26.42	24.03	18.76
美国	11.69	13.55	14.52	10.12	9.42	10.24	10.70	9.90	10.37	8.92	10.90
英国	7.88	5.42	6.09	8.47	5.80	5.37	3.92	5.20	4.89	3.89	5.73
法国	5.01	6.23	8.20	5.37	5.07	8.05	3.92	3.71	3.52	2.75	5.14
意大利	3.10	4.61	6.32	2.89	6.04	4.39	6.53	4.95	4.89	3.89	4.72
德国	3.82	3.79	4.45	5.58	5.80	3.17	3.92	5.45	4.31	5.03	4.56
印度	2.86	4.88	4.92	4.34	4.11	3.17	4.44	4.95	3.13	4.58	4.11
伊朗	2.39	1.36	2.11	4.96	2.90	4.39	5.74	5.45	4.89	5.72	4.04
韩国	5.25	2.71	3.28	2.48	4.83	3.41	2.35	2.48	2.74	0.69	3.01
波兰	2.15	1.90	2.58	2.48	3.86	2.20	2.61	3.47	2.74	3.66	2.77
加拿大	2.15	3.52	2.81	2.07	2.66	2.68	3.13	1.24	2.54	4.12	2.68
西班牙	3.58	5.15	1.64	2.27	3.86	1.46	0.52	3.96	2.15	1.37	2.56
日本	2.86	1.90	3.04	2.69	0.97	1.95	2.61	1.73	2.74	2.29	2.30
巴西	4.53	1.36	1.41	2.48	2.66	1.71	1.04	2.72	1.57	0.92	2.04
葡萄牙	2.15	2.17	3.04	1.86	1.69	0.73	1.04	1.98	1.37	2.97	1.90
澳大利亚	2.15	1.90	0.47	1.03	1.69	2.44	2.09	1.24	1.37	2.97	1.71
比利时	0.72	1.90	0.70	1.45	1.21	2.20	1.31	3.47	1.57	2.06	1.64
俄罗斯	1.91	1.08	1.87	1.03	2.17	1.95	1.83	0.99	1.57	1.83	1.62
土耳其	2.15	1.63	1.41	2.27	0.48	0.24	1.57	0.99	1.76	0.69	1.34
马来西亚	0.95	1.36	0.47	2.07	2.42	2.20	0.78	0.74	0.78	0.69	1.24

八 多学科材料

多学科材料 A、B、C 层人才主要集中在美国和中国大陆，两国 A、B、C 层人才的世界占比为 48.16%、53.73%、46.66%，其中美国的 A 层人才多于中国大陆，B 层人才与后者相当，C 层人才稍少于后者。

英国、德国、韩国、日本、新加坡的 A 层人才比较多，世界占比在 7%—3% 之间；瑞士、澳大利亚、法国、意大利、加拿大、沙特、中国香港、荷兰、中国台湾、西班牙、瑞典、俄罗斯、爱尔兰也有相当数量的 A 层人才，世界占比超过或接近 1%。

德国、韩国、英国、新加坡、日本、澳大利亚的 B 层人才比较多，世界占比在 5%—3% 之间；中国香港、法国、加拿大、西班牙、瑞士、沙特、意大利、中国台湾、印度、荷兰、瑞典、以色列也有相当数量的 B 层人才，世界占比超过或接近 1%。

德国、韩国、英国、日本的 C 层人才比较多，世界占比在 6%—3% 之间；法国、澳大利亚、印度、新加坡、西班牙、加拿大、意大利、中国香港、瑞士、中国台湾、荷兰、瑞典、沙特、伊朗也有相当数量的 C 层人才，世界占比超过或接近 1%。

表 6—25　多学科材料 A 层人才排名前 20 的国家和地区的占比

国家和地区 \ 年份	2009	2010	2011	2012	2013	2014	2015	2016	2017	2018	合计
美国	34.38	32.71	38.81	25.68	34.00	31.01	26.90	25.81	24.71	24.16	29.27
中国大陆	12.50	13.08	18.66	22.97	15.33	17.72	14.48	20.00	22.99	25.28	18.89
英国	6.25	5.61	5.22	4.05	5.33	8.86	8.97	4.52	6.90	4.49	6.02
德国	7.29	6.54	4.48	6.08	3.33	5.70	5.52	7.74	4.02	3.37	5.26
韩国	4.17	6.54	4.48	4.73	4.67	3.80	7.59	6.45	5.17	3.93	5.12
日本	5.21	8.41	6.72	4.73	3.33	2.53	4.14	5.81	4.02	3.37	4.64
新加坡	3.13	2.80	3.73	8.11	6.00	2.53	2.07	2.58	1.72	2.81	3.53
瑞士	1.04	0.93	2.99	2.03	4.67	3.16	3.45	3.87	2.30	2.81	2.84
澳大利亚	4.17	1.87	1.49	2.03	1.33	2.53	1.38	2.58	5.17	4.49	2.77
法国	4.17	4.67	1.49	2.03	4.67	0.63	2.76	1.29	2.30	0.56	2.28
意大利	2.08	2.80	0.00	1.35	0.67	3.16	5.52	2.58	2.30	1.69	2.21

续表

国家和地区\年份	2009	2010	2011	2012	2013	2014	2015	2016	2017	2018	合计
加拿大	1.04	0.93	1.49	1.35	0.67	1.27	2.07	3.87	4.02	2.81	2.08
沙特	0.00	0.00	2.24	1.35	0.00	1.90	2.07	1.94	4.02	3.93	1.94
中国香港	0.00	0.93	0.75	1.35	0.67	2.53	1.38	2.58	1.15	1.69	1.38
荷兰	1.04	1.87	1.49	1.35	0.67	1.27	2.07	1.29	0.57	2.25	1.38
中国台湾	1.04	0.93	0.00	2.70	1.33	1.27	0.00	0.65	1.15	2.25	1.18
西班牙	0.00	1.87	0.75	0.68	0.67	3.16	2.07	0.00	1.15	1.12	1.18
瑞典	1.04	1.87	1.49	1.35	0.00	0.00	0.69	1.29	0.57	2.25	1.04
俄罗斯	1.04	0.93	0.75	0.00	2.00	1.27	0.69	0.00	1.15	0.56	0.83
爱尔兰	1.04	0.00	1.49	1.35	2.67	0.63	0.69	0.00	0.00	0.00	0.76

表6—26　多学科材料B层人才排名前20的国家和地区的占比

国家和地区\年份	2009	2010	2011	2012	2013	2014	2015	2016	2017	2018	合计
中国大陆	12.18	17.08	20.64	22.91	24.57	25.56	27.53	30.02	36.09	42.63	27.23
美国	34.50	35.92	31.40	29.10	28.28	26.34	24.85	22.89	20.97	18.96	26.50
德国	7.55	6.83	5.71	4.85	4.37	5.07	4.45	4.03	4.08	2.63	4.74
韩国	3.27	3.83	5.06	6.12	6.44	5.21	5.21	4.39	2.96	2.69	4.52
英国	5.64	3.62	4.40	3.43	4.00	3.52	4.06	3.60	4.01	2.69	3.81
新加坡	1.24	2.90	3.10	3.73	3.40	4.93	4.06	4.39	4.34	3.79	3.72
日本	4.28	4.97	5.14	3.88	3.63	3.17	3.53	3.89	2.63	2.14	3.60
澳大利亚	2.14	2.28	2.37	2.39	2.66	3.31	3.22	3.53	4.27	4.28	3.15
中国香港	1.01	1.55	1.22	1.72	1.55	1.69	2.61	2.59	3.02	2.94	2.08
法国	3.95	2.17	2.61	1.94	2.44	1.76	1.61	2.16	1.18	1.53	2.04
加拿大	3.04	1.76	1.88	1.49	1.63	1.62	1.53	1.94	1.84	1.59	1.79
西班牙	1.47	1.76	2.12	1.87	1.85	1.27	1.92	1.80	1.18	0.73	1.56
瑞士	1.92	1.14	1.47	1.42	1.78	1.48	1.61	2.23	1.51	1.04	1.55
沙特	0.23	0.00	0.65	0.60	0.96	2.11	2.30	1.94	2.10	2.14	1.42
意大利	2.03	1.55	1.31	1.34	1.70	1.13	1.61	1.37	1.05	0.43	1.30
中国台湾	1.47	1.45	1.22	2.09	1.48	2.04	0.92	0.79	0.53	0.49	1.21
印度	1.35	0.93	1.31	1.79	1.18	1.06	1.30	0.65	0.92	1.10	1.15
荷兰	2.14	1.66	1.14	1.72	1.18	0.99	1.07	0.79	0.79	0.61	1.14
瑞典	0.68	0.83	0.73	0.90	0.67	1.27	1.00	0.72	0.39	1.28	0.86
以色列	0.79	0.52	0.65	0.45	0.52	0.70	0.46	0.72	0.53	0.37	0.56

表6—27　多学科材料C层人才排名前20的国家和地区的占比

国家和地区 \ 年份	2009	2010	2011	2012	2013	2014	2015	2016	2017	2018	合计
中国大陆	15.32	16.44	17.60	20.60	23.38	27.42	29.69	30.55	34.38	36.07	26.14
美国	24.03	25.54	23.17	23.14	21.71	20.27	19.55	18.51	17.67	15.63	20.52
德国	7.42	6.56	7.03	6.37	6.18	5.58	5.16	4.81	4.27	4.67	5.67
韩国	4.16	4.38	4.98	4.89	5.01	5.19	5.17	5.01	4.74	4.54	4.84
英国	4.72	4.51	4.13	4.14	4.16	3.76	3.59	4.04	3.58	3.79	3.99
日本	5.57	5.04	4.92	4.24	3.83	3.76	3.16	3.10	2.76	2.52	3.75
法国	4.65	4.38	4.13	3.71	3.27	2.66	2.25	2.27	2.02	1.70	2.96
澳大利亚	2.19	2.41	2.28	2.33	2.40	2.53	3.11	3.03	3.12	3.27	2.71
印度	3.27	2.73	3.00	2.69	2.90	2.63	2.39	2.40	2.11	2.24	2.59
新加坡	1.78	2.09	2.23	2.62	2.42	2.49	2.79	2.74	2.89	2.63	2.52
西班牙	2.14	2.09	2.43	2.59	2.23	2.08	1.80	1.78	1.56	1.55	2.00
加拿大	2.39	2.02	2.16	2.03	1.93	1.98	1.72	1.63	1.65	1.51	1.87
意大利	1.91	2.26	2.25	1.91	2.07	1.78	1.54	1.55	1.45	1.48	1.79
中国香港	0.82	0.97	1.18	1.32	1.29	1.63	1.96	1.95	2.13	2.29	1.62
瑞士	1.79	2.10	1.61	1.58	1.61	1.57	1.47	1.48	1.37	1.52	1.58
中国台湾	1.90	1.54	1.67	1.81	1.44	1.30	1.27	1.07	0.96	0.94	1.35
荷兰	2.01	1.50	1.55	1.43	1.33	1.06	1.08	1.09	1.00	0.95	1.26
瑞典	1.16	1.26	1.31	0.94	1.13	1.01	1.04	0.99	1.00	1.01	1.07
沙特	0.26	0.22	0.34	0.48	0.81	1.09	1.48	1.44	1.54	1.47	0.98
伊朗	0.94	1.11	1.07	0.77	0.74	0.78	0.88	1.10	1.06	1.10	0.96

九　石油工程

石油工程A、B、C层人才主要集中在中国大陆和美国，两国A、B、C层人才的世界占比为63.16%、60.65%、46.29%，其中中国大陆的A层人才多于美国，B和C层人才少于美国。

澳大利亚的A层人才比较多，世界占比为10.53%；挪威、加拿大、墨西哥、荷兰、尼日利亚也有相当数量的A层人才，世界占比均为5.26%。

加拿大、伊朗、澳大利亚、法国的B层人才比较多，世界占比在7%—3%之间；英国、德国、马来西亚、挪威、荷兰、印度、俄罗斯、阿联酋、巴西、沙特、日本、巴基斯坦、阿尔及利亚、塞尔维亚也有相当数量的 B 层人才，世界占比超过或接近 1%。

加拿大、伊朗、澳大利亚、挪威、英国、法国、俄罗斯的 C 层人才比较多，世界占比在 8%—3% 之间；印度、沙特、巴西、荷兰、德国、日本、马来西亚、韩国、土耳其、意大利、阿曼苏丹国也有相当数量的 C 层人才，世界占比超过或接近 1%。

表 6—28　　石油工程 A 层人才的国家和地区的占比

国家和地区\年份	2009	2010	2011	2012	2013	2014	2015	2016	2017	2018	合计
中国大陆	0.00	0.00	0.00	50.00	0.00	50.00	0.00	100.00	66.67	50.00	36.84
美国	100.00	50.00	0.00	0.00	0.00	50.00	100.00	0.00	0.00	50.00	26.32
澳大利亚	0.00	0.00	0.00	50.00	33.33	0.00	0.00	0.00	0.00	0.00	10.53
挪威	0.00	0.00	0.00	0.00	33.33	0.00	0.00	0.00	0.00	0.00	5.26
加拿大	0.00	50.00	0.00	0.00	0.00	0.00	0.00	0.00	0.00	0.00	5.26
墨西哥	0.00	0.00	100.00	0.00	0.00	0.00	0.00	0.00	0.00	0.00	5.26
荷兰	0.00	0.00	0.00	0.00	0.00	0.00	0.00	0.00	33.33	0.00	5.26
尼日利亚	0.00	0.00	0.00	0.00	33.33	0.00	0.00	0.00	0.00	0.00	5.26

表 6—29　　石油工程 B 层人才排名前 20 的国家和地区的占比

国家和地区\年份	2009	2010	2011	2012	2013	2014	2015	2016	2017	2018	合计
美国	47.37	33.33	61.11	36.36	27.59	52.00	24.00	36.00	29.03	32.26	36.55
中国大陆	0.00	12.50	5.56	22.73	34.48	16.00	36.00	8.00	38.71	45.16	24.10
加拿大	5.26	12.50	5.56	9.09	6.90	8.00	8.00	8.00	0.00	3.23	6.43
伊朗	0.00	4.17	0.00	4.55	10.34	8.00	0.00	0.00	3.23	0.00	4.02
澳大利亚	0.00	4.17	0.00	18.18	0.00	0.00	8.00	0.00	9.68	0.00	4.02
法国	21.05	4.17	0.00	0.00	3.45	4.00	0.00	0.00	0.00	0.00	3.21
英国	0.00	4.17	0.00	4.55	3.45	4.00	0.00	0.00	3.23	3.23	2.41
德国	0.00	4.17	5.56	0.00	3.45	0.00	0.00	8.00	0.00	0.00	2.41
马来西亚	0.00	0.00	0.00	0.00	0.00	0.00	4.00	8.00	0.00	6.45	2.01
挪威	5.26	8.33	0.00	0.00	3.45	0.00	0.00	0.00	0.00	0.00	2.01
荷兰	5.26	4.17	0.00	0.00	0.00	0.00	0.00	0.00	0.00	0.00	1.61
印度	0.00	0.00	0.00	0.00	0.00	4.00	4.00	0.00	3.23	3.23	1.61

续表

国家和地区 \ 年份	2009	2010	2011	2012	2013	2014	2015	2016	2017	2018	合计
俄罗斯	0.00	4.17	0.00	0.00	0.00	0.00	0.00	0.00	6.45	0.00	1.20
阿联酋	0.00	0.00	0.00	4.55	0.00	4.00	0.00	4.00	0.00	0.00	1.20
巴西	5.26	0.00	0.00	0.00	3.45	0.00	0.00	0.00	3.23	0.00	1.20
沙特	0.00	0.00	5.56	0.00	0.00	0.00	4.00	0.00	0.00	3.23	1.20
日本	0.00	0.00	0.00	0.00	3.45	0.00	0.00	4.00	0.00	0.00	0.80
巴基斯坦	0.00	0.00	0.00	0.00	0.00	0.00	4.00	4.00	0.00	0.00	0.80
阿尔及利亚	5.26	0.00	0.00	0.00	0.00	0.00	0.00	0.00	0.00	0.00	0.40
塞尔维亚	0.00	0.00	5.56	0.00	0.00	0.00	0.00	0.00	0.00	0.00	0.40

表 6—30　石油工程 C 层人才排名前 20 的国家和地区的占比

国家和地区 \ 年份	2009	2010	2011	2012	2013	2014	2015	2016	2017	2018	合计
美国	34.09	23.63	24.38	27.45	22.86	25.10	25.32	18.49	24.92	23.78	24.68
中国大陆	8.52	11.81	13.13	15.20	22.14	18.22	25.32	23.11	29.39	36.71	21.61
加拿大	14.20	11.81	8.75	10.29	7.50	4.45	5.49	7.14	5.75	5.94	7.78
伊朗	2.84	5.49	9.38	6.37	7.50	8.10	7.17	6.30	5.11	6.64	6.48
澳大利亚	2.27	2.95	3.75	4.90	5.00	6.07	4.22	3.36	4.79	3.85	4.21
挪威	4.55	7.59	3.13	6.37	3.93	3.24	2.95	2.94	2.56	1.75	3.78
英国	5.11	6.75	5.00	0.98	3.21	4.45	2.53	3.36	3.19	3.50	3.74
法国	6.82	7.59	5.00	4.90	3.21	4.45	1.27	2.94	0.00	0.70	3.36
俄罗斯	1.70	2.53	5.63	1.47	4.29	1.62	2.95	4.62	3.51	3.15	3.15
印度	0.00	2.11	1.25	1.47	1.43	1.62	3.38	2.94	2.24	1.75	1.89
沙特	0.57	0.84	1.25	0.98	0.71	2.83	3.38	2.10	3.19	1.40	1.81
巴西	2.84	2.53	1.25	1.47	2.14	1.21	2.53	3.36	0.00	1.40	1.81
荷兰	1.14	2.11	3.13	1.47	1.79	2.43	2.11	1.26	1.60	1.05	1.77
德国	0.57	0.42	1.25	2.45	2.14	3.64	0.84	1.26	0.96	0.35	1.39
日本	1.14	2.53	0.63	1.47	1.79	0.40	0.00	2.10	1.28	0.00	1.14
马来西亚	1.70	0.42	0.63	0.49	0.71	0.40	1.27	1.68	1.92	1.05	1.05
韩国	1.14	0.42	0.00	0.98	0.71	0.40	0.84	1.26	0.96	0.35	0.71
土耳其	1.70	0.42	0.63	0.49	1.07	0.81	0.42	0.84	0.96	0.00	0.71
意大利	0.00	1.27	1.25	0.98	1.62	0.42	0.84	0.00	0.35	0.71	0.71
阿曼苏丹国	1.14	0.00	1.25	1.47	0.71	0.81	0.42	1.26	0.32	0.00	0.67

十 采矿和矿物处理

采矿和矿物处理A层人才主要集中在中国大陆和美国，两国的世界占比均为22.22%；澳大利亚、英国的A层人才也比较多，世界占比均为11.11%；土耳其、加拿大、意大利、马来西亚、西班牙、比利时、泰国也有相当数量的A层人才，世界占比在8%—3%之间。

B层人才最多的国家是中国大陆，世界占比为27.99%；美国、澳大利亚、加拿大、日本、德国的B层人才比较多，世界占比在19%—3%之间；英国、法国、印度、俄罗斯、巴西、中国台湾、韩国、奥地利、土耳其、瑞典、瑞士、伊朗、丹麦、挪威也有相当数量的B层人才，世界占比超过或接近1%。

C层人才最多的国家是中国大陆，世界占比为26.00%；澳大利亚、美国、加拿大、英国、德国的C层人才比较多，世界占比在13%—3%之间；伊朗、法国、印度、南非、土耳其、日本、瑞典、意大利、西班牙、巴西、俄罗斯、中国香港、智利、瑞士也有相当数量的C层人才，世界占比超过或接近1%。

表6—31　采矿和矿物处理A层人才的国家和地区的占比

国家和地区 \ 年份	2009	2010	2011	2012	2013	2014	2015	2016	2017	2018	合计
中国大陆	0.00	33.33	0.00	0.00	0.00	33.33	25.00	0.00	33.33	50.00	22.22
美国	0.00	33.33	0.00	0.00	50.00	33.33	0.00	0.00	33.33	25.00	22.22
澳大利亚	0.00	33.33	0.00	33.33	0.00	0.00	0.00	0.00	33.33	0.00	11.11
英国	50.00	0.00	0.00	0.00	25.00	0.00	25.00	0.00	0.00	0.00	11.11
土耳其	0.00	0.00	0.00	33.33	0.00	0.00	0.00	0.00	0.00	25.00	7.41
加拿大	0.00	0.00	100.00	0.00	0.00	33.33	0.00	0.00	0.00	0.00	7.41
意大利	0.00	0.00	0.00	33.33	0.00	0.00	0.00	0.00	0.00	0.00	3.70
马来西亚	0.00	0.00	0.00	0.00	25.00	0.00	0.00	0.00	0.00	0.00	3.70
西班牙	0.00	0.00	0.00	0.00	0.00	0.00	25.00	0.00	0.00	0.00	3.70
比利时	0.00	0.00	0.00	0.00	0.00	0.00	25.00	0.00	0.00	0.00	3.70
泰国	50.00	0.00	0.00	0.00	0.00	0.00	0.00	0.00	0.00	0.00	3.70

表6—32　采矿和矿物处理 B 层人才排名前20 的国家和地区的占比

国家和地区 \ 年份	2009	2010	2011	2012	2013	2014	2015	2016	2017	2018	合计
中国大陆	13.04	7.41	34.62	19.44	20.00	21.21	38.89	27.50	45.24	40.00	27.99
美国	17.39	22.22	11.54	22.22	20.00	24.24	13.89	25.00	21.43	5.00	18.37
澳大利亚	21.74	11.11	19.23	16.67	10.00	12.12	19.44	12.50	19.05	10.00	14.87
加拿大	8.70	3.70	3.85	5.56	7.50	6.06	2.78	2.50	2.38	10.00	5.25
日本	4.35	3.70	11.54	0.00	5.00	15.15	2.78	2.50	0.00	2.50	4.37
德国	0.00	3.70	0.00	2.78	5.00	9.09	2.78	0.00	4.76	2.50	3.21
英国	0.00	3.70	3.85	2.78	2.50	0.00	0.00	5.00	2.38	7.50	2.92
法国	4.35	0.00	3.85	2.78	0.00	3.03	2.78	5.00	0.00	5.00	2.62
印度	4.35	3.70	0.00	0.00	7.50	0.00	0.00	0.00	0.00	0.00	1.46
俄罗斯	4.35	0.00	0.00	2.78	0.00	3.03	2.78	2.50	0.00	0.00	1.46
巴西	4.35	3.70	0.00	0.00	0.00	3.03	0.00	0.00	2.38	0.00	1.17
中国台湾	0.00	3.70	0.00	2.78	2.50	0.00	2.78	0.00	0.00	0.00	1.17
韩国	0.00	0.00	0.00	2.78	2.50	0.00	0.00	2.50	2.38	0.00	1.17
奥地利	0.00	0.00	3.85	0.00	0.00	0.00	2.78	5.00	0.00	0.00	1.17
土耳其	8.70	3.70	0.00	0.00	0.00	0.00	0.00	0.00	0.00	0.00	1.17
瑞典	0.00	3.70	0.00	2.78	0.00	0.00	0.00	2.50	0.00	0.00	0.87
瑞士	0.00	0.00	0.00	5.56	2.50	0.00	0.00	0.00	0.00	0.00	0.87
伊朗	0.00	0.00	0.00	0.00	0.00	3.03	2.78	0.00	0.00	2.50	0.87
丹麦	0.00	0.00	0.00	2.78	0.00	0.00	0.00	2.50	0.00	2.50	0.87
挪威	4.35	0.00	0.00	0.00	0.00	0.00	0.00	2.50	0.00	2.50	0.87

表6—33　采矿和矿物处理 C 层人才排名前20 的国家和地区的占比

国家和地区 \ 年份	2009	2010	2011	2012	2013	2014	2015	2016	2017	2018	合计
中国大陆	13.10	16.55	19.60	20.86	22.25	25.78	33.61	31.90	33.42	33.01	26.00
澳大利亚	11.79	13.67	17.20	16.00	8.31	12.73	10.74	13.79	12.76	12.47	12.75
美国	13.54	10.43	10.40	11.43	10.27	13.35	15.15	11.49	11.73	9.54	11.67
加拿大	6.55	7.55	3.60	3.71	6.60	5.90	6.34	4.89	8.16	3.91	5.73
英国	5.24	3.96	4.00	4.00	3.67	4.35	2.48	3.16	5.10	2.93	3.82
德国	5.68	2.88	2.40	3.43	4.16	2.48	1.93	4.02	5.36	3.42	3.58
伊朗	3.06	3.24	4.40	3.71	2.93	2.80	2.75	1.72	2.30	2.69	2.90
法国	3.49	2.88	3.20	4.57	3.18	2.80	1.38	1.15	1.79	4.40	2.87

续表

国家和地区\年份	2009	2010	2011	2012	2013	2014	2015	2016	2017	2018	合计
印度	2.62	6.47	2.80	3.43	2.69	1.55	1.93	2.01	1.02	2.93	2.66
南非	1.31	3.24	3.20	2.29	2.44	2.17	0.28	1.44	1.28	2.44	1.97
土耳其	0.44	3.96	2.40	2.57	1.96	2.17	2.20	0.57	0.77	2.20	1.91
日本	2.18	2.16	2.40	1.43	2.44	3.11	1.10	2.01	0.77	1.71	1.88
瑞典	2.18	2.16	0.40	1.43	1.96	2.17	2.20	1.72	0.51	0.24	1.46
意大利	3.49	1.08	2.00	1.43	2.20	1.24	0.83	0.57	0.77	1.47	1.43
西班牙	2.18	1.44	2.00	1.43	2.20	0.93	1.10	1.72	0.51	1.22	1.43
巴西	1.75	3.24	1.20	1.14	1.47	1.24	0.28	2.01	1.02	1.22	1.40
俄罗斯	1.75	0.72	0.40	1.14	1.96	0.93	0.00	1.15	2.30	0.73	1.13
中国香港	0.87	0.36	0.00	0.00	0.98	2.17	3.31	0.57	0.77	1.22	1.07
智利	0.44	0.72	1.20	0.00	1.47	0.93	1.10	1.44	1.02	0.73	0.93
瑞士	1.31	0.72	2.40	1.71	1.47	1.55	0.00	0.57	0.26	0.00	0.93

十一 机械工程

机械工程A、B、C层人才主要集中在美国和中国大陆，两国A、B、C层人才的世界占比为36.13%、37.46%、36.66%，其中美国的A层人才多于中国大陆，B层人才与后者相当，C层人才少于后者。

伊朗、沙特、阿尔及利亚、英国、加拿大、巴基斯坦、德国的A层人才比较多，世界占比在7%—3%之间；澳大利亚、法国、埃及、韩国、爱尔兰、新加坡、西班牙、比利时、南非、印度、泰国也有相当数量的A层人才，世界占比超过1%。

伊朗、英国、法国、德国、意大利的B层人才比较多，世界占比在6%—3%之间；印度、加拿大、澳大利亚、韩国、沙特、土耳其、巴基斯坦、西班牙、马来西亚、中国香港、日本、新加坡、葡萄牙也有相当数量的B层人才，世界占比超过1%。

英国、法国、印度、意大利、伊朗、德国、加拿大的C层人才比较多，世界占比在6%—3%之间；韩国、澳大利亚、日本、西班牙、土耳其、中国台湾、中国香港、波兰、瑞典、新加坡、荷兰也有相当数量的C层人才，世界占比超过1%。

表6—34　机械工程A层人才排名前20的国家和地区的占比

国家和地区	2009	2010	2011	2012	2013	2014	2015	2016	2017	2018	合计
美国	37.50	29.73	33.33	34.00	28.26	22.03	20.93	5.66	15.38	8.70	22.47
中国大陆	3.13	2.70	2.78	8.00	13.04	23.73	25.58	24.53	9.62	13.04	13.66
伊朗	0.00	0.00	0.00	0.00	8.70	5.08	2.33	5.66	17.31	17.39	6.17
沙特	0.00	0.00	0.00	0.00	2.17	3.39	4.65	15.09	11.54	13.04	5.51
阿尔及利亚	0.00	0.00	0.00	0.00	0.00	5.08	4.65	9.43	13.46	13.04	5.07
英国	9.38	8.11	8.33	8.00	4.35	1.69	2.33	7.55	0.00	0.00	4.63
加拿大	3.13	5.41	5.56	6.00	6.52	0.00	6.98	1.89	1.92	2.17	3.74
巴基斯坦	0.00	2.70	0.00	2.00	2.17	0.00	4.65	7.55	5.77	6.52	3.30
德国	0.00	0.00	8.33	6.00	2.17	6.78	4.65	1.89	0.00	0.00	3.08
澳大利亚	9.38	2.70	5.56	2.00	0.00	1.69	4.65	0.00	0.00	4.35	2.64
法国	0.00	8.11	2.78	2.00	2.17	3.39	0.00	0.00	1.92	4.35	2.42
埃及	0.00	0.00	0.00	0.00	0.00	0.00	2.33	7.55	7.69	0.00	1.98
韩国	3.13	2.70	2.78	2.00	2.17	1.69	2.33	1.89	0.00	0.00	1.76
爱尔兰	3.13	2.70	5.56	0.00	2.17	0.00	2.33	0.00	1.92	0.00	1.76
新加坡	6.25	2.70	0.00	2.00	0.00	1.69	2.33	0.00	1.92	0.00	1.54
西班牙	0.00	5.41	5.56	0.00	0.00	1.69	0.00	0.00	0.00	2.17	1.54
比利时	3.13	0.00	2.78	2.00	0.00	0.00	2.33	3.77	0.00	0.00	1.32
南非	0.00	0.00	2.78	0.00	4.35	3.39	0.00	1.89	0.00	0.00	1.32
印度	3.13	5.41	0.00	4.00	0.00	0.00	2.33	0.00	0.00	0.00	1.32
泰国	6.25	2.70	0.00	0.00	4.35	0.00	0.00	0.00	0.00	0.00	1.10

表6—35　机械工程B层人才排名前20的国家和地区的占比

国家和地区	2009	2010	2011	2012	2013	2014	2015	2016	2017	2018	合计
中国大陆	7.12	9.58	11.52	14.75	18.99	17.55	25.13	25.63	26.34	26.60	18.97
美国	27.12	28.45	26.06	21.48	19.24	18.83	16.14	12.39	13.62	7.84	18.49
伊朗	1.36	1.97	3.03	4.34	2.53	5.67	5.29	8.61	9.15	10.93	5.60
英国	8.47	4.23	4.55	3.69	6.84	3.66	3.70	2.94	4.02	3.09	4.34
法国	4.75	4.79	6.06	4.77	4.81	4.39	2.12	2.52	1.34	1.19	3.58
德国	4.41	2.82	5.45	3.25	5.32	4.20	1.85	2.10	1.79	1.90	3.24
意大利	2.71	4.23	2.12	4.77	3.80	3.84	3.44	2.31	2.46	1.90	3.19
印度	3.05	5.92	1.82	2.39	2.78	2.56	3.70	4.20	1.56	2.14	2.97

续表

国家和地区\年份	2009	2010	2011	2012	2013	2014	2015	2016	2017	2018	合计
加拿大	3.73	4.79	3.94	1.30	3.29	3.29	3.70	1.89	2.01	2.38	2.92
澳大利亚	3.73	2.54	2.73	2.17	2.03	2.93	3.70	3.15	2.46	3.80	2.90
韩国	3.05	2.25	3.33	4.99	3.04	4.20	1.85	1.26	0.89	1.43	2.65
沙特	0.00	0.85	0.61	1.52	1.01	1.46	3.44	3.36	5.58	3.80	2.29
土耳其	2.03	0.85	0.61	1.30	2.03	2.56	1.85	2.94	1.79	3.09	1.97
巴基斯坦	0.00	0.85	0.61	0.87	1.01	0.91	0.26	2.31	5.58	3.09	1.66
西班牙	0.34	1.97	1.21	2.82	2.03	2.19	1.85	1.47	0.89	0.71	1.61
马来西亚	0.34	1.41	0.91	1.74	1.77	1.46	1.32	1.26	0.89	2.38	1.39
中国香港	1.36	0.85	0.91	1.74	1.52	1.10	2.38	0.84	1.34	1.66	1.36
日本	1.69	2.54	1.21	1.95	1.01	1.28	0.26	1.26	0.22	0.24	1.14
新加坡	2.37	1.13	1.52	1.30	0.76	0.73	2.12	0.42	0.89	0.71	1.12
葡萄牙	2.03	1.69	1.82	1.08	0.76	1.28	0.53	0.63	0.67	0.95	1.10

表6—36　机械工程C层人才排名前20的国家和地区的占比

国家和地区\年份	2009	2010	2011	2012	2013	2014	2015	2016	2017	2018	合计
中国大陆	11.87	12.86	13.17	16.82	18.52	20.50	23.37	26.93	28.18	30.62	20.94
美国	21.61	19.48	19.88	17.06	16.98	14.39	15.30	12.79	12.82	11.01	15.72
英国	7.93	6.33	6.65	5.99	6.01	5.35	5.54	4.90	4.99	5.14	5.77
法国	5.85	5.86	5.42	4.45	4.77	3.52	4.09	3.06	2.72	2.19	4.04
印度	4.22	3.90	3.89	4.34	4.01	3.81	2.89	4.81	4.15	4.05	4.02
意大利	3.98	4.01	4.14	4.65	3.93	4.39	3.73	4.06	3.41	3.43	3.98
伊朗	1.91	2.67	2.91	4.10	2.92	4.19	2.99	5.06	4.90	5.18	3.82
德国	4.15	4.95	4.72	4.03	3.86	3.92	4.09	3.10	3.14	2.79	3.81
加拿大	3.37	3.55	4.14	3.25	3.10	3.07	2.96	3.06	2.52	2.70	3.13
韩国	3.23	3.90	3.19	3.61	3.30	3.42	3.12	2.60	1.95	1.87	2.99
澳大利亚	2.28	1.79	2.70	2.45	2.79	2.99	3.40	2.92	3.37	2.99	2.81
日本	2.59	3.55	2.14	1.87	2.49	2.16	1.63	1.55	1.93	1.36	2.08
西班牙	2.14	2.23	2.21	1.78	2.41	2.43	2.25	1.39	1.50	1.70	1.99
土耳其	2.38	1.76	1.62	1.56	1.55	1.31	1.38	1.25	1.39	1.41	1.52
中国台湾	2.45	1.55	2.27	1.87	1.40	1.24	0.95	0.43	0.63	0.76	1.29
中国香港	1.29	1.20	1.35	1.29	0.79	1.20	0.97	1.51	1.15	1.82	1.26

续表

国家和地区\年份	2009	2010	2011	2012	2013	2014	2015	2016	2017	2018	合计
波兰	0.78	0.85	0.77	1.29	1.01	1.64	1.46	1.44	1.15	1.36	1.22
瑞典	1.40	1.29	1.44	1.11	1.55	1.24	1.33	0.62	1.10	0.97	1.18
新加坡	1.22	1.29	0.98	0.82	1.55	1.29	1.10	1.21	0.81	1.15	1.14
荷兰	0.92	1.52	1.13	1.40	1.09	0.99	1.10	0.96	0.74	0.83	1.06

十二 制造工程

制造工程A、B、C层人才主要集中在美国和中国大陆,两国A、B、C层人才的世界占比为30.28%、30.93%、33.08%,其中美国的A和B层人才多于中国大陆,C层人才少于中国大陆。

英国、德国、澳大利亚、意大利、法国、新加坡、中国香港的A层人才比较多,世界占比在10%—3%之间;加拿大、印度、丹麦、西班牙、韩国、马来西亚、南非、新西兰、比利时、瑞典、菲律宾也有相当数量的A层人才,世界占比超过或接近1%。

英国、德国、加拿大、法国、印度、澳大利亚、意大利的B层人才比较多,世界占比在8%—3%之间;韩国、中国香港、日本、西班牙、比利时、瑞典、伊朗、新加坡、荷兰、土耳其、瑞士也有相当数量的B层人才,世界占比超过1%。

英国、印度、德国、加拿大、法国、意大利、伊朗、韩国的C层人才比较多,世界占比在7%—3%之间;日本、中国台湾、中国香港、澳大利亚、西班牙、土耳其、新加坡、荷兰、瑞典、马来西亚也有相当数量的C层人才,世界占比超过1%。

表6—37 制造工程A层人才排名前20的国家和地区的占比

国家和地区\年份	2009	2010	2011	2012	2013	2014	2015	2016	2017	2018	合计
美国	0.00	9.09	21.05	17.65	27.78	31.25	28.57	9.09	0.00	33.33	19.72
中国大陆	0.00	0.00	10.53	0.00	16.67	12.50	14.29	0.00	23.08	20.00	10.56
英国	25.00	18.18	10.53	5.88	11.11	12.50	0.00	9.09	7.69	0.00	9.15
德国	25.00	27.27	10.53	5.88	11.11	6.25	7.14	9.09	0.00	0.00	9.15

续表

国家和地区\年份	2009	2010	2011	2012	2013	2014	2015	2016	2017	2018	合计
澳大利亚	12.50	0.00	0.00	11.76	0.00	0.00	21.43	9.09	7.69	13.33	7.04
意大利	0.00	9.09	10.53	5.88	5.56	0.00	0.00	9.09	0.00	0.00	4.23
法国	0.00	0.00	0.00	5.88	5.56	0.00	7.14	9.09	7.69	6.67	4.23
新加坡	12.50	0.00	0.00	0.00	0.00	0.00	7.14	0.00	15.38	6.67	3.52
中国香港	12.50	9.09	10.53	0.00	5.56	0.00	0.00	0.00	0.00	0.00	3.52
加拿大	0.00	0.00	5.26	17.65	0.00	0.00	0.00	0.00	0.00	0.00	2.82
印度	0.00	0.00	0.00	0.00	0.00	6.25	7.14	0.00	15.38	0.00	2.82
丹麦	0.00	0.00	0.00	5.88	0.00	12.50	0.00	9.09	0.00	0.00	2.82
西班牙	0.00	0.00	5.26	5.88	5.56	0.00	0.00	0.00	0.00	0.00	2.11
韩国	12.50	0.00	5.26	0.00	5.56	0.00	0.00	0.00	0.00	0.00	2.11
马来西亚	0.00	0.00	0.00	0.00	0.00	0.00	9.09	7.69	0.00	0.00	1.41
南非	0.00	0.00	0.00	0.00	0.00	0.00	7.14	0.00	7.69	0.00	1.41
新西兰	0.00	0.00	0.00	5.88	0.00	0.00	0.00	0.00	0.00	0.00	1.41
比利时	0.00	0.00	0.00	5.88	0.00	6.25	0.00	0.00	0.00	0.00	1.41
瑞典	0.00	0.00	5.26	5.88	0.00	0.00	0.00	0.00	0.00	0.00	1.41
菲律宾	0.00	0.00	0.00	0.00	0.00	0.00	0.00	0.00	0.00	6.67	0.70

表6—38 制造工程B层人才排名前20的国家和地区的占比

国家和地区\年份	2009	2010	2011	2012	2013	2014	2015	2016	2017	2018	合计
美国	26.67	21.78	14.61	16.33	13.45	19.86	18.18	14.62	14.93	11.85	16.61
中国大陆	3.33	8.91	8.43	9.69	16.96	8.51	14.05	16.92	29.10	25.93	14.32
英国	8.89	8.91	9.55	8.16	11.70	4.96	6.61	9.23	5.97	3.70	7.87
德国	7.78	4.95	10.67	6.12	6.43	13.48	6.61	6.15	5.22	5.93	7.44
加拿大	4.44	5.94	7.87	4.59	4.68	4.26	5.79	1.54	2.99	5.19	4.80
法国	5.56	3.96	3.93	2.55	5.26	2.84	2.48	6.15	3.73	5.93	4.15
印度	5.56	2.97	2.25	4.08	1.17	4.96	5.79	4.62	3.73	5.93	3.94
澳大利亚	4.44	7.92	3.93	4.08	3.51	2.13	4.96	2.31	3.73	1.48	3.72
意大利	1.11	1.98	1.12	3.06	4.09	2.84	4.96	3.85	3.73	5.19	3.22
韩国	3.33	0.99	3.37	3.57	1.17	4.96	4.96	0.77	2.24	1.48	2.72
中国香港	1.11	0.99	1.69	3.06	5.26	0.71	0.83	3.85	1.49	4.44	2.51
日本	3.33	4.95	1.69	3.57	4.09	1.42	1.65	1.54	0.75	0.74	2.36
西班牙	2.22	2.97	2.81	3.06	1.75	0.71	0.83	2.31	0.75	2.22	2.00

续表

国家和地区 \ 年份	2009	2010	2011	2012	2013	2014	2015	2016	2017	2018	合计
比利时	0.00	1.98	2.25	2.04	1.75	4.96	1.65	2.31	0.75	0.74	1.93
瑞典	0.00	0.99	1.12	2.04	1.17	2.13	4.13	0.77	3.73	0.74	1.72
伊朗	1.11	0.00	2.25	2.55	1.75	0.71	2.48	0.77	0.75	1.48	1.50
新加坡	2.22	1.98	2.81	1.02	1.17	0.00	1.65	2.31	2.24	0.00	1.50
荷兰	2.22	1.98	1.69	2.04	0.00	2.13	0.83	2.31	0.00	0.00	1.29
土耳其	3.33	1.98	0.56	1.02	1.17	1.42	1.65	2.31	0.75	0.00	1.29
瑞士	0.00	1.98	1.69	1.02	1.17	2.13	1.65	0.77	1.49	0.00	1.22

表6—39　制造工程C层人才排名前20的国家和地区的占比

国家和地区 \ 年份	2009	2010	2011	2012	2013	2014	2015	2016	2017	2018	合计
中国大陆	10.06	12.82	12.34	15.89	17.07	19.90	21.80	25.26	24.08	28.26	18.59
美国	17.32	17.56	15.22	13.64	14.13	13.84	15.62	12.50	13.07	13.60	14.49
英国	6.03	7.87	6.17	6.43	6.44	6.27	7.69	7.48	6.15	7.41	6.73
印度	7.15	5.85	6.29	5.49	5.57	5.70	6.35	5.87	5.81	5.86	5.94
德国	4.69	5.15	3.86	4.13	4.19	4.61	3.51	3.23	4.10	2.69	4.00
加拿大	5.25	4.54	4.73	4.39	4.57	3.53	2.51	3.23	2.65	3.83	3.96
法国	4.36	2.83	3.52	3.71	4.69	3.24	4.34	2.98	2.90	3.26	3.61
意大利	3.35	3.63	3.69	2.88	4.07	3.39	3.84	2.98	3.93	2.52	3.42
伊朗	3.24	3.23	3.86	3.14	2.67	3.75	2.42	3.06	2.82	3.09	3.17
韩国	3.24	3.33	4.44	3.66	2.75	3.32	3.09	2.81	2.22	1.55	3.11
日本	3.46	3.43	4.15	3.14	2.19	2.60	2.51	2.13	2.56	1.06	2.75
中国台湾	3.46	4.14	3.92	4.60	2.69	2.67	0.92	1.11	0.94	1.30	2.70
中国香港	1.45	2.42	2.36	2.82	2.69	2.09	2.01	2.38	1.54	1.95	2.24
澳大利亚	2.12	2.02	1.61	1.99	2.44	2.02	3.26	1.96	3.16	2.12	2.23
西班牙	2.23	2.32	2.54	2.82	2.63	1.51	1.42	1.45	1.62	1.30	2.05
土耳其	3.58	2.62	2.19	2.56	1.69	1.95	1.67	1.36	1.54	0.98	1.99
新加坡	2.01	1.61	2.13	1.83	1.25	2.09	1.50	2.21	2.22	2.20	1.90
荷兰	2.23	1.92	1.50	1.52	1.38	1.87	1.59	0.94	0.51	0.81	1.41
瑞典	0.78	0.91	1.04	1.36	1.19	1.66	1.09	1.53	1.79	1.47	1.29
马来西亚	1.23	0.91	1.10	1.31	1.19	1.59	1.09	1.19	0.94	1.06	1.17

十三　能源和燃料

能源和燃料A、B、C层人才主要集中在美国和中国大陆，两国A、B、C层人才的世界占比为39.54%、44.36%、40.52%，其中美国的A层人才多于中国大陆，B层和C层人才少于中国大陆。

英国、澳大利亚、日本、德国、意大利、瑞士、韩国、新加坡、西班牙的A层人才比较多，世界占比在6%—3%之间；加拿大、印度、以色列、丹麦、沙特、荷兰、中国香港、法国、瑞典也有相当数量的A层人才，世界占比超过1%。

英国、德国、澳大利亚、新加坡、韩国、印度的B层人才比较多，世界占比在5%—3%之间；加拿大、马来西亚、西班牙、日本、法国、中国香港、意大利、沙特、瑞士、荷兰、瑞典、丹麦也有相当数量的B层人才，世界占比超过1%。

英国、印度、德国、澳大利亚、韩国的C层人才比较多，世界占比在5%—3%之间；西班牙、加拿大、意大利、伊朗、日本、马来西亚、法国、新加坡、中国香港、荷兰、瑞典、土耳其、中国台湾也有相当数量的C层人才，世界占比超过1%。

表6—40　能源和燃料A层人才排名前20的国家和地区的占比

国家和地区 \ 年份	2009	2010	2011	2012	2013	2014	2015	2016	2017	2018	合计
美国	15.38	14.81	29.03	31.58	24.00	22.03	16.39	18.57	22.50	17.72	20.92
中国大陆	11.54	3.70	6.45	15.79	20.00	16.95	19.67	15.71	30.00	22.78	18.62
英国	3.85	11.11	6.45	5.26	4.00	11.86	6.56	4.29	5.00	1.27	5.57
澳大利亚	0.00	3.70	3.23	5.26	4.00	3.39	6.56	5.71	3.75	8.86	4.99
日本	0.00	3.70	0.00	2.63	6.00	3.39	6.56	10.00	5.00	5.06	4.99
德国	0.00	0.00	3.23	5.26	8.00	1.69	4.92	5.71	5.00	7.59	4.80
意大利	3.85	3.70	3.23	2.63	4.00	5.08	9.84	4.29	5.00	2.53	4.61
瑞士	0.00	0.00	3.23	0.00	0.00	3.39	6.56	7.14	2.50	5.06	3.84
韩国	3.85	0.00	6.45	5.26	0.00	1.69	4.92	5.71	3.75	3.80	3.65
新加坡	3.85	0.00	6.45	2.63	0.00	3.39	0.00	2.86	3.75	3.80	3.26
西班牙	11.54	7.41	3.23	7.89	2.00	3.39	3.28	2.86	0.00	0.00	3.07

续表

国家和地区\年份	2009	2010	2011	2012	2013	2014	2015	2016	2017	2018	合计
加拿大	3.85	3.70	9.68	2.63	4.00	1.69	1.64	4.29	0.00	2.53	2.88
印度	3.85	11.11	3.23	2.63	2.00	3.39	0.00	0.00	0.00	2.53	2.11
以色列	0.00	0.00	3.23	0.00	2.00	1.69	1.64	1.43	2.50	2.53	1.73
丹麦	11.54	7.41	3.23	2.63	0.00	1.69	0.00	0.00	0.00	0.00	1.54
沙特	0.00	0.00	0.00	0.00	0.00	3.39	6.56	0.00	1.25	1.27	1.54
荷兰	3.85	3.70	0.00	0.00	0.00	1.69	1.64	0.00	0.00	2.53	1.34
中国香港	0.00	3.70	0.00	0.00	0.00	1.69	0.00	2.86	1.25	2.53	1.34
法国	0.00	0.00	0.00	0.00	2.00	3.39	0.00	1.43	3.75	0.00	1.34
瑞典	0.00	0.00	0.00	0.00	2.00	3.39	0.00	2.86	0.00	1.27	1.15

表6—41 能源和燃料B层人才排名前20的国家和地区的占比

国家和地区\年份	2009	2010	2011	2012	2013	2014	2015	2016	2017	2018	合计
中国大陆	10.79	9.27	14.97	15.49	23.75	29.94	28.06	25.59	30.62	38.28	25.79
美国	23.65	21.37	27.89	22.25	18.95	17.89	16.52	13.74	15.99	19.07	18.57
英国	3.32	8.06	2.72	5.35	3.49	4.71	4.09	5.85	4.61	4.08	4.59
德国	3.73	2.82	4.76	4.23	2.83	4.71	5.33	3.32	4.07	3.64	3.98
澳大利亚	2.90	3.63	2.72	7.04	3.49	3.58	3.73	5.06	3.66	3.49	3.96
新加坡	0.41	0.40	2.38	3.38	5.66	4.90	4.26	5.06	3.39	2.04	3.54
韩国	2.07	0.81	2.38	3.38	3.49	3.77	3.20	4.74	2.98	3.49	3.28
印度	6.64	5.24	1.36	3.10	3.27	3.20	2.53	2.98	2.04	3.07
加拿大	5.81	5.24	3.40	3.38	3.27	2.82	3.55	1.90	2.03	1.89	2.93
马来西亚	2.07	2.42	4.08	1.13	2.40	2.64	3.20	2.53	2.57	0.58	2.30
西班牙	3.32	3.23	2.38	3.94	2.40	1.69	1.78	2.21	1.49	1.75	2.19
日本	3.32	1.61	3.74	2.25	2.61	2.07	1.24	3.16	2.17	1.02	2.19
法国	1.66	2.82	2.72	2.54	2.61	2.07	0.71	1.74	2.17	0.87	1.85
中国香港	1.24	2.02	0.00	0.56	1.74	1.69	1.78	1.58	2.44	2.18	1.68
意大利	3.73	2.02	2.38	2.25	0.44	1.51	1.07	2.21	1.22	1.02	1.58
沙特	0.00	0.00	0.34	0.28	1.53	0.75	2.31	2.37	2.71	2.04	1.58
瑞士	0.83	2.02	2.38	2.54	0.87	0.38	2.13	1.58	1.76	1.16	1.52
荷兰	2.90	1.61	1.70	2.25	1.74	0.56	1.42	0.95	1.36	0.58	1.33
瑞典	0.41	1.61	1.02	1.13	1.74	0.56	2.13	1.11	0.81	1.31	1.20
丹麦	2.90	2.42	1.70	1.97	0.87	0.56	1.24	0.79	0.27	0.44	1.03

表6—42　能源和燃料C层人才排名前20的国家和地区的占比

国家和地区\年份	2009	2010	2011	2012	2013	2014	2015	2016	2017	2018	合计
中国大陆	15.04	15.89	15.98	17.59	24.46	29.41	31.56	28.53	30.14	33.68	26.56
美国	15.72	17.35	19.43	18.07	14.82	14.04	12.49	12.69	11.98	11.25	13.96
英国	4.76	5.00	4.64	5.17	4.49	3.83	4.02	4.58	5.01	4.41	4.54
印度	5.01	4.36	3.83	3.07	3.36	3.04	3.43	4.11	3.94	3.91	3.74
德国	3.61	3.19	4.37	4.63	4.21	3.89	3.39	3.63	2.82	3.22	3.61
澳大利亚	2.85	2.90	2.87	3.35	3.41	2.94	3.86	3.47	3.67	4.04	3.45
韩国	2.59	3.31	3.45	3.07	3.62	3.21	3.66	3.66	3.32	3.44	3.39
西班牙	4.59	4.07	3.48	3.89	3.21	3.10	2.62	2.36	2.16	1.80	2.84
加拿大	3.82	4.40	3.28	3.27	3.10	2.60	2.56	2.27	2.06	2.26	2.72
意大利	2.72	2.34	2.19	2.96	2.52	2.83	2.83	2.63	2.69	2.03	2.58
伊朗	1.49	1.98	1.43	1.59	2.15	2.44	2.38	3.13	3.24	2.99	2.49
日本	3.44	3.43	2.73	2.61	2.63	2.54	2.08	2.06	1.90	1.63	2.32
马来西亚	1.06	2.22	2.80	2.73	2.80	2.56	2.24	2.20	2.04	1.58	2.22
法国	3.27	2.86	3.01	2.76	2.47	2.17	1.77	1.70	1.78	1.09	2.07
新加坡	0.81	1.01	1.43	1.39	1.97	1.67	1.53	1.65	1.83	1.73	1.60
中国香港	0.89	0.85	0.75	1.08	1.24	1.19	1.52	1.72	1.87	1.92	1.44
荷兰	2.12	1.86	1.88	2.24	1.82	1.17	1.19	1.41	0.96	1.06	1.44
瑞典	2.51	1.57	1.74	1.36	1.52	1.50	1.10	1.24	1.17	1.21	1.39
土耳其	3.95	2.42	1.61	1.39	0.95	1.17	0.99	0.95	1.20	1.17	1.35
中国台湾	2.00	1.73	2.15	1.65	1.41	1.19	1.19	1.04	0.86	0.88	1.27

十四　电气和电子工程

电气和电子工程A、B、C层人才主要集中在美国和中国大陆，两国A、B、C层人才的世界占比为42.01%、42.07%、36.76%，其中美国的A层人才多于中国大陆，B层和C层人才与中国大陆相当；在发展趋势上，中国大陆呈现相对上升趋势，美国呈现相对下降趋势。

英国、加拿大、澳大利亚、德国、法国、新加坡、中国香港的A层人才比较多，世界占比在7%—3%之间；西班牙、意大利、韩国、瑞典、丹麦、瑞士、日本、荷兰、以色列、芬兰、印度也有相当数量的A层人才，世界占比超过或接近1%。

英国、加拿大、澳大利亚的B层人才比较多，世界占比在6%—4%

之间；中国香港、德国、韩国、意大利、新加坡、法国、西班牙、日本、印度、瑞典、伊朗、丹麦、瑞士、中国台湾、荷兰也有相当数量的 B 层人才，世界占比超过 1%。

英国、加拿大、意大利、韩国、法国、德国、印度的 C 层人才比较多，世界占比在 5%—3% 之间；澳大利亚、西班牙、中国台湾、日本、中国香港、新加坡、伊朗、瑞士、瑞典、荷兰、比利时也有相当数量的 C 层人才，世界占比超过 1%。

表 6—43 电气和电子工程 A 层人才排名前 20 的国家和地区的占比

国家和地区 \ 年份	2009	2010	2011	2012	2013	2014	2015	2016	2017	2018	合计
美国	26.90	34.64	32.21	31.64	32.47	22.52	19.44	17.58	22.14	10.08	23.72
中国大陆	4.68	8.50	9.40	9.04	12.37	18.92	21.03	22.27	25.83	35.29	18.29
英国	5.85	2.61	7.38	6.21	4.64	6.76	7.14	9.38	8.49	6.72	6.77
加拿大	6.43	7.19	4.70	5.08	3.61	3.60	4.37	4.30	3.69	2.52	4.37
澳大利亚	3.51	1.96	0.67	3.39	2.06	4.95	4.37	5.08	5.90	7.14	4.22
德国	3.51	3.27	5.37	4.52	3.09	5.86	3.57	6.64	2.95	2.94	4.18
法国	4.68	4.58	4.03	4.52	5.67	4.50	2.78	2.73	2.95	1.68	3.65
新加坡	5.26	1.31	4.03	3.95	6.70	2.70	2.38	2.73	1.11	5.46	3.46
中国香港	2.34	4.58	4.70	1.69	4.64	4.50	2.78	2.73	2.95	2.52	3.26
西班牙	2.92	3.27	4.03	3.39	2.58	3.15	0.79	2.73	1.48	1.26	2.40
意大利	1.75	1.31	2.68	1.69	1.55	3.15	3.97	3.13	0.37	2.94	2.30
韩国	2.34	1.96	1.34	2.82	1.55	1.35	3.97	0.78	2.58	3.36	2.26
瑞典	0.58	0.00	0.67	2.26	2.06	1.35	1.59	1.95	3.32	2.52	1.78
丹麦	1.75	0.65	0.67	1.69	3.09	3.60	1.19	1.95	1.11	1.26	1.73
瑞士	1.75	2.61	2.01	3.95	1.03	1.35	1.19	1.56	1.48	0.84	1.68
日本	1.75	1.31	1.34	1.13	1.03	0.45	1.19	1.56	0.74	2.52	1.30
荷兰	2.92	3.92	0.67	2.26	0.52	0.90	0.40	1.17	0.00	0.00	1.10
以色列	2.92	3.27	1.34	0.56	0.00	0.00	1.59	0.39	0.37	0.00	0.91
芬兰	1.75	0.65	1.34	0.00	0.00	1.35	0.79	1.17	0.74	0.84	0.86
印度	1.17	1.31	0.00	1.13	2.58	0.00	0.79	0.78	0.74	0.42	0.86

表6—44 电气和电子工程B层人才排名前20的国家和地区的占比

国家和地区\年份	2009	2010	2011	2012	2013	2014	2015	2016	2017	2018	合计
中国大陆	10.53	12.30	12.57	13.12	17.34	19.42	22.98	25.47	29.62	34.44	21.05
美国	27.60	25.98	27.08	26.06	24.16	20.52	17.98	17.16	18.26	13.52	21.02
英国	6.54	5.50	4.56	5.87	5.86	5.54	6.51	6.01	6.14	5.86	5.90
加拿大	4.71	4.20	4.86	5.62	3.89	4.69	4.43	4.22	4.19	4.22	4.46
澳大利亚	3.73	3.47	2.99	3.91	4.28	4.19	4.21	4.34	4.53	4.13	4.06
中国香港	3.20	3.91	2.47	2.90	3.83	2.40	2.79	2.81	3.31	2.34	2.97
德国	3.27	3.98	3.37	3.41	3.49	3.49	2.61	2.94	2.12	1.84	2.96
韩国	2.68	3.04	4.34	3.09	2.42	2.20	2.30	2.98	3.18	2.88	2.86
意大利	3.01	3.40	3.29	3.47	3.04	3.10	3.01	2.47	2.08	2.34	2.85
新加坡	2.29	2.60	2.54	2.71	2.98	3.25	3.68	2.34	2.67	2.53	2.79
法国	3.47	3.98	3.07	3.66	3.04	2.95	2.88	2.43	2.03	1.34	2.78
西班牙	3.20	2.82	3.44	2.40	2.82	2.50	1.99	2.13	1.61	1.39	2.33
日本	2.88	1.88	2.39	2.15	2.08	1.45	1.24	2.04	1.23	1.59	1.82
印度	1.57	1.16	1.42	1.39	1.63	1.90	1.95	2.00	1.74	2.49	1.78
瑞典	1.11	1.30	1.35	1.51	1.24	1.40	1.64	1.53	1.44	1.09	1.38
伊朗	0.92	0.94	0.52	1.26	1.07	1.70	1.46	1.96	1.61	1.49	1.37
丹麦	0.85	1.09	1.05	1.01	1.41	2.00	1.51	1.75	1.14	1.19	1.34
瑞士	2.42	1.81	1.87	1.45	1.46	1.55	1.28	0.64	0.64	0.75	1.30
中国台湾	2.16	2.03	1.80	1.83	1.75	0.95	0.80	0.81	0.47	0.89	1.24
荷兰	1.90	1.66	2.32	1.20	1.01	0.90	0.66	0.85	0.68	0.40	1.06

表6—45 电气和电子工程C层人才排名前20的国家和地区的占比

国家和地区\年份	2009	2010	2011	2012	2013	2014	2015	2016	2017	2018	合计
美国	23.75	21.99	21.88	21.45	20.83	18.17	17.95	16.03	16.36	13.61	18.68
中国大陆	9.50	11.25	12.72	13.60	15.03	17.63	18.85	21.52	24.39	27.24	18.08
英国	4.59	5.15	5.10	4.54	4.61	4.57	5.07	5.64	5.13	5.17	4.98
加拿大	5.07	5.02	4.91	4.72	4.54	4.26	4.19	4.06	3.77	3.61	4.33
意大利	4.35	3.89	4.15	3.71	4.15	4.02	4.06	3.62	3.02	2.70	3.71
韩国	3.88	3.96	3.63	3.81	3.42	3.07	3.24	3.25	3.17	3.44	3.44
法国	4.46	4.04	4.08	3.85	3.86	3.41	2.97	2.99	2.52	2.04	3.30
德国	3.72	4.15	3.66	3.65	3.38	3.45	3.37	2.89	2.67	2.26	3.24

续表

国家和地区 \ 年份	2009	2010	2011	2012	2013	2014	2015	2016	2017	2018	合计
印度	2.02	1.97	2.29	2.36	2.82	3.42	3.47	3.90	3.68	4.43	3.18
澳大利亚	2.20	2.34	2.63	2.58	2.61	2.86	3.00	2.81	3.30	3.31	2.82
西班牙	2.83	3.08	3.08	3.49	3.13	2.73	2.75	2.44	2.31	2.36	2.77
中国台湾	5.08	4.55	3.90	3.26	2.80	2.30	1.92	1.57	1.33	1.42	2.59
日本	3.99	3.34	2.98	2.69	2.56	2.61	2.35	2.02	1.94	1.76	2.52
中国香港	2.43	2.50	2.49	2.57	2.22	2.52	2.25	2.08	2.26	2.09	2.32
新加坡	2.02	2.30	2.15	2.12	2.30	2.16	2.18	2.26	2.11	1.88	2.14
伊朗	1.43	1.81	1.90	1.85	1.94	2.07	2.17	2.35	2.43	2.51	2.09
瑞士	1.68	1.69	1.49	1.51	1.40	1.50	1.28	1.18	1.15	1.03	1.36
瑞典	1.34	1.13	1.25	1.44	1.41	1.48	1.10	1.32	1.16	0.97	1.25
荷兰	1.69	1.58	1.35	1.44	1.31	1.12	1.11	1.05	0.96	0.86	1.20
比利时	1.33	1.27	1.27	1.17	1.20	1.08	0.94	0.83	0.75	0.72	1.02

十五　建筑和建筑技术

建筑和建筑技术 A 层人才最多的国家是美国，世界占比为 13.70%；阿尔及利亚、中国大陆、沙特、英国、瑞士、加拿大、挪威、德国、意大利的 A 层人才比较多，世界占比在 12%—3% 之间；埃及、法国、澳大利亚、伊朗、西班牙、中国香港、马来西亚、丹麦、芬兰、葡萄牙也有相当数量的 A 层人才，世界占比超过 1%。

B 层人才最多的国家是美国，世界占比为 14.82%；中国大陆、英国、澳大利亚、加拿大、瑞士、意大利、中国香港的 B 层人才比较多，世界占比在 12%—3% 之间；荷兰、法国、德国、比利时、西班牙、葡萄牙、马来西亚、伊朗、印度、韩国、丹麦、日本也有相当数量的 B 层人才，世界占比超过 1%。

C 层人才最多的国家是中国大陆和美国，世界占比分别为 14.95%、14.63%；英国、意大利、澳大利亚、中国香港、法国、加拿大、西班牙的 C 层人才比较多，世界占比在 7%—3% 之间；德国、伊朗、韩国、瑞士、土耳其、葡萄牙、荷兰、印度、比利时、新加坡、日本也有相当数量的 C 层人才，世界占比超过 1%。

表6—46　建筑和建筑技术A层人才排名前20的国家和地区的占比

国家和地区 \ 年份	2009	2010	2011	2012	2013	2014	2015	2016	2017	2018	合计
美国	25.00	20.00	16.67	7.14	21.43	12.50	0.00	10.53	20.00	10.53	13.70
阿尔及利亚	0.00	0.00	0.00	0.00	7.14	0.00	28.57	15.79	20.00	26.32	11.64
中国大陆	12.50	0.00	0.00	14.29	7.14	12.50	7.14	10.53	25.00	10.53	10.96
沙特	0.00	0.00	0.00	0.00	0.00	0.00	21.43	15.79	15.00	15.79	8.22
英国	0.00	30.00	0.00	0.00	7.14	18.75	14.29	0.00	0.00	10.53	7.53
瑞士	12.50	0.00	25.00	14.29	0.00	0.00	0.00	0.00	0.00	0.00	4.11
加拿大	0.00	0.00	8.33	0.00	0.00	6.25	0.00	5.26	5.00	5.26	3.42
挪威	12.50	10.00	8.33	7.14	0.00	0.00	0.00	5.00	0.00	0.00	3.42
德国	0.00	0.00	8.33	7.14	0.00	12.50	0.00	0.00	0.00	0.00	3.42
意大利	0.00	0.00	8.33	21.43	0.00	0.00	0.00	5.26	0.00	0.00	3.42
埃及	0.00	0.00	0.00	0.00	0.00	0.00	21.43	5.26	0.00	0.00	2.74
法国	0.00	0.00	8.33	0.00	0.00	6.25	0.00	10.53	0.00	0.00	2.74
澳大利亚	0.00	0.00	8.33	7.14	7.14	6.25	0.00	0.00	0.00	0.00	2.74
伊朗	0.00	0.00	0.00	0.00	0.00	0.00	0.00	0.00	10.00	10.53	2.74
西班牙	12.50	0.00	0.00	0.00	7.14	0.00	7.14	0.00	0.00	0.00	2.05
中国香港	12.50	0.00	0.00	0.00	7.14	0.00	0.00	0.00	0.00	5.26	2.05
马来西亚	0.00	0.00	0.00	0.00	0.00	6.25	0.00	5.26	0.00	0.00	1.37
丹麦	0.00	0.00	8.33	7.14	0.00	0.00	0.00	0.00	0.00	0.00	1.37
芬兰	0.00	0.00	0.00	0.00	0.00	0.00	7.14	0.00	0.00	5.26	1.37
葡萄牙	0.00	0.00	0.00	0.00	7.14	6.25	0.00	0.00	0.00	0.00	1.37

表6—47　建筑和建筑技术B层人才排名前20的国家和地区的占比

国家和地区 \ 年份	2009	2010	2011	2012	2013	2014	2015	2016	2017	2018	合计
美国	10.67	21.35	17.46	18.55	13.43	17.78	12.50	13.81	12.07	12.96	14.82
中国大陆	8.00	6.74	6.35	6.45	14.18	5.93	11.76	7.73	14.94	29.01	11.83
英国	6.67	10.11	5.56	9.68	5.97	6.67	5.15	4.97	4.60	4.32	6.06
澳大利亚	2.67	4.49	3.97	4.84	8.21	8.15	5.15	4.97	4.60	9.26	5.84
加拿大	2.67	4.49	3.97	6.45	5.22	3.70	5.15	6.08	4.60	0.62	4.34
瑞士	6.67	4.49	6.35	2.42	2.24	3.70	5.88	2.76	4.02	3.09	3.97
意大利	5.33	3.37	2.38	3.23	5.22	3.70	5.88	6.08	1.72	0.62	3.67
中国香港	4.00	1.12	3.17	4.84	3.73	2.22	2.94	3.31	5.17	1.85	3.29

续表

国家和地区\年份	2009	2010	2011	2012	2013	2014	2015	2016	2017	2018	合计
荷兰	8.00	1.12	3.17	2.42	0.75	2.22	5.88	3.31	2.30	1.23	2.84
法国	1.33	4.49	1.59	4.03	2.99	5.19	2.94	0.55	1.15	4.32	2.77
德国	2.67	2.25	3.17	2.42	2.99	2.22	2.94	3.87	3.45	1.23	2.77
比利时	5.33	3.37	1.59	3.23	0.75	2.22	2.21	5.52	2.30	0.62	2.62
西班牙	6.67	2.25	4.76	0.00	1.49	5.93	2.21	1.10	2.30	0.00	2.40
葡萄牙	1.33	2.25	3.97	5.65	0.75	3.70	0.74	2.21	2.30	1.23	2.40
马来西亚	0.00	0.00	0.00	2.42	2.99	3.70	2.94	3.31	4.02	1.23	2.32
伊朗	2.67	1.12	0.00	2.42	0.75	0.74	1.47	3.87	3.45	3.70	2.17
印度	2.67	0.00	2.38	0.81	3.73	1.48	1.47	3.31	1.72	1.85	2.02
韩国	0.00	1.12	4.76	0.81	5.22	1.48	1.47	1.66	0.57	1.85	1.95
丹麦	1.33	1.12	3.97	4.03	2.99	0.00	0.00	1.10	4.02	0.62	1.95
日本	4.00	5.62	0.79	0.81	1.49	2.96	2.21	1.10	1.72	0.00	1.80

表6—48 建筑和建筑技术C层人才排名前20的国家和地区的占比

国家和地区\年份	2009	2010	2011	2012	2013	2014	2015	2016	2017	2018	合计
中国大陆	7.85	9.52	9.79	11.47	10.40	13.81	15.19	17.98	20.52	22.84	14.95
美国	19.02	18.18	17.94	16.10	15.72	14.23	13.46	11.77	13.49	11.71	14.63
英国	5.32	8.02	6.36	5.74	7.63	5.58	5.79	5.19	5.82	5.59	6.03
意大利	3.99	3.53	4.32	4.94	4.85	6.14	6.24	4.83	5.19	4.15	4.90
澳大利亚	2.53	2.46	3.83	3.03	4.55	4.53	5.41	5.25	5.82	6.00	4.60
中国香港	3.59	3.96	3.67	3.19	2.93	3.00	2.93	3.92	4.15	4.50	3.62
法国	5.98	5.13	4.81	4.06	3.85	3.77	3.08	3.08	2.36	1.56	3.50
加拿大	4.12	3.74	4.00	3.19	3.85	3.63	3.31	3.26	2.77	3.06	3.41
西班牙	2.53	3.42	4.49	4.06	5.16	3.77	2.33	2.78	2.42	2.02	3.23
德国	1.73	1.71	2.20	2.71	1.93	3.07	3.83	2.72	3.11	2.36	2.62
伊朗	1.46	2.67	3.02	2.15	2.39	2.02	2.03	2.47	2.82	3.81	2.57
韩国	3.19	2.35	2.28	3.90	2.93	2.72	2.03	2.78	1.61	1.96	2.51
瑞士	2.26	2.57	2.04	2.47	3.08	1.95	3.01	2.17	1.73	2.13	2.31
土耳其	4.39	1.82	2.77	3.27	1.77	2.02	2.71	1.33	0.81	1.38	2.04
葡萄牙	1.06	1.82	1.96	3.27	2.47	2.65	2.33	1.69	1.50	1.50	2.03
荷兰	1.73	3.10	1.88	2.15	1.85	1.95	2.26	2.35	1.96	0.98	1.98

续表

国家和地区\年份	2009	2010	2011	2012	2013	2014	2015	2016	2017	2018	合计
印度	2.53	1.82	1.14	1.35	1.16	1.19	1.28	2.29	2.25	2.60	1.78
比利时	1.86	1.93	1.79	1.83	1.77	1.88	2.03	1.87	1.10	1.61	1.74
新加坡	0.80	1.18	0.90	1.43	1.46	1.60	0.98	1.63	2.13	2.19	1.52
日本	3.99	2.57	2.04	1.35	1.23	0.91	1.28	0.97	1.33	1.27	1.52

十六 土木工程

土木工程A、B、C层人才最多的国家是美国，分别占该学科全球A、B、C层人才的16.01%、16.74%、16.34%。

阿尔及利亚、沙特、中国大陆、英国、埃及、伊朗、加拿大的A层人才比较多，世界占比在16%—3%之间；德国、法国、意大利、西班牙、中国香港、澳大利亚、荷兰、挪威、丹麦、比利时、葡萄牙、马来西亚也有相当数量的A层人才，世界占比超过1%。

中国大陆、英国、澳大利亚、加拿大、意大利、中国香港、伊朗的B层人才比较多，世界占比在16%—3%之间；荷兰、葡萄牙、法国、德国、马来西亚、西班牙、印度、韩国、新加坡、日本、瑞士、比利时也有相当数量的B层人才，世界占比超过1%。

中国大陆、英国、澳大利亚、意大利、加拿大、伊朗、中国香港的C层人才比较多，世界占比在16%—3%之间；西班牙、法国、德国、韩国、荷兰、印度、土耳其、葡萄牙、瑞士、日本、新加坡、中国台湾也有相当数量的C层人才，世界占比超过1%。

表6—49 土木工程A层人才排名前20的国家和地区的占比

国家和地区\年份	2009	2010	2011	2012	2013	2014	2015	2016	2017	2018	合计
美国	31.25	19.05	17.39	14.29	24.14	31.03	14.29	9.09	8.57	5.13	16.01
阿尔及利亚	0.00	0.00	0.00	3.57	3.45	0.00	21.43	24.24	34.29	38.46	15.30
沙特	0.00	0.00	0.00	3.57	0.00	0.00	10.71	21.21	22.86	30.77	11.03
中国大陆	12.50	4.76	4.35	7.14	6.90	13.79	14.29	9.09	8.57	12.82	9.61
英国	6.25	33.33	13.04	3.57	6.90	3.45	3.57	0.00	0.00	0.00	5.69
埃及	0.00	0.00	0.00	0.00	0.00	0.00	10.71	18.18	11.43	0.00	4.63

续表

国家和地区 \ 年份	2009	2010	2011	2012	2013	2014	2015	2016	2017	2018	合计
伊朗	0.00	4.76	4.35	7.14	3.45	0.00	0.00	3.03	5.71	7.69	3.91
加拿大	0.00	0.00	8.70	0.00	6.90	13.79	3.57	0.00	2.86	2.56	3.91
德国	0.00	4.76	4.35	7.14	0.00	10.34	0.00	0.00	0.00	0.00	2.49
法国	0.00	0.00	8.70	0.00	0.00	3.45	0.00	6.06	2.86	0.00	2.14
意大利	0.00	4.76	4.35	10.71	0.00	0.00	0.00	3.03	0.00	0.00	2.14
西班牙	6.25	0.00	4.35	0.00	6.90	3.45	0.00	0.00	0.00	0.00	1.78
中国香港	12.50	0.00	0.00	3.57	0.00	0.00	3.57	0.00	0.00	2.56	1.78
澳大利亚	0.00	0.00	0.00	7.14	6.90	0.00	0.00	0.00	2.86	0.00	1.78
荷兰	6.25	0.00	4.35	0.00	3.45	3.45	3.57	0.00	0.00	0.00	1.78
挪威	0.00	4.76	13.04	3.57	0.00	0.00	0.00	0.00	0.00	0.00	1.78
丹麦	6.25	0.00	4.35	3.57	3.45	0.00	0.00	0.00	0.00	0.00	1.42
比利时	0.00	4.76	4.35	0.00	0.00	3.45	3.57	0.00	0.00	0.00	1.42
葡萄牙	0.00	4.76	0.00	0.00	3.45	3.45	0.00	0.00	0.00	0.00	1.07
马来西亚	0.00	0.00	0.00	3.57	3.45	0.00	0.00	3.03	0.00	0.00	1.07

表6—50　土木工程 B 层人才排名前20的国家和地区的占比

国家和地区 \ 年份	2009	2010	2011	2012	2013	2014	2015	2016	2017	2018	合计
美国	22.42	20.74	21.70	22.35	14.49	15.93	16.14	15.31	12.28	12.69	16.74
中国大陆	9.09	10.11	7.55	9.85	17.03	12.96	15.75	14.29	20.06	30.34	15.70
英国	4.85	4.79	7.08	9.09	6.88	6.30	8.66	5.10	5.09	4.95	6.28
澳大利亚	3.64	5.85	2.83	3.41	8.33	5.56	5.91	5.44	7.49	9.91	6.12
加拿大	3.64	4.26	7.08	3.41	5.43	3.70	3.15	5.78	5.69	0.93	4.26
意大利	3.64	5.32	2.83	3.79	3.62	4.44	5.51	4.76	2.40	2.48	3.80
中国香港	4.85	4.26	4.72	3.41	3.26	2.96	2.76	2.72	5.09	2.79	3.60
伊朗	3.64	0.53	1.89	3.79	2.54	3.33	3.54	4.42	3.59	5.57	3.45
荷兰	3.64	4.26	4.25	3.03	1.45	3.70	4.72	3.06	2.69	0.62	2.98
葡萄牙	3.03	2.66	3.30	6.44	1.81	2.22	1.18	0.68	1.50	1.55	2.33
法国	2.42	2.13	0.94	1.52	2.54	3.33	0.79	3.06	2.10	1.86	2.09
德国	1.21	3.19	2.36	1.89	1.81	3.33	1.57	2.04	1.50	1.86	2.05
马来西亚	0.00	0.00	0.94	2.65	2.17	2.96	2.76	2.72	2.10	2.48	2.05
西班牙	4.24	3.72	1.42	2.27	1.45	3.33	1.97	1.02	2.10	0.62	2.05

续表

国家和地区\年份	2009	2010	2011	2012	2013	2014	2015	2016	2017	2018	合计
印度	0.61	1.06	1.42	1.89	3.26	1.11	0.79	3.06	1.80	2.79	1.90
韩国	2.42	1.06	4.72	1.89	2.17	1.11	2.76	1.70	0.60	0.93	1.82
新加坡	1.21	1.60	0.94	1.52	3.26	1.48	0.79	2.38	2.40	1.55	1.78
日本	3.03	4.26	1.89	1.52	1.09	1.85	1.97	2.04	0.90	0.31	1.71
瑞士	4.24	1.60	1.89	1.14	2.54	1.85	1.18	1.70	0.90	0.62	1.63
比利时	2.42	1.06	1.42	1.14	0.72	1.11	2.36	2.72	1.80	0.31	1.47

表6—51 土木工程C层人才排名前20的国家和地区的占比

国家和地区\年份	2009	2010	2011	2012	2013	2014	2015	2016	2017	2018	合计
美国	19.46	21.82	20.33	16.76	17.83	17.22	15.16	13.19	14.06	12.41	16.34
中国大陆	7.71	8.52	9.70	12.00	12.32	14.58	16.11	18.90	21.75	24.55	15.53
英国	6.06	6.34	6.13	5.78	6.54	6.04	5.70	5.89	5.39	4.92	5.83
澳大利亚	5.18	4.16	4.64	4.52	5.86	5.13	6.14	6.23	6.78	6.58	5.64
意大利	5.56	4.99	5.43	5.31	5.29	5.64	5.62	4.86	5.66	5.02	5.33
加拿大	3.92	4.94	4.18	3.37	4.52	4.03	3.23	3.34	2.74	3.01	3.65
伊朗	1.58	3.12	3.67	3.05	3.61	3.11	3.59	3.79	4.13	4.14	3.49
中国香港	2.65	3.12	3.34	3.72	2.55	2.60	3.15	3.31	3.01	3.70	3.14
西班牙	2.72	3.74	3.76	3.25	3.27	3.19	2.59	2.13	2.27	2.01	2.82
法国	5.18	3.27	3.48	3.57	2.70	2.82	2.47	2.17	1.93	1.85	2.78
德国	1.96	2.55	2.41	2.61	1.75	2.75	2.71	2.41	2.54	2.23	2.40
韩国	2.72	1.92	1.90	3.13	2.43	1.87	1.99	2.10	1.86	2.19	2.20
荷兰	2.27	2.86	1.76	2.30	2.05	2.31	1.91	2.41	1.86	1.32	2.07
印度	2.21	2.44	1.72	1.94	1.90	1.76	1.68	2.03	2.10	2.29	2.00
土耳其	3.28	1.71	2.41	2.42	1.67	2.05	2.11	1.65	1.02	1.35	1.88
葡萄牙	1.01	1.87	1.90	2.61	2.17	2.23	1.95	1.83	1.56	1.16	1.84
瑞士	1.90	1.56	1.81	1.86	1.90	1.54	1.64	1.52	1.19	1.54	1.62
日本	2.91	1.77	1.81	2.38	1.14	1.10	1.48	1.21	1.32	1.16	1.54
新加坡	0.82	1.19	0.97	1.58	1.63	1.36	1.32	1.72	1.90	1.88	1.50
中国台湾	2.59	1.82	1.58	1.51	1.44	1.28	0.96	0.79	0.41	0.82	1.22

十七 农业工程

农业工程 A 层人才最多的国家是美国，世界占比为 17.02%；印度、中国大陆、荷兰、英国、西班牙、瑞典、中国台湾、比利时、韩国的 A 层人才比较多，世界占比在 13%—4% 之间；加拿大、捷克、瑞士、法国、新西兰、马来西亚、乌克兰、澳大利亚、沙特也有相当数量的 A 层人才，世界占比均为 2.13%。

B 层人才最多的国家是中国大陆，世界占比为 24.02%；美国、印度、韩国、澳大利亚、法国的 B 层人才比较多，世界占比在 17%—3% 之间；西班牙、中国台湾、加拿大、巴西、英国、意大利、荷兰、日本、马来西亚、德国、葡萄牙、瑞典、新加坡、中国香港也有相当数量的 B 层人才，世界占比超 1%。

C 层人才最多的国家是中国大陆，世界占比为 26.74%；美国、印度、韩国、西班牙的 C 层人才比较多，世界占比在 12%—4% 之间；巴西、澳大利亚、加拿大、英国、法国、意大利、马来西亚、中国台湾、德国、日本、荷兰、丹麦、比利时、瑞典、土耳其也有相当数量的 C 层人才，世界占比超过 1%。

表 6—52　农业工程 A 层人才的国家和地区的占比

国家和地区\年份	2009	2010	2011	2012	2013	2014	2015	2016	2017	2018	合计
美国	0.00	0.00	20.00	50.00	16.67	20.00	20.00	16.67	0.00	20.00	17.02
印度	0.00	33.33	0.00	0.00	0.00	20.00	0.00	16.67	20.00	40.00	12.77
中国大陆	0.00	0.00	20.00	0.00	0.00	0.00	20.00	0.00	40.00	20.00	10.64
荷兰	33.33	0.00	20.00	25.00	16.67	0.00	0.00	0.00	0.00	0.00	8.51
英国	0.00	0.00	0.00	0.00	20.00	16.67	20.00	20.00	0.00	0.00	8.51
西班牙	66.67	33.33	0.00	0.00	0.00	0.00	0.00	0.00	0.00	0.00	6.38
瑞典	0.00	0.00	0.00	0.00	0.00	0.00	0.00	33.33	0.00	0.00	4.26
中国台湾	0.00	0.00	20.00	0.00	0.00	0.00	0.00	0.00	20.00	0.00	4.26
比利时	0.00	33.33	0.00	0.00	16.67	0.00	0.00	0.00	0.00	0.00	4.26
韩国	0.00	0.00	0.00	0.00	0.00	20.00	0.00	16.67	0.00	0.00	4.26
加拿大	0.00	0.00	0.00	0.00	16.67	0.00	0.00	0.00	0.00	0.00	2.13

续表

国家和地区\年份	2009	2010	2011	2012	2013	2014	2015	2016	2017	2018	合计
捷克	0.00	0.00	0.00	0.00	0.00	0.00	20.00	0.00	0.00	0.00	2.13
瑞士	0.00	0.00	0.00	25.00	0.00	0.00	0.00	0.00	0.00	0.00	2.13
法国	0.00	0.00	0.00	0.00	0.00	0.00	0.00	16.67	0.00	0.00	2.13
新西兰	0.00	0.00	0.00	0.00	0.00	0.00	0.00	0.00	0.00	20.00	2.13
马来西亚	0.00	0.00	0.00	0.00	0.00	0.00	0.00	20.00	0.00	0.00	2.13
乌克兰	0.00	0.00	0.00	0.00	0.00	20.00	0.00	0.00	0.00	0.00	2.13
澳大利亚	0.00	0.00	0.00	0.00	0.00	0.00	20.00	0.00	0.00	0.00	2.13
沙特	0.00	0.00	0.00	0.00	16.67	0.00	0.00	0.00	0.00	0.00	2.13

表6—53　农业工程B层人才排名前20的国家和地区的占比

国家和地区\年份	2009	2010	2011	2012	2013	2014	2015	2016	2017	2018	合计
中国大陆	20.00	9.76	13.95	31.82	12.28	28.00	28.57	32.69	23.81	36.00	24.02
美国	16.67	29.27	32.56	15.91	14.04	16.00	22.45	11.54	4.76	6.00	16.59
印度	10.00	7.32	9.30	2.27	12.28	12.00	8.16	5.77	11.90	12.00	9.17
韩国	6.67	4.88	0.00	4.55	7.02	4.00	4.08	5.77	7.14	4.00	4.80
澳大利亚	0.00	0.00	9.30	6.82	3.51	4.00	2.04	1.92	7.14	6.00	4.15
法国	3.33	4.88	6.98	2.27	7.02	4.00	0.00	3.85	2.38	0.00	3.49
西班牙	0.00	2.44	0.00	6.82	0.00	2.00	4.08	5.77	2.38	4.00	2.84
中国台湾	6.67	2.44	0.00	2.27	3.51	2.00	8.16	0.00	0.00	2.00	2.62
加拿大	3.33	7.32	2.33	2.27	0.00	4.00	2.04	0.00	4.76	2.00	2.62
巴西	0.00	2.44	0.00	4.55	5.26	0.00	0.00	3.85	2.38	4.00	2.40
英国	6.67	0.00	6.98	2.27	0.00	0.00	0.00	0.00	2.38	2.00	1.75
意大利	3.33	0.00	2.33	0.00	0.00	2.00	0.00	0.00	2.38	6.00	1.53
荷兰	0.00	2.44	0.00	2.27	3.51	0.00	4.08	0.00	0.00	2.00	1.53
日本	3.33	0.00	0.00	0.00	5.26	0.00	4.08	1.92	0.00	0.00	1.53
马来西亚	0.00	0.00	0.00	2.27	5.26	0.00	2.04	3.85	0.00	0.00	1.53
德国	3.33	0.00	0.00	2.27	0.00	4.00	2.04	0.00	0.00	2.00	1.31
葡萄牙	0.00	4.88	0.00	0.00	3.51	0.00	0.00	3.85	0.00	0.00	1.31
瑞典	0.00	2.44	2.33	2.27	0.00	0.00	0.00	3.85	2.38	0.00	1.31
新加坡	0.00	0.00	0.00	2.27	3.51	2.00	0.00	1.92	0.00	2.00	1.31
中国香港	0.00	0.00	2.33	0.00	0.00	0.00	0.00	1.92	4.76	2.00	1.09

表6—54 农业工程C层人才排名前20的国家和地区的占比

国家和地区\年份	2009	2010	2011	2012	2013	2014	2015	2016	2017	2018	合计
中国大陆	19.38	18.00	20.09	20.84	26.02	26.46	28.42	30.96	30.95	39.65	26.74
美国	9.34	16.50	17.86	16.39	12.48	12.53	9.89	8.07	9.09	6.96	11.79
印度	4.50	6.25	5.80	5.62	3.39	4.85	6.32	6.00	6.06	4.45	5.30
韩国	4.15	6.25	5.13	3.04	3.57	3.64	3.58	3.75	4.33	4.26	4.12
西班牙	7.27	5.50	4.46	4.22	3.92	3.43	4.63	3.19	3.03	2.32	4.02
巴西	4.15	2.50	3.35	2.11	3.03	2.42	4.00	2.63	2.16	2.32	2.82
澳大利亚	1.38	1.75	2.90	1.64	2.50	4.24	3.16	4.32	2.60	2.71	2.82
加拿大	2.77	3.75	3.57	2.81	3.03	3.43	2.95	1.88	2.81	1.35	2.80
英国	4.15	3.50	4.02	3.04	1.96	2.63	2.32	2.81	1.30	1.93	2.67
法国	2.77	2.25	0.89	4.22	3.03	2.63	2.53	2.81	1.08	2.51	2.47
意大利	2.08	1.25	2.01	1.87	1.43	3.23	1.89	2.25	3.03	3.09	2.24
马来西亚	1.73	2.25	3.79	2.58	2.32	2.02	2.74	1.50	1.73	1.35	2.19
中国台湾	2.77	1.25	2.90	2.11	1.60	2.42	2.53	1.88	2.38	1.74	2.13
德国	2.42	1.50	2.23	1.64	2.50	2.22	1.89	2.81	1.95	1.55	2.08
日本	2.08	3.00	0.67	2.81	3.21	1.82	2.11	1.31	1.52	0.77	1.91
荷兰	1.73	2.50	3.35	2.81	2.32	1.21	0.84	0.94	1.08	0.58	1.69
丹麦	2.42	1.25	1.79	2.11	1.60	1.21	1.26	1.50	1.73	1.35	1.58
比利时	1.38	1.25	1.12	1.64	1.25	1.62	0.84	1.13	1.73	1.93	1.39
瑞典	2.08	1.75	1.56	1.64	0.71	2.22	1.68	0.56	0.77	0.77	1.35
土耳其	3.11	0.75	1.12	2.34	1.25	1.41	1.68	0.94	0.22	0.97	1.30

十八 环境工程

环境工程A、B、C层人才最多的国家是中国大陆,分别占该学科全球A、B、C层人才的16.51%、29.94%、27.09%。

美国、英国、德国、韩国、澳大利亚、瑞士、沙特、意大利、荷兰、加拿大的A层人才比较多,世界占比在15%—3%之间;新加坡、印度、马来西亚、法国、西班牙、葡萄牙、伊朗、爱尔兰、日本也有相当数量的A层人才,世界占比超过1%。

美国、澳大利亚、英国的B层人才比较多,世界占比在15%—3%之间;沙特、荷兰、西班牙、加拿大、德国、法国、印度、中国香港、瑞士、意大利、韩国、瑞典、马来西亚、日本、伊朗、芬兰也有相当数量的

B层人才,世界占比超过1%。

美国、英国、澳大利亚、西班牙的C层人才比较多,世界占比在16%—3%之间;德国、加拿大、印度、韩国、意大利、荷兰、法国、瑞士、中国香港、日本、伊朗、瑞典、马来西亚、丹麦、巴西也有相当数量的C层人才,世界占比超过1%。

表6—55　环境工程A层人才排名前20的国家和地区的占比

国家和地区\年份	2009	2010	2011	2012	2013	2014	2015	2016	2017	2018	合计
中国大陆	6.25	11.76	11.76	5.00	0.00	10.00	27.27	15.38	13.33	48.28	16.51
美国	18.75	29.41	17.65	25.00	14.29	20.00	4.55	3.85	13.33	6.90	14.22
英国	0.00	0.00	5.88	20.00	4.76	5.00	13.64	3.85	6.67	3.45	6.42
德国	6.25	5.88	5.88	5.00	14.29	10.00	0.00	0.00	3.33	6.90	5.50
韩国	6.25	11.76	11.76	0.00	0.00	10.00	4.55	0.00	3.33	3.45	4.59
澳大利亚	0.00	11.76	5.88	5.00	4.76	10.00	0.00	3.85	3.33	0.00	4.13
瑞士	6.25	0.00	5.88	5.00	4.76	10.00	0.00	7.69	0.00	0.00	3.67
沙特	0.00	0.00	5.88	0.00	0.00	0.00	9.09	3.85	10.00	3.45	3.67
意大利	12.50	0.00	0.00	5.00	14.29	0.00	0.00	7.69	0.00	0.00	3.67
荷兰	0.00	0.00	0.00	0.00	9.52	5.00	4.55	3.85	6.67	0.00	3.21
加拿大	0.00	5.88	11.76	0.00	4.76	0.00	0.00	3.85	3.33	3.45	3.21
新加坡	0.00	0.00	0.00	0.00	0.00	0.00	0.00	7.69	3.33	10.34	2.75
印度	6.25	0.00	5.88	5.00	0.00	0.00	4.55	3.85	0.00	3.45	2.75
马来西亚	6.25	11.76	0.00	0.00	0.00	0.00	0.00	3.85	0.00	3.45	2.29
法国	12.50	0.00	0.00	0.00	9.52	0.00	0.00	0.00	0.00	0.00	1.83
西班牙	6.25	0.00	0.00	0.00	0.00	0.00	9.09	0.00	3.33	0.00	1.83
葡萄牙	0.00	5.88	0.00	0.00	4.76	0.00	0.00	0.00	3.33	0.00	1.38
伊朗	0.00	0.00	0.00	5.00	0.00	0.00	0.00	0.00	6.67	0.00	1.38
爱尔兰	0.00	0.00	5.88	5.00	0.00	0.00	0.00	0.00	3.33	0.00	1.38
日本	0.00	0.00	0.00	0.00	0.00	5.00	4.55	3.85	0.00	0.00	1.38

表6—56　环境工程 B 层人才排名前20的国家和地区的占比

国家和地区＼年份	2009	2010	2011	2012	2013	2014	2015	2016	2017	2018	合计
中国大陆	18.63	16.25	15.89	25.76	18.23	25.79	32.99	34.05	38.83	50.69	29.94
美国	18.63	21.88	19.87	18.69	17.19	13.16	12.69	15.09	8.79	6.21	14.29
澳大利亚	3.11	8.75	3.97	4.04	5.21	3.68	5.08	4.31	5.13	4.83	4.79
英国	6.83	3.75	7.28	5.05	5.21	4.74	4.06	3.45	2.20	0.34	3.91
沙特	0.62	0.63	2.65	1.01	0.52	2.63	3.55	4.31	5.13	4.48	2.84
荷兰	1.86	2.50	3.31	2.02	4.69	5.26	2.54	3.02	1.47	1.03	2.64
西班牙	3.73	5.00	3.31	3.03	2.08	4.21	3.05	0.00	1.83	2.07	2.64
加拿大	3.73	4.38	3.31	1.01	3.65	1.05	1.52	3.02	2.20	2.76	2.59
德国	1.24	2.50	1.99	2.02	3.65	4.21	2.54	0.86	2.93	2.07	2.40
法国	2.48	1.25	3.31	2.53	2.60	2.63	1.52	3.02	1.83	0.69	2.10
印度	2.48	1.88	5.30	1.01	1.56	2.11	2.54	3.02	1.47	0.69	2.05
中国香港	1.86	1.25	1.99	1.52	2.60	3.16	1.02	2.16	1.83	1.72	1.91
瑞士	2.48	4.38	1.99	3.54	2.08	2.63	0.00	1.29	0.73	1.03	1.86
意大利	0.62	2.50	0.66	3.54	2.60	3.16	1.52	1.29	1.47	1.38	1.86
韩国	0.62	2.50	2.65	2.02	3.65	1.05	1.02	2.16	2.56	0.34	1.81
瑞典	1.86	0.63	1.99	2.53	2.60	2.11	1.52	0.86	2.20	0.69	1.66
马来西亚	3.11	1.25	0.00	1.01	0.52	4.74	1.52	1.72	1.47	1.03	1.61
日本	2.48	0.63	1.99	1.52	0.52	1.58	1.02	0.43	2.20	1.72	1.42
伊朗	1.24	2.50	1.32	0.00	1.56	0.00	1.02	1.29	1.83	2.41	1.37
芬兰	0.62	1.25	1.32	0.51	2.08	0.00	3.05	0.86	1.47	0.34	1.13

表6—57　环境工程 C 层人才排名前20的国家和地区的占比

国家和地区＼年份	2009	2010	2011	2012	2013	2014	2015	2016	2017	2018	合计
中国大陆	17.46	19.92	20.47	20.12	23.41	24.29	25.10	29.46	37.06	38.64	27.09
美国	16.90	18.33	17.38	18.58	17.57	18.26	15.43	12.82	11.53	10.29	15.11
英国	4.07	3.76	4.72	3.97	4.37	3.66	4.21	4.07	3.70	3.38	3.94
澳大利亚	2.84	3.37	4.18	3.60	3.52	4.04	4.16	3.38	3.52	3.91	3.67
西班牙	4.38	3.88	3.88	4.50	3.37	4.09	3.56	3.77	2.34	2.24	3.46
德国	2.65	2.99	3.69	3.81	2.89	3.02	2.81	3.03	2.31	1.74	2.80
加拿大	3.39	3.37	4.54	3.39	2.95	2.21	2.45	2.08	1.90	2.04	2.70
印度	4.87	2.80	2.60	2.49	2.26	2.05	2.56	2.69	2.49	2.51	2.68

续表

国家和地区 \ 年份	2009	2010	2011	2012	2013	2014	2015	2016	2017	2018	合计
韩国	2.16	2.74	2.18	2.54	2.26	2.42	2.40	2.17	2.71	2.74	2.46
意大利	1.97	2.55	1.57	2.59	2.37	2.80	3.36	2.90	2.23	2.04	2.44
荷兰	2.53	2.99	2.18	2.54	3.26	2.64	2.61	2.73	1.76	1.44	2.38
法国	2.47	2.99	2.12	3.02	2.05	2.32	2.20	2.38	2.01	1.67	2.27
瑞士	2.10	2.55	2.12	2.59	2.74	1.78	1.85	1.86	1.39	0.90	1.89
中国香港	1.60	1.65	1.76	1.75	1.21	1.56	1.65	2.30	2.20	2.41	1.87
日本	1.97	1.91	1.76	2.12	2.10	2.21	1.65	1.86	1.39	1.34	1.78
伊朗	2.10	1.59	1.39	1.32	1.16	1.13	1.20	1.26	1.72	2.27	1.55
瑞典	1.11	1.40	1.51	1.22	1.53	1.83	1.55	1.82	1.35	1.10	1.43
马来西亚	1.91	1.72	1.94	1.59	1.68	1.02	1.35	1.08	1.17	1.00	1.39
丹麦	1.48	1.40	1.45	1.43	1.68	1.18	1.55	1.39	1.17	0.97	1.34
巴西	1.23	1.53	1.39	1.11	0.84	1.29	0.90	1.17	1.17	1.14	1.16

十九 海洋工程

海洋工程A、B、C层人才主要集中在中国大陆和美国，两国A、B、C层人才的世界占比为45.83%、37.69%、34.89%，其中中国大陆的A层人才多于美国，B和C层人才少于美国。

日本、新加坡、澳大利亚的A层人才比较多，世界占比均为8.33%；爱沙尼亚、意大利、德国、荷兰、西班牙、加拿大、印度也有相当数量的A层人才，世界占比均为4.17%。

英国、荷兰、西班牙、澳大利亚、意大利的B层人才比较多，世界占比在9%—4%之间；法国、日本、德国、挪威、葡萄牙、比利时、韩国、丹麦、新加坡、土耳其、中国香港、伊朗、加拿大也有相当数量的B层人才，世界占比超过1%。

英国、澳大利亚、意大利、法国、荷兰、挪威、西班牙的C层人才比较多，世界占比在11%—3%之间；加拿大、日本、德国、葡萄牙、伊朗、韩国、印度、新加坡、丹麦、土耳其、中国台湾也有相当数量的C层人才，世界占比超过1%。

表6—58　　　海洋工程A层人才的国家和地区的占比

国家和地区\年份	2009	2010	2011	2012	2013	2014	2015	2016	2017	2018	合计
中国大陆	0.00	50.00	0.00	0.00	0.00	50.00	33.33	33.33	66.67	0.00	25.00
美国	50.00	0.00	50.00	50.00	50.00	0.00	33.33	0.00	0.00	0.00	20.83
日本	0.00	0.00	0.00	50.00	0.00	0.00	0.00	0.00	0.00	33.33	8.33
新加坡	0.00	50.00	0.00	0.00	0.00	0.00	0.00	0.00	33.33	0.00	8.33
澳大利亚	50.00	0.00	0.00	0.00	0.00	0.00	0.00	33.33	0.00	0.00	8.33
爱沙尼亚	0.00	0.00	0.00	0.00	0.00	0.00	0.00	0.00	0.00	33.33	4.17
意大利	0.00	0.00	0.00	0.00	0.00	0.00	0.00	33.33	0.00	0.00	4.17
德国	0.00	0.00	0.00	0.00	0.00	0.00	0.00	0.00	0.00	33.33	4.17
荷兰	0.00	0.00	50.00	0.00	0.00	0.00	0.00	0.00	0.00	0.00	4.17
西班牙	0.00	0.00	0.00	0.00	50.00	0.00	0.00	0.00	0.00	0.00	4.17
加拿大	0.00	0.00	0.00	0.00	0.00	50.00	0.00	0.00	0.00	0.00	4.17
印度	0.00	0.00	0.00	0.00	0.00	0.00	33.33	0.00	0.00	0.00	4.17

表6—59　　　海洋工程B层人才排名前20的国家和地区的占比

国家和地区\年份	2009	2010	2011	2012	2013	2014	2015	2016	2017	2018	合计
美国	50.00	38.89	33.33	20.00	32.00	18.18	15.15	17.86	10.34	8.33	22.76
中国大陆	3.57	5.56	0.00	5.00	16.00	6.06	33.33	14.29	24.14	25.00	14.93
英国	3.57	5.56	0.00	15.00	12.00	12.12	9.09	17.86	6.90	5.56	8.96
荷兰	3.57	22.22	11.11	15.00	8.00	9.09	3.03	7.14	6.90	5.56	8.21
西班牙	0.00	0.00	16.67	5.00	8.00	3.03	6.06	0.00	10.34	11.11	5.97
澳大利亚	10.71	5.56	0.00	0.00	8.00	0.00	3.03	3.57	6.90	8.33	4.85
意大利	3.57	5.56	0.00	5.00	0.00	9.09	3.03	0.00	6.90	5.56	4.10
法国	3.57	0.00	0.00	10.00	0.00	0.00	9.09	0.00	0.00	5.56	2.99
日本	7.14	0.00	0.00	5.00	4.00	6.06	0.00	3.57	0.00	2.78	2.99
德国	0.00	5.56	0.00	0.00	0.00	3.03	3.03	7.14	0.00	2.78	2.24
挪威	0.00	0.00	11.11	5.00	4.00	3.03	0.00	3.57	0.00	0.00	2.24
葡萄牙	3.57	0.00	0.00	0.00	0.00	3.03	0.00	0.00	3.45	5.56	1.87
比利时	0.00	0.00	0.00	0.00	0.00	0.00	3.03	0.00	10.34	0.00	1.49
韩国	3.57	0.00	0.00	0.00	0.00	0.00	3.03	0.00	0.00	2.78	1.49
丹麦	0.00	5.56	5.56	0.00	0.00	0.00	0.00	0.00	3.45	0.00	1.49
新加坡	0.00	0.00	5.56	0.00	0.00	3.03	0.00	7.14	0.00	0.00	1.49

续表

国家和地区\年份	2009	2010	2011	2012	2013	2014	2015	2016	2017	2018	合计
土耳其	0.00	0.00	0.00	0.00	0.00	6.06	0.00	0.00	3.45	2.78	1.49
中国香港	0.00	0.00	0.00	5.00	0.00	0.00	3.03	0.00	0.00	2.78	1.12
伊朗	0.00	0.00	0.00	0.00	0.00	0.00	0.00	7.14	3.45	0.00	1.12
加拿大	0.00	0.00	5.56	5.00	0.00	0.00	0.00	3.57	0.00	0.00	1.12

表6—60　海洋工程C层人才排名前20的国家和地区的占比

国家和地区\年份	2009	2010	2011	2012	2013	2014	2015	2016	2017	2018	合计
美国	25.68	33.89	29.90	21.83	25.70	19.30	15.34	19.52	15.64	8.31	20.13
中国大陆	4.67	4.44	11.34	10.66	10.84	14.74	14.70	15.14	20.99	28.57	14.76
英国	10.89	11.11	11.34	6.60	7.63	9.47	10.54	11.55	10.70	10.65	10.10
澳大利亚	7.39	7.22	5.67	5.58	3.21	4.91	5.43	3.19	4.12	7.53	5.48
意大利	4.28	3.89	5.67	4.57	3.61	4.21	4.79	3.98	4.53	4.68	4.42
法国	5.84	5.56	5.15	4.06	2.41	3.16	3.19	4.38	4.53	1.56	3.76
荷兰	4.67	5.00	1.55	3.05	2.01	4.21	3.51	3.59	2.88	3.90	3.48
挪威	2.72	1.67	2.58	5.08	3.61	2.46	4.15	2.39	2.88	3.64	3.17
西班牙	3.50	2.22	3.61	3.55	1.61	4.91	3.51	2.79	2.88	2.34	3.09
加拿大	3.11	3.89	1.03	1.52	3.61	2.81	2.56	2.39	3.29	3.90	2.90
日本	4.28	1.67	1.03	7.11	2.81	2.81	1.92	3.59	1.23	2.08	2.78
德国	2.33	1.67	0.52	1.02	4.42	3.86	3.83	1.59	2.47	1.56	2.43
葡萄牙	2.72	1.11	1.55	2.03	3.21	2.11	1.92	4.78	1.65	2.08	2.35
伊朗	1.95	1.11	3.61	1.02	2.01	1.40	3.19	1.99	2.88	2.86	2.27
韩国	2.33	1.67	2.06	3.55	3.21	1.75	3.19	1.20	0.82	1.30	2.08
印度	0.78	0.56	0.52	2.03	1.20	1.75	4.15	1.59	0.82	3.12	1.84
新加坡	0.39	1.11	2.06	2.54	1.20	1.40	2.56	1.20	1.23	1.82	1.57
丹麦	0.78	1.11	1.03	2.54	2.01	2.81	1.28	1.99	1.23	0.78	1.53
土耳其	1.17	1.67	2.06	0.51	1.61	0.35	1.28	3.19	2.06	1.30	1.49
中国台湾	1.95	1.67	0.00	1.02	2.41	0.70	1.28	0.40	0.82	0.52	1.06

二十　船舶工程

船舶工程A、B、C层人才最多的国家是中国大陆，分别占该学科全球A、B、C层人才的53.33%、20.71%、22.64%。

葡萄牙、英国的 A 层人才比较多，世界占比均为 13.33%；新加坡、美国、意大利也有相当数量的 A 层人才，世界占比均为 6.67%。

英国、美国、澳大利亚、意大利、加拿大、西班牙、新加坡、伊朗、挪威的 B 层人才比较多，世界占比在 14%—3% 之间；土耳其、韩国、法国、日本、波兰、葡萄牙、丹麦、荷兰、克罗地亚、印度也有相当数量的 B 层人才，世界占比超过 1%。

英国、美国、韩国、挪威、澳大利亚、意大利、葡萄牙的 C 层人才比较多，世界占比在 11%—3% 之间；加拿大、伊朗、日本、新加坡、土耳其、波兰、印度、荷兰、西班牙、法国、中国台湾、丹麦也有相当数量的 C 层人才，世界占比超过 1%。

表 6—61　　　　船舶工程 A 层人才的国家和地区的占比

国家和地区\年份	2009	2010	2011	2012	2013	2014	2015	2016	2017	2018	合计
中国大陆	0.00	0.00	0.00	0.00	50.00	50.00	66.67	50.00	66.67	50.00	53.33
葡萄牙	0.00	0.00	0.00	0.00	50.00	0.00	0.00	0.00	0.00	50.00	13.33
英国	0.00	0.00	0.00	100.00	0.00	0.00	33.33	0.00	0.00	0.00	13.33
新加坡	0.00	0.00	0.00	0.00	0.00	0.00	0.00	0.00	33.33	0.00	6.67
美国	0.00	0.00	0.00	0.00	0.00	50.00	0.00	0.00	0.00	0.00	6.67
意大利	0.00	0.00	0.00	0.00	0.00	0.00	0.00	50.00	0.00	0.00	6.67

表 6—62　　　船舶工程 B 层人才排名前 20 的国家和地区的占比

国家和地区\年份	2009	2010	2011	2012	2013	2014	2015	2016	2017	2018	合计
中国大陆	9.09	16.67	0.00	9.09	21.74	4.17	25.00	27.78	23.81	35.14	20.71
英国	9.09	16.67	11.11	18.18	13.04	8.33	12.50	22.22	4.76	16.22	13.13
美国	18.18	25.00	44.44	9.09	17.39	8.33	12.50	5.56	14.29	2.70	12.63
澳大利亚	9.09	8.33	0.00	0.00	8.70	4.17	6.25	5.56	4.76	5.41	5.56
意大利	9.09	0.00	0.00	0.00	8.70	8.33	3.13	0.00	4.76	2.70	4.04
加拿大	0.00	8.33	11.11	0.00	0.00	4.17	3.13	5.56	9.52	2.70	4.04
西班牙	9.09	0.00	0.00	9.09	0.00	0.00	3.13	0.00	4.76	8.11	3.54
新加坡	0.00	8.33	11.11	9.09	0.00	8.33	0.00	5.56	0.00	2.70	3.54

续表

国家和地区\年份	2009	2010	2011	2012	2013	2014	2015	2016	2017	2018	合计
伊朗	0.00	0.00	0.00	0.00	0.00	0.00	6.25	5.56	9.52	2.70	3.03
挪威	0.00	0.00	0.00	9.09	8.70	4.17	0.00	11.11	0.00	0.00	3.03
土耳其	0.00	0.00	0.00	0.00	0.00	4.17	3.13	0.00	4.76	5.41	2.53
韩国	9.09	0.00	0.00	9.09	0.00	4.17	3.13	0.00	0.00	2.70	2.53
法国	9.09	0.00	0.00	9.09	4.35	0.00	3.13	0.00	0.00	2.70	2.53
日本	0.00	0.00	0.00	0.00	4.35	4.17	6.25	0.00	0.00	0.00	2.02
波兰	0.00	0.00	0.00	0.00	0.00	0.00	6.25	0.00	4.76	2.70	2.02
葡萄牙	0.00	0.00	0.00	9.09	0.00	4.17	0.00	0.00	4.76	2.70	2.02
丹麦	0.00	8.33	0.00	0.00	0.00	8.33	0.00	0.00	0.00	0.00	1.52
荷兰	0.00	8.33	0.00	0.00	0.00	4.17	3.13	0.00	0.00	0.00	1.52
克罗地亚	9.09	0.00	0.00	0.00	4.17	0.00	0.00	0.00	0.00	0.00	1.01
印度	9.09	0.00	0.00	0.00	4.35	0.00	0.00	0.00	0.00	0.00	1.01

表 6—63　船舶工程 C 层人才排名前 20 的国家和地区的占比

国家和地区\年份	2009	2010	2011	2012	2013	2014	2015	2016	2017	2018	合计
中国大陆	6.32	10.81	14.58	14.15	20.80	25.46	21.89	18.86	30.62	33.33	22.64
英国	12.63	12.61	10.42	6.60	8.41	8.33	11.78	12.57	9.69	11.78	10.50
美国	8.42	18.92	10.42	12.26	10.18	6.94	7.74	8.57	5.81	2.69	8.04
韩国	6.32	7.21	6.25	9.43	6.64	6.94	6.40	5.14	5.04	2.36	5.75
挪威	5.26	6.31	3.13	5.66	3.98	5.09	5.05	5.14	4.26	5.39	4.90
澳大利亚	7.37	5.41	6.25	7.55	3.98	6.94	3.37	1.71	1.94	7.07	4.79
意大利	4.21	2.70	3.13	4.72	2.65	4.17	4.04	3.43	4.26	3.70	3.73
葡萄牙	3.16	0.00	5.21	4.72	7.08	4.17	4.04	4.57	2.33	2.02	3.73
加拿大	5.26	5.41	1.04	1.89	2.21	1.85	1.68	1.14	3.49	3.03	2.56
伊朗	3.16	2.70	4.17	1.89	2.21	2.31	3.37	3.43	1.94	1.68	2.56
日本	4.21	2.70	2.08	3.77	3.10	2.78	3.03	1.71	0.78	2.36	2.50
新加坡	1.05	3.60	4.17	4.72	2.65	0.93	2.36	4.00	0.78	1.68	2.29
土耳其	3.16	3.60	3.13	0.94	2.21	0.46	1.35	4.57	2.33	1.35	2.08
波兰	2.11	0.00	1.04	0.00	0.88	0.93	3.37	2.29	5.81	1.01	2.08
印度	2.11	0.90	0.00	3.77	2.21	1.39	2.36	1.14	2.33	2.69	2.02
荷兰	1.05	1.80	2.08	0.94	0.88	0.46	1.01	1.14	3.10	3.03	1.65

续表

国家和地区\年份	2009	2010	2011	2012	2013	2014	2015	2016	2017	2018	合计
西班牙	2.11	0.00	3.13	0.94	1.77	1.85	2.36	2.29	0.78	1.01	1.60
法国	5.26	0.90	2.08	0.94	0.44	2.78	2.02	2.29	0.78	0.67	1.60
中国台湾	4.21	1.80	2.08	0.94	1.77	1.39	1.68	1.14	1.16	0.67	1.49
丹麦	1.05	1.80	3.13	0.94	2.21	0.93	1.35	1.14	1.55	1.01	1.44

二十一 交通

交通 A、B、C 层人才最多的国家是美国，分别占该学科全球 A、B、C 层人才的 34.09%、23.11%、22.29%。

英国、加拿大、荷兰的 A 层人才比较多，世界占比在 16%—11% 之间；澳大利亚、智利、意大利、瑞典、中国大陆、印度、德国、瑞士也有相当数量的 A 层人才，世界占比超过 2%。

英国、中国大陆、荷兰、加拿大、澳大利亚、德国、中国香港、比利时的 B 层人才比较多，世界占比在 10%—3% 之间；瑞典、瑞士、法国、意大利、西班牙、丹麦、伊朗、新加坡、挪威、中国台湾、以色列也有相当数量的 B 层人才，世界占比超过 1%。

中国大陆、英国、澳大利亚、加拿大、荷兰、德国、中国香港的 C 层人才比较多，世界占比在 11%—3% 之间；意大利、瑞典、法国、西班牙、新加坡、比利时、丹麦、韩国、挪威、瑞士、中国台湾、土耳其也有相当数量的 C 层人才，世界占比超过 1%。

表 6—64　　　交通 A 层人才的国家和地区的占比

国家和地区\年份	2009	2010	2011	2012	2013	2014	2015	2016	2017	2018	合计
美国	50.00	50.00	25.00	25.00	40.00	0.00	25.00	57.14	33.33	33.33	34.09
英国	0.00	0.00	50.00	75.00	0.00	0.00	0.00	14.29	16.67	0.00	15.91
加拿大	50.00	0.00	25.00	0.00	20.00	0.00	25.00	0.00	16.67	0.00	11.36
荷兰	0.00	50.00	0.00	0.00	0.00	25.00	25.00	14.29	16.67	0.00	11.36
澳大利亚	0.00	0.00	0.00	0.00	20.00	0.00	0.00	14.29	0.00	16.67	6.82
智利	0.00	0.00	0.00	0.00	0.00	0.00	25.00	0.00	0.00	0.00	4.55
意大利	0.00	0.00	0.00	0.00	0.00	25.00	0.00	0.00	0.00	16.67	4.55

续表

国家和地区\年份	2009	2010	2011	2012	2013	2014	2015	2016	2017	2018	合计
瑞典	0.00	0.00	0.00	0.00	0.00	0.00	25.00	0.00	0.00	0.00	2.27
中国大陆	0.00	0.00	0.00	0.00	0.00	0.00	0.00	0.00	16.67	0.00	2.27
印度	0.00	0.00	0.00	0.00	0.00	0.00	0.00	0.00	0.00	16.67	2.27
德国	0.00	0.00	0.00	0.00	0.00	25.00	0.00	0.00	0.00	0.00	2.27
瑞士	0.00	0.00	0.00	0.00	0.00	0.00	0.00	0.00	0.00	16.67	2.27

表6—65　　交通B层人才排名前20的国家和地区的占比

国家和地区\年份	2009	2010	2011	2012	2013	2014	2015	2016	2017	2018	合计
美国	29.63	21.88	24.32	35.56	16.00	11.32	23.40	30.43	20.97	20.90	23.11
英国	0.00	9.38	16.22	6.67	10.00	15.09	6.38	5.80	8.06	11.94	9.20
中国大陆	7.41	0.00	5.41	4.44	2.00	5.66	12.77	10.14	9.68	19.40	8.59
荷兰	7.41	18.75	2.70	6.67	6.00	7.55	6.38	5.80	9.68	2.99	6.95
加拿大	7.41	3.13	5.41	4.44	6.00	7.55	2.13	7.25	4.84	7.46	5.73
澳大利亚	7.41	9.38	2.70	0.00	4.00	9.43	6.38	4.35	1.61	1.49	4.29
德国	3.70	0.00	2.70	4.44	6.00	3.77	6.38	2.90	4.84	4.48	4.09
中国香港	7.41	0.00	8.11	4.44	6.00	1.89	0.00	2.90	4.84	2.99	3.68
比利时	3.70	6.25	0.00	0.00	4.00	1.89	6.38	2.90	1.61	4.48	3.07
瑞典	0.00	6.25	2.70	6.67	4.00	0.00	6.38	1.45	0.00	2.99	2.86
瑞士	0.00	3.13	2.70	6.67	4.00	0.00	2.13	2.90	6.45	0.00	2.86
法国	3.70	3.13	2.70	2.22	6.00	5.66	2.13	2.90	1.61	0.00	2.86
意大利	3.70	3.13	2.70	0.00	2.00	1.89	4.26	1.45	4.84	1.49	2.45
西班牙	0.00	3.13	2.70	2.22	4.00	3.77	2.13	1.45	1.61	1.49	2.25
丹麦	3.70	3.13	0.00	0.00	6.00	1.89	0.00	1.45	1.61	1.49	1.84
伊朗	0.00	0.00	0.00	0.00	2.00	3.77	2.13	2.90	3.23	1.49	1.84
新加坡	3.70	0.00	0.00	2.22	2.00	5.66	0.00	0.00	0.00	2.99	1.64
挪威	3.70	0.00	0.00	0.00	2.00	5.66	0.00	1.45	1.61	1.49	1.64
中国台湾	3.70	3.13	8.11	0.00	2.00	0.00	0.00	0.00	0.00	1.49	1.43
以色列	0.00	6.25	2.70	0.00	0.00	1.89	4.26	0.00	1.61	0.00	1.43

表 6—66　　交通 C 层人才排名前 20 的国家和地区的占比

国家和地区 \ 年份	2009	2010	2011	2012	2013	2014	2015	2016	2017	2018	合计
美国	28.79	25.57	27.81	24.24	23.23	20.77	20.34	19.93	20.55	19.39	22.29
中国大陆	4.92	2.62	5.35	7.23	7.88	9.68	8.78	12.36	15.54	16.76	10.21
英国	7.20	8.20	11.23	11.66	9.09	7.66	7.28	8.90	9.50	6.12	8.59
澳大利亚	5.30	5.90	9.36	6.99	8.28	6.45	6.42	5.93	5.01	5.69	6.47
加拿大	7.58	9.18	4.28	4.90	7.27	5.85	6.00	6.10	3.28	3.64	5.51
荷兰	6.06	5.90	4.55	6.29	4.65	6.25	4.93	4.94	3.80	4.08	5.00
德国	2.27	4.59	1.60	3.26	3.03	3.23	3.00	3.95	2.76	3.50	3.17
中国香港	2.27	2.30	3.48	3.26	1.82	3.83	1.71	3.62	2.76	4.96	3.15
意大利	1.89	3.61	2.41	3.96	2.22	2.62	5.35	2.64	3.45	1.90	2.98
瑞典	4.55	2.30	3.48	2.10	3.43	3.02	2.14	2.31	3.11	2.04	2.74
法国	0.38	2.30	3.74	2.80	2.63	1.41	2.57	1.81	2.59	2.04	2.25
西班牙	2.27	2.95	1.07	1.63	1.01	2.62	3.85	3.13	1.73	1.31	2.13
新加坡	1.89	1.97	1.87	2.10	1.21	1.81	2.14	2.80	2.07	2.19	2.04
比利时	3.41	2.30	2.41	2.80	1.62	2.82	1.93	1.15	1.90	1.46	2.04
丹麦	1.89	1.97	1.87	1.17	2.22	2.02	2.14	1.65	2.07	1.46	1.83
韩国	1.14	2.95	1.07	0.47	1.01	1.41	1.28	1.15	1.90	2.77	1.55
挪威	2.27	0.98	2.67	0.70	1.21	1.21	1.28	0.99	2.25	2.04	1.55
瑞士	1.52	1.31	0.80	1.86	2.42	2.22	1.07	1.32	1.55	1.17	1.53
中国台湾	1.89	2.62	1.60	2.10	1.82	1.21	1.07	1.48	0.86	1.31	1.51
土耳其	1.52	0.00	1.07	0.93	1.01	0.81	1.28	1.65	0.86	1.17	1.06

二十二　交通科学和技术

交通科学和技术 A、B、C 层人才最多的国家是美国，分别占该学科全球 A、B、C 层人才的 36.46%、22.56%、21.75%。

中国大陆、英国、德国、加拿大、新加坡的 A 层人才比较多，世界占比在 23%—3% 之间；澳大利亚、智利、瑞典、日本、希腊、韩国、中国台湾、沙特、法国、瑞士、中国香港也有相当数量的 A 层人才，世界占比超过 1%。

中国大陆、英国、加拿大、荷兰、德国、澳大利亚的 B 层人才比较多，世界占比在 21%—3% 之间；意大利、中国香港、新加坡、法国、瑞典、西班牙、瑞士、希腊、日本、中国台湾、韩国、挪威、葡萄牙也有相当数量的 B 层人才，世界占比超过 1%。

中国大陆、英国、加拿大、德国、澳大利亚、法国、荷兰的 C 层人才比较多，世界占比在 17%—3%之间；韩国、中国香港、意大利、西班牙、新加坡、瑞典、中国台湾、日本、瑞士、希腊、伊朗、印度也有相当数量的 C 层人才，世界占比超过 1%。

表 6—67　　交通科学和技术 A 层人才的国家和地区的占比

国家和地区\年份	2009	2010	2011	2012	2013	2014	2015	2016	2017	2018	合计
美国	16.67	42.86	33.33	55.56	57.14	36.36	50.00	38.46	23.08	21.43	36.46
中国大陆	16.67	0.00	16.67	0.00	14.29	9.09	40.00	23.08	30.77	50.00	22.92
英国	0.00	0.00	0.00	22.22	0.00	0.00	0.00	15.38	15.38	7.14	7.29
德国	16.67	14.29	16.67	0.00	0.00	27.27	0.00	0.00	0.00	0.00	6.25
加拿大	16.67	0.00	0.00	0.00	14.29	0.00	0.00	7.69	7.69	7.14	5.21
新加坡	16.67	0.00	16.67	0.00	0.00	0.00	0.00	0.00	7.69	0.00	3.13
澳大利亚	0.00	14.29	0.00	0.00	0.00	0.00	0.00	0.00	7.69	0.00	2.08
智利	0.00	14.29	0.00	0.00	14.29	0.00	0.00	0.00	0.00	0.00	2.08
瑞典	0.00	0.00	0.00	11.11	0.00	0.00	10.00	0.00	0.00	0.00	2.08
日本	0.00	0.00	0.00	0.00	0.00	9.09	0.00	0.00	0.00	7.14	2.08
希腊	0.00	0.00	0.00	0.00	0.00	9.09	0.00	0.00	7.69	0.00	2.08
韩国	16.67	0.00	0.00	0.00	0.00	0.00	0.00	0.00	0.00	7.14	2.08
中国台湾	0.00	0.00	16.67	0.00	0.00	0.00	0.00	7.69	0.00	0.00	2.08
沙特	0.00	0.00	0.00	0.00	0.00	0.00	0.00	7.69	0.00	0.00	1.04
法国	0.00	0.00	0.00	11.11	0.00	0.00	0.00	0.00	0.00	0.00	1.04
瑞士	0.00	0.00	0.00	0.00	0.00	9.09	0.00	0.00	0.00	0.00	1.04
中国香港	0.00	14.29	0.00	0.00	0.00	0.00	0.00	0.00	0.00	0.00	1.04

表 6—68　　交通科学和技术 B 层人才排名前 20 的国家和地区的占比

国家和地区\年份	2009	2010	2011	2012	2013	2014	2015	2016	2017	2018	合计
美国	28.57	28.57	22.86	24.72	21.25	20.20	29.03	24.41	17.83	15.79	22.56
中国大陆	6.35	4.29	10.00	10.11	16.25	18.18	19.35	25.20	28.68	37.59	20.04
英国	0.00	1.43	11.43	8.99	8.75	5.05	9.68	8.66	7.75	11.28	7.76

续表

国家和地区 \ 年份	2009	2010	2011	2012	2013	2014	2015	2016	2017	2018	合计
加拿大	7.94	2.86	7.14	6.74	3.75	4.04	6.45	8.66	6.98	5.26	6.09
荷兰	4.76	5.71	2.86	3.37	6.25	6.06	3.23	2.36	3.10	0.75	3.57
德国	4.76	2.86	2.86	3.37	3.75	9.09	1.08	0.79	3.10	1.50	3.15
澳大利亚	0.00	7.14	0.00	1.12	3.75	6.06	2.15	1.57	3.10	4.51	3.04
意大利	7.94	2.86	2.86	1.12	1.25	3.03	5.38	0.00	2.33	1.50	2.52
中国香港	4.76	2.86	7.14	3.37	2.50	1.01	0.00	0.79	3.10	2.26	2.52
新加坡	6.35	1.43	1.43	3.37	3.75	2.02	1.08	0.79	1.55	3.76	2.41
法国	6.35	2.86	2.86	1.12	1.25	1.01	0.00	3.15	3.10	1.50	2.31
瑞典	1.59	4.29	1.43	4.49	1.25	1.01	1.08	3.15	1.55	0.75	1.99
西班牙	1.59	5.71	2.86	0.00	0.00	3.03	3.23	1.57	1.55	1.50	1.99
瑞士	3.17	4.29	2.86	3.37	3.75	2.02	1.08	1.57	0.00	0.00	1.89
希腊	1.59	5.71	2.86	2.25	2.50	1.01	1.08	0.79	0.00	0.75	1.57
日本	0.00	0.00	1.43	2.25	1.25	1.01	1.08	2.36	1.55	0.75	1.26
中国台湾	1.59	1.43	2.86	2.25	2.50	1.01	2.15	0.79	0.00	0.00	1.26
韩国	3.17	2.86	0.00	4.49	0.00	0.00	1.08	0.00	1.55	0.75	1.26
挪威	0.00	0.00	2.86	2.25	0.00	2.02	0.00	0.79	1.55	1.50	1.15
葡萄牙	0.00	0.00	2.86	3.37	2.50	1.01	1.08	0.00	0.78	0.75	1.15

表6—69　交通科学和技术C层人才排名前20的国家和地区的占比

国家和地区 \ 年份	2009	2010	2011	2012	2013	2014	2015	2016	2017	2018	合计
美国	29.77	24.08	28.04	24.44	24.71	21.02	20.88	17.73	19.18	17.20	21.75
中国大陆	6.91	8.71	9.01	10.65	11.90	14.08	17.27	23.08	23.20	26.26	16.71
英国	5.26	4.58	6.44	6.50	6.08	7.04	6.63	7.53	6.95	6.20	6.46
加拿大	7.40	10.49	6.58	5.38	5.69	6.53	5.32	6.88	5.28	5.27	6.28
德国	4.77	6.06	3.15	3.81	3.62	3.88	3.31	2.51	2.60	3.10	3.50
澳大利亚	1.81	2.51	4.58	3.81	5.05	3.06	3.21	3.00	3.35	3.41	3.38
法国	2.63	2.95	3.72	3.59	3.62	3.67	2.71	2.91	3.18	2.40	3.10
荷兰	3.62	3.40	3.15	3.81	3.88	3.37	3.61	2.43	2.18	2.17	3.04
韩国	2.80	2.66	2.72	3.25	1.94	2.96	2.31	3.16	2.51	3.80	2.87
中国香港	2.47	2.95	3.43	3.03	2.33	3.98	1.91	2.75	1.93	3.72	2.86
意大利	3.95	3.40	2.00	3.70	2.98	2.86	4.12	2.51	2.60	1.32	2.84

续表

国家和地区\年份	2009	2010	2011	2012	2013	2014	2015	2016	2017	2018	合计
西班牙	1.64	4.14	2.58	3.59	1.55	3.06	2.11	2.67	1.51	1.78	2.41
新加坡	1.81	2.22	1.86	2.47	2.33	1.53	2.41	3.00	2.26	2.63	2.31
瑞典	1.81	1.62	3.15	2.24	3.10	2.04	2.11	1.94	2.09	1.70	2.14
中国台湾	4.11	2.51	2.29	1.91	1.55	1.73	1.31	1.13	1.01	1.16	1.69
日本	2.63	1.33	2.00	1.57	1.42	0.92	2.21	0.97	1.59	1.01	1.49
瑞士	2.30	0.59	1.43	1.12	2.07	1.43	1.20	1.13	1.42	0.85	1.31
希腊	1.32	1.77	0.86	1.23	1.16	0.71	1.81	0.97	1.17	1.08	1.19
伊朗	0.49	1.62	0.43	1.01	1.16	1.02	1.20	1.30	1.59	1.32	1.17
印度	0.99	0.30	0.57	0.67	0.78	0.92	0.80	1.54	1.34	1.63	1.04

二十三 航空和航天工程

航空和航天工程A、B、C层人才主要集中在中国大陆和美国，两国A、B、C层人才的世界占比为41.82%、50.75%、48.54%，其中中国大陆的A层人才稍多于美国，B层和C层人才稍少于美国；在发展趋势上，中国大陆呈现相对上升趋势，美国呈现相对下降趋势。

英国、伊朗、日本、加拿大的A层人才比较多，世界占比在10%—5%之间；阿尔及利亚、印度、荷兰、韩国、德国、瑞典、澳大利亚、突尼斯、越南也有相当数量的A层人才，世界占比超过1%。

英国、意大利、德国、伊朗、印度、荷兰、澳大利亚的B层人才比较多，世界占比在7%—3%之间；韩国、加拿大、法国、瑞典、俄罗斯、日本、新加坡、西班牙、土耳其、阿塞拜疆、瑞士也有相当数量的B层人才，世界占比超过或接近1%。

英国、意大利、加拿大、德国、法国的C层人才比较多，世界占比在7%—3%之间；澳大利亚、荷兰、日本、韩国、印度、伊朗、俄罗斯、西班牙、以色列、新加坡、土耳其、瑞典、中国香港也有相当数量的C层人才，世界占比超过或接近1%。

表6—70　　　航空和航天工程 A 层人才的国家和地区的占比

国家和地区 \ 年份	2009	2010	2011	2012	2013	2014	2015	2016	2017	2018	合计
中国大陆	0.00	0.00	25.00	14.29	20.00	0.00	0.00	50.00	22.22	33.33	21.82
美国	40.00	25.00	25.00	14.29	20.00	25.00	0.00	12.50	33.33	0.00	20.00
英国	20.00	25.00	0.00	14.29	0.00	25.00	0.00	0.00	11.11	0.00	9.09
伊朗	0.00	0.00	0.00	0.00	0.00	0.00	0.00	0.00	22.22	33.33	9.09
日本	0.00	25.00	0.00	14.29	20.00	0.00	0.00	0.00	0.00	0.00	7.27
加拿大	0.00	0.00	0.00	0.00	0.00	25.00	0.00	0.00	11.11	0.00	5.45
阿尔及利亚	0.00	0.00	0.00	0.00	20.00	25.00	0.00	0.00	0.00	0.00	3.64
印度	0.00	0.00	25.00	14.29	0.00	0.00	0.00	0.00	0.00	0.00	3.64
荷兰	0.00	0.00	0.00	0.00	0.00	0.00	0.00	25.00	0.00	0.00	3.64
韩国	0.00	0.00	0.00	0.00	0.00	0.00	0.00	12.50	0.00	11.11	3.64
德国	40.00	0.00	0.00	0.00	0.00	0.00	0.00	0.00	0.00	0.00	3.64
瑞典	0.00	25.00	0.00	14.29	0.00	0.00	0.00	0.00	0.00	0.00	3.64
澳大利亚	0.00	0.00	0.00	14.29	0.00	0.00	0.00	0.00	0.00	0.00	1.82
突尼斯	0.00	0.00	0.00	0.00	0.00	0.00	0.00	0.00	11.11	0.00	1.82
越南	0.00	0.00	0.00	0.00	0.00	0.00	0.00	0.00	11.11	0.00	1.82

表6—71　　　航空和航天工程 B 层人才排名前 20 的国家和地区的占比

国家和地区 \ 年份	2009	2010	2011	2012	2013	2014	2015	2016	2017	2018	合计
美国	39.22	38.46	33.33	27.42	28.57	41.07	14.52	22.54	17.95	11.69	25.96
中国大陆	9.80	7.69	23.08	22.58	26.53	16.07	22.58	35.21	38.46	32.47	24.79
英国	5.88	3.85	12.82	4.84	6.12	8.93	8.06	4.23	3.85	5.19	6.03
意大利	1.96	5.77	0.00	6.45	6.12	3.57	6.45	2.82	2.56	5.19	4.19
德国	1.96	9.62	0.00	4.84	6.12	5.36	6.45	1.41	0.00	2.60	3.69
伊朗	0.00	0.00	0.00	0.00	0.00	3.57	9.68	7.04	5.13	5.19	3.52
印度	1.96	1.92	0.00	3.23	0.00	3.57	3.23	8.45	5.13	1.30	3.18
荷兰	5.88	11.54	2.56	1.61	2.04	1.79	0.00	0.00	2.56	3.90	3.02
澳大利亚	9.80	0.00	2.56	4.84	2.04	1.79	1.61	1.41	3.85	2.60	3.02
韩国	1.96	1.92	5.13	0.00	4.08	1.79	1.61	2.82	3.85	0.00	2.18
加拿大	0.00	0.00	0.00	4.84	0.00	3.57	3.23	1.41	2.56	2.60	2.01
法国	3.92	0.00	0.00	4.84	2.04	0.00	1.61	2.82	0.00	2.60	1.84
瑞典	1.96	7.69	2.56	1.61	0.00	1.79	0.00	1.41	0.00	1.30	1.68

续表

国家和地区\年份	2009	2010	2011	2012	2013	2014	2015	2016	2017	2018	合计
俄罗斯	1.96	3.85	0.00	0.00	2.04	1.79	1.61	0.00	2.56	2.60	1.68
日本	3.92	1.92	5.13	1.61	2.04	0.00	1.61	0.00	0.00	1.30	1.51
新加坡	0.00	0.00	2.56	1.61	0.00	0.00	4.84	0.00	2.56	1.30	1.34
西班牙	1.96	0.00	0.00	0.00	0.00	1.79	1.61	0.00	1.28	2.60	1.01
土耳其	0.00	0.00	0.00	4.84	0.00	0.00	1.61	1.41	0.00	1.30	1.01
阿塞拜疆	0.00	0.00	0.00	0.00	0.00	0.00	0.00	0.00	1.28	5.19	0.84
瑞士	1.96	1.92	0.00	0.00	2.04	0.00	1.61	0.00	0.00	1.30	0.84

表6—72　航空和航天工程C层人才排名前20的国家和地区的占比

国家和地区\年份	2009	2010	2011	2012	2013	2014	2015	2016	2017	2018	合计
美国	40.08	40.51	31.36	32.05	25.29	23.44	19.58	18.85	15.49	17.50	25.13
中国大陆	10.74	11.07	13.62	14.49	19.84	23.25	26.16	27.60	35.05	36.35	23.41
英国	7.64	7.71	10.80	7.25	7.20	6.43	4.82	5.58	5.71	4.65	6.48
意大利	4.96	5.93	6.94	5.64	5.45	6.99	4.98	6.03	4.76	4.28	5.47
加拿大	2.89	5.93	4.63	5.15	4.47	3.97	4.33	3.77	4.48	3.06	4.22
德国	3.31	3.36	4.63	5.48	2.92	4.91	4.98	4.68	3.67	2.45	4.00
法国	3.31	3.95	4.11	3.86	3.89	2.46	3.69	4.52	1.77	2.33	3.30
澳大利亚	3.10	2.37	2.06	3.70	2.72	3.78	2.25	2.41	2.17	1.47	2.55
荷兰	4.55	2.57	2.83	1.77	2.33	3.02	1.77	2.71	1.90	2.33	2.50
日本	2.89	2.17	2.57	2.58	2.53	1.89	1.61	1.06	1.36	3.18	2.16
韩国	2.48	2.37	2.83	1.93	3.11	1.70	1.44	1.66	1.77	2.45	2.13
印度	2.48	1.38	2.31	1.93	1.17	1.70	1.28	2.71	2.31	3.06	2.09
伊朗	0.62	0.99	1.03	1.29	2.33	2.84	3.37	1.81	2.99	2.33	2.06
俄罗斯	1.65	0.99	0.51	1.45	1.56	1.13	3.05	1.21	2.72	1.35	1.63
西班牙	0.41	2.17	1.29	1.61	1.95	0.95	1.77	2.11	1.90	1.47	1.60
以色列	1.45	0.99	0.51	0.81	1.17	1.13	1.77	1.21	1.09	0.61	1.07
新加坡	0.41	0.79	1.29	0.64	0.97	1.13	1.61	0.15	1.36	1.35	0.99
土耳其	0.41	0.20	0.51	1.29	1.75	0.57	0.32	1.36	0.68	0.49	0.77
瑞典	2.07	0.79	0.51	0.64	0.58	0.95	0.16	0.45	0.41	0.98	0.73
中国香港	0.62	0.40	0.00	0.48	0.78	0.00	0.64	0.75	0.68	0.86	0.56

二十四　工业工程

工业工程A、B、C层人才最多的国家是美国，分别占该学科全球A、B、C层人才的20.00%、15.62%、15.15%。

中国大陆、澳大利亚、德国、英国、意大利、丹麦、法国、荷兰、南非、加拿大的A层人才比较多，世界占比在17%—3%之间；土耳其、比利时、伊朗、挪威、奥地利、中国香港、波兰、匈牙利、印度也有相当数量的A层人才，世界占比超过1%。

中国大陆、英国、德国、加拿大、意大利、法国、澳大利亚、中国香港的B层人才比较多，世界占比在16%—3%之间；西班牙、伊朗、比利时、印度、丹麦、新加坡、瑞典、荷兰、中国台湾、韩国、土耳其也有相当数量的B层人才，世界占比超过1%。

中国大陆、英国、德国、加拿大、意大利、法国、澳大利亚的C层人才比较多，世界占比在16%—3%之间；中国香港、印度、中国台湾、伊朗、荷兰、西班牙、土耳其、韩国、瑞典、日本、新加坡、比利时也有相当数量的C层人才，世界占比超过1%。

表6—73　工业工程A层人才排名前20的国家和地区的占比

国家和地区 \ 年份	2009	2010	2011	2012	2013	2014	2015	2016	2017	2018	合计
美国	27.27	14.29	12.50	15.38	6.67	46.15	29.41	18.75	0.00	30.77	20.00
中国大陆	0.00	0.00	12.50	15.38	13.33	30.77	11.76	0.00	41.18	30.77	16.92
澳大利亚	0.00	0.00	0.00	7.69	6.67	0.00	17.65	12.50	11.76	15.38	8.46
德国	0.00	28.57	0.00	7.69	0.00	0.00	17.65	12.50	0.00	0.00	6.15
英国	0.00	14.29	0.00	0.00	13.33	7.69	0.00	6.25	11.76	0.00	5.38
意大利	9.09	14.29	12.50	7.69	6.67	0.00	0.00	6.25	0.00	0.00	4.62
丹麦	0.00	0.00	0.00	15.38	0.00	7.69	0.00	6.25	0.00	7.69	3.85
法国	18.18	0.00	0.00	0.00	0.00	0.00	5.88	6.25	5.88	0.00	3.85
荷兰	18.18	0.00	12.50	0.00	0.00	0.00	0.00	12.50	0.00	0.00	3.85
南非	0.00	0.00	12.50	0.00	6.67	0.00	5.88	0.00	5.88	0.00	3.08
加拿大	0.00	0.00	0.00	23.08	0.00	0.00	0.00	0.00	5.88	0.00	3.08
土耳其	0.00	0.00	12.50	0.00	13.33	0.00	0.00	0.00	0.00	0.00	2.31

续表

国家和地区\年份	2009	2010	2011	2012	2013	2014	2015	2016	2017	2018	合计
比利时	9.09	0.00	0.00	7.69	0.00	0.00	0.00	0.00	0.00	0.00	1.54
伊朗	0.00	0.00	0.00	0.00	0.00	0.00	5.88	0.00	0.00	7.69	1.54
挪威	0.00	0.00	0.00	0.00	0.00	0.00	0.00	0.00	5.88	7.69	1.54
奥地利	0.00	0.00	0.00	12.50	0.00	0.00	0.00	6.25	0.00	0.00	1.54
中国香港	0.00	0.00	12.50	0.00	6.67	0.00	0.00	0.00	0.00	0.00	1.54
波兰	0.00	14.29	0.00	0.00	6.67	0.00	0.00	0.00	0.00	0.00	1.54
匈牙利	0.00	0.00	0.00	0.00	0.00	7.69	0.00	6.25	0.00	0.00	1.54
印度	0.00	0.00	0.00	0.00	6.67	0.00	0.00	0.00	5.88	0.00	1.54

表6—74　工业工程B层人才排名前20的国家和地区的占比

国家和地区\年份	2009	2010	2011	2012	2013	2014	2015	2016	2017	2018	合计
美国	18.00	15.19	13.89	16.38	15.71	21.60	18.30	11.97	13.95	11.21	15.62
中国大陆	9.00	7.59	4.63	9.48	12.86	18.40	14.38	15.49	23.84	33.64	15.54
英国	6.00	8.86	12.04	6.03	9.29	6.40	5.88	10.56	6.40	3.74	7.49
德国	6.00	5.06	10.19	7.76	6.43	12.00	6.54	7.75	4.07	2.80	6.84
加拿大	4.00	3.80	6.48	6.03	4.29	4.00	6.54	6.34	4.65	6.54	5.31
意大利	2.00	2.53	8.33	6.03	5.71	3.20	5.23	3.52	4.07	2.80	4.43
法国	2.00	5.06	3.70	3.45	5.71	1.60	1.96	4.93	3.49	2.80	3.46
澳大利亚	3.00	1.27	1.85	5.17	5.00	1.60	1.96	4.23	2.91	4.67	3.22
中国香港	2.00	3.80	1.85	2.59	3.57	0.00	3.92	3.52	3.49	5.61	3.06
西班牙	3.00	3.80	5.56	2.59	1.43	2.40	1.96	2.11	0.58	0.93	2.25
伊朗	3.00	2.53	1.85	0.86	2.14	2.40	2.61	0.00	4.07	0.93	2.09
比利时	1.00	3.80	4.63	1.72	2.14	4.00	0.00	3.52	0.58	0.93	2.09
印度	4.00	0.00	0.93	0.86	0.71	1.60	3.27	3.52	1.16	2.80	1.93
丹麦	1.00	1.27	1.85	0.00	2.14	4.80	1.31	0.70	2.33	2.80	1.85
新加坡	2.00	3.80	0.00	1.72	1.43	0.00	1.31	2.82	2.91	1.87	1.77
瑞典	1.00	2.53	1.85	1.72	1.43	1.60	1.31	0.00	4.07	0.93	1.69
荷兰	5.00	1.27	0.93	2.59	1.43	1.60	1.31	1.41	0.58	0.93	1.61
中国台湾	4.00	3.80	0.93	0.86	2.86	1.60	1.31	1.41	0.00	0.93	1.61
韩国	4.00	1.27	0.00	2.59	0.71	0.00	1.96	0.70	1.74	1.87	1.45
土耳其	1.00	1.27	2.78	0.00	1.43	1.60	1.31	2.11	1.16	1.87	1.45

表 6—75　　工业工程 C 层人才排名前 20 的国家和地区的占比

国家和地区\年份	2009	2010	2011	2012	2013	2014	2015	2016	2017	2018	合计
美国	17.13	19.43	17.31	16.58	16.42	16.13	13.40	12.76	13.28	12.71	15.15
中国大陆	9.15	9.03	8.85	12.22	12.44	15.31	15.51	19.25	18.01	25.06	15.04
英国	5.61	6.43	7.18	7.50	8.10	7.33	8.28	7.76	7.68	7.69	7.47
德国	4.63	5.34	5.41	4.45	5.01	4.94	4.01	4.23	4.36	2.59	4.44
加拿大	5.02	5.34	4.72	5.24	4.57	5.10	3.68	3.67	3.69	4.24	4.42
意大利	4.13	3.56	3.74	4.28	3.98	4.44	5.12	4.65	4.73	3.03	4.25
法国	3.94	3.69	3.93	3.40	4.79	3.62	3.68	3.67	4.30	3.72	3.90
澳大利亚	3.05	2.46	3.44	3.23	3.68	2.55	4.01	4.09	3.56	4.41	3.52
中国香港	2.26	3.97	2.75	4.01	2.72	2.55	2.69	3.31	2.64	2.94	2.94
印度	3.25	0.82	2.26	2.53	2.50	2.88	2.76	2.47	3.32	3.89	2.75
中国台湾	4.63	5.88	3.54	3.84	2.50	2.47	2.37	1.27	1.66	1.30	2.70
伊朗	2.85	2.87	2.56	2.88	2.58	2.22	2.76	2.75	2.58	2.94	2.69
荷兰	3.35	3.83	3.24	2.71	2.14	2.14	2.30	2.47	2.21	1.90	2.53
西班牙	2.95	2.74	2.85	2.01	3.17	2.72	2.30	2.05	2.03	1.21	2.37
土耳其	4.23	2.74	1.77	2.01	1.55	1.73	2.63	1.69	1.41	1.04	2.01
韩国	2.36	2.05	1.87	2.09	1.55	1.98	2.17	1.34	1.78	1.73	1.87
瑞典	1.67	1.23	1.57	1.75	1.33	2.14	1.51	1.48	2.27	1.64	1.69
日本	2.56	2.46	2.26	1.66	1.18	1.73	1.05	1.34	1.04	0.86	1.52
新加坡	1.67	1.50	1.67	1.05	1.18	1.73	1.31	1.34	1.48	2.33	1.51
比利时	0.69	1.78	1.38	1.13	1.47	0.49	1.58	0.85	1.29	0.69	1.13

二十五　设备和仪器

设备和仪器 A、B、C 层人才主要集中在中国大陆和美国，两国 A、B、C 层人才的世界占比为 26.89%、25.98%、35.14%，其中两国的 A 层人才数量相当，中国大陆的 B 层和 C 层人才多于美国；在发展趋势上，中国大陆呈现相对上升趋势，美国呈现相对下降趋势。

英国、德国、西班牙、意大利、智利、瑞士、印度的 A 层人才比较多，世界占比在 9%—3% 之间；韩国、加拿大、法国、土耳其、波兰、新加坡、丹麦、新西兰、挪威、日本、中国台湾也有相当数量的 A 层人才，世界占比超过 1%。

英国、西班牙、德国、意大利、韩国、法国、印度的 B 层人才比较多，世界占比在5%—3%之间；澳大利亚、瑞士、加拿大、日本、波兰、伊朗、中国台湾、新加坡、丹麦、荷兰、沙特也有相当数量的B层人才，世界占比超过1%。

英国、韩国、意大利、印度、德国、西班牙、法国的C层人才比较多，世界占比在5%—3%之间；加拿大、日本、澳大利亚、伊朗、中国台湾、瑞士、新加坡、波兰、土耳其、中国香港、巴西也有相当数量的C层人才，世界占比超过1%。

表6—76　　设备和仪器A层人才排名前20的国家和地区的占比

国家和地区\年份	2009	2010	2011	2012	2013	2014	2015	2016	2017	2018	合计
美国	21.05	27.27	25.00	14.29	12.50	11.11	4.55	3.85	0.00	0.00	13.79
中国大陆	10.53	4.55	8.33	28.57	12.50	27.78	13.64	7.69	33.33	0.00	13.10
英国	0.00	4.55	8.33	0.00	12.50	11.11	13.64	11.54	0.00	0.00	8.28
德国	10.53	4.55	8.33	0.00	0.00	11.11	9.09	7.69	0.00	0.00	6.90
西班牙	5.26	9.09	8.33	14.29	0.00	0.00	4.55	3.85	33.33	0.00	5.52
意大利	5.26	0.00	0.00	0.00	0.00	5.56	13.64	3.85	0.00	0.00	4.14
智利	5.26	13.64	0.00	0.00	0.00	0.00	0.00	0.00	33.33	0.00	3.45
瑞士	10.53	4.55	0.00	0.00	0.00	0.00	4.55	3.85	0.00	0.00	3.45
印度	0.00	9.09	0.00	0.00	12.50	0.00	0.00	3.85	0.00	0.00	3.45
韩国	5.26	0.00	0.00	0.00	0.00	11.11	0.00	3.85	0.00	0.00	2.76
加拿大	5.26	4.55	0.00	14.29	0.00	0.00	0.00	3.85	0.00	0.00	2.76
法国	0.00	0.00	8.33	0.00	0.00	5.56	0.00	7.69	0.00	0.00	2.76
土耳其	5.26	4.55	0.00	0.00	0.00	0.00	9.09	0.00	0.00	0.00	2.76
波兰	0.00	9.09	0.00	0.00	0.00	0.00	0.00	3.85	0.00	0.00	2.07
新加坡	5.26	0.00	0.00	0.00	12.50	0.00	0.00	0.00	0.00	0.00	2.07
丹麦	0.00	0.00	0.00	0.00	12.50	0.00	4.55	0.00	0.00	0.00	2.07
新西兰	5.26	0.00	0.00	0.00	0.00	0.00	4.55	0.00	0.00	0.00	1.38
挪威	0.00	0.00	0.00	14.29	0.00	5.56	0.00	0.00	0.00	0.00	1.38
日本	0.00	0.00	0.00	0.00	0.00	0.00	4.55	3.85	0.00	0.00	1.38
中国台湾	0.00	0.00	0.00	0.00	12.50	0.00	0.00	0.00	0.00	0.00	1.38

表6—77　设备和仪器 B 层人才排名前20 的国家和地区的占比

国家和地区 \ 年份	2009	2010	2011	2012	2013	2014	2015	2016	2017	2018	合计
中国大陆	9.47	7.43	7.88	11.76	11.01	17.18	13.86	23.63	24.43	30.03	17.17
美国	17.16	11.88	13.79	9.80	5.29	9.69	6.74	7.53	5.21	7.00	8.81
英国	6.51	5.45	5.42	6.37	6.61	4.85	3.75	5.14	3.26	2.62	4.75
西班牙	6.51	1.98	6.40	3.92	6.61	3.96	4.49	3.08	1.95	0.87	3.69
德国	5.92	4.95	3.94	3.92	3.96	3.08	3.37	3.77	1.95	2.33	3.52
意大利	4.73	6.93	4.93	2.94	2.20	3.96	4.12	3.42	1.63	1.75	3.44
韩国	5.92	3.96	4.43	5.39	2.64	3.08	2.62	2.40	3.26	2.62	3.44
法国	4.73	3.96	5.91	3.43	3.52	2.20	3.37	3.42	1.30	2.04	3.20
印度	2.37	2.48	1.48	2.94	2.20	4.41	4.12	2.74	3.26	3.79	3.07
澳大利亚	1.18	2.48	0.00	3.92	2.20	3.96	3.00	4.11	2.61	2.62	2.70
瑞士	4.73	3.96	3.94	2.94	3.96	3.08	1.50	1.71	1.63	1.46	2.66
加拿大	0.59	3.47	5.42	1.96	2.64	3.08	1.50	2.05	2.28	1.17	2.34
日本	4.14	2.48	2.46	1.96	1.76	0.44	1.12	2.40	0.65	1.17	1.72
波兰	1.18	2.48	1.97	1.47	2.64	0.88	1.87	1.71	1.30	1.46	1.68
伊朗	0.00	1.98	0.99	2.94	2.64	1.76	1.50	2.40	0.98	1.17	1.64
中国台湾	2.37	1.98	0.49	2.45	1.32	1.76	1.50	1.71	0.98	1.46	1.56
新加坡	0.59	0.50	1.48	0.98	0.88	2.20	3.00	1.37	0.98	2.04	1.47
丹麦	2.37	2.48	2.96	0.49	2.64	2.20	0.37	1.03	1.30	0.29	1.47
荷兰	2.96	1.98	2.46	0.98	2.64	1.76	0.75	2.05	0.00	0.29	1.43
沙特	0.00	1.49	0.00	0.00	0.88	1.76	0.75	1.37	2.28	3.50	1.39

表6—78　设备和仪器 C 层人才排名前20 的国家和地区的占比

国家和地区 \ 年份	2009	2010	2011	2012	2013	2014	2015	2016	2017	2018	合计
中国大陆	11.95	10.88	15.34	16.97	18.62	21.99	25.87	27.06	33.39	35.80	23.20
美国	16.87	15.06	16.43	13.93	11.37	10.14	11.13	10.15	10.19	8.68	11.94
英国	4.75	5.62	4.96	4.88	4.87	4.82	4.59	4.42	4.58	3.88	4.68
韩国	4.75	3.98	4.03	4.73	4.41	5.23	4.55	4.49	4.66	4.51	4.54
意大利	4.86	4.08	5.32	5.09	5.11	4.28	4.27	4.05	3.61	3.19	4.28
印度	3.22	2.53	2.69	3.50	4.69	4.91	4.86	4.39	5.17	4.92	4.21
德国	5.21	5.62	4.96	5.24	3.99	2.84	3.14	4.01	2.63	2.34	3.83

续表

国家和地区\年份	2009	2010	2011	2012	2013	2014	2015	2016	2017	2018	合计
西班牙	4.10	3.53	3.98	3.03	3.90	3.02	3.06	2.57	3.10	2.71	3.22
法国	4.86	4.47	4.24	3.75	3.25	2.61	2.78	3.02	2.08	1.77	3.13
加拿大	2.99	2.68	3.20	3.08	2.60	3.11	2.98	2.85	2.16	1.96	2.71
日本	4.28	2.49	2.79	2.98	2.51	2.57	1.80	1.92	1.41	1.52	2.30
澳大利亚	2.46	1.74	1.96	2.06	1.49	2.12	2.63	2.30	2.66	2.21	2.18
伊朗	0.88	1.64	1.29	1.65	1.81	2.93	2.35	2.61	2.59	2.87	2.17
中国台湾	3.75	2.93	2.94	2.52	2.69	2.30	1.53	1.03	0.98	1.33	2.05
瑞士	2.34	2.58	2.58	2.47	1.95	1.71	1.37	1.23	0.74	1.07	1.70
新加坡	1.52	1.34	1.55	1.44	1.49	1.31	1.18	1.23	1.41	1.29	1.36
波兰	0.88	1.24	1.55	1.65	1.44	1.22	1.22	1.54	0.90	1.14	1.27
土耳其	1.05	1.04	1.29	1.08	1.02	1.49	1.37	1.37	1.06	1.07	1.19
中国香港	1.00	1.29	1.29	1.23	0.97	1.13	1.22	1.30	1.10	0.92	1.14
巴西	1.00	1.34	1.24	1.13	1.07	1.13	0.94	0.69	1.02	1.26	1.07

二十六 显微镜学

显微镜学 A、B、C 层人才最多的国家是美国，分别占该学科全球 A、B、C 层人才的 29.41%、22.22%、18.61%。

德国、英国的 A 层人才比较多，世界占比均为 23.53%；荷兰、比利时、瑞士、加拿大也有相当数量的 A 层人才，世界占比均为 5.88%。

德国、英国、日本、比利时、奥地利、荷兰、澳大利亚、加拿大、巴基斯坦的 B 层人才比较多，世界占比在 15%—3% 之间；法国、瑞士、中国大陆、意大利、印度、沙特、巴西、西班牙、葡萄牙、罗马尼亚也有相当数量的 B 层人才，世界占比超过或接近 1%。

德国、英国、日本、法国、中国大陆、荷兰、澳大利亚的 C 层人才比较多，世界占比在 14%—4% 之间；比利时、加拿大、西班牙、奥地利、瑞士、意大利、巴西、瑞典、捷克、波兰、韩国、印度也有相当数量的 C 层人才，世界占比超过 1%。

表 6—79　　显微镜学 A 层人才排名前 20 的国家和地区的占比

国家和地区\年份	2009	2010	2011	2012	2013	2014	2015	2016	2017	2018	合计
美国	0.00	50.00	100.00	0.00	0.00	50.00	0.00	50.00	0.00	100.00	29.41
德国	0.00	0.00	0.00	100.00	50.00	0.00	0.00	0.00	100.00	0.00	23.53
英国	50.00	50.00	0.00	0.00	50.00	0.00	0.00	50.00	0.00	0.00	23.53
荷兰	0.00	0.00	0.00	0.00	0.00	0.00	50.00	0.00	0.00	0.00	5.88
比利时	0.00	0.00	0.00	0.00	0.00	0.00	50.00	0.00	0.00	0.00	5.88
瑞士	50.00	0.00	0.00	0.00	0.00	0.00	0.00	0.00	0.00	0.00	5.88
加拿大	0.00	0.00	0.00	0.00	0.00	50.00	0.00	0.00	0.00	0.00	5.88

表 6—80　　显微镜学 B 层人才排名前 20 的国家和地区的占比

国家和地区\年份	2009	2010	2011	2012	2013	2014	2015	2016	2017	2018	合计
美国	22.73	21.05	15.00	27.78	33.33	22.22	41.18	23.53	17.39	0.00	22.22
德国	22.73	15.79	15.00	0.00	5.56	27.78	17.65	11.76	17.39	5.88	14.29
英国	9.09	10.53	10.00	22.22	11.11	16.67	11.76	17.65	13.04	0.00	12.17
日本	9.09	21.05	5.00	5.56	5.56	0.00	0.00	11.76	4.35	11.76	7.41
比利时	9.09	5.26	10.00	11.11	11.11	11.11	0.00	0.00	4.35	0.00	6.35
奥地利	0.00	0.00	5.00	5.56	0.00	5.56	0.00	11.76	13.04	0.00	4.23
荷兰	4.55	5.26	5.00	11.11	0.00	5.56	5.88	5.88	0.00	0.00	4.23
澳大利亚	4.55	5.26	10.00	5.56	0.00	0.00	11.76	0.00	4.35	0.00	4.23
加拿大	0.00	10.53	5.00	0.00	11.11	0.00	0.00	0.00	4.35	0.00	3.17
巴基斯坦	0.00	0.00	0.00	0.00	0.00	0.00	0.00	0.00	0.00	35.29	3.17
法国	0.00	0.00	5.00	0.00	11.11	0.00	0.00	5.88	5.88	0.00	2.65
瑞士	0.00	0.00	10.00	0.00	5.56	0.00	0.00	5.88	4.35	0.00	2.65
中国大陆	0.00	0.00	0.00	5.56	0.00	0.00	0.00	0.00	0.00	17.65	2.12
意大利	4.55	0.00	0.00	0.00	0.00	0.00	5.88	0.00	0.00	5.88	1.59
印度	0.00	0.00	0.00	0.00	0.00	11.11	0.00	0.00	4.35	0.00	1.59
沙特	0.00	0.00	0.00	0.00	0.00	0.00	0.00	0.00	0.00	11.76	1.06
巴西	4.55	0.00	5.00	0.00	0.00	0.00	0.00	0.00	0.00	0.00	1.06
西班牙	0.00	5.26	0.00	0.00	0.00	0.00	0.00	0.00	4.35	0.00	1.06
葡萄牙	0.00	0.00	0.00	0.00	0.00	0.00	0.00	0.00	4.35	0.00	0.53
罗马尼亚	0.00	0.00	0.00	0.00	0.00	0.00	5.88	0.00	0.00	0.00	0.53

表6—81　显微镜学C层人才排名前20的国家和地区的占比

国家和地区＼年份	2009	2010	2011	2012	2013	2014	2015	2016	2017	2018	合计
美国	19.82	16.67	19.34	25.14	17.96	21.59	15.08	20.56	17.24	11.11	18.61
德国	15.21	13.33	12.71	16.57	14.56	14.20	12.85	13.33	10.34	9.63	13.37
英国	9.22	9.44	14.92	2.86	8.74	9.66	13.41	8.89	8.87	8.89	9.50
日本	9.22	6.67	8.84	4.57	7.28	7.39	11.17	3.89	5.42	6.67	7.15
法国	4.61	5.00	7.18	4.57	5.83	6.82	4.47	6.11	4.43	2.96	5.24
中国大陆	2.76	5.56	2.76	2.29	2.43	3.98	3.35	6.11	5.42	8.89	4.20
荷兰	4.15	3.33	2.76	5.71	4.85	5.11	3.91	2.22	2.96	6.67	4.09
澳大利亚	1.38	5.00	7.73	4.00	6.31	2.84	6.15	1.11	5.42	0.00	4.09
比利时	4.61	1.11	1.66	2.29	2.91	1.70	5.59	1.67	3.94	2.22	2.84
加拿大	2.76	5.00	2.21	3.43	2.43	1.14	1.12	2.78	2.96	2.96	2.67
西班牙	1.84	1.11	2.21	1.71	3.88	2.84	2.79	2.78	5.42	0.74	2.62
奥地利	3.23	1.67	1.66	1.71	2.43	2.84	2.79	1.67	3.45	3.70	2.51
瑞士	3.69	2.78	1.66	1.71	1.46	3.41	1.12	2.22	2.46	0.00	2.13
意大利	1.38	1.67	1.66	2.29	3.88	1.14	1.68	2.78	1.48	1.48	1.97
巴西	1.84	4.44	1.10	2.29	1.94	1.14	0.00	4.44	1.48	0.00	1.91
瑞典	2.30	1.67	0.55	3.43	1.94	0.57	1.12	1.67	0.99	0.74	1.53
捷克	0.92	2.78	0.55	0.00	0.97	0.00	2.79	1.67	0.99	2.22	1.26
波兰	1.38	0.00	0.55	1.71	0.00	0.57	2.23	2.78	0.49	2.22	1.15
韩国	1.84	0.56	3.31	0.57	0.97	1.14	0.00	0.00	1.48	1.48	1.15
印度	0.00	1.67	0.55	1.71	1.46	1.70	1.68	0.00	0.99	1.48	1.09

二十七　绿色和可持续科学与技术

绿色和可持续科学与技术A、B、C层人才最多的国家是中国大陆，分别占该学科全球A、B、C层人才的16.84%、15.74%、19.58%。

英国、美国、印度、沙特、荷兰、马来西亚、西班牙、澳大利亚、德国、葡萄牙、瑞典的A层人才比较多，世界占比在11%—3%之间；意大利、孟加拉、比利时、伊朗、瑞士、巴西、文莱、爱尔兰也有相当数量的A层人才，世界占比超过1%。

美国、印度、马来西亚、英国、澳大利亚、西班牙、德国的B层人才比较多，世界占比在10%—3%之间；伊朗、加拿大、沙特、韩国、意大利、荷兰、法国、土耳其、瑞典、丹麦、葡萄牙、芬兰也有相当数量的

B层人才，世界占比超过1%。

美国、印度、英国、马来西亚、澳大利亚、德国、西班牙、意大利的C层人才比较多，世界占比在11%—3%之间；伊朗、加拿大、荷兰、法国、韩国、日本、瑞典、巴西、丹麦、土耳其、沙特也有相当数量的C层人才，世界占比超过1%。

表6—82　　　　　绿色和可持续科学与技术A层人才排名前20的国家和地区的占比

国家和地区 \ 年份	2009	2010	2011	2012	2013	2014	2015	2016	2017	2018	合计
中国大陆	0.00	0.00	0.00	0.00	0.00	0.00	0.00	13.04	20.00	32.43	16.84
英国	0.00	0.00	0.00	25.00	28.57	20.00	0.00	13.04	20.00	2.70	10.53
美国	0.00	33.33	0.00	25.00	0.00	0.00	0.00	8.70	20.00	10.81	9.47
印度	50.00	0.00	25.00	0.00	14.29	0.00	0.00	0.00	0.00	10.81	7.37
沙特	0.00	0.00	0.00	0.00	0.00	0.00	0.00	4.35	0.00	13.51	6.32
荷兰	0.00	0.00	0.00	25.00	14.29	10.00	0.00	4.35	20.00	2.70	6.32
马来西亚	0.00	0.00	0.00	0.00	0.00	0.00	0.00	8.70	0.00	5.41	4.21
西班牙	0.00	0.00	0.00	25.00	0.00	10.00	0.00	4.35	0.00	2.70	4.21
澳大利亚	0.00	0.00	0.00	0.00	0.00	0.00	0.00	8.70	0.00	5.41	4.21
德国	0.00	0.00	0.00	0.00	14.29	0.00	0.00	4.35	0.00	2.70	3.16
葡萄牙	0.00	33.33	25.00	0.00	0.00	10.00	0.00	0.00	0.00	0.00	3.16
瑞典	0.00	0.00	0.00	0.00	14.29	0.00	0.00	8.70	0.00	0.00	3.16
意大利	0.00	0.00	0.00	0.00	0.00	10.00	0.00	4.35	0.00	0.00	2.11
孟加拉	0.00	0.00	0.00	0.00	0.00	0.00	0.00	0.00	0.00	2.70	1.05
比利时	0.00	0.00	0.00	0.00	14.29	0.00	0.00	0.00	0.00	0.00	1.05
伊朗	0.00	0.00	25.00	0.00	0.00	0.00	0.00	0.00	0.00	0.00	1.05
瑞士	0.00	0.00	25.00	0.00	0.00	0.00	0.00	0.00	0.00	0.00	1.05
巴西	0.00	0.00	0.00	0.00	0.00	0.00	0.00	0.00	0.00	2.70	1.05
文莱	0.00	0.00	0.00	0.00	0.00	0.00	0.00	4.35	0.00	0.00	1.05
爱尔兰	0.00	33.33	0.00	0.00	0.00	0.00	0.00	0.00	0.00	0.00	1.05

表6—83 绿色和可持续科学与技术B层人才排名前20的国家和地区的占比

国家和地区	2009	2010	2011	2012	2013	2014	2015	2016	2017	2018	合计
中国大陆	12.00	8.82	10.00	3.57	6.25	10.00	9.15	15.89	16.72	25.80	15.74
美国	16.00	17.65	22.50	5.36	14.06	19.00	6.10	9.81	6.19	7.64	9.37
印度	8.00	11.76	5.00	8.93	4.69	9.00	6.10	9.35	7.12	5.10	7.05
马来西亚	0.00	2.94	12.50	8.93	6.25	10.00	7.32	9.81	7.43	3.18	6.90
英国	4.00	8.82	5.00	8.93	6.25	10.00	6.10	5.61	3.72	3.18	5.17
澳大利亚	0.00	8.82	2.50	5.36	6.25	2.00	3.66	4.67	1.86	4.14	3.60
西班牙	8.00	11.76	7.50	8.93	1.56	4.00	3.74	2.48	1.27	3.37
德国	8.00	5.88	2.50	8.93	4.69	2.00	4.88	3.27	1.86	2.55	3.30
伊朗	0.00	0.00	0.00	1.79	6.25	1.00	1.22	2.34	3.41	4.14	2.77
加拿大	4.00	5.88	5.00	1.79	4.69	3.00	3.66	2.34	2.48	1.59	2.70
沙特	0.00	2.94	0.00	0.00	0.00	1.00	2.44	1.40	4.33	3.82	2.62
韩国	4.00	0.00	0.00	1.79	1.56	0.00	2.34	2.34	3.72	1.59	2.25
意大利	4.00	2.94	2.50	3.57	0.00	4.00	2.44	2.80	1.55	1.91	2.25
荷兰	0.00	0.00	0.00	5.36	4.69	3.00	1.83	1.87	1.86	1.91	2.10
法国	0.00	0.00	5.00	3.57	3.13	6.00	2.44	1.40	2.17	0.64	2.10
土耳其	0.00	2.94	2.50	1.79	0.00	2.00	0.61	2.80	1.86	1.91	1.80
瑞典	4.00	0.00	0.00	0.00	0.00	0.00	2.44	1.40	2.48	2.23	1.72
丹麦	0.00	0.00	2.50	0.00	1.56	0.00	2.44	1.40	2.17	1.27	1.50
葡萄牙	0.00	2.94	2.50	0.00	1.56	0.00	1.22	1.40	1.86	0.32	1.12
芬兰	0.00	0.00	0.00	0.00	0.00	0.00	1.83	0.47	1.86	1.59	1.12

表6—84 绿色和可持续科学与技术C层人才排名前20的国家和地区的占比

国家和地区	2009	2010	2011	2012	2013	2014	2015	2016	2017	2018	合计
中国大陆	9.84	9.37	12.69	11.76	11.72	16.38	16.71	20.42	22.89	23.89	19.58
美国	15.57	15.70	15.48	15.26	13.06	13.63	10.66	9.55	8.49	7.77	10.18
印度	8.20	6.34	4.57	6.80	5.64	5.80	6.33	6.19	5.65	5.37	5.83
英国	5.33	6.06	6.35	5.15	5.04	6.10	5.98	5.17	5.65	5.31	5.53
马来西亚	1.64	3.58	6.60	6.80	6.23	4.98	4.33	3.70	3.89	2.46	3.90
澳大利亚	4.10	4.41	2.79	3.68	2.37	3.46	4.33	3.02	3.38	4.16	3.62

续表

国家和地区\年份	2009	2010	2011	2012	2013	2014	2015	2016	2017	2018	合计
德国	4.10	6.34	6.60	6.43	5.49	4.37	4.20	2.44	3.14	2.76	3.62
西班牙	5.33	2.48	3.30	4.23	4.75	2.75	3.71	3.85	2.54	3.10	3.29
意大利	3.28	2.20	2.03	2.76	2.08	3.36	3.16	2.88	3.38	4.10	3.29
伊朗	2.87	1.38	1.02	1.29	2.97	2.03	2.41	3.07	3.28	3.67	2.92
加拿大	1.64	3.31	3.55	2.94	3.12	3.36	2.27	2.73	1.99	2.37	2.52
荷兰	4.10	3.03	2.54	3.49	3.71	3.15	2.96	2.19	2.37	1.52	2.42
法国	4.51	4.68	3.30	2.94	2.97	2.24	2.34	2.00	2.03	1.43	2.17
韩国	0.00	1.65	1.52	1.65	1.48	2.24	1.44	1.90	1.89	2.03	1.82
日本	2.87	1.93	4.06	1.84	1.34	2.24	1.10	2.29	1.42	1.31	1.69
瑞典	0.82	1.93	1.27	1.29	2.08	1.83	2.13	1.36	1.79	1.61	1.68
巴西	1.23	1.38	0.76	1.65	0.89	0.92	1.10	1.32	1.62	2.00	1.48
丹麦	2.46	2.20	1.78	1.65	1.93	1.93	1.72	1.46	1.01	1.15	1.43
土耳其	3.69	1.93	0.76	1.47	1.34	0.81	1.72	1.41	1.28	1.18	1.35
沙特	0.41	0.55	0.00	0.92	1.19	0.81	1.24	1.41	1.62	1.55	1.31

二十八 人体工程学

人体工程学 A、B、C 层人才最多的国家是美国，分别占该学科全球 A、B、C 层人才的 56.25%、23.92%、26.83%。

加拿大的 A 层人才比较多，世界占比为 18.75%；英国、中国大陆也有相当数量的 A 层人才，世界占比均为 12.50%。

英国、中国大陆、德国、荷兰、澳大利亚、韩国、加拿大、法国的 B 层人才比较多，世界占比在 11%—3% 之间；瑞典、新西兰、中国香港、挪威、丹麦、芬兰、沙特、西班牙、瑞士、以色列、爱尔兰也有相当数量的 B 层人才，世界占比超过或接近 1%。

澳大利亚、英国、中国大陆、加拿大、德国、瑞典的 C 层人才比较多，世界占比在 10%—3% 之间；荷兰、意大利、法国、中国台湾、西班牙、韩国、挪威、中国香港、丹麦、瑞士、芬兰、以色列、比利时也有相当数量的 C 层人才，世界占比超过或接近 1%。

表 6—85　　　　　人体工程学 A 层人才的国家和地区的占比

国家和地区＼年份	2009	2010	2011	2012	2013	2014	2015	2016	2017	2018	合计
美国	100.00	0.00	50.00	50.00	50.00	50.00	50.00	100.00	50.00	50.00	56.25
加拿大	0.00	0.00	0.00	50.00	0.00	50.00	50.00	0.00	0.00	0.00	18.75
英国	0.00	0.00	50.00	0.00	0.00	0.00	0.00	0.00	50.00	0.00	12.50
中国大陆	0.00	0.00	0.00	0.00	50.00	0.00	0.00	0.00	50.00	0.00	12.50

表 6—86　　　　人体工程学 B 层人才排名前 20 的国家和地区的占比

国家和地区＼年份	2009	2010	2011	2012	2013	2014	2015	2016	2017	2018	合计
美国	21.43	16.67	28.57	44.44	43.48	16.67	10.00	19.35	22.73	16.67	23.92
英国	7.14	11.11	9.52	11.11	0.00	16.67	15.00	12.90	9.09	16.67	11.00
中国大陆	0.00	0.00	0.00	11.11	8.70	11.11	10.00	12.90	18.18	12.50	9.09
德国	0.00	16.67	4.76	5.56	0.00	11.11	15.00	9.68	9.09	8.33	8.13
荷兰	7.14	11.11	0.00	16.67	0.00	5.56	10.00	6.45	4.55	4.17	6.22
澳大利亚	14.29	0.00	9.52	0.00	4.35	5.56	5.00	0.00	9.09	0.00	4.31
韩国	7.14	5.56	0.00	5.56	13.04	5.56	5.00	0.00	0.00	4.17	4.31
加拿大	7.14	5.56	0.00	0.00	0.00	5.56	0.00	3.23	0.00	16.67	3.83
法国	7.14	0.00	9.52	5.56	4.35	0.00	5.00	3.23	4.55	0.00	3.83
瑞典	0.00	0.00	9.52	0.00	0.00	0.00	5.00	0.00	0.00	4.17	1.91
新西兰	7.14	0.00	9.52	0.00	0.00	0.00	0.00	0.00	0.00	0.00	1.91
中国香港	0.00	0.00	0.00	0.00	4.35	0.00	0.00	6.45	4.55	0.00	1.91
挪威	7.14	5.56	4.76	0.00	4.35	0.00	0.00	0.00	0.00	0.00	1.91
丹麦	0.00	0.00	4.76	0.00	4.35	0.00	0.00	3.23	0.00	0.00	1.44
芬兰	0.00	5.56	0.00	0.00	0.00	0.00	0.00	3.23	4.55	0.00	1.44
沙特	0.00	0.00	0.00	0.00	0.00	5.56	5.00	3.23	0.00	0.00	1.44
西班牙	0.00	0.00	0.00	0.00	8.70	0.00	0.00	0.00	4.55	0.00	1.44
瑞士	7.14	5.56	0.00	0.00	0.00	0.00	0.00	3.23	0.00	0.00	1.44
以色列	0.00	11.11	0.00	0.00	0.00	0.00	0.00	0.00	0.00	0.00	0.96
爱尔兰	0.00	0.00	0.00	0.00	0.00	0.00	0.00	3.23	0.00	4.17	0.96

表6—87　人体工程学 C 层人才排名前 20 的国家和地区的占比

国家和地区 \ 年份	2009	2010	2011	2012	2013	2014	2015	2016	2017	2018	合计
美国	31.39	31.71	26.47	23.20	25.42	25.38	25.77	27.76	25.28	27.51	26.83
澳大利亚	7.30	6.71	11.76	11.05	11.67	8.63	9.28	8.03	9.55	7.41	9.23
英国	9.49	9.76	7.84	8.29	7.50	7.61	9.79	9.36	10.11	6.88	8.62
中国大陆	3.65	4.27	3.92	6.08	5.83	8.63	8.76	10.37	8.99	11.11	7.41
加拿大	8.76	8.54	3.92	7.73	5.42	7.11	4.64	3.68	1.69	3.17	5.24
德国	2.92	0.00	2.94	6.08	2.92	5.58	2.58	3.68	4.49	4.76	3.63
瑞典	4.38	3.66	3.92	2.21	2.92	1.52	3.09	3.01	5.62	2.65	3.23
荷兰	2.92	3.05	3.92	4.97	0.83	3.05	2.58	2.01	3.37	3.17	2.87
意大利	2.92	3.05	2.45	2.21	0.83	2.03	4.64	2.68	3.93	4.23	2.82
法国	1.46	2.44	5.88	2.21	2.50	3.05	2.58	1.34	1.12	1.59	2.42
中国台湾	4.38	3.05	4.41	2.76	2.92	2.54	1.55	1.34	1.12	0.00	2.32
西班牙	0.73	1.83	2.94	3.31	1.25	1.52	3.09	3.01	2.81	1.59	2.27
韩国	0.00	4.88	0.49	0.55	3.33	0.51	2.06	1.67	2.25	3.17	1.92
挪威	1.46	0.61	5.39	0.55	2.92	1.52	0.52	1.67	1.69	1.59	1.87
中国香港	0.73	1.83	0.98	1.66	2.08	3.05	1.55	1.67	1.69	0.53	1.61
丹麦	1.46	1.83	1.47	2.21	1.25	2.54	1.55	1.34	1.12	0.53	1.51
瑞士	1.46	1.83	0.00	1.10	2.08	0.51	1.03	2.68	0.00	1.59	1.31
芬兰	2.92	0.00	1.96	0.55	0.42	2.54	2.06	1.00	0.00	0.53	1.16
以色列	0.73	3.05	0.49	2.21	2.50	1.02	0.00	0.67	0.00	0.53	1.11
比利时	1.46	0.61	0.49	1.10	1.25	1.52	1.55	0.67	0.56	0.53	0.96

二十九　多学科工程

多学科工程 A、B、C 层人才主要集中在美国和中国大陆，两国 A、B、C 层人才的世界占比为 33.91%、35.73%、33.93%，其中美国的 A 层人才多于中国大陆，B、C 层人才稍少于中国大陆。

澳大利亚、德国、伊朗、意大利、加拿大、英国的 A 层人才比较多，世界占比在 9%—3% 之间；法国、丹麦、越南、沙特、韩国、爱尔兰、中国香港、荷兰、巴基斯坦、埃及、葡萄牙、新加坡也有相当数量的 A 层人才，世界占比超过 1%。

伊朗、意大利、澳大利亚、英国、法国、德国、印度、韩国的 B 层人才比较多，世界占比在 6%—3% 之间；加拿大、中国香港、沙特、西班牙、土耳其、荷兰、日本、越南、葡萄牙、丹麦也有相当数量的B层人才，世界占比超过1%。

英国、意大利、伊朗、印度、德国、法国、澳大利亚的C层人才比较多，世界占比在6%—3%之间；西班牙、韩国、加拿大、土耳其、日本、中国台湾、波兰、沙特、中国香港、荷兰、新加坡也有相当数量的C层人才，世界占比超过1%。

表6—88　　多学科工程A层人才排名前20的国家和地区的占比

国家和地区\年份	2009	2010	2011	2012	2013	2014	2015	2016	2017	2018	合计
美国	16.67	30.77	23.81	23.81	33.33	15.38	23.53	8.57	15.38	23.81	20.43
中国大陆	16.67	7.69	0.00	4.76	4.76	15.38	23.53	25.71	7.69	14.29	13.48
澳大利亚	0.00	0.00	9.52	9.52	0.00	7.69	8.82	2.86	15.38	28.57	8.70
德国	16.67	30.77	0.00	9.52	4.76	0.00	5.88	5.71	11.54	4.76	7.39
伊朗	0.00	0.00	4.76	4.76	0.00	7.69	5.88	11.43	0.00	4.76	4.78
意大利	0.00	0.00	4.76	4.76	4.76	3.85	2.94	5.71	7.69	0.00	3.91
加拿大	0.00	0.00	4.76	4.76	0.00	3.85	8.82	2.86	7.69	4.76	3.91
英国	0.00	7.69	4.76	4.76	4.76	7.69	0.00	0.00	3.85	4.76	3.48
法国	0.00	0.00	9.52	4.76	4.76	0.00	5.71	0.00	0.00	0.00	2.61
丹麦	0.00	7.69	9.52	4.76	0.00	3.85	0.00	0.00	0.00	0.00	2.61
越南	0.00	0.00	0.00	0.00	0.00	0.00	0.00	5.71	7.69	4.76	2.17
沙特	0.00	7.69	0.00	0.00	0.00	3.85	0.00	2.86	7.69	0.00	2.17
韩国	0.00	0.00	0.00	4.76	0.00	0.00	8.82	0.00	0.00	0.00	2.17
爱尔兰	8.33	0.00	0.00	4.76	4.76	0.00	2.94	2.86	0.00	0.00	2.17
中国香港	0.00	0.00	4.76	4.76	0.00	7.69	0.00	0.00	0.00	0.00	1.74
荷兰	8.33	0.00	4.76	4.76	4.76	0.00	0.00	0.00	0.00	0.00	1.74
巴基斯坦	0.00	0.00	0.00	0.00	4.76	0.00	0.00	0.00	7.69	0.00	1.30
埃及	0.00	0.00	4.76	0.00	0.00	3.85	0.00	2.86	0.00	0.00	1.30
葡萄牙	0.00	0.00	0.00	0.00	9.52	0.00	2.94	0.00	0.00	0.00	1.30
新加坡	8.33	7.69	0.00	0.00	0.00	0.00	0.00	2.86	0.00	0.00	1.30

表6—89　多学科工程 B 层人才排名前20的国家和地区的占比

国家和地区 \ 年份	2009	2010	2011	2012	2013	2014	2015	2016	2017	2018	合计
中国大陆	7.44	8.63	10.99	10.88	19.29	15.95	20.65	23.58	27.14	27.05	18.79
美国	26.45	31.65	23.56	20.73	10.15	19.40	14.52	12.26	12.27	13.11	16.94
伊朗	1.65	5.04	6.28	6.74	5.08	3.88	5.16	6.92	4.09	6.97	5.37
意大利	4.13	3.60	4.19	4.15	3.55	4.31	8.06	5.97	5.95	3.69	5.06
澳大利亚	7.44	2.16	2.09	2.59	4.57	3.88	3.55	4.09	5.58	9.84	4.61
英国	7.44	4.32	5.24	5.18	5.58	5.17	3.23	4.40	3.72	2.46	4.43
法国	7.44	8.63	5.76	6.74	2.03	3.45	3.55	3.46	2.23	1.64	4.02
德国	1.65	5.04	5.76	3.63	4.06	6.03	5.48	4.09	1.12	1.64	3.88
印度	3.31	2.16	3.66	4.66	8.63	3.45	1.94	2.83	3.35	5.33	3.84
韩国	0.83	2.16	3.14	4.66	3.05	3.88	2.90	2.83	2.60	3.69	3.07
加拿大	0.83	5.04	1.57	1.55	5.08	2.16	2.90	2.20	3.72	1.64	2.66
中国香港	2.48	0.00	0.00	2.07	1.02	1.29	3.87	2.20	2.60	2.46	1.99
沙特	0.00	1.44	0.52	1.55	3.05	1.72	1.61	2.20	2.60	2.87	1.90
西班牙	3.31	4.32	1.05	1.04	3.55	0.86	1.29	0.63	1.86	0.82	1.63
土耳其	2.48	2.16	2.09	0.52	3.55	2.59	0.97	1.57	1.12	0.00	1.58
荷兰	2.48	0.00	3.66	1.04	2.54	0.86	1.94	1.26	1.12	0.41	1.49
日本	1.65	0.72	1.57	3.11	1.02	2.16	1.94	0.63	0.74	0.82	1.40
越南	0.00	0.72	1.57	1.04	1.02	0.86	0.97	1.89	1.86	2.46	1.36
葡萄牙	0.83	0.00	2.09	1.55	2.03	2.16	0.32	0.94	1.12	0.41	1.13
丹麦	1.65	0.72	2.09	0.00	1.02	2.16	1.29	0.63	0.74	0.41	1.04

表6—90　多学科工程 C 层人才排名前20的国家和地区的占比

国家和地区 \ 年份	2009	2010	2011	2012	2013	2014	2015	2016	2017	2018	合计
中国大陆	12.30	12.68	15.15	14.99	17.20	18.76	19.74	20.42	23.11	24.31	18.65
美国	20.84	20.94	18.13	16.25	15.20	14.66	15.13	12.68	12.79	12.58	15.28
英国	8.79	6.67	6.66	5.18	5.54	5.14	5.21	4.41	3.86	3.81	5.25
意大利	3.51	3.70	3.72	4.19	4.64	4.96	5.11	5.10	6.96	5.56	4.93
伊朗	2.34	3.04	5.71	6.34	6.49	4.92	4.48	4.67	3.67	4.66	4.71
印度	3.01	2.68	3.25	3.64	4.38	4.47	3.15	5.65	4.79	5.86	4.23
德国	4.77	5.58	4.61	4.52	3.38	4.33	3.42	4.35	3.98	2.71	4.07
法国	5.94	5.29	4.45	4.52	4.12	3.38	3.22	2.84	3.05	2.31	3.67

续表

国家和地区\年份	2009	2010	2011	2012	2013	2014	2015	2016	2017	2018	合计
澳大利亚	2.68	2.90	2.88	1.93	2.48	3.34	2.79	2.88	3.83	3.91	3.00
西班牙	2.76	3.33	2.41	3.47	2.96	2.71	2.59	2.39	2.63	2.81	2.75
韩国	2.59	2.83	2.04	2.81	2.48	3.02	2.82	2.45	2.59	2.31	2.60
加拿大	1.84	2.68	2.94	2.98	2.59	2.07	2.92	2.52	2.13	2.16	2.50
土耳其	2.43	2.10	2.20	2.04	2.22	2.30	1.36	2.19	1.28	1.70	1.92
日本	2.51	1.96	2.78	1.76	1.32	1.85	1.89	1.50	1.51	0.90	1.75
中国台湾	3.26	2.54	2.83	1.87	1.58	1.49	1.23	1.37	0.77	0.75	1.61
波兰	0.92	0.72	1.21	1.49	1.64	1.04	2.29	1.57	2.13	1.25	1.53
沙特	0.08	0.51	0.47	1.10	1.53	1.53	1.36	1.80	1.39	1.45	1.24
中国香港	1.76	1.16	1.10	1.27	1.06	1.13	1.09	1.41	1.12	1.30	1.22
荷兰	1.67	2.10	1.47	1.65	1.27	0.72	1.00	0.72	1.04	0.65	1.13
新加坡	1.34	1.88	1.42	0.88	0.69	1.22	1.13	0.75	1.20	1.15	1.12

第三节 学科组层面的人才比较

在工程与材料科学各学科人才分析的基础上，按照A、B、C三个人才层次，对各学科人才进行汇总分析，可以从学科组层面揭示人才的分布特点和发展趋势。

一 A层人才

工程与材料科学A层人才最多的国家是美国，占该学科组全球A层人才的23.04%，中国大陆以16.99%的世界占比排名第二，这两个国家的A层人才达到全球的40%；其后是英国、德国、澳大利亚，世界占比分别为6.23%、4.98%、4.03%；加拿大、韩国、法国、新加坡、意大利、日本、沙特的A层人才也比较多，世界占比在4%—2%之间；瑞士、中国香港、西班牙、阿尔及利亚、荷兰、印度、伊朗、瑞典、丹麦也有相当数量的A层人才，世界占比超过1%；中国台湾、比利时、以色列、葡萄牙、马来西亚、土耳其、埃及、爱尔兰、智利、芬兰、挪威、新西兰、希腊、巴基斯坦、奥地利、俄罗斯、南非、波兰、巴西也有一定数量的A层人才，世界占比低于1%。

在发展趋势上，美国呈现相对下降趋势，中国大陆、澳大利亚、沙特、阿尔及利亚、伊朗呈现相对上升趋势，其他国家和地区没有呈现明显变化。

表6—91 工程与材料科学A层人才排名前40的国家和地区的占比

国家和地区 \ 年份	2009	2010	2011	2012	2013	2014	2015	2016	2017	2018	合计
美国	27.66	29.03	29.76	26.42	29.10	24.56	20.25	16.89	19.61	15.40	23.04
中国大陆	7.17	7.36	10.72	12.64	12.39	17.37	19.02	18.48	24.07	29.10	16.99
英国	5.53	6.96	6.65	6.32	5.97	7.73	6.98	6.49	6.26	3.79	6.23
德国	5.53	7.16	5.36	5.83	4.18	6.38	4.38	5.88	3.25	3.18	4.98
澳大利亚	3.07	2.98	2.59	4.70	2.69	3.66	4.24	3.92	4.81	6.23	4.03
加拿大	4.10	3.78	4.44	3.73	3.28	3.26	3.28	3.30	3.25	2.32	3.39
韩国	3.07	2.78	2.59	2.92	2.54	2.17	4.10	2.57	2.41	2.93	2.80
法国	4.10	3.18	3.14	2.76	3.58	2.58	2.05	2.82	2.29	0.98	2.64
新加坡	4.30	1.59	2.59	3.40	4.03	1.76	1.64	2.08	1.93	3.06	2.58
意大利	2.25	1.99	2.40	3.08	1.94	2.85	3.97	3.55	1.44	1.71	2.53
日本	2.46	2.78	3.14	2.76	1.94	1.36	2.46	2.94	1.56	2.20	2.31
沙特	0.00	0.20	0.92	0.65	0.60	1.63	3.15	3.55	4.45	4.77	2.28
瑞士	2.46	1.39	2.40	2.59	1.79	1.90	2.19	2.20	1.20	1.47	1.93
中国香港	1.64	2.39	2.22	1.46	1.94	2.58	1.78	1.59	1.68	1.71	1.88
西班牙	3.07	2.78	2.59	2.27	1.79	2.31	1.78	1.47	1.08	0.86	1.88
阿尔及利亚	0.00	0.00	0.00	0.32	0.75	1.22	2.05	2.57	2.89	3.30	1.53
荷兰	2.46	1.99	1.66	1.94	1.64	1.49	1.23	1.59	0.72	0.86	1.48
印度	2.05	2.58	1.11	1.46	2.39	1.09	0.82	0.86	1.08	1.96	1.48
伊朗	0.61	0.60	1.11	0.97	1.04	0.95	0.55	1.59	2.53	3.42	1.45
瑞典	0.61	1.19	1.11	1.78	1.04	1.09	1.09	2.20	1.32	1.34	1.32
丹麦	2.25	1.59	1.11	2.11	1.64	1.90	0.82	0.98	0.36	0.61	1.26
中国台湾	1.02	0.80	0.92	1.13	1.04	0.68	0.27	0.61	1.08	0.86	0.83
比利时	1.23	1.59	1.29	0.81	1.04	0.68	1.09	0.98	0.24	0.00	0.83
以色列	1.23	1.59	0.74	0.32	0.30	0.27	0.68	0.61	0.84	0.61	0.68
葡萄牙	0.61	1.19	1.29	0.81	1.04	0.68	0.55	0.12	0.24	0.24	0.62
马来西亚	0.20	0.40	0.74	0.81	0.45	0.68	0.27	1.22	0.60	0.49	0.61

续表

国家和地区\年份	2009	2010	2011	2012	2013	2014	2015	2016	2017	2018	合计
土耳其	1.64	0.80	0.37	0.16	1.49	0.41	0.82	0.37	0.24	0.12	0.59
埃及	0.00	0.00	0.37	0.16	0.15	0.41	1.09	1.59	0.96	0.24	0.56
爱尔兰	0.61	0.99	1.11	0.97	0.90	0.14	0.41	0.49	0.24	0.24	0.56
智利	1.02	1.59	0.18	0.32	0.90	0.27	0.55	0.12	0.36	0.00	0.47
芬兰	0.61	0.60	0.92	0.16	0.30	0.54	0.68	0.49	0.37	0.37	0.47
挪威	0.61	0.40	0.92	0.65	0.45	0.54	0.27	0.12	0.48	0.24	0.44
新西兰	0.41	0.20	0.00	0.16	0.45	0.54	0.41	0.37	0.60	0.73	0.41
希腊	1.23	0.20	0.37	0.16	0.30	0.27	0.27	0.37	0.60	0.12	0.37
巴基斯坦	0.00	0.20	0.18	0.32	0.30	0.00	0.27	0.86	0.84	0.37	0.37
奥地利	0.61	0.40	0.18	0.16	0.30	0.54	0.55	0.37	0.48	0.00	0.36
俄罗斯	0.41	0.20	0.18	0.49	0.75	0.41	0.27	0.12	0.49	0.49	0.36
南非	0.41	0.40	0.37	0.16	0.45	0.27	0.41	0.12	0.36	0.37	0.33
波兰	0.20	1.39	0.18	0.00	0.45	0.27	0.14	0.37	0.24	0.12	0.31
巴西	0.41	0.20	0.18	0.00	0.30	0.14	0.41	0.12	0.84	0.12	0.28

二 B层人才

工程与材料科学B层人才最多的国家是中国大陆，占该学科组全球B层人才的21.80%，美国以19.82%的世界占比排名第二，这两个国家的B层人才超过全球的40%；其后是英国，世界占比5.15%；澳大利亚、德国、加拿大、韩国、法国、意大利、新加坡、印度、日本、中国香港、西班牙的B层人才也比较多，世界占比在4%—2%之间；伊朗、荷兰、瑞士、沙特、瑞典、中国台湾、马来西亚、丹麦也有相当数量的B层人才，世界占比超过或等于1%；比利时、土耳其、葡萄牙、芬兰、希腊、巴西、挪威、奥地利、以色列、爱尔兰、俄罗斯、波兰、埃及、巴基斯坦、新西兰、捷克、南非、墨西哥也有一定数量的B层人才，世界占比低于1%。

在发展趋势上，美国呈现相对下降趋势，中国大陆、澳大利亚、沙特、伊朗呈现相对上升趋势，其他国家和地区没有呈现明显变化。

表6—92　工程与材料科学B层人才排名前40的国家和地区的占比

国家和地区\年份	2009	2010	2011	2012	2013	2014	2015	2016	2017	2018	合计
中国大陆	10.60	12.00	13.96	15.84	19.14	20.36	22.99	24.75	29.50	35.52	21.80
美国	26.63	26.25	25.24	23.51	21.19	20.14	17.72	16.49	15.67	13.57	19.82
英国	6.17	5.28	5.23	5.49	5.50	4.96	5.40	5.30	4.77	4.04	5.15
澳大利亚	3.45	3.59	3.03	3.64	3.95	3.76	3.91	4.07	4.27	4.57	3.89
德国	4.80	4.73	4.77	4.13	3.89	4.88	3.79	3.40	2.82	2.60	3.85
加拿大	3.82	3.67	3.94	3.35	3.30	3.34	3.35	3.19	3.12	2.64	3.31
韩国	2.77	2.83	3.75	3.94	3.64	3.18	2.98	2.90	2.81	2.41	3.09
法国	3.75	3.42	3.26	3.28	3.17	2.69	2.33	2.54	1.80	1.67	2.68
意大利	2.77	2.94	2.43	2.81	2.63	2.64	3.02	2.54	1.97	1.73	2.50
新加坡	1.59	1.92	2.03	2.36	2.47	2.84	2.85	2.43	2.40	2.29	2.37
印度	2.31	2.24	1.87	2.12	2.36	2.39	2.38	2.56	2.32	2.50	2.33
日本	3.23	3.00	2.95	2.58	2.55	2.08	1.81	2.30	1.59	1.35	2.24
中国香港	2.12	2.09	1.76	2.12	2.60	1.77	2.35	2.17	2.66	2.25	2.21
西班牙	2.53	2.64	2.68	2.44	2.42	2.23	2.05	1.82	1.50	1.24	2.08
伊朗	1.20	1.31	1.26	1.65	1.37	1.89	1.92	2.60	2.44	2.60	1.92
荷兰	2.36	2.13	1.95	1.82	1.40	1.36	1.35	1.31	1.06	0.68	1.46
瑞士	2.01	1.84	2.03	1.57	1.61	1.46	1.30	1.26	1.08	0.80	1.43
沙特	0.13	0.36	0.58	0.42	0.83	1.26	1.86	1.65	2.25	2.10	1.28
瑞典	0.98	1.41	1.18	1.30	1.08	1.22	1.45	1.07	0.99	1.12	1.17
中国台湾	1.81	1.63	1.18	1.50	1.48	1.07	0.87	0.73	0.51	0.59	1.06
马来西亚	0.44	0.51	0.83	1.01	0.88	1.32	1.18	1.16	1.37	0.88	1.00
丹麦	1.18	1.10	1.20	0.89	1.15	1.27	0.87	0.95	0.89	0.71	1.00
比利时	1.16	1.12	1.16	1.13	1.07	1.00	0.70	1.09	0.69	0.33	0.91
土耳其	1.83	0.84	1.12	0.79	0.77	0.88	0.65	1.03	0.75	0.68	0.90
葡萄牙	0.79	0.91	1.04	1.33	0.81	0.82	0.47	0.51	0.67	0.70	0.78
芬兰	0.52	0.49	0.64	0.56	0.51	0.57	0.73	0.68	0.60	0.55	0.59
希腊	0.89	0.70	0.46	0.77	0.57	0.69	0.63	0.63	0.46	0.21	0.58
巴西	0.61	0.87	0.54	0.51	0.57	0.41	0.60	0.47	0.38	0.58	0.54
挪威	0.48	0.53	0.81	0.67	0.53	0.54	0.51	0.47	0.38	0.44	0.52
奥地利	0.72	0.51	0.87	0.44	0.38	0.37	0.28	0.55	0.43	0.31	0.46
以色列	0.89	0.57	0.64	0.35	0.45	0.54	0.40	0.38	0.32	0.24	0.45
爱尔兰	0.35	0.70	0.52	0.59	0.40	0.42	0.47	0.43	0.31	0.37	0.44

续表

国家和地区\年份	2009	2010	2011	2012	2013	2014	2015	2016	2017	2018	合计
俄罗斯	0.61	0.32	0.23	0.39	0.33	0.37	0.40	0.42	0.43	0.64	0.42
波兰	0.39	0.42	0.31	0.42	0.32	0.38	0.44	0.48	0.31	0.59	0.41
埃及	0.26	0.30	0.31	0.15	0.48	0.23	0.50	0.58	0.42	0.44	0.38
巴基斯坦	0.09	0.11	0.17	0.20	0.30	0.29	0.27	0.47	0.71	0.71	0.37
新西兰	0.26	0.38	0.44	0.32	0.16	0.31	0.30	0.31	0.37	0.27	0.31
捷克	0.31	0.30	0.39	0.19	0.37	0.23	0.17	0.21	0.23	0.24	0.26
南非	0.11	0.25	0.06	0.13	0.21	0.16	0.27	0.34	0.39	0.31	0.24
墨西哥	0.20	0.32	0.19	0.27	0.26	0.19	0.26	0.20	0.22	0.19	0.23

三 C层人才

工程与材料科学C层人才最多的国家是中国大陆，占该学科组全球C层人才的21.56%，美国以17.00%的世界占比排名第二，这两个国家的C层人才接近全球的40%；其后是英国，世界占比为4.93%；德国、韩国、印度、加拿大、意大利、法国、澳大利亚、日本、西班牙、伊朗的C层人才也比较多，世界占比在4%—2%之间；中国香港、新加坡、中国台湾、荷兰、瑞士、瑞典、土耳其也有相当数量的C层人才，世界占比超过1%；比利时、马来西亚、巴西、沙特、丹麦、葡萄牙、波兰、希腊、芬兰、俄罗斯、奥地利、埃及、挪威、以色列、爱尔兰、巴基斯坦、捷克、墨西哥、泰国、新西兰也有一定数量的C层人才，世界占比低于1%。

在发展趋势上，美国呈现相对下降趋势，中国大陆、澳大利亚、沙特、伊朗呈现相对上升趋势，其他国家和地区没有呈现明显变化。

表6—93 工程与材料科学C层人才排名前40的国家和地区的占比

国家和地区\年份	2009	2010	2011	2012	2013	2014	2015	2016	2017	2018	合计
中国大陆	12.32	13.41	14.87	16.59	18.78	21.56	23.21	24.99	28.34	30.94	21.56
美国	21.24	20.91	20.22	19.46	18.29	16.86	16.16	14.69	14.46	12.71	17.00
英国	5.22	5.40	5.24	4.92	4.93	4.63	4.84	5.06	4.76	4.63	4.93

续表

国家和地区 \ 年份	2009	2010	2011	2012	2013	2014	2015	2016	2017	2018	合计
德国	4.64	4.71	4.72	4.54	4.18	4.06	3.85	3.57	3.23	2.98	3.95
韩国	3.60	3.68	3.69	3.78	3.62	3.54	3.47	3.38	3.23	3.31	3.51
印度	3.17	2.90	3.05	3.04	3.18	3.29	3.26	3.67	3.47	3.75	3.32
加拿大	3.91	3.93	3.65	3.49	3.45	3.29	3.15	3.02	2.69	2.66	3.25
意大利	3.36	3.22	3.30	3.26	3.38	3.42	3.47	3.16	2.98	2.65	3.20
法国	4.48	4.19	4.10	3.76	3.56	3.06	2.76	2.67	2.32	1.89	3.14
澳大利亚	2.56	2.62	2.88	2.87	2.99	3.08	3.45	3.18	3.50	3.63	3.13
日本	4.15	3.61	3.39	2.97	2.71	2.62	2.33	2.11	2.01	1.79	2.64
西班牙	2.73	2.85	2.82	3.01	2.85	2.55	2.44	2.28	2.04	1.99	2.51
伊朗	1.60	2.03	2.16	2.11	2.19	2.31	2.26	2.59	2.58	2.73	2.31
中国香港	1.67	1.71	1.75	1.87	1.61	1.84	1.82	1.95	1.95	2.09	1.85
新加坡	1.52	1.67	1.70	1.77	1.83	1.80	1.82	1.85	1.87	1.77	1.77
中国台湾	3.24	2.68	2.44	2.21	1.88	1.63	1.36	1.15	0.95	1.02	1.73
荷兰	1.84	1.79	1.55	1.67	1.52	1.33	1.30	1.31	1.13	1.03	1.40
瑞士	1.55	1.62	1.43	1.48	1.41	1.32	1.24	1.19	1.09	1.03	1.30
瑞典	1.37	1.23	1.31	1.24	1.35	1.36	1.13	1.16	1.13	1.04	1.22
土耳其	1.92	1.40	1.39	1.30	1.06	1.08	1.05	0.98	0.87	0.91	1.14
比利时	1.15	1.16	1.05	1.08	1.10	1.00	0.94	0.82	0.72	0.75	0.95
马来西亚	0.42	0.64	0.87	1.01	1.05	1.11	1.00	1.00	0.94	0.94	0.92
巴西	1.05	0.98	0.96	0.93	0.85	0.85	0.73	0.84	0.74	0.81	0.86
沙特	0.19	0.29	0.41	0.54	0.73	0.86	1.15	1.11	1.21	1.22	0.84
丹麦	0.79	0.75	0.77	0.83	0.81	0.80	0.85	0.82	0.81	0.78	0.80
葡萄牙	0.76	0.74	0.83	1.01	0.93	0.87	0.77	0.76	0.64	0.64	0.79
波兰	0.52	0.57	0.60	0.69	0.60	0.66	0.81	0.78	0.74	0.69	0.68
希腊	0.84	0.86	0.67	0.67	0.61	0.58	0.57	0.60	0.52	0.44	0.62
芬兰	0.57	0.58	0.57	0.57	0.62	0.72	0.65	0.59	0.51	0.53	0.59
俄罗斯	0.44	0.47	0.46	0.47	0.48	0.53	0.57	0.61	0.62	0.64	0.54
奥地利	0.59	0.66	0.60	0.51	0.48	0.45	0.48	0.44	0.42	0.38	0.49
埃及	0.41	0.40	0.39	0.34	0.46	0.48	0.50	0.52	0.56	0.58	0.47
挪威	0.50	0.48	0.56	0.47	0.49	0.48	0.45	0.44	0.43	0.44	0.47

续表

国家和地区\年份	2009	2010	2011	2012	2013	2014	2015	2016	2017	2018	合计
以色列	0.61	0.54	0.48	0.49	0.50	0.43	0.36	0.39	0.34	0.28	0.43
爱尔兰	0.36	0.42	0.43	0.45	0.40	0.37	0.34	0.41	0.34	0.31	0.38
巴基斯坦	0.14	0.17	0.19	0.17	0.32	0.27	0.40	0.52	0.58	0.69	0.38
捷克	0.36	0.39	0.35	0.33	0.32	0.32	0.36	0.30	0.30	0.30	0.33
墨西哥	0.34	0.33	0.32	0.33	0.35	0.34	0.27	0.28	0.30	0.28	0.31
泰国	0.45	0.32	0.33	0.29	0.27	0.23	0.19	0.21	0.23	0.20	0.26
新西兰	0.20	0.28	0.30	0.24	0.25	0.27	0.24	0.22	0.26	0.23	0.25

第七章

信息科学

信息科学是研究信息的获取、存储、传输和处理的科学。随着学科发展和经济社会进步，信息科学的研究拓展到高速网络及信息安全、高性能计算（网络计算与并行计算）、软件技术与高性能算法、虚拟现实与网络多媒体技术、控制技术、电子与光子学器件技术等领域。

第一节 文献类型与被引次数

分析信息科学的文献类型、文献量与被引次数、被引次数分布等文献计量特征，有助于理解其学科人才和学科组人才的分布特点和发展趋势。

一 文献类型

信息科学的主要文献类型依次为会议论文、期刊论文、编辑材料、综述，在各年度中的占比比较稳定，10年合计的占比依次为63.98%、33.57%、1.48%、0.41%，占全部文献的99.44%。

表7—1　　　　　　　信息科学主要文献类型的占比

文献类型	2009	2010	2011	2012	2013	2014	2015	2016	2017	2018	合计
会议论文	73.35	64.40	60.41	60.12	61.96	65.12	69.11	65.31	63.53	54.98	63.98
期刊论文	24.83	33.28	37.02	37.34	35.54	32.35	28.71	32.25	33.91	42.05	33.57
编辑材料	1.11	1.48	1.66	1.48	1.67	1.60	1.53	1.33	1.44	1.41	1.69	1.48
综述	0.28	0.25	0.32	0.39	0.36	0.31	0.32	0.47	0.52	0.73	0.41

二 文献量与被引次数

信息科学各年度的文献总量在逐年增加,从 2009 年的 373029 篇增加到 2018 年的 455104 篇;总被引次数在 2009—2012 年间相对稳定,从 2013 年起逐年下降,平均被引次数的趋势与总被引次数相似,反映了年度被引次数总体上随着时间增加而逐渐减小,但是时间对被引次数的影响并不一致,越远期影响越小,逐渐趋于稳定,越近期影响越大。

表 7—2　　　　　　　　　信息科学的文献量与被引次数

	2009	2010	2011	2012	2013	2014	2015	2016	2017	2018	合计
文献总量	373029	302455	294447	302782	346896	413670	490385	485401	508386	455104	3972555
总被引次数	3208359	3012691	3073463	2783298	2812644	2950218	2815555	2169702	1630835	765707	25222472
平均被引次数	8.60	9.96	10.44	9.19	8.11	7.13	5.74	4.47	3.21	1.68	6.35

三 被引次数分布

在信息科学的 10 年文献中,有 1652086 篇文献没有任何被引,占比 41.59%;有 1310526 篇文献有 1—4 次被引,占比 32.99%;有 435212 篇文献有 5—9 次被引,占比 10.96%。随着被引次数的增加,所对应的文献数量逐渐减小,同时减小的幅度也越来越小,这样被引次数的分布很长,至被引次数为 1000 及以上,有 433 篇文献,占比 0.01%。

从被引次数的降序分布上,随着被引次数的降低,相应文献的累计百分比逐渐增大:当被引次数降到 200 时,大于和等于该被引次数的文献的百分比才超过 0.1%;当被引次数降到 75 时,大于和等于该被引次数的文献的百分比超过 1%;当被引次数降到 10 时,大于和等于该被引次数的文献的百分比超过 10%。从相应文献累计百分比的增长趋势上看,起初的增长幅度很小,随着被引次数逐渐降低,增长幅度逐渐增大。

表7—3　　信息科学的文献被引次数分布

被引次数	文献数量	百分比	累计百分比
1000 +	433	0.01	0.01
900—999	89	0.00	0.01
800—899	105	0.00	0.02
700—799	253	0.01	0.02
600—699	255	0.01	0.03
500—599	464	0.01	0.04
400—499	658	0.02	0.06
300—399	1461	0.04	0.09
200—299	4104	0.10	0.20
190—199	737	0.02	0.22
180—189	866	0.02	0.24
170—179	1044	0.03	0.26
160—169	1260	0.03	0.30
150—159	1381	0.03	0.33
140—149	1677	0.04	0.37
130—139	2082	0.05	0.42
120—129	2390	0.06	0.48
110—119	3011	0.08	0.56
100—109	4191	0.11	0.67
95—99	2556	0.06	0.73
90—94	2769	0.07	0.80
85—89	3117	0.08	0.88
80—84	3664	0.09	0.97
75—79	4318	0.11	1.08
70—74	5071	0.13	1.21
65—69	5891	0.15	1.36
60—64	7125	0.18	1.53
55—59	9129	0.23	1.76
50—54	10958	0.28	2.04
45—49	14051	0.35	2.39
40—44	17777	0.45	2.84

续表

被引次数	文献数量	百分比	累计百分比
35—39	23646	0.60	3.44
30—34	31863	0.80	4.24
25—29	44915	1.13	5.37
20—24	65989	1.66	7.03
15—19	105155	2.65	9.68
10—14	190276	4.79	14.47
5—9	435212	10.96	25.42
1—4	1310526	32.99	58.41
0	1652086	41.59	100.00

第二节 学科层面的人才比较

信息科学学科组包括以下学科：电信、影像科学和照相技术、计算机理论和方法、软件工程、计算机硬件和体系架构、信息系统、控制论、计算机跨学科应用、自动化和控制系统、机器人学、量子科学和技术、人工智能，共计12个。

一 电信

电信A、B、C层人才主要集中在美国和中国大陆，两国A、B、C层人才的世界占比为37.69%、39.42%、37.34%，其中美国的A和B层人才多于中国大陆，C层人才与中国大陆数量相当；在发展趋势上，中国大陆呈现相对上升趋势，美国呈现相对下降趋势。

英国、加拿大、新加坡、韩国、法国、德国、澳大利亚的A层人才比较多，世界占比在8%—3%之间；意大利、中国香港、西班牙、瑞典、日本、芬兰、印度、希腊、卡塔尔、土耳其、瑞士也有相当数量的A层人才，世界占比超过或接近1%。

英国、加拿大、韩国、澳大利亚、新加坡、意大利、德国的B层人才比较多，世界占比在8%—3%之间；法国、中国香港、瑞典、日本、西班牙、希腊、印度、芬兰、中国台湾、沙特、土耳其也有相当数量的B

层人才，世界占比超过或接近1%。

英国、加拿大、韩国、意大利的C层人才比较多，世界占比在6%—3%之间；德国、澳大利亚、法国、印度、西班牙、中国香港、新加坡、中国台湾、日本、瑞典、芬兰、伊朗、沙特、希腊也有相当数量的C层人才，世界占比超过1%。

表7—4　　电信A层人才排名前20的国家和地区的占比

国家和地区\年份	2009	2010	2011	2012	2013	2014	2015	2016	2017	2018	合计
美国	26.67	33.33	28.13	43.59	38.89	23.64	16.95	22.39	15.19	15.71	24.63
中国大陆	2.22	2.78	0.00	2.56	7.41	9.09	22.03	13.43	15.19	34.29	13.06
英国	15.56	0.00	9.38	2.56	5.56	3.64	8.47	11.94	10.13	4.29	7.46
加拿大	11.11	11.11	6.25	5.13	3.70	3.64	1.69	5.97	8.86	7.14	6.34
新加坡	8.89	2.78	3.13	0.00	12.96	1.82	6.78	4.48	2.53	4.29	4.85
韩国	4.44	2.78	6.25	7.69	1.85	3.64	6.78	2.99	7.59	2.86	4.66
法国	2.22	2.78	6.25	2.56	7.41	9.09	3.39	4.48	2.53	2.86	4.29
德国	2.22	8.33	6.25	5.13	3.70	7.27	1.69	2.99	7.59	0.00	4.29
澳大利亚	6.67	8.33	0.00	5.13	1.85	7.27	1.69	1.49	6.33	0.00	3.73
意大利	2.22	8.33	3.13	5.13	1.85	3.64	3.39	2.99	0.00	0.00	2.61
中国香港	2.22	2.78	0.00	0.00	3.70	1.82	5.08	2.99	2.53	2.86	2.61
西班牙	2.22	0.00	3.13	2.56	3.70	5.45	1.69	2.99	1.27	0.00	2.24
瑞典	0.00	2.78	3.13	5.13	1.85	1.82	0.00	2.99	3.80	0.00	2.05
日本	2.22	5.56	3.13	0.00	0.00	0.00	1.69	1.49	1.27	5.71	2.05
芬兰	2.22	0.00	3.13	0.00	0.00	5.45	0.00	4.48	1.27	1.43	1.87
印度	2.22	2.78	3.13	5.13	0.00	0.00	1.69	0.00	2.53	0.00	1.49
希腊	0.00	0.00	0.00	0.00	3.70	1.82	1.69	0.00	3.80	0.00	1.31
卡塔尔	0.00	0.00	0.00	0.00	0.00	0.00	3.39	1.49	1.27	1.43	0.93
土耳其	0.00	2.78	0.00	0.00	1.85	3.64	0.00	0.00	0.00	0.00	0.75
瑞士	2.22	0.00	0.00	2.56	0.00	0.00	1.49	0.00	0.00	0.00	0.56

表7—5　　电信 B 层人才排名前 20 的国家和地区的占比

国家和地区 \ 年份	2009	2010	2011	2012	2013	2014	2015	2016	2017	2018	合计
美国	33.41	29.18	27.80	22.58	24.59	20.56	16.43	15.40	16.57	13.02	20.64
中国大陆	5.61	9.12	11.86	12.37	13.62	16.77	20.94	22.34	25.36	33.12	18.78
英国	6.07	8.21	4.41	6.72	7.72	5.79	8.12	8.46	7.49	7.88	7.26
加拿大	7.71	7.90	5.08	6.45	5.69	6.59	7.94	7.78	7.35	4.98	6.79
韩国	3.74	4.26	5.08	3.49	2.85	2.59	2.71	3.55	4.03	3.86	3.55
澳大利亚	2.57	3.04	1.02	2.96	2.64	3.19	3.79	2.88	5.04	3.38	3.24
新加坡	3.04	3.65	2.71	3.23	3.66	4.79	4.51	2.54	2.16	2.25	3.20
意大利	3.97	3.65	5.76	5.65	3.66	3.19	3.61	2.03	1.59	1.29	3.12
德国	3.27	3.04	5.08	2.96	3.46	3.79	3.43	3.72	2.16	1.13	3.05
法国	3.04	3.65	2.03	2.42	3.46	2.79	2.71	2.37	2.31	0.64	2.46
中国香港	4.21	2.74	1.69	2.42	3.25	2.00	2.35	2.37	2.02	1.61	2.42
瑞典	1.87	1.82	2.03	2.69	2.24	1.20	3.43	2.37	2.74	2.25	2.32
日本	3.04	0.91	2.71	3.23	2.44	2.00	1.08	2.71	1.59	2.25	2.15
西班牙	1.40	3.65	2.37	2.42	2.44	3.79	1.26	1.86	1.01	1.13	1.99
希腊	1.64	0.91	1.69	3.76	2.85	2.40	2.17	1.35	0.72	0.32	1.68
印度	1.87	0.61	1.36	1.61	1.22	1.40	1.08	2.20	1.44	2.89	1.64
芬兰	1.40	0.30	1.02	2.15	1.22	1.40	2.71	1.52	1.87	1.13	1.54
中国台湾	1.64	2.13	2.03	1.34	1.42	0.20	1.62	1.86	1.73	0.96	1.46
沙特	0.00	0.30	1.02	0.27	1.83	1.60	0.54	1.18	2.16	1.45	1.15
土耳其	0.70	0.61	2.37	0.81	1.22	0.80	0.54	1.02	1.01	0.32	0.88

表7—6　　电信 C 层人才排名前 20 的国家和地区的占比

国家和地区 \ 年份	2009	2010	2011	2012	2013	2014	2015	2016	2017	2018	合计
中国大陆	8.20	9.84	12.02	15.46	16.38	17.85	18.90	22.75	25.19	29.67	19.06
美国	26.51	24.50	23.09	21.75	20.34	18.44	16.11	15.42	14.41	12.21	18.28
英国	5.28	5.19	5.52	4.77	5.22	6.04	6.55	6.77	6.36	6.37	5.94
加拿大	6.79	7.28	7.21	7.51	5.95	5.79	5.34	5.82	4.70	4.68	5.87
韩国	4.32	5.54	4.43	4.96	4.05	2.97	3.72	3.66	3.54	3.68	3.95
意大利	5.00	4.15	4.57	3.99	4.66	4.05	4.33	3.31	2.83	2.32	3.77
德国	3.83	3.83	3.49	2.22	3.10	3.19	3.17	2.53	2.22	2.07	2.86
澳大利亚	2.63	2.47	2.10	2.39	2.46	2.78	2.81	2.61	3.23	3.88	2.83

续表

国家和地区\年份	2009	2010	2011	2012	2013	2014	2015	2016	2017	2018	合计
法国	3.59	2.63	3.72	2.90	3.08	3.48	3.09	2.63	2.36	1.51	2.81
印度	1.60	1.30	1.18	1.65	1.98	2.35	3.80	3.08	3.82	3.98	2.72
西班牙	2.70	3.42	2.81	3.17	2.89	2.31	2.69	2.18	2.06	2.02	2.52
中国香港	2.47	2.85	2.74	2.79	2.56	2.82	2.35	2.20	2.21	2.00	2.44
新加坡	2.18	2.37	2.20	2.63	2.67	2.66	2.69	2.56	1.96	1.80	2.35
中国台湾	4.09	3.80	3.62	2.60	2.74	2.15	2.02	1.74	1.50	1.24	2.34
日本	2.58	2.37	2.27	2.09	1.81	2.11	2.02	1.80	1.97	1.85	2.05
瑞典	1.57	1.58	1.83	1.74	2.13	1.96	1.91	2.25	1.64	1.24	1.79
芬兰	1.08	0.92	1.15	1.11	1.64	1.80	1.62	1.24	1.24	1.03	1.30
伊朗	1.03	1.33	1.22	1.79	1.23	0.86	1.32	1.17	1.31	1.47	1.27
沙特	0.23	0.38	0.78	1.00	1.31	1.17	1.34	1.57	1.93	1.68	1.26
希腊	1.36	1.71	1.86	1.30	1.31	1.08	1.15	1.26	1.04	0.73	1.21

二 影像科学和照相技术

影像科学和照相技术 A、B、C 层人才最多的国家是美国，分别占该学科全球 A、B、C 层人才的 30.91%、23.46%、22.59%。

中国大陆、法国、德国、西班牙、荷兰、葡萄牙、奥地利、加拿大、瑞士的 A 层人才比较多，世界占比在 10%—3% 之间；英国、意大利、中国香港、以色列、丹麦、芬兰、土耳其、匈牙利、罗马尼亚、澳大利亚也有相当数量的 A 层人才，世界占比超过或接近 1%。

中国大陆、德国、法国、英国、意大利、西班牙、荷兰、加拿大的 B 层人才比较多，世界占比在 16%—3% 之间；澳大利亚、冰岛、中国香港、比利时、瑞士、奥地利、日本、葡萄牙、新加坡、丹麦、芬兰也有相当数量的 B 层人才，世界占比超过或接近 1%。

中国大陆、德国、法国、意大利、英国、加拿大、西班牙、荷兰的 C 层人才比较多，世界占比在 17%—3% 之间；澳大利亚、瑞士、中国香港、日本、印度、比利时、韩国、奥地利、芬兰、挪威、伊朗也有相当数量的 C 层人才，世界占比超过或接近 1%。

表7—7 影像科学和照相技术 A 层人才排名前 20 的国家和地区的占比

国家和地区 \ 年份	2009	2010	2011	2012	2013	2014	2015	2016	2017	2018	合计
美国	66.67	50.00	61.54	22.22	25.00	33.33	14.29	33.33	16.67	15.38	30.91
中国大陆	0.00	0.00	0.00	0.00	8.33	8.33	0.00	25.00	16.67	23.08	9.09
法国	0.00	10.00	0.00	22.22	25.00	0.00	7.14	0.00	16.67	0.00	8.18
德国	0.00	0.00	7.69	11.11	0.00	16.67	7.14	8.33	8.33	15.38	8.18
西班牙	0.00	0.00	15.38	11.11	16.67	8.33	0.00	0.00	8.33	0.00	6.36
荷兰	0.00	10.00	0.00	11.11	0.00	0.00	7.14	0.00	8.33	7.69	4.55
葡萄牙	0.00	0.00	7.69	11.11	16.67	0.00	7.14	0.00	0.00	0.00	4.55
奥地利	0.00	10.00	0.00	0.00	0.00	0.00	0.00	8.33	8.33	7.69	3.64
加拿大	0.00	10.00	0.00	0.00	0.00	8.33	7.14	0.00	0.00	7.69	3.64
瑞士	0.00	0.00	0.00	0.00	0.00	0.00	7.14	0.00	16.67	7.69	3.64
英国	0.00	0.00	0.00	0.00	0.00	0.00	7.14	0.00	0.00	15.38	2.73
意大利	0.00	0.00	7.69	11.11	0.00	8.33	0.00	0.00	0.00	0.00	2.73
中国香港	0.00	0.00	0.00	0.00	0.00	8.33	0.00	16.67	0.00	0.00	2.73
以色列	33.33	0.00	0.00	0.00	0.00	0.00	7.14	0.00	0.00	0.00	1.82
丹麦	0.00	0.00	0.00	0.00	0.00	0.00	7.14	0.00	0.00	0.00	0.91
芬兰	0.00	0.00	0.00	0.00	0.00	0.00	0.00	0.00	0.00	0.00	0.91
土耳其	0.00	0.00	0.00	0.00	0.00	0.00	7.14	0.00	0.00	0.00	0.91
匈牙利	0.00	0.00	0.00	0.00	0.00	0.00	7.14	0.00	0.00	0.00	0.91
罗马尼亚	0.00	0.00	0.00	0.00	0.00	0.00	0.00	8.33	0.00	0.00	0.91
澳大利亚	0.00	0.00	0.00	0.00	0.00	8.33	0.00	0.00	0.00	0.00	0.91

表7—8 影像科学和照相技术 B 层人才排名前 20 的国家和地区的占比

国家和地区 \ 年份	2009	2010	2011	2012	2013	2014	2015	2016	2017	2018	合计
美国	25.00	32.29	25.64	23.16	25.86	30.97	12.10	25.38	20.69	16.19	23.46
中国大陆	3.75	7.29	9.40	6.32	16.38	21.24	21.77	17.69	17.24	32.38	15.97
德国	7.50	11.46	3.42	5.26	6.90	7.08	6.45	6.92	5.52	7.62	6.69
法国	8.75	7.29	8.55	7.37	6.90	2.65	8.87	2.31	8.28	2.86	6.33
英国	3.75	2.08	2.56	7.37	5.17	3.54	8.06	4.62	2.76	8.57	4.82
意大利	6.25	5.21	7.69	5.26	6.03	0.88	4.84	3.08	4.14	0.95	4.37
西班牙	8.75	3.13	5.13	5.26	7.76	1.77	3.23	3.08	3.45	2.86	4.28
荷兰	7.50	1.04	6.84	5.26	1.72	3.54	4.03	4.62	3.45	3.81	4.10

续表

国家和地区 \ 年份	2009	2010	2011	2012	2013	2014	2015	2016	2017	2018	合计
加拿大	3.75	2.08	3.42	5.26	1.72	1.77	3.23	3.85	4.14	3.81	3.30
澳大利亚	2.50	2.08	3.42	4.21	2.59	2.65	1.61	6.15	2.07	0.95	2.85
冰岛	2.50	3.13	0.85	0.00	0.86	2.65	5.65	0.00	2.07	1.90	1.96
中国香港	0.00	3.13	0.00	1.05	0.86	3.54	1.61	3.08	0.69	2.86	1.69
比利时	1.25	1.04	1.71	1.05	1.72	3.54	3.23	0.00	2.76	0.00	1.69
瑞士	2.50	2.08	0.85	2.11	0.86	1.77	0.81	3.85	2.07	0.00	1.69
奥地利	2.50	2.08	2.56	4.21	0.00	1.77	0.81	0.00	2.07	0.95	1.61
日本	2.50	1.04	2.56	2.11	0.86	0.88	0.81	0.77	2.07	0.95	1.43
葡萄牙	0.00	1.04	0.85	2.11	1.72	0.88	4.03	0.77	0.69	0.95	1.34
新加坡	1.25	3.13	0.85	1.05	0.86	1.77	0.81	2.31	0.00	0.95	1.25
丹麦	1.25	0.00	0.85	2.11	0.00	0.88	0.81	2.31	0.00	0.95	0.89
芬兰	0.00	1.04	3.42	0.00	0.86	0.00	0.00	0.77	2.07	0.00	0.89

表7—9 影像科学和照相技术C层人才排名前20的国家和地区的占比

国家和地区 \ 年份	2009	2010	2011	2012	2013	2014	2015	2016	2017	2018	合计
美国	28.48	26.85	25.95	25.27	22.14	21.89	18.83	21.44	20.10	19.44	22.59
中国大陆	8.16	8.95	10.14	10.72	14.46	21.16	19.24	18.53	25.09	24.72	16.98
德国	7.35	8.64	6.85	8.60	6.79	5.45	6.83	6.74	5.06	5.28	6.62
法国	7.09	6.07	7.52	5.84	6.52	5.00	4.61	5.21	4.77	3.23	5.45
意大利	6.95	4.32	6.68	5.31	5.18	5.09	5.10	4.98	3.83	3.67	5.00
英国	4.01	6.07	4.06	4.46	4.73	4.27	4.61	4.67	5.42	4.26	4.67
加拿大	5.48	5.04	3.89	4.25	3.93	3.72	4.52	2.76	3.69	3.89	4.02
西班牙	3.48	4.01	3.47	4.25	3.66	4.09	2.22	4.36	3.18	3.45	3.59
荷兰	3.48	3.09	3.80	3.93	2.14	2.00	4.11	3.14	2.60	2.93	3.10
澳大利亚	3.07	1.95	2.28	2.34	3.04	3.27	3.54	2.83	3.11	3.01	2.87
瑞士	1.60	3.19	2.62	2.23	1.96	2.09	2.38	2.76	1.45	1.83	2.21
中国香港	0.67	1.85	1.44	1.38	1.79	2.54	1.56	1.84	1.37	1.61	1.63
日本	2.27	1.34	1.35	1.49	2.50	1.27	1.15	0.46	1.16	1.91	1.45
印度	1.74	0.93	0.93	0.64	1.07	1.18	0.74	1.15	1.45	2.35	1.24
比利时	1.07	1.34	1.44	1.59	0.89	1.09	1.40	1.30	0.72	0.95	1.16
韩国	0.94	1.23	1.10	1.38	0.89	0.91	1.07	1.30	0.65	1.76	1.13

续表

国家和地区\年份	2009	2010	2011	2012	2013	2014	2015	2016	2017	2018	合计
奥地利	0.80	2.26	0.76	1.59	0.80	1.18	1.40	0.92	0.72	0.59	1.07
芬兰	1.47	1.03	0.76	1.17	1.34	1.00	0.99	1.38	1.08	0.44	1.04
挪威	1.20	1.54	1.52	1.17	1.43	1.00	0.58	0.69	0.80	0.66	1.02
伊朗	0.80	0.10	0.51	0.74	0.71	0.36	1.32	0.92	1.52	1.32	0.87

三 计算机理论和方法

计算机理论和方法A、B、C层人才最多的国家是美国，分别占该学科全球A、B、C层人才的28.43%、25.23%、23.00%。

中国大陆、英国、澳大利亚、新加坡、中国香港的A层人才比较多，世界占比在20%—3%之间；德国、加拿大、西班牙、意大利、韩国、印度、瑞士、法国、荷兰、以色列、芬兰、瑞典、日本、沙特也有相当数量的A层人才，世界占比超过或接近1%。

中国大陆、英国、澳大利亚、德国、中国香港、法国的B层人才比较多，世界占比在20%—3%之间；新加坡、印度、加拿大、意大利、西班牙、瑞士、韩国、荷兰、日本、沙特、以色列、伊朗、比利时也有相当数量的B层人才，世界占比超过或接近1%。

中国大陆、英国、德国、法国、意大利、加拿大、印度、澳大利亚的C层人才比较多，世界占比在13%—3%之间；西班牙、中国香港、日本、荷兰、新加坡、瑞士、韩国、以色列、中国台湾、波兰、奥地利也有相当数量的C层人才，世界占比超过1%。

表7—10　计算机理论和方法A层人才排名前20的国家和地区的占比

国家和地区\年份	2009	2010	2011	2012	2013	2014	2015	2016	2017	2018	合计
美国	38.36	33.93	30.36	33.33	31.37	29.73	24.44	28.24	31.71	8.97	28.43
中国大陆	5.48	16.07	10.71	8.33	9.80	16.22	23.33	27.06	26.83	33.33	19.05
英国	10.96	7.14	14.29	16.67	11.76	1.35	11.11	5.88	6.10	7.69	8.80
澳大利亚	1.37	1.79	0.00	8.33	9.80	5.41	7.78	1.18	6.10	10.26	5.19
新加坡	2.74	7.14	7.14	0.00	0.00	1.35	3.33	5.88	4.88	3.85	3.75
中国香港	1.37	5.36	1.79	2.08	3.92	5.41	4.44	4.71	2.44	1.28	3.32

续表

国家和地区\年份	2009	2010	2011	2012	2013	2014	2015	2016	2017	2018	合计
德国	1.37	1.79	1.79	6.25	5.88	4.05	4.44	4.71	0.00	0.00	2.89
加拿大	4.11	5.36	3.57	4.17	1.96	2.70	1.11	1.18	1.22	2.56	2.60
西班牙	5.48	0.00	3.57	0.00	0.00	4.05	0.00	2.35	1.22	3.85	2.16
意大利	5.48	1.79	1.79	4.17	0.00	1.35	0.00	2.35	3.66	1.28	2.16
韩国	0.00	0.00	3.57	2.08	1.96	1.35	1.11	1.18	3.66	3.85	1.88
印度	1.37	0.00	1.79	0.00	5.88	2.70	2.22	1.18	1.22	2.56	1.88
瑞士	2.74	1.79	1.79	0.00	3.92	1.35	2.22	1.18	1.22	0.00	1.59
法国	1.37	3.57	3.57	6.25	0.00	1.35	1.11	1.18	0.00	0.00	1.59
荷兰	4.11	1.79	3.57	0.00	1.96	2.70	0.00	0.00	0.00	0.00	1.30
以色列	2.74	3.57	3.57	0.00	1.96	0.00	1.11	0.00	0.00	0.00	1.15
芬兰	0.00	3.57	0.00	0.00	0.00	5.41	0.00	0.00	1.22	1.28	1.15
瑞典	1.37	0.00	1.79	0.00	0.00	0.00	1.11	2.35	1.22	1.28	1.01
日本	1.37	1.79	0.00	0.00	0.00	1.35	1.11	0.00	0.00	2.56	0.87
沙特	0.00	0.00	0.00	0.00	0.00	0.00	1.11	1.18	2.44	1.28	0.72

表7—11 计算机理论和方法 B 层人才排名前20的国家和地区的占比

国家和地区\年份	2009	2010	2011	2012	2013	2014	2015	2016	2017	2018	合计
美国	31.85	35.17	33.00	27.52	26.73	25.26	24.90	21.22	21.09	12.52	25.23
中国大陆	7.08	8.29	13.00	13.53	18.04	19.79	22.15	25.61	29.89	30.73	19.76
英国	5.85	6.45	7.40	7.57	5.57	5.32	5.11	6.47	6.70	6.83	6.26
澳大利亚	2.15	3.50	3.60	4.36	5.57	4.58	5.64	6.21	5.87	5.69	4.81
德国	6.31	5.71	4.20	3.67	4.90	2.95	2.75	2.98	1.96	1.28	3.51
中国香港	2.92	2.76	2.60	2.98	3.34	4.14	2.36	3.10	3.35	2.42	3.00
法国	4.00	4.42	4.20	4.82	3.79	2.51	3.28	2.20	1.54	1.00	3.00
新加坡	1.85	2.76	1.80	2.75	2.67	3.40	3.41	2.85	3.07	3.13	2.82
印度	1.85	0.55	1.60	1.61	2.67	2.22	2.75	2.20	2.79	6.83	2.62
加拿大	4.15	2.95	3.00	2.29	2.00	3.40	1.70	2.46	1.82	2.28	2.59
意大利	2.77	1.84	0.80	2.98	2.45	2.51	2.36	2.07	2.09	2.99	2.30
西班牙	4.00	2.03	1.20	3.90	2.00	1.77	1.83	0.65	1.26	1.71	1.95
瑞士	3.38	3.13	2.40	1.38	2.45	1.33	1.31	1.42	0.98	0.71	1.77
韩国	0.62	1.47	1.40	1.61	2.00	1.62	0.92	1.68	2.23	2.42	1.59

续表

国家和地区\年份	2009	2010	2011	2012	2013	2014	2015	2016	2017	2018	合计
荷兰	2.92	2.58	3.40	1.38	1.34	0.59	1.05	0.39	1.12	0.57	1.43
日本	2.31	1.66	1.00	1.38	1.11	1.48	1.31	1.42	0.98	1.00	1.37
沙特	0.15	0.00	0.40	1.15	0.89	1.18	1.31	2.20	1.82	2.28	1.22
以色列	1.54	1.84	1.40	1.38	0.89	2.36	0.39	0.91	0.28	0.43	1.10
伊朗	0.46	0.92	0.40	0.92	0.89	1.03	0.39	1.29	0.98	1.42	0.89
比利时	1.54	1.10	1.80	1.38	0.67	1.03	0.79	0.26	0.14	0.28	0.84

表7—12　计算机理论和方法C层人才排名前20的国家和地区的占比

国家和地区\年份	2009	2010	2011	2012	2013	2014	2015	2016	2017	2018	合计
美国	25.75	27.66	26.85	24.37	21.25	21.36	22.65	22.77	22.78	16.65	23.00
中国大陆	6.53	6.76	8.89	10.25	10.34	12.24	11.80	14.00	18.52	20.28	12.32
英国	6.99	7.00	6.03	6.10	6.05	5.87	5.67	5.94	5.34	5.65	6.03
德国	8.03	7.16	6.79	5.19	5.59	5.65	5.32	4.36	3.83	3.53	5.45
法国	5.45	5.15	5.27	4.59	5.61	4.73	4.07	3.66	2.74	2.59	4.27
意大利	4.23	3.61	3.81	3.56	4.06	3.54	3.76	3.94	3.22	3.63	3.74
加拿大	4.38	4.35	4.00	3.91	3.47	3.44	3.66	2.60	2.63	2.52	3.43
印度	1.33	1.50	1.90	3.19	2.72	2.95	3.93	4.47	3.53	5.09	3.19
澳大利亚	2.56	2.09	2.88	3.00	3.64	3.08	3.12	3.19	3.49	3.72	3.10
西班牙	2.97	2.97	3.09	3.07	3.34	2.75	2.65	2.55	2.41	2.44	2.78
中国香港	1.61	1.78	2.01	1.70	1.83	2.17	1.73	1.94	2.09	2.30	1.92
日本	2.51	1.64	1.76	1.84	1.72	1.95	2.27	1.81	1.82	1.53	1.91
荷兰	2.64	3.11	1.99	1.86	2.16	1.41	1.70	1.36	1.24	1.31	1.82
新加坡	1.30	1.34	1.52	1.68	1.70	2.28	1.96	2.03	2.20	1.70	1.80
瑞士	2.35	2.47	1.78	2.07	1.46	1.89	1.60	1.58	1.77	1.26	1.80
韩国	1.23	1.16	1.50	1.58	1.75	1.73	1.92	1.62	2.28	2.33	1.74
以色列	1.86	1.70	1.82	1.70	1.44	1.47	1.27	1.28	1.02	0.74	1.40
中国台湾	1.65	1.74	1.54	1.72	1.77	1.37	1.17	1.14	0.89	1.10	1.37
波兰	0.96	1.20	1.14	1.54	1.61	1.45	1.52	1.50	0.93	0.93	1.28
奥地利	1.33	1.60	1.12	1.44	1.48	1.39	1.04	1.23	1.05	1.01	1.25

四 软件工程

软件工程 A、B、C 层人才最多的国家是美国，分别占该学科全球 A、B、C 层人才的 30.99%、25.96%、23.27%。

中国大陆、澳大利亚、德国、法国、英国的 A 层人才比较多，世界占比在 14%—5% 之间；中国香港、荷兰、印度、西班牙、以色列、瑞典、奥地利、加拿大、意大利、韩国、新加坡、中国澳门、希腊、日本也有相当数量 A 层人才，世界占比超过或接近 1%。

中国大陆、英国、德国、加拿大、法国、澳大利亚、瑞士、意大利的 B 层人才比较多，世界占比在 15%—3% 之间；新加坡、中国香港、印度、以色列、西班牙、荷兰、瑞典、日本、马来西亚、韩国、伊朗也有相当数量的 B 层人才，世界占比超过 1%。

中国大陆、德国、英国、加拿大、法国、意大利的 C 层人才比较多，世界占比在 13%—3% 之间；西班牙、澳大利亚、瑞士、荷兰、中国香港、印度、新加坡、奥地利、韩国、中国台湾、日本、以色列、瑞典也有相当数量的 C 层人才，世界占比超过 1%。

表 7—13　软件工程 A 层人才排名前 20 的国家和地区的占比

国家和地区\年份	2009	2010	2011	2012	2013	2014	2015	2016	2017	2018	合计
美国	29.17	50.00	42.11	23.53	28.57	24.00	21.43	30.00	43.33	19.23	30.99
中国大陆	0.00	4.55	5.26	0.00	4.76	12.00	14.29	20.00	13.33	46.15	13.22
澳大利亚	0.00	0.00	5.26	11.76	0.00	8.00	7.14	10.00	10.00	7.69	6.20
德国	8.33	9.09	0.00	5.88	0.00	12.00	10.71	6.67	3.33	0.00	5.79
法国	4.17	4.55	5.26	0.00	14.29	12.00	10.71	3.33	0.00	0.00	5.37
英国	8.33	4.55	0.00	17.65	9.52	8.00	10.71	0.00	0.00	0.00	5.37
中国香港	0.00	4.55	5.26	0.00	0.00	0.00	3.57	3.33	3.33	3.85	2.48
荷兰	8.33	4.55	5.26	5.88	4.76	0.00	0.00	0.00	0.00	0.00	2.48
印度	0.00	0.00	10.53	0.00	4.76	0.00	0.00	0.00	0.00	7.69	2.07
西班牙	4.17	0.00	5.26	5.88	0.00	0.00	0.00	3.33	3.33	0.00	2.07
以色列	8.33	0.00	0.00	0.00	4.76	8.00	0.00	0.00	0.00	0.00	2.07
瑞典	4.17	0.00	0.00	0.00	0.00	0.00	10.71	0.00	0.00	0.00	1.65

续表

国家和地区\年份	2009	2010	2011	2012	2013	2014	2015	2016	2017	2018	合计
奥地利	0.00	4.55	5.26	0.00	0.00	0.00	0.00	6.67	0.00	0.00	1.65
加拿大	8.33	0.00	0.00	5.88	0.00	0.00	0.00	0.00	3.33	0.00	1.65
意大利	0.00	4.55	0.00	0.00	0.00	0.00	0.00	3.33	3.33	0.00	1.24
韩国	0.00	4.55	0.00	0.00	0.00	0.00	3.57	0.00	0.00	3.85	1.24
新加坡	0.00	0.00	5.26	0.00	4.76	0.00	0.00	0.00	0.00	3.85	1.24
中国澳门	0.00	0.00	0.00	0.00	0.00	0.00	0.00	0.00	3.33	3.85	0.83
希腊	4.17	0.00	0.00	0.00	0.00	0.00	0.00	0.00	3.33	0.00	0.83
日本	0.00	0.00	0.00	0.00	0.00	0.00	0.00	3.33	3.33	0.00	0.83

表7—14　软件工程B层人才排名前20的国家和地区的占比

国家和地区\年份	2009	2010	2011	2012	2013	2014	2015	2016	2017	2018	合计
美国	32.22	33.84	29.14	28.83	29.41	28.76	24.56	22.43	20.50	14.48	25.96
中国大陆	6.69	8.08	6.86	11.04	9.63	15.88	12.10	18.63	21.94	31.22	14.75
英国	6.28	7.07	5.14	7.98	6.95	7.30	4.27	5.32	6.83	5.43	6.17
德国	7.11	9.09	4.57	6.13	4.81	5.58	7.12	4.56	2.88	3.62	5.50
加拿大	5.02	4.55	4.57	4.29	3.21	2.15	4.27	5.32	3.60	1.81	3.89
法国	5.02	6.57	2.86	6.13	4.81	2.15	2.14	3.04	2.52	2.71	3.62
澳大利亚	0.84	1.01	5.71	2.45	4.28	3.86	4.63	3.80	5.40	2.26	3.49
瑞士	3.35	4.04	1.71	3.68	4.28	2.58	4.27	2.28	2.88	1.36	3.04
意大利	1.67	0.51	4.00	3.68	4.81	2.15	4.27	2.28	2.88	4.52	3.04
新加坡	2.51	2.53	1.14	3.07	2.14	3.86	2.14	4.18	3.24	2.26	2.77
中国香港	3.35	2.53	4.00	1.84	3.21	1.72	2.14	2.28	1.44	3.62	2.55
印度	0.84	0.00	2.29	0.61	2.14	1.29	0.36	1.52	4.32	6.79	2.06
以色列	3.77	4.55	4.57	1.23	1.60	1.29	0.71	0.38	1.08	0.45	1.83
西班牙	1.26	1.52	2.29	3.68	1.60	0.86	2.85	0.38	1.80	2.26	1.79
荷兰	2.93	2.02	2.29	1.23	1.07	1.29	2.14	0.76	1.44	2.26	1.74
瑞典	1.26	0.51	1.71	0.61	0.53	2.15	1.07	1.14	1.08	1.81	1.21
日本	0.84	0.00	1.14	1.23	1.60	0.43	1.07	3.04	0.72	1.36	1.16
马来西亚	0.42	0.00	1.14	0.61	0.53	1.72	2.14	1.90	1.44	0.45	1.12
韩国	1.26	0.51	1.14	0.61	1.07	2.15	1.07	1.52	0.36	0.90	1.07
伊朗	0.42	0.00	0.57	0.00	0.53	1.29	0.71	2.28	3.24	0.00	1.03

表7—15　软件工程C层人才排名前20的国家和地区的占比

国家和地区\年份	2009	2010	2011	2012	2013	2014	2015	2016	2017	2018	合计
美国	27.65	28.11	24.29	25.26	23.98	24.87	22.96	21.68	19.45	17.44	23.27
中国大陆	6.63	8.15	8.83	9.69	12.21	11.46	13.14	15.06	16.76	21.18	12.73
德国	7.24	5.82	7.58	6.84	5.67	6.48	5.81	5.02	4.64	4.66	5.87
英国	5.74	5.72	5.69	5.75	5.61	5.28	4.44	5.80	5.14	4.66	5.34
加拿大	5.30	4.45	4.56	4.24	5.01	4.66	5.15	4.72	3.76	3.15	4.49
法国	4.59	4.76	4.56	4.85	4.96	4.09	3.63	3.83	3.49	3.40	4.13
意大利	3.80	3.49	3.44	3.27	4.14	3.55	4.64	4.20	3.87	3.78	3.86
西班牙	2.69	2.91	2.90	2.18	3.05	2.93	2.11	2.23	2.84	2.23	2.58
澳大利亚	2.87	1.75	1.78	2.36	2.40	2.13	2.26	2.68	3.38	3.49	2.57
瑞士	2.39	2.59	2.49	2.60	2.34	3.06	3.00	2.12	2.19	1.68	2.43
荷兰	2.61	3.28	2.07	2.73	1.69	2.18	2.03	1.79	1.99	1.60	2.16
中国香港	1.81	2.59	2.55	2.48	2.45	1.73	2.07	2.31	1.88	2.02	2.15
印度	1.46	1.43	1.78	1.27	0.87	1.64	1.44	2.01	3.03	4.29	2.00
新加坡	1.24	1.96	1.30	1.88	2.34	1.73	2.14	2.27	1.84	1.51	1.83
奥地利	1.59	1.85	1.48	1.57	1.74	2.09	1.87	1.71	1.73	1.85	1.76
韩国	1.94	2.17	1.48	1.14	1.38	1.33	1.75	2.15	1.47	1.67	
中国台湾	1.94	1.48	2.55	1.70	2.13	1.47	1.33	1.23	1.38	0.92	1.56
日本	1.86	1.11	1.54	0.85	1.31	1.29	1.75	1.60	1.27	1.89	1.48
以色列	1.59	1.96	1.54	1.33	1.74	1.51	1.56	1.08	0.77	0.80	1.35
瑞典	1.19	1.11	1.24	1.27	0.76	1.33	1.25	1.49	1.65	1.09	1.26

五　计算机硬件和体系架构

计算机硬件和体系架构A、B、C层人才最多的国家是美国，分别占该学科全球A、B、C层人才的28.57%、25.61%、26.70%。

中国大陆、英国、加拿大、韩国、澳大利亚、新加坡的A层人才比较多，世界占比在21%—3%之间；意大利、中国香港、法国、以色列、德国、日本、西班牙、伊朗、瑞典、芬兰、希腊、土耳其、马来西亚也有相当数量的A层人才，世界占比超过或接近1%。

中国大陆、澳大利亚、英国、加拿大、中国香港的B层人才比较多，世界占比在23%—3%之间；德国、韩国、法国、意大利、新加坡、日本、印度、西班牙、沙特、希腊、瑞典、中国台湾、瑞士、卡塔尔也有相当数量的 B 层人才，世界占比超过或接近 1%。

中国大陆、加拿大、英国、意大利、德国、法国的 C 层人才比较多，世界占比在 15%—3% 之间；澳大利亚、印度、中国香港、西班牙、中国台湾、韩国、新加坡、日本、瑞士、伊朗、荷兰、希腊、瑞典也有相当数量的 C 层人才，世界占比超过 1%。

表 7—16　　　　计算机硬件和体系架构 A 层人才排名前 20 的国家和地区的占比

国家和地区 \ 年份	2009	2010	2011	2012	2013	2014	2015	2016	2017	2018	合计
美国	40.74	38.46	21.43	33.33	23.81	21.74	36.00	24.00	34.62	5.56	28.57
中国大陆	7.41	7.69	7.14	16.67	9.52	26.09	28.00	36.00	26.92	33.33	20.95
英国	3.70	0.00	7.14	5.56	19.05	4.35	4.00	4.00	3.85	0.00	5.24
加拿大	11.11	7.69	0.00	11.11	4.76	4.35	8.00	0.00	0.00	0.00	4.76
韩国	0.00	7.69	0.00	5.56	9.52	0.00	0.00	0.00	3.85	16.67	3.81
澳大利亚	3.70	0.00	0.00	5.56	0.00	4.35	0.00	8.00	3.85	11.11	3.81
新加坡	3.70	7.69	7.14	0.00	4.76	0.00	12.00	4.00	0.00	0.00	3.81
意大利	0.00	7.69	7.14	5.56	0.00	0.00	4.00	4.00	0.00	5.56	2.86
中国香港	0.00	0.00	7.14	5.56	4.76	0.00	4.00	0.00	3.85	0.00	2.38
法国	0.00	7.69	0.00	0.00	0.00	13.04	0.00	0.00	0.00	0.00	1.90
以色列	11.11	0.00	0.00	0.00	4.76	0.00	0.00	0.00	0.00	0.00	1.90
德国	0.00	0.00	7.14	5.56	0.00	0.00	0.00	8.00	0.00	0.00	1.90
日本	0.00	0.00	0.00	0.00	0.00	0.00	0.00	4.00	0.00	11.11	1.43
西班牙	3.70	0.00	7.14	0.00	4.76	0.00	0.00	0.00	0.00	0.00	1.43
伊朗	0.00	0.00	0.00	5.56	0.00	4.35	0.00	0.00	0.00	0.00	0.95
瑞典	3.70	0.00	7.14	0.00	0.00	0.00	0.00	0.00	0.00	0.00	0.95
芬兰	0.00	7.69	0.00	0.00	0.00	4.35	0.00	0.00	0.00	0.00	0.95
希腊	0.00	0.00	0.00	0.00	4.76	0.00	0.00	0.00	3.85	0.00	0.95
土耳其	3.70	7.69	0.00	0.00	0.00	0.00	0.00	0.00	0.00	0.00	0.95
马来西亚	0.00	0.00	0.00	0.00	0.00	4.35	0.00	0.00	3.85	0.00	0.95

表7—17　计算机硬件和体系架构 B 层人才排名前20的国家和地区的占比

国家和地区\年份	2009	2010	2011	2012	2013	2014	2015	2016	2017	2018	合计
美国	43.37	39.69	35.81	27.98	24.76	24.36	20.53	19.37	17.28	9.34	25.61
中国大陆	6.83	13.74	14.86	14.88	21.36	23.08	27.76	28.38	30.45	40.66	22.68
澳大利亚	2.01	6.11	6.08	4.76	5.83	4.27	5.70	7.66	7.00	7.14	5.57
英国	3.21	6.87	5.41	5.36	5.83	5.98	3.80	1.80	4.12	6.04	4.64
加拿大	3.21	3.82	3.38	2.38	5.83	3.85	4.94	4.95	3.29	4.95	4.11
中国香港	2.81	3.05	2.03	3.57	4.37	2.99	3.04	3.60	3.70	2.75	3.23
德国	2.41	7.63	2.70	4.17	3.40	3.85	1.90	0.90	1.23	1.10	2.69
韩国	2.41	1.53	2.70	2.38	1.94	3.42	3.04	2.70	2.88	2.20	2.59
法国	6.02	1.53	3.38	2.98	2.91	2.14	1.52	0.90	1.23	0.55	2.35
意大利	2.01	1.53	1.35	3.57	2.43	1.28	2.28	2.25	3.29	2.20	2.25
新加坡	0.80	3.05	2.03	2.98	1.46	2.99	2.66	0.90	2.06	3.85	2.20
日本	2.81	0.76	0.68	1.79	0.00	1.71	1.52	2.25	2.06	3.30	1.76
印度	0.80	0.00	1.35	1.79	2.91	1.28	0.76	1.35	2.88	3.30	1.66
西班牙	2.01	0.00	2.03	2.38	1.94	2.56	0.76	1.35	0.82	0.00	1.42
沙特	0.00	0.00	0.68	0.60	1.46	0.85	2.28	4.05	1.23	1.65	1.37
希腊	0.40	1.53	0.68	1.19	2.91	2.56	2.28	0.90	0.41	0.00	1.32
瑞典	0.40	0.76	0.00	1.19	0.49	0.00	1.52	1.35	2.47	3.30	1.17
中国台湾	2.41	0.00	2.03	0.00	1.46	0.85	0.00	1.80	1.23	0.00	1.03
瑞士	2.41	1.53	0.68	1.79	0.00	0.85	1.52	0.00	0.41	0.55	0.98
卡塔尔	0.00	0.76	0.68	0.60	0.00	0.85	1.14	1.80	2.06	1.10	0.93

表7—18　计算机硬件和体系架构 C 层人才排名前20的国家和地区的占比

国家和地区\年份	2009	2010	2011	2012	2013	2014	2015	2016	2017	2018	合计
美国	35.65	35.64	32.03	31.24	28.46	27.16	21.67	20.97	21.55	16.88	26.70
中国大陆	6.26	7.53	12.12	11.04	13.54	13.83	14.83	18.69	18.82	24.95	14.24
加拿大	4.59	6.37	4.63	4.09	4.96	4.11	4.24	3.89	2.94	3.64	4.25
英国	4.27	4.04	4.48	4.45	3.42	3.70	3.71	3.99	4.47	4.56	4.08
意大利	4.27	3.34	4.56	3.90	4.45	4.02	4.01	4.48	3.80	2.65	3.99
德国	4.94	4.19	3.92	3.84	3.73	3.83	4.01	2.77	2.81	2.03	3.64
法国	3.67	2.41	3.64	3.54	3.42	3.19	3.59	2.48	2.52	1.79	3.07
澳大利亚	2.27	2.17	1.75	2.93	2.55	1.96	3.25	2.87	3.72	4.81	2.85

续表

国家和地区\年份	2009	2010	2011	2012	2013	2014	2015	2016	2017	2018	合计
印度	1.44	1.01	1.96	2.44	2.10	2.65	4.39	2.38	3.72	4.99	2.79
中国香港	2.75	2.72	4.13	2.50	2.71	3.47	2.41	2.43	2.40	2.65	2.77
西班牙	2.51	2.95	2.66	2.62	2.86	2.37	2.64	1.80	3.27	2.28	2.60
中国台湾	3.19	3.34	2.59	2.99	3.17	2.19	2.41	2.38	1.99	1.11	2.52
韩国	2.07	2.56	1.96	1.59	2.20	2.37	2.22	2.87	2.19	2.28	2.24
新加坡	2.07	2.17	2.31	1.83	2.30	2.24	1.57	2.48	2.03	1.79	2.06
日本	2.31	1.79	1.05	2.50	2.30	1.87	2.56	1.56	2.27	1.36	2.02
瑞士	1.83	1.94	1.47	1.53	1.12	1.60	1.26	1.61	1.36	0.99	1.47
伊朗	0.52	0.85	0.77	0.98	1.33	1.37	1.26	1.22	1.90	2.40	1.27
荷兰	1.83	2.25	0.84	1.16	1.33	0.82	1.11	1.07	0.50	0.43	1.12
希腊	1.08	1.24	1.26	1.28	1.33	0.96	1.07	0.92	0.74	0.99	1.06
瑞典	1.08	0.78	0.91	0.92	0.72	0.91	1.45	1.36	1.32	0.62	1.05

六 信息系统

信息系统A、B、C层人才最多的国家是美国，分别占该学科全球A、B、C层人才的25.78%、24.57%、22.43%。

中国大陆、英国、加拿大、德国、澳大利亚、西班牙、韩国的A层人才比较多，世界占比在15%—3%之间；意大利、法国、新加坡、中国香港、印度、日本、荷兰、土耳其、以色列、希腊、中国台湾、比利时也有相当数量的A层人才，世界占比超过或接近1%。

中国大陆、英国、加拿大、澳大利亚、德国的B层人才比较多，世界占比在19%—3%之间；新加坡、韩国、中国香港、意大利、法国、西班牙、印度、中国台湾、瑞士、日本、荷兰、瑞典、沙特、希腊也有相当数量的B层人才，世界占比超过1%。

中国大陆、英国、加拿大、德国、澳大利亚、意大利的C层人才比较多，世界占比在17%—3%之间；西班牙、法国、韩国、中国香港、中国台湾、印度、新加坡、荷兰、日本、瑞士、瑞典、希腊、沙特也有相当数量的C层人才，世界占比超过或接近1%。

表 7—19　信息系统 A 层人才排名前 20 的国家和地区的占比

国家和地区\年份	2009	2010	2011	2012	2013	2014	2015	2016	2017	2018	合计
美国	31.25	50.00	29.27	30.56	34.78	18.33	22.22	23.88	15.63	16.92	25.78
中国大陆	0.00	0.00	7.32	5.56	6.52	21.67	16.67	16.42	21.88	32.31	14.55
英国	12.50	2.27	9.76	8.33	6.52	5.00	6.94	7.46	7.81	1.54	6.63
加拿大	6.25	13.64	4.88	2.78	6.52	5.00	1.39	8.96	7.81	4.62	6.08
德国	8.33	4.55	7.32	11.11	4.35	3.33	2.78	5.97	4.69	0.00	4.79
澳大利亚	2.08	2.27	0.00	5.56	4.35	8.33	1.39	1.49	4.69	4.62	3.50
西班牙	8.33	4.55	2.44	5.56	8.70	3.33	2.78	2.99	0.00	0.00	3.50
韩国	2.08	2.27	2.44	0.00	4.35	1.67	6.94	4.48	4.69	1.54	3.31
意大利	2.08	4.55	4.88	5.56	4.35	5.00	2.78	2.99	0.00	0.00	2.95
法国	0.00	0.00	2.44	5.56	4.35	8.33	1.39	1.49	1.56	1.54	2.58
新加坡	0.00	2.27	2.44	0.00	4.35	1.67	4.17	2.99	3.13	0.00	2.21
中国香港	0.00	2.27	0.00	2.78	0.00	1.67	2.78	1.49	1.56	3.08	1.66
印度	0.00	0.00	2.44	2.78	0.00	3.33	1.39	1.49	3.13	1.54	1.66
日本	0.00	2.27	2.44	0.00	0.00	0.00	2.78	0.00	0.00	6.15	1.47
荷兰	4.17	0.00	4.88	2.78	0.00	0.00	1.39	0.00	0.00	0.00	1.10
土耳其	2.08	2.27	0.00	2.78	2.17	1.67	0.00	0.00	1.56	0.00	1.10
以色列	8.33	0.00	2.44	0.00	0.00	0.00	1.39	0.00	0.00	0.00	1.10
希腊	2.08	0.00	0.00	5.56	4.35	1.67	0.00	0.00	0.00	0.00	1.10
中国台湾	2.08	0.00	2.44	0.00	0.00	0.00	0.00	1.49	3.13	1.54	1.10
比利时	2.08	0.00	2.44	0.00	0.00	0.00	1.39	1.49	0.00	1.54	0.92

表 7—20　信息系统 B 层人才排名前 20 的国家和地区的占比

国家和地区\年份	2009	2010	2011	2012	2013	2014	2015	2016	2017	2018	合计
美国	37.44	36.59	31.98	29.19	28.57	25.09	20.53	18.11	19.06	12.72	24.57
中国大陆	6.51	8.02	10.30	11.18	11.67	18.77	18.97	21.76	27.66	35.02	18.45
英国	4.65	6.52	4.34	8.70	7.38	5.05	6.11	6.48	6.58	5.92	6.12
加拿大	5.35	4.51	4.07	3.73	5.00	5.96	5.80	6.48	4.22	3.66	4.98
澳大利亚	3.02	2.01	2.71	1.24	3.10	3.07	3.92	4.15	5.40	2.79	3.33
德国	3.72	5.51	5.42	3.42	3.33	3.25	4.39	2.66	1.85	1.05	3.31
新加坡	2.33	0.75	2.98	2.48	2.14	4.33	3.13	4.15	2.87	2.44	2.88
韩国	1.63	3.01	2.44	3.11	2.38	1.81	2.66	2.33	1.52	3.31	2.39

续表

国家和地区\年份	2009	2010	2011	2012	2013	2014	2015	2016	2017	2018	合计
中国香港	3.49	2.26	2.17	2.80	1.90	2.71	2.04	1.99	2.36	1.92	2.33
意大利	3.02	3.01	2.71	4.04	2.38	1.99	2.35	1.99	1.69	1.05	2.29
法国	1.86	3.26	2.44	1.86	3.33	2.71	2.98	1.99	1.35	1.05	2.24
西班牙	1.86	2.26	1.90	3.42	3.33	3.25	1.88	1.50	0.51	1.57	2.04
印度	0.47	0.75	1.36	2.48	1.19	0.90	1.88	2.33	2.53	4.70	1.96
中国台湾	2.09	1.25	2.17	0.93	2.14	1.44	1.72	1.50	1.69	1.05	1.59
瑞士	1.86	3.51	2.98	2.17	2.14	1.08	1.41	1.00	0.34	0.00	1.47
日本	1.63	0.75	1.08	0.31	1.43	1.44	0.47	2.66	1.69	1.92	1.41
荷兰	3.72	2.26	2.44	2.48	0.48	1.26	0.94	0.66	0.51	0.17	1.33
瑞典	0.47	1.25	1.36	0.62	0.95	0.54	1.88	1.16	2.36	1.74	1.31
沙特	0.00	0.00	0.54	0.31	1.19	1.26	1.41	2.33	2.70	1.74	1.31
希腊	1.16	0.75	1.63	1.86	1.90	1.62	1.57	0.66	0.84	0.17	1.16

表7—21　　信息系统C层人才排名前20的国家和地区的占比

国家和地区\年份	2009	2010	2011	2012	2013	2014	2015	2016	2017	2018	合计
美国	30.21	27.57	27.63	25.98	22.82	22.86	21.24	19.38	17.81	14.58	22.43
中国大陆	8.28	8.47	8.62	11.13	12.87	13.45	15.07	20.44	24.32	30.89	16.09
英国	6.34	5.20	5.68	5.21	5.54	5.21	5.38	5.59	5.06	5.06	5.42
加拿大	4.67	4.52	4.80	5.08	3.99	3.82	3.63	4.05	3.94	3.88	4.15
德国	5.51	5.28	5.76	4.34	4.19	4.28	4.41	3.12	2.39	2.02	4.01
澳大利亚	3.42	3.40	2.72	3.02	2.95	3.35	3.43	3.66	3.62	4.02	3.40
意大利	3.65	3.83	3.21	3.25	3.82	3.76	3.64	3.36	3.04	1.85	3.34
西班牙	2.96	3.60	3.13	3.38	3.48	2.99	3.04	2.52	2.37	1.58	2.85
法国	2.66	3.20	3.38	2.89	3.00	3.13	3.20	2.28	1.75	1.54	2.67
韩国	2.06	2.13	2.17	2.80	2.37	2.51	2.21	2.59	2.85	2.68	2.44
中国香港	2.66	2.44	2.77	2.73	2.69	2.45	2.31	2.42	2.21	1.98	2.44
中国台湾	2.73	3.04	3.16	3.31	3.15	2.47	2.31	1.56	1.51	1.45	2.36
印度	1.06	1.07	1.43	1.93	1.55	1.97	3.11	2.79	3.22	3.58	2.29
新加坡	1.55	1.52	1.95	2.06	2.15	2.29	2.50	2.35	2.12	1.69	2.06
荷兰	2.45	3.04	2.44	1.90	2.30	1.84	1.71	1.23	0.85	0.67	1.76
日本	1.78	1.47	1.81	1.64	1.74	1.58	1.89	1.48	1.78	1.60	1.68

续表

国家和地区\年份	2009	2010	2011	2012	2013	2014	2015	2016	2017	2018	合计
瑞士	1.55	2.05	1.89	1.35	1.89	1.79	1.37	1.28	1.10	0.80	1.48
瑞典	0.86	0.94	1.32	1.06	0.94	1.15	1.06	1.41	1.21	1.01	1.11
希腊	1.46	1.65	1.73	1.19	1.21	1.04	0.91	0.92	0.66	0.61	1.09
沙特	0.16	0.36	0.38	0.61	0.82	0.90	0.99	1.14	1.53	1.94	0.94

七 控制论

控制论A、B、C层人才最多的国家是中国大陆,分别占该学科全球A、B、C层人才的43.14%、36.89%、22.42%。

澳大利亚、英国、中国香港、新加坡、美国的A层人才比较多,世界占比在14%—5%之间;荷兰、中国澳门、德国、加拿大也有相当数量的A层人才,世界占比超过1%。

英国、美国、澳大利亚、中国香港、加拿大、新加坡的B层人才比较多,世界占比在11%—3%之间;德国、中国澳门、韩国、法国、瑞士、西班牙、意大利、荷兰、沙特、新西兰、卡塔尔、印度、巴西也有相当数量的B层人才,世界占比超过或接近1%。

美国、英国、澳大利亚、德国、加拿大、中国香港的C层人才比较多,世界占比在20%—3%之间;意大利、新加坡、中国台湾、西班牙、法国、韩国、荷兰、日本、瑞士、沙特、中国澳门、印度、丹麦也有相当数量的C层人才,世界占比超过或接近1%。

表7—22　　　　控制论A层人才的国家和地区的占比

国家和地区\年份	2009	2010	2011	2012	2013	2014	2015	2016	2017	2018	合计
中国大陆	40.00	0.00	50.00	50.00	25.00	50.00	60.00	62.50	50.00	28.57	43.14
澳大利亚	0.00	0.00	25.00	0.00	0.00	0.00	20.00	0.00	37.50	28.57	13.73
英国	20.00	0.00	25.00	0.00	25.00	0.00	0.00	0.00	12.50	14.29	9.80
中国香港	20.00	25.00	0.00	0.00	0.00	0.00	0.00	12.50	0.00	14.29	7.84
新加坡	0.00	0.00	0.00	50.00	25.00	0.00	0.00	12.50	0.00	14.29	7.84
美国	20.00	25.00	0.00	0.00	0.00	25.00	0.00	0.00	0.00	0.00	5.88

续表

国家和地区\年份	2009	2010	2011	2012	2013	2014	2015	2016	2017	2018	合计
荷兰	0.00	25.00	0.00	0.00	25.00	0.00	0.00	0.00	0.00	0.00	3.92
中国澳门	0.00	0.00	0.00	0.00	0.00	25.00	0.00	12.50	0.00	0.00	3.92
德国	0.00	25.00	0.00	0.00	0.00	0.00	0.00	0.00	0.00	0.00	1.96
加拿大	0.00	0.00	0.00	0.00	0.00	0.00	20.00	0.00	0.00	0.00	1.96

表7—23　　控制论B层人才排名前20的国家和地区的占比

国家和地区\年份	2009	2010	2011	2012	2013	2014	2015	2016	2017	2018	合计
中国大陆	27.91	27.03	29.27	17.07	33.33	31.82	41.67	41.67	46.05	53.23	36.89
英国	16.28	5.41	17.07	24.39	9.80	13.64	8.33	6.94	9.21	3.23	10.68
美国	11.63	16.22	21.95	7.32	13.73	6.82	10.42	5.56	3.95	0.00	8.74
澳大利亚	4.65	2.70	4.88	2.44	7.84	13.64	8.33	11.11	11.84	9.68	8.35
中国香港	9.30	5.41	2.44	4.88	3.92	4.55	6.25	2.78	3.95	3.23	4.47
加拿大	2.33	2.70	7.32	4.88	3.92	0.00	2.08	4.17	6.58	6.45	4.27
新加坡	6.98	5.41	0.00	2.44	1.96	6.82	2.08	4.17	5.26	3.23	3.88
德国	2.33	2.70	0.00	2.44	3.92	2.27	0.00	4.17	3.95	0.00	2.33
中国澳门	0.00	0.00	2.44	0.00	0.00	2.27	2.08	2.78	2.63	6.45	2.14
韩国	4.65	2.70	0.00	2.44	3.92	0.00	0.00	1.32	4.84	0.00	1.94
法国	0.00	5.41	4.88	0.00	1.96	0.00	4.17	1.39	0.00	1.61	1.75
瑞士	2.33	0.00	0.00	7.32	3.92	2.27	0.00	2.78	0.00	0.00	1.75
西班牙	0.00	8.11	0.00	2.44	0.00	4.55	2.08	0.00	1.32	1.61	1.75
意大利	2.33	0.00	2.44	0.00	1.96	0.00	4.17	0.00	1.32	4.84	1.75
荷兰	0.00	0.00	2.44	12.20	0.00	0.00	0.00	2.78	0.00	0.00	1.55
沙特	0.00	0.00	0.00	2.44	0.00	0.00	2.08	4.17	1.32	0.00	1.17
新西兰	2.33	0.00	0.00	0.00	3.92	0.00	0.00	0.00	0.00	0.00	0.58
卡塔尔	0.00	0.00	0.00	0.00	0.00	0.00	2.08	1.39	0.00	1.61	0.58
印度	0.00	0.00	2.44	2.44	0.00	0.00	2.08	0.00	0.00	0.00	0.58
巴西	2.33	2.70	0.00	0.00	1.96	0.00	0.00	0.00	0.00	0.00	0.58

表7—24　控制论C层人才排名前20的国家和地区的占比

国家和地区 \ 年份	2009	2010	2011	2012	2013	2014	2015	2016	2017	2018	合计
中国大陆	11.24	13.40	13.99	14.10	16.35	23.46	24.89	23.53	34.18	33.62	22.42
美国	24.31	24.66	23.16	22.31	18.87	16.82	22.49	19.47	15.22	13.72	19.48
英国	9.40	11.53	7.63	8.46	7.13	6.16	7.21	7.84	5.74	6.00	7.49
澳大利亚	3.67	0.80	4.33	3.08	4.40	6.16	4.59	3.64	6.28	5.49	4.42
德国	5.05	4.02	5.09	4.10	5.66	3.55	2.84	4.76	3.34	2.06	3.98
加拿大	5.73	4.02	2.29	4.36	2.94	3.55	3.49	3.92	3.47	4.12	3.78
中国香港	2.29	2.68	3.05	2.31	2.10	3.32	4.15	3.64	4.94	3.60	3.36
意大利	2.52	3.75	2.80	3.59	3.35	3.32	1.97	2.94	2.54	3.43	2.98
新加坡	1.15	3.22	3.31	2.31	2.10	2.61	2.84	2.52	4.67	1.89	2.74
中国台湾	4.82	2.95	4.07	3.08	2.31	3.08	1.09	1.82	0.80	0.69	2.24
西班牙	2.98	3.75	3.56	2.82	2.52	2.13	1.53	1.82	1.07	1.37	2.18
法国	2.29	1.88	2.04	2.05	2.73	2.84	3.06	2.10	1.34	1.37	2.10
韩国	3.90	2.68	1.02	1.79	2.10	1.90	1.53	1.54	0.53	2.74	1.88
荷兰	2.52	2.14	1.78	3.33	2.94	1.90	1.53	1.54	0.53	1.54	1.84
日本	1.83	2.14	4.58	1.79	2.31	1.42	1.31	1.96	0.40	0.69	1.70
瑞士	2.06	0.80	2.29	2.82	3.98	0.47	0.22	0.56	0.27	0.69	1.28
沙特	0.00	0.00	0.25	1.28	0.84	1.42	1.53	1.96	1.74	1.72	1.20
中国澳门	0.00	0.00	0.25	0.26	0.21	1.42	1.09	1.54	2.27	3.09	1.20
印度	1.38	1.34	1.02	1.03	1.68	1.66	0.87	1.12	0.67	1.37	1.18
丹麦	1.38	1.07	1.53	0.00	0.63	0.71	1.53	1.12	0.67	1.20	0.98

八　计算机跨学科应用

计算机跨学科应用A、B、C层人才最多的国家是美国，分别占该学科全球A、B、C层人才的25.52%、22.35%、20.99%。

英国、中国大陆、德国、澳大利亚、瑞士、加拿大、法国、荷兰的A层人才比较多，世界占比在11%—3%之间；丹麦、西班牙、意大利、瑞典、沙特、南非、俄罗斯、葡萄牙、新加坡、中国香港、奥地利也有相当数量的A层人才，世界占比超过1%。

中国大陆、英国、德国、法国、澳大利亚、西班牙、加拿大的B层人才比较多，世界占比在13%—3%之间；荷兰、意大利、印度、瑞士、伊朗、新加坡、中国香港、马来西亚、土耳其、比利时、韩国、瑞典也有相当数量的 B 层人才，世界占比超过 1%。

中国大陆、英国、德国、法国、西班牙、澳大利亚、加拿大、意大利的 C 层人才比较多，世界占比在 13%—3% 之间；印度、伊朗、荷兰、中国台湾、韩国、瑞士、土耳其、中国香港、新加坡、日本、比利时也有相当数量的 C 层人才，世界占比超过 1%。

表 7—25 计算机跨学科应用 A 层人才排名前 20 的国家和地区的占比

国家和地区 \ 年份	2009	2010	2011	2012	2013	2014	2015	2016	2017	2018	合计
美国	18.92	42.86	34.38	35.29	30.30	25.64	26.00	20.41	18.75	13.16	25.52
英国	16.22	14.29	15.63	5.88	6.06	15.38	10.00	6.12	8.33	5.26	10.05
中国大陆	5.41	7.14	3.13	8.82	6.06	2.56	4.00	8.16	16.67	26.32	9.02
德国	10.81	0.00	6.25	8.82	6.06	12.82	8.00	6.12	4.17	2.63	6.70
澳大利亚	0.00	7.14	3.13	5.88	6.06	12.82	8.00	4.08	12.50	5.26	6.70
瑞士	2.70	0.00	0.00	8.82	0.00	5.13	8.00	4.08	4.17	2.63	3.87
加拿大	2.70	3.57	0.00	2.94	0.00	2.56	4.00	4.08	10.42	5.26	3.87
法国	5.41	3.57	3.13	0.00	3.03	7.69	6.00	2.04	2.08	0.00	3.35
荷兰	2.70	7.14	6.25	0.00	3.03	0.00	0.00	8.16	4.17	0.00	3.09
丹麦	5.41	0.00	0.00	0.00	3.03	0.00	4.00	4.08	4.17	2.63	2.58
西班牙	8.11	3.57	3.13	2.94	0.00	0.00	0.00	4.08	2.08	2.63	2.58
意大利	2.70	3.57	6.25	0.00	3.03	2.56	0.00	2.04	0.00	0.00	1.80
瑞典	2.70	0.00	0.00	0.00	0.00	6.06	2.56	2.00	4.08	0.00	1.80
沙特	0.00	0.00	0.00	0.00	0.00	0.00	0.00	2.04	4.17	5.26	1.29
南非	0.00	3.57	6.25	0.00	0.00	2.56	0.00	0.00	2.08	0.00	1.29
俄罗斯	0.00	0.00	0.00	2.94	3.03	0.00	0.00	0.00	0.00	2.63	1.03
葡萄牙	2.70	0.00	0.00	0.00	0.00	0.00	2.00	4.08	0.00	0.00	1.03
新加坡	0.00	0.00	0.00	2.94	0.00	0.00	0.00	0.00	0.00	7.89	1.03
中国香港	2.70	0.00	0.00	2.94	0.00	2.94	3.03	0.00	0.00	0.00	1.03
奥地利	2.70	0.00	3.13	2.94	3.03	0.00	0.00	0.00	0.00	0.00	1.03

表7—26 计算机跨学科应用 B 层人才排名前20的国家和地区的占比

国家和地区\年份	2009	2010	2011	2012	2013	2014	2015	2016	2017	2018	合计
美国	24.92	28.97	28.28	28.48	22.33	24.07	17.84	20.81	19.21	14.89	22.35
中国大陆	3.60	4.76	5.52	8.41	7.00	12.61	10.79	12.53	20.83	28.93	12.18
英国	11.11	7.14	7.24	9.06	8.00	6.88	9.25	6.94	5.09	5.90	7.61
德国	6.31	6.35	6.21	7.44	5.00	6.02	7.93	5.59	4.17	1.97	5.68
法国	6.31	5.16	5.17	3.88	3.67	4.01	3.52	2.46	2.31	1.97	3.69
澳大利亚	2.70	1.98	1.72	3.24	4.00	4.87	2.86	2.91	5.56	5.06	3.58
西班牙	4.20	4.76	4.48	2.59	3.67	3.44	3.52	3.13	2.78	1.97	3.38
加拿大	3.00	6.35	3.45	1.62	4.00	2.87	1.54	5.37	2.08	4.21	3.35
荷兰	3.00	4.76	4.14	2.91	2.67	2.58	2.42	3.80	2.31	0.84	2.87
意大利	4.50	1.59	2.07	2.59	3.00	2.01	2.86	0.89	1.85	2.81	2.39
印度	1.80	1.98	2.41	1.62	3.00	2.58	1.10	2.68	2.55	3.09	2.27
瑞士	2.70	1.59	3.79	2.27	2.33	1.72	1.98	1.57	1.85	2.25	2.16
伊朗	0.90	1.59	1.38	1.62	2.67	1.72	1.98	1.79	3.01	1.40	1.85
新加坡	1.80	1.98	1.72	1.29	1.33	0.57	1.10	1.57	2.31	2.25	1.59
中国香港	0.30	1.59	1.03	0.97	1.33	0.57	2.20	2.01	2.78	2.25	1.59
马来西亚	0.00	0.00	0.69	2.27	1.33	0.86	1.76	1.79	1.85	2.25	1.36
土耳其	1.50	0.79	2.07	1.62	2.33	0.86	2.64	0.45	0.46	0.84	1.33
比利时	2.10	1.98	2.07	2.91	1.00	0.29	1.10	0.67	0.69	1.40	1.33
韩国	1.20	1.19	1.03	1.62	1.33	0.86	1.32	1.12	2.08	1.12	1.31
瑞典	0.90	1.19	0.34	0.32	2.33	1.72	1.54	0.00	1.85	1.12	1.14

表7—27 计算机跨学科应用 C 层人才排名前20的国家和地区的占比

国家和地区\年份	2009	2010	2011	2012	2013	2014	2015	2016	2017	2018	合计
美国	23.90	26.14	22.61	23.58	21.71	21.32	19.54	18.95	18.71	17.09	20.99
中国大陆	7.24	7.97	8.96	10.28	11.41	11.25	13.12	14.12	17.06	19.85	12.54
英国	7.40	6.87	6.24	6.32	6.17	6.59	6.56	5.86	6.00	5.31	6.30
德国	5.84	5.33	5.75	5.73	5.17	4.83	5.17	4.49	4.47	3.36	4.95
法国	4.74	5.37	3.82	4.09	4.07	3.72	3.62	3.11	2.50	2.31	3.63
西班牙	3.97	3.95	4.24	3.63	4.64	3.87	3.46	2.97	2.87	3.30	3.62
澳大利亚	2.87	2.49	3.00	3.08	3.57	3.02	3.72	3.45	3.72	4.02	3.35
加拿大	4.13	3.55	3.96	3.41	2.87	3.78	3.41	3.02	2.77	2.89	3.35

续表

国家和地区＼年份	2009	2010	2011	2012	2013	2014	2015	2016	2017	2018	合计
意大利	3.39	3.71	3.31	3.57	3.20	3.63	3.34	3.27	3.22	2.78	3.32
印度	1.93	1.58	2.58	2.36	2.13	2.75	2.80	3.54	3.62	4.35	2.86
伊朗	2.26	2.17	2.24	2.62	3.07	2.43	2.77	3.00	3.52	3.55	2.81
荷兰	2.93	2.65	2.79	2.69	2.87	2.34	2.19	2.16	1.67	1.46	2.32
中国台湾	3.03	3.63	3.27	2.59	2.07	2.23	1.93	1.41	1.60	1.18	2.19
韩国	1.68	1.58	1.48	2.03	1.23	1.44	1.62	1.82	1.85	2.12	1.70
瑞士	1.96	1.62	1.72	1.64	1.93	1.82	1.69	1.54	1.42	1.16	1.64
土耳其	2.26	1.14	1.90	1.47	1.83	1.44	1.58	1.48	1.00	1.40	1.54
中国香港	1.13	1.58	1.41	2.00	1.27	1.17	1.62	1.48	1.55	2.09	1.53
新加坡	0.95	1.14	1.21	1.21	1.27	1.17	1.43	1.38	1.60	1.84	1.34
日本	1.80	1.34	1.38	1.28	1.00	1.14	1.01	1.29	1.60	1.13	1.29
比利时	1.16	2.01	1.52	1.24	1.53	1.05	1.01	0.89	0.85	0.77	1.15

九 自动化和控制系统

自动化和控制系统A、B、C层人才最多的国家是中国大陆，分别占该学科全球A、B、C层人才的30.17%、31.17%、24.69%。

美国、澳大利亚、英国、德国、中国香港的A层人才比较多，世界占比在13%—4%之间；加拿大、西班牙、土耳其、韩国、意大利、智利、荷兰、法国、新加坡、沙特、俄罗斯、瑞典、中国澳门、印度也有相当数量的A层人才，世界占比超过1%。

美国、英国、澳大利亚、中国香港、加拿大、新加坡的B层人才比较多，世界占比在15%—3%之间；意大利、德国、法国、西班牙、韩国、沙特、瑞典、瑞士、丹麦、印度、荷兰、伊朗、中国澳门也有相当数量的B层人才，世界占比超过或接近1%。

美国、英国、法国、意大利、加拿大、澳大利亚、德国的C层人才比较多，世界占比在15%—3%之间；印度、韩国、中国香港、西班牙、新加坡、伊朗、日本、中国台湾、瑞士、荷兰、瑞典、墨西哥也有相当数量的C层人才，世界占比超过或接近1%。

表7—28 自动化和控制系统 A 层人才排名前20的国家和地区的占比

国家和地区 \ 年份	2009	2010	2011	2012	2013	2014	2015	2016	2017	2018	合计
中国大陆	11.54	11.11	4.00	14.81	14.71	30.56	31.71	41.86	54.17	51.22	30.17
美国	26.92	18.52	32.00	18.52	8.82	16.67	14.63	2.33	0.00	4.88	12.36
澳大利亚	0.00	0.00	0.00	7.41	8.82	8.33	7.32	9.30	14.58	12.20	7.76
英国	3.85	0.00	8.00	7.41	8.82	5.56	4.88	9.30	12.50	2.44	6.61
德国	7.69	3.70	8.00	7.41	5.88	5.56	4.88	9.30	0.00	2.44	5.17
中国香港	7.69	3.70	4.00	0.00	2.94	5.56	0.00	4.65	6.25	4.88	4.02
加拿大	7.69	11.11	0.00	3.70	0.00	2.78	0.00	6.98	0.00	0.00	2.87
西班牙	0.00	7.41	4.00	0.00	0.00	2.78	2.44	4.65	4.17	2.44	2.87
土耳其	3.85	3.70	8.00	0.00	5.88	0.00	4.88	0.00	2.08	0.00	2.59
韩国	0.00	0.00	4.00	0.00	0.00	2.78	7.32	0.00	2.08	2.44	2.01
意大利	3.85	0.00	4.00	0.00	2.94	0.00	4.88	0.00	0.00	4.88	2.01
智利	3.85	11.11	0.00	3.70	2.94	0.00	0.00	0.00	2.08	0.00	2.01
荷兰	0.00	3.70	0.00	7.41	5.88	2.78	0.00	0.00	0.00	0.00	1.72
法国	3.85	3.70	4.00	3.70	2.94	0.00	0.00	0.00	0.00	0.00	1.44
新加坡	3.85	0.00	0.00	3.70	5.88	0.00	0.00	2.33	0.00	0.00	1.44
沙特	0.00	0.00	0.00	0.00	0.00	5.56	2.44	0.00	0.00	2.44	1.15
俄罗斯	3.85	0.00	0.00	3.70	0.00	0.00	0.00	2.44	2.33	0.00	1.15
瑞典	0.00	0.00	0.00	7.41	2.94	0.00	2.44	0.00	0.00	0.00	1.15
中国澳门	0.00	0.00	0.00	0.00	0.00	0.00	0.00	2.33	2.08	4.88	1.15
印度	0.00	7.41	0.00	0.00	2.94	0.00	0.00	2.33	0.00	0.00	1.15

表7—29 自动化和控制系统 B 层人才排名前20的国家和地区的占比

国家和地区 \ 年份	2009	2010	2011	2012	2013	2014	2015	2016	2017	2018	合计
中国大陆	18.60	20.16	20.00	19.50	25.22	28.74	33.33	37.53	44.42	47.48	31.17
美国	23.14	24.69	17.33	21.63	12.61	17.30	9.79	11.05	7.60	6.82	14.16
英国	7.44	4.94	3.56	10.64	7.33	6.16	4.76	7.20	5.70	5.04	6.28
澳大利亚	5.79	4.53	4.89	5.67	5.87	5.87	8.73	5.14	7.60	6.82	6.25
中国香港	2.89	5.76	2.22	4.96	3.81	2.35	3.97	3.86	4.99	3.56	3.88
加拿大	4.96	3.70	3.11	3.90	2.64	2.35	2.12	4.11	4.04	4.15	3.47
新加坡	2.07	1.65	4.00	1.77	2.35	3.81	3.17	3.86	4.99	2.97	3.19
意大利	2.89	4.12	3.56	4.61	2.35	4.11	3.17	2.31	1.43	2.08	2.94

续表

国家和地区\年份	2009	2010	2011	2012	2013	2014	2015	2016	2017	2018	合计
德国	2.89	5.35	3.11	3.90	3.81	2.93	2.65	2.57	1.43	0.89	2.81
法国	2.89	2.06	5.33	2.13	3.52	2.05	3.44	2.06	1.90	1.78	2.63
西班牙	3.31	2.06	4.00	1.42	4.40	1.76	2.65	1.03	0.71	0.59	2.06
韩国	1.65	0.41	2.67	1.06	2.05	2.05	2.65	2.06	2.38	2.08	1.97
沙特	0.00	0.00	0.00	0.00	0.88	0.59	2.12	2.31	2.38	2.97	1.31
瑞典	0.83	1.23	0.89	1.06	1.47	2.05	1.85	0.51	0.71	1.78	1.25
瑞士	2.48	1.65	2.67	2.84	1.47	0.88	1.06	0.77	0.00	0.00	1.22
丹麦	1.24	0.82	2.67	0.71	2.35	1.47	0.53	0.51	0.95	0.30	1.09
印度	0.41	1.65	1.33	0.35	1.47	1.17	1.32	0.77	0.48	1.19	1.00
荷兰	0.83	1.23	2.22	1.06	1.17	0.88	0.26	0.77	0.95	0.00	0.88
伊朗	0.41	0.41	0.44	0.35	0.88	3.23	1.06	0.51	0.00	0.89	0.84
中国澳门	0.00	0.00	0.00	0.00	0.00	0.88	0.79	1.29	1.66	2.08	0.78

表7—30 自动化和控制系统C层人才排名前20的国家和地区的占比

国家和地区\年份	2009	2010	2011	2012	2013	2014	2015	2016	2017	2018	合计
中国大陆	13.15	15.91	17.73	18.94	21.21	23.96	26.33	29.33	33.42	35.27	24.69
美国	19.23	19.28	16.66	16.96	15.49	13.36	14.07	11.88	12.02	9.96	14.41
英国	5.24	5.29	5.91	5.19	4.81	4.68	4.05	5.27	4.10	4.77	4.85
法国	5.36	5.12	5.60	4.72	5.14	3.60	3.89	3.67	2.65	2.72	4.08
意大利	4.48	4.00	5.02	5.08	4.09	3.48	3.81	3.30	3.02	2.72	3.79
加拿大	4.06	3.79	3.94	3.82	3.82	3.45	3.56	3.61	3.37	3.51	3.66
澳大利亚	3.48	3.33	4.30	3.49	3.13	3.81	3.26	3.36	4.06	3.79	3.59
德国	3.60	4.54	3.05	4.32	3.55	3.20	2.46	3.07	2.21	1.65	3.07
印度	3.31	2.17	2.73	2.41	2.95	2.15	3.39	2.30	3.15	3.18	2.79
韩国	2.93	2.62	2.33	2.74	2.29	2.78	2.87	2.81	2.53	3.24	2.72
中国香港	2.09	2.12	2.28	2.12	2.20	2.42	2.71	2.92	2.88	2.96	2.52
西班牙	3.56	2.87	3.72	3.28	3.16	2.39	2.22	1.76	1.13	1.56	2.42
新加坡	2.30	2.00	2.19	2.05	2.08	2.39	2.41	2.32	2.88	2.48	2.34
伊朗	1.55	1.92	1.75	1.58	2.20	2.18	2.41	2.27	2.31	2.81	2.15
日本	3.10	2.17	2.06	1.84	1.50	1.87	1.45	1.29	0.88	0.83	1.60
中国台湾	2.85	2.42	2.28	2.30	1.68	1.60	1.07	0.67	0.74	0.64	1.49

续表

国家和地区\年份	2009	2010	2011	2012	2013	2014	2015	2016	2017	2018	合计
瑞士	1.68	2.12	1.30	1.55	1.32	1.81	1.40	1.37	0.86	0.67	1.37
荷兰	1.42	2.17	1.25	1.55	1.47	1.57	0.96	1.24	0.96	1.16	1.34
瑞典	0.80	1.33	1.03	1.37	1.38	1.87	1.18	1.29	1.35	0.83	1.26
墨西哥	0.80	0.71	1.07	0.90	0.93	0.79	0.77	0.93	0.98	0.86	0.88

十 机器人学

机器人学A、B、C层人才最多的国家是美国，分别占该学科全球A、B、C层人才的40.57%、29.78%、24.35%。

德国、瑞士、意大利、英国、西班牙、中国大陆的A层人才比较多，世界占比在11%—3%之间；澳大利亚、比利时、中国香港、荷兰、瑞典、中国台湾、日本、新西兰、加拿大、哥伦比亚、新加坡、法国、以色列也有相当数量A层人才，世界占比超过或接近1%。

德国、瑞士、中国大陆、意大利、英国、法国、澳大利亚、日本、韩国、加拿大的B层人才比较多，世界占比在9%—3%之间；西班牙、中国香港、新加坡、荷兰、比利时、瑞典、希腊、印度、新西兰也有相当数量的B层人才，世界占比超过或接近1%。

德国、中国大陆、意大利、英国、法国、日本、瑞士、西班牙、加拿大的C层人才比较多，世界占比在9%—3%之间；澳大利亚、韩国、新加坡、荷兰、葡萄牙、波兰、印度、瑞典、比利时、伊朗也有相当数量的C层人才，世界占比超过1%。

表7—31　机器人学A层人才排名前20的国家和地区的占比

国家和地区\年份	2009	2010	2011	2012	2013	2014	2015	2016	2017	2018	合计
美国	42.86	75.00	80.00	44.44	12.50	45.45	42.11	26.67	33.33	33.33	40.57
德国	0.00	0.00	20.00	11.11	25.00	18.18	5.26	13.33	8.33	8.33	10.38
瑞士	0.00	12.50	0.00	0.00	0.00	9.09	15.79	6.67	16.67	8.33	8.49
意大利	14.29	12.50	0.00	11.11	12.50	9.09	5.26	6.67	0.00	0.00	6.60
英国	0.00	0.00	0.00	0.00	12.50	0.00	5.26	6.67	16.67	8.33	5.66
西班牙	0.00	0.00	0.00	11.11	0.00	9.09	5.26	6.67	8.33	0.00	4.72

续表

国家和地区 \ 年份	2009	2010	2011	2012	2013	2014	2015	2016	2017	2018	合计
中国大陆	0.00	0.00	0.00	0.00	0.00	0.00	5.26	0.00	8.33	16.67	3.77
澳大利亚	0.00	0.00	0.00	11.11	0.00	0.00	0.00	13.33	0.00	0.00	2.83
比利时	0.00	0.00	0.00	0.00	25.00	0.00	5.26	0.00	0.00	0.00	2.83
中国香港	0.00	0.00	0.00	0.00	0.00	0.00	5.26	0.00	8.33	8.33	2.83
荷兰	14.29	0.00	0.00	0.00	12.50	0.00	0.00	0.00	0.00	0.00	1.89
瑞典	0.00	0.00	0.00	0.00	0.00	9.09	0.00	6.67	0.00	0.00	1.89
中国台湾	0.00	0.00	0.00	0.00	0.00	0.00	0.00	0.00	0.00	8.33	0.94
日本	14.29	0.00	0.00	0.00	0.00	0.00	0.00	0.00	0.00	0.00	0.94
新西兰	0.00	0.00	0.00	11.11	0.00	0.00	0.00	0.00	0.00	0.00	0.94
加拿大	14.29	0.00	0.00	0.00	0.00	0.00	0.00	0.00	0.00	0.00	0.94
哥伦比亚	0.00	0.00	0.00	0.00	0.00	0.00	0.00	6.67	0.00	0.00	0.94
新加坡	0.00	0.00	0.00	0.00	0.00	0.00	0.00	0.00	0.00	8.33	0.94
法国	0.00	0.00	0.00	0.00	0.00	0.00	5.26	0.00	0.00	0.00	0.94
以色列	0.00	0.00	0.00	0.00	0.00	0.00	0.00	6.67	0.00	0.00	0.94

表 7—32　机器人学 B 层人才排名前 20 的国家和地区的占比

国家和地区 \ 年份	2009	2010	2011	2012	2013	2014	2015	2016	2017	2018	合计
美国	48.24	32.91	40.35	31.40	27.06	35.92	24.42	24.09	27.73	20.37	29.78
德国	5.88	7.59	12.28	11.63	11.76	8.74	11.05	8.76	6.72	3.70	8.73
瑞士	1.18	8.86	8.77	6.98	12.94	7.77	6.98	8.76	4.20	3.70	6.89
中国大陆	1.18	6.33	1.75	3.49	5.88	0.97	6.40	4.38	13.45	14.81	6.30
意大利	3.53	3.80	3.51	6.98	4.71	7.77	7.56	7.30	4.20	3.70	5.63
英国	2.35	5.06	8.77	2.33	2.35	5.83	4.07	3.65	5.04	8.33	4.66
法国	8.24	2.53	1.75	4.65	7.06	2.91	5.23	6.57	0.84	2.78	4.36
澳大利亚	0.00	2.53	3.51	10.47	2.35	2.91	3.49	1.46	2.52	3.70	3.20
日本	7.06	8.86	1.75	2.33	2.35	0.97	1.74	3.65	1.68	2.78	3.10
韩国	1.18	1.27	0.00	6.98	3.53	2.91	2.33	1.46	5.04	5.56	3.10
加拿大	4.71	2.53	0.00	1.16	3.53	5.83	3.49	2.92	2.52	1.85	3.01
西班牙	4.71	5.06	5.26	2.33	4.71	2.91	2.33	2.92	0.00	0.93	2.81
中国香港	2.35	1.27	1.75	1.16	1.18	0.97	0.58	2.19	5.04	6.48	2.33
新加坡	0.00	1.27	3.51	0.00	1.18	0.00	2.33	1.46	5.88	1.85	1.84

续表

国家和地区\年份	2009	2010	2011	2012	2013	2014	2015	2016	2017	2018	合计
荷兰	1.18	2.53	1.75	2.33	0.00	1.94	0.58	2.19	0.00	1.85	1.36
比利时	1.18	2.53	0.00	1.16	0.00	0.97	1.74	1.46	0.84	1.85	1.26
瑞典	0.00	0.00	0.00	1.16	0.00	0.97	1.16	0.73	2.52	2.78	1.07
希腊	1.18	1.27	0.00	0.00	1.18	0.97	1.16	1.46	0.00	0.93	0.87
印度	1.18	1.27	0.00	0.00	0.00	0.00	1.16	0.73	0.00	2.78	0.78
新西兰	1.18	0.00	1.75	0.00	1.18	0.97	0.58	0.00	1.68	0.00	0.68

表 7—33　机器人学 C 层人才排名前 20 的国家和地区的占比

国家和地区\年份	2009	2010	2011	2012	2013	2014	2015	2016	2017	2018	合计
美国	27.69	30.01	28.55	28.57	24.69	27.09	23.64	20.91	20.24	19.70	24.35
德国	9.90	9.17	10.13	11.06	9.14	7.53	8.66	8.55	7.73	5.18	8.51
中国大陆	6.14	5.77	5.34	5.84	5.49	6.90	6.51	8.77	9.73	14.43	7.80
意大利	4.39	4.33	6.63	6.46	6.97	6.49	7.21	7.24	6.69	6.48	6.44
英国	4.51	4.72	4.05	4.35	4.91	5.96	5.69	6.43	6.95	7.12	5.68
法国	5.64	4.98	4.60	5.71	4.57	4.39	4.30	4.53	3.91	5.00	4.69
日本	7.89	4.98	5.16	4.60	3.54	2.82	3.29	3.22	4.00	2.68	3.98
瑞士	3.63	3.93	3.31	4.10	4.91	3.77	3.67	3.44	3.65	2.96	3.71
西班牙	4.14	5.37	3.31	3.23	4.23	3.45	2.97	3.51	3.30	3.05	3.57
加拿大	4.51	4.72	3.68	2.98	3.43	3.45	3.41	3.65	2.43	3.52	3.52
澳大利亚	2.63	3.15	3.68	2.73	3.20	2.62	2.78	3.00	2.00	2.87	2.81
韩国	2.13	1.83	2.21	2.36	2.51	2.51	2.65	2.63	3.04	3.15	2.57
新加坡	1.25	1.18	0.74	0.62	0.80	2.09	1.77	2.63	1.30	2.04	1.57
荷兰	1.00	1.70	1.29	2.11	1.71	1.99	1.14	1.24	1.22	1.39	1.44
葡萄牙	1.00	1.05	1.47	1.74	2.29	1.36	1.07	1.17	1.39	0.65	1.28
波兰	0.13	0.13	0.37	0.12	1.03	1.78	2.72	1.75	1.56	0.83	1.26
印度	1.50	1.05	0.74	0.62	0.69	0.63	1.77	1.46	1.65	1.30	1.23
瑞典	1.63	2.62	0.92	1.24	1.71	1.05	1.01	1.39	0.78	0.46	1.23
比利时	0.88	0.79	1.66	1.12	0.57	0.84	1.39	0.58	1.30	1.20	1.03
伊朗	0.75	0.79	1.29	0.25	1.14	1.26	0.95	1.24	1.39	1.02	1.03

十一 量子科学和技术

量子科学和技术A、B、C层人才最多的国家是美国,分别占该学科全球A、B、C层人才的38.46%、21.67%、18.62%。

日本、瑞士的A层人才比较多,世界占比均为15.38%;墨西哥、法国、巴西、德国也有相当数量的A层人才,世界占比均为7.69%。

英国、中国大陆、意大利、法国、德国、荷兰、加拿大、日本、澳大利亚、俄罗斯的B层人才比较多,世界占比在10%—3%之间;匈牙利、比利时、印度、西班牙、巴西、中国台湾、中国香港、葡萄牙、韩国也有相当数量的B层人才,世界占比超过1%。

中国大陆、英国、德国、加拿大、法国、意大利、日本、西班牙的C层人才比较多,世界占比在10%—3%之间;荷兰、俄罗斯、瑞士、澳大利亚、印度、中国台湾、波兰、伊朗、瑞典、巴西、比利时也有相当数量的C层人才,世界占比超过1%。

表7—34 量子科学和技术A层人才排名前20的国家和地区的占比

国家和地区\年份	2009	2010	2011	2012	2013	2014	2015	2016	2017	2018	合计
美国	100.00	100.00	100.00	0.00	50.00	0.00	0.00	33.33	0.00	0.00	38.46
日本	0.00	0.00	0.00	50.00	0.00	0.00	0.00	0.00	0.00	33.33	15.38
瑞士	0.00	0.00	0.00	0.00	0.00	0.00	0.00	33.33	33.33	0.00	15.38
墨西哥	0.00	0.00	0.00	50.00	0.00	0.00	0.00	0.00	0.00	0.00	7.69
法国	0.00	0.00	0.00	0.00	0.00	0.00	0.00	0.00	0.00	33.33	7.69
巴西	0.00	0.00	0.00	0.00	0.00	0.00	0.00	33.33	0.00	0.00	7.69
德国	0.00	0.00	0.00	0.00	50.00	0.00	0.00	0.00	0.00	0.00	7.69

表7—35 量子科学和技术B层人才排名前20的国家和地区的占比

国家和地区\年份	2009	2010	2011	2012	2013	2014	2015	2016	2017	2018	合计
美国	54.55	11.11	16.67	16.67	30.43	21.74	4.55	18.18	17.39	19.35	21.67
英国	13.64	11.11	5.56	8.33	13.04	17.39	4.55	9.09	4.35	9.68	9.85
中国大陆	4.55	5.56	0.00	0.00	8.70	8.70	4.55	9.09	4.35	12.90	6.40
意大利	4.55	5.56	11.11	8.33	8.70	8.70	9.09	0.00	4.35	3.23	6.40

续表

国家和地区 \ 年份	2009	2010	2011	2012	2013	2014	2015	2016	2017	2018	合计
法国	0.00	5.56	11.11	8.33	13.04	8.70	9.09	9.09	0.00	0.00	5.91
德国	0.00	5.56	5.56	8.33	13.04	0.00	4.55	0.00	8.70	6.45	5.42
荷兰	0.00	5.56	5.56	8.33	4.35	0.00	4.55	0.00	0.00	9.68	3.94
加拿大	0.00	0.00	0.00	8.33	0.00	4.35	4.55	9.09	8.70	3.23	3.45
日本	0.00	5.56	11.11	8.33	4.35	0.00	0.00	9.09	4.35	0.00	3.45
澳大利亚	0.00	5.56	0.00	0.00	0.00	8.70	4.55	0.00	4.35	6.45	3.45
俄罗斯	4.55	5.56	0.00	0.00	0.00	0.00	4.55	9.09	4.35	6.45	3.45
匈牙利	0.00	5.56	5.56	0.00	0.00	0.00	9.09	0.00	4.35	0.00	2.46
比利时	0.00	0.00	0.00	8.33	0.00	8.70	4.55	0.00	4.35	0.00	2.46
印度	0.00	5.56	5.56	0.00	0.00	0.00	4.55	0.00	4.35	0.00	1.97
西班牙	0.00	5.56	0.00	8.33	0.00	0.00	4.55	0.00	0.00	0.00	1.97
巴西	0.00	0.00	0.00	0.00	0.00	0.00	4.55	9.09	4.35	0.00	1.48
中国台湾	0.00	0.00	5.56	0.00	0.00	0.00	4.55	0.00	4.35	0.00	1.48
中国香港	0.00	5.56	0.00	0.00	0.00	0.00	0.00	0.00	4.35	3.23	1.48
葡萄牙	4.55	0.00	0.00	0.00	0.00	0.00	0.00	9.09	0.00	3.23	1.48
韩国	4.55	0.00	0.00	0.00	0.00	0.00	4.55	0.00	4.35	0.00	1.48

表7—36　量子科学和技术C层人才排名前20的国家和地区的占比

国家和地区 \ 年份	2009	2010	2011	2012	2013	2014	2015	2016	2017	2018	合计
美国	25.00	23.08	21.19	16.89	17.47	16.07	19.32	17.38	16.00	15.22	18.62
中国大陆	2.23	2.71	5.08	4.00	13.97	8.48	10.61	13.48	17.20	16.61	9.82
英国	9.38	9.05	10.59	8.00	5.24	9.82	7.95	9.93	8.00	4.50	8.18
德国	10.71	9.05	8.05	7.11	5.68	4.46	7.20	6.03	7.60	8.65	7.45
加拿大	5.36	4.07	5.08	5.78	4.80	5.36	6.06	6.38	5.20	4.50	5.28
法国	6.25	5.43	8.05	8.00	6.11	5.36	2.65	3.90	3.20	3.11	5.07
意大利	3.57	3.62	4.66	5.78	4.80	6.25	4.17	7.09	2.80	4.50	4.75
日本	7.59	5.88	4.66	6.22	6.55	3.13	5.30	3.55	3.60	1.73	4.71
西班牙	3.57	1.81	4.24	3.56	6.55	4.02	2.65	2.48	2.40	0.69	3.11
荷兰	2.23	4.52	2.97	3.11	0.87	2.68	1.52	1.42	2.40	2.77	2.41
俄罗斯	0.00	2.26	0.42	2.67	3.06	2.68	2.27	3.90	2.40	1.73	2.17

续表

国家和地区\年份	2009	2010	2011	2012	2013	2014	2015	2016	2017	2018	合计
瑞士	1.79	0.45	1.27	1.78	1.31	1.79	4.17	1.42	1.60	3.46	1.96
澳大利亚	0.89	2.26	1.69	3.56	1.75	0.89	1.14	2.48	2.00	2.77	1.96
印度	2.23	0.45	1.27	1.78	0.00	2.68	2.65	1.77	3.60	1.04	1.76
中国台湾	1.79	1.36	0.85	1.33	3.49	2.68	0.76	1.42	0.80	1.04	1.51
波兰	0.89	2.26	1.27	3.11	1.75	1.79	1.14	1.06	0.80	1.04	1.47
伊朗	0.89	0.90	0.42	0.89	1.31	0.89	1.14	1.42	3.20	1.73	1.31
瑞典	0.45	1.81	2.97	0.89	1.75	0.45	1.52	1.06		0.69	1.27
巴西	0.00	0.00	2.54	1.33	0.44	0.89	1.52	1.42	1.20	1.73	1.15
比利时	0.45	2.71	1.69	0.00	0.87	2.68	0.38	1.06	1.20	0.69	1.15

十二 人工智能

人工智能A、B、C层人才主要集中在美国和中国大陆，两国A、B、C层人才的世界占比为45.91%、43.94%、37.57%，其中美国的A层人才多于中国大陆，B和C层人才少于中国大陆；在发展趋势上，中国大陆呈现相对上升趋势，美国呈现相对下降趋势。

英国、中国香港、法国、新加坡、瑞士、澳大利亚、西班牙、德国的A层人才比较多，世界占比在9%—3%之间；加拿大、荷兰、韩国、意大利、以色列、印度、瑞典、沙特、比利时、奥地利也有相当数量的A层人才，世界占比超过或接近1%。

英国、澳大利亚、中国香港、新加坡、德国的B层人才比较多，世界占比在8%—3%之间；加拿大、法国、西班牙、印度、沙特、瑞士、韩国、意大利、日本、土耳其、中国台湾、荷兰、伊朗也有相当数量的B层人才，世界占比超过或接近1%。

英国、西班牙、德国、澳大利亚、法国、印度的C层人才比较多，世界占比在6%—3%之间；加拿大、中国香港、中国台湾、新加坡、意大利、伊朗、韩国、土耳其、日本、瑞士、荷兰、波兰也有相当数量的C层人才，世界占比超过1%。

表7—37　　人工智能A层人才排名前20的国家和地区的占比

国家和地区 \ 年份	2009	2010	2011	2012	2013	2014	2015	2016	2017	2018	合计
美国	32.20	33.33	20.00	26.67	23.91	36.36	35.82	27.54	27.50	8.47	27.40
中国大陆	3.39	9.52	12.50	11.11	17.39	12.73	23.88	23.19	22.50	38.98	18.51
英国	10.17	9.52	10.00	11.11	2.17	1.82	7.46	11.59	11.25	8.47	8.54
中国香港	1.69	7.14	7.50	0.00	8.70	7.27	1.49	5.80	2.50	3.39	4.27
法国	6.78	9.52	7.50	4.44	10.87	1.82	0.00	0.00	2.50	0.00	3.74
新加坡	3.39	0.00	7.50	6.67	4.35	1.82	2.99	5.80	0.00	5.08	3.56
瑞士	5.08	2.38	2.50	13.33	4.35	0.00	4.48	1.45	2.50	0.00	3.38
澳大利亚	0.00	0.00	2.50	0.00	0.00	0.00	1.49	4.35	7.50	11.86	3.20
西班牙	5.08	2.38	5.00	4.44	4.35	7.27	0.00	0.00	1.25	3.39	3.02
德国	8.47	0.00	2.50	4.44	2.17	1.82	2.99	4.35	1.25	1.69	3.02
加拿大	3.39	7.14	0.00	2.22	4.35	3.64	4.48	1.45	1.25	1.69	2.85
荷兰	5.08	4.76	0.00	2.22	6.52	3.64	0.00	1.45	3.75	0.00	2.67
韩国	0.00	4.76	0.00	2.22	2.17	0.00	4.48	2.90	1.25	5.08	2.31
意大利	0.00	0.00	0.00	0.00	2.17	3.64	0.00	0.00	1.25	5.08	1.42
以色列	5.08	2.38	5.00	2.22	0.00	1.82	0.00	0.00	0.00	0.00	1.42
印度	3.39	0.00	0.00	0.00	0.00	1.82	1.49	2.90	0.00	0.00	1.25
瑞典	0.00	0.00	0.00	0.00	0.00	5.45	1.49	1.45	1.25	0.00	1.07
沙特	0.00	0.00	0.00	0.00	0.00	0.00	0.00	0.00	3.75	3.39	0.89
比利时	0.00	2.38	2.50	0.00	2.17	0.00	0.00	2.99	0.00	0.00	0.89
奥地利	0.00	0.00	2.50	2.22	0.00	0.00	0.00	1.45	1.25	0.00	0.71

表7—38　　人工智能B层人才排名前20的国家和地区的占比

国家和地区 \ 年份	2009	2010	2011	2012	2013	2014	2015	2016	2017	2018	合计
中国大陆	14.93	17.62	16.98	18.63	22.14	28.52	27.00	30.40	34.83	39.36	26.26
美国	25.00	22.80	25.46	19.34	20.68	16.38	17.83	15.84	13.06	7.77	17.68
英国	9.14	5.70	7.69	10.38	8.52	8.29	7.50	6.72	7.40	5.57	7.62
澳大利亚	2.43	3.11	3.71	5.66	5.60	5.59	5.67	5.76	6.39	7.26	5.27
中国香港	4.29	6.22	4.51	4.25	5.84	4.62	5.50	4.00	4.35	1.86	4.44
新加坡	3.73	4.92	3.18	3.54	3.89	3.08	4.33	2.72	3.92	3.55	3.66
德国	3.17	4.92	4.51	4.01	3.89	3.28	3.00	3.20	1.74	0.84	3.06
加拿大	3.73	2.85	3.45	3.54	2.43	2.70	2.33	1.76	2.47	3.04	2.77

续表

国家和地区\年份	2009	2010	2011	2012	2013	2014	2015	2016	2017	2018	合计
法国	4.48	4.15	2.92	3.77	2.92	2.31	2.83	2.24	1.45	1.35	2.71
西班牙	3.92	3.11	2.65	2.83	3.16	2.31	2.83	2.40	2.03	1.86	2.66
印度	2.05	0.52	1.59	0.94	1.70	3.28	1.67	2.08	1.89	4.05	2.07
沙特	0.00	0.00	0.00	0.47	0.49	1.54	1.83	3.84	3.48	2.70	1.69
瑞士	2.80	1.55	2.65	3.30	0.97	1.16	1.00	1.76	0.44	0.17	1.47
韩国	1.68	0.78	1.33	1.18	0.97	1.16	0.83	1.60	1.89	2.36	1.43
意大利	0.75	1.81	1.59	1.18	1.22	1.35	2.00	1.12	0.87	1.52	1.32
日本	1.31	0.78	0.27	0.47	2.19	1.73	1.67	1.44	0.73	1.35	1.22
土耳其	2.24	1.55	2.65	0.94	1.22	0.19	0.67	0.80	0.73	0.00	1.01
中国台湾	2.80	1.30	1.06	1.42	0.73	0.58	0.83	0.32	0.29	0.84	0.97
荷兰	1.31	0.78	1.59	2.59	0.49	0.58	1.00	1.28	0.44	0.17	0.97
伊朗	0.75	1.55	1.33	0.94	0.97	0.58	1.00	0.80	0.44	1.52	0.95

表7—39　人工智能C层人才排名前20的国家和地区的占比

国家和地区\年份	2009	2010	2011	2012	2013	2014	2015	2016	2017	2018	合计
中国大陆	11.74	14.41	16.91	15.99	18.24	20.85	24.34	26.87	27.64	32.26	21.71
美国	19.28	17.49	16.67	17.52	17.77	15.92	15.85	14.89	14.25	10.86	15.86
英国	6.47	6.43	5.84	6.00	6.54	5.60	5.10	5.22	5.47	5.11	5.71
西班牙	3.85	4.15	4.21	4.81	3.90	3.61	3.34	2.68	2.75	2.93	3.51
德国	4.97	5.04	4.21	3.75	4.31	3.52	2.74	2.94	3.09	1.48	3.50
澳大利亚	2.28	2.25	3.04	2.87	3.69	3.71	4.01	3.50	3.95	4.71	3.47
法国	4.66	4.21	3.74	4.23	4.16	3.89	2.51	2.59	2.46	1.56	3.29
印度	2.28	2.17	3.09	3.01	2.59	2.99	3.24	3.32	3.68	4.51	3.15
加拿大	4.04	3.16	3.22	3.20	2.78	2.45	2.83	3.10	2.60	2.44	2.96
中国香港	3.17	3.00	3.01	3.18	2.62	2.93	3.07	2.75	2.45	2.95	2.89
中国台湾	6.50	4.74	4.76	3.49	2.14	2.20	1.45	1.20	1.10	1.16	2.67
新加坡	1.76	2.73	2.25	2.70	2.66	3.05	2.97	2.87	2.30	2.30	2.56
意大利	2.67	2.84	2.25	2.77	2.71	2.55	2.62	2.19	2.48	1.74	2.47
伊朗	1.74	2.52	2.30	1.86	1.74	1.87	1.82	1.53	2.14	2.87	2.02

续表

年份 国家 和地区	2009	2010	2011	2012	2013	2014	2015	2016	2017	2018	合计
韩国	2.22	2.14	2.04	2.30	2.00	2.02	2.15	1.69	1.97	1.66	2.01
土耳其	2.84	2.54	2.85	2.13	1.24	1.15	1.36	1.29	1.12	1.26	1.70
日本	2.60	1.50	1.62	1.51	1.45	1.34	1.41	1.58	1.42	0.94	1.54
瑞士	1.35	1.88	1.96	1.86	1.76	1.61	1.16	1.17	1.14	1.00	1.43
荷兰	1.59	1.79	1.54	1.58	1.57	1.07	0.89	0.99	0.87	0.62	1.19
波兰	1.00	1.10	0.60	1.34	1.12	1.71	1.45	1.37	0.95	0.88	1.16

第三节　学科组层面的人才比较

在信息科学各学科人才分析的基础上，按照 A、B、C 三个人才层次，对各学科人才进行汇总分析，可以从学科组层面揭示人才的分布特点和发展趋势。

一　A 层人才

信息科学 A 层人才最多的国家是美国，占该学科组全球 A 层人才的 25.91%，中国大陆以 16.75% 的世界占比排名第二，这两个国家的 A 层人才超过了全球的 40%；其后是英国、澳大利亚、德国，世界占比分别为 7.50%、4.73%、4.47%；加拿大、法国、中国香港、新加坡、西班牙、韩国、意大利的 A 层人才也比较多，世界占比在 4%—2% 之间；瑞士、荷兰、印度、瑞典、日本、以色列也有相当数量的 A 层人才，世界占比超过 1%；芬兰、土耳其、比利时、沙特、奥地利、希腊、中国澳门、丹麦、伊朗、葡萄牙、南非、挪威、卡塔尔、中国台湾、爱尔兰、巴西、智利、俄罗斯、波兰、新西兰、马来西亚、匈牙利也有一定数量的 A 层人才，世界占比低于 1%。

在发展趋势上，美国、加拿大呈现相对下降趋势，中国大陆、澳大利亚呈现相对上升趋势，其他国家和地区没有呈现明显变化。

表7—40　　信息科学A层人才排名前40的国家和地区的占比

国家和地区\年份	2009	2010	2011	2012	2013	2014	2015	2016	2017	2018	合计
美国	31.83	38.83	31.56	31.12	28.01	26.14	24.68	23.04	21.88	12.33	25.91
中国大陆	4.51	7.22	7.09	8.04	9.64	15.48	19.57	21.99	24.13	34.88	16.75
英国	10.70	4.81	9.93	8.74	7.83	4.57	8.09	7.40	8.38	5.12	7.50
澳大利亚	1.69	2.41	1.42	5.59	3.92	6.35	4.26	4.02	7.98	7.21	4.73
德国	5.35	3.44	4.96	6.99	4.52	6.09	4.26	5.71	3.07	1.40	4.47
加拿大	6.20	7.56	2.13	3.85	2.71	3.30	2.55	3.59	4.09	3.26	3.84
法国	2.82	4.12	3.90	3.85	5.72	5.33	2.55	1.48	1.64	0.93	3.02
中国香港	1.97	3.78	2.48	1.40	3.31	3.30	2.98	3.59	2.66	2.79	2.87
新加坡	2.82	2.41	3.90	2.10	4.82	1.02	3.19	3.59	1.64	3.49	2.87
西班牙	4.79	2.06	4.26	3.15	3.31	3.81	1.06	2.54	1.84	1.63	2.71
韩国	0.85	2.41	2.13	2.10	2.11	1.27	3.62	1.69	3.07	3.49	2.34
意大利	2.54	3.44	3.55	3.15	2.11	2.79	1.70	2.11	1.02	1.63	2.26
瑞士	1.97	1.72	0.71	3.50	1.51	1.52	3.40	1.90	2.04	0.93	1.95
荷兰	3.94	3.09	2.84	2.10	3.01	1.27	0.64	1.06	1.23	0.23	1.76
印度	1.13	1.03	2.48	1.05	2.11	1.52	1.06	1.06	1.02	1.16	1.32
瑞典	1.41	0.34	1.42	1.40	1.20	1.78	1.70	1.69	1.02	0.23	1.24
日本	1.41	1.37	1.42	0.35	0.30	0.25	1.70	0.42	0.41	3.26	1.10
以色列	4.23	1.37	2.84	0.35	0.90	0.76	0.85	0.42	0.00	0.00	1.05
芬兰	0.56	1.03	0.35	0.00	0.00	2.79	0.43	0.85	0.61	0.70	0.76
土耳其	0.85	1.37	1.42	0.35	1.81	1.02	0.85	0.21	0.41	0.00	0.76
比利时	0.85	1.03	1.42	0.35	1.51	0.51	1.06	0.63	0.00	0.47	0.74
沙特	0.00	0.00	0.35	0.00	0.00	0.76	0.85	0.63	2.25	1.40	0.74
奥地利	0.85	1.03	1.77	0.70	0.30	0.00	0.43	1.27	0.41	0.47	0.68
希腊	0.56	0.34	0.35	1.05	1.81	0.51	0.64	0.21	1.02	0.23	0.66
中国澳门	0.00	0.00	0.00	0.00	0.00	0.76	0.21	0.63	1.64	1.40	0.55
丹麦	0.85	0.00	0.00	0.35	0.60	0.51	1.28	0.63	0.41	0.47	0.55
伊朗	0.28	0.00	0.00	0.70	0.60	1.02	0.00	0.63	0.00	1.86	0.53
葡萄牙	0.28	0.00	0.35	0.70	0.60	0.25	1.06	0.63	0.61	0.00	0.47
南非	0.28	0.69	1.06	0.00	0.30	0.25	0.00	0.00	0.41	1.63	0.45
挪威	0.85	0.00	0.00	1.05	0.00	0.25	0.21	0.42	0.61	0.93	0.45
卡塔尔	0.00	0.00	0.00	0.00	0.60	0.51	1.28	0.42	0.41	0.47	0.42
中国台湾	0.28	0.00	0.71	0.35	0.90	0.00	0.43	0.21	0.61	0.70	0.42

续表

国家和地区\年份	2009	2010	2011	2012	2013	2014	2015	2016	2017	2018	合计
爱尔兰	0.85	0.00	0.71	0.70	0.00	0.00	0.00	1.27	0.00	0.00	0.34
巴西	0.00	0.00	0.35	0.00	0.90	0.51	0.64	0.42	0.41	0.00	0.34
智利	1.41	1.03	0.00	0.35	0.60	0.00	0.00	0.00	0.20	0.00	0.32
俄罗斯	0.28	0.00	0.00	0.70	0.30	0.25	0.43	0.42	0.00	0.70	0.32
波兰	0.28	1.03	0.00	0.00	0.60	0.76	0.00	0.00	0.41	0.00	0.29
新西兰	0.00	0.00	0.00	1.40	0.00	0.00	0.00	0.42	0.00	0.93	0.29
马来西亚	0.00	0.00	0.00	0.00	0.00	0.51	0.64	0.00	0.41	0.70	0.26
匈牙利	0.00	0.00	1.06	0.00	0.00	0.00	0.43	0.63	0.00	0.00	0.21

二 B层人才

信息科学B层人才最多的国家是美国，占该学科组全球B层人才的21.97%，中国大陆以20.18%的世界占比排名第二，这两个国家的B层人才超过了全球的40%；其后是英国、澳大利亚，世界占比分别为6.61%、4.35%；加拿大、德国、法国、中国香港、新加坡、意大利、西班牙、韩国的B层人才也比较多，世界占比在4%—2%之间；印度、瑞士、日本、荷兰、沙特、瑞典也有相当数量的B层人才，世界占比超过1%；中国台湾、伊朗、芬兰、比利时、土耳其、希腊、以色列、奥地利、马来西亚、巴西、丹麦、挪威、葡萄牙、巴基斯坦、波兰、卡塔尔、中国澳门、爱尔兰、新西兰、俄罗斯、墨西哥、智利也有一定数量的B层人才，世界占比低于1%。

在发展趋势上，美国呈现相对下降趋势，中国大陆、澳大利亚呈现相对上升趋势，其他国家和地区没有呈现明显变化。

表7—41 信息科学B层人才排名前40的国家和地区的占比

国家和地区\年份	2009	2010	2011	2012	2013	2014	2015	2016	2017	2018	合计
美国	31.38	30.91	28.75	24.98	23.66	22.89	19.15	18.14	17.00	11.76	21.97
中国大陆	8.54	10.81	12.29	13.28	16.23	20.16	21.15	24.05	28.97	34.65	20.18
英国	6.77	6.38	6.01	8.49	7.11	6.29	6.33	6.45	6.39	6.37	6.61

续表

国家和地区\年份	2009	2010	2011	2012	2013	2014	2015	2016	2017	2018	合计
澳大利亚	2.55	2.99	3.37	4.06	4.38	4.42	4.89	4.79	5.80	4.93	4.35
加拿大	4.58	4.24	3.64	3.58	3.70	3.90	3.72	4.53	3.75	3.57	3.93
德国	4.53	5.83	4.67	4.54	4.41	3.93	4.31	3.61	2.44	1.57	3.83
法国	4.20	4.06	3.79	3.58	3.77	2.63	3.23	2.35	1.94	1.34	2.96
中国香港	3.12	3.36	2.41	2.92	3.21	2.84	2.84	2.86	3.14	2.44	2.91
新加坡	2.34	2.69	2.37	2.51	2.50	3.36	3.10	2.86	3.09	2.72	2.80
意大利	2.79	2.47	2.83	3.58	2.89	2.47	3.05	1.99	1.92	2.16	2.56
西班牙	3.06	2.77	2.60	2.95	3.05	2.55	2.23	1.64	1.40	1.49	2.28
韩国	1.74	1.70	1.95	2.03	1.95	1.79	1.77	1.97	2.28	2.65	2.00
印度	1.35	0.81	1.61	1.40	1.75	1.71	1.54	1.88	2.08	4.01	1.88
瑞士	2.40	2.69	2.37	2.47	2.01	1.49	1.61	1.55	0.84	0.62	1.70
日本	1.89	1.36	1.15	1.40	1.53	1.22	1.14	1.95	1.11	1.54	1.43
荷兰	2.37	2.03	2.53	1.99	0.94	1.16	1.09	1.20	0.88	0.62	1.39
沙特	0.03	0.04	0.31	0.52	0.97	1.08	1.47	2.14	2.08	1.82	1.17
瑞典	0.75	0.92	0.77	1.03	1.07	0.95	1.49	1.03	1.40	1.39	1.11
中国台湾	1.71	0.96	1.30	0.66	1.04	0.81	1.00	0.89	0.81	0.67	0.97
伊朗	0.42	0.74	0.57	0.74	0.97	1.06	0.63	1.03	1.02	0.98	0.83
芬兰	0.81	0.92	0.57	0.85	0.62	0.65	1.28	0.84	0.75	0.54	0.79
比利时	1.23	1.18	1.30	1.25	0.88	0.79	0.67	0.40	0.43	0.33	0.79
土耳其	1.11	0.81	1.45	0.77	0.97	0.60	0.79	0.56	0.59	0.39	0.77
希腊	0.87	0.74	0.84	1.18	1.10	1.03	0.98	0.54	0.41	0.26	0.77
以色列	1.38	1.44	1.15	1.00	0.78	0.95	0.54	0.38	0.34	0.21	0.75
奥地利	1.05	0.77	1.26	0.70	0.45	0.57	0.51	0.68	0.36	0.36	0.64
马来西亚	0.18	0.04	0.38	0.74	0.45	0.68	0.67	0.73	0.99	0.85	0.61
巴西	0.54	0.74	0.42	0.55	0.78	0.41	0.51	0.59	0.45	0.67	0.56
丹麦	0.57	0.52	0.92	0.37	0.58	0.65	0.61	0.70	0.36	0.33	0.55
挪威	0.72	0.66	0.92	0.41	0.65	0.49	0.28	0.54	0.47	0.39	0.53
葡萄牙	0.42	0.44	0.38	0.89	0.45	0.68	0.63	0.49	0.25	0.69	0.53
巴基斯坦	0.00	0.07	0.11	0.15	0.26	0.43	0.35	0.54	1.13	1.08	0.47
波兰	0.42	0.44	0.42	0.33	0.42	0.57	0.51	0.42	0.27	0.28	0.41
卡塔尔	0.00	0.26	0.11	0.11	0.13	0.49	0.70	0.61	0.70	0.28	0.38

续表

国家和地区\年份	2009	2010	2011	2012	2013	2014	2015	2016	2017	2018	合计
中国澳门	0.00	0.00	0.23	0.00	0.10	0.46	0.61	0.70	0.50	0.64	0.37
爱尔兰	0.36	0.37	0.46	0.37	0.45	0.27	0.54	0.33	0.11	0.26	0.34
新西兰	0.39	0.55	0.38	0.33	0.52	0.27	0.23	0.28	0.16	0.23	0.32
俄罗斯	0.21	0.15	0.11	0.18	0.23	0.19	0.42	0.33	0.23	0.49	0.27
墨西哥	0.42	0.11	0.15	0.44	0.13	0.49	0.21	0.19	0.16	0.21	0.25
智利	0.48	0.15	0.19	0.18	0.36	0.16	0.21	0.33	0.14	0.21	0.24

三 C层人才

信息科学C层人才最多的国家是美国，占该学科组全球C层人才的20.38%，中国大陆以16.63%的世界占比排名第二，这两个国家的C层人才超过全球的三分之一；之后是英国、德国，世界占比分别为5.63%、4.37%；加拿大、意大利、法国、澳大利亚、西班牙、印度、韩国、中国香港、新加坡的C层人才也比较多，世界占比在4%—2%之间；中国台湾、日本、荷兰、瑞士、伊朗、瑞典也有相当数量的C层人才，世界占比超过1%；土耳其、比利时、巴西、希腊、沙特、奥地利、波兰、芬兰、以色列、葡萄牙、丹麦、马来西亚、挪威、巴基斯坦、爱尔兰、墨西哥、捷克、俄罗斯、新西兰、埃及、卡塔尔也有一定数量的C层人才，世界占比低于1%。

在发展趋势上，美国、德国呈现相对下降趋势，中国大陆、澳大利亚、印度呈现相对上升趋势，其他国家和地区没有呈现明显变化。

表7—42　　信息科学C层人才排名前40的国家和地区的占比

国家和地区\年份	2009	2010	2011	2012	2013	2014	2015	2016	2017	2018	合计
美国	25.71	25.29	23.66	22.81	20.95	20.33	19.45	18.41	17.29	14.50	20.38
中国大陆	8.42	9.68	11.37	12.77	14.46	15.70	16.78	19.76	23.37	26.61	16.63
英国	6.13	6.01	5.73	5.55	5.53	5.52	5.41	5.77	5.45	5.38	5.63
德国	5.83	5.60	5.39	4.75	4.61	4.45	4.39	3.82	3.31	2.77	4.37
加拿大	4.76	4.56	4.40	4.40	4.01	3.85	3.87	3.76	3.36	3.38	3.97

续表

国家和地区\年份	2009	2010	2011	2012	2013	2014	2015	2016	2017	2018	合计
意大利	3.95	3.67	3.83	3.79	4.00	3.68	3.84	3.59	3.16	2.81	3.60
法国	4.44	4.26	4.39	4.08	4.24	3.84	3.48	3.12	2.58	2.22	3.56
澳大利亚	2.75	2.50	2.79	2.89	3.13	3.12	3.28	3.20	3.61	3.96	3.17
西班牙	3.21	3.48	3.42	3.44	3.48	2.97	2.81	2.50	2.43	2.34	2.93
印度	1.72	1.50	1.98	2.25	2.09	2.40	3.19	3.05	3.35	4.02	2.66
韩国	2.23	2.33	2.09	2.51	2.20	2.14	2.25	2.28	2.41	2.51	2.30
中国香港	2.16	2.26	2.40	2.32	2.21	2.38	2.20	2.24	2.21	2.30	2.26
新加坡	1.59	1.84	1.79	1.94	2.04	2.26	2.19	2.24	2.10	1.83	2.01
中国台湾	3.27	2.86	2.87	2.46	2.23	1.90	1.59	1.30	1.22	1.11	1.97
日本	2.50	1.80	1.86	1.82	1.74	1.70	1.86	1.62	1.68	1.46	1.79
荷兰	2.18	2.51	1.94	1.88	1.81	1.52	1.48	1.33	1.04	1.06	1.61
瑞士	1.82	2.03	1.75	1.75	1.70	1.81	1.52	1.41	1.26	1.07	1.57
伊朗	1.14	1.33	1.28	1.44	1.43	1.27	1.38	1.33	1.80	2.00	1.46
瑞典	0.97	1.02	1.05	1.01	1.09	1.17	1.08	1.27	1.10	0.86	1.07
土耳其	1.32	1.07	1.30	1.07	0.99	0.88	0.78	0.88	0.81	0.83	0.97
比利时	1.10	1.22	1.19	1.19	1.00	0.99	0.92	0.71	0.59	0.58	0.91
巴西	0.77	0.84	0.81	0.86	0.89	1.01	0.92	1.02	0.84	0.90	0.89
希腊	1.05	1.25	1.23	1.05	1.00	0.78	0.82	0.78	0.64	0.59	0.88
沙特	0.14	0.21	0.36	0.52	0.75	0.86	1.06	1.17	1.29	1.49	0.85
奥地利	0.90	1.06	0.82	0.89	0.90	0.97	0.86	0.80	0.64	0.59	0.83
波兰	0.66	0.75	0.63	0.87	0.91	1.04	1.06	0.96	0.62	0.60	0.82
芬兰	0.74	0.71	0.74	0.55	0.95	1.02	0.88	0.84	0.70	0.63	0.78
以色列	1.11	1.03	0.91	0.82	0.75	0.82	0.72	0.75	0.50	0.39	0.76
葡萄牙	0.67	0.58	0.78	0.78	0.78	0.87	0.74	0.73	0.60	0.55	0.70
丹麦	0.62	0.71	0.81	0.74	0.79	0.67	0.74	0.57	0.58	0.67	0.68
马来西亚	0.37	0.32	0.42	0.56	0.51	0.74	0.86	0.74	0.93	0.89	0.67
挪威	0.75	0.61	0.52	0.56	0.57	0.52	0.47	0.49	0.47	0.39	0.53
巴基斯坦	0.15	0.14	0.12	0.24	0.34	0.42	0.44	0.61	0.80	1.10	0.47
爱尔兰	0.50	0.63	0.45	0.50	0.47	0.35	0.44	0.40	0.39	0.35	0.44
墨西哥	0.40	0.25	0.39	0.33	0.40	0.36	0.36	0.39	0.35	0.37	0.36

续表

国家和地区\年份	2009	2010	2011	2012	2013	2014	2015	2016	2017	2018	合计
捷克	0.31	0.45	0.34	0.34	0.32	0.40	0.38	0.34	0.34	0.36	0.36
俄罗斯	0.19	0.26	0.17	0.35	0.28	0.34	0.50	0.50	0.38	0.40	0.35
新西兰	0.30	0.32	0.30	0.28	0.32	0.37	0.27	0.29	0.36	0.29	0.31
埃及	0.17	0.14	0.20	0.23	0.23	0.29	0.33	0.32	0.36	0.48	0.29
卡塔尔	0.02	0.05	0.05	0.11	0.19	0.26	0.36	0.33	0.35	0.32	0.23

第 八 章

管理科学

管理科学是研究人类管理活动规律及其应用的综合性交叉科学。管理科学的基础是数学、经济学与行为科学。

第一节 文献类型与被引次数

分析管理科学的文献类型、文献量与被引次数、被引次数分布等文献计量特征，有助于理解其学科人才和学科组人才的分布特点和发展趋势。

一 文献类型

管理科学的主要文献类型依次为期刊论文、会议论文、会议摘要、图书综述、编辑材料、图书章节、综述，在各年度中的占比比较稳定，10年合计的占比依次为 62.74%、18.50%、7.69%、3.93%、2.88%、1.73%、1.61%，占全部文献的 99.08%。

表8—1　　　　　　　　管理科学主要文献类型的占比

文献类型	2009	2010	2011	2012	2013	2014	2015	2016	2017	2018	合计
期刊论文	54.61	60.59	64.00	64.61	65.02	62.97	60.74	61.09	63.00	69.63	62.74
会议论文	26.96	22.72	18.34	15.51	15.31	17.58	20.62	20.03	18.74	10.63	18.50
会议摘要	6.29	4.79	5.94	8.47	8.19	8.39	8.21	8.58	7.83	9.09	7.69
图书综述	4.86	5.26	4.95	4.57	4.24	4.06	3.62	3.19	2.82	2.82	3.93
编辑材料	2.91	3.03	2.94	2.89	2.84	2.87	2.74	2.81	2.75	3.07	2.88
图书章节	1.51	1.44	1.78	1.66	1.78	1.97	1.68	1.80	2.11	1.45	1.73
综述	1.80	1.13	1.14	1.43	1.54	1.31	1.53	1.66	1.92	2.39	1.61

二 文献量与被引次数

管理科学各年度的文献总量在逐年增加,从 2009 年的 148265 篇增加到 2018 年的 187568 篇。总被引次数呈逐年下降趋势,平均被引次数的趋势与总被引次数相似,反映了年度被引次数总体上随着时间增加而逐渐减小,但是时间对被引次数的影响并不一致,越远期影响越小,越近期影响越大。

表 8—2　　　　　　　　管理科学的文献量与被引次数

	2009	2010	2011	2012	2013	2014	2015	2016	2017	2018	合计
文献总量	148265	144450	154143	152079	160200	176009	189972	200555	209255	187568	1722496
总被引次数	1995184	1967931	1860748	1676596	1532765	1351680	1128969	869151	593953	295503	13272480
平均被引次数	13.46	13.62	12.07	11.02	9.57	7.68	5.94	4.33	2.84	1.58	7.71

三 被引次数分布

在管理科学的 10 年文献中,有 748085 篇文献没有任何被引,占比 43.43%;有 439493 篇文献有 1—4 次被引,占比 25.51%;有 198311 篇文献有 5—9 次被引,占比 11.51%。随着被引次数的增加,所对应的文献数量逐渐减小,同时减小的幅度也越来越小,这样被引次数的分布很长,至被引次数为 1000 及以上,有 79 篇文献,占比不到 0.01%。

从被引次数的降序分布上,随着被引次数的降低,相应文献的累计百分比逐渐增大:当被引次数降到 200 时,大于和等于该被引次数的文献的百分比才超过 0.1%;当被引次数降到 90 时,大于和等于该被引次数的文献的百分比超过 1%;当被引次数降到 20 时,大于和等于该被引次数的文献的百分比超过 10%。从相应文献累计百分比的增长趋势上看,起初的增长幅度很小,随着被引次数逐渐降低,增长幅度逐渐增大。

表 8—3　　　　　　　　管理科学的文献被引次数分布

被引次数	文献数量	百分比	累计百分比
1000 +	79	0.00	0.00
900—999	11	0.00	0.01
800—899	26	0.00	0.01
700—799	62	0.00	0.01
600—699	100	0.01	0.02
500—599	144	0.01	0.02
400—499	290	0.02	0.04
300—399	711	0.04	0.08
200—299	2131	0.12	0.21
190—199	360	0.02	0.23
180—189	531	0.03	0.26
170—179	510	0.03	0.29
160—169	691	0.04	0.33
150—159	871	0.05	0.38
140—149	1065	0.06	0.44
130—139	1252	0.07	0.51
120—129	1422	0.08	0.60
110—119	1900	0.11	0.71
100—109	2439	0.14	0.85
95—99	1454	0.08	0.93
90—94	1901	0.11	1.04
85—89	1979	0.11	1.16
80—84	2504	0.15	1.30
75—79	2795	0.16	1.46
70—74	3061	0.18	1.64
65—69	3824	0.22	1.86
60—64	4585	0.27	2.13
55—59	5682	0.33	2.46
50—54	7118	0.41	2.87
45—49	9055	0.53	3.40
40—44	11447	0.66	4.06

续表

被引次数	文献数量	百分比	累计百分比
35—39	15050	0.87	4.94
30—34	20212	1.17	6.11
25—29	27858	1.62	7.73
20—24	40446	2.35	10.08
15—19	60756	3.53	13.60
10—14	102285	5.94	19.54
5—9	198311	11.51	31.05
1—4	439493	25.51	56.57
0	748085	43.43	100.00

第二节 学科层面的人才比较

管理科学学科组包括以下学科：运筹学和管理科学、管理学、商学、经济学、金融学、人口统计学、农业经济和政策、公共行政、卫生保健科学和服务、医学伦理学、区域和城市规划、信息学和图书馆学，共计12个。

一 运筹学和管理科学

运筹学和管理科学A、B、C层人才最多的国家是美国，分别占该学科全球A、B、C层人才的20.90%、20.12%、18.32%。

中国大陆、英国、加拿大、中国香港、法国、伊朗、荷兰、比利时、德国的A层人才比较多，世界占比在10%—3%之间；澳大利亚、丹麦、西班牙、土耳其、韩国、巴西、挪威、沙特、印度、以色列也有相当数量的A层人才，世界占比超过1%。

中国大陆、英国、加拿大、法国、中国香港、德国的B层人才比较多，世界占比在16%—3%之间；中国台湾、澳大利亚、意大利、西班牙、印度、荷兰、伊朗、土耳其、丹麦、比利时、新加坡、马来西亚、挪威也有相当数量的B层人才，世界占比超过1%。

中国大陆、英国、加拿大、中国台湾、法国、中国香港、意大利、西班牙、德国的C层人才比较多，世界占比在14%—3%之间；印度、澳大利亚、土耳其、伊朗、荷兰、韩国、新加坡、巴西、比利时、葡萄牙也有相当数量的C层人才，世界占比超过1%。

表8—4　运筹学和管理科学A层人才排名前20的国家和地区的占比

国家和地区\年份	2009	2010	2011	2012	2013	2014	2015	2016	2017	2018	合计
美国	13.64	21.05	35.29	20.00	18.75	23.53	19.05	22.22	17.65	20.00	20.90
中国大陆	4.55	10.53	11.76	0.00	0.00	5.88	4.76	11.11	23.53	20.00	9.04
英国	4.55	10.53	11.76	0.00	18.75	5.88	0.00	11.11	5.88	6.67	7.34
加拿大	4.55	5.26	5.88	20.00	12.50	5.88	0.00	5.88	0.00	0.00	5.65
中国香港	4.55	5.26	11.76	0.00	6.25	5.88	4.76	11.11	0.00	0.00	5.08
法国	4.55	0.00	0.00	0.00	12.50	11.76	9.52	0.00	0.00	0.00	3.95
伊朗	0.00	5.26	0.00	6.67	0.00	0.00	4.76	0.00	0.00	26.67	3.95
荷兰	13.64	0.00	5.88	6.67	0.00	5.88	4.76	0.00	0.00	0.00	3.95
比利时	4.55	5.26	11.76	0.00	6.25	0.00	0.00	0.00	0.00	0.00	3.39
德国	4.55	5.26	0.00	0.00	6.25	5.88	4.76	5.56	0.00	0.00	3.39
澳大利亚	0.00	0.00	0.00	0.00	0.00	14.29	5.56	0.00	6.67	0.00	2.82
丹麦	0.00	0.00	0.00	6.67	0.00	11.76	4.76	0.00	6.67	0.00	2.82
西班牙	4.55	5.26	0.00	0.00	0.00	5.88	0.00	0.00	5.88	6.67	2.82
土耳其	9.09	10.53	0.00	6.67	0.00	0.00	0.00	0.00	0.00	0.00	2.82
韩国	4.55	5.26	0.00	0.00	0.00	0.00	0.00	5.56	5.88	0.00	2.26
巴西	0.00	0.00	0.00	0.00	6.25	5.88	0.00	5.56	0.00	0.00	2.26
挪威	0.00	0.00	0.00	6.67	0.00	0.00	4.76	5.56	0.00	0.00	1.69
沙特	0.00	0.00	0.00	0.00	0.00	0.00	0.00	0.00	11.76	6.67	1.69
印度	0.00	0.00	0.00	0.00	6.25	0.00	0.00	5.56	5.88	0.00	1.69
以色列	0.00	0.00	5.88	0.00	0.00	5.88	0.00	0.00	0.00	0.00	1.13

表8—5　运筹学和管理科学B层人才排名前20的国家和地区的占比

国家和地区\年份	2009	2010	2011	2012	2013	2014	2015	2016	2017	2018	合计
美国	27.23	20.11	25.16	18.67	25.68	18.06	18.09	20.40	15.52	11.66	20.12
中国大陆	9.41	13.79	13.55	11.33	14.19	11.61	17.55	16.92	18.39	28.22	15.50
英国	5.94	6.32	6.45	8.00	6.08	7.74	6.38	6.97	10.92	3.68	6.84

续表

国家和地区 \ 年份	2009	2010	2011	2012	2013	2014	2015	2016	2017	2018	合计
加拿大	5.45	8.05	4.52	7.33	6.08	5.16	4.26	2.49	4.60	5.52	5.26
法国	3.96	3.45	1.94	4.67	5.41	3.23	4.79	7.46	4.02	2.45	4.21
中国香港	2.48	6.32	6.45	6.00	4.05	1.29	3.19	2.99	1.72	3.07	3.68
德国	2.48	3.45	2.58	4.00	3.38	4.52	4.79	2.49	2.87	3.68	3.39
中国台湾	7.92	4.02	4.52	2.00	2.70	1.94	0.53	1.99	0.57	3.07	2.98
澳大利亚	3.47	1.72	1.29	2.67	1.35	2.58	3.72	2.99	1.15	4.29	2.57
意大利	1.49	3.45	3.23	3.33	1.35	2.58	2.13	1.99	2.87	3.07	2.51
西班牙	2.48	4.02	2.58	2.00	1.35	1.94	3.72	2.49	1.72	1.84	2.46
印度	1.49	0.57	0.00	2.00	0.68	5.81	5.32	1.99	3.45	1.84	2.34
荷兰	1.49	1.15	0.65	2.67	3.38	4.52	2.13	1.99	4.02	1.84	2.34
伊朗	0.50	1.72	1.94	0.67	2.70	3.87	3.72	1.99	2.30	3.07	2.22
土耳其	3.96	2.87	5.16	2.00	0.00	0.00	1.60	2.49	1.15	1.23	2.11
丹麦	0.99	1.72	1.94	1.33	0.00	3.87	0.53	1.99	2.30	2.45	1.70
比利时	1.49	1.72	3.87	2.67	3.38	0.65	1.06	1.99	0.00	0.00	1.64
新加坡	1.98	2.87	0.00	2.67	1.35	3.23	1.60	0.50	0.00	0.00	1.40
马来西亚	0.00	0.57	1.29	2.00	0.68	1.29	1.60	1.49	0.57	2.45	1.17
挪威	0.00	2.87	1.29	1.33	0.68	2.58	1.06	0.50	0.57	1.23	1.17

表8—6 运筹学和管理科学 C 层人才排名前 20 的国家和地区的占比

国家和地区 \ 年份	2009	2010	2011	2012	2013	2014	2015	2016	2017	2018	合计
美国	21.13	21.76	20.10	17.80	19.66	19.35	15.77	15.67	17.09	14.72	18.32
中国大陆	9.14	9.41	12.84	13.07	11.91	13.84	15.44	16.61	17.75	19.05	13.83
英国	5.01	4.94	5.38	5.34	6.06	6.32	6.49	7.16	7.25	7.75	6.16
加拿大	5.50	4.71	4.99	3.63	4.65	5.44	3.69	4.44	3.32	4.27	4.48
中国台湾	9.53	7.12	5.90	5.13	3.74	2.82	1.57	1.57	1.15	1.25	4.07
法国	3.19	4.02	3.50	3.49	4.51	3.43	3.91	4.18	3.74	3.35	3.73
中国香港	3.44	3.44	4.28	4.86	3.66	3.29	2.80	3.55	2.84	3.48	3.54
意大利	3.39	3.67	2.01	3.49	3.03	3.56	3.86	3.71	3.32	3.02	3.33
西班牙	3.64	3.04	3.24	4.45	3.66	3.36	3.19	3.40	2.54	1.91	3.24

续表

国家和地区\年份	2009	2010	2011	2012	2013	2014	2015	2016	2017	2018	合计
德国	2.80	3.50	2.59	3.63	3.74	3.02	3.58	3.03	2.96	2.89	3.16
印度	1.87	1.78	3.24	2.81	1.76	3.49	3.24	2.77	3.08	4.20	2.79
澳大利亚	2.06	2.07	2.14	2.40	3.95	2.42	3.24	2.87	2.78	3.88	2.75
土耳其	4.47	4.54	4.02	2.87	2.11	1.55	2.40	2.19	1.57	1.05	2.74
伊朗	2.51	3.10	3.37	2.60	2.47	1.88	2.52	1.78	2.72	2.83	2.57
荷兰	2.16	3.04	2.33	1.98	2.68	2.49	2.63	2.77	2.42	2.50	2.50
韩国	2.41	1.78	2.14	1.64	1.55	1.68	2.29	1.57	1.81	1.51	1.86
新加坡	1.62	1.61	2.01	1.85	1.27	1.61	1.68	2.19	1.45	1.51	1.69
巴西	1.28	1.26	1.04	1.98	1.55	1.34	1.96	2.09	1.81	1.12	1.55
比利时	1.33	1.44	1.75	1.16	1.97	1.41	1.57	1.10	1.39	1.18	1.42
葡萄牙	0.93	1.38	1.30	1.44	1.62	0.94	1.23	1.10	1.51	1.25	1.26

二 管理学

管理学A、B、C层人才最多的国家是美国，分别占该学科全球A、B、C层人才的33.74%、33.68%、28.68%。

英国、德国、荷兰、中国大陆、澳大利亚、法国、加拿大的A层人才比较多，世界占比在11%—3%之间；丹麦、西班牙、瑞士、挪威、葡萄牙、意大利、中国香港、比利时、瑞典、以色列、沙特、奥地利也有相当数量的A层人才，世界占比超过或接近1%。

英国、加拿大、中国大陆、荷兰、澳大利亚、德国的B层人才比较多，世界占比在12%—3%之间；西班牙、中国香港、法国、意大利、瑞士、比利时、丹麦、芬兰、瑞典、韩国、挪威、新加坡、中国台湾也有相当数量的B层人才，世界占比超过1%。

英国、中国大陆、加拿大、德国、荷兰、澳大利亚、西班牙、意大利的C层人才比较多，世界占比在12%—3%之间；法国、中国香港、瑞士、中国台湾、瑞典、芬兰、新加坡、比利时、丹麦、韩国、挪威也有相当数量的C层人才，世界占比超过或接近1%。

表8—7　管理学A层人才排名前20的国家和地区的占比

国家和地区 \ 年份	2009	2010	2011	2012	2013	2014	2015	2016	2017	2018	合计
美国	33.33	69.57	57.69	47.37	19.05	32.00	36.36	20.00	17.24	14.81	33.74
英国	9.52	8.70	7.69	5.26	14.29	8.00	4.55	20.00	10.34	11.11	10.29
德国	4.76	0.00	0.00	5.26	4.76	8.00	9.09	16.67	3.45	11.11	6.58
荷兰	14.29	0.00	3.85	15.79	0.00	8.00	13.64	6.67	3.45	0.00	6.17
中国大陆	0.00	4.35	3.85	0.00	0.00	0.00	4.55	3.33	10.34	22.22	5.35
澳大利亚	0.00	0.00	3.85	10.53	9.52	4.00	4.55	6.67	3.45	3.70	4.53
法国	4.76	0.00	3.85	0.00	9.52	4.00	4.55	0.00	0.00	7.41	3.29
加拿大	4.76	0.00	3.85	0.00	9.52	4.00	0.00	3.33	6.90	0.00	3.29
丹麦	4.76	0.00	0.00	0.00	4.76	8.00	4.55	3.33	3.45	0.00	2.88
西班牙	0.00	4.35	7.69	0.00	4.76	4.00	0.00	0.00	3.45	3.70	2.88
瑞士	9.52	4.35	3.85	5.26	0.00	0.00	0.00	3.33	3.45	0.00	2.88
挪威	0.00	0.00	0.00	0.00	0.00	0.00	4.55	3.33	10.34	0.00	2.06
葡萄牙	4.76	4.35	0.00	0.00	0.00	4.00	4.55	0.00	0.00	0.00	1.65
意大利	0.00	0.00	0.00	0.00	4.76	0.00	0.00	3.33	6.90	0.00	1.65
中国香港	0.00	4.35	3.85	5.26	0.00	4.00	0.00	0.00	0.00	0.00	1.65
比利时	4.76	0.00	0.00	0.00	0.00	0.00	4.55	0.00	0.00	3.70	1.23
瑞典	4.76	0.00	0.00	0.00	4.76	0.00	0.00	0.00	3.45	0.00	1.23
以色列	0.00	0.00	0.00	0.00	0.00	4.00	0.00	3.33	0.00	3.70	1.23
沙特	0.00	0.00	0.00	0.00	0.00	0.00	0.00	0.00	3.45	3.70	0.82
奥地利	0.00	0.00	0.00	0.00	0.00	4.00	0.00	0.00	3.45	0.00	0.82

表8—8　管理学B层人才排名前20的国家和地区的占比

国家和地区 \ 年份	2009	2010	2011	2012	2013	2014	2015	2016	2017	2018	合计
美国	45.07	40.18	44.83	39.39	39.22	34.78	25.10	31.48	22.06	20.51	33.68
英国	11.27	7.59	12.07	10.10	10.29	13.91	11.30	12.22	11.74	11.97	11.31
加拿大	7.51	9.82	6.90	7.58	7.84	6.09	6.69	4.44	3.91	6.41	6.58
中国大陆	1.88	2.68	2.16	3.54	2.94	3.48	5.86	6.30	8.54	12.39	5.16
荷兰	6.10	4.46	6.03	7.58	5.39	3.48	4.18	2.22	6.41	4.70	4.99
澳大利亚	4.69	1.79	3.02	3.03	4.41	2.17	4.60	5.19	4.27	4.27	3.78
德国	3.29	4.46	1.72	3.03	3.92	2.61	5.02	3.33	3.56	5.56	3.66
西班牙	2.35	4.46	0.86	2.02	2.94	2.61	3.35	2.96	3.20	2.99	2.80

续表

国家和地区\年份	2009	2010	2011	2012	2013	2014	2015	2016	2017	2018	合计
中国香港	1.88	1.79	2.16	5.05	3.92	3.04	2.51	2.59	2.85	1.71	2.71
法国	1.88	3.57	1.72	1.52	1.96	3.91	3.77	3.33	2.14	2.14	2.62
意大利	0.00	0.45	1.72	3.03	1.96	1.74	2.51	3.33	4.63	4.27	2.45
瑞士	1.88	1.34	1.29	3.54	0.49	2.17	3.77	1.85	2.85	1.28	2.06
比利时	0.94	1.34	1.72	0.00	1.96	1.30	2.93	1.85	2.14	1.71	1.63
丹麦	0.94	3.13	1.72	1.01	0.49	2.17	1.26	1.85	2.14	1.28	1.63
芬兰	0.47	1.34	2.59	1.01	0.98	2.17	2.09	1.11	2.85	0.85	1.59
瑞典	1.41	1.79	1.29	1.52	1.96	1.30	0.84	1.11	1.78	0.43	1.33
韩国	1.88	0.89	0.86	1.01	0.00	0.00	1.67	1.48	1.78	2.14	1.20
挪威	0.00	1.34	1.72	2.02	0.98	1.30	1.26	0.00	0.71	2.56	1.16
新加坡	1.41	0.45	0.86	0.51	0.98	2.17	1.67	2.22	0.00	1.28	1.16
中国台湾	1.41	0.45	0.43	1.01	1.47	1.30	0.42	1.85	1.07	1.28	1.08

表8—9 管理学C层人才排名前20的国家和地区的占比

国家和地区\年份	2009	2010	2011	2012	2013	2014	2015	2016	2017	2018	合计
美国	37.85	34.04	33.60	31.77	28.47	27.55	25.04	23.10	25.05	22.58	28.68
英国	10.68	9.11	11.34	11.98	11.44	11.73	12.16	11.92	11.99	11.01	11.35
中国大陆	3.21	3.40	3.37	4.33	5.03	5.08	6.72	6.90	7.51	7.65	5.40
加拿大	6.38	6.53	5.34	5.07	6.10	5.04	4.15	4.56	3.92	5.12	5.17
德国	3.73	4.17	3.64	4.49	4.32	5.17	5.27	5.36	4.35	4.65	4.54
荷兰	4.63	4.58	4.99	4.27	4.58	4.61	4.02	4.29	3.68	4.70	4.42
澳大利亚	3.26	3.63	3.99	4.12	4.07	4.17	4.45	4.33	4.95	4.65	4.18
西班牙	2.22	2.86	3.29	3.38	2.75	3.91	3.90	3.52	2.92	3.23	3.21
意大利	2.17	2.81	2.15	3.17	2.54	2.78	3.81	3.95	3.36	4.24	3.12
法国	2.60	2.86	2.45	2.53	3.20	2.82	2.74	3.30	3.16	3.18	2.89
中国香港	2.32	3.22	3.20	2.06	3.66	2.43	3.25	2.87	3.08	2.03	2.82
瑞士	1.13	1.95	1.23	2.27	2.08	2.00	1.88	1.80	1.56	1.52	1.73
中国台湾	2.79	2.31	1.84	1.79	2.14	1.61	1.54	1.03	1.28	1.11	1.72
瑞典	1.70	1.50	1.62	1.58	1.88	1.69	1.67	2.07	1.64	1.71	1.71
芬兰	1.84	1.86	1.31	1.69	1.73	2.09	1.50	1.92	1.24	1.66	1.68
新加坡	1.61	1.09	1.71	1.48	1.53	1.39	2.10	1.53	1.76	1.38	1.56

续表

国家和地区\年份	2009	2010	2011	2012	2013	2014	2015	2016	2017	2018	合计
比利时	1.18	1.95	1.58	1.16	1.78	2.00	1.58	1.57	1.28	1.43	1.55
丹麦	1.32	1.13	1.75	1.85	1.27	2.17	1.58	1.92	1.20	1.20	1.55
韩国	1.32	1.18	1.58	1.64	0.97	1.04	1.33	1.38	1.72	1.71	1.39
挪威	0.66	0.91	1.36	0.74	0.97	0.87	0.90	1.30	1.12	0.92	0.99

三 商学

商学 A、B、C 层人才最多的国家是美国，分别占该学科全球 A、B、C 层人才的 41.18%、35.44%、30.17%。

英国、德国、荷兰、法国、澳大利亚、加拿大的 A 层人才比较多，世界占比在 11%—3% 之间；葡萄牙、意大利、西班牙、瑞士、新西兰、中国大陆、印度、瑞典、丹麦、比利时、中国香港、拉脱维亚、韩国也有相当数量的 A 层人才，世界占比超过或接近 1%。

英国、加拿大、德国、荷兰、澳大利亚、法国、中国大陆、西班牙的 B 层人才比较多，世界占比在 12%—3% 之间；意大利、瑞士、中国香港、瑞典、芬兰、丹麦、比利时、中国台湾、挪威、韩国、新加坡也有相当数量的 B 层人才，世界占比超过或接近 1%。

英国、加拿大、德国、荷兰、澳大利亚、中国大陆、西班牙、法国的 C 层人才比较多，世界占比在 11%—3% 之间；意大利、瑞典、中国香港、瑞士、芬兰、韩国、中国台湾、丹麦、比利时、新加坡、奥地利也有相当数量的 C 层人才，世界占比超过 1%。

表 8—10　商学 A 层人才排名前 20 的国家和地区的占比

国家和地区\年份	2009	2010	2011	2012	2013	2014	2015	2016	2017	2018	合计
美国	31.25	68.75	44.44	71.43	46.67	38.89	30.00	32.00	36.00	30.00	41.18
英国	6.25	0.00	5.56	0.00	6.67	16.67	5.00	12.00	24.00	15.00	10.16
德国	12.50	6.25	0.00	7.14	6.67	5.56	20.00	12.00	0.00	5.00	7.49
荷兰	12.50	6.25	0.00	0.00	6.67	0.00	10.00	16.00	0.00	10.00	6.42
法国	12.50	6.25	5.56	0.00	0.00	11.11	0.00	8.00	8.00	5.00	5.88
澳大利亚	0.00	0.00	0.00	7.14	6.67	0.00	5.00	8.00	8.00	0.00	3.74

续表

国家和地区\年份	2009	2010	2011	2012	2013	2014	2015	2016	2017	2018	合计
加拿大	0.00	0.00	11.11	0.00	13.33	5.56	5.00	0.00	0.00	0.00	3.21
葡萄牙	6.25	0.00	0.00	0.00	0.00	0.00	10.00	4.00	0.00	0.00	2.14
意大利	0.00	0.00	0.00	0.00	0.00	0.00	5.00	0.00	4.00	5.00	1.60
西班牙	0.00	0.00	11.11	7.14	0.00	0.00	0.00	0.00	0.00	0.00	1.60
瑞士	0.00	0.00	5.56	0.00	0.00	0.00	0.00	4.00	0.00	5.00	1.60
新西兰	0.00	0.00	5.56	0.00	6.67	5.56	0.00	0.00	0.00	0.00	1.60
中国大陆	0.00	0.00	0.00	0.00	0.00	0.00	0.00	4.00	5.00	0.00	1.60
印度	0.00	0.00	0.00	0.00	0.00	0.00	0.00	0.00	8.00	0.00	1.07
瑞典	6.25	0.00	5.56	0.00	0.00	0.00	0.00	0.00	0.00	0.00	1.07
丹麦	6.25	0.00	0.00	0.00	0.00	5.56	0.00	0.00	0.00	0.00	1.07
比利时	0.00	0.00	0.00	0.00	0.00	5.56	0.00	0.00	0.00	5.00	1.07
中国香港	0.00	12.50	0.00	0.00	0.00	0.00	0.00	0.00	0.00	0.00	1.07
拉脱维亚	0.00	0.00	5.56	0.00	0.00	0.00	0.00	0.00	0.00	0.00	0.53
韩国	0.00	0.00	0.00	7.14	0.00	0.00	0.00	0.00	0.00	0.00	0.53

表8—11　　商学B层人才排名前20的国家和地区的占比

国家和地区\年份	2009	2010	2011	2012	2013	2014	2015	2016	2017	2018	合计
美国	48.95	43.62	44.44	42.42	34.29	36.97	30.05	34.98	27.90	20.44	35.44
英国	9.09	8.72	11.11	9.09	13.57	12.12	10.88	10.76	13.73	13.26	11.39
加拿大	4.20	9.40	6.17	9.09	7.86	7.88	6.74	2.69	6.01	6.08	6.39
德国	4.90	5.37	4.94	4.55	3.57	4.24	5.18	4.48	5.58	4.97	4.82
荷兰	4.90	4.03	5.56	5.30	2.86	5.45	4.15	2.69	5.58	2.76	4.30
澳大利亚	4.20	2.68	3.09	2.27	3.57	4.24	4.15	7.17	3.43	3.87	4.01
法国	2.80	4.03	3.09	2.27	2.86	5.45	4.66	2.24	3.00	3.87	3.43
中国大陆	0.70	2.68	1.85	4.55	0.71	3.03	3.63	4.48	3.86	7.18	3.43
西班牙	3.50	4.03	1.23	3.03	2.86	3.03	3.11	3.14	3.86	4.97	3.31
意大利	0.70	0.67	1.85	1.52	2.86	0.61	2.59	3.59	1.72	7.18	2.44
瑞士	1.40	3.36	1.23	3.03	2.14	0.61	4.66	2.24	1.72	0.55	2.09
中国香港	2.80	2.68	2.47	3.03	1.43	1.82	0.52	1.79	2.15	1.66	1.98
瑞典	2.10	0.67	1.85	0.76	4.29	1.82	2.59	2.24	2.15	0.55	1.92
芬兰	0.70	0.00	1.85	1.52	3.57	2.42	2.07	0.90	3.00	1.10	1.74

续表

国家和地区\年份	2009	2010	2011	2012	2013	2014	2015	2016	2017	2018	合计
丹麦	1.40	2.01	1.85	1.52	1.43	0.00	1.04	1.79	2.58	1.66	1.57
比利时	0.70	0.00	0.62	0.00	1.43	0.61	1.55	0.45	2.58	2.21	1.10
中国台湾	2.80	1.34	1.23	0.00	0.00	2.42	0.52	0.90	0.43	1.10	1.05
挪威	0.00	0.00	1.85	3.03	0.71	0.61	0.52	1.35	0.86	1.66	1.05
韩国	1.40	0.00	0.00	0.76	1.43	1.21	1.04	0.90	0.43	1.66	0.87
新加坡	0.00	0.00	0.62	0.00	0.00	1.21	2.07	1.79	0.86	1.10	0.87

表 8—12　商学 C 层人才排名前 20 的国家和地区的占比

国家和地区\年份	2009	2010	2011	2012	2013	2014	2015	2016	2017	2018	合计
美国	39.35	38.52	36.64	33.77	29.89	30.74	26.18	25.22	24.66	23.19	30.17
英国	11.14	7.65	9.72	10.84	11.74	11.84	11.16	12.15	10.87	10.40	10.82
加拿大	5.85	6.20	5.86	5.11	6.69	4.91	4.14	4.72	4.78	4.95	5.24
德国	4.09	4.68	4.80	5.42	4.63	5.28	6.48	5.67	4.87	4.30	5.07
荷兰	5.43	5.74	4.74	4.73	4.41	4.72	5.28	3.81	3.50	3.79	4.54
澳大利亚	4.80	4.29	4.36	3.80	4.91	4.36	4.63	4.40	4.41	4.75	4.47
中国大陆	1.55	2.18	1.81	3.25	3.06	3.74	4.25	5.40	5.37	7.77	4.00
西班牙	2.75	3.03	2.99	2.94	2.78	4.05	4.03	3.67	3.50	3.15	3.34
法国	1.62	2.57	2.55	2.71	3.27	3.07	2.94	3.67	3.78	3.85	3.07
意大利	1.83	2.24	1.74	3.25	2.70	2.76	2.89	3.17	3.46	4.56	2.90
瑞典	1.76	1.45	2.18	1.55	1.78	2.52	1.96	2.09	2.27	1.80	1.97
中国香港	1.90	2.51	1.50	2.01	2.63	1.53	2.01	1.77	2.05	1.35	1.91
瑞士	1.83	1.78	1.87	2.40	2.14	2.15	2.07	1.72	1.73	1.54	1.90
芬兰	1.48	1.25	1.12	1.78	1.85	2.52	2.12	2.00	1.77	1.61	1.77
韩国	0.92	1.58	1.56	1.78	1.64	1.10	2.18	1.59	1.91	2.25	1.67
中国台湾	1.76	1.85	2.12	2.01	1.49	1.41	1.85	1.22	1.23	1.28	1.59
丹麦	1.20	1.25	1.68	1.47	1.85	1.84	1.74	1.32	1.46	1.03	1.48
比利时	1.41	1.72	1.56	1.47	1.49	0.92	1.09	1.50	1.55	1.41	1.41
新加坡	1.62	1.45	1.50	1.08	1.42	1.29	1.63	1.41	1.55	0.58	1.37
奥地利	0.49	0.73	1.00	1.16	1.57	1.17	1.47	1.22	1.09	1.22	1.12

四 经济学

经济学 A、B、C 层人才最多的国家是美国，分别占该学科全球 A、B、C 层人才的 39.30%、34.82%、30.23%。

英国、荷兰、德国、加拿大、澳大利亚、瑞典的 A 层人才比较多，世界占比在 13%—3% 之间；中国大陆、西班牙、丹麦、法国、瑞士、比利时、土耳其、意大利、新加坡、奥地利、新西兰、中国香港、挪威也有相当数量的 A 层人才，世界占比超过或接近 1%。

英国、中国大陆、德国、荷兰、加拿大、法国的 B 层人才比较多，世界占比在 13%—3% 之间；澳大利亚、意大利、西班牙、瑞士、瑞典、比利时、新加坡、丹麦、挪威、奥地利、中国香港、希腊、日本也有相当数量的 B 层人才，世界占比超过或接近 1%。

英国、德国、中国大陆、荷兰、澳大利亚、加拿大、意大利、法国的 C 层人才比较多，世界占比在 12%—3% 之间；西班牙、瑞典、瑞士、比利时、丹麦、挪威、中国香港、奥地利、新加坡、日本、韩国也有相当数量的 C 层人才，世界占比超过或接近 1%。

表 8—13　经济学 A 层人才排名前 20 的国家和地区的占比

国家和地区 \ 年份	2009	2010	2011	2012	2013	2014	2015	2016	2017	2018	合计
美国	48.65	48.57	43.59	46.34	29.27	41.46	38.78	40.82	34.00	27.08	39.30
英国	13.51	11.43	15.38	9.76	9.76	7.32	16.33	12.24	12.00	12.50	12.09
荷兰	2.70	5.71	10.26	7.32	4.88	4.88	8.16	8.16	6.00	4.17	6.28
德国	5.41	2.86	5.13	7.32	9.76	7.32	0.00	4.08	2.00	2.08	4.88
加拿大	2.70	5.71	5.13	7.32	9.76	4.88	4.08	4.08	2.00	4.17	4.88
澳大利亚	5.41	2.86	0.00	0.00	4.88	2.44	0.00	6.12	6.00	8.33	3.72
瑞典	0.00	0.00	2.56	2.44	2.44	2.44	4.08	6.12	4.00	4.17	3.02
中国大陆	2.70	0.00	0.00	0.00	2.44	0.00	2.04	0.00	4.00	10.42	2.33
西班牙	0.00	2.86	2.56	0.00	0.00	7.32	0.00	0.00	6.00	2.08	2.09
丹麦	0.00	0.00	2.56	0.00	2.44	9.76	0.00	2.04	0.00	2.08	2.09
法国	2.70	2.86	2.56	2.44	0.00	2.44	2.04	0.00	0.00	4.17	1.86
瑞士	2.70	5.71	2.56	0.00	0.00	2.44	2.04	0.00	4.00	0.00	1.86

续表

国家和地区\年份	2009	2010	2011	2012	2013	2014	2015	2016	2017	2018	合计
比利时	5.41	0.00	2.56	2.44	0.00	2.44	0.00	2.04	2.00	0.00	1.63
土耳其	2.70	2.86	0.00	2.44	2.44	2.44	4.08	0.00	0.00	0.00	1.63
意大利	0.00	2.86	0.00	4.88	0.00	0.00	2.04	2.04	2.00	0.00	1.40
新加坡	0.00	0.00	0.00	2.44	0.00	0.00	4.08	2.04	2.00	0.00	1.16
奥地利	0.00	0.00	0.00	0.00	4.88	0.00	2.04	2.04	2.00	0.00	1.16
新西兰	0.00	0.00	2.56	0.00	2.44	0.00	0.00	2.04	0.00	0.00	0.70
中国香港	0.00	0.00	2.56	2.44	0.00	0.00	0.00	0.00	0.00	2.08	0.70
挪威	2.70	0.00	0.00	0.00	0.00	2.44	0.00	0.00	2.00	0.00	0.70

表 8—14　经济学 B 层人才排名前 20 的国家和地区的占比

国家和地区\年份	2009	2010	2011	2012	2013	2014	2015	2016	2017	2018	合计
美国	46.08	40.51	43.14	39.14	35.11	32.94	37.53	28.41	27.68	22.91	34.82
英国	10.54	13.61	12.86	11.80	10.69	11.06	11.64	13.63	11.16	15.09	12.16
中国大陆	2.11	3.16	2.86	2.68	3.56	4.47	6.41	7.62	9.66	15.09	5.95
德国	4.22	4.43	4.86	6.97	4.83	5.88	5.46	4.62	4.51	5.93	5.18
荷兰	5.72	2.85	3.43	4.83	5.85	4.94	4.04	4.85	4.72	4.58	4.61
加拿大	3.31	3.80	2.57	4.56	3.56	3.29	2.61	3.93	5.36	1.89	3.53
法国	1.51	3.48	2.57	3.22	2.54	4.24	3.80	4.62	3.86	2.96	3.35
澳大利亚	1.81	3.48	1.71	2.41	3.31	4.47	3.56	3.23	2.58	2.70	2.96
意大利	2.11	2.53	1.43	2.14	3.05	3.53	3.33	3.93	2.79	4.04	2.94
西班牙	1.51	2.53	2.00	2.95	3.56	2.35	1.66	2.54	2.36	2.96	2.45
瑞士	2.71	1.27	2.86	3.22	1.78	1.65	2.61	2.31	3.43	1.08	2.32
瑞典	2.11	1.90	2.86	1.07	2.04	1.65	1.66	1.15	1.93	1.89	1.80
比利时	2.41	1.90	1.14	2.14	1.02	1.18	2.14	1.15	1.29	1.35	1.55
新加坡	1.20	0.95	0.86	1.07	2.54	0.71	1.66	1.15	1.72	2.96	1.49
丹麦	0.30	0.32	2.00	1.34	1.02	1.65	0.48	0.92	1.93	2.16	1.24
挪威	0.90	1.58	0.86	0.80	1.02	0.71	1.19	0.46	2.36	0.54	1.06
奥地利	0.60	0.63	0.86	0.80	1.27	2.82	0.71	0.92	0.43	0.81	1.01
中国香港	1.20	0.95	2.29	1.07	0.76	0.71	0.71	0.69	0.64	0.54	0.93
希腊	1.20	1.27	0.29	0.80	0.51	0.47	0.00	0.69	0.43	0.54	0.59
日本	0.30	0.63	0.57	0.27	1.02	1.18	0.24	0.69	0.86	0.00	0.59

表8—15　　　　经济学C层人才排名前20的国家和地区的占比

国家和地区\年份	2009	2010	2011	2012	2013	2014	2015	2016	2017	2018	合计
美国	36.31	35.90	35.28	31.55	31.26	29.65	28.42	26.75	25.52	24.36	30.23
英国	11.20	11.52	10.79	12.63	11.37	11.64	11.63	11.79	10.74	10.78	11.42
德国	5.39	5.90	6.54	6.72	6.71	6.72	6.83	6.88	5.97	5.83	6.39
中国大陆	2.56	2.92	3.37	4.49	4.63	4.86	5.11	6.23	8.19	8.35	5.16
荷兰	4.55	4.35	4.45	4.57	4.58	4.31	3.36	4.20	4.01	3.10	4.14
澳大利亚	3.34	3.02	3.31	3.46	3.76	3.13	3.62	3.39	4.06	4.59	3.57
加拿大	3.34	4.03	3.37	3.73	3.39	3.82	3.55	3.04	3.47	3.07	3.48
意大利	3.10	3.11	3.11	3.10	3.53	3.09	4.03	3.80	3.85	3.58	3.45
法国	2.80	3.11	3.57	2.86	3.58	3.32	3.81	3.31	3.33	3.16	3.30
西班牙	2.65	3.62	2.66	2.72	2.92	3.49	2.93	3.13	2.41	2.92	2.94
瑞典	2.41	2.32	1.93	2.10	2.05	2.36	2.21	2.21	2.67	2.07	2.24
瑞士	2.05	1.78	2.29	2.18	2.16	1.93	2.45	1.79	2.17	2.28	2.11
比利时	1.45	1.52	1.64	1.39	1.55	1.56	1.68	1.32	1.25	1.73	1.50
丹麦	1.26	1.21	1.05	1.06	1.47	1.60	1.53	1.61	1.58	1.55	1.41
挪威	1.14	1.05	1.47	1.14	1.16	1.51	1.32	1.27	1.89	1.43	1.35
中国香港	1.14	0.89	1.36	1.39	1.08	1.27	1.15	1.43	1.35	1.34	1.25
奥地利	1.29	0.86	0.96	1.31	1.32	0.90	0.74	1.18	0.92	0.97	1.04
新加坡	1.11	0.63	0.74	1.12	0.84	0.80	1.10	1.36	1.16	1.28	1.02
日本	1.05	0.83	0.79	1.33	1.21	0.87	0.84	0.89	1.20	0.94	1.00
韩国	0.69	0.86	0.54	0.54	0.79	0.92	0.89	0.80	0.92	1.34	0.83

五　金融学

金融学A、B、C层人才最多的国家是美国，分别占该学科全球A、B、C层人才的61.36%、41.62%、37.06%。

荷兰、英国、中国大陆、德国、加拿大的A层人才比较多，世界占比在6%—3%之间；以色列、韩国、比利时、丹麦、澳大利亚、意大利、西班牙、瑞士、中国香港、法国也有相当数量的A层人才，世界占比超过1%。

英国、澳大利亚、德国、中国大陆、荷兰、中国香港、加拿大的B层人才比较多，世界占比在10%—3%之间；法国、意大利、瑞士、西班牙、比利时、新加坡、韩国、南非、葡萄牙、新西兰、丹麦、瑞典也有相当数量的 B 层人才，世界占比超过或接近 1%。

英国、加拿大、澳大利亚、德国、中国大陆、法国、荷兰的 C 层人才比较多，世界占比在 11%—3% 之间；中国香港、意大利、瑞士、西班牙、新加坡、韩国、比利时、芬兰、新西兰、瑞典、中国台湾、丹麦也有相当数量的 C 层人才，世界占比超过或接近 1%。

表 8—16　　　　金融学 A 层人才的国家和地区的占比

国家和地区＼年份	2009	2010	2011	2012	2013	2014	2015	2016	2017	2018	合计
美国	42.86	100.00	62.50	83.33	60.00	60.00	66.67	77.78	50.00	22.22	61.36
荷兰	0.00	0.00	0.00	0.00	30.00	0.00	8.33	11.11	0.00	0.00	5.68
英国	14.29	0.00	0.00	0.00	0.00	10.00	0.00	0.00	20.00	0.00	4.55
中国大陆	0.00	0.00	0.00	0.00	0.00	0.00	8.33	0.00	0.00	22.22	3.41
德国	0.00	0.00	0.00	0.00	0.00	10.00	0.00	11.11	10.00	0.00	3.41
加拿大	0.00	0.00	12.50	0.00	0.00	10.00	0.00	0.00	0.00	11.11	3.41
以色列	14.29	0.00	0.00	0.00	0.00	0.00	0.00	0.00	0.00	11.11	2.27
韩国	0.00	0.00	12.50	0.00	0.00	0.00	0.00	0.00	0.00	11.11	2.27
比利时	14.29	0.00	0.00	0.00	0.00	0.00	0.00	0.00	10.00	0.00	2.27
丹麦	0.00	0.00	0.00	0.00	10.00	10.00	0.00	0.00	0.00	0.00	2.27
澳大利亚	14.29	0.00	0.00	0.00	0.00	0.00	0.00	0.00	0.00	11.11	2.27
意大利	0.00	0.00	0.00	16.67	0.00	0.00	8.33	0.00	0.00	0.00	2.27
西班牙	0.00	0.00	0.00	0.00	0.00	0.00	0.00	0.00	10.00	0.00	1.14
瑞士	0.00	0.00	0.00	0.00	0.00	0.00	8.33	0.00	0.00	0.00	1.14
中国香港	0.00	0.00	12.50	0.00	0.00	0.00	0.00	0.00	0.00	0.00	1.14
法国	0.00	0.00	0.00	0.00	0.00	0.00	0.00	0.00	0.00	11.11	1.14

表 8—17　　　　金融学 B 层人才排名前 20 的国家和地区的占比

国家和地区＼年份	2009	2010	2011	2012	2013	2014	2015	2016	2017	2018	合计
美国	53.25	63.08	47.30	47.30	44.32	43.24	42.24	32.22	31.00	23.40	41.62
英国	7.79	4.62	10.81	8.11	6.82	10.81	7.76	13.33	10.00	15.96	9.79
澳大利亚	2.60	4.62	4.05	4.05	5.68	1.80	9.48	2.22	5.00	2.13	4.27
德国	1.30	1.54	2.70	2.70	7.95	3.60	6.03	7.78	1.00	5.32	4.16

续表

国家和地区\年份	2009	2010	2011	2012	2013	2014	2015	2016	2017	2018	合计
中国大陆	2.60	3.08	1.35	1.35	4.55	2.70	6.90	3.33	6.00	5.32	3.94
荷兰	3.90	3.08	2.70	5.41	3.41	4.50	2.59	4.44	2.00	4.26	3.60
中国香港	5.19	6.15	6.76	6.76	1.14	2.70	1.72	1.11	3.00	1.06	3.26
加拿大	2.60	4.62	4.05	1.35	3.41	2.70	2.59	2.22	5.00	3.19	3.15
法国	5.19	0.00	4.05	1.35	3.41	0.90	2.59	3.33	5.00	3.19	2.92
意大利	0.00	1.54	0.00	4.05	3.41	1.80	2.59	5.56	2.00	5.32	2.70
瑞士	2.60	1.54	2.70	4.05	1.14	2.70	3.45	3.33	3.00	1.06	2.59
西班牙	0.00	0.00	1.35	1.35	2.27	3.60	1.72	4.44	1.00	3.19	2.02
比利时	3.90	1.54	1.35	1.35	2.27	1.80	0.00	2.22	2.00	3.19	1.91
新加坡	2.60	1.54	1.35	2.70	2.27	0.90	1.72	2.22	2.00	0.00	1.69
韩国	1.30	0.00	0.00	4.05	1.14	2.70	0.86	0.00	1.00	1.06	1.24
南非	0.00	0.00	0.00	0.00	0.00	0.90	0.00	2.22	3.00	3.19	1.01
葡萄牙	1.30	0.00	1.35	0.00	1.14	0.90	0.86	1.11	2.00	0.00	0.90
新西兰	0.00	0.00	1.35	0.00	1.14	1.80	0.00	2.22	1.00	1.06	0.90
丹麦	0.00	1.54	0.00	1.35	0.00	0.90	0.86	0.00	1.00	2.13	0.79
瑞典	0.00	0.00	1.35	1.35	0.00	1.80	0.00	0.00	1.00	1.06	0.67

表8—18　金融学C层人才排名前20的国家和地区的占比

国家和地区\年份	2009	2010	2011	2012	2013	2014	2015	2016	2017	2018	合计
美国	48.14	46.31	46.22	44.19	40.12	33.24	31.03	31.89	30.75	28.31	37.06
英国	10.21	8.31	9.59	10.91	9.94	12.45	12.45	11.63	9.60	11.79	10.86
加拿大	4.77	4.46	4.46	4.39	6.24	3.84	5.54	4.32	4.91	4.86	4.80
澳大利亚	3.18	3.69	4.46	3.97	3.70	4.31	5.88	5.32	4.69	4.98	4.51
德国	3.32	3.38	2.97	3.97	4.05	5.99	4.09	5.43	5.34	5.22	4.48
中国大陆	0.93	2.00	2.97	3.26	2.77	3.00	4.01	4.76	7.42	7.17	3.93
法国	1.99	3.38	2.70	1.56	5.09	3.65	4.94	3.54	4.25	5.35	3.77
荷兰	3.05	4.31	4.32	4.39	3.82	2.72	2.90	2.88	2.40	1.70	3.16
中国香港	3.32	2.92	3.24	4.39	3.58	2.72	2.30	2.77	2.07	1.94	2.86
意大利	2.92	2.77	2.30	1.98	1.85	3.09	3.41	3.32	2.73	2.07	2.70
瑞士	1.59	2.00	1.62	2.12	1.85	2.06	2.47	1.77	2.94	2.31	2.10
西班牙	1.99	1.54	1.62	1.42	1.50	2.15	2.05	1.99	1.31	1.82	1.77
新加坡	2.12	1.69	1.35	1.56	1.62	1.31	2.05	1.55	1.20	1.70	1.62

续表

国家和地区\年份	2009	2010	2011	2012	2013	2014	2015	2016	2017	2018	合计
韩国	1.19	2.15	0.95	1.27	0.81	1.12	1.71	1.11	0.98	2.31	1.35
比利时	0.53	1.54	0.81	0.99	1.39	1.22	0.68	0.78	1.09	1.34	1.02
芬兰	1.19	0.77	0.27	0.57	0.46	1.78	1.19	1.00	1.53	0.49	0.98
新西兰	1.06	0.62	0.54	0.85	0.81	0.94	0.77	1.11	1.53	1.09	0.94
瑞典	1.19	0.62	0.81	0.14	1.04	1.12	1.02	1.66	0.87	0.49	0.93
中国台湾	1.19	0.62	0.95	0.85	0.46	0.84	1.28	0.78	0.55	0.49	0.81
丹麦	0.80	1.23	0.68	0.28	1.04	1.03	0.34	1.00	0.87	0.85	0.80

六 人口统计学

人口统计学A、B、C层人才最多的国家是美国，分别占该学科全球A、B、C层人才的36.36%、38.80%、30.08%。

英国的A层人才比较多，世界占比为27.27%；奥地利、比利时、瑞士、澳大利亚也有相当数量的A层人才，世界占比均为9.09%。

英国、德国、加拿大、澳大利亚的B层人才比较多，世界占比在19%—3%之间；荷兰、挪威、法国、奥地利、西班牙、瑞士、瑞典、肯尼亚、比利时、新加坡、波兰、意大利、芬兰、卢森堡、中国香港也有相当数量的B层人才，世界占比超过或接近1%。

英国、荷兰、德国、意大利的C层人才比较多，世界占比在16%—3%之间；加拿大、澳大利亚、瑞典、西班牙、比利时、法国、瑞士、奥地利、挪威、中国大陆、丹麦、南非、新加坡、波兰、印度也有相当数量的C层人才，世界占比超过或接近1%。

表8—19　　人口统计学A层人才的国家和地区的占比

国家和地区\年份	2009	2010	2011	2012	2013	2014	2015	2016	2017	2018	合计
美国	100.00	0.00	50.00	0.00	0.00	0.00	0.00	50.00	100.00	0.00	36.36
英国	0.00	100.00	0.00	0.00	50.00	0.00	0.00	0.00	0.00	100.00	27.27
奥地利	0.00	0.00	50.00	0.00	0.00	0.00	0.00	0.00	0.00	0.00	9.09
比利时	0.00	0.00	0.00	0.00	50.00	0.00	0.00	0.00	0.00	0.00	9.09
瑞士	0.00	0.00	0.00	0.00	0.00	0.00	0.00	50.00	0.00	0.00	9.09
澳大利亚	0.00	0.00	0.00	0.00	0.00	100.00	0.00	0.00	0.00	0.00	9.09

表8—20　人口统计学B层人才排名前20的国家和地区的占比

国家和地区 \ 年份	2009	2010	2011	2012	2013	2014	2015	2016	2017	2018	合计
美国	50.00	53.33	44.44	58.82	52.63	38.10	45.45	14.81	26.09	0.00	38.80
英国	7.14	6.67	11.11	17.65	26.32	28.57	18.18	25.93	13.04	28.57	18.58
德国	14.29	13.33	5.56	0.00	0.00	0.00	4.55	14.81	8.70	0.00	6.56
加拿大	0.00	0.00	5.56	0.00	0.00	4.76	0.00	3.70	13.04	0.00	3.28
澳大利亚	0.00	13.33	5.56	0.00	0.00	4.76	4.55	3.70	0.00	0.00	3.28
荷兰	0.00	0.00	0.00	0.00	5.26	0.00	0.00	11.11	0.00	14.29	2.73
挪威	0.00	0.00	0.00	5.88	5.26	0.00	4.55	0.00	4.35	14.29	2.73
法国	0.00	0.00	11.11	0.00	0.00	0.00	0.00	7.41	4.35	0.00	2.73
奥地利	7.14	6.67	5.56	0.00	0.00	4.76	0.00	0.00	4.35	0.00	2.73
西班牙	7.14	0.00	0.00	0.00	5.26	0.00	4.55	0.00	4.35	0.00	2.19
瑞士	0.00	0.00	0.00	5.88	0.00	0.00	4.55	3.70	0.00	0.00	1.64
瑞典	0.00	0.00	0.00	0.00	0.00	4.76	4.55	0.00	4.35	0.00	1.64
肯尼亚	0.00	0.00	0.00	5.88	0.00	0.00	0.00	3.70	0.00	0.00	1.09
比利时	0.00	6.67	0.00	0.00	0.00	0.00	0.00	0.00	4.35	0.00	1.09
新加坡	0.00	0.00	0.00	0.00	5.26	4.76	0.00	0.00	0.00	0.00	1.09
波兰	0.00	0.00	0.00	0.00	0.00	0.00	4.55	0.00	0.00	14.29	1.09
意大利	7.14	0.00	0.00	0.00	0.00	0.00	0.00	0.00	4.35	0.00	1.09
芬兰	0.00	0.00	0.00	0.00	0.00	4.76	0.00	0.00	0.00	0.00	0.55
卢森堡	0.00	0.00	0.00	0.00	0.00	0.00	0.00	3.70	0.00	0.00	0.55
中国香港	0.00	0.00	0.00	0.00	0.00	0.00	0.00	0.00	4.35	0.00	0.55

表8—21　人口统计学C层人才排名前20的国家和地区的占比

国家和地区 \ 年份	2009	2010	2011	2012	2013	2014	2015	2016	2017	2018	合计
美国	37.86	33.10	33.73	36.31	36.31	28.49	29.56	36.26	27.52	10.94	30.08
英国	16.43	17.24	18.34	12.74	13.41	15.05	18.72	11.83	15.60	14.45	15.20
荷兰	5.00	9.66	4.73	6.37	6.70	3.76	7.39	9.54	7.80	7.42	7.00
德国	2.14	7.59	10.06	5.73	10.06	5.91	6.40	4.96	6.88	3.52	6.21
意大利	1.43	4.14	3.55	3.18	2.79	3.23	1.97	4.58	3.21	1.95	3.03
加拿大	1.43	2.07	3.55	1.91	3.35	3.23	4.43	2.29	5.50	1.56	2.98
澳大利亚	4.29	2.76	2.37	2.55	2.79	2.15	3.45	4.58	2.75	1.17	2.87

续表

国家和地区\年份	2009	2010	2011	2012	2013	2014	2015	2016	2017	2018	合计
瑞典	1.43	0.00	1.78	2.55	2.23	2.15	1.97	3.05	6.42	2.34	2.56
西班牙	0.71	0.69	2.96	4.46	2.79	2.69	1.48	1.91	1.83	2.34	2.19
比利时	2.14	1.38	0.59	3.18	1.68	3.76	2.96	1.15	2.29	1.17	1.98
法国	3.57	0.69	2.96	1.91	2.23	2.15	1.48	1.53	0.92	1.95	1.88
瑞士	0.00	0.69	0.59	1.27	0.56	2.15	1.97	3.82	2.29	2.34	1.78
奥地利	2.14	1.38	1.18	1.27	1.12	2.69	1.48	1.91	1.38	2.34	1.72
挪威	1.43	1.38	0.59	2.55	2.23	4.30	0.00	0.76	0.92	1.95	1.57
中国大陆	3.57	2.07	1.18	0.00	0.56	1.61	1.97	0.38	1.38	2.73	1.51
丹麦	0.71	0.69	1.78	1.27	0.56	1.61	0.99	0.76	2.29	0.78	1.15
南非	2.14	1.38	1.18	0.64	0.00	2.15	1.97	0.38	0.00	0.78	0.99
新加坡	0.00	0.69	1.78	0.64	1.12	1.08	0.99	0.38	1.38	0.78	0.89
波兰	0.00	0.69	0.00	0.64	0.56	1.61	0.49	0.76	0.46	1.56	0.73
印度	1.43	1.38	0.59	1.91	0.00	0.54	0.00	0.00	1.38	0.78	0.73

七 农业经济和政策

农业经济和政策A、B、C层人才最多的国家是美国,分别占该学科全球A、B、C层人才的38.46%、28.66%、30.98%。

英国的A层人才比较多,世界占比为15.38%;德国、澳大利亚、加拿大、法国、意大利、瑞典也有相当数量的A层人才,世界占比均为7.69%。

英国、意大利、德国、澳大利亚、肯尼亚、中国大陆、挪威、荷兰、瑞典、法国的B层人才比较多,世界占比在12%—3%之间;新西兰、丹麦、埃塞俄比亚、加拿大、瑞士、匈牙利、墨西哥、奥地利、南非也有相当数量的B层人才,世界占比超过1%。

德国、英国、澳大利亚、中国大陆、荷兰、意大利、西班牙的C层人才比较多,世界占比在9%—3%之间;比利时、法国、肯尼亚、加拿大、挪威、埃塞俄比亚、丹麦、瑞典、日本、奥地利、新西兰、印度也有相当数量的C层人才,世界占比超过或接近1%。

表 8—22　　农业经济和政策 A 层人才的国家和地区的占比

国家和地区\年份	2009	2010	2011	2012	2013	2014	2015	2016	2017	2018	合计
美国	50.00	0.00	0.00	100.00	100.00	0.00	50.00	0.00	50.00	0.00	38.46
英国	50.00	0.00	100.00	0.00	0.00	0.00	0.00	0.00	0.00	0.00	15.38
德国	0.00	0.00	0.00	0.00	0.00	0.00	0.00	0.00	0.00	100.00	7.69
澳大利亚	0.00	100.00	0.00	0.00	0.00	0.00	0.00	0.00	0.00	0.00	7.69
加拿大	0.00	0.00	0.00	0.00	0.00	0.00	0.00	50.00	0.00	0.00	7.69
法国	0.00	0.00	0.00	0.00	0.00	0.00	0.00	50.00	0.00	0.00	7.69
意大利	0.00	0.00	0.00	0.00	0.00	0.00	50.00	0.00	0.00	0.00	7.69
瑞典	0.00	0.00	0.00	0.00	0.00	0.00	0.00	50.00	0.00	0.00	7.69

表 8—23　　农业经济和政策 B 层人才排名前 20 的国家和地区的占比

国家和地区\年份	2009	2010	2011	2012	2013	2014	2015	2016	2017	2018	合计
美国	31.58	18.75	36.84	35.71	35.71	20.00	19.05	10.53	35.29	60.00	28.66
英国	10.53	12.50	26.32	7.14	0.00	0.00	14.29	21.05	11.76	0.00	11.59
意大利	0.00	12.50	0.00	7.14	7.14	6.67	9.52	10.53	11.76	0.00	6.71
德国	0.00	6.25	0.00	7.14	14.29	6.67	0.00	5.26	11.76	10.00	5.49
澳大利亚	10.53	0.00	0.00	7.14	7.14	6.67	4.76	5.26	0.00	0.00	4.27
肯尼亚	5.26	0.00	0.00	7.14	7.14	0.00	4.76	5.26	0.00	0.00	3.05
中国大陆	5.26	6.25	5.26	0.00	7.14	0.00	4.76	0.00	0.00	0.00	3.05
挪威	0.00	6.25	10.53	0.00	0.00	0.00	4.76	0.00	0.00	10.00	3.05
荷兰	0.00	0.00	0.00	7.14	0.00	13.33	0.00	5.26	5.88	0.00	3.05
瑞典	0.00	6.25	10.53	0.00	7.14	0.00	0.00	0.00	0.00	0.00	3.05
法国	5.26	0.00	0.00	0.00	0.00	6.67	9.52	5.26	0.00	0.00	3.05
新西兰	5.26	0.00	0.00	0.00	7.14	0.00	0.00	0.00	0.00	10.00	1.83
丹麦	0.00	6.25	0.00	7.14	0.00	6.67	0.00	0.00	0.00	0.00	1.83
埃塞俄比亚	0.00	0.00	0.00	0.00	7.14	0.00	4.76	0.00	5.88	0.00	1.83
加拿大	0.00	6.25	0.00	0.00	0.00	0.00	4.76	0.00	5.88	0.00	1.83
瑞士	0.00	0.00	5.26	7.14	0.00	0.00	4.76	0.00	0.00	0.00	1.83
匈牙利	0.00	0.00	0.00	0.00	0.00	0.00	4.76	5.26	0.00	0.00	1.22
墨西哥	10.53	0.00	0.00	0.00	0.00	0.00	0.00	0.00	0.00	0.00	1.22
奥地利	0.00	0.00	0.00	0.00	0.00	6.67	0.00	5.26	0.00	0.00	1.22
南非	5.26	0.00	0.00	0.00	0.00	0.00	0.00	0.00	5.88	0.00	1.22

表8—24　农业经济和政策 C 层人才排名前 20 的国家和地区的占比

国家和地区	2009	2010	2011	2012	2013	2014	2015	2016	2017	2018	合计
美国	30.41	28.38	34.78	28.99	31.50	26.09	28.77	29.94	38.30	31.53	30.98
德国	7.73	6.08	8.15	9.42	7.09	9.32	9.91	9.04	8.51	4.50	8.17
英国	5.67	8.78	9.78	4.35	6.30	7.45	7.08	6.21	7.45	7.21	7.07
澳大利亚	5.15	8.11	4.89	6.52	3.15	3.11	4.72	2.82	4.26	6.31	4.82
中国大陆	1.03	2.70	3.26	7.97	3.94	1.24	5.66	7.91	4.26	5.41	4.27
荷兰	3.61	6.08	4.35	5.07	6.30	6.83	3.77	2.26	2.66	1.80	4.21
意大利	2.58	2.03	3.26	3.62	3.94	6.21	2.36	4.52	4.26	7.21	3.84
西班牙	3.09	5.41	5.43	2.17	3.15	1.24	2.36	3.39	0.53	4.50	3.05
比利时	0.52	4.73	2.17	1.45	6.30	3.11	2.36	2.82	2.13	5.41	2.87
法国	2.58	4.05	0.54	4.35	3.94	4.35	1.42	2.82	3.72	1.80	2.87
肯尼亚	2.58	2.03	2.72	2.17	1.57	2.48	4.25	1.69	1.60	0.90	2.32
加拿大	3.09	2.70	1.09	2.90	0.79	1.24	3.30	3.39	1.06	1.80	2.20
挪威	1.03	1.35	1.09	0.72	0.79	3.11	1.42	1.69	3.19	0.90	1.59
埃塞俄比亚	2.58	0.68	1.09	1.45	2.36	2.48	0.94	1.13	1.60	0.90	1.52
丹麦	1.03	2.03	1.09	1.45	3.15	0.62	1.42	1.13	0.53	3.60	1.46
瑞典	2.58	0.68	1.63	2.90	0.00	0.62	1.42	1.69	0.00	0.90	1.28
日本	0.00	0.68	0.00	0.72	1.57	4.97	0.47	1.13	0.00	0.90	0.98
奥地利	0.52	0.00	1.63	0.72	0.79	4.35	0.94	0.00	0.53	0.00	0.98
新西兰	0.52	2.03	1.09	0.72	0.79	0.62	0.47	0.00	0.53	0.90	0.73
印度	0.00	0.00	1.09	0.00	0.00	1.24	0.94	1.13	1.06	1.80	0.73

八　公共管理

公共管理 A、B、C 层人才最多的国家是美国，分别占该学科全球 A、B、C 层人才的 29.41%、30.60%、27.03%。

英国、意大利、澳大利亚、荷兰、加拿大的 A 层人才比较多，世界占比在 18%—5% 之间；新西兰、韩国、巴西、西班牙、中国大陆、丹麦、德国也有相当数量的 A 层人才，世界占比均为 2.94%。

英国、荷兰、澳大利亚、德国、加拿大、瑞士的 B 层人才比较多，世界占比在 17%—3% 之间；丹麦、意大利、比利时、瑞典、西班牙、挪威、韩国、新加坡、法国、中国大陆、印度、新西兰、尼泊尔也有相当数量的 B 层人才，世界占比超过或接近 1%。

英国、荷兰、德国、澳大利亚、丹麦、加拿大的 C 层人才比较多，世界占比在 18%—3% 之间；西班牙、瑞士、瑞典、比利时、意大利、中国大陆、挪威、中国香港、韩国、法国、奥地利、芬兰、新加坡也有相当数量的 C 层人才，世界占比超过或接近 1%。

表8—25　　公共管理 A 层人才的国家和地区的占比

国家和地区\年份	2009	2010	2011	2012	2013	2014	2015	2016	2017	2018	合计
美国	25.00	0.00	25.00	25.00	33.33	50.00	50.00	0.00	50.00	33.33	29.41
英国	0.00	0.00	25.00	50.00	33.33	0.00	0.00	50.00	0.00	0.00	17.65
意大利	0.00	0.00	0.00	0.00	33.33	50.00	0.00	0.00	33.33	0.00	8.82
澳大利亚	0.00	0.00	25.00	0.00	0.00	0.00	25.00	0.00	25.00	0.00	8.82
荷兰	0.00	50.00	0.00	0.00	0.00	0.00	25.00	25.00	0.00	0.00	8.82
加拿大	25.00	0.00	25.00	0.00	0.00	0.00	0.00	0.00	0.00	0.00	5.88
新西兰	25.00	0.00	0.00	0.00	0.00	0.00	0.00	0.00	0.00	0.00	2.94
韩国	0.00	0.00	0.00	0.00	0.00	0.00	0.00	25.00	0.00	0.00	2.94
巴西	0.00	0.00	0.00	25.00	0.00	0.00	0.00	0.00	0.00	0.00	2.94
西班牙	0.00	0.00	0.00	0.00	0.00	0.00	0.00	25.00	0.00	0.00	2.94
中国大陆	0.00	50.00	0.00	0.00	0.00	0.00	0.00	0.00	0.00	0.00	2.94
丹麦	25.00	0.00	0.00	0.00	0.00	0.00	0.00	0.00	0.00	0.00	2.94
德国	0.00	0.00	0.00	0.00	0.00	0.00	0.00	0.00	0.00	33.33	2.94

表8—26　　公共管理 B 层人才排名前 20 的国家和地区的占比

国家和地区\年份	2009	2010	2011	2012	2013	2014	2015	2016	2017	2018	合计
美国	38.89	24.39	47.22	37.78	26.32	29.55	35.00	26.09	26.42	16.67	30.60
英国	13.89	19.51	22.22	22.22	13.16	18.18	17.50	10.87	15.09	16.67	16.87
荷兰	8.33	9.76	2.78	8.89	7.89	9.09	12.50	13.04	15.09	11.11	10.12
澳大利亚	11.11	4.88	0.00	8.89	7.89	0.00	0.00	6.52	9.43	5.56	5.54
德国	2.78	4.88	0.00	0.00	0.00	11.36	5.00	8.70	7.55	8.33	5.06
加拿大	13.89	0.00	2.78	6.67	5.26	6.82	10.00	0.00	1.89	5.56	5.06
瑞士	2.78	7.32	2.78	2.22	2.63	0.00	5.00	6.52	1.89	2.78	3.37
丹麦	0.00	0.00	2.78	0.00	7.89	0.00	5.00	4.35	7.55	0.00	2.89

续表

国家和地区 \ 年份	2009	2010	2011	2012	2013	2014	2015	2016	2017	2018	合计
意大利	0.00	2.44	2.78	0.00	5.26	0.00	0.00	2.17	7.55	5.56	2.65
比利时	0.00	4.88	5.56	0.00	2.63	0.00	2.50	2.17	0.00	5.56	2.17
瑞典	0.00	0.00	2.78	4.44	2.63	4.55	0.00	0.00	1.89	5.56	2.17
西班牙	0.00	2.44	2.78	0.00	0.00	2.27	5.00	4.35	1.89	0.00	1.93
挪威	2.78	2.44	0.00	0.00	2.63	2.27	0.00	4.35	1.89	0.00	1.69
韩国	0.00	4.88	0.00	0.00	5.26	2.27	0.00	0.00	1.89	0.00	1.45
新加坡	2.78	0.00	0.00	0.00	0.00	4.55	2.50	2.17	0.00	0.00	1.20
法国	0.00	0.00	0.00	2.22	2.63	0.00	0.00	2.17	0.00	2.78	0.96
中国大陆	0.00	0.00	0.00	2.22	2.63	0.00	0.00	0.00	0.00	5.56	0.96
印度	0.00	2.44	0.00	0.00	0.00	0.00	0.00	0.00	0.00	2.78	0.48
新西兰	0.00	0.00	2.78	0.00	0.00	0.00	0.00	0.00	0.00	2.78	0.48
尼泊尔	0.00	2.44	0.00	0.00	0.00	0.00	0.00	2.17	0.00	0.00	0.48

表8—27　公共管理C层人才排名前20的国家和地区的占比

国家和地区 \ 年份	2009	2010	2011	2012	2013	2014	2015	2016	2017	2018	合计
美国	31.23	33.25	30.93	30.49	28.95	25.25	26.09	23.93	21.56	20.33	27.03
英国	18.63	16.75	20.00	17.49	21.32	19.00	17.65	14.96	14.78	11.65	17.13
荷兰	7.40	7.73	9.87	7.85	7.37	9.00	6.91	10.26	9.24	11.92	8.77
德国	8.22	6.44	4.53	6.05	5.26	5.50	6.14	10.04	6.98	8.94	6.86
澳大利亚	4.93	3.35	5.87	3.59	3.42	5.25	2.81	5.13	5.13	5.15	4.47
丹麦	1.37	2.06	2.40	1.57	3.68	5.00	6.14	3.42	4.72	5.96	3.64
加拿大	2.74	2.58	3.73	4.04	3.42	3.00	3.84	4.91	2.87	2.44	3.39
西班牙	4.11	2.84	1.60	2.69	2.63	2.25	2.56	1.92	2.05	1.90	2.43
瑞士	1.64	2.06	1.60	3.36	2.63	2.25	2.81	1.28	2.05	3.79	2.33
瑞典	1.10	2.84	3.20	1.79	1.58	3.00	2.56	1.71	2.67	1.90	2.24
比利时	1.37	2.32	1.87	1.12	1.58	2.00	2.30	1.50	2.87	4.34	2.11
意大利	2.19	2.32	1.60	1.12	0.79	1.25	2.30	3.42	1.85	4.34	2.11
中国大陆	0.55	1.29	0.53	2.02	2.37	1.75	2.81	1.28	1.44	3.52	1.74
挪威	1.64	1.80	1.33	0.45	1.32	1.75	3.07	1.28	2.46	1.36	1.65
中国香港	2.19	3.09	1.87	1.35	1.05	2.25	1.28	1.07	1.03	0.54	1.55
韩国	1.64	0.52	1.60	1.79	1.58	1.25	1.02	1.92	1.44	1.36	1.43

续表

国家和地区\年份	2009	2010	2011	2012	2013	2014	2015	2016	2017	2018	合计
法国	1.37	0.26	0.80	1.35	1.05	0.75	0.51	2.35	1.23	1.08	1.11
奥地利	1.10	1.29	0.80	1.12	1.05	1.00	0.26	0.64	1.03	1.36	0.96
芬兰	1.64	0.00	0.27	1.79	0.26	0.75	1.79	0.64	1.44	0.27	0.91
新加坡	0.55	0.52	0.27	0.22	0.79	0.50	2.05	1.28	1.03	0.81	0.81

九 卫生保健科学和服务

卫生保健科学和服务 A、B、C 层人才最多的国家是美国，分别占该学科全球 A、B、C 层人才的 29.86%、35.07%、36.43%。

英国、加拿大、荷兰、澳大利亚、西班牙的 A 层人才比较多，世界占比在 19%—3% 之间；挪威、德国、瑞士、比利时、丹麦、中国香港、墨西哥、瑞典、哥斯达黎加、坦桑尼亚、中国大陆、印度、法国、新西兰也有相当数量的 A 层人才，世界占比超过或接近 1%。

英国、加拿大、荷兰、澳大利亚、德国的 B 层人才比较多，世界占比在 15%—3% 之间；挪威、瑞士、西班牙、意大利、瑞典、比利时、丹麦、法国、中国大陆、爱尔兰、新西兰、韩国、奥地利、新加坡也有相当数量的 B 层人才，世界占比超过或接近 1%。

英国、加拿大、荷兰、澳大利亚、德国的 C 层人才比较多，世界占比在 14%—3% 之间；西班牙、意大利、瑞士、瑞典、中国大陆、比利时、法国、挪威、丹麦、南非、爱尔兰、中国台湾、印度、巴西也有相当数量的 C 层人才，世界占比超过或接近 1%。

表 8—28　卫生保健科学和服务 A 层人才排名前 20 的国家和地区的占比

国家和地区\年份	2009	2010	2011	2012	2013	2014	2015	2016	2017	2018	合计
美国	40.00	31.25	11.11	22.73	28.57	34.78	33.33	35.71	28.57	30.77	29.86
英国	13.33	6.25	16.67	27.27	28.57	17.39	20.83	17.86	25.00	11.54	19.00
加拿大	26.67	31.25	11.11	13.64	9.52	13.04	8.33	21.43	7.14	3.85	13.57
荷兰	6.67	12.50	11.11	9.09	4.76	13.04	4.17	14.29	7.14	11.54	9.50
澳大利亚	6.67	0.00	5.56	18.18	4.76	4.35	8.33	0.00	7.14	3.85	5.88
西班牙	0.00	12.50	11.11	0.00	0.00	0.00	0.00	0.00	3.57	7.69	3.17

续表

国家和地区\年份	2009	2010	2011	2012	2013	2014	2015	2016	2017	2018	合计
挪威	0.00	0.00	11.11	4.55	0.00	4.35	4.17	3.57	0.00	0.00	2.71
德国	0.00	6.25	5.56	0.00	4.76	0.00	0.00	3.57	3.57	3.85	2.71
瑞士	0.00	0.00	11.11	0.00	0.00	0.00	4.17	0.00	3.57	3.85	2.26
比利时	0.00	0.00	0.00	0.00	0.00	0.00	0.00	3.57	3.57	0.00	0.90
丹麦	0.00	0.00	5.56	0.00	0.00	0.00	0.00	0.00	3.57	0.00	0.90
中国香港	0.00	0.00	0.00	0.00	0.00	4.35	0.00	0.00	0.00	3.85	0.90
墨西哥	0.00	0.00	0.00	0.00	0.00	0.00	0.00	0.00	3.57	3.85	0.90
瑞典	0.00	0.00	0.00	0.00	0.00	0.00	4.17	0.00	0.00	0.00	0.45
哥斯达黎加	0.00	0.00	0.00	0.00	0.00	0.00	0.00	0.00	0.00	3.85	0.45
坦桑尼亚	0.00	0.00	0.00	0.00	0.00	0.00	0.00	0.00	0.00	3.85	0.45
中国大陆	0.00	0.00	0.00	4.55	0.00	0.00	0.00	0.00	0.00	0.00	0.45
印度	0.00	0.00	0.00	0.00	0.00	0.00	0.00	0.00	0.00	3.85	0.45
法国	0.00	0.00	0.00	0.00	0.00	4.35	0.00	0.00	0.00	0.00	0.45
新西兰	0.00	0.00	0.00	0.00	4.76	0.00	0.00	0.00	0.00	0.00	0.45

表8—29 卫生保健科学和服务B层人才排名前20的国家和地区的占比

国家和地区\年份	2009	2010	2011	2012	2013	2014	2015	2016	2017	2018	合计
美国	44.60	33.56	34.15	35.20	40.38	35.94	43.15	31.70	35.66	22.26	35.07
英国	16.55	11.41	11.59	17.86	14.08	16.59	13.69	11.70	15.07	14.60	14.32
加拿大	10.07	13.42	12.80	13.27	9.86	10.60	8.30	12.83	8.46	5.11	10.14
荷兰	6.47	8.72	6.71	4.08	7.04	5.99	6.64	6.42	4.78	4.38	5.96
澳大利亚	4.32	3.36	4.27	8.16	3.29	4.15	5.39	6.79	5.15	6.20	5.26
德国	2.16	2.01	5.49	2.04	4.69	3.69	2.90	3.40	3.68	2.55	3.29
挪威	1.44	1.34	6.71	2.04	3.76	0.92	0.41	2.64	1.10	4.38	2.44
瑞士	2.88	1.34	5.49	1.53	2.35	1.38	1.66	0.75	2.57	3.28	2.25
西班牙	0.00	4.70	3.05	0.00	2.82	2.76	2.49	2.64	1.84	2.19	2.25
意大利	0.72	1.34	1.22	2.04	0.47	1.38	0.83	1.51	1.47	1.46	1.27
瑞典	0.72	2.01	1.83	1.02	0.00	0.92	1.24	1.51	1.10	1.46	1.17
比利时	1.44	1.34	0.61	1.53	0.00	1.38	0.83	1.89	0.37	2.19	1.17
丹麦	2.16	0.00	1.22	0.51	1.41	0.92	0.41	0.38	2.21	1.46	1.08

续表

国家和地区 \ 年份	2009	2010	2011	2012	2013	2014	2015	2016	2017	2018	合计
法国	0.72	2.01	0.61	1.02	0.47	0.46	0.83	1.13	2.57	0.73	1.08
中国大陆	0.72	0.00	0.00	1.02	0.00	0.46	0.00	1.51	2.57	2.19	0.99
爱尔兰	1.44	1.34	0.61	0.00	0.00	2.76	0.41	0.38	0.00	0.73	0.70
新西兰	0.00	0.00	0.61	0.00	1.41	0.46	0.83	0.75	0.37	1.46	0.66
韩国	0.72	0.67	0.00	1.02	1.41	0.00	1.24	1.13	0.00	0.00	0.61
奥地利	0.00	0.67	0.00	2.55	0.94	0.46	0.00	0.75	0.37	0.36	0.61
新加坡	0.00	0.67	0.61	0.51	0.00	0.46	0.00	0.75	1.10	0.73	0.52

表8—30 卫生保健科学和服务C层人才排名前20的国家和地区的占比

国家和地区 \ 年份	2009	2010	2011	2012	2013	2014	2015	2016	2017	2018	合计
美国	44.33	42.73	36.57	35.85	35.98	36.51	36.51	34.37	33.90	33.63	36.43
英国	12.14	12.47	14.62	13.71	13.36	13.35	13.40	13.77	13.06	12.92	13.31
加拿大	9.29	8.10	10.34	8.27	7.79	7.71	8.16	8.40	8.40	6.94	8.24
澳大利亚	5.12	6.30	6.12	6.83	6.04	6.93	7.39	6.82	5.81	5.90	6.37
荷兰	4.75	6.16	5.50	6.68	6.28	5.64	5.11	5.13	5.26	5.70	5.61
德国	2.63	3.19	3.43	3.13	3.45	3.67	2.88	2.44	3.53	3.29	3.17
西班牙	1.32	1.87	1.28	1.75	2.08	1.79	1.85	2.07	2.16	1.85	1.84
意大利	1.32	1.32	1.65	1.69	2.46	1.56	1.72	1.78	2.20	1.69	1.78
瑞士	1.32	1.73	1.47	1.90	2.08	1.56	1.55	1.65	1.77	2.25	1.75
瑞典	1.83	1.52	1.47	1.49	1.65	1.24	1.50	1.28	1.84	1.20	1.49
中国大陆	0.80	0.76	0.92	1.44	1.18	1.61	1.55	1.82	1.80	2.13	1.48
比利时	1.17	1.11	1.47	0.98	1.56	1.24	1.12	1.45	1.22	1.81	1.33
法国	1.24	1.39	0.92	1.08	1.56	1.65	1.33	0.99	1.33	1.40	1.30
挪威	1.32	0.97	1.41	1.23	1.51	1.28	1.12	1.24	1.26	1.36	1.27
丹麦	1.61	0.97	1.10	0.92	1.09	0.96	0.90	1.16	0.86	0.88	1.02
南非	0.80	0.48	0.55	0.98	0.42	0.50	0.64	0.91	1.10	0.96	0.76
爱尔兰	0.22	0.21	0.55	0.56	0.57	0.96	0.82	0.74	0.82	0.96	0.69
中国台湾	0.59	0.69	0.67	1.03	0.71	0.50	0.56	0.74	0.43	0.52	0.63
印度	0.07	0.42	0.24	0.56	0.33	0.60	0.64	0.91	0.86	1.04	0.62
巴西	0.59	0.83	1.22	0.46	0.28	0.60	0.60	0.29	0.59	0.56	0.58

十 医学伦理学

医学伦理学 A、B、C 层人才最多的国家是美国，分别占该学科全球 A、B、C 层人才的 87.50%、38.52%、36.40%。

瑞士也有一定数量的 A 层人才，世界占比为 12.50%。

英国、加拿大、澳大利亚、德国的 B 层人才比较多，世界占比在 19%—3% 之间；荷兰、比利时、爱尔兰、意大利、瑞典、挪威、南非、法国、以色列、沙特、克罗地亚、苏丹、新西兰、泰国、印度也有相当数量的 B 层人才，世界占比超过或接近 1%。

英国、加拿大、澳大利亚、荷兰、德国的 C 层人才比较多，世界占比在 16%—3% 之间；瑞士、挪威、南非、比利时、新西兰、瑞典、意大利、中国大陆、肯尼亚、加纳、新加坡、丹麦、法国、日本也有相当数量的 C 层人才，世界占比超过或接近 1%。

表 8—31　　医学伦理学 A 层人才的国家的占比

国家和地区 \ 年份	2009	2010	2011	2012	2013	2014	2015	2016	2017	2018	合计
美国	100.00	100.00	100.00	100.00	100.00	100.00	0.00	0.00	0.00	100.00	87.50
瑞士	0.00	0.00	0.00	0.00	0.00	0.00	0.00	0.00	100.00	0.00	12.50

表 8—32　　医学伦理学 B 层人才排名前 20 的国家和地区的占比

国家和地区 \ 年份	2009	2010	2011	2012	2013	2014	2015	2016	2017	2018	合计
美国	33.33	60.00	30.77	40.00	53.33	29.41	29.41	33.33	18.75	62.50	38.52
英国	16.67	20.00	38.46	20.00	13.33	11.76	23.53	33.33	12.50	6.25	18.52
加拿大	8.33	10.00	0.00	0.00	6.67	23.53	5.88	11.11	25.00	0.00	9.63
澳大利亚	8.33	0.00	0.00	10.00	6.67	17.65	11.76	0.00	6.25	0.00	6.67
德国	8.33	0.00	0.00	10.00	6.67	0.00	5.88	0.00	6.25	0.00	3.70
荷兰	8.33	0.00	0.00	0.00	0.00	5.88	5.88	0.00	0.00	6.25	2.96
比利时	0.00	0.00	0.00	10.00	0.00	5.88	0.00	11.11	0.00	0.00	2.22
爱尔兰	0.00	0.00	0.00	0.00	0.00	0.00	0.00	11.11	6.25	6.25	2.22
意大利	8.33	0.00	0.00	0.00	0.00	0.00	0.00	0.00	6.25	6.25	2.22
瑞典	0.00	0.00	0.00	0.00	6.67	0.00	5.88	0.00	6.25	0.00	2.22

续表

国家和地区\年份	2009	2010	2011	2012	2013	2014	2015	2016	2017	2018	合计
挪威	8.33	0.00	0.00	0.00	0.00	0.00	0.00	0.00	6.25	0.00	1.48
南非	0.00	10.00	0.00	0.00	0.00	0.00	5.88	0.00	0.00	0.00	1.48
法国	0.00	0.00	15.38	0.00	0.00	0.00	0.00	0.00	0.00	0.00	1.48
以色列	0.00	0.00	0.00	0.00	6.67	5.88	0.00	0.00	0.00	0.00	1.48
沙特	0.00	0.00	0.00	10.00	0.00	0.00	0.00	0.00	0.00	0.00	0.74
克罗地亚	0.00	0.00	0.00	0.00	0.00	0.00	0.00	0.00	6.25	0.00	0.74
苏丹	0.00	0.00	7.69	0.00	0.00	0.00	0.00	0.00	0.00	0.00	0.74
新西兰	0.00	0.00	0.00	0.00	0.00	0.00	0.00	0.00	6.25	0.00	0.74
泰国	0.00	0.00	0.00	0.00	0.00	0.00	0.00	0.00	6.25	0.00	0.74
印度	0.00	0.00	0.00	0.00	0.00	0.00	5.88	0.00	0.00	0.00	0.74

表8—33　医学伦理学C层人才排名前20的国家和地区的占比

国家和地区\年份	2009	2010	2011	2012	2013	2014	2015	2016	2017	2018	合计
美国	38.17	44.44	40.00	38.71	30.87	23.57	30.30	34.71	40.72	44.67	36.40
英国	17.56	12.82	18.52	15.32	14.77	16.43	18.18	15.29	15.57	11.33	15.61
加拿大	11.45	8.55	12.59	8.06	8.05	10.71	6.06	9.41	8.38	6.00	8.84
澳大利亚	5.34	5.13	2.22	8.06	6.04	7.86	6.06	9.41	8.38	5.33	6.49
荷兰	8.40	2.56	6.67	3.23	4.70	5.71	9.70	3.53	4.79	6.00	5.59
德国	1.53	4.27	3.70	5.65	4.70	3.57	3.03	2.35	1.80	3.33	3.31
瑞士	0.76	2.56	0.74	2.42	2.01	1.43	3.64	3.53	2.40	2.67	2.28
挪威	1.53	1.71	1.48	0.81	4.03	2.86	0.61	2.94	1.80	2.67	2.07
南非	0.00	0.85	0.74	1.61	2.68	2.14	5.45	1.76	1.80	2.00	2.00
比利时	1.53	0.00	3.70	4.03	2.01	3.57	1.21	1.18	1.80	1.33	2.00
新西兰	0.00	1.71	1.48	0.81	0.00	0.00	1.21	1.18	0.60	2.67	0.97
瑞典	0.76	0.85	1.48	0.81	0.67	1.43	1.21	0.59	0.67	0.83	0.83
意大利	0.76	0.85	0.00	0.81	1.34	2.86	0.00	0.59	0.00	1.33	0.83
中国大陆	0.00	0.85	0.74	0.81	0.67	0.71	0.61	0.00	1.20	2.00	0.76
肯尼亚	0.00	0.85	1.48	0.81	2.01	0.00	1.21	0.00	0.60	0.00	0.69
加纳	0.76	0.85	0.00	0.81	0.00	0.71	0.61	1.18	0.60	1.33	0.69
新加坡	0.00	0.00	0.00	0.00	0.67	0.00	0.61	1.18	2.99	0.67	0.69
丹麦	0.76	0.00	0.00	0.00	2.01	0.00	1.21	1.18	0.00	0.67	0.62
法国	0.76	0.00	0.00	0.00	0.67	1.43	0.00	1.18	0.00	0.67	0.48
日本	0.00	0.00	0.00	1.61	0.00	1.43	0.61	0.59	0.60	0.00	0.48

十一　区域和城市规划

区域和城市规划 A、B、C 层人才最多的国家是美国，分别占该学科全球 A、B、C 层人才的 22.81%、20.00%、16.36%。

英国、荷兰、澳大利亚、瑞典、中国大陆、法国、意大利、瑞士、丹麦的 A 层人才比较多，世界占比在 22%—3% 之间；德国、中国香港、加拿大、韩国、捷克也有相当数量的 A 层人才，世界占比均为 1.75%。

英国、中国大陆、荷兰、德国、澳大利亚、瑞典、西班牙的 B 层人才比较多，世界占比在 14%—3% 之间；意大利、加拿大、中国香港、法国、瑞士、比利时、丹麦、奥地利、日本、韩国、南非、挪威也有相当数量的 B 层人才，世界占比超过 1%。

英国、中国大陆、荷兰、澳大利亚、德国、意大利、加拿大、西班牙的 C 层人才比较多，世界占比在 14%—3% 之间；瑞典、中国香港、法国、瑞士、芬兰、韩国、中国台湾、奥地利、挪威、比利时、日本也有相当数量的 C 层人才，世界占比超过 1%。

表 8—34　区域和城市规划 A 层人才的国家和地区的占比

国家和地区 \ 年份	2009	2010	2011	2012	2013	2014	2015	2016	2017	2018	合计
美国	50.00	25.00	0.00	0.00	16.67	50.00	14.29	28.57	11.11	33.33	22.81
英国	50.00	50.00	25.00	50.00	16.67	0.00	14.29	28.57	11.11	0.00	21.05
荷兰	0.00	0.00	25.00	25.00	0.00	0.00	28.57	14.29	22.22	0.00	12.28
澳大利亚	0.00	0.00	0.00	0.00	16.67	16.67	14.29	0.00	11.11	16.67	8.77
瑞典	0.00	0.00	25.00	0.00	16.67	0.00	14.29	0.00	11.11	0.00	7.02
中国大陆	0.00	0.00	0.00	0.00	0.00	16.67	0.00	14.29	11.11	0.00	5.26
法国	0.00	0.00	0.00	0.00	0.00	0.00	14.29	0.00	0.00	16.67	3.51
意大利	0.00	0.00	0.00	0.00	0.00	0.00	14.29	0.00	0.00	16.67	3.51
瑞士	0.00	0.00	0.00	0.00	16.67	0.00	0.00	0.00	11.11	0.00	3.51
丹麦	0.00	0.00	25.00	0.00	16.67	0.00	0.00	0.00	0.00	0.00	3.51
德国	0.00	0.00	0.00	25.00	0.00	0.00	0.00	0.00	0.00	0.00	1.75
中国香港	0.00	0.00	0.00	0.00	0.00	0.00	0.00	0.00	0.00	16.67	1.75
加拿大	0.00	0.00	0.00	0.00	16.67	0.00	0.00	0.00	0.00	0.00	1.75
韩国	0.00	25.00	0.00	0.00	0.00	0.00	0.00	0.00	0.00	0.00	1.75
捷克	0.00	0.00	0.00	0.00	0.00	0.00	0.00	11.11	0.00	0.00	1.75

表8—35　区域和城市规划B层人才排名前20的国家和地区的占比

国家和地区\年份	2009	2010	2011	2012	2013	2014	2015	2016	2017	2018	合计
美国	34.78	18.42	30.23	21.57	5.77	23.08	21.54	19.67	17.98	10.91	20.00
英国	8.70	13.16	20.93	9.80	19.23	13.85	4.62	14.75	16.85	16.36	13.81
中国大陆	8.70	7.89	0.00	7.84	9.62	7.69	9.23	19.67	13.48	9.09	9.91
荷兰	15.22	7.89	6.98	5.88	3.85	7.69	13.85	6.56	7.87	7.27	8.32
德国	4.35	5.26	2.33	5.88	1.92	4.62	6.15	3.28	3.37	7.27	4.42
澳大利亚	2.17	5.26	6.98	9.80	3.85	6.15	4.62	0.00	2.25	0.00	3.89
瑞典	0.00	2.63	0.00	5.88	3.85	3.08	4.62	3.28	3.37	9.09	3.72
西班牙	0.00	5.26	4.65	3.92	0.00	3.08	3.08	6.56	4.49	1.82	3.36
意大利	4.35	0.00	0.00	3.92	3.85	3.08	3.08	1.64	2.25	5.45	2.83
加拿大	2.17	7.89	2.33	1.96	3.85	1.54	1.54	1.64	4.49	0.00	2.65
中国香港	0.00	0.00	4.65	0.00	0.00	3.08	3.08	4.92	6.74	0.00	2.65
法国	2.17	0.00	2.33	3.92	3.85	1.54	4.62	0.00	1.12	3.64	2.30
瑞士	0.00	0.00	0.00	7.84	3.85	0.00	3.08	3.28	0.00	1.82	1.95
比利时	2.17	0.00	0.00	0.00	3.85	4.62	1.54	1.64	1.12	3.64	1.95
丹麦	0.00	5.26	2.33	0.00	0.00	3.08	0.00	3.28	1.12	1.82	1.59
奥地利	0.00	2.63	4.65	0.00	0.00	1.54	0.00	0.00	0.00	3.64	1.42
日本	2.17	7.89	0.00	0.00	3.85	0.00	3.08	0.00	0.00	0.00	1.42
韩国	2.17	2.63	0.00	0.00	3.85	4.62	0.00	0.00	0.00	1.82	1.42
南非	2.17	0.00	2.33	1.96	1.92	1.54	0.00	0.00	1.12	1.82	1.24
挪威	0.00	0.00	2.33	5.88	0.00	0.00	0.00	0.00	2.25	0.00	1.06

表8—36　区域和城市规划C层人才排名前20的国家和地区的占比

国家和地区\年份	2009	2010	2011	2012	2013	2014	2015	2016	2017	2018	合计
美国	21.95	21.17	20.29	19.06	13.03	15.02	14.17	15.40	14.62	13.71	16.36
英国	13.57	14.29	11.74	16.80	17.43	13.16	12.60	10.37	12.95	11.69	13.34
中国大陆	2.49	5.36	3.18	6.35	5.94	8.20	9.45	13.41	9.36	10.89	7.96
荷兰	11.31	9.95	9.29	6.56	9.39	6.66	6.46	7.47	5.64	6.05	7.59
澳大利亚	2.94	5.36	4.89	7.17	6.13	6.81	4.57	5.49	6.15	6.05	5.63
德国	3.17	5.36	5.62	5.94	3.26	6.04	6.30	4.57	4.36	4.44	4.92
意大利	5.66	3.83	3.67	3.28	4.98	3.56	4.09	2.90	4.74	5.24	4.17
加拿大	4.30	4.34	4.40	2.87	3.26	3.56	4.09	2.90	2.95	2.22	3.42

续表

国家和地区\年份	2009	2010	2011	2012	2013	2014	2015	2016	2017	2018	合计
西班牙	0.90	2.30	3.67	2.87	4.41	3.10	3.31	4.57	3.21	4.44	3.35
瑞典	2.49	2.55	4.40	2.46	2.87	2.79	3.62	2.29	3.08	2.82	2.93
中国香港	1.58	1.02	2.44	2.25	2.49	2.94	2.20	2.59	2.05	2.42	2.25
法国	1.58	2.30	1.96	2.87	2.30	3.10	2.36	1.37	2.18	2.22	2.23
瑞士	1.81	1.28	1.96	1.64	0.96	1.70	3.15	1.68	0.90	1.01	1.61
芬兰	1.58	2.04	0.98	1.23	1.92	2.17	0.94	0.61	2.69	1.41	1.59
韩国	1.36	1.02	1.22	1.02	0.57	1.24	3.15	1.83	1.54	0.60	1.43
中国台湾	2.49	1.28	0.49	1.64	1.15	1.70	1.73	0.91	1.41	1.01	1.39
奥地利	1.36	0.51	1.22	1.23	2.11	0.93	2.83	1.22	0.77	1.41	1.37
挪威	1.81	1.53	1.22	0.61	1.53	0.93	0.79	1.52	2.31	1.01	1.35
比利时	1.36	1.02	0.73	1.02	0.96	1.70	0.47	1.98	2.05	1.61	1.35
日本	1.81	1.02	1.71	1.02	0.77	0.62	2.36	0.46	1.03	1.41	1.19

十二 信息学和图书馆学

信息学和图书馆学A、B、C层人才最多的国家是美国，分别占该学科全球A、B、C层人才的42.86%、33.70%、31.79%。

英国、荷兰、德国、加拿大的A层人才比较多，世界占比在11%—5%之间；中国大陆、葡萄牙、澳大利亚、芬兰、挪威、丹麦、西班牙、中国台湾、法国、罗马尼亚、奥地利、意大利、新加坡、斯洛文尼亚、埃及也有相当数量的A层人才，世界占比超过或接近1%。

英国、加拿大、荷兰、中国大陆、德国、韩国、中国香港的B层人才比较多，世界占比在10%—3%之间；中国台湾、澳大利亚、西班牙、芬兰、瑞士、新加坡、印度、意大利、比利时、马来西亚、丹麦、法国也有相当数量的B层人才，世界占比超过或接近1%。

英国、中国大陆、加拿大、荷兰、澳大利亚、西班牙、德国的C层人才比较多，世界占比在9%—3%之间；韩国、中国台湾、中国香港、意大利、法国、芬兰、比利时、新加坡、瑞典、丹麦、瑞士、挪威也有相当数量的C层人才，世界占比超过或接近1%。

表 8—37　信息学和图书馆学 A 层人才排名前 20 的国家和地区的占比

国家和地区	2009	2010	2011	2012	2013	2014	2015	2016	2017	2018	合计
美国	40.00	50.00	60.00	45.45	45.45	63.64	40.00	9.09	41.67	33.33	42.86
英国	10.00	10.00	10.00	18.18	9.09	0.00	0.00	18.18	16.67	11.11	10.48
荷兰	10.00	10.00	0.00	0.00	0.00	0.00	20.00	9.09	8.33	0.00	5.71
德国	10.00	10.00	0.00	9.09	9.09	0.00	0.00	0.00	8.33	11.11	5.71
加拿大	20.00	0.00	0.00	0.00	9.09	0.00	10.00	9.09	0.00	11.11	5.71
中国大陆	0.00	0.00	0.00	0.00	9.09	0.00	0.00	0.00	8.33	11.11	2.86
葡萄牙	0.00	0.00	0.00	0.00	0.00	18.18	10.00	0.00	0.00	0.00	2.86
澳大利亚	0.00	0.00	0.00	9.09	9.09	0.00	0.00	9.09	0.00	0.00	2.86
芬兰	0.00	0.00	10.00	0.00	0.00	0.00	10.00	9.09	0.00	0.00	2.86
挪威	0.00	0.00	10.00	0.00	0.00	0.00	0.00	18.18	0.00	0.00	2.86
丹麦	0.00	0.00	0.00	0.00	0.00	0.00	0.00	18.18	0.00	0.00	1.90
西班牙	0.00	0.00	0.00	9.09	0.00	0.00	10.00	0.00	0.00	0.00	1.90
中国台湾	0.00	0.00	0.00	0.00	0.00	9.09	0.00	0.00	0.00	0.00	0.95
法国	0.00	0.00	0.00	0.00	0.00	0.00	0.00	0.00	0.00	11.11	0.95
罗马尼亚	0.00	10.00	0.00	0.00	0.00	0.00	0.00	0.00	0.00	0.00	0.95
奥地利	0.00	10.00	0.00	0.00	0.00	0.00	0.00	0.00	0.00	0.00	0.95
意大利	0.00	0.00	0.00	0.00	0.00	0.00	0.00	0.00	8.33	0.00	0.95
新加坡	0.00	0.00	0.00	0.00	9.09	0.00	0.00	0.00	0.00	0.00	0.95
斯洛文尼亚	0.00	0.00	0.00	0.00	9.09	0.00	0.00	0.00	0.00	0.00	0.95
埃及	0.00	0.00	0.00	0.00	0.00	0.00	0.00	8.33	0.00	0.00	0.95

表 8—38　信息学和图书馆学 B 层人才排名前 20 的国家和地区的占比

国家和地区	2009	2010	2011	2012	2013	2014	2015	2016	2017	2018	合计
美国	45.65	37.89	38.38	43.00	41.58	34.26	26.47	25.51	20.54	25.81	33.70
英国	10.87	9.47	6.06	6.00	9.90	10.19	11.76	9.18	9.82	8.60	9.20
加拿大	7.61	7.37	8.08	7.00	5.94	5.56	7.84	6.12	2.68	2.15	6.00
荷兰	3.26	5.26	8.08	6.00	6.93	6.48	6.86	4.08	4.46	2.15	5.40
中国大陆	2.17	4.21	1.01	4.00	1.98	7.41	2.94	9.18	11.61	7.53	5.30
德国	1.09	4.21	6.06	2.00	5.94	5.56	9.80	1.02	0.89	0.00	3.70
韩国	6.52	1.05	6.06	2.00	2.97	4.63	4.90	3.06	1.79	1.08	3.40
中国香港	3.26	3.16	2.02	4.00	0.99	4.63	4.90	3.06	3.57	2.15	3.20

续表

国家和地区 \ 年份	2009	2010	2011	2012	2013	2014	2015	2016	2017	2018	合计
中国台湾	1.09	1.05	4.04	1.00	2.97	3.70	2.94	4.08	3.57	4.30	2.90
澳大利亚	3.26	1.05	3.03	4.00	2.97	1.85	0.98	2.04	3.57	3.23	2.60
西班牙	1.09	1.05	3.03	5.00	2.97	0.93	1.96	1.02	4.46	3.23	2.50
芬兰	1.09	4.21	1.01	4.00	1.98	0.93	3.92	2.04	1.79	3.23	2.40
瑞士	0.00	1.05	4.04	2.00	1.98	0.93	1.96	1.02	0.89	1.08	1.50
新加坡	3.26	1.05	3.03	0.00	0.99	1.85	0.98	1.02	1.79	0.00	1.40
印度	0.00	0.00	1.01	0.00	0.99	0.93	0.98	1.02	3.57	5.38	1.40
意大利	1.09	0.00	1.01	0.00	0.00	0.93	0.98	2.04	3.57	2.15	1.20
比利时	2.17	2.11	0.00	1.00	0.00	0.93	0.00	2.04	0.89	2.15	1.10
马来西亚	0.00	0.00	0.00	0.00	1.98	0.93	0.98	4.08	1.79	0.00	1.00
丹麦	0.00	1.05	0.00	0.00	1.98	0.00	2.94	1.02	0.89	1.08	0.90
法国	1.09	2.11	0.00	0.00	0.00	0.93	1.96	1.02	0.89	1.08	0.90

表8—39 信息学和图书馆学C层人才排名前20的国家和地区的占比

国家和地区 \ 年份	2009	2010	2011	2012	2013	2014	2015	2016	2017	2018	合计
美国	40.09	40.04	33.67	35.06	33.52	33.40	30.36	24.90	23.67	22.16	31.79
英国	7.91	7.53	8.09	8.11	8.02	8.70	7.51	8.01	7.96	8.63	8.04
中国大陆	3.67	4.09	5.53	5.98	6.69	6.42	7.82	8.30	9.45	9.66	6.74
加拿大	6.35	6.14	6.04	4.56	5.25	4.64	4.47	3.86	3.93	3.48	4.88
荷兰	5.12	3.77	5.22	3.85	4.49	4.64	4.37	5.12	4.35	3.22	4.44
澳大利亚	2.56	4.09	3.99	3.75	4.01	4.35	3.86	4.05	4.99	3.22	3.91
西班牙	3.01	4.41	3.58	3.44	4.30	3.66	3.55	3.38	3.29	4.12	3.67
德国	3.23	2.37	2.97	2.94	3.53	3.16	3.55	4.54	4.03	4.38	3.46
韩国	2.34	2.15	3.28	2.74	2.48	3.46	2.44	3.09	2.02	2.45	2.66
中国台湾	2.00	2.91	3.48	3.14	2.29	2.37	3.15	1.74	2.23	1.93	2.53
中国香港	1.78	1.72	2.66	2.53	2.48	1.58	2.34	2.03	3.18	1.80	2.22
意大利	1.00	1.08	1.84	2.33	2.39	1.68	3.25	2.90	2.76	2.71	2.20
法国	1.22	1.18	1.33	1.11	0.96	1.48	2.44	1.74	1.80	2.32	1.54
芬兰	1.67	1.18	1.02	1.62	1.05	1.68	0.81	2.12	2.02	2.06	1.51

续表

国家和地区\年份	2009	2010	2011	2012	2013	2014	2015	2016	2017	2018	合计
比利时	1.89	2.26	1.54	1.11	1.15	1.09	1.73	1.54	0.85	1.03	1.42
新加坡	1.22	1.29	1.94	1.72	1.43	0.89	1.32	1.25	1.38	1.03	1.36
瑞典	1.34	0.75	1.84	1.62	0.96	1.09	0.91	1.64	1.17	1.55	1.28
丹麦	1.11	0.86	0.92	1.01	1.24	0.99	1.22	2.22	0.96	1.93	1.24
瑞士	1.45	0.97	0.92	0.91	1.53	1.09	1.02	1.35	1.27	0.77	1.14
挪威	0.56	0.86	0.72	1.32	1.24	0.89	0.51	0.97	0.74	0.64	0.86

第三节　学科组层面的人才比较

在管理科学各学科人才分析的基础上，按照A、B、C三个人才层次，对各学科人才进行汇总分析，可以从学科组层面揭示人才的分布特点和发展趋势。

一　A层人才

管理科学A层人才最多的国家是美国，占该学科组全球A层人才的36.15%，英国以12.01%的世界占比排名第二，这两个国家的A层人才接近全球的50%；其后是荷兰、加拿大、德国、澳大利亚，世界占比分别为6.54%、5.59%、4.76%、4.26%；中国大陆、法国、西班牙、丹麦的A层人才也比较多，世界占比在4%—2%之间；瑞士、瑞典、意大利、比利时、中国香港、挪威也有相当数量的A层人才，世界占比超过1%；土耳其、葡萄牙、韩国、以色列、奥地利、巴西、伊朗、印度、新西兰、新加坡、马来西亚、波兰、沙特、芬兰、中国台湾、哥伦比亚、阿根廷、墨西哥、捷克、黎巴嫩、南非、匈牙利、塞浦路斯、秘鲁也有一定数量的A层人才，世界占比低于1%。

在发展趋势上，美国呈现相对下降趋势，澳大利亚、中国大陆呈现相对上升趋势，其他国家和地区没有呈现明显变化。

表8—40　管理科学A层人才排名前40的国家和地区的占比

国家和地区 \ 年份	2009	2010	2011	2012	2013	2014	2015	2016	2017	2018	合计
美国	37.14	49.63	41.89	42.75	31.76	40.26	35.47	31.89	30.32	25.90	36.15
英国	11.43	9.63	12.16	12.32	14.19	9.09	9.30	15.14	14.89	10.84	12.01
荷兰	7.86	5.19	6.08	7.25	4.73	5.19	9.88	9.73	4.79	4.22	6.54
加拿大	7.14	5.93	6.76	6.52	9.46	5.84	3.49	5.41	3.72	3.01	5.59
德国	5.00	3.70	2.03	5.07	6.08	5.19	4.07	7.03	3.72	5.42	4.76
澳大利亚	2.86	1.48	2.03	5.80	5.41	2.60	5.81	4.86	5.32	5.42	4.26
中国大陆	1.43	2.96	2.03	0.72	1.35	1.30	2.33	2.70	6.38	10.84	3.37
法国	3.57	1.48	2.03	0.72	2.70	4.55	2.33	2.16	1.06	4.82	2.54
西班牙	0.71	3.70	4.73	1.45	2.70	1.30	0.58	0.54	3.72	3.01	2.22
丹麦	2.14	0.00	2.03	0.72	2.70	6.49	1.16	2.16	1.60	1.20	2.03
瑞士	2.86	2.22	3.38	0.72	0.00	1.30	1.74	1.62	3.19	1.20	1.84
瑞典	1.43	0.00	2.70	0.72	2.03	0.65	2.33	2.16	2.13	1.20	1.59
意大利	1.43	0.74	0.00	2.17	1.35	0.65	2.91	1.62	2.66	1.81	1.59
比利时	3.57	0.74	2.03	0.72	1.35	1.30	1.16	1.08	1.60	1.20	1.46
中国香港	0.71	2.96	3.38	2.17	0.68	1.95	0.58	1.08	0.00	1.81	1.46
挪威	0.71	0.00	2.03	1.45	0.00	1.30	1.74	2.70	2.66	0.00	1.33
土耳其	2.86	2.22	0.00	2.17	0.68	0.65	1.16	0.00	0.00	0.00	0.89
葡萄牙	2.14	0.74	0.00	0.00	0.00	1.95	2.33	0.54	0.00	0.60	0.83
韩国	0.71	1.48	0.68	0.72	0.68	0.00	0.00	0.54	1.06	1.81	0.76
以色列	1.43	0.00	0.68	0.00	1.35	1.95	0.00	0.54	0.00	1.81	0.76
奥地利	0.71	0.74	0.68	0.00	2.03	0.65	0.58	0.54	1.06	0.00	0.70
巴西	0.00	0.74	0.00	0.72	1.35	1.30	0.58	0.54	0.53	0.60	0.64
伊朗	0.00	0.74	0.00	0.72	0.00	0.00	2.33	0.00	0.00	2.41	0.64
印度	0.00	0.00	0.00	0.00	0.68	0.00	0.00	1.08	1.60	1.81	0.57
新西兰	0.71	0.00	1.35	0.00	2.03	0.65	0.00	0.54	0.00	0.00	0.51
新加坡	0.00	0.74	0.00	0.72	0.68	0.00	1.74	0.54	0.53	0.00	0.51
马来西亚	0.00	0.00	0.00	0.00	0.00	0.00	2.33	0.00	0.00	0.60	0.38
波兰	0.00	0.00	0.00	0.72	0.00	1.30	0.00	0.00	1.06	0.00	0.32
沙特	0.00	0.00	0.00	0.00	0.00	0.00	0.00	0.00	1.60	1.20	0.32
芬兰	0.00	0.00	0.68	0.00	0.00	0.00	0.58	1.08	0.00	0.60	0.32
中国台湾	0.00	0.00	0.00	0.00	0.00	0.65	0.00	0.00	0.53	1.20	0.25
哥伦比亚	0.00	0.74	0.00	0.00	1.35	0.00	0.00	0.54	0.00	0.00	0.25

续表

国家和地区\年份	2009	2010	2011	2012	2013	2014	2015	2016	2017	2018	合计
阿根廷	0.00	0.00	0.00	0.00	1.35	0.00	0.58	0.00	0.00	0.00	0.19
墨西哥	0.00	0.00	0.00	0.00	0.00	0.00	0.00	0.54	0.53	0.60	0.19
捷克	0.00	0.00	0.00	0.00	0.00	0.00	0.00	0.00	1.60	0.00	0.19
黎巴嫩	0.00	0.00	0.00	0.00	0.00	0.00	0.00	0.00	0.00	1.20	0.13
南非	0.00	0.00	0.00	0.00	0.00	0.00	1.16	0.00	0.00	0.00	0.13
匈牙利	0.00	0.00	0.00	0.00	0.00	0.00	0.58	0.54	0.00	0.00	0.13
塞浦路斯	0.00	0.00	0.00	0.00	1.35	0.00	0.00	0.00	0.00	0.00	0.13
秘鲁	0.00	0.00	0.00	0.00	0.00	0.65	0.00	0.00	0.53	0.00	0.13

二 B层人才

管理科学B层人才最多的国家是美国，占该学科组全球B层人才的32.76%，英国以11.63%的世界占比排名第二，这两个国家的B层人才接近全球的45%；其后是加拿大、中国大陆、荷兰、德国，世界占比分别为5.64%、5.62%、4.80%、4.25%；澳大利亚、法国、西班牙、意大利、瑞士的B层人才也比较多，世界占比在4%—2%之间；中国香港、瑞典、比利时、丹麦、挪威、新加坡、韩国也有相当数量的B层人才，世界占比超过1%；中国台湾、奥地利、芬兰、印度、新西兰、伊朗、土耳其、日本、爱尔兰、以色列、南非、希腊、葡萄牙、巴西、马来西亚、智利、巴基斯坦、波兰、墨西哥、捷克、突尼斯、哥伦比亚也有一定数量的B层人才，世界占比低于1%。

在发展趋势上，美国呈现相对下降趋势，中国大陆、印度呈现相对上升趋势，其他国家和地区没有呈现明显变化。

表8—41　管理科学B层人才排名前40的国家和地区的占比

国家和地区\年份	2009	2010	2011	2012	2013	2014	2015	2016	2017	2018	合计
美国	42.72	37.07	39.85	36.91	35.58	32.80	32.25	28.59	26.09	21.12	32.76
英国	10.34	10.14	11.94	11.47	11.16	12.40	11.05	12.06	12.42	12.71	11.63
加拿大	5.58	7.51	5.64	6.84	5.96	5.72	5.17	4.88	5.56	4.11	5.64

续表

国家和地区\年份	2009	2010	2011	2012	2013	2014	2015	2016	2017	2018	合计
中国大陆	3.09	4.18	3.08	3.82	3.86	4.26	5.95	7.00	8.12	11.02	5.62
荷兰	5.13	4.18	4.47	5.15	5.19	5.21	4.80	4.36	5.23	4.17	4.80
德国	3.32	4.10	3.81	4.19	4.49	4.58	5.17	4.13	3.98	4.56	4.25
澳大利亚	3.62	2.86	2.71	4.12	3.58	3.62	4.38	4.42	3.54	3.78	3.70
法国	2.19	2.79	2.20	2.28	2.32	2.92	3.30	3.44	2.89	2.35	2.71
西班牙	1.66	3.33	1.98	2.21	2.67	2.42	2.58	2.81	2.67	2.87	2.53
意大利	1.28	1.70	1.54	2.28	2.18	2.10	2.34	3.04	3.00	3.91	2.39
瑞士	1.74	1.63	2.42	2.87	1.75	1.40	2.88	1.89	2.23	1.43	2.03
中国香港	1.89	2.24	2.71	2.65	1.47	1.65	1.56	1.61	1.80	1.17	1.85
瑞典	1.28	1.55	1.83	1.25	1.89	1.40	1.38	1.26	1.85	1.43	1.51
比利时	1.66	1.55	1.39	1.32	1.40	1.34	1.50	1.55	1.36	1.83	1.49
丹麦	0.75	1.47	1.54	1.03	1.05	1.53	0.90	1.38	2.07	1.69	1.36
挪威	0.53	1.47	1.90	1.62	1.33	0.95	0.84	0.86	1.47	1.89	1.28
新加坡	1.36	0.93	0.88	0.96	1.26	1.46	1.32	1.32	0.98	1.17	1.17
韩国	1.66	0.70	0.66	1.03	1.40	1.08	0.96	0.98	0.76	0.98	1.01
中国台湾	2.11	1.16	1.32	0.59	0.91	1.27	0.48	0.86	0.54	0.98	0.99
奥地利	0.68	1.08	0.59	0.96	0.91	1.46	0.84	0.80	0.65	0.59	0.85
芬兰	0.45	0.77	0.88	0.66	0.84	0.95	1.14	0.52	1.14	0.85	0.83
印度	0.45	0.23	0.15	0.22	0.28	1.02	1.08	1.32	1.09	1.63	0.79
新西兰	0.38	0.54	0.73	0.44	0.70	0.32	0.48	0.57	0.38	0.85	0.54
伊朗	0.15	0.31	0.22	0.15	0.49	0.76	0.54	0.57	0.76	0.85	0.50
土耳其	1.13	0.62	0.66	0.37	0.28	0.25	0.36	0.46	0.22	0.72	0.49
日本	0.53	0.70	0.22	0.29	0.70	0.64	0.42	0.57	0.44	0.26	0.48
爱尔兰	0.45	0.46	0.37	0.22	0.21	0.51	0.54	0.86	0.22	0.59	0.45
以色列	0.60	0.62	0.37	0.44	0.77	0.38	0.30	0.34	0.11	0.52	0.43
南非	0.30	0.23	0.22	0.22	0.14	0.32	0.18	0.52	0.71	1.17	0.42
希腊	0.60	0.39	0.37	0.44	0.28	0.38	0.42	0.34	0.44	0.46	0.41
葡萄牙	0.30	0.15	0.59	0.44	0.28	0.57	0.42	0.11	0.60	0.59	0.41
巴西	0.23	0.15	0.15	0.22	0.28	0.51	0.60	0.40	0.60	0.65	0.40
马来西亚	0.00	0.08	0.37	0.37	0.49	0.45	0.30	0.57	0.33	0.65	0.37
智利	0.08	0.00	0.00	0.07	0.21	0.13	0.18	0.80	0.60	0.65	0.30
巴基斯坦	0.00	0.08	0.22	0.07	0.28	0.19	0.24	0.52	0.54	0.46	0.28

续表

国家和地区\年份	2009	2010	2011	2012	2013	2014	2015	2016	2017	2018	合计
波兰	0.15	0.15	0.07	0.07	0.35	0.19	0.18	0.11	0.44	0.39	0.22
墨西哥	0.23	0.31	0.07	0.15	0.28	0.13	0.48	0.11	0.11	0.13	0.20
捷克	0.15	0.23	0.07	0.15	0.07	0.00	0.12	0.11	0.00	0.52	0.14
突尼斯	0.00	0.08	0.15	0.07	0.21	0.38	0.30	0.00	0.11	0.07	0.14
哥伦比亚	0.00	0.15	0.07	0.07	0.35	0.00	0.12	0.17	0.27	0.13	0.14

三 C层人才

管理科学C层人才最多的国家是美国，占该学科组全球C层人才的29.47%，英国以11.03%的世界占比排名第二，这两个国家的C层人才超过全球的40%；其后是中国大陆、加拿大、德国、荷兰、澳大利亚，世界占比分别为5.47%、4.91%、4.79%、4.52%、4.28%；意大利、西班牙、法国的C层人才也比较多，世界占比在3%—2%之间；中国香港、瑞士、瑞典、比利时、中国台湾、丹麦、韩国、新加坡、挪威、芬兰也有相当数量的C层人才，世界占比超过1%；奥地利、印度、土耳其、葡萄牙、日本、新西兰、巴西、伊朗、以色列、希腊、爱尔兰、南非、马来西亚、波兰、智利、墨西哥、捷克、沙特、阿联酋、俄罗斯也有一定数量的C层人才，世界占比低于1%。

在发展趋势上，美国呈现相对下降趋势，中国大陆、澳大利亚、印度呈现相对上升趋势，其他国家和地区没有呈现明显变化。

表8—42　　管理科学C层人才排名前40的国家和地区的占比

国家和地区\年份	2009	2010	2011	2012	2013	2014	2015	2016	2017	2018	合计
美国	35.63	35.00	33.52	31.45	30.30	29.09	27.18	25.75	25.66	24.21	29.47
英国	10.30	9.70	10.78	11.55	11.35	11.56	11.43	11.40	11.03	10.87	11.03
中国大陆	3.28	3.59	3.96	4.82	4.67	5.10	5.99	6.81	7.38	8.01	5.47
加拿大	5.41	5.41	5.37	4.79	5.24	4.87	4.64	4.60	4.55	4.49	4.91
德国	4.00	4.45	4.53	4.94	4.82	5.20	5.20	5.18	4.73	4.55	4.79
荷兰	4.60	4.87	4.83	4.70	4.87	4.57	4.20	4.46	4.13	4.18	4.52

续表

国家和地区\年份	2009	2010	2011	2012	2013	2014	2015	2016	2017	2018	合计
澳大利亚	3.50	3.78	3.98	4.21	4.39	4.28	4.59	4.42	4.62	4.75	4.28
意大利	2.53	2.64	2.30	2.77	2.85	2.75	3.30	3.31	3.24	3.31	2.93
西班牙	2.53	2.99	2.75	2.87	2.87	3.16	2.99	3.08	2.57	2.69	2.86
法国	2.29	2.65	2.52	2.34	3.02	2.80	2.98	2.89	2.89	2.88	2.74
中国香港	1.84	1.96	2.11	2.02	2.05	1.74	1.82	1.87	1.86	1.58	1.88
瑞士	1.47	1.58	1.52	2.01	1.87	1.72	2.00	1.67	1.75	1.78	1.74
瑞典	1.69	1.53	1.70	1.61	1.65	1.81	1.72	1.83	2.07	1.58	1.73
比利时	1.32	1.64	1.55	1.26	1.61	1.52	1.42	1.40	1.38	1.62	1.47
中国台湾	2.70	2.21	1.86	1.77	1.32	1.13	1.19	0.93	0.86	0.81	1.43
丹麦	1.18	1.04	1.22	1.14	1.35	1.56	1.37	1.53	1.32	1.30	1.31
韩国	1.24	1.18	1.24	1.22	1.09	1.17	1.45	1.30	1.27	1.43	1.26
新加坡	1.22	1.00	1.19	1.12	1.05	0.98	1.41	1.36	1.25	1.11	1.18
挪威	0.97	0.92	1.24	0.92	1.14	1.23	1.04	1.18	1.35	1.16	1.12
芬兰	1.07	1.00	0.72	0.90	0.91	1.27	0.97	1.06	1.15	1.04	1.02
奥地利	0.84	0.78	0.78	0.98	0.99	0.96	0.81	1.01	0.78	0.93	0.89
印度	0.56	0.68	0.70	0.75	0.57	0.83	0.91	0.91	1.04	1.46	0.85
土耳其	1.13	1.04	0.84	0.65	0.56	0.61	0.66	0.72	0.61	0.44	0.72
葡萄牙	0.48	0.62	0.71	0.71	0.57	0.66	0.59	0.69	0.74	0.93	0.67
日本	0.90	0.64	0.61	0.81	0.66	0.61	0.63	0.54	0.69	0.62	0.67
新西兰	0.61	0.61	0.69	0.65	0.57	0.57	0.65	0.56	0.68	0.88	0.65
巴西	0.46	0.51	0.47	0.57	0.46	0.52	0.62	0.71	0.59	0.70	0.57
伊朗	0.52	0.58	0.57	0.45	0.46	0.39	0.55	0.48	0.61	0.63	0.52
以色列	0.69	0.68	0.56	0.57	0.58	0.53	0.51	0.33	0.40	0.39	0.51
希腊	0.58	0.47	0.51	0.50	0.65	0.43	0.50	0.45	0.52	0.38	0.50
爱尔兰	0.46	0.40	0.52	0.39	0.48	0.57	0.50	0.49	0.55	0.51	0.49
南非	0.37	0.26	0.26	0.37	0.32	0.38	0.51	0.47	0.64	0.70	0.44
马来西亚	0.24	0.22	0.30	0.14	0.29	0.45	0.53	0.62	0.46	0.55	0.39
波兰	0.12	0.30	0.13	0.18	0.22	0.38	0.45	0.51	0.48	0.37	0.33
智利	0.18	0.20	0.10	0.15	0.31	0.32	0.33	0.36	0.32	0.42	0.28
墨西哥	0.22	0.18	0.19	0.24	0.14	0.23	0.25	0.29	0.23	0.33	0.23
捷克	0.08	0.10	0.09	0.22	0.19	0.25	0.25	0.28	0.29	0.31	0.21
沙特	0.02	0.04	0.15	0.14	0.16	0.27	0.28	0.29	0.18	0.34	0.19
阿联酋	0.11	0.12	0.14	0.10	0.19	0.13	0.17	0.17	0.21	0.23	0.16
俄罗斯	0.07	0.05	0.12	0.08	0.17	0.16	0.08	0.20	0.33	0.25	0.16

第 九 章

医　　学

医学是研究机体细胞、组织、器官和系统的形态、结构、功能及发育异常以及疾病发生、发展、转归、诊断、治疗和预防的科学。

第一节　文献类型与被引次数

分析医学的文献类型、文献量与被引次数、被引次数分布等文献计量特征，有助于理解其学科人才和学科组人才的分布特点和发展趋势。

一　文献类型

医学的主要文献类型依次为期刊论文、会议摘要、综述、编辑材料、快报、会议论文，在各年度中的占比比较稳定，10 年合计的占比依次为 55.80%、26.87%、6.40%、5.32%、4.01%、0.88%，占全部文献的 99.28%。

表 9—1　　　　　　　　医学主要文献类型的占比

文献类型	2009	2010	2011	2012	2013	2014	2015	2016	2017	2018	合计
期刊论文	55.47	56.81	57.31	56.80	55.64	56.08	55.86	55.45	54.95	54.38	55.80
会议摘要	27.50	26.36	25.71	26.33	28.05	27.17	27.41	26.60	26.57	26.88	26.87
综述	5.71	5.50	5.77	6.17	5.85	6.00	6.07	6.84	7.29	7.93	6.40
编辑材料	5.12	5.13	5.32	5.18	5.04	5.19	5.28	5.53	5.52	5.69	5.32
快报	4.26	4.36	4.21	4.08	3.97	3.99	3.82	3.98	3.82	3.84	4.01
会议论文	1.20	1.17	0.99	0.81	0.82	0.87	0.80	0.83	1.00	0.50	0.88

二 文献量与被引次数

医学各年度的文献总量在逐年增加，从 2009 年的 952836 篇增加到 2018 年的 1421327 篇。总被引次数呈逐年下降趋势，平均被引次数的趋势与总被引次数相似，反映了年度被引次数总体上随着时间增加而逐渐减小，但是时间对被引次数的影响并不一致，越远期影响越小，越近期影响越大。

表 9—2　　　　　　　　医学的文献量与被引次数

	2009	2010	2011	2012	2013	2014	2015	2016	2017	2018	合计
文献总量	952836	1011171	1058600	1111900	1200892	1236937	1300626	1349143	1391585	1421327	12035017
总被引次数	20028830	19955060	18809886	18449149	16713553	15164800	13872289	10697858	7629268	3557206	144877899
平均被引次数	21.02	19.73	17.77	16.59	13.92	12.26	10.67	7.93	5.48	2.50	12.04

三 被引次数分布

在医学的 10 年文献中，有 4311476 篇文献没有任何被引，占比 35.82%；有 2745480 篇文献有 1—4 次被引，占比 22.81%；有 1609493 篇文献有 5—9 次被引，占比 13.37%。随着被引次数的增加，所对应的文献数量逐渐减小，同时减小的幅度也越来越小，这样被引次数的分布很长，至被引次数为 1000 及以上，有 3702 篇文献，占比 0.03%。

从被引次数的降序分布上，随着被引次数的降低，相应文献的累计百分比逐渐增大：当被引次数降到 500 时，大于和等于该被引次数的文献的百分比才达到 0.1%；当被引次数降到 120 时，大于和等于该被引次数的文献的百分比超过 1%；当被引次数降到 25 时，大于和等于该被引次数的文献的百分比超过 10%。从相应文献累计百分比的增长趋势上看，起初的增长幅度很小，随着被引次数逐渐降低，增长幅度逐渐增大。

表9—3　　　　　　　　　　医学的被引次数分布

被引次数	文献数量	百分比	累计百分比
1000 +	3702	0.03	0.03
900—999	645	0.01	0.04
800—899	1239	0.01	0.05
700—799	1318	0.01	0.06
600—699	1903	0.02	0.07
500—599	2988	0.02	0.10
400—499	5647	0.05	0.14
300—399	10749	0.09	0.23
200—299	28185	0.23	0.47
190—199	5117	0.04	0.51
180—189	6236	0.05	0.56
170—179	6666	0.06	0.62
160—169	8372	0.07	0.69
150—159	9747	0.08	0.77
140—149	11771	0.10	0.87
130—139	13988	0.12	0.98
120—129	17337	0.14	1.13
110—119	21207	0.18	1.30
100—109	27250	0.23	1.53
95—99	16263	0.14	1.66
90—94	18485	0.15	1.82
85—89	21905	0.18	2.00
80—84	25296	0.21	2.21
75—79	29845	0.25	2.46
70—74	34658	0.29	2.75
65—69	42502	0.35	3.10
60—64	50442	0.42	3.52
55—59	61366	0.51	4.03
50—54	75264	0.63	4.65
45—49	95694	0.80	5.45
40—44	121263	1.01	6.46

续表

被引次数	文献数量	百分比	累计百分比
35—39	157295	1.31	7.76
30—34	209198	1.74	9.50
25—29	286207	2.38	11.88
20—24	404376	3.36	15.24
15—19	598197	4.97	20.21
10—14	936245	7.78	27.99
5—9	1609493	13.37	41.36
1—4	2745480	22.81	64.18
0	4311476	35.82	100.00

第二节 学科层面的人才比较

医学学科组包括以下学科：呼吸系统，心脏和心血管系统，周围血管疾病，胃肠病学和肝脏病学，产科医学和妇科医学，男科学，儿科学，泌尿学和肾脏学，运动科学，内分泌学和新陈代谢，营养学和饮食学，血液学，临床神经学，药物滥用，精神病学，敏感症，风湿病学，皮肤医学，眼科学，耳鼻喉学，听觉学和言语病理学，牙科医学、口腔外科和口腔医学，急救医学，危机护理医学，整形外科学，麻醉学，肿瘤学，康复医学，医学信息学，神经影像，传染病学，寄生物学，医学化验技术，放射医学、核医学和医学影像，法医学，老年病学和老年医学，初级卫生保健，公共卫生、环境卫生和职业卫生，热带医学，药理学和药剂学，医用化学，毒理学，病理学，外科学，移植医学，护理学，全科医学和内科医学，综合医学和补充医学，研究和实验医学，共计49个。

一 呼吸系统

呼吸系统A、B、C层人才最多的国家是美国，分别占该学科全球A、B、C层人才的21.74%、20.10%、26.76%。

加拿大、英国、法国、德国、澳大利亚、荷兰、意大利、瑞士、比利时、西班牙的A层人才比较多，世界占比在11%—3%之间；日本、阿根廷、丹麦、瑞典、南非、爱尔兰、巴西、中国大陆、捷克也有相当数量的A层人才，世界占比超过或接近1%。

英国、加拿大、德国、意大利、法国、荷兰、西班牙、澳大利亚、瑞士、比利时的B层人才比较多，世界占比在12%—3%之间；瑞典、丹麦、日本、中国大陆、南非、巴西、韩国、希腊、爱尔兰也有相当数量的B层人才，世界占比超过1%。

英国、加拿大、德国、意大利、荷兰、法国、澳大利亚、西班牙、日本、中国大陆的C层人才比较多，世界占比在11%—3%之间；瑞士、比利时、瑞典、丹麦、韩国、南非、巴西、奥地利、希腊也有相当数量的C层人才，世界占比超过或接近1%。

表9—4　　呼吸系统A层人才排名前20的国家和地区的占比

国家和地区\年份	2009	2010	2011	2012	2013	2014	2015	2016	2017	2018	合计
美国	13.04	23.53	30.00	16.67	44.44	13.33	16.67	23.53	13.33	17.07	21.74
加拿大	8.70	5.88	10.00	12.50	11.11	10.00	13.89	11.76	13.33	9.76	10.87
英国	17.39	23.53	10.00	12.50	5.56	10.00	8.33	5.88	13.33	12.20	10.87
法国	8.70	0.00	10.00	16.67	0.00	10.00	8.33	5.88	6.67	7.32	7.25
德国	4.35	0.00	15.00	8.33	2.78	3.33	2.78	8.82	6.67	7.32	5.80
澳大利亚	4.35	0.00	5.00	4.17	2.78	6.67	11.11	2.94	6.67	7.32	5.43
荷兰	4.35	23.53	0.00	4.17	11.11	3.33	0.00	2.94	0.00	2.44	4.71
意大利	4.35	0.00	5.00	4.17	5.56	3.33	8.33	0.00	6.67	4.88	4.35
瑞士	4.35	0.00	0.00	4.17	0.00	3.33	8.33	8.82	0.00	2.44	3.62
比利时	4.35	0.00	0.00	0.00	0.00	6.67	8.33	0.00	6.67	4.88	3.26
西班牙	4.35	11.76	0.00	4.17	2.78	0.00	0.00	5.88	6.67	2.44	3.26
日本	0.00	0.00	0.00	0.00	2.78	3.33	2.78	2.94	6.67	4.88	2.54
阿根廷	0.00	0.00	0.00	0.00	2.78	0.00	2.78	2.94	0.00	4.88	1.81
丹麦	0.00	11.76	0.00	0.00	0.00	2.78	0.00	0.00	0.00	4.88	1.81
瑞典	0.00	0.00	0.00	4.17	2.78	3.33	0.00	2.94	0.00	0.00	1.45
南非	4.35	0.00	0.00	0.00	0.00	2.78	0.00	0.00	0.00	2.44	1.45
爱尔兰	4.35	0.00	5.00	0.00	0.00	0.00	5.56	0.00	0.00	0.00	1.45
巴西	0.00	0.00	0.00	0.00	0.00	6.67	0.00	2.94	0.00	0.00	1.09
中国大陆	0.00	0.00	0.00	4.17	0.00	0.00	0.00	2.94	6.67	0.00	1.09
捷克	0.00	0.00	5.00	0.00	0.00	0.00	0.00	0.00	0.00	2.44	0.72

表 9—5　　呼吸系统 B 层人才排名前 20 的国家和地区的占比

国家和地区 \ 年份	2009	2010	2011	2012	2013	2014	2015	2016	2017	2018	合计
美国	26.13	30.65	22.17	26.18	23.33	16.61	18.68	17.42	13.22	17.78	20.10
英国	10.55	13.98	9.85	9.87	12.42	12.27	10.92	12.61	10.22	12.59	11.56
加拿大	5.53	4.30	8.37	10.73	6.36	4.33	5.46	6.91	5.74	8.89	6.69
德国	5.03	6.45	7.88	4.29	3.94	4.69	4.89	6.01	6.98	6.17	5.63
意大利	5.03	4.30	6.40	3.43	4.85	4.69	4.02	3.90	5.99	5.43	4.84
法国	4.02	4.30	5.42	2.15	3.94	5.78	3.74	6.61	6.73	3.95	4.77
荷兰	5.03	4.30	3.94	4.29	3.94	3.97	5.17	4.20	3.49	4.44	4.25
西班牙	6.53	3.76	3.45	5.58	4.24	2.89	4.31	4.50	3.99	3.95	4.25
澳大利亚	2.01	4.30	2.96	3.43	4.55	5.05	3.74	3.60	4.99	4.69	4.08
瑞士	3.52	2.69	3.94	1.29	2.42	3.25	4.31	2.70	4.74	2.72	3.22
比利时	3.52	3.76	4.25	2.15	2.73	5.42	1.72	3.90	3.74	2.47	3.22
瑞典	3.52	2.15	1.48	2.15	2.42	0.36	2.59	2.10	2.49	2.96	2.26
丹麦	3.02	1.08	1.97	2.58	3.94	1.08	2.30	2.40	0.75	0.99	1.96
日本	1.01	1.61	0.99	1.29	1.52	0.72	2.87	3.60	2.00	2.22	1.92
中国大陆	0.00	0.54	0.00	0.86	1.52	1.08	1.44	2.70	2.00	1.73	1.37
南非	1.01	1.61	1.48	1.52	1.08	2.01	1.50	1.25	0.99	1.34	
巴西	0.00	1.61	0.49	0.00	1.21	2.17	2.01	1.80	1.00	1.23	1.23
韩国	0.00	0.54	2.46	1.72	0.61	0.00	1.72	1.20	0.50	1.48	1.03
希腊	0.50	1.08	0.00	0.86	1.21	1.44	0.86	1.20	1.50	0.99	1.03
爱尔兰	1.01	0.00	0.00	1.29	0.91	0.00	1.15	0.90	1.75	1.98	1.03

表 9—6　　呼吸系统 C 层人才排名前 20 的国家和地区的占比

国家和地区 \ 年份	2009	2010	2011	2012	2013	2014	2015	2016	2017	2018	合计
美国	32.04	31.12	27.37	27.87	27.59	24.70	27.33	24.45	24.29	25.19	26.76
英国	10.09	11.16	10.80	10.49	10.01	10.25	9.89	10.07	9.86	9.09	10.07
加拿大	6.35	5.95	5.72	5.82	6.00	5.91	5.53	5.26	6.35	5.55	5.83
德国	5.65	5.84	6.89	5.82	5.28	6.50	5.94	5.74	5.38	5.26	5.77
意大利	4.44	4.69	4.69	4.81	4.40	4.46	4.36	5.10	4.76	5.46	4.73
荷兰	3.88	3.60	4.25	4.59	4.88	4.61	4.27	4.34	4.38	3.83	4.29
法国	3.97	4.06	4.55	3.48	4.21	3.60	4.30	4.56	4.13	4.56	4.17
澳大利亚	3.74	2.97	3.67	3.57	4.09	3.83	3.50	4.56	4.59	3.62	3.88

续表

国家和地区\年份	2009	2010	2011	2012	2013	2014	2015	2016	2017	2018	合计
西班牙	2.57	3.03	3.23	3.79	3.15	3.53	3.38	4.05	4.16	3.27	3.47
日本	3.97	3.32	3.76	3.75	3.58	3.12	2.93	3.09	2.76	3.16	3.28
中国大陆	1.96	2.12	2.00	1.76	2.79	2.86	4.16	3.76	3.97	4.35	3.18
瑞士	2.06	1.89	2.49	2.78	2.76	2.12	2.72	2.52	2.89	2.63	2.54
比利时	2.20	2.46	2.98	1.98	2.40	2.49	2.27	2.77	2.27	2.31	2.40
瑞典	1.59	1.37	1.22	1.54	1.70	2.30	1.41	1.72	1.32	2.25	1.66
丹麦	1.45	1.32	1.37	1.50	1.46	1.49	1.49	1.15	1.49	1.34	1.41
韩国	1.35	1.54	1.22	1.46	1.52	1.63	1.20	1.34	1.30	1.20	1.36
南非	1.21	1.49	1.32	1.41	1.27	0.97	1.20	0.64	0.70	1.11	1.09
巴西	1.17	0.92	0.78	0.75	1.09	0.71	1.15	0.99	1.41	1.17	1.05
奥地利	0.89	0.74	0.64	1.23	1.06	1.67	1.03	0.70	0.70	0.64	0.93
希腊	0.84	0.74	0.73	0.66	0.91	1.11	0.72	0.86	1.08	0.91	0.87

二 心脏和心血管系统

心脏和心血管系统A、B、C层人才最多的国家是美国，分别占该学科全球A、B、C层人才的16.02%、20.95%、27.24%。

英国、法国、意大利、德国、加拿大、荷兰、瑞典、比利时、澳大利亚、丹麦的A层人才比较多，世界占比在9%—3%之间；瑞士、西班牙、日本、波兰、捷克、挪威、希腊、巴西、南非也有相当数量的A层人才，世界占比超过或接近1%。

德国、英国、加拿大、意大利、荷兰、法国、澳大利亚的B层人才比较多，世界占比在9%—3%之间；西班牙、瑞典、丹麦、瑞士、比利时、波兰、日本、巴西、奥地利、挪威、捷克、希腊也有相当数量的B层人才，世界占比超过1%。

英国、德国、意大利、加拿大、荷兰、法国的C层人才比较多，世界占比在9%—4%之间；日本、西班牙、澳大利亚、中国大陆、瑞士、瑞典、丹麦、比利时、奥地利、波兰、韩国、希腊、挪威也有相当数量的C层人才，世界占比超过1%。

表9—7　心脏和心血管系统 A 层人才排名前20 的国家和地区的占比

国家和地区 \ 年份	2009	2010	2011	2012	2013	2014	2015	2016	2017	2018	合计
美国	19.15	22.00	28.30	13.46	8.20	25.42	12.50	15.15	3.51	11.76	16.02
英国	6.38	16.00	7.55	13.46	6.56	8.47	1.79	10.61	1.75	11.76	8.11
法国	6.38	6.00	7.55	11.54	8.20	3.39	8.93	6.06	3.51	5.88	6.76
意大利	8.51	10.00	5.66	5.77	8.20	1.69	7.14	10.61	1.75	5.88	6.56
德国	10.64	8.00	3.77	7.69	9.84	3.39	1.79	4.55	3.51	5.88	5.79
加拿大	2.13	10.00	9.43	3.85	4.92	8.47	8.93	4.55	1.75	0.00	5.79
荷兰	4.26	4.00	9.43	5.77	9.84	1.69	3.57	7.58	3.51	5.88	5.60
瑞典	4.26	2.00	1.89	3.85	6.56	3.39	5.36	3.03	1.75	11.76	3.86
比利时	8.51	2.00	1.89	1.92	4.92	5.08	5.36	4.55	1.75	0.00	3.86
澳大利亚	2.13	2.00	7.55	1.92	3.28	5.08	1.79	4.55	0.00	5.88	3.28
丹麦	4.26	2.00	0.00	5.77	1.64	5.08	0.00	6.06	3.51	0.00	3.09
瑞士	2.13	0.00	0.00	3.85	1.64	0.00	0.00	7.58	3.51	11.76	2.51
西班牙	4.26	0.00	1.89	1.92	4.92	0.00	1.79	3.03	1.75	5.88	2.32
日本	2.13	2.00	0.00	3.85	1.64	6.78	1.79	0.00	0.00	0.00	1.93
波兰	2.13	0.00	3.77	0.00	3.28	0.00	1.79	3.03	1.75	0.00	1.74
捷克	0.00	2.00	1.89	1.92	1.64	0.00	1.79	1.52	1.75	0.00	1.35
挪威	4.26	0.00	0.00	0.00	1.64	0.00	3.57	1.52	1.75	0.00	1.35
希腊	0.00	6.00	0.00	0.00	1.64	0.00	0.00	0.00	3.51	0.00	1.16
巴西	2.13	0.00	1.89	0.00	3.28	1.69	1.79	0.00	0.00	0.00	1.16
南非	0.00	0.00	0.00	0.00	1.64	0.00	5.36	1.52	0.00	0.00	0.97

表9—8　心脏和心血管系统 B 层人才排名前20 的国家和地区的占比

国家和地区 \ 年份	2009	2010	2011	2012	2013	2014	2015	2016	2017	2018	合计
美国	31.89	23.49	21.99	26.90	19.86	20.00	19.20	19.22	16.20	15.28	20.95
德国	9.57	10.34	6.64	7.41	9.59	8.79	8.04	7.59	8.19	6.33	8.18
英国	7.52	9.91	5.81	7.80	8.05	7.29	9.14	8.77	8.01	8.80	8.14
加拿大	8.43	4.74	6.22	6.82	6.16	8.04	4.39	7.08	5.40	5.56	6.25
意大利	5.47	7.54	6.64	4.29	6.34	5.42	6.58	4.38	4.36	5.40	5.60
荷兰	4.56	6.47	4.77	5.85	5.31	4.67	4.94	5.56	5.05	5.56	5.28
法国	5.47	7.11	4.98	3.12	5.14	4.49	5.12	5.23	4.88	5.25	5.06
澳大利亚	2.05	1.94	2.90	3.90	2.23	3.36	3.84	2.70	4.53	3.70	3.16

续表

国家和地区\年份	2009	2010	2011	2012	2013	2014	2015	2016	2017	2018	合计
西班牙	2.51	3.02	2.90	1.95	3.25	2.80	2.93	2.70	2.44	2.47	2.70
瑞典	1.82	2.37	3.32	2.73	2.40	2.80	3.11	2.53	3.48	2.31	2.70
丹麦	1.14	3.02	1.45	2.53	2.57	3.36	2.38	3.04	2.79	2.31	2.49
瑞士	2.28	1.08	1.66	1.75	3.42	2.62	2.19	2.53	2.61	3.55	2.44
比利时	1.59	2.16	2.28	1.56	2.40	2.80	3.47	2.36	1.57	3.55	2.42
波兰	2.51	1.29	2.28	1.36	2.40	1.12	1.65	1.52	1.92	0.93	1.67
日本	1.59	1.29	2.07	2.14	1.54	0.93	1.83	2.02	1.39	1.54	1.64
巴西	0.91	1.08	1.24	1.56	1.37	0.93	2.19	1.01	1.22	2.47	1.43
奥地利	1.14	1.51	1.87	1.56	1.54	0.93	1.28	1.01	1.05	1.70	1.36
挪威	0.68	1.08	1.66	0.19	0.68	1.12	1.46	1.85	2.26	1.39	1.26
捷克	0.68	1.08	1.04	0.78	1.71	1.31	0.73	1.35	0.87	0.93	1.06
希腊	0.46	1.72	1.04	0.78	1.20	1.12	0.37	1.35	0.87	1.39	1.04

表9—9　心脏和心血管系统C层人才排名前20的国家和地区的占比

国家和地区\年份	2009	2010	2011	2012	2013	2014	2015	2016	2017	2018	合计
美国	32.96	32.13	30.47	30.09	28.24	27.09	25.70	23.97	23.78	21.70	27.24
英国	6.95	7.72	7.83	7.85	7.77	8.22	8.20	8.57	8.79	8.53	8.09
德国	6.90	8.24	8.60	7.65	7.50	7.45	7.11	7.04	7.06	7.47	7.48
意大利	6.25	6.47	6.34	6.14	6.45	5.98	5.91	5.77	6.28	6.23	6.18
加拿大	4.91	5.29	5.32	5.84	5.52	6.15	4.86	5.52	5.34	5.14	5.39
荷兰	5.30	5.73	5.70	5.36	5.01	4.92	5.04	4.79	4.65	5.03	5.12
法国	3.98	3.69	4.02	4.33	4.01	3.92	4.30	4.49	4.31	3.96	4.11
日本	3.96	3.72	3.13	3.14	3.09	2.55	2.58	2.43	2.55	2.49	2.92
西班牙	2.39	2.32	2.94	2.74	2.57	2.76	3.08	3.07	3.19	3.42	2.87
澳大利亚	2.59	2.38	2.45	2.62	2.79	3.02	2.70	2.80	2.73	2.93	2.72
中国大陆	1.85	1.66	2.13	2.62	3.11	3.13	2.86	2.95	3.09	2.95	2.69
瑞士	1.97	2.30	2.75	2.44	2.74	2.50	2.62	2.75	2.87	2.80	2.60
瑞典	2.27	1.70	2.21	1.97	2.20	2.05	2.42	2.29	2.47	2.44	2.22
丹麦	1.62	1.62	1.47	1.69	1.55	2.10	2.25	2.06	2.25	2.56	1.95
比利时	1.95	2.03	1.62	1.77	1.95	1.78	2.05	2.04	1.98	2.15	1.94
奥地利	1.16	1.16	0.92	1.19	1.12	1.43	1.16	1.21	1.24	1.17	1.18

续表

国家和地区\年份	2009	2010	2011	2012	2013	2014	2015	2016	2017	2018	合计
波兰	0.97	0.96	0.98	0.73	1.14	1.18	1.37	1.51	1.31	1.45	1.18
韩国	1.16	1.22	1.36	1.15	0.98	0.98	1.03	1.05	1.21	1.14	1.12
希腊	1.00	0.94	0.92	1.01	1.14	1.03	1.37	0.99	1.14	1.03	1.06
挪威	1.13	0.98	0.70	0.73	0.95	0.96	0.81	1.08	1.28	1.37	1.01

三 周围血管疾病学

周围血管疾病学 A、B、C 层人才最多的国家是美国，分别占该学科全球 A、B、C 层人才的 27.65%、27.89%、29.64%。

英国、加拿大、荷兰、意大利、澳大利亚、德国、法国、瑞典、比利时的 A 层人才比较多，世界占比在 8%—3% 之间；瑞士、奥地利、西班牙、希腊、波兰、捷克、爱尔兰、丹麦、挪威、土耳其也有相当数量的 A 层人才，世界占比超过或接近 1%。

英国、德国、加拿大、意大利、荷兰、法国的 B 层人才比较多，世界占比在 9%—4% 之间；澳大利亚、瑞典、比利时、日本、西班牙、丹麦、瑞士、中国大陆、奥地利、挪威、芬兰、波兰、希腊也有相当数量的 B 层人才，世界占比超过或接近 1%。

英国、德国、加拿大、荷兰、意大利、法国、中国大陆、日本、澳大利亚的 C 层人才比较多，世界占比在 9%—3% 之间；瑞典、西班牙、瑞士、丹麦、比利时、韩国、奥地利、希腊、芬兰、波兰也有相当数量的 C 层人才，世界占比超过或接近 1%。

表 9—10　周围血管疾病学 A 层人才排名前 20 的国家和地区的占比

国家和地区\年份	2009	2010	2011	2012	2013	2014	2015	2016	2017	2018	合计
美国	17.86	20.83	33.33	24.00	9.09	45.83	40.00	35.71	33.33	18.75	27.65
英国	3.57	12.50	7.41	8.00	9.09	0.00	5.00	7.14	0.00	25.00	7.83
加拿大	0.00	4.17	7.41	4.00	0.00	16.67	15.00	7.14	0.00	6.25	6.45
荷兰	3.57	0.00	14.81	8.00	4.55	8.33	5.00	3.57	0.00	6.25	5.99
意大利	3.57	4.17	11.11	8.00	4.17	4.17	5.00	7.14	0.00	0.00	5.53
澳大利亚	7.14	4.17	3.70	4.00	4.55	0.00	5.00	7.14	0.00	12.50	5.07

续表

国家和地区\年份	2009	2010	2011	2012	2013	2014	2015	2016	2017	2018	合计
德国	7.14	8.33	3.70	0.00	4.55	8.33	10.00	3.57	0.00	0.00	5.07
法国	3.57	4.17	3.70	8.00	9.09	0.00	5.00	3.57	33.33	0.00	4.61
瑞典	3.57	4.17	7.41	0.00	9.09	4.17	0.00	3.57	0.00	0.00	3.69
比利时	3.57	4.17	0.00	4.00	4.55	4.17	5.00	3.57	0.00	0.00	3.23
瑞士	7.14	4.17	0.00	4.00	4.55	0.00	0.00	3.57	0.00	0.00	2.76
奥地利	0.00	8.33	7.41	4.00	0.00	0.00	0.00	0.00	0.00	0.00	2.30
西班牙	3.57	4.17	0.00	0.00	4.55	0.00	0.00	0.00	0.00	6.25	1.84
希腊	3.57	0.00	0.00	4.00	4.55	0.00	0.00	0.00	33.33	0.00	1.84
波兰	7.14	4.17	0.00	0.00	4.55	0.00	0.00	0.00	0.00	0.00	1.84
捷克	3.57	0.00	0.00	4.00	4.55	0.00	3.57	0.00	0.00	0.00	1.84
爱尔兰	0.00	4.17	0.00	0.00	0.00	0.00	0.00	7.14	0.00	0.00	1.38
丹麦	3.57	0.00	0.00	4.00	0.00	4.17	0.00	0.00	0.00	0.00	1.38
挪威	3.57	0.00	0.00	0.00	4.55	0.00	0.00	0.00	0.00	6.25	1.38
土耳其	3.57	0.00	0.00	0.00	0.00	0.00	0.00	0.00	0.00	6.25	0.92

表9—11　周围血管疾病学B层人才排名前20的国家和地区的占比

国家和地区\年份	2009	2010	2011	2012	2013	2014	2015	2016	2017	2018	合计
美国	38.96	28.42	32.58	35.19	26.40	21.30	23.02	29.02	15.55	28.46	27.89
英国	8.03	10.79	7.49	9.01	7.76	8.70	9.71	7.45	5.88	11.07	8.61
德国	8.03	9.35	7.87	8.58	9.94	10.43	7.55	5.49	6.72	7.91	8.22
加拿大	6.43	6.83	6.74	8.15	5.90	10.00	5.76	8.63	3.36	6.72	6.80
意大利	8.03	6.12	5.62	3.86	4.97	5.65	3.24	5.49	2.94	3.56	4.96
荷兰	3.21	6.83	4.12	5.15	4.66	4.78	4.32	4.31	2.52	5.93	4.61
法国	3.61	5.40	4.49	3.43	3.73	6.52	3.60	3.53	2.52	4.35	4.11
澳大利亚	2.41	1.80	2.25	1.72	2.80	3.91	3.60	1.57	4.62	4.74	2.92
瑞典	2.41	2.88	2.62	3.43	2.48	3.91	2.88	3.53	3.36	1.19	2.84
比利时	2.01	1.44	1.87	2.15	1.24	1.74	2.88	1.96	1.68	2.77	1.96
日本	1.20	2.52	1.50	1.29	2.17	1.30	2.52	2.75	0.84	2.77	1.92
西班牙	1.20	1.44	3.00	1.72	3.42	1.30	1.80	2.75	0.84	0.79	1.88
丹麦	1.20	1.80	1.87	1.72	1.24	1.30	1.44	2.75	3.36	1.19	1.77
瑞士	2.41	1.80	1.12	1.29	2.80	1.30	1.44	1.57	1.26	1.58	1.69

续表

国家和地区\年份	2009	2010	2011	2012	2013	2014	2015	2016	2017	2018	合计
中国大陆	0.00	1.44	1.50	1.29	1.55	2.61	1.08	1.57	2.10	3.16	1.61
奥地利	0.80	0.36	1.12	0.86	1.86	1.74	1.44	1.57	0.84	0.79	1.15
挪威	0.00	0.00	0.75	1.72	1.24	0.43	1.08	2.35	1.68	1.98	1.11
芬兰	1.20	1.08	1.50	0.86	0.93	0.87	1.44	1.18	1.26	0.79	1.11
波兰	0.40	1.44	2.62	0.86	0.93	0.87	1.08	0.78	0.84	0.40	1.04
希腊	1.20	1.08	0.00	0.86	1.55	0.43	0.72	1.18	0.84	1.19	0.92

表9—12 周围血管疾病学 C 层人才排名前 20 的国家和地区的占比

国家和地区\年份	2009	2010	2011	2012	2013	2014	2015	2016	2017	2018	合计
美国	34.21	32.86	31.56	31.79	29.99	28.68	27.80	27.01	27.09	23.99	29.64
英国	7.58	7.72	7.69	7.97	8.59	7.92	8.55	8.25	8.39	7.48	8.03
德国	7.34	7.08	7.34	7.97	6.92	6.62	7.10	5.91	6.64	6.62	6.97
加拿大	5.44	5.30	4.81	5.31	4.88	6.17	6.13	5.75	6.25	4.67	5.45
荷兰	5.32	5.16	4.88	4.31	5.47	5.45	5.54	4.93	4.59	4.67	5.06
意大利	5.36	5.01	4.77	5.10	5.05	5.00	4.42	4.47	4.49	4.94	4.87
法国	4.68	4.30	4.54	3.75	3.80	3.87	3.57	4.06	3.81	3.54	4.00
中国大陆	1.79	3.08	3.08	3.96	3.93	4.14	4.35	5.05	5.17	5.90	3.99
日本	3.85	4.27	3.69	3.31	3.21	3.02	2.71	3.41	3.37	3.40	3.43
澳大利亚	3.02	3.26	3.15	2.74	3.74	3.65	3.34	3.37	3.37	2.86	3.26
瑞典	2.26	2.00	3.04	2.44	2.20	2.70	2.60	2.38	2.83	2.00	2.43
西班牙	1.87	1.71	2.15	2.66	2.03	2.48	2.12	1.27	2.44	2.54	2.10
瑞士	2.02	1.85	2.31	2.05	2.72	1.35	1.45	1.60	1.95	1.72	1.93
丹麦	1.67	1.48	1.54	1.52	1.05	1.62	1.49	1.77	2.05	1.50	1.55
比利时	1.67	1.34	1.31	1.61	1.54	1.53	1.49	1.31	1.42	1.41	1.46
韩国	1.35	0.93	1.35	0.87	1.61	1.31	1.19	1.40	1.56	1.59	1.31
奥地利	1.43	1.34	1.23	1.00	1.11	1.17	1.19	1.03	1.12	1.45	1.21
希腊	0.52	0.70	1.19	1.18	0.92	1.22	1.26	1.27	1.12	1.68	1.09
芬兰	0.91	1.00	1.42	0.91	1.21	0.99	1.00	1.03	0.68	0.77	1.01
波兰	0.52	0.56	0.62	0.78	0.52	0.63	0.71	0.99	1.12	1.68	0.79

四 胃肠病学和肝脏病学

胃肠病学和肝脏病学 A、B、C 层人才最多的国家是美国，分别占该学科全球 A、B、C 层人才的 26.55%、20.57%、24.55%。

英国、意大利、西班牙、法国、加拿大、德国、瑞士的 A 层人才比较多，世界占比在 9%—4% 之间；荷兰、日本、以色列、澳大利亚、比利时、希腊、奥地利、丹麦、韩国、中国香港、新西兰、瑞典也有相当数量的 A 层人才，世界占比超过 1%。

英国、法国、德国、意大利、加拿大、西班牙、荷兰、比利时、澳大利亚的 B 层人才比较多，世界占比在 8%—3% 之间；瑞士、日本、中国大陆、瑞典、奥地利、中国香港、以色列、丹麦、韩国、波兰也有相当数量的 B 层人才，世界占比超过 1%。

英国、意大利、德国、中国大陆、法国、日本、加拿大、荷兰、西班牙的 C 层人才比较多，世界占比在 8%—3% 之间；澳大利亚、比利时、韩国、瑞士、瑞典、丹麦、中国香港、中国台湾、奥地利、以色列也有相当数量的 C 层人才，世界占比超过或接近 1%。

表 9—13　胃肠病学和肝脏病学 A 层人才排名前 20 的国家和地区的占比

国家和地区 \ 年份	2009	2010	2011	2012	2013	2014	2015	2016	2017	2018	合计
美国	44.44	25.00	24.14	22.86	21.88	29.73	31.25	14.71	11.76	50.00	26.55
英国	7.41	10.00	3.45	8.57	6.25	13.51	12.50	5.88	5.88	8.33	8.36
意大利	0.00	10.00	6.90	8.57	9.38	8.11	9.38	2.94	5.88	8.33	6.91
西班牙	0.00	5.00	10.34	8.57	3.13	10.81	0.00	11.76	5.88	8.33	6.55
法国	3.70	5.00	10.34	5.71	9.38	8.11	3.13	2.94	11.76	0.00	6.18
加拿大	3.70	0.00	6.90	2.86	9.38	8.11	6.25	5.88	5.88	0.00	5.45
德国	3.70	0.00	13.79	5.71	6.25	5.41	6.25	0.00	5.88	0.00	5.09
瑞士	11.11	0.00	0.00	5.71	3.13	2.70	3.13	2.94	11.76	16.67	4.73
荷兰	0.00	5.00	0.00	8.57	6.25	0.00	0.00	2.94	5.88	0.00	2.91
日本	3.70	0.00	6.90	2.86	0.00	0.00	0.00	2.94	11.76	0.00	2.55
以色列	0.00	10.00	3.45	2.86	0.00	0.00	3.13	2.94	0.00	0.00	2.18
澳大利亚	0.00	0.00	3.45	0.00	0.00	2.70	3.13	2.94	5.88	8.33	2.18

续表

国家和地区\年份	2009	2010	2011	2012	2013	2014	2015	2016	2017	2018	合计
比利时	3.70	5.00	0.00	0.00	9.38	0.00	3.13	0.00	0.00	0.00	2.18
希腊	0.00	5.00	0.00	2.86	3.13	0.00	0.00	0.00	5.88	0.00	1.45
奥地利	3.70	10.00	3.45	0.00	0.00	0.00	0.00	0.00	0.00	0.00	1.45
丹麦	0.00	5.00	0.00	2.86	0.00	2.70	3.13	0.00	0.00	0.00	1.45
韩国	0.00	0.00	0.00	2.86	3.13	0.00	0.00	2.94	0.00	0.00	1.09
中国香港	3.70	0.00	0.00	0.00	0.00	0.00	3.13	2.94	0.00	0.00	1.09
新西兰	3.70	0.00	0.00	0.00	3.13	0.00	0.00	2.94	0.00	0.00	1.09
瑞典	0.00	0.00	0.00	0.00	0.00	2.70	3.13	2.94	0.00	0.00	1.09

表9—14　胃肠病学和肝脏病学B层人才排名前20的国家和地区的占比

国家和地区\年份	2009	2010	2011	2012	2013	2014	2015	2016	2017	2018	合计
美国	26.12	24.81	24.65	23.00	21.56	17.01	23.06	22.76	13.28	14.93	20.57
英国	4.90	8.52	7.39	8.63	7.43	7.62	6.67	8.40	6.27	6.22	7.20
法国	6.94	5.19	5.99	6.39	7.43	5.57	7.78	7.05	5.76	5.72	6.37
德国	6.94	5.93	6.69	8.31	5.20	7.92	6.39	5.42	6.27	4.23	6.27
意大利	6.12	7.41	5.63	4.79	5.58	5.57	5.56	7.05	5.01	6.72	5.93
加拿大	4.08	5.56	6.69	6.07	6.32	4.69	6.11	4.07	5.26	1.99	4.98
西班牙	5.31	2.96	4.58	3.83	4.46	4.40	5.28	3.79	5.01	3.73	4.34
荷兰	0.82	4.44	5.28	3.83	3.72	4.40	4.72	4.34	3.01	2.99	3.78
比利时	3.67	2.96	3.87	3.51	3.35	5.87	2.50	4.07	3.26	3.23	3.63
澳大利亚	3.27	1.85	4.58	2.56	3.72	2.93	3.06	3.25	3.01	2.99	3.11
瑞士	2.04	3.70	2.11	3.83	2.23	2.05	1.94	2.71	2.01	2.74	2.52
日本	3.27	2.22	3.17	3.19	2.23	0.88	3.33	2.44	1.50	3.23	2.52
中国大陆	4.49	1.48	1.41	2.24	0.74	1.17	1.67	2.98	2.51	2.74	2.15
瑞典	1.22	3.70	1.76	0.96	2.60	2.93	1.94	1.63	3.01	1.49	2.12
奥地利	0.82	0.37	1.41	1.60	2.60	3.52	1.94	2.17	2.76	0.50	1.81
中国香港	3.67	2.59	0.00	0.96	1.12	0.88	0.83	1.08	2.26	2.99	1.63
以色列	1.22	1.11	1.76	0.32	0.37	2.05	2.22	1.08	1.25	1.00	1.26
丹麦	0.82	0.00	0.70	1.28	1.49	2.35	0.83	1.63	1.50	1.24	1.23
韩国	1.63	1.48	0.70	1.28	0.74	1.17	0.83	0.81	1.50	1.74	1.20
波兰	0.41	1.85	1.06	1.28	1.12	1.76	0.56	0.54	1.25	1.00	1.08

表9—15　胃肠病学和肝脏病学 C 层人才排名前 20 的国家和地区的占比

国家和地区\年份	2009	2010	2011	2012	2013	2014	2015	2016	2017	2018	合计
美国	28.84	27.53	25.52	25.54	24.55	25.27	25.13	22.57	21.48	21.64	24.55
英国	7.31	7.25	7.36	6.79	7.13	6.87	7.12	6.93	7.36	7.18	7.12
意大利	5.99	6.40	5.96	6.27	5.93	6.18	5.79	6.85	6.59	6.15	6.23
德国	7.15	7.17	6.50	6.27	6.10	5.68	5.97	5.79	5.64	5.48	6.10
中国大陆	3.18	4.23	4.44	5.72	5.93	6.27	5.42	6.05	5.58	5.45	5.32
法国	4.05	5.31	5.67	5.88	5.20	5.38	4.96	5.11	5.36	5.91	5.31
日本	6.98	5.08	5.45	4.96	4.56	5.08	4.67	5.79	4.68	4.88	5.16
加拿大	5.21	3.76	3.50	3.85	3.30	3.80	4.47	4.11	4.24	3.81	4.00
荷兰	3.60	4.58	3.57	3.69	4.16	3.30	3.37	3.71	4.08	3.64	3.75
西班牙	3.51	2.83	3.72	3.20	4.60	3.54	3.20	3.71	3.83	3.35	3.56
澳大利亚	2.85	2.52	2.85	2.51	2.66	2.73	3.08	3.00	3.06	2.91	2.83
比利时	2.77	2.17	2.74	2.35	2.27	2.32	1.99	2.60	2.68	2.60	2.44
韩国	1.78	2.29	2.31	2.42	1.83	2.23	2.39	2.31	1.97	2.51	2.21
瑞士	2.11	1.94	2.24	1.70	1.93	1.66	1.70	1.71	2.54	1.88	1.94
瑞典	1.61	1.63	1.70	1.83	1.83	1.52	1.84	1.34	1.67	1.79	1.67
丹麦	1.20	1.40	1.70	1.44	1.43	1.63	1.33	1.71	1.18	1.70	1.48
中国香港	1.07	1.12	1.73	1.27	1.37	1.13	1.12	1.54	1.26	1.62	1.33
中国台湾	1.20	1.05	1.37	1.47	1.30	0.83	0.89	1.57	0.66	1.67	1.20
奥地利	0.45	1.36	1.30	1.24	1.23	0.92	1.07	0.88	1.42	1.10	1.11
以色列	0.66	0.81	0.94	1.05	0.87	0.74	0.98	0.97	0.88	1.01	0.90

五　产科医学和妇科医学

产科医学和妇科医学 A、B、C 层人才最多的国家是美国，分别占该学科全球 A、B、C 层人才的 20.56%、23.88%、28.42%。

英国、澳大利亚、荷兰、瑞士、比利时、加拿大、西班牙、意大利的 A 层人才比较多，世界占比在 13%—3% 之间；德国、中国大陆、丹麦、以色列、挪威、瑞典、法国、巴西、南非、芬兰、希腊也有相当数量的 A 层人才，世界占比超过 1%。

英国、澳大利亚、意大利、荷兰、西班牙、加拿大、法国的 B 层人才比较多，世界占比在 13%—3% 之间；比利时、丹麦、瑞士、中国大陆、德国、瑞典、巴西、以色列、挪威、南非、奥地利、日本也有相当数量的B层人才,世界占比超过1%。

英国、意大利、澳大利亚、加拿大、荷兰、中国大陆的C层人才比较多,世界占比在10%—3%之间;法国、西班牙、德国、比利时、瑞典、丹麦、瑞士、日本、挪威、巴西、以色列、韩国、新西兰也有相当数量的C层人才,世界占比超过或接近1%。

表9—16 产科医学和妇科医学A层人才排名前20的国家和地区的占比

国家和地区 \ 年份	2009	2010	2011	2012	2013	2014	2015	2016	2017	2018	合计
美国	23.53	13.64	20.00	28.00	32.14	14.81	28.57	6.90	12.90	28.57	20.56
英国	17.65	9.09	25.00	12.00	7.14	11.11	21.43	13.79	9.68	4.76	12.90
澳大利亚	11.76	13.64	5.00	8.00	3.57	0.00	7.14	10.34	6.45	14.29	7.66
荷兰	5.88	9.09	10.00	12.00	0.00	7.41	7.14	3.45	0.00	9.52	6.05
瑞士	0.00	9.09	0.00	12.00	3.57	0.00	7.14	10.34	0.00	0.00	4.44
比利时	0.00	9.09	5.00	0.00	3.57	3.70	0.00	3.45	9.68	0.00	3.63
加拿大	0.00	9.09	0.00	0.00	10.71	3.70	0.00	3.45	6.45	0.00	3.63
西班牙	5.88	0.00	0.00	0.00	3.57	3.70	7.14	3.45	6.45	0.00	3.23
意大利	11.76	0.00	5.00	4.00	0.00	7.41	0.00	0.00	6.45	0.00	3.23
德国	5.88	9.09	0.00	0.00	3.57	7.41	0.00	3.45	0.00	0.00	2.82
中国大陆	0.00	0.00	5.00	0.00	3.57	3.70	0.00	0.00	3.23	9.52	2.42
丹麦	0.00	0.00	0.00	0.00	7.14	3.70	0.00	0.00	6.45	0.00	2.42
以色列	0.00	0.00	0.00	0.00	7.14	3.70	0.00	3.45	6.45	0.00	2.42
挪威	0.00	4.55	5.00	0.00	3.57	0.00	0.00	6.90	3.23	0.00	2.42
瑞典	0.00	0.00	0.00	4.00	3.57	0.00	7.14	6.90	0.00	0.00	2.42
法国	5.88	4.55	0.00	0.00	0.00	3.70	3.57	0.00	0.00	4.76	2.02
巴西	0.00	0.00	0.00	0.00	0.00	3.70	0.00	6.90	3.23	4.76	2.02
南非	0.00	4.55	0.00	4.00	3.57	0.00	0.00	3.45	0.00	0.00	1.61
芬兰	0.00	0.00	0.00	0.00	3.57	3.70	0.00	0.00	0.00	9.52	1.61
希腊	5.88	0.00	5.00	4.00	0.00	0.00	0.00	0.00	3.23	0.00	1.61

表 9—17　产科医学和妇科医学 B 层人才排名前 20 的国家和地区的占比

国家和地区\年份	2009	2010	2011	2012	2013	2014	2015	2016	2017	2018	合计
美国	42.61	29.90	27.07	23.89	24.62	24.80	25.46	12.45	20.27	16.21	23.88
英国	8.52	12.25	16.16	11.06	17.31	13.20	11.07	9.89	12.71	13.44	12.66
澳大利亚	6.25	8.82	6.11	5.31	5.00	5.60	4.43	5.86	2.75	7.91	5.67
意大利	3.98	2.45	2.18	6.19	3.46	6.00	4.80	3.30	4.81	6.72	4.44
荷兰	4.55	5.88	6.11	2.21	5.00	4.40	4.43	5.13	2.41	3.16	4.27
西班牙	1.14	3.43	4.80	4.87	3.08	5.60	5.17	2.93	5.50	4.35	4.19
加拿大	3.41	4.41	6.11	3.10	5.00	2.40	3.69	4.03	4.81	4.35	4.15
法国	2.84	3.43	3.06	4.42	1.54	2.40	3.69	4.03	3.44	1.58	3.04
比利时	2.27	2.45	2.62	2.65	2.31	2.40	3.32	4.40	2.06	3.16	2.79
丹麦	1.14	2.94	3.06	2.21	3.08	1.60	2.58	2.20	4.12	2.37	2.59
瑞士	1.70	1.96	1.31	3.98	1.54	3.20	1.85	4.76	2.06	2.37	2.51
中国大陆	2.84	2.45	1.31	1.77	2.31	4.00	0.74	2.20	2.75	3.56	2.38
德国	1.14	2.94	2.62	1.77	1.92	1.60	1.48	3.66	2.75	2.77	2.30
瑞典	2.84	1.96	1.31	1.33	2.31	1.20	1.85	3.30	1.37	1.98	1.93
巴西	0.00	0.49	0.00	0.88	0.77	2.00	1.85	2.20	3.44	3.16	1.60
以色列	0.57	0.98	2.18	0.88	1.92	1.60	0.74	1.47	2.06	1.98	1.48
挪威	2.84	0.00	2.18	0.00	1.54	1.20	0.37	1.47	1.37	0.00	1.07
南非	1.14	1.47	0.87	1.33	0.77	1.20	0.74	0.73	1.37	0.79	1.03
奥地利	1.14	0.98	0.00	2.21	1.15	0.40	1.48	1.47	1.03	0.40	1.03
日本	2.84	0.49	0.87	0.00	0.38	2.00	1.11	0.73	1.03	1.19	1.03

表 9—18　产科医学和妇科医学 C 层人才排名前 20 的国家和地区的占比

国家和地区\年份	2009	2010	2011	2012	2013	2014	2015	2016	2017	2018	合计
美国	29.54	31.34	29.18	28.24	28.23	29.11	31.03	26.98	26.91	24.92	28.42
英国	10.75	10.20	10.66	10.14	9.59	9.65	8.94	8.87	9.28	8.78	9.61
意大利	5.43	4.43	5.13	4.16	4.97	5.01	5.22	6.39	5.91	6.12	5.33
澳大利亚	4.36	4.68	4.46	4.57	5.33	5.71	5.18	5.99	5.77	5.89	5.26
加拿大	4.24	4.83	4.37	4.62	3.99	4.60	4.14	4.14	4.16	3.71	4.26
荷兰	4.87	4.28	4.55	4.25	4.07	4.27	4.06	3.84	3.69	3.08	4.05
中国大陆	1.75	2.54	1.74	3.08	3.32	3.82	4.26	4.69	4.41	5.11	3.59
法国	2.49	3.13	2.54	3.62	3.00	2.67	2.67	2.88	2.90	3.12	2.91

续表

国家和地区\年份	2009	2010	2011	2012	2013	2014	2015	2016	2017	2018	合计
西班牙	2.26	2.29	2.95	2.94	2.84	2.63	3.13	2.70	3.08	3.20	2.83
德国	2.21	3.18	3.35	3.08	3.20	3.00	2.21	2.70	2.47	2.65	2.80
比利时	2.89	2.99	2.72	3.44	3.08	2.59	2.32	2.03	2.29	2.61	2.66
瑞典	2.94	2.29	2.63	2.40	2.65	2.46	2.48	2.59	2.47	2.03	2.48
丹麦	2.04	1.59	2.01	2.94	2.53	2.13	1.86	2.03	2.11	1.60	2.08
瑞士	1.47	1.74	1.65	1.27	1.62	1.60	1.20	2.18	1.68	1.83	1.64
日本	1.41	1.69	1.70	1.95	1.46	1.93	1.62	1.44	1.54	1.60	1.63
挪威	1.70	1.04	1.16	1.95	1.66	1.31	1.20	1.22	1.58	1.60	1.44
巴西	1.19	1.54	1.03	1.31	0.87	1.40	1.59	1.59	1.33	2.03	1.40
以色列	1.98	1.14	1.78	1.31	0.99	1.44	1.16	1.11	1.29	1.13	1.31
韩国	1.08	1.34	1.29	1.13	1.07	1.07	1.24	0.96	0.64	0.66	1.03
新西兰	0.51	0.70	0.80	1.00	0.83	0.99	0.77	1.18	1.04	0.82	0.88

六 男科学

男科学是小学科，人才数量少，A层人才数量更少，分布很不稳定，本次统计中全球A层人才都集中在澳大利亚。

B层人才最多的国家是美国，世界占比为27.40%；意大利、澳大利亚、英国、丹麦、瑞士、巴西、加拿大的B层人才比较多，世界占比在10%—4%之间；西班牙、法国、德国、葡萄牙、中国大陆、日本、墨西哥、瑞典、阿根廷、芬兰、荷兰、土耳其也有相当数量的B层人才，世界占比超过1%。

C层人才最多的国家是美国，世界占比为20.00%；中国大陆、意大利、德国、英国、西班牙、丹麦、加拿大、荷兰、巴西的C层人才比较多，世界占比在10%—3%之间；澳大利亚、法国、印度、土耳其、南非、伊朗、瑞典、埃及、沙特、日本也有相当数量的C层人才，世界占比超过1%。

表 9—19　　　　　　　　男科学 A 层人才的国家的占比

国家和地区＼年份	2009	2010	2011	2012	2013	2014	2015	2016	2017	2018	合计
澳大利亚	100.00	0.00	0.00	0.00	0.00	0.00	0.00	0.00	0.00	0.00	100.00

表 9—20　　　　男科学 B 层人才排名前 20 的国家和地区的占比

国家和地区＼年份	2009	2010	2011	2012	2013	2014	2015	2016	2017	2018	合计
美国	33.33	44.44	22.22	0.00	33.33	14.29	33.33	44.44	27.27	33.33	27.40
意大利	0.00	0.00	11.11	30.00	0.00	14.29	0.00	0.00	9.09	33.33	9.59
澳大利亚	0.00	0.00	33.33	10.00	0.00	14.29	16.67	0.00	0.00	0.00	8.22
英国	66.67	22.22	0.00	0.00	0.00	14.29	0.00	0.00	9.09	0.00	8.22
丹麦	0.00	0.00	0.00	20.00	16.67	0.00	0.00	0.00	0.00	0.00	4.11
瑞士	0.00	11.11	0.00	10.00	0.00	0.00	0.00	0.00	9.09	0.00	4.11
巴西	0.00	0.00	0.00	0.00	0.00	0.00	0.00	33.33	0.00	0.00	4.11
加拿大	0.00	0.00	11.11	0.00	0.00	0.00	0.00	11.11	9.09	0.00	4.11
西班牙	0.00	0.00	0.00	0.00	16.67	0.00	0.00	0.00	9.09	0.00	2.74
法国	0.00	0.00	0.00	0.00	16.67	0.00	16.67	0.00	0.00	0.00	2.74
德国	0.00	11.11	0.00	0.00	0.00	14.29	0.00	0.00	0.00	0.00	2.74
葡萄牙	0.00	0.00	0.00	0.00	16.67	0.00	0.00	0.00	9.09	0.00	2.74
中国大陆	0.00	0.00	0.00	0.00	0.00	0.00	0.00	0.00	9.09	33.33	2.74
日本	0.00	0.00	0.00	10.00	0.00	0.00	0.00	0.00	0.00	0.00	1.37
墨西哥	0.00	0.00	11.11	0.00	0.00	0.00	0.00	0.00	0.00	0.00	1.37
瑞典	0.00	11.11	0.00	0.00	0.00	0.00	0.00	0.00	0.00	0.00	1.37
阿根廷	0.00	0.00	11.11	0.00	0.00	0.00	0.00	0.00	0.00	0.00	1.37
芬兰	0.00	0.00	0.00	0.00	0.00	14.29	0.00	0.00	0.00	0.00	1.37
荷兰	0.00	0.00	0.00	0.00	0.00	14.29	0.00	0.00	0.00	0.00	1.37
土耳其	0.00	0.00	0.00	0.00	0.00	0.00	0.00	0.00	9.09	0.00	1.37

表 9—21　　　　男科学 C 层人才排名前 20 的国家和地区的占比

国家和地区＼年份	2009	2010	2011	2012	2013	2014	2015	2016	2017	2018	合计
美国	18.37	24.71	13.75	21.18	19.35	19.05	12.12	29.76	21.10	18.52	20.00
中国大陆	9.18	7.06	7.50	8.24	16.13	14.29	12.12	2.38	10.09	7.41	9.05
意大利	6.12	9.41	10.00	4.71	8.06	7.94	4.55	3.57	8.26	3.70	6.55

续表

国家和地区\年份	2009	2010	2011	2012	2013	2014	2015	2016	2017	2018	合计
德国	9.18	9.41	6.25	4.71	4.84	4.76	6.06	2.38	5.50	1.85	5.48
英国	7.14	3.53	6.25	5.88	4.84	4.76	3.03	3.57	2.75	2.78	4.40
西班牙	2.04	2.35	2.50	1.18	8.06	6.35	6.06	5.95	4.59	3.70	4.05
丹麦	1.02	7.06	3.75	8.24	1.61	4.76	0.00	7.14	4.59	0.93	3.93
加拿大	4.08	3.53	6.25	2.35	1.61	1.59	10.61	5.95	0.00	0.93	3.45
荷兰	6.12	1.18	5.00	4.71	3.23	3.17	4.55	2.38	0.92	3.70	3.45
巴西	0.00	1.18	2.50	2.35	0.00	0.00	1.52	8.33	6.42	5.56	3.10
澳大利亚	2.04	2.35	7.50	3.53	4.84	3.17	4.55	1.19	1.83	0.93	2.98
法国	1.02	2.35	10.00	4.71	3.23	1.59	1.52	3.57	1.83	0.93	2.98
印度	1.02	1.18	1.25	2.35	4.84	0.00	1.52	1.19	1.83	7.41	2.38
土耳其	4.08	0.00	0.00	3.53	0.00	1.59	4.55	2.38	0.92	4.63	2.26
南非	0.00	5.88	2.50	3.53	0.00	0.00	4.55	1.19	0.00	4.63	2.26
伊朗	2.04	1.18	0.00	1.18	1.61	1.59	3.03	0.00	4.59	5.56	2.26
瑞典	1.02	2.35	2.50	1.18	1.61	4.76	1.52	3.57	0.92	1.85	2.02
埃及	2.04	2.35	0.00	0.00	1.61	0.00	0.00	1.19	1.83	5.56	1.67
沙特	0.00	1.18	0.00	0.00	0.00	3.17	1.52	3.57	1.83	0.93	1.19
日本	1.02	3.53	1.25	1.18	3.23	0.00	1.52	0.00	0.00	0.93	1.19

七 儿科学

儿科学A、B、C层人才最多的国家是美国,分别占该学科全球A、B、C层人才的34.75%、35.04%、37.66%。

英国、加拿大、法国、德国、荷兰、澳大利亚的A层人才比较多,世界占比在11%—3%之间;西班牙、意大利、比利时、巴西、瑞士、新西兰、南非、丹麦、印度、匈牙利、捷克、以色列、芬兰也有相当数量的A层人才,世界占比超过1%。

英国、加拿大、澳大利亚、荷兰、德国、意大利的B层人才比较多,世界占比在10%—3%之间;法国、瑞典、瑞士、西班牙、比利时、丹麦、芬兰、以色列、挪威、新西兰、奥地利、波兰、印度也有相当数量的B层人才,世界占比超过或接近1%。

英国、加拿大、澳大利亚、荷兰、意大利、德国的C层人才比较多,世界占比在9%—3%之间；法国、瑞典、西班牙、瑞士、比利时、挪威、芬兰、丹麦、以色列、中国大陆、巴西、日本、印度也有相当数量的C层人才，世界占比超过或接近1%。

表9—22　　儿科学A层人才排名前20的国家和地区的占比

国家和地区\年份	2009	2010	2011	2012	2013	2014	2015	2016	2017	2018	合计
美国	50.00	22.22	52.38	28.00	59.09	34.48	25.81	28.57	23.53	32.35	34.75
英国	16.67	11.11	4.76	24.00	0.00	13.79	3.23	4.76	11.76	8.82	10.04
加拿大	12.50	5.56	9.52	4.00	13.64	6.90	6.45	14.29	2.94	11.76	8.49
法国	0.00	11.11	4.76	0.00	0.00	3.45	9.68	4.76	2.94	5.88	4.25
德国	4.17	0.00	0.00	4.00	9.09	3.45	3.23	0.00	2.94	5.88	3.47
荷兰	4.17	0.00	0.00	4.00	4.55	3.45	0.00	0.00	5.88	5.88	3.09
澳大利亚	0.00	0.00	0.00	0.00	9.09	3.45	9.68	0.00	0.00	5.88	3.09
西班牙	0.00	5.56	0.00	0.00	0.00	3.45	6.45	0.00	5.88	0.00	2.70
意大利	4.17	0.00	0.00	0.00	0.00	3.45	0.00	0.00	5.88	2.94	2.32
比利时	4.17	0.00	0.00	0.00	0.00	3.45	3.23	0.00	0.00	5.88	1.93
巴西	0.00	5.56	0.00	0.00	0.00	0.00	3.23	9.52	2.94	0.00	1.93
瑞士	0.00	5.56	0.00	0.00	0.00	0.00	0.00	9.52	2.94	2.94	1.93
新西兰	4.17	0.00	0.00	0.00	0.00	0.00	3.23	0.00	0.00	5.88	1.54
南非	0.00	5.56	4.76	4.00	0.00	0.00	0.00	4.76	0.00	0.00	1.54
丹麦	0.00	0.00	0.00	0.00	0.00	3.45	0.00	0.00	5.88	0.00	1.54
印度	0.00	5.56	0.00	0.00	0.00	0.00	0.00	9.52	0.00	0.00	1.16
匈牙利	0.00	0.00	0.00	0.00	0.00	3.45	3.23	0.00	0.00	0.00	1.16
捷克	0.00	0.00	0.00	0.00	0.00	0.00	3.23	0.00	5.88	0.00	1.16
以色列	0.00	0.00	4.76	0.00	0.00	0.00	3.45	0.00	0.00	0.00	1.16
芬兰	0.00	0.00	0.00	4.00	0.00	3.45	0.00	0.00	2.94	0.00	1.16

表9—23　　儿科学B层人才排名前20的国家和地区的占比

国家和地区\年份	2009	2010	2011	2012	2013	2014	2015	2016	2017	2018	合计
美国	45.21	37.31	38.43	35.62	35.16	40.00	34.74	30.31	28.38	29.09	35.04
英国	7.76	13.85	8.96	14.16	9.16	9.06	7.37	9.06	6.76	10.55	9.58
加拿大	7.76	3.08	5.97	7.73	4.76	3.77	4.21	8.13	6.76	8.36	6.05

续表

国家和地区\年份	2009	2010	2011	2012	2013	2014	2015	2016	2017	2018	合计
澳大利亚	3.65	4.62	5.22	5.58	7.33	5.28	4.91	5.31	5.74	5.45	5.35
荷兰	2.74	4.23	5.22	3.43	5.13	4.53	3.86	2.81	2.70	4.73	3.93
德国	2.74	5.00	4.85	2.58	3.30	1.89	4.56	2.81	4.39	5.09	3.75
意大利	3.20	4.23	2.99	3.00	2.93	2.64	2.81	3.13	3.72	2.55	3.12
法国	4.57	2.31	3.36	3.43	1.83	1.51	2.81	3.75	2.03	2.91	2.82
瑞典	3.20	2.69	2.24	1.29	2.93	1.51	1.05	3.44	2.70	1.82	2.30
瑞士	1.37	1.92	2.99	2.15	2.93	0.75	5.26	1.56	1.69	1.82	2.26
西班牙	1.83	1.92	0.75	1.29	2.93	1.89	2.46	1.56	2.70	1.82	1.93
比利时	0.91	3.08	1.49	1.29	1.47	1.89	1.75	2.19	1.69	2.55	1.86
丹麦	1.83	1.15	0.75	3.00	2.56	1.89	2.81	1.25	0.34	0.00	1.52
芬兰	1.83	0.38	1.87	1.72	1.47	1.13	2.46	1.56	0.68	1.82	1.48
以色列	2.28	1.15	0.75	0.86	1.10	1.51	1.40	1.56	1.01	1.82	1.34
挪威	1.37	1.15	1.12	0.00	1.47	1.13	1.40	1.88	1.01	1.09	1.19
新西兰	0.46	0.38	1.87	0.43	0.73	1.13	1.05	1.25	2.03	0.73	1.04
奥地利	0.91	1.15	0.37	0.43	1.10	0.00	1.05	1.25	1.01	2.18	0.97
波兰	1.37	0.38	0.75	0.86	0.73	1.51	0.35	0.63	0.68	1.82	0.89
印度	0.00	0.00	0.37	0.43	0.73	1.51	1.75	0.94	1.01	0.36	0.74

表9—24　儿科学C层人才排名前20的国家和地区的占比

国家和地区\年份	2009	2010	2011	2012	2013	2014	2015	2016	2017	2018	合计
美国	42.56	38.94	40.52	39.47	38.90	38.74	36.22	37.45	34.22	32.10	37.66
英国	8.47	7.45	8.09	7.89	8.23	7.93	8.66	7.81	8.19	8.10	8.08
加拿大	6.74	5.66	7.47	6.42	7.27	6.87	6.88	6.51	7.50	6.75	6.82
澳大利亚	5.64	4.78	4.99	5.11	5.59	6.39	5.11	5.04	4.93	5.41	5.28
荷兰	4.42	4.93	3.87	4.54	4.06	3.56	3.44	4.41	3.61	4.03	4.06
意大利	3.05	3.78	2.98	3.80	4.25	3.48	3.69	3.24	4.30	3.86	3.66
德国	3.50	4.28	3.25	3.59	3.50	3.36	3.69	3.10	4.43	3.31	3.61
法国	2.91	2.94	3.02	2.20	2.61	2.06	2.59	2.04	2.51	2.38	2.52
瑞典	2.59	2.41	2.24	1.60	1.94	2.91	2.70	2.14	2.14	2.86	2.35
西班牙	1.46	1.99	1.51	1.52	1.45	1.58	1.42	1.77	2.45	1.86	1.72

续表

国家和地区＼年份	2009	2010	2011	2012	2013	2014	2015	2016	2017	2018	合计
瑞士	1.18	1.68	1.39	1.44	1.68	1.29	1.88	1.64	1.29	2.14	1.57
比利时	1.82	1.34	1.55	1.14	1.38	1.13	1.56	1.60	1.44	1.86	1.49
挪威	1.00	1.34	1.08	1.18	1.30	1.42	1.14	1.17	1.32	1.45	1.25
芬兰	1.18	1.45	1.20	1.44	0.93	1.01	1.45	1.03	1.16	1.03	1.19
丹麦	1.18	1.45	1.20	0.76	1.12	1.01	1.45	1.20	1.07	0.83	1.13
以色列	0.82	1.30	1.28	0.93	1.01	1.09	1.14	1.13	1.00	1.31	1.11
中国大陆	0.59	0.65	1.04	0.89	0.89	1.25	1.28	1.40	1.44	1.21	1.09
巴西	0.77	0.84	0.70	1.06	0.86	0.89	0.89	1.13	0.94	1.48	0.97
日本	0.91	0.99	0.93	0.89	1.01	0.81	0.85	0.93	0.78	1.07	0.92
印度	0.55	0.76	0.81	0.89	0.82	0.81	0.67	0.67	0.97	1.45	0.85

八 泌尿学和肾脏学

泌尿学和肾脏学A、B、C层人才最多的国家是美国，分别占该学科全球A、B、C层人才的16.75%、24.33%、29.47%。

英国、荷兰、德国、法国、比利时、意大利、瑞士、澳大利亚、西班牙的A层人才比较多，世界占比在11%—3%之间；芬兰、加拿大、瑞典、捷克、俄罗斯、中国大陆、奥地利、日本、中国香港、南非也有相当数量的A层人才，世界占比超过或接近1%。

德国、英国、加拿大、意大利、荷兰、法国、澳大利亚、比利时的B层人才比较多，世界占比在8%—3%之间；瑞典、西班牙、日本、瑞士、奥地利、中国大陆、芬兰、丹麦、巴西、波兰、中国香港也有相当数量的B层人才，世界占比超过或接近1%。

德国、英国、意大利、加拿大、法国、荷兰、中国大陆、澳大利亚、日本的C层人才比较多，世界占比在8%—3%之间；比利时、瑞典、西班牙、瑞士、奥地利、丹麦、韩国、巴西、土耳其、中国台湾也有相当数量的C层人才，世界占比超过或接近1%。

表9—25　泌尿学和肾脏学 A 层人才排名前 20 的国家和地区的占比

国家和地区 \ 年份	2009	2010	2011	2012	2013	2014	2015	2016	2017	2018	合计
美国	31.25	11.11	21.05	35.71	8.70	0.00	12.50	19.23	10.71	9.09	16.75
英国	6.25	11.11	15.79	7.14	4.35	12.50	12.50	7.69	14.29	9.09	10.05
荷兰	6.25	16.67	5.26	7.14	8.70	12.50	8.33	3.85	10.71	9.09	8.61
德国	0.00	11.11	10.53	0.00	13.04	12.50	4.17	11.54	10.71	9.09	8.13
法国	6.25	5.56	5.26	7.14	4.35	12.50	8.33	3.85	14.29	9.09	7.66
比利时	6.25	5.56	5.26	7.14	4.35	12.50	4.17	0.00	10.71	9.09	6.22
意大利	6.25	0.00	5.26	7.14	4.35	12.50	8.33	0.00	3.57	9.09	5.26
瑞士	6.25	5.56	5.26	7.14	0.00	0.00	4.17	7.69	7.14	9.09	5.26
澳大利亚	0.00	11.11	0.00	3.57	0.00	0.00	4.17	11.54	0.00	0.00	3.35
西班牙	6.25	0.00	5.26	3.57	4.35	12.50	0.00	0.00	3.57	0.00	3.35
芬兰	6.25	0.00	0.00	3.57	4.35	0.00	0.00	0.00	3.57	9.09	2.87
加拿大	6.25	0.00	5.26	0.00	4.35	0.00	4.17	3.85	0.00	9.09	2.87
瑞典	6.25	5.56	0.00	3.57	0.00	0.00	4.17	3.85	0.00	0.00	2.87
捷克	0.00	5.56	0.00	0.00	4.35	0.00	4.17	3.85	3.57	0.00	2.39
俄罗斯	0.00	0.00	5.26	0.00	0.00	12.50	0.00	0.00	3.57	0.00	1.91
中国大陆	0.00	0.00	0.00	3.57	4.35	0.00	0.00	3.85	0.00	0.00	1.91
奥地利	0.00	0.00	0.00	0.00	4.35	0.00	0.00	3.85	3.57	0.00	1.44
日本	6.25	0.00	0.00	3.57	0.00	0.00	0.00	0.00	0.00	0.00	1.44
中国香港	0.00	0.00	0.00	0.00	4.35	0.00	0.00	3.85	0.00	0.00	0.96
南非	0.00	0.00	0.00	0.00	4.35	0.00	4.17	0.00	0.00	0.00	0.96

表9—26　泌尿学和肾脏学 B 层人才排名前 20 的国家和地区的占比

国家和地区 \ 年份	2009	2010	2011	2012	2013	2014	2015	2016	2017	2018	合计
美国	24.63	28.09	26.11	27.34	23.32	25.10	26.32	19.11	21.96	21.51	24.33
德国	8.87	7.23	8.41	10.55	7.62	8.10	8.77	7.56	6.67	4.53	7.79
英国	6.40	6.38	7.52	5.86	7.62	8.91	8.77	7.11	10.20	8.30	7.74
加拿大	6.40	7.66	7.52	7.03	9.87	5.67	3.51	4.44	7.84	6.04	6.60
意大利	9.36	7.66	4.42	8.98	4.48	4.86	6.58	5.78	5.88	4.91	6.26
荷兰	5.91	4.68	6.19	7.03	6.73	6.07	4.39	7.11	6.27	5.66	6.01
法国	4.43	4.68	7.08	5.86	6.73	5.67	7.02	4.44	5.49	4.91	5.63
澳大利亚	3.94	3.83	2.21	5.08	4.04	6.07	2.19	4.44	5.10	3.77	4.10

续表

国家和地区\年份	2009	2010	2011	2012	2013	2014	2015	2016	2017	2018	合计
比利时	4.43	3.83	2.65	5.08	1.79	3.24	3.95	4.00	4.71	1.89	3.55
瑞典	2.46	2.13	3.10	1.56	3.59	4.45	3.07	4.44	3.53	1.13	2.92
西班牙	3.45	2.13	5.31	0.78	1.79	2.02	2.63	2.22	1.96	2.64	2.45
日本	1.48	2.98	1.33	1.95	2.69	3.64	1.75	2.22	2.35	2.26	2.29
瑞士	1.48	2.55	1.77	0.78	3.59	1.21	3.07	3.11	2.35	2.64	2.24
奥地利	1.48	2.13	3.10	1.56	0.90	1.62	1.75	2.22	0.39	2.26	1.74
中国大陆	1.97	0.00	1.77	1.56	0.45	1.62	2.19	0.89	3.14	1.89	1.57
芬兰	0.99	1.28	1.33	0.00	1.35	1.62	1.32	1.78	0.39	1.13	1.10
丹麦	1.48	0.43	0.00	0.78	0.90	0.81	0.88	0.89	1.96	1.13	0.93
巴西	0.49	2.55	0.00	0.00	0.45	0.81	0.44	1.33	0.78	1.51	0.85
波兰	1.97	0.43	1.33	1.56	0.90	0.40	0.00	0.89	0.39	0.75	0.85
中国香港	0.99	1.28	1.33	0.39	0.90	0.40	0.44	1.33	0.78	0.38	0.80

表9—27　泌尿学和肾脏学C层人才排名前20的国家和地区的占比

国家和地区\年份	2009	2010	2011	2012	2013	2014	2015	2016	2017	2018	合计
美国	34.36	31.43	32.79	30.84	31.87	27.81	27.53	27.06	25.75	26.43	29.47
德国	6.43	7.11	8.31	7.57	6.71	7.35	7.36	6.57	7.35	6.95	7.19
英国	6.49	6.06	6.13	6.90	6.89	7.14	7.54	7.09	7.74	7.14	6.93
意大利	6.38	6.06	5.36	6.16	6.48	5.74	5.82	6.14	5.83	6.68	6.06
加拿大	6.59	7.11	6.36	5.88	5.87	5.92	6.14	5.49	5.95	5.24	6.05
法国	5.13	4.74	4.41	4.59	4.12	4.83	4.83	4.58	4.08	5.01	4.62
荷兰	4.18	4.48	4.68	4.12	4.58	5.13	5.19	4.02	5.13	4.36	4.59
中国大陆	1.73	1.89	2.36	3.26	4.07	2.87	4.33	3.37	4.24	4.17	3.26
澳大利亚	2.67	2.72	3.18	3.14	3.01	3.44	3.25	2.98	3.03	3.66	3.11
日本	3.66	3.12	2.59	3.73	3.24	3.00	2.39	2.72	2.53	3.38	3.03
比利时	1.99	2.81	2.32	2.55	2.27	2.79	2.98	3.07	2.76	2.64	2.63
瑞典	2.72	2.46	2.36	1.77	2.54	2.05	2.30	2.38	2.68	2.27	2.34
西班牙	1.62	2.28	2.18	2.24	2.13	2.48	2.62	2.55	2.14	2.32	2.26
瑞士	1.83	1.62	1.41	1.14	1.20	1.96	1.62	1.77	1.94	2.46	1.69
奥地利	1.52	1.40	1.45	1.69	1.57	1.83	1.67	1.17	1.75	1.58	1.57
丹麦	0.78	1.19	0.91	0.78	0.79	1.83	1.26	0.86	1.63	1.02	1.12

续表

国家和地区 \ 年份	2009	2010	2011	2012	2013	2014	2015	2016	2017	2018	合计
韩国	1.31	1.10	0.91	0.71	1.20	1.04	0.99	0.99	1.36	0.97	1.05
巴西	0.89	1.01	1.32	1.18	0.60	0.74	0.90	1.21	0.97	0.88	0.98
土耳其	0.84	1.05	1.18	1.18	0.93	1.00	0.77	0.91	0.82	0.65	0.94
中国台湾	0.84	0.79	0.91	0.86	0.51	0.78	0.45	0.48	0.74	0.46	0.68

九 运动科学

运动科学 A、B、C 层人才最多的国家是美国，分别占该学科全球 A、B、C 层人才的 28.57%、24.85%、27.28%。

澳大利亚、英国、加拿大、挪威、瑞士的 A 层人才比较多，世界占比在 17%—3% 之间；新西兰、丹麦、比利时、新加坡、瑞典、肯尼亚、以色列、荷兰、法国、塞尔维亚、立陶宛、摩纳哥、爱尔兰、南非也有相当数量的 A 层人才，世界占比超过或接近 1%。

澳大利亚、英国、加拿大、荷兰、挪威、瑞士、德国、意大利、瑞典的 B 层人才比较多，世界占比在 13%—3% 之间；西班牙、法国、丹麦、比利时、卡塔尔、巴西、新西兰、爱尔兰、芬兰、南非也有相当数量的 B 层人才，世界占比超过或接近 1%。

澳大利亚、英国、加拿大、德国、荷兰、法国的 C 层人才比较多，世界占比在 11%—3% 之间；西班牙、意大利、瑞士、瑞典、挪威、巴西、丹麦、新西兰、比利时、日本、韩国、卡塔尔、葡萄牙也有相当数量的 C 层人才，世界占比超过 1%。

表 9—28 运动科学 A 层人才排名前 20 的国家和地区的占比

国家和地区 \ 年份	2009	2010	2011	2012	2013	2014	2015	2016	2017	2018	合计
美国	45.45	26.67	42.86	37.50	18.18	41.18	17.65	26.32	14.29	23.08	28.57
澳大利亚	9.09	26.67	7.14	18.75	9.09	17.65	11.76	26.32	14.29	15.38	16.23
英国	9.09	13.33	21.43	6.25	18.18	5.88	17.65	10.53	28.57	0.00	13.64
加拿大	18.18	13.33	14.29	12.50	9.09	5.88	0.00	15.79	4.76	15.38	10.39
挪威	0.00	0.00	0.00	0.00	9.09	17.65	5.88	5.26	9.52	7.69	5.84
瑞士	0.00	0.00	0.00	0.00	9.09	5.88	0.00	5.26	4.76	7.69	3.25

续表

国家和地区\年份	2009	2010	2011	2012	2013	2014	2015	2016	2017	2018	合计
新西兰	9.09	0.00	0.00	6.25	9.09	0.00	0.00	0.00	0.00	7.69	2.60
丹麦	0.00	0.00	0.00	0.00	0.00	0.00	11.76	5.26	0.00	7.69	2.60
比利时	0.00	6.67	0.00	0.00	0.00	0.00	5.88	5.26	0.00	0.00	1.95
新加坡	0.00	6.67	0.00	6.25	0.00	0.00	0.00	0.00	0.00	0.00	1.30
瑞典	0.00	0.00	0.00	6.25	0.00	0.00	0.00	0.00	4.76	0.00	1.30
肯尼亚	0.00	6.67	0.00	6.25	0.00	0.00	0.00	0.00	0.00	0.00	1.30
以色列	0.00	0.00	0.00	0.00	0.00	5.88	0.00	0.00	0.00	7.69	1.30
荷兰	0.00	0.00	0.00	0.00	0.00	0.00	0.00	0.00	4.76	7.69	1.30
法国	0.00	0.00	0.00	0.00	0.00	0.00	5.88	0.00	0.00	0.00	0.65
塞尔维亚	0.00	0.00	0.00	0.00	0.00	0.00	5.88	0.00	0.00	0.00	0.65
立陶宛	0.00	0.00	7.14	0.00	0.00	0.00	0.00	0.00	0.00	0.00	0.65
摩纳哥	0.00	0.00	7.14	0.00	0.00	0.00	0.00	0.00	0.00	0.00	0.65
爱尔兰	0.00	0.00	0.00	0.00	9.09	0.00	0.00	0.00	0.00	0.00	0.65
南非	0.00	0.00	0.00	0.00	0.00	0.00	0.00	0.00	4.76	0.00	0.65

表9—29　运动科学B层人才排名前20的国家和地区的占比

国家和地区\年份	2009	2010	2011	2012	2013	2014	2015	2016	2017	2018	合计
美国	27.55	28.36	23.19	33.95	22.97	26.71	22.49	21.11	23.21	21.31	24.85
澳大利亚	10.20	11.94	13.77	8.02	12.84	13.66	12.43	14.44	15.48	13.66	12.78
英国	13.27	9.70	7.97	9.88	6.76	12.42	14.79	10.56	16.07	10.38	11.23
加拿大	12.24	2.99	7.25	6.79	6.08	7.45	7.10	10.00	7.74	7.10	7.40
荷兰	2.04	6.72	2.17	3.70	2.70	4.97	6.51	3.33	1.19	4.92	3.89
挪威	4.08	4.48	2.17	2.47	3.38	3.73	1.78	6.67	1.79	2.73	3.31
瑞士	4.08	2.24	3.62	2.47	5.41	0.62	2.37	3.33	2.98	4.92	3.18
德国	4.08	5.97	2.17	1.85	2.48	3.55	1.11	3.57	3.83	3.11	3.11
意大利	5.10	3.73	4.35	3.70	3.38	2.48	4.14	0.56	2.38	2.73	3.11
瑞典	3.06	3.73	4.35	3.09	4.05	2.48	1.18	3.33	1.79	3.83	3.05
西班牙	3.06	2.99	2.90	1.85	2.70	1.86	1.18	2.78	1.79	3.83	2.47
法国	0.00	2.24	1.45	3.70	0.68	2.48	2.96	3.33	2.38	2.19	2.27
丹麦	1.02	3.73	5.07	3.09	2.03	1.24	1.18	2.22	0.60	1.64	2.14
比利时	1.02	0.75	3.62	0.00	4.05	1.86	0.59	3.89	2.98	1.64	2.08

续表

国家和地区\年份	2009	2010	2011	2012	2013	2014	2015	2016	2017	2018	合计
卡塔尔	0.00	1.49	1.45	0.62	3.38	3.11	1.18	3.89	1.79	2.19	2.01
巴西	0.00	0.00	0.72	1.85	1.35	1.24	1.78	1.67	4.17	1.09	1.49
新西兰	1.02	2.24	2.17	0.62	2.03	0.62	1.18	1.11	2.38	1.09	1.43
爱尔兰	2.04	1.49	0.00	0.00	1.35	1.86	1.18	2.22	1.19	0.55	1.17
芬兰	1.02	0.75	1.45	1.23	1.35	0.62	1.78	0.56	0.60	0.55	0.97
南非	2.04	0.00	0.72	0.62	0.00	0.62	1.18	1.11	1.19	1.64	0.91

表9—30　运动科学C层人才排名前20的国家和地区的占比

国家和地区\年份	2009	2010	2011	2012	2013	2014	2015	2016	2017	2018	合计
美国	29.61	29.13	30.87	30.17	26.77	25.36	27.12	26.06	26.02	23.09	27.28
澳大利亚	7.48	9.18	10.36	9.62	10.09	10.66	11.09	11.02	10.89	11.37	10.31
英国	11.68	8.52	9.03	9.62	9.66	10.41	10.49	9.97	10.27	10.39	9.98
加拿大	6.45	7.28	4.66	6.46	6.59	7.13	6.27	5.77	5.87	6.81	6.32
德国	3.59	3.79	3.77	3.35	3.08	3.09	3.98	4.43	3.39	4.00	3.65
荷兰	4.00	4.01	2.81	3.23	4.15	3.34	3.19	3.97	3.67	3.58	3.58
法国	2.77	3.13	4.07	2.86	2.58	3.34	3.07	3.79	2.82	2.04	3.06
西班牙	2.25	3.20	2.22	2.92	3.15	2.90	2.05	2.97	2.82	3.65	2.83
意大利	3.59	2.40	2.66	3.48	3.08	2.40	2.47	2.22	2.48	2.67	2.70
瑞士	2.77	2.69	3.26	2.36	3.65	2.08	2.65	2.57	2.43	2.53	2.67
瑞典	2.87	2.40	2.89	1.99	2.43	2.52	1.57	2.33	2.26	2.18	2.31
挪威	2.46	3.20	1.55	1.37	2.58	2.46	2.05	2.16	2.14	2.46	2.22
巴西	1.13	1.60	1.04	2.30	1.86	2.02	2.29	2.57	2.20	2.95	2.05
丹麦	2.46	2.62	2.29	1.55	1.79	1.96	2.41	1.52	1.86	2.11	2.03
新西兰	1.74	1.75	2.29	2.30	1.57	2.15	1.99	1.46	2.03	1.19	1.86
比利时	1.64	1.53	1.85	2.17	2.15	2.21	1.33	1.22	1.98	2.04	1.81
日本	1.95	2.04	1.33	1.61	2.08	1.64	1.21	1.69	1.98	1.12	1.66
韩国	0.92	1.53	1.48	1.37	1.65	1.07	1.27	0.87	1.30	0.84	1.23
卡塔尔	0.31	0.73	0.59	0.68	1.36	1.96	1.63	1.34	1.07	1.05	1.12
葡萄牙	1.02	0.95	1.11	1.49	0.93	1.39	0.78	0.93	1.02	1.40	1.10

十 内分泌学和新陈代谢

内分泌学和新陈代谢A、B、C层人才最多的国家是美国，分别占该学科全球A、B、C层人才的26.60%、25.80%、28.48%。

英国、意大利、加拿大、丹麦、荷兰、法国、澳大利亚、比利时、德国的A层人才比较多，世界占比在11%—3%之间；中国大陆、瑞典、希腊、瑞士、印度、韩国、日本、阿根廷、捷克、中国香港也有相当数量的A层人才，世界占比超过1%。

英国、德国、加拿大、意大利、荷兰、澳大利亚、丹麦、法国、瑞典的B层人才比较多，世界占比在9%—3%之间；西班牙、瑞士、日本、比利时、中国大陆、巴西、芬兰、奥地利、韩国、以色列也有相当数量的B层人才，世界占比超过或接近1%。

英国、德国、意大利、加拿大、中国大陆、澳大利亚、法国、荷兰的C层人才比较多，世界占比在9%—3%之间；瑞典、西班牙、丹麦、日本、瑞士、比利时、韩国、芬兰、奥地利、巴西、挪威也有相当数量的C层人才，世界占比超过或接近1%。

表9—31　内分泌学和新陈代谢A层人才排名前20的国家和地区的占比

国家和地区 \ 年份	2009	2010	2011	2012	2013	2014	2015	2016	2017	2018	合计
美国	27.78	25.00	42.86	21.21	14.63	31.82	0.00	30.00	25.00	23.26	26.60
英国	11.11	5.56	8.57	12.12	9.76	4.55	0.00	10.00	25.00	18.60	10.28
意大利	8.33	2.78	2.86	12.12	4.88	2.27	0.00	10.00	0.00	9.30	6.03
加拿大	2.78	8.33	5.71	0.00	4.88	4.55	0.00	20.00	0.00	6.98	5.32
丹麦	5.56	2.78	0.00	6.06	2.44	9.09	0.00	10.00	0.00	4.65	4.61
荷兰	0.00	5.56	5.71	9.09	2.44	4.55	0.00	25.00	0.00	0.00	3.90
法国	5.56	0.00	2.86	0.00	9.76	4.55	0.00	10.00	0.00	0.00	3.55
澳大利亚	0.00	5.56	0.00	6.06	2.44	6.82	0.00	0.00	25.00	2.33	3.55
比利时	2.78	0.00	2.86	0.00	0.00	11.36	0.00	0.00	0.00	6.98	3.55
德国	0.00	5.56	2.86	6.06	2.44	2.27	0.00	10.00	0.00	2.33	3.19
中国大陆	2.78	5.56	0.00	3.03	4.88	0.00	0.00	0.00	0.00	4.65	2.84
瑞典	2.78	5.56	0.00	0.00	2.44	4.55	0.00	0.00	0.00	4.65	2.84

续表

国家和地区 \ 年份	2009	2010	2011	2012	2013	2014	2015	2016	2017	2018	合计
希腊	5.56	0.00	0.00	6.06	0.00	0.00	0.00	0.00	0.00	4.65	2.13
瑞士	0.00	2.78	14.29	0.00	0.00	0.00	0.00	0.00	0.00	0.00	2.13
印度	2.78	2.78	0.00	3.03	2.44	0.00	0.00	0.00	0.00	2.33	1.77
韩国	2.78	2.78	2.86	3.03	0.00	0.00	0.00	0.00	0.00	2.33	1.77
日本	5.56	2.78	0.00	3.03	0.00	2.27	0.00	0.00	0.00	0.00	1.77
阿根廷	2.78	0.00	2.86	0.00	2.44	2.27	0.00	0.00	0.00	0.00	1.42
捷克	2.78	0.00	0.00	0.00	2.44	0.00	0.00	0.00	0.00	2.33	1.06
中国香港	2.78	0.00	0.00	0.00	2.44	0.00	0.00	0.00	0.00	2.33	1.06

表9—32　内分泌学和新陈代谢 B 层人才排名前 20 的国家和地区的占比

国家和地区 \ 年份	2009	2010	2011	2012	2013	2014	2015	2016	2017	2018	合计
美国	34.65	24.04	33.23	30.22	33.07	29.95	22.22	16.75	16.38	23.18	25.80
英国	9.42	8.61	9.58	9.97	8.01	8.88	9.82	6.46	7.21	10.94	8.80
德国	5.17	4.75	5.43	5.92	6.98	6.60	7.49	5.74	5.24	6.77	6.04
加拿大	5.17	5.64	5.75	4.67	6.72	4.06	3.88	4.07	4.59	4.69	4.88
意大利	3.65	5.34	3.51	4.67	2.33	2.79	5.17	4.31	3.93	3.65	3.92
荷兰	3.34	5.34	3.51	2.80	3.62	4.31	4.39	3.11	4.15	2.08	3.67
澳大利亚	3.95	6.82	3.51	3.74	3.88	3.30	3.36	3.11	2.84	2.34	3.62
丹麦	4.26	2.37	3.83	2.80	2.84	2.28	3.88	3.83	4.59	4.95	3.59
法国	4.56	6.23	3.19	3.12	1.81	3.05	3.36	3.11	3.28	2.86	3.41
瑞典	2.74	1.48	4.15	3.43	3.36	3.55	3.62	4.07	2.62	4.95	3.41
西班牙	1.52	3.86	2.24	3.43	2.33	3.30	3.10	2.39	2.18	3.65	2.79
瑞士	3.95	3.56	3.19	4.36	2.07	2.03	2.07	2.39	1.31	0.78	2.47
日本	1.82	2.67	1.60	2.18	2.58	1.78	2.84	1.44	1.53	1.30	1.96
比利时	1.52	3.26	2.24	1.25	2.33	1.52	1.55	1.44	1.31	1.04	1.72
中国大陆	0.30	0.30	1.28	1.25	2.58	3.05	1.29	1.91	1.31	3.13	1.69
巴西	1.52	1.78	0.32	0.62	1.81	1.52	1.29	1.91	1.09	1.56	1.37
芬兰	2.74	0.59	0.64	0.93	2.07	1.78	1.55	1.44	1.09	0.52	1.34
奥地利	0.00	0.59	0.64	0.62	1.55	0.76	1.55	1.44	1.53	1.56	1.07
韩国	0.61	0.00	1.92	0.62	1.81	1.27	0.52	0.72	1.09	1.56	1.02
以色列	0.91	0.59	1.28	0.93	0.78	0.76	1.03	1.20	0.87	1.56	0.99

表 9—33　内分泌学和新陈代谢 C 层人才排名前 20 的国家和地区的占比

国家和地区 \ 年份	2009	2010	2011	2012	2013	2014	2015	2016	2017	2018	合计
美国	32.20	34.18	32.25	29.99	28.64	27.69	27.31	25.74	24.81	24.04	28.48
英国	9.14	8.36	8.23	8.46	9.24	8.04	7.66	9.89	8.44	8.94	8.65
德国	5.51	5.68	6.14	5.52	5.91	5.83	6.29	5.24	5.99	6.03	5.81
意大利	4.66	4.59	4.97	4.83	5.49	5.67	4.27	4.85	5.62	5.61	5.08
加拿大	4.96	5.43	4.68	4.23	4.58	4.79	4.82	4.43	3.99	3.57	4.53
中国大陆	2.01	2.36	2.63	3.44	4.01	4.63	4.74	5.14	5.60	5.86	4.12
澳大利亚	3.72	3.93	3.96	3.72	3.69	4.61	4.21	3.73	3.81	4.24	3.97
法国	4.69	3.89	3.73	3.88	4.14	3.28	3.80	3.39	3.59	3.60	3.78
荷兰	3.20	3.65	3.92	3.95	3.69	3.12	3.74	4.04	3.71	3.24	3.62
瑞典	2.95	2.51	3.13	3.28	2.68	3.10	3.04	3.36	2.72	3.07	2.98
西班牙	2.62	2.54	2.82	3.22	2.68	3.02	2.98	2.53	2.82	2.32	2.75
丹麦	2.13	2.29	2.44	2.40	2.60	2.55	2.60	3.18	2.72	2.99	2.61
日本	3.29	2.48	2.28	3.09	2.55	2.52	2.25	2.11	2.35	2.26	2.51
瑞士	2.25	1.99	2.09	2.40	2.68	2.03	2.08	1.93	2.25	1.73	2.14
比利时	1.71	1.54	1.74	1.96	1.74	1.59	1.67	1.33	1.76	1.76	1.67
韩国	1.43	1.03	1.20	1.48	1.61	1.54	1.20	1.36	1.26	1.12	1.33
芬兰	1.22	1.66	1.33	0.92	1.07	1.04	1.40	1.20	0.94	1.26	1.19
奥地利	0.85	0.97	1.11	1.17	0.94	1.22	1.14	1.15	1.68	1.12	1.14
巴西	1.07	0.66	1.11	0.95	1.09	1.41	1.11	1.25	1.19	1.23	1.12
挪威	0.73	0.82	0.54	0.66	0.65	0.88	0.91	0.81	1.04	0.73	0.78

十一　营养学和饮食学

营养学和饮食学 A、B、C 层人才最多的国家是美国，分别占该学科全球 A、B、C 层人才的 23.46%、19.58%、20.57%。

英国、加拿大、荷兰、澳大利亚、意大利、德国、比利时、西班牙的 A 层人才比较多，世界占比在 9%—3% 之间；法国、瑞士、奥地利、印度、新西兰、以色列、巴基斯坦、芬兰、巴西、波兰、中国大陆也有相当数量的 A 层人才，世界占比超过 1%。

英国、加拿大、意大利、法国、澳大利亚、西班牙、荷兰、中国大陆、德国的 B 层人才比较多，世界占比在 9%—3% 之间；比利时、瑞士、瑞典、巴西、丹麦、波兰、伊朗、挪威、希腊、以色列也有相当数量的 B

层人才,世界占比超过1%。

中国大陆、英国、西班牙、意大利、加拿大、澳大利亚、荷兰、德国、法国的C层人才比较多,世界占比在9%—3%之间;巴西、丹麦、瑞典、瑞士、比利时、印度、韩国、日本、伊朗、波兰也有相当数量的C层人才,世界占比超过1%。

表9—34　营养学和饮食学A层人才排名前20的国家和地区的占比

国家和地区\年份	2009	2010	2011	2012	2013	2014	2015	2016	2017	2018	合计
美国	37.50	0.00	37.50	16.67	34.78	62.50	10.00	30.00	0.00	17.65	23.46
英国	0.00	8.33	6.25	16.67	8.70	12.50	10.00	5.00	11.11	11.76	8.64
加拿大	0.00	8.33	18.75	0.00	4.35	0.00	10.00	5.00	11.11	5.88	6.79
荷兰	6.25	16.67	0.00	8.33	4.35	12.50	5.00	5.00	11.11	0.00	6.17
澳大利亚	0.00	0.00	12.50	0.00	8.70	0.00	15.00	0.00	5.56	5.88	5.56
意大利	6.25	8.33	6.25	8.33	0.00	0.00	5.00	0.00	5.56	11.76	4.94
德国	6.25	16.67	0.00	8.33	0.00	0.00	5.00	0.00	5.56	5.88	4.94
比利时	0.00	8.33	6.25	0.00	0.00	0.00	5.00	5.00	11.11	0.00	3.70
西班牙	6.25	8.33	0.00	8.33	4.35	0.00	5.00	0.00	0.00	0.00	3.09
法国	6.25	8.33	0.00	0.00	0.00	0.00	0.00	0.00	5.56	0.00	2.47
瑞士	6.25	8.33	0.00	0.00	4.35	0.00	0.00	0.00	5.56	0.00	2.47
奥地利	0.00	0.00	0.00	0.00	0.00	0.00	0.00	5.00	5.56	5.88	1.85
印度	12.50	0.00	0.00	0.00	0.00	0.00	0.00	0.00	0.00	5.88	1.85
新西兰	0.00	0.00	0.00	0.00	4.35	0.00	10.00	0.00	0.00	0.00	1.85
以色列	0.00	0.00	0.00	8.33	0.00	0.00	0.00	5.00	0.00	0.00	1.23
巴基斯坦	0.00	0.00	0.00	0.00	8.70	0.00	0.00	0.00	0.00	0.00	1.23
芬兰	0.00	0.00	0.00	8.33	0.00	0.00	5.00	0.00	0.00	0.00	1.23
巴西	0.00	0.00	0.00	0.00	4.35	0.00	0.00	0.00	0.00	5.88	1.23
波兰	0.00	8.33	0.00	0.00	0.00	0.00	5.00	0.00	0.00	0.00	1.23
中国大陆	0.00	0.00	0.00	0.00	0.00	12.50	0.00	0.00	0.00	5.88	1.23

表9—35　营养学和饮食学B层人才排名前20的国家和地区的占比

国家和地区 \ 年份	2009	2010	2011	2012	2013	2014	2015	2016	2017	2018	合计
美国	26.90	20.86	22.73	26.09	25.62	18.71	21.72	18.92	9.68	10.40	19.58
英国	8.28	12.23	7.14	10.87	9.36	7.02	10.61	8.65	6.45	6.44	8.56
加拿大	3.45	3.60	9.09	5.80	4.93	4.09	3.54	5.41	5.53	6.44	5.19
意大利	6.21	5.04	2.60	4.35	3.45	5.26	5.05	4.86	5.53	4.95	4.74
法国	6.21	7.91	6.49	3.62	3.94	4.68	3.54	4.86	2.76	2.97	4.51
澳大利亚	4.14	2.88	3.25	4.35	1.97	4.68	6.57	8.11	2.76	4.46	4.34
西班牙	3.45	7.91	3.25	5.07	4.93	5.26	4.04	2.70	0.92	5.45	4.17
荷兰	5.52	3.60	5.84	2.90	4.43	5.26	4.55	3.24	2.30	2.48	3.94
中国大陆	1.38	0.72	0.65	0.00	2.46	1.75	3.03	5.95	5.07	13.37	3.82
德国	5.52	5.04	3.90	4.35	3.45	3.51	3.54	2.16	4.61	2.97	3.82
比利时	2.76	3.60	3.90	1.45	0.99	2.34	2.53	3.24	2.76	3.47	2.68
瑞士	2.07	2.88	2.60	4.35	3.45	4.09	1.52	1.08	2.76	1.98	2.63
瑞典	4.14	3.60	1.30	2.17	1.97	2.34	1.52	1.62	4.15	1.49	2.40
巴西	0.69	0.72	3.25	0.72	1.97	1.75	1.52	2.16	2.30	5.45	2.17
丹麦	2.76	2.16	1.95	2.90	2.46	3.51	3.03	1.62	1.38	0.00	2.11
波兰	2.07	1.44	0.65	0.72	0.00	3.51	1.01	1.08	3.23	2.48	1.66
伊朗	0.00	1.44	0.00	0.72	1.48	1.17	1.52	4.32	3.23	0.99	1.60
挪威	0.69	0.00	0.65	0.72	0.99	0.00	2.53	2.16	1.84	0.99	1.14
希腊	0.00	1.44	2.60	0.72	0.99	1.17	2.02	1.08	0.46	0.99	1.14
以色列	2.07	0.72	1.30	0.00	1.48	2.34	1.01	0.54	1.38	0.50	1.14

表9—36　营养学和饮食学C层人才排名前20的国家和地区的占比

国家和地区 \ 年份	2009	2010	2011	2012	2013	2014	2015	2016	2017	2018	合计
美国	28.08	26.37	24.29	24.21	20.68	22.17	19.49	17.15	15.39	13.53	20.57
中国大陆	3.73	4.21	4.78	5.85	5.91	8.80	9.61	9.55	11.71	13.53	8.09
英国	8.09	9.23	9.50	8.39	7.80	6.88	7.94	7.65	5.75	6.40	7.65
西班牙	5.12	3.91	6.46	5.30	4.79	5.40	5.17	4.80	5.25	5.44	5.17
意大利	4.08	5.39	4.07	3.30	4.31	4.31	4.55	4.64	5.30	6.00	4.63
加拿大	5.26	3.91	4.33	6.05	4.79	5.14	4.08	4.17	4.22	4.02	4.56
澳大利亚	2.84	4.21	4.39	3.65	4.79	5.46	4.70	4.80	4.71	4.25	4.44
荷兰	4.43	4.28	3.81	3.99	4.41	3.02	2.87	3.38	3.01	2.83	3.56

续表

国家和地区\年份	2009	2010	2011	2012	2013	2014	2015	2016	2017	2018	合计
德国	3.53	3.84	3.88	3.92	3.68	2.76	3.24	3.80	4.04	2.77	3.55
法国	3.80	4.36	3.04	3.58	3.83	3.21	3.08	2.74	3.01	3.17	3.34
巴西	0.97	1.03	1.42	2.13	1.60	2.25	2.56	2.64	2.87	3.79	2.20
丹麦	1.52	2.14	2.07	1.72	1.89	1.99	1.41	2.27	1.12	1.76	1.76
瑞典	2.14	1.48	2.00	1.99	2.47	1.29	1.62	1.32	1.53	1.30	1.71
瑞士	1.31	2.29	1.55	1.93	1.55	1.22	1.83	1.42	2.20	1.76	1.71
比利时	1.18	1.11	1.68	2.34	1.36	1.67	1.62	1.11	1.62	1.81	1.54
印度	1.24	1.26	1.23	0.89	1.84	1.67	1.83	1.95	1.30	1.64	1.52
韩国	1.18	1.18	1.74	1.51	1.69	1.16	1.57	1.53	1.26	1.64	1.46
日本	2.07	1.70	1.42	0.96	1.50	1.22	1.31	1.42	1.03	0.96	1.34
伊朗	0.76	0.59	0.90	0.89	1.40	1.41	1.04	1.79	1.35	1.98	1.25
波兰	0.62	0.96	0.65	1.10	1.07	1.09	1.52	1.74	1.35	1.87	1.23

十二 血液学

血液学A、B、C层人才最多的国家是美国，分别占该学科全球A、B、C层人才的23.29%、27.89%、29.39%。

意大利、德国、英国、法国、西班牙、加拿大、荷兰、澳大利亚、比利时、奥地利的A层人才比较多，世界占比在10%—3%之间；瑞典、瑞士、日本、以色列、捷克、波兰、新西兰、韩国、巴西也有相当数量的A层人才，世界占比超过或接近1%。

德国、英国、意大利、法国、加拿大、荷兰、西班牙、瑞士的B层人才比较多，世界占比在9%—3%之间；澳大利亚、奥地利、瑞典、日本、比利时、中国大陆、丹麦、以色列、波兰、捷克、希腊也有相当数量的B层人才，世界占比超过或接近1%。

德国、英国、意大利、法国、荷兰、加拿大、中国大陆的C层人才比较多，世界占比在9%—3%之间；西班牙、日本、澳大利亚、瑞典、瑞士、奥地利、比利时、丹麦、以色列、韩国、希腊、波兰也有相当数量的C层人才，世界占比超过或接近1%。

表9—37　　　血液学A层人才排名前20的国家和地区的占比

国家和地区\年份	2009	2010	2011	2012	2013	2014	2015	2016	2017	2018	合计
美国	31.43	10.71	51.43	26.47	14.71	20.00	19.05	16.67	20.00	22.50	23.29
意大利	11.43	10.71	11.43	8.82	11.76	5.00	7.14	9.52	5.71	10.00	9.04
德国	8.57	10.71	8.57	5.88	2.94	7.50	4.76	11.90	8.57	10.00	7.95
英国	8.57	10.71	5.71	5.88	11.76	10.00	2.38	4.76	5.71	10.00	7.40
法国	14.29	10.71	2.86	5.88	2.94	7.50	2.38	4.76	8.57	10.00	6.85
西班牙	5.71	3.57	5.71	5.88	2.94	5.00	4.76	7.14	5.71	2.50	4.93
加拿大	2.86	3.57	2.86	8.82	8.82	5.00	7.14	2.38	5.71	2.50	4.93
荷兰	0.00	7.14	2.86	2.94	2.94	5.00	2.38	2.38	8.57	10.00	4.38
澳大利亚	2.86	7.14	0.00	2.94	5.88	5.00	2.38	4.76	5.71	5.00	4.11
比利时	0.00	0.00	0.00	5.88	5.88	0.00	2.38	4.76	5.71	7.50	3.29
奥地利	2.86	7.14	2.86	5.88	2.94	5.00	4.76	0.00	0.00	0.00	3.01
瑞典	2.86	0.00	2.86	0.00	5.88	2.50	2.38	2.38	2.86	0.00	2.19
瑞士	5.71	3.57	0.00	2.94	0.00	2.50	0.00	2.38	0.00	2.50	1.92
日本	0.00	3.57	0.00	2.94	2.94	0.00	2.38	2.38	2.86	0.00	1.92
以色列	2.86	3.57	0.00	2.94	0.00	0.00	4.76	2.38	2.86	0.00	1.92
捷克	0.00	3.57	0.00	0.00	0.00	0.00	4.76	2.38	0.00	0.00	1.64
波兰	0.00	3.57	0.00	0.00	0.00	2.50	2.38	2.38	0.00	2.50	1.37
新西兰	0.00	0.00	0.00	0.00	0.00	0.00	2.38	2.38	5.71	0.00	1.10
韩国	0.00	0.00	0.00	0.00	2.94	2.50	0.00	2.38	0.00	0.00	0.82
巴西	0.00	0.00	0.00	2.94	0.00	0.00	2.38	2.38	0.00	0.00	0.82

表9—38　　　血液学B层人才排名前20的国家和地区的占比

国家和地区\年份	2009	2010	2011	2012	2013	2014	2015	2016	2017	2018	合计
美国	40.89	34.35	27.07	28.62	29.03	30.59	24.00	20.76	23.66	23.64	27.89
德国	7.35	9.42	9.87	9.12	6.77	9.57	8.24	6.92	7.57	7.61	8.23
英国	4.15	7.90	8.28	8.18	8.06	5.59	7.29	8.35	7.89	6.79	7.25
意大利	7.35	7.60	7.96	5.97	7.74	7.45	6.35	6.68	4.73	8.15	6.99
法国	5.11	5.17	7.64	7.23	5.16	5.05	6.59	6.21	8.52	7.07	6.36
加拿大	2.88	2.43	3.50	5.35	2.58	7.71	4.47	5.01	5.05	4.35	4.41
荷兰	3.83	4.56	3.82	4.72	4.84	3.99	4.47	5.25	4.42	3.53	4.36
西班牙	1.60	2.74	3.50	3.14	3.55	2.93	4.00	3.82	3.15	4.35	3.32

续表

国家和地区 \ 年份	2009	2010	2011	2012	2013	2014	2015	2016	2017	2018	合计
瑞士	3.51	4.26	3.50	2.83	3.87	2.39	3.53	3.58	3.15	1.90	3.24
澳大利亚	2.24	3.34	2.55	1.57	2.26	2.66	2.12	2.63	3.15	3.26	2.58
奥地利	1.28	2.13	2.55	1.26	2.90	2.39	2.82	2.86	1.89	2.17	2.26
瑞典	1.92	2.13	3.82	0.63	2.58	1.06	2.35	2.63	1.58	1.36	2.01
日本	1.60	1.82	0.96	2.52	1.61	2.13	2.35	2.39	2.52	1.63	1.98
比利时	1.60	0.61	2.23	2.52	1.29	1.33	2.59	2.86	0.95	2.45	1.89
中国大陆	2.24	2.13	0.96	1.26	2.26	2.93	2.59	0.95	1.58	1.90	1.89
丹麦	0.32	0.61	1.59	2.83	1.61	0.53	2.12	2.86	2.52	1.63	1.69
以色列	1.28	0.61	1.27	0.31	1.61	1.06	0.71	1.67	1.26	1.63	1.15
波兰	0.32	0.00	0.64	1.89	0.32	0.00	1.65	0.72	2.52	2.17	1.03
捷克	0.64	0.91	0.64	2.20	0.65	0.27	1.41	0.95	0.95	1.36	1.00
希腊	1.28	0.61	1.27	1.26	0.97	0.53	1.65	0.24	0.32	1.63	0.97

表 9—39　血液学 C 层人才排名前 20 的国家和地区的占比

国家和地区 \ 年份	2009	2010	2011	2012	2013	2014	2015	2016	2017	2018	合计
美国	32.66	31.25	31.56	31.10	28.79	28.98	28.64	27.95	27.52	26.30	29.39
德国	9.12	8.39	8.38	8.56	8.83	8.01	7.84	7.82	7.84	7.15	8.17
英国	6.92	8.42	8.15	7.96	9.17	8.14	8.09	8.28	7.61	6.43	7.93
意大利	7.40	6.35	6.81	6.85	6.97	7.02	6.16	6.66	6.19	6.88	6.72
法国	6.22	5.80	5.51	5.97	5.85	5.73	5.21	5.45	5.81	5.56	5.69
荷兰	4.78	4.66	4.99	4.70	5.13	4.42	4.38	4.53	3.90	4.33	4.57
加拿大	4.18	3.89	3.62	4.17	4.26	3.94	4.72	4.40	4.61	4.03	4.20
中国大陆	1.69	2.28	2.38	3.13	3.08	3.24	3.85	3.50	4.16	5.35	3.30
西班牙	2.04	2.41	2.61	2.21	2.86	2.92	2.65	2.62	3.32	3.31	2.70
日本	3.57	3.30	3.00	2.37	2.21	2.33	2.29	2.67	2.45	2.61	2.66
澳大利亚	2.42	2.75	1.73	2.18	2.52	2.92	2.78	2.85	2.35	2.98	2.57
瑞典	2.26	2.44	2.71	2.27	2.21	2.33	2.44	2.39	2.32	2.37	2.37
瑞士	2.36	1.97	2.41	2.68	2.21	1.69	2.07	2.47	2.03	1.95	2.18
奥地利	1.47	1.67	1.79	1.58	1.40	2.06	1.88	1.83	1.81	1.68	1.73
比利时	1.28	1.30	1.53	1.64	1.49	1.69	1.49	1.36	1.65	2.16	1.56
丹麦	1.56	1.17	1.37	1.20	1.43	1.53	1.70	1.47	1.45	1.38	1.44

续表

国家和地区\年份	2009	2010	2011	2012	2013	2014	2015	2016	2017	2018	合计
以色列	0.99	1.48	1.24	1.04	1.00	0.94	0.97	1.29	1.23	1.32	1.14
韩国	1.05	0.89	0.91	1.01	0.93	0.99	1.24	0.69	0.74	0.75	0.93
希腊	0.51	0.89	0.55	0.60	0.78	0.59	0.68	0.80	1.00	0.75	0.72
波兰	0.35	0.49	0.59	0.44	0.59	0.70	0.63	0.87	1.26	1.17	0.71

十三　临床神经学

临床神经学 A、B、C 层人才最多的国家是美国，分别占该学科全球 A、B、C 层人才的 17.92%、23.79%、28.02%。

英国、德国、加拿大、法国、澳大利亚、荷兰、意大利、瑞典、西班牙、日本、瑞士的 A 层人才比较多，世界占比在 10%—3% 之间；丹麦、芬兰、比利时、奥地利、巴西、爱尔兰、挪威、葡萄牙也有相当数量的 A 层人才，世界占比超过 1%。

英国、德国、加拿大、荷兰、意大利、法国、澳大利亚、瑞典、西班牙、瑞士的 B 层人才比较多，世界占比在 12%—3% 之间；比利时、奥地利、丹麦、日本、芬兰、中国大陆、巴西、挪威、以色列也有相当数量的 B 层人才，世界占比超过或接近 1%。

英国、德国、加拿大、意大利、荷兰、法国、澳大利亚的 C 层人才比较多，世界占比在 10%—4% 之间；西班牙、瑞士、中国大陆、瑞典、日本、比利时、丹麦、奥地利、韩国、巴西、芬兰、挪威也有相当数量的 C 层人才，世界占比超过或接近 1%。

表 9—40　临床神经学 A 层人才排名前 20 的国家和地区的占比

国家和地区\年份	2009	2010	2011	2012	2013	2014	2015	2016	2017	2018	合计
美国	24.53	19.15	13.73	25.00	22.58	14.52	15.52	17.33	12.50	14.81	17.92
英国	15.09	8.51	11.76	10.00	11.29	12.90	6.90	8.00	10.42	6.17	9.88
德国	5.66	8.51	3.92	11.67	9.68	4.84	8.62	9.33	6.25	8.64	7.87
加拿大	5.66	6.38	11.76	6.67	6.45	4.84	12.07	6.67	10.42	7.41	7.71
法国	7.55	6.38	5.88	5.00	6.45	6.45	6.90	9.33	8.33	6.17	6.87
澳大利亚	3.77	6.38	5.88	3.33	8.06	4.84	6.90	6.67	8.33	7.41	6.20

续表

国家和地区\年份	2009	2010	2011	2012	2013	2014	2015	2016	2017	2018	合计
荷兰	3.77	6.38	7.84	3.33	6.45	3.23	3.45	8.00	2.08	3.70	4.86
意大利	3.77	6.38	7.84	1.67	4.84	6.45	0.00	4.00	6.25	6.17	4.69
瑞典	1.89	0.00	3.92	6.67	3.23	6.45	5.17	5.33	2.08	4.94	4.19
西班牙	1.89	2.13	3.92	1.67	3.23	3.23	3.45	5.33	4.17	7.41	3.85
日本	3.77	0.00	3.92	1.67	3.23	6.45	3.45	1.33	4.17	4.94	3.35
瑞士	0.00	4.26	3.92	5.00	1.61	3.23	1.72	6.67	4.17	2.47	3.35
丹麦	1.89	2.13	1.96	1.67	0.00	3.23	3.45	1.33	0.00	2.47	1.84
芬兰	1.89	2.13	0.00	0.00	0.00	1.61	5.17	1.33	2.08	1.23	1.51
比利时	1.89	0.00	1.96	1.67	1.61	1.61	0.00	2.67	2.08	0.00	1.34
奥地利	0.00	0.00	0.00	3.33	1.61	0.00	1.72	1.33	2.08	1.23	1.17
巴西	1.89	0.00	0.00	0.00	1.61	1.61	1.72	0.00	2.08	1.23	1.01
爱尔兰	0.00	2.13	1.96	0.00	0.00	3.23	1.72	1.33	0.00	0.00	1.01
挪威	1.89	0.00	1.96	3.33	0.00	0.00	1.72	0.00	2.08	0.00	1.01
葡萄牙	3.77	0.00	1.96	1.67	0.00	0.00	0.00	0.00	0.00	2.47	1.01

表 9—41　临床神经学 B 层人才排名前 20 的国家和地区的占比

国家和地区\年份	2009	2010	2011	2012	2013	2014	2015	2016	2017	2018	合计
美国	30.04	25.71	26.11	24.01	27.47	23.49	24.53	22.38	18.66	19.70	23.79
英国	10.08	12.45	10.32	13.62	11.60	13.09	10.32	12.94	10.72	10.94	11.62
德国	7.77	8.37	8.91	7.35	7.85	8.05	6.94	9.01	6.27	7.25	7.73
加拿大	7.35	5.92	7.69	7.89	6.14	7.38	5.92	5.81	6.27	4.38	6.38
荷兰	4.83	5.51	6.07	5.38	3.92	4.87	5.41	5.23	4.32	5.75	5.11
意大利	3.78	5.92	4.05	4.30	4.27	4.70	4.23	4.94	4.18	4.24	4.45
法国	3.15	4.69	4.25	3.41	5.29	5.54	4.40	3.49	4.60	4.79	4.39
澳大利亚	4.83	3.67	5.26	3.94	3.75	3.52	5.08	4.80	4.04	4.38	4.32
瑞典	2.52	4.08	2.43	4.30	3.07	3.69	3.72	4.36	3.90	2.74	3.51
西班牙	2.73	2.45	1.62	3.23	3.07	3.52	3.38	3.20	3.34	3.15	3.02
瑞士	2.10	2.45	2.02	2.51	2.39	3.19	3.21	3.49	3.62	4.10	3.00
比利时	1.89	2.45	1.82	1.79	2.39	1.85	1.69	1.74	2.09	2.33	2.01
奥地利	2.10	2.04	2.43	1.79	1.71	1.51	3.05	0.87	2.09	2.19	1.96
丹麦	1.68	2.04	1.62	0.90	1.54	2.01	1.86	1.89	2.37	2.87	1.92

续表

国家和地区\年份	2009	2010	2011	2012	2013	2014	2015	2016	2017	2018	合计
日本	1.47	1.43	1.01	1.25	1.37	1.34	1.35	1.60	2.09	1.78	1.50
芬兰	2.94	1.63	1.01	1.97	1.02	1.34	1.02	0.44	0.97	0.96	1.27
中国大陆	0.21	0.61	2.02	0.90	0.85	1.34	1.52	1.31	1.39	1.50	1.20
巴西	1.05	0.41	0.61	0.90	1.54	1.51	0.68	1.74	1.39	1.37	1.16
挪威	1.26	1.02	1.01	1.08	0.68	0.84	0.85	1.02	1.39	0.96	1.01
以色列	0.84	1.63	0.81	0.54	1.19	0.50	0.51	0.87	0.56	0.68	0.79

表9—42　临床神经学C层人才排名前20的国家和地区的占比

国家和地区\年份	2009	2010	2011	2012	2013	2014	2015	2016	2017	2018	合计
美国	33.53	31.14	32.32	29.45	28.28	28.08	26.16	25.57	24.86	24.61	28.02
英国	9.81	9.82	9.17	9.86	9.59	9.62	9.62	9.36	9.38	9.51	9.56
德国	7.44	7.20	7.20	8.12	7.25	7.64	7.70	7.55	7.24	7.30	7.46
加拿大	6.40	5.61	5.76	5.69	5.50	5.76	5.83	5.50	5.58	5.46	5.69
意大利	4.99	4.80	5.48	5.85	5.39	5.15	5.07	5.63	5.33	5.18	5.30
荷兰	4.48	4.96	4.27	4.33	4.87	4.21	4.30	4.18	4.28	3.82	4.35
法国	4.41	4.21	4.17	3.99	4.01	4.12	4.19	4.47	4.42	4.25	4.23
澳大利亚	3.80	4.01	4.10	4.02	4.25	4.85	4.32	4.07	4.05	4.22	4.18
西班牙	2.35	2.62	2.85	2.48	2.73	2.77	2.86	2.76	2.88	2.69	2.71
瑞士	1.94	2.16	2.47	2.61	2.52	2.80	2.44	2.53	2.87	2.93	2.56
中国大陆	1.04	1.47	1.70	2.32	2.40	2.30	2.68	2.90	3.55	3.36	2.47
瑞典	2.07	2.51	2.32	1.83	2.43	2.49	2.68	2.42	2.58	2.44	2.39
日本	2.30	2.37	1.95	2.41	2.59	2.21	2.22	2.47	2.02	2.18	2.27
比利时	1.36	1.70	1.70	1.45	1.72	1.67	1.80	1.88	1.68	1.87	1.70
丹麦	1.41	1.64	1.30	0.89	1.45	1.43	1.85	1.60	1.82	1.66	1.52
奥地利	1.41	1.33	1.47	1.01	1.61	1.18	1.55	1.21	1.49	1.20	1.34
韩国	0.98	0.89	1.09	1.16	1.24	1.29	1.16	1.43	1.33	1.38	1.22
巴西	1.13	0.89	0.90	0.80	0.86	1.10	0.84	1.30	1.36	1.26	1.06
芬兰	1.00	1.37	1.00	1.03	0.89	1.08	0.94	0.90	0.93	0.73	0.97
挪威	1.00	1.33	1.00	1.18	0.91	0.84	0.85	0.93	0.90	0.74	0.95

十四 药物滥用学

药物滥用学 A、B、C 层人才最多的国家是美国，分别占该学科全球 A、B、C 层人才的 32.73%、33.14%、48.45%。

英国、澳大利亚、加拿大、瑞士、波兰、德国的 A 层人才比较多，世界占比在 17%—5% 之间；瑞典、新西兰、南非、法国、泰国、墨西哥也有相当数量的 A 层人才，世界占比超过 1%。

英国、澳大利亚、加拿大、德国、荷兰的 B 层人才比较多，世界占比在 12%—3% 之间；瑞士、意大利、瑞典、法国、西班牙、比利时、葡萄牙、挪威、希腊、南非、黎巴嫩、匈牙利、新西兰、爱沙尼亚也有相当数量的 B 层人才，世界占比超过或接近 1%。

英国、澳大利亚、加拿大、德国的 C 层人才比较多，世界占比在 10%—3% 之间；荷兰、西班牙、瑞士、瑞典、意大利、法国、新西兰、中国大陆、挪威、比利时、芬兰、南非、巴西、丹麦、爱尔兰也有相当数量的 C 层人才，世界占比超过或接近 1%。

表 9—43　　药物滥用学 A 层人才的国家和地区的占比

国家和地区＼年份	2009	2010	2011	2012	2013	2014	2015	2016	2017	2018	合计
美国	20.00	0.00	0.00	14.29	57.14	57.14	71.43	100.00	12.50	0.00	32.73
英国	0.00	0.00	16.67	42.86	28.57	14.29	14.29	0.00	12.50	0.00	16.36
澳大利亚	0.00	16.67	33.33	14.29	0.00	0.00	14.29	0.00	12.50	0.00	10.91
加拿大	20.00	16.67	16.67	0.00	0.00	0.00	0.00	0.00	12.50	0.00	7.27
瑞士	20.00	16.67	16.67	0.00	0.00	0.00	0.00	0.00	12.50	0.00	7.27
波兰	0.00	0.00	0.00	0.00	14.29	28.57	0.00	0.00	0.00	0.00	5.45
德国	20.00	16.67	0.00	0.00	0.00	0.00	0.00	0.00	12.50	0.00	5.45
瑞典	0.00	0.00	0.00	14.29	0.00	0.00	0.00	0.00	12.50	0.00	3.64
新西兰	0.00	0.00	16.67	14.29	0.00	0.00	0.00	0.00	0.00	0.00	3.64
南非	0.00	16.67	0.00	0.00	0.00	0.00	0.00	0.00	0.00	0.00	1.82
法国	0.00	0.00	0.00	0.00	0.00	0.00	0.00	0.00	12.50	0.00	1.82
泰国	20.00	0.00	0.00	0.00	0.00	0.00	0.00	0.00	0.00	0.00	1.82
墨西哥	0.00	16.67	0.00	0.00	0.00	0.00	0.00	0.00	0.00	0.00	1.82

表9—44　　药物滥用学 B 层人才排名前 20 的国家和地区的占比

国家和地区\年份	2009	2010	2011	2012	2013	2014	2015	2016	2017	2018	合计
美国	43.48	35.19	28.33	37.50	44.62	27.78	51.47	27.40	44.16	8.49	33.14
英国	15.22	7.41	15.00	9.38	12.31	13.89	11.76	16.44	14.29	3.77	11.53
澳大利亚	4.35	11.11	3.33	9.38	4.62	5.56	8.82	9.59	10.39	4.72	7.15
加拿大	6.52	5.56	3.33	9.38	12.31	4.17	1.47	5.48	10.39	3.77	6.13
德国	4.35	9.26	6.67	6.25	6.15	2.78	2.94	2.74	1.30	1.89	4.09
荷兰	6.52	3.70	8.33	1.56	3.08	5.56	2.94	2.74	0.00	0.94	3.21
瑞士	6.52	1.85	5.00	1.56	1.54	4.17	1.47	2.74	1.30	2.83	2.77
意大利	0.00	1.85	3.33	4.69	1.54	2.78	1.47	1.37	2.60	1.89	2.19
瑞典	2.17	1.85	1.67	3.13	1.54	4.17	0.00	1.37	2.60	0.94	1.90
法国	2.17	5.56	3.33	3.13	0.00	2.78	0.00	1.37	1.30	0.94	1.90
西班牙	0.00	1.85	3.33	1.56	1.54	2.78	0.00	2.74	0.00	0.94	1.46
比利时	2.17	1.85	0.00	0.00	0.00	1.39	1.47	2.74	2.60	0.94	1.31
葡萄牙	0.00	1.85	0.00	1.56	0.00	2.78	1.47	1.37	1.30	1.89	1.31
挪威	2.17	0.00	1.67	0.00	0.00	1.39	1.47	0.00	0.00	0.94	1.17
希腊	0.00	0.00	1.67	0.00	0.00	1.39	4.41	1.37	1.30	0.94	1.17
南非	2.17	1.85	0.00	0.00	3.08	1.39	0.00	0.00	0.00	1.89	1.02
黎巴嫩	0.00	0.00	0.00	0.00	1.54	0.00	2.94	2.74	0.00	0.94	0.88
匈牙利	0.00	0.00	1.67	1.56	0.00	0.00	0.00	4.11	1.30	0.00	0.88
新西兰	0.00	1.85	3.33	0.00	0.00	1.39	0.00	0.00	1.30	0.94	0.88
爱沙尼亚	0.00	0.00	1.67	1.56	0.00	0.00	1.47	0.00	0.00	0.94	0.58

表9—45　　药物滥用学 C 层人才排名前 20 的国家和地区的占比

国家和地区\年份	2009	2010	2011	2012	2013	2014	2015	2016	2017	2018	合计
美国	56.35	50.18	51.74	49.04	48.35	46.39	47.29	48.30	48.99	42.61	48.45
英国	7.38	7.38	8.85	8.63	9.46	8.98	9.49	10.49	9.22	11.34	9.28
澳大利亚	7.79	7.93	8.33	9.11	5.71	8.54	8.28	8.18	8.93	8.36	8.13
加拿大	7.38	6.46	6.60	6.23	6.61	5.60	5.12	6.02	6.20	6.07	6.18
德国	3.69	2.58	2.95	2.40	4.80	4.27	3.16	3.55	2.74	3.78	3.42
荷兰	2.66	2.77	3.13	2.88	5.86	3.39	2.56	1.70	2.02	2.18	2.90
西班牙	1.23	1.66	1.91	1.28	1.65	1.62	1.81	2.47	2.31	2.06	1.83
瑞士	1.02	1.66	0.69	1.60	3.15	1.77	1.81	1.85	1.01	1.72	1.66

续表

国家和地区\年份	2009	2010	2011	2012	2013	2014	2015	2016	2017	2018	合计
瑞典	0.82	1.48	1.91	2.08	1.35	1.91	2.11	1.85	0.58	1.83	1.61
意大利	0.61	1.29	1.04	1.12	1.50	2.06	1.96	1.39	1.30	1.60	1.43
法国	1.43	1.11	1.56	1.44	1.20	1.77	1.20	0.77	2.31	1.03	1.38
新西兰	2.25	1.85	0.52	1.44	0.75	1.03	1.51	0.62	0.43	1.26	1.13
中国大陆	0.41	0.18	1.04	1.28	1.05	1.03	2.41	0.93	1.44	0.80	1.08
挪威	1.43	1.48	1.04	0.64	1.05	1.18	0.60	1.23	0.72	0.57	0.96
比利时	0.61	0.74	0.17	0.80	1.20	1.47	0.60	0.62	1.59	1.03	0.91
芬兰	0.61	0.74	0.35	0.64	0.30	0.74	0.75	0.15	0.72	1.15	0.64
南非	0.61	1.11	0.52	0.48	0.60	0.15	0.30	0.62	0.29	1.03	0.57
巴西	0.00	0.92	0.35	1.28	0.30	0.44	0.45	0.62	0.72	0.34	0.54
丹麦	0.00	0.18	0.69	0.80	0.45	0.44	0.30	0.77	0.86	0.23	0.48
爱尔兰	0.00	0.18	0.69	0.80	0.75	0.44	0.30	0.15	0.43	0.46	0.43

十五　精神病学

精神病学 A、B、C 层人才最多的国家是美国，分别占该学科全球 A、B、C 层人才的 23.84%、25.43%、30.76%。

英国、澳大利亚、荷兰、德国、加拿大的 A 层人才比较多，世界占比在 13%—5% 之间；瑞士、意大利、爱尔兰、比利时、瑞典、巴西、西班牙、法国、日本、丹麦、新西兰、以色列、保加利亚、中国大陆也有相当数量的 A 层人才，世界占比超过 1%。

英国、澳大利亚、德国、荷兰、加拿大、意大利的 B 层人才比较多，世界占比在 13%—3% 之间；西班牙、瑞士、法国、瑞典、巴西、比利时、丹麦、爱尔兰、中国大陆、日本、挪威、奥地利、以色列也有相当数量的 B 层人才，世界占比超过或等于 1%。

英国、德国、澳大利亚、加拿大、荷兰、意大利的 C 层人才比较多，世界占比在 13%—3% 之间；西班牙、瑞士、瑞典、法国、中国大陆、丹麦、巴西、比利时、日本、挪威、爱尔兰、以色列、芬兰也有相当数量的 C 层人才，世界占比超过或接近 1%。

表9—46　精神病学A层人才排名前20的国家和地区的占比

国家和地区 \ 年份	2009	2010	2011	2012	2013	2014	2015	2016	2017	2018	合计
美国	27.59	55.56	18.42	28.95	27.03	27.50	0.00	23.91	15.56	4.55	23.84
英国	20.69	7.41	2.63	26.32	8.11	15.00	0.00	15.22	15.56	4.55	12.79
澳大利亚	3.45	3.70	2.63	5.26	13.51	2.50	0.00	8.70	13.33	2.27	6.40
荷兰	6.90	11.11	5.26	5.26	8.11	7.50	0.00	2.17	8.89	4.55	6.40
德国	6.90	3.70	7.89	5.26	10.81	7.50	0.00	6.52	2.22	4.55	6.10
加拿大	3.45	7.41	2.63	2.63	10.81	5.00	0.00	6.52	8.89	2.27	5.52
瑞士	3.45	0.00	2.63	7.89	5.41	0.00	0.00	0.00	2.22	4.55	2.91
意大利	6.90	0.00	2.63	2.63	2.70	0.00	0.00	2.17	4.44	2.27	2.62
爱尔兰	0.00	3.70	0.00	0.00	2.70	5.00	0.00	6.52	2.22	2.27	2.62
比利时	3.45	0.00	2.63	2.63	0.00	2.50	0.00	4.35	2.22	2.27	2.33
瑞典	3.45	0.00	2.63	0.00	2.70	5.00	0.00	2.17	0.00	2.27	2.03
巴西	0.00	0.00	2.63	0.00	2.70	0.00	0.00	2.17	4.44	2.27	1.74
西班牙	0.00	0.00	5.26	0.00	0.00	0.00	0.00	4.35	2.22	2.27	1.74
法国	0.00	3.70	0.00	0.00	0.00	0.00	0.00	2.17	0.00	4.55	1.45
日本	3.45	0.00	2.63	2.63	0.00	0.00	0.00	0.00	0.00	4.55	1.45
丹麦	0.00	0.00	2.63	0.00	0.00	0.00	0.00	2.17	0.00	2.27	1.45
新西兰	3.45	0.00	2.63	5.26	0.00	0.00	0.00	0.00	2.22	0.00	1.45
以色列	0.00	0.00	0.00	0.00	0.00	2.50	0.00	2.17	2.22	2.27	1.16
保加利亚	0.00	0.00	2.63	2.63	0.00	0.00	0.00	0.00	2.22	2.27	1.16
中国大陆	3.45	0.00	2.63	0.00	0.00	0.00	0.00	2.17	0.00	2.27	1.16

表9—47　精神病学B层人才排名前20的国家和地区的占比

国家和地区 \ 年份	2009	2010	2011	2012	2013	2014	2015	2016	2017	2018	合计
美国	33.10	29.97	26.88	33.91	28.42	25.00	23.71	20.19	19.06	19.40	25.43
英国	15.86	10.73	13.87	15.52	13.44	12.62	10.78	12.74	11.53	9.70	12.53
澳大利亚	5.86	5.68	4.05	4.89	6.46	6.55	6.25	7.21	8.00	7.21	6.30
德国	4.83	6.62	5.20	6.03	4.91	4.61	4.96	5.77	5.18	5.72	5.36
荷兰	5.52	6.62	4.62	3.45	6.98	4.85	4.96	5.05	4.47	4.73	5.10
加拿大	4.48	3.47	6.36	5.17	5.17	6.07	3.23	5.05	4.47	5.22	4.86
意大利	3.79	3.15	3.18	3.16	2.07	3.16	2.59	3.61	3.29	3.98	3.18
西班牙	3.10	1.89	3.18	2.30	2.84	2.18	2.16	3.61	2.12	3.48	2.68

续表

国家和地区\年份	2009	2010	2011	2012	2013	2014	2015	2016	2017	2018	合计
瑞士	2.41	2.21	2.89	2.01	2.07	2.67	1.94	2.40	3.06	2.74	2.44
法国	3.10	1.58	3.18	3.16	3.10	2.91	1.94	1.92	1.41	1.49	2.34
瑞典	1.38	1.89	0.87	2.01	2.33	2.43	1.94	1.92	3.53	2.74	2.15
巴西	1.38	1.89	2.02	0.86	2.84	1.70	1.72	2.64	3.29	2.24	2.10
比利时	1.38	1.58	1.73	1.15	1.81	1.21	1.94	3.13	2.12	1.99	1.84
丹麦	0.34	0.32	2.31	0.86	2.33	0.97	2.16	1.44	2.35	3.23	1.71
爱尔兰	0.69	1.26	1.16	2.87	0.52	1.21	2.16	1.68	2.12	1.24	1.52
中国大陆	1.03	1.26	1.16	0.57	0.52	2.18	1.29	1.68	1.88	2.99	1.50
日本	1.38	2.21	1.45	0.86	1.55	1.70	0.86	1.68	1.88	1.24	1.47
挪威	0.00	0.63	0.87	1.15	0.78	1.46	1.51	1.44	0.47	2.24	1.10
奥地利	0.69	1.26	0.87	1.15	1.29	1.46	0.65	0.96	0.94	1.00	1.02
以色列	1.72	2.21	0.87	1.44	0.00	1.46	0.65	0.72	0.94	0.50	1.00

表9—48　精神病学C层人才排名前20的国家和地区的占比

国家和地区\年份	2009	2010	2011	2012	2013	2014	2015	2016	2017	2018	合计
美国	38.52	33.68	33.38	32.73	32.65	29.08	30.59	28.49	25.95	25.84	30.76
英国	12.60	11.74	12.53	12.51	13.12	12.56	11.70	12.98	11.32	11.65	12.25
德国	6.73	7.38	6.42	6.06	6.57	6.46	6.43	5.38	5.67	6.03	6.28
澳大利亚	5.04	5.36	4.90	5.77	6.30	5.56	5.87	6.36	5.96	6.79	5.83
加拿大	5.63	5.53	4.78	5.21	5.84	4.93	5.22	5.10	4.95	5.35	5.24
荷兰	3.94	5.23	5.66	5.98	5.24	5.50	4.86	5.26	4.69	4.57	5.10
意大利	2.76	3.41	4.05	3.06	3.53	2.96	3.23	3.43	3.44	3.70	3.36
西班牙	2.00	2.50	2.32	2.41	1.82	2.75	2.24	2.52	2.64	2.84	2.42
瑞士	1.97	1.92	2.05	2.33	2.28	2.75	2.48	2.22	2.74	2.24	2.32
瑞典	1.42	1.89	1.91	1.77	2.20	2.80	2.38	2.55	2.55	2.49	2.23
法国	1.86	1.98	2.32	2.03	1.93	2.57	2.29	2.16	2.38	2.14	2.18
中国大陆	0.86	1.30	1.53	1.71	1.49	2.10	2.45	2.52	3.08	3.35	2.11
丹麦	0.76	1.24	1.47	1.56	1.03	1.82	1.76	2.06	1.92	1.84	1.58
巴西	1.48	1.37	1.17	1.47	1.28	1.87	1.54	1.91	1.73	1.54	1.55
比利时	1.59	1.33	1.23	1.56	1.39	1.69	1.25	1.44	1.25	1.84	1.45
日本	1.42	1.27	0.91	1.18	1.36	1.06	1.25	1.67	1.71	1.51	1.34
挪威	1.10	0.98	1.06	1.30	0.90	1.14	0.87	1.49	1.23	1.43	1.15

续表

国家和地区\年份	2009	2010	2011	2012	2013	2014	2015	2016	2017	2018	合计
爱尔兰	0.79	1.04	1.00	1.03	1.09	1.14	0.96	0.82	1.18	1.19	1.03
以色列	0.93	1.20	1.06	1.24	0.92	0.78	1.16	0.82	0.74	1.03	0.98
芬兰	0.97	1.01	0.85	0.65	0.54	0.83	1.03	0.62	0.72	0.89	0.81

十六 敏感症学

敏感症学 A、B、C 层人才最多的国家是美国，分别占该学科全球 A、B、C 层人才的 37.50%、15.25%、19.68%。

英国的 A 层人才比较多，世界占比为 25.00%；西班牙、瑞典、瑞士、以色列、加拿大、荷兰也有相当数量的 A 层人才，世界占比均为 6.25%。

英国、德国、意大利、瑞士、加拿大、荷兰、法国、西班牙、澳大利亚、丹麦的 B 层人才比较多，世界占比在 8%—3% 之间；日本、波兰、瑞典、中国大陆、奥地利、比利时、芬兰、希腊、葡萄牙也有相当数量的 B 层人才，世界占比超过 1%。

英国、德国、意大利、法国、荷兰、西班牙、瑞士、加拿大、澳大利亚、瑞典的 C 层人才比较多，世界占比在 9%—3% 之间；丹麦、日本、奥地利、比利时、波兰、芬兰、中国大陆、希腊、土耳其也有相当数量的 C 层人才，世界占比超过 1%。

表 9—49　　　　　敏感症学 A 层人才的国家和地区的占比

国家和地区\年份	2009	2010	2011	2012	2013	2014	2015	2016	2017	2018	合计
美国	50.00	0.00	25.00	28.57	0.00	100.00	0.00	0.00	0.00	0.00	37.50
英国	25.00	0.00	25.00	28.57	0.00	0.00	0.00	0.00	0.00	0.00	25.00
西班牙	0.00	0.00	25.00	0.00	0.00	0.00	0.00	0.00	0.00	0.00	6.25
瑞典	0.00	0.00	0.00	14.29	0.00	0.00	0.00	0.00	0.00	0.00	6.25
瑞士	0.00	0.00	25.00	0.00	0.00	0.00	0.00	0.00	0.00	0.00	6.25
以色列	0.00	0.00	0.00	14.29	0.00	0.00	0.00	0.00	0.00	0.00	6.25
加拿大	0.00	0.00	0.00	14.29	0.00	0.00	0.00	0.00	0.00	0.00	6.25
荷兰	25.00	0.00	0.00	0.00	0.00	0.00	0.00	0.00	0.00	0.00	6.25

表 9—50　　敏感症学 B 层人才排名前 20 的国家和地区的占比

国家和地区 \ 年份	2009	2010	2011	2012	2013	2014	2015	2016	2017	2018	合计
美国	14.29	28.77	17.57	2.86	29.11	13.75	14.29	10.53	12.50	9.20	15.25
英国	9.52	9.59	12.16	2.86	7.59	8.75	7.79	6.58	9.09	4.60	7.82
德国	6.35	6.85	6.76	2.86	7.59	7.50	7.79	9.21	4.55	5.75	6.52
意大利	7.94	6.85	5.41	2.86	3.80	6.25	3.90	5.26	6.82	5.75	5.48
瑞士	4.76	2.74	4.05	2.86	5.06	6.25	2.60	6.58	4.55	4.60	4.43
加拿大	9.52	5.48	5.41	1.43	3.80	3.75	5.19	1.32	2.27	2.30	3.91
荷兰	0.00	6.85	4.05	1.43	2.53	3.75	3.90	3.95	4.55	4.60	3.65
法国	3.17	4.11	2.70	1.43	2.53	3.75	3.90	3.95	4.55	4.60	3.52
西班牙	4.76	0.00	1.35	1.43	5.06	5.00	3.90	3.95	2.27	5.75	3.39
澳大利亚	3.17	4.11	2.70	2.86	2.53	1.25	7.79	2.63	3.41	2.30	3.26
丹麦	3.17	2.74	4.05	1.43	1.27	3.75	2.60	3.95	2.27	4.60	3.00
日本	1.59	1.37	1.35	2.86	0.00	3.75	5.19	2.63	4.55	4.60	2.87
波兰	4.76	0.00	1.35	1.43	3.80	2.50	2.60	5.26	1.14	4.60	2.74
瑞典	1.59	5.48	4.05	1.43	2.53	3.75	1.30	1.30	2.27	0.00	2.61
中国大陆	1.59	1.37	2.70	1.43	0.00	1.25	2.60	3.95	1.14	3.45	1.96
奥地利	0.00	1.37	0.00	2.53	3.75	0.00	3.95	1.14	3.45	1.83	
比利时	0.00	0.00	1.35	1.43	2.53	0.00	1.30	5.26	2.27	1.15	1.56
芬兰	1.59	1.37	1.35	1.43	0.00	2.50	1.30	1.32	2.27	2.30	1.56
希腊	0.00	0.00	1.35	1.43	0.00	1.25	0.00	2.63	3.41	2.30	1.30
葡萄牙	0.00	0.00	1.35	1.43	2.53	3.75	1.30	0.00	1.14	1.15	1.30

表 9—51　　敏感症学 C 层人才排名前 20 的国家和地区的占比

国家和地区 \ 年份	2009	2010	2011	2012	2013	2014	2015	2016	2017	2018	合计
美国	23.00	23.33	19.71	19.26	21.14	22.12	15.89	19.63	17.42	17.06	19.68
英国	8.14	7.73	9.71	10.22	9.49	9.14	8.72	9.25	8.40	7.47	8.79
德国	9.55	8.03	8.12	8.74	8.81	7.42	7.03	5.55	6.70	7.02	7.64
意大利	6.89	6.36	3.77	4.30	4.74	3.97	4.69	5.41	5.24	4.79	4.98
法国	5.01	4.55	5.51	4.15	4.47	5.30	4.30	4.13	4.02	4.35	4.56
荷兰	3.29	4.55	4.49	3.70	5.56	4.64	3.91	4.41	4.63	4.57	4.40
西班牙	4.85	4.09	4.64	3.41	3.93	4.77	4.04	3.84	4.14	4.68	4.25

续表

国家和地区\年份	2009	2010	2011	2012	2013	2014	2015	2016	2017	2018	合计
瑞士	4.54	2.88	5.65	3.85	3.52	3.58	3.78	4.13	4.26	3.90	4.00
加拿大	4.54	4.24	3.04	3.56	4.07	3.05	3.26	1.99	3.17	3.34	3.40
澳大利亚	2.66	3.03	2.90	3.26	3.12	3.18	3.52	3.41	3.41	3.57	3.23
瑞典	2.19	3.18	3.04	3.41	4.07	2.65	2.86	3.27	4.26	2.45	3.14
丹麦	3.44	2.58	3.33	2.07	2.98	2.91	2.34	2.70	2.80	2.56	2.76
日本	2.19	2.27	2.03	2.81	1.90	2.38	2.86	2.84	2.92	2.90	2.53
奥地利	1.88	2.12	2.75	2.67	1.36	2.65	2.99	1.28	2.31	3.12	2.34
比利时	2.66	2.73	3.19	1.33	2.17	1.32	1.95	2.13	3.05	2.79	2.34
波兰	2.66	0.91	2.32	2.07	1.76	1.99	1.69	1.85	2.19	2.56	2.01
芬兰	1.56	1.67	1.88	1.63	1.22	1.46	1.95	0.85	1.71	1.34	1.52
中国大陆	0.63	1.52	1.45	1.19	0.68	1.19	1.43	1.99	1.58	1.78	1.36
希腊	0.78	0.45	0.87	1.04	1.08	1.32	1.69	1.00	1.71	0.89	1.10
土耳其	0.31	0.76	0.72	1.19	0.95	0.79	0.91	1.14	1.46	1.90	1.05

十七 风湿病学

风湿病学A、B、C层人才最多的国家是美国，分别占该学科全球A、B、C层人才的12.06%、14.37%、19.41%。

英国、加拿大、荷兰、法国、德国、奥地利、瑞士、日本的A层人才比较多，世界占比在10%—3%之间；比利时、西班牙、瑞典、丹麦、挪威、意大利、澳大利亚、墨西哥、葡萄牙、捷克、芬兰也有相当数量的A层人才，世界占比超过1%。

英国、荷兰、德国、法国、加拿大、意大利、西班牙、瑞士的B层人才比较多，世界占比在10%—3%之间；澳大利亚、瑞典、比利时、奥地利、挪威、丹麦、墨西哥、捷克、日本、韩国、波兰也有相当数量的B层人才，世界占比超过1%。

英国、荷兰、德国、法国、意大利、加拿大、西班牙、瑞典、澳大利亚的C层人才比较多，世界占比在11%—3%之间；日本、中国大陆、瑞士、丹麦、比利时、挪威、奥地利、土耳其、巴西、韩国也有相当数量的C层人才，世界占比超过1%。

表9—52　　风湿病学 A 层人才排名前20的国家和地区的占比

国家和地区 \ 年份	2009	2010	2011	2012	2013	2014	2015	2016	2017	2018	合计
美国	0.00	0.00	0.00	25.00	8.33	8.70	18.18	8.33	4.35	17.65	12.06
英国	0.00	0.00	25.00	6.25	8.33	8.70	18.18	8.33	4.35	11.76	9.93
加拿大	0.00	0.00	50.00	18.75	0.00	4.35	9.09	8.33	4.35	5.88	8.51
荷兰	0.00	0.00	0.00	0.00	8.33	8.70	18.18	4.17	4.35	5.88	7.09
法国	0.00	0.00	0.00	6.25	8.33	8.70	4.55	4.17	4.35	5.88	5.67
德国	0.00	0.00	25.00	0.00	8.33	4.35	4.55	4.17	4.35	11.76	5.67
奥地利	0.00	0.00	0.00	0.00	8.33	4.35	0.00	8.33	4.35	11.76	4.96
瑞士	0.00	0.00	0.00	6.25	0.00	4.35	13.64	4.17	4.35	0.00	4.96
日本	0.00	0.00	0.00	0.00	8.33	4.35	0.00	4.17	4.35	5.88	3.55
比利时	0.00	0.00	0.00	0.00	0.00	4.35	0.00	4.17	4.35	5.88	2.84
西班牙	0.00	0.00	0.00	6.25	8.33	0.00	0.00	4.17	4.35	0.00	2.84
瑞典	0.00	0.00	0.00	6.25	0.00	4.35	0.00	4.17	4.35	0.00	2.84
丹麦	0.00	0.00	0.00	6.25	8.33	4.35	0.00	4.17	0.00	0.00	2.84
挪威	0.00	0.00	0.00	0.00	0.00	0.00	0.00	4.17	4.35	5.88	2.84
意大利	0.00	0.00	0.00	0.00	8.33	4.35	0.00	0.00	4.35	5.88	2.84
澳大利亚	0.00	0.00	0.00	0.00	0.00	4.35	4.55	4.17	4.35	0.00	2.84
墨西哥	0.00	0.00	0.00	0.00	8.33	0.00	0.00	4.17	4.35	0.00	2.13
葡萄牙	0.00	0.00	0.00	0.00	0.00	4.35	0.00	4.17	4.35	0.00	2.13
捷克	0.00	0.00	0.00	0.00	0.00	4.35	0.00	0.00	4.35	0.00	1.42
芬兰	0.00	0.00	0.00	0.00	0.00	4.35	0.00	4.17	0.00	0.00	1.42

表9—53　　风湿病学 B 层人才排名前20的国家和地区的占比

国家和地区 \ 年份	2009	2010	2011	2012	2013	2014	2015	2016	2017	2018	合计
美国	12.09	10.53	13.70	16.33	16.98	12.56	18.09	15.02	10.14	15.92	14.37
英国	8.79	10.53	6.85	8.16	8.02	11.11	10.05	12.21	10.14	9.45	9.67
荷兰	8.79	9.65	8.22	7.48	5.66	6.76	8.54	4.23	6.45	7.96	7.10
德国	10.99	5.26	7.53	6.80	7.55	6.76	7.04	6.10	6.91	5.97	6.93
法国	8.79	7.89	6.85	4.08	4.72	6.28	6.53	2.82	5.99	6.47	5.78
加拿大	6.59	4.39	4.79	3.40	5.66	6.28	8.04	4.69	3.23	4.48	5.15
意大利	5.49	4.39	6.16	6.12	2.83	3.38	5.53	3.29	4.15	5.47	4.52
西班牙	4.40	3.51	3.42	6.12	4.25	4.35	3.52	3.76	4.61	1.49	3.89

续表

国家和地区\年份	2009	2010	2011	2012	2013	2014	2015	2016	2017	2018	合计
瑞士	4.40	3.51	2.74	2.04	3.77	3.86	3.52	3.76	3.23	3.98	3.49
澳大利亚	0.00	3.51	4.79	0.68	3.30	5.80	2.51	3.29	0.92	0.50	2.63
瑞典	4.40	3.51	2.05	3.40	2.36	1.93	2.51	3.76	2.30	1.00	2.58
比利时	2.20	0.00	1.37	2.72	1.42	4.83	1.01	2.35	1.84	4.98	2.40
奥地利	0.00	4.39	2.05	2.04	1.89	4.35	1.51	2.82	1.38	2.99	2.40
挪威	0.00	4.39	2.74	1.36	0.94	1.45	1.51	1.88	4.15	2.49	2.12
丹麦	3.30	0.00	2.74	1.36	1.89	1.45	4.02	1.88	0.92	2.99	2.06
墨西哥	3.30	0.00	1.37	2.04	1.89	1.45	2.51	2.82	2.76	1.49	2.00
捷克	1.10	4.39	1.37	3.40	2.36	0.00	0.00	1.41	1.38	1.49	1.55
日本	3.30	0.00	0.00	2.72	0.94	0.97	1.01	1.41	2.76	2.49	1.55
韩国	0.00	0.00	0.68	2.04	2.36	0.97	1.01	1.41	2.30	2.49	1.49
波兰	1.10	2.63	0.68	1.36	2.36	0.48	0.00	1.41	2.30	1.00	1.32

表9—54　风湿病学C层人才排名前20的国家和地区的占比

国家和地区\年份	2009	2010	2011	2012	2013	2014	2015	2016	2017	2018	合计
美国	21.09	18.92	20.48	21.59	21.52	18.48	18.91	19.26	16.99	18.50	19.41
英国	8.97	11.53	10.42	9.67	10.68	10.93	9.77	9.51	10.01	10.15	10.18
荷兰	8.12	7.11	8.02	6.68	7.74	7.25	6.58	6.87	6.18	5.53	6.91
德国	7.39	6.72	7.00	6.74	6.44	6.13	5.75	5.91	5.63	6.20	6.27
法国	5.09	4.32	6.27	6.13	4.84	5.59	5.01	6.00	5.18	5.41	5.41
意大利	4.00	4.42	4.52	4.16	5.54	5.00	5.21	5.62	5.58	6.54	5.20
加拿大	5.45	5.09	4.88	4.56	4.79	4.80	5.16	4.66	4.43	3.84	4.72
西班牙	3.27	3.94	3.43	3.75	2.90	4.07	5.01	3.99	3.34	3.44	3.75
瑞典	3.03	3.07	3.72	3.27	3.84	3.04	3.09	3.41	2.99	2.31	3.18
澳大利亚	2.55	2.11	3.06	2.86	3.54	3.38	3.83	2.64	3.19	2.48	3.05
日本	2.79	2.31	2.48	3.61	3.00	3.58	3.00	2.64	2.54	3.50	2.98
中国大陆	0.97	1.34	1.24	2.38	2.00	2.70	2.90	3.65	2.34	3.78	2.51
瑞士	2.55	2.98	3.06	2.32	2.20	2.11	2.46	2.55	2.84	1.92	2.46
丹麦	1.70	2.02	2.19	1.57	1.90	2.60	2.26	2.45	2.44	1.58	2.12
比利时	3.27	2.31	1.60	1.70	2.00	2.06	1.72	1.63	2.04	1.47	1.90
挪威	0.85	1.44	1.90	1.16	1.50	1.52	1.67	1.83	1.89	1.41	1.57

续表

国家和地区 \ 年份	2009	2010	2011	2012	2013	2014	2015	2016	2017	2018	合计
奥地利	1.58	2.21	1.53	1.70	1.50	1.52	1.67	1.06	1.44	1.24	1.50
土耳其	1.45	0.77	0.73	0.89	0.80	1.32	1.03	1.06	1.35	1.52	1.10
巴西	0.97	1.06	0.87	1.09	1.20	0.83	1.28	0.82	1.35	1.30	1.09
韩国	1.21	0.96	0.58	1.36	1.10	1.08	0.93	1.39	0.95	1.13	1.08

十八　皮肤医学

皮肤医学 A、B、C 层人才最多的国家是美国，分别占该学科全球 A、B、C 层人才的 20.39%、23.81%、24.93%。

英国、德国、加拿大、法国、瑞士、丹麦、荷兰、西班牙、日本、波兰、意大利的 A 层人才比较多，世界占比在 12%—3% 之间；澳大利亚、匈牙利、爱沙尼亚、冰岛、瑞典、中国台湾、捷克、芬兰也有相当数量的 A 层人才，世界占比超过或接近 1%。

德国、英国、法国、意大利、荷兰、加拿大、日本、丹麦、澳大利亚、瑞士的 B 层人才比较多，世界占比在 12%—3% 之间；西班牙、奥地利、瑞典、波兰、中国大陆、比利时、以色列、中国台湾、巴西也有相当数量的 B 层人才，世界占比超过或接近 1%。

德国、英国、法国、意大利、日本、荷兰、澳大利亚、加拿大的 C 层人才比较多，世界占比在 11%—3% 之间；丹麦、西班牙、中国大陆、韩国、瑞士、奥地利、瑞典、比利时、巴西、印度、以色列也有相当数量的 C 层人才，世界占比超过 1%。

表 9—55　　皮肤医学 A 层人才排名前 20 的国家和地区的占比

国家和地区 \ 年份	2009	2010	2011	2012	2013	2014	2015	2016	2017	2018	合计
美国	50.00	35.29	0.00	33.33	22.22	18.75	4.76	23.81	19.05	5.26	20.39
英国	25.00	17.65	50.00	22.22	11.11	12.50	9.52	4.76	9.52	0.00	11.18
德国	0.00	11.76	0.00	0.00	11.11	12.50	14.29	14.29	9.52	10.53	10.53
加拿大	0.00	5.88	0.00	11.11	5.56	12.50	4.76	19.05	14.29	5.26	9.21
法国	0.00	0.00	50.00	11.11	5.56	0.00	9.52	9.52	4.76	10.53	6.58
瑞士	0.00	0.00	0.00	0.00	5.56	6.25	9.52	0.00	0.00	15.79	4.61

续表

国家和地区\年份	2009	2010	2011	2012	2013	2014	2015	2016	2017	2018	合计
丹麦	12.50	0.00	0.00	22.22	0.00	0.00	4.76	4.76	0.00	10.53	4.61
荷兰	0.00	11.76	0.00	0.00	5.56	0.00	9.52	0.00	4.76	0.00	3.95
西班牙	0.00	5.88	0.00	0.00	0.00	6.25	4.76	0.00	4.76	10.53	3.95
日本	0.00	0.00	0.00	0.00	5.56	6.25	0.00	14.29	4.76	0.00	3.95
波兰	0.00	0.00	0.00	0.00	0.00	0.00	4.76	4.76	4.76	10.53	3.29
意大利	12.50	5.88	0.00	0.00	5.56	0.00	0.00	0.00	0.00	10.53	3.29
澳大利亚	0.00	0.00	0.00	0.00	0.00	6.25	0.00	0.00	14.29	0.00	2.63
匈牙利	0.00	0.00	0.00	0.00	0.00	0.00	0.00	0.00	4.76	10.53	1.97
爱沙尼亚	0.00	0.00	0.00	0.00	5.56	0.00	0.00	4.76	0.00	0.00	1.32
冰岛	0.00	0.00	0.00	0.00	5.56	6.25	0.00	0.00	0.00	0.00	1.32
瑞典	0.00	5.88	0.00	0.00	0.00	0.00	0.00	4.76	0.00	0.00	1.32
中国台湾	0.00	0.00	0.00	0.00	5.56	6.25	0.00	0.00	0.00	0.00	1.32
捷克	0.00	0.00	0.00	0.00	0.00	0.00	0.00	0.00	4.76	0.00	0.66
芬兰	0.00	0.00	0.00	0.00	0.00	0.00	4.76	0.00	0.00	0.00	0.66

表9—56　皮肤医学B层人才排名前20的国家和地区的占比

国家和地区\年份	2009	2010	2011	2012	2013	2014	2015	2016	2017	2018	合计
美国	34.16	27.85	30.73	20.53	28.16	17.80	14.84	21.21	21.10	24.39	23.81
德国	12.42	13.29	11.98	10.00	9.77	10.99	9.89	12.12	11.93	9.76	11.18
英国	3.73	9.49	4.69	8.42	8.05	8.90	8.24	7.07	11.01	6.83	7.70
法国	5.59	6.33	6.77	5.79	4.60	7.33	6.04	6.57	8.72	5.85	6.42
意大利	4.97	5.06	3.13	4.21	7.47	4.71	7.14	3.54	2.29	2.93	4.44
荷兰	2.48	3.16	5.21	4.21	5.75	3.66	3.85	6.06	3.67	2.93	4.12
加拿大	1.24	1.90	1.56	3.16	3.45	4.19	8.79	4.55	4.13	6.34	4.01
日本	4.97	3.80	4.17	4.74	5.17	2.62	2.75	3.54	3.67	3.41	3.85
丹麦	3.11	3.80	4.17	4.74	2.87	2.09	3.30	5.56	3.21	1.95	3.48
澳大利亚	3.11	3.80	3.13	5.26	2.30	3.14	3.30	3.03	3.21	2.44	3.26
瑞士	2.48	4.43	1.56	3.68	2.30	2.09	3.85	2.53	3.21	3.90	3.00
西班牙	1.24	0.00	1.56	2.63	1.15	3.66	3.85	2.02	3.67	2.44	2.30
奥地利	1.24	3.16	3.13	2.11	2.87	2.62	3.85	1.01	1.83	0.98	2.25
瑞典	1.24	2.53	3.13	2.11	1.72	1.57	1.10	3.54	1.38	1.46	1.98

续表

国家和地区 \ 年份	2009	2010	2011	2012	2013	2014	2015	2016	2017	2018	合计
波兰	0.62	1.27	0.52	3.16	1.72	0.52	2.75	1.52	1.83	0.98	1.50
中国大陆	0.62	2.53	1.56	1.05	0.57	2.09	1.10	0.51	1.38	0.98	1.23
比利时	0.00	0.00	1.56	1.58	1.15	0.52	2.20	2.02	0.92	1.95	1.23
以色列	0.62	0.63	0.00	1.05	2.30	0.52	1.10	1.01	1.38	2.44	1.12
中国台湾	1.86	1.27	2.08	0.53	0.00	1.05	1.10	1.01	0.46	0.49	0.96
巴西	0.62	0.63	0.52	1.05	0.00	0.00	0.55	2.02	1.83	0.98	0.86

表 9—57　皮肤医学 C 层人才排名前 20 的国家和地区的占比

国家和地区 \ 年份	2009	2010	2011	2012	2013	2014	2015	2016	2017	2018	合计
美国	29.14	27.86	25.01	25.70	24.73	24.25	24.32	23.81	21.13	24.44	24.93
德国	10.63	13.35	10.53	11.19	10.13	9.31	9.23	9.06	9.58	9.11	10.14
英国	7.35	7.51	6.98	7.02	7.63	6.82	7.20	7.40	7.88	7.38	7.32
法国	4.80	5.58	5.67	4.91	4.77	5.47	5.23	4.87	4.36	4.99	5.06
意大利	4.25	3.40	4.35	4.74	4.35	4.79	5.55	5.43	4.52	3.97	4.56
日本	3.95	4.11	5.21	4.57	5.24	4.85	3.95	4.04	3.73	4.07	4.36
荷兰	3.95	3.47	4.64	3.66	3.34	3.38	3.41	3.26	4.74	2.90	3.67
澳大利亚	3.34	2.31	2.40	3.03	2.62	4.23	4.11	2.74	2.24	3.72	3.09
加拿大	2.31	2.95	2.75	2.74	2.86	3.16	2.29	4.14	3.51	3.56	3.05
丹麦	2.19	1.60	2.80	2.57	2.98	2.82	2.93	3.67	4.31	3.11	2.94
西班牙	2.49	2.25	2.35	2.63	2.92	2.54	2.61	3.00	3.57	2.75	2.72
中国大陆	1.88	1.93	2.58	2.74	3.04	2.71	2.88	2.85	2.13	2.85	2.57
韩国	2.49	2.82	2.58	2.34	2.62	3.27	1.81	1.50	1.33	2.34	2.29
瑞士	2.85	2.44	2.06	1.88	1.85	1.58	2.08	1.86	2.82	2.39	2.18
奥地利	1.70	1.80	2.40	2.28	2.09	1.64	1.97	1.29	1.92	1.88	1.89
瑞典	2.06	1.80	1.72	1.77	2.09	1.52	2.08	2.02	1.92	1.78	1.88
比利时	1.70	1.28	1.09	1.77	1.73	1.58	1.01	1.55	1.92	1.93	1.56
巴西	1.64	1.73	1.66	1.48	1.49	2.14	1.76	1.35	1.01	1.17	1.53
印度	0.79	0.90	1.03	0.74	1.19	1.24	1.12	1.40	1.22	1.48	1.12
以色列	0.67	0.90	1.49	0.80	0.95	1.13	1.28	1.04	1.01	1.32	1.07

十九 眼科学

眼科学 A、B、C 层人才最多的国家是美国，分别占该学科全球 A、B、C 层人才的 35.52%、32.30%、32.51%。

德国、英国、澳大利亚、法国、意大利、新加坡、巴西、日本、瑞士的 A 层人才比较多，世界占比在 8%—3% 之间；荷兰、韩国、比利时、奥地利、中国大陆、加拿大、西班牙、阿根廷、伊朗、南非也有相当数量的 A 层人才，世界占比超过或接近 1%。

英国、德国、澳大利亚、日本、法国、中国大陆、意大利、新加坡的 B 层人才比较多，世界占比在 10%—3% 之间；瑞士、加拿大、西班牙、韩国、荷兰、巴西、奥地利、印度、中国香港、中国台湾、丹麦也有相当数量的 B 层人才，世界占比超过或接近 1%。

英国、德国、中国大陆、日本、澳大利亚、意大利的 C 层人才比较多，世界占比在 9%—3% 之间；西班牙、法国、加拿大、韩国、新加坡、荷兰、印度、瑞士、巴西、中国香港、奥地利、土耳其、以色列也有相当数量的 C 层人才，世界占比超过或接近 1%。

表 9—58　眼科学 A 层人才排名前 20 的国家和地区的占比

国家和地区 \ 年份	2009	2010	2011	2012	2013	2014	2015	2016	2017	2018	合计
美国	53.85	33.33	50.00	40.00	42.11	33.33	40.91	30.43	23.08	20.00	35.52
德国	7.69	0.00	7.14	13.33	5.26	14.29	9.09	8.70	0.00	4.00	7.10
英国	7.69	0.00	0.00	6.67	10.53	14.29	9.09	4.35	7.69	4.00	6.56
澳大利亚	0.00	16.67	7.14	6.67	0.00	0.00	0.00	8.70	7.69	8.00	5.46
法国	0.00	5.56	7.14	6.67	5.26	0.00	9.09	4.35	0.00	8.00	4.92
意大利	7.69	11.11	7.14	0.00	0.00	9.52	0.00	0.00	7.69	8.00	4.92
新加坡	0.00	11.11	0.00	6.67	0.00	9.52	4.55	4.35	0.00	0.00	3.83
巴西	0.00	5.56	0.00	0.00	0.00	4.76	4.55	13.04	0.00	4.00	3.83
日本	7.69	5.56	0.00	6.67	0.00	0.00	4.55	0.00	15.38	4.00	3.83
瑞士	0.00	0.00	7.14	6.67	5.26	0.00	4.55	0.00	0.00	8.00	3.28
荷兰	0.00	0.00	7.14	0.00	5.26	4.76	5.56	4.35	0.00	8.00	2.73
韩国	0.00	5.56	0.00	0.00	0.00	4.76	0.00	4.35	7.69	4.00	2.73

续表

国家和地区\年份	2009	2010	2011	2012	2013	2014	2015	2016	2017	2018	合计
比利时	7.69	0.00	0.00	0.00	5.26	0.00	4.55	0.00	7.69	0.00	2.19
奥地利	0.00	0.00	7.14	6.67	5.26	0.00	0.00	0.00	0.00	4.00	2.19
中国大陆	0.00	0.00	0.00	0.00	5.26	0.00	4.55	0.00	7.69	4.00	2.19
加拿大	7.69	0.00	0.00	0.00	0.00	0.00	4.55	0.00	7.69	0.00	1.64
西班牙	0.00	0.00	0.00	0.00	0.00	0.00	0.00	8.70	0.00	4.00	1.64
阿根廷	0.00	0.00	0.00	0.00	5.26	0.00	0.00	0.00	0.00	0.00	0.55
伊朗	0.00	0.00	0.00	0.00	5.26	0.00	0.00	0.00	0.00	0.00	0.55
南非	0.00	0.00	0.00	0.00	0.00	0.00	0.00	4.35	0.00	0.00	0.55

表9—59　眼科学B层人才排名前20的国家和地区的占比

国家和地区\年份	2009	2010	2011	2012	2013	2014	2015	2016	2017	2018	合计
美国	48.31	39.90	36.92	34.33	34.70	32.88	30.77	31.88	23.29	21.30	32.30
英国	10.17	10.10	9.23	11.19	8.68	7.76	8.65	9.61	8.22	11.30	9.40
德国	5.93	7.58	8.46	4.48	8.68	8.22	6.73	6.99	5.94	7.39	7.14
澳大利亚	4.24	6.57	6.92	4.48	7.31	7.31	4.33	2.62	5.02	6.09	5.51
日本	3.39	4.55	8.46	5.22	5.94	5.02	3.85	4.37	5.02	3.48	4.83
法国	0.85	2.02	2.31	1.49	3.20	3.65	6.25	5.68	3.65	4.78	3.68
中国大陆	2.54	2.53	2.31	2.99	3.65	4.57	2.88	3.49	2.74	4.35	3.31
意大利	0.85	3.03	2.31	1.49	3.20	3.65	4.81	3.49	3.20	4.78	3.31
新加坡	3.39	2.53	0.77	5.22	0.91	1.83	2.40	4.80	3.20	5.22	3.05
瑞士	5.08	2.53	1.54	3.73	2.28	2.74	2.88	1.75	1.83	3.91	2.73
加拿大	2.54	1.52	0.77	5.22	3.20	1.37	2.40	2.62	4.11	1.74	2.52
西班牙	1.69	2.53	2.31	1.49	1.37	2.28	1.92	2.18	3.65	2.17	2.21
韩国	0.85	3.54	3.08	2.24	1.83	0.00	0.96	3.06	3.20	1.74	2.05
荷兰	2.54	1.01	3.08	2.24	1.37	0.91	2.88	1.31	2.74	3.04	2.05
巴西	0.00	1.01	1.54	2.99	0.91	0.91	2.88	3.06	3.65	1.74	1.94
奥地利	0.00	2.53	0.77	0.75	1.37	3.65	0.48	1.75	3.20	2.17	1.84
印度	0.00	0.51	0.77	1.49	0.91	1.37	1.92	2.62	1.83	2.61	1.52
中国香港	1.69	0.51	0.77	1.49	0.91	0.91	0.96	0.44	1.37	1.30	1.00
中国台湾	0.00	1.52	0.00	0.75	1.37	0.46	0.00	0.44	0.91	1.30	0.74
丹麦	0.00	1.01	0.00	1.49	0.00	1.37	0.48	0.87	0.46	0.43	0.63

表9—60　　　　眼科学C层人才排名前20的国家和地区的占比

国家和地区\年份	2009	2010	2011	2012	2013	2014	2015	2016	2017	2018	合计
美国	37.21	34.47	38.61	34.76	31.39	32.60	30.52	31.15	30.61	28.29	32.51
英国	8.24	9.15	7.12	6.83	8.52	8.28	8.40	8.72	8.28	7.39	8.19
德国	7.37	5.60	6.33	5.03	6.38	6.27	7.06	5.91	5.51	5.42	6.08
中国大陆	2.69	4.08	4.03	4.43	5.36	5.85	5.78	6.26	6.21	5.96	5.24
日本	5.55	5.39	5.38	6.16	5.68	5.89	4.40	4.19	4.39	4.35	5.09
澳大利亚	3.90	5.91	5.78	5.18	4.94	4.26	5.19	5.03	4.29	4.76	4.92
意大利	2.34	3.09	2.69	3.15	3.31	3.37	3.85	3.55	4.85	4.29	3.53
西班牙	2.60	3.24	2.85	2.25	3.26	3.18	3.16	1.97	2.47	2.80	2.81
法国	2.60	2.09	2.37	2.78	2.84	2.57	2.91	3.35	2.83	2.50	2.71
加拿大	3.04	3.09	2.29	2.48	3.35	2.29	2.62	1.92	1.97	2.50	2.55
韩国	1.56	1.52	1.66	3.23	2.56	3.55	2.32	2.76	2.98	2.50	2.53
新加坡	1.65	2.25	2.69	2.40	1.77	2.01	2.37	3.06	2.47	2.62	2.33
荷兰	2.43	2.35	2.53	2.48	2.33	1.96	2.47	1.87	2.17	2.14	2.25
印度	1.13	1.99	1.58	2.25	1.35	1.59	1.73	2.41	2.07	2.98	1.92
瑞士	2.25	0.99	1.27	1.95	1.44	1.45	1.93	2.17	2.63	2.20	1.82
巴西	1.73	1.41	1.90	0.98	1.49	1.31	1.19	1.97	1.41	1.73	1.50
中国香港	0.52	1.20	1.03	0.90	1.30	0.94	1.14	1.03	1.06	1.01	1.04
奥地利	0.95	0.99	1.58	1.20	0.79	0.80	1.28	0.94	1.01	0.89	1.02
土耳其	0.61	0.89	0.47	0.68	0.93	1.45	0.94	0.79	1.11	1.55	0.98
以色列	0.61	0.84	0.32	1.05	0.75	0.84	0.89	0.79	0.71	1.25	0.82

二十　耳鼻喉学

耳鼻喉学A、B、C层人才最多的国家是美国,分别占该学科全球A、B、C层人才的65.00%、37.79%、38.64%。

英国的A层人才比较多,世界占比为22.50%;加拿大、爱尔兰、德国、印度也有相当数量的A层人才,世界占比超过2%。

英国、德国、加拿大、荷兰、澳大利亚、比利时的B层人才比较多,世界占比在8%—3%之间;意大利、法国、瑞典、日本、瑞士、丹麦、西班牙、韩国、奥地利、波兰、巴西、中国大陆、芬兰也有相当数量的B层人才,世界占比超过或接近1%。

英国、德国、澳大利亚、加拿大、意大利、荷兰的C层人才比较多,世界占比在7%—4%之间;比利时、中国大陆、韩国、日本、法国、瑞典、中国台湾、西班牙、瑞士、巴西、丹麦、土耳其、奥地利也有相当数量的C层人才,世界占比超过或接近1%。

表9—61　　耳鼻喉学A层人才的国家和地区的占比

国家和地区\年份	2009	2010	2011	2012	2013	2014	2015	2016	2017	2018	合计
美国	40.00	100.00	57.14	100.00	50.00	57.14	50.00	0.00	80.00	0.00	65.00
英国	40.00	0.00	28.57	0.00	33.33	28.57	0.00	0.00	20.00	0.00	22.50
加拿大	0.00	0.00	0.00	0.00	16.67	14.29	0.00	0.00	0.00	0.00	5.00
爱尔兰	20.00	0.00	0.00	0.00	0.00	0.00	0.00	0.00	0.00	0.00	2.50
德国	0.00	0.00	14.29	0.00	0.00	0.00	0.00	0.00	0.00	0.00	2.50
印度	0.00	0.00	0.00	0.00	0.00	0.00	50.00	0.00	0.00	0.00	2.50

表9—62　　耳鼻喉学B层人才排名前20的国家和地区的占比

国家和地区\年份	2009	2010	2011	2012	2013	2014	2015	2016	2017	2018	合计
美国	43.33	42.42	51.79	39.44	38.10	54.55	38.46	25.56	18.99	35.82	37.79
英国	10.00	10.61	5.36	5.63	6.35	6.06	5.13	11.11	7.59	5.97	7.47
德国	8.33	4.55	7.14	5.63	3.17	4.55	8.97	4.44	10.13	8.96	6.61
加拿大	0.00	7.58	5.36	2.82	6.35	9.09	10.26	3.33	10.13	2.99	5.89
荷兰	3.33	7.58	7.14	7.04	3.17	1.52	1.28	8.89	2.53	5.97	4.89
澳大利亚	6.67	4.55	3.57	5.63	7.94	4.55	1.28	5.56	5.06	4.48	4.89
比利时	3.33	1.52	1.79	4.23	3.17	6.06	2.56	3.33	1.27	5.97	3.30
意大利	3.33	1.52	0.00	2.82	3.17	1.52	2.56	3.33	2.53	2.99	2.44
法国	3.33	3.03	5.36	2.82	4.76	1.52	2.56	1.11	0.00	1.49	2.44
瑞典	1.67	3.03	1.79	4.23	1.59	1.52	2.56	1.11	3.80	1.49	2.30
日本	1.67	0.00	0.00	0.00	3.17	0.00	3.85	2.22	6.33	1.49	2.01
瑞士	0.00	1.52	1.79	1.41	3.17	1.52	1.28	2.22	5.06	1.49	2.01
丹麦	0.00	3.03	1.79	2.82	1.59	0.00	1.28	1.11	0.00	1.49	1.29
西班牙	0.00	0.00	0.00	0.00	1.59	0.00	2.56	3.33	1.27	2.99	1.29
韩国	0.00	0.00	0.00	1.41	0.00	0.00	3.85	2.22	2.53	0.00	1.15
奥地利	3.33	1.52	1.79	0.00	1.59	0.00	0.00	1.11	2.53	0.00	1.15

续表

国家和地区\年份	2009	2010	2011	2012	2013	2014	2015	2016	2017	2018	合计
波兰	0.00	0.00	0.00	1.41	4.76	0.00	1.28	1.11	1.27	0.00	1.01
巴西	0.00	0.00	0.00	1.41	3.17	0.00	2.56	1.11	1.27	0.00	1.01
中国大陆	0.00	1.52	0.00	1.41	0.00	0.00	1.28	3.33	1.27	0.00	1.01
芬兰	1.67	0.00	1.79	0.00	0.00	3.03	0.00	1.11	0.00	1.49	0.86

表9—63 耳鼻喉学C层人才排名前20的国家和地区的占比

国家和地区\年份	2009	2010	2011	2012	2013	2014	2015	2016	2017	2018	合计
美国	40.77	43.93	36.04	39.87	38.89	40.06	37.03	38.07	36.36	36.31	38.64
英国	5.92	6.70	7.36	5.38	4.82	6.83	5.55	7.64	7.09	5.30	6.29
德国	5.57	6.07	5.86	6.49	5.26	5.31	6.45	4.69	4.68	3.93	5.41
澳大利亚	3.83	4.21	4.65	5.22	6.14	5.61	3.90	4.83	3.21	6.05	4.76
加拿大	4.18	2.80	3.75	4.91	5.12	4.70	5.10	5.63	6.42	4.39	4.75
意大利	4.18	4.98	3.90	5.38	4.39	4.55	3.75	3.89	3.61	4.08	4.25
荷兰	3.83	4.52	4.80	4.59	4.09	5.46	4.20	4.16	2.81	3.33	4.16
比利时	2.79	2.18	1.20	3.01	2.63	2.43	2.70	2.28	3.07	2.12	2.44
中国大陆	2.26	1.25	2.25	1.90	2.19	2.12	2.25	2.14	3.21	3.03	2.28
韩国	1.74	1.71	1.95	1.90	2.78	1.82	2.40	2.28	2.27	2.87	2.19
日本	2.26	1.71	2.85	1.58	1.75	1.52	1.95	1.61	2.14	3.48	2.08
法国	3.48	3.43	2.10	1.74	2.19	2.12	1.05	1.34	1.34	2.27	2.07
瑞典	1.57	0.47	3.00	1.42	1.46	1.97	2.25	2.01	2.01	2.57	1.89
中国台湾	1.22	1.40	1.50	1.11	1.90	1.21	1.95	1.61	2.01	2.57	1.66
西班牙	1.57	1.40	2.55	2.06	2.28	1.46	2.28	0.60	1.34	1.87	1.51	1.66
瑞士	1.57	1.71	2.10	2.06	1.61	1.06	1.80	1.21	1.87	1.06	1.60
巴西	1.39	1.25	1.65	1.58	1.46	1.21	1.05	1.88	1.60	1.06	1.42
丹麦	0.87	0.31	0.75	0.63	0.58	1.06	2.10	1.74	1.34	1.21	1.08
土耳其	1.05	0.47	1.35	0.63	0.58	0.76	1.35	1.07	2.01	1.21	1.06
奥地利	1.05	0.78	1.35	1.11	0.73	1.06	1.50	1.07	0.80	0.45	0.99

二十一 听觉学和言语病理学

听觉学和言语病理学 A、B、C 层人才最多的国家是美国，分别占该学科全球 A、B、C 层人才的 56.00%、37.46%、37.91%。

英国的 A 层人才比较多，世界占比为 20.00%；新西兰、巴西、德国、日本、加拿大、荷兰也有相当数量的 A 层人才，世界占比均为 4.00%。

英国、加拿大、荷兰、澳大利亚、德国、瑞典、丹麦的 B 层人才比较多，世界占比在 12%—3% 之间；法国、比利时、瑞士、中国大陆、以色列、芬兰、葡萄牙、捷克、奥地利、韩国、新西兰、意大利也有相当数量的 B 层人才，世界占比超过或接近 1%。

英国、澳大利亚、德国、加拿大、荷兰、法国的 C 层人才比较多，世界占比在 11%—3% 之间；瑞典、丹麦、比利时、中国大陆、意大利、西班牙、瑞士、奥地利、韩国、新西兰、日本、巴西、芬兰也有相当数量的 C 层人才，世界占比超过或接近 1%。

表 9—64 听觉学和言语病理学 A 层人才的国家和地区的占比

国家和地区\年份	2009	2010	2011	2012	2013	2014	2015	2016	2017	2018	合计
美国	100.00	100.00	50.00	33.33	66.67	33.33	66.67	100.00	33.33	50.00	56.00
英国	0.00	0.00	0.00	0.00	0.00	66.67	0.00	0.00	66.67	25.00	20.00
新西兰	0.00	0.00	0.00	33.33	0.00	0.00	0.00	0.00	0.00	0.00	4.00
巴西	0.00	0.00	0.00	0.00	0.00	0.00	33.33	0.00	0.00	0.00	4.00
德国	0.00	0.00	0.00	33.33	0.00	0.00	0.00	0.00	0.00	0.00	4.00
日本	0.00	0.00	0.00	0.00	33.33	0.00	0.00	0.00	0.00	0.00	4.00
加拿大	0.00	0.00	0.00	0.00	0.00	0.00	0.00	0.00	0.00	25.00	4.00
荷兰	0.00	0.00	50.00	0.00	0.00	0.00	0.00	0.00	0.00	0.00	4.00

表 9—65 听觉学和言语病理学 B 层人才排名前 20 的国家和地区的占比

国家和地区\年份	2009	2010	2011	2012	2013	2014	2015	2016	2017	2018	合计
美国	33.33	34.62	43.33	45.16	36.67	44.83	44.83	22.86	40.54	30.56	37.46
英国	16.67	15.38	6.67	9.68	10.00	17.24	10.34	14.29	13.51	5.56	11.73

续表

国家和地区\年份	2009	2010	2011	2012	2013	2014	2015	2016	2017	2018	合计
加拿大	8.33	3.85	10.00	6.45	6.67	10.34	0.00	8.57	13.51	0.00	6.84
荷兰	12.50	7.69	0.00	9.68	3.33	0.00	3.45	11.43	5.41	11.11	6.51
澳大利亚	4.17	3.85	3.33	3.23	6.67	6.90	6.90	2.86	5.41	11.11	5.54
德国	4.17	7.69	10.00	3.23	6.67	3.45	3.45	5.71	0.00	8.33	5.21
瑞典	4.17	7.69	3.33	9.68	3.33	0.00	3.45	2.86	5.41	2.78	4.23
丹麦	4.17	0.00	6.67	0.00	6.67	3.45	6.90	2.86	5.41	2.78	3.91
法国	0.00	7.69	3.33	0.00	3.33	3.45	3.45	5.71	0.00	2.78	2.93
比利时	4.17	3.85	0.00	3.23	6.67	0.00	0.00	2.86	2.70	2.78	2.61
瑞士	0.00	0.00	0.00	0.00	3.33	3.45	0.00	2.86	2.70	0.00	1.30
中国大陆	4.17	0.00	0.00	0.00	0.00	3.45	0.00	0.00	0.00	5.56	1.30
以色列	0.00	3.85	0.00	3.23	3.33	0.00	0.00	0.00	0.00	2.78	1.30
芬兰	0.00	0.00	3.33	0.00	0.00	0.00	3.45	0.00	0.00	2.78	0.98
葡萄牙	0.00	0.00	0.00	3.23	0.00	0.00	3.45	0.00	0.00	2.78	0.98
捷克	0.00	0.00	3.33	0.00	0.00	0.00	0.00	0.00	2.86	0.00	0.98
奥地利	4.17	0.00	0.00	0.00	0.00	0.00	3.45	0.00	2.70	0.00	0.98
韩国	0.00	3.85	3.33	0.00	0.00	0.00	0.00	2.86	0.00	0.00	0.98
新西兰	0.00	0.00	3.33	0.00	0.00	0.00	0.00	0.00	0.00	2.78	0.65
意大利	0.00	0.00	0.00	3.23	0.00	0.00	3.45	0.00	0.00	0.00	0.65

表9—66　听觉学和言语病理学 C 层人才排名前 20 的国家和地区的占比

国家和地区\年份	2009	2010	2011	2012	2013	2014	2015	2016	2017	2018	合计
美国	44.00	46.34	43.17	36.30	40.00	35.48	32.90	33.45	34.67	36.40	37.91
英国	12.44	10.98	9.96	11.55	8.81	12.54	10.00	8.78	11.76	9.96	10.64
澳大利亚	5.33	7.32	6.27	8.91	6.10	10.04	6.45	8.78	7.12	6.90	7.37
德国	4.44	4.07	4.80	5.94	6.44	5.02	6.77	5.41	5.57	5.75	5.48
加拿大	6.22	3.66	5.54	6.27	6.44	5.02	4.52	6.76	4.64	4.98	5.41
荷兰	2.22	4.07	2.95	4.62	6.44	5.73	5.48	5.41	2.79	3.07	4.34
法国	5.33	3.66	4.06	3.63	3.73	3.58	4.84	4.05	3.72	2.68	3.92
瑞典	1.33	2.03	1.85	2.97	2.03	3.58	3.87	4.05	1.24	3.45	2.67
丹麦	2.67	1.22	2.95	3.63	0.68	2.15	1.94	2.03	1.86	3.83	2.28
比利时	1.78	2.85	2.21	2.31	1.69	1.08	2.58	2.70	3.41	0.38	2.14

续表

国家和地区＼年份	2009	2010	2011	2012	2013	2014	2015	2016	2017	2018	合计
中国大陆	1.78	0.00	1.85	2.97	0.68	3.23	1.94	2.03	4.02	1.53	2.06
意大利	1.78	2.03	1.85	1.98	2.03	1.43	1.29	1.35	1.86	1.92	1.74
西班牙	0.89	0.81	1.85	1.32	2.03	1.08	1.29	1.35	1.24	1.15	1.32
瑞士	1.78	0.81	1.11	0.33	2.37	0.36	2.90	1.01	1.24	1.15	1.32
奥地利	0.89	0.00	0.74	0.00	0.68	0.72	1.61	1.35	1.24	1.92	0.93
韩国	0.89	0.41	0.37	0.66	1.69	0.00	0.32	0.68	1.86	1.15	0.82
新西兰	0.44	0.81	0.37	0.99	1.02	0.36	0.32	0.68	1.24	1.15	0.75
日本	1.33	0.41	0.37	0.33	0.68	0.00	0.97	1.01	0.31	1.15	0.64
巴西	0.00	0.81	0.74	0.66	0.00	0.72	0.00	2.03	0.62	0.00	0.57
芬兰	0.00	0.00	0.37	0.66	0.68	1.43	0.00	1.01	0.93	0.38	0.57

二十二 牙科医学、口腔外科和口腔医学

牙科医学、口腔外科和口腔医学A、B、C层人才最多的国家是美国，分别占该学科全球A、B、C层人才的21.85%、21.45%、19.46%。

英国、荷兰、德国、瑞典、意大利、丹麦、日本、瑞士、比利时、法国、巴西、加拿大的A层人才比较多，世界占比在9%—3%之间；中国香港、澳大利亚、冰岛、伊朗、芬兰、新西兰、西班牙也有相当数量的A层人才，世界占比超过或接近1%。

英国、瑞士、德国、意大利、巴西、瑞典、比利时、荷兰的B层人才比较多，世界占比在9%—3%之间；西班牙、中国大陆、日本、澳大利亚、芬兰、加拿大、中国香港、丹麦、以色列、韩国、法国也有相当数量的B层人才，世界占比超过1%。

巴西、德国、英国、意大利、瑞士、中国大陆、瑞典、荷兰、日本、西班牙的C层人才比较多，世界占比在9%—3%之间；加拿大、澳大利亚、比利时、韩国、土耳其、法国、丹麦、中国香港、芬兰也有相当数量的C层人才，世界占比超过1%。

表9—67 牙科医学、口腔外科和口腔医学 A 层人才排名前 20 的国家和地区的占比

国家和地区\年份	2009	2010	2011	2012	2013	2014	2015	2016	2017	2018	合计
美国	18.18	45.45	25.00	23.08	18.18	14.29	16.67	7.69	38.46	11.11	21.85
英国	9.09	0.00	0.00	7.69	9.09	7.14	8.33	15.38	15.38	11.11	8.40
荷兰	18.18	0.00	0.00	23.08	9.09	7.14	0.00	7.69	0.00	0.00	6.72
德国	9.09	0.00	0.00	0.00	0.00	7.14	8.33	7.69	7.69	22.22	5.88
瑞典	9.09	9.09	8.33	0.00	0.00	7.14	8.33	15.38	0.00	0.00	5.88
意大利	9.09	0.00	8.33	0.00	9.09	7.14	0.00	7.69	7.69	11.11	5.88
丹麦	9.09	0.00	8.33	0.00	9.09	7.14	8.33	7.69	7.69	0.00	5.88
日本	0.00	0.00	16.67	0.00	9.09	0.00	8.33	0.00	7.69	11.11	5.04
瑞士	0.00	0.00	0.00	23.08	0.00	7.14	8.33	0.00	0.00	11.11	5.04
比利时	9.09	9.09	8.33	0.00	0.00	7.14	0.00	0.00	0.00	0.00	3.36
法国	0.00	0.00	0.00	0.00	0.00	7.14	0.00	7.69	7.69	11.11	3.36
巴西	0.00	9.09	8.33	7.69	0.00	0.00	8.33	0.00	0.00	0.00	3.36
加拿大	0.00	0.00	0.00	0.00	0.00	9.09	14.29	0.00	7.69	0.00	3.36
中国香港	0.00	0.00	8.33	0.00	0.00	0.00	0.00	7.69	7.69	0.00	2.52
澳大利亚	9.09	0.00	0.00	0.00	9.09	7.14	0.00	0.00	0.00	0.00	2.52
冰岛	0.00	0.00	0.00	15.38	0.00	0.00	8.33	0.00	0.00	0.00	2.52
伊朗	0.00	27.27	0.00	0.00	0.00	0.00	0.00	0.00	0.00	0.00	2.52
芬兰	0.00	0.00	8.33	0.00	9.09	0.00	0.00	0.00	0.00	0.00	1.68
新西兰	0.00	0.00	0.00	0.00	0.00	0.00	8.33	0.00	0.00	0.00	0.84
西班牙	0.00	0.00	0.00	0.00	0.00	0.00	0.00	0.00	0.00	11.11	0.84

表9—68 牙科医学、口腔外科和口腔医学 B 层人才排名前 20 的国家和地区的占比

国家和地区\年份	2009	2010	2011	2012	2013	2014	2015	2016	2017	2018	合计
美国	24.51	23.76	30.48	21.01	30.95	20.16	15.87	27.20	10.00	13.74	21.45
英国	9.80	6.93	7.62	9.24	13.49	8.06	9.52	5.60	7.69	6.87	8.49
瑞士	8.82	5.94	5.71	7.56	8.73	8.87	5.56	9.60	12.31	5.34	7.91
德国	7.84	5.94	7.62	5.04	7.14	8.06	8.73	8.80	7.69	7.63	7.49
意大利	6.86	7.92	4.76	4.20	4.76	5.65	6.35	4.00	6.15	5.34	5.55

续表

国家和地区 \ 年份	2009	2010	2011	2012	2013	2014	2015	2016	2017	2018	合计
巴西	4.90	7.92	6.67	4.20	3.17	6.45	3.97	3.20	6.15	5.34	5.13
瑞典	3.92	4.95	4.76	5.88	0.00	5.65	4.76	7.20	6.15	6.87	5.05
比利时	2.94	0.99	2.86	4.20	0.79	6.45	4.76	4.80	6.92	3.82	3.95
荷兰	3.92	3.96	5.71	0.84	2.38	4.84	3.97	0.80	4.62	3.05	3.36
西班牙	1.96	3.96	0.00	2.52	2.38	0.81	6.35	0.80	3.85	5.34	2.86
中国大陆	2.94	2.97	1.90	3.36	0.79	2.42	2.38	3.20	3.85	3.05	2.69
日本	5.88	0.99	1.90	3.36	1.59	3.23	1.59	3.20	1.54	0.76	2.35
澳大利亚	1.96	1.98	0.95	3.36	0.79	1.61	0.79	2.40	2.31	4.58	2.10
芬兰	1.96	2.97	3.81	0.84	3.97	0.81	1.59	0.00	0.77	2.29	1.85
加拿大	0.98	1.98	0.95	2.52	3.97	3.23	1.59	0.80	0.77	0.76	1.77
中国香港	0.00	0.99	0.95	4.20	0.00	0.81	0.79	2.40	0.00	6.87	1.77
丹麦	0.00	0.00	0.95	2.52	0.00	0.81	1.59	2.40	2.31	0.76	1.18
以色列	1.96	0.00	0.95	0.00	0.79	0.00	2.38	0.80	0.77	3.82	1.18
韩国	1.96	1.98	2.86	0.84	0.00	0.00	1.59	0.00	0.77	1.53	1.09
法国	0.00	0.99	0.00	1.68	1.59	1.61	0.00	1.60	2.31	0.00	1.01

表9—69　牙科医学、口腔外科和口腔医学C层人才排名前20的国家和地区的占比

国家和地区 \ 年份	2009	2010	2011	2012	2013	2014	2015	2016	2017	2018	合计
美国	22.39	24.37	21.87	19.86	19.43	19.52	17.11	18.91	17.23	15.75	19.46
巴西	7.99	7.90	7.32	8.15	8.83	7.79	9.42	9.49	8.66	9.88	8.59
德国	7.00	6.26	5.95	7.64	6.96	7.87	6.44	6.53	7.73	6.56	6.90
英国	6.41	6.36	6.68	6.79	7.53	5.78	5.57	5.69	6.72	5.56	6.29
意大利	6.71	5.97	6.22	7.64	4.94	6.27	5.10	5.01	6.13	6.02	5.97
瑞士	5.82	3.18	5.22	5.09	3.89	5.38	4.87	5.47	6.22	5.02	5.03
中国大陆	2.47	2.70	4.39	4.92	5.02	5.54	6.28	6.00	4.79	4.94	4.80
瑞典	4.24	3.76	2.65	3.82	2.83	2.81	4.00	3.19	3.19	3.55	3.39
荷兰	4.14	3.95	3.66	2.97	3.56	3.86	3.45	3.42	2.44	2.39	3.36
日本	4.44	3.56	3.29	3.06	3.48	2.01	2.67	3.95	2.61	3.55	3.24
西班牙	2.07	2.79	2.38	3.14	3.16	3.45	2.83	3.34	3.36	3.78	3.06
加拿大	1.97	2.41	2.84	2.38	2.67	3.05	2.75	3.04	2.44	2.32	2.60

续表

国家和地区\年份	2009	2010	2011	2012	2013	2014	2015	2016	2017	2018	合计
澳大利亚	3.16	1.73	2.20	1.61	2.43	2.09	1.18	2.43	2.10	3.40	2.23
比利时	2.66	2.41	1.83	2.55	1.94	1.20	2.04	1.97	2.86	1.39	2.06
韩国	2.07	2.12	1.83	1.78	2.51	2.09	2.20	1.75	2.18	1.16	1.96
土耳其	1.48	1.35	1.46	1.10	1.78	2.01	1.49	1.90	0.92	2.01	1.57
法国	0.79	1.83	1.01	1.10	1.54	0.72	1.49	1.29	2.44	1.70	1.40
丹麦	1.18	0.87	0.82	1.61	1.46	1.20	1.81	1.06	1.34	1.85	1.34
中国香港	1.68	2.02	1.28	1.44	1.05	1.53	1.02	0.68	1.09	1.39	1.30
芬兰	0.89	1.25	1.74	0.68	1.21	1.04	1.88	1.75	0.84	0.54	1.19

二十三 急救医学

急救医学A、B、C层人才最多的国家是美国，分别占该学科全球A、B、C层人才的31.71%、24.01%、31.95%。

英国、挪威、荷兰、加拿大、法国、瑞典的A层人才比较多，世界占比在13%—4%之间；芬兰、比利时、德国、爱尔兰、瑞士、意大利、澳大利亚、日本、中国大陆也有相当数量的A层人才，世界占比均为2.44%。

英国、德国、意大利、加拿大、荷兰、澳大利亚、瑞典的B层人才比较多，世界占比在11%—3%之间；法国、比利时、奥地利、瑞士、挪威、芬兰、西班牙、韩国、爱尔兰、丹麦、以色列、巴西也有相当数量的B层人才，世界占比超过1%。

英国、加拿大、澳大利亚、德国的C层人才比较多，世界占比在8%—4%之间；意大利、荷兰、西班牙、法国、瑞典、日本、瑞士、挪威、丹麦、韩国、中国大陆、奥地利、中国台湾、芬兰、比利时也有相当数量的C层人才，世界占比超过1%。

表9—70　　急救医学A层人才的国家和地区的占比

国家和地区\年份	2009	2010	2011	2012	2013	2014	2015	2016	2017	2018	合计
美国	33.33	20.00	20.00	40.00	50.00	100.00	0.00	0.00	40.00	40.00	31.71
英国	0.00	20.00	20.00	0.00	16.67	0.00	16.67	0.00	20.00	0.00	12.20

续表

国家和地区 \ 年份	2009	2010	2011	2012	2013	2014	2015	2016	2017	2018	合计
挪威	33.33	20.00	0.00	0.00	0.00	0.00	16.67	0.00	20.00	0.00	9.76
荷兰	0.00	40.00	0.00	0.00	0.00	0.00	0.00	0.00	0.00	20.00	7.32
加拿大	33.33	0.00	20.00	20.00	0.00	0.00	0.00	0.00	0.00	0.00	7.32
法国	0.00	0.00	0.00	0.00	0.00	0.00	16.67	0.00	20.00	0.00	4.88
瑞典	0.00	0.00	20.00	0.00	16.67	0.00	0.00	0.00	0.00	0.00	4.88
芬兰	0.00	0.00	0.00	0.00	0.00	0.00	16.67	0.00	0.00	0.00	2.44
比利时	0.00	0.00	0.00	0.00	0.00	0.00	0.00	0.00	20.00	0.00	2.44
德国	0.00	0.00	0.00	0.00	0.00	0.00	16.67	0.00	0.00	0.00	2.44
爱尔兰	0.00	0.00	0.00	20.00	0.00	0.00	0.00	0.00	0.00	0.00	2.44
瑞士	0.00	0.00	0.00	0.00	0.00	0.00	0.00	0.00	20.00	0.00	2.44
意大利	0.00	0.00	0.00	0.00	0.00	0.00	16.67	0.00	0.00	0.00	2.44
澳大利亚	0.00	0.00	20.00	0.00	0.00	0.00	0.00	0.00	0.00	0.00	2.44
日本	0.00	0.00	0.00	0.00	16.67	0.00	0.00	0.00	0.00	0.00	2.44
中国大陆	0.00	0.00	0.00	20.00	0.00	0.00	0.00	0.00	0.00	0.00	2.44

表9—71　急救医学B层人才排名前20的国家和地区的占比

国家和地区 \ 年份	2009	2010	2011	2012	2013	2014	2015	2016	2017	2018	合计
美国	46.15	15.56	26.53	50.00	17.86	30.30	5.56	9.52	26.67	22.22	24.01
英国	17.95	17.78	10.20	5.77	5.36	12.12	14.81	6.35	4.44	11.11	10.13
德国	5.13	6.67	8.16	3.85	0.00	3.03	9.26	3.17	4.44	11.11	5.07
意大利	2.56	6.67	4.08	1.92	8.93	3.03	7.41	4.76	4.44	0.00	4.85
加拿大	0.00	4.44	8.16	7.69	3.57	9.09	3.70	6.35	2.22	0.00	4.85
荷兰	5.13	6.67	4.08	0.00	5.36	12.12	7.41	3.17	2.22	5.56	4.85
澳大利亚	10.26	2.22	4.08	7.69	5.36	0.00	1.85	6.35	4.44	0.00	4.63
瑞典	5.13	4.44	4.08	0.00	3.57	3.03	3.70	4.76	0.00	0.00	3.08
法国	0.00	2.22	2.04	5.77	0.00	3.03	1.85	1.59	6.67	11.11	2.86
比利时	0.00	6.67	0.00	0.00	0.00	3.03	7.41	3.17	2.22	11.11	2.64
奥地利	0.00	4.44	0.00	1.92	1.79	3.03	7.41	1.59	0.00	5.56	2.42
瑞士	2.56	2.22	2.04	0.00	1.79	3.03	3.70	3.17	0.00	5.56	2.20
挪威	0.00	2.22	0.00	0.00	0.00	3.03	7.41	3.17	4.44	0.00	2.20
芬兰	0.00	0.00	2.04	0.00	3.57	0.00	1.85	3.17	4.44	0.00	1.76

续表

国家和地区\年份	2009	2010	2011	2012	2013	2014	2015	2016	2017	2018	合计
西班牙	0.00	4.44	2.04	0.00	1.79	0.00	1.85	4.76	0.00	0.00	1.76
韩国	0.00	0.00	2.04	1.92	3.57	3.03	0.00	1.59	2.22	0.00	1.54
爱尔兰	0.00	2.22	0.00	0.00	0.00	0.00	0.00	4.76	4.44	0.00	1.32
丹麦	2.56	2.22	0.00	0.00	0.00	0.00	0.00	1.59	2.22	5.56	1.10
以色列	0.00	0.00	0.00	0.00	1.79	0.00	0.00	1.59	4.44	5.56	1.10
巴西	0.00	0.00	0.00	0.00	3.57	0.00	0.00	1.59	4.44	0.00	1.10

表9—72　急救医学C层人才排名前20的国家和地区的占比

国家和地区\年份	2009	2010	2011	2012	2013	2014	2015	2016	2017	2018	合计
美国	44.76	43.15	34.75	36.87	34.35	34.38	24.91	24.62	26.92	22.80	31.95
英国	9.29	8.09	11.23	6.81	8.45	6.25	8.01	8.21	7.84	6.25	7.97
加拿大	6.43	6.97	6.14	6.81	4.68	8.01	4.70	4.96	5.79	7.26	6.12
澳大利亚	5.24	6.29	6.36	5.81	6.47	6.64	4.01	6.15	6.13	4.39	5.72
德国	5.71	6.97	4.24	4.61	4.86	4.69	2.79	4.10	2.21	3.38	4.24
意大利	2.14	2.92	2.54	2.61	2.70	2.93	2.79	2.74	3.41	2.36	2.73
荷兰	3.57	2.02	4.03	2.20	1.26	1.95	3.14	2.56	3.58	2.70	2.69
西班牙	0.24	0.90	2.54	3.01	1.44	2.15	2.09	2.39	3.07	3.21	2.17
法国	0.95	0.67	1.91	2.20	2.52	1.95	2.26	1.88	2.73	3.55	2.14
瑞典	2.62	1.80	3.39	0.40	2.16	1.95	2.26	2.39	2.56	1.69	2.12
日本	1.43	1.12	2.12	1.80	2.16	2.34	1.57	1.71	2.90	2.20	1.96
瑞士	1.90	1.35	1.69	2.61	2.52	0.98	2.26	1.88	1.53	1.52	1.83
挪威	2.86	2.92	1.91	1.80	1.98	1.76	1.74	1.03	1.70	1.01	1.81
丹麦	1.19	1.80	1.48	1.20	1.80	1.56	3.14	1.20	1.87	1.86	1.74
韩国	0.48	1.12	1.27	2.20	2.70	0.98	2.09	1.88	1.53	1.69	1.64
中国大陆	0.48	1.35	1.27	1.20	1.62	1.95	0.87	2.05	2.21	2.20	1.56
奥地利	1.43	0.90	2.97	1.60	2.34	0.98	1.22	2.39	0.85	0.68	1.53
中国台湾	0.71	1.35	1.27	2.00	0.90	1.76	1.05	0.51	0.51	1.52	1.14
芬兰	0.71	1.12	0.64	1.20	1.08	1.17	1.22	0.85	1.36	1.86	1.14
比利时	0.24	1.35	1.27	0.80	1.62	0.78	1.39	1.37	0.85	1.01	1.09

二十四 危机护理医学

危机护理医学 A、B、C 层人才最多的国家是美国，分别占该学科全球 A、B、C 层人才的 19.01%、19.42%、29.24%。

加拿大、英国、法国、澳大利亚、荷兰、德国、意大利、瑞士、比利时的 A 层人才比较多，世界占比在 12%—3% 之间；西班牙、巴西、瑞典、挪威、日本、新西兰、葡萄牙、芬兰、中国香港、丹麦也有相当数量的 A 层人才，世界占比超过或接近 1%。

英国、加拿大、德国、法国、意大利、澳大利亚、荷兰、西班牙、比利时的 B 层人才比较多，世界占比在 10%—3% 之间；瑞士、瑞典、奥地利、巴西、丹麦、挪威、希腊、日本、沙特、南非也有相当数量的 B 层人才，世界占比超过或接近 1%。

英国、加拿大、法国、德国、澳大利亚、荷兰、意大利、比利时的 C 层人才比较多，世界占比在 9%—3% 之间；西班牙、瑞士、中国大陆、瑞典、日本、丹麦、巴西、奥地利、希腊、挪威、韩国也有相当数量的 C 层人才，世界占比超过或接近 1%。

表 9—73 危机护理医学 A 层人才排名前 20 的国家和地区的占比

国家和地区\年份	2009	2010	2011	2012	2013	2014	2015	2016	2017	2018	合计
美国	18.75	25.00	33.33	25.00	6.25	16.67	18.75	13.04	0.00	23.81	19.01
加拿大	12.50	0.00	16.67	25.00	6.25	5.56	12.50	13.04	0.00	14.29	11.27
英国	6.25	25.00	16.67	12.50	6.25	5.56	12.50	8.70	0.00	9.52	10.56
法国	6.25	8.33	0.00	0.00	6.25	11.11	12.50	8.70	0.00	14.29	8.45
澳大利亚	12.50	0.00	0.00	0.00	6.25	11.11	0.00	8.70	0.00	9.52	6.34
荷兰	0.00	33.33	0.00	0.00	0.00	5.56	0.00	8.70	0.00	4.76	5.63
德国	6.25	0.00	8.33	0.00	6.25	5.56	6.25	8.70	0.00	0.00	4.93
意大利	0.00	0.00	0.00	25.00	0.00	11.11	6.25	4.35	0.00	4.76	4.93
瑞士	0.00	0.00	0.00	12.50	0.00	5.56	12.50	4.35	0.00	0.00	4.23
比利时	6.25	0.00	8.33	0.00	6.25	5.56	0.00	4.35	0.00	0.00	3.52
西班牙	6.25	0.00	0.00	0.00	0.00	5.56	0.00	8.70	0.00	0.00	2.82
巴西	6.25	0.00	0.00	0.00	6.25	0.00	6.25	0.00	0.00	0.00	2.11

续表

国家和地区\年份	2009	2010	2011	2012	2013	2014	2015	2016	2017	2018	合计
瑞典	0.00	0.00	16.67	0.00	0.00	0.00	0.00	4.35	0.00	0.00	2.11
挪威	0.00	8.33	0.00	0.00	0.00	0.00	6.25	0.00	0.00	0.00	1.41
日本	0.00	0.00	0.00	0.00	6.25	0.00	0.00	0.00	0.00	4.76	1.41
新西兰	6.25	0.00	0.00	0.00	0.00	0.00	0.00	0.00	0.00	4.76	1.41
葡萄牙	6.25	0.00	0.00	0.00	6.25	0.00	0.00	0.00	0.00	0.00	1.41
芬兰	0.00	0.00	0.00	0.00	0.00	0.00	5.56	6.25	0.00	0.00	1.41
中国香港	6.25	0.00	0.00	0.00	0.00	0.00	0.00	0.00	0.00	0.00	0.70
丹麦	0.00	0.00	0.00	0.00	0.00	0.00	0.00	0.00	0.00	4.76	0.70

表9—74　危机护理医学 B 层人才排名前20的国家和地区的占比

国家和地区\年份	2009	2010	2011	2012	2013	2014	2015	2016	2017	2018	合计
美国	25.37	24.19	30.58	23.58	17.68	19.49	16.09	17.39	12.04	17.56	19.42
英国	6.72	8.06	12.40	10.57	6.71	12.31	11.49	9.18	7.41	13.66	9.92
加拿大	7.46	6.45	9.09	16.26	9.76	4.62	6.32	7.25	6.48	9.27	8.00
德国	3.73	7.26	7.44	4.88	6.10	4.10	5.75	8.70	4.63	6.83	5.95
法国	7.46	4.84	8.26	4.88	5.49	5.13	5.75	5.31	4.63	4.88	5.53
意大利	5.22	4.03	4.96	5.69	4.88	5.64	5.75	5.31	3.24	4.39	4.87
澳大利亚	5.22	0.81	3.31	6.50	3.66	4.62	5.17	2.90	5.56	4.39	4.27
荷兰	4.48	7.26	1.65	1.63	3.66	5.64	4.60	3.38	2.78	4.39	3.97
西班牙	5.22	7.26	1.65	3.25	3.05	2.05	3.45	4.83	3.24	3.41	3.67
比利时	1.49	5.65	4.13	2.44	6.10	4.10	4.60	1.93	3.24	3.41	3.67
瑞士	2.24	2.42	2.48	2.44	3.05	1.54	2.30	2.42	3.24	3.90	2.65
瑞典	4.48	2.42	0.00	3.25	3.66	1.03	1.72	1.93	1.39	1.95	2.10
奥地利	2.99	4.03	2.48	0.81	2.44	1.54	2.30	1.45	0.93	0.98	1.86
巴西	0.75	3.23	0.83	0.81	1.22	1.54	1.15	0.97	1.85	1.46	1.38
丹麦	0.75	0.81	1.65	0.81	1.83	1.03	0.00	3.38	1.39	0.98	1.32
挪威	0.00	0.00	0.00	3.25	0.61	2.05	2.87	0.97	0.46	0.98	1.14
希腊	0.75	1.61	0.00	0.81	0.61	1.54	1.72	1.45	0.46	0.98	1.02
日本	0.75	0.00	0.00	0.00	1.22	1.03	0.57	2.42	2.31	0.49	1.02
沙特	0.75	0.00	0.83	1.63	1.22	1.03	1.15	0.48	1.85	0.00	0.90
南非	1.49	0.81	1.65	0.00	0.00	1.03	1.15	0.48	0.93	0.98	0.84

表9—75　危机护理医学 C 层人才排名前20的国家和地区的占比

国家和地区 \ 年份	2009	2010	2011	2012	2013	2014	2015	2016	2017	2018	合计
美国	35.14	31.59	28.57	31.00	32.05	30.26	28.24	27.42	24.81	26.04	29.24
英国	7.65	7.55	7.65	8.55	8.98	7.63	8.62	7.54	8.69	8.70	8.18
加拿大	5.80	6.72	7.06	6.99	6.96	6.49	6.83	7.84	8.24	7.28	7.07
法国	5.61	7.21	7.06	6.04	6.18	5.72	6.31	6.63	5.94	5.96	6.22
德国	6.51	6.05	5.61	5.01	3.92	5.26	3.88	5.36	4.34	4.38	4.96
澳大利亚	4.66	4.48	4.85	4.75	4.58	5.10	4.63	5.31	4.99	4.21	4.78
荷兰	4.97	3.90	3.91	4.49	3.98	4.64	4.86	4.60	4.49	4.54	4.48
意大利	4.08	3.98	3.32	2.33	4.22	4.33	3.53	5.56	4.19	5.25	4.21
比利时	2.17	3.73	2.47	2.59	2.97	3.14	3.18	3.44	3.10	3.50	3.06
西班牙	2.49	2.74	2.89	3.28	2.91	2.68	3.36	3.39	3.15	2.84	2.98
瑞士	2.10	2.57	2.38	2.42	2.68	1.70	2.55	2.02	2.20	2.79	2.32
中国大陆	1.08	1.66	1.87	2.16	1.66	1.70	2.14	2.73	2.80	2.57	2.08
瑞典	1.15	1.74	1.36	1.64	1.90	2.27	2.43	1.37	2.15	1.91	1.83
日本	2.17	2.16	1.87	1.21	1.90	1.39	1.22	1.32	1.30	1.59	1.58
丹麦	0.96	1.58	0.94	1.38	1.61	0.98	1.79	1.47	2.25	1.75	1.50
巴西	0.96	1.00	1.53	1.30	0.95	1.86	1.16	1.47	1.95	1.81	1.43
奥地利	1.34	1.24	1.45	1.30	1.66	1.44	0.93	1.21	0.95	0.98	1.24
希腊	1.15	0.66	1.19	1.12	0.59	0.93	0.87	0.51	1.15	0.44	0.84
挪威	0.45	0.91	0.94	1.30	0.59	1.08	1.22	0.25	0.80	0.82	0.81
韩国	0.64	0.91	0.68	1.55	0.83	0.52	0.64	0.96	0.60	0.60	0.76

二十五　整形外科学

整形外科学 A、B、C 层人才最多的国家是美国，分别占该学科全球 A、B、C 层人才的40.00%、41.05%、37.34%。

英国、澳大利亚、加拿大、荷兰、瑞典、法国的 A 层人才比较多，世界占比在14%—3%之间；德国、瑞士、新加坡、意大利、芬兰、比利时、中国大陆、丹麦、巴西、新西兰、沙特、西班牙、印度也有相当数量的 A 层人才，世界占比超过或接近1%。

英国、加拿大、澳大利亚、荷兰、瑞士、德国的 B 层人才比较多，世界占比在8%—3%之间；瑞典、丹麦、意大利、中国大陆、法国、挪威、比利时、日本、巴西、韩国、奥地利、西班牙、爱尔兰也有相当数量的B层人才，世界占比超过或接近1%。

英国、德国、加拿大、澳大利亚、中国大陆、荷兰、日本、瑞士的C层人才比较多，世界占比在8%—3%之间；意大利、法国、韩国、瑞典、丹麦、比利时、西班牙、挪威、奥地利、芬兰、巴西也有相当数量的C层人才，世界占比超过或接近1%。

表9—76　整形外科学A层人才排名前20的国家和地区的占比

国家和地区\年份	2009	2010	2011	2012	2013	2014	2015	2016	2017	2018	合计
美国	50.00	16.67	50.00	46.15	35.29	23.53	52.94	44.44	27.78	52.94	40.00
英国	8.33	16.67	14.29	23.08	11.76	11.76	5.88	11.11	27.78	5.88	13.55
澳大利亚	0.00	16.67	7.14	15.38	0.00	5.88	5.88	11.11	5.56	0.00	6.45
加拿大	16.67	16.67	0.00	0.00	5.88	5.88	17.65	0.00	0.00	0.00	5.81
荷兰	8.33	16.67	7.14	0.00	0.00	5.88	5.88	5.56	0.00	5.88	5.16
瑞典	0.00	8.33	14.29	7.69	11.76	5.88	0.00	0.00	0.00	0.00	4.52
法国	0.00	8.33	0.00	0.00	11.76	5.88	5.88	0.00	5.56	0.00	3.87
德国	8.33	0.00	7.14	0.00	0.00	5.88	0.00	5.56	0.00	0.00	2.58
瑞士	0.00	0.00	0.00	0.00	11.76	0.00	0.00	0.00	0.00	5.88	1.94
新加坡	0.00	0.00	0.00	7.69	0.00	0.00	0.00	11.11	0.00	0.00	1.94
意大利	8.33	0.00	0.00	0.00	0.00	5.88	0.00	0.00	5.56	0.00	1.94
芬兰	0.00	0.00	0.00	0.00	5.88	0.00	5.88	0.00	0.00	0.00	1.29
比利时	0.00	0.00	0.00	0.00	0.00	5.88	0.00	0.00	0.00	5.88	1.29
中国大陆	0.00	0.00	0.00	0.00	0.00	0.00	0.00	0.00	5.56	5.88	1.29
丹麦	0.00	0.00	0.00	0.00	0.00	5.88	0.00	0.00	0.00	0.00	1.29
巴西	0.00	0.00	0.00	0.00	0.00	0.00	0.00	5.56	5.56	0.00	1.29
新西兰	0.00	0.00	0.00	0.00	0.00	0.00	0.00	5.56	0.00	0.00	0.65
沙特	0.00	0.00	0.00	0.00	0.00	0.00	0.00	0.00	5.88	0.00	0.65
西班牙	0.00	0.00	0.00	0.00	0.00	0.00	0.00	5.56	0.00	0.00	0.65
印度	0.00	0.00	0.00	0.00	5.88	0.00	0.00	0.00	0.00	0.00	0.65

表9—77　整形外科学 B 层人才排名前 20 的国家和地区的占比

国家和地区\年份	2009	2010	2011	2012	2013	2014	2015	2016	2017	2018	合计
美国	50.94	35.71	43.31	36.73	40.27	50.00	32.48	38.51	44.12	40.65	41.05
英国	9.43	7.94	12.60	8.16	6.04	6.33	9.55	8.62	4.71	7.74	7.96
加拿大	6.60	7.14	5.51	6.80	6.71	5.70	4.46	4.02	4.12	3.87	5.38
澳大利亚	5.66	7.94	1.57	4.08	4.70	4.43	5.10	6.32	7.06	5.81	5.31
荷兰	2.83	6.35	6.30	7.48	2.01	1.90	3.82	2.87	2.94	3.87	3.95
瑞士	4.72	3.17	1.57	4.08	3.36	2.53	4.46	2.87	1.18	5.16	3.27
德国	2.83	4.76	0.79	0.68	4.03	1.90	1.27	4.02	4.71	5.81	3.13
瑞典	2.83	4.76	3.94	2.04	2.01	4.43	1.91	1.72	2.94	1.29	2.72
丹麦	0.00	2.38	1.57	2.72	4.03	1.90	2.55	5.17	1.76	1.29	2.45
意大利	1.89	2.38	7.09	3.40	2.01	2.53	2.55	0.57	1.76	1.29	2.45
中国大陆	0.00	0.00	0.00	1.36	2.01	2.53	3.18	4.02	3.53	5.16	2.38
法国	0.00	2.38	1.57	1.36	2.01	3.16	2.55	2.87	3.53	2.58	2.31
挪威	1.89	3.97	0.79	0.68	1.34	1.90	1.91	3.45	1.76	1.94	1.97
比利时	1.89	1.59	3.15	0.68	1.34	2.53	0.64	0.57	0.59	1.94	1.43
日本	0.00	1.59	0.00	1.36	3.36	1.90	2.55	0.57	1.18	0.65	1.36
巴西	0.00	1.59	0.00	0.68	0.67	1.90	3.18	1.72	1.76	0.65	1.29
韩国	0.00	0.00	0.00	1.36	2.01	1.90	1.91	1.15	2.35	0.65	1.23
奥地利	0.00	0.00	3.94	0.68	1.34	0.00	1.27	1.15	0.59	1.29	1.02
西班牙	0.94	0.79	0.00	1.36	0.67	0.63	3.82	0.57	0.59	0.65	1.02
爱尔兰	0.94	0.00	0.00	2.04	2.01	0.00	1.91	1.72	0.00	0.65	0.95

表9—78　整形外科学 C 层人才排名前 20 的国家和地区的占比

国家和地区\年份	2009	2010	2011	2012	2013	2014	2015	2016	2017	2018	合计
美国	38.37	38.65	33.61	38.76	35.96	39.24	39.66	36.38	36.73	36.15	37.34
英国	7.56	6.83	9.29	7.99	8.91	6.06	7.80	7.56	6.35	7.17	7.53
德国	5.95	6.35	5.30	5.57	5.91	5.61	4.55	5.25	4.30	4.78	5.32
加拿大	6.14	5.86	5.60	4.21	4.76	5.03	5.98	6.37	3.97	4.22	5.20
澳大利亚	4.63	4.23	5.60	4.43	3.81	3.54	4.10	3.84	5.49	4.50	4.38
中国大陆	1.70	2.52	2.99	3.50	3.81	3.74	4.42	4.96	5.89	3.94	3.87
荷兰	2.74	3.91	4.30	3.85	4.96	3.87	3.12	3.84	3.57	3.09	3.75

续表

国家和地区\年份	2009	2010	2011	2012	2013	2014	2015	2016	2017	2018	合计
日本	3.40	2.77	2.61	3.07	2.45	3.67	3.58	3.78	3.44	2.67	3.17
瑞士	4.44	3.66	3.91	2.57	3.74	2.71	2.15	2.88	2.78	3.16	3.14
意大利	2.65	2.36	2.76	4.43	3.26	3.74	2.93	2.31	2.45	2.18	2.91
法国	2.46	2.36	4.22	2.78	2.65	2.84	2.73	3.10	2.71	2.60	2.85
韩国	1.80	2.03	2.30	2.57	2.86	2.13	2.41	1.92	2.71	2.11	2.29
瑞典	2.84	2.36	2.53	2.36	2.24	2.13	1.89	2.31	2.05	2.11	2.26
丹麦	1.70	1.95	1.38	1.14	0.95	1.80	1.56	1.41	1.92	1.69	1.54
比利时	1.70	1.14	1.53	1.28	1.56	1.10	1.24	1.30	1.79	1.48	1.40
西班牙	0.76	1.46	1.46	1.36	1.90	1.42	1.30	1.18	0.66	1.41	1.30
挪威	1.80	2.03	1.07	0.86	1.36	1.22	0.33	0.90	1.65	1.41	1.23
奥地利	1.04	0.81	1.38	1.14	1.16	1.16	0.98	1.35	0.93	0.91	1.09
芬兰	1.23	1.14	1.07	0.86	0.88	1.22	1.04	0.79	1.39	0.70	1.02
巴西	0.57	0.90	0.38	1.14	0.88	0.90	1.11	1.02	0.46	1.48	0.90

二十六 麻醉学

麻醉学A、B、C层人才最多的国家是美国，分别占该学科全球A、B、C层人才的24.14%、24.04%、28.22%。

英国、德国、荷兰、丹麦、瑞士、加拿大的A层人才比较多，世界占比在18%—5%之间；比利时、法国、澳大利亚、意大利、新西兰、西班牙、中国香港、瑞典、爱尔兰、以色列也有相当数量的A层人才，世界占比超过1%。

英国、加拿大、德国、荷兰、丹麦、澳大利亚、西班牙、比利时、法国、意大利的B层人才比较多，世界占比在13%—3%之间；瑞典、瑞士、奥地利、挪威、南非、巴西、以色列、葡萄牙、新西兰也有相当数量的B层人才，世界占比超过或接近1%。

英国、加拿大、德国、澳大利亚、荷兰、法国、丹麦、意大利的C层人才比较多，世界占比在10%—3%之间；中国大陆、比利时、瑞士、瑞典、日本、西班牙、奥地利、韩国、新西兰、巴西、芬兰也有相当数量的C层人才，世界占比超过或接近1%。

表9—79　　麻醉学A层人才的国家和地区的占比

国家和地区 \ 年份	2009	2010	2011	2012	2013	2014	2015	2016	2017	2018	合计
美国	33.33	25.00	50.00	33.33	100.00	11.11	0.00	33.33	11.11	16.67	24.14
英国	16.67	0.00	50.00	16.67	0.00	22.22	50.00	11.11	11.11	33.33	17.24
德国	0.00	25.00	0.00	0.00	0.00	11.11	0.00	0.00	11.11	16.67	8.62
荷兰	0.00	12.50	0.00	16.67	0.00	0.00	0.00	11.11	11.11	16.67	8.62
丹麦	16.67	25.00	0.00	0.00	0.00	0.00	0.00	0.00	11.11	0.00	6.90
瑞士	16.67	0.00	0.00	0.00	0.00	11.11	0.00	0.00	11.11	0.00	5.17
加拿大	16.67	0.00	0.00	0.00	0.00	11.11	0.00	11.11	0.00	0.00	5.17
比利时	0.00	0.00	0.00	16.67	0.00	0.00	0.00	0.00	0.00	16.67	3.45
法国	0.00	0.00	0.00	0.00	0.00	11.11	0.00	0.00	11.11	0.00	3.45
澳大利亚	0.00	0.00	0.00	0.00	0.00	11.11	0.00	11.11	0.00	0.00	3.45
意大利	0.00	0.00	0.00	0.00	0.00	0.00	0.00	11.11	11.11	0.00	3.45
新西兰	0.00	0.00	0.00	0.00	0.00	0.00	0.00	11.11	0.00	0.00	1.72
西班牙	0.00	0.00	0.00	0.00	0.00	0.00	0.00	0.00	11.11	0.00	1.72
中国香港	0.00	0.00	0.00	0.00	0.00	11.11	0.00	0.00	0.00	0.00	1.72
瑞典	0.00	0.00	0.00	16.67	0.00	0.00	0.00	0.00	0.00	0.00	1.72
爱尔兰	0.00	0.00	0.00	0.00	0.00	0.00	50.00	0.00	0.00	0.00	1.72
以色列	0.00	12.50	0.00	0.00	0.00	0.00	0.00	0.00	0.00	0.00	1.72

表9—80　　麻醉学B层人才排名前20的国家和地区的占比

国家和地区 \ 年份	2009	2010	2011	2012	2013	2014	2015	2016	2017	2018	合计
美国	33.33	29.58	32.89	27.16	25.84	14.94	19.75	17.02	25.53	19.15	24.04
英国	10.14	9.86	14.47	18.52	13.48	9.20	9.88	12.77	13.83	13.83	12.68
加拿大	10.14	8.45	3.95	11.11	6.74	6.90	6.17	9.57	7.45	7.45	7.78
德国	8.70	9.86	9.21	6.17	7.87	5.75	9.88	5.32	4.26	4.26	6.94
荷兰	2.90	2.82	5.26	7.41	4.49	5.75	8.64	3.19	2.13	3.19	4.55
丹麦	2.90	2.82	3.95	1.23	7.87	3.45	2.47	3.19	5.32	4.26	3.83
澳大利亚	0.00	2.82	3.95	6.17	2.25	3.45	3.70	4.26	2.13	8.51	3.83
西班牙	0.00	4.23	2.63	1.23	3.37	5.75	3.70	3.19	6.38	3.19	3.47
比利时	1.45	2.82	2.63	2.47	4.49	4.60	3.70	2.13	4.26	4.26	3.35
法国	2.90	4.23	5.26	2.47	3.37	3.45	4.94	2.13	3.19	2.13	3.35
意大利	4.35	0.00	2.63	1.23	3.37	3.45	4.94	4.26	5.32	3.19	3.35

续表

国家和地区\年份	2009	2010	2011	2012	2013	2014	2015	2016	2017	2018	合计
瑞典	2.90	4.23	2.63	1.23	2.25	2.30	4.94	3.19	1.06	1.06	2.51
瑞士	1.45	4.23	2.63	3.70	3.37	1.15	2.47	1.06	2.13	2.13	2.39
奥地利	4.35	2.82	1.32	1.23	1.12	3.45	1.23	3.19	2.13	2.13	2.27
挪威	2.90	1.41	1.32	2.47	1.12	0.00	3.70	2.13	2.13	1.06	1.79
南非	1.45	0.00	0.00	0.00	1.12	4.60	0.00	2.13	0.00	4.26	1.44
巴西	0.00	0.00	0.00	0.00	0.00	2.30	3.70	1.06	1.06	2.13	1.08
以色列	1.45	2.82	0.00	1.23	1.12	0.00	2.47	1.06	0.00	0.00	0.96
葡萄牙	1.45	1.41	1.32	1.23	0.00	1.15	0.00	2.13	0.00	0.00	0.84
新西兰	0.00	2.82	0.00	1.23	0.00	0.00	1.23	1.06	1.06	1.06	0.84

表9—81　麻醉学C层人才排名前20的国家和地区的占比

国家和地区\年份	2009	2010	2011	2012	2013	2014	2015	2016	2017	2018	合计
美国	34.69	29.89	32.32	28.52	30.05	29.92	25.82	24.25	24.88	24.11	28.22
英国	9.05	8.98	9.38	9.90	10.60	8.52	12.19	9.48	9.93	10.56	9.87
加拿大	7.24	7.10	7.50	7.42	7.48	6.10	7.99	9.48	8.18	8.73	7.74
德国	7.54	7.77	6.35	8.20	6.11	6.90	7.34	6.48	6.31	5.97	6.87
澳大利亚	5.13	3.49	4.91	4.95	5.36	4.60	4.98	4.92	4.67	4.59	4.76
荷兰	3.92	6.30	3.61	3.26	3.49	4.03	4.33	3.48	3.97	4.71	4.11
法国	3.92	3.49	5.05	5.86	3.49	4.72	3.15	3.48	3.39	3.90	4.03
丹麦	2.87	2.95	4.33	3.52	2.87	4.14	4.98	4.68	3.27	3.44	3.71
意大利	2.11	3.62	2.89	3.39	3.49	3.68	3.28	3.48	2.80	3.44	3.24
中国大陆	0.75	1.88	2.31	2.34	3.24	3.68	3.15	3.84	3.62	2.30	2.77
比利时	1.66	2.28	1.88	1.95	2.37	1.96	2.75	2.16	2.92	2.41	2.25
瑞士	2.87	2.68	1.73	2.21	0.87	1.50	2.10	2.16	2.69	3.21	2.20
瑞典	1.51	3.08	2.74	1.82	2.12	1.61	1.97	2.28	2.22	1.84	2.11
日本	1.81	1.34	0.87	1.17	2.12	2.19	0.92	1.92	1.99	2.30	1.69
西班牙	1.51	0.94	1.15	1.04	1.37	1.61	1.97	1.68	1.29	2.30	1.50
奥地利	1.21	1.61	0.72	1.69	1.00	1.27	1.05	1.08	1.52	1.95	1.32
韩国	0.60	0.67	1.01	1.30	1.25	0.81	0.39	1.32	1.64	1.84	1.11
新西兰	1.21	1.61	0.58	0.78	0.87	0.69	1.31	0.48	1.40	1.03	0.99
巴西	0.90	0.80	1.30	1.04	1.25	0.46	1.05	1.08	0.93	1.03	0.98
芬兰	1.21	1.21	1.01	1.30	0.75	0.58	0.26	1.44	0.70	0.92	0.93

二十七　肿瘤学

肿瘤学 A、B、C 层人才最多的国家是美国，分别占该学科全球 A、B、C 层人才的 19.94%、24.01%、28.96%。

法国、英国、加拿大、德国、西班牙、澳大利亚、意大利、日本、荷兰的 A 层人才比较多，世界占比在 8%—3% 之间；韩国、比利时、俄罗斯、瑞士、波兰、巴西、中国大陆、瑞典、丹麦、以色列也有相当数量的 A 层人才，世界占比超过 1%。

英国、德国、法国、意大利、加拿大、澳大利亚、西班牙、荷兰、中国大陆的 B 层人才比较多，世界占比在 8%—3% 之间；瑞士、日本、比利时、韩国、瑞典、波兰、奥地利、丹麦、中国台湾、俄罗斯也有相当数量的 B 层人才，世界占比超过或接近 1%。

中国大陆、英国、德国、意大利、法国、加拿大、日本、荷兰的 C 层人才比较多，世界占比在 11%—3% 之间；澳大利亚、西班牙、瑞士、比利时、韩国、瑞典、丹麦、奥地利、中国台湾、挪威、以色列也有相当数量的 C 层人才，世界占比超过或接近 1%。

表 9—82　肿瘤学 A 层人才排名前 20 的国家和地区的占比

国家和地区 \ 年份	2009	2010	2011	2012	2013	2014	2015	2016	2017	2018	合计
美国	22.97	28.95	24.36	22.34	17.58	24.21	19.19	19.01	10.48	17.36	19.94
法国	6.76	5.26	6.41	8.51	5.49	7.37	9.09	9.09	4.84	9.09	7.30
英国	6.76	9.21	6.41	8.51	7.69	6.32	5.05	7.44	4.84	5.79	6.68
加拿大	5.41	9.21	8.97	8.51	8.79	7.37	6.06	4.13	3.23	4.13	6.27
德国	6.76	2.63	7.69	6.38	4.40	6.32	6.06	6.61	5.65	5.79	5.86
西班牙	6.76	2.63	2.56	3.19	2.20	4.21	8.08	6.61	5.65	5.79	4.93
澳大利亚	1.35	6.58	5.13	4.26	8.79	5.26	5.05	3.31	4.03	4.96	4.83
意大利	2.70	2.63	7.69	4.26	5.49	5.26	5.05	4.13	4.03	4.96	4.62
日本	2.70	5.26	3.85	1.06	3.30	3.16	2.02	4.13	5.65	5.79	3.80
荷兰	5.41	5.26	2.56	4.26	2.20	2.11	4.04	3.31	3.23	2.48	3.39
韩国	2.70	2.63	0.00	2.13	2.20	3.16	1.01	2.48	4.84	3.31	2.57
比利时	4.05	1.32	3.85	1.06	4.40	4.21	1.01	4.13	1.61	0.83	2.57

续表

国家和地区 \ 年份	2009	2010	2011	2012	2013	2014	2015	2016	2017	2018	合计
俄罗斯	1.35	1.32	0.00	5.32	4.40	3.16	3.03	0.83	1.61	2.48	2.36
瑞士	1.35	2.63	3.85	4.26	1.10	3.16	2.02	2.48	0.81	0.83	2.16
波兰	2.70	1.32	1.28	4.26	1.10	1.05	4.04	0.83	1.61	1.65	1.95
巴西	1.35	1.32	0.00	1.06	1.10	0.00	2.02	2.48	1.61	3.31	1.54
中国大陆	4.05	0.00	2.56	0.00	1.10	1.05	0.00	0.83	2.42	2.48	1.44
瑞典	0.00	0.00	2.56	0.00	2.20	3.16	2.02	0.83	0.81	1.65	1.34
丹麦	0.00	1.32	0.00	1.06	1.10	2.11	3.03	1.65	0.00	2.48	1.34
以色列	0.00	0.00	1.28	0.00	0.00	1.05	1.01	4.13	0.81	1.65	1.13

表9—83　　肿瘤学B层人才排名前20的国家和地区的占比

国家和地区 \ 年份	2009	2010	2011	2012	2013	2014	2015	2016	2017	2018	合计
美国	31.18	27.88	28.99	25.99	24.97	21.27	21.63	24.35	20.12	20.18	24.01
英国	7.76	8.11	8.51	7.78	7.48	7.40	8.34	7.37	6.65	6.28	7.48
德国	6.75	6.19	5.93	7.66	5.87	6.15	5.96	6.47	6.73	5.70	6.32
法国	6.18	5.31	6.19	4.91	6.10	5.94	6.14	6.20	6.99	6.78	6.15
意大利	5.17	5.16	4.51	4.91	5.06	6.05	5.22	4.76	5.71	5.95	5.30
加拿大	4.74	5.90	4.64	5.27	4.49	4.90	4.49	4.85	5.71	5.03	5.00
澳大利亚	3.16	4.72	3.99	4.55	3.45	3.65	4.86	4.04	4.35	3.94	4.09
西班牙	3.45	3.39	3.35	4.07	3.68	4.07	3.67	3.59	5.46	4.77	4.04
荷兰	3.45	3.10	4.38	2.87	2.53	3.75	3.12	3.75	3.85	3.43	
中国大陆	1.72	1.47	2.58	1.68	3.34	4.28	4.03	4.22	3.15	2.93	3.08
瑞士	2.87	3.54	2.19	2.99	3.22	2.61	3.12	3.32	3.24	2.43	2.95
日本	2.30	3.69	2.45	2.40	3.11	2.19	3.94	2.16	2.47	3.10	2.78
比利时	1.58	2.65	3.35	2.87	2.65	3.75	3.02	2.16	2.73	1.68	2.63
韩国	0.72	0.74	1.16	1.56	2.19	2.29	2.66	2.43	2.56	2.93	2.07
瑞典	2.16	1.62	1.93	1.20	1.50	1.56	1.19	1.44	1.71	1.26	1.52
波兰	1.29	1.33	1.68	1.68	1.96	1.67	1.01	0.81	1.88	1.59	1.48
奥地利	2.30	1.18	1.16	1.08	1.61	1.25	1.28	1.62	1.19	1.26	1.37
丹麦	0.86	1.18	1.16	1.68	1.27	1.77	1.19	1.98	1.11	1.17	1.35
中国台湾	0.72	0.74	0.77	1.56	1.50	0.73	1.01	1.08	1.02	1.09	1.03
俄罗斯	1.15	1.18	0.90	0.84	1.38	1.25	0.82	0.99	0.85	0.75	0.99

表9—84　　肿瘤学 C 层人才排名前 20 的国家和地区的占比

国家和地区 \ 年份	2009	2010	2011	2012	2013	2014	2015	2016	2017	2018	合计
美国	35.73	33.65	33.38	30.84	29.33	29.67	27.12	26.18	25.37	24.73	28.96
中国大陆	3.10	4.19	5.41	6.39	8.10	11.09	11.95	14.51	15.25	15.79	10.39
英国	6.79	7.53	6.97	6.51	6.40	6.52	6.39	5.77	5.63	5.42	6.29
德国	6.35	6.18	6.02	5.72	6.20	5.55	5.21	5.65	5.31	5.56	5.71
意大利	5.33	4.96	4.73	5.45	4.75	5.06	5.31	5.14	5.08	4.85	5.07
法国	4.55	4.48	4.60	4.97	4.46	4.54	4.14	4.23	4.53	4.26	4.46
加拿大	3.95	4.50	4.30	4.39	4.34	3.61	4.01	3.78	4.12	3.63	4.03
日本	4.26	3.67	3.97	3.62	3.51	3.15	3.44	3.85	3.64	3.54	3.64
荷兰	4.12	3.76	3.63	4.09	3.58	3.08	3.37	3.09	2.99	3.17	3.43
澳大利亚	2.27	2.45	2.62	3.04	3.03	2.86	2.79	3.08	2.73	2.84	2.80
西班牙	2.23	2.70	2.43	2.53	2.47	2.83	2.66	2.83	2.69	3.09	2.68
瑞士	2.13	2.08	2.03	2.21	1.97	1.98	1.98	2.14	2.29	2.20	2.11
比利时	2.10	2.24	1.76	1.95	2.28	1.89	1.86	1.82	1.76	1.77	1.92
韩国	1.63	1.50	1.76	1.91	1.67	1.79	1.66	1.93	1.86	1.73	1.76
瑞典	1.76	2.00	1.92	1.81	1.75	1.54	1.57	1.59	1.41	1.41	1.64
丹麦	1.19	1.13	1.24	1.31	1.51	1.32	1.24	1.01	1.15	1.27	1.23
奥地利	1.17	1.23	0.99	0.96	1.30	1.01	1.01	1.02	1.07	1.12	1.08
中国台湾	0.91	1.19	0.95	1.01	1.18	0.98	1.16	1.07	1.04	0.96	1.05
挪威	0.98	1.08	1.03	0.92	1.00	0.94	0.86	0.67	0.65	0.85	0.87
以色列	0.75	0.83	0.71	0.64	0.71	0.67	0.79	0.90	0.80	0.87	0.77

二十八　康复医学

康复医学 A、B、C 层人才最多的国家是美国，分别占该学科全球 A、B、C 层人才的 35.14%、31.25%、31.66%。

荷兰、英国、加拿大、澳大利亚、德国、意大利、西班牙的 A 层人才比较多，世界占比在 9%—3% 之间；法国、奥地利、比利时、爱尔兰、瑞士、丹麦、波兰、冰岛、斯洛文尼亚、印度、瑞典、智利也有相当数量的 A 层人才，世界占比超过或接近 1%。

澳大利亚、加拿大、英国、荷兰、德国、意大利的 B 层人才比较多，世界占比在10%—3%之间；比利时、瑞士、瑞典、中国大陆、西班牙、法国、丹麦、巴西、挪威、以色列、中国台湾、新加坡、爱尔兰也有相当数量的B层人才，世界占比超过或接近1%。

澳大利亚、加拿大、英国、荷兰、意大利、德国的C层人才比较多，世界占比在10%—3%之间；瑞典、比利时、瑞士、西班牙、巴西、中国大陆、法国、丹麦、新西兰、韩国、中国台湾、爱尔兰、日本也有相当数量的C层人才，世界占比超过1%。

表9—85　　康复医学A层人才排名前20的国家和地区的占比

国家和地区\年份	2009	2010	2011	2012	2013	2014	2015	2016	2017	2018	合计
美国	44.44	66.67	30.00	50.00	58.33	7.69	16.67	23.08	44.44	25.00	35.14
荷兰	0.00	0.00	10.00	8.33	0.00	7.69	25.00	15.38	11.11	0.00	8.11
英国	11.11	11.11	10.00	0.00	0.00	7.69	0.00	15.38	11.11	8.33	7.21
加拿大	11.11	0.00	10.00	8.33	8.33	7.69	0.00	7.69	0.00	16.67	7.21
澳大利亚	22.22	0.00	0.00	10.00	0.00	7.69	8.33	7.69	0.00	8.33	6.31
德国	0.00	0.00	0.00	16.67	0.00	23.08	8.33	7.69	0.00	0.00	6.31
意大利	11.11	0.00	0.00	8.33	8.33	0.00	8.33	0.00	11.11	0.00	4.50
西班牙	0.00	0.00	0.00	0.00	0.00	7.69	8.33	0.00	11.11	8.33	3.60
法国	0.00	0.00	0.00	0.00	0.00	7.69	0.00	15.38	0.00	0.00	2.70
奥地利	0.00	0.00	0.00	0.00	0.00	8.33	7.69	0.00	0.00	0.00	1.80
比利时	0.00	11.11	0.00	0.00	0.00	0.00	8.33	0.00	0.00	0.00	1.80
爱尔兰	0.00	0.00	0.00	0.00	8.33	0.00	0.00	7.69	0.00	0.00	1.80
瑞士	0.00	0.00	10.00	0.00	0.00	0.00	8.33	0.00	0.00	0.00	1.80
丹麦	0.00	0.00	0.00	8.33	0.00	0.00	0.00	0.00	0.00	8.33	1.80
波兰	0.00	0.00	0.00	0.00	0.00	7.69	0.00	0.00	0.00	0.00	0.90
冰岛	0.00	0.00	0.00	0.00	0.00	0.00	8.33	0.00	0.00	0.00	0.90
斯洛文尼亚	0.00	0.00	0.00	0.00	0.00	7.69	0.00	0.00	0.00	0.00	0.90
印度	0.00	0.00	10.00	0.00	0.00	0.00	0.00	0.00	0.00	0.00	0.90
瑞典	0.00	11.11	0.00	0.00	0.00	0.00	0.00	0.00	0.00	0.00	0.90
智利	0.00	0.00	0.00	0.00	0.00	0.00	0.00	0.00	8.33	0.00	0.90

表9—86　　康复医学 B 层人才排名前 20 的国家和地区的占比

国家和地区\年份	2009	2010	2011	2012	2013	2014	2015	2016	2017	2018	合计
美国	42.68	39.77	27.84	42.06	35.78	33.33	30.91	18.18	26.56	19.19	31.25
澳大利亚	4.88	5.68	9.28	6.54	5.50	10.32	10.00	11.82	12.50	12.12	9.09
加拿大	12.20	6.82	8.25	6.54	11.93	7.94	9.09	5.45	11.72	7.07	8.71
英国	7.32	6.82	11.34	4.67	9.17	9.52	10.91	10.91	5.47	9.09	8.52
荷兰	4.88	5.68	7.22	2.80	5.50	6.35	3.64	7.27	3.13	3.03	4.92
德国	4.88	4.55	5.15	6.54	0.92	6.35	3.64	5.45	4.69	4.04	4.64
意大利	2.44	3.41	6.19	0.93	5.50	3.17	1.82	0.91	6.25	5.05	3.60
比利时	1.22	2.27	0.00	0.93	1.83	1.59	2.73	4.55	3.13	4.04	2.27
瑞士	1.22	2.27	3.09	3.74	0.00	0.79	2.73	0.91	2.34	4.04	2.08
瑞典	3.66	1.14	4.12	2.80	2.75	0.00	2.73	0.91	0.78	2.02	1.99
中国大陆	0.00	2.27	0.00	3.74	1.83	0.79	0.91	2.73	3.13	3.03	1.89
西班牙	2.44	1.14	2.06	0.93	1.83	2.38	1.82	2.73	1.56	1.01	1.80
法国	1.22	0.00	2.06	0.00	0.00	0.00	3.64	5.45	2.34	2.02	1.70
丹麦	1.22	2.27	1.03	3.74	0.00	2.38	0.00	2.73	3.13	0.00	1.70
巴西	0.00	2.27	1.03	1.87	2.75	2.38	0.91	0.91	2.34	0.00	1.52
挪威	0.00	1.14	2.06	1.87	0.00	0.79	0.91	1.82	0.00	3.03	1.14
以色列	0.00	2.27	0.00	0.93	1.83	1.59	1.82	0.91	0.00	2.02	1.14
中国台湾	1.22	0.00	0.00	3.74	0.92	0.79	0.91	0.00	1.56	0.00	0.95
新加坡	0.00	2.27	1.03	0.00	0.92	0.00	0.00	0.00	2.34	3.03	0.95
爱尔兰	1.22	0.00	0.00	0.00	0.00	0.00	2.73	1.82	1.56	1.01	0.85

表9—87　　康复医学 C 层人才排名前 20 的国家和地区的占比

国家和地区\年份	2009	2010	2011	2012	2013	2014	2015	2016	2017	2018	合计
美国	38.02	35.45	38.24	34.64	30.36	32.25	31.80	27.40	25.67	26.65	31.66
澳大利亚	8.89	6.48	8.26	7.68	9.57	9.42	9.69	11.23	11.85	8.49	9.32
加拿大	9.88	11.31	7.42	8.33	8.74	9.02	8.08	8.60	8.29	8.17	8.71
英国	9.75	6.83	7.63	7.87	7.91	7.31	7.65	7.74	9.40	8.60	8.06
荷兰	5.93	8.24	5.08	5.81	6.35	4.22	4.17	5.19	4.74	4.88	5.36
意大利	2.72	3.77	3.92	3.84	5.15	3.49	3.74	3.83	4.66	3.93	3.94
德国	1.48	3.30	3.81	3.56	2.39	3.25	3.40	3.23	3.24	3.72	3.17
瑞典	2.84	2.36	2.65	2.81	2.30	2.03	2.38	2.13	2.45	2.44	2.42

续表

国家和地区\年份	2009	2010	2011	2012	2013	2014	2015	2016	2017	2018	合计
比利时	1.36	1.65	2.54	1.69	2.30	2.60	2.72	2.89	2.21	2.44	2.28
瑞士	1.48	1.77	2.44	2.25	2.02	1.71	1.45	2.72	2.61	1.80	2.05
西班牙	0.86	1.41	1.48	2.53	2.21	2.52	1.87	2.04	2.29	1.91	1.97
巴西	0.86	1.41	1.48	1.12	1.47	1.79	2.64	1.79	2.21	1.70	1.70
中国大陆	0.25	0.59	0.53	1.12	1.75	1.62	1.70	2.30	2.76	2.55	1.60
法国	1.48	1.88	0.95	1.12	1.01	0.97	1.70	2.21	1.82	1.27	1.45
丹麦	1.11	1.41	1.59	1.59	1.10	0.81	1.19	2.04	0.87	2.02	1.36
新西兰	1.98	1.53	1.48	2.25	1.10	1.46	0.77	0.68	0.87	1.59	1.33
韩国	1.23	0.94	0.64	1.22	1.47	1.54	2.04	1.45	1.03	0.64	1.25
中国台湾	1.60	1.30	0.95	0.84	1.29	1.22	1.02	1.11	1.11	0.85	1.12
爱尔兰	1.11	0.47	0.74	1.40	0.83	1.22	1.62	0.85	1.11	1.27	1.08
日本	0.62	0.82	0.74	1.22	1.38	0.89	1.70	1.11	0.87	0.74	1.03

二十九 医学信息学

医学信息学A、B、C层人才最多的国家是美国，分别占该学科全球A、B、C层人才的25.45%、29.09%、28.98%。

英国、加拿大、澳大利亚、比利时、中国大陆、荷兰的A层人才比较多，世界占比在24%—5%之间；巴西、中国香港、瑞士、马来西亚、芬兰、新加坡、德国、新西兰、韩国也有相当数量的A层人才，世界占比均为1.82%。

英国、加拿大、澳大利亚、中国大陆、荷兰的B层人才比较多，世界占比在13%—4%之间；西班牙、德国、瑞士、印度、意大利、新加坡、韩国、中国香港、奥地利、葡萄牙、法国、以色列、巴西、挪威也有相当数量的B层人才，世界占比超过或接近1%。

英国、加拿大、澳大利亚、中国大陆、荷兰、德国、西班牙的C层人才比较多，世界占比在10%—3%之间；意大利、印度、法国、瑞士、瑞典、韩国、比利时、伊朗、挪威、希腊、中国台湾、马来西亚也有相当数量的C层人才，世界占比超过1%。

表9—88　医学信息学A层人才的国家和地区的占比

国家和地区 \ 年份	2009	2010	2011	2012	2013	2014	2015	2016	2017	2018	合计
美国	33.33	0.00	25.00	20.00	20.00	16.67	42.86	14.29	50.00	16.67	25.45
英国	33.33	75.00	25.00	20.00	60.00	0.00	0.00	0.00	37.50	16.67	23.64
加拿大	33.33	0.00	0.00	20.00	0.00	33.33	14.29	0.00	0.00	0.00	9.09
澳大利亚	0.00	0.00	0.00	0.00	0.00	16.67	14.29	14.29	12.50	0.00	7.27
比利时	0.00	0.00	0.00	0.00	0.00	16.67	14.29	14.29	0.00	0.00	7.27
中国大陆	0.00	25.00	0.00	0.00	0.00	0.00	0.00	28.57	0.00	0.00	5.45
荷兰	0.00	0.00	25.00	0.00	20.00	0.00	0.00	14.29	0.00	0.00	5.45
巴西	0.00	0.00	0.00	0.00	0.00	0.00	0.00	0.00	0.00	16.67	1.82
中国香港	0.00	0.00	0.00	0.00	0.00	0.00	0.00	0.00	0.00	16.67	1.82
瑞士	0.00	0.00	0.00	0.00	0.00	0.00	14.29	0.00	0.00	0.00	1.82
马来西亚	0.00	0.00	0.00	0.00	0.00	0.00	0.00	0.00	0.00	16.67	1.82
芬兰	0.00	0.00	0.00	0.00	0.00	16.67	0.00	0.00	0.00	0.00	1.82
新加坡	0.00	0.00	0.00	0.00	0.00	0.00	0.00	0.00	0.00	16.67	1.82
德国	0.00	0.00	25.00	0.00	0.00	0.00	0.00	0.00	0.00	0.00	1.82
新西兰	0.00	0.00	0.00	0.00	0.00	0.00	14.29	0.00	0.00	0.00	1.82
韩国	0.00	0.00	0.00	20.00	0.00	0.00	0.00	0.00	0.00	0.00	1.82

表9—89　医学信息学B层人才排名前20的国家和地区的占比

国家和地区 \ 年份	2009	2010	2011	2012	2013	2014	2015	2016	2017	2018	合计
美国	30.30	38.10	42.50	30.43	36.51	28.33	33.87	23.19	16.92	17.39	29.09
英国	6.06	16.67	15.00	21.74	17.46	11.67	4.84	11.59	13.85	10.87	12.93
加拿大	12.12	4.76	15.00	10.87	9.52	5.00	1.61	10.14	7.69	6.52	7.98
澳大利亚	15.15	2.38	2.50	4.35	4.76	5.00	6.45	5.80	9.23	6.52	6.08
中国大陆	0.00	0.00	0.00	2.17	0.00	3.33	4.84	8.70	12.31	13.04	4.94
荷兰	6.06	2.38	12.50	4.35	9.52	5.00	3.23	0.00	6.15	2.17	4.94
西班牙	0.00	0.00	5.00	2.17	3.17	1.67	6.45	4.35	0.00	4.35	2.85
德国	6.06	0.00	0.00	0.00	3.17	3.33	3.23	2.90	4.62	0.00	2.47
瑞士	6.06	4.76	2.50	0.00	1.59	0.00	3.23	4.35	1.54	0.00	2.28
印度	0.00	2.38	0.00	2.17	0.00	10.00	1.61	0.00	3.08	2.17	2.28
意大利	0.00	4.76	0.00	0.00	0.00	3.33	3.23	0.00	4.62	2.17	1.90
新加坡	0.00	4.76	2.50	0.00	0.00	1.67	0.00	1.45	3.08	2.17	1.52

续表

国家和地区\年份	2009	2010	2011	2012	2013	2014	2015	2016	2017	2018	合计
韩国	0.00	2.38	0.00	2.17	0.00	3.33	3.23	2.90	0.00	0.00	1.52
中国香港	3.03	0.00	0.00	0.00	0.00	0.00	4.84	1.45	1.54	2.17	1.33
奥地利	3.03	0.00	0.00	6.52	0.00	1.67	1.61	1.45	0.00	0.00	1.33
葡萄牙	0.00	0.00	0.00	0.00	0.00	0.00	3.23	4.35	0.00	2.17	1.14
法国	0.00	4.76	0.00	2.17	1.59	0.00	0.00	2.90	0.00	0.00	1.14
以色列	0.00	4.76	0.00	2.17	3.17	1.67	0.00	0.00	0.00	0.00	1.14
巴西	0.00	0.00	0.00	0.00	0.00	0.00	0.00	4.35	3.08	0.00	0.95
挪威	0.00	2.38	2.50	0.00	0.00	1.67	0.00	1.45	0.00	2.17	0.95

表9—90　医学信息学C层人才排名前20的国家和地区的占比

国家和地区\年份	2009	2010	2011	2012	2013	2014	2015	2016	2017	2018	合计
美国	31.27	31.34	33.85	29.71	31.19	30.00	31.01	27.64	25.36	22.67	28.98
英国	11.07	8.61	9.64	11.09	11.72	9.82	9.42	9.26	10.52	8.79	9.97
加拿大	6.51	2.87	6.77	7.32	4.79	6.96	4.87	4.99	5.62	5.27	5.52
澳大利亚	5.21	5.02	4.17	4.43	4.62	6.25	6.49	5.56	6.34	5.45	5.46
中国大陆	1.95	2.15	2.86	5.10	3.14	4.11	4.55	6.41	8.65	7.38	5.01
荷兰	4.23	5.26	7.03	4.43	5.78	4.29	4.22	5.27	3.46	4.39	4.77
德国	5.54	3.59	2.86	4.21	5.61	3.75	5.03	2.28	4.18	3.16	3.98
西班牙	2.93	3.83	3.65	2.88	2.81	2.14	3.73	2.56	3.03	4.04	3.13
意大利	1.95	5.50	3.13	1.55	3.47	2.50	2.76	2.42	2.45	1.41	2.68
印度	0.98	0.96	0.78	1.55	1.32	2.32	2.11	3.70	2.59	3.51	2.17
法国	1.63	2.63	1.56	2.00	2.31	1.96	1.95	1.00	1.73	2.11	1.87
瑞士	2.93	2.87	1.56	1.33	1.65	1.43	1.30	0.71	1.87	1.05	1.56
瑞典	1.63	2.15	0.78	0.67	1.82	0.71	1.14	1.28	2.02	2.64	1.51
韩国	1.63	1.20	0.78	1.33	0.83	2.32	1.14	2.14	1.01	1.93	1.45
比利时	0.65	1.67	1.82	1.11	1.16	1.79	1.62	1.28	0.86	1.58	1.36
伊朗	1.30	1.20	0.78	0.89	0.83	1.79	0.81	0.57	1.87	1.41	1.15
挪威	1.63	0.72	1.04	1.33	1.65	1.25	0.81	1.57	0.58	0.88	1.13
希腊	1.95	2.63	2.34	2.44	0.66	0.36	0.65	0.28	1.01	0.35	1.09
中国台湾	0.33	0.48	0.78	2.44	1.49	1.25	1.14	0.85	0.72	1.05	1.07
马来西亚	0.33	0.00	0.26	0.44	1.32	1.25	1.95	0.43	0.58	3.16	1.06

三十 神经影像学

神经影像学 A、B、C 层人才最多的国家是美国,分别占该学科全球 A、B、C 层人才的 42.86%、31.30%、33.02%。

英国的 A 层人才比较多,世界占比为 28.57%;中国大陆、澳大利亚、德国、荷兰、加拿大、瑞士、中国香港也有相当数量的 A 层人才,世界占比超过 3%。

英国、德国、荷兰、加拿大、法国、瑞士、意大利、澳大利亚的 B 层人才比较多,世界占比在 13%—3% 之间;中国大陆、西班牙、比利时、丹麦、匈牙利、奥地利、挪威、芬兰、韩国、巴西、瑞典也有相当数量的 B 层人才,世界占比超过或接近 1%。

英国、德国、荷兰、加拿大、法国、中国大陆、意大利、瑞士的 C 层人才比较多,世界占比在 12%—3% 之间;澳大利亚、西班牙、比利时、日本、丹麦、韩国、瑞典、奥地利、芬兰、挪威、中国台湾也有相当数量的 C 层人才,世界占比超过或接近 1%。

表 9—91   神经影像学 A 层人才的国家和地区的占比

国家和地区	2009	2010	2011	2012	2013	2014	2015	2016	2017	2018	合计
美国	50.00	50.00	66.67	66.67	25.00	75.00	33.33	0.00	33.33	0.00	42.86
英国	50.00	0.00	33.33	33.33	50.00	25.00	33.33	100.00	0.00	0.00	28.57
中国大陆	0.00	0.00	0.00	0.00	0.00	0.00	0.00	0.00	33.33	33.33	7.14
澳大利亚	0.00	50.00	0.00	0.00	0.00	0.00	0.00	0.00	0.00	0.00	3.57
德国	0.00	0.00	0.00	0.00	25.00	0.00	0.00	0.00	0.00	0.00	3.57
荷兰	0.00	0.00	0.00	0.00	0.00	0.00	33.33	0.00	0.00	0.00	3.57
加拿大	0.00	0.00	0.00	0.00	0.00	0.00	0.00	0.00	0.00	33.33	3.57
瑞士	0.00	0.00	0.00	0.00	0.00	0.00	0.00	0.00	33.33	0.00	3.57
中国香港	0.00	0.00	0.00	0.00	0.00	0.00	0.00	0.00	0.00	33.33	3.57

表9—92　神经影像学 B 层人才排名前20 的国家和地区的占比

国家和地区 \ 年份	2009	2010	2011	2012	2013	2014	2015	2016	2017	2018	合计
美国	33.33	40.63	30.00	40.63	33.33	20.51	27.50	25.58	33.33	32.61	31.30
英国	22.22	18.75	3.33	15.63	21.21	7.69	5.00	13.95	7.69	10.87	12.19
德国	3.70	9.38	16.67	21.88	6.06	10.26	10.00	6.98	12.82	6.52	10.25
荷兰	7.41	6.25	3.33	3.13	9.09	7.69	7.50	4.65	7.69	2.17	5.82
加拿大	7.41	3.13	13.33	3.13	6.06	2.56	5.00	6.98	7.69	4.35	5.82
法国	11.11	3.13	3.33	0.00	0.00	5.13	10.00	2.33	10.26	2.17	4.71
瑞士	3.70	6.25	6.67	0.00	0.00	5.13	2.50	9.30	0.00	4.35	3.88
意大利	0.00	0.00	3.33	6.25	6.06	7.69	5.00	0.00	2.56	4.35	3.60
澳大利亚	0.00	6.25	3.33	3.13	6.06	2.56	0.00	2.33	2.56	6.52	3.32
中国大陆	0.00	0.00	3.33	3.13	3.03	2.56	0.00	4.65	2.56	4.35	2.49
西班牙	0.00	0.00	3.33	0.00	0.00	2.56	7.50	4.65	2.56	2.17	2.49
比利时	7.41	0.00	0.00	0.00	3.03	2.56	0.00	2.33	0.00	4.35	1.94
丹麦	0.00	3.13	0.00	0.00	0.00	2.56	5.00	0.00	2.17	0.00	1.39
匈牙利	0.00	3.13	3.33	0.00	0.00	0.00	2.50	0.00	0.00	2.17	1.11
奥地利	3.70	0.00	3.33	3.13	0.00	0.00	0.00	0.00	2.56	0.00	1.11
挪威	0.00	0.00	0.00	0.00	3.03	5.13	0.00	2.33	0.00	0.00	1.11
芬兰	0.00	0.00	0.00	0.00	3.03	2.56	5.00	0.00	0.00	0.00	1.11
韩国	0.00	0.00	0.00	0.00	0.00	2.56	2.50	2.33	0.00	0.00	0.83
巴西	0.00	0.00	0.00	0.00	0.00	0.00	0.00	2.33	0.00	4.35	0.83
瑞典	0.00	0.00	0.00	0.00	0.00	2.56	0.00	0.00	2.56	2.17	0.83

表9—93　神经影像学 C 层人才排名前20 的国家和地区的占比

国家和地区 \ 年份	2009	2010	2011	2012	2013	2014	2015	2016	2017	2018	合计
美国	38.89	39.80	30.03	36.47	33.94	31.02	29.92	28.88	31.68	32.86	33.02
英国	11.85	12.83	16.04	15.20	11.23	11.76	10.24	12.86	9.46	9.22	11.86
德国	10.00	9.54	10.92	11.25	11.75	10.16	11.29	11.89	10.40	8.04	10.52
荷兰	4.07	3.95	4.44	6.38	5.74	5.08	5.77	5.10	5.20	5.91	5.23
加拿大	7.78	3.29	2.73	3.34	5.48	4.55	4.46	4.13	6.15	7.80	5.04
法国	4.81	2.96	4.44	2.43	5.74	2.94	4.72	3.88	4.26	4.49	4.09
中国大陆	2.59	3.62	6.48	3.04	2.35	2.94	4.72	3.88	4.26	5.44	3.95
意大利	2.22	2.63	3.75	2.13	4.18	3.48	4.20	4.61	2.84	2.60	3.31

续表

国家和地区 \ 年份	2009	2010	2011	2012	2013	2014	2015	2016	2017	2018	合计
瑞士	4.07	2.63	3.75	2.43	3.92	4.28	3.15	3.16	2.60	2.13	3.17
澳大利亚	0.74	0.66	2.05	3.65	3.39	2.14	5.51	2.67	2.60	3.31	2.78
西班牙	0.00	0.99	1.02	1.82	1.83	1.87	1.31	2.43	2.60	0.95	1.56
比利时	1.11	1.97	2.39	1.52	1.57	1.87	1.05	0.97	1.65	0.71	1.45
日本	1.48	3.29	0.68	1.52	1.31	1.34	0.52	1.70	0.95	1.18	1.36
丹麦	0.74	1.64	0.68	0.91	1.04	1.60	1.57	1.21	1.89	0.95	1.25
韩国	0.74	0.99	1.02	1.22	0.52	2.14	1.84	1.21	1.18	1.18	1.22
瑞典	0.00	0.99	1.02	0.91	1.31	1.07	1.57	1.94	1.18	0.95	1.14
奥地利	1.48	0.66	1.37	0.61	0.26	1.87	1.05	0.73	0.71	2.13	1.09
芬兰	1.85	0.66	1.02	0.91	0.52	1.07	0.52	1.70	0.71	1.18	1.00
挪威	1.11	0.99	0.68	0.91	0.78	1.34	1.05	0.73	0.71	0.47	0.86
中国台湾	1.48	1.32	0.68	0.91	0.52	0.80	0.00	0.24	0.24	0.71	0.64

三十一 传染病学

传染病学A、B、C层人才最多的国家是美国，分别占该学科全球A、B、C层人才的20.49%、18.21%、24.08%。

英国、瑞士、巴西、加拿大、澳大利亚、南非、法国、德国、泰国、印度、瑞典的A层人才比较多，世界占比在7%—3%之间；荷兰、丹麦、西班牙、意大利、中国大陆、以色列、厄瓜多尔、巴基斯坦也有相当数量的A层人才，世界占比超过1%。

英国、法国、瑞士、德国、荷兰、加拿大、澳大利亚的B层人才比较多，世界占比在10%—3%之间；西班牙、意大利、南非、巴西、比利时、丹麦、瑞典、中国大陆、印度、希腊、肯尼亚、泰国也有相当数量的B层人才，世界占比超过或接近1%。

英国、法国、瑞士、德国、澳大利亚、荷兰、加拿大的C层人才比较多，世界占比在10%—3%之间；南非、西班牙、意大利、中国大陆、比利时、巴西、瑞典、泰国、丹麦、印度、肯尼亚、日本也有相当数量的C层人才，世界占比超过或接近1%。

表9—94　　　传染病学 A 层人才排名前20的国家和地区的占比

国家和地区 \ 年份	2009	2010	2011	2012	2013	2014	2015	2016	2017	2018	合计
美国	28.57	13.64	33.33	25.00	10.34	19.35	13.64	33.33	17.14	7.14	20.49
英国	14.29	9.09	0.00	5.00	6.90	6.45	4.55	10.00	8.57	7.14	6.97
瑞士	14.29	4.55	3.70	15.00	3.45	3.23	4.55	0.00	2.86	7.14	4.92
巴西	0.00	4.55	3.70	0.00	0.00	3.23	9.09	16.67	5.71	0.00	4.92
加拿大	0.00	4.55	7.41	0.00	6.90	3.23	0.00	6.67	5.71	7.14	4.51
澳大利亚	0.00	4.55	3.70	10.00	3.45	0.00	9.09	3.33	2.86	7.14	4.10
南非	7.14	9.09	3.70	0.00	3.45	3.23	4.55	0.00	5.71	7.14	4.10
法国	14.29	0.00	0.00	0.00	3.45	0.00	9.09	3.33	5.71	7.14	4.10
德国	0.00	4.55	3.70	0.00	0.00	3.23	4.55	3.33	5.71	7.14	3.28
泰国	0.00	4.55	7.41	5.00	3.45	6.45	4.55	0.00	0.00	0.00	3.28
印度	0.00	9.09	3.70	0.00	6.90	6.45	0.00	0.00	2.86	0.00	3.28
瑞典	0.00	4.55	3.70	0.00	3.45	3.23	4.55	3.33	0.00	7.14	3.28
荷兰	14.29	0.00	0.00	0.00	0.00	3.23	0.00	0.00	5.71	7.14	2.87
丹麦	0.00	4.55	3.70	0.00	0.00	0.00	4.55	0.00	2.86	0.00	2.05
西班牙	7.14	0.00	0.00	0.00	3.45	0.00	4.55	3.33	2.86	0.00	2.05
意大利	0.00	0.00	0.00	5.00	3.45	0.00	0.00	0.00	5.71	7.14	2.05
中国大陆	0.00	0.00	0.00	0.00	3.45	3.23	0.00	3.33	2.86	0.00	1.64
以色列	0.00	0.00	3.70	0.00	3.45	0.00	0.00	0.00	0.00	7.14	1.64
厄瓜多尔	0.00	4.55	0.00	0.00	3.45	3.23	0.00	0.00	0.00	0.00	1.23
巴基斯坦	0.00	4.55	0.00	0.00	3.45	0.00	0.00	0.00	2.86	0.00	1.23

表9—95　　　传染病学 B 层人才排名前20的国家和地区的占比

国家和地区 \ 年份	2009	2010	2011	2012	2013	2014	2015	2016	2017	2018	合计
美国	29.19	23.01	17.77	18.36	23.64	15.10	23.51	9.65	18.41	11.14	18.21
英国	10.53	11.50	11.57	9.38	11.64	10.40	8.94	5.85	10.16	6.52	9.39
法国	3.83	5.31	6.20	5.47	5.82	5.70	5.30	4.39	5.71	3.26	5.05
瑞士	3.83	7.08	5.37	3.13	5.82	3.69	5.30	3.51	5.08	4.35	4.66
德国	1.91	3.10	3.72	3.91	5.09	4.36	3.97	2.92	4.76	2.99	3.71
荷兰	4.31	5.75	3.31	3.13	3.27	4.36	2.65	3.22	2.86	4.35	3.67
加拿大	5.74	5.31	2.89	3.52	3.27	2.68	1.99	2.34	3.81	3.26	3.35
澳大利亚	2.87	3.54	2.07	2.73	5.09	3.02	2.98	2.34	3.17	4.08	3.21

续表

国家和地区 \ 年份	2009	2010	2011	2012	2013	2014	2015	2016	2017	2018	合计
西班牙	2.39	3.10	2.48	1.95	3.64	3.02	1.66	1.46	3.49	3.80	2.72
意大利	1.44	3.54	2.89	2.34	4.36	2.68	1.32	2.05	2.54	3.53	2.68
南非	1.44	4.42	4.13	2.34	1.45	2.35	2.65	1.75	2.86	2.45	2.54
巴西	2.39	0.88	2.07	1.56	0.73	1.68	2.32	4.97	1.59	2.72	2.19
比利时	1.44	2.65	2.89	2.34	0.36	3.36	1.99	2.05	1.59	2.17	2.08
丹麦	1.44	3.10	2.07	2.34	1.82	2.01	2.32	1.75	1.90	1.90	2.05
瑞典	1.44	1.77	1.24	0.78	2.91	2.68	2.32	1.46	2.54	2.17	1.98
中国大陆	0.48	0.00	0.83	1.56	1.09	1.68	0.99	0.58	3.49	2.99	1.48
印度	0.96	0.44	1.65	1.56	0.36	1.01	0.99	2.63	1.59	2.45	1.45
希腊	0.48	0.44	1.65	1.56	1.45	2.01	0.66	0.29	1.27	1.63	1.16
肯尼亚	0.96	2.65	2.07	1.95	0.36	0.67	0.66	0.88	0.00	0.82	1.02
泰国	0.48	0.00	2.48	0.78	0.00	0.67	1.32	1.46	1.59	0.82	0.99

表 9—96　传染病学 C 层人才排名前 20 的国家和地区的占比

国家和地区 \ 年份	2009	2010	2011	2012	2013	2014	2015	2016	2017	2018	合计
美国	27.71	27.53	25.87	26.82	25.95	24.54	23.40	22.38	20.69	19.11	24.08
英国	9.54	9.29	9.82	9.59	9.45	9.26	9.11	9.09	9.52	8.91	9.33
法国	6.41	4.91	5.24	4.70	5.01	4.93	4.35	5.18	4.19	5.00	4.95
瑞士	2.98	4.08	4.24	3.73	3.65	3.36	3.97	3.75	5.50	3.77	3.93
德国	4.24	3.20	3.62	3.13	3.73	4.10	3.08	3.67	3.81	4.17	3.68
澳大利亚	3.63	3.68	3.20	4.22	4.03	3.39	3.97	3.52	3.70	3.18	3.64
荷兰	3.43	3.16	2.83	3.45	3.84	3.49	3.46	3.34	3.60	3.64	3.44
加拿大	3.33	3.07	3.62	3.21	2.49	2.52	2.98	3.37	3.60	3.11	3.12
南非	2.42	3.20	2.41	3.17	2.79	2.92	3.39	2.26	3.08	2.62	2.82
西班牙	2.68	2.37	2.58	2.73	3.31	3.05	2.50	2.32	3.60	2.95	2.82
意大利	2.83	1.89	2.70	2.69	3.28	2.18	2.36	3.10	3.43	3.34	2.80
中国大陆	1.67	1.49	1.29	2.69	2.56	2.35	2.54	2.68	1.97	3.21	2.30
比利时	1.87	1.45	2.29	2.33	2.03	1.98	1.75	1.91	1.83	2.12	1.96
巴西	1.77	1.97	1.62	1.53	1.85	1.51	1.54	2.18	1.97	2.22	1.83
瑞典	1.62	1.23	1.33	1.36	1.81	1.44	1.75	1.52	1.94	2.12	1.63
泰国	1.46	1.58	1.04	1.53	1.32	1.24	1.03	1.34	1.45	1.09	1.30

续表

国家和地区＼年份	2009	2010	2011	2012	2013	2014	2015	2016	2017	2018	合计
丹麦	1.01	0.79	1.25	1.61	1.13	1.31	1.40	1.37	1.07	1.13	1.22
印度	1.11	1.01	1.29	1.20	0.90	1.31	1.06	1.13	1.07	1.19	1.13
肯尼亚	0.96	1.01	1.00	1.08	1.05	0.94	0.92	0.89	0.83	0.60	0.92
日本	0.86	1.01	0.79	1.08	0.90	1.04	0.82	0.77	0.59	1.06	0.89

三十二　寄生物学

寄生物学A、B、C层人才最多的国家是美国，分别占该学科全球A、B、C层人才的28.21%、31.92%、25.30%。

英国、巴西、瑞典、德国、丹麦、荷兰、意大利、加拿大、法国的A层人才比较多，世界占比在12%—3%之间；柬埔寨、中国大陆、中国澳门、新喀里多尼亚、西班牙、法属圭亚那、挪威、瑞士、中国香港、秘鲁也有相当数量的A层人才，世界占比均为1.28%。

英国、德国、法国、巴西、澳大利亚、瑞士、加拿大的B层人才比较多，世界占比在9%—3%之间；意大利、荷兰、中国大陆、比利时、瑞典、西班牙、日本、南非、肯尼亚、新加坡、丹麦、印度也有相当数量的B层人才，世界占比超过或接近1%。

英国、法国、德国、瑞士、澳大利亚、中国大陆、巴西的C层人才比较多，世界占比在11%—3%之间；加拿大、荷兰、意大利、西班牙、日本、比利时、泰国、印度、瑞典、新加坡、南非、丹麦也有相当数量的C层人才，世界占比超过或接近1%。

表9—97　　寄生物学A层人才排名前20的国家和地区的占比

国家和地区＼年份	2009	2010	2011	2012	2013	2014	2015	2016	2017	2018	合计
美国	20.00	42.86	25.00	42.86	50.00	33.33	0.00	25.00	20.00	20.00	28.21
英国	20.00	0.00	25.00	14.29	10.00	16.67	0.00	16.67	20.00	0.00	11.54
巴西	0.00	14.29	0.00	14.29	0.00	16.67	12.50	8.33	0.00	0.00	6.41
瑞典	20.00	0.00	12.50	0.00	0.00	0.00	12.50	0.00	0.00	20.00	6.41
德国	40.00	14.29	0.00	0.00	0.00	0.00	0.00	8.33	0.00	10.00	6.41
丹麦	0.00	0.00	0.00	0.00	0.00	0.00	12.50	0.00	0.00	30.00	5.13

续表

国家和地区\年份	2009	2010	2011	2012	2013	2014	2015	2016	2017	2018	合计
荷兰	0.00	0.00	12.50	0.00	10.00	0.00	0.00	0.00	20.00	10.00	5.13
意大利	0.00	14.29	0.00	14.29	0.00	0.00	0.00	8.33	0.00	0.00	3.85
加拿大	0.00	0.00	0.00	0.00	0.00	16.67	0.00	0.00	20.00	10.00	3.85
法国	0.00	14.29	0.00	0.00	10.00	0.00	0.00	8.33	0.00	0.00	3.85
柬埔寨	0.00	0.00	0.00	0.00	14.29	0.00	0.00	0.00	0.00	0.00	1.28
中国大陆	0.00	0.00	0.00	0.00	0.00	0.00	12.50	0.00	0.00	0.00	1.28
中国澳门	0.00	0.00	0.00	0.00	0.00	0.00	12.50	0.00	0.00	0.00	1.28
新喀里多尼亚	0.00	0.00	0.00	0.00	0.00	0.00	0.00	8.33	0.00	0.00	1.28
西班牙	0.00	0.00	0.00	0.00	0.00	0.00	0.00	8.33	0.00	0.00	1.28
法属圭亚那	0.00	0.00	0.00	0.00	0.00	0.00	0.00	8.33	0.00	0.00	1.28
挪威	0.00	0.00	0.00	0.00	0.00	0.00	12.50	0.00	0.00	0.00	1.28
瑞士	0.00	0.00	12.50	0.00	0.00	0.00	0.00	0.00	0.00	0.00	1.28
中国香港	0.00	0.00	0.00	0.00	0.00	0.00	12.50	0.00	0.00	0.00	1.28
秘鲁	0.00	0.00	0.00	0.00	10.00	0.00	0.00	0.00	0.00	0.00	1.28

表9—98　寄生物学 B 层人才排名前20的国家和地区的占比

国家和地区\年份	2009	2010	2011	2012	2013	2014	2015	2016	2017	2018	合计
美国	38.81	38.03	35.21	29.89	26.80	26.73	28.85	30.19	33.04	36.19	31.92
英国	7.46	8.45	11.27	14.94	6.19	9.90	5.77	6.60	9.82	9.52	8.90
德国	4.48	2.82	5.63	6.90	4.12	5.94	6.73	2.83	4.46	3.81	4.78
法国	5.97	5.63	4.23	6.90	3.09	2.97	2.88	2.83	3.57	2.86	3.91
巴西	2.99	1.41	0.00	3.45	2.06	2.97	3.85	10.38	3.57	3.81	3.69
澳大利亚	0.00	2.82	2.82	2.30	3.09	4.95	4.81	2.83	3.57	5.71	3.47
瑞士	5.97	1.41	1.41	2.30	5.15	2.97	5.77	0.94	6.25	1.90	3.47
加拿大	1.49	2.82	4.23	4.60	4.12	2.97	4.81	2.83	3.57	2.86	3.47
意大利	1.49	0.00	1.41	1.15	3.09	2.97	4.81	2.83	2.68	6.67	2.93
荷兰	0.00	2.82	1.41	5.75	4.12	3.96	1.92	0.94	2.68	0.95	2.50
中国大陆	0.00	2.82	0.00	1.15	5.15	1.98	0.96	2.83	0.89	5.71	2.28
比利时	0.00	4.23	1.41	0.00	1.03	1.98	2.88	3.77	0.89	0.95	1.74
瑞典	1.49	0.00	1.41	3.45	3.09	1.98	1.92	0.00	0.00	1.90	1.52
西班牙	2.99	1.41	4.23	2.30	1.03	0.99	0.96	0.94	0.89	0.95	1.52

续表

国家和地区 \ 年份	2009	2010	2011	2012	2013	2014	2015	2016	2017	2018	合计
日本	2.99	1.41	1.41	1.15	1.03	2.97	0.00	0.94	1.79	0.95	1.41
南非	4.48	1.41	0.00	0.00	1.03	0.99	0.96	1.89	1.79	0.95	1.30
肯尼亚	0.00	7.04	1.41	0.00	0.00	1.98	0.00	0.94	1.79	0.00	1.19
新加坡	0.00	1.41	0.00	1.15	3.09	0.00	0.96	1.89	1.79	0.00	1.09
丹麦	1.49	0.00	0.00	1.15	1.03	0.00	2.88	0.00	0.89	1.90	0.98
印度	0.00	0.00	0.00	0.00	0.00	1.98	3.85	0.94	1.79	0.00	0.98

表9—99 寄生物学C层人才排名前20的国家和地区的占比

国家和地区 \ 年份	2009	2010	2011	2012	2013	2014	2015	2016	2017	2018	合计
美国	27.88	28.53	25.39	26.40	27.11	24.28	24.11	25.91	23.72	21.31	25.30
英国	10.91	9.84	11.40	9.65	9.18	10.66	11.31	9.41	9.55	10.88	10.24
法国	6.82	6.28	6.74	5.35	5.59	4.84	4.86	5.03	5.02	4.70	5.42
德国	5.91	6.28	3.89	5.81	6.54	4.54	5.46	5.31	5.31	4.70	5.36
瑞士	4.24	5.56	4.66	4.65	4.11	4.64	4.86	2.70	3.84	4.12	4.28
澳大利亚	4.24	3.99	3.63	4.19	4.96	3.95	4.07	5.13	4.04	3.89	4.24
中国大陆	1.21	1.71	3.11	2.67	2.95	3.36	3.77	3.82	4.43	4.01	3.23
巴西	3.18	1.71	2.46	2.09	3.06	4.44	3.08	2.98	4.13	3.89	3.17
加拿大	3.48	3.57	2.72	3.14	3.16	2.47	2.38	3.54	1.48	2.29	2.78
荷兰	2.42	2.28	2.72	2.67	3.06	2.76	3.27	3.08	2.76	2.18	2.76
意大利	2.88	1.71	2.20	1.86	2.64	2.67	3.37	2.52	3.35	2.86	2.64
西班牙	0.91	1.14	0.91	2.21	2.22	2.17	1.79	2.70	2.07	3.21	2.01
日本	1.82	3.28	2.46	2.67	2.00	1.68	1.69	1.40	1.48	1.72	1.96
比利时	2.88	1.43	2.07	1.05	1.16	1.48	1.09	1.03	1.87	1.26	1.48
泰国	1.06	0.86	1.42	2.21	1.27	1.68	1.09	0.93	1.87	1.37	1.39
印度	0.30	0.71	1.94	1.40	1.69	1.28	1.39	2.24	1.28	1.15	1.39
瑞典	1.36	1.28	1.17	1.28	0.74	0.79	1.49	0.56	1.28	0.80	1.05
新加坡	0.45	0.86	1.04	1.05	0.53	1.48	1.29	0.65	0.98	0.57	0.91
南非	1.21	0.57	0.13	0.70	1.05	0.59	0.89	1.12	0.98	1.15	0.85
丹麦	0.91	0.71	0.52	1.05	0.95	0.79	0.89	0.65	1.08	0.69	0.83

三十三　医学化验技术

医学化验技术 A、B、C 层人才最多的国家是美国，分别占该学科全球 A、B、C 层人才的 40.00%、28.20%、25.31%。

法国、澳大利亚、中国大陆、英国的 A 层人才比较多，世界占比均为 8%；德国、奥地利、西班牙、瑞典、意大利、中国台湾、卢森堡也有相当数量的 A 层人才，世界占比均为 4%。

英国、加拿大、德国、荷兰、意大利、澳大利亚、中国大陆、法国的 B 层人才比较多，世界占比在 8%—4% 之间；日本、比利时、瑞典、西班牙、挪威、印度、丹麦、伊朗、土耳其、瑞士、巴西也有相当数量的 B 层人才，世界占比超过或接近 1%。

意大利、中国大陆、德国、英国、加拿大、荷兰、法国、西班牙的 C 层人才比较多，世界占比在 8%—3% 之间；澳大利亚、比利时、瑞典、日本、丹麦、瑞士、印度、奥地利、巴西、韩国、土耳其也有相当数量的 C 层人才，世界占比超过 1%。

表 9—100　医学化验技术 A 层人才的国家和地区的占比

国家和地区 \ 年份	2009	2010	2011	2012	2013	2014	2015	2016	2017	2018	合计
美国	0.00	33.33	57.14	60.00	0.00	0.00	25.00	0.00	25.00	0.00	40.00
法国	0.00	0.00	14.29	0.00	50.00	0.00	0.00	0.00	0.00	0.00	8.00
澳大利亚	0.00	0.00	14.29	20.00	0.00	0.00	0.00	0.00	0.00	0.00	8.00
中国大陆	0.00	0.00	0.00	0.00	0.00	0.00	25.00	0.00	25.00	0.00	8.00
英国	0.00	0.00	0.00	20.00	0.00	0.00	0.00	0.00	25.00	0.00	8.00
德国	0.00	0.00	0.00	0.00	50.00	0.00	0.00	0.00	0.00	0.00	4.00
奥地利	0.00	0.00	0.00	0.00	0.00	0.00	25.00	0.00	0.00	0.00	4.00
西班牙	0.00	0.00	0.00	0.00	0.00	0.00	0.00	0.00	25.00	0.00	4.00
瑞典	0.00	0.00	14.29	0.00	0.00	0.00	0.00	0.00	0.00	0.00	4.00
意大利	0.00	0.00	0.00	0.00	0.00	0.00	25.00	0.00	0.00	0.00	4.00
中国台湾	0.00	33.33	0.00	0.00	0.00	0.00	0.00	0.00	0.00	0.00	4.00
卢森堡	0.00	33.33	0.00	0.00	0.00	0.00	0.00	0.00	0.00	0.00	4.00

表9—101　医学化验技术B层人才排名前20的国家和地区的占比

国家和地区\年份	2009	2010	2011	2012	2013	2014	2015	2016	2017	2018	合计
美国	36.36	23.81	24.62	26.09	27.66	31.82	21.43	32.43	41.18	20.41	28.20
英国	5.45	7.14	3.08	10.87	6.38	4.55	9.52	13.51	2.94	10.20	7.16
加拿大	7.27	4.76	0.00	8.70	10.64	4.55	4.76	10.81	0.00	14.29	6.51
德国	10.91	11.90	7.69	4.35	8.51	11.36	2.38	0.00	5.88	0.00	6.51
荷兰	5.45	7.14	9.23	8.70	4.26	4.55	7.14	5.41	2.94	8.16	6.51
意大利	3.64	7.14	4.62	6.52	0.00	4.55	9.52	0.00	8.82	8.16	5.21
澳大利亚	5.45	4.76	6.15	4.35	4.26	2.27	9.52	2.70	2.94	6.12	4.99
中国大陆	0.00	7.14	4.62	6.52	8.51	2.27	4.76	0.00	5.88	6.12	4.56
法国	5.45	0.00	4.62	4.35	8.51	0.00	4.76	5.41	0.00	6.12	4.12
日本	3.64	7.14	0.00	2.17	4.26	4.55	0.00	2.70	0.00	4.08	2.82
比利时	3.64	2.38	6.15	0.00	4.26	2.27	4.76	0.00	2.94	0.00	2.82
瑞典	1.82	2.38	4.62	0.00	2.13	4.55	0.00	2.70	5.88	0.00	2.39
西班牙	3.64	0.00	1.54	0.00	2.13	0.00	7.14	0.00	5.88	4.08	2.39
挪威	1.82	0.00	1.54	2.17	0.00	2.27	2.38	2.70	2.94	2.04	1.74
印度	0.00	7.14	1.54	0.00	2.13	2.27	0.00	2.70	0.00	2.04	1.74
丹麦	1.82	0.00	1.54	0.00	2.13	0.00	0.00	0.00	5.88	0.00	1.52
伊朗	1.82	0.00	0.00	2.17	0.00	0.00	0.00	5.41	2.94	0.00	1.08
土耳其	0.00	0.00	1.54	0.00	0.00	4.55	0.00	0.00	0.00	2.04	0.87
瑞士	0.00	0.00	3.08	0.00	0.00	0.00	0.00	5.41	0.00	0.00	0.87
巴西	0.00	0.00	1.54	0.00	0.00	0.00	0.00	2.70	0.00	4.08	0.87

表9—102　医学化验技术C层人才排名前20的国家和地区的占比

国家和地区\年份	2009	2010	2011	2012	2013	2014	2015	2016	2017	2018	合计
美国	29.33	30.12	26.37	27.93	29.55	25.06	25.81	19.46	22.48	17.15	25.31
意大利	7.87	7.29	7.06	8.53	5.91	6.45	6.51	5.80	7.49	7.53	7.07
中国大陆	3.94	3.29	5.91	5.12	5.68	7.94	7.44	6.83	7.92	11.09	6.48
德国	6.50	5.18	5.19	6.61	5.91	8.19	4.42	6.00	5.57	8.37	6.15
英国	5.91	5.88	5.76	5.97	5.91	5.96	6.74	6.21	7.28	5.65	6.11
加拿大	3.74	4.24	4.61	2.77	5.68	5.96	5.12	3.93	4.07	3.97	4.38
荷兰	3.54	4.71	4.18	2.99	3.41	3.47	3.26	7.45	3.64	4.39	4.13
法国	2.95	3.53	2.31	2.99	3.41	2.48	1.86	3.93	3.64	3.14	3.00

续表

国家和地区\年份	2009	2010	2011	2012	2013	2014	2015	2016	2017	2018	合计
西班牙	2.76	2.59	2.74	2.56	2.50	2.73	3.02	4.55	3.43	3.14	3.00
澳大利亚	1.97	2.59	2.59	5.12	1.36	3.23	1.40	3.52	3.21	3.14	2.81
比利时	3.35	3.53	2.02	2.35	2.73	2.48	1.86	2.90	2.57	2.09	2.56
瑞典	2.76	1.41	1.44	2.77	2.73	2.48	2.56	2.69	2.78	3.14	2.44
日本	1.38	4.00	4.18	1.71	1.59	0.99	1.63	2.07	1.50	1.05	2.11
丹麦	0.59	2.12	2.16	1.49	1.36	1.99	2.56	1.66	2.57	1.67	1.81
瑞士	0.79	0.94	1.44	1.28	0.45	2.73	1.86	1.66	2.57	2.30	1.58
印度	1.38	2.12	2.45	1.92	0.68	1.49	0.93	0.83	2.36	1.05	1.56
奥地利	1.57	2.12	1.73	1.07	0.68	1.49	1.63	0.83	0.86	3.56	1.56
巴西	2.17	1.18	2.02	1.07	1.82	0.99	1.86	1.45	1.28	1.05	1.52
韩国	1.57	1.41	1.59	1.92	1.82	0.50	1.86	1.86	1.28	0.63	1.46
土耳其	1.57	1.41	1.73	1.07	0.91	0.74	1.16	1.24	0.64	1.26	1.21

三十四 放射医学、核医学和医学影像

放射医学、核医学和医学影像 A、B、C 层人才最多的国家是美国，分别占该学科全球 A、B、C 层人才的 26.89%、29.77%、30.48%。

英国、德国、荷兰、法国、加拿大、意大利、瑞士的 A 层人才比较多，世界占比在 12%—3% 之间；奥地利、中国大陆、比利时、韩国、澳大利亚、丹麦、瑞典、挪威、以色列、日本、芬兰、罗马尼亚也有相当数量的 A 层人才，世界占比超过或接近 1%。

德国、英国、加拿大、荷兰、法国、意大利的 B 层人才比较多，世界占比在 10%—4% 之间；中国大陆、瑞士、比利时、韩国、澳大利亚、西班牙、日本、奥地利、丹麦、瑞典、印度、挪威、中国香港也有相当数量的 B 层人才，世界占比超过或接近 1%。

德国、英国、荷兰、加拿大、意大利、法国、中国大陆、瑞士的 C 层人才比较多，世界占比在 11%—3% 之间；日本、韩国、澳大利亚、比利时、西班牙、奥地利、瑞典、丹麦、挪威、以色列、巴西也有相当数量的 C 层人才，世界占比超过或接近 1%。

表9—103　　　放射医学、核医学和医学影像A层人才排名
前20的国家和地区的占比

国家和地区\年份	2009	2010	2011	2012	2013	2014	2015	2016	2017	2018	合计
美国	40.00	27.03	30.77	31.82	23.68	35.00	16.28	26.83	17.39	23.91	26.89
英国	14.29	16.22	10.26	18.18	13.16	10.00	11.63	9.76	8.70	8.70	11.98
德国	5.71	10.81	15.38	6.82	10.53	12.50	16.28	14.63	13.04	8.70	11.49
荷兰	5.71	5.41	5.13	9.09	2.63	5.00	6.98	9.76	8.70	2.17	6.11
法国	8.57	5.41	5.13	4.55	7.89	5.00	6.98	0.00	4.35	4.35	5.13
加拿大	5.71	0.00	2.56	4.55	2.63	2.50	6.98	0.00	8.70	13.04	4.89
意大利	0.00	5.41	2.56	6.82	7.89	7.50	4.65	0.00	2.17	4.35	4.16
瑞士	2.86	8.11	5.13	0.00	2.63	2.50	2.33	4.88	6.52	0.00	3.42
奥地利	0.00	5.41	5.13	2.27	5.26	0.00	2.33	0.00	4.35	4.35	2.93
中国大陆	0.00	0.00	2.56	0.00	2.63	2.50	0.00	4.88	6.52	4.35	2.44
比利时	5.71	2.70	2.56	4.55	0.00	0.00	4.65	0.00	2.17	2.17	2.44
韩国	5.71	0.00	0.00	2.27	2.63	5.00	0.00	2.44	2.17	2.17	2.20
澳大利亚	0.00	8.11	2.56	0.00	2.63	0.00	0.00	0.00	4.35	4.35	2.20
丹麦	0.00	2.70	2.56	4.55	0.00	0.00	2.33	2.44	2.17	2.17	1.96
瑞典	2.86	0.00	2.56	0.00	2.63	0.00	2.33	0.00	2.17	2.17	1.47
挪威	0.00	0.00	0.00	2.27	5.26	0.00	0.00	0.00	2.17	2.17	1.22
以色列	0.00	0.00	0.00	0.00	0.00	5.00	2.33	4.88	0.00	0.00	1.22
日本	0.00	0.00	0.00	0.00	0.00	5.00	2.33	2.44	2.17	0.00	1.22
芬兰	2.86	0.00	0.00	0.00	2.63	2.50	2.33	0.00	0.00	0.00	0.98
罗马尼亚	0.00	0.00	0.00	2.27	2.63	0.00	0.00	0.00	2.17	2.17	0.98

表9—104　　　放射医学、核医学和医学影像B层人才排名
前20的国家和地区的占比

国家和地区\年份	2009	2010	2011	2012	2013	2014	2015	2016	2017	2018	合计
美国	36.33	42.11	33.51	36.84	27.67	30.99	22.62	22.52	23.95	25.07	29.77
德国	9.65	8.48	10.54	11.53	9.51	10.17	9.29	11.88	10.93	7.05	9.95
英国	9.00	7.89	10.54	12.28	13.26	7.99	7.86	8.66	7.21	6.79	9.09
加拿大	6.43	6.43	4.59	5.76	6.34	4.12	7.38	4.95	6.51	5.48	5.79
荷兰	6.75	4.39	5.14	3.76	5.48	5.08	5.24	5.69	5.35	5.74	5.24

续表

国家和地区\年份	2009	2010	2011	2012	2013	2014	2015	2016	2017	2018	合计
法国	6.75	3.22	5.14	4.26	4.03	3.15	6.67	3.71	6.28	4.44	4.77
意大利	2.57	2.63	4.59	3.01	4.90	4.12	5.24	4.21	4.42	3.92	4.01
中国大陆	1.93	2.92	1.89	2.51	1.73	3.87	2.38	2.72	3.72	5.22	2.93
瑞士	1.29	2.92	2.43	1.50	3.75	4.12	2.14	2.97	2.33	2.61	2.62
比利时	3.22	2.34	1.89	2.76	1.73	2.18	2.62	4.46	2.09	2.35	2.57
韩国	2.57	0.88	1.89	1.50	1.15	3.87	3.81	2.23	1.86	3.66	2.38
澳大利亚	1.29	1.17	2.16	1.75	3.17	2.66	2.14	2.48	2.56	3.39	2.30
西班牙	1.61	1.46	1.35	2.01	1.73	1.94	2.38	1.73	1.63	2.09	1.81
日本	0.96	2.63	1.35	1.25	2.31	1.69	2.62	1.49	2.33	1.31	1.81
奥地利	1.93	1.17	2.16	1.00	1.15	2.18	1.19	1.73	1.86	2.87	1.73
丹麦	0.64	1.17	1.08	1.25	1.73	1.21	2.62	2.23	1.16	2.61	1.60
瑞典	0.96	1.75	1.35	1.50	1.44	0.73	1.19	2.23	0.93	0.78	1.28
印度	0.64	0.29	0.81	0.00	0.86	0.73	0.48	0.99	1.63	1.31	0.79
挪威	0.32	0.58	0.27	0.25	0.86	1.45	0.71	1.73	0.93	0.52	0.79
中国香港	0.32	0.29	0.54	1.00	0.00	0.48	0.48	0.00	2.33	1.04	0.68

表9—105 放射医学、核医学和医学影像C层人才排名前20的国家和地区的占比

国家和地区\年份	2009	2010	2011	2012	2013	2014	2015	2016	2017	2018	合计
美国	34.74	33.99	33.71	32.39	29.77	29.89	28.29	27.85	27.90	27.74	30.48
德国	10.16	10.47	10.49	9.86	10.45	10.69	10.86	10.55	9.80	9.47	10.28
英国	8.29	7.99	7.88	7.21	7.78	7.41	7.61	7.70	7.68	8.19	7.75
荷兰	6.01	6.55	5.51	5.99	5.92	5.15	5.84	5.47	4.78	5.04	5.60
加拿大	5.38	4.97	4.65	4.62	4.90	4.73	4.77	4.61	4.63	4.90	4.80
意大利	3.23	3.92	3.75	4.04	4.44	4.28	4.54	4.73	4.70	4.71	4.26
法国	3.64	4.07	3.94	4.04	4.82	4.38	4.26	4.70	4.24	4.00	4.22
中国大陆	2.28	2.39	3.36	3.87	3.05	4.15	4.62	5.60	5.59	5.80	4.15
瑞士	2.59	2.48	3.14	2.82	3.63	3.01	2.84	3.07	2.93	3.48	3.00
日本	3.83	3.17	3.75	3.27	2.32	2.64	2.03	2.75	2.07	2.20	2.78
韩国	2.34	2.24	2.15	2.89	2.67	2.96	2.74	2.43	2.39	2.50	2.54
澳大利亚	1.49	1.68	1.93	2.07	2.26	1.96	2.41	2.28	2.22	2.61	2.11

续表

国家和地区\年份	2009	2010	2011	2012	2013	2014	2015	2016	2017	2018	合计
比利时	1.87	2.27	1.71	2.15	2.29	1.79	1.93	1.66	1.87	1.85	1.93
西班牙	1.52	1.74	1.43	1.60	2.06	1.94	1.88	1.58	1.90	1.82	1.75
奥地利	1.68	1.56	1.27	1.42	1.51	1.42	1.55	1.44	1.80	1.74	1.54
瑞典	1.65	1.59	1.29	1.57	1.48	1.04	1.52	1.34	1.67	1.36	1.45
丹麦	1.17	1.05	0.80	1.17	1.39	1.52	1.27	1.91	1.63	1.74	1.38
挪威	0.76	0.60	0.72	0.62	0.75	0.67	0.96	0.74	0.66	0.73	0.72
以色列	0.66	1.14	0.44	0.47	0.55	0.67	0.48	0.72	0.37	0.68	0.61
巴西	0.41	0.42	0.58	0.65	0.70	0.65	0.63	0.67	0.79	0.52	0.61

三十五　法医学

法医学A、B、C层人才最多的国家是美国，分别占该学科全球A、B、C层人才的41.67%、20.46%、19.87%。

英国、丹麦的A层人才比较多，世界占比分别为25.00%、16.67%；荷兰、沙特也有相当数量的A层人才，世界占比均为8.33%。

德国、荷兰、英国、瑞士、澳大利亚、意大利、西班牙、奥地利、中国大陆的B层人才比较多，世界占比在10%—3%之间；挪威、法国、葡萄牙、加拿大、日本、比利时、丹麦、沙特、波兰、巴西也有相当数量的B层人才，世界占比超过1%。

英国、德国、瑞士、澳大利亚、意大利、荷兰、中国大陆、西班牙的C层人才比较多，世界占比在9%—3%之间；比利时、法国、丹麦、加拿大、日本、奥地利、挪威、巴西、沙特、波兰、葡萄牙也有相当数量的C层人才，世界占比超过1%。

表9—106　　法医学A层人才排名前20的国家和地区的占比

国家和地区\年份	2009	2010	2011	2012	2013	2014	2015	2016	2017	2018	合计
美国	0.00	50.00	100.00	0.00	0.00	0.00	0.00	50.00	100.00	0.00	41.67
英国	0.00	50.00	0.00	0.00	0.00	0.00	0.00	0.00	0.00	100.00	25.00
丹麦	0.00	0.00	0.00	0.00	0.00	100.00	100.00	0.00	0.00	0.00	16.67
荷兰	100.00	0.00	0.00	0.00	0.00	0.00	0.00	0.00	0.00	0.00	8.33

表 9—107　　法医学 B 层人才排名前 20 的国家和地区的占比

国家和地区\年份	2009	2010	2011	2012	2013	2014	2015	2016	2017	2018	合计
沙特	0.00	0.00	0.00	0.00	0.00	0.00	0.00	50.00	0.00	0.00	8.33
美国	23.53	15.00	28.57	11.11	14.29	14.29	25.00	19.35	20.93	30.77	20.46
德国	23.53	15.00	9.52	11.11	7.14	14.29	9.38	6.45	4.65	3.85	9.27
荷兰	5.88	5.00	14.29	14.81	7.14	0.00	12.50	6.45	4.65	7.69	8.11
英国	5.88	15.00	19.05	11.11	3.57	7.14	3.13	3.23	4.65	7.69	7.34
瑞士	5.88	0.00	9.52	7.41	3.57	0.00	6.25	9.68	4.65	0.00	5.02
澳大利亚	0.00	10.00	4.76	0.00	7.14	7.14	0.00	0.00	9.30	7.69	4.63
意大利	5.88	0.00	4.76	0.00	3.57	7.14	9.38	6.45	2.33	3.85	4.25
西班牙	5.88	5.00	0.00	7.41	7.14	7.14	3.13	3.23	4.65	0.00	4.25
奥地利	0.00	5.00	0.00	3.70	3.57	7.14	0.00	6.45	6.98	3.85	3.86
中国大陆	0.00	0.00	4.76	3.70	0.00	0.00	3.13	3.23	4.65	11.54	3.47
挪威	0.00	0.00	0.00	7.41	3.57	7.14	0.00	6.45	2.33	0.00	2.70
法国	5.88	0.00	0.00	3.70	3.57	7.14	0.00	0.00	2.33	3.85	2.32
葡萄牙	5.88	0.00	0.00	3.70	3.57	7.14	0.00	3.23	0.00	0.00	2.32
加拿大	0.00	5.00	4.76	0.00	3.57	0.00	3.13	0.00	2.33	3.85	2.32
日本	0.00	10.00	0.00	0.00	3.57	0.00	6.25	0.00	2.33	0.00	2.32
比利时	5.88	0.00	0.00	0.00	3.57	0.00	6.25	6.45	0.00	0.00	2.32
丹麦	5.88	0.00	0.00	3.70	0.00	0.00	3.13	3.23	2.33	0.00	1.93
沙特	0.00	0.00	0.00	0.00	0.00	7.14	0.00	6.45	4.65	0.00	1.93
波兰	0.00	0.00	0.00	0.00	7.14	0.00	6.25	0.00	0.00	3.85	1.93
巴西	0.00	0.00	0.00	0.00	0.00	3.57	7.14	0.00	3.23	4.65	0.00	1.93

表 9—108　　法医学 C 层人才排名前 20 的国家和地区的占比

国家和地区\年份	2009	2010	2011	2012	2013	2014	2015	2016	2017	2018	合计
美国	25.32	19.70	20.08	18.07	20.91	18.75	20.55	19.00	19.07	19.86	19.87
英国	7.59	8.59	7.63	10.08	9.51	5.94	8.56	6.33	12.11	10.83	8.83
德国	9.49	14.14	9.24	7.98	7.60	5.94	5.48	6.00	5.67	5.42	7.27
瑞士	1.90	3.03	8.84	7.14	6.46	5.31	3.77	8.33	4.12	7.22	5.74
澳大利亚	7.59	6.57	6.02	4.62	7.22	5.63	5.14	4.33	4.90	5.42	5.59
意大利	5.06	4.04	2.81	5.88	3.80	5.94	3.77	5.67	4.90	3.61	4.58
荷兰	4.43	3.54	6.02	5.04	3.04	3.75	4.45	5.00	3.87	3.61	4.25

续表

年份 国家和地区	2009	2010	2011	2012	2013	2014	2015	2016	2017	2018	合计
中国大陆	1.90	2.02	2.01	2.10	2.66	2.50	6.51	5.00	5.67	7.58	4.06
西班牙	1.90	2.53	3.21	5.46	4.18	2.81	3.08	3.33	4.38	2.17	3.39
比利时	2.53	5.56	1.20	2.10	3.42	3.13	2.40	2.33	2.32	1.81	2.61
法国	1.90	2.53	4.42	3.36	2.66	3.13	1.37	2.33	2.06	1.81	2.53
丹麦	2.53	1.52	1.61	2.52	1.52	4.38	2.05	2.33	2.06	1.81	2.27
加拿大	2.53	2.53	1.61	1.26	2.28	2.19	2.74	2.00	2.58	2.53	2.24
日本	2.53	3.54	3.21	2.10	1.90	2.50	1.71	2.00	1.29	2.17	2.20
奥地利	0.63	1.01	2.01	1.26	1.52	3.13	2.05	3.00	2.58	2.17	2.09
挪威	1.27	1.52	2.01	3.36	1.14	2.50	2.74	1.33	1.80	1.44	1.94
巴西	1.27	0.51	0.80	0.84	1.52	1.25	4.45	2.00	1.55	1.81	1.68
沙特	0.63	1.01	0.00	0.00	0.76	1.88	2.05	1.67	3.61	1.81	1.53
波兰	1.90	2.53	0.80	0.42	2.66	2.50	0.68	1.00	1.55	1.08	1.49
葡萄牙	1.27	0.00	1.20	1.68	1.14	2.19	1.37	1.67	0.52	1.81	1.30

三十六　老年病学和老年医学

老年病学和老年医学A、B、C层人才最多的国家是美国，分别占该学科全球A、B、C层人才的28.57%、25.03%、28.88%。

英国、意大利、澳大利亚、荷兰、德国、加拿大、中国大陆、瑞士的A层人才比较多，世界占比在13%—3%之间；泰国、丹麦、新西兰、法国、韩国、中国香港、西班牙、奥地利、爱尔兰、比利时、日本也有相当数量的A层人才，世界占比均为1.59%。

英国、意大利、荷兰、德国、法国、加拿大、西班牙、澳大利亚的B层人才比较多，世界占比在11%—3%之间；瑞典、瑞士、中国大陆、比利时、爱尔兰、日本、奥地利、中国香港、以色列、韩国、丹麦也有相当数量的B层人才，世界占比超过或接近1%。

英国、意大利、德国、澳大利亚、加拿大、荷兰、中国大陆、西班牙、法国的C层人才比较多，世界占比在10%—3%之间；瑞典、日本、瑞士、比利时、芬兰、巴西、韩国、爱尔兰、奥地利、以色列也有相当数量的C层人才，世界占比超过或接近1%。

表9—109　老年病学和老年医学A层人才排名前20的国家和地区的占比

国家和地区 \ 年份	2009	2010	2011	2012	2013	2014	2015	2016	2017	2018	合计
美国	33.33	0.00	33.33	55.56	0.00	11.11	37.50	10.00	25.00	50.00	28.57
英国	0.00	0.00	0.00	11.11	33.33	0.00	25.00	20.00	16.67	0.00	12.70
意大利	0.00	0.00	33.33	0.00	0.00	11.11	0.00	10.00	16.67	33.33	11.11
澳大利亚	0.00	0.00	0.00	11.11	0.00	0.00	0.00	20.00	8.33	0.00	6.35
荷兰	0.00	0.00	0.00	11.11	33.33	0.00	0.00	10.00	0.00	0.00	4.76
德国	33.33	0.00	0.00	0.00	0.00	0.00	0.00	10.00	8.33	0.00	4.76
加拿大	0.00	0.00	0.00	0.00	33.33	0.00	25.00	0.00	0.00	0.00	4.76
中国大陆	0.00	0.00	0.00	0.00	0.00	11.11	0.00	0.00	0.00	16.67	3.17
瑞士	0.00	0.00	0.00	0.00	0.00	0.00	0.00	10.00	8.33	0.00	3.17
泰国	0.00	0.00	0.00	0.00	0.00	11.11	0.00	0.00	0.00	0.00	1.59
丹麦	33.33	0.00	0.00	0.00	0.00	0.00	0.00	0.00	0.00	0.00	1.59
新西兰	0.00	0.00	0.00	11.11	0.00	0.00	0.00	0.00	0.00	0.00	1.59
法国	0.00	0.00	0.00	0.00	0.00	0.00	0.00	0.00	8.33	0.00	1.59
韩国	0.00	0.00	0.00	0.00	0.00	11.11	0.00	0.00	0.00	0.00	1.59
中国香港	0.00	0.00	0.00	0.00	0.00	11.11	0.00	0.00	0.00	0.00	1.59
西班牙	0.00	0.00	33.33	0.00	0.00	0.00	0.00	0.00	0.00	0.00	1.59
奥地利	0.00	0.00	0.00	0.00	0.00	0.00	0.00	10.00	0.00	0.00	1.59
爱尔兰	0.00	0.00	0.00	0.00	0.00	0.00	12.50	0.00	0.00	0.00	1.59
比利时	0.00	0.00	0.00	0.00	0.00	0.00	0.00	0.00	8.33	0.00	1.59
日本	0.00	0.00	0.00	0.00	0.00	11.11	0.00	0.00	0.00	0.00	1.59

表9—110　老年病学和老年医学B层人才排名前20的国家和地区的占比

国家和地区 \ 年份	2009	2010	2011	2012	2013	2014	2015	2016	2017	2018	合计
美国	42.19	24.66	34.18	26.74	24.47	32.00	22.77	20.18	16.95	18.25	25.03
英国	7.81	8.22	15.19	9.30	9.57	11.00	14.85	9.65	11.02	11.90	10.99
意大利	4.69	8.22	5.06	10.47	5.32	6.00	7.92	7.89	7.63	7.94	7.23
荷兰	6.25	5.48	6.33	9.30	7.45	10.00	6.93	4.39	2.54	4.76	6.18
德国	4.69	12.33	6.33	5.81	5.32	4.00	4.95	2.63	4.24	5.56	5.34
法国	6.25	2.74	2.53	4.65	10.64	4.00	3.96	3.51	5.08	3.17	4.61
加拿大	3.13	5.48	6.33	5.81	5.32	3.00	5.94	1.75	4.24	4.76	4.50
西班牙	1.56	4.11	1.27	2.33	8.51	2.00	3.96	4.39	6.78	4.76	4.19

续表

国家和地区\年份	2009	2010	2011	2012	2013	2014	2015	2016	2017	2018	合计
澳大利亚	4.69	5.48	2.53	4.65	6.38	2.00	3.96	5.26	3.39	2.38	3.98
瑞典	3.13	5.48	5.06	0.00	2.13	2.00	2.97	1.75	1.69	3.17	2.62
瑞士	6.25	2.74	2.53	3.49	2.13	2.00	0.99	5.26	0.00	1.59	2.51
中国大陆	0.00	0.00	0.00	0.00	0.00	3.00	1.98	5.26	5.08	4.76	2.41
比利时	1.56	1.37	0.00	0.00	1.06	2.00	1.98	4.39	2.54	1.59	1.78
爱尔兰	0.00	1.37	3.80	2.33	1.06	3.00	1.98	0.88	1.69	0.79	1.68
日本	0.00	0.00	2.53	1.16	2.13	3.00	0.00	1.75	0.85	2.38	1.47
奥地利	0.00	2.74	0.00	1.16	0.00	1.98	0.88	0.00	3.17	1.15
中国香港	0.00	1.37	0.00	2.33	0.00	3.00	2.97	0.00	0.85	0.79	1.15
以色列	0.00	0.00	1.27	2.33	2.13	0.00	1.98	0.88	1.69	0.00	1.05
韩国	1.56	0.00	0.00	0.00	0.00	0.00	0.00	1.75	1.69	1.59	0.84
丹麦	0.00	0.00	0.00	1.16	1.06	1.00	0.00	1.75	2.54	0.00	0.84

表9—111 老年病学和老年医学C层人才排名前20的国家和地区的占比

国家和地区\年份	2009	2010	2011	2012	2013	2014	2015	2016	2017	2018	合计
美国	41.43	37.58	36.55	31.87	30.22	27.43	26.69	23.32	23.84	21.60	28.88
英国	9.48	8.13	9.66	8.78	9.57	11.08	9.46	11.39	9.65	10.12	9.84
意大利	5.99	5.52	5.66	6.24	5.77	6.01	5.48	5.92	7.92	6.71	6.18
德国	3.33	5.37	5.93	6.00	5.65	5.80	5.38	3.95	4.15	4.96	5.04
澳大利亚	4.16	5.83	3.72	4.85	4.73	4.43	5.08	6.10	3.96	5.06	4.83
加拿大	4.83	5.21	4.14	5.08	4.50	3.48	5.88	4.30	3.86	3.79	4.47
荷兰	3.99	4.29	3.59	4.04	4.84	4.43	3.78	4.39	3.67	4.09	4.12
中国大陆	1.00	1.23	2.07	2.42	2.88	2.95	4.08	4.84	6.08	6.42	3.70
西班牙	2.83	1.53	3.72	3.81	3.23	4.11	4.08	3.95	3.67	4.47	3.65
法国	3.66	2.15	3.72	3.81	3.11	3.27	4.88	3.14	3.96	2.72	3.47
瑞典	2.66	2.15	2.48	2.08	2.54	2.53	1.49	1.97	2.51	2.33	2.25
日本	1.50	1.84	1.66	1.27	1.96	1.79	2.69	2.78	2.32	2.14	2.06
瑞士	1.83	2.15	2.21	1.73	1.38	1.69	1.89	1.52	3.19	2.24	1.99
比利时	1.00	1.38	0.69	1.27	2.08	1.69	1.49	1.35	1.45	2.24	1.50
芬兰	1.83	1.23	1.66	1.27	1.15	1.58	0.80	0.90	1.06	1.07	1.21
巴西	0.33	0.31	0.69	0.92	0.81	1.37	1.10	2.24	1.54	1.56	1.19

续表

国家和地区＼年份	2009	2010	2011	2012	2013	2014	2015	2016	2017	2018	合计
韩国	0.67	0.77	0.14	1.50	1.85	1.48	0.80	1.26	0.77	1.56	1.12
爱尔兰	0.83	1.23	0.83	0.92	1.73	0.84	1.00	0.90	0.97	1.36	1.06
奥地利	1.33	1.07	0.97	0.92	0.81	0.74	1.10	0.90	0.48	1.26	0.94
以色列	0.83	0.92	1.24	0.46	1.27	1.05	1.10	0.54	1.06	0.78	0.92

三十七 初级卫生保健

初级卫生保健 A、B、C 层人才最多的国家是美国，分别占该学科全球 A、B、C 层人才的 61.11%、37.05%、33.22%。

加拿大、英国的 A 层人才比较多，世界占比分别为 22.22%、16.67%。

英国、荷兰、加拿大、澳大利亚的 B 层人才比较多，世界占比在 20%—3% 之间；西班牙、爱尔兰、丹麦、德国、意大利、瑞典、挪威、比利时、新西兰、波兰、法国、巴西、奥地利、匈牙利、斯洛文尼亚也有相当数量的 B 层人才，世界占比超过或接近 1%。

英国、加拿大、荷兰、澳大利亚的 C 层人才比较多，世界占比在 20%—6% 之间；德国、西班牙、瑞典、比利时、挪威、丹麦、爱尔兰、意大利、中国大陆、瑞士、法国、新西兰、希腊、芬兰、日本也有相当数量的 C 层人才，世界占比超过或接近 1%。

表 9—112　初级卫生保健 A 层人才的国家和地区的占比

国家和地区＼年份	2009	2010	2011	2012	2013	2014	2015	2016	2017	2018	合计
美国	50.00	0.00	50.00	50.00	100.00	100.00	100.00	50.00	50.00	0.00	61.11
加拿大	0.00	0.00	0.00	50.00	0.00	0.00	0.00	50.00	50.00	100.00	22.22
英国	50.00	100.00	50.00	0.00	0.00	0.00	0.00	0.00	0.00	0.00	16.67

表 9—113　初级卫生保健 B 层人才排名前 20 的国家和地区的占比

国家和地区\年份	2009	2010	2011	2012	2013	2014	2015	2016	2017	2018	合计
美国	61.11	47.06	44.00	40.74	25.93	25.00	23.33	38.46	44.44	34.62	37.05
英国	11.11	23.53	16.00	18.52	22.22	25.00	16.67	19.23	14.81	26.92	19.52
荷兰	5.56	5.88	12.00	14.81	7.41	14.29	6.67	7.69	22.22	0.00	9.96
加拿大	0.00	11.76	4.00	7.41	0.00	3.57	10.00	15.38	7.41	23.08	8.37
澳大利亚	0.00	5.88	0.00	3.70	0.00	7.14	3.33	3.85	0.00	7.69	3.19
西班牙	0.00	0.00	0.00	0.00	7.41	3.57	6.67	0.00	3.70	3.85	2.79
爱尔兰	0.00	0.00	4.00	3.70	0.00	10.71	3.33	0.00	0.00	0.00	2.39
丹麦	0.00	0.00	4.00	3.70	3.70	0.00	0.00	7.69	3.70	0.00	2.39
德国	0.00	0.00	0.00	3.70	3.70	3.57	10.00	0.00	0.00	0.00	2.39
意大利	0.00	0.00	0.00	3.70	7.41	0.00	3.33	0.00	0.00	0.00	1.59
瑞典	5.56	0.00	0.00	0.00	0.00	3.57	3.33	3.85	0.00	0.00	1.59
挪威	5.56	0.00	0.00	0.00	3.70	0.00	0.00	0.00	3.70	0.00	1.20
比利时	5.56	0.00	0.00	0.00	3.70	3.57	0.00	0.00	0.00	0.00	1.20
新西兰	0.00	5.88	4.00	0.00	0.00	0.00	0.00	3.85	0.00	0.00	1.20
波兰	0.00	0.00	0.00	0.00	3.70	0.00	3.33	0.00	0.00	0.00	0.80
法国	0.00	0.00	4.00	0.00	0.00	0.00	0.00	0.00	0.00	0.00	0.80
巴西	0.00	0.00	0.00	0.00	0.00	0.00	3.33	0.00	0.00	3.85	0.80
奥地利	5.56	0.00	0.00	0.00	0.00	0.00	0.00	0.00	0.00	0.00	0.40
匈牙利	0.00	0.00	0.00	0.00	0.00	0.00	3.33	0.00	0.00	0.00	0.40
斯洛文尼亚	0.00	0.00	0.00	0.00	3.70	0.00	0.00	0.00	0.00	0.00	0.40

表 9—114　初级卫生保健 C 层人才排名前 20 的国家和地区的占比

国家和地区\年份	2009	2010	2011	2012	2013	2014	2015	2016	2017	2018	合计
美国	40.76	32.86	34.05	32.43	31.52	29.92	33.33	31.15	29.06	39.22	33.22
英国	15.22	17.84	17.20	18.53	22.18	17.21	17.58	24.62	23.08	15.95	19.06
加拿大	11.41	5.63	10.39	6.56	7.39	11.07	12.45	10.00	7.26	9.91	9.24
荷兰	8.70	7.98	6.09	5.41	7.39	5.74	6.23	10.00	5.56	5.17	6.78
澳大利亚	7.07	6.10	6.45	7.72	5.84	7.38	7.33	3.85	7.69	4.74	6.41
德国	0.54	1.41	2.51	3.09	2.72	4.51	1.10	2.31	1.71	3.02	2.34
西班牙	1.09	2.35	2.15	3.09	2.33	1.64	1.83	2.69	2.99	1.72	2.22
瑞典	2.17	2.35	2.51	2.32	1.56	1.64	1.47	1.92	2.14	3.45	2.14

续表

国家和地区\年份	2009	2010	2011	2012	2013	2014	2015	2016	2017	2018	合计
比利时	2.17	1.88	3.23	1.54	3.89	2.87	1.10	1.54	1.28	0.43	2.01
挪威	1.09	3.29	2.87	1.93	1.56	2.46	1.83	0.38	2.14	0.86	1.85
丹麦	1.09	0.94	1.79	0.39	0.39	2.46	3.30	1.15	1.71	1.72	1.52
爱尔兰	1.63	2.35	0.00	1.16	0.78	2.05	1.83	0.38	1.71	2.16	1.36
意大利	0.00	1.88	0.72	1.16	1.56	0.00	0.37	2.31	0.85	1.29	1.03
中国大陆	0.00	0.94	0.36	0.00	1.17	1.23	2.56	0.77	1.28	0.86	0.94
瑞士	1.63	1.41	1.08	0.77	0.00	0.41	0.73	1.54	0.43	0.43	0.82
法国	0.00	0.47	0.72	1.54	0.78	0.82	0.37	0.77	0.85	0.00	0.66
新西兰	0.54	0.47	0.72	1.54	0.78	0.00	0.37	0.00	0.85	0.43	0.57
希腊	0.00	1.41	1.08	0.39	0.78	0.82	0.00	0.00	0.85	0.00	0.53
芬兰	0.54	0.47	0.36	0.39	0.39	0.82	1.10	0.00	0.43	0.43	0.49
日本	0.54	0.47	0.00	0.00	0.39	0.00	0.00	0.77	1.28	0.43	0.37

三十八 公共卫生、环境卫生和职业卫生

公共卫生、环境卫生和职业卫生 A、B、C 层人才最多的国家是美国，分别占该学科全球 A、B、C 层人才的 23.17%、23.35%、32.27%。

英国、加拿大、澳大利亚、荷兰的 A 层人才比较多，世界占比在 10%—3% 之间；瑞士、德国、西班牙、中国大陆、南非、挪威、丹麦、瑞典、新西兰、印度、法国、巴西、墨西哥、日本、以色列也有相当数量的 A 层人才，世界占比超过或接近 1%。

英国、加拿大、澳大利亚、瑞士、荷兰的 B 层人才比较多，世界占比在 10%—3% 之间；德国、巴西、中国大陆、瑞典、法国、西班牙、挪威、丹麦、南非、印度、意大利、日本、新西兰、芬兰也有相当数量的 B 层人才，世界占比超过或接近 1%。

英国、加拿大、澳大利亚、荷兰、德国的 C 层人才比较多，世界占比在 11%—3% 之间；中国大陆、瑞典、法国、瑞士、西班牙、意大利、丹麦、挪威、南非、巴西、比利时、芬兰、日本、印度也有相当数量的 C 层人才，世界占比超过或接近 1%。

表9—115　　　公共卫生、环境卫生和职业卫生 A 层人才排名
前 20 的国家和地区的占比

国家和地区\年份	2009	2010	2011	2012	2013	2014	2015	2016	2017	2018	合计
美国	34.15	44.68	19.15	3.33	30.00	11.54	0.00	0.00	10.29	29.33	23.17
英国	17.07	6.38	10.64	3.33	20.00	5.77	0.00	0.00	5.88	6.67	9.27
加拿大	14.63	10.64	12.77	3.33	4.00	0.00	0.00	0.00	2.94	5.33	6.34
澳大利亚	2.44	4.26	4.26	3.33	8.00	1.92	0.00	0.00	2.94	5.33	4.15
荷兰	4.88	6.38	4.26	3.33	6.00	0.00	0.00	0.00	0.00	2.67	3.17
瑞士	2.44	4.26	8.51	0.00	2.00	1.92	0.00	0.00	1.47	2.67	2.93
德国	0.00	8.51	4.26	0.00	2.00	1.92	0.00	0.00	1.47	1.33	2.44
西班牙	0.00	4.26	6.38	3.33	0.00	0.00	0.00	0.00	1.47	2.67	2.20
中国大陆	0.00	0.00	0.00	3.33	4.00	1.92	0.00	0.00	1.47	4.00	1.95
南非	0.00	4.26	0.00	3.33	4.00	1.92	0.00	0.00	1.47	1.33	1.95
挪威	0.00	0.00	6.38	0.00	0.00	1.92	0.00	0.00	2.94	1.33	1.71
丹麦	0.00	2.13	8.51	3.33	2.00	1.92	0.00	0.00	0.00	0.00	1.71
瑞典	2.44	0.00	2.13	3.33	2.00	1.92	0.00	0.00	1.47	1.33	1.71
新西兰	0.00	0.00	2.13	3.33	2.00	1.92	0.00	0.00	1.47	0.00	1.46
印度	0.00	0.00	0.00	3.33	2.00	1.92	0.00	0.00	1.47	2.67	1.46
法国	0.00	0.00	4.26	3.33	2.00	1.92	0.00	0.00	0.00	2.67	1.22
巴西	0.00	2.13	0.00	0.00	2.00	1.92	0.00	0.00	1.47	1.33	1.22
墨西哥	0.00	0.00	0.00	3.33	2.00	1.92	0.00	0.00	1.47	1.33	1.22
日本	0.00	0.00	2.13	3.33	2.00	1.92	0.00	0.00	1.47	0.00	1.22
以色列	0.00	0.00	0.00	3.33	2.00	1.92	0.00	0.00	1.47	0.00	0.98

表9—116　　　公共卫生、环境卫生和职业卫生 B 层人才排名
前 20 的国家和地区的占比

国家和地区\年份	2009	2010	2011	2012	2013	2014	2015	2016	2017	2018	合计
美国	33.85	34.35	31.90	18.24	23.76	19.29	15.51	12.84	22.66	28.42	23.35
英国	12.82	10.28	12.22	8.57	14.47	7.34	6.62	4.82	11.49	10.60	9.68
加拿大	5.90	6.31	6.79	3.74	4.54	4.82	3.88	2.25	4.60	4.61	4.60
澳大利亚	5.38	2.57	4.98	6.15	6.05	2.94	3.23	3.05	4.43	3.38	4.11
瑞士	4.10	3.27	4.75	3.96	4.10	2.52	2.58	2.09	2.79	3.38	3.26

续表

国家和地区\年份	2009	2010	2011	2012	2013	2014	2015	2016	2017	2018	合计
荷兰	4.10	3.50	3.85	3.30	4.75	2.31	2.58	1.77	2.79	2.76	3.06
德国	1.79	3.04	3.85	1.76	4.32	1.89	1.62	0.96	3.28	3.07	2.52
巴西	0.77	1.17	2.26	2.20	1.30	2.31	2.26	2.25	1.48	2.61	1.92
中国大陆	1.28	0.93	1.36	2.20	1.73	1.47	1.45	1.77	1.64	4.30	1.90
瑞典	1.03	1.40	3.17	3.30	1.94	1.05	2.10	1.28	2.13	1.38	1.86
法国	1.79	2.34	2.49	2.20	1.51	1.05	1.13	1.12	2.30	2.15	1.78
西班牙	0.77	2.10	2.26	1.76	2.38	1.47	1.45	1.28	1.97	2.15	1.76
挪威	2.31	2.10	2.26	2.42	2.59	1.05	1.29	1.44	1.48	1.08	1.73
丹麦	1.79	1.40	3.39	1.98	2.16	1.05	1.29	1.28	2.13	1.08	1.71
南非	1.54	1.40	0.90	1.98	1.94	1.47	1.62	1.61	1.64	2.15	1.65
印度	1.03	1.87	0.68	1.76	1.51	1.68	1.78	1.93	1.48	1.69	1.57
意大利	0.77	2.10	0.90	1.10	2.38	1.89	1.45	0.96	1.97	0.92	1.43
日本	0.51	0.47	0.90	1.54	1.51	1.26	1.45	0.96	0.82	1.08	1.07
新西兰	1.03	0.47	0.90	1.54	0.65	1.26	1.13	1.77	0.82	0.77	1.05
芬兰	0.51	1.17	1.36	1.10	0.86	0.84	1.13	0.80	0.82	0.77	0.93

表9—117　公共卫生、环境卫生和职业卫生 C 层人才排名前 20 的国家和地区的占比

国家和地区\年份	2009	2010	2011	2012	2013	2014	2015	2016	2017	2018	合计
美国	36.74	36.83	35.00	33.75	33.28	32.96	29.93	30.15	30.23	27.16	32.27
英国	10.90	9.97	10.84	10.76	11.32	10.41	10.49	9.50	9.83	9.63	10.32
加拿大	6.30	4.89	5.73	5.38	5.10	5.68	4.88	5.45	5.17	5.22	5.36
澳大利亚	4.11	4.51	5.15	4.44	5.03	5.05	5.09	4.72	5.05	5.11	4.85
荷兰	3.74	3.33	3.47	4.27	3.09	3.00	3.71	3.35	2.95	2.89	3.35
德国	2.92	2.81	2.60	3.33	3.09	3.09	3.10	2.94	3.18	2.96	3.01
中国大陆	1.42	1.72	2.05	2.33	2.39	2.30	2.89	3.42	3.63	4.41	2.75
瑞典	2.27	2.76	2.62	2.84	2.77	2.41	2.47	2.52	2.42	2.07	2.50
法国	2.87	2.48	2.67	2.61	2.46	2.04	2.64	2.43	2.22	2.40	2.47
瑞士	2.27	2.01	1.84	2.37	2.42	2.47	2.76	2.50	2.54	2.12	2.34
西班牙	1.91	2.06	2.05	2.00	2.01	2.21	2.32	2.43	2.13	2.42	2.17
意大利	1.70	1.82	1.98	1.93	2.17	1.64	2.39	2.12	2.24	2.21	2.04

续表

国家和地区\年份	2009	2010	2011	2012	2013	2014	2015	2016	2017	2018	合计
丹麦	1.76	1.77	1.86	2.35	1.81	2.00	2.10	2.01	1.94	1.48	1.91
挪威	1.37	1.46	1.33	1.50	1.39	1.45	1.51	1.34	1.40	1.32	1.41
南非	1.11	1.20	1.31	0.96	1.30	1.41	1.15	1.38	1.51	1.74	1.32
巴西	1.19	1.25	1.29	1.10	1.25	1.19	1.03	1.43	1.23	1.41	1.24
比利时	1.27	0.87	0.99	1.39	1.23	1.38	1.45	1.13	1.08	1.32	1.21
芬兰	1.11	1.20	1.17	1.08	0.98	1.19	1.19	1.20	1.01	1.06	1.12
日本	1.27	1.02	1.08	0.92	0.69	0.77	0.84	0.96	1.00	0.99	0.95
印度	0.59	1.16	0.71	0.89	0.98	0.85	0.96	1.01	0.92	1.12	0.93

三十九 热带医学

热带医学 A、B、C 层人才最多的国家是美国，分别占该学科全球 A、B、C 层人才的 19.18%、17.05%、16.29%。

英国、巴西、法国、意大利、瑞士的 A 层人才比较多，世界占比在 14%—5% 之间；南非、法属圭亚那、坦桑尼亚、德国、哥伦比亚、澳大利亚、新喀里多尼亚、希腊、比利时、印度、葡萄牙、泰国、加拿大、圣基茨和尼维斯也有相当数量的 A 层人才，世界占比超过 1%。

英国、瑞士、巴西、法国、澳大利亚、泰国的 B 层人才比较多，世界占比在 13%—3% 之间；南非、西班牙、荷兰、比利时、意大利、加拿大、肯尼亚、印度、坦桑尼亚、秘鲁、印尼、德国、中国大陆也有相当数量的 B 层人才，世界占比超过 1%。

英国、巴西、瑞士、法国、澳大利亚的 C 层人才比较多，世界占比在 11%—3% 之间；德国、荷兰、中国大陆、泰国、西班牙、比利时、肯尼亚、坦桑尼亚、意大利、印度、加拿大、南非、乌干达、阿根廷也有相当数量的 C 层人才，世界占比超过或接近 1%。

表 9—118　热带医学 A 层人才排名前 20 的国家和地区的占比

国家和地区\年份	2009	2010	2011	2012	2013	2014	2015	2016	2017	2018	合计
美国	25.00	20.00	20.00	40.00	100.00	33.33	8.33	25.00	7.14	11.11	19.18
英国	12.50	0.00	20.00	40.00	0.00	33.33	8.33	12.50	7.14	11.11	13.70

续表

国家和地区\年份	2009	2010	2011	2012	2013	2014	2015	2016	2017	2018	合计
巴西	12.50	0.00	0.00	0.00	0.00	16.67	16.67	25.00	7.14	11.11	10.96
法国	12.50	20.00	0.00	0.00	0.00	0.00	8.33	12.50	14.29	0.00	8.22
意大利	0.00	20.00	0.00	0.00	0.00	0.00	0.00	0.00	7.14	33.33	6.85
瑞士	0.00	20.00	20.00	0.00	0.00	0.00	8.33	0.00	7.14	0.00	5.48
南非	0.00	0.00	0.00	0.00	0.00	0.00	8.33	0.00	0.00	11.11	2.74
法属圭亚那	0.00	0.00	0.00	0.00	0.00	0.00	0.00	12.50	7.14	0.00	2.74
坦桑尼亚	0.00	0.00	0.00	0.00	0.00	0.00	8.33	0.00	0.00	11.11	2.74
德国	0.00	20.00	0.00	0.00	0.00	0.00	8.33	0.00	0.00	0.00	2.74
哥伦比亚	25.00	0.00	0.00	0.00	0.00	0.00	0.00	0.00	0.00	0.00	2.74
澳大利亚	0.00	0.00	20.00	0.00	0.00	0.00	0.00	0.00	0.00	0.00	1.37
新喀里多尼亚	0.00	0.00	0.00	0.00	0.00	0.00	0.00	12.50	0.00	0.00	1.37
希腊	0.00	0.00	0.00	0.00	0.00	0.00	0.00	0.00	7.14	0.00	1.37
比利时	0.00	0.00	0.00	0.00	0.00	0.00	0.00	0.00	7.14	0.00	1.37
印度	0.00	0.00	0.00	0.00	0.00	0.00	0.00	0.00	7.14	0.00	1.37
葡萄牙	0.00	0.00	0.00	0.00	0.00	0.00	0.00	0.00	7.14	0.00	1.37
泰国	0.00	0.00	0.00	20.00	0.00	0.00	0.00	0.00	0.00	0.00	1.37
加拿大	0.00	0.00	0.00	0.00	0.00	0.00	8.33	0.00	0.00	0.00	1.37
圣基茨和尼维斯	0.00	0.00	0.00	0.00	0.00	0.00	8.33	0.00	0.00	0.00	1.37

表9—119 热带医学B层人才排名前20的国家和地区的占比

国家和地区\年份	2009	2010	2011	2012	2013	2014	2015	2016	2017	2018	合计
美国	16.67	15.28	14.86	22.22	15.00	23.61	14.96	14.81	17.96	16.81	17.05
英国	11.11	11.11	10.81	15.87	10.00	16.67	12.60	11.11	10.18	13.27	12.05
瑞士	5.56	1.39	5.41	7.94	5.00	11.11	7.09	4.94	6.59	3.54	5.86
巴西	4.17	2.78	1.35	3.17	5.00	1.39	5.51	8.64	5.99	5.31	4.67
法国	5.56	6.94	5.41	1.59	5.00	5.56	3.15	4.94	4.19	1.77	4.23
澳大利亚	1.39	2.78	5.41	7.94	0.00	4.17	7.87	4.94	2.99	4.42	4.23
泰国	2.78	4.17	5.41	1.59	1.25	1.39	5.51	2.47	4.19	2.65	3.37
南非	4.17	4.17	0.00	3.17	1.25	4.17	0.79	0.00	2.99	4.42	2.50

续表

国家和地区\年份	2009	2010	2011	2012	2013	2014	2015	2016	2017	2018	合计
西班牙	0.00	1.39	2.70	0.00	3.75	2.78	3.15	2.47	4.19	1.77	2.50
荷兰	5.56	0.00	0.00	3.17	3.75	1.39	2.36	2.47	2.99	1.77	2.39
比利时	6.94	5.56	2.70	0.00	1.25	0.00	3.15	3.70	1.20	0.00	2.28
意大利	1.39	0.00	1.35	1.59	5.00	2.78	0.79	2.47	3.59	1.77	2.17
加拿大	0.00	0.00	2.70	3.17	0.00	2.78	3.94	1.23	1.80	2.65	1.95
肯尼亚	1.39	8.33	1.35	1.59	1.25	1.39	0.79	3.70	0.60	0.88	1.85
印度	2.78	1.39	2.70	1.59	1.25	1.39	0.00	2.47	1.80	2.65	1.74
坦桑尼亚	0.00	2.78	2.70	0.00	3.75	1.39	1.57	1.23	0.60	0.88	1.41
秘鲁	4.17	1.39	1.35	0.00	2.50	1.39	0.79	1.23	0.60	0.00	1.19
印尼	0.00	2.78	2.70	3.17	0.00	1.39	0.79	1.23	0.00	0.88	1.09
德国	0.00	0.00	0.00	0.00	1.25	1.39	0.79	2.47	1.80	1.77	1.09
中国大陆	1.39	0.00	1.35	1.59	0.00	1.39	2.36	1.23	0.60	0.88	1.09

表9—120 热带医学C层人才排名前20的国家和地区的占比

国家和地区\年份	2009	2010	2011	2012	2013	2014	2015	2016	2017	2018	合计
美国	14.65	16.60	16.08	17.76	17.13	14.64	16.07	18.02	16.32	16.05	16.29
英国	12.52	12.45	10.63	11.35	11.80	11.71	11.64	9.90	9.97	9.75	11.00
巴西	4.84	4.43	3.92	4.44	3.65	6.15	5.16	4.13	5.78	6.90	5.13
瑞士	5.26	6.50	5.45	5.59	4.78	5.27	4.75	3.16	4.44	5.09	4.95
法国	4.98	4.43	4.62	3.29	4.35	5.90	3.37	3.28	4.95	3.75	3.88	4.14
澳大利亚	3.13	3.60	4.20	4.28	4.35	3.07	3.52	3.58	4.06	4.14	3.82
德国	2.13	2.21	2.24	2.14	1.40	2.34	2.38	2.34	3.68	1.47	2.35
荷兰	2.28	1.52	2.24	1.64	1.83	2.05	3.28	3.16	2.35	1.55	2.24
中国大陆	1.71	1.66	0.84	3.13	1.83	2.05	2.62	3.03	2.16	2.76	2.22
泰国	2.28	1.24	1.40	3.13	2.53	2.20	1.89	3.30	2.29	2.07	2.20
西班牙	1.99	1.24	1.54	0.82	1.83	1.32	2.87	2.34	2.22	2.93	2.06
比利时	2.42	1.94	2.10	1.48	1.97	2.64	2.21	1.51	1.78	1.81	1.97
肯尼亚	2.13	3.73	3.64	1.97	1.97	1.61	1.56	1.24	1.27	1.29	1.90
坦桑尼亚	2.28	2.90	3.22	2.14	2.39	2.34	1.15	1.24	1.14	1.47	1.86
意大利	1.14	1.11	1.82	1.48	2.81	2.49	1.56	1.79	2.10	1.90	1.84
印度	1.71	1.80	2.52	1.48	2.25	1.61	1.72	2.06	1.71	1.55	1.81

续表

国家和地区\年份	2009	2010	2011	2012	2013	2014	2015	2016	2017	2018	合计
加拿大	1.42	0.69	0.70	1.81	0.98	2.05	1.48	1.65	1.27	1.38	1.34
南非	2.28	1.80	0.70	0.33	0.70	0.88	1.56	1.51	1.27	1.64	1.31
乌干达	1.28	1.24	1.26	1.97	0.98	1.61	0.90	0.96	0.76	0.43	1.04
阿根廷	1.00	0.41	0.98	0.16	1.26	1.17	1.31	0.41	0.63	1.12	0.87

四十 药理学和药剂学

药理学和药剂学 A、B、C 层人才最多的国家是美国，分别占该学科全球 A、B、C 层人才的 35.38%、28.75%、24.66%。

英国、德国、法国、瑞士、加拿大、意大利、澳大利亚的 A 层人才比较多，世界占比在 12%—3% 之间；荷兰、印度、中国大陆、瑞典、丹麦、比利时、日本、韩国、奥地利、西班牙、以色列、爱尔兰也有相当数量的 A 层人才，世界占比超过或接近 1%。

英国、中国大陆、德国、意大利、法国、澳大利亚、加拿大的 B 层人才比较多，世界占比在 9%—3% 之间；荷兰、印度、西班牙、瑞士、日本、比利时、瑞典、韩国、伊朗、丹麦、巴西、新加坡也有相当数量的 B 层人才，世界占比超过或接近 1%。

中国大陆、英国、德国、意大利、法国的 C 层人才比较多，世界占比在 11%—3% 之间；印度、加拿大、澳大利亚、西班牙、日本、荷兰、瑞士、韩国、比利时、瑞典、巴西、丹麦、伊朗、中国台湾也有相当数量的 C 层人才，世界占比超过或接近 1%。

表 9—121 药理学和药剂学 A 层人才排名前 20 的国家和地区的占比

国家和地区\年份	2009	2010	2011	2012	2013	2014	2015	2016	2017	2018	合计
美国	40.74	50.88	24.59	38.10	28.36	39.06	34.78	39.44	32.88	28.38	35.38
英国	11.11	8.77	8.20	9.52	13.43	9.38	15.94	9.86	13.70	9.46	11.03
德国	1.85	3.51	6.56	6.35	4.48	4.69	2.90	4.23	2.74	8.11	4.59
法国	5.56	8.77	1.64	4.76	5.97	4.69	2.90	2.82	4.11	0.00	3.98
瑞士	0.00	1.75	4.92	6.35	2.99	3.13	7.25	1.41	6.85	4.05	3.98
加拿大	1.85	0.00	6.56	3.17	5.97	1.56	5.80	2.82	1.37	4.05	3.37

续表

国家和地区\年份	2009	2010	2011	2012	2013	2014	2015	2016	2017	2018	合计
意大利	5.56	3.51	6.56	1.59	0.00	3.13	2.90	1.41	2.74	4.05	3.06
澳大利亚	3.70	3.51	0.00	0.00	5.97	1.56	2.90	2.82	6.85	2.70	3.06
荷兰	0.00	3.51	6.56	6.35	2.99	0.00	0.00	2.82	1.37	5.41	2.91
印度	1.85	1.75	0.00	1.59	1.49	3.13	4.35	5.63	5.48	1.35	2.76
中国大陆	0.00	0.00	1.64	0.00	4.48	3.13	2.90	1.41	1.37	10.81	2.76
瑞典	5.56	1.75	4.92	0.00	4.48	0.00	1.45	1.41	2.74	2.70	2.45
丹麦	0.00	3.51	3.28	1.59	0.00	3.13	2.90	1.41	2.74	1.35	1.99
比利时	0.00	1.75	6.56	4.76	0.00	3.13	0.00	4.23	0.00	0.00	1.99
日本	5.56	0.00	1.64	0.00	1.49	3.13	1.45	0.00	2.74	1.35	1.68
韩国	5.56	0.00	1.64	3.17	0.00	1.56	0.00	1.41	2.74	0.00	1.53
奥地利	0.00	0.00	0.00	3.17	0.00	1.45	2.82	2.74	1.35		1.23
西班牙	0.00	0.00	3.28	0.00	3.13	1.45	1.41	1.37	1.35		1.23
以色列	1.85	1.75	0.00	1.59	1.49	1.56	1.45	0.00	0.00	0.00	0.92
爱尔兰	0.00	1.75	0.00	0.00	1.49	0.00	1.45	2.82	0.00	1.35	0.92

表9—122 药理学和药剂学 B 层人才排名前 20 的国家和地区的占比

国家和地区\年份	2009	2010	2011	2012	2013	2014	2015	2016	2017	2018	合计
美国	34.86	37.11	31.07	33.87	29.67	26.38	27.99	26.50	24.53	19.85	28.75
英国	11.16	6.84	10.29	8.73	7.83	8.51	11.00	8.47	7.75	8.74	8.91
中国大陆	3.78	3.32	4.41	3.21	3.67	5.01	5.99	6.01	11.71	13.04	6.25
德国	5.18	7.23	4.96	4.63	5.33	5.68	5.50	4.01	3.64	4.30	4.99
意大利	4.98	4.30	3.31	4.28	4.00	4.17	4.53	4.78	5.70	6.67	4.72
法国	3.98	3.32	4.96	4.99	5.17	3.17	2.43	2.93	2.53	3.11	3.62
澳大利亚	1.79	3.32	4.04	2.67	3.67	4.34	3.24	4.62	3.64	1.93	3.34
加拿大	3.78	2.73	2.57	3.74	4.33	3.67	2.91	3.24	3.32	2.81	3.31
荷兰	1.39	2.34	2.21	3.57	3.50	3.67	2.91	2.16	2.69	4.00	2.89
印度	2.59	4.10	2.39	2.85	2.00	2.17	2.43	2.31	2.85	3.26	2.68
西班牙	2.59	2.93	2.39	1.25	3.50	2.17	2.43	2.62	2.22	2.37	2.44
瑞士	1.79	2.93	2.39	2.67	2.50	2.50	4.05	1.85	1.27	2.22	2.41
日本	2.39	2.15	2.94	2.85	2.17	1.84	2.27	2.47	1.27	1.48	2.16
比利时	2.59	1.56	1.65	1.25	2.50	3.17	1.94	1.39	1.90	1.93	1.99

续表

国家和地区\年份	2009	2010	2011	2012	2013	2014	2015	2016	2017	2018	合计
瑞典	2.99	1.95	2.02	1.25	1.33	2.34	1.94	2.47	1.11	1.48	1.87
韩国	1.79	1.76	1.29	1.25	1.67	1.34	0.65	2.31	0.79	2.07	1.49
伊朗	0.20	0.00	0.37	0.36	0.33	0.83	1.13	3.08	3.16	2.67	1.31
丹麦	0.60	0.78	1.84	1.60	1.67	1.34	1.62	1.39	0.95	1.04	1.29
巴西	0.80	0.78	1.84	0.53	0.83	1.50	0.81	1.69	0.79	1.19	1.09
新加坡	0.60	0.20	0.74	1.07	2.00	0.67	1.46	1.23	0.63	1.04	0.98

表 9—123　药理学和药剂学 C 层人才排名前 20 的国家和地区的占比

国家和地区\年份	2009	2010	2011	2012	2013	2014	2015	2016	2017	2018	合计
美国	29.59	29.41	26.50	27.18	25.86	25.62	23.97	21.73	20.23	19.17	24.66
中国大陆	6.07	6.58	6.91	9.18	8.74	10.35	11.01	12.79	15.04	16.98	10.62
英国	7.93	7.72	7.33	7.44	7.65	6.94	6.38	6.10	5.99	5.58	6.84
德国	6.19	5.58	5.65	5.61	4.91	5.25	4.82	4.27	4.19	4.12	5.01
意大利	4.71	4.56	4.49	4.68	5.03	4.71	4.47	4.58	5.00	5.19	4.75
法国	3.62	3.24	3.56	3.21	3.25	3.14	3.20	3.07	2.85	2.69	3.17
印度	2.97	2.64	2.87	2.49	2.95	3.24	2.80	3.21	3.17	3.42	2.99
加拿大	3.40	3.52	3.02	3.07	2.90	2.57	2.74	2.54	2.71	2.71	2.89
澳大利亚	2.45	2.52	2.67	2.78	3.11	3.06	2.74	3.44	2.96	2.82	2.87
西班牙	2.51	3.42	2.96	2.56	2.92	2.52	2.97	2.74	2.74	2.34	2.76
日本	3.40	3.50	3.94	2.65	2.80	2.56	2.39	1.87	2.11	1.98	2.67
荷兰	2.43	2.62	2.84	2.47	2.92	2.76	3.17	2.74	2.38	2.22	2.66
瑞士	1.80	1.90	2.56	2.38	1.97	2.52	2.20	2.04	1.89	1.90	2.12
韩国	2.33	2.22	2.22	2.08	2.16	2.12	2.16	2.37	1.67	1.86	2.11
比利时	1.90	1.80	2.22	2.06	1.99	1.81	1.85	1.80	1.67	1.57	1.86
瑞典	1.60	1.48	1.89	1.47	1.50	1.39	1.48	1.47	1.53	1.28	1.50
巴西	1.62	1.32	1.25	1.56	1.49	1.44	1.65	1.72	1.59	1.33	1.50
丹麦	1.05	1.14	1.16	1.63	1.36	1.29	1.42	1.52	1.17	1.15	1.30
伊朗	0.32	0.62	0.65	0.57	1.14	0.90	1.19	1.89	2.22	2.42	1.24
中国台湾	1.01	1.18	1.00	0.84	0.76	0.69	1.00	1.01	0.71	0.75	0.89

四十一 医用化学

医用化学 A、B、C 层人才最多的国家是美国，分别占该学科全球 A、B、C 层人才的 29.84%、24.09%、20.46%。

中国大陆、英国、德国、意大利、瑞士、新西兰、加拿大、印度的 A 层人才比较多，世界占比在 8%—4% 之间；澳大利亚、法国、西班牙、韩国、巴西、马来西亚、俄罗斯、瑞典、荷兰、沙特、奥地利也有相当数量的 A 层人才，世界占比超过 1%。

中国大陆、意大利、印度、英国、德国的 B 层人才比较多，世界占比在 10%—5% 之间；澳大利亚、瑞士、西班牙、加拿大、土耳其、法国、沙特、韩国、日本、伊朗、巴西、荷兰、葡萄牙、波兰也有相当数量的 B 层人才，世界占比超过 1%。

中国大陆、意大利、印度、德国、英国的 C 层人才比较多，世界占比在 14%—5% 之间；法国、西班牙、韩国、日本、澳大利亚、瑞士、巴西、加拿大、埃及、比利时、沙特、伊朗、土耳其、葡萄牙也有相当数量的 C 层人才，世界占比超过 1%。

表 9—124　医用化学 A 层人才排名前 20 的国家和地区的占比

国家和地区 \ 年份	2009	2010	2011	2012	2013	2014	2015	2016	2017	2018	合计
美国	25.00	44.44	20.00	50.00	10.53	30.00	28.57	28.57	16.67	44.44	29.84
中国大陆	0.00	0.00	10.00	10.00	5.26	0.00	9.52	9.52	16.67	11.11	7.33
英国	6.25	5.56	15.00	5.00	5.26	10.00	4.76	9.52	0.00	11.11	7.33
德国	18.75	5.56	10.00	5.00	5.26	5.00	0.00	4.76	11.11	5.56	6.81
意大利	6.25	16.67	0.00	5.00	5.26	5.00	9.52	19.05	0.00	0.00	6.81
瑞士	6.25	11.11	5.00	5.00	5.26	0.00	4.76	4.76	5.56	0.00	4.71
新西兰	6.25	0.00	5.00	5.00	5.26	0.00	4.76	4.76	5.56	5.56	4.71
加拿大	0.00	0.00	15.00	5.00	5.26	5.00	4.76	0.00	5.56	0.00	4.19
印度	0.00	5.56	5.00	10.00	0.00	10.00	4.76	0.00	5.56	0.00	4.19
澳大利亚	0.00	5.56	0.00	0.00	10.53	5.00	0.00	0.00	0.00	5.56	2.62
法国	0.00	0.00	0.00	0.00	5.26	5.00	4.76	0.00	0.00	0.00	1.57
西班牙	6.25	0.00	5.00	0.00	0.00	0.00	0.00	0.00	0.00	5.56	1.57

续表

国家和地区 \ 年份	2009	2010	2011	2012	2013	2014	2015	2016	2017	2018	合计
韩国	0.00	0.00	0.00	0.00	0.00	0.00	0.00	4.76	5.56	0.00	1.05
巴西	0.00	0.00	0.00	0.00	0.00	5.00	0.00	0.00	0.00	5.56	1.05
马来西亚	6.25	0.00	0.00	0.00	0.00	5.00	0.00	0.00	0.00	0.00	1.05
俄罗斯	0.00	0.00	0.00	0.00	0.00	5.00	0.00	0.00	5.56	0.00	1.05
瑞典	0.00	0.00	0.00	0.00	5.26	0.00	0.00	4.76	0.00	0.00	1.05
荷兰	0.00	0.00	0.00	0.00	5.26	0.00	0.00	0.00	5.56	0.00	1.05
沙特	0.00	0.00	0.00	0.00	0.00	0.00	4.76	0.00	5.56	0.00	1.05
奥地利	0.00	0.00	0.00	0.00	5.26	0.00	0.00	4.76	0.00	0.00	1.05

表 9—125 医用化学 B 层人才排名前 20 的国家和地区的占比

国家和地区 \ 年份	2009	2010	2011	2012	2013	2014	2015	2016	2017	2018	合计
美国	33.96	26.35	28.87	26.88	23.12	23.81	22.34	17.71	20.57	18.54	24.09
中国大陆	11.32	4.19	7.22	5.38	11.83	8.99	10.64	5.21	14.29	13.48	9.21
意大利	6.92	5.39	5.15	5.38	8.60	7.41	5.32	9.90	9.14	11.24	7.44
印度	4.40	8.38	6.70	5.38	7.53	8.47	5.85	4.69	6.29	6.18	6.39
英国	6.92	5.39	9.28	9.14	8.06	5.29	4.79	6.25	3.43	4.49	6.34
德国	5.66	8.38	4.64	9.68	4.30	6.35	5.32	5.73	4.57	4.49	5.90
澳大利亚	1.89	2.40	2.58	2.69	2.15	3.17	5.85	3.13	1.71	1.69	2.76
瑞士	0.63	4.19	2.58	3.23	3.76	2.65	2.66	3.13	0.00	2.25	2.54
西班牙	0.63	2.40	2.06	2.15	4.30	2.65	2.13	2.60	2.29	2.81	2.43
加拿大	1.89	1.80	3.09	1.08	1.61	1.06	1.60	2.08	2.29	5.06	2.15
土耳其	1.26	0.00	0.52	0.00	1.08	1.06	4.26	6.25	4.57	1.69	2.09
法国	3.14	1.20	2.58	3.23	2.15	1.59	0.53	1.56	2.29	2.25	2.04
沙特	0.00	0.00	0.52	0.00	0.54	1.59	2.66	7.29	5.14	0.56	1.87
韩国	1.26	2.99	0.00	2.15	2.69	3.17	1.06	1.04	1.14	1.69	1.71
日本	1.89	3.59	3.09	1.08	1.61	1.59	1.60	2.08	0.00	0.56	1.71
伊朗	0.63	0.60	1.55	0.00	2.15	1.59	2.13	2.08	1.14	3.93	1.60
巴西	1.26	1.20	2.06	1.61	1.61	2.12	1.60	1.56	1.71	1.12	1.60
荷兰	1.89	1.20	3.09	4.30	1.08	1.06	0.53	0.52	1.14	1.12	1.60
葡萄牙	1.89	1.20	1.03	2.69	2.15	1.59	1.60	1.56	1.14	0.00	1.49
波兰	0.63	0.00	1.55	1.61	0.00	0.53	2.13	1.56	2.86	0.00	1.10

表 9—126　　医用化学 C 层人才排名前 20 的国家和地区的占比

国家和地区 \ 年份	2009	2010	2011	2012	2013	2014	2015	2016	2017	2018	合计
美国	22.64	20.56	23.09	24.18	22.62	19.97	18.88	18.59	18.55	15.82	20.46
中国大陆	8.39	9.64	9.73	10.42	12.96	13.46	15.20	15.11	16.82	19.73	13.24
意大利	6.77	6.25	6.68	6.20	7.52	6.78	6.27	7.03	8.27	6.76	6.86
印度	7.42	8.00	6.20	5.65	6.23	6.18	6.17	6.08	4.83	5.81	6.22
德国	6.38	5.88	4.76	5.59	4.99	5.79	4.60	5.18	5.16	5.09	5.32
英国	6.31	5.46	4.65	5.81	5.16	4.47	4.98	4.60	4.89	4.92	5.10
法国	2.60	2.91	2.57	3.18	2.64	3.14	2.49	2.06	2.50	2.29	2.63
西班牙	2.99	2.18	3.69	2.80	2.08	2.10	2.70	2.27	2.22	1.96	2.50
韩国	1.82	2.06	2.67	2.58	1.91	2.81	2.81	2.32	2.17	3.47	2.48
日本	2.60	2.85	4.22	2.74	2.08	1.71	1.84	1.80	2.00	1.79	2.36
澳大利亚	2.60	1.94	1.71	2.03	1.80	2.48	2.16	2.69	1.83	2.24	2.15
瑞士	2.08	2.37	2.62	1.70	1.63	1.60	2.11	2.01	2.28	1.62	2.00
巴西	2.34	1.39	1.44	2.19	2.13	1.65	2.16	1.64	2.00	1.62	1.85
加拿大	2.28	2.37	2.03	1.81	1.57	1.60	1.78	1.69	1.50	1.68	1.82
埃及	1.82	2.18	1.02	1.37	1.57	1.32	1.73	1.58	1.89	2.01	1.64
比利时	1.63	1.70	2.30	1.81	1.52	1.65	1.08	1.32	0.61	1.06	1.47
沙特	0.20	1.09	0.59	1.10	0.95	1.54	1.62	2.11	1.83	1.68	1.29
伊朗	0.98	1.15	0.86	0.99	1.46	1.10	1.35	1.48	1.50	1.68	1.26
土耳其	1.11	1.46	0.96	0.99	1.35	0.83	0.97	2.32	1.11	1.06	1.22
葡萄牙	0.59	1.03	1.28	1.21	1.46	1.38	1.19	1.27	1.28	1.23	1.20

四十二　毒理学

毒理学 A、B、C 层人才最多的国家是美国，分别占该学科全球 A、B、C 层人才的 27.59%、26.72%、23.87%。

英国、中国大陆、加拿大、意大利、印度、德国、韩国的 A 层人才比较多，世界占比在 7%—3% 之间；巴西、瑞士、比利时、瑞典、日本、伊朗、巴基斯坦、澳大利亚、西班牙、丹麦、葡萄牙、阿根廷也有相当数量的 A 层人才，世界占比超过 1%。

英国、意大利、德国、中国大陆、加拿大、法国、荷兰、比利时的 B 层人才比较多，世界占比在 7%—3% 之间；西班牙、瑞士、丹麦、澳大利亚、瑞典、韩国、日本、印度、伊朗、巴西、挪威也有相当数量的 B

层人才，世界占比超过1%。

中国大陆、英国、德国、意大利、加拿大、法国的C层人才比较多，世界占比在10%—3%之间；印度、西班牙、荷兰、韩国、瑞士、瑞典、日本、丹麦、比利时、巴西、澳大利亚、葡萄牙、挪威也有相当数量的C层人才，世界占比超过1%。

表9—127　　毒理学A层人才排名前20的国家和地区的占比

国家和地区 \ 年份	2009	2010	2011	2012	2013	2014	2015	2016	2017	2018	合计
美国	31.25	58.82	17.65	27.78	44.44	11.11	25.00	35.00	25.00	10.53	27.59
英国	6.25	11.76	17.65	5.56	0.00	11.11	0.00	5.00	5.00	0.00	6.32
中国大陆	6.25	0.00	5.88	0.00	11.11	5.56	5.00	15.00	5.00	5.26	5.75
加拿大	6.25	5.88	5.88	5.56	0.00	5.56	15.00	0.00	0.00	5.26	5.17
意大利	0.00	5.88	5.88	0.00	11.11	0.00	0.00	0.00	10.00	10.53	4.60
印度	0.00	0.00	0.00	0.00	11.11	0.00	15.00	5.00	0.00	10.53	4.02
德国	0.00	5.88	5.88	11.11	0.00	0.00	0.00	10.00	5.00	0.00	4.02
韩国	12.50	0.00	0.00	5.56	0.00	0.00	10.00	0.00	5.00	0.00	3.45
巴西	0.00	5.88	0.00	0.00	0.00	11.11	0.00	0.00	0.00	10.53	2.87
瑞士	0.00	0.00	0.00	5.56	11.11	5.56	5.00	0.00	0.00	0.00	2.30
比利时	0.00	0.00	5.88	5.56	0.00	0.00	10.00	0.00	0.00	0.00	2.30
瑞典	12.50	0.00	0.00	5.56	0.00	5.56	0.00	0.00	0.00	0.00	2.30
日本	0.00	0.00	0.00	0.00	0.00	5.56	0.00	5.00	0.00	5.26	1.72
伊朗	0.00	0.00	0.00	0.00	0.00	0.00	0.00	5.00	5.00	5.26	1.72
巴基斯坦	0.00	0.00	0.00	0.00	0.00	0.00	5.00	5.00	5.00	0.00	1.72
澳大利亚	0.00	0.00	5.88	0.00	0.00	0.00	0.00	5.00	5.00	0.00	1.72
西班牙	0.00	0.00	5.88	0.00	0.00	0.00	0.00	0.00	10.00	0.00	1.72
丹麦	6.25	0.00	0.00	0.00	0.00	5.56	0.00	0.00	0.00	5.26	1.72
葡萄牙	0.00	5.88	0.00	0.00	11.11	0.00	0.00	0.00	0.00	5.26	1.72
阿根廷	0.00	0.00	5.88	5.56	0.00	0.00	0.00	0.00	0.00	0.00	1.15

表9—128　　毒理学 B 层人才排名前20 的国家和地区的占比

国家和地区 \ 年份	2009	2010	2011	2012	2013	2014	2015	2016	2017	2018	合计
美国	33.97	31.82	43.13	31.52	25.14	27.71	26.32	23.28	16.67	13.79	26.72
英国	6.41	9.09	8.13	3.64	6.29	9.04	7.60	4.23	4.84	4.93	6.32
意大利	5.77	3.90	3.13	3.03	4.00	7.83	5.26	4.76	5.91	6.40	5.04
德国	7.05	7.79	5.63	3.03	4.57	6.02	4.68	5.29	3.23	3.94	5.04
中国大陆	2.56	1.95	3.75	3.03	3.43	1.20	6.43	6.88	5.91	10.34	4.75
加拿大	4.49	3.90	5.00	4.85	5.71	4.22	5.26	2.65	2.69	0.99	3.88
法国	2.56	4.55	3.13	5.45	2.86	3.01	2.92	4.76	5.91	2.46	3.77
荷兰	3.21	3.25	3.75	5.45	3.43	4.82	5.85	3.17	3.23	1.97	3.77
比利时	3.85	1.95	0.63	3.64	4.00	2.41	2.92	2.65	4.84	2.96	3.01
西班牙	3.85	1.95	0.63	1.82	5.14	1.81	3.51	3.17	3.23	3.45	2.90
瑞士	0.64	3.90	0.63	1.21	4.57	3.61	3.51	3.17	3.76	2.96	2.84
丹麦	1.28	4.55	1.88	3.03	2.86	3.01	2.34	2.65	2.69	2.46	2.67
澳大利亚	0.64	0.65	3.13	2.42	2.86	2.41	2.34	3.17	2.15	2.96	2.32
瑞典	3.21	1.30	0.63	1.21	3.43	1.20	2.34	2.15	1.48		2.03
韩国	1.92	4.55	0.63	1.82	4.00	0.00	1.75	1.59	1.08	1.97	1.91
日本	2.56	1.30	1.88	0.61	1.71	1.20	2.92	2.12	2.69	1.97	1.91
印度	2.56	1.30	1.25	3.03	0.57	2.41	1.17	0.53	1.08	3.45	1.74
伊朗	0.00	0.00	0.63	0.61	1.14	1.20	0.00	0.53	2.15	6.90	1.45
巴西	1.28	0.00	2.50	1.21	0.57	0.00	0.58	1.06	1.61	3.94	1.33
挪威	0.64	2.60	0.00	3.03	1.71	2.41	0.58	0.00	1.61	0.99	1.33

表9—129　　毒理学 C 层人才排名前20 的国家和地区的占比

国家和地区 \ 年份	2009	2010	2011	2012	2013	2014	2015	2016	2017	2018	合计
美国	28.79	27.80	27.45	26.97	25.63	23.14	23.38	21.02	20.62	15.79	23.87
中国大陆	5.77	5.70	7.26	8.74	9.61	10.64	9.11	10.67	12.19	16.20	9.71
英国	7.26	6.03	5.26	5.87	5.93	7.15	5.61	4.91	4.52	5.13	5.73
德国	5.25	4.21	5.26	4.56	4.84	5.53	4.50	5.34	4.95	4.32	4.88
意大利	3.96	4.02	3.57	4.37	5.80	4.51	4.50	4.85	4.68	5.30	4.57
加拿大	4.54	4.02	4.59	3.06	3.33	4.45	3.39	3.45	4.79	2.71	3.83
法国	3.63	4.02	4.05	4.31	3.45	2.82	2.89	3.29	3.21	2.77	3.42
印度	3.50	2.92	3.26	2.68	3.08	2.82	2.83	3.23	2.77	2.82	2.99

续表

年份 国家和地区	2009	2010	2011	2012	2013	2014	2015	2016	2017	2018	合计
西班牙	2.79	2.66	2.66	2.81	2.66	3.31	3.22	3.34	3.48	2.36	2.94
荷兰	2.59	2.66	2.48	2.68	2.54	3.13	3.50	3.34	3.05	2.77	2.89
韩国	2.79	2.66	2.72	2.50	2.90	2.40	1.78	2.10	1.63	1.96	2.32
瑞士	1.88	1.81	2.60	2.18	1.81	1.92	2.33	2.59	1.69	1.84	2.07
瑞典	1.82	1.62	1.81	2.93	1.93	2.28	1.72	1.73	1.69	1.61	1.91
日本	3.24	2.14	2.06	1.69	1.81	1.20	2.28	1.56	1.58	1.38	1.88
丹麦	1.69	2.20	1.81	2.43	1.45	1.50	2.44	2.05	1.20	1.56	1.83
比利时	1.62	2.01	1.81	1.31	2.00	1.80	2.33	1.83	1.85	1.61	1.82
巴西	1.17	1.88	1.45	1.75	1.33	1.74	1.78	2.32	1.85	2.77	1.82
澳大利亚	1.04	1.94	1.69	1.81	2.00	1.68	1.55	1.73	1.85	1.84	1.72
葡萄牙	1.36	1.30	1.33	1.56	1.33	1.50	1.22	1.29	1.03	1.27	1.31
挪威	1.17	1.10	1.03	1.75	1.45	1.20	1.44	1.24	1.25	0.75	1.24

四十三　病理学

病理学 A、B、C 层人才最多的国家是美国，分别占该学科全球 A、B、C 层人才的 34.21%、31.60%、30.38%。

英国、德国、荷兰、加拿大、法国、日本、瑞士、意大利、澳大利亚的 A 层人才比较多，世界占比在 10%—3% 之间；瑞典、中国大陆、韩国、捷克、丹麦、新西兰、西班牙、希腊、奥地利、爱尔兰也有相当数量的 A 层人才，世界占比超过或接近 1%。

英国、德国、加拿大、荷兰、意大利、法国、日本、澳大利亚、瑞士的 B 层人才比较多，世界占比在 10%—3% 之间；中国大陆、瑞典、奥地利、比利时、西班牙、巴西、韩国、新加坡、波兰、丹麦也有相当数量的 B 层人才，世界占比超过或接近 1%。

英国、德国、中国大陆、日本、意大利、加拿大、荷兰、法国的 C 层人才比较多，世界占比在 8%—3% 之间；澳大利亚、西班牙、瑞士、韩国、瑞典、奥地利、巴西、比利时、中国台湾、丹麦、芬兰也有相当数量的 C 层人才，世界占比超过或接近 1%。

表9—130　　病理学A层人才排名前20的国家和地区的占比

国家和地区	2009	2010	2011	2012	2013	2014	2015	2016	2017	2018	合计
美国	63.16	52.63	52.63	18.75	25.00	14.29	33.33	26.32	19.05	40.00	34.21
英国	0.00	10.53	10.53	12.50	10.00	4.76	4.76	10.53	14.29	20.00	9.47
德国	5.26	0.00	15.79	18.75	0.00	4.76	9.52	10.53	4.76	0.00	6.84
荷兰	5.26	5.26	10.53	6.25	5.00	4.76	4.76	5.26	4.76	6.67	5.79
加拿大	0.00	5.26	0.00	12.50	10.00	4.76	0.00	5.26	4.76	13.33	5.26
法国	10.53	0.00	0.00	6.25	0.00	4.76	4.76	5.26	9.52	6.67	4.74
日本	0.00	5.26	5.26	6.25	0.00	4.76	9.52	0.00	4.76	6.67	4.21
瑞士	10.53	0.00	0.00	0.00	5.00	4.76	9.52	5.26	4.76	0.00	4.21
意大利	5.26	5.26	0.00	6.25	15.00	4.76	0.00	0.00	0.00	0.00	3.68
澳大利亚	0.00	10.53	5.26	0.00	0.00	4.76	0.00	5.26	0.00	6.67	3.16
瑞典	0.00	0.00	0.00	0.00	5.00	4.76	0.00	10.53	4.76	0.00	2.63
中国大陆	0.00	0.00	0.00	0.00	5.00	4.76	0.00	0.00	4.76	0.00	1.58
韩国	0.00	0.00	0.00	6.25	0.00	0.00	9.52	0.00	0.00	0.00	1.58
捷克	0.00	0.00	0.00	0.00	5.00	4.76	0.00	0.00	0.00	0.00	1.05
丹麦	0.00	0.00	0.00	0.00	0.00	0.00	0.00	0.00	4.76	0.00	1.05
新西兰	0.00	0.00	0.00	0.00	0.00	0.00	0.00	5.26	0.00	0.00	1.05
西班牙	0.00	0.00	0.00	0.00	0.00	4.76	0.00	5.26	0.00	0.00	1.05
希腊	0.00	0.00	0.00	0.00	0.00	4.76	4.76	0.00	0.00	0.00	1.05
奥地利	0.00	0.00	0.00	0.00	0.00	4.76	0.00	4.76	0.00	0.00	1.05
爱尔兰	0.00	0.00	0.00	0.00	0.00	0.00	0.00	0.00	4.76	0.00	0.53

表9—131　　病理学B层人才排名前20的国家和地区的占比

国家和地区	2009	2010	2011	2012	2013	2014	2015	2016	2017	2018	合计
美国	30.72	36.76	36.63	37.69	31.87	33.16	26.98	25.93	27.87	27.74	31.60
英国	12.05	7.03	13.37	8.04	9.89	6.84	11.64	11.64	8.74	7.10	9.61
德国	9.04	8.11	5.81	9.05	9.89	10.00	8.99	7.94	8.74	8.39	8.62
加拿大	7.23	5.41	5.23	11.06	9.89	7.37	7.94	4.76	4.92	7.10	7.13
荷兰	4.82	4.86	1.74	5.03	3.85	2.63	3.70	5.29	4.92	8.39	4.48
意大利	3.61	4.32	4.07	4.52	3.85	2.11	2.65	5.29	4.92	4.52	3.98
法国	1.81	2.70	2.91	3.52	4.95	3.16	3.17	5.29	3.28	7.10	3.76
日本	7.23	5.41	2.33	3.02	2.20	3.16	1.59	3.17	3.83	4.52	3.59

续表

国家和地区 \ 年份	2009	2010	2011	2012	2013	2014	2015	2016	2017	2018	合计
澳大利亚	3.01	3.78	2.91	0.50	3.85	5.26	3.70	3.70	4.92	3.23	3.48
瑞士	3.61	3.24	2.91	2.51	3.85	2.11	3.17	2.65	1.64	5.16	3.04
中国大陆	0.60	2.70	2.91	0.50	2.75	4.74	6.35	2.65	2.19	3.87	2.93
瑞典	1.20	2.16	4.07	1.51	1.10	2.11	3.17	1.59	2.19	1.29	2.04
奥地利	1.20	1.62	1.74	3.52	2.20	2.63	1.06	1.06	3.28	0.65	1.93
比利时	1.20	1.62	0.58	2.51	1.65	0.53	1.59	2.65	3.28	0.65	1.66
西班牙	2.41	0.00	2.33	1.51	1.65	1.58	1.06	2.65	2.19	1.29	1.66
巴西	0.00	0.00	0.58	0.50	0.55	1.58	2.12	2.65	0.55	1.94	1.05
韩国	0.00	1.08	0.00	1.01	0.55	1.58	1.06	1.59	1.64	0.00	0.88
新加坡	0.60	0.00	2.33	0.50	0.55	1.05	1.06	0.53	0.00	0.00	0.66
波兰	0.00	0.54	0.58	0.50	0.55	0.53	0.53	1.06	1.64	0.00	0.61
丹麦	1.20	1.08	0.00	0.50	0.00	0.00	0.53	0.53	2.19	0.00	0.61

表9—132　病理学C层人才排名前20的国家和地区的占比

国家和地区 \ 年份	2009	2010	2011	2012	2013	2014	2015	2016	2017	2018	合计
美国	34.16	35.88	32.52	30.17	31.47	28.88	26.27	30.59	28.29	25.12	30.38
英国	7.40	7.64	7.71	8.32	7.81	6.52	7.07	7.90	8.12	9.03	7.72
德国	6.39	6.78	6.72	8.32	7.01	7.10	5.99	6.83	7.31	5.97	6.86
中国大陆	3.20	3.20	4.64	3.94	6.84	11.29	15.98	5.42	5.26	6.52	6.75
日本	5.98	5.26	5.62	6.82	4.79	3.92	4.97	4.91	3.80	4.68	5.08
意大利	5.45	5.31	4.29	4.10	4.68	4.50	3.84	4.74	5.03	5.23	4.69
加拿大	4.03	3.31	4.70	5.01	4.62	3.87	4.10	5.02	5.38	5.70	4.54
荷兰	3.49	4.07	4.06	3.25	2.68	4.40	3.07	3.39	2.92	3.05	3.45
法国	3.67	3.36	3.30	3.78	2.22	3.44	3.12	3.05	3.92	3.05	3.30
澳大利亚	2.49	2.82	2.96	2.35	3.08	3.07	2.61	2.65	3.04	3.80	2.87
西班牙	2.78	2.76	3.25	2.24	2.91	2.07	2.00	2.99	2.51	2.65	2.60
瑞士	2.61	2.28	2.20	1.92	1.60	1.96	1.43	2.09	2.75	2.65	2.13
韩国	1.24	1.03	1.51	1.76	2.85	2.01	1.28	1.75	1.52	1.15	1.62
瑞典	1.42	1.25	1.74	1.33	1.65	2.23	1.23	1.69	1.34	1.63	1.55
奥地利	1.54	1.68	1.74	1.39	1.03	1.59	1.23	1.35	0.99	1.09	1.37
巴西	1.30	1.08	0.81	1.01	1.03	0.95	1.13	1.41	1.81	1.97	1.23

续表

国家和地区\年份	2009	2010	2011	2012	2013	2014	2015	2016	2017	2018	合计
比利时	1.01	0.60	1.04	1.28	1.08	1.22	1.18	0.73	1.34	1.77	1.11
中国台湾	1.01	0.92	1.16	0.64	1.25	0.95	1.38	0.96	0.88	0.61	0.98
丹麦	0.83	0.92	0.64	0.75	1.03	0.64	0.82	0.90	1.34	0.81	0.87
芬兰	0.71	0.81	0.87	1.01	0.68	0.85	0.61	0.40	0.58	0.61	0.72

四十四 外科学

外科学 A、B、C 层人才最多的国家是美国，分别占该学科全球 A、B、C 层人才的 29.59%、32.79%、34.75%。

英国、加拿大、荷兰、德国、意大利、法国、澳大利亚、瑞士、比利时、西班牙的 A 层人才比较多，世界占比在 10%—3% 之间；日本、瑞典、爱尔兰、丹麦、奥地利、印度、挪威、阿根廷、中国大陆也有相当数量的 A 层人才，世界占比超过或接近 1%。

英国、德国、加拿大、意大利、法国、荷兰、日本的 B 层人才比较多，世界占比在 9%—3% 之间；西班牙、瑞士、澳大利亚、比利时、瑞典、中国大陆、奥地利、丹麦、韩国、挪威、阿根廷、印度也有相当数量的 B 层人才，世界占比超过或接近 1%。

英国、德国、意大利、日本、加拿大、荷兰、法国、中国大陆的 C 层人才比较多，世界占比在 8%—3% 之间；澳大利亚、韩国、瑞士、西班牙、瑞典、比利时、巴西、奥地利、中国台湾、丹麦、挪威也有相当数量的 C 层人才，世界占比超过或接近 1%。

表 9—133　外科学 A 层人才排名前 20 的国家和地区的占比

国家和地区\年份	2009	2010	2011	2012	2013	2014	2015	2016	2017	2018	合计
美国	32.50	32.14	27.12	34.43	39.66	28.79	26.98	26.98	26.87	23.61	29.59
英国	7.50	8.93	11.86	9.84	8.62	10.61	4.76	9.52	10.45	8.33	9.09
加拿大	10.00	8.93	10.17	9.84	10.34	3.03	6.35	6.35	2.99	2.78	6.78
荷兰	0.00	7.14	8.47	4.92	3.45	6.06	4.76	3.17	5.97	5.56	5.12
德国	2.50	7.14	3.39	6.56	3.45	4.55	4.76	3.17	5.97	5.56	4.79
意大利	5.00	3.57	6.78	1.64	5.17	4.55	4.76	3.17	5.97	4.17	4.46

续表

国家和地区\年份	2009	2010	2011	2012	2013	2014	2015	2016	2017	2018	合计
法国	2.50	3.57	5.08	6.56	1.72	4.55	3.17	6.35	4.48	5.56	4.46
澳大利亚	5.00	3.57	5.08	0.00	5.17	1.52	4.76	3.17	4.48	4.17	3.64
瑞士	2.50	0.00	1.69	4.92	6.90	4.55	4.76	1.59	0.00	5.56	3.31
比利时	0.00	5.36	0.00	1.64	0.00	6.06	4.76	3.17	1.49	6.94	3.14
西班牙	0.00	3.57	3.39	3.28	0.00	3.03	1.59	3.17	4.48	6.94	3.14
日本	5.00	1.79	3.39	3.28	1.72	1.52	1.59	7.94	1.49	1.39	2.81
瑞典	0.00	0.00	3.39	1.64	5.17	1.52	1.59	3.17	2.99	1.39	2.15
爱尔兰	0.00	1.79	0.00	4.92	1.72	1.52	0.00	1.59	1.49	1.39	1.49
丹麦	2.50	0.00	0.00	1.64	0.00	3.03	3.17	1.59	1.49	1.39	1.49
奥地利	0.00	3.57	1.69	0.00	0.00	0.00	1.59	1.59	2.99	0.00	1.16
印度	2.50	3.57	0.00	0.00	0.00	1.52	1.59	0.00	1.49	0.00	0.99
挪威	0.00	0.00	0.00	0.00	1.72	0.00	1.59	1.59	0.00	4.17	0.99
阿根廷	5.00	1.79	0.00	0.00	0.00	0.00	3.17	0.00	1.49	0.00	0.99
中国大陆	0.00	0.00	1.69	0.00	0.00	1.52	1.59	3.17	0.00	0.00	0.83

表 9—134　　外科学 B 层人才排名前 20 的国家和地区的占比

国家和地区\年份	2009	2010	2011	2012	2013	2014	2015	2016	2017	2018	合计
美国	42.11	40.43	39.31	35.61	31.52	30.40	32.09	26.79	31.06	23.20	32.79
英国	8.84	7.54	7.51	10.25	7.01	7.14	8.83	9.15	9.14	6.90	8.22
德国	4.84	6.19	5.59	5.58	4.73	6.31	5.26	5.82	5.48	4.70	5.45
加拿大	5.47	5.61	5.20	5.22	5.08	4.15	4.75	4.49	6.81	3.45	4.99
意大利	3.37	5.22	5.59	5.04	4.20	4.65	4.24	5.16	5.32	4.55	4.74
法国	4.00	4.06	4.62	4.86	3.85	4.32	5.60	4.99	2.99	4.55	4.39
荷兰	4.00	3.29	3.08	4.32	3.68	4.15	5.09	3.83	3.82	5.49	4.11
日本	1.68	3.09	2.12	3.42	4.03	4.15	3.57	2.50	2.66	3.45	3.10
西班牙	2.53	1.93	2.31	2.16	2.63	2.99	2.72	2.33	2.66	2.19	2.45
瑞士	3.16	2.51	2.70	2.16	2.98	2.33	2.38	2.16	1.33	2.66	2.42
澳大利亚	1.47	2.51	1.35	2.70	2.28	2.99	2.04	2.16	2.49	2.51	2.28
比利时	1.89	2.71	2.50	1.98	1.40	1.66	1.87	1.66	1.99	2.04	1.96
瑞典	1.89	1.93	2.12	0.72	1.40	2.16	2.38	2.00	1.66	1.88	1.82
中国大陆	0.42	1.35	0.77	2.16	1.58	1.66	2.55	1.83	1.66	2.82	1.73

续表

国家和地区\年份	2009	2010	2011	2012	2013	2014	2015	2016	2017	2018	合计
奥地利	2.11	0.58	1.93	1.08	1.05	2.16	1.53	1.16	1.66	1.41	1.46
丹麦	1.05	1.16	1.54	1.80	1.75	1.50	0.68	2.16	1.00	1.10	1.38
韩国	1.68	2.13	0.77	0.72	1.93	1.00	1.87	0.83	0.50	2.04	1.34
挪威	0.63	0.77	0.39	0.72	1.23	1.00	1.36	1.66	1.00	0.47	0.93
阿根廷	0.42	0.39	0.19	0.72	1.05	1.33	0.85	1.16	1.16	1.57	0.92
印度	0.00	0.39	0.58	0.90	1.58	1.16	1.02	0.50	1.00	1.41	0.88

表9—135　外科学C层人才排名前20的国家和地区的占比

国家和地区\年份	2009	2010	2011	2012	2013	2014	2015	2016	2017	2018	合计
美国	38.35	36.38	35.94	34.92	34.82	36.68	34.53	32.50	32.25	31.77	34.75
英国	7.03	8.53	8.07	8.15	7.57	7.35	7.25	7.72	7.13	6.42	7.53
德国	6.44	6.29	6.18	6.09	5.75	5.51	5.16	5.31	5.22	5.53	5.72
意大利	4.12	4.91	4.36	5.36	4.85	4.80	4.64	5.22	4.82	5.47	4.86
日本	4.94	4.09	4.19	4.49	4.12	5.00	4.71	4.37	4.27	4.31	4.45
加拿大	4.92	4.54	3.69	3.90	4.05	4.28	4.67	4.51	4.77	4.41	4.37
荷兰	4.10	4.15	4.34	3.37	4.03	3.73	3.63	4.07	4.80	4.45	4.07
法国	3.51	3.66	4.16	3.88	4.10	3.71	3.98	4.21	3.78	4.06	3.91
中国大陆	2.01	2.53	2.75	3.57	4.00	4.13	4.36	3.72	4.07	4.65	3.62
澳大利亚	1.85	2.32	2.64	2.48	2.46	2.06	2.74	2.82	2.70	2.62	2.48
韩国	2.43	2.53	2.58	3.08	2.59	2.51	2.15	2.12	2.09	1.97	2.40
瑞士	2.51	1.93	2.45	2.24	2.12	2.11	1.88	2.05	2.29	2.17	2.17
西班牙	1.85	2.38	2.12	2.02	2.12	2.07	1.62	2.15	1.91	1.75	2.00
瑞典	1.92	1.38	1.61	1.51	1.32	1.67	1.62	1.55	1.86	1.53	1.60
比利时	1.61	1.23	1.35	1.24	1.46	1.29	1.13	1.55	1.31	1.47	1.36
巴西	1.21	1.13	1.09	1.06	1.39	1.12	1.15	1.29	1.07	1.35	1.18
奥地利	1.06	0.84	0.96	1.39	1.12	0.99	1.10	0.92	1.02	1.23	1.06
中国台湾	0.88	1.19	1.33	1.28	0.95	0.82	0.94	0.76	0.75	1.19	1.00
丹麦	0.82	0.72	0.81	0.82	1.00	1.00	1.19	0.86	1.29	1.15	0.97
挪威	0.84	0.70	0.79	0.66	0.77	0.84	0.84	0.78	1.10	0.87	0.82

四十五　移植医学

移植医学 A、B、C 层人才最多的国家是美国，分别占该学科全球 A、B、C 层人才的 37.42%、27.31%、29.98%。

加拿大、法国、德国、英国、澳大利亚、意大利、西班牙、瑞士、比利时的 A 层人才比较多，世界占比在 11%—3% 之间；奥地利、日本、荷兰、以色列、巴西、捷克、挪威、中国香港、新加坡、南非也有相当数量的 A 层人才，世界占比超过或接近 1%。

德国、英国、法国、加拿大、意大利、西班牙、荷兰、瑞士的 B 层人才比较多，世界占比在 9%—3% 之间；比利时、奥地利、澳大利亚、瑞典、日本、中国大陆、以色列、巴西、捷克、波兰、丹麦也有相当数量的 B 层人才，世界占比超过或接近 1%。

德国、英国、法国、意大利、加拿大、荷兰、西班牙、日本、中国大陆的 C 层人才比较多，世界占比在 8%—3% 之间；澳大利亚、比利时、瑞士、韩国、瑞典、奥地利、巴西、波兰、中国台湾、以色列也有相当数量的 C 层人才，世界占比超过或接近 1%。

表 9—136　移植医学 A 层人才排名前 20 的国家和地区的占比

国家和地区 \ 年份	2009	2010	2011	2012	2013	2014	2015	2016	2017	2018	合计
美国	50.00	20.00	33.33	37.50	27.78	47.62	35.00	25.00	42.86	50.00	37.42
加拿大	10.00	10.00	8.33	31.25	11.11	4.76	10.00	0.00	7.14	11.11	10.32
法国	10.00	0.00	8.33	6.25	11.11	9.52	0.00	12.50	7.14	5.56	7.10
德国	0.00	10.00	16.67	6.25	5.56	4.76	5.00	6.25	7.14	5.56	6.45
英国	10.00	10.00	0.00	6.25	5.56	4.76	5.00	12.50	7.14	5.56	6.45
澳大利亚	0.00	10.00	0.00	0.00	5.56	4.76	5.00	0.00	14.29	5.56	4.52
意大利	10.00	0.00	8.33	0.00	5.56	0.00	0.00	12.50	0.00	0.00	3.87
西班牙	0.00	10.00	0.00	0.00	0.00	0.00	5.00	6.25	7.14	5.56	3.23
瑞士	0.00	0.00	8.33	0.00	0.00	0.00	10.00	6.25	0.00	5.56	3.23
比利时	0.00	10.00	8.33	0.00	0.00	4.76	5.00	0.00	0.00	5.56	3.23
奥地利	0.00	10.00	8.33	0.00	0.00	0.00	5.00	0.00	0.00	0.00	1.94
日本	0.00	0.00	0.00	0.00	11.11	0.00	5.00	0.00	0.00	0.00	1.94

续表

国家和地区\年份	2009	2010	2011	2012	2013	2014	2015	2016	2017	2018	合计
荷兰	0.00	0.00	0.00	0.00	5.56	0.00	0.00	6.25	7.14	0.00	1.94
以色列	10.00	0.00	0.00	0.00	0.00	0.00	0.00	6.25	0.00	0.00	1.29
巴西	0.00	0.00	0.00	0.00	0.00	4.76	5.00	0.00	0.00	0.00	1.29
捷克	0.00	0.00	0.00	6.25	0.00	0.00	0.00	0.00	0.00	0.00	0.65
挪威	0.00	0.00	0.00	0.00	5.56	0.00	0.00	0.00	0.00	0.00	0.65
中国香港	0.00	0.00	0.00	0.00	0.00	4.76	0.00	0.00	0.00	0.00	0.65
新加坡	0.00	0.00	0.00	0.00	0.00	4.76	0.00	0.00	0.00	0.00	0.65
南非	0.00	0.00	0.00	0.00	0.00	0.00	5.00	0.00	0.00	0.00	0.65

表9—137 移植医学B层人才排名前20的国家和地区的占比

国家和地区\年份	2009	2010	2011	2012	2013	2014	2015	2016	2017	2018	合计
美国	33.08	32.77	28.47	23.03	32.32	25.65	26.67	19.53	28.13	26.86	27.31
德国	6.77	7.56	9.03	10.91	7.93	8.38	7.22	6.51	10.00	8.57	8.31
英国	3.01	5.88	6.94	5.45	7.93	8.90	6.11	8.28	9.38	9.14	7.25
法国	6.77	8.40	5.56	9.09	5.49	5.76	6.67	8.28	5.63	4.00	6.50
加拿大	8.27	6.72	4.17	3.64	6.71	4.71	7.22	4.73	5.00	5.14	5.56
意大利	3.01	5.88	6.25	5.45	7.93	7.85	5.56	4.73	3.13	3.43	5.38
西班牙	3.76	4.20	4.86	3.64	3.05	4.19	6.11	3.55	5.00	5.14	4.38
荷兰	3.01	0.84	2.78	6.67	1.22	5.76	2.78	5.33	5.00	5.14	4.00
瑞士	6.77	1.68	3.47	4.85	3.66	3.14	2.22	2.37	1.88	3.43	3.31
比利时	2.26	5.04	3.47	3.03	2.44	2.09	2.78	4.14	3.13	1.71	2.94
奥地利	1.50	1.68	2.78	3.03	1.83	3.66	2.78	2.96	2.50	2.86	2.63
澳大利亚	0.75	3.36	2.08	4.85	1.83	2.62	2.22	2.96	1.88	2.29	2.50
瑞典	3.76	0.00	1.39	3.03	1.22	1.57	3.33	1.78	1.25	5.14	2.31
日本	0.00	1.68	0.69	1.82	1.83	2.62	2.22	2.37	0.63	1.71	1.63
中国大陆	2.26	0.00	2.78	2.42	2.44	0.00	2.22	0.00	1.88	1.71	1.56
以色列	1.50	0.00	1.39	1.21	0.61	0.52	1.67	1.78	0.63	3.43	1.31
巴西	1.50	2.52	0.69	1.82	0.61	1.05	1.11	1.78	1.25	0.00	1.19
捷克	1.50	0.00	0.69	0.61	0.61	1.05	0.56	1.78	1.88	1.14	1.00
波兰	1.50	0.84	0.69	0.00	1.22	1.05	0.00	1.18	1.88	1.14	0.94
丹麦	2.26	0.00	0.00	0.61	0.61	1.57	0.56	1.18	1.25	0.57	0.88

表9—138　移植医学C层人才排名前20的国家和地区的占比

国家和地区	2009	2010	2011	2012	2013	2014	2015	2016	2017	2018	合计
美国	32.63	29.81	29.60	27.87	30.49	30.44	29.21	30.93	30.05	29.28	29.98
德国	7.49	8.35	8.00	8.25	7.08	6.64	7.48	7.60	6.05	7.81	7.44
英国	6.89	6.13	6.30	6.66	6.26	7.42	6.47	7.67	6.60	5.72	6.62
法国	4.69	5.79	5.88	5.01	4.68	4.76	5.51	5.09	5.93	4.93	5.21
意大利	5.60	5.03	4.82	4.83	4.74	4.98	6.42	4.38	4.70	5.32	5.09
加拿大	5.60	4.86	3.97	4.89	4.93	4.21	4.45	5.61	5.01	5.49	4.89
荷兰	3.86	4.51	4.96	3.24	4.87	4.10	4.00	3.80	4.58	3.28	4.09
西班牙	3.63	4.00	3.97	4.40	3.29	4.32	3.10	4.06	3.48	3.45	3.76
日本	4.09	3.15	3.33	3.42	2.85	3.54	2.87	3.54	3.05	3.45	3.32
中国大陆	2.35	2.47	2.55	4.03	3.35	3.93	3.60	2.51	3.85	3.23	3.25
澳大利亚	2.35	2.21	2.97	3.12	3.98	3.49	2.76	2.77	3.12	2.72	2.98
比利时	2.12	3.49	2.41	2.57	2.72	2.32	2.70	2.96	3.30	3.00	2.75
瑞士	2.73	1.87	2.55	1.96	1.90	1.77	2.14	2.32	2.63	2.89	2.27
韩国	1.67	1.79	2.20	2.87	1.45	1.94	1.69	1.61	1.83	1.64	1.87
瑞典	1.82	2.13	2.41	1.59	1.52	1.49	2.53	1.93	1.41	1.76	1.85
奥地利	1.36	1.62	1.63	1.96	1.77	1.72	2.08	1.29	1.47	2.04	1.71
巴西	1.06	1.62	1.20	1.47	1.39	0.77	1.29	0.97	1.47	1.19	1.23
波兰	0.76	0.77	0.85	0.49	0.82	1.16	1.01	1.03	0.79	1.08	0.89
中国台湾	1.44	1.19	1.20	0.61	1.14	1.22	0.51	0.32	0.18	0.57	0.81
以色列	0.38	0.68	0.64	0.73	0.70	0.77	0.90	0.97	0.79	1.25	0.80

四十六　护理学

护理学A、B、C层人才最多的国家是美国，分别占该学科全球A、B、C层人才的27.27%、29.63%、32.77%。

英国、澳大利亚、加拿大、比利时、荷兰、新西兰、瑞典的A层人才比较多，世界占比在19%—3%之间；德国、瑞士、挪威、中国香港、西班牙、韩国、丹麦、芬兰、伊朗、卢森堡也有相当数量的A层人才，世界占比超过或接近1%。

澳大利亚、英国、加拿大、瑞典的B层人才比较多，世界占比在14%—4%之间；荷兰、挪威、意大利、中国大陆、西班牙、比利时、芬兰、爱尔兰、德国、中国台湾、瑞士、中国香港、新加坡、韩国、丹麦也有相当数量的B层人才,世界占比超过或接近1%。

澳大利亚、英国、加拿大、瑞典的C层人才比较多,世界占比在13%—4%之间;荷兰、中国台湾、挪威、中国大陆、韩国、爱尔兰、比利时、芬兰、德国、西班牙、意大利、丹麦、中国香港、土耳其、新西兰也有相当数量的C层人才,世界占比超过或接近1%。

表9—139　　　　　护理学A层人才的国家和地区的占比

国家和地区＼年份	2009	2010	2011	2012	2013	2014	2015	2016	2017	2018	合计
美国	37.50	44.44	30.00	30.00	8.33	33.33	15.38	35.71	27.27	18.18	27.27
英国	25.00	11.11	10.00	10.00	41.67	16.67	15.38	14.29	9.09	27.27	18.18
澳大利亚	0.00	33.33	0.00	10.00	8.33	16.67	7.69	21.43	18.18	0.00	11.82
加拿大	37.50	11.11	10.00	20.00	0.00	8.33	7.69	0.00	9.09	0.00	9.09
比利时	0.00	0.00	0.00	0.00	16.67	8.33	15.38	0.00	9.09	9.09	6.36
荷兰	0.00	0.00	0.00	0.00	8.33	8.33	23.08	0.00	0.00	0.00	4.55
新西兰	0.00	0.00	0.00	0.00	0.00	8.33	0.00	7.14	0.00	9.09	3.64
瑞典	0.00	0.00	10.00	0.00	0.00	0.00	0.00	0.00	9.09	9.09	3.64
德国	0.00	0.00	10.00	0.00	0.00	0.00	7.69	0.00	9.09	0.00	2.73
瑞士	0.00	0.00	0.00	0.00	0.00	0.00	0.00	7.14	0.00	9.09	2.73
挪威	0.00	0.00	10.00	0.00	8.33	0.00	0.00	0.00	0.00	0.00	1.82
中国香港	0.00	0.00	0.00	0.00	0.00	0.00	0.00	0.00	0.00	18.18	1.82
西班牙	0.00	0.00	0.00	0.00	0.00	0.00	7.69	0.00	9.09	0.00	1.82
韩国	0.00	0.00	0.00	10.00	0.00	0.00	0.00	0.00	0.00	0.00	0.91
丹麦	0.00	0.00	10.00	0.00	0.00	0.00	0.00	0.00	0.00	0.00	0.91
芬兰	0.00	0.00	0.00	0.00	8.33	0.00	0.00	0.00	0.00	0.00	0.91
伊朗	0.00	0.00	0.00	0.00	0.00	0.00	0.00	7.14	0.00	0.00	0.91
卢森堡	0.00	0.00	0.00	0.00	0.00	0.00	7.14	0.00	0.00	0.00	0.91

表9—140　　　护理学B层人才排名前20的国家和地区的占比

国家和地区＼年份	2009	2010	2011	2012	2013	2014	2015	2016	2017	2018	合计
美国	38.46	30.00	29.89	32.67	33.04	29.46	31.45	28.23	25.24	22.30	29.63
澳大利亚	10.26	12.22	11.49	13.86	9.82	17.86	10.48	10.48	15.53	18.71	13.27

续表

国家和地区 \ 年份	2009	2010	2011	2012	2013	2014	2015	2016	2017	2018	合计
英国	10.26	12.22	16.09	10.89	8.04	11.61	17.74	11.29	9.71	10.07	11.78
加拿大	12.82	14.44	5.75	5.94	7.14	4.46	4.03	7.26	9.71	6.47	7.48
瑞典	5.13	2.22	5.75	6.93	3.57	2.68	1.61	5.65	4.85	2.88	4.02
荷兰	2.56	2.22	3.45	1.98	5.36	3.57	2.42	0.81	0.97	2.16	2.52
挪威	0.00	1.11	1.15	2.97	4.46	1.79	2.42	1.61	3.88	2.88	2.34
意大利	1.28	3.33	1.15	0.00	0.00	1.79	4.84	2.42	4.85	2.88	2.34
中国大陆	1.28	0.00	2.30	2.97	3.57	3.57	2.42	0.81	1.94	3.60	2.34
西班牙	1.28	3.33	3.45	2.97	1.79	0.00	2.42	1.61	1.94	3.60	2.24
比利时	1.28	1.11	0.00	1.98	3.57	2.68	2.42	2.42	0.97	2.16	1.96
芬兰	1.28	2.22	2.30	0.99	2.68	0.89	0.81	4.03	0.97	1.44	1.78
爱尔兰	1.28	0.00	2.30	2.97	2.68	1.79	2.42	1.61	0.00	2.16	1.78
德国	1.28	2.22	0.00	2.97	3.57	0.89	0.00	2.42	0.00	1.44	1.50
中国台湾	0.00	2.22	1.15	0.00	0.89	0.89	2.42	1.61	1.94	0.72	1.21
瑞士	1.28	0.00	1.15	0.99	2.68	0.00	0.81	2.42	0.00	0.72	1.03
中国香港	2.56	2.22	0.00	0.00	1.79	0.89	0.00	0.00	0.00	2.88	1.03
新加坡	1.28	1.11	2.30	1.98	0.89	1.79	0.00	0.00	0.00	1.44	1.03
韩国	0.00	0.00	0.00	0.99	0.89	0.00	4.03	2.42	0.00	0.72	1.03
丹麦	1.28	0.00	1.15	0.99	0.89	0.89	1.61	0.81	0.97	0.72	0.93

表9—141　护理学C层人才排名前20的国家和地区的占比

国家和地区 \ 年份	2009	2010	2011	2012	2013	2014	2015	2016	2017	2018	合计
美国	38.08	36.04	31.91	34.60	34.71	32.76	32.63	31.58	31.58	25.97	32.77
澳大利亚	11.32	10.68	13.35	12.10	13.13	12.67	11.87	12.66	14.23	12.84	12.54
英国	10.25	10.46	12.10	9.60	10.13	9.05	9.46	10.44	8.77	9.54	9.96
加拿大	8.26	7.68	4.48	5.60	6.29	5.71	5.89	4.28	4.58	4.63	5.63
瑞典	5.99	5.23	5.53	4.30	5.07	5.43	4.73	4.03	3.41	4.34	4.75
荷兰	3.06	2.89	2.71	2.90	3.00	2.76	2.70	2.14	2.05	2.46	2.64
中国台湾	3.06	3.56	3.23	2.60	1.50	2.10	2.41	2.38	2.14	1.79	2.43
挪威	2.13	3.56	2.09	2.80	2.81	2.19	2.12	2.06	1.66	2.08	2.34
中国大陆	0.53	1.22	0.73	2.20	1.03	2.29	2.41	2.38	3.31	3.78	2.06
韩国	1.60	0.89	1.46	1.10	1.22	2.10	2.41	1.64	2.24	1.70	1.65

续表

国家和地区\年份	2009	2010	2011	2012	2013	2014	2015	2016	2017	2018	合计
爱尔兰	1.46	0.89	1.88	1.10	1.22	1.62	1.16	1.32	2.63	1.98	1.53
比利时	1.46	1.45	2.29	1.10	1.88	1.24	1.16	1.15	1.75	1.42	1.48
芬兰	1.20	1.00	1.46	1.80	1.41	1.71	1.83	1.48	1.17	1.42	1.46
德国	1.20	1.56	1.25	1.00	1.22	1.24	1.45	1.48	1.46	1.23	1.31
西班牙	0.27	0.33	1.04	0.90	0.56	1.33	1.83	2.30	2.05	1.89	1.31
意大利	0.67	0.78	1.04	1.00	1.13	1.24	1.74	1.56	1.75	1.79	1.30
丹麦	1.07	0.44	1.04	1.50	1.13	1.05	1.35	1.64	1.07	1.89	1.24
中国香港	1.33	1.89	1.56	0.80	1.88	0.57	0.77	1.15	0.68	1.13	1.16
土耳其	1.07	1.45	1.15	1.50	0.84	0.76	0.77	1.64	1.07	0.66	1.09
新西兰	0.53	1.00	0.63	0.70	0.75	0.86	0.97	0.82	1.56	1.89	0.98

四十七 全科医学和内科医学

全科医学和内科医学A层人才最多的国家是英国，世界占比为20.27%，其次为美国，世界占比为17.57%；加拿大、澳大利亚、意大利、西班牙、法国、瑞士的A层人才也比较多，世界占比在14%—4%之间；丹麦、挪威、日本、利比里亚、乌干达、沙特、塞拉利昂、南非、肯尼亚、奥地利、德国、荷兰也有相当数量的A层人才，世界占比超过1%。

B层人才最多的国家是美国，世界占比为11.55%；英国、加拿大、澳大利亚、荷兰、德国的B层人才也比较多，世界占比在9%—3%之间；瑞典、意大利、瑞士、法国、比利时、挪威、丹麦、中国大陆、印度、巴西、波兰、南非、西班牙、阿根廷也有相当数量的B层人才，世界占比超过1%。

C层人才最多的国家是美国，世界占比为30.42%；英国、加拿大、澳大利亚的C层人才也比较多，世界占比在13%—4%之间；瑞士、荷兰、德国、法国、意大利、中国大陆、瑞典、丹麦、西班牙、南非、比利时、挪威、印度、日本、新西兰、巴西也有相当数量的C层人才，世界占比超过或接近1%。

表9—142　全科医学和内科医学 A 层人才排名前 20 的国家和地区的占比

国家和地区 \ 年份	2009	2010	2011	2012	2013	2014	2015	2016	2017	2018	合计
英国	40.00	27.27	16.67	25.00	0.00	25.00	14.29	0.00	0.00	0.00	20.27
美国	0.00	27.27	16.67	16.67	0.00	8.33	42.86	0.00	0.00	21.43	17.57
加拿大	30.00	18.18	16.67	8.33	0.00	8.33	14.29	0.00	0.00	7.14	13.51
澳大利亚	0.00	9.09	0.00	8.33	0.00	8.33	14.29	0.00	0.00	7.14	6.76
意大利	30.00	0.00	0.00	0.00	0.00	0.00	14.29	0.00	0.00	7.14	6.76
西班牙	0.00	0.00	0.00	0.00	50.00	0.00	0.00	0.00	0.00	14.29	4.05
法国	0.00	0.00	0.00	0.00	50.00	8.33	0.00	0.00	0.00	7.14	4.05
瑞士	0.00	9.09	16.67	0.00	0.00	8.33	0.00	0.00	0.00	0.00	4.05
丹麦	0.00	9.09	16.67	0.00	0.00	0.00	0.00	0.00	0.00	0.00	2.70
挪威	0.00	0.00	16.67	0.00	0.00	0.00	0.00	0.00	0.00	7.14	2.70
日本	0.00	0.00	0.00	0.00	0.00	0.00	0.00	0.00	0.00	7.14	1.35
利比里亚	0.00	0.00	0.00	0.00	0.00	8.33	0.00	0.00	0.00	0.00	1.35
乌干达	0.00	0.00	0.00	8.33	0.00	0.00	0.00	0.00	0.00	0.00	1.35
沙特	0.00	0.00	0.00	8.33	0.00	0.00	0.00	0.00	0.00	0.00	1.35
塞拉利昂	0.00	0.00	0.00	0.00	0.00	8.33	0.00	0.00	0.00	0.00	1.35
南非	0.00	0.00	0.00	8.33	0.00	0.00	0.00	0.00	0.00	0.00	1.35
肯尼亚	0.00	0.00	0.00	8.33	0.00	0.00	0.00	0.00	0.00	0.00	1.35
奥地利	0.00	0.00	0.00	0.00	0.00	0.00	0.00	0.00	0.00	7.14	1.35
德国	0.00	0.00	0.00	0.00	0.00	0.00	0.00	0.00	0.00	7.14	1.35
荷兰	0.00	0.00	0.00	8.33	0.00	0.00	0.00	0.00	0.00	0.00	1.35

表9—143　全科医学和内科医学 B 层人才排名前 20 的国家和地区的占比

国家和地区 \ 年份	2009	2010	2011	2012	2013	2014	2015	2016	2017	2018	合计
美国	16.13	18.18	11.40	19.27	17.02	13.01	12.21	2.38	2.84	4.00	11.55
英国	9.68	14.14	10.53	12.84	14.18	9.76	9.92	1.19	2.84	2.40	8.79
加拿大	9.68	11.11	5.26	7.34	11.35	5.69	6.87	1.19	2.13	1.60	6.21
澳大利亚	2.15	5.05	6.14	5.50	4.26	4.07	3.82	1.19	2.13	2.40	3.71
荷兰	6.45	6.06	4.39	3.67	3.55	3.25	3.82	1.19	2.13	0.80	3.45

续表

国家和地区\年份	2009	2010	2011	2012	2013	2014	2015	2016	2017	2018	合计
德国	4.30	2.02	4.39	3.67	3.55	3.25	4.58	1.19	2.13	1.60	3.10
瑞典	4.30	4.04	3.51	3.67	2.13	3.25	1.53	1.19	2.13	0.80	2.59
意大利	6.45	4.04	0.88	3.67	2.84	2.44	2.29	1.19	1.42	1.60	2.59
瑞士	2.15	3.03	1.75	4.59	1.42	3.25	2.29	1.19	2.13	2.40	2.41
法国	3.23	2.02	1.75	2.75	3.55	1.63	4.58	1.19	0.71	0.80	2.24
比利时	1.08	2.02	1.75	3.67	2.13	2.44	2.29	1.19	1.42	1.60	1.98
挪威	2.15	3.03	3.51	2.75	1.42	0.81	1.53	1.19	2.13	1.60	1.98
丹麦	5.38	0.00	1.75	4.59	2.13	2.44	1.53	1.19	0.71	0.80	1.98
中国大陆	1.08	2.02	2.63	0.00	4.26	1.63	2.29	1.19	1.42	0.80	1.81
印度	1.08	2.02	2.63	0.92	1.42	2.44	0.76	1.19	2.13	0.80	1.55
巴西	1.08	0.00	1.75	0.92	1.42	2.44	1.53	1.19	2.13	1.60	1.47
波兰	1.08	1.01	1.75	0.92	1.42	2.44	1.53	1.19	1.42	1.60	1.47
南非	0.00	1.01	0.88	1.83	1.42	2.44	2.29	1.19	1.42	1.60	1.47
西班牙	0.00	1.01	0.88	0.92	1.42	2.44	3.05	1.19	1.42	1.60	1.47
阿根廷	1.08	0.00	1.75	1.83	1.42	2.44	1.53	1.19	0.71	0.80	1.29

表9—144　　全科医学和内科医学C层人才排名前20的国家和地区的占比

国家和地区\年份	2009	2010	2011	2012	2013	2014	2015	2016	2017	2018	合计
美国	37.61	34.48	35.52	34.68	36.50	36.82	34.66	26.16	19.26	13.78	30.42
英国	14.53	13.94	14.48	14.22	15.36	14.24	14.86	11.78	7.66	5.54	12.49
加拿大	7.59	8.21	7.47	6.61	6.73	6.22	5.35	5.56	4.87	3.62	6.11
澳大利亚	5.13	5.64	4.52	6.15	5.62	4.09	5.03	4.41	3.48	3.23	4.68
瑞士	3.10	3.63	3.60	3.12	2.61	2.95	3.12	2.60	2.01	1.92	2.82
荷兰	3.53	2.39	2.40	4.04	3.48	2.45	2.72	2.38	2.63	1.39	2.70
德国	2.24	3.06	2.49	2.84	2.06	3.19	2.00	2.46	2.17	2.23	2.46
法国	2.35	3.34	2.68	2.48	1.90	1.96	2.72	3.03	1.93	1.92	2.42
意大利	2.03	1.91	1.29	1.83	1.27	2.62	2.72	1.81	2.09	1.54	1.91
中国大陆	1.60	1.15	1.94	1.74	1.98	2.78	1.92	1.59	1.55	1.39	1.77

续表

国家和地区\年份	2009	2010	2011	2012	2013	2014	2015	2016	2017	2018	合计
瑞典	1.39	1.34	1.01	1.28	1.19	1.55	1.60	2.46	1.31	1.31	1.47
丹麦	1.60	1.72	1.11	2.11	1.50	1.15	1.12	1.52	0.85	1.31	1.38
西班牙	1.60	0.76	1.11	1.10	1.50	0.98	1.28	1.88	1.62	1.23	1.32
南非	0.96	1.72	1.57	1.83	0.87	1.23	0.88	1.59	1.24	1.31	1.31
比利时	1.39	0.76	0.37	0.83	0.71	1.31	1.28	1.23	1.16	1.08	1.02
挪威	0.53	0.86	1.20	0.92	0.63	0.82	1.20	0.87	1.62	1.15	0.99
印度	0.64	0.57	1.11	0.73	0.87	1.15	0.72	1.08	1.16	1.31	0.95
日本	0.75	0.86	1.20	0.55	0.63	0.65	1.04	0.72	1.24	1.08	0.88
新西兰	1.07	0.76	0.74	1.19	0.87	0.82	0.64	0.58	1.08	1.00	0.87
巴西	0.43	0.38	0.46	0.55	0.63	0.49	0.56	1.37	1.08	1.00	0.72

四十八 综合医学和补充医学

综合医学和补充医学 A、B、C 层人才最多的是中国大陆，分别占该学科全球 A、B、C 层人才的 25.00%、23.75%、25.80%。

韩国、马来西亚、美国、意大利、巴基斯坦、德国、澳大利亚、西班牙的 A 层人才比较多，世界占比在 12%—4% 之间；伊朗、瑞士、巴西、以色列、英国、保加利亚、乌拉圭、阿根廷、中国香港、孟加拉、印度也有相当数量的 A 层人才，世界占比均为 2.27%。

美国、韩国、印度、德国、英国、意大利、巴西、中国香港、澳大利亚的 B 层人才比较多，世界占比在 8%—3% 之间；加拿大、中国澳门、土耳其、伊朗、中国台湾、荷兰、巴基斯坦、瑞士、葡萄牙、西班牙也有相当数量的 B 层人才，世界占比超过 1%。

美国、韩国、印度、中国台湾、德国、巴西的 C 层人才比较多，世界占比在 10%—3% 之间；中国香港、英国、马来西亚、澳大利亚、意大利、日本、巴基斯坦、南非、伊朗、加拿大、沙特、泰国、西班牙也有相当数量的 C 层人才，世界占比超过 1%。

表 9—145　　　综合医学和补充医学 A 层人才排名前 20 的国家和地区的占比

国家和地区\年份	2009	2010	2011	2012	2013	2014	2015	2016	2017	2018	合计
中国大陆	0.00	0.00	40.00	0.00	33.33	33.33	16.67	20.00	25.00	66.67	25.00
韩国	0.00	0.00	0.00	0.00	33.33	16.67	0.00	0.00	50.00	0.00	11.36
马来西亚	0.00	0.00	20.00	0.00	16.67	0.00	0.00	20.00	0.00	33.33	9.09
美国	33.33	0.00	0.00	0.00	0.00	0.00	16.67	20.00	0.00	0.00	6.82
意大利	33.33	0.00	0.00	16.67	0.00	0.00	0.00	0.00	0.00	0.00	4.55
巴基斯坦	0.00	0.00	0.00	33.33	0.00	0.00	0.00	0.00	0.00	0.00	4.55
德国	33.33	0.00	0.00	16.67	0.00	0.00	0.00	0.00	0.00	0.00	4.55
澳大利亚	0.00	0.00	0.00	0.00	0.00	16.67	0.00	20.00	0.00	0.00	4.55
西班牙	0.00	0.00	0.00	0.00	16.67	0.00	16.67	0.00	0.00	0.00	4.55
伊朗	0.00	0.00	0.00	0.00	0.00	16.67	0.00	0.00	0.00	0.00	2.27
瑞士	0.00	0.00	0.00	16.67	0.00	0.00	0.00	0.00	0.00	0.00	2.27
巴西	0.00	0.00	20.00	0.00	0.00	0.00	0.00	0.00	0.00	0.00	2.27
以色列	0.00	0.00	0.00	0.00	0.00	16.67	0.00	0.00	0.00	0.00	2.27
英国	0.00	0.00	0.00	0.00	0.00	16.67	0.00	0.00	0.00	0.00	2.27
保加利亚	0.00	0.00	20.00	0.00	0.00	0.00	0.00	0.00	0.00	0.00	2.27
乌拉圭	0.00	0.00	0.00	16.67	0.00	0.00	0.00	0.00	0.00	0.00	2.27
阿根廷	0.00	0.00	0.00	0.00	0.00	0.00	16.67	0.00	0.00	0.00	2.27
中国香港	0.00	0.00	0.00	0.00	0.00	0.00	0.00	20.00	0.00	0.00	2.27
孟加拉	0.00	0.00	0.00	0.00	0.00	0.00	0.00	0.00	25.00	0.00	2.27
印度	0.00	0.00	0.00	0.00	0.00	16.67	0.00	0.00	0.00	0.00	2.27

表 9—146　　　综合医学和补充医学 B 层人才排名前 20 的国家和地区的占比

国家和地区\年份	2009	2010	2011	2012	2013	2014	2015	2016	2017	2018	合计
中国大陆	10.81	12.82	11.11	20.37	32.79	27.87	29.09	21.67	40.48	23.40	23.75
美国	18.92	17.95	15.56	1.85	3.28	1.64	1.82	6.67	11.90	8.51	7.78
韩国	2.70	0.00	0.00	7.41	3.28	3.28	12.73	3.33	4.76	12.77	5.19
印度	0.00	7.69	15.56	5.56	3.28	4.92	3.64	5.00	2.38	4.26	5.19
德国	18.92	5.13	2.22	7.41	0.00	8.20	3.64	3.33	0.00	2.13	4.79

续表

国家和地区\年份	2009	2010	2011	2012	2013	2014	2015	2016	2017	2018	合计
英国	5.41	7.69	4.44	9.26	1.64	3.28	3.64	1.67	2.38	6.38	4.39
意大利	2.70	2.56	4.44	0.00	3.28	3.28	1.82	8.33	2.38	6.38	3.59
巴西	2.70	2.56	0.00	1.85	6.56	1.64	7.27	1.67	7.14	2.13	3.39
中国香港	2.70	5.13	0.00	1.85	1.64	3.28	3.64	5.00	4.76	4.26	3.19
澳大利亚	0.00	5.13	4.44	9.26	4.92	0.00	0.00	3.33	4.76	0.00	3.19
加拿大	0.00	2.56	0.00	1.85	6.56	3.28	1.82	5.00	2.38	0.00	2.59
中国澳门	0.00	0.00	2.22	3.70	3.28	0.00	1.82	6.67	0.00	4.26	2.40
土耳其	0.00	5.13	2.22	1.85	6.56	1.64	1.82	3.33	0.00	0.00	2.40
伊朗	0.00	0.00	2.22	1.85	3.28	0.00	3.64	5.00	7.14	0.00	2.40
中国台湾	0.00	2.56	6.67	1.85	0.00	1.64	1.82	1.67	0.00	2.13	1.80
荷兰	2.70	0.00	0.00	3.70	1.64	4.92	0.00	1.67	0.00	2.13	1.80
巴基斯坦	0.00	5.13	4.44	1.85	0.00	3.28	1.82	0.00	0.00	2.13	1.80
瑞士	8.11	2.56	2.22	1.85	0.00	0.00	0.00	0.00	0.00	6.38	1.80
葡萄牙	2.70	0.00	0.00	1.85	1.64	3.28	5.45	0.00	0.00	0.00	1.60
西班牙	0.00	2.56	4.44	1.85	1.64	1.64	0.00	3.33	0.00	0.00	1.60

表 9—147 综合医学和补充医学 C 层人才排名前 20 的国家和地区的占比

国家和地区\年份	2009	2010	2011	2012	2013	2014	2015	2016	2017	2018	合计
中国大陆	16.08	19.58	19.64	25.99	26.51	26.11	29.04	30.95	31.32	27.65	25.80
美国	15.80	11.87	7.90	8.12	8.84	8.37	7.83	9.35	7.14	8.89	9.17
韩国	5.45	4.75	7.67	7.94	6.87	7.72	6.96	8.84	8.52	11.11	7.64
印度	5.99	7.72	5.19	5.05	6.55	4.76	2.09	3.74	4.40	3.70	4.80
中国台湾	3.54	2.97	4.06	4.87	4.26	3.94	3.30	2.89	4.67	2.47	3.73
德国	4.63	5.93	3.61	3.61	3.93	3.12	3.30	2.72	2.47	3.95	3.63
巴西	3.81	2.97	5.42	4.15	3.44	2.30	3.48	4.25	1.65	3.70	3.54
中国香港	3.27	3.26	4.97	2.89	1.96	2.63	4.00	2.21	2.20	1.48	2.86
英国	4.09	4.45	2.48	3.43	2.95	2.63	2.78	2.04	2.20	0.99	2.76
马来西亚	0.27	2.67	2.26	2.89	3.76	3.12	2.96	1.36	1.37	0.99	2.31

续表

国家和地区\年份	2009	2010	2011	2012	2013	2014	2015	2016	2017	2018	合计
澳大利亚	3.00	2.37	0.90	4.15	1.96	1.64	1.74	2.21	2.47	1.73	2.20
意大利	2.45	1.48	1.81	1.08	1.64	2.79	2.09	1.53	2.47	2.72	1.98
日本	3.00	2.37	3.61	1.99	0.49	1.97	1.22	1.19	2.20	1.48	1.83
巴基斯坦	1.36	0.59	0.45	0.72	0.98	2.13	3.13	2.55	2.20	1.23	1.61
南非	1.09	1.48	2.48	2.71	1.15	1.97	0.87	1.19	0.82	1.98	1.59
伊朗	1.63	1.48	0.90	0.90	1.64	1.81	2.26	1.53	1.92	1.23	1.55
加拿大	3.00	1.78	1.13	1.81	1.15	0.99	1.39	1.36	1.10	0.74	1.40
沙特	0.00	0.59	0.23	1.26	1.15	1.97	1.04	2.04	3.02	1.23	1.30
泰国	1.09	1.48	2.48	1.81	0.82	0.66	0.87	1.02	1.92	0.49	1.22
西班牙	1.36	1.48	2.48	1.08	1.47	0.49	1.04	0.51	0.27	1.48	1.13

四十九 研究和实验医学

研究和实验医学A、B、C层人才最多的国家是美国，分别占该学科全球A、B、C层人才的43.77%、36.64%、31.83%。

英国、意大利、德国、澳大利亚、法国、荷兰的A层人才比较多，世界占比在8%—3%之间；中国大陆、加拿大、西班牙、瑞士、瑞典、日本、印度、韩国、比利时、新加坡、中国香港、芬兰、爱尔兰也有相当数量的A层人才，世界占比超过或接近1%。

英国、德国、中国大陆、法国、加拿大、意大利、日本、瑞士的B层人才比较多，世界占比在8%—3%之间；荷兰、澳大利亚、瑞典、西班牙、比利时、韩国、丹麦、以色列、奥地利、印度、新加坡也有相当数量的B层人才，世界占比超过或接近1%。

中国大陆、英国、德国、意大利、法国、加拿大的C层人才比较多，世界占比在11%—3%之间；日本、荷兰、澳大利亚、瑞士、西班牙、韩国、瑞典、比利时、印度、中国台湾、巴西、丹麦、奥地利也有相当数量的C层人才，世界占比超过或接近1%。

表9—148　　研究和实验医学 A 层人才排名前 20 的国家和地区的占比

国家和地区\年份	2009	2010	2011	2012	2013	2014	2015	2016	2017	2018	合计
美国	44.83	37.93	59.38	45.71	50.00	31.71	41.86	53.49	30.56	43.40	43.77
英国	3.45	13.79	6.25	5.71	8.33	7.32	6.98	4.65	8.33	13.21	7.96
意大利	3.45	3.45	0.00	5.71	11.11	9.76	2.33	6.98	2.78	5.66	5.31
德国	3.45	0.00	12.50	2.86	2.78	7.32	2.33	6.98	0.00	5.66	4.51
澳大利亚	6.90	3.45	0.00	2.86	8.33	9.76	2.33	4.65	0.00	3.77	4.24
法国	6.90	6.90	0.00	2.86	5.56	2.44	2.33	2.33	5.56	3.77	3.71
荷兰	0.00	3.45	12.50	5.71	0.00	0.00	2.33	0.00	11.11	3.77	3.71
中国大陆	0.00	3.45	3.13	8.57	0.00	0.00	2.33	4.65	0.00	3.77	2.65
加拿大	10.34	0.00	0.00	0.00	0.00	2.44	4.65	0.00	5.56	1.89	2.39
西班牙	0.00	3.45	0.00	2.86	0.00	0.00	6.98	0.00	8.33	1.89	2.39
瑞士	3.45	6.90	0.00	2.86	2.78	2.44	4.65	0.00	0.00	1.89	2.39
瑞典	0.00	0.00	3.13	0.00	0.00	4.88	0.00	2.33	5.56	3.77	2.12
日本	6.90	3.45	0.00	0.00	5.56	4.88	0.00	0.00	0.00	1.89	2.12
印度	0.00	6.90	0.00	2.86	0.00	2.44	0.00	2.33	2.78	0.00	1.59
韩国	0.00	0.00	0.00	0.00	0.00	2.44	4.65	0.00	5.56	1.89	1.59
比利时	3.45	3.45	3.13	0.00	0.00	0.00	2.33	0.00	2.78	0.00	1.33
新加坡	0.00	0.00	0.00	2.86	0.00	2.44	2.33	0.00	2.78	0.00	1.06
中国香港	0.00	0.00	0.00	0.00	0.00	0.00	4.65	0.00	0.00	1.89	0.80
芬兰	0.00	0.00	0.00	0.00	0.00	0.00	2.33	0.00	2.78	1.89	0.80
爱尔兰	0.00	0.00	0.00	0.00	0.00	0.00	2.33	2.33	2.78	0.00	0.80

表9—149　　研究和实验医学 B 层人才排名前 20 的国家和地区的占比

国家和地区\年份	2009	2010	2011	2012	2013	2014	2015	2016	2017	2018	合计
美国	41.33	37.01	35.42	35.81	39.45	40.27	39.25	33.64	34.66	32.57	36.64
英国	7.38	7.83	5.56	8.06	7.65	5.95	7.94	7.09	7.51	6.89	7.19
德国	8.86	6.05	7.29	6.77	6.73	6.22	4.21	5.72	7.51	5.22	6.31
中国大陆	3.32	0.71	3.47	1.61	4.89	5.14	5.14	6.54	7.32	9.05	9.81	5.74
法国	6.27	7.12	4.17	3.87	4.28	2.97	3.50	5.26	2.21	3.76	4.17
加拿大	1.85	4.63	4.17	3.55	3.67	3.51	5.61	3.43	3.09	3.55	3.73

续表

国家和地区\年份	2009	2010	2011	2012	2013	2014	2015	2016	2017	2018	合计
意大利	2.95	4.27	5.56	4.84	2.75	3.51	3.74	3.20	3.09	3.76	3.70
日本	4.43	3.91	5.21	5.81	3.98	2.16	1.17	2.97	1.77	3.13	3.24
瑞士	3.32	3.20	4.17	1.94	2.14	4.59	3.27	2.75	2.43	3.34	3.10
荷兰	2.95	3.56	1.74	3.55	4.28	1.89	2.34	2.97	2.87	2.92	2.88
澳大利亚	1.48	3.56	1.39	2.26	2.75	3.51	3.04	2.75	2.21	2.51	2.58
瑞典	1.11	1.42	2.08	1.94	1.83	2.16	2.10	3.89	1.55	2.30	2.11
西班牙	2.58	1.78	3.82	3.55	0.61	0.54	2.57	1.37	1.55	2.71	2.06
比利时	2.21	1.78	0.69	2.26	3.06	0.81	0.93	2.52	1.55	0.84	1.62
韩国	0.37	0.71	1.39	2.26	2.14	1.08	1.64	1.60	0.88	3.13	1.59
丹麦	0.74	1.07	1.74	0.00	0.61	0.81	1.17	1.14	1.99	0.63	1.02
以色列	0.00	1.07	0.69	0.65	0.92	0.81	0.93	0.92	0.66	1.25	0.82
奥地利	1.11	0.71	1.74	0.32	0.61	0.27	0.47	1.83	0.00	0.84	0.77
印度	1.48	1.07	0.69	0.65	0.00	1.08	0.47	0.92	0.44	1.04	0.77
新加坡	0.37	1.07	1.04	0.97	0.92	1.62	0.93	0.46	0.22	0.42	0.77

表9—150　研究和实验医学C层人才排名前20的国家和地区的占比

国家和地区\年份	2009	2010	2011	2012	2013	2014	2015	2016	2017	2018	合计
美国	37.18	38.36	37.89	37.26	33.76	31.82	28.76	28.59	26.67	25.91	31.83
中国大陆	3.81	3.67	4.91	5.81	6.62	9.52	11.86	14.94	15.93	22.81	10.93
英国	7.28	6.58	6.42	6.13	6.74	6.54	6.65	6.34	6.98	5.65	6.51
德国	7.50	6.07	6.80	6.68	7.04	6.81	5.82	5.99	5.51	4.76	6.20
意大利	4.79	4.00	4.01	4.43	4.25	4.88	4.72	3.51	3.69	3.48	4.14
法国	4.11	4.73	3.90	4.17	4.61	3.15	3.31	3.55	3.31	2.79	3.68
加拿大	4.03	3.49	4.15	3.82	3.40	3.58	2.90	2.85	2.63	3.22	3.33
日本	3.28	4.25	4.49	3.53	3.25	2.60	2.78	1.94	2.58	1.92	2.94
荷兰	2.49	3.31	3.14	2.98	2.55	3.15	2.63	2.90	2.22	1.83	2.68
澳大利亚	1.66	2.18	2.21	2.50	2.67	2.47	2.82	2.43	2.67	2.67	2.47
瑞士	2.00	2.47	2.11	2.09	3.01	2.20	2.26	2.17	2.56	2.04	2.29
西班牙	1.58	2.00	1.87	2.18	2.43	2.06	1.97	1.89	2.08	1.71	1.98

续表

国家和地区\年份	2009	2010	2011	2012	2013	2014	2015	2016	2017	2018	合计
韩国	1.89	1.35	1.66	2.02	1.34	1.82	2.17	2.06	1.49	1.39	1.73
瑞典	1.73	1.89	1.42	1.48	1.49	1.57	1.31	1.73	1.80	1.39	1.58
比利时	2.07	1.82	1.66	1.86	1.24	1.41	1.68	1.61	1.44	1.11	1.56
印度	1.43	1.02	0.97	0.90	1.40	1.47	1.19	1.33	1.63	1.95	1.36
中国台湾	1.09	1.16	1.17	0.93	1.03	0.90	1.05	0.96	0.69	0.70	0.95
巴西	0.64	1.13	0.52	1.03	0.79	0.90	1.24	1.12	0.83	0.75	0.91
丹麦	0.87	0.73	0.93	0.96	0.82	0.98	1.02	0.96	0.85	0.67	0.88
奥地利	0.79	0.80	0.55	0.80	1.00	1.09	0.88	0.87	0.85	0.67	0.84

第三节　学科组层面的人才比较

在医学各学科人才分析的基础上，按照 A、B、C 三个人才层次，对各学科人才进行汇总分析，可以从学科组层面揭示人才的分布特点和发展趋势。

一　A 层人才

医学 A 层人才最多的国家是美国，占该学科组全球 A 层人才的 26.17%，英国以 9.85% 的世界占比排名第二，这两个国家的 A 层人才超过了全球的三分之一；加拿大、德国、法国、澳大利亚、荷兰、意大利紧随其后，世界占比分别为 5.95%、5.45%、4.66%、4.48%、4.31%、4.30%；瑞士、西班牙、比利时、瑞典的 A 层人才也比较多，世界占比在 4%—2% 之间；日本、丹麦、中国大陆、巴西、奥地利、韩国也有相当数量的 A 层人才，世界占比超过 1%；印度、挪威、以色列、新西兰、爱尔兰、芬兰、波兰、南非、希腊、中国香港、捷克、俄罗斯、新加坡、葡萄牙、阿根廷、中国台湾、匈牙利、墨西哥、土耳其、泰国、伊朗、巴基斯坦也有一定数量的 A 层人才，世界占比低于 1%。

在发展趋势上，美国、英国呈现相对下降趋势，澳大利亚、中国大陆、巴西、印度呈现相对上升趋势，其他国家和地区没有呈现明显变化。

表9—151　　　　医学A层人才排名前40的国家和地区的占比

国家和地区 \ 年份	2009	2010	2011	2012	2013	2014	2015	2016	2017	2018	合计
美国	32.04	31.16	30.38	28.51	26.01	25.56	24.12	24.93	18.52	23.32	26.17
英国	11.07	10.77	9.70	11.37	10.17	9.87	8.21	8.88	10.01	8.88	9.85
加拿大	6.36	5.73	7.36	5.98	6.43	5.38	7.01	5.26	4.68	5.65	5.95
德国	5.06	5.61	6.50	5.38	4.99	5.38	5.11	6.35	4.77	5.38	5.45
法国	4.95	4.24	3.73	4.49	4.61	4.57	5.51	4.90	4.77	4.75	4.66
澳大利亚	2.94	5.73	3.84	3.19	5.18	4.22	4.40	5.26	4.96	4.84	4.48
荷兰	3.42	5.96	5.12	5.18	4.51	3.32	3.70	3.90	4.40	3.95	4.31
意大利	5.06	4.12	4.48	4.29	4.51	4.30	3.70	3.72	4.02	4.93	4.30
瑞士	2.83	2.98	3.52	4.19	2.69	2.33	4.00	3.45	2.90	3.14	3.20
西班牙	2.12	2.06	2.56	1.89	1.82	2.24	2.90	3.63	3.74	3.32	2.66
比利时	2.83	2.06	2.13	1.79	2.02	3.05	3.00	2.36	2.25	2.33	2.38
瑞典	2.00	1.26	2.99	1.99	3.07	2.42	2.10	2.45	1.78	1.97	2.22
日本	2.24	1.26	1.60	1.40	2.21	2.51	1.50	1.81	2.34	2.33	1.94
丹麦	1.53	1.72	1.49	2.09	0.86	2.42	1.90	1.72	1.40	2.06	1.73
中国大陆	0.94	0.57	1.39	1.10	1.92	1.52	1.50	1.90	2.25	2.96	1.65
巴西	0.71	1.03	0.53	0.50	0.86	1.43	1.70	2.27	1.12	1.61	1.21
奥地利	0.71	1.60	1.07	1.10	1.34	0.54	0.80	1.36	1.22	1.17	1.09
韩国	1.30	0.69	0.21	1.30	0.77	1.61	1.10	0.91	1.78	0.81	1.06
印度	0.59	1.26	0.64	0.60	1.06	0.99	1.30	1.09	1.22	0.72	0.95
挪威	0.59	0.34	1.07	0.70	1.25	0.45	1.10	0.82	1.31	0.99	0.87
以色列	0.59	0.80	0.53	0.90	0.77	0.90	0.80	1.09	0.94	0.72	0.81
新西兰	1.30	0.34	0.53	1.20	0.96	0.36	0.80	0.73	0.84	0.81	0.78
爱尔兰	0.35	0.69	0.21	0.70	0.96	0.63	0.80	1.54	0.65	0.63	0.73
芬兰	0.59	0.11	0.43	0.60	0.96	0.90	1.20	0.54	0.84	0.90	0.72
波兰	0.71	0.80	0.43	0.80	0.67	0.81	1.00	0.54	0.65	0.54	0.69
南非	0.35	0.92	0.21	0.40	0.77	0.63	1.00	0.63	0.75	0.63	0.63
希腊	0.71	0.57	0.32	0.60	0.67	0.54	0.40	0.63	0.84	0.63	0.59
中国香港	0.71	0.11	0.64	0.30	0.58	0.36	0.70	0.63	0.47	0.72	0.52
捷克	0.24	0.46	0.43	0.40	0.86	0.27	0.60	0.54	0.56	0.45	0.48
俄罗斯	0.12	0.23	0.11	0.70	0.48	0.81	0.70	0.18	0.75	0.63	0.48
新加坡	0.35	0.34	0.11	0.60	0.29	1.08	0.20	0.45	0.37	0.45	0.44
葡萄牙	0.47	0.11	0.53	0.40	0.19	0.45	0.60	0.36	0.56	0.63	0.44

续表

国家和地区\年份	2009	2010	2011	2012	2013	2014	2015	2016	2017	2018	合计
阿根廷	0.71	0.34	0.75	0.20	0.38	0.18	0.70	0.18	0.28	0.54	0.42
中国台湾	0.82	0.34	0.32	0.30	0.38	0.54	0.40	0.18	0.37	0.36	0.40
匈牙利	0.35	0.11	0.11	0.40	0.19	0.27	0.40	0.36	0.56	0.36	0.32
墨西哥	0.24	0.23	0.43	0.20	0.38	0.18	0.30	0.27	0.47	0.36	0.31
土耳其	0.12	0.11	0.11	0.60	0.19	0.18	0.30	0.45	0.56	0.36	0.31
泰国	0.47	0.11	0.21	0.30	0.48	0.27	0.40	0.18	0.09	0.36	0.29
伊朗	0.00	0.34	0.21	0.00	0.29	0.27	0.10	0.18	0.37	0.36	0.22
巴基斯坦	0.00	0.11	0.00	0.40	0.38	0.27	0.10	0.27	0.37	0.09	0.21

二 B层人才

医学B层人才最多的国家是美国，占该学科组全球B层人才的25.85%，英国以9.08%的世界占比排名第二，这两个国家的B层人才超过了全球的三分之一；德国、加拿大、意大利、法国、荷兰、澳大利亚紧随其后，世界占比分别为6.00%、5.12%、4.38%、4.15%、4.07%、4.00%；瑞士、西班牙、中国大陆、瑞典、比利时的B层人才也比较多，世界占比在3%—2%之间；日本、丹麦、奥地利、巴西、韩国也有相当数量的B层人才，世界占比超过1%；挪威、印度、波兰、以色列、芬兰、希腊、爱尔兰、中国香港、葡萄牙、南非、新加坡、新西兰、中国台湾、捷克、土耳其、匈牙利、阿根廷、墨西哥、俄罗斯、伊朗、沙特、泰国也有一定数量的B层人才，世界占比低于1%。

在发展趋势上，美国呈现相对下降趋势，澳大利亚、中国大陆、巴西、印度呈现相对上升趋势，其他国家和地区没有呈现明显变化。

表9—152　医学B层人才排名前40的国家和地区的占比

国家和地区\年份	2009	2010	2011	2012	2013	2014	2015	2016	2017	2018	合计
美国	33.89	30.64	29.55	28.59	27.20	25.30	24.16	21.89	21.30	21.07	25.85
英国	8.96	9.47	9.47	9.69	9.46	8.94	9.15	8.71	8.58	8.65	9.08
德国	6.24	6.70	6.28	6.25	6.00	6.24	5.76	5.70	5.83	5.37	6.00

续表

国家和地区\年份	2009	2010	2011	2012	2013	2014	2015	2016	2017	2018	合计
加拿大	5.42	5.00	5.34	5.68	5.53	5.00	4.78	4.79	5.13	4.76	5.12
意大利	4.33	4.69	4.25	4.16	4.26	4.47	4.43	4.16	4.37	4.69	4.38
法国	4.24	4.26	4.45	4.00	4.05	3.98	4.22	4.19	4.20	4.00	4.15
荷兰	3.90	4.43	4.31	4.21	4.14	4.21	4.12	3.82	3.61	4.12	4.07
澳大利亚	3.26	3.93	3.78	3.96	3.99	4.23	4.07	4.04	4.24	4.19	4.00
瑞士	2.88	2.92	2.70	2.73	3.07	2.72	2.95	2.84	2.70	2.91	2.84
西班牙	2.44	2.55	2.62	2.55	2.98	2.71	3.05	2.72	3.00	3.06	2.79
中国大陆	1.62	1.43	1.81	1.77	2.32	2.70	2.75	2.73	3.32	4.04	2.54
瑞典	2.26	2.31	2.33	2.08	2.12	2.13	2.15	2.46	2.24	1.97	2.20
比利时	2.00	2.14	2.05	2.01	2.05	2.40	2.25	2.42	2.11	2.13	2.17
日本	1.82	2.05	1.76	1.94	2.03	1.80	2.04	1.92	1.76	1.94	1.91
丹麦	1.38	1.42	1.74	1.81	1.81	1.58	1.74	2.01	1.85	1.55	1.70
奥地利	1.18	1.16	1.36	1.23	1.31	1.43	1.34	1.29	1.24	1.25	1.28
巴西	0.79	0.97	0.97	0.95	1.11	1.27	1.36	1.68	1.61	1.57	1.26
韩国	0.85	0.80	0.94	0.97	1.24	1.05	1.26	1.13	1.14	1.50	1.11
挪威	0.72	0.90	0.86	0.93	1.03	0.90	1.04	1.24	1.04	0.93	0.97
印度	0.69	0.94	0.95	0.91	0.86	1.09	0.86	0.90	1.04	1.10	0.94
波兰	0.76	0.56	0.82	0.77	0.87	0.83	0.66	0.77	1.10	0.92	0.82
以色列	0.86	0.80	0.76	0.70	0.70	0.78	0.81	0.85	0.76	0.91	0.79
芬兰	0.96	0.69	0.94	0.75	0.85	0.88	0.86	0.72	0.63	0.70	0.79
希腊	0.56	0.62	0.56	0.64	0.69	0.87	0.73	0.61	0.72	0.83	0.69
爱尔兰	0.48	0.53	0.59	0.67	0.57	0.53	0.69	0.92	0.81	0.69	0.66
中国香港	0.54	0.48	0.41	0.49	0.49	0.48	0.57	0.59	0.76	0.80	0.57
葡萄牙	0.45	0.33	0.40	0.50	0.55	0.70	0.52	0.71	0.72	0.68	0.57
南非	0.40	0.49	0.44	0.46	0.47	0.61	0.66	0.53	0.71	0.77	0.57
新加坡	0.33	0.36	0.44	0.54	0.59	0.64	0.58	0.65	0.62	0.74	0.56
新西兰	0.38	0.57	0.51	0.53	0.65	0.41	0.64	0.61	0.68	0.55	0.56
中国台湾	0.45	0.48	0.43	0.62	0.43	0.44	0.51	0.51	0.50	0.64	0.51
捷克	0.29	0.45	0.44	0.41	0.42	0.43	0.45	0.70	0.47	0.61	0.48
土耳其	0.33	0.21	0.31	0.32	0.41	0.52	0.45	0.69	0.62	0.54	0.45
匈牙利	0.38	0.37	0.37	0.36	0.43	0.37	0.35	0.41	0.50	0.42	0.40
阿根廷	0.33	0.31	0.26	0.42	0.40	0.39	0.43	0.30	0.46	0.41	0.38

续表

国家和地区\年份	2009	2010	2011	2012	2013	2014	2015	2016	2017	2018	合计
墨西哥	0.38	0.31	0.28	0.30	0.35	0.37	0.37	0.40	0.38	0.48	0.37
俄罗斯	0.24	0.21	0.28	0.23	0.25	0.38	0.32	0.41	0.40	0.43	0.32
伊朗	0.12	0.05	0.11	0.16	0.21	0.29	0.26	0.52	0.58	0.64	0.32
沙特	0.07	0.09	0.23	0.25	0.22	0.28	0.34	0.56	0.41	0.28	0.29
泰国	0.20	0.15	0.45	0.24	0.22	0.25	0.27	0.27	0.28	0.32	0.27

三 C层人才

医学C层人才最多的国家是美国，占该学科组全球C层人才的28.64%，英国以8.23%的世界占比排名第二，这两个国家的C层人才超过全球的三分之一；德国、中国大陆、加拿大、意大利紧随其后，世界占比分别为5.82%、4.94%、4.61%、4.55%；荷兰、澳大利亚、法国、日本、西班牙、瑞士的C层人才也比较多，世界占比在4%—2%之间；瑞典、比利时、韩国、丹麦、巴西、奥地利也有相当数量的C层人才，世界占比超过1%；印度、挪威、中国台湾、芬兰、以色列、希腊、波兰、爱尔兰、中国香港、新西兰、新加坡、土耳其、葡萄牙、南非、伊朗、捷克、匈牙利、泰国、沙特、埃及、墨西哥、阿根廷也有一定数量的C层人才，世界占比低于1%。

在发展趋势上，美国呈现相对下降趋势，中国大陆呈现相对上升趋势，其他国家和地区没有呈现明显变化。

表9—153　医学C层人才排名前40的国家和地区的占比

国家和地区\年份	2009	2010	2011	2012	2013	2014	2015	2016	2017	2018	合计
美国	33.42	32.31	31.21	30.44	29.37	28.78	27.50	26.46	25.44	24.33	28.64
英国	8.41	8.40	8.42	8.33	8.57	8.20	8.22	8.15	8.03	7.73	8.23
德国	6.20	6.19	6.09	6.12	5.90	5.90	5.63	5.54	5.47	5.44	5.82
中国大陆	2.43	2.82	3.31	4.07	4.36	5.16	5.73	6.13	6.55	7.28	4.94
加拿大	4.97	4.75	4.57	4.64	4.63	4.59	4.55	4.55	4.60	4.38	4.61
意大利	4.46	4.39	4.34	4.57	4.64	4.52	4.45	4.60	4.70	4.74	4.55

续表

国家和地区 \ 年份	2009	2010	2011	2012	2013	2014	2015	2016	2017	2018	合计
荷兰	3.96	4.14	4.04	3.99	4.11	3.82	3.84	3.84	3.67	3.51	3.88
澳大利亚	3.32	3.49	3.61	3.70	3.93	3.94	3.86	3.97	3.90	3.90	3.78
法国	3.86	3.79	3.92	3.84	3.75	3.65	3.67	3.77	3.69	3.62	3.75
日本	3.13	2.88	2.89	2.79	2.61	2.54	2.43	2.53	2.40	2.44	2.64
西班牙	2.24	2.42	2.56	2.53	2.59	2.66	2.62	2.66	2.77	2.72	2.59
瑞士	2.25	2.20	2.43	2.32	2.34	2.22	2.29	2.31	2.53	2.38	2.33
瑞典	2.03	1.94	2.07	1.94	2.01	1.98	2.01	2.00	1.99	1.95	1.99
比利时	1.80	1.75	1.75	1.79	1.84	1.76	1.73	1.73	1.78	1.83	1.78
韩国	1.40	1.40	1.51	1.64	1.54	1.62	1.49	1.53	1.42	1.46	1.50
丹麦	1.30	1.34	1.37	1.43	1.41	1.52	1.59	1.57	1.57	1.51	1.47
巴西	1.15	1.10	1.09	1.21	1.19	1.21	1.31	1.40	1.40	1.46	1.26
奥地利	1.05	1.02	1.05	1.06	1.03	1.08	1.07	0.94	1.06	1.05	1.04
印度	0.83	0.91	0.93	0.84	0.98	0.97	0.95	1.10	0.96	1.18	0.97
挪威	0.88	0.92	0.82	0.87	0.84	0.87	0.84	0.87	0.89	0.84	0.86
中国台湾	0.83	0.82	0.81	0.81	0.79	0.70	0.76	0.71	0.66	0.70	0.75
芬兰	0.80	0.79	0.80	0.70	0.71	0.76	0.78	0.70	0.71	0.68	0.74
以色列	0.73	0.77	0.73	0.69	0.63	0.66	0.72	0.73	0.67	0.74	0.70
希腊	0.75	0.67	0.67	0.70	0.68	0.65	0.61	0.60	0.70	0.68	0.67
波兰	0.48	0.47	0.48	0.55	0.56	0.58	0.68	0.71	0.75	0.82	0.62
爱尔兰	0.46	0.50	0.54	0.53	0.57	0.53	0.58	0.56	0.60	0.63	0.55
中国香港	0.48	0.57	0.56	0.54	0.57	0.55	0.48	0.52	0.54	0.52	0.53
新西兰	0.47	0.53	0.50	0.50	0.49	0.52	0.57	0.47	0.59	0.54	0.52
新加坡	0.35	0.46	0.49	0.50	0.49	0.50	0.50	0.59	0.57	0.55	0.51
土耳其	0.45	0.49	0.47	0.44	0.49	0.50	0.52	0.58	0.50	0.56	0.50
葡萄牙	0.34	0.37	0.41	0.46	0.45	0.48	0.53	0.56	0.55	0.59	0.48
南非	0.39	0.45	0.40	0.42	0.45	0.43	0.48	0.44	0.47	0.57	0.45
伊朗	0.22	0.23	0.24	0.27	0.34	0.33	0.35	0.46	0.53	0.64	0.37
捷克	0.25	0.31	0.28	0.32	0.34	0.36	0.38	0.43	0.46	0.41	0.36
匈牙利	0.23	0.25	0.27	0.30	0.29	0.30	0.32	0.29	0.32	0.32	0.29
泰国	0.26	0.25	0.27	0.31	0.28	0.29	0.27	0.29	0.26	0.33	0.28
沙特	0.08	0.13	0.17	0.23	0.23	0.33	0.35	0.37	0.36	0.38	0.27
埃及	0.19	0.21	0.24	0.17	0.20	0.25	0.30	0.30	0.38	0.41	0.27
墨西哥	0.25	0.24	0.25	0.22	0.25	0.26	0.28	0.30	0.28	0.27	0.26
阿根廷	0.24	0.25	0.23	0.21	0.24	0.24	0.26	0.22	0.24	0.28	0.24

第十章

交叉学科

在本研究中，交叉学科是指跨学科组的多学科交叉的学科。在同一学科组内部的多学科交叉学科，归入该学科组，并已在上文相关学科组中进行了分析。

第一节 文献类型与被引次数

分析交叉学科的文献类型、文献量与被引次数、被引次数分布等文献计量特征，有助于理解其学科人才和学科组人才的分布特点和发展趋势。

一 文献类型

交叉学科的主要文献类型依次为期刊论文、编辑材料、快报、会议论文、图书综述、更正、综述、传记、新闻条目，10 年合计的占比依次为 67.21%、10.88%、10.28%、4.91%、2.10%、1.65%、1.09%、0.82%、0.42%，占全部文献的 99.36%。期刊论文、综述、传记、新闻条目在各年度中的占比比较稳定，编辑材料、快报、图书综述呈下降趋势，会议论文、更正呈上升趋势。

表 10—1　　　　　交叉学科主要文献类型的占比

文献类型	2009	2010	2011	2012	2013	2014	2015	2016	2017	2018	合计
期刊论文	54.56	56.17	63.36	66.21	72.93	73.63	69.75	73.11	67.38	62.30	67.21
编辑材料	16.11	15.75	14.75	12.74	10.40	10.62	10.62	8.64	8.54	8.98	10.88
快报	20.29	18.88	14.06	13.66	11.18	8.62	8.71	7.99	6.64	6.95	10.28

续表

文献类型	2009	2010	2011	2012	2013	2014	2015	2016	2017	2018	合计
会议论文	0.20	0.92	1.69	1.08	0.11	2.30	4.78	4.98	11.64	10.86	4.91
图书综述	5.32	3.94	3.35	2.54	1.91	1.70	1.25	1.59	1.58	1.44	2.10
更正	0.53	0.30	0.40	0.29	0.57	0.78	1.00	0.89	1.35	6.93	1.65
综述	1.32	2.31	0.78	1.17	1.03	1.25	1.02	1.04	0.85	0.88	1.09
传记	1.11	1.33	1.18	1.25	0.97	0.56	0.69	0.66	0.69	0.56	0.82
新闻条目	0.43	0.39	0.38	0.11	0.48	0.48	0.69	0.59	0.37	0.22	0.42

二 文献量与被引次数

交叉学科各年度的文献总量在逐年增加，从2009年的3948篇增加到2018年的11248篇；总被引次数呈逐年下降趋势，平均被引次数的趋势与总被引次数相似，反映了年度被引次数总体上随着时间增加而逐渐减小，但是时间对被引次数的影响并不一致，越远期影响越小，越近期影响越大。

表10—2　　　　　　　　交叉学科的文献量与被引次数

	2009	2010	2011	2012	2013	2014	2015	2016	2017	2018	合计
文献总量	3948	4666	5754	6501	7546	8798	9484	10131	10932	11248	79008
总被引次数	253677	301713	259815	217199	273405	237985	178924	155982	87989	43203	2009892
平均被引次数	64.25	64.66	45.15	33.41	36.23	27.05	18.87	15.40	8.05	3.84	25.44

三 被引次数分布

在交叉学科的10年文献中，有19479篇文献没有任何被引，占比24.65%；有20445篇文献有1—4次被引，占比25.88%；有11461篇文献有5—9次被引，占比14.51%。随着被引次数的增加，所对应的文献数量逐渐减小，同时减小的幅度也越来越小，这样被引次数的分布很长，至被引次数为1000及以上，有167篇文献，占比0.21%。

从被引次数的降序分布上，随着被引次数的降低，相应文献的累计百分比逐渐增大：当被引次数为1000时，大于和等于该被引次数的文献的百分比超过0.1%；当被引次数降到300时，大于和等于该被引次数的文献的百分比超过1%；当被引次数降到45时，大于和等于该被引次数的文献的百分比超过10%。从相应文献累计百分比的增长趋势上看，起初的增长幅度很小，随着被引次数逐渐降低，增长幅度逐渐增大。

表10—3　　交叉学科的文献被引次数分布

被引次数	文献数量	百分比	累计百分比
1000＋	167	0.21	0.21
900—999	17	0.02	0.23
800—899	27	0.03	0.27
700—799	54	0.07	0.34
600—699	53	0.07	0.40
500—599	198	0.25	0.65
400—499	193	0.24	0.90
300—399	368	0.47	1.36
200—299	737	0.93	2.30
190—199	85	0.11	2.40
180—189	136	0.17	2.58
170—179	127	0.16	2.74
160—169	164	0.21	2.94
150—159	191	0.24	3.19
140—149	218	0.28	3.46
130—139	216	0.27	3.74
120—129	292	0.37	4.10
110—119	337	0.43	4.53
100—109	377	0.48	5.01
95—99	230	0.29	5.30
90—94	309	0.39	5.69
85—89	273	0.35	6.04
80—84	273	0.35	6.38

续表

被引次数	文献数量	百分比	累计百分比
75—79	272	0.34	6.73
70—74	373	0.47	7.20
65—69	396	0.50	7.70
60—64	451	0.57	8.27
55—59	556	0.70	8.97
50—54	602	0.76	9.74
45—49	775	0.98	10.72
40—44	934	1.18	11.90
35—39	1135	1.44	13.34
30—34	1454	1.84	15.18
25—29	2078	2.63	17.81
20—24	2852	3.61	21.42
15—19	4152	5.26	26.67
10—14	6551	8.29	34.96
5—9	11461	14.51	49.47
1—4	20445	25.88	75.35
0	19479	24.65	100.00

第二节 学科层面的人才比较

尽管交叉学科涉及多个学科，但是本研究将交叉学科视为一个学科。

一 A层人才

交叉学科A层人才最多的国家是美国，占该学科组全球A层人才的32.76%；英国、德国、中国大陆、法国、加拿大、新加坡、瑞士的A层人才也比较多，世界占比在11%—3%之间；挪威、越南、澳大利亚、加纳、俄罗斯、中国香港、沙特、南非、瑞典、丹麦、荷兰、中国台湾也有相当数量的A层人才，世界占比均为1.72%。

表 10—4　交叉学科 A 层人才排名前 20 的国家和地区的占比

国家和地区 \ 年份	2009	2010	2011	2012	2013	2014	2015	2016	2017	2018	合计
美国	100.00	0.00	40.00	16.67	14.29	40.00	37.50	22.22	37.50	44.44	32.76
英国	0.00	0.00	0.00	33.33	14.29	0.00	0.00	22.22	0.00	11.11	10.34
德国	0.00	0.00	20.00	0.00	14.29	0.00	0.00	22.22	12.50	0.00	8.62
中国大陆	0.00	0.00	0.00	16.67	0.00	20.00	12.50	0.00	12.50	11.11	8.62
法国	0.00	0.00	0.00	0.00	0.00	20.00	12.50	11.11	0.00	0.00	5.17
加拿大	0.00	0.00	20.00	16.67	0.00	0.00	0.00	0.00	0.00	11.11	5.17
新加坡	0.00	0.00	0.00	0.00	14.29	0.00	25.00	0.00	0.00	0.00	5.17
瑞士	0.00	0.00	0.00	0.00	0.00	20.00	0.00	0.00	12.50	0.00	3.45
挪威	0.00	0.00	0.00	0.00	0.00	0.00	0.00	11.11	0.00	0.00	1.72
越南	0.00	0.00	0.00	0.00	14.29	0.00	0.00	0.00	0.00	0.00	1.72
澳大利亚	0.00	0.00	0.00	0.00	0.00	0.00	0.00	0.00	0.00	11.11	1.72
加纳	0.00	0.00	0.00	0.00	14.29	0.00	0.00	0.00	0.00	0.00	1.72
俄罗斯	0.00	0.00	0.00	0.00	0.00	0.00	0.00	0.00	12.50	0.00	1.72
中国香港	0.00	0.00	0.00	0.00	0.00	0.00	0.00	0.00	12.50	0.00	1.72
沙特	0.00	0.00	0.00	0.00	0.00	0.00	0.00	0.00	0.00	11.11	1.72
南非	0.00	0.00	0.00	0.00	14.29	0.00	0.00	0.00	0.00	0.00	1.72
瑞典	0.00	0.00	20.00	0.00	0.00	0.00	0.00	0.00	0.00	0.00	1.72
丹麦	0.00	0.00	0.00	0.00	0.00	0.00	0.00	11.11	0.00	0.00	1.72
荷兰	0.00	0.00	0.00	16.67	0.00	0.00	0.00	0.00	0.00	0.00	1.72
中国台湾	0.00	0.00	0.00	0.00	0.00	0.00	12.50	0.00	0.00	0.00	1.72

二　B 层人才

交叉学科 B 层人才最多的国家是美国，占该学科组全球 B 层人才的 31.60%；英国、中国大陆、德国、加拿大、法国、荷兰、澳大利亚的 B 层人才也比较多，世界占比在 8%—3% 之间；日本、西班牙、瑞士、意大利、新加坡、瑞典、韩国、比利时、中国香港、丹麦、俄罗斯、奥地利也有相当数量的 B 层人才，世界占比超过 1%。

表10—5　交叉学科B层人才排名前20的国家和地区的占比

国家和地区 \ 年份	2009	2010	2011	2012	2013	2014	2015	2016	2017	2018	合计
美国	45.45	19.57	50.00	39.66	25.37	33.77	38.37	30.43	23.47	24.27	31.60
英国	6.06	4.35	1.92	8.62	5.97	6.49	13.95	5.43	8.16	7.77	7.30
中国大陆	0.00	6.52	3.85	5.17	4.48	7.79	9.30	6.52	10.20	8.74	7.02
德国	3.03	4.35	0.00	3.45	4.48	5.19	2.33	3.26	9.18	2.91	4.07
加拿大	3.03	4.35	9.62	5.17	4.48	2.60	3.49	3.26	4.08	2.91	4.07
法国	6.06	4.35	1.92	5.17	5.97	2.60	2.33	1.09	3.06	4.85	3.51
荷兰	3.03	2.17	3.85	6.90	1.49	2.60	1.16	5.43	2.04	4.85	3.37
澳大利亚	9.09	4.35	3.85	1.72	5.97	2.60	1.16	3.26	2.04	2.91	3.23
日本	0.00	6.52	0.00	0.00	5.97	0.00	4.65	2.17	3.06	4.85	2.95
西班牙	3.03	4.35	5.77	1.72	5.97	0.00	0.00	3.26	4.08	0.97	2.67
瑞士	0.00	0.00	1.92	1.72	1.49	6.49	2.33	1.09	0.00	4.85	2.53
意大利	0.00	2.17	0.00	1.72	2.99	3.90	0.00	2.17	0.00	5.83	2.11
新加坡	0.00	4.35	0.00	1.72	2.99	1.30	0.00	4.35	4.08	0.97	2.11
瑞典	6.06	2.17	0.00	0.00	2.99	1.30	2.33	3.26	2.04	1.94	2.11
韩国	0.00	0.00	1.92	0.00	1.49	3.90	0.00	3.26	3.06	1.94	1.83
比利时	3.03	4.35	1.92	0.00	2.99	1.30	1.16	3.26	1.02	0.97	1.83
中国香港	0.00	2.17	0.00	0.00	3.45	2.99	1.30	2.33	2.17	1.02	0.97	1.69
丹麦	3.03	2.17	0.00	0.00	2.99	1.30	2.33	2.17	2.04	0.97	1.69
俄罗斯	0.00	2.17	0.00	1.72	1.49	0.00	0.00	3.26	3.06	1.94	1.54
奥地利	0.00	0.00	0.00	0.00	1.49	2.60	3.49	0.00	1.02	0.97	1.12

三　C层人才

交叉学科C层人才最多的国家是美国，占该学科组全球C层人才的30.81%；英国、中国大陆、德国、法国、日本、加拿大、澳大利亚的C层人才也比较多，世界占比在9%—3%之间；瑞士、意大利、荷兰、西班牙、瑞典、韩国、丹麦、比利时、新加坡、奥地利、巴西、以色列也有相当数量的C层人才，世界占比超过或接近1%。

表 10—6　　交叉学科 C 层人才排名前 20 的国家和地区的占比

国家和地区\年份	2009	2010	2011	2012	2013	2014	2015	2016	2017	2018	合计
美国	37.05	36.41	35.34	35.80	32.78	28.72	28.91	29.36	26.15	28.50	30.81
英国	7.80	9.22	8.54	9.64	7.34	8.44	9.20	8.44	7.68	8.96	8.51
中国大陆	1.95	4.37	4.27	5.85	7.34	7.43	8.12	9.22	11.31	11.31	7.95
德国	6.41	4.85	5.83	4.48	4.79	6.80	6.21	6.07	7.58	7.04	6.18
法国	3.06	4.85	4.66	3.96	4.04	5.04	3.94	2.70	3.84	3.09	3.85
日本	5.57	5.58	2.72	2.07	3.29	3.40	3.35	3.94	3.09	3.09	3.45
加拿大	5.29	4.85	3.50	3.44	3.44	3.78	2.87	2.92	2.35	3.52	3.39
澳大利亚	3.06	2.91	3.50	3.44	4.19	3.27	2.75	3.04	2.88	3.31	3.22
瑞士	2.23	2.43	2.52	2.24	2.25	2.90	3.35	2.59	4.06	2.88	2.86
意大利	3.06	2.67	2.33	3.10	2.10	2.64	3.58	2.02	2.45	2.24	2.58
荷兰	2.23	2.67	2.72	2.93	3.14	2.27	2.87	2.70	2.35	2.13	2.58
西班牙	1.39	1.21	3.30	1.89	1.65	2.64	2.51	1.80	2.24	1.92	2.11
瑞典	1.67	2.91	1.17	2.41	2.40	1.76	1.91	1.80	1.92	1.49	1.91
韩国	1.39	0.73	1.36	1.03	1.50	1.51	1.79	2.81	1.28	2.56	1.72
丹麦	1.11	1.21	0.78	0.86	0.75	1.51	1.67	1.24	1.17	1.28	1.20
比利时	0.84	0.97	0.97	1.03	1.50	1.39	1.19	1.12	1.28	1.17	1.18
新加坡	0.00	0.97	0.39	0.52	1.80	0.88	1.08	1.46	1.39	1.28	1.08
奥地利	1.39	1.70	1.17	0.34	0.90	1.26	1.19	1.01	0.85	0.96	1.04
巴西	0.56	0.73	0.78	1.03	0.60	1.51	0.60	1.12	1.17	1.17	0.98
以色列	0.84	0.73	1.17	1.38	1.20	0.63	0.60	0.34	1.81	0.96	0.97

第十一章

总　　结

在各学科人才分析的基础上，按照 A、B、C 三个人才层次，对所有学科人才进行汇总分析，可以从总体层面揭示自然科学基础研究人才的分布特点和发展趋势。

第一节　文献类型与被引次数

分析自然科学的文献类型、文献量与被引次数、被引次数分布等文献计量特征，有助于理解其学科人才和学科组人才的分布特点和发展趋势。

一　文献类型

自然科学的主要文献类型依次为期刊论文、会议论文、会议摘要、综述、编辑材料、快报，在各年度中的占比比较稳定，10 年合计的占比依次为 65.59%、15.54%、10.32%、3.64%、2.60%、1.30%，占全部文献的 98.99%。

表 11—1　　　　　　　自然科学主要文献类型的占比

文献类型	2009	2010	2011	2012	2013	2014	2015	2016	2017	2018	合计
期刊论文	62.35	65.07	67.10	65.25	65.62	64.75	64.69	65.27	65.74	69.03	65.59
会议论文	18.17	16.13	14.34	15.65	15.28	16.63	16.77	15.95	15.50	11.88	15.54
会议摘要	11.09	10.62	10.25	10.82	10.88	10.39	10.28	10.09	9.75	9.52	10.32
综述	3.49	3.15	3.22	3.45	3.42	3.39	3.44	3.78	4.06	4.58	3.64
编辑材料	2.49	2.59	2.65	2.55	2.52	2.55	2.60	2.62	2.64	2.72	2.60
快报	1.41	1.46	1.40	1.35	1.33	1.27	1.22	1.26	1.20	1.22	1.30

二 文献量与被引次数

自然科学各年度的文献总量在逐年增加,从 2009 年的 3822374 篇增加到 2018 年的 5587247 篇;总被引次数呈逐年下降趋势,平均被引次数的趋势与总被引次数相似,反映了年度被引次数总体上随着时间增加而逐渐减小,但是时间对被引次数的影响并不一致,越远期影响越小,越近期影响越大。

表 11—2　　　　　　　　自然科学的文献量与被引次数

	2009	2010	2011	2012	2013	2014	2015	2016	2017	2018	合计
文献总量	3822374	3910607	4107495	4352238	4616181	4931211	5177749	5436183	5640287	5587247	47581572
总被引次数	83133935	83532926	80835556	79149664	72532368	67215756	59302355	47598113	33768590	17583027	624652290
平均被引次数	21.75	21.36	19.68	18.19	15.71	13.63	11.45	8.76	5.99	3.15	13.13

三 被引次数分布

在自然科学的 10 年文献中,有 13655608 篇文献没有任何被引,占比 28.70%;有 12327402 篇文献有 1—4 次被引,占比 25.91%;有 7026473 篇文献有 5—9 次被引,占比 14.77%。随着被引次数的增加,所对应的文献数量逐渐减小,同时减小的幅度也越来越小,这样被引次数的分布很长,至被引次数为 1000 及以上,有 12431 篇文献,占比 0.03%。

从被引次数的降序分布上,随着被引次数的降低,相应文献的累计百分比逐渐增大:当被引次数降到 400 时,大于和等于该被引次数的文献的百分比超过 0.1%;当被引次数降到 130 时,大于和等于该被引次数的文献的百分比超过 1%;当被引次数降到 30 时,大于和等于该被引次数的文献的百分比超过 10%。从相应文献累计百分比的增长趋势上看,起初的增长幅度很小,随着被引次数逐渐降低,增长幅度逐渐增大。

表 11—3　　　　　　　　自然科学的文献被引次数分布

被引次数	文献数量	百分比	累计百分比
1000 +	12431	0.03	0.03
900—999	2400	0.01	0.03
800—899	3956	0.01	0.04
700—799	5621	0.01	0.05
600—699	7614	0.02	0.07
500—599	12600	0.03	0.09
400—499	23640	0.05	0.14
300—399	47048	0.10	0.24
200—299	124863	0.26	0.50
190—199	23007	0.05	0.55
180—189	27121	0.06	0.61
170—179	30681	0.06	0.67
160—169	36669	0.08	0.75
150—159	41997	0.09	0.84
140—149	51627	0.11	0.95
130—139	63152	0.13	1.08
120—129	76087	0.16	1.24
110—119	94124	0.20	1.44
100—109	121749	0.26	1.69
95—99	73444	0.15	1.85
90—94	83929	0.18	2.03
85—89	96111	0.20	2.23
80—84	111961	0.24	2.46
75—79	130806	0.27	2.74
70—74	153378	0.32	3.06
65—69	184898	0.39	3.45
60—64	220996	0.46	3.91
55—59	272532	0.57	4.49
50—54	331499	0.70	5.18
45—49	417834	0.88	6.06
40—44	529560	1.11	7.17

续表

被引次数	文献数量	百分比	累计百分比
35—39	685059	1.44	8.61
30—34	911520	1.92	10.53
25—29	1236734	2.60	13.13
20—24	1740552	3.66	16.79
15—19	2562004	5.38	22.17
10—14	4022885	8.45	30.63
5—9	7026473	14.77	45.39
1—4	12327402	25.91	71.30
0	13655608	28.70	100.00

第二节 总体比较

在自然科学各学科人才分析的基础上，按照A、B、C三个人才层次，对各学科人才进行汇总分析，可以从总体层面揭示自然科学基础研究人才的分布特点和发展趋势。

一 A层人才

自然科学A层人才最多的国家是美国，占全球A层人才的26.29%，中国大陆和英国分别以9.65%和8.06%的世界占比排名第二和第三，这三个国家的A层人才达到全球的44%；德国、加拿大、澳大利亚紧随其后，世界占比分别为5.56%、4.18%、4.12%；法国、意大利、荷兰、瑞士、西班牙、日本的A层人才也比较多，世界占比在4%—2%之间；韩国、瑞典、新加坡、比利时、丹麦、印度、中国香港、沙特也有相当数量的A层人才，世界占比超过1%；奥地利、以色列、巴西、伊朗、挪威、芬兰、新西兰、爱尔兰、俄罗斯、中国台湾、葡萄牙、南非、波兰、土耳其、希腊、马来西亚、捷克、阿尔及利亚、墨西哥、巴基斯坦、智利、阿根廷、匈牙利、埃及、泰国、罗马尼亚、卡塔尔、哥伦比亚、冰岛、越南也有一定数量的A层人才，世界占比低于1%。

在发展趋势上，美国、英国、德国、加拿大、法国呈现相对下降趋势,中国大陆、澳大利亚、沙特、伊朗呈现相对上升趋势,其他国家和地区没有呈现明显变化。

表11—4　自然科学A层人才排名前50的国家和地区的占比

国家和地区\年份	2009	2010	2011	2012	2013	2014	2015	2016	2017	2018	合计
美国	33.16	33.89	31.36	28.88	28.20	26.90	23.56	22.30	21.16	19.13	26.29
中国大陆	4.09	5.04	5.55	7.00	6.68	8.37	10.49	11.88	14.39	18.38	9.65
英国	8.80	8.74	8.60	8.52	8.25	8.75	7.90	7.65	7.87	6.20	8.06
德国	5.76	6.11	5.97	5.91	5.92	5.78	5.48	5.93	5.02	4.14	5.56
加拿大	4.94	4.45	5.23	4.28	4.17	4.00	3.89	3.94	3.71	3.68	4.18
澳大利亚	2.81	3.87	2.89	3.96	4.03	4.49	4.12	4.29	4.97	5.02	4.12
法国	4.60	4.01	3.53	4.01	4.45	4.13	3.42	3.38	3.14	2.75	3.70
意大利	3.27	2.80	3.26	2.87	3.03	3.35	3.24	3.06	2.57	2.77	3.01
荷兰	3.12	3.59	3.58	3.45	3.15	2.67	2.71	2.71	2.98	2.36	2.99
瑞士	2.27	2.35	2.44	2.66	2.39	2.49	3.40	2.54	2.22	2.44	2.53
西班牙	2.87	2.18	3.02	2.28	2.18	2.47	2.42	2.52	2.34	2.19	2.44
日本	2.47	2.44	2.71	2.16	2.11	1.89	1.95	1.83	1.79	2.21	2.13
韩国	1.68	1.71	1.62	1.75	1.68	1.51	2.39	1.74	2.20	1.67	1.81
瑞典	1.70	1.20	1.91	1.65	1.90	1.62	1.83	2.05	1.26	1.65	1.68
新加坡	1.50	1.09	1.25	2.33	2.11	1.18	1.34	1.70	0.94	1.80	1.52
比利时	1.65	1.26	1.54	1.24	1.52	1.51	1.72	1.31	1.22	1.16	1.41
丹麦	1.45	1.48	1.41	1.45	1.30	1.60	1.45	1.19	0.92	1.20	1.33
印度	1.16	1.18	0.88	1.12	1.16	1.13	1.25	1.03	1.28	1.30	1.15
中国香港	0.82	1.15	1.03	0.86	1.02	1.42	1.23	1.07	1.08	1.10	1.09
沙特	0.00	0.17	0.34	0.38	0.40	0.93	1.45	1.81	2.18	2.07	1.06
奥地利	0.82	1.15	1.14	0.74	1.07	0.44	0.69	0.98	0.92	0.99	0.89
以色列	1.16	0.95	0.80	0.81	0.69	0.96	0.83	0.96	0.67	0.79	0.85
巴西	0.65	0.73	0.61	0.28	0.71	0.69	1.03	1.23	0.92	0.89	0.79
伊朗	0.11	0.42	0.29	0.56	0.62	0.44	0.38	0.66	1.16	1.92	0.70
挪威	0.54	0.36	0.69	0.68	0.81	0.60	0.63	0.66	0.80	0.79	0.66
芬兰	0.40	0.64	0.66	0.48	0.71	0.89	0.74	0.70	0.47	0.64	0.64
新西兰	0.91	0.39	0.34	0.96	0.73	0.47	0.38	0.66	0.73	0.68	0.63
爱尔兰	0.60	0.59	0.61	0.63	0.73	0.47	0.49	0.82	0.55	0.48	0.60

续表

国家和地区\年份	2009	2010	2011	2012	2013	2014	2015	2016	2017	2018	合计
俄罗斯	0.45	0.42	0.37	0.76	0.81	0.64	0.49	0.39	0.67	0.64	0.57
中国台湾	0.45	0.31	0.56	0.74	0.66	0.53	0.54	0.49	0.77	0.56	0.57
葡萄牙	0.57	0.34	0.64	0.68	0.57	0.53	0.63	0.35	0.47	0.45	0.52
南非	0.37	0.53	0.27	0.30	0.52	0.40	0.47	0.62	0.65	0.77	0.50
波兰	0.34	0.59	0.42	0.48	0.38	0.60	0.36	0.51	0.59	0.37	0.47
土耳其	0.71	0.39	0.34	0.38	0.55	0.33	0.60	0.55	0.41	0.39	0.46
希腊	0.68	0.25	0.34	0.53	0.47	0.36	0.36	0.47	0.49	0.35	0.43
马来西亚	0.14	0.17	0.48	0.33	0.19	0.53	0.47	0.43	0.22	0.50	0.35
捷克	0.11	0.28	0.24	0.28	0.40	0.29	0.27	0.37	0.41	0.21	0.29
阿尔及利亚	0.00	0.03	0.00	0.08	0.14	0.22	0.45	0.49	0.53	0.66	0.29
墨西哥	0.17	0.14	0.40	0.23	0.14	0.33	0.49	0.33	0.31	0.25	0.28
巴基斯坦	0.09	0.17	0.05	0.18	0.31	0.09	0.29	0.49	0.55	0.31	0.27
智利	0.43	0.39	0.13	0.20	0.40	0.29	0.27	0.14	0.14	0.19	0.25
阿根廷	0.23	0.17	0.29	0.20	0.21	0.13	0.31	0.23	0.22	0.25	0.23
匈牙利	0.26	0.14	0.16	0.25	0.12	0.13	0.29	0.27	0.33	0.22	0.22
埃及	0.00	0.06	0.11	0.13	0.05	0.09	0.31	0.43	0.35	0.08	0.17
泰国	0.40	0.08	0.11	0.23	0.24	0.18	0.13	0.12	0.02	0.14	0.16
罗马尼亚	0.03	0.20	0.16	0.05	0.14	0.20	0.11	0.18	0.08	0.17	0.13
卡塔尔	0.00	0.03	0.00	0.00	0.09	0.20	0.31	0.31	0.08	0.12	0.12
哥伦比亚	0.11	0.08	0.00	0.13	0.14	0.07	0.07	0.14	0.10	0.14	0.11
冰岛	0.06	0.08	0.00	0.20	0.12	0.13	0.22	0.04	0.08	0.08	0.10
越南	0.03	0.00	0.00	0.08	0.02	0.11	0.02	0.23	0.27	0.14	0.10

二 B层人才

自然科学B层人才最多的国家是美国，占全球B层人才的23.99%，中国大陆和英国分别以11.91%和7.36%的世界占比排名第二和第三，这三个国家的B层人才达到全球的43.26%；德国紧随其后，世界占比为5.40%；加拿大、澳大利亚、法国、意大利、荷兰、西班牙、瑞士、日本的B层人才也比较多，世界占比在4%—2%之间；韩国、瑞典、印度、新加坡、比利时、中国香港、丹麦也有相当数量的B层人才，世界占比超过1%；奥地利、伊朗、巴西、沙特、挪威、中国台湾、芬兰、以色列、葡萄牙、波兰、土耳其、爱尔兰、希腊、俄罗斯、新西兰、马来西亚、南非、捷克、墨西哥、巴基斯坦、匈牙利、智利、埃及、阿根廷、泰国、罗马尼亚、斯洛文尼亚、哥伦比亚、越南、塞尔维亚、卡塔尔也有一定数量的B层人才，世界占比低于1%。

在发展趋势上，美国、英国、德国、加拿大、法国、日本呈现相对下降趋势，中国大陆、澳大利亚、伊朗、沙特呈现相对上升趋势，其他国家和地区没有呈现明显变化。

表11—5　自然科学B层人才排名前50的国家和地区的占比

国家和地区 \ 年份	2009	2010	2011	2012	2013	2014	2015	2016	2017	2018	合计
美国	31.68	29.89	28.85	26.73	25.47	23.84	21.95	20.40	19.45	17.38	23.99
中国大陆	5.89	6.58	7.70	8.59	10.32	11.65	12.61	13.91	16.82	19.87	11.91
英国	8.00	7.76	7.78	7.91	7.61	7.35	7.37	7.16	6.82	6.37	7.36
德国	6.03	6.54	6.08	5.78	5.31	5.67	5.36	5.00	4.66	4.34	5.40
加拿大	4.41	4.28	4.44	4.14	3.88	3.84	3.70	3.78	3.79	3.29	3.91
澳大利亚	3.23	3.36	3.28	3.60	3.77	3.86	3.96	3.94	4.17	4.19	3.78
法国	4.24	4.02	4.03	3.74	3.85	3.43	3.44	3.38	3.03	2.80	3.54
意大利	3.14	3.28	3.03	3.19	3.12	3.17	3.24	3.05	2.82	2.93	3.09
荷兰	3.15	3.18	3.10	3.15	2.93	2.86	2.74	2.72	2.45	2.41	2.84
西班牙	2.48	2.69	2.72	2.73	2.72	2.61	2.69	2.29	2.26	2.19	2.52
瑞士	2.50	2.53	2.43	2.43	2.34	2.17	2.32	2.28	1.98	1.99	2.28
日本	2.64	2.45	2.41	2.18	2.34	2.08	1.97	2.09	1.73	1.66	2.12
韩国	1.54	1.55	1.86	2.02	2.15	2.01	1.97	1.84	1.79	1.79	1.86
瑞典	1.46	1.70	1.53	1.58	1.55	1.62	1.71	1.65	1.55	1.51	1.59
印度	1.22	1.27	1.30	1.33	1.48	1.51	1.47	1.52	1.55	1.88	1.47
新加坡	1.02	1.13	1.12	1.46	1.44	1.73	1.59	1.55	1.59	1.58	1.45
比利时	1.50	1.52	1.42	1.43	1.38	1.36	1.41	1.51	1.32	1.26	1.40
中国香港	1.06	1.03	0.93	1.10	1.15	1.18	1.31	1.24	1.59	1.36	1.22
丹麦	1.01	1.18	1.36	1.29	1.33	1.25	1.18	1.27	1.20	1.08	1.22
奥地利	0.91	0.91	1.12	0.94	0.91	1.00	0.92	0.96	0.88	0.87	0.94
伊朗	0.40	0.49	0.50	0.70	0.70	0.85	0.79	1.24	1.20	1.49	0.88
巴西	0.74	0.75	0.67	0.72	0.81	0.81	0.93	1.05	0.97	1.04	0.86

续表

国家和地区\年份	2009	2010	2011	2012	2013	2014	2015	2016	2017	2018	合计
沙特	0.11	0.19	0.45	0.43	0.61	0.92	1.19	1.30	1.40	1.35	0.86
挪威	0.64	0.72	0.78	0.87	0.83	0.71	0.73	0.80	0.78	0.77	0.76
中国台湾	0.98	0.83	0.68	0.88	0.77	0.74	0.65	0.67	0.59	0.60	0.73
芬兰	0.73	0.73	0.79	0.65	0.71	0.69	0.79	0.71	0.69	0.69	0.72
以色列	0.88	0.83	0.80	0.63	0.67	0.75	0.67	0.69	0.62	0.59	0.70
葡萄牙	0.56	0.53	0.63	0.75	0.68	0.72	0.58	0.60	0.67	0.66	0.64
波兰	0.54	0.49	0.55	0.55	0.55	0.61	0.60	0.65	0.62	0.73	0.60
土耳其	0.76	0.47	0.58	0.50	0.54	0.58	0.50	0.67	0.56	0.72	0.59
爱尔兰	0.52	0.62	0.57	0.59	0.55	0.46	0.59	0.66	0.57	0.54	0.57
希腊	0.60	0.57	0.51	0.62	0.58	0.62	0.58	0.49	0.53	0.51	0.56
俄罗斯	0.48	0.40	0.41	0.49	0.42	0.49	0.56	0.61	0.58	0.58	0.51
新西兰	0.44	0.54	0.48	0.50	0.54	0.41	0.49	0.48	0.47	0.46	0.48
马来西亚	0.24	0.19	0.31	0.42	0.43	0.59	0.55	0.56	0.62	0.54	0.46
南非	0.34	0.35	0.32	0.30	0.39	0.43	0.44	0.51	0.56	0.64	0.44
捷克	0.31	0.39	0.41	0.37	0.41	0.37	0.37	0.39	0.40	0.42	0.39
墨西哥	0.32	0.33	0.31	0.35	0.31	0.33	0.35	0.31	0.36	0.33	0.33
巴基斯坦	0.08	0.13	0.13	0.18	0.20	0.23	0.21	0.41	0.59	0.58	0.29
匈牙利	0.31	0.28	0.28	0.26	0.29	0.26	0.30	0.24	0.32	0.29	0.28
智利	0.25	0.15	0.20	0.19	0.26	0.22	0.23	0.31	0.23	0.28	0.24
埃及	0.10	0.11	0.17	0.17	0.21	0.20	0.26	0.32	0.33	0.37	0.23
阿根廷	0.24	0.21	0.19	0.23	0.25	0.25	0.21	0.22	0.25	0.23	0.23
泰国	0.16	0.15	0.26	0.21	0.18	0.24	0.24	0.21	0.18	0.25	0.21
罗马尼亚	0.10	0.11	0.17	0.17	0.25	0.21	0.19	0.23	0.24	0.31	0.21
斯洛文尼亚	0.13	0.14	0.09	0.22	0.18	0.17	0.16	0.20	0.15	0.11	0.16
哥伦比亚	0.09	0.13	0.11	0.14	0.16	0.12	0.19	0.20	0.20	0.15	0.15
越南	0.03	0.09	0.07	0.09	0.08	0.07	0.12	0.15	0.22	0.26	0.12
塞尔维亚	0.07	0.13	0.12	0.09	0.12	0.13	0.14	0.13	0.12	0.13	0.12
卡塔尔	0.02	0.06	0.03	0.03	0.05	0.11	0.22	0.20	0.22	0.15	0.12

三 C层人才

自然科学C层人才最多的国家是美国，占全球C层人才的23.41%，中国大陆和英国分别以12.47%和6.84%的世界占比排名第二和第三，这三个国家的 C 层人才接近全球的 43%；德国紧随其后，世界占比为 5.63%；法国、加拿大、意大利、澳大利亚、西班牙、荷兰、日本、韩国的 C 层人才也比较多，世界占比在 4%—2% 之间；瑞士、印度、瑞典、比利时、新加坡、丹麦、伊朗、中国香港、巴西、中国台湾也有相当数量的 C 层人才，世界占比超过 1%；奥地利、土耳其、芬兰、波兰、挪威、以色列、葡萄牙、沙特、希腊、俄罗斯、爱尔兰、马来西亚、新西兰、捷克、南非、墨西哥、埃及、巴基斯坦、匈牙利、泰国、智利、阿根廷、罗马尼亚、斯洛文尼亚、哥伦比亚、塞尔维亚、越南、克罗地亚也有一定数量的 C 层人才，世界占比低于 1%。

在发展趋势上，美国、英国、德国、法国、加拿大、日本呈现相对下降趋势，中国大陆、澳大利亚、印度、伊朗、沙特呈现相对上升趋势，其他国家和地区没有呈现明显变化。

表11—6　　自然科学 C 层人才排名前 50 的国家和地区的占比

国家和地区 \ 年份	2009	2010	2011	2012	2013	2014	2015	2016	2017	2018	合计
美国	28.13	27.47	26.45	25.65	24.37	23.35	22.35	21.00	20.21	18.55	23.41
中国大陆	7.05	7.62	8.63	9.75	11.05	12.52	13.55	14.73	16.89	18.84	12.47
英国	7.27	7.25	7.13	6.93	6.99	6.75	6.73	6.85	6.56	6.23	6.84
德国	6.32	6.34	6.21	6.07	5.84	5.64	5.49	5.29	4.94	4.75	5.63
法国	4.46	4.35	4.24	4.07	3.99	3.70	3.54	3.48	3.19	2.96	3.75
加拿大	4.28	4.13	3.98	3.86	3.82	3.71	3.64	3.57	3.44	3.28	3.74
意大利	3.60	3.52	3.46	3.51	3.63	3.57	3.61	3.56	3.48	3.35	3.53
澳大利亚	2.93	2.98	3.19	3.23	3.40	3.42	3.54	3.51	3.60	3.66	3.37
西班牙	2.84	2.90	2.95	2.96	2.88	2.80	2.67	2.64	2.52	2.51	2.75
荷兰	2.84	2.99	2.86	2.79	2.77	2.58	2.53	2.50	2.32	2.23	2.62
日本	3.40	3.11	3.02	2.85	2.63	2.47	2.31	2.25	2.17	2.06	2.58
韩国	1.95	2.04	2.09	2.23	2.15	2.18	2.18	2.14	2.07	2.13	2.12
瑞士	2.09	2.11	2.05	2.06	2.05	1.98	1.98	1.93	1.93	1.84	1.99
印度	1.61	1.57	1.68	1.67	1.80	1.90	1.93	2.05	2.07	2.27	1.88
瑞典	1.53	1.54	1.54	1.51	1.55	1.54	1.49	1.54	1.50	1.42	1.52
比利时	1.38	1.41	1.37	1.38	1.39	1.31	1.30	1.21	1.17	1.17	1.30

续表

国家和地区\年份	2009	2010	2011	2012	2013	2014	2015	2016	2017	2018	合计
新加坡	0.86	0.98	1.01	1.09	1.10	1.13	1.17	1.20	1.19	1.14	1.10
丹麦	1.00	1.04	1.07	1.11	1.08	1.13	1.15	1.11	1.09	1.05	1.09
伊朗	0.71	0.81	0.89	0.89	0.98	1.02	1.06	1.23	1.39	1.58	1.08
中国香港	0.94	0.94	0.99	1.01	0.98	1.07	1.06	1.11	1.18	1.22	1.06
巴西	1.03	0.97	0.95	1.02	1.01	1.06	1.05	1.18	1.12	1.14	1.06
中国台湾	1.55	1.33	1.32	1.26	1.10	1.01	0.93	0.83	0.75	0.79	1.06
奥地利	0.87	0.92	0.88	0.88	0.87	0.88	0.84	0.84	0.81	0.78	0.85
土耳其	0.84	0.73	0.72	0.68	0.66	0.66	0.67	0.70	0.66	0.69	0.70
芬兰	0.69	0.68	0.71	0.68	0.69	0.76	0.73	0.69	0.66	0.64	0.69
波兰	0.57	0.57	0.58	0.63	0.65	0.70	0.78	0.78	0.76	0.77	0.69
挪威	0.73	0.69	0.72	0.68	0.70	0.69	0.65	0.68	0.67	0.65	0.68
以色列	0.79	0.78	0.77	0.70	0.67	0.66	0.68	0.66	0.58	0.57	0.68
葡萄牙	0.60	0.59	0.67	0.69	0.70	0.68	0.67	0.68	0.64	0.64	0.66
沙特	0.11	0.18	0.29	0.39	0.49	0.66	0.80	0.83	0.85	0.88	0.58
希腊	0.69	0.65	0.60	0.60	0.59	0.55	0.57	0.55	0.54	0.51	0.58
俄罗斯	0.46	0.48	0.45	0.46	0.49	0.52	0.59	0.61	0.62	0.64	0.54
爱尔兰	0.46	0.52	0.53	0.50	0.49	0.48	0.48	0.48	0.46	0.46	0.49
马来西亚	0.22	0.29	0.36	0.42	0.44	0.52	0.54	0.52	0.52	0.53	0.45
新西兰	0.41	0.45	0.46	0.44	0.42	0.45	0.44	0.39	0.45	0.44	0.44
捷克	0.36	0.41	0.38	0.40	0.40	0.43	0.44	0.44	0.44	0.45	0.42
南非	0.33	0.37	0.35	0.36	0.41	0.41	0.42	0.44	0.45	0.48	0.41
墨西哥	0.35	0.31	0.35	0.34	0.33	0.32	0.31	0.33	0.34	0.33	0.33
埃及	0.20	0.22	0.26	0.23	0.26	0.31	0.34	0.35	0.40	0.46	0.31
巴基斯坦	0.14	0.14	0.15	0.16	0.21	0.23	0.28	0.35	0.43	0.52	0.28
匈牙利	0.25	0.25	0.27	0.27	0.25	0.25	0.26	0.24	0.24	0.26	0.25
泰国	0.28	0.27	0.25	0.23	0.23	0.21	0.24	0.24	0.24	0.27	0.24
智利	0.20	0.20	0.20	0.20	0.22	0.24	0.24	0.28	0.27	0.29	0.24
阿根廷	0.27	0.26	0.25	0.25	0.23	0.23	0.24	0.20	0.20	0.23	0.23
罗马尼亚	0.15	0.18	0.20	0.21	0.22	0.20	0.22	0.22	0.23	0.25	0.21
斯洛文尼亚	0.14	0.16	0.16	0.16	0.14	0.16	0.18	0.15	0.14	0.15	0.16
哥伦比亚	0.08	0.11	0.11	0.12	0.13	0.12	0.15	0.15	0.16	0.17	0.13
塞尔维亚	0.11	0.10	0.12	0.12	0.14	0.14	0.14	0.13	0.11	0.13	0.12
越南	0.05	0.06	0.07	0.07	0.09	0.10	0.11	0.13	0.16	0.24	0.11
克罗地亚	0.09	0.10	0.10	0.11	0.10	0.11	0.11	0.11	0.11	0.13	0.11

第三节 讨论与结论

本书基于基础研究文献被引次数的大数据,从文献计量的视角揭示了全球自然科学基础研究人才的分布和发展趋势,从横向(国家和地区)和纵向(2009—2018 年的 10 年时间)两个维度对基础研究人才进行深入、准确的量化比较,勾画出全球基础研究人才发展的全景图,为不同层面的人才评价和政策制定提供可靠的参考依据。

一 文献类型与被引次数

本书所用数据包含了科睿唯安数据库的主要文献类型,从文献类型的分析结果可以看出,不同学科组之间,文献类型既有相同也有差异:各个学科组的主要文献类型基本相同,但是在不同文献类型的数量占比和重要性排序方面,差异十分明显。也就是说,在文献计量研究中,选择不同的文献类型,会产生不同的统计结果。正是考虑到这一点,本书将科睿唯安的所有主要文献类型都纳入统计分析范围,根据被引次数统一计算百分等级,将其作为基本指标,对全球基础研究人才的分布状况和发展趋势进行比较。

在文献量上,不同的学科、学科组之间差异十分明显:医学、生命科学拥有最多的学科数,文献量最大;工程与材料科学、数学与物理学的学科数次之,文献量也排在其后;之后是化学、信息科学,拥有稍小的学科数和文献量;最后是地球科学、管理科学,虽然学科数不少,但是由于学科较小,文献量也相应较小。本书基于文献被引次数的百分等级划分基础研究人才及其层次,因此,某一学科的文献量决定着该学科入选的人才数量,实际上文献量也是学科组和总体人才汇总时该学科的权重。

在被引次数上,文献量大的学科、学科组,相应的被引次数也比较大。在平均被引次数上,学科、学科组之间的差异明显,各学科组平均被引次数从大到小依次为:化学、生命科学、地球科学、数学与物理学、医学、工程与材料科学、管理科学、信息科学。一个学科平均被引次数的大小影响着该学科人才标线(被引次数)的划定,平均被引次数大的学科,人才标线相应较高。

在文献的被引次数分布上，不同学科组之间也存在相同与不同之处，总体上看，各学科组的被引次数分布都具有明显的长尾分布特征，但是在"长尾"的长度上，学科组之间存在差异：化学、数学与物理学、医学、生命科学的"长尾"更长，而地球科学、工程与材料科学、管理科学、信息科学的"长尾"相对短些。这种分布上的差异也在一定程度上影响着学科人才标线的划定，"长尾"越长的学科，人才标线相应越高。

二 基础研究领域的划分

本书根据学科分类的思路，从学科、学科组、总体三个层面对基础研究领域进行划分，对这三个层面的基础研究人才进行比较，从结果看，三个层面呈现出不同的景象：学科是研究领域划分的基本单元，也是统计分析的基本单元，该层面充分体现了基础研究人才的学科特点；学科组层面是对学科的汇总和综合，学科特点不复存在，仅仅体现了组别特点；总体层面是对本研究涵盖的198个自然科学学科全部文献计量数据的汇总和综合，在该层面，人才分布和发展趋势的学科特点和组别特点均已失去，只反映自然科学总体的人才分布情况和发展趋势。随着研究领域划分层面的提高和扩展，研究领域越来越宽泛，统计结果中的学科信息和组别信息逐步失去，信息越来越综合，含义越来越简明，也越来越适合为更综合的政策制定提供参考；同时，我们也必须看到，由于学科层面和学科组层面的信息已经失去，总体层面的综合统计结果不再适合作为学科特点鲜明或者学科组特点鲜明的政策制定之参考依据。因此，在实践中，应该根据决策环境对学科特点的需求程度，或者基于学科层面，分别或者不同层面基于学科组层面，或者基于总体层面，参考人才发展比较信息，制定相应的政策。

值得注意的是，虽然我们通过汇总统计不同学科的人才，得到了更简明的学科组和总体层面的人才比较信息，适合为更综合的政策制定提供参考，但是在学科层面，不同学科之间的人才一般不具有可替代性，也就是说一个学科的人才优势不能弥补另一学科的人才劣势。因此，在人才发展的政策制定中，应当更充分考虑学科特点，提高政策的学科针对性。

三　基础研究人才的分层

本书根据自然科学文献的被引频次计量分析结果，将基础研究人才分为 A、B、C 三个层次，从人才的地域分布和发展趋势看，A、B、C 层人才之间既有相同也有不同：相同之处在于，对于一个国家或地区而言，A 层人才的发展一般都有一定数量的 B 层人才为基础，B 层人才的发展也都有一定数量的 C 层人才为基础，虽然也有个别例外存在，但是大多数国家和地区都呈现这些特点；不同之处在于，一个国家或地区的 A、B、C 层人才的世界占比并不完全相同，总会存在一些差异。

了解一个国家或地区的 A、B、C 层人才的分布特点和发展趋势，可以有针对性地制定相应政策，避免提出一些不切合实际的人才发展目标。

四　统计指标的使用

本书选择某一国家或地区在某一年度或年度合计中的某层人才数量占全球相应年度该层人才总数的百分比，作为人才发展比较的指标，其中包括 2009—2018 年各年的年度指标和其间 10 年的年度合计指标。其中，年度指标能够更好地反映这 10 年期间人才发展的变化趋势，年度合计指标克服了时间远近对文献被引次数的影响，能够更好地代表当前时间点上的人才发展水平。在进行全球基础研究人才发展比较时，应该以年度合计指标作为当前时间点上的评价指标，同时参考年度指标，以了解人才发展在时间维度上的变化趋势。由于时间显著影响文献被引次数，特别是对越近期文献的影响程度越大，也就是说，越近期的文献还没有得到同行的充分了解和引用，这样，越近期的年度指标可能没有充分反映当前年度的人才发展水平，这是我们在参考这些年度指标时必须注意的。

不同学科入选的人才数量也会影响年度指标的稳定性，如果学科的文献量小，入选的人才数量就小，特别是 A 层人才的数量可能更小，这样，相应的年度指标可能不稳定。在学科组、总体层面，文献量比较大，年度指标比较稳定，能够反映人才发展的变化趋势；在学科层面，如果学科的文献量大，年度指标比较稳定，能够反映学科人才发展的变化趋势，如果文献量小，年度指标不够稳定，在依据年度指标了解学科人才发展趋势时就存在一定的不确定性。

五 本研究的创新与局限

（一）本研究的创新

总体而言，本研究的创新之处体现为提出了一种系统的全球基础研究人才的比较方法和指标体系，并运用大数据进行了实证，为全面客观地了解全球基础研究人才的分布和发展趋势提供了详实的数据基础，从而也为精准制定支持基础研究及其人才发展的相关政策提供了实证参考。具体表现为：

一是在文献类型的选择上，考虑到不同学科的文献类型有所不同，本研究在选取数据时，涵盖了每一学科的所有文献类型，这样就避免了基于一种或几种文献类型进行学科比较而产生的针对性不足、偏颇等不科学的问题。

二是在研究领域的划分上，本研究覆盖了自然科学基础研究的所有领域，参照中国自然科学基金委员会学科组分类，从学科、学科组、总体三个层面对研究领域进行划分，以学科为基本计量单元构建统计指标，这样在比较全球基础研究人才时，分析结果既能体现研究领域的整体性特征，同时又具有学科针对性。

三是在人才层次的划分上，本研究从文献计量的定量评价的视角出发，通过分析自然科学文献被引次数数量的变化，区分出不同领域基础研究人才能力方面质的差异，为此，基于文献被引次数分布的特点，本研究并没有包括所有文献的作者，而是截取了被引次数的累计百分比处于前10%的优秀人才，并且依据1‰、1%、10%标线对优秀人才进行了更细致的分层。这样可以更为立体地考察某一地域某一研究领域人才的层次分布。

四是在时间维度的切片上，考虑到时间对文献被引次数的影响，本研究选择2009—2018年的10年时间段作为分析比较单元，以10年合计的统计指标作为主要比较指标，同时也统计各年度的分析指标。这样，既能以年度合计指标为基础，更客观科学地比较当前基础研究人才的分布状况，也能以各年度指标为基础更全面动态地考察10年期间基础研究人才的发展变化，并在此基础上判断未来一个时期的不同国家和地区以及不同领域基础研究人才发展的总体趋势。

五是在研究结果的分析上，本研究根据 A、B、C 层人才在学科、学科组和自然科学总体三个层面的分布特点，既全面客观地呈现不同年度和年度合计的相关数据，又具体精准地讨论了不同层面统计结果的政策参考意义，为制定支持基础研究及其人才发展的相关政策提供了坚实的理论研究、数据统计和实证分析基础。

（二）本研究的局限

基础研究人才的比较可以有不同的视角，本书的视角是文献计量，依据的是文献的被引次数，反映的是学者的学术影响力和学术话语权。需要注意的是，被引次数是一种间接评价指标，不是对学术水平的直接评价（张端鸿，2017；科技部，2020；教育部等，2020），因此，在实践中评价基础研究人才，特别是在对人才个体的研究绩效进行微观评价时，文献计量只是提供一个角度，并不是唯一的角度，还应运用同行评议等直接评价方法，进行全面、综合的评价。

不同国家或组织有着不同的学科分类体系，本书所用数据来自科睿唯安，其采用的是 Web of Science 学科分类体系，与中国自然科学基金委员会的学科分类体系并不相同，虽然我们将 Web of Science 学科归入了中国自科基金的学科组，但是 Web of Science 学科不能充分代表中国自科基金学科组下的所有学科，这样，针对学科组的比较，代表性就不完全充分。

本书将基础研究人才界定为文献被引次数的累计百分比为 10% 以上的优秀人才，并且依据 1‰、1%、10% 标线将其进一步细分为 A、B、C 三个层次，这样能够立体地了解某一学科的人才分布情况。但是，由于不同学科之间的文献量差异很大，当某一学科的文献量很小时，依据 1‰ 标线划分出来的 A 层人才数量较小，分析指标就不够稳定。

参考文献

Clarivate Analytics（2020a）. Highly Cited Researchers 2019. https：//clarivate. com/webofsciencegroup/wp – content/uploads/sites/2/dlm_uploads/2019/11/WS370932093 – HCR – Report – 2019 – A4 – RGB – v16. pdf.

Clarivate Analytics（2020b）. Highly Cited Researchers：Methodology. https：//recognition. webofsciencegroup. com/awards/highly – cited/2019/methodology/.

Clarivate Analytics（2020c）. Historical Highly Cited Researchers Lists. https：//clarivate. com/webofsciencegroup/thanks – hcr – archive/? asseturl = http：//images. mail. discover. clarivate. com/Web/ClarivateAnalytics/ {453b9aa4 – 9d0b – 493f – a8b2 – ea33cc0cbd32} _HIstorical_HCR_lists. zip.

Clarivate Analytics（2020d）. Web of Science Journal Evaluation Process and Selection Criteria. https：//clarivate. com/webofsciencegroup/journal – evaluation – process – and – selection – criteria/.

陈月从：《基于 Clarivate Analytics 和 InCites 的图书情报学科高被引科学家及高被引论文分析》，《情报学报》2017 年第 36（11）期。

范旭、黄业展、林燕：《广东省基础研究水平的评价研究》，《科技管理研究》2017 年第 10 期。

冯璐、冷伏海：《关于基础性科学研究评价的思考》，《图书情报工作》2006 年第 50（12）期。

花芳、管楠祥、李风侠、管翠中、赵军平：《文献计量方法在大学小团体层面的基础研究评价中的应用》,《图书情报工作》2017 年第 61 (4) 期。

龚放、曲铭峰:《南京大学个案:SCI 引入评价体系对中国大陆大学基础研究的影响》,《高等理科教育》2010 年第 3 期。

黄宝晟:《文献计量法在基础研究评价中的问题分析》,《研究与发展管理》2008 年第 20 (6) 期。

教育部、科技部:《教育部 科技部印发〈关于规范高等学校 SCI 论文相关指标使用 树立正确评价导向的若干意见〉的通知》,http://www.moe.gov.cn/srcsite/A16/moe_784/202002/t20200223_423334.html。

科技部:《科技部印发〈关于破除科技评价中"唯论文"不良导向的若干措施(试行)〉的通知》,http://www.most.gov.cn/mostinfo/xinxifenlei/fgzc/gfxwj/gfxwj2020/202002/t20200223_151781.htm。

李正风:《基础研究绩效评估的若干问题》,《科学学研究》2002 年第 20 (1) 期。

刘雅娟、王岩:《用文献计量学评价基础研究的几项指标探讨——论文、引文和期刊影响因子》,《科研管理》2000 年第 21 (1) 期。

钱万强、江海燕、张峰、墨宏山、缴旭、魏琦:《基于文献计量的我国基础研究发展形势及挑战分析》,《科学管理研究》2016 年第 34 (6) 期。

沈新尹:《引文计量与基础研究成果评价》,《科学学与科学技术管理》1996 年第 17 (1) 期。

王志楠、汪雪锋、黄颖、朱东华、高天舒:《高被引学者论文跨学科特征分析——以经济与商业领域为例》,《科学学研究》2016 年第 34 (6) 期。

杨永清:《论 SCI 在基础科学研究评价中的作用》,《江南大学学报》(人文社会科学版)2005 年第 3 (3) 期。

姚俊兰、周文泳:《基于论文的中国大陆基础学科研究现状》,《情报杂志》,2020 年第 39 (5) 期。

张端鸿:《高被引学者是否等同于高水平学者?》,《北京科技报》2017 年 3 月 20 日第 7 版。

张艺、孟飞荣:《海洋战略性新兴产业基础研究竞争力发展态势研究——以海洋生物医药产业为例》,《科技进步与对策》2019 年第 36 (16) 期。

后　记

　　经过一年多的紧张推进，中国人事科学研究院承担的国家自然科学基金课题"基于大数据的全球基础研究人才分布及科学基金人才培养成效研究"的阶段性成果——《文献计量视角下的全球基础研究人才发展报告（2019）》——即将付梓，在此向提供指导和帮助的领导和专家表示感谢。

　　课题研究的顺利推进和书稿撰写的如期完成，得到了科睿唯安中国区学术研究事业部的全力支持。课题组与科睿唯安的合作开始于 2015 年，当时，受科睿唯安前身汤森路透发布 2014 年全球最具影响力的科学家一事启发，课题组向时任汤森路透中国区学术研究事业部总经理郭利女士表达了基于基础研究文献数据进行人才方面的深入研究的合作意愿，得到了郭利总经理的大力支持。课题组从人才发展视角对汤森路透发布的 2014 年全球最具影响力的中国科学家数据进行了分析，并在《光明日报》上发表了相关成果。

　　本课题于 2019 年 8 月正式立项后，科睿唯安中国区学术研究事业部总经理郭利女士一如既往地全力支持，为课题研究提供了 InCites 数据库的文献数据下载便利，为课题研究提供了坚实的大数据支撑；其技术团队还为数据下载、学科分类、地域划分、数据统计等提供了专业指导，保障了课题研究所需的文献数据得以全面呈现和科学使用；在本书书稿初步完成后，课题组与科睿唯安进行了充分深入的讨论交流，科睿唯安工作团队针对书稿提出了很好的意见建议，为书稿修改完善贡献了专业智慧。

　　在此，我们特别感谢科睿唯安中国区学术研究事业部郭利总经理，研究与咨询服务部总监岳卫平博士，销售、业务拓展及政府关系部总监宁笔先生和科研分析师熊洋女士提供的指导和帮助。

我们还要感谢中国科学院科技战略咨询研究院党委副书记刘清研究员，中国科学院遗传与发育生物学研究所二级研究员、中国科学院大学特聘教授马润林博士，北京人才发展战略研究院副院长王选华高级经济师，北京卫戍区老干局张世奎副主任医师，上海科技干部管理学院杨耀武所长、郭华教授和高显扬博士等领导和专家在课题研究和书稿修改过程中提供的宝贵意见和建议。

由于时间仓促和研究水平的限制，本研究还存在诸多不足。本书中的不当和错误之处，由著者承担责任，并敬请读者批评指正，以利我们在后续研究中加以改进和完善。

作者
2020 年 6 月

中国人事科学研究院学术文库
已出版书目

《人才工作支撑创新驱动发展——评价、激励、能力建设与国际化》
《劳动力市场发展及测量》
《当代中国的行政改革》
《外国公职人员行为及道德准则》
《国家人才安全问题研究》
《可持续治理能力建设探索——国际行政科学学会暨国际行政院校联合会 2016 年联合大会论文集》
《澜湄国家人力资源开发合作研究》
《职称制度的历史与发展》
《强化公益属性的事业单位工资制度改革研究》
《人事制度改革与人才队伍建设（1978—2018）》
《人才创新创业生态系统案例研究》
《科研事业单位人事制度改革研究》
《哲学与公共行政》
《人力资源市场信息监测——逻辑、技术与策略》
《事业单位工资制度建构与实践探索》
《文献计量视角下的全球基础研究人才发展报告（2019）》